GABLER KOMPAKT-LEXIKON Unternehmensgründung

W0402340

GABLER KOMPAKT-LEXIKON Unternehmensgründung

1.500 Begriffe nachschlagen, verstehen, anwenden

herausgegeben von
Tobias Kollmann

GABLER

Bibliografische Information Der Deutschen Bibliothek
Die Deutsche Bibliothek verzeichnet diese Publikation in der Deutschen Nationalbibliografie; detaillierte bibliografische Daten sind im Internet über <http://dnb.ddb.de> abrufbar.

1. Auflage September 2005

Alle Rechte vorbehalten
© Betriebswirtschaftlicher Verlag Dr. Th. Gabler/
GWV Fachverlage GmbH, Wiesbaden 2005

Lektorat: Katrin Alisch

Der Gabler Verlag ist ein Unternehmen von
Springer Science+Business Media.
www.gabler.de

Das Werk einschließlich aller seiner Teile ist urheberrechtlich geschützt. Jede Verwertung außerhalb der engen Grenzen des Urheberrechtsgesetzes ist ohne Zustimmung des Verlags unzulässig und strafbar. Das gilt insbesondere für Vervielfältigungen, Übersetzungen, Mikroverfilmungen und die Einspeicherung und Verarbeitung in elektronischen Systemen.

Die Wiedergabe von Gebrauchsnamen, Handelsnamen, Warenbezeichnungen usw. in diesem Werk berechtigt auch ohne besondere Kennzeichnung nicht zu der Annahme, dass solche Namen im Sinne der Warenzeichen- und Markenschutz-Gesetzgebung als frei zu betrachten wären und daher von jedermann benutzt werden dürften.

Umschlaggestaltung: Nina Faber de.sign, Wiesbaden
Druck und buchbinderische Verarbeitung:
Wilhelm & Adam, Heusenstamm
Gedruckt auf säurefreiem und chlorfrei gebleichtem Papier
Printed in Germany

ISBN 3-409-12674-0

Geleitwort

Gründungen erhöhen die Wettbewerbsintensität im jeweiligen Markt, sie bringen den wirtschaftlichen Strukturwandel voran und schaffen im Erfolgsfall Wachstum und Arbeitsplätze. Deshalb findet das Gründungsgeschehen seit einigen Jahren verstärkt Beachtung. Im Bereich der Gründungsforschung ist es zu einem enormen Wissenszuwachs gekommen. Wir verstehen heute besser, welche Faktoren das Gründungsklima beeinflussen, welche Motive Gründer haben, unter welchen Umständen Gründungen eher scheitern oder eher erfolgreich sind, vor welchen besonderen Finanzierungsschwierigkeiten Gründer stehen, und welche Gründungen einen Beitrag zur Beschäftigung leisten.

Für immer mehr Menschen spielen Gründungen eine praktische Rolle. In Deutschland nimmt eine große Zahl von Personen die Selbständigkeit als mögliche berufliche Alternative im Erwerbsleben wahr. So weist der KfW-Gründungsmonitor auf ein außerordentlich dynamisches Gründungsgeschehen hin: Jedes Jahr beschreiten rund 700.000 Menschen allein oder im Team den Weg in die Vollerwerbs-Selbständigkeit. Hinzu kommen über 700.000 Menschen (2004), die z. B. neben einer abhängigen Beschäftigung oder neben dem Studium im Nebenerwerb einer selbständigen Tätigkeit nachgehen.

Dieser Trend ist zum Teil auch Ausdruck der Arbeitsmarktprobleme in Deutschland. So zeigt der KfW-Gründungsmonitor, dass ca. 50% der Vollerwerbsgründer den Weg in die Selbständigkeit aus der Arbeitslosigkeit finden. Laut GEM 2004 ist der Anteil von Necessity-Gründungen („Gründungen aus der Not") in Deutschland vergleichsweise hoch. Solche Gründungen werden von der Politik besonders gefördert, z. B. durch das Überbrückungsgeld oder Existenzgründungszuschüsse.

Die Förderbank des Bundes, die KfW Mittelstandsbank, unterstützt Gründer in besonderem Maße. Mit Darlehen, mezzaninen Finanzierungen und Eigenkapital werden Gründungen auf solide finanzielle Beine gestellt. Umfassende Beratung der Gründer ist für die KfW eine Selbstverständlichkeit. Außerdem fördert die KfW auch mehrere Entrepeneurship-Lehrstühle, an denen einerseits Studenten mit unternehmerischem Wissen ausgestattet werden, andererseits mit dem Ziel geforscht wird, die Kenntnisse über das Gründungsgeschehen zu vertiefen und zu verbreitern. Den Förderkreis Gründungsforschung (FGF), in dem sich die Gründungsforscher zusammengeschlossen haben, unterstützt die KfW ebenfalls materiell und ideell.

Erfreulich, dass diese vielfältigen Aktivitäten in Forschung und Politik nunmehr ihren Niederschlag im Lexikon „Unternehmensgründung" finden. Das Verdienst, dieses Projekt in Angriff genommen und zu einem erfolgreichen Ende gebracht zu haben, kommt Professor *Tobias Kollmann*, dem Herausgeber des „Gabler Kompakt-Lexikon Unternehmensgründung", zu. Zahlreiche Gründungsforscher und -praktiker haben Beiträge beigesteuert. Das Lexikon bietet damit nicht nur Gründern, sondern auch Wissenschaftlern, Politikern und Verbandspraktikern umfassende und praxisnahe Informationen über alle relevanten Aspekte in der Gründungsphase und in (Jung-) Unternehmen. Dem „Gabler Kompakt-Lexikon Unternehmensgründung" ist eine weite Verbreitung zu wünschen.

Dr. Norbert Irsch
Chefvolkswirt der KfW Bankengruppe
www.kfw.de

Vorwort

Unternehmensgründungen spielen für die gesellschaftliche und wirtschaftliche Entwicklung eines Landes eine herausragende Rolle. Hintergrund ist die Tatsache, dass mit jeder Gründung ein neuer Marktteilnehmer entsteht, der stimulierend auf den Wettbewerb wirken und die wirtschaftliche Dynamik weiter vorantreiben kann. Das neue Unternehmen fragt dabei am Markt bestimmte Ressourcen nach (z. B. Arbeitskräfte und Material) und bietet – nach einer Verwendung dieser Ressourcen im Rahmen innerbetrieblicher Produktions- und Arbeitsprozesse – dem Markt wiederum seine Produkte bzw. Dienstleistungen als Ergebnis an. Durch dieses Kernprinzip wird die Funktionsfähigkeit einer Ökonomie sichergestellt. Sowohl in der Wissenschaft als auch in der Politik ist der Stellenwert von Unternehmensgründungen daher unstrittig. Insbesondere wird mit jedem neuen Unternehmen die Hoffnung verbunden, dass neue Arbeitsplätze geschaffen werden und der technische Fortschritt über Innovationen sichergestellt wird. Entsprechend repräsentieren Unternehmensgründungen eine der wesentlichen Triebfedern einer dynamischen Wirtschaft und begründen somit u. a. den Prozess von Marktwachstum und -wandel. Es ist daher nicht verwunderlich, wenn in politischen und wirtschaftlichen Diskussionen immer wieder auf die Bedeutung von Unternehmensgründungen für die konjunkturelle Entwicklung im nationalen und die Wettbewerbsfähigkeit im internationa[illegible]reich hingewiesen wird.

Vor diesem Hintergrund war es eine besondere Herausforderung, das erste deutschsprachige Lexikon zum Thema „Unternehmensgründung" zu realisieren und damit den zunehmenden Stellenwert dieses Forschungs- und Lehrgebietes sowie die Bedeutung für Wissenschaft und Praxis zu würdigen. Ziel des Lexikons ist es, dem Nachfrager ein zentrales Nachschlagewerk für alle relevanten Aspekte rund um die Unternehmensgründung – kompakt und kompetent – anzubieten. Zu der Zielgruppe gehören u. a. Gründer, Unternehmer, Vertreter von Banken und Venture Capital-Unternehmen, Business Angels, Investment Manager, Hochschullehrer, Studenten, Journalisten und Gründungsberater.

Mein besonderer Dank gilt an erster Stelle natürlich den zahlreichen Autorinnen und Autoren aus Wissenschaft und Praxis, die durch ihre Kompetenz und Kooperationsbereitschaft die Entstehung dieses Werkes überhaupt ermöglicht haben. Insbesondere den über 50 Kollegen aus Deutschland, der Schweiz und Österreich, welche sich überwiegend im *Förderkreis Gründungs-Forschung e. V. (FGF)* organisieren und sich damit das Ziel „Förderung von Forschung, Lehre und Transfer zur Thematik der Unternehmensgründung" auf die Fahne geschrieben haben, gilt meine Anerkennung. Ein weiterer Dank gilt *Dr. Margarita Tchouvakhina* von der *KfW Bankengruppe*, die in vielen Bereichen eine wertvolle Unterstützung gewesen ist.

Ferner möchte ich herzlich den wissenschaftlichen Mitarbeitern meines Lehrstuhls Frau *Julia Christofor*, Herrn *Dr. Andreas Kuckertz* und Herrn *Christian Herr* danken, die an der Erstellung des Lexikons einen besonderen Anteil hatten. Eine weitere Anerkennung gilt den studentischen Hilfskräften Frau *Susanne Hübner*, Herrn *Joachim Krabbenhöft* und insbesondere Herrn *Bastian Bender*, die bei der Fertigstellung der Druckvorlage sowie der Bearbeitung der Abbildungen sehr gute Dienste geleistet haben. Weiterhin möchte ich mich sehr bei meiner Sekretärin Frau *Sigrid Ernst* für die begleitende Organisation bedanken.

Mein ganz besonderer Dank gilt abschließend meiner lieben Frau *Frauke Stefanie* und meinen Söhnen *Kilian* und *Niklas*, die weitgehend auf ein ruhiges Privatleben verzichten und mir so einen vorbehaltlosen Rückhalt bieten. Sie sind Ansporn und Erfüllung zugleich und geben meinem Leben einen Sinn.

Essen, im Sommer 2005

Tobias Kollmann
Lehrstuhl für E-Business und E-Entrepreneurship
Universität Duisburg-Essen, Campus Essen
FB 5: Wirtschaftswissenschaften
Universitätsstraße 9
D-45141 Essen
www.e-entrepreneurship.com

Autorenliste

Prof. Dr. Dr. Ann-Kristin Achleitner, Technische Universität München
KfW Stiftungslehrstuhl für Entrepreneurial Finance
Arcisstr. 21, D-80333 München
www.wi.tum.de/ef

Prof. Dr. Eberhard Auchter, Fachhochschule Regensburg
Fachbereich BWL: Unternehmensführung und Existenzgründung
Postfach 120327, D-93025 Regensburg
www.fh-regensburg.de

Prof. Dr. Alexander Bassen, HWP – Hamburger Universität
für Wirtschaft und Politik
Lehrstuhl für Allgemeine Betriebswirtschaftslehre,
insbes. Finanzierung und Investition
Von-Melle-Park 9, D-20146 Hamburg
www.hwp-hamburg.de/finance

Albrecht Bauer, KfW Bankengruppe
Palmengartenstraße 5 – 9, D-60325 Frankfurt am Main
www.kfw.de

Prof. Dr. Christoph J. Börner, Heinrich-Heine-Universität Düsseldorf
Lehrstuhl für Betriebswirtschaftslehre,
insbes. Finanzdienstleistungen
Universitätsstr. 1, D-40225 Düsseldorf
www.uni-duesseldorf.de

Prof. Dr. Ulrich Braukmann, Bergische Universität Wuppertal
Lehrstuhl für Wirtschaftspädagogik, Gründungspädagogik
und -didaktik
Gaußstr. 20, D-42097 Wuppertal
www.brauk.uni-wuppertal.de

Prof. Dr. Malte Brettel, RWTH Aachen
Lehrstuhl Wirtschaftswissenschaften für Ingenieure
und Naturwissenschaftler
Templergraben 64, D-52056 Aachen
www.win.rwth-aachen.de

Dr. Gerrit Brösel, Technische Universität Ilmenau
Fachgebiet Rechnungswesen/Controlling
Helmholtzplatz 3, D-98693 Ilmenau
www.wirtschaft.tu-ilmenau.de

Prof. Dr. Matthias Eickhoff, Fachhochschule Mainz
Fachbereich Wirtschaftswissenschaften: Entrepreneurship
und Intrapreneurship
An der Bruchspitze 50, D-55122 Mainz-Gonsenheim
www.fh-mainz.de/fb_iii

Dr. Christoph von Einem, Sozietät Haarmann Hemmelrath & Partner GbR
Maximilianstrasse 35, D-80539 München
www.haarmannhemmelrath.com

Prof. Dr. Michael J. Fallgatter, Bergische Universität Wuppertal
Lehrstuhl für Betriebswirtschaftslehre, insbes. Personalmanagement
und Organisation
Gaußstr. 20, D-42097 Wuppertal
www.wiwi.uni-wuppertal.de/fallgatter

Prof. Dr. Günter Faltin, Freie Universität Berlin
Fachbereich Erziehungswissenschaft und Psychologie,
Arbeitsbereich Entrepreneurship
Habelschwerdter Allee 45, D-14195 Berlin
www.fu-faltin.de

Prof. Dr. Sven Fischbach, Fachhochschule Mainz
Fachbereich Wirtschaftswissenschaften: Rechnungswesen
und Controlling
An der Bruchspitze 50, D-55122 Mainz-Gonsenheim
www.fh-mainz.de/fb_iii

Dr. Jörg Fischer, KfW Bankengruppe
Palmengartenstraße 5 – 9, D-60325 Frankfurt am Main
www.kfw.de

Prof. Dr. Jörg Freiling, Universität Bremen
Lehrstuhl für Mittelstand, Existenzgründung und Entrepreneurship
Wilhelm-Herbst-Str. 5, D-28359 Bremen
www.lemex.uni-bremen.de

Prof. Dr. Michael Fritsch, Technische Universität Bergakademie Freiberg
Fakultät für Wirtschaftswissenschaften, Lehrstuhl für Wirtschaftspolitik
Lessingstr. 45, D-09599 Freiberg
www.wiwi.tu-freiberg.de

Dr. Holger Frommann, Bundesverband deutscher Kapital-
beteiligungsgesellschaften e.V.
Residenz am Deutschen Theater, Reinhardtstraße 27c, D-10117 Berlin
www.bvk-ev.de

Prof. Dr. Urs Fueglistaller, Universität St. Gallen
Schweizerisches Institut für Klein- und Mittelunternehmen
Dufourstr. 40a, CH-9000 St. Gallen
www.kmu.unisg.ch

Prof. Dr. Horst Geschka, Technische Universität Darmstadt
Institut für Betriebswirtschaftslehre,
Lehrstuhl für Unternehmensgründung
Hochschulstr. 1, D-64289 Darmstadt
www.bwl.tu-darmstadt.de

Dr. Dietmar Grichnik, Heinrich-Heine-Universität Düsseldorf
Lehrstuhl für Betriebswirtschaftslehre,
insbes. Finanzdienstleistungen
Universitätsstr. 1, D-40225 Düsseldorf
www.uni-duesseldorf.de

PD Dr. Mark Gruber, Ludwigs-Maximilians-Universität München
Institut für Innovationsforschung, Technologiemanagement
und Entrepreneurship
Kaulbachstr. 45, D-80539 München
www.inno-tec.bwl.uni-muenchen.de

Dr. Ute Günther, Business Angels Netzwerk Deutschland e. V. (BAND)
Semperstr. 51, D-45138 Essen
www.business-angels.de

Dr. Rainer Harms, Universität Klagenfurt
Lehrstuhl für Innovationsmanagement und Unternehmensgründung (IUG)
Universitätsstraße 65 – 67, A-9020 Klagenfurt
www.uni-klu.ac.at/iug

Prof. Dr. Thomas Hering, Fernuniversität Hagen
Lehrstuhl für BWL, insbes. Unternehmensgründung
und Unternehmensnachfolge
Universitätsstraße 11, D-58097 Hagen
www.fernuni-hagen.de/hering

Astrid Hoffmann, KfW Bankengruppe
Palmengartenstraße 5 – 9, D-60325 Frankfurt am Main
www.kfw.de

Prof. Ulrich Hommel, Ph.D., European Business School – ebs
Stiftungslehrstuhl für Unternehmensfinanzierung und Kapitalmärkte
Rheingaustr. 1, D-65375 Oestrich-Winkel
www.corpfin.de

Prof. Dr. Martin Kaschny, Fachhochschule Koblenz
Fachbereich Betriebswirtschaft: Existenzgründung
und Unternehmensnachfolge
Rheinau 3 – 4, D-56075 Koblenz
www.fh-koblenz.de/betriebswirtschaft

PD Dr. Frank Keuper, Steinbeis-Hochschule Berlin
Fachbereich BWL, insbes. Medienmanagement und Medienwirtschaft
Gürtelstraße 29a/30, D-10247 Berlin
www.dermedienbba.de

Torsten Kirchherr, KfW Bankengruppe
Palmengartenstraße 5 – 9, D-60325 Frankfurt am Main
www.kfw.de

Dr. Roland Kirchhof, Business Angels Netzwerk Deutschland e. V. (BAND)
Semperstr. 51, D-45138 Essen
www.business-angels.de

Prof. Dr. Heinz Klandt, European Business School – ebs
KfW-Stiftungslehrstuhl für Entrepreneurship
Rheingaustr. 1, D-65375 Oestrich-Winkel
www.activeoffice.de

Prof. Dr. Dodo zu Knyphausen-Aufseß, Otto-Friedrich-Universität Bamberg
Lehrstuhl für Betriebswirtschaftslehre, insbes. Personalwirtschaft
und Organisation
Feldkirchenstraße 21, D-96052 Bamberg
www.zk-a.de

Prof. Dr. Lambert Koch, Bergische Universität Wuppertal
Lehrstuhl für Unternehmensgründung und Wirtschaftsentwicklung
Gaußstraße 20, D-42097 Wuppertal
www.koch.uni-wuppertal.de

Prof. Dr. Tobias Kollmann, Universität Duisburg-Essen – Campus Essen
Lehrstuhl für BWL und Wirtschaftsinformatik,
insbes. E-Business und E-Entrepreneurship
Universitätsstr. 9, D-45141 Essen
www.e-entrepreneurship.com

Prof. Dr. Wolfgang Krüger, Fachhochschule des Mittelstands (FHM) Bielefeld
Institut für Unternehmensgründung und Existenzsicherung,
insbes. Unternehmensnachfolge
Ravensberger Straße 10G, D-33602 Bielefeld
www.fhm-mittelstand.de

Dr. Andreas Kuckertz, Universität Duisburg-Essen – Campus Essen
Lehrstuhl für BWL und Wirtschaftsinformatik, insbes. E-Business
und E-Entrepreneurship
Universitätsstr. 9, D-45141 Essen
www.e-entrepreneurship.com

Julian Machleidt, KfW Bankengruppe
Palmengartenstraße 5 – 9, D-60325 Frankfurt am Main
www.kfw.de

Prof. Dr. Josef Mugler, Wirtschaftsuniversität Wien
Institut für Betriebswirtschaftslehre der Klein- und Mittelbetriebe
Augasse 2 – 6, A-1090 Wien
www.wu-wien.ac.at/inst/kmb/

Prof. Dr. Christoph Müller, Universität Hohenheim
Stiftungslehrstuhl für Unternehmensgründungen
und Unternehmertum (Entrepreneurship)
Schloss Osthof Nord 130, D-70593 Stuttgart
www.uni-hohenheim.de/seh

Prof. Dr. Klaus Nathusius, GENES GmbH Venture Services
Kölner Str. 27, D-50226 Frechen
www.genes-ventures.de

Prof. Dr. Herbert Neubauer, Wirtschaftsuniversität Wien
Institut für Betriebswirtschaftslehre der Klein- und Mittelbetriebe
Augasse 2 – 6, A-1090 Wien
www.wu-wien.ac.at/inst/kmb

Dr. Gottfried Neuhaus, Dr. Neuhaus Techno Nord GmbH
Jungfernstieg 30, D-20354 Hamburg
www.drneuhaus.de

Prof. Dr. Peter Nippel, Christian-Albrechts-Universität zu Kiel
Institut für Betriebswirtschaftslehre, Lehrstuhl für Finanzwirtschaft
Westring 425, D-24118 Kiel
www.bwl.uni-kiel.de/FiWi

Dr. Frank Pankotsch, Technische Universität Dresden
SAP-Stiftungslehrstuhl für Entrepreneurship und Innovation
Helmholtzstraße 10, D-01069 Dresden
www.tu-dresden.de/wwbwlsap

Dr. Jens-Uwe Petersen, Sozietät Batzlaff & Partner;
Rechtsanwälte – Notare
Sophienblatt 11, D-24103 Kiel
Internet: www.batzlaff.de

Dr. Dankwart Plattner, KfW Bankengruppe
Palmengartenstraße 5 – 9, D-60325 Frankfurt am Main
www.kfw.de

Pia Pulijanic, KfW Bankengruppe
Palmengartenstraße 5 – 9, D-60325 Frankfurt am Main
www.kfw.de

Prof. Dr. Guido Reger, Universität Potsdam
MBS Stiftungsprofessur für Innovative Existenzgründungen
und Mittelstandsforschung
August-Bebel-Straße 89, D-14482 Potsdam
www.professor-reger.de

Prof. Dr. Sven Ripsas, Fachhochschule für Wirtschaft Berlin
Professur ABWL, insbes. Unternehmensgründung
und Management von KMU
Badensche Str. 50 – 51, D-10825 Berlin
www.fhw-berlin.de

Prof. Dr. Maria Rumpf, Fachhochschule Giessen-Friedberg
Fachbereich Sozial- und Kulturwissenschaften, insbes. ABWL,
Existenz- und Unternehmensgründung
Wilhelm-Leuschner-Str. 13, D-61169 Friedberg
www.fh-friedberg.de/fachbereiche/suk

Prof. Dr. Peter Russo, Fachhochschule München
Strascheg Center for Entrepreneurship
Schachenmeierstr. 35, D-80636 München
www.sce-web.de

Prof. Dr. Christian Schade, Humboldt-Universität zu Berlin
Institut für Entrepreneurship und Innovationsmanagement
Spandauer Str. 1, D-10178 Berlin
http://enim.wiwi.hu-berlin.de

Prof. Dr. Michael Schefczyk, Technische Universität Dresden
SAP-Stiftungslehrstuhl für Entrepreneurship und Innovation
Helmholtzstraße 10, D-01069 Dresden
www.tu-dresden.de/wwbwlsap

Prof. Dr. Axel G. Schmidt, Universität Trier
Professur für Mittelstandsökonomie
Universitätsring 15, DM-Gebäude, D-54296 Trier
www.inmit.de

Prof. Dr. Bernd Steffensen, Fachhochschule Darmstadt
Fachbereich Sozial- und Kulturwissenschaften insbes. Innovation
und Unternehmensgründung
Haardtring 100, D-64295 Darmstadt
www.fbsuk.fh-darmstadt.de

Prof. Dr. Erich Schwarz, Universität Klagenfurt
Lehrstuhl für Innovationsmanagement
und Unternehmensgründung (IUG)
Universitätsstraße 65 – 67, A-9020 Klagenfurt
www.uni-klu.ac.at/iug

Prof. Dr. Kai-Ingo Voigt, Friedrich-Alexander-Universität
Erlangen-Nürnberg
Wirtschafts- und Sozialwissenschaftliche Fakultät,
Lehrstuhl für Industriebetriebslehre
Lange Gasse 20, D-90403 Nürnberg
www.industriebetriebslehre.wiso.uni-erlangen.de

Prof. Dr. Kristine K. Volkmann, Fachhochschule Gelsenkirchen
UNESCO Lehrstuhl Entrepreneurship
and Intercultural Management
Neidenburger Straße 43, D-45877 Gelsenkirchen
www.informatik.fh-gelsenkirchen.de/volkmann

Holger Voos, KfW Bankengruppe
Palmengartenstraße 5 – 9, D-60325 Frankfurt am Main
www.kfw.de

Prof. Dr. Dieter Wagner, Universität Potsdam
Lehrstuhl für Betriebswirtschaftslehre,
insbes. Organisation & Personalwesen
August-Bebel-Str. 89, D-14482 Potsdam
www.uni-potsdam.de/u/ls_orgapers

Prof. Dr. Achim Walter, Christian-Albrechts-Universität zu Kiel
Institut für Betriebswirtschaftslehre, Lehrstuhl für Gründungs-
und Innovationsmanagement
Westring 425, D-24118 Kiel
www.bwl.uni-kiel.de

Dr. Wolfgang Weitnauer, Sozietät Weitnauer; Rechtsanwälte
Ohmstraße 22, D-80802 München
www.weitnauer.net

PD Dr. Friederike Welter, Universität Siegen
Lehrstuhl für BWL, insbes. Management kleiner
und mittlerer Unternehmen
Hölderlinstr. 3, D-57068 Siegen
www.uni-siegen.de

Dr. Kerstin Westerfeld, Bergische Universität Wuppertal
Lehrstuhl für Betriebswirtschaftslehre,
insbes. Personalmanagement und Organisation
Gaußstr. 20, D-42097 Wuppertal
www.brauk.uni-wuppertal.de

Prof. Dr. Peter Witt, WHU Koblenz
Prof. Otto Beisheim-Stiftungslehrstuhl für BWL,
insbes. Unternehmertum und Existenzgründung
Burgplatz 2, D-56179 Vallendar
www.whu.edu/unex

Prof. Dr. Christoph Zacharias, Fachhochschule Bonn-Rhein-Sieg
Existenzgründung- und Mittelstandsmanagement
Grantham-Allee 20, D-53757 Sankt Augustin
www.fh-bonn-rhein-sieg.de

Prof. Dr. Stephan Zelewski, Universität Duisburg-Essen –
Campus Essen
Institut für Produktion und Industrielles Informationsmanagement
Universitätsstr. 9, D-45141 Essen
www.pim.uni-essen.de

Dr. Volker Zimmermann, KfW Bankengruppe
Palmengartenstraße 5 – 9, D-60325 Frankfurt am Main
www.kfw.de

A

Abgeld, → Disagio.

Ablauforganisation, zählt neben der → Aufbauorganisation zur Organisation der Unternehmung. Sie dient der Festlegung der (insbesondere zeitlichen, aber auch räumlichen) Abfolge zusammengehöriger Tätigkeiten mit dem Ziel, die verschiedenen Stellen innerhalb der Unternehmung zu koordinieren. Im Gegensatz zur Aufbauorganisation, die eher zustands- bzw. beziehungsbezogene Aspekte der → Organisation betrifft, stehen somit bei der A. prozessuale Fragen der Arbeitsgänge im Fokus.

Abmahnung, eine Aufforderung des Arbeitgebers an den → Arbeitnehmer, ein vertragswidriges und damit unzulässiges Verhalten unverzüglich abzustellen, da ansonsten im Wiederholungsfall der Bestand oder Inhalt des Arbeitsverhältnisses gefährdet ist. Aus Beweisgründen erfolgt die A. i.d.R. schriftlich und wird zur Personalakte genommen. Die A., die nicht gesetzlich geregelt ist, leitet sich u.a. aus dem Übermaßverbot im Kündigungsrecht ab. Im Fall von leistungsspezifischem oder disziplinarischem Fehlverhalten ist eine A. Voraussetzung für eine rechtswirksame → Kündigung. Eine A. ist grundsätzlich nicht erforderlich, wenn ein besonders schwerwiegender Kündigungsgrund eine fristlose Kündigung nach § 626 BGB rechtfertigt.

Absatzkanal, → Absatzweg.

Absatzmarkt. 1. *Begriff:* Der Absatzmarkt bezeichnet den der → Produktion nachgelagerten Markt, auf dem die hergestellten Waren angeboten werden. Er umfasst die tatsächlichen und die potenziellen Abnehmer. – 2. *Merkmale:* A. lassen sich anhand einer Reihe von Merkmalen charakterisieren. Hierzu zählen die Art der Bedürfnisträger und Käufer (privat/öffentlich, Konsument/Produzent etc.), die Transaktionsobjekte, die Transaktionsziele, die Transaktionsmenge, die Frequenz der → Transaktionen, der Zeitpunkt der Transaktion, der Auswahl- und Entscheidungsprozess sowie der Ort der Transaktion (Point of Sale). – 3. *Absatzmarktgerichtete Ziele:* Bei absatzmarktgerichteten Zielen handelt es sich um eine wichtige Kategorie im Rahmen der → Unternehmensziele. Im Vordergrund steht die Erzielung eines nachhaltigen → Wettbewerbsvorteils (→ Unique Selling Proposition), der im strategischen Management als Voraussetzung für einen überdurchschnittlichen Erfolg angesehen wird. Daraus abgeleitet ergeben sich eine Reihe spezifischer Planungserfordernisse in Bezug auf den Absatzmarkt. Grundlegend ist die → Marktsegmentierung, durch die eine gezielte Profilierung bei wirtschaftlich interessanten Kundengruppen ermöglicht wird. – 4. *Maßnahmen bzw. Instrumente:* Die gezielte Ansprache einzelner Segmente des Absatzmarkts kann durch spezifisch ausgestaltete Marketingmaßnahmen erfolgen. Im Rahmen des → Marketing-Mix werden allgemein die → Produktpolitik, die → Preispolitik, die → Kommunikationspolitik sowie die → Distributionspolitik unterschieden. Die koordinierte Ausgestaltung des Marketing-Mix hat mit Blick auf die angestrebte USP zu erfolgen, d.h. sie soll dem Unternehmen eine gegenüber dem Wettbewerb vorteilhafte Positionierung am Absatzmarkt (→ Marktpositionierung) ermöglichen. – 5. *Spezifische Herausforderungen bei Unternehmensgründungen:* Absatzmarktbezogene Entscheidungen spielen für → Unternehmensgründungen eine zentrale Rolle. Sie betreffen im wesentlichen die Festlegung der → Zielgruppe(n), den Umfang der Marktabdeckung (Teilmarkt vs. Gesamtmarkt) und die räumliche Marktwahl (Marktareal). Die in der Literatur vorhandenen Konzepte beziehen sich i.d.R. auf die Planung in etablierten Unternehmen und berücksichtigen deshalb die besonderen absatzmarktbezogenen Herausforderungen nicht, mit denen Unternehmensgründungen aufgrund ihrer Neuheit und ihrer geringen Größe sowie der inhärenten Unsicherheit des Vorhabens und der Turbulenz im Umfeld konfrontiert sind. Bspw. ist die gezielte Ansprache der interessierenden Zielgruppen problematisch, weil zielgruppenrelevante Informationen für neue Absatzmärkte häufig nur unvollständig vorliegen und mit großer Unsicherheit behaftet sind. Zudem erweist sich die Bestimmung des aussichtsreichsten Absatzmarkts oftmals als schwierig, weil die → Akzeptanz eines innovativen Leistungsangebots im Markt nur schwer prognostizierbar ist. In vorliegenden Konzepten zum Prozess der → Marketingplanung bleibt in diesem Zusammenhang auch unberücksichtigt, dass sich mit der Herkunft der → Gründungsidee unterschiedliche Planungserfordernisse ergeben, weil die Freiheitsgrade bei der Planung von marktgetriebenen und von forschungs-/technologiegetriebenen Ideen unterschiedlich gelagert sind. Bspw. besteht bei marktgetriebenen Gründungsideen oftmals schon eine relativ genaue Vorstellung vom Absatzmarkt, während diese bei forschungs- oder kompetenzgetriebenen Gründungsideen erst erarbeitet werden muss. – *Vgl. auch* → Distribution.

PD Dr. Marc Gruber

Literatur:

Albers, S.: Marktdurchsetzung von Innovationen, in: Albers, S./Brockhoff, K./Hauschildt, J. (Hrsg.): Technologie- und Innovationsmanagement, Wiesbaden 2001, S. 79-116; *Gruber, M.:* Marketing in New Ventures: Theory and Empirical Evidence, in: Schmalenbach Business Review (zfbf), Nr. 2 (2004), S. 164-199; *Hills, G.E.:* Market Analysis in the Business Plan: Venture Capitalists' Perceptions, in: Journal of Small Business Management, January, Vol. 23 (1985), S. 38-46; *Shane, S./Delmar, F.:* Planning for the Market: Business Planning Before Marketing and the Continuation of Organizing Efforts, in: Journal of Business Venturing, Vol. 19 (2004), S. 767-785.

Absatzplanung, Gesamtheit der Planungsaktivitäten des Funktionsbereichs Absatz innerhalb eines definierten Planungszeitraums. Sie ist in die Gesamtunternehmensplanung integriert und beinhaltet sowohl die → Planung strategischer als auch operativer (und taktischer) Inhalte. Ziel der A. ist i.e.S. die → Absatzprognose und die Festlegung von Absatzzielen, auf denen aufbauend die operativen Bereiche des Unternehmens (z.B. → Produktion) ihre Planungen festlegen. – *Vgl. auch* → Marketingplanung.

Absatzprognose, Schätzung des zukünftigen Absatzes an Produkten und → Dienstleistungen eines Unternehmens für ein bestimmtes Marktsegment. Sie dient als Grundlage für die → Absatzplanung und wird anhand qualitativer und quantitativer Prognosemethoden ermittelt. Bei → Unternehmensgründungen gestaltet sich die A. oftmals als besonders schwierig, weil keine Vergangenheitsdaten vorliegen, aus denen direkte empirische Schlüsse auf den künftigen Absatz gezogen werden können. Gleichfalls bieten viele Gründungen innovative Produkte an, deren Akzeptanz im Markt häufig schwer prognostizierbar ist.

Absatzweg, Teil der → Distributionspolitik eines Unternehmens. Der A. betrifft die Wege, die das Produkt vom Hersteller zum Kunden durchläuft. Es wird zwischen direkten (keine unternehmensfremde Absatzorgane zwischengeschaltet) und indirekten A. (über unternehmensfremde

Absatzmittler wie z.B. den selbständigen Einzelhandel) unterschieden, wobei Zahl und Art der Absatzmittler in jeder Distributionsstufe variieren können. Die Erschließung geeigneter A. ist für → Unternehmensgründungen aufgrund mangelnder → Reputation oftmals besonders herausfordernd.

Abschlussstichtag, bezeichnet den Stichtag für die Erstellung des → Jahresabschlusses. Im → Handelsregister eingetragene Gewerbetreibende können den A. innerhalb der ersten 12 Monate des Bestehens frei bestimmen, um abweichend von dem zum Ende des Kalenderjahrs vorgegebenen Bilanzstichtags den Gewinn zu ermitteln. Die Zielsetzung besteht in der verzögerten steuerlichen Belastung (§ 4a Abs. 2 Nr. 2 EStG), die erst nach dem Ablauf eines Wirtschaftsjahres, üblicherweise eines Kalenderjahrs, anfällt. Wird ein Unternehmen innerhalb eines Kalenderjahres gegründet, so entfällt zunächst, die übliche → Gewinnermittlung und damit verbundene Versteuerung am Bilanzstichtag zum Ende des Wirtschaftsjahres auf den frei zu wählenden A. Die wiederum hier ermittelte Versteuerung ist erst zum nächsten Bilanzstichtag fällig.

Abschreibung. 1. *Begriff:* Ausdruck des → betrieblichen Rechnungswesens für die Wertminderung (statische Bilanzauffassung) bzw. die erfolgswirksame Verteilung der Ausgaben auf die Perioden der Nutzung (dynamische Bilanzauffassung) der Bestandteile des Vermögens. – 2. *Arten:* a) Kalkulatorische A. erfolgen im internen Rechnungswesen (→ Kostenrechnung) und sind vorwiegend leistungsbedingt. Abschreibungsbasis sind dabei gewöhnlich die Wiederbeschaffungskosten. – b) Bilanzielle A. erfolgen im externen Rechnungswesen als nicht zahlungswirksame planmäßige oder außerplanmäßige Aufwendungen, die technisch, wirtschaftlich oder rechtlich bedingt sind. Die Höhe planmäßiger bilanzieller A. richtet sich nach der Abschreibungsbasis (Anschaffungs- oder Herstellungskosten abzüglich eines nach Außerbetriebsetzung eventuell noch erzielbaren Liquidationserlöses), der Abschreibungsmethode und der voraussichtlichen Nutzungsdauer.

Abwicklungskosten, die nach einem Vertragsabschluss anfallenden Transaktionskosten, die direkt mit der → Transaktion verbunden sind. Das sind Aufwendungen, wie bspw. Transport-, Managementkosten, aber auch Rechtsanwalts- und Instandsetzungsgebühren.

Academic Spin-off, → Hochschulausgründung.

Accelerator, → Inkubator.

Ad-hoc-Publizität. 1. *Begriff:* Verpflichtung jedes Emittenten von zum Handel an einer inländischen → Börse zugelassenen Wertpapieren, alle neuen kursbeeinflussenden Tatsachen in seinem Tätigkeitsbereich, die nicht öffentlich bekannt sind, unverzüglich zu veröffentlichen, § 15 WpHG. Durch das am 12.10.2004 in Kraft getretene Gesetz zur Verbesserung des Anlegerschutzes wird die Mitteilungspflicht grundsätzlich auf sämtliche, das Unternehmen unmittelbar betreffende Insiderinformationen erweitert. – 2. *Merkmale:* Zweck der A.-h.-P. ist die Schaffung von Transparenz als Grundvoraussetzung eines funktionierenden → Kapitalmarkts und die Prävention des Insiderhandels. Die Verletzung der Publizitätspflicht führt gemäß § 37b WpHG zur Schadensersatzpflicht des Emittenten gegenüber den Erwerbern der Wertpapiere, bei vorsätzlichem Handeln der Vorstände auch zu deren deliktsrechtlicher Haftung, sofern der Anleger den Nachweis der Ursächlichkeit des Verstoßes für die Anlageentscheidung führen kann. – 3. *Ausblick:* Nach einem Entwurf des Bundesfinanzministeriums für ein Kapitalmarktinformationshaftungsgesetz soll die bislang rein emittentenbezogene Haftung auf Mitglieder von Leitungs- oder Aufsichtsorganen erweitert werden, wenn sie vorsätzlich oder grob fahrlässig falsche Unternehmensmeldungen bekannt geben oder gegen ihre Ad-hoc-Veröffentlichungspflicht verstoßen. Diese Haftung soll allerdings der Höhe nach auf das Vierfache der jeweils letzten Jahresvergütung einschließlich variabler Vergütungsbestandteile beschränkt werden. Auch externe Experten (wie bspw. Steuerberater oder Rechtsanwälte) sollen mit bis zu vier Mio. Euro haften, wenn sie im Prospekt als Verantwortliche genannt werden.

Adoption, bezeichnet die Entscheidung eines Nachfragers zur Übernahme bzw. zum Kauf einer → Innovation. Entsprechend wird der Kaufprozess bei Innovationen als Adoptionsprozess bezeichnet. Ein Nachfrager, der sich zur A. einer Innovation entschieden hat oder zumindest geeignete Maßnahmen zum Zustandekommen des Leistungsaustausches einleitet, wird als Adopter bezeichnet. Demgegenüber handelt es sich bei einem Nachfrager, der die A. einer Innovation in Erwägung zieht, aber noch keine endgültige Adoptionsentscheidung getroffen hat, um einen potenziellen Adopter. Die A. befasst sich mit dem Kaufakt, d. h. mit dem Zeitpunkt der Übernahme eines Produktes, jedoch nicht mit der anschließenden Nutzungsphase, wodurch die Überlegungen nicht über die Handlung des Kaufs hinausgehen. Eine Fortführung über den Kaufzeitpunkt hinaus wird dagegen durch den Akzeptanzbegriff (→ Akzeptanz) ermöglicht, der zusätzlich auch die Nutzungsebene explizit betrachtet.

Adverse Selection. Der Begriff der A.S. stammt aus der Neuen Institutionenökonomik und bezeichnet einen Zustand, in dem es auf einem Markt systematisch zu unerwünschten Ergebnissen kommt. Akerlof zeigte 1970 am Beispiel des Gebrauchtwagenmarkts, wie es zur Verdrängung der erwünschten Anbieter kommt (sog. „Market for Lemons"). Voraussetzung dafür, dass es zu A.S. kommt, ist eine Informationsasymmetrie zwischen den Vertragspartnern. Um zu verhindern, dass es aufgrund dieser → Informationsasymmetrie zu einem suboptimalen Handelsvolumen kommt, stehen folgende Maßnahmen zur Verfügung: a) Signalling: Hierbei versuchen die informierten Marktteilnehmer die Informationsasymmetrie abzubauen. – b) Screening: Hierbei nimmt die uninformierte Marktseite, hier der Käufer, Kosten auf sich, um die Informationsasymmetrie abzubauen. – c) Self-Selection: Hierbei werden geeignete Vertragsmenüs angeboten, so dass jeweils die guten Anbieter und die schlechten Anbieter unterschiedliche Verträge wählen.

Advisory Board, Unternehmungsorgan, welches sich aus externen Ratgebern rekrutiert und sich gegenüber anderen Board-Gremien, wie sie v. a. für das amerikanische Governance-System üblich sind, durch seinen geringeren Formalisierungsgrad und seine begrenzten Kompetenzen unterscheidet. Das A. B. verfügt je nach Ausgestaltung über große Ähnlichkeiten mit einem → Beirat. Es unterstützt die Betriebsführung bei der Entscheidungsfindung, was vor allem im Kontext des → Gründungsmanagements als dessen zentrale Aufgabe anzusehen ist. Daneben kann es als → Kontrollorgan treuhänderische Aufgaben wahrnehmen. Üblicherweise besteht ein A. B. aus Gründen der Koordinationseffizienz aus ungefähr sieben Mitgliedern.

Affiliate-Marketing, *Associate Partner Programs*. A.-M. ist ein Marketing- und Vertriebskonzept für das Internet. Ziel ist die Platzierung der Angebote des Unternehmens auf Internet-Seiten von Partnerunternehmen, um zusätzliche Verkäufe zu erzielen (→ Absatzwege, → Distributionspolitik). Die Provisionszahlungen werden oftmals erfolgsabhängig konzipiert, so dass bei → Unternehmensgründungen im A.-M. keine bzw. nur geringe → Fixkosten entstehen.

AG, → Aktiengesellschaft.

AGBs, → allgemeine Geschäftsbedingungen.

Agency-Kosten. Begriff aus der → Neuen Institutionenökonomik bzw. → Prinzipal-Agenten-Theorie. A.-K. beschreiben die Kostendifferenz zwischen einer (fiktiven) optimalen Transaktion bei voller Information und ihrer Durchführung sowie Anbahnung bei ungleich verteilter Information (→ Informationsasymmetrie). Drei Kostengrößen können auftreten: Überwachungs- und Steuerungskosten des Prinzipals, Garantiekosten des Agenten und der Wohlfahrtsverlust des Prinzipals, insofern dessen Nutzenmaximum verfehlt wird. A.-K. betreffen die → Existenzgründung sowohl während des → Gründungsprozesses (bspw. bzgl. der vertraglichen Ausgestaltung der Finanzierung) als auch in der Leistungserstellung (z.B. bei Lieferantenverträgen). Sie können, soweit sie bezifferbar sind, vom Existenzgründer im Zuge seiner Preisbildung berücksichtigt werden.

Agentur für Arbeit, → Arbeitsagentur.

Agio, entspricht dem Unterschied zwischen Ausgabekurs und Nennwert eines Wertpapiers. Nach § 272 Abs. 2 Nr. 1 HGB muss das bei → Emission von → Aktien bzw. GmbH-Stammeinlagen erzielte A. in die → Kapitalrücklage eingestellt werden. – *Vgl. auch* → Aufgeld. – *Gegensatz:* → Disagio.

Akquisition. 1. *Begriff:* Die A. beschreibt die Übernahme eines Betriebs im Zuge des Kaufs. Dabei verliert die übernommene Unternehmung ihre rechtliche Selbstständigkeit. – 2. *Abgrenzung:* Von der A. ist die so genannte → Fusion zu unterscheiden. In diesem Falle gehen zwei vormals rechtlich selbstständige Unternehmungen in einer neu entstehenden Unternehmung auf. Im anglo-amerikanischen Sprachraum existiert weiterhin der Begriff des Takeover, der von der Acquisition dadurch abgegrenzt wird, dass nur im Falle der Letztgenannten eine Zustimmung der übernommenen Unternehmung zur → Transaktion vorliegt. Weiterhin ist die A. eine Option der Konzentration, die wiederum der Kooperation gegenüber steht. – 3. *Ziele:* Grundsätzlich existiert eine Vielzahl A.-relevanter Motive. Überwiegendes Motiv ist jedoch ein Mangel an Ressourcen und → Kompetenzen zum Zwecke einer erfolgreichen Marktbearbeitung, der im Zuge der A. beseitigt oder gelindert wird.

Aktie, *Anteilsschein, Investmentzertifikat, Besitztitel über einen Unternehmensanteil.* Wertpapier, welches den Anteil einer → Aktiengesellschaft (AG) oder der → Kommanditgesellschaft auf Aktien (KGaA) zertifiziert, wobei der Nennwert den Anteil am → Grundkapital bestimmt. Mit einer A. sind unterschiedliche Rechte, insbesondere Vermögens- und Mitbestimmungsrechte, verbunden. Die verschiedenen Ausprägungen der Rechte formen unterschiedliche Aktienarten. Das Vermögensrecht, ein residualer Gewinnanspruch, ist allen Aktienarten inhärent, variiert jedoch in Rang und Höhe. Die ausgeschütteten Gewinne werden als → Dividende bezeichnet. I.d.R. ist jede A. mit einem Stimmrecht ausgestattet, welches jedoch je nach Aktienart eingeschränkt sein kann.

Aktiengesellschaft (AG). 1. *Begriff:* Die AG ist eine → Kapitalgesellschaft mit einem in Aktien zerlegten → Grundkapital. Für Verbindlichkeiten der Gesellschaft haftet nur das → Gesellschaftsvermögen, § 1 AktG. – 2. *Merkmale:* a) Aktien: Das Grundkapital einer AG beträgt mindestens 50.000 Euro, § 7 AktG, und wird aufgebracht durch Sach- oder Bareinlagen der Aktionäre. Es gibt Nennbetragsaktien und Stückaktien, § 8 AktG. Nennbetragsaktien lauten auf einen bestimmten Nennbetrag. Der Mindestnennbetrag einer Aktie liegt bei einem Euro. Die → Aktien dürfen nicht für einen geringeren Betrag als den Nennbetrag ausgegeben werden. Stückaktien verkörpern einen rechnerischen Anteil am Grundkapital. Dieser muss nicht einem glatten Euro-Wert entsprechen. Der geringste rechnerische Anteil am Grundkapital, zu dem Stückaktien ausgegeben werden können, ist ein Euro.

Aktien bedürfen für ihre Übertragung keiner notariellen Form und sind daher sehr viel fungibler als GmbH-Geschäftsanteile. – b) Gründung: Der → Gesellschaftsvertrag der AG (Satzung) ist notariell zu beurkunden. Die → Gründung ist vom → Vorstand und dem → Aufsichtsrat sowie vor allem dann, wenn ein Mitglied des Vorstands oder Aufsichtsrats zu den Gründern gehört oder eine Gründung mit Sacheinlagen vorliegt, § 33 AktG, von einem vom → Handelsregister bestellten Prüfer (regelmäßig einem Wirtschaftsprüfer oder Steuerberater) zu prüfen. Die Gesellschaft ist von den Gründern, dem Vorstand und dem Aufsichtsrat zur Eintragung im Handelsregister anzumelden, § 36 AktG. Die Einlagen müssen vorher zur freien Verfügung der Gesellschaft geleistet sein; dies ist vom Vorstand in der Anmeldung zu versichern. Im Fall einer Bareinlage muss mindestens ein Viertel des geringsten Ausgabebetrags geleistet werden; ein etwaiges → Aufgeld und eine Sacheinlage sind stets vollständig zu leisten, § 36a AktG. – c) Organe: Die AG hat drei Organe: Vorstand, Aufsichtsrat und → Hauptversammlung. Der Vorstand, der aus einer oder mehreren Personen bestehen kann, § 76 Abs. 2 Nr. 1 AktG, ist das Leitungsorgan der AG und zuständig für die Geschäftsführung sowie die Vertretung gegenüber Dritten, §§ 77 f. AktG. Anders als der GmbH-Geschäftsführer (§ 37 Abs. 1 GmbHG) ist der Vorstand den Weisungen der Gesellschafter nicht unterworfen, sondern führt die Geschäfte der Gesellschaft unter eigener Verantwortung, § 76 Abs. 1 AktG. Er unterliegt nur der Kontrolle und Aufsicht durch den Aufsichtsrat, § 111 Abs. 1 AktG, dem er auch berichtspflichtig ist, § 90 AktG. Bestimmte Arten von Geschäften sind in der Satzung oder durch den Aufsichtsrat in einer Vorstandsgeschäftsordnung von der Zustimmung des Aufsichtsrats abhängig zu machen, § 111 Abs. 4 Nr. 2 AktG; verweigert der Aufsichtsrat seine Zustimmung, so kann der Vorstand verlangen, dass die Hauptversammlung über die Zustimmung (mit Dreiviertel-Mehrheit) beschließt, § 111 Abs. 4 Nr. 3 und 4 AktG. Der Aufsichtsrat, §§ 95 ff. AktG, besteht aus mindestens drei Mitgliedern und wird von der Hauptversammlung bestellt. Die Hauptaufgaben des Aufsichtsrats sind die Bestellung und Abberufung der Vorstandsmitglieder (§ 84 AktG), die gerichtliche und außergerichtlichte Vertretung der Gesellschaft gegenüber Vorstandsmitgliedern (§ 112 AktG) sowie die Überprüfung der Geschäftsführung. Die Aktionäre üben ihre Rechte in den Angelegenheiten der Gesellschaft in der Hauptversammlung aus, §§ 118 ff. AktG. Die Hauptversammlung bestellt die Mitglieder des Aufsichtsrats und beschließt u.a. über die Verwendung des Bilanzgewinns, die Entlastung der Mitglieder des Vorstands und des Aufsichtsrats, die Bestellung des Abschlussprüfers, Satzungsänderungen und Maßnahmen der Kapitalbeschaffung (§ 119 AktG). Gemäß § 53a AktG sind Aktionäre unter gleichen Voraussetzungen gleich zu behandeln; dies betrifft bspw. Stimmrechte, → Dividenden oder Bezugsrechte. Es besteht allerdings die Möglichkeit der Ausgabe unterschiedlicher Aktien, so z.B. von Inhaber- oder Namensaktien, Vorzugsaktien ohne Stimmrechte oder von vinkulierten Namensaktien, bei denen die Übertragung nach der Satzung an die Zustimmung der Gesellschaft geknüpft werden kann (§ 68 Abs. 2 Nr. 1 AktG). Dies ermöglicht eine gewisse Kontrolle und die Sicherstellung einer Begrenzung des Mitgliederkreises. Einer durchgehenden personellen Prägung der AG steht jedoch die Satzungsstrenge des § 23 Abs. 5 AktG entgegen. – d) Kapitalbeschaffung: Die AG ist – anders als die → Gesellschaft mit beschränkter Haftung – börsenfähig. Über die Schaffung bedingten Kapitals (§ 192 AktG) können nicht nur → Optionsanleihen oder Wandelschuldverschreibungen ausgegeben werden, sondern kann auch ein → Aktienoptionsplan installiert werden. Genehmigtes Kapital (§§ 202 ff. AktG), das vom Vorstand innerhalb einer Frist von höchstens fünf Jahren bis zur Höhe von 50% des Grundkapitals ausgegeben werden kann, verschafft dem Vorstand die Möglichkeit zur flexiblen Reaktion auf Veränderungen des wirtschaftlichen Umfelds oder auch zu Unternehmenskäufen gegen Ausgabe eigener Aktien. – *Vgl. auch* → Kleine AG.

Dr. Wolfgang Weitnauer

Literatur:
Happ, W.: Aktienrecht: Handbuch-Mustertexte-Kommentar, Köln 2004; *Semler, J./v. Schenck, K.:* Arbeitshandbuch für Aufsichtsratsmitglieder, München 2004; *Semler, J./Volhard, R.:* Arbeitshandbuch für die Hauptversammlung, München 2003; *Hüffer, U.:* Aktiengesetz, München 2004; *Jäger, A.:* Aktiengesellschaft, München 2004.

Aktienkapital, → Grundkapital.

Aktienoption, → Option mit einer → Aktie als Basiswert. Eine A. ist ein bedingtes Termingeschäft, mit welchem der Käufer das Recht, jedoch nicht die Pflicht, erwirbt, innerhalb oder nach einem definierten Zeitraum (Laufzeit) eine Aktie zu einem festgelegten Preis (Ausübungspreis) zu handeln. Man unterscheidet in der einfachsten Form (Plain Vanilla-Optionen) zwischen Kaufoption (Call) und Verkaufsoption (Put). Ist die Ausübung jederzeit erlaubt, spricht man von einer amerikanischen Option. Dagegen findet bei einer europäischen Option die Ausübung am Ende der Laufzeit statt. A. sind an den meisten Börsen handelbar, werden aber auch im Freiverkehr (Over-the-Counter) angeboten. Sie werden häufig von den zur Aktie gehörenden Unternehmen als Anreiz an Angestellte und zur Senkung der fixen Kapitalkosten an Investoren ausgegeben. – *Vgl. auch* → Stock Option.

Aktienoptionsanleihe, → Stock Warrant Bond.

Aktienoptionsplan, Vergütungsart der → Mitarbeiter auf Basis von Unternehmensoptionen. Der A. beteiligt Mitarbeiter am Unternehmenserfolg, indem diese → Optionen des beschäftigenden Unternehmens als Vergütung erhalten. Dies wird vor allem bei Führungskräften angewandt, um ein → Shareholder Value-getriebenes → Anreizsystem zu schaffen. Weiter werden A. von jungen Wachstumsunternehmen zur Vergütung genutzt. Diese können keine hohen Gehälter zahlen, so dass sie im → Wettbewerb um gute Arbeitskräfte einen Nachteil erleiden. → Aktienoption können als zusätzliche Vergütung diesen Nachteil aufwiegen, da sie aufgrund des hohen Wachstums dieser Firmen einen hohen zukünftigen Wert aufweisen können. Zur Durchführung können Aktien neu emittiert oder zurückgekaufte Aktien ausgegeben werden. A. dienen aufgrund der Hebelwirkung insbesondere dazu, die Risikobereitschaft des Managements an die der Anteilseigner anzugleichen.

Aktiensplit, → Stock Split.

Aktienteilung, → Stock Split.

Aktiva, Verwendung des betrieblichen Vermögens (Mittelverwendung), ausgewiesen auf der linken Seite der → Bilanz. A. werden allgemein unterteilt in → Anlagevermögen, → Umlaufvermögen, Rechnungsabgrenzungsposten und Bilanzierungshilfen. – *Gegensatz:* Passiva.

Akzeptanz. 1. *Begriff:* Unter A. wird die Verknüpfung einer inneren rationalen Begutachtung und Erwartungsbildung (Einstellungsebene), einer Übernahme der Nutzungsinnovation (Handlungsebene) und einer freiwillligen problemorientierten Nutzung (Nutzungsebene) bis zum Ende des gesamten Nutzungsprozesses (d.h. Nutzungsinnovation wird vom Markt genommen) verstanden. Entsprechend umschließt die A.-betrachtung die Zeitpunkte vor und nach dem Kauf bzw. Übernahme, so dass die Kombination von Kauf- und Nutzungsprozess bei → Innovationen als A.-prozess bezeichnet wird. Ein Nachfrager, der sich zur Übernahme und konkreten Nutzung einer Innovation entschieden hat, wird als Akzeptierer bezeichnet. Demgegenüber handelt es sich bei einem Nachfrager, der die Nutzung einer Innovation in Erwägung zieht, aber noch keine endgültige Nutzungsentscheidung getroffen hat, um einen potenziellen Akzeptierer. – 2. *Akzeptanzebenen:* a) Einstellungsebene: Bei der eine Verknüpfung von Wert- und Zielvorstellungen mit einer rationalen Handlungsbereitschaft hinsichtlich Kauf- und Nutzungsentscheidung gebildet wird. Die Handlungsbereitschaft formt sich anhand einer inneren Begutachtung von Vor- und Nachteilen aus kognitivem Wissen heraus und bestimmt den Willen zum Kauf und die Vorstellung über eine geplante Nutzungsintensität. – b) Handlungsebene: Bei der die aktive Umsetzung der rationalen Bereitschaft und der vorgegebenen Handlungstendenzen in Form einer insb. freiwilligen Übernahme (Teilnahme/Anschluss) bzw. eines freiwilligen Kaufs (konkrete Handlung) des Produkts erfolgt. Die Handlungsebene beinhaltet auch eventuell modifizierte Überlegungen zur geplanten Nutzungsintensität. – c) Nutzungsebene: Bei der sich die durchgeführte Handlung des Kaufes bzw. Übernahme eines Produktes auch in eine freiwillige, konkrete, aufgabenbezogene bzw. problemorientierte Nutzung (Verhalten) umgesetzt wird. Die geplante Nutzungsintensität wird real umgesetzt oder den realen Gegebenheiten angepasst. – 3. *Akzeptanzprozess:* Die hergeleiteten Erklärungs- bzw. A.-ebenen stehen in den ersten beiden Punkten in enger Verbindung zu den klassischen Konstrukten der → Einstellung und → Adoption, da diese nicht ersetzt, sondern nur durch das Konstrukt der A. ergänzt werden sollen. Entscheidend ist, dass nun zu jedem Zeitpunkt Überlegungen zum Nutzungsakt eingeschlossen werden. In ihrer unterschiedlichen zeitlichen Ausprägung begleiten die Ebenen den A.-prozess, der drei zentrale zeitliche Eckpunkte umspannt. Eine Phase der Einstellungsbildung vor dem Kauf bzw. der Teilnahme oder dem Anschluss an eine E-Plattform (Einstellungsphase), dem Kauf-/Teilnahme- und Anschluss- bzw. dem Übernahmezeitpunkt (Adoption) mit seiner spezifischen Übernahmesituation (Handlungsphase) und eine Phase nach dem Kauf bzw. Anschluss, in der das elektronische Produkt zum Einsatz kommt, d.h. genutzt wird (Nutzungsphase). – 4. *Akzeptanzkonstrukte:* Eine Besonderheit des resultierenden Akzeptanzprozesses ist darin zu sehen, dass innerhalb der zeitabhängigen Phasen jeweils unterschiedliche A.-konstrukte gebildet werden können. Diese Konstrukte repräsentieren die entsprechenden Zwischenstadien der A.-bildung des Nachfragers und geben Aufschluss über den weiteren Verlauf des Prozesses. Das Konstrukt „Einstellungsakzeptanz" umfasst hierbei die gegenwärtige Bewertungsebene, die erwartete Handlungsebene und die erwartete Nutzungsebene. Es beinhaltet die Möglichkeit der Prognose auf den zukünftigen Kauf bzw. Anschluss und die Nutzung eines Produktes (Einstellungsphase). Das Konstrukt „Handlungsakzeptanz" umfasst dagegen die konkrete Kauf- bzw. Anschlussentscheidung und die hier gegebene Produktbewertung, sowie eine Prognose auf die zukünftige Nutzung (Handlungsphase). Das Konstrukt „Nutzungsakzeptanz" gibt innerhalb der Nutzungsphase einen Eindruck zur gegenwärtigen Bewertung des Produktes, zur rückwirkenden Betrachtung der Kauf- bzw. Anschlussentscheidung (Dissonanzen) und zur aktuellen Nutzungshäufigkeit bzw. -intensität.

Prof. Dr. Tobias Kollmann

Literatur:
Kollmann, T.: Die Akzeptanz innovativer Nutzungsgüter und -systeme - Konsequenzen für die Einführung von Telekommunikations- und Multimediasystemen, Wiesbaden 1998; *Kollmann, T.:* Attitude, adoption or acceptance? - measuring the market success of telecommunication and multimedia technology, in: International Journal of Business Performance Management, Nr. 2, Vol. 6 (2004), S. 133-152.

Alleinstellungsmerkmal, → Unique Selling Proposition.

Alleinvertriebsabkommen, *Exklusivvertrieb*, vertragliche Abmachung zwischen Hersteller und Händler, wobei der Händler das Recht erhält, das Produkt in einer oder in mehreren Region(en) exklusiv zu vertreiben. Die Auswahl des Händlers erfolgt nach qualitativen und quantitativen Kriterien. Für → Unternehmensgründungen kann ein Alleinvertriebsabkommen zur Incentivierung von Handelspartnern dienen, es weist aber bei nicht sachgerechter Auswahl des Partners erhebliche Risiken auf.

allgemeine Geschäftsbedingungen (AGB), im deutschen Zivilrecht (§§ 305-310 BGB) geregelte Vertragsbedingungen, die eine Vertragspartei, meist der Verkäufer, der anderen Vertragspartei, meist dem Käufer, bei Abschluss eines → Vertrages stellen kann. Der Inhalt der AGB unterliegt nach §§ 307-309 BGB einer Inhaltskontrolle in Form einer größeren Anzahl von möglichen einzelnen Klauseln, die stets oder nach entsprechender vorzunehmender Wertung unwirksam sind. Die gesetzlichen Regelungen zur Wirksamkeit von AGB lassen sich wie folgt zusammenfassen: Individuelle Vertragsabreden stehen über den AGB; kein Vertragsbestandteil sind überraschende AGB, mit denen der andere Vertragsteil nach den Umständen nicht gerechnet hat bzw. muss; Zweifel bei der Auslegung gehen zu Lasten des Verkäufers.

Allianz, → strategische Allianzen.

Alteigentümer, *Seniorunternehmer, Übergeber,* Unternehmenseigentümer, der sich zur Durchführung einer Unternehmensübergabe bzw. -übertragung entschlossen hat und diese verwirklicht. Dem A., bei → Familienunternehmen häufig auch noch der → Gründer, stehen verschiedene Alternativen wie Vererbung, Schenkung, Stiftung und Veräußerung zur Verwirklichung der angestrebten Übergabe zur Auswahl.

Altersvorsorge, umfasst die Gesamtheit aller Maßnahmen zum Vermögensaufbau um nach dem Ausscheiden aus dem Erwerbsleben seinen Lebensunterhalt über den gesetzlichen Rentenanspruch hinaus zu sichern. Zielsetzung der A. ist der Erhalt des gewohnten Lebensstandards. Die A. kann sich aus den folgenden drei Komponenten zusammensetzen: a) gesetzliche Vorsorge (Pflichtbeiträge), b) private Vorsorge (freiwillige Ansparung) und c) betriebliche Vorsorge (Einzahlung des Arbeitgebers in ein privates Ansparprodukt für den Arbeitnehmer).

Ambiguität, → Ressourcen.

Amortisationsrechnung, *Pay-off-Rechnung*. 1. *Begriff:* Ermittlung der Vorteilhaftigkeit einer → Investition anhand des Zeitraums der Rückflüsse der Investitionsauszahlungen. – 2. *Arten:* Die statische A. berechnet den Zeitraum aufgrund konstanter durchschnittlicher Rückflüsse des Projekts, während die dynamische Amortisationsrechnung der Zeitraum der Rückflüsse des eingesetzten → Kapitals zuzüglich des Kalkulationszinssatzes ermittelt.

Amt, → Behörde.

Anbahnungskosten, die vor einem Vertragsabschluss anfallenden → Transaktionskosten, die im Zusammenhang mit der Beschaffung von Informationen über Vertragspartner und deren Konditionen stehen. Beispiele hierfür sind IT- und Telekommunikationskosten, aber bspw. auch Aufwendungen für Marktstudien und relevante Literatur.

Anbieterkonsortium, beschreibt den Zusammenschluss mehrerer Aktienanbieter zu einer befristeten und sachlich begrenzten Gesellschaft, welche die Einführung neuer → Aktien oder die Unterbringung einer Anleihe gemeinsam betreiben. Hintergrund ist die Minimierung des Risikos, indem – von den Emittenten beauftragt – sich → Banken zusammenschließen, um einen möglichst großen Kreis von Interessenten anzusprechen und so den Verkauf der Aktien oder

Anleihestücke bei den Anlegern zu vermitteln. Dabei übernehmen die Banken bestimmte Quoten und tragen somit ein gewisses Absatzrisiko.

Anfangsverluste, sind bei einem neugegründeten Unternehmen bis zur Erreichung der ersten Gewinne zu verzeichnen. Diese spielen im Hinblick auf die → Planung (Umsatz-, Kostenplanung) und → Organisation für → Gründer und → Kapitalgeber eine große Rolle. Der Zeithorizont der Anfangsverluste gibt Aufschluss über den des → Geschäftsmodells, also ab wann der Geschäftsplan die Verlustphase beendet und → Gewinne für möglich gehalten werden.

Angebotsgestaltung, umfasst alle Aspekte, die bei der Vorstellung eines Leistungsangebots bei spezifischen Kunden – oder allgemeiner – bei der Platzierung im Zielmarkt relevant sind. Hierzu zählen i.e.S. die verschiedenen Entscheidungsmerkmale der → Produktpolitik (z.B. → Sortimentsbreite) und der → Preispolitik (z.B. → Preisdifferenzierung). I.w.S. ist auch die → Markenpolitik zur Angebotsgestaltung zu zählen. Innovative → Unternehmensgründungen haben häufig eine große Zahl an Freiheitsgraden bei der Gestaltung ihres Angebots.

Anlageausschuss, → Investment Committee.

Anlagevermögen, umfasst gemäß § 274 HGB alle Vermögensgegenstände (→ Aktiva) der → Bilanz, die darauf ausgerichtet sind, dauerhaft dem Geschäftsbetrieb zu dienen. Sie werden nach § 266 HGB unterteilt in → immaterielle Vermögensgegenstände (z.B. → Lizenzen), Sachanlagen (z.B. Grundstücke) und Finanzanlagen (z.B. Beteiligungen).

Anreiz-Beitrags-Theorie, Begriff der Organisationstheorie. Die A.-B.-T. argumentiert, dass alle Organisationsteilnehmer der → Organisation Anreize erhalten und dafür gewisse Beiträge leisten. Ein → Mitarbeiter eines Unternehmens entscheidet z.B. über seinen Eintritt oder Austritt sowie sein konkretes Verhalten in einem Unternehmen in Abhängigkeit davon, ob der Wert der eigenen Beiträge für das Unternehmen nicht größer ist als der Nutzen der monetären und nichtmonetären Anreize, die er vom Unternehmen geboten bekommt. Der Nutzen der Anreize und der Wert der Beiträge richten sich dabei nach den individuellen Wertmaßstäben des Mitarbeiters. Die A.-B.-T. geht davon aus, dass die Organisationsteilnehmer in der Lage sind, die verschiedenen Anreize und Beiträge in einer Nutzengröße zusammenzufassen.

Anreizsystem. 1. *Begriff:* Summe aller bewusst gestalteten Anreize, die möglichst zu einem Handeln im Sinne der definierten Zielsetzung (z.B. im Sinne der Unternehmensziele) bewegen. – 2. *Ausgestaltung:* Anreize können dabei nach verschiedenen Kriterien definiert werden. Sie können materieller oder immaterieller Natur sein, sie können gemäß der Zahl der Anreizempfänger auf das Individuum oder größere Gruppen gleichzeitig bezogen sein, und sie können an der Quelle der extrinsischen oder der intrinsischen → Motivation ansetzen. – 4. *Kritik:* I.d.R. werden Anreize als relativ spezifisch angesehen und dadurch ihnen auch nur eine kurzfristige Wirkung zugesprochen. Erst die Auswirkung auf die Motivation wäre längerfristiger Natur.

Ansatzwahlrechte. Die Ansatzvorschriften (bspw. §§ 246-251, 266-278 HGB) bestimmen, welche Posten in der → Bilanz bzw. der → Gewinn- und Verlustrechnung ausgewiesen werden dürfen (Bilanzierbarkeit, Bilanzfähigkeit) oder müssen (Bilanzpflichtigkeit). So haben bspw. → Kapitalgesellschaften nach § 269 Abs. 1 HGB das Wahlrecht, als Bilanzierungshilfe Aufwendungen für die Ingangsetzung des Geschäftsbetriebs und dessen Erweiterung zu aktivieren, um hierdurch eine Überschuldung und deren Konsequenzen zu vermeiden. Aufwendungen für die → Gründung des Unternehmens und für die Beschaffung des → Eigenkapitals dürfen hingegen in die Bilanz ebenso wenig als Aktivposten aufgenommen werden wie nicht entgeltlich erworbene immaterielle Vermögensgegenstände des → Anlagevermögens (§ 248 Abs. 1 und 2 HGB). Die Bewertungsvorschriften bestimmen demgegenüber, mit welchem Wert eine Bilanzposition angesetzt werden darf (Bewertungswahlrecht) oder muss (gesetzlich vorgeschriebene Bewertung), und regeln damit das „Wie" des Bilanzansatzes. (§§ 252-256, 279-283 HGB).

Anschubfinanzierung, bezeichnet Kapital, das Unternehmen in der → Early-Stage ihrer → Gründung (bspw. zur Einführung ihrer Produktidee) an den Markt verhilft und somit die Möglichkeit zu einem ersten Wachstum mit Hilfe dieser Finanzmittel gibt. Eine Form der A. ist die Unterstützung von → Business Angel oder → Venture Capital, die andere Investitionskriterien als die eher risikoscheuen → Banken ansetzten.

Anspruchsinhaber, → Gläubiger.

Anteilserbringung, kommt beim → Exit eines börsennotierten Unternehmens zum Tragen, wenn die Inhaber das Unternehmen verkaufen wollen, allerdings weiterhin Teilhaber bleiben möchten. So werden statt einer Auszahlung Anteile durch Sachkapitalerhöhung beim Unternehmen angeboten. Die Inhaber werden hierbei zu → Gesellschafter. Eine A. erfolgt vor dem Hintergrund des Verkaufs an strategische oder → industrielle Investoren zur Stärkung der Marktposition und Sicherung des weiteren Wachstums. Gleichzeitig binden die Inhaber durch ihre Funktion als Gesellschafter ihr Know-how auch weiterhin an das Unternehmen.

Anteilsschein, → Aktie.

Anti-Dilution, *Verwässerungsschutzklauseln,* (1) Schutz vor Reduzierung der Anteilsquote im Rahmen von → Kapitalerhöhungen (dies kann durch das gesetzliche Bezugsrecht in § 186 Abs. 1 AktG gewährleistet werden, das auch für die → Gesellschaft mit beschränkter Haftung anerkannt ist). – (2) Schutz des Investors vor Wertverlust seiner Beteiligung bei späteren → Finanzierungsrunden mit niedrigeren Bewertungen, als bei der Erstfinanzierung. A.-D.-Klausel ermöglicht dem Investor, eine bestimmte Anzahl von jungen → Aktien oder Geschäftsanteilen gegen Zahlung allein des Nennwertes ohne Aufgeld zu beziehen. Zu unterscheiden sind → Full Ratchet- und → Weighted Average-Klauseln. A.-D.-Klauseln werden häufig in → Shareholder's Agreements vereinbart.

Antragsverfahren. 1. *Begriff:* Standardisierter Prozess zur Beantragung von Leistungen – 2. *Verbreitung:* A. sind insbesondere im öffentlichen Bereich üblich, aber auch an anderen Stellen zu finden. So haben bspw. → Banken i.d.R. standardisierte Prozesse zur Prüfung der → Kreditwürdigkeit im Rahmen der Kreditvergabe.

Arbeitgeberverband, *Arbeitgeberorganisation.* Interessenvereinigung der Arbeitgeber und Selbstständigerwerbenden zur Förderung und Durchsetzung kollektiver, wirtschaftlicher und sozialer Interessen. Indem A. direkt oder indirekt Tarifvereinbarungen und Gesamtarbeitsverträge aushandeln, sind sie Vertragspartner von → Gewerkschaften. Da sie keinen wirtschaftlichen → Betrieb, sondern die Förderung von Interessen zum Zweck haben, gelten sie als Idealvereine.

Arbeitnehmer, ist, wer auf Grund eines privatrechtlichen Vertrags (→ Arbeitsvertrag) für einen anderen unselbständige Dienste zu erbringen verpflichtet ist. Merkmale eines A. ist die Eingliederung des A. in eine fremde Arbeitsorganisation und seine Bindung an fremde Weisungen (§ 84 Abs. 1 HGB). Zu A. zählen Angestellte, Arbeiter und Auszubildende. Auszubildende werden bei der Ermittlung der im Betrieb beschäftigten A. nach § 23 KSchG nicht mitgezählt. Keine A. sind Kinder und Jugendliche, die noch in die

Schule gehen, Arbeitslose, Selbstständige, Beamte, Soldaten, Zivildienstleistende ohne privatrechtliches Dienstverhältnis und Rentner und Pensionäre.

Arbeitnehmermitbestimmung. 1. *Begriff:* Teilnahme der → Arbeitnehmer am Willlensbildungs- und Entscheidungsprozess in Betrieben oder Unternehmen. – 2. *Merkmale:* a) Mitbestimmung im Betrieb: Die arbeitsrechtliche A. im Betrieb erfolgt über den → Betriebsrat, der in Betrieben mit i.d.R. mindestens fünf ständig wahlberechtigten Arbeitnehmern, von denen drei wählbar sind, gewählt werden kann, § 1 Abs. 1 BetrVG. Mitbestimmungsrechte des Betriebsrats sieht das BetrVG in sozialen Angelegenheit (bspw. Fragen der Ordnung des Betriebs, Beginn und Ende der täglichen Arbeitszeit) vor, §§ 87 ff. BetrVG, und ferner in personellen Angelegenheiten, §§ 92 ff. BetrVG (insbesondere in Fragen der allgemeinen Personalplanung, § 92 BetrVG, der Berufsbildung, § 96 f. BetrVG, sowie bei personellen Einzelmaßnahmen, wie insbesondere der vorherigen Anhörung bei einer Kündigung, §§ 99 ff., 102 BetrVG). Ferner besteht ein Mitbestimmungsrecht des Betriebsrats bei wirtschaftlichen Angelegenheiten gemäß §§ 106 ff. BetrVG. Dieses wirtschaftliche Mitbestimmungsrecht umfasst zum einen das Recht des Wirtschaftsausschusses, der in Unternehmen mit i.d.R. mehr als 100 ständig beschäftigten Arbeitnehmern zu bilden ist, vom Unternehmer rechtzeitig und umfassend über die wirtschaftlichen Angelegenheit des Unternehmens unterrichtet zu werden, § 106 BetrVG. Ferner umfasst die wirtschaftliche Mitbestimmung bei Unternehmen mit i.d.R. mehr als 20 wahlberechtigten Arbeitnehmern die Pflicht des Unternehmers, den Betriebsrat über geplante Betriebsänderungen, die wesentliche Nachteile für die Belegschaft zur Folge haben können, rechtzeitig und umfassend zu unterrichten und solche Maßnahmen mit ihm zu beraten, § 111 BetrVG. In einem solchen Fall haben sich die Betriebsparteien über einen Interessenausgleich und einen Sozialplan zur Milderung der wirtschaftlichen Nachteile zu verständigen, die den Arbeitnehmern aufgrund der geplanten Betriebsänderung entstehen, § 112 BetrVG. Kommt eine Einigung nicht zustande, können Unternehmer und Betriebsrat eine Einigungsstelle anrufen, die dann zu entscheiden hat (§ 112 Abs. 3-5 BetrVG). Besteht eine Betriebsänderung nur in der Entlassung von Arbeitnehmern, ist der Sozialplan über die Einigungsstelle nur erzwingbar, wenn die in § 112a Abs. 1 BetrVG genannten Grenzen der Anzahl zu entlassender Arbeitnehmer überschritten werden. – b) Mitbestimmung im Unternehmen: Dies bedeutet die Beteiligung der Arbeitnehmer an der Auswahl und Kontrolle der Unternehmensleitung durch die Wahl von Arbeitnehmervertretern in den Aufsichtsrat. Die Mitbestimmung im Unternehmen ist vorgesehen und geregelt in §§ 76 ff. des BetrVG 1952 für → Kapitalgesellschaften mit mehr als 500 Arbeitnehmern (Drittelparität) und im MitbestG vom 4.5.1976 für Kapitalgesellschaften mit mehr als 2.000 beschäftigten Arbeitnehmern (paritätische Mitbestimmung).

Arbeitsagentur, *Agentur für Arbeit.* Die A. stellen die untersten beiden Ebenen der → Bundesagentur für Arbeit (BA) dar. Sie übernehmen als Dienstleister und Kundenzentren die operativen Aufgaben der BA und sind Anlaufstelle für Arbeitssuchende. Sie fungieren als erster Ansprechpartner bei einer → Existenzgründung aus der → Arbeitslosigkeit, gerade bei Inanspruchnahme von Förderleistungen wie dem Überbrückungsgeld oder des Existenzgründerzuschusses für eine → Ich-AG. Die 180 deutschlandweiten A. sind den 10 Regionaldirektionen unterstellt und gliedern sich in insgesamt 660 Geschäftsstellen. Ein wichtiges überregionales Element der A. ist das Internet-Portal, mit einem Online-Stellenmarkt für Anbieter und Nachfrager. – *Vgl. auch* www.arbeitsagentur.de.

Arbeitserlaubnis, besondere Erlaubnis der Arbeitsverwaltung, die zum Aufenthalt berechtigte ausländische Arbeitnehmer für eine Arbeitsaufnahme in Deutschland benötigen, soweit zwischenstaatlich nichts anderes vereinbart ist. Einen genehmigungsfreien Zugang zum deutschen Arbeitsmarkt haben ferner Staatsangehörige von EU-Mitgliedsstaaten, Ausländer, die eine unbefristete Aufenthaltserlaubnis oder eine Aufenthaltsberechtigung besitzen, zu einer Vertretung oder Geschäftsführung berufene Mitglieder eines Organs einer juristischen Person oder → Gesellschafter einer → Offene Handelsgesellschaft oder einer anderen Personengesamtheit sowie leitende Angestellte mit Generalvollmacht oder Prokura oder leitende Angestellte international tätiger Konzerne (§ 9 Nr. 1-2 ArGV). Die Arbeitserlaubnis erteilt die → Bundesagentur für Arbeit, § 284 SGB III. Sie ist Beschäftigungsvoraussetzung; fehlt sie, so ist der → Arbeitsvertrag bis zu ihrer Erteilung schwebend unwirksam, mit Verweigerung tritt endgültige Unwirksamkeit ein.

Arbeitslohn, → Lohn.

Arbeitslosenversicherung, Element der Sozialversicherung. Sie dient der sozialen Vorsorge. Die während einer Beschäftigung von Arbeitgeber und Arbeitnehmer anteilig geleisteten Beitragszahlungen führen zu einem Leistungsanspruch, unabhängig von der Bedürftigkeit. Im Falle der → Arbeitslosigkeit ist neben den Lohnersatzleistungen die Förderung der Aufnahme einer selbständigen Tätigkeit (Überbrückungsgeld bzw. Existenzgründungszuschuss) ein Element der A. Selbständige sind von der A. ausgenommen da sie keine Beschäftigen gemäß § 2 SGB IV darstellen. Deshalb sollte der → Gründer für eine eventuelle Arbeitslosigkeit privat vorsorgen. Beschäftigte Arbeitnehmer unterliegen der Versicherungspflicht und müssen vom Arbeitgeber gemeldet werden.

Arbeitslosigkeit, *Erwerbslosigkeit*, liegt vor, wenn jemand vorübergehend nicht beschäftigt ist, eine versicherungspflichtige Beschäftigung sucht, verfügbar für die Agentur für Arbeit ist und sich dort arbeitslos gemeldet hat (§ 16 SGB III). A. kann friktionell, strukturell, saisonal und konjunkturell bedingt sein. Im Falle einer A. können Leistungen der → Arbeitsagentur in Anspruch genommen werden. Dies sind bei einem Versicherungsanspruch z.B. das Arbeitslosengeld, die Arbeitslosenhilfe oder Unterstützungsleistungen zur → Existenzgründung (Überbrückungsgeld oder Existenzgründerzuschuss). Besteht kein Anspruch aus der Versicherung, kann auf nicht-monetäre Leistungen der Arbeitsagentur (z.B. Weiterbildung oder Arbeitsvermittlung), zurückgegriffen werden.

Arbeitsmarkt. 1. *Begriff:* Aufeinandertreffen von Arbeitsangebot und Arbeitsnachfrage, i.d.R. zum Zwecke des Tauschs menschlicher Arbeitsleistungen gegen Entgelt. – 2. *Merkmale:* Im theoretischen Idealfall regelt auf dem A. allein der Lohn den Ausgleich von Angebot und Nachfrage. Gleichgewicht herrscht demnach, wenn zu einem gegebenen Lohn jeder, der arbeiten will, auch arbeiten kann. → Arbeitslosigkeit ist in diesem Fall ein freiwilliges Phänomen (hohe Freizeitpräferenz der Anbieter oder friktionelle Ursachen). Tatsächlich kommt es aus zahlreichen weiteren Gründen zu vorübergehenden und dauerhaften Ungleichgewichten. Zu nennen sind hier saisonale, konjunkturelle und vor allem strukturelle Ursachen. Strukturelle Arbeitslosigkeit liegt vor, wenn Angebot und Nachfrage aufgrund beschäftigungsrelevanter Merkmale, also z.B. Alter, Gesundheit oder Qualifikation, nicht zusammenpassen. Für die Frage, wie rasch es in solchen Fällen über eine Anpassung der Merkmale zu einem Abbau der Arbeitslosigkeit kommt, spielen vor allem organisatorisch-institutionelle Faktoren (z.B. gewerkschaftliche Restriktionen) eine Rolle. In Zeiten raschen technologischen Wandels sind die Anforderungen an entsprechende Anpassungsmechanismen besonders hoch. Beim natürlichen Marktaustritt unrentabler Unternehmen mit veralteter Technologie und dem Entstehen neuer modernerer Unternehmen bedarf es vor allem einer analogen Anpassung der Qualifizierungsmerkmale betroffener Arbeitnehmer. Je länger die Arbeitssuche dauert, um so gravierender fällt die Entwertung der ursprünglichen Qualifikation aus. Die Gefahr steigender Langzeitarbeitslosigkeit erhöht sich. Die Anforderungen der Nachfrager sind allerdings hinsichtlich Qualität und anderer angebotsseitiger Merkmale je nach Branche und Region sehr unterschiedlich. Daher unterscheidet man Teilarbeitsmärkte, auf denen die Verhältnisse hinsichtlich Lohnhöhe, Mobilität, Ausprägung von Ungleichgewichten und institutionellen Restriktionen sowie anderen Kriterien z.T. stark divergieren. – 3. *Arbeitsmarktpolitik:* Die Verhältnisse auf dem A. geraten regelmäßig in besonderer Weise ins Visier der Politik. Die Höhe des Beschäftigungsstandes und in diesem Zusammenhang die Zahl der Arbeitsplätze gehören hierbei zu den wichtigsten Zielvariabeln. Als Maßstab werden ethische Grundsätze ebenso wie gesamtwirtschaftliche Ziele und gesellschaftspolitische Erfordernisse zu Grunde gelegt. Je nach paradigmatischer Ausrichtung greift die Arbeitsmarktpolitik unmittelbar in das theoretisch freie Spiel der Marktkräfte ein oder aber beschränkt sich stärker darauf, geeignete Rahmenbedingungen für eine möglichst weitgehende Selbstorganisation des Marktes zu schaffen und zu erhalten. In Deutschland ist die preisgesteuerte Eigendynamik des A. aufgrund zahlreicher institutioneller Restriktionen traditionell stark eingeschränkt. Daher gehen die politischen Bemühungen dahin, strukturelle Verkrustungen im Zuge einer Liberalisierung der Marktverfassung aufzubrechen. Zuletzt wurde in diesem Zusammenhang das Hartz-Konzept diskutiert. Insgesamt ist die Anzahl verfügbarer arbeitsmarktpolitischer Instrumente vergleichsweise hoch. Daher erscheint es schwer, nicht nur ihre marktwirtschaftliche Eignung, sondern auch ihre wechselseitige Kompatibilität richtig einzuschätzen. Generell werden Maßnahmen, die auf eine Anpassung verfügbarer Arbeitskräfte und Arbeitsplätze ausgerichtet sind, oft zur aktiven Arbeitsmarktpolitik gezählt. Solche Maßnahmen hingegen, die lediglich einen finanziellen Ausgleich für Arbeitslose darstellen, zählen nach dieser Unterscheidung zur passiven Arbeitsmarktpolitik. Arbeitslosen, die sich selbständig machen wollen, bietet die deutsche → Bundesagentur für Arbeit mit ihren regionalen → Arbeitsagenturen insbesondere zwei Förderinstrumente. Neben dem bereits länger angebotenen Überbrückungsgeld gemäß § 57 SGB III haben die gründungswillligen Arbeitslosen seit einiger Zeit die Möglichkeit, auch einen Existenzgründungszuschuss (ExGrZ) gemäß § 421 Abs. 1 SGB III zu beantragen. Voraussetzung ist allerdings, dass sie sich für die Gründung einer → Ich-AG (oder Familien-AG) entscheiden. Welche Variante – das Überbrückungsgeld oder die Ich-AG – aus Sicht des zu Fördernden im Einzelfall sinnvoller ist, hängt im Wesentlichen von drei Parametern ab: Von der individuellen Höhe der Lohnersatzleistung, nach der sich das Überbrückungsgeld bemisst, von den Erwartungen über die Geschäftsentwicklung in den ersten drei Jahren und von den Sozialversicherungsbeiträgen.

Prof. Dr. Lambert T. Koch

Arbeitsplatz. Gemäß DIN 33 400 handelt es sich beim A. um den räumlichen Bereich im Arbeitssystem, in dem die Arbeitsaufgabe verrichtet wird. Der A. bildet die kleinste räumliche Organisationseinheit der Unternehmensorganisation und ist von der sog. „Stelle" zu unterscheiden, die keine räumliche Bestimmung beinhalten muss. Während der Planung der → Aufbau- und Ablauforganisation eines neuen Unternehmens ist die An- und Zuordnung der Arbeitsplätze daher zu beachten. Ferner müssen bei der Einrichtung von A. im Zuge einer → Unternehmensgründung die für diese geltenden Sicherheitsbestimmungen aus dem Bereich des Arbeitsschutzes etc. Beachtung finden

Arbeitsproduktivität, gibt das Verhältnis von Output (z.B. Bruttoinlandsprodukt, Wertschöpfung, Produktionswert) zu Arbeitsinput (z.B. Erwerbstätige, Arbeitsstunden, Arbeitskosten) an. Die Höhe der A. wird wesentlich bestimmt durch die Qualifikation des eingesetzten → Personals, den Umfang und die Qualität (Modernität) der eingesetzten → Sachgüter sowie durch die Qualität des → Managements, insbesondere die Qualität der Arbeitsorganisation.

Arbeitsstättenrichtlinien, enthalten Definitionen und Auslegungen unbestimmter Rechtsbegriffe der Arbeitsstättenverordnung, die die grundsätzlichen Anforderungen für Arbeitsstätten festlegt. Hierzu zählen z.B. die Mindestabmessungen für Arbeitsräume, die Lüftung und Temperierung der Arbeitsräume, die Mindestbeleuchtung, der Nichtraucherschutz und Anforderungen an innerbetriebliche Verkehrswege. Im August 2004 erfolgte eine erhebliche Deregulierung. Der Vollzug der Arbeitsstättenverordnung obliegt den Gewerbeaufsichtsämtern bzw. den Ämtern für Arbeitsschutz (je nach Bundesland).

Arbeitsvertrag. 1. *Begriff:* Der A. ist ein durch die persönliche Abhängigkeit des Arbeitnehmers gekennzeichneter Dienstvertrag. Der → Arbeitnehmer kann im Wesentlichen nicht selbst seine Tätigkeit gestalten und seine Arbeitszeit bestimmen. Er ist vielmehr in die Arbeitsorganisation des Arbeitgebers eingegliedert und unterliegt typischerweise den Weisungen des Arbeitgebers über Inhalt, Durchführung, Zeit, Dauer und Ort der Tätigkeit. Es besteht die besondere Zuständigkeit der Arbeitsgerichte, § 2 ArbGG. Organmitglieder → juristische Personen sind keine Arbeitnehmer; ihr Anstellungsvertrag (von der organschaftlichen Bestellung zu unterscheiden) ist Dienstvertrag, nicht A. und wird nicht dadurch zum A., dass die Bestellung zum Organmitglied unterbleibt oder endet. Das Probearbeitsverhältnis kann als befristetes Arbeitsverhältnis oder als vorgeschaltete Probezeit im Rahmen eines unbefristeten Arbeitsverhältnisses vereinbart werden, während derer nach § 622 Abs. 3 BGB mit einer Frist von nur zwei Wochen gekündigt werden kann. Ein faktisches Arbeitsverhältnis liegt vor, wenn ein A. von Anfang an oder auch nachträglich (z.B. durch Anfechtung) nichtig ist. Für die Vergangenheit ist ein faktisches Arbeitsverhältnis wie ein wirksames zu behandeln, für die Zukunft kann es jederzeit durch einseitige Erklärung gegenüber der jeweils anderen Partei beendet werden. – 2. *Merkmale:* a) Form: Der A. kann grundsätzlich formlos geschlossen werden, jedoch hat der Arbeitgeber spätestens innerhalb eines Monats die wesentlichen Vertragsbedingungen schriftlich niederzulegen, § 2 NachwG. Die Kündigung des A. oder seine Auflösung durch Vertrag hat stets schriftlich zu erfolgen, § 623 BGB. – b) Zustandekommen, Inhalt: Das Zustandekommen eines A. setzt die Einigung von Arbeitnehmer und Arbeitgeber zumindest über Art und Beginn der geschuldeten Arbeitsleistung voraus. Vorformulierte Arbeitsverträge unterliegen nach der Schuldrechtsreform der durch § 310 Abs. 4 Nr. 2 BGB eingeschränkten Inhaltskontrolle, §§ 308, 309 BGB, zugunsten des Arbeitnehmers (z.B. kein einseitiges Widerrufsrecht des Arbeitgebers für Vergütungsbestandteile); Unklarheiten gehen zu Lasten des Arbeitgebers, § 305c Abs. 5 BGB. Der A. begründet die Pflicht des Arbeitnehmers, die vertragsgemäße Arbeitsleistung zu erbringen; der Arbeitgeber hat als Gegenleistung die vereinbarte oder tarifvertraglich vorgegebene Vergütung zu bezahlen, § 611 BGB. Gerät der Arbeitgeber bezüglich der Arbeitsleistung in Annahmeverzug, wie typischerweise im Fall einer unbegründeten Kündigung, schuldet er gleichwohl den Arbeitslohn, § 615 BGB. – c) Rechte und Pflichten: Vielfach ergeben sich die Rechte und Pflichten der Arbeitsvertragsparteien, wie z.B. Gewährung von Urlaub, Entgeltfortzahlung im Krankheitsfall oder Kündigungsfristen nicht aus dem A. selbst, sondern insbesondere aus arbeitsrechtlichen Gesetzen oder Tarifverträgen.

Das Arbeitsverhältnis wird von einem beträchtlichen arbeitsrechtlichen Regelwerk (Kündigungsschutz, Einschränkung von Befristungen, Arbeitsschutz, Betriebsverfassung) flankiert und seine Gestaltung damit teilweise der Disposition der Vertragsparteien entzogen; insbesondere kann dem Arbeitnehmer der Schutz der am deutschen Arbeitsort geltenden Gesetze nicht durch die Wahl eines ausländischen Rechts entzogen werden (Art. 30 EGB GB). – d) Leistungsstörungen: Leistungsstörungen im Arbeitsrecht werden grundsätzlich nach den allgemeinen schuldrechtlichen Regeln, §§ 275 ff. und 323 f. BGB, behandelt. Allerdings führt die besondere wirtschaftliche und soziale Abhängigkeit des Arbeitnehmers gegenüber dem Arbeitgeber zu Modifikationen. So verliert der Arbeitnehmer bei beiderseits unverschuldeter Unmöglichkeit der Leistung dann nicht seinen Lohnanspruch, wenn die Ursache in das Betriebsrisiko des Arbeitgebers fällt (z.B. Ausbleiben von Materialien, Naturkatastrophen). Verletzt der Arbeitnehmer arbeitsvertragliche Nebenpflichten, haftet er dem Arbeitgeber nur bei grober Fahrlässigkeit oder Vorsatz für den deshalb entstandenen Schaden. – e) Anfechtung: Für die Anfechtbarkeit des A. wegen Irrtums gelten die allgemeinen Regeln der §§ 119 ff. BGB. Dabei hat der Irrtum des Arbeitgebers über eine verkehrswesentliche Eigenschaft des Arbeitnehmers (Unkenntnis von Eigenschaften des Arbeitnehmers als Voraussetzung für die Beurteilung, ob der Arbeitnehmer für die vorgesehene Arbeitsleistung geeignet ist) besondere Bedeutung gewonnen. Die Anfechtung im Arbeitsrecht hat grundsätzlich aufgrund regelmäßig erheblicher Rückabwicklungsschwierigkeiten keine Rückwirkung, d.h. das Arbeitsverhältnis ist nur für die Zukunft als nichtig anzusehen. Eine Rückwirkung und damit anfängliche Nichtigkeit kommen nur in Betracht, soweit das Arbeitsverhältnis noch nicht in Vollzug gesetzt worden ist. Vorstrafen stellen keine verkehrswesentliche Eigenschaft dar; ihre Kenntnis kann aber im Einzelfall einen Schluss auf persönliche Eigenschaften erlauben, so dass die Unkenntnis zur Anfechtung berechtigt. Voraussetzung ist, dass die strafgerichtliche Verurteilung einen Bezug zum Aufgabenbereich des Arbeitnehmers hat (z.B. Vorstrafe eines Kassierers wegen Vermögensdelikten). Die Schwangerschaft ist keine verkehrswesentliche Eigenschaft, da es sich nur um einen vorübergehenden Zustand handelt. Eine Anfechtung wegen arglistiger Täuschung, § 123 BGB, ist grundsätzlich möglich, wenn der Arbeitnehmer dem Arbeitgeber auf eine von diesem gestellte zulässige Frage eine falsche Antwort gibt oder der Arbeitnehmer nach Treu und Glauben mit Rücksicht auf die Verkehrssitte auch ohne besondere Befragung zur Offenbarung der verschwiegenen Tatsache verpflichtet gewesen wäre. – f) Dauer: Der A. wird i.d.R. auf unbestimmte Zeit geschlossen. Eine Befristung ist nur bis zur Gesamtdauer von zwei Jahren (bei Gründung des Unternehmens bis zu vier Jahren, § 14 Abs. 2a TzBfG) zulässig, ansonsten bedarf es eines sachlichen Grundes gemäß § 14 Abs. 1 TzBfG. Dann endet das Arbeitsverhältnis durch Zeitablauf. Das unbefristete Arbeitsverhältnis endet regelmäßig durch Kündigung einer Partei oder durch Auflösungsvertrag, wobei jeweils Schriftform vorgeschrieben ist.

Dr. Wolfgang Weitnauer

Literatur:

Dieterich, T./Müller-Glöge, R./Preis, U. (Hrsg.), Erfurter Kommentar zum Arbeitsrecht, München 2004; *Hümmerich, K.:* Arbeitsrecht, Bonn 2004; *Küttner, W.:* Personalbuch 2004, München 2004; *Schaub, G.:* Arbeitsrechtshandbuch, München 2004.

Arbeitszeitregelung. Die Arbeitszeit wird gesetzlich im Arbeitszeitgesetz (ArbZG) und darüber hinaus durch Tarifvertrag oder Betriebsvereinbarung geregelt. Arbeitszeit ist die Zeit von Beginn bis zum Ende der Arbeit ohne Ruhepausen. Beginn und Ende der Arbeitszeit werden im ArbZG nicht näher definiert;

regelmäßig nicht erfasst wird die Wegezeit. Die Höchstdauer der Arbeitszeit beträgt grundsätzlich acht Stunden je Werktag (§ 3 Abs. 1 ArbZG).

Arbeitszeugnis. 1. *Begriff:* Jeder → Arbeitnehmer hat bei Beendigung des Arbeitsverhältnisses Anspruch gegenüber seinem Arbeitgeber auf Erteilung eines schriftlichen A. (§§ 630 Abs. 4 BGB, 109 GewO). Das Zeugnis dient zum einen dem beruflichen Fortkommen des Arbeitnehmers und muss daher aufgrund der Fürsorgepflicht des Arbeitgebers von Wohlwollen getragen sein. Zum anderen dient es Arbeitskräfte suchenden Dritten bei der Auswahlentscheidung und muss daher wahr sein. Das Zeugnis darf gemäß § 109 Abs. 3 GewO nicht in elektronischer Form erteilt werden. – 2. Merkmale: a) Das einfache A. enthält Angaben über Art und Dauer der Tätigkeit. Grund und Art der Beendigung des Arbeitsverhältnisses sind nur auf Wunsch des Arbeitnehmers aufzunehmen. – b) Das qualifizierte A. bezieht sich darüber hinaus auf die Leistung und das Verhalten des Arbeitnehmers und ist auf Verlangen des Arbeitnehmers zu erteilen. – c) Nach dem Zeitpunkt der Erteilung wird zwischen End- und Zwischenzeugnis unterschieden. Das Zwischenzeugnis wird während des ungekündigten Arbeitsverhältnisses regelmäßig aus besonderem Anlass (bspw. Versetzung, Bewerbung, Betriebsnachfolge, → Besitzerwechsel) erteilt.

Arbitriumwert, → Unternehmenswert.

Arten von Fördermitteln, → Förderarten.

Assessment Center für Gründer (AC). 1. *Begriff:* Hier handelt es sich um ein Gruppenauswahlverfahren für angehende Existenzgründer. Mehrere Beobachter verfolgen bei mehreren Übungen (z.B. Postkorb, Präsentationen, Rollen- und Konfliktgespräche, Gruppendiskussionen, Fallstudien), ob es sich bei einem Kandidaten wirklich um einen Gründertyp handelt oder nicht. – 2. *Wirkungen:* AC sind zwar relativ aufwendig, haben aber auch den möglichen Vorteil, dass sie durch die Auswahl geeigneter Übungsformen und die Absprache von entsprechenden Kriterien relativ situationsorientiert eingesetzt werden können. Wichtig ist dabei sicherlich, dass eine besonders gründliche Einweisung und eine laufende Schulung der Beobachter erfolgt.

Asset Deal, Art einer Firmenübernahme. A.D. bezeichnet den Kauf eines Unternehmens durch den Kauf der Vermögenswerte (→ Aktiva) der übernommenen Gesellschaft, anstelle deren Aktien. – *Gegensatz:* → Share Deal.

Associate Partner Programs, → Affiliate Marketing.

Aufbauorganisation, *Strukturorganisation.* 1. *Begriff:* Statisches Gerüst einer → Organisation, das die interne Arbeits(ver)teilung auf einzelne Einheiten, aber auch das Beziehungsgerüst zwischen diesen festlegt. – 2. *Abgrenzung zur Ablauforganisation:* Aufbau- und → Ablauforganisation bilden gemeinsam die → Organisationsstruktur des Unternehmens, die sich in geplanten, formalen und dauerhaft angelegten Regelungen manifestiert. Die Trennung der Organisationslehre in A.- und Ablauforganisation hat analytischen Charakter. Während die A. als Rahmen festlegt, wer was mit wessen Hilfe zu machen hat, erfolgt mit der Festlegung der Ablauforganisation die dynamische Ausgestaltung, also wann, wo und wie oft etwas erfolgt. – 3. *Ziele:* Die Ausgestaltung der Organisationsstruktur soll und kann die Interessen verschiedener → Stakeholder befriedigen: Primär sollen die → Unternehmensziele, wie bspw. Produktivitätserhöhung, Wirtschaftlichkeit oder Zukunftssicherung durch die Ausgestaltung positiv beeinflusst werden, aber auch Ziele der → Mitarbeiter wie Arbeitszufriedenheit, Aufstiegschancen, Sicherheit und Kundenziele wie niedrige Preise oder Service dienen zur Bestimmung der A. – 4. *Inhalte der organisatorischen Gestaltung:* a) Aufbauelemente der

Organisationsstruktur sind die Aktionseinheiten, auf die die Aufgaben verteilt werden: (1) Stelle: Sie ist die kleinste eigenständig handelnde organisatorische Einheit, auf Dauer angelegt und das Grundelement der A. Sie ist ein Bündel von Verhaltens- und Leistungserwartungen, die an einen potenziellen Mitarbeiter gerichtet werden. Sie ist von anderen Stellen abgrenzbar, jedoch mit ihnen koordinierbar. Bei der → Stellenbildung ist die Übereinstimmung von zu erfüllender Aufgabe, übertragener → Kompetenz und zu übernehmender Verantwortung zu beachten. (2) Instanz: Stelle mit Leitungsbefugnis. (3) Abteilung: Zusammenfassung mehrer Stellen unter der Leitung einer Instanz. (4) Stabstellen/zentrale Dienststellen: Sie nehmen unterstützende Funktionen gegenüber anderen (Linien)Stellen wahr. (5) Komitees, Teams, Projekte, Ausschüsse: Sie sind zeitlich befristet tätig, und werden zur Erfüllung von komplexen und innovativen Aufgaben gegründet. – b) Aufbaubeziehungen: Beziehungsgeflecht zur Umwelt, das die Stelle benötigt, um die Aufgaben erfüllen zu können (Leitungs-, Sachmittel). – c) Leitungssysteme zeigen die Ordnungs- und Verbindungsmöglichkeiten sowie die Weisungswege zwischen den einzelnen Stellen auf und werden graphisch im → Organigramm dargestellt. Die einzelnen Stellen werden hierarchisch eingestuft, sodass ein klar gestaffeltes System von Unter- und Überordnungen entsteht. (1) Bei dem → Einliniensystem ist eine Stelle nur einer übergeordneten Stelle unterstellt, wodurch das Prinzip der Einheit der Auftragserteilung gewahrt wird. (2) Beim → Mehrliniensystem hingegen erfolgt eine mehrfache Unterstellung. Es folgt damit dem Prinzip des kürzeren Weges. – 5. *Gestaltungsprozess der A.:* Dieser ist als mehrstufiger Prozess zu verstehen. a) Aufgabenanalyse: In diesem ersten Schritt werden Gesamtaufgaben in Teilaufgaben zerlegt, aber bspw. auch die notwendigen Informationen mit dem Ziel geordnet, den Informationsbedarf zu erkennen. Die Gliederung kann bspw. nach der Verrichtung, dem Objekt, der Zweckbeziehung, der Phasen des Führungsprozesses, dem Rang in der Hierarchiestufe oder nach Sachmitteln und Raum erfolgen. – b) Aufgabensynthese: Sie ist die eigentliche organisatorische Tätigkeit. Die in der Aufgabenanalyse ermittelten Teilaufgaben werden zu sinnvollen Aufgabenkomplexen zusammengefasst und gedachten Aufgabenträgern zugeordnet. Gleichzeitig werden die benötigten Entscheidungskompetenzen zugewiesen. Zusammenfassungskriterien können analog der Aufgabensynthese bspw. gleiche Objekte, gleiche Verrichtungen, oder räumliche und zeitliche Aspekte sein. Bestimmend für diesen Prozess sind situative, unternehmensinterne (z.B. → Unternehmenskultur, -größe, → Rechtsform) also auch unternehmensexterne Faktoren (bspw. Gesetze, → Arbeitsmarkt, → Konkurrenz). Die Herausforderung liegt darin, dass die Verteilung unter Berücksichtigung aller o.g. Gestaltungselemente so erfolgen muss, dass die → Ressourcen optimal ausgenutzt werden und das Zusammenspiel reibungsarm verläuft. Auf Unternehmensebene müssen die Aktivitäten der einzelnen Teileinheiten optimalerweise so kombiniert und koordiniert werden, dass durch das Zusammenspiel ein Zusatznutzen im Hinblick auf die Erreichung der Unternehmensziele generiert werden kann. Beispielhaft seien dazu einige Organisationsprinzipien angeführt. – c) Organisationsprinzipien: (1) Prinzip der Personenunabhängigkeit: Grundsätzlich erfolgt die Stellenbildung aufgabenorientiert durch Bündelung gleichartiger Tätigkeiten ohne Bezug auf eine bestimmte Person. Die aufgabenträgerorientierte Stellenbildung hingegen orientiert sich an der konkreten Leistungsmotivation oder Qualifikation des zukünftigen Aufgabenträgers. (2) (De-) Zentralisation: Mit dem Ziel einer optimalen Aufgabenkoordination kann die Arbeits(ver)teilung sowohl hinsichtlich der vertikalen und horizontalen Aufsplittung, hinsichtlich Ihres Bezugs zum Zentrum als auch hinsichtlich der Führungsspanne dezentral oder zentral vorgenommen werden. (3) Differenzierung und Integration:

Im Rahmen der Bildung einer Organisationsstruktur muss der Arbeitsprozess einerseits aufgesplittet und in einzelne Aktionseinheiten und Teilsysteme gegliedert werden (→ Differenzierung), andererseits muss dafür gesorgt werden, dass an den notwendigen Punkten eine Arbeitsvereinigung, also eine gezielte Zusammenführung von Aufgaben vorgenommen wird. – 6. *Aufbaustrukturen:* Die gebildeten Stellen müssen auf Unternehmensebene zwangsläufig nach bestimmten Kriterien in einer Struktur angeordnet werden: a) Funktional- oder Verrichtungsorganisation: Die zweitoberste Hierarchieebene ist nach Sachfunktionen (u.a. Einkauf, → Produktion, → Marketing) spezialisiert und prägt das gesamte Gefüge funktional. Diese Form ist vor allem bei kleineren Unternehmen oder bei Einproduktunternehmen bzw. Unternehmen mit einer homogenen Produktpalette weit verbreitet. – b) Objektorientierte Organisation, (Divisional-, Sparten- oder Geschäftsbereichsorganisation): Die Verrichtungen, die für die Bearbeitung eines Objekts (z.B. Produkt, Kunden(gruppe), Region) benötigt werden, werden zusammengefasst. Die Besonderheit der divisionalen Form liegt in der Autonomie der einzelnen Divisionen, die damit den Charakter eines Profit Centers erhalten und wie ein Unternehmen im Unternehmen geführt werden. – c) → Matrixorganisation*:* Sie versucht die jeweiligen Nachteile der beiden erstgenannten Formen auszugleichen, indem sie die Aufgabenverteilung gleichzeitig nach dem Verrichtungsprinzip (vertikal) und Objektprinzip (horizontal) anwendet und zu einer Matrixform kombiniert. Dies führt zu (durchaus gewünschten) Kompetenzüberschneidungen. – d) Duale Organisationsstrukturen haben eine der oben genannten Grundstrukturen, überlagern diese jedoch durch eine Projekt- oder Teamorganisation. – e) Holdingstrukturen: Neue Entwicklungen im Rahmen der Globalisierung führen zu einer zunehmenden rechtlichen Autonomie einzelner Bereiche mit dem Ziel der Marktnähe und → Flexibilität. – *Vgl. Abb.* „Aufbauorganisation, Basisstruktur von Gründungen".

Prof. Dr. Alexander Bassen

Literatur:

Bea, F.X./Göbel, E. (Hrsg.): Organisation, Stuttgart 1999; *Frese, E.* (Hrsg.): Enzyklopädie der Betriebswirtschaftslehre, Band 2, Handwörterbuch der Organisation, Stuttgart 1992; *Schreyögg, G.:* Organisation, Wiesbaden 2003.

Aufbewahrungsfristen. Der → Kaufmann ist handels- und steuerrechtlich (§§ 257 HGB 147 Abs. 3 AO) verpflichtet, Handelsbücher, → Bilanzen, Inventare, Lageberichte nebst Organisationsunterlagen und seit 1998 auch Buchungsbe-

Aufbauorganisation, Basisstruktur von Gründungen

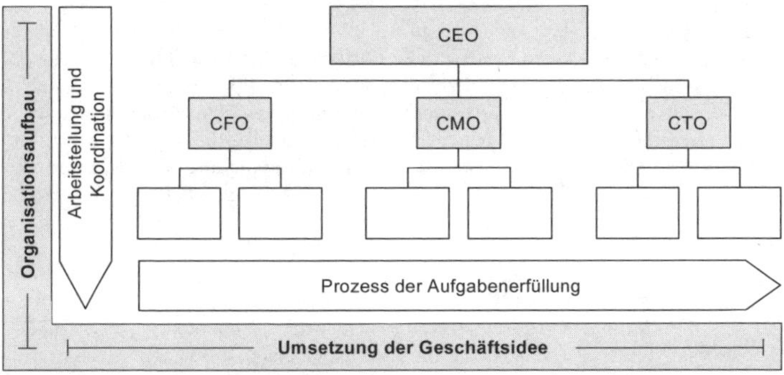

lege für die Dauer von zehn Jahren, Geschäftskorrespondenz für sechs Jahre lang aufzubewahren.

Aufgeld, *Premium.* 1. Wertpapierhandel: Unterschied zwischen dem Nennwert und dem höheren Kurswert eines Wertpapiers (sofern es sich nicht um ein nennwertloses Papier handelt). Dieser wird meist in Prozent des Nennwertes ausgezeichnet. – 2. Speziell im Optionshandel: Premium, das ein Optionskäufer bezahlt, um eine → Option zu erstehen (Optionswert). – 3. Devisenmarkt: Unterschied zwischen Devisenpreis und Kassakurs. Dies entspricht dem Aufpreis, den man beim Umwandeln von Devisen in Sorten zahlt. – 4. Investmentfonds: Gebühr, welche der Anleger beim Erwerb von Anteilen zur Deckung der Ausgabe- und Rücknahmekosten zahlt. Es wird hier auch als Ausgabe-Aufschlag und beim Umsteigen auf einen anderen Fond als Switchgebühr bezeichnet. – 5. Edelmetallhandel: Aufpreis für die Verarbeitungsform des Metalls. – *Vgl. auch* → Agio.

Aufsichtsrat. 1. *Begriff:* Der A. ist gesetzlich vorgeschriebenes Organ von → Aktiengesellschaften, → Kommanditgesellschaft auf Aktien, Genossenschaften, → Gesellschaften mit beschränkter Haftung mit über 500 Arbeitnehmern und Versicherungs- vereinen auf Gegenseitigkeit und dient dem Zweck der Bestellung und Überwachung des Vorstands. – 2. *Merkmale:* Der A., §§ 95 ff. AktG, besteht aus mindestens drei Mitgliedern oder einer höheren durch drei teilbaren Zahl. Der A. wählt aus seiner Mitte einenVorsitzenden und mindestens einen Stellvertreter, § 107 Abs. 1 AktG. Er tagt in Sitzungen, zu denen er zweimal im Kalenderhalbjahr zusammentreten muss; bei nicht börsennotierten Gesellschaften kann der A. dies auf eine Sitzung verringern, § 110 Abs. 3 AktG. Die Sitzungen sind nicht öffentlich, wobei Sachverständige und Auskunftspersonal zur Beratung einzelner Gegenstände zugezogen werden können, § 109 Abs. 1 AktG. Der A. entscheidet als Kollegialorgan durch Beschluss, § 108 AktG. Die Hauptaufgaben des A. sind die Bestellung und Abberufung der Vorstandsmitglieder, § 84 AktG, sowie die gerichtliche und außergerichtliche Vertretung der Gesellschaft gegenüber Vorstandsmitgliedern, § 112 AktG. Der A. überwacht die Unternehmensleitung, § 111 AktG, der → Vorstand ist ihm gegenüber berichtspflichtig, § 90 AktG. Aufsichtsratsmitglieder trifft eine gleiche Sorgfaltspflicht und Verantwortlichkeit wie Vorstandsmitglieder, §§ 116, 93 AktG. So hat der A. auch wesentliche Einzelmaßnahmen, etwa im Hinblick auf → Rentabilität und → Liquidität der Gesellschaft, zu überprüfen; der Verdacht auf unkorrekte Geschäftspraktiken des Vorstands sollte Anlass zu eigenen Nachforschungen des A., § 111 Abs. 2 Nr. 1 AktG, oder für eine Sonderprüfung, § 111 Abs. 2 Nr. 2 AktG, sein. Der A. hat ferner die von ihm zu bestimmenden Geschäftsführungsmaßnahmen seiner Zustimmung zu unterwerfen, § 111 Abs. 4 Nr. 2 AktG. Auch hat der A. das Bestehen von Schadensersatzansprüchen gegenüber Vorstandsmitgliedern eigenverantwortlich zu prüfen und nach dem Ergebnis dieser Prüfung durchsetzbare Schadensersatzansprüche grundsätzlich zu verfolgen.

Auftragseingang. 1. *Begriff:* Eine neue, auf einem verbindlichen → Vertrag basierende Vereinbarung zur Leistungserstellung. – 2. *Merkmale:* Er stellt einen wesentlichen Bestandteil des → Früherkennungssystems dar, da er den ersten Schritt der betrieblichen Wertschöpfung bildet.

Aufwand, umfasst den Wert periodenbezogenen und bewerteten Verbrauch von Gütern und Dienstleistungen, die sich negativ auf den bilanziellen Erfolg durch eine Verminderung des Reinvermögens auswirken. – *Vgl. auch* → Ausgaben.

Auktion, *Versteigerung.* Die A. beschreibt einen Prozess der Preisbildung im Gebots-verfahren, wobei sich verschiedene Varianten von Auktionen unterscheiden lassen. Bei der englischen

Variante steigern die Interessenten angefangen vom niedrigsten Gebot bis der Meistbietende den Zuschlag für die Ware erhält. Bei der holländischen Variante wird mit einem festgesetzten oberen Preis begonnen. Das Gebot wird günstiger bis ein Käufer das Angebot annimmt.

Ausbildungsvertrag, *Berufsausbildungsvertrag,* → Vertrag zwischen Ausbildendem und → Auszubildendem durch den sich der Ausbildende zum Ausbilden in einem bestimmten Ausbildungsberuf und der Auszubildende zum Lernen in diesem Ausbildungsberuf verpflichtet (Ausbildungszweck). Gemäß § 3 Abs. 2 Berufsbildungsgesetz (BBiG) gelten für den Berufsausbildungsvertrag grundsätzlich die arbeitsrechtlichen Rechtsvorschriften und Rechtsgrundsätze, soweit sich nicht aus seinem Wesen und Zweck und dem BBiG etwas anderes ergibt. Der A. endet gemäß § 15 BBiG während der ein- bis dreimonatigen Probezeit durch Kündigung des Vertrages durch einen der beiden Hauptvertragspartner ohne die Angabe von Gründen und ohne Einhaltung einer Kündigungsfrist. Nach der Probezeit hat der Auszubildende Sonderkündigungsschutz. Der Ausbildende kann das Ausbildungsverhältnis nur bei Vorliegen eines wichtigen Grundes durch außerordentliche Kündigung beenden. Ferner endet der A. entweder an dem Tag, an dem die Abschlussprüfung bestanden ist, oder bei Nichtbestehen der Prüfung mit dem Ende der Ausbildungszeit laut A.

Ausfallbürgschaft, Form der Bürgschaft, bei der die Einrede der Vorausklage (§ 771 BGB) und die Vollstreckungs- und Verwertungspflicht des → Gläubigers (§ 772 BGB) nicht abgedungen sind. Bürge und Gläubiger vereinbaren folglich, dass der Bürge nur in Anspruch genommen wird, wenn die verbürgte Forderung nach Wahrnehmung sämtlicher Möglichkeiten der Verwertung von Sicherheiten, Zwangsvollstreckung und Insolvenz endgültig ausgefallen ist. Dem Gläubiger (z.B. → Bank, die Kredite an → kleine und mittlere Unternehmen vergeben hat) obliegen besondere Sorgfaltspflichten gegenüber dem Bürgen (z.B. → Bürgschaftsbank) bei der Durchführung der Verwertungs-, Vollstreckungs- und Insolvenzhandlungen. Diese Form der Bürgschaft wird regelmäßig von Bürgschaftsbanken bei der Besicherung von Darlehen an KMU vereinbart.

Ausgaben, umfassen den Wert der zugegangenen Güter und Dienstleistungen. Sie vermindern das Geldvermögen. A. und Aufwand entsprechen sind, wenn in der selben Periode ein Verbrauch erfolgt (Aufwandsausgaben). – *Vgl. auch* → Aufwand.

Ausgründung, *Spin-off.* 1. *Begriff:* Die A. beschreibt den Fall der Ausgliederung und Verselbstständigung eines Betriebsteils, der nicht, nicht mehr oder noch nicht zum aktuellen Kerngeschäft der Mutterunternehmung zählt, aber dennoch über viel versprechende Geschäftsperspektiven verfügt. Insbesondere in F&E-intensiven Unternehmungen entstehen oftmals zahlreiche zukunftsrelevante Technologien, die nicht alle in der Mutterunternehmung weiterverfolgt werden können, was die Bereitschaft zur A. erklärt. Die A. kann im Wege einer gemeinsamen Willensbildung von Mutterunternehmung und ausgründungswilligen → Mitarbeitern erfolgen. In solchen Fällen handelt es sich dann um den hier näher zu behandelnden Regelfall des Spin-offs. Nicht immer erfolgt die A. aber im Interesse und unter Billigung der Mutterunternehmung. In denjenigen Fällen, in denen sich Mitarbeiter gegen den Willen der Mutterunternehmung ausgründen, spricht man von einem sog. Split-off. Die Selbstständigkeit des Spin-offs gegenüber ihrer Mutterunternehmung besteht rechtlich und zu erheblichen Teilen auch wirtschaftlich. Die wirtschaftliche Autonomie kann allerdings durch die weiterhin bestehende Abhängigkeit von der Mutterunternehmung, die ein entsprechendes Inkubatorumfeld der A. zur Verfügung stellt, Einschränkungen unterliegen. Ein Split-off strebt hingegen die völlige Autonomie von der Mutterunternehmung an. – 2. *Abgrenzung und Merkmale:* Bei einer A. handelt es sich um einen Spezialfall des externen Corporate Venturing, bei dem aus Mitarbeitern der Mutterunternehmung → Gründer des Spin-offs werden. Es erfolgt somit ein personeller Transfer zwischen Mutterunternehmung und A. Im Gegensatz zum → Management-Buy-out entsteht eine neue rechtlich-wirtschaftliche Einheit. Ihre Zusammensetzung und Struktur kann allerdings noch durch die Verhältnisse der Mutterunternehmung geprägt sein, aus welcher die A. erfolgt ist. Ein Spezifikum von A. ist daher auch die weiterhin bestehende Verbindung zur Mutterunternehmung. Sie kann sich darauf beschränken, dass die Mutterunternehmung der A. lediglich beratend zur Seite steht oder aber im anderen Extrem die A. in erheblichem Maße mit Ressourcen unterstützt und somit das geschäftliche Risiko begrenzt. Im Regelfall erfolgt ein Technologie- und Wissenstransfer zwischen A. und Mutterunternehmung, der – zumindest auf längere Sicht betrachtet – im Regelfall bilateral angelegt ist. Dadurch profitiert nicht nur das Spin-off, sondern auch die Mutterunternehmung von der bestehenden Beziehung in technologischer und Know-how-bezogener Weise. – 3. *Erscheinungsformen:* Häufig wird bezüglich der A. mit Blick auf die Zuordnung der Mutterorganisation zwischen privatwirtschaftlichen A. (Corporate Spin-offs) und Spin-offs aus dem öffentlichen Bereich (Public Spin-offs) unterschieden, wobei im letztgenannten Fall v.a. die → Hochschulausgründungen von besonderer praxeologischer Relevanz sind. Bezüglich des Inhalts des Spin-offs wird auf anderer Ebene nach der Frage der Technologieorientierung des Spin-offs differenziert. Grundsätzlich gehen A. mit erheblichen Gestaltungsmöglichkeiten einher, weswegen die Spannweite von A. beträchtlich ist. – 4. *Ziele:* Mit der A. im Sinne des Spin-offs wird oftmals seitens der Mutterunternehmung das Ziel verfolgt, eine im Grundsatz viel versprechende Idee, die außerhalb des Kerngeschäftes liegt, weiter zu verfolgen. Damit verbindet sich die Erwartung, an bestimmten Ergebnissen der Geschäftstätigkeit zu einem späteren Zeitpunkt zu partizipieren. Mit dem Spin-off werden dann knappe Mittel geschont. Gleichzeitig wird die Option offen gehalten, zu einem späteren Zeitpunkt die entsprechende Geschäftsgrundlage weiterzuverfolgen, indem z.B. durch einen Transfer von Wissen und/ oder Technologien von der A. in Richtung auf die Mutterunternehmung entsprechende Möglichkeiten geschaffen werden oder aber sogar eine spätere Wiedereingliederung erfolgt. Somit besteht im Wege des Spin-offs die Gelegenheit seitens der Mutterunternehmung, v.a. Technologiepfade mit sehr begrenztem Engagement weiter zu verfolgen. Aus Sicht der Gründer steht das Ziel im Vordergrund, die innovative Idee außerhalb des Zielsystems der Mutterunternehmung zur Reife zu führen und zu kommerzialisieren.

Prof. Dr. Jörg Freiling

Literatur:
Garvin, D.A.: Spin-offs and the New Firm Formation Process, in: California Management Review, Heft 2, 25. Jg. (1983), S. 3-20; *Knecht, T.C.:* Universitäten als Inkubatororganisationen für innovative Spin-off-Unternehmen, Köln 1998; *Maselli, A.:* Spin-offs zur Durchführung von Innovationen, Wiesbaden 1997; *Zahn, E./Koch, A./Schaschle, M.:* Spin-offs als Gründungsform, in: Steinle, C./Schumann, K. (Hrsg.), Gründung von Technologieunternehmen, Wiesbaden 2003, S. 163-176.

Aushilfe, vielschichtig verwendeter Begriff, mit der i.d.R. eine auf wenige Tage, Wochen oder Monate befristete und nicht dauerhaft beschäftigte Person bezeichnet wird. Mit dem Begriff Aushilfen werden in der Praxis insbesondere geringfügig beschäftigte Personen bezeichnet. Eine geringfügige Beschäftigung (§ 8 Abs. 1 SGB) ist gekennzeichnet durch eine geringfügige Entlohnung (derzeit regelmäßiges monatliches Arbeitsentgelt von maximal 400 Euro) oder eine kurzfristige Beschäftigung (derzeit maximal zwei Monate oder 50 Arbeitstage im Kalenderjahr). Wer eine geringfügige Beschäftigung ausübt, ist in der Kranken-, Renten-, Arbeitslosen- und Pflegeversicherung versicherungsfrei (§ 7 Abs. 1, § 5 Abs. 2, und § 27 Abs. 2 SGB).

Auslandsmärkte, Märkte, die nicht zum Heimatmarkt (Hauptsitz des Unternehmens) gehören. Es gibt verschiedene Optionen der → Internationalisierung: Unternehmen sind bei der Bearbeitung von Auslandsmärkten insbesondere herausgefordert, länderspezifisch zu agieren, was zu erhöhtem Planungs- und Umsetzungsaufwand führt. Für Unternehmensgründungen mit ihren meist sehr begrenzten finanziellen und personellen Ressourcen ist ein internationaler → Markteintritt häufig mit Hürden verbunden. Gleichwohl lässt sich in den vergangenen Jahren eine Tendenz zu einer frühen Internationalisierung von → Unternehmensgründungen beobachten („Born Globals").

Ausschreibung, → öffentliche Ausschreibung.

Außenfinanzierung, Finanzierungsart. A. bezeichnet die → Finanzierung über eine unternehmensexterne Quelle. Man unterscheidet drei Arten der A.: (1) Kreditfinanzierung (→ Fremdkapital), (2) → Beteiligungsfinanzierung (→ Eigenkapital) und (3) andere Formen (z.B. Subventionsfinanzierung, Finanzierung durch Anzahlung und → Leasing). Bei den beiden ersten Formen geschieht die Finanzierung über den Finanzmarkt, daher werden sie auch als Finanzmarktfinanzierung bezeichnet. Die A. kann Geld, Produkte oder Wertpapiere als Finanzgut besitzen. – *Gegensatz:* → Innenfinanzierung.

Außenstände, bezeichnen offene, unbezahlte Forderungen eines → Gläubigers gegenüber einem Schuldner. Im Wesentlichen belasten A. die → Liquidität eines Unternehmens, wirken sich negativ auf den → Cash Flow aus und bergen insbesondere für junge Unternehmen mit wenig → Eigenkapital eine Gefahr.

Auszubildende, Personen, die einen → Ausbildungsvertrag im Sinne des → Berufsbildungsgesetzes (BBiG) oder der Handwerksordnung (HWO) abgeschlossen haben, um eine Berufsausbildung in einem geordneten (anerkannten oder als anerkannt geltenden) Ausbildungsberuf zu absolvieren. Das auszubildende Unternehmen muss dafür sorgen, dass dem Auszubildenden die notwendigen Qualifikationen zum Erreichen des Ausbildungszieles vermittelt werden (§ 6 BBiG). Der A. hat sich zu bemühen, die für das Ausbildungsziel maßgeblichen Fertigkeiten und Kenntnisse zu erwerben (§ 9 BBiG). Nach Ausbildung im Rahmen des dualen Bildungssystems erfolgt der Abschluss durch eine theoretische und praktische Prüfung vor der → Industrie- und Handelskammer bzw. vor der Handwerkskammer.

B

Balanced Score Card, *(BSC)*. 1. *Begriff:* bezeichnet ein von Kaplan/Norton entwickeltes Managementsystem. – 2. *Merkmale:* Unternehmensmission und -vision sowie die → Unternehmensstrategie werden innerhalb von unternehmensindividuell zu bestimmenden und durch transparente Ursache-Wirkungsbeziehungen zu verknüpfende Perspektiven auf allen Unternehmensebenen durch → Ziele, → Kennzahlen, Vorgaben und Maßnahmen operationalisiert, kommuniziert und umgesetzt. Im Rahmen einer umfassenden Betrachtung des Unternehmens bezieht sich die Ausgewogenheit der BSC auf die gemeinsame Berücksichtigung von monetären und nichtmonetären Größen, internen und externen Perspektiven sowie vorlaufenden (Leistungstreiber, Frühindikatoren) und auch nachlaufenden Steuerungsgrößen (Ergebniskennzahlen, Spätindikatoren).

Bank, *Kreditinstitut*, welches Kapital aufbewahrt, emittiert, verleiht und wechselt. Ein Unternehmen ist nach dem deutschen Kreditwesengesetz (KWG) dann ein Kreditinstitut, wenn es Bankgeschäfte gewerbsmäßig oder in einem Umfang betreibt, der einen in kaufmännischer Weise eingerichteten Geschäftsbetrieb erfordert. Nach dem KWG kann eine B. folgende Geschäfte betreiben: Einlagen, Kredite, Diskonte, Finanzkommissionen, Depots, Darlehenserwerbe, Investments, Garantien, Giro, Emissionen und E-Geld. Bei → Unternehmensgründungen fungieren B. meist als → Fremdkapitalgeber.

Bankanforderungen, stellen Rahmenbedingung für → Fremdkapital bzw. Richtlinien des Kreditinstituts (→ Bank) an Unternehmen bei Vergabe von Krediten → Bankkredit). Das sind Anforderungen an das → Management, an das → Controlling eines Unternehmens, aber auch an das → Rechnungswesen und an die → strategische Planung. Diese B. werden derzeit durch die Eigenkapitalrichtlinien des Baseler Ausschusses für die Kreditwirtschaft (→ Basel II) verstärkt. Die neuen Richtlinien sehen vor, die Höhe des Eigenkapitals mit der Banken Kredite an ihre Kunden hinterlegen müssen, abhängig vom Kreditrisiko zu machen. Das Risiko und damit die Eigenkapitalunterlegung wird durch vier Parameter bestimmt: die Ausfallwahrscheinlichkeit des Kredits, die Höhe des Kredits bei Ausfall, die Verlustquote und die Restlaufzeit. Entscheidend für die Anrechung wird die Bonität des Kreditnehmers sein.

Bankkredit, Bezeichnung für rückzahlbares → Fremdkapital, das mit einem bestimmten Zinssatz und mit einer bestimmten Laufzeit gegen bankenübliche → Sicherheiten, wie Kapital- oder Bestandsvermögen, einem Schuldner zur Verfügung gestellt wird. Nach sorgfältiger Prüfung der → Kreditwürdigkeit des Schuldners werden Rückzahlungsmodalitäten vertraglich festgehalten. Im Gegensatz zu anderen Finanzierungsmöglichkeiten, wie bspw. → Venture Capital, ist der B. i.d.R. mit keinen weiteren Unterstützungsleistungen verbunden.

Bareinlage, ist im Gegensatz zur Sachanlage der von den Gründern geleistete Bargeldbestand im Gründungszeitraum. Ausschlaggebend ist die B. vor allem im Zusammenhang mit der → Gründungsplanung und schlägt sich in den Kosten zur

Aufnahme der Geschäftstätigkeit nieder. Je nach Rechtsform, kann die Höhe der B. gesetzlich vorgeschrieben sein. Dies ist der Fall bei einer → Gesellschaft mit beschränkter Haftung, bei der eine Stammeinlage von derzeit 25.000 Euro vorgeschrieben ist. – *Vgl. auch* → Bargründung.

Bargründung, Normalfall der Gründung einer → Kapitalgesellschaft, → Personengesellschaft des Handelsrechts oder des bürgerlichen Rechtes oder eines Einzelunternehmens gegen → Bareinlage (§ 5 III GmbHG; § 9 AktG; §§ 171, 230 HGB; § 706 BGB). Das Gesellschaftskapital wird hierbei durch die Gründer bar auf einem Konto der Gesellschaft zur Verfügung gestellt. Gegenteil der → Sachgründung, bei der die Einlagepflicht des Gesellschafters durch Einlage von Gegenständen oder Rechten erbracht wird. Nicht als B. anzusehen ist weiterhin die verdeckte Sachgründung, bei der eine Bareinlage von vorn herein dazu bestimmt ist, Gegenstände oder Rechte von den Gründern durch Zurückzahlung der nur formal erbrachten Bareinlage zu erwerben.

Barwert, *Gegenwartswert.* 1. *Begriff:* Mit Hilfe eines Kalkulationszinsfußes i.d.R. auf den Zeitpunkt t=0 abgezinste Zahlung bzw. Zahlungsreihe. – 2. *Anwendungsprobleme:* Auf dem vollkommenen → Kapitalmarkt entspricht der Kalkulationszinsfuß dem Kapitalmarktzins; gemäß der Fisher-Separation kann somit jede einzelne Zahlung bzw. Zahlungsreihe isoliert bewertet werden. Auf dem unvollkommenen Kapitalmarkt entsprechen die theoretisch korrekten Kalkulationszinsfüße hingegen den endogenen Grenzzinsfüßen, den Knappheitspreisen des Kapitals einer jeden Periode, welche die Kenntnis des optimalen Investitions- und Finanzierungsprogramms voraussetzen. Hierbei wird vom Dilemma der wertmäßigen Kosten oder vom Dilemma der Lenkpreistheorie gesprochen.

Basel II, *Basle-II,* aktualisierte Version der Basler Vereinbarung. – 1. *Begriff:* Neue Richtlinien für Eigenkapitalausstattung und Risikomanagement der → Banken der Basler Vereinbarung (Basle Capital Accord). – 2. *Merkmale und Entwicklung:* Aufgrund des Risikos für Banken durch die → Kreditvergabe, im schlimmsten Fall der Totalausfall des Kredites, kann die Sicherheit der Einlage gefährdet sein. Daher besteht eine grundsätzliche Verpflichtung der Banken, ein adäquates „Risikopolster" in Form von → Eigenkapital zu halten. Um eine Stabilisierung des Bankensystems zu ermöglichen, aber auch um Wettbewerbsverzerrungen zu vermeiden, sind sowohl die Höhe der erforderlichen Eigenmittel als auch deren Qualität international durch den Basler Ausschuss für Bankenaufsicht (Basle Committee on Banking Supervision (BCBS)) harmonisiert. Infolgedessen wurde ab 1998 Basel II als aktualisierte Standards entwickelt. Die wichtigsten Entwicklungen sind hierbei eine Abwendung von einer pauschalierten Eigenkapitalunterlegung von Krediten und Hinwendung zur Bonität des Kreditnehmers als Maßstab der Höhe des erforderlichen Eigenkapitals. Dies soll eine risikogerechte Eigenmittelunterlegung und damit die Sicherheit und Solidität des Finanzsystems gewährleisten. – 3. *Grundzüge:* a) Basel I regelte nur die Mindestanforderungen der Eigenkapitalausstattung, d.h. mit wie viel Prozent Risiken durch Eigenkapital abgedeckt werden müssen. Hierbei mussten nur das Kreditrisiko und das im Handelsbuch verzeichnete Marktrisiko mit mindestens acht Prozent Eigenkapital abgesichert werden. Zur Bewertung des Kreditrisikos wurde der Standardansatz verwendet, bei dem die Risikogewichtungssätze für bestimmte Kreditforderungsarten vorgegeben werden. Die Bonität der Kreditnehmer wurde nicht betrachtet. Das Marktrisiko konnte über den einfachen Standardansatz oder ein internes Modell bewertet werden. – b) Basel II erweiterte die Richtlinien der Eigenkapitalmindeststandards und fügt dem Gesamtmodell zur gegenseitigen

Verstärkung noch zwei weitere Säulen hinzu, betreffend die qualitative Bankenaufsicht und die Marktdisziplin. (1) Mindestkapitalanforderungen (Säule eins): Die Mindestkapitalquote von acht Prozent aus Basel I wird beibehalten, ebenso wie die das Marktrisiko betreffende Vorschriften. Allerdings können nun zur Bewertung des Kreditrisikos komplexe mathematische und risikogenauere Methoden (z.B. Probability of default, Loss given default) verwendet werden. Alle Kredite sind mittels interner bzw. externer Ratings zu beurteilen und werden somit risikoadäquat und differenziert mit Eigenkapital hinterlegt. Zusätzlich ist auch eine Eigenkapitalhinterlegung für operationelle Risiken vorgeschrieben. Für die quantitative Erfassung sind auch hier unterschiedliche Methoden vorgesehen, die sich durch steigende Risikosensitivität und Komplexität bei gleichzeitig sinkender Eigenkapitalbelastung auszeichnen. (2) Bankaufsichtlicher Überprüfungsprozess (Säule zwei): Hier werden internationale Standards für die Befugnisse und Aufgaben der Aufsichtsbehörden zur Kontrolle des Risikomanagements festgelegt. Die Aufsichtsinstanzen führen laufend und regelmäßig Überprüfungen durch, ob jede Bank über entsprechende interne, funktionierende Risikomanagementmethoden verfügt. Somit soll sicher gestellt werden, dass die Risikobewertung und Eigenkapitaldeckung dem Risikoprofil der Bank entspricht. Zusätzlich kontrolliert die Bankenaufsicht die Mindestanforderungen an das Betreiben von Kreditgeschäften. (3) Erweiterte Offenlegung (Säule drei): Diese Säule fordert eine erweiterten Offenlegung und Transparenz der Banken, um so die Marktdisziplin zu stärken. So wird ein besser Einblick in das Risikoprofil der Banken und in die Angemessenheit der Eigenkapitalausstattung gewährleistet. Hierzu zählt die Offenlegung der angewendeten Risikoverfahren und der Portfolios nach Risikoklassen im Jahres- und Quartalsabschluss.

Prof. Ulrich Hommel, Ph.D.

BCG-Matrix, → Marktwachstums-Marktanteils-Matrix.

Behörde, *Amt.* 1. *Begriff:* Eine B. ist ein Organ der Staatsgewalt, das auf Basis öffentlicher Gesetze und Richtlinien agiert (etwa bei der Vergabe → öffentlicher Aufträge). – 2. *Mitarbeiter:* B. beschäftigen sowohl Beamte als auch Angestellte und Arbeiternehmer im öffentlichen Dienst. – 3. *Differenzierung:* Hierarchisch unterschieden werden oberste B. des Bundes (z.B. Ministerien), obere Bundes-B. (z.B. Bundeskriminalamt) sowie die nachgeordnete mittlere und untere B. (z.B. Oberfinanzdirektionen, die dem Bundesministerium der Finanzen nachgeordnet sind).

Beihilfe, *Subvention,* Form der finanziellen Zuwendung des Staates. B. im Unternehmensbereich bezeichnen Zuwendungen, die dem Empfänger einen wirtschaftlichen Vorteil gegenüber seinen unsubventionierten Wettbewerbern verschaffen. B. können u.a. als → Zuschuss oder als Zinsverbilligung eines → Förderkredites geleistet werden. Wegen der wettbewerbsverzerrenden Wirkung müssen B. durch die Europäische Union genehmigt werden. Ausnahme bilden geringfügige Subventionen (de-minimis-B.). Diese liegen vor, wenn der wirtschaftliche Vorteil (Beihilfewert) für ein Unternehmen in einem Zeitraum von 3 Jahren weniger als 100.000 Euro beträgt.

Beirat. 1. *Begriff:* Der B. ist ein Gremium von Unternehmungen, welches im Rahmen betrieblicher Governance-Strukturen zum Zwecke der professionellen Unterstützung der Betriebsführung eingesetzt wird. – 2. *Merkmale:* Die Funktionen des B. lassen sich in der Organstruktur einer Unternehmung unterschiedlich weitgehend ausgestalten. Zu den grundlegenden Funktionen eines B. gehören die allgemeine Beratung, die Vermittlung anderer Perspektiven zur grundlegenden Ausrichtung der Betriebsführung, wodurch bestehende Denkblockaden gelöst werden können, sowie die Vermittlung von Erfahrungen. Daneben können die wahrzunehmenden Funktionen in folgender Weise deutlich erweitert werden: Überwachung bzw. Kontrolle, Mediation zwischen unterschiedlichen Interessengruppen, Knüpfung wichtiger Geschäftsbeziehungen einschließlich Lobbying sowie Repräsentation des Betriebs. Eine Spezialform des B. ist der → wissenschaftliche Beirat. – 3. *Ziele:* Ein B. unterstützt die interne und/oder externe Koordination des Betriebs und trägt zur verbesserten Wahrnehmung von → Unternehmerfunktionen bei. – 4. *Probleme:* Zur Wahrnehmung der B.-spezifischen Aufgaben ist eine umfangreiche und auf Vertrauen basierende Kommunikation zwischen Betriebsführung und B. nötig, die oftmals so nicht stattfindet. Daneben befindet sich der B. häufig in einer Vermittlerrolle zwischen der Geschäftsführung und den nicht aktiv in die Führung einbezogenen Gesellschaftern. Ein Interessenskonflikt ergibt sich für den B. regelmäßig, dann wenn er erstens beratend und zweitens kontrollierend tätig wird, da dann auch seine eigenen Ratschläge einer Evaluation zu unterziehen sind.

Belegschaft, Gesamtheit aller im Betrieb tätigen Arbeitnehmer. Die B. schließt somit die Arbeiter und Angestellten, daneben auch alle → Auszubildenden ein. Nicht zur Belegschaft zu zählen sind die leitenden Angestellten sowie die im Betrieb mitarbeitenden → Unternehmer. Die B. stellt i.d.R. keine homogene Gesamtheit dar. Eine gängige Unterscheidung bezieht sich auf die Frage der Zugehörigkeit zur so genannten Stammbelegschaft. Wenngleich eine solche nicht eindeutig definiert ist, so lassen sich ihr dennoch ohne Zweifel diejenigen Mitarbeiter zuordnen, die – meist bedingt durch eine hohe fachliche Qualifikation und/oder eine hohe Motivation – über eine lange Zeit bereits im Betrieb beschäftigt und bezüglich der Wahrnehmung betrieblicher Aufgaben als nahezu unersetzlich einzustufen sind. Entsprechend sind gerade in Krisenzeiten die Mitglieder der Stammbelegschaft auf Grund deren zentraler Bedeutung allenfalls in Ausnahmefällen von der Entlassung bedroht. Um deren Bindung an die Unternehmung zu erhöhen, werden Anreize extrinsischer sowie intrinsischer Art gesetzt.

Beleihungswert, ist der Marktwert bzw. der Verkehrswert eines Sachgutes, der aus Sicht eines → Fremdkapitalgebers auch tatsächlich während der Laufzeit bspw. einer → Kreditvergabe garantiert erzielbar sein muss. Der B. ist auch ein Anhaltspunkt für Gründer für das Erfolgspotenzial bei der Außenfinanzierung.

Benchmarking. 1. *Begriff:* B. ist ein Verfahren, bei dem unternehmens- und/oder geschäftseinheitsbezogene Prozesse und/oder Leistungsangebote mit den als am besten identifizierten Referenzen inner- und außerhalb des Unternehmens verglichen werden. – 2. *Merkmale:* B. wird auf systematische und kontinuierliche Weise durchgeführt und kann sich auf unterschiedliche Objekte wie Potenziale, Produkte, Prozesse und Methoden beziehen. – 3. *Unterscheidung:* a) Die Erfolgsforschung als systematische Suche nach Spitzenleistungen in der Unternehmenspraxis ist als Oberbegriff zu B. und der Erfolgsfaktorenforschung (EFF) zu sehen (Münsteraner Ansatz der Erfolgsforschung). Während im B. i.d.R. ausgewählte exzellente Unternehmen betrachtet werden, befasst sich die EFF auf Basis größerer Stichproben auch mit weniger erfolgreichen Unternehmen. – b) In Ergänzung zur → Wettbewerbsanalyse können beim B. sowohl unternehmensinterne (internes B.) als auch branchenfremde Referenzen berücksichtigt werden. – c) B. geht über den → Betriebsvergleich hinaus, in dem B. weniger an Branchendurchschnitten sondern an Spitzenunternehmen ausgerichtet ist, eher qualitative als quantitative Größen berücksichtigt und zudem nicht beim Vergleich verharrt sondern auch die Umsetzung beinhaltet. – 4. *Ziele:* Primäres Ziel des B. ist die Identifikation und Umsetzung von Verbesserungsmöglichkeiten im Unternehmen. Zudem hat B. eine Legitimierungs-

und Motivationsfunktion, da die hohen Leistungen der Best-Practice Unternehmen als Ansporn für die eigene Umsetzung dienen können. B. wird i.d.R. zur Annäherung an Spitzenunternehmen eingesetzt. Durch eine branchenübergreifende Anwendung kann B. aber auch zur Schaffung von Wettbewerbsvorteilen genutzt werden. – 5. *Der B.-Prozess:* Je nach B.-Objekt bzw. Fragestellung kann sich der B.-Prozess unterschiedlich darstellen. Es wurden vier generische Phasen erfolgreicher B.-Projekte identifiziert: Planung, Datensammlung, Analyse und Umsetzung. – a) Planung: Zur Planung gehört die → Stärken-Schwächen-Analyse des B.-Objektes, die Auswahl und Erstellung eines Kriterienkataloges des B.-Objektes, und die Auswahl von Referenzeinheiten. Diese sollten auf einer rationalen Basis als Partner mit den „besten" Eigenschaften identifiziert werden. – b) Zunächst erfolgt eine interne Analyse des B.-Objektes. Anschließend wird Sekundärforschung auf Basis öffentlicher Informationsquellen wie Bibliotheken, Datenbanken, Handwerks- und Handelskammern durchgeführt. Diese Informationen können bereits Verbesserungshinweise liefern. Es folgt die Analyse der B.-Partner. (1) Bei internem B. stellt die Verfügbarkeit von Daten kein Problem dar. (2) Bei Competitive B. ist der Zugang zu Daten erschwert, wenn es sich bei den B.-Partnern um Konkurrenten handelt. Dann muss sich auf Sekundärdaten und auf die Aussagen gemeinsamer Kunden beschränkt werden. (3) B.-Clubs eröffnen die Möglichkeit, auf Basis von Gegenseitigkeit B.-relevante Informationen auszutauschen, wobei die Bereitschaft zur Kooperation den Datenzugang bestimmt. – c) Aus einem Vergleich mit der Referenzeinheit ergeben sich Verbesserungshinweise, die in diesem Prozessschritt geplant werden. – d) Bei der Umsetzung der als → Erfolgsfaktoren identifizierten Aspekte ist zu beachten, dass es sich um Neuerungen für das Unternehmen handelt. Dementsprechend ist mit → Innovationsbarrieren zu rechnen. Letztlich sind Erfolgskontrollen und Anpassungen der Maßnahmen durchzuführen. – 6. *Voraussetzungen und Probleme:* (a) Der Erfolg eines B.-Projektes hängt von der Vergleichbarkeit der Daten und dem Umsetzungswillen in der Unternehmung ab. – (b) Vor allem bei innovativen Unternehmen ist die Suche nach vergleichbaren Referenzunternehmen problematisch. Weitere Probleme entstehen z.B. durch Fehlinterpretationen des B.-Konzeptes: aus B. folgt nicht zwingend eine Imitation, sondern B. kann, z.B. über Analogiebildungen, auch ein Instrument zur Schaffung echter Innovationen sein. – (c) Wenn

Benchmarking, Prozess

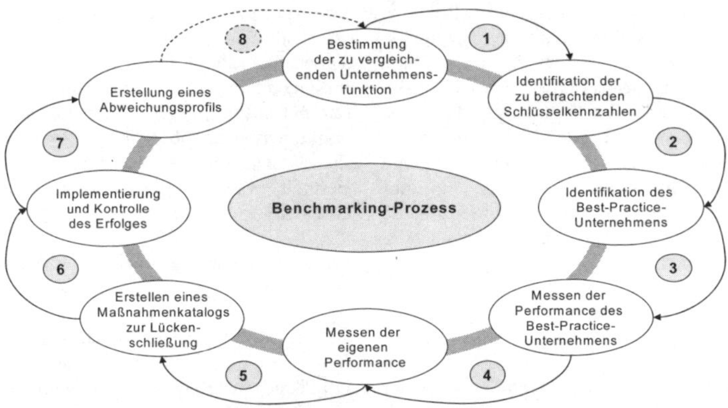

es einem Unternehmen gelingt, Best Practices zu implementieren, so kann dies den Konkurrenten ebenfalls möglich sein. Daher ist die Dauerhaftigkeit eines durch B. erreichten Wettbewerbsvorteils fragil. – 7. *Aktuelle Entwicklungen:* Die Anwendung von B. erfolgt i.d.R. im Rahmen eines Aufholprozesses. Die Möglichkeit, sich durch Orientierung an anderen einen dauerhaften Wettbewerbsvorteil zu verschaffen, ist fraglich. Letzteres ist aus der Sicht des ressourcenorientierten Ansatzes nur durch originäre Faktorkombinationen möglich. – *Vgl. Abb.* „Benchmarking, Prozess".

Dr. Rainer Harms

Literatur:

Camp, R.C.: Benchmarking, München 1994; *Karlöf, B./Östblom, S.:* Das Benchmarking Konzept, München 1994; *Sabisch, H./Tintelnot, C.:* Integriertes Benchmarking für Produkte und Produktentwicklungsprozesse, Berlin 1997; *Töpfer, A.* (Hrsg.): Benchmarking – Der Weg zu Best Practice, Berlin 1997; *Watson, G.H.:* Benchmarking – vom Besten lernen, Landsberg/Lech 1993.

Berater. Unter einem B. wird ein Dienstleister verstanden, der für betriebswirtschaftliche, organisatorische und technische Aufgabenstellungen seinen Sachverstand und sein Arbeitspotenzial einbringt. Die Zusammenarbeit mit einem B. kann langfristig oder projektbezogen erfolgen. Es gibt vielfältige Beratungsansätze und -konzepte; die → Beratung kann z.B. auch darin bestehen, einen Prozess (z.B. die Gründungsphase eines Unternehmens) beratend zu begleiten. Im Rahmen der Unternehmensgründung können kostenlose Beratungen in Anspruch genommen werden (insbesondere von IHKs); Beratungen werden auch in Zusammenhang mit der Inanspruchnahme einer Leistung gewährt (z.B. bei der Kreditvergabe durch Banken); privatwirtschaftliche B. (Anwalt, Unternehmensberater, Ingenieurbüro) arbeiten für ein Honorar. Diese Beratungen können unter bestimmten Voraussetzungen öffentlich gefördert werden. – *Vgl. auch* → Coaching.

Berichtswesen, *Reporting.* 1. *Begriff:* Das B. dient dem Management zur umfassenden, zeitnahen Versorgung mit entscheidungsrelevantem Wissen. – 2. *Merkmale:* Neben den finanziellen → Kennzahlen gewinnen auch Kennzahlen über → immaterielle Vermögensgegenstände an Bedeutung. Diese beziehen sich sowohl auf interne als auch auf externe Entwicklungen.

berufliche Handlungskompetenz, berufs- und wirtschaftspädagogisches Konzept, dessen vorrangige Zielsetzung es ist, eine umfassende Handlungsfähigkeit im jeweiligen beruflichen Anforderungskontext zu vermitteln. Im Kontext der → Gründungslehre werden wesentliche Elemente der allgemeinen b.H. auf die übergreifende Zielkategorie der „unternehmerischen Selbständigkeit" übertragen. Entsprechend bleibt das Verständnis der übergreifenden Zielkategorie keinesfalls auf die Beherrschung erforderlicher Fachqualifikationen angehender → Unternehmensgründer beschränkt. Vielmehr wird die b.H. „unternehmerische Selbständigkeit" als zentrale, ganzheitliche Leistung der Persönlichkeit begriffen, die neben den kognitiven auch affektive, psychomotorische und sozial-kommunikative Fähigkeiten beinhaltet. Sie lässt sich nach der in der Fachliteratur gängigen Unterteilung von Kompetenzdimensionen in Fach-, Methoden-, Sozial- und Individualkompetenz binnendifferenzieren und in Form einer Lernzieltaxonomie von unten nach oben in die folgenden Zielklassen stufen: → Gründungssensibilisiertheit, → Gründungsmündigkeit und → Gründungskompetenz.

Berufsausbildungsvertrag, → Ausbildungsvertrag.

Berufsbildungsgesetz (BBiG). Das BBiG ist eine bundeseinheitliche Rechtsgrundlage zur Regelung der beruflichen

Ausbildung, Fortbildung und Umschulung in allen Berufs- und Wirtschaftszweigen von Industrie, Handwerk und Handel. Geregelt ist insbesondere das System der dualen Ausbildung, welches von einem → Auszubildenden in einem Ausbildungsbetrieb sowie in einer berufsbildenden Schule absolviert wird. Normiert werden u.a. die Berechtigung zur Ausbildung und die Bedingungen der Ausbildungserteilung sowie die Anerkennung von Ausbildungsberufen. Anwendung in der → Existenzgründung erfährt das BBiG daher vor allem, wenn das Unternehmen von Beginn an ausbilden soll oder in seiner originären Geschäftstätigkeit mit Ausbildung befasst ist. Für Handwerksbetriebe gilt ergänzend die → Handwerksordnung (HwO).

Berufsgenossenschaft. Die B. sind gemäß § 114 des siebten Sozialgesetzbuches (SGB VII) Träger der gesetzlichen Unfallversicherung. Ihre Hauptaufgabe ist die Unfallprävention durch den Technischen Aufsichtsdienst. Im Schadensfall versicherte Risiken sind insbesondere Arbeitsunfall und Berufskrankheit. Gewerbliche B. sind nach Anlage 1 des SGB VII in Genossenschaften für bestimmte Wirtschaftszweige (Gewerbe) untergliedert, landwirtschaftliche B. hingegen nach Bundesländern. Die Beiträge zur B. werden ausschließlich vom Arbeitgeber entrichtet, ihre Höhe richtet sich nach der durchschnittlichen Unfallgefahr der Branche, in der das Unternehmen den Schwerpunkt seiner Tätigkeit legt.

Beschaffung. 1. *Begriff:* Unter B. versteht man die Versorgung von Unternehmensprozessen mit nicht selbsterstellten Inputfaktoren. – 2. *Ziel* der B. ist die Bereitstellung von Inputfaktoren zum richtigen Zeitpunkt, in der richtigen Qualität, am richtigen Ort und in der richtigen Menge. – 3. *Unterscheidung:* Objekte der B. i.w.S. sind Material, → Personal, → Dienstleistungen, Informationen und → Kapital. Aufgrund der Heterogenität der Beschaffungsobjekte wird die B. unterschiedlichen Funktionsbereichen zugeordnet (z.B. → Personalbeschaffung der Personalabteilung). Unter B. i.e.S. werden die Ermittlung des Materialbedarfs für die → Produktion, die Lieferantenauswahl sowie die Materialbereitstellung zusammengefasst.

Beschäftigungsförderungsgesetz (BeschFG). Das BeschFG wurde 1985 erstmals zur gesetzlichen Regelung befristeter Arbeitsverträge sowie der Teilzeitarbeit erlassen und bis 1996 mehrfach novelliert. Es ist zum 31.12.2000 ausgelaufen und durch das Teilzeit- und Befristungsgesetz (TzBfG) ersetzt worden.

Beschwerdemanagement. 1. *Begriff und Ziele:* Der Begriff umfasst in seinem weiten Sinn alle strategischen und operativen Maßnahmen, die ein Unternehmen im Zusammenhang mit möglichen Beschwerden aktueller und potenzieller Kunden ergreift. Im engen Sinn wird darunter nur die Lösung eines aktuellen Beschwerdefalls verstanden. Der enge Begriff zielt kurzfristig auf → Kundenbindung ab, während bei der weiten Begriffsauslegung sowohl die Beschwerdeprävention, als auch die Überführung in ein Teilsystem eines lernenden Unternehmens mit Innovations- und Entwicklungszielen (längerfristige Loyalität) einbezogen werden können. Neben der passiven Reparaturfunktion kommt dem B. dann auch eine aktive Gestaltungsfunktion für den zukünftigen Wertschöpfungsprozess des Unternehmens zu. Der Begriff steht in enger Beziehung sowohl zum → Qualitätsmanagement als auch zum → Wissensmanagement. – 2. *Beschwerdebearbeitung:* Die Bearbeitung von Beschwerden kann selbst wieder in drei Teilschritte untergliedert werden: a) Beschwerdeerfassung: Im Sinne eines aktiven B. kann die Beschwerdeerfassung nicht dem Zufall überlassen werden. Schon hierin drückt sich ein Teil der Qualität des B.-Systems aus. Die wichtigste Voraussetzung hierfür ist, dass das Unternehmen Beschwerden nicht als zu vermeidenden Tadel sieht und die Anzahl von Beschwerden evtl. sogar als negativen Einflussfaktor in ein Prämiensystem einbezieht, was i.d.R. zu ihrer Unterdrückung führt. Beschwerden müssen stattdessen als Grundlagen für neue Chancen, als Investitionen in die Zukunft verstanden und in der Unternehmensphilosophie verankert werden, um eine positive Reaktion seitens des Unternehmens zu garantieren. Nur ca. 20% aller unzufriedenen Kunden machen sich überhaupt die Mühe, sich zu beschweren (viele andere wandern direkt ab). Sehr viel aktiver sind unzufriedene Kunden dagegen darin, ihre negativen Erfahrungen zu kommunizieren, viel aktiver auch als zufriedene Kunden. Es gehen also nicht nur unzufriedene Kunden verloren, ein Multiplikatoreffekt gefährdet zusätzlich das Potenzial der Zufriedenen. Berechtigte Beschwerden sollten deshalb unterstützt werden, indem das Unternehmen sowohl Beschwerdekanäle aufzeigt (Kundenberater, Hotline, Beschwerdekarten, ‚Meckerbox'), als auch in seiner Kundenkommunikation aktiv animiert, diese Kanäle zu nutzen (Hinweisschilder, Zusatz auf Formularen, Rechnungen). – b) Beschwerdebearbeitung: Bei der Aufnahme einer Beschwerde im Unternehmen kommt dem ‚ersten Eindruck' eine große Bedeutung zu. Ziel des Unternehmens sollte es sein, zu vermitteln, dass es die Beschwerde ernst nimmt und sich um eine Lösung des angesprochenen Problems bemühen wird. Bereits für die Annahme der Beschwerde sollten daher verbindliche Standards definiert werden, auf deren Basis dann die weitere Bearbeitung erfolgen kann. Hierzu zählt zunächst obligatorisch die Entschuldigung des Unternehmens, völlig unabhängig von einer eventuellen ‚Schuldfrage', sowie eine Aussage, wer die Beschwerde bis zu welchem Zeitpunkt abschließend bearbeitet. Ferner sind alle Rahmendaten des Vorgangs zu erfassen: Daten des Beschwerdeführers, Beschwerdeinhalt, Beschwerdekanal, aufnehmende Person und eingeleitete Maßnahmen. Wichtig ist, dass bereits in dieser Stufe ein Prozessverantwortlicher festgelegt und verbindliche Terminvorgaben getroffen werden. In Abhängigkeit von der Unternehmensgröße kann zur Unterstützung eine entsprechende Software eingesetzt werden, die den weiteren Prozess dokumentiert und überwacht (Termineinhaltung, vorgeschlagene Lösung). Hierbei muss das Unternehmen einen Konflikt bewältigen. Einerseits ist ein hoher Standardisierungsgrad der Bearbeitung erforderlich, sowohl um vergleichbare Fälle identifizieren zu können (Identifikation systematischer Fehler), transparente ‚Spielregeln' zu schaffen und letztlich auch Lösungsmöglichkeiten systematisieren zu können. Andererseits darf beim Beschwerdeführer nicht der Eindruck entstehen, ‚mit einer Standardlösung abgespeist worden zu sein'. Der Standardisierung nach innen muss letztlich eine Individualisierung nach außen gegenüberstehen, die die individuellen Umstände und Potenziale des Kunden berücksichtigt. – c) Kommunikation der Lösung: Den Abschluss des Bearbeitungsprozesses bildet gegenüber dem Kunden die Kommunikation der Lösung. Diese sollte in möglichste kurzer Zeit vorliegen und die bei Vortragen der Beschwerde genannten Termine unbedingt einhalten; ggf. kann ein Zwischenbescheid ergehen. Die Mitteilung an den Kunden sollte keine Rechtfertigung darstellen, sondern lediglich sachlich die Maßnahmen zur Behebung des Beschwerdeanlasses erläutern und eventuell einen positiven Ausblick geben. – 3. *Ziel: Beschwerde-Lernen:* Innerhalb des Unternehmens findet der B.-Prozess erst mit dem Beschwerde-Lernen seinen Abschluss. Ziel des Unternehmens ist nicht die Zufriedenstellung eines einzelnen Kunden, sondern die kontinuierliche Verbesserung seiner Produkte und Prozesse. Das Ziel des B. liegt also insbesondere im organisationalen Lernen, es leistet einen Beitrag zur → Unternehmensentwicklung. Wesentlich ist es deshalb, die Ergebnisse und Erkenntnisse des B. im Unternehmen konsequent zu kommunizieren, um so die permanente Weiterentwicklung anzustoßen.

Prof. Dr. Matthias Eickhoff

Literatur:
Haeske, U.: Beschwerden und Reklamationen managen, Weinheim 2001; *Homburg, C./Fürst, A.:* Complaint Management Excellence, Mannheim 2003; *Stauss, B./Seidel, W.:* Beschwerdemanagement, München 2002; *Stauss, B./Schöler, A.:* Beschwerdemanagement Excellence, Wiesbaden 2003; *Wildemann, H.:* Kundenorientierung. Leitfaden zur Einführung eines Beschwerdemanagements, München 2003.

Besitzerwechsel, *Betriebsübergang,* Übergang des ganzen Betriebes oder eines Betriebsteils durch Rechtsgeschäft auf einen neuen Inhaber, § 613a BGB. Er liegt nicht vor im Fall des bloßen Gesellschafterwechsels durch Anteilsübertragung (Share Deal). Er liegt jedoch in denjenigen Fällen eines → Asset Deal vor, in denen im Unterschied zu einer bloßen Funktionsnachfolge eine auf Dauer angelegte wirtschaftliche Einheit mit einer eigenen Organisationsstruktur identitätswahrend übertragen wird. Hierfür ist eine wertende Gesamtbetrachtung aller Umstände des jeweiligen Einzelfalls anzustellen. Im Fall eines B. gehen alle zum Zeitpunkt des B. bestehenden Arbeitsverhältnisse auf den neuen Inhaber auch gegen dessen Willen unverändert über. Eine Kündigung „wegen" des Betriebsübergangs ist unwirksam, § 613a Abs. 2 BGB. Allerdings ist eine betriebsbedingte Kündigung des alten Arbeitgebers wirksam, sofern sie unabhängig vom B. gemäß § 1 KSchG gerechtfertigt ist, auch wenn hiermit das Unternehmen „verkaufsfähig" gemacht werden soll; Rationalisierungsmaßnahmen durch den Verkäufer auch noch vor dem B. bleiben also möglich. Gemäß § 613a Abs. 5 BGB sind die von einem B. betroffenen Arbeitnehmer vor dem B. von dessen Zeitpunkt, seinem Rechtsgrund und den Folgen in Textform, bspw. durch Rundschreiben oder auch im Intranet, zu unterrichten. Sodann steht binnen eines Monats das Recht zu, dem Übergang eines Arbeitsverhältnisses zu widersprechen. Damit setzen man sich freilich dem Risiko einer betriebsbedingten Kündigung durch den bisherigen Arbeitgeber aus, sofern dieser nicht über eine anderweitige Beschäftigungsmöglichkeit verfügt.

Bestandsbewegung, → Transaktion.

Bestandskonten. Die aus der → Bilanz abgeleiteten B. erfassen entweder Vermögenswerte, dann werden sie als Aktiv- oder Vermögenskonten bezeichnet, oder Kapitalwerte, die auf Aktiv- oder Vermögenskonten festgehalten werden. Der Saldo aller B. setzt sich aus dem Anfangsbestand plus die Zugänge minus die Abgänge zusammen, und wird so in die B. des darauf folgenden Geschäftsjahres übernommen.

Bestandsveränderung, sind die innerhalb eines Geschäftsjahres entstehende Veränderung am Sachbestand eines Unternehmens. Die B. hat insbesondere Auswirkungen auf die Buchführung in bspw. einem Gewerbebetrieb, damit auch auf den → Jahresabschluss, und auf die → Liquidität des Unternehmens.

Besteuerung, → Steuern.

Beteiligung. 1. *Direkte Beteiligung:* Eine unmittelbare finanzielle Investition eines Kapitalgebers aus strategischen und kostenbedingten Erwägungen, welche ohne Zwischenschaltung von → Finanzintermediären auskommt. Investoren zeichnen hier unmittelbar Anteile an operativ tätigen (Portfolio-)Unternehmen. Im Gegensatz dazu steht die indirekte Beteiligung, bei der Investoren Finanzintermediäre zwischenschalten, die Portfolios für mehrere Investoren bilden. Als Finanzintermediären kommen für Wertpapiere Investmentfonds und für nicht börsennotierte Unternehmen → Venture Capital- bzw. → Private Equity-Gesellschaften in Frage. Die direkte B. hat einerseits den Vorzug, dass die mit der Zwischenschaltung von Finanzintermediären verbundenen Transaktionskosten nicht anfallen. Andererseits fehlt aber die Risiko-, Informations-, Losgrößen-

und Fristentransformation durch Intermediäre. – 2. *Stille Beteiligung:* Der Inhaber eines Handelsgewerbes, der einen → stillen Gesellschafter an seinem Unternehmen beteiligt, braucht dieses Gesellschaftsverhältnis nicht im → Handelsregister offen zu legen. Der → Einzelkaufmann, der einen stillen Gesellschafter beteiligt, muss lediglich in der → Bilanz die stille Beteiligung auf der Passivseite ausweisen, ohne dass dabei aber der Name des still Beteiligten angegeben werden muss. Anders wird dies bei einer → Offene Handelsgesellschaft oder → Kommanditgesellschaft gehandhabt, die die Beteiligungsverhältnisse nach außen durch Handelsregistereintragung bekannt machen. Die stille Gesellschaft bietet auch eine geeignete Möglichkeit, Mitarbeiter am Erfolg des Unternehmens zu beteiligen. – 3. *Atypische stille Beteiligung:* Die stille B. wird dann zu einer atypischen, wenn der stille → Gesellschafter wie ein Gesellschafter die Geschicke der Gesellschaft bestimmt (bspw. durch weitgehende Zustimmungsrechte bis hin zu eigener Geschäftsführungsbefugnis) und er an dem → Gesellschaftsvermögen beteiligt ist (insb. wenn bei Ausscheiden dem stillen Gesellschafter ein Abfindungsanspruch unter Berücksichtigung des ganzen Gesellschaftsvermögens zusteht).

Beteiligungsfinanzierung, im weitesten Sinne jeglicher Anteilserwerb. Das betrifft Anteilskäufe an Unternehmen durch Unternehmen, institutionelle Investoren (z.B. → Venture Capital-Gesellschaften), institutionelle → Private Equity-Gesellschaften und → Business Angels. Ebenso können hierunter subsummiert werden Mitarbeiterbeteiligungen, der Erwerb von → Aktien, Investmentanteilen und sonstigen fungiblen Wertpapieren durch private oder sonstige Anleger. Im engeren Sinne werden unter B. Eigenkapitalinvestitionen in kleine und mittlere Unternehmen, die i.d.R. nicht börsennotiert sind, verstanden. Solche Investitionen werden von Private Equity-Gesellschaften vorgenommen, die mit ihrem Geschäft einen speziellen Markt der → Unternehmensfinanzierung mittels → Eigenkapital und eigenkapitalähnlichen Finanzierungsinstrumenten im Vorfeld der → Börse abdecken. – *Vgl. auch* → Beteiligungskapital.

Beteiligungsfinanzierung der KfW Mittelstandsbank für junge Technologieunternehmen. 1. *Begriff:* Die B.d.KfW M. für junge Technologieunternehmen dient der Bereitstellung von → Risikokapital. – 2. *Merkmale:* Bei Early-Stage-Beteiligungsfinanzierungen folgt die KfW Mittelstandsbank dem Grundprinzip, Anreize für den Markteintritt privater Investoren zu schaffen, ohne dadurch die positiven Selektionsmechanismen des Marktes auszuschalten. Daher erfolgt die B.d. KfW M. für junge Technologieunternehmen immer gemeinsam mit einem Marktpartner. Entweder geht sie Beteiligungen gemeinsam mit einem weiteren Investor (→ Leadinvestor) ein oder sie stellt für die besonders schwierig zu finanzierende → Seed-Phase in begrenztem Umfang Kapital unter der Bedingung zur Verfügung, dass das Unternehmen von einem erfahrenen Akteur gecoacht wird. – 3. *Varianten:* Für junge Technologieunternehmen existieren zwei Varianten der B.d.KfW M.: a) Der ERP-Startfonds stellt → Eigenkapital für Technologieunternehmen zur Verfügung, die nicht älter als fünf Jahre sind und die EU-Definition eines kleinen Unternehmens erfüllen. Voraussetzung ist zudem, dass es sich um ein innovatives Unternehmen handelt. Das → Beteiligungskapital dient der Deckung des Finanzierungsbedarfs des Unternehmens. Gemeinsam mit einem Leadinvestor beteiligt sich die → KfW-Mittelstandsbank direkt an einem Technologieunternehmen, wobei beide Parteien in gleicher Höhe und zu wirtschaftlich gleichen Konditionen investieren. Der private Leadinvestor fungiert zugleich als → Berater des Unternehmens und unterstützt es in allen finanziellen und wirtschaftlichen Belangen. Know-How-Träger des Unternehmens, i.d.R. die Geschäftsführer, müssen mindestens 25% der Firmenanteile halten. Für die erste Beteiligung der KfW Mittelstandsbank aus dem ERP-Startfonds stehen maximal 1,5 Millionen Euro zur Verfügung. Da pro Unternehmen aber insgesamt maximal drei Millionen Euro zur Verfügung stehen, können auch weitere → Finanzierungsrunden begleitet werden. Zusammen mit der gleich hohen Beteiligung des Leadinvestors kann ein Technologieunternehmen somit bis zu sechs Millionen Euro Beteiligungskapital erhalten. – b) Beim Modul ‚Frühphase' des ERP-Startfonds stellt die KfW Mittelstandsbank für neu gegründete Technologieunternehmen eigenkapitalähnliches Genussrechtskapital in Höhe von bis zu 150.000 Euro bereit, mit dem der Geschäftsplan, der Ausbau der Unternehmensstruktur oder erste Produkt- und Verfahrensentwicklungen finanziert werden können. Anträge können kleine High-Tech-Firmen vor und bis maximal sechs Monate nach Unternehmensgründung stellen. In diesem Modul muss sich kein privater Investor beteiligen. Die Unternehmen müssen jedoch von einem bei der KfW akkreditierten Betreuer unterstützt werden, der als Mentor eine branchen- und managementbezogene Unterstützung leistet.

Julian Machleidt

Beteiligungsgesellschaft, → Unternehmensbeteiligungsgesellschaft, → Private Equity, → Venture Capital-Gesellschaft.

Beteiligungskapital. B. oder → Private Equity sind vorwiegend private, aber auch öffentliche Gelder, die von professionellen Fonds-Managern in → Fonds eingeworbenwerden. Diese Mittel werden in → kleine und mittlere Unternehmen investiert, die i.d.R. nicht börsennotiert sind. Es handelt sich dabei um → Eigenkapital oder eigenkapitalähnliche Mittel. Dem Unternehmen wird Haftkapital zur Verfügung gestellt, das im Gegensatz zum Kredit ohne bankübliche Sicherheiten gegeben wird. Es trägt die vollen Risiken genauso wie die Einlagen anderer → Gesellschafter, will aber wie diese auch am Erfolg in vollem Umfang Teil haben. Es verbessert die Kapitalstruktur und erhöht die → Bonität des Unternehmens. B. führt zu einer soliden und flexiblen Kapitalbasis für künftiges Wachstum und Entwicklung. – *Vgl. auch* → Beteiligung. – *Vgl. Abb.* „Beteiligungskapital, Prozess der Investition".

Beteiligungsprüfung, → Due Diligence.

Beteiligungskapital, Prozess der Investition

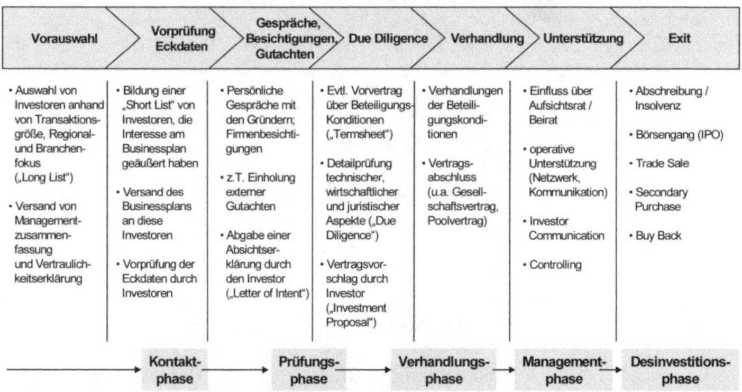

Beteiligungsquote, Anteil eines Kapitalgebers am → Eigenkapital einer Unternehmung. Mit der Beteiligung sind einerseits Anwartschaften auf Gewinnausschüttungen (Dividenden) und andererseits Mitwirkungs- und Kontrollrechte verbunden. Im Normalfall determiniert die B. sowohl den Anteil an den Gewinnausschüttungen der Unternehmung als auch an den gesamten Stimmrechten (One-Share-One-Vote-Prinzip). Im Rahmen einer Gründungsfinanzierung gelangen jedoch häufig komplexe → Beteiligungsverträge zur Anwendung, bei denen die Stimmrechte nicht pro rata verteilt sind. Häufig erhält der Unternehmensgründer einen höheren Anteil an den Stimmrechten als an den Ausschüttungen. Eine solche Stimmrechtsvertei-lung resultiert z.B., wenn das Beteiligungskapital gegen Emission von Preferred Stocks (Vorzugsaktien) aufgenommen wird. Auf diese Weise soll der Einfluss des Unternehmensgründers in „seinem" Unternehmen gesichert werden, was unter Anreizaspekten von großer Bedeutung ist. Der Kapitalgeber kann sich im Gegenzug jedoch das Recht einräumen lassen, bei bestimmten Geschäften ein Veto einlegen zu können (Zustimmungsvorbehalt). Zu einer Änderung der Stimmrechtsverteilung ohne weitere Finanzierungsmaßnahmen, d.h. ohne Änderung der für die Gewinnverteilung relevanten B., kommt es insbesondere dann, wenn Vorzugs- in Stammaktien mit Stimmrechten umgewandelt werden. Ein solcher Umtausch kann automatisch, unter ex ante zu definierenden Bedingungen oder nach freiem Ermessen des Kapitalgebers (Wandlungsrecht) erfolgen.

Beteiligungsvertrag. 1. *Begriff:* Wenn einer jungen Unternehmung (→ Start-up), oder auch einer bereits etablierten Unternehmung zur Finanzierung von größeren, risikobehafteten Investitionen neues Kapital gegen Einräumung einer → Beteiligung, d.h. in Form von → Eigenkapital überlassen wird, geht dem i.d.R. der Abschluss eines oftmals sehr umfangreichen B. voraus. Dieser Vertrag definiert zusammen mit gesetzlichen Bestimmungen die gegenseitigen Rechte und Pflichten des Kapitalgebers (oder auch mehrerer Kapitalgeber, die als Syndikat auftreten), der → Unternehmensgründer und evtl. weiterer Beteiligter (z.B. des Managements). Als Kapitalgeber in der → Gründungsfinanzierung treten neben den Gründern und ihnen nahestehenden Personen (Friends and Family) insbesondere → Business Angels, → Venture Capital-Gesellschaften oder andere → Private Equity-Investoren auf. Die durch den B. definierten Rechte und Pflichten gilt es so zu gestalten, dass eine Kapitalüberlassung (ein Investment) für den Kapitalgeber attraktiv erscheint, gleichzeitig die übrigen Beteiligten nicht übervorteilt werden, und zudem effiziente zukünftige Entscheidungen in der Unternehmung und im Rahmen zukünftiger Finanzierungsrunden unterstützt werden. Im Hinblick auf die Art der einzelnen Vertragsbestandteile kann zwischen unmittelbar zahlungsbezogenen Vertragsklauseln und nur mittelbar zahlungsbezogenen Klauseln unterschieden werden. Unmittelbar zahlungsbezogene Klauseln wirken sich direkt auf die Aufteilung laufender Erträge und eines evtl. Erlöses aus einer späteren Veräußerung des Unternehmens (sog. → Exit) aus, während die mittelbar zahlungsbezogenen Klauseln, kurz als Kontrollrechte i.w.S. bezeichnet, die Einflussmöglichkeiten der Vertragsparteien auf die Geschäftspolitik und somit den Wert des Unternehmens definieren. Diese dienen damit letztlich ebenfalls dem Zweck, Vermögenspositionen zu gestalten und zu sichern. Durch die Gesamtheit der finanziellen Klauseln wird die Kapitalstruktur i.w.S. definiert. – 2. *Bestimmung der Beteiligungsquote:* Ein B. basiert auf der sog. Pre-Money-Bewertung. Dies ist der Wert, der der Unternehmung unmittelbar vor der Bereitstellung zusätzlichen Kapitals durch den Kapitalgeber zugemessen wird. Addiert man die Investitionssumme (die Einlage des Kapitalgebers) hinzu, gelangt man zu der sog. Post-Money-Bewertung. Die Bewertung der Unternehmung determiniert die → Beteiligungsquote, die dem Kapitalgeber mindestens einzuräumen ist. – 3. *Bestandteile eines Beteiligungsvertrags:* Typischerweise enthält ein B. aber nicht nur eine Angabe zu der Beteiligungsquote, sondern eine Vielzahl weiterer Vereinbarungen. Z.B. kann dem Kapitalgeber ein Liquidationsvorrecht eingeräumt werden. Dieses sichert ihm einen bevorzugten Zugriff auf den Erlös, der bei der Auflösung oder dem Verkauf des Unternehmens – in Teilen, als Ganzem oder im Zuge eines → Asset Deals – anfällt (d.h. bei einem sog. Exit). Von dem erzielten Verkaufserlös muss dann zunächst eine Zahlung an den Kapitalgeber geleistet werden, die i.d.R. ein bestimmtes Vielfaches der Investitionsauszahlung darstellt. Üblich sind hierbei Multiplikatoren zwischen eins und drei. Erst wenn die Vorrechtszahlung vollständig befriedigt ist, partizipieren die übrigen Anteilseigner am Exiterlös. Im Vergleich zu einem einfachen Eigenkapitaltitel verbessert sich durch ein Liquidationsvorrecht c.p. die Vermögensposition des VC-Gebers, da er relativ stärker an geringen Exiterlösen partizipiert. Bei gleicher Investitionssumme kann somit die Beteiligungsquote verringert werden. Einen ähnlichen Effekt hat die Vereinbarung einer Vorzugsdividende. Dies sichert dem Kapitalgeber eine bevorzugte Zahlung zu, die i.d.R. einer Verzinsung von 6% p.a. bis 15% p.a. der Investitionssumme entspricht. Da jedoch laufende Zahlungen aus dem Gesellschaftsvermögen die Liquidität strapazieren, ist die Dividende zumeist erst im Exitfall aus dem Veräußerungserlös zu zahlen, und zwar bevor andere Liquidationsvorrechte befriedigt werden. Damit wirkt eine Vorzugsdividende wie ein zeitabhängiges Liquidationsvorrecht. Da die Position des Kapitalgebers durch weitere Kapitalaufnahmen in zukünftigen Finanzierungsrunden geschädigt werden kann, finden sich im B. zumeist auch auf diese Gefahr abstellende Regelungen. Dazu gehören z.B. eine → Anti-Dilution-Klausel (Verwässerungsschutz) und Bezugsrechte. Eine Anti-Dilution-Klausel sichert dem Kapitalgeber das Recht zu, den gezahlten Preis für seinen Anteil nachträglich zu reduzieren, falls eine weitere Finanzierungsrunde zu einem niedrigeren Preis je Anteil durchgeführt wird. Dies wird z.B. dadurch erreicht, dass der VC-Geber weitere Aktien zum Nominalwert erwirbt, und somit der Durchschnittspreis je Aktie sinkt. Ein Bezugsrecht sichert dem Kapitalgeber das Recht zu, an allen zukünftigen Finanzierungsrunden bzw. bei jeder Ausgabe von neuen Eigenkapitalanteilen oder in Eigenkapitalanteile wandelbaren Wertpapieren pro rata teilnehmen zu dürfen. Hierdurch ist sichergestellt, dass der Kapitalgeber sich gegen eine Verwässerung seiner Vermögens- und Stimmrechtsposition schützen kann. Neben den bisher genannten, unmittelbar zahlungsbezogenen Regelungen im B. sind die darin enthaltenen Vereinbarungen zu den Kontrollrechten (i.w.S.) des Kapitalgebers nicht minder bedeutsam. Dazu gehören insbesondere Informationsrechte, Zustimmungsrechte, das Recht, an der Auswahl des Managements mitzuwirken, einen Sitz im Aufsichtsrat oder einem vergleichbaren Kontrollgremium beanspruchen zu dürfen u.v.m. Durch die Vereinbarung spezieller Informationsrechte, die über die gesetzlichen Anforderungen hinausgehen, wird das Unternehmen verpflichtet, die Investoren umfangreich über seine Geschäftstätigkeit zu informieren. Werden im B. Zustimmungsrechte vereinbart, darf die Unternehmensleitung bestimmte Geschäfte nur mit Zustimmung der Kapitalgeber tätigen. Üblicherweise sind dies die Aufnahme von größeren Krediten, die Gründung von Tochtergesellschaften, die Änderung eines Mitarbeiteroptionsplans, die Ausgabe von weiteren Eigenkapitaltiteln und ähnliche Transaktionen. Um das Investitionsrisiko für den Kapitalgeber zu begrenzen, kann er dem Unternehmen die Investitionssumme in Teilbeträgen auszahlen. Dabei wird die Auszahlung weiterer Teilbeträge vom Erreichen im Voraus zu definierender Meilensteine abhängig gemacht. Erreicht das Unternehmen diese nicht, ist der Kapitalgeber nicht mehr verpflichtet, die verbleibenden Teilbeträge (Tranchen) zu überweisen. Dieses sog. Tranching weist große Ähnlichkeiten mit der Stufenfinanzierung auf. Allerdings bietet es den Vorteil, dass keine neue Finanzierungsrunde mit den damit verbundenen Kosten notwendig ist. Während das Tranching in Europa weitverbreitet ist, ist es in den USA unüblich. – 4. *Finanzierungsprobleme und Funktion des B.:* Die genannten und weitere Bestandteile eines B. dienen in ihrer Gesamtheit dazu, die beiden fundamentalen Probleme der Finanzierung von Unternehmen, die bei der Unternehmensgründung besonders stark ausgeprägt sind, zu lösen. Zum einen ist es für potenzielle Kapitalgeber schwer, die Qualität und damit den zu erwartenden zukünftigen Wert einer Unternehmung einzuschätzen. Das Management hingegen ist a priori besser über die Vermögensposition der Unternehmung, das vorhandene Know-how, das eigene Wettbewerbspotential etc. informiert. Aufgrund dieser Informationsasymmetrie besteht für den Kapitalgeber prinzipiell die Gefahr, ein für ihn nachteiliges Investment einzugehen. Infolgedessen kann es zu einem Marktversagen kommen, dergestalt, dass gar kein Beteiligungskapital bereit gestellt wird (→ Adverse Selection-Problem). Um den Kapitalgeber von der Vorteilhaftigkeit einer Kapitalbereitstellung zu angemessenen Konditionen zu überzeugen, muss die Informationsasymmetrie überwunden, zumindest aber reduziert werden. Dazu dient einerseits das Screening der Unternehmung im Rahmen der → Due Diligence, die Prüfung des Business Plan und die Einholung aller verfügbaren und überprüfbaren Informationen. Des Weiteren dienen die vom Unternehmen abzugebenden Garantieversprechen und die Verpflichtung zur Offenlegung von Informationen diesem Zweck. Nicht zuletzt können das Management und die bisherigen Gesellschafter der Unternehmung aber auch durch ihre Zustimmung zu spezifischen Regelungen im B. ihr Vertrauen in den Erfolg der Unternehmung signalisieren. Insbesondere bei Vereinbarung von Liquidationsvorrechten und Vorzugsdividenden zu Gunsten des Kapitalgebers partizipiert dieser überproportional bei schlechter Entwicklung des Unternehmens. Wenn sich Management und Altgesellschafter darauf einlassen, signalisieren sie ihr Vertrauen in eine positive Entwicklung. Zum anderen besteht die Gefahr, dass bei den Entscheidungen der Unternehmungsleitung die Erzielung einer ausreichende Rendite auf das eingesetzte externe Beteiligungskapital vernachlässigt wird (→ Moral Hazard-Problematik). So könnte z.B. die Gefahr bestehen, dass sich ein Unternehmensgründer mit naturwissenschaftlich/technischem Hintergrund nach der Kapitalüberlassung zu sehr um weitere Forschung als um die Weiterentwicklung und Markteinführung eines vorhandenen Produkt-Prototyps kümmert. Um ineffiziente Entscheidungen in der Unternehmung verhindern zu können, ist der Kapitalgeber auf Kontroll- und Mitwirkungsrechte angewiesen.

Prof. Dr. Peter Nippel

Literatur:
Denis, D.J.: *Entrepreneurial Finance, An Overview of the Issues and Evidence, in: Journal of Corporate Finance, 10. Jg. (2004), S. 301-326;* Houben, E./Nippel, P.: *Vertragsgestaltung bei Venture Capital-Finanzierungen, in:* Börner, C.J./ Grichnik, D. *(Hrsg.): Entrepreneurial Finance, Heidelberg 2005;* Sahlman, W.: *Aspects of Financial Contracting in Venture Capital, in: Journal of Applied Corporate Finance, 1. Jg. (1988), S. 23-36.*

Betrieb, *Unternehmen, Unternehmung,* in der betriebswirtschaftlichen Literatur kein einheitlich definierter Begriff. Vielfach bezeichnet der B. eine planvoll organisierte Wirtschaftseinheit zur → Produktion von Gütern und → Dienstleistungen (Produktionsbetrieb, Handwerksbetrieb, Transportbetrieb, Bankbetrieb etc.). Dabei kann der B. charakterisiert werden als örtliche, organisatorische und technische Einheit zum Zwecke der Produkt- und Leistungserstellung. In Abgrenzung zum B. wird mit Unternehmung die rechtlich, wirtschaftliche und finanzielle Einheit bezeichnet. Die Begriffe B. und Unternehmung werden teilweise aber auch synonym verwendet.

betriebliches Rechnungswesen, *Accounting.* 1. *Begriff:* Das b.R. dient der mengen- und wertmäßige Erfassung aller Geld- und Leistungsströme des Unternehmens, die durch die betriebliche Leistungserstellung- und Verwertung hervorgerufen werden. – 2. *Ziele:* Dem b.R. werden üblicher Weise drei Ziele zugeordnet. a) Planungsziel: Das b.R. dient der Ermittlung von Beständen, → Bestandsveränderungen im Zeitablauf. Neben der Bestandsermittlung dient das b.R. der Ermittlung des unternehmerischen Erfolgs in einer Periode. Neben der zeitbezogenen ist auch eine stückbezogene Betrachtung im Sinne einer Ermittlung der Selbstkosten der Güter Aufgabe des b.R. Die im Rahmen der Perioden- und der Stückbetrachtung generierten Informationen dienen der → Planung des betrieblichen Geschehens. – b) Kontrollziel: Die Informationen dienen zusätzliche der → Kontrolle der → Rentabilität. Das tatsächliche Ergebnis (Ist-Wert) wird dem geplanten Ergebnis (Soll-Wert) gegenübergestellt. Aber Abweichungen werden Maßnahmen zur zukünftigen Zielerreichen ergriffen. – c) Informationsziel: Aufgrund gesetzlicher Vorschrift und der Einflussnahme von Investoren dient das b.R. auch der externen Informationsversorgung. Zu den Zielgruppen gehören die verschiedenen Interessensgruppen des Unternehmens wie Gesellschafter, Gläubiger, Mitarbeiter, Lieferanten und die interessierte Öffentlichkeit. – 3. *Merkmale:* Zur erreichen der beschrieben Ziel des b.R. werden diese nach verschiedenen Merkmalen abgegrenzt. a) Arten des Rechnungswesen: Diese lassen sich dem internen Rechnungswesen und dem → externen Rechungswesen zuordnen. Beide werden weiter nach den zugrunde gelegten Rechenwerken unterschieden. So gliedert sich das interne Rechnungswesen auf in → Kostenrechnung/Leistungsrechnung, Finanzrechnung (kurz und langfristiger → Finanzplan) und → Investitionsrechnung. Das externe Rechnungswesen kann weiter nach seinen Rechenwerken in Steuer-, Handels- und Konzernbilanz, Gewinn- und Verlustrechnung und Kapitalflussrechnung unterschieden werden. – b) Rechengrößen: Innerhalb der Rechenwerke wird mit verschiedenen Strom- und Bestandgrößen gearbeitet. Die Kostenrechnung/Leistungsrechnung basiert auf den Stromgrößen → Kosten und Leistungen, die das betriebsnotwendige Vermögen als Bestandgröße verändern. Im Rahmen der Finanz- und Investitionsrechnung werden Auszahlungen/Ausgaben sowie Einzahlungen/Einnahmen erfasst, die den Bestand an liquiden Mittel (Zahlungsmittelbestand) bzw. das Geldvermögen (Zahlungsmittelbestand + Forderungen – Verbindlichkeiten) verändern. Im externen Rechnungswesen werden schließlich Aufwand und Ertrag ermittelt, die das Gesamtvermögen aus Geldvermögen und Sachvermögen laut Bilanz beeinflussen.

Prof. Dr. Alexander Bassen

Literatur:

Wöhe, G./Döring, U.: Einführung in die Betriebswirtschaftslehre, 21. Auflage, München 2002.

Betriebsgeheimnis, *Geschäftsgeheimnis*, nicht einheitlich definierter Begriff, der die Pflicht von Arbeitgeber und → Arbeitnehmer umfasst, Verschwiegenheit über geheim zu haltende Sachverhalte zu wahren. Das B. bezieht sich z.B. auf persönliche Daten des Arbeitnehmers, technisches Know-how und Preiskalkulationen. Die Wahrung von B. ergibt sich aus den wechselseitigen Fürsorge- und Treuepflichten, kann aber auch ausdrücklich vereinbart werden. B. dürfen nur einem eng begrenzten Personenkreis bekannt sein. Die Pflicht zur Verschwiegenheit beginnt mit Abschluss des Arbeitsvertrages und gilt als nachvertragliche Treuepflicht auch nach Beendigung des

Arbeitsverhältnisses. Die Wahrung des B. ist rechtlich geschützt (u.a. § 17 UWG).

Betriebsgründung, Bedeutung abhängig vom Kontext: rechtlich i.d.R. der Beginn einer nachhaltigen Tätigkeit zur Erstellung von Leistungen unter Einsatz von Leistungsfaktoren wie menschliche Arbeit, materielle und immaterielle Güter; umgangssprachlich, teilweise auch im ökonomischen Sprachkontext auch synonym mit → Unternehmensgründung, die im handelsrechtlichen Sinn den Wirksamkeitsbeginn der Rechtspersönlichkeit der betrieblichen Tätigkeit bedeutet. In anderen Rechtsbereichen, z.B. Steuerrecht und Arbeitsrecht wird in Bezug auf den Beginn der Zurechenbarkeit von verbindlichen Handlungen auf den Betriebsbegriff statt Unternehmensbegriff rekurriert. Ab welchem Zeitpunkt eines → Gründungsprozesses oder ab welchem Umfang oder ab welcher Intensität des Tätigwerdens die Betriebseigenschaft erlangt wird, ist nicht generell formulierbar.

Betriebsrat. 1. *Begriff:* Der B. ist gemäß § 1 BetrVG ein Organ der betrieblichen → Mitbestimmung i.w.S. und stellt die Vertretung der Arbeitnehmer und ihrer Interessen dar. So genannte Kaderangestellte sind von der Mitbestimmung ausgeschlossen. Ein B. ist nach deutschem Recht, welches insgesamt sehr weitreichend ausgestaltet ist, von allen Betrieben einzurichten, die i.d.R. mindestens über fünf selbstständig wahlberechtigte Mitarbeiter verfügen, von denen drei wählbar sein müssen. In allen derartigen Fällen ist es das Recht, aber keine Verpflichtung der → Belegschaft, einen B. einzurichten, so dass trotz Betriebsratsfähigkeit eines Betriebs nicht zwangsläufig von der Existenz eines solchen ausgegangen werden kann. – 2. *Aufgaben und Mitwirkungsrechte:* Der B. überwacht vor allem die Einhaltung arbeitnehmerrelevanter rechtlicher Vorschriften (Gesetze, Verordnungen, Unfallverhütungsvorschriften, Tarifverträge, Betriebsvereinbarungen) sowie die Eingliederung und Beschäftigung schutzbedürftiger Personen (wie z.B. Schwerbehinderte, ältere Arbeitnehmer, ausländische Mitarbeiter). Speziell wird der B. in Grundsatzfragen sozialer, personeller, wirtschaftlicher und mitbestimmungs- bzw. mitwirkungsrelevanter Belange einbezogen. In Verbindung mit der Betriebsführung ist sicherzustellen, dass jegliche Diskriminierung von Arbeitnehmern unterbleibt und ferner deren freie Persönlichkeitsentfaltung gefördert wird. Die Geschäftsleitung ist dem B. gegenüber zur Berichterstattung in den entsprechenden mitbestimmungsrelevanten Belangen verpflichtet. Im Einzelnen sind die Rechte des B. im Gesetz detailliert geregelt und bezüglich einzelner Entscheidungstatbestände gestaffelt. Sie reichen von Informations- bzw. Beratungsrechten bis hin zu Entscheidungen, die bei einem Veto des B. nicht getroffen werden dürfen bzw. sogar der ausdrücklichen Zustimmung des B. bedürfen. – 3. *Ziele:* Der Betriebsrat hat die Aufgabe, Arbeitnehmerinteressen gegenüber der Geschäftsleitung zu vertreten. Mit der Einrichtung von B. verbindet sich die Hoffnung, die Identifikation der Belegschaft mit ihrer Unternehmung zu erhöhen und somit zu motivations- und letztlich ergebnissteigernden Effekten beizutragen. Aus den vorgestellten Überlegungen hinaus kann gefolgert werden, dass ein B. vor allem dann verzichtbar ist, wenn die Berücksichtigung der Arbeitnehmerinteressen in der Betriebsführung auch ohne einen B. erreicht werden kann. – *Vgl. auch* → Mitbestimmung.

Prof. Dr. Jörg Freiling

Literatur:

Chmielewicz, K.: Unternehmensverfassung, in: Frese, E. (Hrsg.): Handwörterbuch der Organisation, Stuttgart 1992, Sp. 2232-2241; *Schrank, F.:* Der Betriebsrat und seine wichtigsten Befugnisse, in: Schrank, F. (Hrsg.) Arbeitsrecht und Sozialversicherungsrecht, Graz 1991, S. 395-420; *Macharzina, K.:* Unternehmungsführung, Wiesbaden 1999.

Betriebsübergang, → Besitzerwechsel.

Betriebsverfassungsgesetz (BetrVG), Gesetz vom 15. 01. 1972 i.F. der Bekanntmachung vom 25. 09. 2001 (BGBl. I S. 2518) regelt die Verfassung des Betriebs und räumt den Arbeitnehmern bzw. ihren Repräsentanten, dem → Betriebsrat, Mitwirkungs- und Mitbestimmungsrechte an Entscheidungen der Betriebs- und Unternehmensleitung ein (→ Arbeitnehmermitbestimmung). Es gilt nicht für leitende Angestellte, § 5 III BetrVG, und nur eingeschränkt in Tendenzbetrieben, § 118 BetrVG.

Betriebsvergleich. 1. *Begriff:* Der B. beinhaltet den Vergleich von betrieblichen → Kennzahlen und Kennzahlensystemen zur Kontrolle und Steuerung ausgewählter unternehmensrelevanter Fragestellungen. Ein B. erfolgt zumeist zwischen zwei Unternehmungen, kann aber auch innerbetrieblich erfolgen. Typisch ist ein brancheninterner Vergleich (→ Benchmarking). – 2. *Ziele:* Es sollen Ineffizienzen oder Wettbewerbsnachteile aufgedeckt werden. Hierzu werden Best- oder Durchschnittswerte den eigenen Messwerten oder Kennzahlen gegenüber gestellt und die Ursachen für negative Abweichungen analysiert. Dabei kann ein B. gerade für Neugründungen erfolgsentscheidend sein, um eine Orientierung bezüglich der eigenen Abläufe und Kenngrößen zu erhalten.

Betriebsvermögen, Differenz zwischen dem monetären Wert des Vermögens und dem Wert der Schulden eines Betriebs zum Ende eines Wirtschaftsjahres. Das Vermögen besteht aus dem Wert aller Wirtschaftsgüter wie z.B. die Ausstattung des Betriebs, Waren oder Bargeld. Als Schulden gelten dagegen z.B. Warenschulden oder sonstige Verbindlichkeiten.

Betriebswirtschaft, behandelt die Auseinandersetzung mit betrieblichen Funktionen wie → Produktion, → Finanzierung und → Marketing mit dem Ziel, knappe → Ressourcen ihrer optimalen Verwendung zuzuführen.

Bewerberauswahl. 1. *Begriff:* Die B. ist ein zumeist mehrstufiger Prozess, ausgehend von dem Eingang der Bewerbungsunterlagen bis hin zu der möglichen Abgabe eines Einstellungsangebotes. Typische Stufen des Auswahlprozesses sind die Bewerbungsanalyse, verschiedene Testverfahren sowie das Vorstellungsgespräch. – 2. *Merkmale:* Die B. sollte ein systematisch strukturierter und sorgfältig vorbereiteter Prozess sein, nicht aber zufällig und oberflächlich erfolgen. Grundlage bildet häufig ein Anforderungsprofil, das z.B. über eine Stellenbeschreibung, Arbeitsplatzanalyse oder andere Anforderungskriterien erstellt worden ist. Die Qualität der Auswahlentscheidung ist insbesondere abhängig von der Genauigkeit der Formulierungen im Anforderungsprofil, von den Möglichkeiten der Qualifikationsüberprüfung und der Vergleichbarkeit der Ergebnisse mit (dem zuvor) angefertigten Profil. – 3. *Instrumente:* Die B. bedient sich unterschiedlicher Instrumente und Methoden, deren Reihenfolge und Intensität in der Praxis variieren können. Typische Instrumente der B. sind die Bewerbungsanalyse, Testverfahren, → Assessment Center und Vorstellungsgespräche. – a) Die Bewerbungsanalyse ist i.d.R. die erste Phase der B. Sie umfasst die genaue Analyse und Bewertung der eingereichten Bewerbungsunterlagen (Bewerbungsschreiben, Lebenslauf, → Zeugnisse, → Referenzen, etc.), z.B. anhand einer Checkliste oder eines Bewertungsbogens. Ziel ist die Vorauswahl geeigneter Bewerber. Die Bewerbungsunterlagen werden zunächst insbesondere mit Blick auf Vollzähligkeit (z.B. der Zeugnisse), Vollständigkeit (z.B. des Lebenslaufes) und den optischen Eindruck (z.B. Sauberkeit und Gestaltung des Schreibens, Strukturierung und Zusammenstellung der Unterlagen) analysiert. In einem nächsten Schritt erfolgt die Überprüfung der beruflichen und fachlichen Eignung der Bewerber. Ergebnis der Bewerbungsanalyse sollte eine Entscheidung über die grundsätzliche Eignung oder Nichteignung eines Bewerbers für die zu besetzende Position sein. In einem mehrstufigen Verfahren kommen die ausgewählten Bewerber in die weiteren Phasen der B. – b) → Testverfahren setzen häufig aus der Psychologie stammende Methoden ein. Systematisch kann zwischen Leistungs-, Intelligenz- und Persönlichkeitstests unterschieden werden. Die Tests müssen in Relation zu der am Arbeitsplatz gestellten Anforderungen stehen und hierfür eine geeignete Beurteilungsgrundlage liefern. Sie sollten nur von ausgebildeten und erfahrenen Fachleuten eingesetzt werden. In diesem Kontext ist auf die rechtliche Absicherung bei der Durchführung der Tests zu achten (z.B. Einhaltung der Persönlichkeitsrechte). – c) Assessment Center ist die Bezeichnung für sehr unterschiedliche Methoden der B. Durch Simulation praxisbezogener Situationen sollen über i.d.R. ein bis zwei Tage hinweg verschiedene Fähigkeiten (z.B. analytisches Denken), Verhaltensweisen (z.B. Planungs- und Entscheidungsverhalten) sowie spezifische Kompetenzen (z.B. Führungskompetenz) überprüft werden. Es sind sowohl Aufgaben in der Gruppe als auch einzeln zu bearbeiten, um gruppendynamisch sowie individuell geprägte Verhaltensweisen der Teilnehmer differenzierter beurteilen zu können. – d) Das → Bewerbungsgespräch ist das in der Praxis bekannteste Auswahlinstrument und zumeist die letzte Stufe der B. Auf Basis der Ergebnisse der Bewerbungsanalyse und eventuell durchgeführter Testverfahren werden diejenigen Bewerber ausgewählt, die zu einem persönlichen Gespräch eingeladen werden. Die Gewinnung eines persönlichen Eindrucks über den Bewerber (z.B. über seine Motivation für die Bewerbung), die Ermittlung von beruflich relevanten Fähigkeiten und Kompetenzen sowie die Überprüfung der in den Bewerbungsunterlagen gemachten Angaben liegen u.a. im Fokus des Gesprächs. Dem Bewerber sollte aber auch die Gelegenheit gegeben werden, seinerseits Fragen (z.B. zur Vergütung oder Urlaubsregelung) zu stellen und seine Erwartungen an das Unternehmen zu äußern.

Prof. Dr. Christine K. Volkmann

Literatur:
Berthel, J./Becker, F. G.: Personal-Management: Grundzüge für Konzeptionen betrieblicher Personalarbeit, Stuttgart 2003; *Büdenbender, U./Strutz, H.:* Gabler Kompakt-Lexikon Personal, Wiesbaden 2003; *Simon, W./ Scheelen, F.M.:* Bewerberauswahl leicht gemacht: Wer passt nach DIN 33430? Frankfurt/Wien 2003; *Rosenstiel, L. von* (Hrsg.): Führung von Mitarbeitern: Handbuch für erfolgreiches Personalmanagement, Stuttgart 2003; *Weuster, A.:* Personalauswahl: Anforderungsprofil, Bewerbersuche, Vorauswahl und Vorstellungsgespräch, Wiesbaden 2004.

Bewerbungsgespräch, *Vorstellungsgespräch, Einstellungsgespräch,* Verfahren, zumeist in der letzten Phase der → Bewerberauswahl. Bei einem B. werden auf Basis der Ergebnisse der Bewerbungsanalyse und eventuell durchgeführter Tests, die ausgewählten Bewerber zu einem persönlichen Gespräch eingeladen. Ziel ist es hierbei insbesondere, die Eignung des Bewerbers für die zu besetzende Position herauszufinden. In der Praxis dient das Gespräch in erster Linie der Gewinnung eines persönlichen Eindrucks über den Bewerber (z.B. über seine Motivation für die Bewerbung), die Ermittlung von fachlich und beruflich relevanten Fähigkeiten und Kompetenzen, der Erkenntnis über seine persönlichen Erwartungen (z.B. zur Vergütung) sowie der Überprüfung der in den Bewerbungsunterlagen gemachten Angaben.

Bewertung, → Unternehmensbewertung.

Beziehungsmanagement, *Relationship Management.* 1. *Begriff:* Gesamtheit aller Maßnahmen zur langfristigen, transaktionsübergreifenden Gestaltung des Verhältnisses der Unternehmung zu einzelnen Unternehmungen aus wichtigen externen Bezugsgruppen. – 2. *Merkmale:* B. umfasst eine sachliche, eine menschlich-emotionale, eine Organisations- und eine Machtebene zwischen zwei Partnern. – 3. *Entwicklung:* Ursprünglich primär auf Wertschöpfungspartner wie Kunden (→ Customer Relationship Management) bzw. Lieferanten bezogen, richtet sich das B. mittlerweile auf alle wichtigen externen → Stakeholder einer Unternehmung. Im Gründungsmanagement sind v.a. Kundenbeziehungen und Investor Relations prioritär. – 4. *Ausrichtung:* Ein B. muss einen Ausgleich der Interessen des Bezugspartners und der eigenen Ziele herbeiführen (Innen- und Außenorientierung). – 5. *Maßnahmen:* z.B. Zufriedenheits- und Beschwerdemanagement, Bonusprogramme, Einführung eines speziellen Belieferungsservice, Aufbau von partnerspezifische Dienstleistungen.

BGB, → Bürgerliches Gesetzbuch.

BGB-Gesellschaft, → Gesellschaft bürgerlichen Rechts.

Big-Budget-Model, *Big-Money-Model.* 1. *Begriff:* Grundmodell der strategieerfüllenden → Gründungsfinanzierung, bei der dem Gründungskonzept bzw. der Strategie des Gründungsunternehmens keinerlei finanzielle Beschränkungen auferlegt sind (vgl. Abbildung). – 2. *Strategieerfüllende Gründungsfinanzierung:* Bei der strategieerfüllenden Gründungsfinanzierung ist – im Gegensatz zur strategiebestimmenden Gründungsfinanzierung – nicht die fehlenden eigenen Finanzierungsmittel der Gründer oder die zu geringe Finanzierungsbasis der strategiebestimmende Engpass. Vielmehr ist die Vision der Gründer oder die Idee des → Geschäftsmodells der Ausgangspunkt und der grenzensetzende Möglichkeitsraum zur Realisierung der Gründung. Die Finanzierung hat eine „dienende" oder erfüllende Funktion („finance follows strategy). Die Höhe und Struktur der benötigten Finanzierung leitet sich aus dem → Business Plan ab und gilt zunächst einmal als Datum. Mit dem → Fund Raising werden dann die benötigten Finanzmittel eingeworben, was bei einem überzeugenden Geschäftskonzept und Geschäftsmodell, einem professionellen Gründer- und Managementteam, einer realistischen Marktsicht und einem für → Start-up-Unternehmen positiv motivierten Kapitalmarkt auch möglich ist. – 3. *Finanzierungsinstrumente:* Die wesentlichen → Finanzierungsinstrumente bei einer Gründung nach dem B.-B.-M. sind

Big-Budget-Modell, Arten der Gründungsfinanzierung und Finanzierungsinstrumente

Grundmodelle	Finanzierungsformen	Finanzierungsinstrumente
No-Budget-Model keine Finanzierungsrunde	Selbstfinanzierung „self feeding business"	Sweat Equity F&E-Projekte Moonlighting Anzahlungen Zahlungszieldifferential
Low-Budget-Model eine Finanzierungsrunde	Eigen- und Fremdfinanzierung als • Bootstrap Finanzierung • traditionelle Gründungsfinanzierung	Gründerkapital F+F Kapital Bankkredite Lieferantenkredite Leasing Öffentliche Mittel
Big-Budget-Model mehrere Finanzierungsrunden	Eigen- und Fremdfinanzierung mit • phasenbestimmten Bilanzrelationen • traditionellen Bilanzrelationen	Seed Capital Business Angels Venture Capital Corporate Venture Capital Private Equity Mezzanine Finanzierung Private Placement IPO + Finanzierungsinstrumente des Bootstrappings

→ Business Angels, → Venture Capital, → Private Equity, → Mezzanine Finanzierung, → Börsengang, → Fremdkapital und → öffentliche Fördermittel. – 4. *Managementkultur:* Die Managementkultur beim B.-B.-M. steht in wesentlichen Teilen im Gegensatz zu der beim Low-Budget-Model. Die andere Verhandlungsseite für das Gründerteam beim Fund Raising sind Professionals aus der → Venture Capital-Branche oder anderen Segmenten des Eigenkapitalmarktes. Diese behandeln den „Deal" des Gründungsunternehmens nach ihren üblichen und von ihren Investoren/Gesellschaftern geforderten Kriterien, die in Best-Practice-Katalogen, Guidelines und in den jeweiligen Aus- und Weiterbildungsseminaren der Branchen und ihrer Verbände detailliert sind und zum Industriestandard werden. – 5. *Eigenschaften von Big-Budget-Gründern:* Hinter dem Typus einer Gründung nach dem B.-B.-M. stehen häufig Gründer und → Gründerteams, die einen → Bootstrapping Ansatz nicht akzeptieren würden. Sie würden auch mit ihrem spezifischen Hintergrund bei einer solch operativen Vorgehensweise mit vielen Trial-and-Error-Phasen (von Problemlösung/Erfahrung zu Problemlösung/Erfahrung springen) sich nicht ihre Ausbildung und ihrem Anspruchsniveau entsprechend eingesetzt fühlen. Mit dieser Beschreibung ist keine Bewertung verbunden. Es handelt sich beim Bootstrap- und beim B.-B.-M. um unterschiedliche Ansätze, die sich an den jeweiligen Ausgangssituationen der Gründer orientieren. Während im Low-Budget-Model eher der Einzelgründer überwiegt, der zunächst die Alleininitiative übernimmt und sich erst im Entwicklungsgang ein Team aufbaut, sind die Big-Money-Gründer von Anfang an in einer Teamstruktur tätig, die ggf. nur noch ergänzt wird und evtl. in späteren Phasen auch Änderungen und Ergänzungen erfährt. – *Gegensatz:* → Low-Budget-Model. – *Vgl. Abb.* „Big-Budget-Modell, Arten der Gründungsfinanzierung und Finanzierungsinstrumente".

Prof. Dr. Klaus Nathusius

Literatur:

Bhide A.: Bootstrap Finance, in: Sahlman, W. A./Stevenson, H./Roberts, M. J./Bhide, A.: The Entepreneurial Venture, Boston 1999, S. 223-237; *Nathusius, K.:* Grundlagen der Gründungsfinanzierung, Wiesbaden 2001.

Bilanz, Gegenüberstellung der Aktiva und Passiva zur Darstellung der Vermögens-, Kapital- und Finanzstruktur eines Unternehmens. Die zum Zeitpunkt des Bilanzstichtags, meist zum Ende eines Geschäftjahrs, erstellte B. ist Bestandteil des → Jahresabschlusses eines Unternehmens und stellt zusammen mit der → Gewinn- und Verlustrechnung den wirtschaftlichen Erfolg eines Unternehmens in einer Vergangenheitsbetrachtung dar. Der Bilanzaufbau wird in zwei aufgeteilte Bereiche dargestellt: Die Seite der → Aktiva stellt die Mittelverwendung dar: Dies kann in Form von Geldmittel (z.B. Kasse, Bankkonten), Produktionsmittel (z.B. Immobilien, Maschinen), Rohstoffe, Vorprodukte und ähnliche materielle Güter aufgeführt werden. Ferner sind auch immaterielle Gütern zu bilanzieren. Diese Güter sind nicht direkt monetär messbar und tragen dennoch zum Erfolg des Unternehmens bei. Die Seite der Passiva stellt die Mittelherkunft dar: Dabei wird insbesondere zwischen → Fremdkapital und → Eigenkapital unterschieden. Das Eigenkapital umfasst die Mittel, über die das Unternehmen unbeschränkt verfügen kann, d.h. insbesondere das eingebrachte Stamm- und Grundkapital sowie aus dem Unternehmen selbst erwirtschaftete Reserven und nicht ausgeschüttete Gewinne der Vorjahre. Das Fremdkapital umfasst Mittel, die von Dritten zeitlich befristet zur Verfügung gestellt werden, bspw. Hypotheken, Anleihen, Darlehen und Lieferantenkredite. Die verschiedenen Bilanzarten lassen sich wie folgt klassifizieren: Laufende B. (i.d.R. zum Ende eines Geschäftsjahres erstellt), öffentlich notierte B. (für börsennotierte Unternehmen- vierteljährliche Zwischenbilanzen), Sonderbilanzen (außerordentliche Bilanzen – zu verschiedenen Zeitpunkten gesetzlich vorgeschrieben) wie die Gründungsbilanz, die Liquidationsbilanz sowie bspw. eine Fusionsbilanz. Für die meisten Unternehmen ist es gesetzlich vorgeschrieben, sowohl eine Handelsbilanz als auch eine Steuerbilanz zu erstellen. Auch kann man in Abhängigkeit der Zahl der bilanzierenden Unternehmen man zwischen der Einzelbilanz, die Bestandteil des Einzelabschlusses ist und der (konsolidierten) Konzernbilanz unterscheiden.

Bilanzanalyse, → Jahresabschlussanalyse.

bilanzielle Abschreibung, → Abschreibung.

Bilanzpolitik. 1. *Begriff:* Unter dem Begriff B. werden das bewusste, zielbezogene Gestalten, Beeinflussen und Darstellen von Sachverhalten im → Jahresabschluss unter Berücksichtigung der gesetzlichen Vorschriften subsumiert. – 2. *Bilanzpolitische Instrumente:* Instrumente können einerseits hinsichtlich ihrer zeitlichen (z.B. Wahl des → Abschlussstichtages), formalen (z.B. Gliederungstiefe der → Bilanz) und materiellen Natur (z.B. Ausübung von Bewertungswahlrechten) unterschieden werden. Andererseits lassen sie sich dahingehend unterteilen, ob es die Ausübung von impliziten oder expliziten Wahlrechten hinsichtlich Ansatz (→ Ansatzwahlrechte), Ausweis und Bewertung (z.B. Wahl der Abschreibungsmethode) betrifft oder sich um betriebliche Maßnahmen handelt, die unter dem Aspekt ihrer Auswirkung auf den Jahresabschluss überdacht (z.B. Vorverlegung von Investitionen) oder nur wegen ihrer Auswirkung auf den Jahresabschluss ergriffen werden (z.B. Aufnahme nicht benötigter Kredite).

Bonität, bezeichnet die → Kreditwürdigkeit eines wirtschaftlichen Akteurs. Insbesondere ist die B. ausschlaggebend bei der Vergabe von Krediten, die den Bestimmungen von → Basel II unterliegen. Hierbei korreliert der Zinssatz stark mit der B. einer Person oder eines Unternehmens. Zur Ermittlung der tatsächlichen B. können auch Rating-Agenturen eingesetzt werden.

Bonus-/Malusregelung, Bei einer → Gründungsfinanzierung stellt die B.-/M. ein wichtiges Anreizinstrument dar, mit dem der Gründungsfinanzierer den → Unternehmensgründer zu hohem Engagement bewegen kann. Dabei erhält der Unternehmensgründer vom Gründungsfinanzierer einen Bonus, sofern ex ante festgelegte Zielausprägungen erreicht werden. Der Bonus kann dabei bspw. in einer (zusätzlichen) Zahlung vom Gründungsfinanzier oder in einer Erhöhung des Anteils des Unternehmensgründers am Unternehmen bestehen. Werden hingegen ex ante festgelegte Zieluntergrenzen verfehlt, wird der Unternehmensgründer finanziell schlechter gestellt (Malus), z.B. indem er keine Zahlung vom Gründungsfinanzierer erhält oder sich sein Anteil am Unternehmen verringert.

Bookbuilding Verfahren, Verfahren zur → Emissionspreisfindung bei der Erstemission von → Aktien unter Einbezug von Investoren. Dabei wird eine Preisspanne vorgegeben, in der Gebote von Investoren abgegeben werden. Der Emissionskurs entspricht dabei dem Durchschnittskurs der Gebote.

Bootstrapping, *Bootstrap Finanzierung.* 1. *Begriff:* Form der → Gründungsfinanzierung, bei der die Strategie des → Start-ups und die Realisierung des Gründungsvorhabens an ein sehr enges → Budget und knappe → Ressourcen angepasst sind. Ziel ist die Vermeidung von Ausgaben bei gleichzeitiger Maximierung der Einnahmen. Ratsam ist die B.F. vor allem bei einer Gründung nach dem → Low-Budget-Model. – 2. *Ursprung des Begriffs:* Der Begriff B. stammt aus den USA. Er leitet sich aus dem amerikanischen Begriff „bootstrap" – also Schnürsenkel – ab. Ähnlich wie der Schnürsenkel zur effizienten und fußschonenden

Nutzung des Schuhwerkes festgezogen sein sollte, sollte auch die Gründungs- und Wachstumsstrategie des Start-ups eng an den knappen verfügbaren Ressourcen der Gründer ausgerichtet sein. – 3. *Voraussetzung:* Voraussetzung für eine B. ist, dass die Gründer – im Gegensatz zur → Selbstfinanzierung – über eigene Finanzmittel (→ Gründerkapital) verfügen und ihnen Möglichkeiten der Inanspruchnahme externer → Finanzierungsquellen für → Eigen- und → Fremdkapital sowie ggf. Sicherheiten zur Unterlegung von Fremdkapitalfinanzierungen offen stehen. Dabei kann es sich auch um sehr beschränkte Möglichkeiten handeln, die den gesamten finanziellen Spielraum für das Gründungsvorhaben dann auch entsprechend eng gestalten. – 4. *Grundsätze des B.:* Nach Bhide haben sich die folgenden sieben Grundsätze bei der B.F. bewährt und können Gründern daher als Verhaltensregeln empfohlen werden. Grundsatz 1: Die Gründer sollten so schnell wie möglich mit einem operativen Geschäft beginnen. Grundsatz 2: Gründer sollen sich auf ein frühzeitiges Erreichen der Gewinnschwelle und eines positiven → Cash Flows fokussieren. Grundsatz 3: Gründungsunternehmen mit Bootstrapping-Ansatz sollten höherwertige Produkte oder Services verkaufen, bei denen die Gründer sinnvoll die Vertriebsfunktionen wahrnehmen können. Grundsatz 4: Gründer sollten nicht mit hochbezahlten Teammitgliedern ohne Verständnis für die → Gründerkultur des jungen Unternehmens arbeiten. Grundsatz 5: → Gründer müssen beim Unternehmenswachstum entsprechend der nur begrenzt vorhandenen Ressourcen kontrolliert vorgehen. Grundsatz 6: In der Gründungs- und Frühentwicklungsphase muss der Fokus des Bootstrap-Unternehmens auf dem Cash als laufend verfügbarer → Liquidität liegen. Grundsatz 7: → Banken sollten gepflegt werden, auch wenn sie in der frühen Entwicklungsphase noch nicht als Kreditgeber zur Verfügung stehen. – 5. *Finanzierungsinstrumente:* Die wesentlichen Finanzierungsinstrumente des B. sind → Gründerkapital, → Family and Friends-Kapital, → Bankkredite, → Lieferantendarlehen, → Leasing und → öffentliche Fördermittel.

Prof. Dr. Klaus Nathusius

Literatur:
Bhide, A.: Bootstrap Finance: The Art of Start-ups, in: Harvard Business Review on Entrepreneurship, Boston 1999, S. 149-173; *Bhide, A.:* Bootstrap Finance: The Art of Start-ups, in: Sahlman, W. A./Stevenson, H. H./Roberts, M. J./Bhide, A.: The Entepreneurial Venture, Boston 1999, S. 223-237; *Bygrave, W.B.:* Calling on Family and Friends for Start-Up Cash, in: Birley, S./Muzyka, D.F.: Mastering Entrepreneurship, The Complete MBA Companion in Entrepreneurship, London 2000, S. 97-98; *Nathusius, K.:* Grundlagen der Gründungsfinanzierung, Wiesbaden 2001; *Timmons, J.A.:* New Venture Creation, Entrepreneurship for the 21st Century, Boston 1999.

Börse, Organisierter segmentierter Kapitalmarkt auf dem die Grundfunktionen Marktausgleich, Selektion sowie Primär- und Sekundärmarkt erfüllt werden. Rechtsgrundlage für die Börsensegmente des Kapitalmarktes ist insbesondere das Börsengesetz. Dort wird in §§ 30-55 der amtliche Markt sowie der geregelte Markt definiert, die jeweils als Grundlage für eine der per Börsenordnung an der Frankfurter Wertpapierbörse (FWB) etablierten Varianten des Prime Standard und des General Standard dienen. Das Segment General Quoted dient einerseits der primär von ausländischen Emittenten wahrgenommenen bloßen Einbeziehung in den geregelten Markt ohne Zulassung (§ 56 Börsengesetz) und andererseits dem geregelten Freiverkehr (§ 57 Börsengesetz). Daneben existiert ein ungeregelter Freiverkehr.

Börsenemission, Abschließender Teil des → Börsengangs, bei dem nach der Emissions-vorbereitung und der Zulassung als B. im engeren Sinne die Platzierung und die Notierungsaufnahme erfolgt.

Beim Normalfall der Fremdemission, bei dem nicht der Emittent, also das an der Börse notierte Unternehmen, eine (Eigen-)Emission vornimmt, geht der Platzierung die Übernahme der Aktien durch die Emissionsbank bzw. das Bankenkonsortium voraus. Der formelle Kern der Platzierung (Primärmarktfunktion) ist die Preisfindung und die Zuteilung der Aktien. Nach der Notierungsaufnahme (Sekundärmarktfunktion) wird im Rahmen von Marktschutzvereinbarungen, die teilweise von Börsen vorgegeben werden, Altaktionäre gegenüber der Emissionsbank zu einer Mindesthaltedauer verpflichtet. – *Vgl. Abb.* „Börsenemission, Motive und Konsequenzen".

Börsengang, *Erstemission, Initial Public Offering* (IPO); 1. *Begriff:* Prozess der Emissionsvorbereitung, Zulassung und Notierungsaufnahme (Emission, Börsengang im engeren Sinne) an einem Kapitalmarktsegment. – 2. *Emissionsvorbereitung:* Der Prozess der Emissionsvorbereitung wird geprägt von der Notwendigkeit, die für die Zulassung notwendigen Unterlagen (Prospekt bzw. Unternehmensbericht) vorzubereiten, einen Emissionspreis festzulegen, die vorbereitende Kapitalmarktkommunikation zu organisieren und schließlich die Platzierung der Aktien bei Investoren zu besorgen. Wesentliche → Meilensteine sind dabei die Zulassungsentscheidung der Börse und der Tag der Notierungsaufnahme. Zum Emissionsprozess werden regelmäßig, wenn auch terminologisch unterschiedlich, sieben Schritte gezählt, von denen die Schritte b) bis f) den Kern bilden: a) Strukturanpassungen: Eine Vorstufe im Emissionsprozess ist häufig die ggf. erforderliche Anpassung der Rechtsform des Unternehmens, das zunächst nicht als AG (oder KGaA) geführt wird sowie die Vorbereitung der Kapitalerhöhung. – b) Bewertung: Die Bewertung des Emittenten dient der Festsetzung des Preises bzw. der Preisspanne für die Börseneinführung und

Börsenemission, Motive und Konsequenzen

Motive	Konsequenzen
Finanzierung & Unternehmenswachstum	**Unternehmenskultur & Corporate Governance**
- Eigenkapitalzufluss zur Finanzierung weiteren Wachstums - Möglichkeit zu weiteren Kapitalmarktmaßnahmen - Unternehmensübernahmen über eigene Aktien („Acquisition Currency") - Verbesserte Kreditwürdigkeit durch verbesserte EK-Ratios	- Notwendigkeit der teilweisen Verabschiedung von einer unternehmensgeprägten Unternehmenskultur - Stärkere Ausrichtung auf Shareholder-Value-Denken - Etablierung funktionsfähiger Corporate Governance-Strukturen - Einfluss- und Kontrollverlust
Marketing & Recruiting	**Publizität & Öffentlichkeit**
- Steigerung des Bekanntheitsgrades des Unternehmens, bzw. der Produkte - Beteiligung des Managements, bzw. der Mitarbeiter am Unternehmen - Recruiting qualifizierter Führungskräfte und Mitarbeiter	- Notwendigkeit der Erfüllung der gesetzlich geforderten Publizität - Notwendigkeit einer umfassenden, proaktiven Informationspolitik gegenüber Investoren und Kapitalmarkt - Mögliche Auswirkungen von Kapitalmarktschwankungen und Kursentwicklung auf das operative Geschäft
Gesellschafterinteressen & Nachfolgeregelung	**Kosten & Ressourcenaufwand**
- Vermögensdiversifikation auf Seiten der Altgesellschafter - Exit für VC-Gesellschaften - Fortführung der Unternehmenskontinuität i.S. einer Nachfolgeregelung	- Einmalige Kosten und Ressourcenaufwand für Börsengang - Laufende Kosten der Börsennotierung - Zeitliche Belastung des Top-Managements

stützt sich auf die etablierten Verfahren der → Unternehmensbewertung unter Betonung kapitalmarktorientierter Ansätze (z.B. Verfahren der Deutschen Vereinigung für Finanzanalyse (DVFA)). – c) → Due Diligence: Im Rahmen der von der Emissionsbank koordinierten Prüfung werden wesentliche wirtschaftliche, technische, finanzielle, rechtliche, steuerliche sowie umweltbezogene Fragen und das Management kritisch geprüft. – d) Emissionsprospekt/Zulassungsantrag: Die wesentlichen formalen Instrumente für die Börseneinführung werden geschaffen, indem Emittent und Emissionsbank den Emissionsprospekt herausgeben und die Emissionsbank den Zulassungsantrag stellt. – e) Übernahme der Aktien: Vor der Platzierung werden die an der Börse einzuführenden Aktien von der Emissionsbank bzw. dem Bankenkonsortium übernommen. – f) Platzierung: Die Platzierung – hier in Form der Fremdemission – wird durch umfassende Marketing- und Investor Relations-Aktivitäten des Emittenten und der Emissionsbank vorbereitet. – g) Betreuung nach dem Börsengang: Die vertraglichen Beziehungen zwischen Emittent und Emissionsbank enden nicht unmittelbar nach Abschluss der Platzierung. – 3. *Zulassung:* Die Zulassung von Wertpapieren wird in Ergänzung zum Börsengesetz (→ Börse) für den amtlichen Handel (sowohl Variante Prime Standard als auch General Standard) durch die Börsenzulassungsverordnung z.B. hinsichtlich des Mindest-Platzierungsvolumens näher konkretisiert. Entsprechende Regelungen sind für die übrigen Börsensegmente den Börsen selbst überlassen. Der Verkaufsprospekt als verbindliche Informationsgrundlage bei der Emission wird durch das Verkaufsprospektgesetz geregelt. Im Gesetz selbst sind konkrete Regelungen für Wertpapiere enthalten, die zum amtlichen Markt oder zum geregelten Markt zugelassen werden. Regeln für andere Wertpapiere werden durch die Verkaufsprospektverordnung konkretisiert. Zulassungsanträge können durch Kreditinstitute und Finanzdienstleistungsunternehmen gestellt werden. Das Instrument der Emissionspublizität ist für die Zulassung am amtlichen Markt der so genannte Prospekt und im geregelten Markt der Unternehmensbericht mit abgestuftem Inhalt. Schwierigkeiten ergeben sich hier aus der Überlagerung zwischen diesen Segmenten gemäß Börsengesetz mit den Segmenten gemäß Börsenordnung (Prime Standard, General Standard). Daher ist es möglich, dass ein Unternehmen im Prime Standard lediglich einen Unternehmensbericht veröffentlichen muss, weil es zum geregelten Markt zugelassen ist, während ein Unternehmen im General Standard einen Prospekt vorlegen muss, weil es im amtlichen Handel notiert wird. Für das Segment General Quoted und den ungeregelten Freiverkehr ist eine Emissionspublizität im Sinne des Unternehmensberichtes praxistypisch und für das Segment General Quoted auch auf der Ebene von Börsenordnungen geregelt. Insbesondere findet eine entsprechende Prüfung durch Kreditinstitute oder Finanzdienstleistungsunternehmen regelmäßig statt. Für die Segmente Prime Standard und General Standard wird mittlerweile eine Mindest-Unternehmenshistorie von drei Jahren gefordert. Weiterhin müssen regelmäßig mindestens 25% der Aktien der jeweiligen Gattung emittiert werden und zwar mit einer Marktkapitalisierung dieser Aktien von mindestens 1,25 Mio. Euro. – 4. *Notierungsaufnahme:* Mit der Notierungsaufnahme beginnt der Handel im Sekundärmarkt, also der laufende Handel zwischen Gesellschaftern mit börsenmäßiger Preisfindung im engeren Sinne. – *Vgl. auch* → Emission.

Prof. Dr. Michael Schefczyk

Literatur:

Schefczyk, M./Pankotsch, F.: Betriebswirtschaftslehre junger Unternehmen, Stuttgart 2003, S. 293-303; *Schanz, K.-M.:* Börseneinführung, München 2000; *Zacharias, E.:* Börseneinführung mittelständischer Unternehmen, Bielefeld 2000.

Börsenreife, Eignung eines Unternehmens, für die Stellung eines Zulassungsantrages an einer → Börse. Dabei kann unterschieden werden zwischen formalen und wirtschaftlichen Kriterien zur Bestimmung der B. Formal muss das Unternehmen insbesondere in der Rechtsform der → Aktiengesellschaft geführt werden, wenn es sich nicht ausnahmsweise um eine → Kommanditgesellschaft auf Aktien handelt oder andere Wertpapiere als Aktien notiert werden sollen (z.B. Genussscheine). Weiterhin muss in Abhängigkeit vom angestrebten Marktsegment die Mindest-Unternehmenshistorie von drei Jahren und das Mindest-Platzierungsvolumen von 1,25 Mio. Euro erreicht werden. Wesentlich schwieriger zu bestimmen sind vor diesem Hintergrund die wirtschaftlichen Kriterien, zu denen Umsatz- und Ertragsaussichten des Unternehmens sowie dessen → Organisationsentwicklung zählen.

Brainstorming. Kreativitätstechnik zur unstrukturierten Generierung von Lösungen für klar definierte Probleme durch eine Gruppe von Personen. Eine Grundregel des B. ist die Zulässigkeit bzw. Diskussionswürdigkeit jeder Idee. Lösungsvorschläge werden also nicht gleich von den anderen Gruppenmitgliedern bewertet, sondern zuerst gesammelt und dann gemeinsam diskutiert.

Branchenanalyse. 1. *Begriff:* Der Begriff „Branche" umfasst die Gesamtheit der Anbieter ähnlicher Produkte und → Dienstleistungen, die zueinander im → Wettbewerb stehen können. Im Zentrum der B. steht die Identifikation der Merkmale sowie der technologischen und strukturellen Entwicklungen der Branche. – 2. *Ziele:* Vorrangiges Ziel der B. ist die Untersuchung des branchenbezogenen Risiko- und Chancenpotenzials zur Bestimmung der → Wettbewerbsstrategie des eigenen Unternehmens. – 3. *Instrumente:* Die B. wird mit Hilfe der Methoden der Umweltanalyse durchgeführt. Das bekannteste Instrument ist die → Branchenstrukturanalyse.

Branchenstrukturanalyse. 1. *Begriff:* Im Zentrum des Modells der B., das von Porter in den 1980-er Jahren entwickelt wurde und seinen Ursprung in der Industrieökonomie hat, stehen fünf → Wettbewerbskräfte. Diese bestimmen die Wettbewerbssituation und das Gewinnpotenzial einer Branche und bilden damit die Basis für die Strategieformulierung. – 2. *Modelldarstellung:* a) Verhandlungsmacht der Abnehmer: Abnehmer beeinflussen die Branchenattraktivität, indem sie Preisdruck auf den Produzenten ausüben, bessere Qualität verlangen und die Konkurrenten gegeneinander ausspielen. Die Macht der Käufer hängt von der Marktsituation und von der Bedeutung ihrer Käufe ab. Die Verhandlungsmacht der Abnehmer nimmt zu, wenn sie bspw. in großen Mengen einkaufen, wenn undifferenzierte Produkte oder niedrige Umstellungskosten einen unkomplizierten Wechsel zu Ersatzlieferanten ermöglichen und wenn glaubwürdig mit → Rückwärtsintegration gedroht werden kann. Niedrige Gewinne der Abnehmer erhöhen die Preissensitivität sowie den Druck, Einkaufskosten zu senken. – b) Verhandlungsmacht von Lieferanten: Verhandlungsstarke Lieferanten können durch Preiserhöhung und Qualitätsreduktion die → Rentabilität der Branche schmälern. Determinanten der Verhandlungsmacht sind Substituierbarkeit der Input-Faktoren, → Umstellungskosten bei Lieferantenwechsel, Lieferantenkonzentration, Abnahmemengen und -wert sowie Möglichkeiten zur Vorwärtsintegration. – c) Bedrohung durch neue Konkurrenten: Neu eintretende Wettbewerber bringen neue → Ressourcen und Kapazitäten in die Branche ein. Sie verfolgen Gewinnziele sowie die Gewinnung von → Marktanteilen. Dies hat ein Sinken der Branchenrentabilität zur Folge. Das Ausmaß der Bedrohung durch neue Mitbewerber hängt von existierenden → Markteintrittsbarrieren ab. Solche sind → Economies of Scale, Angebots- oder Anbieterdifferenzierung, Umstellungskosten von Kunden, Zugang zu Beschaffungs- und Distributionsquellen, → Kapitalbedarf, größenunabhängige Kostennachteile und staatliche Regulierungen. – d) Gefahr durch Ersatzprodukte: Unternehmen einer Branche konkurrieren auch mit Produkten und → Dienstleistungen anderer Branchen, die mit anderen Lösungsprinzipien den gleichen Zweck erfüllen. → Innovationen stellen somit eine potenzielle Gefahr für existierende Produkte und Dienstleistungen dar. Substitute schränken das Gewinnpotenzial einer Branche ein, indem sie die Preisobergrenze bestimmen. Determinanten der Substitutionsgefahr sind die relative Preisleistung der Substitutionsprodukte, die Substitutionsneigung der Abnehmer und niedrige Umstellungskosten der Abnehmer. – e) Rivalität unter den bestehenden Wettbewerbern: Rivalität findet insbesondere in Form von Preiswettbewerb und Einführung von Produktinnovationen statt. Mit diesen → Strategien versuchen Unternehmen Konkurrenzvorteile zu erzielen. Die Rivalität steigt mit der Anzahl der Wettbewerber ohne dominanten → Marktanteil und mit der Marktreife. Hoher Konkurrenzdruck kann zu Preisreduktionen führen und schmälert damit die Ertragsraten aller Unternehmen. Durch Verbesserung des Leistungsangebotes und durch Innovationen (Produkt, Service, → Marketing etc.) kann sich der Spielraum der → Preisgestaltung erhöhen. Unterschiedliche → Ziele und Strategien der Konkurrenten erschweren die Definition von Spielregeln und führen oft zu Konflikten. Austrittsbarrieren, wie hohe → Fixkosten, administrative und soziale Restriktionen sowie emotionale Faktoren veranlassen Unternehmen trotz Verlusten oder niedriger Gewinne in der Branche zu bleiben und verstärken somit den → Wettbewerb. – 3. *Beurteilung:* Die B. ermöglicht durch die Untersuchung der → Wettbewerbskräfte die Einschätzung potenzieller Chancen und → Risiken. Die B. liefert die Informationen für die Prognose der Branchenentwicklung und des Gewinnpotenzials bzw. der Rentabilität einer Branche. Die Analyse der Branchenstruktur hilft Unternehmen, die eigene Position sowie jene der Konkurrenten innerhalb der Branche zu bestimmen und eine adäquate → Wettbewerbsstrategie (z.B. Kostenführer-, Differenzierungs- und Konzentrationsstrategie) zur Erreichung von Wettbewerbsvorteilen und einer gefestigten Branchenposition zu formulieren. Anwendungsprobleme können sich für → Start-ups vor allem bei der Identifikation der Zielbranche, der Branchenabgrenzung sowie der Informationsgenerierung (Zeit und Zugangsbeschränkungen) ergeben.

Prof. Dr. Erich J. Schwarz

Literatur:

Porter, M.E.: Wettbewerbsstrategien, Methoden zur Analyse von Branchen und Konkurrenten, Frankfurt 1995; *Porter, M.E.:* Wettbewerbsvorteile, Frankfurt 1996.

Brand Name, → Markenname.

Break-Even-Analyse, *Gewinnschwellenanalyse, Deckungspunktanalyse, Kostendeckungsanalyse.* 1. *Begriff:* Instrument der Erfolgsplanung und -kontrolle. – 2. *Grundmodell:* Die B.-E.-A. untersucht, wann die Kosten eines Unternehmens durch die Erlöse gedeckt werden. Der Punkt, bei dem die Kosten den Erlösen entsprechen, wird als Gewinnschwelle oder → Break-Even-Point bezeichnet (vgl. Abbildung). Zur Ermittlung der B.-E.-A. werden folgende Informationen aus der → Kostenrechnung benötigt: (1) Der (Netto-)Erlös je Stück. Hierbei sind eventuelle Erlösminderungen wie Rabatte, Frachten und Provisionen vom Verkaufspreis abzuziehen. (2) Die variablen Kosten je Stück (kv) wie z.B. Rohstoffkosten und Fertigungslöhne. (3) Die fixen Kosten pro Periode (Kf), also kurzfristig nicht veränderbare Kosten wie z.B. Gehälter, Abschreibungen und Miete. Die Ermittlung des Break-Even-Points kann zeichnerisch oder rechnerisch erfolgen. Neben diesem mengenmäßigen Break-Even-Point, der in Stück ausgedrückt wird, kann auch ein wertmäßiger Break-Even-Point berechnet werden, der ausdrückt, bei welchem Umsatz ein Gewinn von null erwirtschaftet wird. – 3. *Erweiterungen:* Das Grundmodell der B.-E.-A. betrachtet ein Einproduktunternehmen mit linearen Kosten- und Erlösverläufen. Bereits hier lassen sich wichtige Zusammenhänge erkennen. Bspw. wird deutlich, welche Auswirkungen eine Preissenkung auf den Break-Even-Point hat. Das Modell kann für verschiedene betriebliche Informationszwecke erweitert werden. Bspw. kann aufgezeigt werden, wann die auszahlungswirksamen Kosten gedeckt werden. Ab diesem Punkt der Liquiditätsdeckung ist die Zahlungsfähigkeit des Unternehmens gewährleistet. Nicht-lineare Kosten- und Erlösverläufe können ebenfalls betrachtet werden, doch sollte der zusätzliche Aufwand mit dem Nutzen abgewogen werden. – 4. *Würdigung:* Die B.-E.-A. ermöglicht einen Überblick über die betriebliche Kosten- und Erfolgssituation. Auswirkungen von Preis, Kosten und Beschäftigung sowie deren Veränderungen werden schnell und einfach verdeutlicht.

Prof. Dr. Sven Fischbach

Literatur:

Fischbach, S.: Grundlagen der Kostenrechnung, Frankfurt (Main) 2004; *Freidank, C.-Chr.*: Kostenrechnung, München/Wien 2002; *Reichmann, T.*: Controlling mit Kennzahlen und Managementberichten, München 2001.

Break-Even-Point, *Gewinnschwelle, (Kosten-)Deckungspunkt, kritische Menge, Nutzenschwelle,* beschreibt den Punkt, an dem die gesamten → Kosten eines Unternehmens bzw. Produktes den (damit) erzielten Erlösen entsprechen. Es wird an diesem Punkt folglich weder Gewinn noch Verlust erwirtschaftet. Bei Überschreitung des B.-E.-P. wird ein Gewinn erwirtschaftet, bei Unterschreitung ein Verlust. Ausgedrückt wird dieser Punkt typischerweise in Mengeneinheiten, aber auch in Geldeinheiten oder Auslastung der Kapazität in Prozent. – *Vgl. auch* → Break-Even-Analyse. – *Vgl. Abb.* „Break-Even-Point, Graphische Ermittlung".

Bridge Financing, *Übergangsfinanzierung, Überbrückungsfinanzierung*; kurzfristige Finanzierungsform. 1. *Begriff:* a) Generell: Vorübergehende, kurzfristige → Kapitalbeschaffung, welche letztendlich durch → Eigenkapital oder längerfristiges → Fremdkapital ersetzt wird. – b) Venture Capital Bereich: → Finanzierungsphase und kurzfristige Eigenkapitalbeschaffung zur Vorbereitung des → Börsengangs oder des Ausstieg eines bisherigen Gesellschafters. – 2. *Merkmale:* Die Kapitalbeschaffung→ Kapitalbeschaffung geschieht i.d.R. sechs bis 18 Monate vor der nächsten → Finanzierungsrunde eines Unternehmens, im besonderen auch häufig vor

Break-Even-Point, Graphische Ermittlung

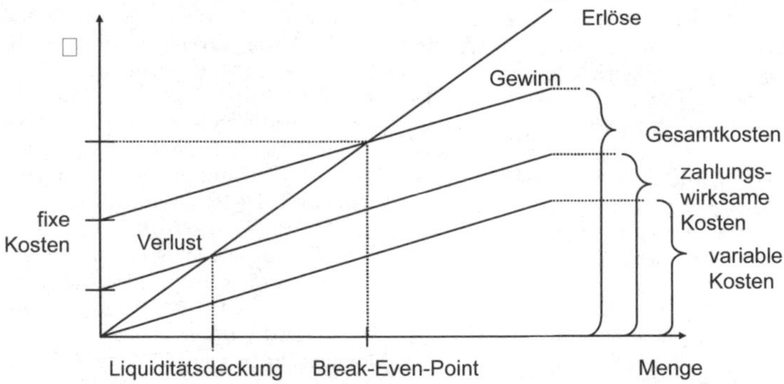

einem → Börsengangs. Das Kapital soll die bis dahin anfallenden Aufwendungen decken, daher auch der Name Bridge oder Überbrückungsfinanzierung. – 3. *Formen:* Die Finanzierungsmittel können sowohl aus Eigenkapital, kurzfristiges Fremdkapital als auch aus anderen Sonderformen bestehen. Alle Fremdkapital basierten Finanzierungsformen werden auch als Bridge Loan oder Swing Loan bezeichnet. a) Eigenkapital: Die Eigenkapitalfinanzierung, die besonders in der → Venture Capital-Finanzierung eine hohe Bedeutung besitzt, bietet neben ihren generellen Vorteile vor allem auch eine verbesserte Eigenkapitalquote. Diese ist hilfreich bei bestimmten Kapitalverwendungszwecken wie z.B. Fusionen oder → Akquisitionen. – b) Fremdkapital: Zinssatz und Bedingungen sind gewöhnlich mit der Position des Fremdkapitals in der Gesamtfinanzierung korreliert. Allerdings ist es häufig nachrangig und/oder mit einem Vermögenswert als Sicherheit strukturiert. – c) Wandelanleihe: Bei einer Wandelanleihe wird das Fremdkapital zum Zeitpunkt der neuen Finanzierungsrunde in Aktien umgewandelt. Eine Spezialform ist hierbei die Hamburger Helper Bridge, die dem → Gläubiger eine Umwandlung seines Fremdkapitals in Vorzugsaktien zu einem Preisnachlass von 20% garantiert. – d) Wipeout Bridge: An dieses Fremdkapital ist eine bestimmte Option gekoppelt, welche in Kraft tritt, sollte sich das Unternehmen nicht innerhalb eines bestimmten Zeitraums zusätzliches langfristiges Kapital sichern. Im Falle der Ausübung der Option erhält der → Gläubiger die volle Unternehmenskontrolle. – e) Anzahlung auf neuemittierte Anteile: Im Fall der Finanzierung einer → Emission durch das Kapital wird dieses häufig von der betreuenden Investmentbank zur Verfügung gestellt. Rückzahlung/Verzinsung erfolgen nach dem Erhalt einer bestimmten Anzahl an Anteilen aus der → Neuemission unter dem Nennwert.

Prof. Ulrich Hommel, Ph.D.

Bruttoarbeitslohn. 1. *Begriff:* Der B. beschreibt ein Arbeitsentgelt vor Abzug zu entrichtender Steuern (z.B. Lohn-/Einkommenssteuer oder Kirchensteuer) und Sozialabgaben (z.B. Beiträge zur Arbeitslosen- Renten- und Krankenversicherung). – 2. *B. als Berechungsgröße:* Der B. bezeichnet den leistungs- oder zeitbezogenen → Lohn für vertraglich vereinbarte Arbeitsleistungen. Damit ist der B. Berechungsgrundlage für hierauf zu entrichtende Steuern und Sozialabgaben.

Buchführung. 1. *Begriff:* Die Grundlagen der Buchführungspflicht sind im dritten Buch des HGB in den § 238-342a enthalten. Hiernach ist jeder Kaufmann zur B. verpflichtet, in der er nach den Grundsätzen ordnungsmäßiger B. seine Handelsgeschäfte und die Lage seines Vermögens offen legt. – 2. *Arten:* Während die einfache B. nur mit Bestandskonten arbeitet, umfasst die sog. → doppelte Buchführung auch Erfolgskonten.

Budget, in wertmäßigen Größen, meist in Geldbeträgen, aufgestellter Plan aller Einnahmen und Ausgaben innerhalb eines Unternehmens für einen bestimmten Zeitraum. Innerhalb dieses Zeitraums (z.B. ein Wirtschaftsjahr, kann frei über den zur Verfügung stehenden Rahmen entschieden werden.

Bundesagentur für Arbeit (BA), Körperschaft des öffentlichen Rechts, untersteht dem Bundesministerium für Wirtschaft und Arbeit und ist zuständig für die Arbeitsverwaltung. Diese beinhaltet u.a. die Arbeitsvermittlung, -beratung, Berufsberatung, Arbeitsmarktbeobachtung, Arbeitsmarkt- und Berufsforschung, Zahlung von Lohnersatzleistungen, Leistungen zur aktiven Arbeitsförderung, Förderung der Berufsausbildung und der beruflichen Weiterbildung. Diese Aufgaben sind im dritten Buch des Sozialgesetzbuches in der Fassung vom 27.12.2003 (SGB I 3022) geregelt. Organisiert ist die BA in eine Zentrale, zehn Regionaldirektionen, 180 → Arbeitsagenturen und 660 Geschäftsstellen. Insbesondere die beiden unteren Hierarchiestufen verstehen sich als Dienstleister und Kundenzentren auf der Basis von unternehmerischem Denken und Handeln.

Bundesdatenschutzgesetz, *Datenschutz.* 1. *Inhalt:* Das Bundesdatenschutzgesetz BDSG i.d.F. vom 14.1.2003 (BGBl I/2003 66) schützt Einzelpersonen vor einer Beeinträchtigung ihrer Persönlichkeitsrechte, die aus dem Umgang mit persönlichen Daten entstehen könnte. Personenbezogene Daten sind Einzelangaben zu persönlichen und sachlichen Verhältnissen, die einer bestimmten oder bestimmbaren Person zugeordnet werden können (vgl. § 3 Abs. 1 BDSG). – 2. *Anwendungsbereich:* Das BDSG regelt die Erfassung, weitere Verarbeitung und Verwendung personenbezogener Datensätze durch öffentliche und nicht-öffentliche Stellen. Weitere Informationen unter www.bfd.bund.de.

Bundesverband Deutscher Kapitalbeteiligungsgesellschaften (BVK). Im Dezember 1989 entstand der BVK – German Venture Capital Association e.V. (BVK) aus der Fusion des Ende 1987 in Berlin durch → Venture Capital-Gesellschaften gegründeten Deutsche Venture Capital Verbandes e.V. (DVCV) auf den Anfang 1988 durch die bereits etablierten → Kapitalbeteiligungsgesellschaften gegründeten BVK e.V. Der BVK ist der Interessensvertreter der deutschen und in Deutschland aktiven → Private Equity-Gesellschaften. Ihm gehören Vertreter des Early-Stage- und Later stage-Venture Capital, Buy-out-Spezialisten sowie die Mittelständischen → Beteiligungsgesellschaften als Mitglieder an. Unter den assoziierten Mitgliedern befinden sich bekannte Steuerberater und Rechtsanwälte. Dem BVK obliegt die Förderung des Verständnisses für die Anlageklasse „Private Equity" in der Öffentlichkeit, die politische Kommunikation mit dem jeweiligen Gesetzgeber sowie die Schaffung von Marktanalysen zur Darstellung der volkswirtschaftlichen Bedeutung.

Bundling, *Kopplungsverkauf.* 1. *Begriff:* B. bezeichnet das kombinierte Angebot von mindestens zwei Produkten und/oder Dienstleistungen in einem Paket zu einem gemeinsamen Preis. – 2. *Merkmale:* B. ist ein absatz- und preispolitisches Instrument. – 3. *Arten*: Je nach Verwendungszusammenhang der B.-Bestandteile unterscheidet man zwischen complementary, substitutional und independent B. Nach Art der Preissetzung kann zwischen additive B., premium B. und subadditive B. unterschieden werden. – 4. *Ziele:* a) Preisziele: Durch B. lassen sich bspw. die tatsächlichen Einzelpreise verschleiern und psychologische Preisbeurteilungsprozesse ausnutzen. – b) Absatzziele: Durch B. wird versucht, größere Mengen eines Produktes bzw. des zusätzlichen Produktes abzusetzen.

Bürgerliches Gesetzbuch (BGB), ist seit dem 1.1.1900 in Kraft und regelt als Gesamtkodifikation in seinen fünf Büchern (Allgemeiner Teil, Recht der Schuldverhältnisse, Sachenrecht, Familienrecht, Erbrecht) das Kerngebiet des Privatrechts und damit – im Unterschied zum öffentlichen Recht – die für alle Bürger geltenden privatrechtlichen Regelungen. Kennzeichnend für die Regelungstechnik des BGB ist der hohe Abstraktionsgrad seiner Begriffsbildung. Die Wandlung der wirtschaftlichen und sozialen Lebensbedingungen im letzten Jahrhundert hat zu einer Fülle von mehr als 150 Änderungsgesetzen geführt, insbesondere im Bereich des Familienrechts (bspw. Betonung der Gleichberechtigung, Gleichstellung von ehelichen mit nichtehelichen Kindern) und vor allem im Bereich des Schuldrechts (Schuldrechtsmodernisierungsgesetz vom 26.11.2001, BGB I, 3128).

Bürgschaft, ein Vertrag, durch den sich eine Person, der Bürge, gegenüber dem → Gläubiger eines Dritten, des Hauptschuldners, verpflichtet, für die Verbindlichkeit dieses Dritten einzustehen (§§ 765 ff. BGB). Die B. bedarf der Schriftform (§ 766 BGB). Die mündliche

Erklärung eines → Kaufmanns genügt (§ 350 HGB). Die B. ist akzessorisch zum Bestand der gesicherten Hauptforderung. Der Verzicht auf die Einrede der Vorausklage gegen den Schuldner (selbstschuldnerische Bürgschaft) ist möglich, ferner die weitergehende Verpflichtung, auf erstes schriftliches Anfordern des Gläubigers zu bezahlen. In diesem Fall ist der Bürge auf einen Rückforderungsprozess gegen den Gläubiger verwiesen, wenn die gesicherte Forderung nicht besteht.

Bürgschaftsbank, Kreditinstitut (→ Bank), welches als Kerngeschäft die Bereitstellung von → Bürgschaften für Darlehen Dritter wahrnimmt. Bürgschaftsbanken sind i.d.R. auf der Ebene der Bundesländer im Rahmen der Gewerbeförderung gegründete Selbsthilfeeinrichtungen der Wirtschaft. Sie arbeiten analog zu den Mittelständischen Beteiligungsgesellschaften vordergründig ohne eigenen Erwerbszweck. Sie stellen gegen Entgelt Bürgschaften als → Sicherheiten für Darlehen an kleine und mittlere Unternehmen. Dafür nehmen sie Rückbürgschaften des jeweiligen Landes und des Bundes in Anspruch. Bürgschaftsgebühren betragen rund ein Prozent der Bürgschaftssumme. Bürgschaftsübernahmen unterliegen daher den EU-Richtlinien für staatliche → Beihilfen auf Basis von KMU- bzw. de-minimis-Regelungen. Beträge von einer Mio. Euro werden dabei nur im Ausnahmefall überschritten.

Burnrate, *Burn Rate, Verbrennrate, Verbrennungsrate.* 1. *Begriff:* Insbesondere bei jungen Wachstumsunternehmen verwendete → Kennzahl, die das Verhältnis von anfallendem → Verlust und → Umsatz beschreiben und so Aufschluss über den pro Einheit Umsatz erwirtschafteten Verlust geben soll. – 2. *Abgrenzung von ähnlichen Begriffen:* Im Unterschied dazu soll die Cash-Burnrate (Geld-Verbrennungsrate) jene Zeitspanne bemessen, in der bei einem Unternehmen mit dem Verbrauch der vorhandenen liquiden Mittel (und liquiditätsnahen Titel) zu rechnen ist und diesem somit neu zugeführt werden muss oder die Insolvenz droht. Die Cash-Burnrate ergibt sich wie folgt:

$$\text{B.} = \frac{\text{Liquide Mittel}\left(+\text{liquiditätsnahe Titel}\right)}{\text{negativer Cash Flow}}$$

– 3. *Beurteilung:* Die beiden bei Analysten und der populären Wirtschaftspresse sehr beliebten vergangenheitsorientierten Kennzahlen sind zur → Jahresabschlussanalyse nur bedingt geeignet und zur entscheidungsorientierten → Unternehmensbewertung unbrauchbar.

Business Angel, *Geschäftsengel.* 1. *Begriff:* Vermögender, unternehmerisch erfahrener Privatinvestor, der neben Kapital auch Unternehmer Know-how und Netzwerkkontakte in junge, wachstumsstarke Unternehmen einbringt. – 2. *Merkmale:* Bildlich gesprochen müssen B.A. immer zwei Flügel haben, den Kapital- und den Know-how-Flügel. Wegen der Verbindung dieser beiden Elemente spricht man auch von „Smart Money“ oder „intelligentem Kapital“. B.A. Kapital nennt man auch „informelles Beteiligungskapital“ im Unterschied zum „formellen Beteiligungskapital“, das durch Beteiligungsgesellschaften, insbesondere Venture Capital Fonds, meist in späteren Phasen der Unternehmensgründung und mit höheren Beteiligungsbeträgen bereit gestellt wird. B.A. beteiligen sich in der → Gründungsphase eines jungen Unternehmens oder in den ersten Jahren nach der Gründung (→ Seed-Phase, Start-up-Phase) in aller Regel mit einer Minderheitsbeteiligung um zehn Prozent des Gesellschaftskapitals. Sie selbst gehen, außer in Notfällen, nicht in das operative Geschäft. Ein B.A. ist auch, wer das Investitionskapital und das Beteiligungsportfolio in einer Kapitalgesellschaft gebündelt hat, solange er sich persönlich um das beteiligte Unternehmen kümmert. – 3. *Geschäftsmodell:* B.A. sind keine „Engel mit Heiligenschein“. Sie investieren in junge Unternehmen mit dem Ziel, in einigen Jahren den sog. → Exit zu schaffen, d.h. die Beteiligung oder das ganze Unternehmen gewinnbringend zu veräußern. Der Exit kann auf verschiedene Weise gestaltet werden. Da der → Börsengang z.Zt. nur in seltensten Fällen in Betracht kommt, wird er im Allgemeinen als → Trade Sale an einen strategischen Investor erfolgen. Auch der Verkauf an einen Finanzinvestor ist denkbar. Selten kommt der Rückkauf der Anteile durch das Unternehmerteam in Betracht. Da B.A. i.d.R. zu einem sehr frühen Unternehmenszeitpunkt ihre Beteiligung eingehen, ist der voraussichtliche Geschäftserfolg und die Bewertung des jungen Unternehmens schwer einzuschätzen. Nach einer Faustregel kann nur jedes dritte Engagement eines B.A. zu einem erfolgreichen Exit geführt werden. Wegen des extremen Charakters als Risikokapital muss der B.A. im Falle des Exits hohe Erwartungen an die Rendite stellen. Aus diesem Grunde sind nur wachstumsstarke Unternehmen für eine B.A. Beteiligung von Interesse. Meist sind es Technologie orientierte Start-ups. Da die Vorlieben der einzelnen B.A. aber sehr unterschiedlich sind, kommen Unternehmen aus allen Branchen für ein B.A. Investment in Betracht. – 4. *Stand der Entwicklung:* In Deutschland gibt es heute in etwa 40 Business Angels Netzwerke (→ Business Angels Netzwerk Deutschland e.V.), die als Marktplätze für informelles Beteiligungskapital fungieren. B.A. sind im Schnitt 50 Jahre alt und investieren pro Deal 170.000 Euro. Etwa 1400 B.A. sind in Netzwerken organisiert. Wie hoch die tatsächliche Zahl an B.A. in Deutschland ist, ist nicht bekannt, einschlägige Forschungsergebnisse fehlen. – *Vgl. Abb.* „Business Angel, Unterschiede zwischen Business Angel und Venture Capital-Geber“.

Dr. Roland Kirchhof

Literatur:
Günther, U./Kirchhof, R.: Business Angels und ihre Netzwerke in Deutschland, BAND studie Nr. 3, Essen 2004; *Günther, U./Kirchhof, R.:* Business Angel Kultur in Deutschland, in: Kollmann, T. (Hrsg.): E-Venture-Management, Wiesbaden 2003, S. 45-58; *Kleinhückelskothen, H.-D. et al.* (Hrsg.): Business Angels, Frankfurt am Main 2002.

Business Angel, Unterschiede zwischen Business Angel und Venture Capital-Geber

Venture Capital- Unternehmen	Business Angel
Investieren grundsätzlich in allen Phasen, haben aber Vorliebe für spätere Phasen	Investieren grundsätzlich in Seed- oder Start-up-Phase, selten in späteren Phasen
Investitionssumme meist groß	Investitionssumme eher kleiner
Investieren grundsätzlich ohne örtlichen Bezug	Investieren in einem Radius von circa 80 Kilometern
Investition aus Gewinnabsicht (ausschließlich monetäre Ziele)	Investition, auch um Freunden und Familienmitgliedern zu helfen (nicht-monetäre Ziele)
Überwachung und Kontrolle	Produkt und Marktentwicklung
Hohe formale Anforderungen und Leistungsstandards	Formale Anforderungen und Leistungsstandards sind weniger hoch
Häufiges Feedback, wenn bestimmte Ziele drohen, nicht erfüllt zu werden	Ziele und Leistungsanforderungen werden weniger exakt definiert
Starke Hilfestellung bei der Auswahl eines Managementteams	Hilfestellung bei der Auswahl eines Managementteams ist weniger systematisch

Business Angels Netzwerk Deutschland e.V (BAND). 1. *Begriff:* Übergreifende Netzwerkorganisation des deutschen Business Angels Marktes und nationaler Dachverband der deutschen Business Angels Netzwerke (BANs) unter der Schirmherrschaft des Bundeswirtschaftsministers, 1998 gegründet. BAND versteht sich als Sprecher der BANs gegenüber Politik und Öffentlichkeit und als Vertreter der Interessen der → Business Angels (Bas). Als „Netz der Netze" fördert BAND Kooperationen der BANs und unterstützt Synergien der Akteure. BAND ist Promotor der BAs Kultur und gilt im europäischen Ausland als herausragendes Beispiel für die Implementation einer nationalen Infrastruktur zur Entwicklung eines funktionierenden Business Angels Marktes. BAND gehört zu den Gründungsmitgliedern von EBAN, European Business Angels Network. – 2. *Ziel:* Akzeptanz der volkswirtschaftlichen Bedeutung der Frühphaseninvestments durch BAs, Professionalisierung des informellen Beteiligungskapitalmarktes, Qualifizierung der Akteure, Verbesserung der rechtlichen und steuerlichen Rahmenbedingungen für Business Angels Investments. Abbau der mentalen und infrastrukturellen Barrieren vor einer neuen Industrie der informellen Finanzdienstleistungen. – 3. *Leistungen:* a) Serviceangebote für BANs: Das besondere Engagement von BAND gilt den BANs. BANs bringen ganz konkret Gründungsunternehmer und BAs zusammen, um eine Beteiligung zu initiieren. Sie bieten eine Plattform, auf der sich Kapital suchende Unternehmen und Bas treffen können. Screening und Matching sind die Kernkompetenzen der Netzwerke. Im Screeningprozess werden die Kapital suchenden Unternehmen auf ihre Eignung für den Markt des informellen Beteiligungskapitals geprüft; der Matchingprozess organisiert das Zusammentreffen der BAs mit denjenigen Unternehmen, die den Screeningprozess positiv beendet haben. BANs sind in Deutschland fast flächendeckend vorhanden, an die 40 Netzwerke sind bei BAND gelistet, mehr als zwei Drittel davon sind Mitglied in BAND. Zu den BAND Serviceleistungen für BANs gehören u.a. der organisierte Erfahrungsaustausch der BANs untereinander, professionelle Hilfe beim Aufbau eines neuen BAN, kontinuierliche Unterstützung der Netzwerkarbeit durch Beratung, Kontakte, Best Practice Beispiele, Know-how Transfer und Präsentationen vor Ort. – b) Dienstleistungsangebote für die Akteure im Markt des informellen Beteiligungskapitals: Dazu gehören das Business Angels Forum, ein deutschlandweites Internet-Matching, in dem sich Gründer und BAs anonym und kostenlos präsentieren und direkten Kontakt aufnehmen können, die BAND Veranstaltungsmarke „Deutscher Business Angels Tag", jährlicher Treffpunkt der Business Angels Szene, Ort des Dialogs und der kritischen Auseinandersetzung, das Business Angels Panel, vierteljährliche Befragung aktiver BAs über deren Einschätzung des Marktes, der Best Practice Koffer mit Fall- und Textbeispielen zur rechtlichen und steuerlichen Optimierung von Business Angels Beteiligungen, die BANDakademie mit ihren Qualifizierungsmodulen für Gründer und BAs, Praxishilfen, Analysen und Studien zur Entwicklung der deutschen Business Angels Kultur, Übersicht über abgeschlossene, laufende und geplante Forschungsarbeiten zu Fragestellungen des informellen Beteiligungskapitals und das BANDforschungssymposium, Gipfeltreffen der Wissenschaftler im informellen Beteiligungskapitalmarkt.

Dr. Ute Günther

Business Creativity. Als Prozess und Methodik bezeichnet der Begriff das Gegenstück zum Business Planning. Während der → Business Plan das Ergebnis der ‚konvergenten Phase' des Ideenmanagements ist, in der aus der Vielzahl gefundener Ideen die technisch machbaren und wirtschaftlich attraktiven Ideen herausgefiltert und für die Realisierung in einer konkreten → Planung beschrieben werden, bezieht sich die B.C. auf die

‚divergente Phase' der Ideenfindung. Als komplexer Begriff umfasst sie alle Punkte von der systematischen Formulierung des zu lösenden Problems, der Erarbeitung von Lösungsideen mit Hilfe von Kreativitätstechniken, sowie die im Zuge der → Unternehmensentwicklung wiederkehrende Neu-Erfindung des Geschäftsmodells.

Business Plan. 1. *Begriff:* Ein B.P. ist ein schriftliches Dokument, welches das Konzept eines neu zu gründenden Unternehmens beschreibt. – 2. *Adressaten:* Der Business Plan hat grundsätzlich zwei Zielgruppen bzw. Adressaten. Zum einen dient er den Gründern dazu, vor der Aufnahme des Geschäftsbetriebs eine systematische Analyse der → Geschäftsidee vorzunehmen. Die zweite Zielgruppe eines Business Plans sind Investoren bzw. → Kapitalgeber. Ihnen macht der B.P. ein Beteiligungsangebot mit umfassenden Informationen zu den Gründern, zum → Geschäftsmodell und zu den Finanzplanungen. – 3. *Gliederung:* Eine typische Gliederung eines Business Plans umfasst folgende Abschnitte: Kurzzusammenfassung (Executive Summary), Persönliche Daten der Gründer, Darstellung der Produkt- oder Serviceidee, Kundenbeschreibung und → Marketingplanung, Beschreibung der Konkurrenz, Darstellung der Einkaufs- und Produktionsplanung, Darstellung der Standort- und → Rechtsformwahl, Finanzplanung, Anhang. Jeder Punkt der Gliederung kann weiter verfeinert und an die jeweilige Geschäftsidee individuell angepasst werden. – 4. *Finanzplanung:* Die Finanzplanung schließt den Hauptteil des Business Plans ab und führt alle vorher behandelten Einzelplanungen zusammen. Aus der Sicht eines Investors ist die Finanzplanung nach der Executive Summary und den persönlichen Daten der Gründer der drittwichtigste Bestandteil eines Business Plans. Die Gründer müssen hier Erlöse und → Kosten abschätzen und daraus den erwarteten Gewinn pro Periode berechnen. Das setzt genaue Vorstellungen über Produktpreise, Absatzmengen und alle Kosten voraus. Das Unternehmenskonzept ist nur tragfähig, wenn es dauerhaft Gewinne erwirtschaftet, also Erlöse, welche die Kosten übersteigen. Ebenso wichtig wie die Gewinnplanung ist die Planung des Kapitalbedarfs und der Liquidität des neuen Unternehmens. Der Kapitalbedarf besteht aus dem Betriebsmittelbedarf, dem Investitionsbedarf und

Business Plan, Ziele der Erstellung eines Business Plans

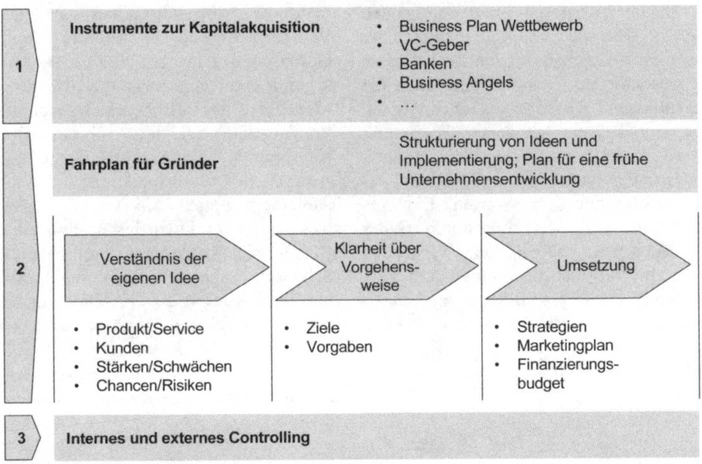

der erforderlichen Kapitalreserve. Der → Liquiditätsplan wird ebenfalls aus den anderen Teilplanungen des Business Plans abgeleitet. Sie ist erforderlich, weil die zukünftigen Auszahlungen nicht automatisch zu jedem Zeitpunkt von ausreichend hohen Einzahlungen abgedeckt werden. – 5. *Risikoanalyse:* Wenn alle drei Teile der Finanzplanung (Gewinnplanung, Kapitalplanung, Liquiditätsplanung) stehen, müssen in einem B.P. umfassende Sensitivitäts- und Risikoanalysen durchgeführt werden. Gründer sollten in ihrem B.P. spätestens im Abschnitt über die Finanzplanung auf die größten Risiken hinweisen. Es muss auch dargestellt werden, welche Annahmen der bisherigen Finanzrechnungen besonders sensitiv sind, also bei kleinen Abänderungen schon zu deutlich anderen Ergebnissen führen. Eine sorgfältige → Risikoanalyse erfordert zudem das Erstellen einiger Szenarien. Schließlich ist es für Investoren wichtig, zu erfahren, welche Ausstiegsmöglichkeiten vorgesehen sind. – 6. *Formale Gestaltung:* Business Pläne sind Selbstinformationsinstrumente für die Gründer, aber auch Marketing-Dokumente für Investoren. Entsprechend müssen sie auch geschrieben werden. Ein B.P. muss die Leser fesseln und deren Vorstellungskraft wecken. Er muss die Geschäftsidee ganz klar und einfach darstellen. Insbesondere potenzielle Investoren müssen erkennen können, dass der Unternehmensgründer sein Geschäft genau verstanden hat, dass die wesentlichen Chancen, aber auch die wesentlichen Risiken erkannt worden sind. Der B.P. muss in seiner Gesamtheit die Kompetenz und die Entschlossenheit der Gründer nachweisen, die Geschäftsidee erfolgreich zu verwerten. Ein B.P. muss kurz sein, weil Investoren weder Zeit noch Lust haben, lange Texte zu lesen. Im Normalfall umfasst ein B.P. nicht mehr als 25 bis 30 Seiten, es können dann noch 10 bis 15 Seiten Anhang dazukommen. – *Vgl. Abb.* „Business Plan, Ziele der Erstellung eines Business Plans".

Prof. Dr. Peter Witt

Literatur:
Gumpert, D. E.: Creating a successful business plan, in: Bygrave, W. D. (Hrsg.): The Portable MBA in Entrepreneurship, New York 1997, S. 120-147; *Kubr, T./Ilar, D./Marchesi, H.:* Planen, gründen, wachsen. Mit dem professionellen Business Plan zum Erfolg, Zürich 1997; *Sahlmann, W. A.:* How to write a great business plan, in: HBR, July/August (1997), S. 98-109.

Business Plan Wettbewerb, *Business Plan Competition*, *Gründerwettbewerb*, einstufiger oder mehrstufiger Wettbewerb, in dem eingereichte Business Pläne präsentiert, bewertet und die besten Pläne prämiert werden. Ziel des Wettbewerbs ist es, den einreichenden Gründern Hinweise zur Verbesserung ihres → Business Plans zu geben und besonders gute Business Pläne auszuzeichnen. Je nach Wettbewerb gibt es für siegreiche Business Pläne Sachpreise, Geldpreise und/oder Beteiligungsangebote.

Business Process, → Geschäftsprozess.

Buy Back, Form der Desinvestition bei einer → Venture Capital-Finanzierung. Unter B.B. wird der Verkauf der → Unternehmensanteile des Portfoliounternehmens an Mitgesellschafter verstanden. Verkäufer ist die → Venture Capital-Gesellschaft. Erwerber sind die Altgesellschafter und hier zumeist die Gründer und Manager des Portfoliounternehmens. Problematisch ist die Aufbringung des Kaufpreises, da die Mittel der Gründer zumeist im Unternehmen gebunden sind. Außerdem hatten die Gründer gerade wegen eigener Finanzierungsdefizite die Beteiligungsfinanzierung aufgenommen. Schwierig kann sich ferner die Feststellung des Kaufpreises gestalten, da kein Marktpreis ermittelt wird. Als B.B. wird ebenfalls die Rückzahlung von → stillen Beteiligungen oder Gesellschafterdarlehen durch das Unternehmen verstanden.

Buy-out-Finanzierung. 1. *Begriff:* Unter B. werden diejenigen Finanzierungsvorgänge verstanden, bei denen unternehmensinterne Parteien mit Unterstützung von → Private Equity-Investoren einzelne Geschäftseinheiten einer Gesellschaft oder aber die Gesellschaft als Ganzes übernehmen. Treten externe Parteien zur Übernahme an, kann auch von Buy-In-Finanzierungen gesprochen werden. – 2. *Formen / Typen:* B. lassen sich über die übernehmende Partei sowie über die konkrete Finanzierungsweise charakterisieren. Werden B. nach der übernehmenden Partei unterschieden, so besteht die Möglichkeit der Übernahme der Gesellschaft durch deren bisherige Leitungsorgane (→ Management-Buy-out), durch ein neu hinzutretendes Management (→ Management-Buy-in (MBI)) oder aber auch durch eine Mischform dieser beiden Typen (Buy-in-Management-Buy-out). Ebenfalls denkbar ist die Übernahme der Gesellschaft durch nicht leitende Angestellte im Zuge eines Employee-Buy-out (EBO). I.d.R. erfordert der Ressourcenmangel der übernehmenden Partei die Unterstützung durch Finanzinvestoren. Diese stellen neben → Eigenkapital als weitere Finanzierungskomponente → Fremdkapital in Form von nachrangigen Gesellschafterdarlehen bereit und vermitteln Kredite von → Banken. Diese Mittel müssen in der Folge aus dem → Cash Flow des Unternehmens bedient und getilgt werden. Aus der Fremdkapitalkomponente, welche i.d.R. den Hauptteil des gesamten Finanzierungsvolumens ausmacht, resultiert eine Hebelwirkung auf das Eigenkapital des Unternehmens, sodass jede B. mit Fremdkapitalkomponente auch als Leveraged Buy-out (LBO) bezeichnet werden kann. – 3. *Anlässe:* Motive und Ziele liegen käuferseitig in der potenziell höheren Eigenverantwortlichkeit im Hinblick auf die Un ternehmensführung und einer aus der Finanzierungsstruktur resultierenden überdurchschnittlichen Renditeerwartung. Weiterhin kann eine angestrebte Arbeitsplatzsicherung immer dann ursächlich für eine B. sein, wenn Arbeitnehmer planen, die Gesellschaft zu übernehmen (EBO). Verkäuferseitig stellen B. eine Lösung der Nachfolgeproblematik im Mittelstand dar sowie bei Konzernumstrukturierungen, in deren Zuge Randaktivitäten des Konzerns an das → Management dieses Geschäftsbereichs übergeben werden (→ Spin-off). Weiterhin sind B.-O-F. geeig-

Buy-out-Finanzierung, Exemplarische Entwicklung der Finanzbausteine eines LBO

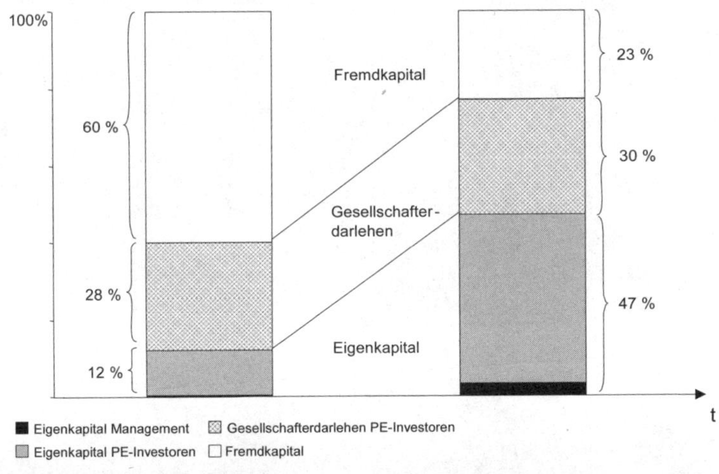

net, den Rückzug von der Börse (→ Going Private) zu gestalten, sowie insbesondere im Gründungskontext den Wechsel von einem Frühphaseninvestor zu einem Investor der Later Stage zu ermöglichen. – 4. *Durchführung:* Werden im Lauf der Entwicklung eines Gründungsunternehmens die Grenzen der → Finanzierung durch Wagniskapitalgesellschaften (→ Venture Capital-Gesellschaft) überschritten, so können B. mit Hilfe von Private Equity-Investoren möglich werden. Buy-out-Fähigkeit eines Unternehmens ist gegeben, wenn dieses sich durch einen hohen Reifegrad, ein leistungsfähiges Management und hebbare stille Reserven auszeichnet. Aufgrund des hohen Volumens der Fremdkapitalkomponente der meisten B. ist darüber hinaus ein Verschuldungsgrad unterhalb des Branchendurchschnitts und ein stabiler Cash Flow essentiell für den Transaktionserfolg. Der Transaktionsprozess verläuft analog dem Prozess der Wagniskapitalfinanzierung. Um jedoch den potenziellen Interessenskonflikt des übernehmenden Managements aufzulösen, das aus Käuferperspektive darauf zielen wird, die Unternehmensbewertung zu minimieren, gleichzeitig aber noch dem Verkäufer verpflichtet ist, treten die beteiligten Finanzinvestoren üblicherweise als Verhandlungsführer im Transaktionsprozess auf. – *Vgl. Abb.* „Buy-out-Finanzierung, Exemplarische Entwicklung der Finanzbausteine eines LBO“.

Dr. Andreas Kuckertz

Literatur:

Constantin, S./Rau, H.: Buy-out-Strategien, in: Hommel, U./Knecht, T. C. (Hrsg.): Wertorientiertes Start-Up-Management, München 2002, S. 741-763; *Kollmann, T./Kuckertz, A.:* E-Venture Capital, Wiesbaden 2003.

BVK, → Bundesverband Deutscher Kapitalbeteiligungsgesellschaften.

By-laws, *Satzung, Statut, Geschäftsordnung*, z.T. Bezeichnung für Geschäftsordnung des Vorstands oder des Aufsichtsrats; allgemein gebraucht für selbst gesetzte Vorschriften, denen ein Unternehmen kraft freiwilliger Unterwerfung unterliegt und die keine Gesetzeskraft haben.

C

Capital Gain, *Kapitalgewinn*, Ertragsart. C.G. bezeichnet den Gewinn, der durch den Verkauf oder Transfer eines Vermögenswertes entsteht. Dies entspricht dem Unterschied zwischen Herstellungskosten bzw. früherem Kaufpreis und dem späteren Verkaufswert.

Captive Fonds, Investitionsvehikel, das von einem einzigen Unternehmen aufgelegt wird und nur für Investments dieses Unternehmens zur Verfügung steht. C.F. können ein wichtiges Organisationselement von → Corporate Venture Capital-Aktivitäten darstellen.

Carried Interest, Gewinnanteil, der den Partnern der Managementgesellschaft eines → Venture Capital-Gebers aus dem Verkauf der → Unternehmensanteile zufließt; liegt üblicherweise bei ca. 20%. I.d.R. wird eine → Hurdle Rate in die Vereinbarung eingebaut.

Cash-Burnrate, → Burnrate.

Cash Flow, *Kapitalfluss*, *Finanzfluss*, *Liquiditätszufluss*, *Geldstrom*. 1. *Begriff:* Gewinnkennzahl. C.F. bezeichnet den Zufluss an flüssigen Mitteln und damit den Zahlungsmittelüberschuss während eines bestimmten Zeitraumes. – 2. *Merkmale:* Der C.F. gilt als wichtige Kennziffer zur Beurteilung der Ertragslage und Finanzlage eines Unternehmens, vor allem im Rahmen des → Ratings. Die Ertragslage zielt auf die erwarteten Wirkungen der getätigten Investitionen, wo hingegen die Finanzlage die Existenz solcher Finanzflüsse wiedergibt. Er zeichnet sich im Gegensatz zu klassischen Gewinnkennzahlen durch eine geringere bilanzpolitische Beeinflussung und Manipulierbarkeit aus. – 3. *Berechnung:* Der C.F. berechnet sich aus den Daten des → Jahresabschlusses und ergibt im Wesentlichen durch die Addition des Jahresüberschuss, den Steuern vom → Ertrag und Einkommen, → Abschreibungen sowie Veränderungen der langfristigen → Rückstellungen. Allerdings existieren unterschiedlich Berechnungsformen und C.F.-Arten. Eine generelle Berechnungsform ist: Jahresüberschuss +/- Ab-/Zuschreibungen = C.F. Nr. 1; +/- Erhöhung/Auflösung langfristiger Rückstellungen = C.F. Nr. 2 (Jahres-C.F.); +/- außerordentlicher Aufwand/Ertrag = C.F. Nr. 3; - Gewinnausschüttungen = C.F. Nr. 4. Außerordentliche oder periodenfremde Aufwendungen und Erträge sowie extreme Veränderungen bei der Bildung oder Auflösung stiller Reserven sollten aus der Berechnung des C.F. ausgeklammert werden, damit der ermittelte Gesamtertrag die tatsächliche Ertragskraftentwicklung des betreffenden Unternehmens möglichst klar widerspiegelt. – 4. *C.F. Analyse:* a) Ertragslage und -kraft: (1) Retrospektiver Maßstab: Der C.F. gibt Auskunft über die Entwicklung der Ertragslage in der Vergangenheit. Zweck ist es, bilanzpolitisch motivierte, finanzunwirksame Liquidations- und Bewertungserfolge auszugleichen und damit eine bereinigte Überschussgröße zu erhalten. Diese ergibt einen besseren Vergleichsmaßstab über unterschiedliche Perioden und Unternehmen. Der C.F. unter ertragswirtschaftlichen Gesichtspunkten ist zusätzlich um Steuern des Einkommen und des Ertrages zu korrigieren. (2) Prospektiver Maßstab: Er versucht, Aussagen über die zukünftige Ertragskraft eines Unternehmens zu treffen, und gilt als Indikator für dessen Innenfinanzierungskraft. Bei Bestimmung der Finanzierungsmöglichkeit von Erweiterungsinvestitionen ist allerdings zu beachten, dass notwendige Ersatzinvestitionen, Schuldentilgung sowie Dividendenzahlungen subtrahiert werden müssen. (3) Relativierte Maßstäbe: Vor allem bei der Aktienanalyse sind die beiden Kriterien Kurswert zu C.F.- und C.F. zu Aktienwert-Verhältnis von Bedeutung und liefern ein unverzerrteres Bild als das → Kurs-Gewinn-Verhältnis. Ein zweites Anwendungsgebiet sind C.F.-Rentabilitätsgrößen, welche die Gewinn-Rendite-Zahlen verbessern sollen. – b) Finanzlage, besonders Liquiditätsanalyse: (1) Absolute Maßstäbe: Bei dem Vergleich absoluter C.F. über unterschiedliche Perioden und Betriebe ist eine Bereinigung von außerordentlichen Erträgen und Aufwendungen notwendig, um eine einheitliche Vergleichbasis zu schaffen. Der C.F. besitzt auch hier den Vorteil der geringen Manipulierbarkeit. (2) Relativierte Maßstäbe: Dividende zu C.F. ermittelt den Teil des C.F., welcher zur Ausschüttung benötigt wurde, und gibt an, inwieweit weitere Ausschüttungen möglich und wahrscheinlich sind. C.F. zu Nettoinvestitionen stellt den Grad der → Selbstfinanzierung dar. Die Effektivverschuldung zu C.F., auch dynamischer Verschuldungsgrad, gilt als Indikator für den Zeitraum, der zur Tilgung der Schulden nur durch den C.F. nötig ist. Diese Kennzahl wird daher auch häufig als Schuldentilgungsdauer oder -potenzial bezeichnet. Allerdings ist sie aufgrund verschiedener Annahmen (z.B. konstanter C.F. und deren Tilgungsverwendung) umstritten. Die Umsatz-C.F.-Rate ermittelt, inwieweit ein Unternehmen in der Lage ist, liquide Mittel selbst zu generieren.

Prof. Ulrich Hommel, Ph.D.

Chancenkapital, Form des → Beteiligungskapitals. C. ist ein ungebräuchlicher Übersetzungsversuch für den aus dem amerikanischen Sprachraum stammenden Begriff des → Venture Capital. Andere Übersetzungen sind bspw. → Risikokapital oder Wagniskapital. Die Übersetzungen haben sich nicht durchgesetzt, weil jede nur einen Aspekt des ursprünglichen Begriffes betont. C. fokussiert besonders auf die mit → Venture Capital-Finanzierung verbundenen, überdurchschnittlichen → Renditeerwartungen. Im Begriff nicht erfasst werden die Aspekte des Risikos sowie der Art der Finanzierung (→ Beteiligungsfinanzierung, → Eigenkapital).

Change Management, *Management des Wandels, Management der Veränderung.* Der Begriff beschreibt die zielgerichtet Veränderung des Unternehmens zur Anpassung an geänderte innere und äußere Bedingungen. Die Zunahme der Geschwindigkeit der Veränderung unternehmerischer → Erfolgsfaktoren begründet diese Notwendigkeit gemeinsam mit dem verstärkten Auftreten offenen Wandels (statt sicheren oder abschätzbaren Wandels) in der → Unternehmensentwicklung. Für die Umsetzung von Veränderungen in Unternehmen stellt eine frühzeitige und offene → Kommunikation einen wichtigen Erfolgsfaktor dar.

Chief Executive Officer (CEO). 1. *Begriff:* Als CEO wird im britischen und amerikanischen Raum die Spitze des professionellen → Managements verstanden. Der CEO gehört dem so genannten „Board of Directors“ an, welches im anglo-amerikanischen Raum das einzige Verwaltungsorgan ist. Im Unterschied zu dem in Deutschland typischen Modell einer zweistufigen Struktur aus Geschäftsführung/Vorstand einerseits und Aufsichtsrat andererseits liegt demnach eine einstufige Struktur vor. – 2. *Aufgaben:* Der CEO ist das oberste Managementorgan in der Geschäftsführung eines Unternehmens. Ihm obliegt die letzte Entscheidungsgewalt im Management. Zum Teil wird der CEO auch zum Chairman des Board of Directors gewählt, was eine beträchtliche Machtakkumulation darstellt. In Anlehnung an den amerikanischen Sprachgebrauch, in dem als CEO der hierarchisch höchststehende Manager bezeichnet wird, etabliert sich im deutschen Sprachgebrauch die Bezeichnung „CEO“ als Synonym für den Begriff des → Geschäftsführers.

Chief Financial Officer (CFO). 1. *Begriff:* Der CFO, auch bekannt als Finanzvorstand, ist für den kompletten Finanzbereich verantwortlich. In Anlehnung an die angelsächsische Unterscheidung von Controller und Treasurer im Unternehmen lässt sich sagen, dass zumindest im → Start-up diese beiden Positionen in einer Person vereinigt sind. – 2. *Aufgaben:* Erste Hauptaufgabe des CFO ist folglich die Steuerung des internen und externen → Rechnungswesens (Controller), während als zweite Aufgabe die Kontrolle der Finanzen des Unternehmens hinzukommt (Treasurer). Der CFO sichert die jederzeitige → Liquidität des Unternehmens, indem er die notwendigen Gelder bei Banken und Investoren beschafft und legt kurzfristig überschüssige Gelder am → Kapitalmarkt an. Potenzielle Investitionsgelegenheiten evaluiert er im Hinblick auf ihre → Rentabilität. Innerhalb eines → E-Ventures ist er neben dem → CEO zusätzlich verantwortlich für die Investorensuche. Somit fungiert der CFO nach Aufnahme externer Investoren auch als ein wichtiger Ansprechpartner für diese Investoren und deren Kommunikationsbedürfnisse bzw. deren Anforderungen im Hinblick auf ein Reporting von Finanzkennzahlen (Management der → Investor Relations).

Chief Information Officer (CIO), betreut die elektronischen Informationssysteme eines Unternehmens und pflegt die Infrastruktur für den elektronischen Wertschöpfungsprozess des Unternehmens bzw. stellt diesen sicher. Insbesondere → Unternehmensgründungen in der → Net Economy sind bei der wieteren Expansion ohne einen CIO kaum denkbar.

Chief Marketing Officer (CMO), befasst sich mit dem Analysieren von Marketingmaßnahmen, entwickelt → Marketing- und Vertriebsstrategien für das Unternehmen und entscheidet über diese. Außerdem kontrolliert er die → Public Relations und andere Kommunikationsaktivitäten.

Chief Operating Officer (COO). 1. *Begriff:* Der COO ist dem → CEO direkt unterstellt. Er ist ranghohes Mitglied der Unternehmensleitung. Innerhalb des angelsächsischen Sprachraums wird synonym auch vom Chief Operating Officer gesprochen. – 2. *Aufgaben:* Im Gegensatz zum CEO ist der COO nicht mit strategischen Aufgaben innerhalb der Unternehmensleitung betraut. Der Fokus der COO-Tätigkeit liegt in der Überwachung und Steuerung der betrieblichen Prozesse und des operativen Geschäfts. Hierüber berichtet er direkt dem CEO.

Chief Technology Officer (CTO). 1. *Begriff:* Der CTO ist ranghohes Mitglied der Unternehmensleitung und dem → CEO direkt unterstellt. Im angelsächsischen Raum wird oftmals auch der Begriff „Chief Technical Officer“ synonym verwendet. – 2. *Aufgaben:* Der CTO ist verantwortlich für das Technologiemanagement der Unternehmung mit Fokus auf die Technologieentwicklung und -anwendung. Darunter fallen sowohl langfristige Entscheidungen mit strategischem Charakter, wie z.B. Patent- und Know-how-Verwertungsstrategien, als auch die dem Charakter nach eher kurzfristigen Managementaufgaben im Rahmen der Steuerung der Technologienutzung. Oftmals wird auch die Leitung der → Forschung und Entwicklung eines Unternehmens als Aufgabe des CTO betrachtet. Eher selten fällt die Steuerung und Verwaltung der informations- und kommunikationstechnischen Ausstattung darunter – dies wird zumeist dem → Chief Information Officer (CIO) zugeordnet.

Cluster. 1. *Begriff:* C. bezeichnen eine regional-sektorale Zusammenballung von Unternehmen und anderen Einrichtungen. – 2. *Merkmale:* Bestimmendes Merkmal von C. sind vielfältige Kooperationsbeziehungen verschiedener Akteure. C. vereinen sowohl Unternehmen, die im

Wettbewerb zueinander stehen, als auch auf verschiedenen Stufen der → Wertschöpfungskette. Dazu treten Abnehmer und Kunden sowie staatliche Institutionen der → Gründungs- oder Wirtschaftsförderung. – 3. *Abgrenzung:* C. haben viel gemeinsam mit dem Konzept der industriellen Distrikte, die vorrangig in der italienischen KMU-Forschung untersucht wurden, sowie mit dem Ansatz der lokalen Produktionssysteme der deutschen Wirtschaftsgeographie. Das Konzept der C. ist eng mit den Arbeiten von Porter verbunden.

Coaching, interaktiver Beratungs- und Betreuungsprozess zur Bearbeitung und Reflexion bestimmter Aufgaben, Funktionen oder Zielsetzungen. Der Coach bringt seine Expertise und seine Erfahrungen ein, ohne selbst die Aufgabe zu bearbeiten. Er steht als Diskussionspartner zur Verfügung, weist auf Schwachstellen und Verbesserungspotenziale hin und gibt konkrete Empfehlungen, wie im Einzelnen vorzugehen ist. Das Konzept des C. stellt für Unternehmen eine Möglichkeit der individuellen Weiterbildung von Führungskräften dar. Für → Unternehmensgründer ist das C. ein sinnvoller Ansatz, externe Kompetenz und Erfahrungen gezielt und kostengünstig in Anspruch zu nehmen. Als Coaches kommen neben → Beratern auch → Business Angels oder VC-Betreuer in Frage.

Co-Investment, Kauf von → Unternehmensanteilen von zwei oder mehreren → Venture Capital-Gesellschaften und/oder anderen Investoren. – *Vgl. auch* → Syndizierung, → Co-Venturing.

Collective Strategy, → Kollektivstrategie.

Common Stock, → Stammaktie.

Company-Profiling. Unter C.-P. versteht man die genaue Überprüfung einer Gesamtunternehmung unter dem Aspekt der Geschäftsentwicklung, Finanzlage, aber auch der Management- und Arbeitnehmerleistung, Positionierung und Performance der Produkte und → Dienstleistungen, und bestehender Geschäftskontakte. Anlässe für die Durchführung von C.-P. sind die Überprüfung bestehender oder neuer Geschäftspartner wie Lieferanten, Hersteller oder Dienstleister, aber auch eine → Due-Diligence, → Fusion oder → Akquisition.

Comparables, → Multiples.

Competence-based View, (*Kern-) Kompetenz-Ansatz.* 1. *Begriff:* Ansatz, der den Erfolg einer Unternehmung auf das Vorhandensein und die marktorientierte Weiterentwicklung organisationaler Fähigkeiten zurückführt und die Einzigartigkeit einer jeden Unternehmung erklärt. – 2. *Merkmale:* Eine Kompetenz ist eine organisationale Fähigkeit, die auf dem gezielten, wissensbasierten, vorstrukturierten Handeln einer Mehrzahl von Personen der → Belegschaft beruht. – 3. *Abgrenzung:* Neben der Kompetenz werden → Kernkompetenzen als spezielle Kompetenzen beschrieben, welche als Wurzel nachhaltiger → Wettbewerbsvorteile betrachtet werden und über folgende Merkmale verfügen: Wertstiftung für den → Absatzmarkt, Seltenheit, eingeschränkte Imitierbarkeit/Substituierbarkeit durch Konkurrenten sowie spezifischer Zuschnitt auf den Verwendungskontext der eigenen Unternehmung. – 4. *Geschichte:* Obwohl die Wurzeln des Ansatzes zeitlich noch weiter zurückreichen, wird oftmals auf Penrose als Begründerin der Entwicklung im Jahre 1959 verwiesen. – 5. *Maßnahmen:* Aus Sicht des Gründungs-Managements wird auf die Notwendigkeit verwiesen, erstens ein Competence Building zu betreiben, um unabhängig vom → Gründer eine Handlungsbasis für die Unternehmung zu schaffen. Zweitens ist ein Competence Building erforderlich, um über traditionelle Geschäftsfelder hinaus erworbene Kompetenzen möglichst wirkungsvoll insbesondere in anderen Aufgabenkontexten zu nutzen. Dabei wird auch implizit davon ausgegangen, dass Kompetenzen immer weiter ausreifen, je stärker sie genutzt werden. – *Vgl. auch* → Resource-based View, → Kernkompetenz.

Content, bezeichnet die Informationsinhalte von Internet-Auftritten (Websites) z.B. in Form von Text, Bild oder Film. Die Bezeichnung C. gilt i.d.R. nicht für Werbeinhalte. – *Vgl. auch* → Content Management, → Content-Syndizierung.

Content Management, umfasst die Verwaltung der Inhalte (→ Content) von Websites. Dazu zählt die Beschaffung, Erstellung, Publizierung und Aktualisierung von Inhalten eines Web-Auftritts. Zur Bewältigung und Vereinfachung dieser Aufgabe können C.M. Systeme eingesetzt werden, die es z.B. erlauben, ohne Programmierkenntnisse Webinhalte zu bearbeiten.

Content Syndizierung, *Content Syndication.* → Content-Hersteller vertreiben ihre Produkte, den Content, nicht nur direkt, sondern indirekt über einen Content Syndikator, auch Content Makler genannt. Dieser übernimmt eine intermediäre Funktion, indem er Inhalte von verschiedenen Content-Herstellern oder -Anbietern bündelt, um den Content wiederum den Betreibern von Websites anzubieten.

Controlling, 1. *Begriff:* Zumeist wird C. als zukunftsorientiert arbeitende Servicestelle der Unternehmensführung verstanden, die diese bei der → Koordination von → Planung, Kontrolle und Informationsversorgung unterstützt. Sie soll dem → Management ermöglichen, das Unternehmen einheitlich als Gesamtsystem und abgestimmt mit den unternehmenseigenen Zielen auf Umweltveränderungen anzupassen. – 2. *Abgrenzung:* Entgegen der angloamerikanischen Auffassung, die dem Controller auch (teilweise) Entscheidungskompetenz zubilligt, übt das C. im deutschsprachigen Raum nicht die Unternehmensführung und -steuerung aus, sondern stellt dieser lediglich die Steuerungsinstrumente und Informationen zur Verfügung. Das C. soll ein auf Dauer angelegtes → Führungsinstrument sein, das führungsnah in der Unternehmenshierarchie verankert ist. Die Aufgabentrennung zwischen Unternehmensführung und C. ist jedoch vor allem in der Praxis fließend. – 3. *Bedeutung in der Praxis:* a) Umfang: Der Controllingprozess kann einzelne Projekte, einzelne Unternehmensbereiche, Sparten oder Funktionen, wie z.B. Marketing- oder Produktionscontrolling umfassen, aber auch gesamtunternehmensbezogen ausgerichtet sein. – b) Ziele und Aufgaben - *C. als Kreislaufprozess:* Im Idealfall begleitet und entlastet das C. die Unternehmensleitung aktiv während des gesamten unternehmerischen Entscheidungsprozesses. Es übernimmt und verantwortet das gesamte Planungs-, Kontroll-, und Informationsmanagement, die Unternehmensführung hingegen legt die Inhalte und Ziele fest. – 4. *Instrumente:* Das C. nutzt neben dem Einsatz des rational und zielorientiert agierenden Controllers die Kosten- und Leistungsrechnung, das strategische → Kostenmanagement, die Wirtschaftlichkeits- und → Investitionsrechnung sowie das → Berichtswesen und das → Reporting. Die einzelnen Instrumente werden in der Literatur dem strategischen oder operativen C. zugeordnet, gegliedert nach den Prozessphasen (Planung, Budgetierung oder Kontrolle/Steuerung). Im operativen C. werden bspw. Analysemethoden wie die → Cash Flow-Rechnung, das Zero-Base-Budgeting oder vergleichende Methoden wie das → Benchmarking oder → Kennzahlensysteme häufig genutzt. Wesentliche Instrumente des strategischen C. sind bspw. Portfolios, die SOFT-Analyse, die → Stärken-Schwächen-Analyse oder eine → Plausibilitätsprüfung.

Prof. Dr. Alexander Bassen

Literatur:

Jung, H.: Controlling, München 2003; *Horváth, P.:* Das Controllingkonzept, München 2003; *Weber, J./Schäffer, U.* (Hrsg.): Rationalitätssicherung der Führung – Beiträge zu einer Theorie des

Controlling, Wiesbaden 2001; *Witt, J.*: Controlling-Lexikon, München 2002.

Corporate Design. 1. *Begriff:* Unter C.D. werden alle das äußere Erscheinungsbild eines Unternehmens prägenden Elemente verstanden. Damit ist C.D. ein Instrument der → Corporate Identity. – 2. *Instrumente:* C.D. kann in der Gestaltung der Kommunikationsmittel, dem Produktdesign und in der Architektur angewandt werden. Visuelle Elemente wie Namen, → Logos, Farben, Typographie, Bekleidung und architektonische Gestaltung als auch audible Elemente wie Sprache und Musik (Jingles) sind Ausdrucksmittel des C.D. – 3. *Ziele:* Neben der Unterstützung der Corporate Identity werden mit dem C.D. die Schaffung einer Vertrauensbasis gegenüber den Kunden, die Erhöhung des Bekanntheitsgrades und Kosten- und Zeitersparnisse verfolgt.

Corporate Governance, *Unternehmensaufsicht, Unternehmensüberwachung.* 1. *Begriff:* Eine akzeptierte deutsche Übersetzung für C.G. existiert nicht. Einigkeit besteht jedoch darüber, dass C.G. die Rahmenbedingungen meint, welche die Entscheidungsprozesse der Unternehmen betreffen. Dabei werden nicht nur die an den Entscheidungsprozessen Beteiligten erfasst, sondern neben Faktor- und → Absatzmärkten auch institutionelle Rahmenbedingungen und gesetzliche Regulierungen. Unter Unsicherheit, → Informationsasymmetrien und bei Berücksichtigung von unvollständigen Verträgen können Interessenskonflikte die Entscheidungsprozesse erschweren. Dabei konzentrieren sich angelsächsische Definitionen auf die Interessenkonflikte zwischen → Kapitalgebern und → Management. Andere Definitionsansätze, wie bspw. der Ansatz der OECD, berücksichtigen sämtliche an Entscheidungsprozessen beteiligte → Stakeholder des Unternehmens. – 2. *Ziele:* Zielsetzung von C.G. ist, Rahmenbedingungen zu schaffen, welche möglichst effiziente Entscheidungsprozesse gewährleisten. Diese Rahmenbedingungen erhöhen die Attraktivität und damit die Wettbewerbsfähigkeit der nationalen → Kapitalmärkte. Für die Unternehmen selbst ergibt sich aufgrund effizienterer Entscheidungsprozesse eine Erhöhung des → Unternehmenswertes für die Kapitalgeber beziehungsweise alle Stakeholder. – 3. *Instrumente zur Umsetzung:* In den letzten Jahren gingen weltweit Initiativen von unterschiedlichen Gruppen aus, die Empfehlungen zur Umsetzung guter C.G. – meist in Form von Kodices – machten. Neben zahlreichen nationalen Ansätzen wurden 1999 mit dem OECD Principles of Corporate Governance erstmals auch Empfehlungen auf internationaler Ebene gegeben. In Deutschland wurde im Jahr 2002 der Deutsche Corporate Governance Kodex (DCGK) von der entsprechenden Regierungskommission vorgelegt. Der DCGK besitzt zwar keinen Gesetzescharakter, dennoch sind die deutschen → Aktiengesellschaften nach § 112 AktG dazu verpflichtet, jährlich ihre Entsprechung mit den darin enthaltenen Empfehlungen zu erklären. Der Kodex enthält neben gesetzlichen Verpflichtungen 67 „Soll-Empfehlungen“ und 16 „Sollte-Anregungen“. Die Kriterien sind in sieben Abschnitte gegliedert, die die Unternehmensleitung, die interne Kontrolle durch den → Aufsichtsrat und die externe Kontrolle durch Eigentümer und Öffentlichkeit betreffen – *Vgl. auch* → Unternehmenskontrolle.

Prof. Dr. Alexander Bassen

Literatur:

Bassen, A./Kleinschmidt, M./Zöllner, C.: Corporate Governance Quality Study 2004, in: Finanzbetrieb, 6. Jg. (2004), S. 527-533; *Gugler, K.* (Hrsg.): Corporate Governance and Economic Performance, Oxford 2001; *Siegwart, H./Mahari, J.*: Corporate Governance, Shareholder Value & Finance, Band IX, Mainz 2002; *Shleifer, A./Vishny, R.*: A Survey of Corporate Governance, in: Journal of Finance, Vol. 52 (1997), S. 737-781.

Corporate Identity. 1. *Begriff:* C.I. bezeichnet die Manifestation der Unternehmenspersönlichkeit durch visuelle und nicht-visuelle Ausdrucksformen. – 2. *Merkmale:* Die C.I. soll Zweck, → Mission und Potenziale des Unternehmens transportieren. Es soll ein unverwechselbarer, umfassender, widerspruchsfreier und positiver Eindruck des Unternehmens entstehen. – 3. *Corporate Image:* Die Abbildung der C.I. in der Vorstellung der Menschen wird als Corporate Image bezeichnet. – 4. *Ziele:* Mit einer gelungenen C.I.-Strategie lässt sich die Wirkung weiterer Elemente des → Marketing-Mix verstärken und ein zielkonformes Verhalten der → Mitarbeiter fördern. – 5. *Instrumente:* Eine C.I.-Strategie beinhaltet Corporate Behavior, → Corporate Design und Corporate Communications.

Corporate Venture Capital (CVC). 1. *Begriff und Merkmale:* CVC bezeichnet → Eigenkapital von nicht im Finanzbereich tätigen Firmen, das in eigene Ausgründungsprojekte oder in von außen kommende → Start-up-Unternehmen investiert wird. – 2. *Unterscheidung von ähnlichen Begriffen:* CVC ist eine Variante des → Venture Capital-Geschäftes. Im Unterschied zu → Venture Capital-Gesellschaften werden aber mit CVC-Aktivitäten nicht nur finanzielle Renditen angestrebt; vielmehr soll auch ein Beitrag zur Erreichung der strategischen Ziele der Muttergesellschaft geleistet werden. Darüber hinaus stammt das Kapital von der Muttergesellschaft, während VC-Gesellschaften üblicherweise externe Geldmittel eintreiben. CVC kann als Unterform des externen Corporate Venturing verstanden werden, das strategischen Partnerschaften zwischen großen und kleinen, i.d.R. innovativen Unternehmen bezeichnet und daneben auch noch die Formen des Venture Nurturing, des Venture Spin-off und des New Style Joint Venture umfasst. Die Grenzen zwischen diesen Varianten sind aber fließend. Internes Corporate Venturing bezeichnet demgegenüber die Förderung des Unternehmertums und innovativer Ideen im Unternehmen. – 3. *Ziele und Risiken:* Neben dem Renditeziel verfolgen CVC-Aktivitäten strategische Ziele. So wollen die Unternehmen neue Technologien („Window on Technology"), → Geschäftsmodelle und/oder Märkte kennen lernen oder durch den Aufbau von neuen Geschäftszweigen Nachfrage nach den eigenen, dazu komplementären Produkten schaffen. Durch die Förderung von → Ausgründungsprojekten kann die Nutzung von im Unternehmen vorhandenen, aber nicht zum Kerngeschäft passenden Technologien unterstützt werden. Das Engagement in Start-up-Firmen kann auch dazu dienen, Wettbewerbern zuvorzukommen oder einen Beitrag zur Regionalentwicklung zu leisten. Die Option zu einer späteren → Akquisition wird mit dem zunächst begrenzten Investment in Start-up-Firmen erhalten. Umgekehrt erhoffen sich Start-up-Firmen durch CVC neben der Finanzierung einen Zugang zu technologischem Know-how, Vertriebskanälen und Kooperationspartnern; darüber hinaus kann das Engagement eines etablierten Unternehmens zum Reputationsgewinn des Gründerunternehmens beitragen. Die Gewichtung dieser Ziele wird in empirischen Untersuchungen unterschiedlich gesehen. Den Zielen stehen natürlich auch Risiken gegenüber. Sofern das Start-up-Unternehmen nicht erfolgreich ist und/oder bspw. in Rechtsstreitigkeiten verwickelt wird, könnte das für das investierende Unternehmen Ruf schädigend sein. Umgekehrt bedeutet das Engagement eines CVC-Gebers für das Start-up-Unternehmen meistens, dass sich andere CVC-Geber nicht mehr engagieren. Möglichweise fließt auch ungewollt Know-how an den CVC-Geber ab. – 4. *Probleme:* Ein erstes Problem von CVC-Aktivitäten besteht darin, die Erreichung strategischer Ziele messbar zu machen; nur dann kann es gelingen, niedrigere Renditen im Unternehmen zu rechtfertigen und CVC-Aktivitäten dauerhaft zu verankern. Die bestehenden Ansätze, die bspw. mit Scorecards arbeiten oder auf dem Realoptionenansatz aufbauen, sind meist noch wenig operational. Eine

Zwischenlösung kann nur darin bestehen, die Ziele sauber zu dokumentieren und dafür jeweils spezifische Kennzahlen zu entwickeln, um eine Überprüfung der Zielerreichung zu ermöglichen. Ein zweiter Problembereich sind die Incentive-Systeme. Je mehr die CVC-Aktivitäten organisatorisch in das Unternehmen eingebunden sind, desto schwieriger ist es üblicherweise, das CVC-Management mit einem → Carried Interest am Investitionserfolg zu beteiligen, weil dadurch bei den anderen → Mitarbeiter/innen dieses Unternehmens Neid erzeugt werden könnte. Unabhängige VC-Gesellschaften haben hier Wettbewerbsvorteile. Darüber hinaus sind sie häufig in der Lage, erfolgreiche CVC-Manager abzuwerben; die CVC-Geber haben entsprechend ein → Adverse Selection-Problem. Ein dritter Problembereich besteht schließlich darin, tatsächlich ausreichend Unterstützung für die Portfolio-Unternehmen in den eigenen Bereichen zu mobilisieren; auch hier bedarf es möglicherweise eigener → Anreizsysteme.

Prof. Dr. Dodo zu Knyphausen-Aufseß

Literatur:

Gompers, P./Lerner, J.: The Venture Capital Cycle, Cambridge und London 1999; *Knyphausen-Aufseß, D. zu*: Corporate Venture Capital: who adds value?, in: Venture Capital, 7. Jg. (2005); *Maula, M./Murray, G.:* Corporate venture capital and the creation of U.S. public companies: The impact of sources of venture capital on the performance of portfolio companies, in: Hitt, M./ Amit, R./Lucier, C./Nixon, R. (Hrsg.): Creating value: Winners in the new business environment, Oxford 2001, S. 164-187; *Seeliger, C.:* Corporate Venturing in der Praxis: Rolle im Rahmen des Innovationsmanagements und Ansätze für ein Konzept zur Steuerung seiner Erfolgsbeiträge, Wiesbaden 2004.

Co-Sale, *Tag Along-Agreement, C.-S.-Klausel*, beschreibt im Rahmen von → Venture Capital-Finanzierungen das Mitverkaufsrecht eines → Gesellschafters, das ihm im Falle der Veräußerung von → Unternehmensanteilen durch einen anderen Gesellschafter an einen Dritten ermöglicht, seine → Unternehmensanteile mit zu veräußern; falls der Erwerber nur eine begrenzte Anzahl von Anteilen erwerben will, gewährt das C.-S.-Recht ein pro rata Mitverkaufsrecht. Die C.-S.-Klausel sollte eine abgestimmte gemein-

Customer Relationship Management, Prozess

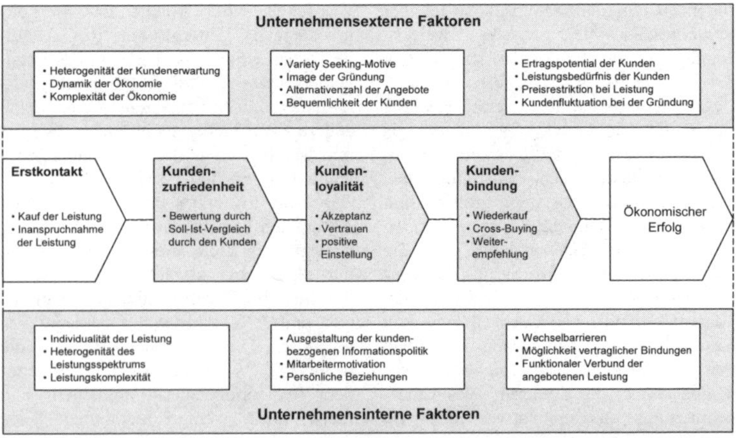

same Exit-Strategie aller Investoren bzw. Gesellschafter gewährleisten. – *Gegensatz:* → Drag-Along.

Co-Venturing, Einbeziehung mehrerer Investoren in eine Unternehmensbeteiligung zur Reduktion des Risikos und Gewinnung zusätzlicher Expertise. Üblicherweise tritt ein Investor als → Leadinvestor auf. – *Vgl. auch* → Co-Investment, → Syndizierung.

Crisis Management, → Krisenmanagement.

Cross Selling. 1. *Begriff:* Unter C.S. versteht man das Ausnutzen bestehender Kundenbeziehungen zum Verkauf zusätzlicher Leistungen bzw. Produkte des Unternehmens. – 2. *Merkmale:* Unternehmen versuchen durch gezielte Anreize, Kunden für den Kauf zusätzlicher bzw. ergänzender Leistungen zum Einstiegsprodukt zu gewinnen. – 3. *Ziele:* C.S. zielt auf die Ertragsverbesserung durch Ausschöpfung des Kundenpotentials und Verstärkung der → Kundenbindung ab. – 4. *Instrumente:* Grundlagen für ein effizientes C.S. sind die systematische Analyse von Kundendaten und die Zielgruppenbildung. Hilfreich hierfür ist insbesondere das → Database-Marketing.

Culture of Entrpreneurship, → Gründerkultur.

Customer Relationship Management (CRM), ein insbesondere in der → Net Economy eingesetztes Tool der → Kundenbindung. Das CRM umfasst die systematische Analyse der im Kaufprozess gesammelten Daten, und die anschließende Planung, Durchführung sowie Kontrolle sämtlicher auf den aktuellen Kundenstamm gerichteter Kommunikationsmaßnahmen. Somit vollzieht sich die Kundenbindung nicht erst nach dem Verkauf der Leistung, sondern beginnt bereits beim ersten Kundenkontakt. – *Vgl. Abb.* „Customer Relationship Management, Prozess“.

Customer Retention, → Kundenbindung.

D

Dachfonds, *Fund of Funds;* → Finanzintermediär, der Anlagegelder bei Investoren einwirbt, um diese nicht direkt, sondern über weitere Finanzintermediäre anzulegen. Bei → Venture Capital-Finanzierungen üblich, um kleinere Anlagebeträge, z.B. bei Privatpersonen als Investoren, zu Losgrößen zu bündeln, die für die von größeren → Venture Capital-Gesellschaften geforderten Mindestanlagebeträge ausreichen. Da D. eine zusätzliche Ebene von Finanzintermediären darstellen, sind zusätzliche → Transaktionskosten gegen die Vorteile einer Bündelung von Anlagebeträgen abzuwägen. Für Investmentfonds werden D. in § 25k ff. des Gesetzes über Kapitalanlagegesellschaften als Investmentfondsanteil-Sondervermögen geregelt mit dem Ziel, diesen über Anlagegrenzen ein klares Profil zu geben.

Darlehen, ein schuldrechtlicher Vertrag dem ein bestimmter Geldbetrag oder eine Sache zugrunde liegt. Der Darlehensgeber ist zur Übergabe der Leistung verpflichtet, während der Darlehensnehmer eine Geldsumme oder eine Sache gleicher Art und Güte bei Fälligkeit zurückzuzahlen bzw. –zugeben hat. Dabei fällt auch eine Darlehensgebühr an, entweder in Form von Zinsen auf das zur Verfügung gestellte Kapital oder eine der Sache oder dem Kapitalbetrag angemessene Gebühr. Gesetzlich werden Gelddarlehen in §§ 488ff. BGB und Sachdarlehen in §§ 607ff. BGB getrennt voneinander behandelt. Folgende Darlehensarten sind zum aktuellen Zeitpunkt vorzufinden; sie unterscheiden sich hauptsächlich in den Rückzahlungsmodalitäten: a) Endfälliges Darlehen: Das D. wird am Ende der Laufzeit in einem einmaligen Betrag zurückgezahlt. – b) Annuitätendarlehen: Der jährlich zu zahlende Betrag aus Tilgung und Zinsen sind über die gesamte Laufzeit gleich. – c) Tilgungsdarlehen: Die Tilgung bleibt während der Laufzeit konstant, während die Zinsen aus dem verbleibenden Kapital berechnet werden. – d) Laufzeitdarlehen, LAUDA, Ratendarlehen: Der Zinsbetrag für die gesamte Laufzeit wird am Anfang der Laufzeit in einem Betrag dem Darlehensbetrag zugerechnet und in Raten für die restliche Laufzeit zurückgezahlt.

Database Marketing. 1. *Begriff:* Unter D.M. versteht man die datenbankgesteuerte → Kommunikation mit den Kunden des Unternehmens auf Basis kundenindividueller Informationen. D.M. umfasst die für eine personenbezogene Kommunikation notwendigen Aufgaben, wie die Datengewinnung, Aktualisierung, Bewertung und Selektion von Kundendaten. Wesentliches Merkmal ist eine elektronische Kundendatenbank, in der Informationen über Kunden gespeichert sind. – 2. *Anwendungsbereich:* D.M. ist Basis für den zielsicheren Einsatz von → Direktmarketing Instrumenten. – 3. *Ziele:* D.M. ermöglicht den optimierten Einsatz von → Kommunikationsinstrumenten, die systematische Neukundengewinnung, die Erhöhung der → Kundenbindung, die Vermeidung von Streuverlusten und die Unterstützung des Außendienstes.

Data Mining. 1. *Begriff:* Unter D.M. versteht man die Anwendung von Algorithmen zur Identifikation von Strukturen und Beziehungen in großen und komplexen Datenbeständen. – 2. *Merkmale:* Bisher unbekannte Zusammenhänge werden softwaregestützt und in möglichst automatisierter Weise aus einer Datenbank (z.B. → Data Warehouse) extrahiert. Auf Basis der aufbereiteten Daten können im Rahmen des → Database-Marketing kundenindividuelle Marketingmaßnahmen durchführt werden. – 3. *Ziele:* Ziel ist die Gewinnung neuer Informationen aus bereits existierenden Datenbeständen zur Unterstützung betriebswirtschaftlicher und marketingrelevanter Entscheidungen. – 4. *Instrumente:* Techniken des D.M. stammen u.a. aus den Bereichen Künstliche Intelligenz, Maschinelles Lernen, Mustererkennung und Statistik.

Data Warehouse, Datenbanksystem zur Erfassung und Sammlung aller entscheidungsrelevanten betrieblichen und außerbetrieblichen Daten und deren elektronischer Bereitstellung in Echtzeit. Dabei erfüllt ein D.W. drei wesentliche Funktionen: Erstens Integration und Vereinheitlichung von heterogenen Daten aus verschiedenen Quellen, zweitens Sortierung und Gruppierung der Daten nach bspw. Kunden- oder Warengruppen und drittens Verbindung aktueller und historischer Daten. Die so gewonnenen Daten können dann mit Methoden des → Data Mining für spezifische Zwecke ausgewertet werden. Weiter können alle für die spezifischen Bedürfnisse bestimmter Personengruppen relevanten Daten im Data Mart zusammengefasst werden. Das D.W. ist somit die Grundlage für die Datenauswertung.

Datenschutz, Schutz personenbezogener Daten vor Veränderung, unbefugter Verwendung und Einsicht. Geschützt sind gespeicherte oder in Unterlagen befindliche Daten. Für die Erhebung, Verarbeitung oder Nutzung personenbezogener Daten gilt das Bundesdatenschutzgesetz (BDSG) i.d.F. vom 13.1.2003, (BGBl I 66), welches den Ausgleich zwischen dem Recht des Bürgers, eines Unternehmens oder einer Behörde auf Information nach Art. 5 GG und dem Recht auf informationelle Selbstbestimmung nach Art. 2 I GG verfolgt. Bei Unrichtigkeit gespeicherter Daten kann der Betroffene von öffentlichen Stellen Schadensersatz nach § 7 BDSG verlangen. Zudem gelten die Grundsätze der Amtshaftung. Bei Speicherung durch nicht öffentliche Stellen können Schadensersatzansprüche aus Vertrags- oder Deliktsrecht erwachsen. Es kann für junge Unternehmen vertrauensbildend sein, auf die Handhabung des Datenschutzes hinzuweisen.

Deal, *Vertragsabschluss.* Ein D. ist allgemein ein Vertragsabschluss, der häufig den Abschluss von Finanzierungsverträgen mit → Venture Capital impliziert.

Deal Flow, Kennzahl aus dem → Venture Capital Bereich. D.F. bezeichnet die Anzahl an Investmentmöglichkeiten, die dem Finanzier bzw. → Venture Capitalist angeboten werden, Konkret wird darunter die Rate von angenommen Investmentmöglichkeiten zur Gesamtzahl der Angebote verstanden.

Deckungsbeitrag. 1. *Begriff:* Der D. ist die Differenz aus entscheidungsabhängigen Leistungen (Erlösen) und entscheidungsabhängigen Kosten. – 2. *Merkmale:* a) Entscheidungsbezug: Eine Deckungsbeitragsrechnung ist immer eine entscheidungsabhängige Erfolgsrechnung, weil sie in die Erfolgsermittlung (Deckungsbeitragsermittlung) nur jene Erfolgskomponenten einbezieht, die von den jeweils betrachteten Entscheidungen abhängen (*vgl. auch* → Kostenminimierung). Welche Entscheidungen betrachtet werden, das hängt vom jeweils aktuellen Anwendungskontext einer Deckungsbeitragsrechnung ab. Oftmals werden Entscheidungen über die Produktionsmengen vorausgesetzt. In diesem Fall ist der D. speziell als die Differenz aus (mengen-) variablen Leistungen (Erlösen) und (mengen-) variablen Kosten definiert. Fixerlöse und Fixkosten bleiben in diesem Deckungsbeitrag also unbeachtet, weil sie von den Entscheidungen über Produktionsmengen nicht beeinflusst werden. Für den speziellen Fall einer Unternehmensgründung reicht die Bezugnahme auf

Produktionsmengen als Bezugsgrößen für Entscheidungen jedoch oftmals aus. Das Konzept der entscheidungsorientierten (oder „Relativen“) Deckungsbeitragsrechnung bietet für solche Spezialfälle ein umfang- und detailreiches Angebot von „Bezugsgrößenhierarchien“, in denen bspw. auch gründungsbezogene Entscheidungen über die Einrichtung von Unternehmensabteilungen (Investitionen in abteilungsspezifische Betriebsmittel und Mitarbeiter) und über Projekte (Marketingprojekte zur Akquisition von Erstkunden) berücksichtigt werden können. – b) Komponenten: Leistungen und Erlöse unterscheiden sich lediglich dadurch, dass Leistungen wie Lagerzugänge sowie selbst erstellte und aktivierte Anlagen existieren, die (noch) nicht am Markt abgesetzt werden und daher zu keinen (Absatz-) Erlösen geführt haben. Als Kosten sind stets die entscheidungsabhängigen, verursachungsgerecht ermittelten Kosten anzusetzen – *Vgl. auch* → kalkulatorische Kosten.

Delegated-Monitoring, → Monitoring.

Delegation. 1. *Begriff:* D. bezeichnet die vertikale Weitergabe von Aufgaben, Kompetenzen und Verantwortungen zur Entscheidung, Anordnung und Kontrolle im Beziehungsgefüge zwischen Vorgesetztem und Mitarbeiter. – 2. *Arten:* Die D. eines Gesamtproblems kann: a) insgesamt an einen Entscheidungsträger oder – b) in Teilprobleme aufgeteilt an mehrere Entscheidungsträger erfolgen. Bei der D. sind das Kongruenz-, Subsidiaritäts- und Relevanzprinzip zu beachten. Das Kongruenzprinzip verlangt nach Deckungsgleichheit zwischen Aufgaben, Kompetenzen und Verantwortungen. Das Subsidiaritätsprinzip besagt, dass Aufgaben an die niedrigste der zur Ausführung befähigten Ebenen zu übergeben sind. Das Relevanzprinzip fordert die Beachtung der → Motivation beim Delegationsempfänger.

Delphi Methode, *Kreativitätstechnik,* Methode der strukturierten und wiederholten Befragung von Experten mit vorgegebenen Antwortskalen. Die Ergebnisse früherer Befragungsrunden werden zu Mittelwerten pro Frage aggregiert und den Experten zurückgeschickt. In sich anschließenden Befragungsrunden können die befragten Experten ihre Antworten unter dem Eindruck der durchschnittlichen Meinung anderer Experten anpassen, bis sich stabile Erwartungen gebildet haben.

Desinvestitionsphase, liegt am Ende eines idealtypischen Beteiligungslebenszyklus eines Investors (→ Divestment), nach der anfänglichen Akquisitionsphase und der Betriebsphase als Zeitraum der eigentlichen Führung. Die D. ist für das Management und die Investoren mit verschiedenen komplexen Fragestellungen nach Art, Dauer und Umfangs verbunden. – *Vgl. auch* → Exit.

Deutsche Börse Group. Die D.B.G., ehemals die Deutsche Börse AG, ist ein Marktplatzorganisator für den Handel mit → Aktien und anderen Wertpapieren. Zum einen eröffnet die D.B.G. Unternehmen und Investoren den Weg zu den globalen → Kapitalmärkten durch Kooperationen mit anderen Börsenorganisationen. Zum anderen ermöglicht die D.B.G Unternehmen den Zugang zu Kapital. Ihr Produkt- und Dienstleistungsportfolio umfasst die gesamte Prozesskette vom Aktien- und Terminhandel über die Abwicklung der Aufträge und die Bereitstellung der Marktinformationen bis zur Entwicklung und zum Betrieb der elektronischen Handelssysteme. Die Deutsche Börse unterhält Standorte in Deutschland, Luxemburg, der Schweiz und den USA sowie Repräsentanzen in London, Paris, Chicago, New York, Hong Kong und Dubai.

Deutsches Eigenkapitalforum, wurde 1996 von der → Kreditanstalt für Wiederaufbau und der → Deutsche Börse Group ins Leben gerufen. Die zweimal im Jahr stattfindenden Veranstaltungen sollen innovativen und wachstumsstarken Unternehmen die Möglichkeit bieten, sich interessierten Investoren durch Messestände oder Präsentationen vorzustellen und umfangreiche Kontakte zu knüpfen. Das Eigenkapitalforum bietet zusätzlich ein attraktives Konferenzprogramm und eine Vielzahl von Workshops rund um das Thema → Eigenkapital. Es gibt den Teilnehmer die Gelegenheit, sich im → Private Equity-Markt zu orientieren und die Stimmung zu erfassen. Eigenkapital suchende Unternehmen haben die Möglichkeit, sich auf einer Plattform zu präsentieren und auf diesem Weg Kooperations- oder Beteiligungspartner zu finden. Finanziers und Investoren nutzen das Eigenkapitalforum als eine Akquisitionsmöglichkeit.

Deutsches Patent- und Markenamt (DPMA), ist als Zentralbehörde auf dem Gebiet des gewerblichen Rechtsschutzes in Deutschland dem Bundesministerium der Justiz nachgeordnet. Das DPMA erhielt mit dem Gesetz über die Errichtung des Patentamtes im Vereinigten Wirtschaftsgebiet vom 12.8.1949 den Auftrag, gewerbliche Schutzrechte zu erteilen und zu verwalten, sowie die Öffentlichkeit über bestehende gewerbliche Schutzrechte mit Wirkung für Deutschland zu informieren. Zu den Vorläuferorganisationen gehören das Kaiserliche Patentamt, das Reichspatentamt sowie das Amt für Erfindungs- und Patentwesen der DDR. Das Amt mit insgesamt 2.400 Mitarbeitern hat seinen Hauptsitz in München mit Dienststellen in Jena und Berlin.

Deutsche Wagnisfinanzierungsgesellschaft (WFG). Die WFG wurde 1975 in Frankfurt/M. gegründet und von ihren Gesellschaftern mit einem → Stammkapital von zunächst zehn Mio. DM ausgestattet. Ihrer Gründung gingen intensive Diskussionen zwischen dem damaligen Bundesministerium für Forschung und Technologie und dem Bundesverband der Deutschen Industrie darüber voraus, wie die Umsetzung von vorwiegend staatlich finanzierten F&E-Ergebnissen in innovative Produkte verbessert werden könnte. Die bestehenden Strukturen ließen hier keine deutlichen Erfolge zu. Die Diskussionen mündeten in dem Konzept für eine Gesellschaft, die die Umsetzung von F&E-Ergebnissen in innovative Unternehmen mittels Beteiligungen finanzieren und Managementunterstützung geben sollte. Dafür wurde die WFG gegründet. Sie wurde am Anfang von 27 Kreditinstituten als Gesellschafter getragen und das Risiko z.T. vom Bund getragen. Im Laufe ihrer Entwicklung verringerte sich der Kreis der Gesellschafterbanken bis auf schließlich die Deutsche Bank und das Stammkapital wurde schrittweise bis auf 50 Mio. DM aufgestockt. Die WFG war bei weitem nicht die erste → Private Equity-Gesellschaft in Deutschland. Seit 1965 waren etliche Gesellschaften vorwiegend aus dem Bankensektor gegründet worden. Aber diese Gesellschaften investierten praktisch nicht in junge und kleine Unternehmen, die für die Kommerzialisierung von Ideen und ein frühes Wachstum vergleichsweise geringe Summen an Kapital brauchten. Sie investierten in etabliertere mittelständische Unternehmen Beträge, die meist schon in Millionenhöhe lagen. Die WFG sollte mittels Bereitstellung von Wagniskapital und Managementunterstützung technische Innovationen fördern, welche die Leistungsfähigkeit der Wirtschaft stärken sollten. Entsprechend sollten leistungsfähige existierende Unternehmen finanziert oder Neugründungen unterstützt werden. Und vor allem sollten über diesen Weg die Ergebnisse staatlich finanzierter Forschung und Entwicklung wirtschaftlich nutzbar gemacht werden. Insofern stellte die WFG zu ihrer Zeit ein Novum in dem noch jungen Private Equity-Markt dar. Bereits nach zehn Jahren beschlossen die Gesellschafter und der Aufsichtsrat der WFG vor Ablauf der Pilotphase keine neuen Engagements mehr einzugehen und der Vertrag mit dem Bund über die teilweise Übernahme der Verluste wurde beendet.

Dr. Holger Frommann

Dezentralisation, Eine Aufgabe wird in Teilaufgaben zerlegt und auf verschiedene Stellen verteilt. Die Aufgabenverteilung kann gemäß des Verrichtungsprinzips (Art der Tätigkeit, z.B. Beschaffung, → Produktion, Absatz), des Objektprinzips (z.B. Produkt, Produktgruppe) oder aufgrund des räumlichen Aspekts (z.B. unterschiedliche Standorte) vorgenommen werden. Dezentrale Strukturen sind i.d.R. verbunden mit einer Entscheidungsdezentralisation, das heißt, nicht nur die Durchführungsaufgaben werden dezentralisiert, sondern auch die Entscheidungsbefugnisse werden an rangtiefere Stellen vergeben (→ Delegation). Gegensatz: → Zentralisation.

Dienstleistung, immaterielles Produkt oder Leistung. D. sind aus ökonomischer Sicht Güter und somit Ergebnisse einer zielgerichteten Kombination produktiver (überwiegend personengebundener) Faktoren. D. weisen im Vergleich zu materiellen Gütern folgende Besonderheiten auf: (1) Gleichzeitigkeit von → Produktion, Verkauf und Konsum. (Uno-Actu-Prinzip), (2) oftmals enger Kontakt zwischen Leistungserbringer und Leistungskonsument, (3) der Konsument wirkt häufig selbst mit bei der Produktion (Prosumer) und (4) D. sind nicht lagerfähig. Neben den reinen Dienstleistungsunternehmen (tertiärer Sektor) bieten auch → Industrieunternehmen (sekundärer Sektor) D. (Zusatzleistungen) in Verbindung mit ihren Produkten an (Leistungssysteme).

Dienstleistungs-Start-up, *(New) Service Venture*. 1. *Begriff:* Gründung von Dienstleistungsbetrieben. – 2. *Merkmale:* Vermarktungs- und etablierungsbezogene Besonderheiten (1) im Leistungsergebnis durch überwiegende Immaterialität, Absatz eines Leistungsversprechens anstelle einer fertigen Leistung und damit verbundenen Marketingproblemen, (2) im Leistungserstellungsprozess durch Notwendigkeit der Mitwirkung und Integration des einzelnen Kunden, (3) in der Potenzialgestaltung durch Nutzung der Faktoren als primäres akquisitorisches Instrument. – 3. *Relevanz:* Einschließlich Handel rund 80% aller Gründungstätigkeit in Deutschland. – 4. *Probleme:* → Dienstleistungen gelten als qualitäts- und kostensensibel. Aufgrund dieser Merkmale sind Service Ventures mit einer hoher Gefahr des Scheiterns verbunden.

Differenzhaftung, → Unterbilanzhaftung (Vor-GmbH).

Differenzierung. 1. *Begriff:* Unter D. versteht man die Schaffung von Leistungsvorteilen gegenüber der Konkurrenz, die auch von den Kunden als einzigartig wahrgenommen werden. D. kann auf verschiedenen Ebenen wie Produkt, → Technologie, → Vertrieb, Service, → Personal und → Image erfolgen. – 2. *Unterscheidung:* D. ist neben der Strategie der umfassenden Kostenführerschaft und der Konzentration auf Schwerpunkte eine der drei → Wettbewerbsstrategien nach Porter. – 3. *Ziele:* Ziele der D. sind die Erhöhung der Ertragsspanne, die Verringerung der Preisempfindlichkeit der Abnehmer, die Schaffung von Kundenloyalität sowie die Errichtung von → Eintrittsbarrieren.

Diffusion. 1. *Begriff:* D. beschreibt den Prozess der Verbreitung u.a. von Ideen, Informationen, Konsumgewohnheiten und → Innovationen (z.B. neue Produkte → Dienstleistungen) innerhalb eines sozialen Systems. – 2. *Merkmale:* Der Verlauf und die Dauer des D.-Prozesses hängt von endogenen und exogenen Einflussfaktoren ab. a) Endogene Einflussfaktoren: Diese resultieren aus der Eigendynamik des D.-Prozesses, d.h. die Nachfrager beeinflussen einander im Adoptionsverhalten. Wesentliche endogene Faktoren sind der Erfahrungsfundus im System und der Übernahmedruck. Während Erfahrungen früherer Übernehmer das wahrgenommene → Risiko einer Innovation bei potenziellen Übernehmern senkt, wird eine Innovation bei fortschreitender Diffusion zum „Standard“ und der soziale Druck zur Übernahme erhöht sich. – b)

Exogene Einflussfaktoren: Unter exogene Einflussfaktoren fallen jene Impulse, die den D.-Prozess von außen beeinflussen wie z.B. ökonomische Rahmenbedingungen und technologische Entwicklungen. – c) Kommunikation: Zentrales Element der Diffusion ist die → Kommunikation, durch die exogene und endogene D.-Faktoren den Mitgliedern eines sozialen Systems übermittelt werden. Der D.-Verlauf kann bewusst durch die Verbreitung von Informationen beeinflusst werden. Während positive Informationen über die Innovation, → Werbung und Erfahrungstransfer diffusionsfördernd wirken, hemmen Kommunikationsaktivitäten der Wettbewerber und Informationen von unzufriedenen Käufern den Verbreitungsprozess von Innovationen. Treibende Kräfte der D. sind Meinungsführer und D.-Agenten. Meinungsführer übernehmen eine Leitbild- und Relaisfunktion für die Mitglieder eines sozialen Systems und verstärken die Kommunikation, D.-Agenten verfügen über spezielle Kenntnisse über Märkte und → Technologien und nehmen eine Schnittstellenfunktion zwischen dem Unternehmen und den Kunden ein. D.-Agenten vermitteln Kontakte zu potenziellen Referenzkunden und helfen Innovationswiderstände zu überwinden. – d) Adoptergruppen: Je nach Zeitpunkt der → Übernahme können nach Rogers fünf typische Käufergruppen identifiziert werden: Innovatoren, frühe Übernehmer, frühe Mehrheit, späte Mehrheit, Nachzügler. Meist wird ein normalverteilter Adoptionskurvenverlauf unterstellt, dem gemäß ein kleiner Teil der Käufer sehr schnell entscheidet und die restlichen Adoptergruppen nach und nach die Innovation übernehmen. Der anfänglich langsame Diffusionsverlauf kann auf die schlechte Informationslage und das erhöhte Risiko zurückgeführt werden. Die Beschleunigung der Diffusion beruht auf vermehrter Interaktion zwischen den Individuen, die sukzessive Verbesserung der Informationslage und erhöhten sozialen Übernahmedruck bedingen. Die Abflachung der D.-Kurve wird auf zunehmende Marktsättigung zurückgeführt. – 3. *Bedeutung für innovative* → Start-ups*:* Die erfolgreiche Verbreitung von Innovationen ist Ziel der unternehmerischen Tätigkeit. Deshalb sind Informationen über die diffusionsbeeinflussenden Faktoren wie bspw. die Identifikation von Meinungsführern und D.-Agenten für die unternehmerische Entscheidung z.B. in Bezug auf die Setzung von Marketingmaßnahmen von zentraler Bedeutung. Die Erkenntnisse der D.-Forschung zeigen dem → Entrepreneur, dass der Gewinnung von Erst- und Referenzkunden großes Augenmerk zu schenken ist.

Prof. Dr. Erich J. Schwarz

Literatur:
Davies, S.: The Diffusion of Process Innovations, London 1979; *Kaas, K. P.:* Diffusion und Marketing, Stuttgart 1973; *Rogers, E. M.:* Diffusion of Innovations, New York, London 1995; *Schmalen, H./Pechtl, H.:* Die Rolle der Innovationseigenschaften als Determinanten im Adoptionsverhalten, in: Zeitschrift für betriebswirtschaftliche Forschung, Heft 9, 48 Jg. (1996), S. 816-836.

Dilution, Begriff insbesondere im Rahmen von → Venture Capital Finanzierungen gebraucht, Verwässerung der Beteiligung eines Investors, etwa durch Reduzierung seiner Anteilsquote durch Ausgabe neuer Anteile in späteren → Finanzierungsrunden, in denen Aktien zu einem geringeren Ausgabekurs pro Aktie ausgegeben werden, als ihn der geschützte Investor bezahlt hat. Schutz vor D. gewähren sog. → Anti-Dilution-Klauseln.

Directors and Officers-Police, *D&O-Versicherung,* zur Absicherung der eigenen Haftung der Geschäftsleistung von Versicherungsgesellschaften angebotene Vermögenshaftpflichtversicherung für → juristische Personen. Diese aus den USA stammende Versicherung kann bei eher weiterentwickelten Unternehmen für das → Management eine Absicherung darstellen, da sich die Versicherungsprämie nach der Höhe des Unternehmensrisikos bemisst. Zusätzlich lässt sich mit einer D&O-P. auch das Haftungsrisiko für Mitglieder des → Aufsichtsrats abfangen.

direkte Kosten, → Einzelkosten.

Direktmarketing, *Interactive Marketing.* 1. *Begriff:* D. umfast alle Marketingaktivitäten, die mit dem Ziel eingesetzt werden, eine interaktive Beziehung zu den Zielpersonen herzustellen, die zu einer messbaren Wirkung (response) bei den Adressaten führt. – 2. *Merkmal:* Wesentliche Merkmale des D. sind die individualisierte Ansprache und die systematische Nutzung von Kundendaten. – 3. *Abgrenzung:* In Abgrenzung im indirekten Marketing ist D. schon vor dem tatsächlichen Kaufakt interaktiv. – 4. *Ziele:* Zu den Zielen des D. gehört die Verbesserung des Kundenkontaktes, der Kundenbindung und des Kundenservice, die Steigerung der Vertriebseffizienz und die Leadsgenerierung (vor allem im Investitionsgüterbereich) – 5. *Instrumente:* Dazu werden i.d.R. Instrumente aus dem Bereich der → Direktwerbung und des → Direktvertriebs eingesetzt.

Direktvertrieb. 1. *Begriff:* Von D. wird gesprochen, wenn zwischen Produzent und Verbraucher im Absatzkanal keine weitere Stufe geschaltet ist. D. ist zudem ein Teilbereich des → Direktmarketings. – 2. *Merkmale:* D. i.e.S. bezeichnet den Verkauf durch persönliche Beratung, im allgemeinen in der Wohnung oder am Arbeitsplatz des Kunden. In umfassenderen Definitionen kommen zusätzliche Verkaufsorte (z.B. Messen, Outlets) und andere Arten des Kontaktes (Telefon, Mailing) hinzu. D. eignet sich besonders bei beratungs- und serviceintensive Gütern. – 3. *Vor- und Nachteile:* Als Vorteile des D. i.e.S. werden die genaue Kenntnis des Verbrauchers, i.d.R geringe Stornierungs- und Beschwerdequoten und ein hoher Anteil an Stammkundschaft angeführt. Als Nachteil lassen sich Imagebarrieren auf Seiten der Verbraucher nennen. – *Vgl. auch* → Disintermediation.

Direktwerbung. 1. *Begriff:* D. ist Bestandteil des → Direktmarketing und beinhaltet alle Kommunikationsaktivitäten, die eine systematische, direkte Ansprache ausgewählter Empfängerkreise ermöglichen, in dem die Werbebotschaft nicht als Teil eines anderen Mediums (z.B. Zeitung), sondern auf einem selbständigen Werbemittel (z.B. Beilage) verbreitet wird. – 2. *Merkmale:* Durch D. soll eine messbare Wirkung (response) bei den Zielpersonen ausgelöst werden. – 3. *Instrumente:* Zu den Medien der D. gehören z.B. die Post (Standard-Direktwerbesendung), Telefonmarketing, → Internet und TV. – 4. *Vorteile:* Als Vorteile werden geringe Streuverluste und gut durchführbare Wirkungskontrollen angeführt. – 5. *Voraussetzungen:* Erfolgreiche D. setzt jedoch i.d.R. eine sehr gute Zielgruppenkenntnis und einen gepflegten Adressbestand voraus.

Disagio, *Abgeld,* Abschlag vom Nennwert oder der Parität, der bei Ausreichung eines Kredits oder Ausgabe eines Wertpapiers (→ Aktie) oder von Geldsorten vereinbart werden kann. Also der Betrag, um den der Ausgabepreis bei der Neuausgabe von Wertpapieren deren Nennbetrag unterschreitet. Das D. wird i.d.R. in Prozent angegeben. – *Gegensatz:* → Agio.

Discounted Cash Flow-Methode. Bei der Discounted Cash Flow-Methode (DCF-Methode) werden die zukünftig erwirtschafteten → Cash Flows über Prognosen der Markt-, Umsatz- und Marktanteilsentwicklung für einen gegebenen Zeitraum geschätzt. Alle Cash Flows nach diesem Zeitraum werden durch eine ewige Rente oder den Liquidationswert der Vermögenswerte approximiert. Beides wird mit dem Kapitalkostensatz auf den Anfangszeitpunkt abdiskontiert und zum → Unternehmenswert zusammengefasst. Es werden im Wesentlichen zwei Ansätze unterschieden: Der → Equity-Ansatz berechnet direkt den Eigenkapitalwert, indem er Cash Flows nach Zinsen und Eigenkapitalkosten als

Diskontierungswert verwendet. Der → Entity-Ansatz berechnet erst den Gesamtkapitalwert des Unternehmens, d.h. beinhaltet das → Fremdkapital, diskontiert mit dem Gesamtkapitalkostensatz ab und zieht erst danach den Fremdkapitalwert ab. Planungsunsicherheiten können im Rahmen einer Szenario-Analyse oder umfassend mit Hilfe einer Monte-Carlo-Simulation abgebildet werden. Letztere erfordert aufgrund der umfassenden Modellierung der Cash-Flow-Volatilität die Verwendung des risikofreien Zinses als Diskontierungssatz. – *Vgl. auch* → Unternehmensbewertung.

Disintermediation. Im Rahmen der → Distribution versteht man unter D. die Ausschaltung von Handelsintermediären, die zwischen Produzenten und Endverbraucher agieren. Prominentes Beispiel hierfür ist die Möglichkeit des direkten → Vertriebs in der → Net Economy, bei dem die Kunden unter Ausschaltung jeglicher Intermediäre, direkt angesprochen bzw. bedient werden. Bei dieser direkten Variante wird versucht, unter eigenem Namen nur über die eigene Plattform zu handeln. – *Vgl. auch* → Direktvertrieb.

Diskontierung. 1. *Begriff:* Ab- oder Aufzinsung der Komponenten eines mehrperiodigen Zahlungsstroms auf einen vorgegebenen Zeitpunkt. – 2. *Merkmale:* Die D. dient dazu, um den ökonomischen Wert eines Zahlungsstroms zu einem bestimmten Zeitpunkt bestimmen zu können. Durch die Bezugnahme auf einen bestimmten Zeitpunkt können Zahlungsströme und somit auch die ökonomischen Auswirkungen von Investitionsalternativen, die mit Zahlungsströmen in unterschiedlichen Zeiträumen verknüpft sind, untereinander verglichen werden. Als Referenzzeitpunkte für die D. werden zumeist entweder der Gegenwartswert (Abzinsung) oder der Endwert (Aufzinsung) eines Zahlungsstroms verwendet. Dem Gegenwartswert liegt die → Kapitalwertmethode zugrunde, dem Endwert hingegen die Vermögensendwertmethode. In der betrieblichen Praxis spielt zumeist nur die Kapitalwertmethode eine Rolle, da allen verglichenen Investitionsalternativen derselbe Gegenwartszeitpunkt zugrunde gelegt werden kann, während bei der Vermögensendwertmethode Vergleichbarkeitsprobleme entstehen, wenn Investitionsalternativen unterschiedliche Endzeitpunkte besitzen (Abhilfe können Differenzinvestitionen schaffen, die jedoch in praxi wegen ihrer inhaltlichen Komplexität oftmals gemieden werden). – 3. *Probleme:* Zur Ab- oder Aufzinsung der Komponenten eines Zahlungsstroms wird der Kapitalkostensatz – auch als Diskontierungsfaktor bezeichnet – verwendet. Die korrekte Ermittlung des → Kapitalkostensatzeses bereitet jedoch erhebliche Schwierigkeiten.

dispositiver Faktor. 1. *Begriff:* Gesamtheit aller menschlichen Arbeitsleistungen, mit denen über die Kombinationen von Elementarfaktoren entschieden („disponiert") wird. – 2. *Merkmale:* Dispositive menschliche Arbeitsleistungen dienen dazu, betriebliche Transformations- oder Produktionsprozesse (→ Produktion) zu gestalten, aber nicht konkret durchzuführen. An der konkreten Prozessdurchführung sind nur die Elementarfaktoren beteiligt, d.h. alle Produktionsfaktoren, die in so genannten Produktionsfunktionen als Inputs von Produktionsprozessen explizit erfasst werden (der d.F. bestimmt hingegen implizit die Gestalt der Produktionsfunktionen). Die Gestaltung von Transformations- oder Produktionsprozessen erstreckt sich auf die Planung der auszuführenden Prozesse, die generellen Regelungen (→ Organisation) und fallweisen Anordnungen, die zur Durchsetzung der geplanten Prozessdurchführung dienen, die Überwachung oder Kontrolle der Prozessdurchführung sowie erforderlichenfalls das gegensteuernde Eingreifen in die Prozessdurchführung, wenn eingriffsrelevante Abweichungen der tatsächlichen von der geplanten Prozessdurchführung auftreten. Der d.F. wird in Anlehnung an Gutenberg oftmals in einen originären und einen abgeleiteten d.F. ausdifferenziert. Der abgeleitete d.F. umfasst alle rationalen Gestaltungshandlungen, die aufgrund ihrer Rationalität an Mitarbeiter kommuniziert und delegiert werden können. Der originäre d.F. betrifft dagegen die „irreduzibel irrationale“ Komponente von Gestaltungshandlungen, die sich nicht delegieren lässt, sondern der Geschäfts- und Betriebsleitung vorbehalten bleibt. Dieser originäre d.F. bildet die „Essenz“ der Kompetenz eines Unternehmensgründer oder eines → Gründerteams. Sie erstreckt sich bspw. auf eine innovative Geschäftsidee und das „Gefühl“ für Kundenpräferenzen.

Distribution. 1. *Begriff:* D. bezeichnet die Gesamtheit aller absatzwirtschaftlichen Aktivitäten, die zur Weiterleitung von Gütern zwischen Wirtschaftssubjekten, i.d.R. zwischen Produzent und Verbraucher, dienen. – 2. *Merkmale:* D.-Aktivitäten werden von D.-Subjekten ausgeführt, die in einem D.-System organisiert sind. Dabei werden zentrale D.-Funktionen erfüllt. a) Zu den bereits genannten D.-Subjekten können Absatzmittler (wie der institutionelle Handel) und D.-Helfer (wie Handelsvertreter) hinzukommen. – b) Je nach horizontaler bzw. vertikaler Konfiguration der D.-Subjekte lassen sich D.-Systeme kategorisieren. (1) Horizontale Grundtypen von D-Systemen: direkte D. liegt vor, wenn zwischen Produzent und Verbraucher keine weitere Stufe geschaltet ist (→ Direktvertrieb, → Disintermediation). Zur indirekten D. zählt das einstufige System (mit Einzelhändlern, auch: einstufig-semidirekt), das zweistufige System (mit zusätzlicher Einschaltung von Großhändlern) und das dreistufige System (mit Differenzierung des Großhandels in Spezial- und Sortimentsgroßhandel). (2) Nach der Zahl der vom Produzenten gewählten D.-Kanäle unterscheidet man zwischen Einwegabsatz (z.B. nur einstufig indirekt), und Mehrwegeabsatz. Letzter kann in differenzierter Form (z.B. ohne Zwischenstufen oder einstufig, differenziert nach Produkten und/oder Märkten) als auch in undifferenzierter Form stattfinden. – c) Die Wahl eines D.-Systems erfolgt aus Produzentensicht auf Basis von Effizienz- und Effektivitätsüberlegungen, wobei der Erfüllungsgrad der D.-Funktionen den daraus entstehenden Kosten gegenübergestellt wird. Die D.-Funktionen liegen nach Ahlert in der Überbrückung bzw. Verringerung von Differenzen in Bezug auf Realgüter, Zahlungsmittel und Informationsströme innerhalb des D.-Systems. Diese können in räumlichen, zeitlichen, quantitativen und qualitativen Abweichungen liegen. – 3. *Ziele:* Aus einzelunternehmerischer Sicht stellt sich die D. als → Distributionspolitik dar. Als Teilbereich der Unternehmensführung sind die Ziele der D.-Politik in das → Zielsystem der Unternehmung zu integrieren, wobei sich die D.-Ziele aus strategischen Marketingzielen herleiten lassen. Zu den spezifischen Zielen der D.-Politik können bspw. die Steigerung des D.-Grades, die Beschleunigung der → Logistik, die Senkung der Logistikkosten, die Erhöhung der Lieferbereitschaft und die Gewährleistung der Anpassungsfähigkeit gehören. – 7. *D. für Start-ups:* a) In Bezug auf Neugründungen: (1) Die steigende Bedeutung der D. führt zu einer Vielzahl von Gründungschancen in diesem Bereich. (2) Ressourcenmangel und noch fehlendes Vertrauen der Marktteilnehmer führt zu Schwierigkeiten beim Aufbau eines D.-Systems. Eine mögliche Lösung könnte hier das Eingehen von kooperativen Bindungen wie z.B. in → Franchisesysteme sein. – b) In Bezug auf Wachstumsunternehmen ist vor allem zu beachten, dass das gewählte D.-System mit dem Wachstum mithalten sollte, um nicht zum Engpassfaktor zu werden. – *Vgl. auch* → Absatzmarkt.

Dr. Rainer Harms

Literatur:
Ahlert, D.: Distributionspolitik, Stuttgart 1996; *Gruber, M.:* Entrepreneurial Marketing, in: DBW, Nr. 1, 64. Jg. (2004), S. 78-100; *Müller-Hagedorn, L.:* Handelsmarketing, Stuttgart, 2002; *Specht, G.:* Distributionsmanagement, Stuttgart 1998.

Distributionspolitik. 1. *Begriff:* Die D. ist ein Teilbereich des → Marketing-Mix und befasst sich mit allen Entscheidungen, die mit der Verteilung von Gütern vom Produzenten an die Abnehmer zusammenhängen. – 2. *Abgrenzung:* Während der Begriff der → Distribution alle Aktivitäten innerhalb eines Distributionssystems umfasst, wird mit D. eine einzelwirtschaftliche Perspektive eingenommen. – 3. *Ziele:* Die Ziele der D. leiten sich aus den Marketingzielen ab. Spezifische Ziele der D. sind bspw. die Steigerung des Distributionsgrades, die Beschleunigung der → Logistik, die Senkung der Logistikkosten, die Erhöhung der Lieferbereitschaft und die Gewährleistung der Anpassungsfähigkeit. Für junge Unternehmen wird der Aufbau eines Distributionssystems vorrangiges Ziel sein.

Diversifikation. 1. *Begriff:* Als D. bezeichnet man die Erweiterung des Leistungsprogramms durch die Aufnahme eines neuen Produktes oder einer → Dienstleistung, um bisher noch nicht bediente Märkte zu erschließen. D. kann durch die Erweiterung der Leistungsbreite (horizontale D.), durch Ausdehnung der Leistungstiefe (vertikale D.) oder durch das Eindringen in neue Segmente (laterale D.) erfolgen. – 2. *Abgrenzung:* D. ist in der „Ansoffschen → Produkt-Markt-Matrix" eine von vier Strategiealternativen – Marktdurchdringung, → Produktentwicklung, → Marktentwicklung und D. – zur Erzielung von → Unternehmenswachstum. – 3. *Ziele:* Die Ziele der D. sind insbesondere Expansion, Gewinnsteigerung, Kostenreduktion, eine bessere Kapazitätsauslastung und Risikostreuung durch Ausgleichsmöglichkeiten auf mehreren Märkten.

Divestment, *Desinvestition,* Reduzierung oder Auflageösung einer Beteiligungsposition. D. kann durch den Verkauf der Firmenanteile (→ Exit) oder durch → Abschreibung geschehen, wobei letzteres mit einem Totalverlust vergleichbar ist. Wichtige D.-Arten sind der Verkauf der Anteile im Rahmen eines → Börsenganges (→ Initial Public Offering), bei einer späteren Emission (Secondary Public Offering oder SPO), am Sekundärmarkt oder durch einen direkten Verkauf an einen anderen Investor. – *Gegensatz:* → Investment.

Dividende, Ertrag aus Beteiligungen. Die D. ist der auf die → Aktie, Gesellschafteranteil, Genussschein oder Partizipationsschein entfallende Betrag des Bilanzgewinns. Dieser wird in Prozent des Nennwertes bzw. in Euro pro Stück wiedergegeben. In der Summe sind die D. der Anteil am → Jahresüberschuss einer Kapitalgesellschaft, der nicht in die Rücklagen oder Rückstellungen eingestellt, sondern an die Eigentümer, meist Aktionäre, ausgeschüttet wird. In Deutschland wird der Gewinnverwendungsbeschluss durch die Hauptversammlung getroffen. Die Ausschüttung erfolgt somit jährlich, wohingegen in den USA die D. vierteljährlich ausgezahlt wird.

Dopik, → doppelte Buchführung.

doppelte Buchführung, *Dopik*, erfasst alle in zahlen erfassbare betriebliche Vorgänge in Bestands- und Erfolgskonten. – *Vgl. auch* → Buchführung.

Downside Risk, bezieht sich auf negative Abweichungen von prominenten Ergebnisgrößen (Erwartungswert, Nullgewinn, geforderte Rendite). Gemessen wird das D.R. z.B. durch die Wahrscheinlichkeit, mit der die bewusste Ergebnisgröße unterschritten wird. Da auch das Ausmaß, um das die Ergebnisgröße ggf. unterschritten wird, von Bedeutung ist, ist die Betrachtung des Verlusterwartungswertes sinnvoller.

Drag-Along, *Drag-Along-Agreement, Bring-Along*, Begriff im Rahmen von → Venture Capital Finanzierungen, Mitverkaufsverpflichtung. D.-A.-Klauseln ermöglichen es einem Gesellschafter (zumeist Investor), neben seiner eigenen Beteiligung auch die Beteiligungen einzelner anderer oder zumeist aller anderen Gesellschafter an einen Dritten mit zu veräußern; der Verkauf erfolgt für alle betroffenen Gesellschafter zu gleichen Bedingungen; mit einem D.-A. soll eine optimale Exitsituation geschaffen werden, da Erwerber, die 100% eines Unternehmens erwerben können, einen höheren Preis zahlen. D.-A. ermöglicht einen koordinierten → Exit für alle, insbesondere falls sich einzelne Gesellschafter als lästig erweisen. Eine Absicherung erfolgt regelmäßig über Vertragsstrafeklauseln; Gegensatz: Tag-Along oder → Co-Sale.

Dreischritt, innovatives Methodenarrangement der → Gründungsqualifizierung, welches die Zielsetzung unterstützt, eine ganzheitliche → berufliche Handlungskompetenz „unternehmerische Selbständigkeit" zu fördern. Durch die Übertragung der aus dem kaufmännischen Schulwesen bekannten methodischen Großformen Lernbüro, Übungsfirma und Juniorenfirma und deren Integration in ein Veranstaltungskonzept zur Gründungsförderung wird die Simulation des Unternehmens in der Gründungs- und Wachstumsphase ermöglicht. Durch den aufeinander folgenden Einsatz dieser methodischen Großformen gelingt es, sowohl den Ernsthaftigkeitsgrad als auch den der Komplexität schrittweise und didaktisch moderiert zu steigern und damit zunehmend den Realbedingungen selbständig unternehmerischen Handelns anzunähern. Der Lernende erhält im Verlauf seines Ausbildungsprozesses die Gelegenheit, seine gründungsrelevanten Erfahrungs- und Handlungsspielräume sukzessive an die didaktisch gestalteten, jeweils zunehmend anspruchsvolleren Anforderungssituationen anzupassen und damit zu erweitern.

Dual-Listing, die Zeichnung einer → Aktie auf mehr als einem Börsenmarkt. Für das Unternehmen bedeutet das eine erhöhte → Liquidität. Am häufigsten ist das bei Unternehmen der Fall, die im Heimatland und im Ausland gezeichnet ist- dies trägt auch zu Glaubwürdigkeit und Bekanntheit auf dem ausländischen Markt bei.

Due Diligence, *Beteiligungsprüfung, Informationsoffenlegung;* Analyse und Prüfung eines potenziellen Investments oder Überprüfung im Emissionsverfahren. 1. *Begriff:* Unter D.D. versteht man die sorgfältige, systematische und detaillierte Erhebung, Prüfung und Analyse von Daten eines Investitions-, Übernahme-

Due Diligence, Teilbereiche

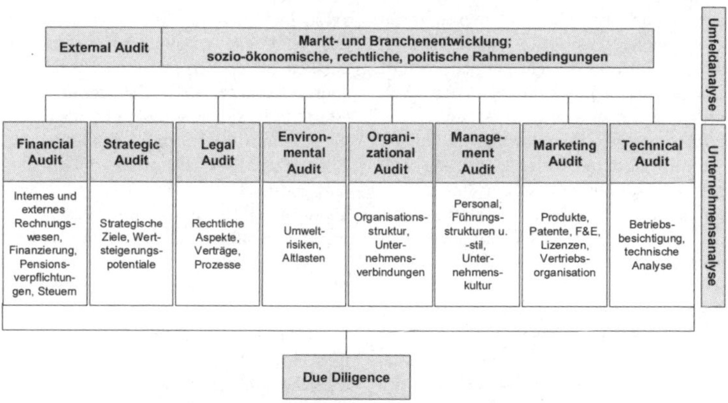

oder Fusionskandidaten bzw. die Offenlegung der Daten durch das Zielobjekt. – 2. *Merkmale:* Die Initiative zur D.D. kann analog zur Transaktionsinitiative sowohl vom Käufer als auch vom Verkäufer des Unternehmens oder der Beteiligung ausgehen. Im Kauf- bzw. Verkaufsprozess folgt die D.D. der Identifizierung des Akquisitionsobjekts bzw. der Käufer und der Klärung des Verkaufs- bzw. Kaufsinteresses. Sie dient neben der generellen Kauf- bzw. Verkaufsentscheidung auch zur Festlegung des Verhalten und Forderungen in den folgenden Kauf- bzw. Verkaufsverhandlungen. Sie kann sowohl vom Unternehmen selbst oder auch in deren Auftrag von einem spezialisierten Wirtschaftsprüfungsunternehmen übernommen werden. Die D.D. ist besonders im Bereich → Venture Capital wichtig, da private Unternehmen keiner Publikationspflicht unterliegen und somit weniger Informationen vorliegen. Meist sind dies auch junge Unternehmen, welche sich in der Entwicklungsphase befinden und nicht auf eine lange Erfahrung in ihrem Stammgeschäft zurückblicken können. Dadurch existieren weniger Informationen und eine höherer Ungewissheit. Die D.D. nimmt einen Zeitraum von ca. drei bis sechs Monaten in Anspruch und ist meist in Phasen gegliedert, um den Informationsaufwand im Falle einer negativen Beurteilung zu reduzieren. So beginnt sie mit einer Grobanalyse (→ Screening) und geht bei positiver Beurteil in die Feinanalyse über. In dieser Phase werden auch intensive Gespräche mit dem Management und Besichtigungen vor Ort durchgeführt. Die Ergebnisse der D.D. werden in einem abschließenden D.D. Bericht festgehalten. – 3. *Inhalt:* Die D.D. geht weit über die formale Prüfung z.B. der Jahresabschlüsse oder der Handelsbücher hinaus. Der Inhalt und Umfang der D.D. variieren individuell. Im folgenden werden mögliche Inhalte, nach denen auch teils Unterformen der D.D. unterschieden werden, dargestellt. a) Rechtliche Aspekte: Die Legal D.D. umfasst neben der Analyse der Eigentumsverhältnisse auch u.a. die Untersuchung der Gesellschaftsunterlagen, der handelsrechtliche Eintragung, der Regelungen in Gesellschaftsvertrag und Satzung, der vom Unternehmen geschlossenen Verträge und Vereinbarungen, arbeits- und dienstrechtliche Angelegenheiten und mögliche oder bereits laufende Rechtstreitigkeiten und behördliche Verfahren. Hierzu wird meist ein rechtlicher Berater hinzugezogen. – b) Steueraspekte: Die Tax D.D. beschäftigt sich mit Steuer- und Bilanzangelegenheiten, darunter Bilanzpolitik, ausstehende Steuerzahlungen, Steuerrisiken und die steuerliche Auswirkung der Transaktionsstruktur. – c) Finanzlage und Reporting: Financial D.D. entspricht im wesentlichen einer Analyse des internen und externen → Rechnungswesen und → Controlling zur Beurteilung der finanziellen Situation. Die Informationen stammen hauptsächlich aus → Bilanzen, → Gewinn- und Verlustrechnung sowie Kapitalflussrechnung. Hierbei kommt es auch zu einer Betrachtung der Bilanzpolitik, Qualität des Reportings, Transparenz in der Berichterstattung, Finanzstruktur, Vermögenswerte, Verbindlichkeiten, Kapitalstruktur, Liquidität, Finanzierungsmöglichkeiten und -kosten. – d) Marktstellung und Zukunftsentwicklung: Die Business Opportunity oder Market D.D. beurteilt einerseits aktuelle strategische Aspekte wie die Qualität des Stammgeschäfts, Stellung innerhalb der Branche, der Patentsituation und Selling Proposition. Andererseits wird auch versucht, die zukünftigen Entwicklungen des Marktes, mögliche Chancen und Risiken abzuschätzen. – e) Human Resource-Aspekte: Die Management D.D. beurteilt die Qualität des → Managements hinsichtlich Ausbildung, Erfahrung und Referenzen. – f) Divestmentmöglichkeiten: Die Exit-Due Dilugence gewinnt vor allem im Bereich Venture Capital aufgrund der hohen Bedeutung des → Exits an Wichtigkeit. Hierbei wird analysiert, welche Exitkanäle und unter welchen Bedingungen diese zur Verfügung stehen. – g) Sonstige Inhalte: Dies kann u.a. umweltrechtliche Angelegenheiten, strategische Aspekte und zum Transaktionszeitpunkt bezogene Abwägungen (Window Dressing) beinhalten. – *Vgl. Abb.* „Due Diligence, Teilbereiche".

Prof. Ulrich Hommel, Ph.D.

Durchführbarkeitsstudie, → Feasibility Study, Analyse der technischen und wirtschaftlichen Realisierung eines neuen Geschäftsvorhabens. Sie gibt Aufschluss über die Qualität einer Geschäftsidee, und ob sich die tatsächliche Umsetzung rentiert.

E

Early-Stage, Unternehmensentwicklungsphase bzw. → Finanzierungsphase im Bereich des → Venture Capital. In der → Venture Capital-Finanzierung unterscheidet man die zwei Bereiche E.-S. und die darauf folgende Later Stage. Die dazwischen liegende Expansion-Phase wird im Regelfall sowohl von Frühphasen- als auch von Spätphasenfinanzierern bedient. E.-S. bezeichnet hierbei insbesondere die Frühphase eines Unternehmens, beginnend mit der Konzeption bis zum Start der Produktion und Vermarktung. Sie ist in weitere zeitlich unterteilte Finanzierungsphasen gegliedert: → Seed-Phase (Konzeption und Grundlagenentwicklung), Start-up-Phase (Entwicklung zur Produktreife) und First-Stage (Markteinführung). – *Vgl. auch* → Investitionsfrühphase.

Earnings before Interest and Taxes, Depreciation and Amortisation (EBITDA), bezeichnet das Betriebsergebnis vor → Zinsen, → Steuern, → Abschreibungen auf Sachanlagen und immateriellen Vermögenswerten. Diese → Kennzahl wird verwendet, um die operative Ertragskraft von Gesellschaften, die unter international unterschiedlicher Gesetzgebung bilanzieren, aussagekräftiger zu vergleichen.

Earnings Before Interest and Taxes (EBIT), Unternehmenskennzahl, die den Gewinn vor → Zinsen und → Steuern beschreibt. Der EBIT gibt Aufschluss über das operative Betriebsergebnis und erlaubt einen objektiveren Vergleich verschiedener Unternehmungen. Hierbei wird der EBIT bei der Bewertung von börsennotierten Unternehmen, auch bei Unternehmensübernahmen, hinzugezogen.

E-Business. 1. *Begriff:* E-B. bezeichnet die zugehörigen wirtschaftlichen Möglichkeiten im Zusammenhang mit den globalen digitalen Netzen (→ Net Economy), womit die Nutzung von digitalen → Informationstechnologien zur Unterstützung von Geschäftsprozessen in der Vorbereitungs-, Verhandlungs- und Durchführungsphase gemeint ist. Dabei werden die hierfür notwendigen Bausteine → Information, → Kommunikation und → Transaktion zwischen den beteiligten ökonomischen Partnern über digitale Netzwerke transferiert bzw. abgewickelt. – 2. *Merkmale:* Als Basis für diese elektronischen Geschäftsprozesse haben sich drei zentrale Plattformen im E-B. gebildet, die den Austausch aller drei Bausteine (Information, Kommunikation und Transaktion) zum Inhalt haben. – a) Das → E-Procurement ermöglicht den elektronischen Einkauf von Produkten bzw. → Dienstleistungen durch ein Unternehmen über digitale → Netzwerke. Damit erfolgt eine Integration von innovativen Informations- und Kommunikationstechnologien zur Unterstützung bzw. Abwicklung von operativen und strategischen Aufgaben im Beschaffungsbereich. – b) Ein → E-Shop ermöglicht den elektronischen Verkauf von Produkten bzw. Dienstleistungen durch ein Unternehmen über digitale Netzwerke. Damit erfolgt eine Integration von innovativen Informations- und Kommunikationstechnologien zur Unterstützung bzw. Abwicklung von operativen und strategischen Aufgaben im Absatzbereich (→ E-Commerce). – c) Ein → E-Marketplace ermöglicht den elektronischen Handel mit Produkten bzw. Dienstleistungen über digitale Netzwerke. Damit erfolgt eine Integration von innovativen Informations- und Kommunikationstechnologien zur Unterstützung bzw. Abwicklung einer Zusammenführung von Angebot und Nachfrage durch den Marktplatz-Betreiber.

Prof. Dr. Tobias Kollmann

Literatur:
Kollmann, T.: E-Venture – Grundlagen der Unternehmensgründung in der Net Economy, Wiesbaden 2004; *Kollmann, T.* (Hrsg.): E-Venture-Management, Wiesbaden 2003.

E-Commerce, bezeichnet den elektronischen Absatz, der insbesondere durch die digitale Abwicklung des Transaktionsprozesses zwischen Anbieter und Nachfrager charakterisiert ist. Diese → Transaktionen bestehen aus dem Austausch der Leistungserbringung und Zahlungsverpflichtung; aber auch die Anbahnung, Aushandlung und zusätzliche Serviceleistungen nach dem Erwerb können in der digitalen Umgebung im Rahmen des E-C. vonstatten gehen. – *Vgl. auch* → E-Business, → E-Shop.

E-Community, *virtuelle Gemeinschaft.* E-C. zählt zu einer der im → Internet vorkommenden Kommunikationsplattformen, mittels derer Geschäftsprozesse initiiert bzw. unterstützt werden können. Die Form der E-C. ist dann vorzufinden, wenn eine regelmäßige, eigendynamische Kommunikation und Interaktion zwischen den Nutzern aufgebaut werden soll. Die so entstehenden E-C. lassen sich anhand von zwei Kriterien ausmachen. Die eine Voraussetzung besteht darin, dass ein Kommunikationsbedarf besteht, der nicht vom Anbieter ausgelöst wird, sondern bei der Nachfragerseite intern existiert. Das andere Merkmal ist im Themenbezug der kundeninternen Kommunikation zu sehen. Nachfragerinterne Kommunikation und Themenbezug stehen dabei in einer wechselseitigen Beziehung. Das Thema einer E-C. ist der Beweggrund, dass die Internetseite besucht wird, und der Informationsaustausch innerhalb der Gemeinschaft veranlasst zum Bleiben bzw. zur Wiederkehr. Die elektronische Gemeinschaft unterstützt durch ihre Kommunikation die Geschäftstätigkeiten des Anbieters bzw. erhöht die Attraktivität des Online-Angebots (Informationsmehrwert für den Kunden durch die Kunden) und steigert damit die Nutzungsintensität der möglicherweise abgeschlossenen Geschäftsplattform. Das werbliche Potenzial einer E-C. liegt in der Interaktion der Kunden sowohl untereinander als auch mit dem Anbieter. Daneben existieren aber auch anbieterunabhängige E-C., bei denen die Kommunikation zwischen Privatpersonen abgewickelt wird.

E-Company, *virtuelles Unternehmen,* ermöglicht die elektronische → Kooperation zwischen Unternehmen über digitale → Netzwerke. Damit erfolgt eine Integration von innovativen Informations- und Kommunikationstechnologien zur Verknüpfung von einzelnen Unternehmensleistungen im Hinblick auf die Bildung eines virtuellen Unternehmens mit einem zusammengesetzten Angebot. – *Vgl. auch* → virtuelles Organisationsnetzwerk.

Economies of Scale, *Größenvorteile.* 1. *Begriff:* E.o.S. liegen vor, wenn eine Aufgabe in unterschiedlichem Umfang erfüllt werden kann und mit zunehmendem Aufgabenumfang der durchschnittliche Ressourceneinsatz je Einheit des Aufgabenumfangs abnimmt. – 2. *Merkmale:* Für die Reduzierung des durchschnittlichen Ressourceneinsatzes kommen mindestens drei Effekte in Betracht. a) Fixkostendegression: Zur Aufgabenerfüllung wird eine „fixe" Ressource unabhängig vom Aufgabenumfang benötigt. Der Einsatz dieser → Ressource verursacht einen konstanten Aufwand (Fixkosten), dessen durchschnittliche Verrechnung auf jede Einheit des Aufgabenumfangs umso niedriger ausfällt, je größer der Aufgabenumfang insgesamt ausfällt („Gesetz der Massenproduktion"). – b) Lerneffekte: Der Ressourceneinsatz, der je Einheit des Aufgabenumfangs tatsächlich verursacht wird, nimmt mit zunehmendem Aufgabenumfang ab. Diese effektive, nicht nur verrechnungstechnische Reduzierung des Ressourceneinsatz je Einheit des Aufgabenumfangs beruht auf Lernprozessen, die sich bei zunehmender Wiederholung der Aufgabenerfüllung einstellen („Lerngesetz der Produktion"). – c) Machteffekte: Wenn sich die Erfüllung von Aufgaben auf den Beschaffungs- oder Absatzbereich erstreckt, kann ein großer Aufgabenumfang entsprechende Beschaffungs- bzw. Nachfragemacht entstehen lassen. Ein Ausspielen dieser umfangsbedingten Marktmacht kann zu günstigeren Konditionen als bei Wettbewerbern führen, wie z.B. zu Mengenrabatten gegenüber Lieferanten und geringeren Handelsspannen von nachgelagerten Groß- oder Einzelhandelsunternehmen. Für → Unternehmensgründungen sind E.o.S. insbesondere in zweifacher Ausprägung zu berücksichtigen. Einerseits muss in der → Gründungsphase damit gerechnet werden, dass wegen noch geringer Produktionsmengen von Sachgütern oder Dienstleistungen die drei typischen Ursachen der Größenvorteile noch nicht wirksam werden, so dass die durchschnittlichen Produktionskosten über denen von bereits etablierten Wettbewerbern liegen können. Dieser Startnachteil von → Start-ups kann durch Einsatz neuartiger Produktionstechniken mit z.B. Kostensenkungs- oder Qualitätssteigerungspotenzialen sowie durch Abschirmung gegenüber Wettbewerbern mittels einer Differenzierungs- oder → Nischenstrategie kompensiert werden. Andererseits sollten → Unternehmensgründer erwägen, E.o.S. durch → Kooperationen mit anderen, bereits aktiven Unternehmen zu realisieren. Dazu bieten sich z.B. Einkaufsverbünde an (Einkaufsmacht) sowie das Sharing fixkostenintensiver Ressourcen, wie Büroausstattung oder Fuhrpark, die vor allem in → Gründerzentren gemeinschaftlich genutzt werden können.

Economies of Stream, → Lerneffekte.

E-Entrepreneurship. 1. *Begriff:* Unter E.-E. wird die Schaffung einer selbständigen und originären rechtlichen Wirtschaftseinheit (→ E-Venture) in der → Net Economy verstanden, innerhalb der die selbständige(n) → Gründerperson(en) mit einem spezifischen Online-Angebot (Produkt bzw. → Dienstleistung) einen fremden Bedarf decken möchte(n). – 2. *Merkmale:* Es können, auch als Unterscheidungspunkte zur Gründungssituation in der Real Economy, vier zentrale Merkmale für eine Unternehmensgründung in der Net Economy identifiziert werden: a) Gründungstyp: Eine Gründung in diesem Bereich ist meist eine selbständige, originäre und innovative → Unternehmensgründung innerhalb der → Net Economy. – b) Gründungsumfeld: Die Gründung ist geprägt durch ein enormes

E-Entrepreneurship, Aspekte der Unternehmensgründung in der Net Economy

	Gründungstyp	Gründungsumfeld
Unternehmensgründung	Originär Selbständig Innovativ	Wachstumsaspekt Risikoaspekt Kapitalaspekt
	Gründungsbezug	Gründungsbasis
Net Economy	Informationstechnologie Informationsökonomie Netzwerkökonomie	E-Wertschöpfung (Konzept) E-Plattform (Umsetzung) E-Management (Betrieb)
	Unternehmensgründung in der Net Economy (E-Venture)	

Wachstumspotential bei gleichzeitiger Unsicherheit über die zukünftige Entwicklung hinsichtlich des tatsächlichen Erfolgs kapitalintensiver Informationstechnologien. – c) Gründungsbezug: Die Gründung basiert auf einer → Geschäftsidee, die durch die Nutzung innovativer Informationstechnologien erst ermöglicht wird und die der besonderen Bedeutung des Wettbewerbsfaktors „Information" innerhalb der Netzwerkökonomie Rechnung trägt. – d) Gründungsbasis: Das Unternehmenskonzept basiert insb. auf einer → elektronischen Wertschöpfung für den Kunden, welche über eine elektronische Plattform der Net Economy angeboten wird und einer ständigen Weiterentwicklung bzw. Betreuung bedarf. – *Vgl. Abb.* „E-Entrepreneurship, Aspekte der Unternehmensgründung in der Net Economy". – 3. *Charakter:* Im Zentrum eines Unternehmens im E-E. steht die elektronische → Wertkette: Die elektronische Wertkette gliedert ein Unternehmen der Net Economy (→ E-Venture) in strategisch relevante Tätigkeiten, um dadurch Kostenverhalten sowie vorhandene und potenzielle Differenzierungsquellen zu verstehen. Dabei stellt die elektronische Wertkette entsprechende Wertaktivitäten dar, die sich beispielsweise auf die Sammlung, Systematisierung und Verteilung von Informationen beziehen. Über diese spezifischen Wertaktivitäten innerhalb von digitalen Datennetzen resultiert sodann ein „elektronisches Informationsprodukt", für dessen Wert der Kunde über die zugehörige Wertschöpfung zu zahlen bereit ist. Die elektronische Wertkette zeigt somit den Gesamtwert, der sich aus einzelnen elektronischen Wertaktivitäten und Gewinnspanne zusammensetzt. Innerhalb der Wertkette werden nun insbesondere die Wertaktivitäten identifiziert, die für die Wertschöpfung eine besondere Relevanz aufweisen. Durch die neue Dimension von Informationen als eigenständige Quelle von Wettbewerbsvorteilen können unabhängig von der physischen Wertkette elektronische Wertschöpfungsaktivitäten in digitalen Datennetzen entstehen. Diese elektroni-

E-Entrepreneurship: Das Konzept der elektronischen Wertkette in der Net Economy

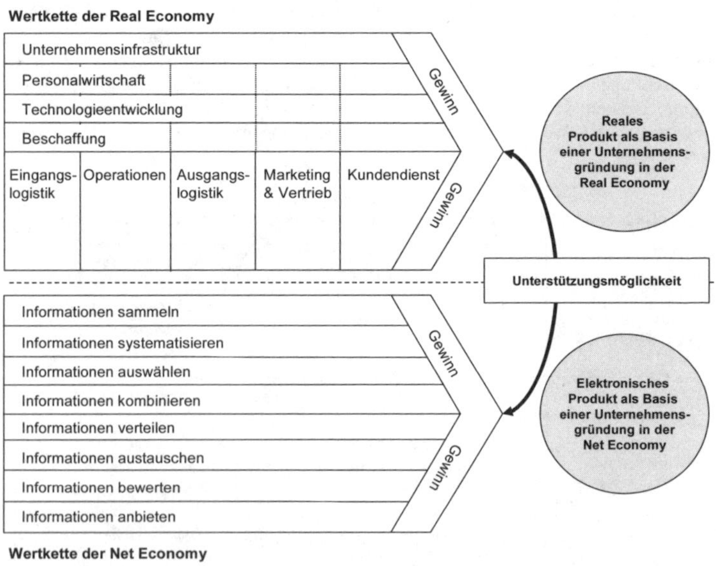

schen Wertschöpfungsaktivitäten sind jedoch nicht mit den physischen Wertaktivitäten vergleichbar, sondern liegen in dem besonderen Umgang mit Informationen. Die entsprechenden Wertaktivitäten können beispielsweise in der Sammlung, Systematisierung, Auswahl, Zusammenfügung und Verteilung von Informationen liegen. Durch diese spezifischen Wertschöpfungsaktivitäten innerhalb von digitalen Datennetzen manifestiert sich eine „elektronische Wertkette", deren Ursprung und Auswirkung allein in der Net Economy zu finden ist. Im Resultat ergeben sich auf Basis dieser neuen Wertschöpfungsebene innovative Geschäftsideen, die über die Nutzung der verschiedenen Plattformen ein „elektronisches Produkt" schaffen, für dessen Wert der Kunde zu zahlen bereit ist. Dieses Produkt kann dann entsprechend auch die Basis einer Unternehmensgründung in der Net Economy sein. Wobei die Besonderheit dieser E-Ventures darin liegt, dass der Wert dieses Produkts (→ elektronische Wertschöpfung) mittels elektronischer Medien erst entwickelt und vertrieben werden kann. – *Vgl. Abb.* „E-Entrepreneurship: Das Konzept der elektronischen Wertkette in der Net Economy".

Prof. Dr. Tobias Kollmann

Literatur:
Kollmann, T.: E-Venture – Grundlagen der Unternehmensgründung in der Net Economy, Wiesbaden 2004; *Weiber, R./Kollmann, T.:* Wettbewerbsvorteile auf virtuellen Märkten - Vom Marketplace zum Marketspace, in: Link, J./Brändli, D./Schleuning, Ch./Kehl, R. E. (Hrsg.): Handbuch Database Marketing, Ettlingen 1997, S. 513-530.

Effektivität. 1. *Begriff:* E. beschreibt das Verhältnis von Zweckerfolg und Mitteleinsatz (Input-Output-Relation) und kann an hand rein ökonomischer Kennziffern (Grad der Wirtschaftlichkeit oder der Produktivität) gemessen werden. – 2. *Abgrenzung von anderen Begriffen:* Während die Effizienz das „richtige Tun der Dinge" beinhaltet, umfasst die E. im Sinne der → Wettbewerbsfähigkeit das „Tun der richtigen Dinge". – 3. *Folgerung:* Die langfristige Überlebensfähigkeit eines Unternehmens kann nur durch die Synthese von Effizienz und E., also durch das „richtige Tun der richtigen Dinge", erreicht werden.

Effektivzins, *Yield, Rendite.* 1. *Begriff:* a) In Prozent ausgedrückter tatsächlicher → Ertrag eines Investments, der von Erwerbskurs, Erwerbskosten, Zinsertrag, Zinstermin, → Agio bzw. → Disagio bei Rückzahlung, Laufzeit und Form der Tilgung bestimmt wird.– b) In Prozent ausgedrückte tatsächliche Gesamtkosten einer Kreditinanspruchnahme, die neben dem Nominalzins Gebühren, Provisionen, Agio bzw. Disagio, Tilgungssatz, -beginn, -höhe sowie Zinszahlungs- und Tilgungstermin berücksichtigen. – 2. *Zweck:* Der E. dient zum Vergleich alternativer Anlage- bzw. Finanzierungsangebote mit unterschiedlichen Konditionen. – *Gegensatz:* Nominalzins.

Effizienz, → Effektivität.

Eigenkapital. 1. *Begriff:* Finanzielle Mittel, die von den Eigentümern bzw. → Unternehmensgründern in das Unternehmen eingebracht werden, oder erwirtschaftete Gewinne, die im Unternehmen belassen werden (→ Selbstfinanzierung). – 2. *Merkmale:* Im Gegensatz zum → Fremdkapital wird E. dem Unternehmen unbefristet zur Verfügung gestellt und begründet eine Miteigentümerschaft sowie damit verbundene Mitsprache-, Stimm- und Kontrollrechte bei der Unternehmensführung. Eigenkapitalgeber haften für die → Verbindlichkeiten des Unternehmens mindestens in Höhe ihrer Einlage, haben aber im Gegenzug Anrecht auf eine ihrem Anteil entsprechende → Gewinnbeteiligung. – 3. *Funktionen:* Dem E. lassen sich eine Reihe von Funktionen für das Finanzierungsgeschehen in einem Unternehmen zuschreiben. – a) Errichtungsfunktionen: E. ist in den meisten

Fällen erforderlich, um die Gründungsaufwendungen zu decken. In dieser Phase fehlen sowohl Einnahmen aus der Geschäftstätigkeit, als auch banküblichen Sicherheiten, die zur Aufnahme von Fremdkapital erforderlich sind. Auch die Förderung mit öffentlichen Mitteln ist häufig an das Vorhandensein einer Mindestmenge E. gebunden. Somit ermöglicht E. den Ausgleich von Anlaufverlusten in der → Gründungsphase sowie die → Finanzierung der Startinvestitionen und Betriebsmittel. – b) Betriebsfunktionen: Im laufenden Geschäftsbetrieb fungiert E. als Risikopuffer, um auch bei vorübergehender schlechter Ertragslage zahlungsfähig zu bleiben und die finanziellen Belastungen durch → Zins- und Tilgungszahlungen für Fremdkapital zu reduzieren. Hierfür ist eine ausreichend hohe → Eigenkapitalquote erforderlich. → Verluste des Unternehmens können durch zusätzliches E. ausgeglichen werden. Dies ist allerdings nur angebracht, wenn der Grund für die Verlusterzielung erkannt, analysiert und behoben werden kann. Bei dauerhaften Verlusten ist es ökonomisch in aller Regel nicht sinnvoll, den Geschäftsbetrieb durch Eigenkapitalzufuhr aufrecht zu erhalten. Ebenso wie Fremdkapital ist E. zur Finanzierung von → Investitionen, Betriebsmitteln und Sonderanlässen geeignet sowie zur Überbrückung von finanziellen Engpässen durch Vorfinanzierungen (Ausgaben und Einnahmen fallen zeitlich auseinander). – c) Signalfunktionen: Eine solide Eigenkapitalbasis hat eine positive Signalwirkung für externe → Kapitalgeber des Unternehmens. Sie erleichtert die Fremdkapitalakquise durch die Besicherungs- und → Haftungsfunktionen des E., die das Ausfallrisiko für die → Gläubiger deutlich reduzieren. Weiterhin dient E. dem Nachweis der → Bonität eines Unternehmens, was insbesondere vor dem Hintergrund der Rating-Regelungen im Rahmen von → Basel II an Bedeutung gewonnen hat. – d) Formalfunktionen: Formalrechtlich definiert das E. den Gesellschaftereinfluss in der Form, dass durch das E. die Eigentümerrechte und -anteile auf die → Gesellschafter des Unternehmens verteilt werden. Ähnliches gilt für die Haftungsverpflichtung der Eigentümer, die sich ebenfalls aus der Höhe der Beteiligung an dem Unternehmen ergibt. – e) Rechtsfunktion: Das E. ist Ausgleichsmasse für Verluste. Übersteigen die Verluste das E., haben die Gesellschafter neues E. oder E.-ähnliche Mittel zuzuführen. Typischerweise wird zunächst eine Überschuldungsprüfung durchgeführt und dabei gegebenenfalls vorhandene stille Reserven berücksichtigt (vgl. auch § 19 InsO). Laut Insolvenzrecht entsteht bei Nichtbeachtung der Überschuldungsvorschriften eine persönliche Haftung der Geschäftsführer. Es kann auch zum strafrechtlichen Tatbestand der Insolvenzverschleppung kommen (vgl. hierzu auch § 283 StGB, §§ 84, 64 GmbHG). – 4. *Beschaffung von E.:* Als → Finanzierungsquellen für E. bieten sich – neben den Eigenmitteln der Gründer/Gesellschafter – insbesondere in der → Gründungsphase eines Unternehmens → Business Angels, strategische (industrielle) Investoren und → Kapitalbeteiligungsgesellschaften (institutionelle Eigenkapitalfinanziers, z.B. für → Seed Capital, → Venture Capital und → Private Equity) an. In geringem Umfang wird auch im Rahmen der → öffentlichen Fördermittel E. zur Verfügung gestellt. Für Unternehmen in den späteren Entwicklungsphasen kommt zusätzlich der Börsengang in Frage.

Prof. Dr. Klaus Nathusius

Literatur:

Nathusius, K.: Grundlagen der Gründungsfinanzierung, Instrumente – Prozesse – Beispiele, Wiesbaden 2001.

Eigenkapitalkonto, Begriff aus dem betrieblichen → Rechnungswesen. Das E. dient der buchtechnischen Erfassung der Änderungen des → Eigenkapitals eines Unternehmens. Als Passivkonto fungiert das E. als Bindeglied zwischen den Bestands- und Erfolgskonten beim → Jahresabschluss. Auf das E. werden sowohl der Saldo des Gewinn- und Verlustkontos, als auch der Saldo des Privatkontos gebucht. Der Endbestand wird anschließend in die → Schlussbilanz des Unternehmens übertragen.

Eigenkapitallücke, → Equity Gap.

Eigenkapitalquote, Anteil des → Eigenkapitals am → Gesamtkapital eines Unternehmens. Die E. errechnet sich aus dem Quotienten aus Eigenkapital und Bilanzsumme (→ Bilanz). Sie stellt eine → Kennzahl zur Beurteilung der finanziellen Stabilität und Unabhängigkeit eines Unternehmens dar. Die E. gibt Auskunft über die Eigenkapitalausstattung und muss dem Entwicklungsstand und der Komplexität des Unternehmens entsprechen. Bei einer stabilen Ertragslage sollte die E. erfahrungsgemäß etwa einem Drittel der Bilanzsumme entsprechen, um auch eine vorübergehende negative Geschäftsentwicklung ausgleichen zu können. In der Realität liegen die E. aber vor allem im deutschen → Mittelstand deutlich niedriger. – *Vgl. auch* → Equity Gap.

Eigenkapitalsurrogate, haben eine Ersatzfunktion für bilanziell ausgewiesenes → Eigenkapital (Straight Equity). Erscheinungsformen: 1. *Fremdfinanzierungsinstrumente*, die vertraglich mit Eigenkapitalelementen ausgestattet werden (z.B. Verlustteilnahme, Rangrücktritt, Wandlungsrechte). – Vgl. auch → Mezzanine Finanzierung). – 2. *Finanzmittelzuflüsse*, die trotz anderer Primär-Zielsetzung Eigenkapitalfunktionen haben (z.B. verlorene → Zuschüsse für die → Forschung und Entwicklung). – 3. *Unentgeltliche Leistungen* an das Unternehmen zur Verlustvermeidung (z.B. → Sweat Equity).

Eigentümerwechsel. Durch einen E. tritt der bisherige Eigner sein Eigentum und damit seine eigenkapitalbasierte Verantwortung und mitunter auch Leitungsmacht am Unternehmen an den oder die neuen Eigner ab.

Eigentumsrechte, *Verfügungsrechte, Property Rights, Eigentümerrechte.* 1. Begriff der (Rechts)-Ökonomik, einem Individuum zugeordnete Fähigkeit, betreffend eines Gutes eine bestimmte Entscheidung bezüglich seines Handelns oder Unterlassens gegenüber anderen durchsetzen zu können. – 2. Begriff des Zivil- und Verwaltungsrechts, aus Art. 14 GG fließende Rechte, wie die grundsätzliche Befugnis des Eigentümers, mit einer ihm gehörenden Sache in den verfassungsmäßigen Grenzen nach Belieben zu verfahren, Früchte aus ihr zu ziehen oder sie zu veräußern. Geistige E. sind z.B. auch das Urheberrecht hinsichtlich seiner vermögensrechtlichen Elemente und die patentfähige Erfindung. Im Gesellschaftsrecht sind E. dem Eigentümer von Gesellschaftsanteilen gewährte Entscheidungs-, Mitsprache-, Stimm- und Kontrollrechte. Im Rahmen von VC-Finanzierungsverträgen werden diese Rechte der Gründungsgesellschafter zum Teil eingeschränkt, damit eine Gleichordnung der Interessen oder ggf. auch eine Überlagerung der Interessen der Investoren sichergestellt ist.

Einfuhr, → Import.

Eingangssteuersatz, Mindeststeuersatz, mit dem ein steuerpflichtiger Betrag zu versteuern ist. Bezogen auf die → Einkommensteuer ist der E. derjenige Prozentsatz, der für den ersten Euro des Einkommens bezahlt werden muss, der über dem Grundfreibetrag liegt. 2004 liegt der E. bei 16%, 2005 soll er auf 15% gesenkt werden. Der Grundfreibetrag liegt 2004 bei 7.664 Euro.

Einkommenssteuer juristischer Personen, → Körperschaftssteuer.

Einkommensteuer, am Einkommen natürlicher Personen orientierte direkte Steuer. Wichtigste Rechtsgrundlagen für die Erhebung der E. sind das E.gesetz (EStG) in der Fassung vom 19.10.2002 (BGBl I 4210) und die E.-Durchführungsverordnung (Est DV) 2000 in der Fassung vom 10.5. 2000 (BGBl I 717). Der E. unterliegen gemäß § 2 EStG Einkünfte aus Land- und Forstwirtschaft, Gewerbebetrieb, selbständiger- und nichtselbstständiger Arbeit, Kapitalvermögen, Vermietung, Verpachtung und bestimmte sonstige Einkünfte. Natürliche Personen mit Wohnsitz oder gewöhnlichem Aufenthalt im Inland haben die E. für im In- und Ausland erworbene Einkünfte zu leisten. Auch im Ausland ansässige Personen können hinsichtlich ihrer in Deutschland erzielten Einkünfte der E.-Pflicht nach Maßgabe der §§ 1 und 1a EstG unterliegen.

Einlagenfinanzierung, 1. *Begriff:* Form der → Außenfinanzierung, bei der dem Unternehmen → Eigenkapital von außen zugeführt bzw. auch entzogen wird. – 2. *Merkmale*: → Beteiligungskapital dient i.d.R. der unbefristeten Finanzierung des Unternehmens, haftet für Verluste und stellt einen Maßstab für die → Bonität des Unternehmens dar. Zugleich dient das Beteiligungskapital im Innenverhältnis als Grundlage für die Machtverteilung zwischen den Gesellschaftern sowie für die Gewinnverteilung. Die Mindesthöhe des → Eigenkapitals ist von der Rechtsform des Unternehmens abhängig. Während für Einzelunternehmungen, → Personengesellschaften und Genossenschaften kein Mindestbetrag vorgeschrieben ist, benötigen Kapitalgesellschaften mindestens 25.000 Euro (→ Gesellschaft mit beschränkter Haftung) bzw. 50.000 Euro (→ Aktiengesellschaft). Zuführungen von Eigenkapital können entweder als Geldwerte oder auch – mit rechtsformspezifischen Einschränkungen – als Sachwerte, Rechte und Lizenzen erfolgen.

Einliniensystem, beschreibt eine Organisationsform. Im E. ist jede Stelle nur einer einzigen übergeordneten Stelle (Leitungsstellen/Leitungsinstanzen) unterstellt, die für sie alle Weisungs- und Kontrollbefugnisse ausübt. Die Vorteile des E. liegen in der klaren Regelung der Kommunikationsbeziehungen und in einer eindeutigen Abgrenzung von Kompetenzen und Verantwortungen. Nachteilig wirken sich vor allem die langen und starren Informationswege aus. – *Vgl.* Abb. „Einliniensystem, Formen der Weisungsbefugnis“. – *Vgl. auch* → Matrixorganisation. – *Gegensatz:* → Mehrliniensystem.

Einpersonenbetrieb, *Einmannbetrieb, Einpersonengesellschaft.* 1. *Einmannbetrieb:* durch eine einzelne Person geführtes kaufmännisches Unternehmen (siehe auch → Kaufmännischer Geschäftsbetrieb, → Kaufmannseigenschaft), für

Einliniensystem, Formen der Weisungsbefugnis

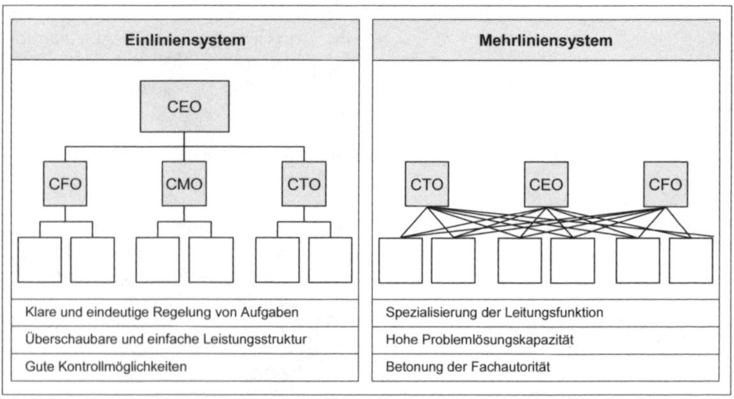

dessen Verbindlichkeiten der Unternehmer mit seinem ganzen Vermögen haftet. – 2. *Einpersonengesellschaft:* ist eine → Kapitalgesellschaft, bei der alle Gesellschaftsanteile in einer Hand vereinigt sind. Als Arten treten die Einmann-GmbH und die Einmann-AG auf. Einpersonengesellschaften sind teilweise besonderen gesetzlichen Regelungen ausgesetzt.

Einstellung. 1. *Begriff:* Die E. befasst sich mit der innere Haltung gegenüber einem Objekt oder Tatbestand mit Hilfe einer affektiven, kognitiven und konativen Komponente und geht somit nicht über eine Handlungsbereitschaft hinaus. Dies bedeutet, dass neben einer gefühlsmäßigen und einer wissensorientierten Einschätzung zu einem Objekt auch eine innere Bereitschaft zu einem resultierenden Verhalten angeführt wird, wobei letztere Verhaltensabsicht als Spiegelbild der inneren Einschätzung anzusehen ist. – 2. *Komponenten:* a) Affektive (gefühlsmäßige) Komponente: Sie bedingt einen dauerhaft bestehenden, motivational-emotionalen Zustand und enthält die gefühlsmäßige Einschätzung eines Objektes. – b) Kognitive (verstandsmäßige) Komponente: Sie bedingt die Abwägung von Vor- und Nachteilen der technologischen → Innovation aufgrund persönlicher Ideen, Vorstellungen oder Überzeugungen und enthält das subjektive Wissen über ein Objekt. – c) Konative (handlungsorientierte) Komponente: Sie bedingt die Handlungstendenzen aufgrund der inneren Bereitschaft, ohne dass jedoch konkrete Aktionen folgen müssen und enthält die Verhaltensabsicht in bezug auf ein Objekt. – 3. *Ergebnis:* Die Betonung liegt beim Einstellungskonstrukt lediglich auf einer Absicht zu einer Verhaltenstendenz, wodurch jedoch noch kein tatsächliches Verhalten (→ Adoption) oder eine tatsächliche Nutzung (→ Akzeptanz) erfasst wird.

Einstellungsgespräch, → Bewerbungsgespräch.

Eintrittsbarrieren, → Markteintrittsbarrieren.

Eintrittsverfahren bei öffentlichen Ausschreibungen. 1. *Begriff:* Methode, sich für → öffentliche Aufträge zu bewerben. Mit dem Zwang zur → Ausschreibung sind auch E.b.ö.A. reguliert worden. – 2. *Zu berücksichtigende Regulierung:* a) EU-Vergaberecht und die Sektorenrichtlinie: zur Verbesserung des → Wettbewerbs um die → Dienstleistung und zur Erhöhung der Transparenz der Vergabebedingungen regeln EU-Vergaberichtlinien Liefer-, Bau- und Dienstleistungsaufträge; für Auftraggeber aus den Sektoren Wasser, Energie, Verkehr und Telekommunikation gilt die Sektorenrichtlinie. – b) Bundesdeutsche Verdingungsordnung für Leistungen: Für die Vergabe öffentlicher Lieferaufträge gilt die VOL/A; für die Vergabe öffentlicher Bauaufträge gilt VOL/B. Zudem existieren zusätzliche Anforderungen der jeweiligen Bundesländer, so dass eine aktuelle Information stets notwendig wird.

Ein- und Auszahlungspläne, geben Auskunft über den Zahlungsmittelbestand des Unternehmens. Als Einzahlungen werden dabei alle Zuflüsse an Zahlungsmitteln (z.B. Bargeld, Giralgeld) bezeichnet, als Auszahlungen alle Zahlungsmittelabflüsse. Von Bedeutung sind E. im Rahmen der betrieblichen → Finanzplanung. Einzahlungspläne enthalten z.B. detaillierte Angaben über Umsatzerlöse, Zahlungen von Kredit- und Eigenkapitalgebern, Anzahlungen von Kunden und staatliche Zuschüsse. Auszahlungspläne beinhalten eine Aufstellung sämtlicher relevanter → Kostenpositionen des Unternehmens für einen bestimmten Zeitraum, wie z.B. Materialkosten, Personalkosten, Miete, Versicherungen usw. Der Saldo aus Ein- und Auszahlungen bildet die → Liquidität und somit die Zahlungsfähigkeit des Unternehmens ab. – *Vgl. auch* → Liquiditätsplan.

Einzelgründung, → Gründung eines Unternehmens durch eine einzelne Person

(→ Einzelunternehmer) mit allen Rechten und Pflichten eines Eigentümers: alleinige Geschäftsführung, alleiniger Gewinnanspruch, alleinige Haftung. Die → Gründerperson muss selbst über alle persönlichen → Erfolgsfaktoren verfügen. Insbesondere durch die → Ich-AG hat die Einzelgründung in jüngerer Vergangenheit einen besonderen Stellenwert erfahren. Empirisch liegt die Erfolgswahrscheinlichkeit von E. unter der von Teamgründungen. – *Gegensatz:* → Teamgründung.

Einzelhandelsgeschäft, bezeichnet den wirtschaftlichen Geschäftsbetrieb eines Handelsunternehmens, welches Waren an Endverbraucher bzw. Endanwender insbesondere in kleinen Mengen verkauft. Charakteristisch für ein E. ist, dass der Verkäufer nicht zwingend der Hersteller ist, der die Produkte direkt an den Endverbraucher veräußert.

Einzelhandelsgesetz, Gesetz über die Berufsausübung im Einzelhandel vom 5.8.1957 (BGBl I 43). Das Gesetz sah eine Gewerbezulassung für den Einzelhandel vor, ist aber mittlerweile aufgehoben. Für Sonderregelungen für den Einzelhandel mit Arzneimitteln vgl. → Genehmigungspflicht.

Einzelkaufmann, → Einzelunternehmer.

Einzelkosten, *direkte Kosten*, Begriff aus der → Kostenrechnung. E. sind eine Kostenart und bezeichnen → Kosten, die direkt einem Kostenträger zurechenbar sind. Hierbei handelt es sich meist um Güterkosten, die unmittelbar in Produkte eingehen (z.B. Rohstoffkosten). – *Gegensatz:* → Gemeinkosten.

Einzelunternehmer, *Einzelkaufmann, Einzelfirma*, Begriff des Handelsrechts, Alleininhaber eines Handelsgewerbes. Person, unter dessen Namen oder → Firma ein Gewerbebetrieb geführt wird. Die Bezeichnung des im Handelsregister eingetragenen Einzelkaufmanns wird mit e.K., e.Kfm. bzw. e.Kfr. abgekürzt. E. können unter ihrer Firma, die den Namen des Geschäftsinhabers nicht enthalten muss, Verbindlichkeiten eingehen und Rechte erwerben, klagen und verklagt werden. E. haften mit ihrem gesamten Vermögen und unterliegen dem HGB in vollem Umfang. – *Gegensatz:* Handelsgesellschaft.

Electronic Value Added, → elektronischer Mehrwert.

elektronischer Geschäftsbereich. In der → Net Economy kann eine Unterscheidung in Anbieter und Empfänger der elektronisch basierten Leistungen erfolgen. Entsprechend findet man als mögliche Anbieter bzw. Empfänger hauptsächlich Unternehmen (Business), öffentliche Institutionen (Government) und private Konsumenten (Consumer). In der Kombination dieser drei Gruppen ergeben sich die typischen Geschäftsbereiche für ein → E-Venture. – a) Der Leistungsaustausch zwischen Business-to-Consumer (B2C) impliziert den Online-Handel zwischen Unternehmen und Kunden. Charakteristisch für diese Transaktionsbeziehung ist die Geschäftsanbahnung, -vereinbarung und die Zahlungsabwicklung. Die Beziehung ist dabei geprägt durch die Kurzfristigkeit des Marktkontaktes und die relativ kleinen bis mittleren Transaktionsbeträge. Im Vordergrund des Kaufprozesses steht die Auswahl des Produkts, die Bestellung und Bezahlung. – b) Die Leistungsbeziehung zwischen Unternehmen, Business-to-Business (B2B), ist im Gegensatz zu B2C von einer längerfristigeren Geschäftsbeziehung und komplexeren Wertschöpfungsstrukturen geprägt. Ziel ist es, dass Unternehmen mittels → Informations- und Kommunikationstechnologien miteinander Geschäfte abwickeln. Die Ausprägungen von B2B im Sinne von Handel, Kommunikation, Transport sind in der Praxis vielfältig und treten beispielsweise in Form einer internetbasierten Beschaffungsplattform auf. – c) Der Bereich Government-to-Business (G2B) bezieht sich überwiegend auf Transaktionen im Bereich der öffentlichen Beschaffung und kommt insbesondere bei formalisierten Ausschreibungsverfahren zum Einsatz. Mit der Unterstützung der Informationstechnologie erlangen diese einen höheren Grad an Transparenz und Effizienz. Wenn Staaten oder öffentliche Institutionen und Ämter, wie etwa Zollämter, über das Internet kommunizieren (→ E-Community), so dient der Government-to-Government (G2G)-Leistungsaustausch in erster Linie der Unterstützung von Unternehmen beim Handel. Bestrebungen in Hinblick auf → E-Government sind häufig auch unter dem Stichwort „virtuelles Rathaus" zu finden. Dies beinhaltet E-Services für den Bürger wie z.B. die Bereitstellung von Informationen, Formularen und die Abwicklung der Kfz-Anmeldung. Aber auch die An- und Ummeldung des Wohnsitzes und Wahlen soll(en) in Zukunft Online erfolgen. Die Bundesanstalt für Arbeit ist ferner eine öffentliche Institution, die im Government-to-Consumer (G2C)-Bereich Leistungen wie etwa Vermittlungsbörsen, aber auch ausführliche Informationen zum Arbeitnehmerrecht, zur Greencard-Initiative und anderem anbietet. – d) Consumer-to-Consumer (C2C) bezeichnet einen Bereich, wo es insbesondere um die Organisation des Produkt- bzw. Informationsaustausches zwischen Privatpersonen geht. Dieses Verhältnis wird häufig auch als Peer-to-Peer (P2P) bezeichnet, da sog. Peers (Gleichberechtigte) in einem Verbund gegenseitig Ressourcen (z.B. Informationen) austauschen können. Die bekanntesten P2P-Technologien finden insbesondere im Instant Messaging (z.B. MSN-Messenger), File Sharing (im Sinne einer Musiktauschbörse) und Web Services (im Sinne von web.de) Anwendung.

Prof. Dr. Tobias Kollmann

Literatur:
Kollmann, T.: E-Venture – Grundlagen der Unternehmensgründung in der Net Economy, Wiesbaden 2004; *Kollmann, T.* (Hrsg.): E-Venture- Management – Neue Perspektiven der Unternehmensgründung in der Net Economy, Wiesbaden 2003.

elektronischer Mehrwert, betrifft die Leistung- bzw. Angebotskonfiguration eines → E-Ventures. Dabei muss das elektronische Produkt- bzw. Dienstleistungsangebot spezifiziert und hinsichtlich des Kundennutzens kommuniziert werden. Im Mittelpunkt steht sodann die Frage, ob der Kunde die elektronische Leistung des E-Ventures auf Basis der Informationstechnologie überhaupt nachfragt und ob auch eine Zahlungsbereitschaft vorhanden ist. Ziel des Unternehmens ist es ferner, über die Outputleistung mit einer → elektronischen Wertschöpfung einen Mehrwert (Value Added) für den Kunden bzw. ein Alleinstellungsmerkmal (→ Unique-Selling-Proposition) gegenüber der Konkurrenz am Markt zu erzielen. Die Mehrzahl der E-Ventures beschäftigt sich mit neuartigen → Geschäftsideen bzw. Geschäftsmodellen, bei denen sich der Mehrwert erst nach einem gewissen Gewöhnungseffekt beim Kunden ergibt. Dies verlangt ein sorgfältiges → Management des → Innovationsprozesses, z.B. bei der zeitlichen → Planung neuer Services und Funktionalitäten. Außerdem muss es zu einer regelmäßigen Rückkopplung mit Kunden und Anwendern kommen, denn am Ende entscheidet die → Akzeptanz des Kunden über den Erfolg der → Gründungsidee.

elektronischer Wertschöpfungsprozess. Die identifizierten Wertaktivitäten sind dann auch die Basis für den e.W. innerhalb eines Unternehmens, für den dann wiederum reale Arbeitsprozesse konzipiert werden müssen. Der e.W. beschreibt insbesondere die Informationsaktivitäten bzw. die Abfolge von Informationstätigkeiten, die zusammengenommen einen Mehrwert für den Kunden schaffen. Dabei gibt es Kern- und Serviceprozesse. Kernprozesse haben eine echte Wertschöpfungsfunktion, während Serviceprozesse die Abläufe in der Wertschöpfungskette unterstützen. Der e.W. beginnt i.d.R. mit dem Informationsinput für das E-Venture. Um den anvisierten Mehrwert (z.B. Überblicksfunktion) anbieten zu können, müssen zunächst die benötigten

Informationen gesammelt werden (z.B. wer fragt was in welcher → Qualität nach bzw. bietet an). In einem zweiten Schritt werden die Informationen intern so bearbeitet, dass sie in gewünschter Form als Informationsoutput wieder an den Kunden mehrwertorientiert übertragen werden können. Dieser Vorgang kann als e.W. bezeichnet werden und beschreibt somit den Kernprozess der meisten → E-Ventures. Somit kann hinsichtlich von E-Ventures ein idealtypischer e.W. unterstellt werden. – a) Im ersten Schritt steht die Informationsgewinnung, bei der es darum geht, relevante Daten als Informationsinput für die weitere Wertschöpfung zu sammeln. Im Ergebnis steht der Aufbau eines nutzbaren Datenbestandes. Dieser Wertschöpfungsschritt kann auch als Informationssammlung bezeichnet werden. – b) Im zweiten Schritt steht die Informationsbearbeitung, bei der es um die Umwandlung des Datenbestandes in ein Informationsprodukt für den Kunden geht. Dieser Wertschöpfungsschritt kann dementsprechend auch als Informationsverarbeitung bezeichnet werden. – c) Im dritten Schritt steht der Informationstransfer, bei dem es um die Umsetzung des neu erlangten oder bestätigten Wissens über die gesammelten, gespeicherten, verarbeiteten und ausgewerteten Daten gegenüber dem Kunden geht. Im Resultat steht ein wertschaffender Informationsoutput. Dieser Wertschöpfungsschritt kann auch als Informationsübertragung bezeichnet werden. Wichtig bei dieser Betrachtung ist die Erkenntnis, dass ein einmaliger Durchlauf durch diesen idealtypischen e.W. alleine nicht ausreicht, sondern vielmehr ein permanenter Durchlauf durch Informationsgewinnung, -verarbeitung, und -übertragung notwendig ist. Dies gilt umso mehr, als die Daten, aus denen Informationen gewonnen werden, der Änderung unterliegen. Insofern muss deren Aktualität stetig überprüft werden. Der Wertschöpfungsprozess impliziert nun in Abhängigkeit der → Geschäftsidee eine ganze Reihe an zugehörigen realen Arbeitsabläufen, welche mit dem Einsatz realer → Ressourcen die Informationsgewinnung, -verarbeitung, und -übertragung ermöglichen sollen.

Prof. Dr. Tobias Kollmann

Literatur:
Kollmann, T.: E-Venture – Grundlagen der Unternehmensgründung in der Net Economy, Wiesbaden 2004; *Kollmann, T.:* The Information Triple Jump as the Measure of Success in Electronic Commerce, in: EM – Electronic Markets, Nr. 4, Jg. 8 (1998), S. 44-49.

elektronisches Geschäftskonzept, beschreibt den Austausch einer angebotenen Leistung (Produkt oder Service) zwischen bestimmten Geschäftspartnern hinsichtlich des Inhalts und der dafür zum Tragen kommenden Vergütung. Dabei können für die → Net Economy vier typische Geschäftskonzepte identifiziert werden: → Content, Commerce, Context und Connection. – a) Der Content beinhaltet die Sammlung, Selektion, Systematisierung, Kompilierung (Packing) und Bereitstellung von Inhalten auf einer eigenen Plattform innerhalb eines → Netzwerkes. Dabei zielt dieses Geschäftskonzept auf die einfache, bequeme, visuell ansprechend aufbereitete und online zugängliche Präsentation und Handhabung der Inhalte für den Nutzer. Varianten dieses Geschäftskonzepts sind im Hinblick auf E-Information, E-Entertainment und E-Education zu sehen und verfügen dementsprechend über informierende, unterhaltende oder bildende Inhalte. Die Erlöse werden bei diesem Konzepttyp entweder über direkte (z.B. Verkauf von Premiuminhalten) oder indirekte (z.B. Werbung bei Inhaltspräsentation) Erlösmodelle erzielt. – b) Commerce umfasst die Anbahnung, Aushandlung bzw. Abwicklung von Geschäftstransaktionen über Netzwerke. Die traditionellen Transaktionsphasen werden somit elektronisch unterstützt, ergänzt oder substituiert. Dieses Geschäftskonzept zielt dabei auf die einfache, bequeme und schnelle Abwicklung von Kauf- bzw. Verkaufsprozessen ab. Die Erlöse werden bei diesem

Konzepttyp wiederum über direkte (z.B. Verkauf von Produkten und Dienstleistungen) oder aber indirekte (z.B. Werbung) Erlösmodelle erzielt. – c) Der Context zeichnet sich durch die Klassifizierung, Systematisierung und Zusammenführung von verfügbaren Informationen und Leistungen in Netzwerken aus. Hierdurch wird das Ziel verfolgt, eine Verbesserung der Markttransparenz (Komplexitätsreduktion) und Orientierung (Navigation) für den Nutzer zu erreichen. Die Erlöse werden bei diesem Konzepttyp entweder über ein direktes (z.B. Gebühr für die Aufnahme oder Platzierung von Inhalten) oder indirektes Modell (z.B. Werbung, Statistiken, Inhalte) generiert. – d) Durch die Connection wird die Interaktion von Akteuren in Datennetzen ermöglicht bzw. organisiert. Dieser Zusammenschluss kann auf kommunikativer, kommerzieller aber auch technologischer Ebene erfolgen. Als Erlösmodell kommen erneut direkte (z.B. für die Objektaufnahme/-anbindung oder Verbindungsgebühren) oder indirekte (z.B. → Werbung, Statistiken, Cross-Selling) Modelle zum Einsatz. Waren die Geschäftskonzepte Content, Commerce, Context und Connection zu Beginn der Net Economy noch vorwiegend in der „Reinform" aufzufinden, so können heute fast nur noch Mischkonzepte (sog. hybriden Geschäftskonzepte) im Netz beobachtet werden. – *Vgl. Abb.* „Elektronische Geschäftskonzepte, Überblick".

Prof. Dr. Tobias Kollmann

Literatur:
Wirtz, B.W.: Electronic Business, Wiesbaden 2001; *Wirtz, B.W. (2003):* Geschäftsmodelle in der Net Economy, in: Kollmann, T. (Hrsg.): E-Venture-Management, Wiesbaden 2003, S. 101-130; *Kollmann, T.:* E-Venture – Grundlagen der Unter-

Elektronische Geschäftskonzepte, Überblick

	Content	Commerce	Context	Connection
Definition	Sammlung, Selektion, Systematisierung, Kompilierung und Bereitstellung von Inhalten über Netzwerke	Anbahnung, Aushandlung und/oder Abwicklung von Geschäftstransaktionen über Netzwerke	Klassifikation, Systematisierung und Zusammenführung von verfügbaren Informationen in Netzwerken	Herstellung der Möglichkeit eines Informationsaustausches in Netzwerken
Ziel	Bereitstellung von konsumentenorientierten, personalisierten Inhalten über Netzwerke	Ergänzung bzw. Substitution traditioneller Transaktionsphasen über Netzwerke	Komplexitätsreduktion und Bereitstellung von Navigationshilfen und Matchingfunktionen über Netzwerke	Schaffung von technologischen, kommerziellen oder rein kommunikativen Verbindungen in Netzwerken
Erlösmodell	Direkte (Premiuminhalte) und indirekte Erlösmodelle (Werbung)	Transaktionsabhängige, direkte und indirekte Erlösmodelle	Direkte (Inhaltsaufnahme) und indirekte Erlösmodelle (Werbung)	Direkte (Objektaufnahme/Verbindungsgebühr) und indirekte Erlösmodelle (Werbung)
Plattformen	E-Shop, E-Community, E-Company	E-Shop E-Procurement E-Marketplace	E-Community E-Marketplace	E-Marketplace E-Company E-Community
Beispiele	genios.de, sueddeutsche.de, manager-magazin.de, guenstiger.de	mytoys.com, amazon.com, trimondo.de, delticom.de	yahoo.de, google.de, atrada.de, chiao.com	autoscout24.de, travelchannel.de, t-online.de, web.de
Mehrwert	Überblick, Auswahl, Kooperation, Abwicklung	Überblick, Auswahl, Abwicklung	Überblick, Auswahl, Vermittlung, Austausch	Überblick, Auswahl, Vermittlung, Abwicklung, Austausch

nehmensgründung in der Net Economy, Wiesbaden 2004.

elektronische Wertschöpfung, bezeichnet die Schaffung eines → elektronischen Mehrwerts (Value Added) im Rahmen eines digitalen Informationsprodukts innerhalb der → Net Economy, die durch die Vielzahl einzelner informationsverarbeitender Aktivitäten (Wertschöpfungsprozess) erreicht wird. Basierend auf dem Verständnis der e.W. lassen sich somit → elektronische Wertschöpfungsprozesse und dafür notwendige reale Arbeitsabläufe beschreiben, wobei die Kundensicht eine wichtige Rolle spielt, um im Laufe der → Unternehmensgründung die Kundenorientierung bzw. den Bezug zum anvisierten Segment nicht zu verlieren. Im Mittelpunkt der e.W. steht die Frage: Welcher Wert wird für den Kunden innerhalb der Net Economy erzeugt? Für eine elektronische Wertschöpfung können dies z.B. die nachstehenden Aspekte sein. – 1. *Überblick:* In diesem Fall schafft ein Online-Angebot einen Überblick über eine Vielzahl von Informationen, die sonst nur sehr mühselig zu beschaffen wären. Damit wird durch das → E-Venture ein Strukturierungswert geschöpft. – 2. *Auswahl:* In diesem Fall schafft ein Online-Angebot die Möglichkeit über Datenbank-Abfragen die gewünschten Informationen/ Produkte/Dienstleistungen gezielter und damit effizienter zu identifizieren. Damit wird durch des E-Venture ein Selektionswert geschöpft. – 3. *Vermittlung:* In diesem Fall schafft ein Online-Angebot die Möglichkeit Anfragen von Anbietern und Nachfragern effizienter und effektiver zusammenzuführen. Damit wird durch des E-Venture ein Matchingwert geschöpft. – 4. *Abwicklung:* In diesem Fall schafft ein Online-Angebot die Möglichkeit ein Geschäft effizienter und effektiver zu gestalten (z.B. Kostenaspekt oder Bezahlmöglichkeit). Damit wird durch des E-Venture ein Transaktionswert geschöpft. – 5. *Kooperation:* In diesem Fall schafft ein Online-Angebot die Möglichkeit, dass verschiedene Anbieter ihr Leistungsangebot effizienter und effektiver miteinander verzahnen können. Damit wird durch das E-Venture ein Abstimmungswert geschöpft. – 6. *Austausch:* In diesem Fall schafft ein Online-Angebot die Möglichkeit, dass verschiedene Nachfrager effizienter und effektiver miteinander kommunizieren können.

elektronische Wertschöpfung, Beispiel eines E-Marketplace

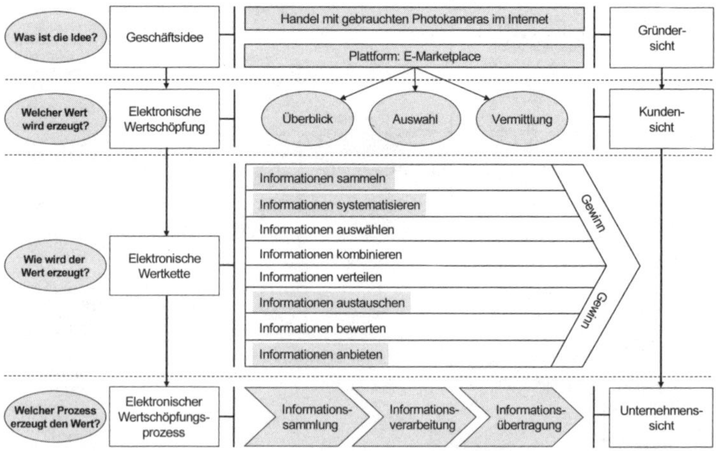

Damit wird durch das E-Venture ein Kommunikationswert geschöpft. – *Vgl. Abb.* „elektronische Wertschöpfung, Beispiel eines E-Marketplace".

Prof. Dr. Tobias Kollmann

Literatur:
Kollmann, T.: E-Venture – Grundlagen der Unternehmensgründung in der Net Economy, Wiesbaden 2004.

E-Marketing, → Online Marketing.

E-Marketplace, *Virtueller Marktplatz.* 1. *Begriff:* E-M. sind elektronisch unterstütze Institutionen zum Austausch von Leistungen. Sie stellen den institutionellen Rahmen für Transaktionsprozesse dar und stehen als selbständiges Vermittlungsangebot in Konkurrenz zu anderen Distributions- und Kommunikationsmedien. Marktplätze können somit als „Räume" interpretiert werden, in denen Anbieter und Nachfrager zusammengeführt und ihre Transaktionsanfragen koordiniert werden (Koordinationsfunktion). Die Marktplatzbetreiber sind bei der Durchführung von Transaktionen durch die Bereitstellung virtuellen Handelsraums („Standfläche" im Internet) behilflich. Sie beeinflussen aber die hier stattfindenden Käufe und Verkäufe nicht. Im Gegensatz zu realen Märkten, die auch selbstständig etwa an einem Dorfplatz entstehen können, werden virtuelle Marktplätze immer über einen Betreiber zur Verfügung gestellt (unentgeltlich oder entgeltlich in Anlehnung an eine Messeform). – 2. *Abgrenzung hinsichtlich realer Marktplätze:* Ein virtueller Marktplatz begründet sich gegenüber dem realen Marktplatz allein aufgrund der Möglichkeiten der Computer- und Informationstechnik. Waren reale Marktplätze noch von örtlichen (z.B. Teilnahme an Messe) und zeitlichen Restriktionen (z.B. Wochenmarkt) gekennzeichnet, so ermöglichen virtuelle Marktplätze einen uneingeschränkten Handel ohne physische Einschränkungen. Anbieter und Nachfrager treffen nicht mehr persönlich zwecks Abwicklung einer Transaktion aufeinander, sondern finden sich über die Datenwege im Medium Internet bzw. dessen graphischen Applikation World Wide Web (WWW) unter einer bestimmten Adresse zusammen. Über diese werden nun Geschäftspartner gesucht (Information), wird das Handelsdesign bestimmt (Kommunikation) und der Geschäftsabschluss formuliert (Transaktion). Jeder Teilnehmer kann dabei von jedem beliebigen Punkt im Datennetz auf diesen Marktplatz „treten" (z.B. per Mausklick am heimischen Computer), ohne sich real zu einem bestimmten Ort zu begeben. Dieser Zutritt kann ferner zu jedem Zeitpunkt erfolgen (7 Tage/24 Std./365 Tage im Jahr), da der virtuelle Marktplatz zu einer permanent vorhandenen und geöffneten Einrichtung wird. Die Möglichkeiten der Computer- und Informationstechnik erlauben den Marktplatzbetreiber eine aktivere Stellung im Koordinationsprozess zu übernehmen. Während Betreiber realer Marktplätze nur einen anonymen Handelsraum für ein Treffen von Angebot und Nachfrage zur Verfügung stellen konnten, kann der Betreiber eines virtuellen Marktplatzes darüber hinaus eine Unterstützung für jede einzelne Transaktion offerieren. Die elektronisch vorhandenen Transaktionsinformationen machen den gesamten Marktplatz für den Betreiber übergreifend transparent und vor allem steuerbar. Er sammelt die einzelne Transaktionsanfragen beider Marktseiten und ordnet diese nach Effizienz- und Effektivitätskriterien einander zu. Im Gegensatz zu der einfachen Tauschsituation zwischen zwei Parteien auf realen Marktplätzen wird auf virtuellen Marktplätzen daher immer ein dritter Tauschpartner (sog. Intermediär) eingeschaltet. In dieser Austauschsituation stehen alle Parteien über elektronische Kommunikationsmodule in einem direkten Kontakt miteinander, und der Austausch kommt nur dann zustande, wenn alle drei an der Austauschbeziehung beteiligt sind. Unabhängig der Orientierung von virtuellen Marktplatzformen (Business-to-Consumer-, Business-to-Business- oder Consumer-to-Consumer-

Orientierung) steht im Mittelpunkt stets die elektronische Koordinationsfunktion als konkretes Ergebnis einer Abstimmung der Vermittlungswünsche von Angebots- und Nachfragerseite (sog. → Matching). – 3. *Gestaltungsmerkmale:* Die Koordinationsfunktion und damit das Vermittlungsangebot von virtuellen Marktplätzen ist generell an bestimmte Gegebenheiten geknüpft, bei denen eine elektronische Zusammenführung von Angebot und Nachfrage überhaupt erst Sinn macht: Es sollte ein fragmentiertes und intransparentes Umfeld vorliegen, d.h., es sollten sowohl auf Anbieter- wie Nachfragerseite hinreichend viele Akteure vorhanden sein, so dass für den einzelnen eine Marktübersicht unmöglich oder nur sehr schwierig ist. Ferner sollte ein Umfeld mit elektronisch handelbaren bzw. beschreibbaren Gütern vorliegen, bei denen sinnliche Eindrücke (schmecken/riechen/fühlen) eher sekundär sind. Damit es überhaupt zu einer Nutzung des Vermittlungsangebotes kommt, müssen die Daten von Angebot und Nachfrage erst einmal auf den virtuellen Marktplatz gelangen. Gegeben dieser Rahmenbedingungen führen virtuelle Marktplätze zu einer Markttransparenz (Preis- und Produktfindung) für den Nachfrager und zu einem neuen Absatzweg bzw. zur Chance einer Marktausweitung für den Anbieter. Für beide kommt es durch die elektronische Prozessabwicklung von Käufen und Verkäufen insbesondere zur Senkung der Transaktionskosten. Dies sind die Mehrwerte (→ elektronischer Mehrwert), die virtuelle Marktplätze gegenüber der singulären Suche nach Geschäftspartnern im WWW bieten können und für die die Marktplatzbetreiber entweder über fixe Teilnahme- oder variable Vermittlungsgebühr bezahlt werden.

Prof. Dr. Tobias Kollmann

Literatur:

Kollmann, T.: Virtuelle Marktplätze: Grundlagen – Management – Fallstudie, München 2001; *Kollmann, T.*: E-Venture – Grundlagen der Unternehmensgründung in der Net Economy, Wiesbaden 2004; *Kollmann, T.* (Hrsg.): E-Venture-Management – Neue Perspektiven der Unternehmensgründung in der Net Economy, Wiesbaden 2003.

Emission, *Issue*, Ausgabe von Wertpapieren. E. bezeichnet die Ausgabe bzw. das an-den-Markt-Bringen von neuen Wertpapieren. Dies können → Aktien oder Anleihen sein, ausgegeben von börsennotierten Aktiengesellschaften, Körperschaften des öffentlichen Rechts, Kreditinstituten und Gebietskörperschaften. Werden Wertpapiere zum ersten Mal an den Markt gebracht, also die Börsennotierung begonnen, spricht man auch von → Neuemission, → Initial Public Offering (IPO), → Going Public und Begebung. Der Zweck einer E. liegt in der Mittelbeschaffung am Kapitalmarkt. Der Erlös wird dem Eigenkapital des Unternehmens hinzugefügt und entspricht somit einer Kapitalerhöhung. - *Vgl. auch* → Börsengang.

Emissionsbank, Kreditinstitut, das die → Emission eines Wertpapiers durchführt. Die Aufgaben umfassen Kundenakquisition, Emissionsberatung, Übernahme von → Emissionspreisfindung, Platzierung, Einführung zum Börsenhandel sowie Kurspflege.

Emissionsfähigkeit, Befähigung Wertpapiere auszugeben, abhängig von → Rechtsform, Finanzierungsvolumen, → Bonitätsanforderungen des Marktes und Reputation.

Emissionskonzept, Konzept mit den Eckpunkten einer → Emission wie Aktiengattung, Platzierungsvolumen, Adressaten und Umfang einer bevorrechtigen Zuteilung, Gestaltung von Options- und Mitarbeiterbeteiligungsprogrammen, Börsensegment und Zeitplanung.

Emissionspreisfindung, Festsetzung des Emissionspreises von Wertpapieren. Traditionell wurde der Emissionskurs im Rahmen des Festpreisverfahrens auf Basis von Verhandlungen zwischen Emittent und → Emissionsbank (bzw. -konsortium) festgelegt, heute nahezu ausschließlich Anwendung des → Bookbuilding-Verfahren.

Emissionsprospekt, Veröffentlichung der wichtigsten Angaben über den Emittenten, dessen wirtschaftliche und finanzielle Situation und über die geplante → Emission. Der E. bedarf der Darstellung der Risiken des Geschäfts. Sind die Angaben unwahr oder unvollständig, kann der Investor für hierdurch verursachte Schäden Ersatz vom Prospektherausgeber verlangen (Prospekthaftung).

Emissionsvertrag, *Platzierungsvertrag.* In einem E. werden zwischen Emittent und → Emissionsbank(en) Modalitäten eines Börsengangs vereinbart. Mit wirtschaftlicher Bedeutung regelungsbedürftig ist insbesondere die Verpflichtung des Emittenten zur Durchführung einer Kapitalerhöhung und die Verpflichtung der Emissionsbank zur Stellung des Zulassungsantrags und zur Übernahme der → Aktien mit Zeichnungs- und Zahlungsmodalitäten. Zum eigentlichen Platzierungsverfahren wird das Preisfindungsverfahren und die Handhabung von Überzeichnungssituationen geregelt. Ferner wird für die Emissionsbank zumeist eine optionale Überzeichnungsreserve („Greenshoe") aus genehmigtem Kapital vereinbart. Bei einem Bankenkonsortium regelt der E. weiterhin die Rollenverteilung der Konsortialbanken.

Enterprise Resource Planning (ERP). 1. *Begriff:* Sammelbegriff für Planungsverfahren und -systeme, die darauf abzielen, alle → Ressourcen eines Unternehmens „integriert" zu planen. – 2. *Merkmale:* ERP-Systeme stellen - historisch betrachtet – Erweiterungen von Produktionsplanungs- und -steuerungs-Systemen (PPS-Systemen) dar. PPS-Systeme sind auf die Prozesskoordinierung im eng aufgefassten Produktionsbereich beschränkt und stoßen daher an ihre Grenzen, wenn es gilt zu erfassen, wie Produktionsprozesse von der Verfügbarkeit beliebiger Unternehmensressourcen abhängen. Beispielsweise müssen bei der → Planung und Steuerung von Produktionsprozessen auch Interdependenzen mit dem Absatzbereich (maximal absetzbare Produktmengen), dem Personalbereich (verfügbare Personalkapazitäten und -qualifikationen) sowie dem Investitionsbereich (vorhandene und aus- oder rückbaubare Betriebsmittelkapazitäten) berücksichtigt werden. Ein typischer Vertreter solcher ERP-Systeme ist das weit verbreitete, modular aufgebaute Softwarepaket SAP R/3. – 3. *Probleme:* Der Anspruch von ERP-Systemen, sämtliche Interdependenzen zwischen (gegenwärtig und zukünftig) verfügbaren Ressourcen eines Unternehmens und der ressourcenbeanspruchenden Produktionsprozessen in einem Automatischen Informationsverarbeitungssystem realitätsnah abbilden zu können, wird zurzeit von den meisten Softwarepaketen noch nicht erfüllt. Die Komplexität einer „integrierten" Erfassung aller Ressourcen- und Prozessinterdependenzen eines Unternehmens wird im Allgemeinen noch nicht beherrscht.

Entgelt, → Lohn.

Entity-Ansatz, Netto-Ansatz der → Discounted Cash Flow-Methode.

Entnahme. 1. *Begriff:* Verwendung von betrieblichen Wirtschaftsgütern für betriebsfremde Zwecke; Gegenteil der E. ist die Einlage (→ Einlagenfinanzierung). – 2. *Merkmale:* Eine E. kann durch die Überführung von Bargeld, Waren oder Erzeugnissen aus dem Betriebsvermögen des Unternehmers in sein Privatvermögen, seinen Haushalt oder andere betriebsfremde Zwecke erfolgen. Ebenso durch Nutzungen von Wirtschaftsgütern und/ oder anderen Leistungen.

Entrepreneur. 1. *Definition:* Der Begriff E., der inzwischen auch im deutschen Sprachgebrauch verbreitet ist, kann als englische Übersetzung von → Unternehmer oder pointierter von Unternehmensgründer oder kurz → Gründer gesehen werden. Z.T. wird der Begriff inhaltlich enger zugeschnitten, also auf Fälle angewandt, bei denen es sich um eine neuartige, innovative, visionäre, mit hohem Risiko und Wachstumschancen behaftete → Geschäftsideen (Opportunity) bzw. ein entsprechendes Unternehmen handelt, also speziell der innovative und wachstumsorientierte Unternehmensgründer gemeint ist.– 2. *Entwicklungsgeschichte des Begriffs:* Die Begriffsgeschichte des englischen Wortes E. führt zurück auf den Gebrauch des gleichgeschriebenen Begriffs im Französischen, wo bereits Quesnay und später Cantillon diesen Terminus benutzen. Der ursprüngliche französische Begriff bezeichnet zunächst sehr weit gefasst, denjenigen, der aktiv ist. Die spätere ökonomische Literatur folgt bei diesem Begriff einer funktionalen Betrachtung und fragt, welche Aufgabe der E./Unternehmensgründer im Wirtschaftssystem hat, bzw. wie er sich verhält. – a) Der E. ist Träger von Unsicherheit (so schon Cantillon und später Hynemann Knight). Da der Gründer sowohl Entscheidungsträger als auch Eigentümer eines Unternehmens ist, haftet er mit seinem Vermögen für die Richtigkeit seiner Entscheidungen. Er produziert für einen zukünftigen und damit ungewissen Markt und muss daher treffsichere Prognosen bezüglich der Absatzmöglichkeiten seiner Produkte abgeben. Der Lohn des Unternehmers hat residualen Charakter, d.h. nach Abzug der → Kosten beinhaltet er eine Risikoprämie als Kompensation für das Treffen der Produktions- und Handelsentscheidungen unter Unsicherheit. – b) Der E. setzt → Innovationen am Markt durch (Schumpeter). Nach Schumpeter setzt der Entrepreneur am Markt neue Kombinationen durch. Er ist Innovator, d.h. er ist nicht notwendigerweise Finder oder Erfinder der neuen Kombination, jedoch derjenige, der sie am Markt einführt und durchsetzt. – c) Der E. koordiniert Ressourcen (Casson). Der E. nimmt eine neue, verbesserte Allokation von Ressourcen vor, wodurch ein neuer ökonomischer Wert entsteht. – d) Der E. entdeckt und nutzt Preisarbitragen (so schon Richard Cantillon, dann später auch Kirzner) Bei Kirzner hat der E. exklusives Wissen über Marktungleichgewichte. Marktungleichgewichte können z.B. in lokalen Preisunterschieden liegen, oder aber in einer mangelnden → Koordination von Faktor- und Produktmärkten, so dass zwischen den Einstandspreisen für Produktionsfaktoren und dem Verkaufspreis des Endprodukts eine positive Spanne besteht. Der E. kann nun diese Arbitragemöglichkeit nutzen, indem er auf den günstigeren Märkten Produkte kauft (bzw. produzieren lässt) und sie auf den teureren Märkten verkauft. Durch seine Nachfrage, bzw. sein Angebot löst er wiederum Preisänderungen auf den Märkten aus, die dazu führen können, dass sich ein neues Marktgleichgewicht ausbildet.– e) Den Aspekt der Entdeckung und Nutzung oder Verfolgung von Geschäftschancen durch Unternehmensgründung als konstituierendes Merkmal des E. als Gründungsunternehmer (Opportunity Recognition/Pursuit) betonen zeitgenössische amerikanische Autoren wie Timmons oder Bygrave/Hofer: E. „is someone who percieves an opportunity and creates an organisation to pursue it". Stevenson spricht von "persuit of an opportunity beyond the resources you currently control". Hier kommt also noch der Gedanke, der Notwendigkeit der Akquise von zusätzlichen Ressourcen, also die Nutzung hinzu. – *Vgl. auch* → Gründerperson, → Unternehmensgründer.

Prof. Dr. Heinz Klandt

Literatur:
Ripsas, S.: Entrepreneurship als ökonomischer Prozess : Perspektiven zur Förderung unternehmerischen Handelns, Wiesbaden 1997; *Klandt, H.:* Aktivität und Erfolg des Unternehmensgründers. Eine empirische Analyse unter Einbeziehung des mikrosozialen Umfeldes, Bergisch Gladbach 1984, S. 26-34.

Entrepreneurship, steht zum einen für eine im angelsächsischen Raum so bezeichnete und sich in den letzten Jahren auch in Deutschland etablierende betriebswirtschaftliche Teil-Disziplin. In erster Linie geht es dabei um die Analyse des weit verstandenen Realphänomens → Unternehmensgründung sowie dessen Integration in „hochschulische" Lehre. Zum anderen lässt sich E. auch als Aktivität auffassen und steht in diesem Sinne für Unternehmertum, unternehmerisches Handeln und das Gründen eines Unternehmens selbst. Für E. existiert im Deutschen kein Äquivalent und die Vielfalt an Begriffsverständnissen ist kaum noch zu überblicken. Unter den Definitionen lassen sich zwei Schwerpunkte ausmachen: zum einen die Fokussierung auf konstitutive Entscheidungen, wie die Wahl der → Rechtsform oder des Standortes, sowie zum anderen die Beschreibung von E. als Prozess, wobei die Autoren regelmäßig eine Zeitraumperspektive einnehmen und die verschiedenen Phasen von Unternehmensgründungen analysieren. Beide Schwerpunkte sind jedoch für die Tragweite des Gründungsphänomens recht eng, da wichtige Problemfelder des E., wie die Infrastruktur für Unternehmensgründungen oder die Entdeckung, Bewertung und Ausschöpfung unternehmerischer Handlungsfelder, weitgehend unberücksichtigt bleiben. Deshalb bietet es sich an, zunächst eine „institutionelle" Perspektive zu wählen und E. als wissenschaftliche Disziplin einzugrenzen. In Anlehnung an Shane und Venkataraman lässt sich definieren: Im Rahmen der E.-Forschung wird analysiert, durch wen und mit welchen Wirkungen unternehmerische Handlungsfelder zur Schaffung neuer Güter und → Dienstleistungen entdeckt, bewertet und durch Unternehmen(sgründung) ausgeschöpft werden. Diese Definition integriert unterschiedliche Fassetten des Gründungsphänomens und fokussiert auf unternehmerische Handlungsfelder als zentralem Ausgangspunkt jeder Unternehmensgründung. Deren prozessualer Charakter sowie die Bedeutung der → Gründerperson bilden dabei gleichermaßen einen Schwerpunkt. Im Mittelpunkt stehen damit jene Unternehmensgründungen, bei denen es nicht um die Anlage vorhandener, unter der eigenen Kontrolle stehender → Ressourcen geht, sondern die durch eine erkannte marktliche Gelegenheit angestoßen sind. Dies ist für die Entstehung sowie Umsetzung der meisten Produkt- und Prozessinnovationen erforderlich, die sich oftmals erst durch knappheitsbedingte Improvisation herauskristallisieren. Entsprechend können auch erfolgreiche Unternehmensgründungen am besten als Akte kumulativer Variation und Selektion beschrieben werden. Weiterhin schließt die Definition neben so genannten „originären" auch „derivative" Gründungen ein, also solche aus bestehenden Unternehmen heraus. Insgesamt fordert diese Definition Forschungen sowohl zur Person des Unternehmensgründers, den Prozessen einer Unternehmensgründung, der Führung eines jungen Unternehmens sowie nicht zuletzt auch zur Entstehung, Entdeckung und Bewertung sowie Ausschöpfung unternehmerischer Handlungsfelder. Dies macht die ganze Bandbreite des Faches E. deutlich.

Prof. Dr. Michael J. Fallgatter

Literatur:
Bygrave, W.D./Hofer, C.W.: Theorizing about Entrepreneurship, in: Entrepreneurship Theory and Practice, Nr. 4, 16. Jg. (1991), S. 13-22; *Shane, S.A./Venkataraman, S.:* The Promise of Entrepreneurship as a Field of Research, in: AMR, Nr. 1, 25. Jg. (2000), S. 217-226; *Stevenson, H.H./Jarillo, J.C.:* A Paradigm of Entrepreneurship. Entrepreneurial Management, in: SMJ, 11. Jg. (1990), S. 17-27; *Timmons, J.A.:* New Venture Creation. Entrepreneurship for the 21st Century, Boston 1999.

Entrepreneurship-Professuren. Mit diesem Begriff werden Professuren bezeichnet, die sowohl in der Forschung als auch in der Lehre ihren Arbeitsschwerpunkt im Entrepreneurshipansatz haben, sich also auf unternehmerisches Verhalten und auf die frühen und die Umbruchphasen im Lebenszyklus von Unternehmen fokussieren. Diese Professuren sind ihrer Titulierung typischerweise entsprechend ausgewiesen als Lehrstuhl oder Professur für: „Entrepreneurship“, „Gründungsmanagement“, „Existenzgründung“, „Gründungsforschung“. Zum Teil finden sich auch Doppelbezeichnungen, die „Entrepreneurship“ mit benachbarten Disziplinen wie „Innovationsmanagement“, „Technologiemanagement“, „kleine und mittlere Unternehmen“ verbinden. Andererseits sind einige dieser Professuren auch enger definiert d.h. auf Teilbereiche des Entrepreneurshipansatzes konzentriert wie z.B. „Entrepreneurial Finance“, oder „→ Unternehmensnachfolge“. Von diesen E.-P. i.e.S. sind Professuren zu unterscheiden, die entweder nur in der Lehre oder nur in der Forschung im Entrepreneurshipbereich aktiv sind. So engagiert sich eine Reihe von Hochschullehrern aus Disziplinen wie Psychologie, Soziologie, Wirtschaftsgeographie, Wirtschaftsgeschichte, Volkswirtschaft, Jurisprudenz in der Entrepreneurship-Forschung, ohne aber gleichzeitig in der Ausbildung von angehenden Unternehmern aktiv zu sein. Umgekehrt gibt es verschiedene betriebswirtschaftliche Lehrstühle, deren Forschungsarbeiten und Lehrschwerpunkte in anderen betriebswirtschaftlichen Teildisziplinen wie Marketing oder Operation Research liegen, die aber z.B. für Hörer aller Fakultäten Entrepreneurshipkurse und Gründungsberatungsleistungen anbieten. Beide Gruppen werden zu den sogenannten „entrepreneurship-affinen Professuren“ gezählt. Erste E.-P. wurden Mitte der 60iger Jahre des 20. Jahrhunderts in den USA eingerichtet. Mittlerweile sind dort über 300 Professuren etabliert. Im deutschsprachigen Raum wurde eine erste derartige Professur erst im Jahre 1997 auf Initiative des Bundeswirtschaftsministeriums durch die Deutsche Ausgleichsbank (DtA, ab 2003 in die KfW Bankengruppe, Kreditanstalt für Wiederaufbau aufgegangen, beides bundeseigene Förderbanken) etabliert und Anfang 1998 besetzt. Bis Ende 2004 hat sich die Anzahl der E.-P. im deutschsprachigem Bereich auf über 60 unerwartet schnell weiterentwickelt. Ein wesentlicher Teil der E.-P. ist als Stiftungsprofessuren zustande gekommen, die allerdings durchweg nicht aus den Erträgen eines Stiftungskapitals auf Dauer finanziert werden, wie dies in den USA die gängige Praxis ist. Die sog. Stiftungsprofessuren in Deutschland sind dagegen nur in der Startphase der ersten drei bis zehn Jahren durch hochschulexterne Mittel finanziert; dies wird meist mit der Vorstellung verbunden, dass sie in der Folge vom regulären Etat der Hochschule dauerhaft weiterfinanziert werden. Zu den häufigsten Stiftern gehören die → KfW Bankengruppe, die regionalen Sparkassen- und Volksbanken sowie Industrieunternehmen, insbesondere die SAP AG, Walldorf. Vom → FGF e.V. wird laufend über die im deutschsprachigen Raum aktiven E.-P. im FGF-Report berichtet. Größtenteils sind die deutschen E.-P. in den Fachbereichen bzw. den Fakultäten der Wirtschafts-, Rechts- und Sozialwissenschaften zu finden (73%), z.T sind sie aber auch bei den Naturwissenschaften bzw. den Ingenieurswissenschaften eingegliedert (20%). Bei E.-P., die in wirtschaftswissenschaftlichen Fakultäten/ Fachbereichen angesiedelt sind und als spezielle Betriebswirtschaftslehre bzw. betriebswirtschaftliches Wahlpflichtfach in die Studienordnung eingebunden sind, liegt ein Schwerpunkt meist auf der Vermittlung von akademischem Wissen zum Bereich → Entrepreneurship, was sich bei der Zielgruppe auf eine Fokussierung auf Studenten mit eigenen unternehmerischen Lebensplänen verbinden kann, aber nicht muss. Ein weiterer Schwerpunkt der jeweiligen E.-P. kann daneben oder hauptgewichtig bei → Zielgruppen in anderen als den betriebswirtschaftlichen Studiengängen liegen. Bei den letztgenannten Zielgruppen dominiert in der Lehre die Vermittlung von gründungs- und frühentwicklungspraktischen, unternehmerischen Wissen für angehende Unternehmensgründer. Z.T. bestehen darüber hinaus auch in den Ausschreibungen zusätzliche Erwartungen an die E.-P. bezüglich von Beratungs- und Coachingaktivitäten innerhalb der

Hochschule (z.B. auch mit Zielgruppe Mittelbau) oder es wird sogar vorgegeben, dass die Professur zusätzlich wirtschaftsfördernd in der Region tätig wird.

Prof. Dr. Heinz Klandt

Literatur:

Klandt, H./Koch, L./Knaup, U.: FGF-Report Entrepreneurship-Professuren 2004. Eine Studie zur Entrepreneurshipforschung und -lehre an deutschsprachigen Hochschulen, Förderkreis Gründungs-Forschung, Bonn 2005; *Klandt, H.:* Entrepreneurship Education and Research in German-Speaking Europe, in: Academy of Management Learning & Education, Nr. 3, Jg. 3 (2004), S. 293-301.

Entscheidungsfindung. Bei → Unternehmensgründungen und jungen Unternehmen verläuft die E. wesentlich unsystematischer und kurzfristiger als bei etablierten Unternehmen. Begründbar ist dies in erster Linie durch die regelmäßig nicht vorhanden Bewährung der angebotenen Produkte bzw. → Dienstleistungen.

Entscheidungsfunktion, → Unternehmenswert.

Entscheidungswert eines Unternehmens, → Unternehmenswert.

E-Procurement, *elektronische Beschaffung,* ermöglicht den elektronischen Einkauf von Produkten bzw. → Dienstleistungen durch ein Unternehmen über digitale → Netzwerke. Damit erfolgt eine Integration von innovativen → Informations- und Kommunikationstechnologien zur Unterstützung bzw. Abwicklung von operativen und strategischen Aufgaben im Beschaffungsbereich. Ein entscheidender Aspekt bspw. im E-P. von Büro- und Computermaterialien ist neben der Informations- und Kommunikationsebene auch die Frage der realen Logistik. Das Paket mit 30 Aktenordnern muss dabei genauso zuverlässig, schnell und kostengünstig zum Kunden transportiert werden, wie der Druckertoner als Einzelbestellung. Ein Problem von Plattformen im E-P. ist es, die kritische Masse an Handelsvolumen zu erreichen und hierfür Teilnehmer zu akquirieren.

Equity-Ansatz, Ansatz zur Unternehmensbewertung im Rahmen der → Discounted Cash Flow-Methode (DCF). Beim E.-A. wird – im Gegensatz zum → Entity-Ansatz – der Wert des → Eigenkapitals eines Unternehmens unmittelbar aus den Zahlungsströmen an die Eigenkapitalgeber bestimmt. Hierzu werden die prognostizierten → Cash Flows an die Eigenkapitalgeber mit dem Eigenkapitalkostensatz auf den Bewertungszeitpunkt abgezinst. Der Eigenkapitalkostensatz wird dabei im Allgemeinen mittels des CAPM (Capital Asset Pricing Model) berechnet und setzt sich aus dem risikolosen Zinssatz und einer Risikoprämie zusammen. Als risikoloser Zinssatz werden i.d.R. die Renditen von langfristigen Bundesanleihen angesetzt.

Equity Gap, *Eigenkapitallücke.* Phänomen extrem niedriger → Eigenkapitalquoten vor allem im deutschen → Mittelstand (bei mehr als einem Drittel der Unternehmen liegt die Eigenkapitalquote unter 25%). Viele kleinere Unternehmen decken ihren → Kapitalbedarf fast ausschließlich mit → Fremdkapital, was im Falle einer schlechten Auftragslage sehr schnell zu einer Zahlungsunfähigkeit und schlimmstenfalls zur Insolvenz führen kann. Die geringe Eigenkapitalausstattung ist einerseits mit den Bedenken der Unternehmensinhaber zu begründen, externe Eigenkapitalgeber in das Unternehmen zu holen und somit auch einen Teil der Eigentümerrechte abgeben zu müssen. Auf der anderen Seite scheuen auch viele → Kapitalbeteiligungsgesellschaften das hohe Risiko bei vergleichsweise geringen Investitionssummen und somit begrenzten Renditeaussichten. Oftmals bieten → Business Angels eine Chance, ein E.G. in der Frühphase zu schließen.

Equity Kicker. → Optionsscheine oder Wandlungsrechte als mögliche Bestandteile von Darlehensverträgen bei einer → Mezzanine Finanzierung oder im Rahmen einer → Venture Capital-Finanzierung. Im Vertrag werden die Bedingungen für die Ausübung einer → Option zur Zeichnung von Gesellschaftsanteilen bzw. für die Ausübung eines Rechts auf Wandlung des Darlehens (oder Teilen davon) in Gesellschaftsanteile festgelegt. Auf diese Weise haben die Finanziers die Möglichkeit zur Teilnahme am Unternehmenswachstum, ohne ein evtl. Ausfall- oder Haftungsrisiko eingehen zu müssen. E. K. dienen somit als Anreiz für eine positive Finanzierungsentscheidung von Mezzanine Kapitalgebern, da sie deren Rendite – bei gleichem Risiko – erhöhen können.

Equity Story, *Unternehmensgeschichte,* zeigt den (finanziellen) Werdegang des Unternehmens auf und ist insbesondere im Rahmen eines → Börsengangs (IPO) von Bedeutung. Die E.S. sollte die vergangene, vor allem aber die zukünftige Ertragskraft des Unternehmens belegen. Je glaubhafter das Unternehmen den potenziellen Anlegern darstellen kann, dass es in den kommenden Jahren deutliche Umsatz-/Ertragszuwachsraten erzielen wird, desto erfolgreicher wird die Börseneinführung ausfallen.

Erfahrungsvorsprung, hilft einem Unternehmen, sich ökonomische und temporäre → Wettbewerbsvorteile zu verschaffen. Die ökonomischen Vorteile liegen in der Erzielung von Erfahrungskurveneffekten, die aufgrund zunehmender Erfahrung zu sinkenden → Kosten pro hergestellter Produktionseinheit führen. Ursachen hierfür sind Produktivitätssteigerungen durch sinkende Fertigungszeiten, abnehmende Fehlerraten, rationellere Produktions-, Organisations- und Distributionsverfahren, Lerneffekte bei den Mitarbeitern und Fixkostendegressionseffekte. Die temporären Vorteile werden durch zunehmende Erfahrungen im Markt, die zu rascherem und flexiblerem Handeln gegenüber den Kunden und Lieferanten führen können, erreicht.

Erfolgsbeteiligung. Die E., der Oberbegriff aller Beteiligungsformen, beschreibt die erfolgsabhängige Zuwendung von Mitarbeitern zusätzlich zu → Lohn und Gehalt. Der Höhe der E. unterliegen verschiedene Bemessungsgrundlagen. Diese sind die (a) → Gewinnbeteiligung (Gewinn aus der Steuer- oder Handelsbilanz), (b) Ertragsbeteiligung (Umsatz oder Wertschöpfung), und (c) Leistungsbeteiligung (Produktivitätssteigerung, Kostenersparnis, Produktionsmenge). Bei jungen Unternehmen wird die E. weniger als Anreiz gesetzt, um die → Liquidität nicht zu sehr zu belasten. Hier greifen vielmehr entsprechende → Optionen zum Erwerb von Unternehmensanteilen.

Erfolgsfaktor. 1. *Begriff:* E. beabsichtigen, operationale Hinweise auf betriebswirtschaftliche Maßnahmen und → Kennzahlen zu geben, die in einem funktionalen Zusammenhang zu einer positiven Unternehmensentwicklung stehen. Vor allem potenzialreiche junge Unternehmen kennzeichnet das fortwährende Streben, → Innovationen zu entdecken und auszuschöpfen. Das Kernproblem besteht damit in der Schaffung von Passung zwischen antizipierten Marktentwicklungen sowie Kundenbedürfnissen auf der einen Seite und → Technologien sowie darauf gerichteten Produktions- und Absatzmöglichkeiten auf der anderen Seite. – 2. *Forschungsgegenstand:* Im Rahmen der Erfolgsfaktorenforschung soll Ordnung in das angedeutete komplexe Phänomen gebracht werden, um zielführende Handlungsanweisungen ableiten zu können. In zahlreichen empirischen Studien wurden E. ermittelt, wie → First-Mover-Advantage, Netzwerkbildung, breite Informationsbeschaffung, Branchenerfahrung, Unternehmensgröße oder → Planung, die alle sehr plausibel sind. Dennoch erscheint ihre Verallgemeinerbarkeit als fraglich. So können nicht ohne weiteres vereinfachende Ursache/Wirkungsbeziehungen unterstellt werden. Die Kritik an der Erfolgsfaktorenforschung tragen im deutschsprachigen Raum vor allem Nicolai und Kieser vor. Deren Beiträge machen einige grundlegende methodische und logische Schwierigkeiten deutlich und werden im Folgenden skizziert. – 3. *Methodische Problemfelder und Grenzen:* Als methodische Schwierigkeit ist festzustellen, dass die erhobenen Daten systematisch durch die befragten Personen verzerrt werden, da die Befragten sich Informationen einholen müssen, die außerhalb ihres Aufgabenbereiches liegen und über die sie dann in der Befragung Auskunft geben. Auch hat früherer Erfolg oder Misserfolg einen erheblichen Einfluss auf getroffene Entscheidungen. Dadurch wird eine genaue Formulierung unmöglich, inwiefern ermittelte Maßnahmen auf den Erfolg wirken. Des Weiteren sind unternehmensspezifische Unterschiede bei langfristig wirkenden Erfolgspotenzialen zu berücksichtigen und zu normieren. Gescheiterte Unternehmen sind in die Erfolgsfaktorenforschung mit einzubeziehen, jedoch werden deren Daten meist nicht bekannt. Zum anderen treten neben diese methodischen Grenzen logische bzw. konzeptionelle Schwierigkeiten. So wird kritisiert, dass ermittelte und folglich auch kopierbare E. ihre Wirksamkeit verlieren. Dieses Argument ist jedoch insofern schwach, als einige der oben benannten E. keineswegs leicht kopierbar sind. Darüber hinaus wird kritisiert, dass die empirische Erfolgsfaktorenforschung entgegen des üblicherweise geweckten Anscheines keineswegs auch nur annähernd zu Nomologien führen kann. So erfordern auch die auf den ersten Blick objektiven Erfolgsfaktorenstudien eine Vielzahl von Vorentscheidungen, die ihrerseits auf Hintergrundwissen basieren und mithin selektiv sind.

Prof. Dr. Michael J. Fallgatter

Literatur:

Fallgatter, M.J.: Zur Erforschung der Erfolgsfaktoren junger Unternehmen, in: Achleitner, A.-K. et al. (Hrsg.): Jahrbuch Entrepreneurship 2004/05, Berlin 2005, S. 61-76; *Gimeno, J. et al.:* Survival of the Fittest? Entrepreneurial Human Capital and the Persistence of Underperforming Firms, in: Administrative Science Quarterly, 42.Jg. (1997), S. 750-783; *Nicolai, A./Kieser, A.:* Trotz eklatanter Erfolglosigkeit. Die Erfolgsfaktorenforschung weiter auf Erfolgskurs, in: Die Betriebswirtschaft, Nr. 6, 62. Jg. (2002), S. 579-596; *Penrose, E.T.:* The Theory of the Growth of the Firm, Oxford 1959.

Erfolgsplanung, erfolgt üblicherweise auf Basis finanzwirtschaftlicher → Kennzahlen. Sie betrifft Größen wie das Betriebsergebnis, Renditen oder den → Cash Flow. Darauf gerichtete Zielvorgaben werden in der E. „vorausgedacht“. Die E. knüpft dabei an die strategische sowie operative → Planung des Unternehmens an. Da bei jungen Unternehmen nur vorläufige und eher grobe → Planungen existieren können, ist die E. entsprechend auch in besonderem Maße von Anpassungen und Korrekturen betroffen.

Erfolgsrechnung, → Rentabilitätsplanung.

Erlös, → Umsatz.

Erlösmodell, stellt den wesentlichen Bestandteil des → Geschäftsmodells eines Unternehmens dar. Es steht im übergeordneten Kapitalmodell dem Finanzierungsmodell gegenüber. Das E. erfasst, auf welche Art und Weise Erlöse erzielt werden sollen und gibt damit einen Hinweis auf das Geschäftsmodell. Unterschiede in den E. zeigen sich aufgrund der Quelle der Erlöse wie beispielsweise Konsumenten, Rechte (über Lizenzen) oder Werbung. Grundsätzliche Entscheidungen über Erlösformen werden im Rahmen des Strategischen → Managements getroffen.

Erlösplanung, Planung von Erlöshöhe und -entwicklung auf Basis von → Marktanalysen, Statistiken, Erfahrungswerten und Schätzungen, Einflussfaktoren sind Menge und → Preis für verschiedene → Erlösquellen, im Zeitablauf Möglichkeit zur Durchführung von Soll-Ist-Vergleichen.

Erlösquelle, beschreibt die Herkunft der Erlöse eines → Geschäftsmodells und stellt nach den zweiten Schritt der Erlösentscheidung eines Unternehmens dar. Die Analyse der E. eines Unternehmens ermöglicht eine Empfehlungen, wie bspw. Produkte verändert werden müssten, aber auch wie man neue E. erschließen könnte. Dabei kann zwischen direkten Erlösen, die von Nutzern der Leistung bezogen werden, und indirekten Erlösen von Dritten, die ein Interesse daran haben, dass der Konsument die Leistung nutzt, unterschieden werden.

Eröffnungsbilanz, Sonderbilanz, die die tatsächlichen Vermögens- und Kapitalverhältnisse eines Unternehmens zu einem bestimmten Stichtag darstellt. So ist nach § 242 HGB jeder → Kaufmann verpflichtet, mit Aufnahmen seines Gewerbes und am Beginn eines jeden Geschäftsjahres eine E. aufzustellen.

ERP-Beteiligungsprogramm. Das ERP-B. dient der Erweiterung der Eigenkapitalbasis von → kleinen und mittleren Unternehmen durch Bereitstellung von Haftkapital über → Kapitalbeteiligungsgesellschaften (KBG). Zu diesem Zweck erhalten KBG aus dem ERP-B. von der → KfW Bankengruppe Refinanzierungskredite, mit denen die KBG Beteiligungen an mittelständischen Unternehmen erwerben. Die mittelständischen Unternehmen erhalten den Kaufpreis der Beteiligung und nutzen dieses Kapital zur → Finanzierung von → Kooperationen, → Innovationen, Umstellungen bei Strukturwandel, Errichtungen und Erweiterungen, grundlegenden Rationalisierungen oder Umstellungen von Betrieben.

ERP-Innovationsprogramm. Das ERP-I. der → KfW Bankengruppe dient der langfristigen → Finanzierung marktnaher Forschung und der Entwicklung von neuen Produkten, Verfahren oder → Dienstleistungen sowie ihrer Markteinführung. Das Programm richtet sich an Unternehmen, die bereits am Markt etabliert sind. Das Programm besteht aus einer Kreditvariante mit Programmteil I (Forschung und Entwicklung) und Programmteil II (Markteinführung) sowie einer Beteiligungsvariante. Mitfinanziert werden z.B. Personaleinzelkosten, Investitionskosten sowie Kosten für Marktforschung- und Marktinformation. Das durchleitende Kreditinstitut (meistens die Hausbank des geförderten Unternehmens) bzw. der Beteiligungsgeber werden grundsätzlich von einem Teil der Kredithaftung freigestellt.

ERP-Sondervermögen. Seit 1953 Bezeichnung für einen vom Bund verwalteten Fonds, aus dem hauptsächlich zinsgünstige Kredite und Beteiligungsmittel an die mittelständische Wirtschaft vergeben werden. Das ERP-S. ist aus Mitteln des Marshall-Plans entstanden. → Finanzierungen aus dem ERP-S. können sowohl → Gründungen als auch bestehende kleine und mittlere Unternehmen in Anspruch nehmen. ERP-Programme werden überwiegend zur Stärkung der Eigenkapitalbasis sowie für Innovationen und Umweltinvestitionen angeboten und größtenteils über die → KfW Bankengruppe ausgereicht.

Erschließungsansatz. 1. *Begriff:* im Rahmen des Wuppertaler Ansatzes der → Gründungsqualifizierung ursprünglich im Hinblick auf die Existenzgründungsförderung an Hochschulen entwickelter, jedoch auch in andere Bildungsbereiche übertragbarer gründungsdidaktischer Ansatz einer Fokussierung auf eine spezifische Zielgruppe der Gründungsqualifizierung (→ Qualifizierungszielgruppe. – 2. *Beschreibung:* Den konzeptionellen Ausgangspunkt des E. stellt die wissenschaftlich Erkenntnis dar, dass eine Ausrichtung auf die im Kontext der Existenzgründungsförderung bisher eher vernachlässigte → Zielgruppe der noch nicht für die Gründungsthematik erschlossenen Bildungsadressaten sowohl politisch als auch bildungstheoretisch plausibel und wünschenswert ist. Daraus ergibt sich die Notwendigkeit, den Schwerpunkt der Gründungsförderung auf die nachhaltige

Erschließung desjenigen Potenzials an Gründerinnen und Gründern zu verlagern, das bislang noch nicht systematisch angesprochen, beraten, qualifiziert und betreut wurde, und die Programmatik der Gründungsförderung entsprechend zu erweitern. Der Erschließungsanspruch ist dabei nicht im rein technisch-instrumentellen Sinne als schlichte Aquise des Gründungspotenzials zu verstehen, vielmehr stellt er einen subjektorientierten Rückbezug auf das traditionelle Verständnis kategorialer Bildung im Sinne Klafkis dar, wonach Bildung gleichbedeutend ist mit der doppelseitigen Erschließung des Menschen für die geistigen und materiellen Inhalte und Gegenstände seiner Lebenswelt. Vor diesem Hintergrund rückt der E. auf der Theorieebene die Gewinnung derjenigen potenziellen Gründerinnen und → Gründer in den Mittelpunkt, die sich bislang weder mit der Gründungsthematik noch mit der beruflichen Selbständigkeit als einer Perspektive für den persönlichen beruflichen Werdegang auseinander gesetzt haben. Entsprechend umfasst der E. die Entwicklung und Implementierung wissenschaftlich fundierter Maßnahmen der Motivierung, Qualifizierung und Bindung dieser spezifischen Adressatengruppe.

Dr. Kerstin Westerfeld

Erstandienungsrecht, → Right of first Refusal.

Erstemission, → Börsengang.

Ertrag. 1. *Gewinn*, → Rendite, finanzieller Nutzen. – 2. *Gegenbegriff zu* → Aufwand, in der → Gewinn- und Verlustrechnung verwendeter Begriff für periodengerecht abgegrenzte Einzahlungen aus Verkäufen von Waren bzw. → Dienstleistungen oder Wertsteigerungen von bestehenden Vermögensteilen.

Ertragswertverfahren, Methode zur Berechnung des → Unternehmenswertes aufgrund der Summe der zukünftigen Gewinne (plus einem allfälligen Liquidationswert am Ende der untersuchten Periode). Dabei werden idealerweise die Gewinne (und der Liquidationswert) diskontiert (→ Diskontierung). Bei der ähnlichen → Discounted Cash Flow-Methode wird der → Cash Flow anstelle des Gewinns verwendet.

E-Shop. Shopping Malls im Internet bieten eine Möglichkeit, die Anbahnung von Transaktionen (aus den Teilbereichen Information, Vereinbarung, Abwicklung und Service bestehend) zu initiieren und zu unterstützen bzw. gänzlich elektronisch abzuwickeln. Dabei wird eine Plattform geschaffen, auf der Anbieter ihre Waren oder → Dienstleistungen präsentieren und der Interessent die Handhabe besitzt, Produktinformationen einzuholen. Ähnlich wie bei bisherigen Einkaufshäusern wird dem Kunden ein umfassendes Warenangebot unterbreitet, wodurch die Suchkosten seitens der Nachfragerseite reduziert werden. Ist diese Informationsphase abgeschlossen, kann bei der Produktspezifizierung bzw. Preisvereinbarung (Vereinbarungsphase) der Kunde einen direkten und interaktiven Einfluss nehmen. Kommt es zu einem Vertragsabschluss, bieten sich im Rahmen der Abwicklungsphase vielfältige Unterstützungsfunktionen. So lassen sich digitale Produkte direkt über das Internet zum Kunden transportieren bzw. kann der Kunde über den Status seiner Warenlieferung auf dem Laufenden gehalten werden (Track and Tracing). Je nach Art des Gutes lassen sich unterschiedliche After-Sale Services etablieren. Darunter können etwa Installations-, Update- oder Beratungsleistungen verstanden werden.

EU-Fördermittel, für → kleine und mittlere Unternehmen und → Unternehmensgründungen. 1. *Begriff:* Haushaltsmittel der EU werden in den verschiedenen Politikbereichen der Europäischen Gemeinschaft über eine Vielzahl von Förderinstrumenten und Programmen für → Unternehmensgründer und Unternehmen bereitgestellt. Förderinstrumente sind Finanzierungshilfen in Form von Darlehen, verlorenen Zuschüssen, Garantien und Bürgschaften sowie eine Reihe nichtfinanzieller Maßnahmen. Alle Förderungen sind auf genau definierte Ziele und Prioritäten der Gemeinschaft ausgerichtet und haben ihre Grundlage in den Bestimmungen der EG-Verträge. Förderwürdig sind innovative Unternehmen und Unternehmen in benachteiligten Regionen. Besondere Betonung bei den Förderprogrammen der EU liegt auf der Beteiligung von → kleinen und mittleren Unternehmen (KMU) sowie Unternehmensgründern. Die EU definiert KMU als Unternehmen mit weniger als 250 Beschäftigten und einem Jahresumsatz von max. 40 Mio. Euro oder einer jährlichen Bilanzsumme von max. 27 Mio. Euro. Um EU-F. der Gemeinschaft zu erhalten, muss ein Unternehmen bzw. sein Projekt zur Verwirklichung der spezifischen Ziele eines Instruments oder Programms beitragen oder bestimmte damit verknüpfte Kriterien erfüllen. Diese Kriterien sind in den Beschreibungen der Programme oder Förderinstrumente sowie in den jeweiligen Bewerbungsunterlagen genau angegeben. Die Förderung kann entweder direkt oder indirekt erfolgen. – 2. a) Direkte Finanzierungsmöglichkeiten werden von verschiedenen Dienststellen der Europäischen Kommission angeboten. (z.B. Generaldirektion (GD) Umwelt, GD Forschung) Durch Zuschüsse gefördert werden vor allem Pilot- und Demonstrationsvorhaben. I.d.R. wird zunächst ein Aufruf zur Einreichung von Vorschlägen, ein Beschluss oder eine andere amtliche Bekanntmachung im Amtsblatt der Europäischen Gemeinschaften veröffentlicht. – b) Indirekte Finanzierungsmöglichkeiten werden über ihre Finanzierungsinstitutionen *Europäische Investitionsbank (EIB)* und *Europäischer Investitionsfonds (EIF)* gefördert. Die EIB gewährt zweckgebundene Globaldarlehen an Finanzintermediäre (Geschäfts- und Förderbanken), die diese Mittel an KMU oder Gründer in Form von zinsgünstigen Darlehen weiterleiten. Der EIF unterstützt im Auftrag der EIB und der EU-Kommission den europäischen Risikokapitalmarkt durch Kapitalbeteiligungen an → VC-Fonds oder durch Garantien an Eigenkapitalinvestoren. Zum anderen stellt er Finanzintermediären (Förderbanken, Garantiegemeinschaften, etc.) Garantien zur Verfügung, um Risiken aus der Kreditvergabe an KMU zu übernehmen und dadurch den Zugang von KMU zu → Finanzierung zu erleichtern. Die Mittel für die Garantievergabe stellt die EU-Kommission dem EIF zur Verfügung (Mehrjahresprogramm für KMU). – 3. EU-F. werden auch für die *Beratung von Unternehmensgründungen* eingesetzt. Das *Euro Info Center (EIC)-Netzwerk* erstreckt sich über alle EU-Mitgliedstaaten, die Beitrittsländer, die EFTA (Europäischen Freihandelsgemeinschaft), EU-Überseeregionen und Staaten rings um das Mittelmeer. Das → Netzwerk informiert Firmen über Unionsfragen und -themen, assistiert bei der Lösung konkreter Probleme und berät und unterstützt bei Fragen zu EU-F. (www.eic.de). *Business Innovation Center (BIC)* bieten Unternehmensgründern Unterstützung bei der Erstellung von Unternehmenskonzepten sowie bei der Finanzierungsplanung und Kapitalbeschaffung (www.ebn.be). Die Initiative Gate2Growth (G2G) „Zugang zur Finanzierung" (www.gate2growth.com) unterstützt innovative Unternehmer in Europa, insbesondere bei der Erstellung des → Business Plans. Das Portal richtet sich an Unternehmer, Investoren, Dienstleistungsanbieter und themenbezogene Netzwerke in der EU. – 4. *Bewertung/Ausblick:* Für Unternehmensgründer ist die EU i.d.R. nicht erste Anlaufstelle auf der Suche nach direkter finanzieller Unterstützung. Die direkten Finanzierungsmöglichkeiten der EU sind begrenzt und der personelle und organisatorische Aufwand bei der Antragstellung für Unternehmensgründer schwer zu leisten. Der überwiegende Teil der EU Mittel wird den Gründern sowie KMU über Intermediäre zur Verfügung gestellt.

Astrid Hoffmann

Europäisches Patentamt, eine europaweit tätige Institution zur Prüfung und Erteilung von Patenten. Der Hauptsitz des E.P. ist in München, eine Zweigstelle in Den Haag/Niederlande, weitere Dienststellen in Berlin-Kreuzberg und Wien und ein EU-Verbindungsbüro in Brüssel/Belgien. Das E.P. ist das wichtigste Organ der Europäischen Patent Organisation (EPO), einer durch das Europäische Patentübereinkommen (EPÜ) geschaffenen zwischenstaatlichen Organisation, der mittlerweile 30 Länder angehören. Das E.P. erhebt Patentgebühren gegenüber Unternehmen und Personen.

European Association of Securities Dealers Automated Quotation (EASDAQ), pan-europäische → Börse speziell für junge und schnell wachsende Firmen mit internationaler Ausrichtung.

European Private Equity and Venture Capital Association (EVCA), wurde 1983 in Brüssel auf Initiative der Kommission der Europäischen Union und einiger weniger in Europa agierender → Private Equity-Gesellschaften gegründet. Damit wurde erstmals für eine junge gerade im Entstehen begriffene Branche ein Interessensvertreter auf europäischer Ebene geschaffen. Die Aktivitäten der EVCA erfassen heute die gesamte Breite von Private Equity angefangen von Seed und Start-up über Expansion und sonstige Later stage-Szenarien bis zu den Buyouts (→ Buy-out-Finanzierung). Mit über 900 ordentlichen Mitgliedern repräsentiert die EVCA einen Großteil der Branche in Europa. Aufgabe der EVCA ist die Förderung der Anlageklasse Private Equity, die politische Kommunikation gegenüber der EU sowie die Entwicklung professioneller Industriestandards. Sie erarbeitet dazu notwendige Forschungsdokumente und stellt die Private Equity-Statistiken auf europäischer Ebene zusammen.

E-Venture. *1. Begriff:* Unter einem E-V. wird ein gegründetes und damit junges → Unternehmensgründung im → E-Business verstanden. Das E-V. ist damit das Resultat einer Unternehmensgründung in der → Net Economy. Erste Aufmerksamkeit wurde diesen Unternehmen ungefähr 1993 mit der Popularisierung und Kommerzialisierung des Internet zuteil. – 2. *Bausteine eines E-Ventures:* Die Erfolgsfaktoren bei Unternehmensgründungen im E-Business orientieren sich an den allgemeinen Merkmalen junger Unternehmen. Zu diesen Eigenschaften zählen u.a. die kurze Existenz eine dynamische Umwelt, die Ressourcenknappheit, hohe Aufbauinvestitionen in immaterielle Vermögensgegenstände sowie häufig negative → Cash Flows bzw. keine Gewinne und ein starker Bezug auf die zukünftige Positionierung. Ferner existiert bezüglich des Einsatzes von Internet-Technologien (z.B.

E-Venture: Erfolgsfaktoren einer Unternehmensgründung in der Net Economy

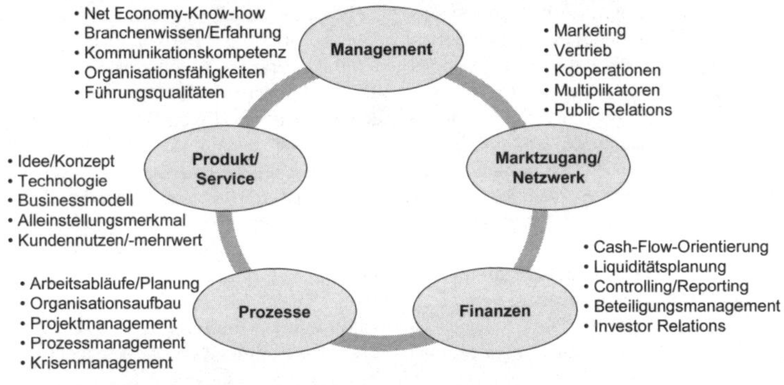

Nutzung des elektronischen Einkaufs) eine hohe Unsicherheit über den Umfang und das zeitliche Eintreten einer → Akzeptanz auf der Kundenseite. Basierend auf diesen Rahmenbedingungen können verschiedene Bausteine einer erfolgreichen Unternehmensgründung (→ Erfolgsfaktoren) abgeleitet werden, welche den Start-up-Merkmalen Rechnung tragen. Zu diesen Bausteinen zählen die Kernaspekte Management, Produkt, Finanzen, Marktzugang und Prozesse, die in den unterschiedlichen Phasen der Gründung wechselnde Gewichtung haben können. Hinsichtlich der Relevanz der Bausteine/Erfolgsfaktoren können jedoch zwei Phasen unterstellt werden, zum einen die Phase der Konzeption und zum anderen die Phase der eigentlichen Umsetzung der Geschäftsidee. – a) Management: Hier steht die Gründerpersonen im Mittelpunkt, welche durch ihre Persönlichkeit und Motivation stark die Aktivitäten eines E-V. bestimmen. In Studien wurde in diesem Zusammenhang bspw. der Einfluss von technischen, sozialen und methodischen Fähigkeiten der Gründer auf eine erfolgreiche Umsetzung der Aktivitäten innerhalb einer Unternehmensgründung bestätigt. Ebenso verhält es sich bei der Motivation des Gründers oder des Gründerteams. Hohe Belastungsgrenzen, Erfolgsdruck, Selbstvertrauen und Risikobewusstsein prägen ebenso die Handlungen einer nachhaltigen Konzeptions- und späteren Umsetzungsphase. Während in den ersten Entwicklungsphasen eines neuen Unternehmens Kreativität auf der einen und analytisch-konzeptionelles Denken auf der anderen Seite dominieren, zählen beim Aufbau eines → E-Ventures zunehmend Branchenerfahrung, Wissen um Zusammenhänge in der Net Economy und echte Erfahrungen im operativen Management. Diese Kombination in einem Gründerteam ist selten. Gründer dürfen hier nicht scheuen, frühzeitig erfahrene Manager einzubinden. Ferner spielen die Kommunikationskompetenz und die Führungsfähigkeit eine besondere Rolle. – b) Produkt: Dieser Baustein betrifft die Leistung- bzw. Angebotskonfiguration eines E-V. Dabei muss das elektronische Produkt- bzw. Dienstleistungsangebot spezifiziert und hinsichtlich des Kundennutzens kommuniziert werden. Im Mittelpunkt steht sodann die Frage, ob der Kunde die elektronische Leistung des E-V. auf Basis der Informationstechnologie überhaupt nachfragt und ob auch eine Zahlungsbereitschaft vorhanden ist. Ziel ist es ferner, über die Outputleistung mit einer → elektronischen Wertschöpfung einen → Mehrwert (Value Added) für den Kunden bzw. ein → Alleinstellungsmerkmal gegenüber der Konkurrenz am → Markt zu erzielen. – c) Prozess: Hier geht es insbesondere darum, das kritische Stadium informeller und unkontrollierter Aktivitäten innerhalb eines jungen Unternehmens frühzeitig zu verlassen. Dies gilt vor allem für die Arbeits-, Finanz- und Organisationsprozesse als solides operatives Fundament eines jeden Unternehmens. Dies bedeutet im Kern, dass Kernprozesse des Unternehmens stabil etabliert werden und mit der Aufbauorganisation harmonisieren sollen. Ferner geht es in diesem Zusammenhang auch darum, nicht zu viele Aktivitäten gleichzeitig zu initiieren, da ansonsten die Gefahr besteht, dass einige nur mangelhaft bearbeitet werden. Ein sinnvolles Projekt- und Prozessmanagement ist daher notwendig. – d) Marktzugang: Dieser Baustein im E-V. bedeutet nicht nur den Markteintritt zu gewährleisten und ein Produkt bzw. Marke zu etablieren, sondern vor allem die Kunden zu erreichen und deren Bedürfnisse zu befriedigen. Basis hierfür ist zunächst die Entwicklung einer marktgerechten Preis-, Produkt- und → Kommunikationspolitik. Dies erfordert Flexibilität in der Nutzung unterschiedlicher Varianten der Produkt- und Servicegestaltung. Über die → Realisierung eines dauerhaften Kundenzugangs bestimmt sich dann der Erfolg der Distributionspolitik. – e) Finanzierung: Hier kommt es darauf an, die Aktivitäten über den Liquiditätsaspekt sicherzustellen. Dabei sind zwei wesentliche Gesichtspunkte bedeutsam: Zum einen bedarf es gerade in der Anfangszeit hoher

Investitionen in die Technologie und in den Unternehmensaufbau, die zum anderen jedoch den Free Cash Flow nicht zu stark negativ beeinflussen dürfen. Die Finanzierungs- und Liquiditätsplanung ist oftmals eine wesentliche Schwachstelle einer Vielzahl von Unternehmen in der → Net Economy. Die kontinuierlich aktualisierte Finanzplanung sollte jederzeit sowohl eine realistische Einschätzung des Unternehmens ermöglichen als auch den tatsächlichen Finanzierungsbedarf aufzeigen. – *Vgl.* Abb. „E-Venture: Erfolgsfaktoren einer Unternehmensgründung in der Net Economy". – *Vgl. auch* → E-Entrepreneurship.

Prof. Dr. Tobias Kollmann

Literatur:
Kollmann, T.: E-Venture – Grundlagen der Unternehmensgründung in der Net Economy, Wiesbaden 2004; *Kollmann, T./Kuckertz, A.:* E-Venture Capital – Unternehmensfinanzierung in der Net Economy, Wiesbaden 2003; *Kollmann, T.* (Hrsg.): E-Venture-Management, Wiesbaden 2003.

Executive Summary, *Management-Zusammenfassung.* Der Inhalt eines Geschäftsplans (→ Business Plans) wird vor der Darstellung der einzelnen Kapitel durchweg in einer Management-Zusammenfassung verdichtet. Diese Management-Zusammenfassung soll den in sehr knapper Zeit entscheidenden externen Adressaten bei der Frage unterstützen, ob eine detaillierte Prüfung des gesamten Geschäftsplans sinnvoll ist. Dem Kapitalgeber müssen inhaltlich also zumindest Geschäftsidee, Branche, Finanzierungsphase und Kapitalbedarf verdeutlicht werden. Formal ist für die Management-Zusammenfassung eine leichte Verständlichkeit für außen stehende Leser und eine gute Übersichtlichkeit wichtig. Ein Umfang von zwei Seiten gilt als Obergrenze für eine gute Management-Zusammenfassung.

Existenzgründer, → Entrepreneur, → Gründerperson, → Unternehmensgründer.

Existenzgründung, → Unternehmensgründung.

Existenzgründung aus der Hochschule, → Hochschulausgründung.

Existenzgründung durch Übernahme, derivative Form der → Unternehmensgründung. Eine Übernahme liegt vor, wenn der Gründer Anteile an einem bestehenden Unternehmen erwirbt und dabei mindestens die Mehrheit der Stimmanteile und i.d.R. auch des Kapitals übernimmt. Wird nur ein geringerer Anteil an der Gesellschaft erworben, so spricht man von einer Existenzgründung durch tätige Beteiligung. Wesentliche Unterschiede zu einer Neugründung sind der geringere Planungsaufwand und das verminderte Risiko durch das vorhandene Geschäft. Größte Herausforderung dieser Form der Existenzgründung ist die umfassende Prüfung des zu erwerbenden Unternehmens (→ Due Diligence) und die → Unternehmensbewertung. Typischer Fall einer Gründung durch Unternehmensübernahme ist die Nachfolgeregelung in einem Familien- bzw. Einzelunternehmen. Daneben sind aber auch andere Konstellationen wie die Übernahme durch ein internes (→ MBO) oder externes (→ MBI) Management denkbar (→ Buy-out-Finanzierung). – *Vgl. auch* → Übernahme, → Geschäftsübernahme.

Existenzgründungsberatung, → Gründungsberatung.

Exit, → Divestment. 1. *Begriff:* E. bezeichnet den Ausstieg eines Investors aus einer Unternehmung, d.h. die Veräußerung der Beteiligung. – 2. *Merkmale:* Besondere Bedeutung kommt dem E. im Bereich Venture Capital (VC) zu, da dieser hier der Gewinnrealisierung entspricht. Die E.-Strategie wird meist schon zu Beginn der VC-Beziehung festgelegt. Hierzu wird eine E. → Due Diligence durchgeführt, um die unterschiedlichen

Möglichkeiten und deren Bedingungen zu hinterleuchten. Die daraufhin gewählte E.-Strategie wird häufig im VC-Vertrag fixiert. – 3. *Formen:* Die unterschiedlichen Formen eines E. werden als Exitkanäle bezeichnet. – a) → Trade Sale: (1) Begriff: Die Beteiligung wird an eine andere Gesellschaft verkauft, meist an einen strategischen Investor. Für viele kleine Unternehmen ist dies die einzige Möglichkeit der Veräußerung an Dritte, sofern die Bedingungen eines Börsengangs noch nicht erfüllt sind. (2) aus Sicht der VC-Gesellschaft: Strategische Investoren sind häufig z.B. aufgrund von Synergiepotentialen bereit, ein Premium zu bezahlen. Allerdings besteht auch die Gefahr, dass bei einer Auktion zu wenig Bieter vorhanden sind, um diese kontrolliert und effizient durchzuführen. Als weiterer Vorteil ist der Verkauf im Vergleich zum Börsengang nicht nur leichter und schneller, sondern auch kostengünstiger zu realisieren. (3) aus Sicht des Altunternehmers bzw. Managements: Hier stellt der Trade Sale häufig die Gefahr des Unabhängigkeitsverlusts dar und bietet somit ein hohes Konfliktpotential zwischen den neuen Eigentümern und den alten Eigentümern bzw. dem Management. - b) → Secondary Purchase: (1) Begriff: Die Anteile werden an einen anderen finanziellen Investor, meist an eine andere VC-Gesellschaft, verkauft. (2) aus Sicht der VC-Gesellschaft: Die Transaktion ist meist einfach, schnell und kostengünstig durchführbar. Allerdings sind beim Secondary Puchase nicht die Gewinne des Trade Sales erreichbar. (3) aus Sicht des Unternehmers: Ähnlich wie bei Trade Sale ist der Unabhängigkeitsverlust der größte Nachteil. – c) → Buy Back: (1) Begriff: Die Beteiligung wird durch das Unternehmen selbst zurückgekauft. (2) aus Sicht der VC-Gesellschaft: Der größte Vorteil entsteht hier für die VC-Gesellschaft in Form einer Absicherung im Krisenfall. Durch die verpflichtende Fixierung des Rückkaufs im VC-Vertrag ist die Fungibilität der Beteiligung für die VC-Gesellschaft gewährleistet. Zusätzlich ist die Transaktion für beide Parteien schnell und unkompliziert durchführbar. Der Nachteil ist der Verzicht auf einen Angebotwettbewerb um die Anteile, so dass der erzielte Kaufpreis und damit die Gewinn der VC-Gesellschaft geringer ausfallen. (3) aus Sicht des Unternehmers: Neben der einfachen Abwicklung garantiert dieser Exitkanal dem Unternehmer nach dem Rückkauf die volle Kontrolle über sein Unternehmen. Gleichzeitig stellt der Rückkauf aber durch den hohen Mittelaufwand einen große Kraftakt für ihn dar. Weiter reduziert die fixierte Put-Option den Anreiz der VC-Gesellschaft sich aktiv für die Verbesserung des Unternehmens einzusetzen, da diese nun nicht an einer Wertsteigerung partizipieren. – d) → Management-Buy-out (MBO): Hierbei kauft das Management im Gegensatz zu den Alteigentümern die Anteile auf. Vor- und Nachteile entsprechen denen des Buy-back. Wenn ein externes Management-Team die Anteile erwirbt, spricht man von einem Management-Buy-in (→ Buy-out-Finanzierung). – e) → Going Public: (1) Begriff: Die Gesellschaft wird an die Börse gebracht. Dies ist jedoch doch kein E. im eigentlichem Sinne, da es nicht den Verkauf der Anteile bedeutet, sondern stellt eher eine Vorbereitung und Erleichterung des Verkaufs dar. Häufig kann der Verkauf der Anteile auch nicht im Zuge des → Initial Public Offering (IPO) geschehen, da meist eine Lock-Up-Periode vorgeschrieben ist, in der die Anteile weiter gehalten werden müssen. (2) aus Sicht der VC-Gesellschaft: Der größte Vorteile hierbei ist eine meist hohe Bewertung und hohe Verkaufserlöse für die VC-Gesellschaft. Zusätzlich kann der Verkauf der Anteile gestaffelt werden und eine mittelfristige Partizipation an der weiteren Unternehmensentwicklung erreicht werden. Allerdings führt die Lock-Up-Periode auch zu Nachteilen. So kann die VC-Gesellschaft über die Unternehmensumwandlung zur Aktiengesellschaft ihre hohen Mitspracherechte verlieren, ohne sich jedoch aus der Investition zurückziehen zu können. Ein zusätzlicher Nachteil sind die mit dem IPO verbundenen, hohen Kosten und der hohe Planungs- und Vorbereitungsaufwand. Jedoch ist eine starke Unterstützung des Managements wahrscheinlich, besonders vor dem Hintergrund des Trade Sales als Alternative. (3) aus Sicht des Managements: Neben den möglichen hohen Verkaufserlösen und der erhöhten Liquidität der eigenen Anteile besitzt das Management aufgrund der Streuung der Aktien weiterhin relativ hohe Freiheit gegenüber den Neueigentümern. Zusätzlich zu den hohen IPO-Kosten stellen die laufenden Publikationspflichten und der hohe Performancedruck durch den Markt weitere Nachteile dar. – f) Receivership/Liquidation: Die Gesellschaft wird liquidiert und die Liquidationserlöse verteilt. Dies ist in den seltensten Fällen ein freiwilliger E., sondern entspricht häufig dem Scheitern der Unternehmung und einem Verlust der VC-Gesellschaft. Dieser ist aufgrund geringer Haftungs- und Liquidationsmasse sogar häufig mit einem Totalverlust gleichzusetzen. Ein Vorteil kann jedoch sein, dass die Alteigentümer und das Management sich aus der Unternehmung zurückziehen können. – *Vgl.* Abb. „Exit, Möglichkeiten der Desinvestition und deren Charakteristika". – *Vgl. auch* → Unternehmensverkauf.

Prof. Ulrich Hommel, Ph.D.

Exklusivvertrieb, → Alleinvertriebsabkommen.

Expansionsfinanzierung, der mit den spezifischen Anforderungen eines jungen Unternehmens in der → Expansionsphase der → Gründung einhergehende → Kapitalbedarf. In dieser Phase wird bspw. eine Erweiterung der Produktions- und Vertriebskapazitäten notwendig. I.d.R. kann der Ausbau des Unternehmens allerdings nicht alleine aus dem → Cash Flow finanziert werden. Das Unternehmen sieht sich folglich mit weiterem zu deckenden Kapitalbedarf konfrontiert. Dafür kann potenziellen Investoren nun jedoch mehr Sicherheit als in der Frühphase (→ Early-Stage-Phase) der Unternehmensentwicklung geboten werden.

Exit, Möglichkeiten der Desinvestition und deren Charakteristika

Alternativen der Desinvestition	Charakteristika	Ausgewählte Vor- und Nachteile
Buy Back	• Im Regelfall Verkauf an Altgesellschafter	+ Erhalt der Unternehmenskultur - Übernahme eines hohen finanziellen Risikos - Kein strategischer Nutzen aus Transaktion
Trade Sale	• Veräußerung an einen industriellen Investor	+ Schnelle / kostengünstige Abwicklung + Nutzung von Synergiepotentialen - Aufgabe der Unternehmenskontrolle
Secondary Purchase	• Verkauf an einen Finanzinvestor	+ Nutzung der Branchenerfahrung des Finanzinvestors - Einräumung eines Mitspracherechts an den Finanzinvestor bei strategischen Entscheidungen
Börsengang	• Einführung der Gesellschaft am Kapitalmarkt	+ Chance auf einen höheren Verkaufserlös im Vergleich zum Trade Sale - Steigende Publizitätsanforderungen - Nachhaltiger Leistungsdruck auf das Management

Expansionsphase, *Wachstumsphase* (Expansion-Stage). 1. Die E. ist eine Phase im Lebenszyklus eines Unternehmens, die sich an die Gründungsphase (→ Early-Stage) anschließt. Sie ist dadurch gekennzeichnet, dass erste stabile Einnahmen realisiert werden und sich das Unternehmen eine bestimmte Marktposition und ein bestimmtes Image aufbaut. Die Herausforderungen dieser Phase liegen in der Entwicklung von erfolgreichen → Wachstumsstrategien und in der stetigen Anpassung der Führungsinstrumente zur Steuerung des wachsenden Unternehmens. Der zum Wachstum erforderliche Kapitalbedarf kann häufig nicht allein aus dem → Cash Flow gedeckt werden, so dass sich das Unternehmen um weitere Investoren bzw. Finanzierungsquellen bemühen muss (Finanzierungsphasen). – 2. Darüber hinaus wird der Begriff E. auch bei der Beschreibung eines Produktlebenszyklus verwendet. Die E. schließt sich hier an die Einführungsphase eines Produktes am Markt an und ist gekennzeichnet durch steigende Umsatzvolumina. Ziel dieser Phase ist es, einen größtmöglichen → Marktanteil (maximale Marktpenetration) zu erreichen. Dabei ist zu beachten, dass i.d.R. die Zahl der Konkurrenten und die Intensität des Wettbewerbs zunehmen, sodass die Preis- bzw. Konditionenpolitik immer wichtiger wird.

Expansionsstrategie, *Wachstumsstrategie.* In einer häufig verwendeten Systematisierung von Ansoff (→ Produkt-Markt-Matrix) stehen Unternehmen vier verschiedene Optionen von Wachstumsstrategien offen. Abgrenzungskriterien sind dabei die Fragen, ob das Wachstum auf neuen oder bestehenden Märkten mit neuen oder bestehenden Produkten erfolgen soll. Die Marktdurchdringungsstrategie wird gewählt, wenn Unternehmen mit ihren gegenwärtigen Produkten auf bestehenden Märkten wachsen wollen. Sollen mit bestehenden Produkten neue Märkte erschlossen werden, so liegt die Marktentwicklungsstrategie vor. Die Produktentwicklungsstrategie zielt darauf ab, mit neuen Produkten bestehende Märkte zu bedienen. Erfolgt ein Wachstum mit neuen Produkten auf neuen Märkten, so verfolgt ein Unternehmen die Diversifikationsstrategie. – *Vgl. auch* → Expansionsphase.

Expansion Stage, → Expansionsphase.

Expertensystem, *wissensbasierte Systeme.* E. sind „intelligente" Softwaresysteme, die auf der Basis von erfasstem Expertenwissen Lösungen oder Bewertungen für Problemstellungen bieten. Im Gegensatz zu anderen Methoden, wie z.B. herkömmliche Datenbanken, die Expertenwissen lediglich reproduzieren können, sind E. in der Lage, auf dieser Grundlage zu Schlussfolgerungen, Hypothesen oder zu Empfehlungen zu gelangen. Die Güte eines E. hängt ab von der Qualität und dem Umfang des Expertenwissens in der Wissensbasis sowie in hohem Maße von der Fähigkeit, richtige Schlussfolgerungen bezüglich der zu lösenden Probleme zu liefern. Anwendungsgebiete sind z.B. die Analyse von Logistikproblemen, die Analyse und Bewertung von Bilanzen sowie die medizinische Diagnostik.

Export, kann auf volkswirtschaftlicher Ebene als die Menge der von der inländischen Volkswirtschaft produzierten und in ausländische Volkswirtschaften gelieferten Waren und Dienstleistungen bezeichnet werden. Auf Unternehmensebene erfasst der E. den Transfer von anderen Waren und Dienstleistungen über die Grenzen des Heimatlandes hinweg.

externes Rechnungswesen. 1. *Begriff:* Das e.R. als Teil des → betrieblichen Rechnungswesens dient primär der Informationsversorgung externer Interessengruppen wie Aktionäre, Staat, Banken, Kunden und Lieferanten. – 2. *Merkmale:* Es setzt sich in Abhängigkeit von der Gesellschaftsform zusammen aus → Bilanz, → Gewinn- und Verlustrechnung, Kapitalflussrechnung, Segmentberichterstattung, Anhang, Lagebericht und Zwischenbericht. Während der Anhang einzelne Positionen der Gewinn- und Verlustrechnung weiter differenziert, werden im Lagebericht Angaben zur (zukunftsorientierten) Geschäftsentwicklung gemacht. Das e.R. kann dabei auf nationalen (HGB) oder aber auch internationalen Rechungslegungsvorschriften (IAS, US-GAAP) basieren.

F

Factoring, *Forderungsverkauf.* 1. *Begriff:* Art der Umschichtungsfinanzierung, bei der die laufenden, vornehmlich kurzfristigen Forderungen eines Unternehmens (Forderungsverkäufer, Klient) aus Lieferungen und Leistungen im Rahmen vereinbarter Höchstgrenzen (Debitorenlimite) revolvierend an einen Dritten (Forderungskäufer, Faktor, Factoringgesellschaft) verkauft werden. – 2. *Merkmale:* Je nach Gestaltung des Kaufvertrages übernimmt der Faktor Dienstleistungsfunktionen (z.B. Übernahme des Inkasso- und Mahnwesens) sowie die Finanzierungs- (sofortige Liquidierung der Außenstände) und die Delkrederefunktion (Übernahme von Ausfallrisiken). Die → Kosten setzen sich für den Faktor aus der u.a. vom → Umsatz und dem Zahlungsausfallrisiko abhängigen Factoringgebühr sowie aus den → Zinsen für die Bevorschussung der Forderungen zusammen. – 3. *Arten:* Geht das Ausfallrisiko auf den Factor über, handelt es sich um echtes, ansonsten um unechtes F. Ist das F. für die Debitoren der Unternehmung erkennbar, wird vom offenen, andernfalls vom stillen F. gesprochen. – 4. *Abgrenzung von ähnlichen Begriffen:* Zu unterscheiden ist das F. von der Forfaitierung, bei welcher ein Exporteur (Forfaitist) seine mittel- und langfristigen Exportforderungen (→ Export) regresslos an einen Forfaiteur (Forfaitierungsgesellschaft) verkauft. Da Letzterer per Kaufvertrag zwar das volle Forderungsrisiko und Finanzierungsfunktionen, aber keine Dienstleistungsfunktionen übernimmt, werden in erster Linie abstrakte, d.h. vom Grundgeschäft losgelöste Forderungen forfaitiert.

Fälligkeit. Im juristischen Sinne bezeichnet man die F. als den Zeitpunkt, von dem ab ein → Gläubiger Ansprüche geltend machen kann und der Schuldner zur Erfüllung verpflichtet ist. Dieser meist vertraglich festgehaltene Zeitpunkt, kann sich auch aus den Umständen ergeben, dennoch kann der Gläubiger nach § 271 Abs. 1 BGB, Ansprüche geltend machen. Haben die Parteien einen Zeitpunkt bestimmt, darf der Schuldner seine Leistung vorher erbringen, dies ist in § 271 Abs. 2 BGB geregelt. Leistet der Schuldner bei F. einer Leistung nicht, gerät er in Verzug.

Familienunternehmen. 1. *Begriff:* Das F. unterscheidet sich von anderen Unternehmenstypen dadurch, dass es durch eine (oder mehrere) Familie(n) substanziell beeinflusst wird oder werden kann. In der Literatur lässt sich zum Unternehmenstyp F. oder auch Familienunternehmung keine klare Abgrenzung oder Definition finden, vielmehr lässt sich dieser Terminus als ein Oberbegriff zu folgenden Charakteristika zur Beschreibung von F. identifizieren: Familie wird dabei als eine Gruppe von Menschen definiert, welche Nachkommen von einem Paar sind sowie das Paar selbst. Eine (oder mehrere) Familie(n) hält (halten) gewisse Kapitalanteile am Unternehmen. Eine Familie übt maßgeblichen Einfluss auf das Unternehmen entweder über das Unternehmenskapital oder über den Einfluss im Rahmen von Aufsichtsfunktionen (→ Beirat, andere Gremien) oder gleicht dies durch den Faktor Einfluss im Rahmen von Managementfunktionen im Unternehmen aus. F. sind von der Gesellschaftsform unabhängig. F. sind auf Kontinuität ausgerichtet und bleiben i.d.R. über Generationen hinweg im Eigentum der Familie. Es bestehen über Generationen gewachsene

Beziehungen mit besonderen Kunden, Mitarbeiternähe und Sozialmentalität. Die Familie verfügt so über die Möglichkeit einer maßgeblichen Einflussnahme auf die Willensbildung und deren Durchsetzung im Unternehmen. – 2. *Besonderheiten und bestandgefährdende Momente:* In den typischen Wesensmerkmalen einer F. sind wesentliche Aspekte enthalten, die diesen Typ signifikant von Nicht-Familienunternehmen unterscheiden. Aufbauend auf diese lassen sich aus der Literatur einige Stärken und Schwächen ableiten. An bestandsfördernden Aspekten lassen sich insbesondere aufzeigen: Durch die Familie gesuchte Kontinuität des Unternehmens; die starke Ausprägung des unternehmerischen Gedankengutes der Eigentümer; kurzer Instanzenweg und Direktkontakt zur Führungsebene; die relativ große Unabhängigkeit in Entscheidungen und damit schnellere Entscheidungen, die durch die autonome Verfügungsmacht des Familienunternehmers geprägt sind; hohe Konzentration auf Kerngeschäfte und -kompetenz, sowie die hohe Identifikation und Leistungsbereitschaft der gesamten Familienmitglieder und Mitarbeiter. An bestandsgefährdenden Aspekten lassen sich aufzeigen: Die Verknüpfung von Unternehmens- und Familieninteressen, Entscheidungszentralisierung bei einer Person des F. Wachstumsfinanzierung stößt durch das selbst auferlegte „Kapitalbeschaffungskorsett oder Unabhängigkeitserfordernis" im F. auf Schwierigkeiten; fehlende Rekrutierung externer Personen zur Bildung neuer Kompetenzen, damit eng verbunden steht auch der Themenkreis der Unternehmensübergabe an die nächste Generation. Das Thema Generationswechsel wird allgemein als eines der schwerwiegendsten Probleme angesehen. Grundsätzlich lassen sich folgende Problemkreise bzw. -kategorien für einen intrafamiliären Generationswechsel in F. identifizieren, zwischen denen es zu zahlreichen Interdependenzen kommen kann: Der Unternehmer (Unternehmensübergeber, Seniorunternehmer, Altunternehmer); der Nachfolger (Übernehmer, Junior); die Familie; das Unternehmen und das Unternehmensumfeld (externe Interessensgruppen, wirtschaftliche und rechtliche Rahmenbedingungen). Die dabei auftretenden Probleme, Konflikte und Spannungen werden häufig durch den Zeitkontext im Sinne der Dynamik des Generationswechsels verschärft.

Prof. Dr. Herbert Neubauer

Literatur:
Aronoff,C./Astrachan, J./Ward, J. (Hrsg.): Family Business Sourcebook, Boston 2002; *Gersick, K./Davies, J./Mc Collom Hampton, M./Lansberg, I.:* Generation to Generation – Life Cycles of the Family Business, Boston 1997; *Neubauer, H.:* The Dynamics of Succession in Family Businesses in Western European Countries, in: Family Business Review, No. 4, Vol XVI (2003), S. 269-281; *Neubauer, F./Lank, A.:* The Family Business: Its Governance for Sustainability, New York 1998.

Family and Friends-Kapital, finanzielle Mittel von der Familie und Freunden. Dies ist ein mit Entstehen der New Economy eingeführter Fachterminus für Kapital von Familienmitgliedern, Freunden und Bekannten. Die Form dieser finanziellen Mittel kann sehr unterschiedlich sein und reicht von der direkten Eigenkapitalbeteiligung an dem Gründungsunternehmen über die Form der → stillen Beteiligung bis zum → Darlehen und der Kombination aus → Eigen- und Fremdkapital (z.B. in Form einer Beteiligung zusammen mit einem Gesellschafterdarlehen). Wichtig für die Stabilität dieser unternehmensbezogenen Beziehungen und des Verbleibs der Finanzmittel in dem Gründungsunternehmen ist die Schriftform der vertraglichen Vereinbarungen. Wegen des guten, persönlichen Verhältnisses, das die Partner miteinander haben, wird häufig auf eine schriftliche Fixierung verzichtet, was beim Entstehen von Problemen bei der → Unternehmensentwicklung und daraus resultierenden Belastungen der persönlichen Beziehungen existenzgefährdende Wirkungen für das Unternehmen haben kann.

Family and Friends-Programm. Bei einem → Börsengang werden im Rahmen eines F.a.F.-P. → Aktien auch oder sogar vorrangig bei Freunden, Bekannten, Geschäftspartnern oder Familienmitgliedern der bisherigen Eigentümer platziert. – *Vgl. auch* → Family and Friends-Kapital.

Feasibility Study. *Durchführbarkeitsstudie, Machbarkeitsstudie.* 1. *Begriff:* Die F.S. ist eine Studie, die die grundsätzliche Umsetzbarkeit eines Vorhabens abklären soll. Methodisch können in Abhängigkeit des Projektbereichs-Recherchen, technisch-wissenschaftliche Analysen, Szenarioanalysen oder Expertenbefragungen zur Anwendung kommen. – 2. *Ziele:* Um Fehlinvestitionen zu verhindern, wird bei Zweifeln an der Erreichbarkeit der Projektziele eine F.S. durchgeführt. Aufgabe ist es, in erster Linie, mögliche Widersprüche zwischen den Projektzielen und den bestehenden Erkenntnissen hinsichtlich ihrer Erreichbarkeit aufzudecken. D.h. zu klären, ob das betrachtete Vorhaben weiter verfolgenswert ist oder nicht. Die F.S. soll aber auch grundsätzliche Wege identifizieren, die geeignet sind die Projektziele zu erreichen. Dabei gilt es, mögliche projektbezogene Szenarien zu entwickeln, die die Machbarkeit des Vorhabens aufzeigen. Im Rahmen der F.S. sind Risiken und Nutzen des Vorhabens abzuklären, um die „Go/No-Go" Entscheidung treffen zu können. Der Grundgedanke der F.S findet bei der grundsätzlichen Überprüfung der Machbarkeit eines Vorhabens bereits seit Langem Anwendung, auch bei vielen → Start-up-Projekten. – 3. *Vorgehensweise:* Eine F.S. wird gewöhnlich durchgeführt, wenn sich aus einer Reihe von analysierten Projekt- oder → Geschäftsideen wenige oder ein Vorhaben herauskristallisieren, die sehr verfolgenswert erscheinen. Die F.S. soll nun auf der Basis erfolgsentscheidender Kriterien zum einen das Ausfiltern nicht machbarer Geschäftskonzepte ermöglichen. Zum anderen sollen – bei prinzipiell attraktiven Vorhaben – durch die Machbarkeitsstudie alternative Szenarios für die bestmögliche Realisierung der Projektziele erarbeitet werden. Die in dieser Hinsicht durchgeführte Bewertung der Alternativen führt i.d.R. zu einer überschaubaren Auswahl von Möglichkeiten, die auf ihre grundsätzliche Machbarkeit zu beurteilen sind. – 4. *Elemente der F.S.:* F.S. für Gründungsvorhaben können wie folgt strukturiert sein: a) Technische Feasibility: z.B. Überschaubarkeit der technischen Entwicklungsrisiken, wissenschaftliche und technische Machbarkeit des Produktes/-Prozesses; fertigungstechnische Machbarkeit des Produktes. – b) Markt-Feasibility: z.B. Freilegung der Marktchancen und -risiken anhand von Marktgröße, → Marktpotenzial, mögliche Vertriebswege, etc. – c) Wettbewerbs-Feasibility: z.B. mögliche Wettbewerbspositionen zu existierenden Wettbewerbern und die grundsätzliche Möglichkeit, Wettbewerbsvorteile zu generieren und umsetzen zu können. – d) Feasibility der Human Ressources und Organisation: z.B. ausreichende Managementqualifikation, Verfügbarkeit und Niveau der „Schlüsselqualifikationen", Verfügbarkeit der organisatorischen Voraussetzungen. – e) Feasibility des Erfolgs und der Finanzen: z.B. Chancen und Risiken des Unternehmens die anvisierten Erfolgsgrößen zu erreichen, Machbarkeit der Finanzierungsdimensionen und -arten. – f) Feasibility wesentlicher vorhabensspezifischer Faktoren: z.B. Standort, rechtliche Sonderfragen wie Patentierbarkeit, etc. – 5.) *Abgrenzung von F.S. und Business Plan:* Die F.S. ist kein → Business Plan. Die unterschiedlichen Rollen der F.S. und des Business Plans werden häufig missverständlich aufgefasst. Die F.S. erfüllt eine Ermittlungs- und Recherchefunktion und konzentriert sich auf die Frage, ob das Gründungsvorhaben machbar und prinzipiell erfolgreich sein kann. Dagegen soll der Business Plan eine Planungsfunktion erfüllen: Er umreißt die konkreten Voraussetzungen und Aktivitäten um das

Gründungsvorhaben von der Idee zum Erfolg zu führen. Während die F.S. ein analytisches Konzept ist, das häufig von Dritten – also nicht direkt mit dem Projekt befassten Personen – erstellt wird, sollte der Business Plan von den Personen angefertigt werden, die eng mit dem Vorhaben verbunden sind. Die F.S. beschreibt und analysiert verschiedene Alternativen oder Szenarios, ob und wie sich der Geschäftserfolg eines Vorhabens einstellen kann. Der Business Plan hat i.d.R. die beste Alternative der F.S. zum Gegenstand. Daher ist die F.S. dem Business Plan zeitlich vorangestellt, letzterer ist nur dann anzufertigen, wenn das Gründungsvorhaben grundsätzlich für machbar gehalten wird.

Prof. Dr. Eberhard Auchter

Literatur:
Tiemeyer, E.: Projekte im Griff, Gütersloh 2004; *Kuratko, D.F./Hodgets, R.M.:* Entrepreneurship, A Contemporary Approach, Fort Worth 2001.

Fernabsatzgesetz. Dem F. vom 27.6.2000 (BGBl I 897) lag die Richtlinie 97/7/EG des Europäischen Parlaments und des Rates vom 20.5. 1997 über den Verbraucherschutz bei Vertragsabschlüssen im Fernabsatz zugrunde. Mit der Schuldrechtsreform wurde die Thematik in das BGB integriert. Fernabsatzverträge sind gemäß § 312b I BGB solche über Waren oder Dienstleistungen, die zwischen einem Unternehmer und einem Verbraucher unter ausschließlicher Verwendung von Fernkommunikationsmitteln, auch im elektronischen Geschäftsverkehr, abgeschlossen werden, es sei denn, dass der Vertragsschluss nicht im Rahmen eines für den Fernabsatz organisierten Vertriebs- oder Dienstleistungssystems erfolgt. Da solche für den Verbraucher als besonders gefahrenträchtig angesehen werden, sind gesetzlich besondere Informationspflichten der Unternehmer vorgesehen und steht dem Verbraucher ein Widerrufsrecht nach Maßgabe der §§ 312d, 355 BGB zu.

Festbewertung, Methode der Inventurbewertung. Zur Vereinfachung der Inventurbewertung gleichartiger Vermögensgegenstände existieren verschiedene Methoden. Für Vermögensgegenstände des Sachanlagevermögens sowie Roh-, Hilfs- und Betriebsstoffe, die regelmäßig ersetzt werden und deren Gesamtwert für das Unternehmen von nachrangiger Bedeutung ist, ist die F. anwendbar. Hierbei werden diese Vermögensgegenstände mit einer gleichbleibenden Menge und einem gleichbleibendem Wert angesetzt, sofern ihr Bestand in Größe, Wert und Zusammensetzung nur gering variiert. Alle drei Jahre ist jedoch eine körperliche Bestandsaufnahme vorgeschrieben (§ 240 Nr. 3 HGB vom 6.4.2004).

FGF e.V., → Förderkreis Gründungs-Forschung e.V. Entrepreneurship Research (FGF e.V).

Filialisierung. 1. *Begriff:* Transformation zu einem Betrieb mit mindestens fünf, räumlich voneinander getrennten Filialen, die unter einheitlicher Leitung stehen. – 2. *Anwendung:* Filialen sind von Bedeutung, wenn das Einzugsgebiet des potenziellen Kundenkreises relevant und lokal begrenzt ist. So kann man durch F. die Kundenkreise erhöhen und voneinander unabhängig sowie schneller auf den Wandel der einzelnen Kundenkreise reagieren. Es ist damit auch möglich, eine zielgruppengenauerer Ansprache und damit gezieltere Angebote zu unterbreiten. Voraussetzung dafür ist, dass die einheitliche Leitung die → Flexibilität dazu einräumt.

Finanzamt. 1. *Begriff:* Staatliche Institution, die für die Verwaltung der Steuern zuständig ist. – 2. *Merkmale:* Die F. sind ein Teilbereich der staatlichen Finanz-/Steuerverwaltung. Diese ist für die Festsetzung und Erhebung von → Steuern zuständig. Oberste Behörde auf Bundesebene ist das Bundesministerium für Finanzen. Auf Länderebene finden sich auf oberster Ebene die Landesfinanzministerien, darunter Oberfinanzdirektionen als Mittelbehörden. Auf unterster Ebene sind die F. für die Finanzverwaltung vor Ort zuständig.

Finanzanalyst, befasst sich mit der Finanzsituation von Unternehmen. Häufig empfehlen F. Anlegern den Kauf oder Verkauf von Unternehmensaktien.

Finanzbedarf. Der F. eines Unternehmens ergibt sich als Ergebnis aus der → Planung. Der Finanz- oder → Kapitalbedarf kann durch → Fremd- oder Eigenkapitalfinanzierung gedeckt werden. Er bildet somit auch die Grundlage für die Beteiligungsverhandlungen mit Investoren.

Finanzbedarfsplan. 1. *Begriff:* Teil des Business- oder Geschäftsplans, der sich mit der geplanten → Liquidität eines Unternehmens befasst. In ihm werden auch die geplanten Finanzierungsmöglichkeiten berücksichtigt. – 2. *Merkmale:* Anhand des F. wird ermittelt, welche Finanzmittel für eine Neugründung oder für die Fortführung eines bestehenden Unternehmens aufgebracht werden müssen. Zu den Positionen, die dabei zu berücksichtigen sind, zählen bspw. Investitionen im → Anlagevermögen (wie etwa Maschinen, Betriebsausstattung), Gründungskosten (wie etwa Notargebühren, → Gründungsberatung) oder der Aufbau eines Vorratsbestands sowie geplante Werbemaßnahmen. Die Gesamtsumme legt den finanziellen Rahmen für den → Finanzierungsplan fest. Es gilt somit, die notwendigen Investitionsgüter, das notwendige → Umlaufvermögen und die notwendigen liquiden Mittel nach Art und Wert zusammenzustellen. Die Investitionsplanung ist ein Teilbereich des F. Sie ermittelt den → Investitionsbedarf bezüglich jener Güter, die im Unternehmen selbst genutzt werden (z.B. Fahrzeug, Software, Büroausstattung). Der Investitionsplan bildet die Grundlage um die → Abschreibungen zu ermitteln. Insbesondere bei Neugründung ist sicherzustellen, dass die Anlauf- bzw. Aufbauphase finanziell gesichert ist. Entsprechende Reserven sind einzuplanen. Bei der Aufstellung des F. ist insbesondere auf Vollständigkeit und realistische Wertansätze zu achten. Bei Neuanschaffungen wird der Kaufpreis bzw. der aus den Angeboten ermittelte Anschaffungspreis angesetzt. Bei Sacheinlagen kommt der Zeitwert zum Ansatz. Die Umsatzsteuer wird im F. nicht angesetzt. – *Vgl. auch* → Finanzplanung, → Liquiditätsplan, → Business Plan, → Planung.

Prof. Dr. Martin Kaschny

Literatur:
Arnold, J.: Existenzgründung, Würzburg 1999; *Struck, U.:* Geschäftspläne, Stuttgart 2001.

Finanzdienstleister, sehr weit gefasster Begriff, unter dem alle Personen und Organisationen (z.B. Versicherungen, Kapitalanlagegesellschaften) zusammengefasst werden, die Services rund um die Themen Finanzen und Finanzierung anbieten. – *Vgl. auch* → Finanzintermediär.

Finanzen. Unter den F. eines Unternehmens versteht man gemeinhin sämtliche Transaktionen, bei denen Geld oder geldähnliche Vermögensgegenstände (Positionen des Umlaufvermögens) bewegt werden. Wird von den F. gesprochen, so wird darunter auch der Business- und der → Liquiditätsplan verstanden. Die konkrete Bedeutung ergibt sich aus dem jeweiligen Kontext.

Finanzentscheidungen. 1. *Begriff:* Entscheidungen unter → Unsicherheit über die → Finanzierung des Unternehmens, bei denen der Entscheider künftige Zahlungsströme möglichst genau prognostizieren muss, um finanzielle Gewinne zu realisieren bzw. finanzielle Verluste zu vermeiden. Durch den Neuigkeitscharakter der → Unternehmensgründung und die Abhängigkeit von der Unternehmerperson unterliegen Entscheidungen bei der → Gründungsfinanzierung einer besonders hohen Unsicherheit. Da die F. im Zuge der Unternehmensgründung zudem oft unter hohem Zeitdruck getroffen werden, bedienen sich der → Gründer und sein Finanzier im finanziellen Kontext häufig bestimmter Urteilsheuristiken. Diese gegenüber der Maximierung des Erwartungsnutzens vereinfachten Urteilsstrategien reduzieren auch die Komplexität eines Entscheidungsproblems durch die bewusste oder unbewusste Anwendung von Entscheidungsregeln, die mit begrenzt kognitivem Aufwand in kurzer Zeit auch bei komplexen Problemen zu annähernd korrekten Urteilen führen können. Gleichwohl schließen sie die Möglichkeit eines Fehlurteils nicht aus, was bei F. im Gründungskontext besonders nachteilige Folgen für den betroffenen Gründer und die beteiligten Finanziers haben kann und den Gründungserfolg gefährdet. – 2. *Grundformen:* a) Problemfeld: Der Komplex der F. reduziert sich nicht auf den Einsatz finanzieller Mittel für Investitionszwecke. Erst die Handlungsalternative, auch externe → Kapitalgeber (Finanziers) am Unternehmensaufbau und an der → Unternehmensentwicklung zu beteiligen, führt durch die Trennung von Mittelherkunft und Entscheidungskompetenz über die Mittelverwendung zum Problemfeld der F. – b) Entscheidung zwischen Eigen-, Selbst- und Beteiligungsfinanzierung: Die Beschaffung von → Eigenkapital kann durch eigene Mittel des Gründers bzw. seiner Miteigentümer (Eigenfinanzierung), durch Hereinnahme zusätzlicher Eigentümer (→ Beteiligungsfinanzierung) und nach Aufnahme der Geschäftstätigkeit durch Einbehaltung von Gewinnen aus dem Umsatzprozess (→ Selbstfinanzierung) erfolgen. Determinanten dieser F. sind die Kapitalkosten dieser verschiedenen Eigenkapitalfinanzierungsformen, die Transaktionskosten, die steuerliche Behandlung, der Selbstfinanzierungsspielraum und die Entnahme- sowie Ausschüttungsbedürfnisse der Eigentümer. – c) Entscheidung zwischen Eigen- und → Fremdkapital, Kapitalstrukturentscheidung: Eine der wichtigsten F. betrifft das Verhältnis von eingesetztem Eigenkapital und Fremdkapital bzw. die Menge von Finanziers mit vertraglich fixierten Festbetragsansprüchen (Fremdkapitalgeber) und solchen mit Restbetragsansprüchen (Eigenkapitalgeber). Zwischenformen (→ Mezzanine Kapital) seien hier vereinfachend ausgeblendet. Determinanten dieser F. sind ungleiche Beschaffungskosten bzw. die steuerliche Behandlung von Eigen- oder Fremdkapital sowie der → Leverage-Effekt. – 3. *Probleme:* Die Durchführbarkeit des gewählten Finanzplans einer Unternehmensgründung setzt oft voraus, dass eine Reihe prognostizierter positive Ereignisse eintreten bzw. bestimmte negative Ereignisse nicht eintreten. Investoren neigen bei ihrer intuitiven Wahrscheinlichkeitsbeurteilung komplexer Ereignisse wie der → Gründung dazu, die Chancen der für die Entscheidung insgesamt notwendigen günstigen Umweltkonstellationen zu überschätzen bzw. die Chancen für den Eintritt mindestens eines ungünstigen Ereignisses zu unterschätzen. Bei einer Reihe finanzieller Entscheidungen von Unternehmensgründern und deren Finanziers, die zu Fehlschlägen führen, spielt vermutlich die Überschätzung der Wahrscheinlichkeiten günstiger Umweltkonstellationen in der komplexen, „unüberschaubaren" Gründungssituation eine entscheidende Rolle. Eng damit verbunden ist die übersteigerte Urteilssicherheit (Overconfidence), die das Phänomen beschreibt, dass Entscheider bei Urteilen unter Unsicherheit die Irrtumswahrscheinlichkeit systematisch unterschätzen. Für einen Investor, ob Gründer oder Finanzier, bedeutet dies, dass die Rückflüsse, auf die er hofft, zum Vorhersagezeitpunkt häufiger als erwartet außerhalb der geschätzten Bandbreite für die Investitionsrendite liegt. Die Relevanz für den Gründungskontext zeigt sich in Studien, in denen sich regelmäßig mehr als 50% der Befragten als überdurchschnittlich erfolgreiche Unternehmer bezeichnen und dies, obwohl nachweislich weit mehr als 50% der Gründungen scheitern.

Dr. Dietmar Grichnik

Literatur:
Drukarczyk, J.: Finanzentscheidungen, in: Hadeler, T. (Hrsg.): Gabler Wirtschaftslexikon, Bd. 2, Wiesbaden 2000, S. 1086-1089; *Grichnik, D.:* Finanzierungsverhalten mittelständischer Unternehmen im internationalen Vergleich, in: Kienbaum, J./Börner, C.J. (Hrsg.): Neue Finanzierungswege für den Mittelstand, Wiesbaden 2003, S. 75-111; *Stephan, E.:* Die Rolle von Urteilsheuristiken bei Finanzentscheidungen, in: Fischer, L./Kutsch, T./Stephan, E. (Hrsg.): Finanzpsychologie, München, Wien 1999, S. 101-134.

Finanzhilfen der Länder. 1. *Begriff:* Bund, Länder und EU unterstützen den Start in die unternehmerische Selbständigkeit durch unterschiedliche → Förderprogramme, vor allem in den neuen Bundesländern. Die meisten Förder- und Finanzhilfen-Programme der Länder für → Gründer verstehen unter → Existenzgründungen nur solche → Gründungen, bei denen sich der Gründer selbstständig macht (also zuvor noch kein eigenes Unternehmen hat) und die für den Gründer seine Haupterwerbsquelle darstellen. Egal ist, ob der Gründer ein neues Unternehmen aufbaut, ein bestehendes Unternehmen übernimmt (→ Existenzgründung durch Übernahme) oder sich aktiv an einem Unternehmen beteiligt. – 2. *Formen:* Bei den Fördermaßnahmen handelt es sich meistens um → Darlehen, aber auch nicht-rückzahlbare → Zuschüsse. Typisch für öffentliche Förderdarlehen sind u.a. günstige Zinsen, lange Laufzeiten und häufig eine zunächst rückzahlungsfreie Zeit. – 3. *Vielfalt der Programme:* Neben der eigentlichen Gründung fördern viele Programme auch → Investitionen nach der Gründung als so genannte Festigungsinvestitionen; dies kann je nach Programm bis mehrere Jahre nach der Gründung sein. Die öffentliche Förderung von Unternehmen bezieht sich wie o.a. nicht nur auf Existenzgründer und junge Unternehmen. Es werden auch für bestimmte Vorhaben bestehender Unternehmen Förderinstrumente bereitgestellt. Diese Programme können dabei auch von Existenzgründern genutzt und in die → Gründungsfinanzierung eingeplant werden. Voraussetzung ist dabei, dass die diesen Programmen zugrunde liegenden → Förderkriterien (z.B. Schaffung von Arbeitsplätzen oder Einführung spezifischer Technologien) Anwendung finden. Im Unterschied zu den "echten" Gründungsprogrammen ist bei diesen Instrumenten der Tatbestand der „→ Unternehmensgründung" nicht das allein entscheidende Kriterium für den Erhalt einer Förderung. – 4. *Landesspezifische Angebote:* Auf der Länderebene existieren zahlreiche Programme im Bereich der → Gründungsfinanzierung. In den meisten Bundesländern existieren Förderbanken bzw. Landesförderinstitute, die für die Existenzgründungsförderung zuständig sind, wie z.B. die Investitions- und Strukturbank GmbH (ISB) in Rheinland-Pfalz. Sie sind Teil des wirtschaftspolitischen Instrumentariums der jeweiligen Landesregierung und insoweit im wirtschaftspolitischen Zielsystem zu verstehen. Über diese Institutionen werden oftmals auch die sonstigen, nicht gründungsbezogenen, Förder- und Finanzhilfen-Programme abgewickelt. Daneben sind in einigen Bundesländern auch Ministerien direkt, Bezirksregierungen oder Kammern im Bereich der finanziellen Gründungsförderung tätig. – 5. *Grundsätze der Antragstellung:* Bei der Beantragung → öffentlicher Fördermittel des Bundes und der Länder sind einige wichtige Grundsätze zu beachten: Die Beantragung erfolgt bei der → Hausbank. Fördermittel müssen vor dem Beginn des Vorhabens beantragt werden, im Nachhinein werden keine Fördermittel bewilligt (Ausnahme: → Investitionszulage). Voraussetzung einer öffentlichen Finanzierungshilfe ist – insbesondere bei Existenzgründern – dass eine ausreichende fachliche und kaufmännische Qualifikation nachgewiesen werden kann. Darüber hinaus wird i.d.R. erwartet, dass die Existenzgründung eine tragfähige „Vollexistenz" als Haupterwerbsgrundlage schafft. Aufgrund der Vielfalt der Fördermöglichkeiten, ihrer Zusammenhänge und Ausschlüsse erscheint in den meisten Fällen eine fachkundige → Beratung sinnvoll, um das individuell sinnvollste „Paket" zusammen zu stellen.

Prof. Dr. Matthias Eickhoff

Literatur:
Kirschbaum, G./Naujoks, W.: Erfolgreich in die berufliche Selbstständigkeit, Freiburg 2004; *Link, U.:* Förderprogramme für Existenzgründer, in: Corsten, H. (Hrsg.): Dimensionen der Unternehmungsgründung, Berlin 2002, S. 231-253; *Nathusius, K.:* Gründungsfinanzierung, Frankfurt 2003; *Rödel, S./Gesmann, K./Wittemer, B.:* Existenzgründung, Frankfurt 2002.

finanzielle Risiken, unternehmerische Vorhaben bei denen nicht gesichert ist, dass es zu einem → Return on Investment kommt, sind mit f.R. bzw. mit der Möglichkeit eines finanziellen Verlustes verbunden. Diese können ein Unternehmen selbst betreffen, indem bspw. innovative Produkte keinen Käufer finden oder auch beteiligte Dritte (z.B. Banken, → Venture Capital-Gesellschaften, Anteilseigner). Der Begriff → Risiko verweist auf die Ungewissheit des Ausgangs eines Vorhabens, bei dem von dem betroffenen Unternehmen, anders als in der oftmals versicherungsmathematischen Herleitung (Risiko = Eintrittswahrscheinlichkeit x Schadensumfang) des Risikobegriffs, keinerlei Wahrscheinlichkeiten zur Risikoabschätzung herangezogen werden können.

Finanzierung, *Kapitalbeschaffung.* 1. *Begriff:* F. umfasst alle Aktivitäten und Formen der Kapitalbeschaffung eines Unternehmens. Neben dem Prozess der Kapitalbeschaffung bezeichnet F. auch das Ergebnis der Finanzierungsprozesse (→ Investitionsphasen), die Finanzmittelausstattung der Unternehmung und die Gestaltung der finanziellen Beziehung zu den Kapitalgebern. – 2. *Bedeutung:* Nach einer zu geringen Eigenkapitalausstattung ist die falsche F. der häufigste Insolvenzgrund. Daher erlangt die Konzeption und Durchführung der → Finanzplanung eine hohe Bedeutung in der Unternehmenssteuerung. – 3. *Finanzierungsarten:* a) nach Herkunft: (1) Eigen- oder Beteiligungsfinanzierung: Finanzierungsart, bei der Eigentümer der Unternehmung Kapital zuführen. Dieses Kapital, auch → Eigenkapital, ist unbefristet und besitzt keinen Zinsanspruch. Durch die Kapitalzuführung entsteht eine Beteiligung. Diese gewährt einen Teilhaberanspruch auf Gewinn und Liquidationserlös, allerdings ist damit auch eine Teilhabe am Verlust und auch eine Haftung im Insolvenzfall verbunden. Die Haftung variiert in ihrem Ausmaß je nach Rechtsform zwischen einer auf das Eigenkapital beschränkte Haftung und einer vollen Haftung mit dem Privatvermögen. (2) Fremd- oder Kreditfinanzierung: F. über dritte Finanzmittelgeber. Sie bedingt ein Kreditverhältnis mit den → Kapitalgebern als Gläubiger. Daher wird dieses Kapital als Fremd-, Kredit- oder Gläubigerkapital bezeichnet. Mit ihm erwirbt der Gläubiger einen Anspruch auf Verzinsung und

Finanzierung, Kapitalherkunft und -standort

	Innenfinanzierung	Außenfinanzierung
Eigenfinanzierung	Selbstfinanzierung	Beteiligungsfinanzierung
	Finanzierung aus Vermögensumschichtungen	
Fremdfinanzierung		Kredit- und Darlehensfinanzierung
	interne Rückstellungsfinanzierung	externe Rückstellungsfinanzierung

Rückzahlung des Kapitals. Im Insolvenzfall besitzen die Gläubiger einen vorrangigen Bedienungsanspruch gegenüber den Eigenkapitalgebern, jedoch kann der Bedienungsanspruch unter den Gläubigern unterschiedlich geregelt sein. So wird nachrangiges → Fremdkapital erst nach den normalen Fremdkapital bedient. (3) Selbst- oder Umsatzfinanzierung: Finanzierungsmittel, die von Unternehmen selbst durch dessen Umsatzprozess erwirtschaftet werden. Hierbei unterscheidet man zwei Gruppen. Die offene Selbstfinanzierung beinhaltete die F. aus Gewinnthesaurierung, aus Abschreibungen, aus langfristigen Rückstellungen sowie aus Desinvestitonserlösen (Verkauf von Vermögensgegenständen). Die erste Form, welche zu einer Erhöhung des Eigenkapitalbestandes führt, wird auch als echte Selbstfinanzierung bezeichnet. Da sie somit aus nicht ausgeschütteten Gewinnen der Eigenkapitalgeber besteht, ist sie eigentlich eine Form der Eigenfinanzierung. Hingegen entsprechen langfristige Rückstellungen einer Erhöhung der Fremdmittel und Abschreibungen und Desinvestitionserlöse einer Umfinanzierung durch Aktivtausch. Diese Formen werden auch als unechte Selbstfinanzierung bezeichnet. Die zweite Gruppe der Selbstfinanzierung ist die stille Selbstfinanzierung. Dies entspricht der Bildung → stiller Reserven durch überhöhte Abschreibungssätze oder überhöhte Zuführung zu den langfristigen Rückstellungen. Diese sind jedoch nicht von dauerhafter Natur und entsprechen letztendlich nur Steuerstundungen, da bei der Auflösung der stillen Reserven, z.B. durch Verkauf der überhöht abgeschriebenen Vermögensgegenstände oder Wertaufholungsverfahren, diese Gewinne doch wieder realisiert und somit versteuert werden müssen. So unterliegt die Selbstfinanzierung generell einer Abgrenzungsproblematik und gilt deshalb als umstrittenen Kategorie. – b) nach Kapitalstandort: (1) → Außenfinanzierung: F. durch eine externe Quelle. Sie kann über Geld, Güter oder Wertpapiere geschehen. Es existieren drei Arten. Die zwei wichtigsten sind Kreditfinanzierung und Beteiligungsfinanzierung, welche beide über den Finanzmarkt erfolgen. Hierbei kann auch nach den unterschiedlichen Finanzmärkten unterschieden werden (Geldmarkt-, Kreditmarkt- und Kapitalmarktfinanzierungen). Die dritte Form der Außenfinanzierung stellt Sonderformen dar und umfasst Subventionsfinanzierung, F. durch Anzahlung und kapitalsubstitutive F. (z.B. Leasing). (2) → Innenfinanzierung: Unternehmensinterne F., die die Formen der Selbstfinanzierung beinhaltet. Die Innenfinanzierung erfolgt in erster Linie aus verfügbaren → Cash Flows, mit den Unterformen der Finanzierungen aus Gewinnthesaurierung, aus Abschreibungen und aus langfristigen Rückstellungen. Weitere Formen der Innenfinanzierung sind F. aus Desinvestionserlösen und F. durch Rationalisierung und Working Capital Management. Ersteres bezieht sich auf Gegenständen des Anlagevermögens, letzteres auf Gegenständen des Vorratsvermögens und Finanztiteln. Hierbei wird ein Mittelfreisetzung durch optimierte Lagerhaltung (z.B. Just-In-Time-Produktion) oder Reduktion der Liquiditätsreserve erreicht. – c) nach Finanzierungsanlass: (1) Laufende oder ordentliche F.: F. der laufenden Geschäftstätigkeit. Diese bezieht sich entweder auf das → Umlaufvermögen (Betriebsmittelfinanzierung) oder auf das → Anlagevermögen (planmäßige Investitionsfinanzierung). (2) Außerordentliche F.: F. von Sonderfällen. Diese beinhaltet die → Gründungs-, → Venture Capital-, Sanierungs-, Fusions- und Akquisitionsfinanzierung. – *Vgl. Abb.* „Finanzierung, Kapitalherkunft und -standort".

Prof. Ulrich Hommel, Ph.D.

Finanzierungshilfen der öffentlichen Hand, → öffentliche Bürgschaft.

Finanzierungsinstrument, *Finanzierungsmittel*; Werkzeug und Finanzinstrument der → Finanzierung. Es bezeichnet alle Kontrakte, aus denen eine finanzielle Forderung, eine finanzielle Verbindlichkeit oder ein Eigenkapitalinstrument entstehen und umfasst somit Kredite, Wertpapiere und Sonderfinanzierungen. Nach Finanzierungsart sind sie in Beteiligungsinstrumente (→ Eigenkapital), Kreditinstrumente (→ Fremdkapital) und deren Zwischenformen (→ Mezzanine Kapital) unterteilbar. Zusätzlich existieren Sonderformen wie Leasing, Anzahlungen oder Subventionen als Finanzierungsmittel. Wesentlich für die Klassifizierung der F. sind die verknüpften → Cash Flow- und Kontrollrechte.

Finanzierungskonzept, Konzeption und Planung der Finanzierung. Das F. wird vorab erarbeitet und fixiert. Zweck ist es, die Finanzierung eines Projektes oder Unternehmens und deren Aspekte zu planen. Hierzu gehören Aspekte wie → Finanzierungsquellen, formen, -bedingungen und → -phasen. – *Vgl. auch* → Finanzierungsplan.

Finanzierungsmittel, → Finanzierungsinstrument.

Finanzierungsmix, *Kapitalstruktur;* Verhältnis der unterschiedlichen Finanzierungsformen. Hierbei handelt es sich meist um das Verhältnis von → Eigen- zu → Fremdkapital, allerdings kann es sich auch um detaillierte Unterscheidung z.B. nach Fristigkeit oder nach Finanzierungsmitteln handeln. Die in diesem Zusammenhang am häufigsten verwendete Kennzahl ist das Verhältnis von Fremd- zu Eigenkapital („Debt-Equity-Ratio").

Finanzierungsphasen, → Investitionsphasen.

Finanzierungsplan. 1. *Begriff:* Neben dem → Finanzbedarfsplan und dem → Liquiditätsplan Hauptbestandteil der betrieblichen → Finanzplanung. Im F. wird dargelegt, wie der im Finanzbedarfsplan ermittelte → Kapitalbedarf gedeckt werden soll. Mit dem F. legt der → Gründer fest, welche finanziellen Mittel in einem möglichst optimalen Mix aus → Finanzierungsinstrumenten einerseits und Finanzierungspartnern (→ Kapitalgebern) andererseits eingesetzt werden sollen. Es wird also erläutert, woher das benötigte Kapital kommen (→ Finanzierungsquellen) und welche Struktur (Anteile Gründerkapital sowie externes → Eigenkapital und → Fremdkapital) es aufweisen soll. – 2. *Ablauf:* Nachdem der erforderliche Kapitalbedarf berechnet wurde, ist im Rahmen des F. zu ermitteln, welche Quellen zur Deckung des Finanzierungsbedarfs heranzuziehen sind. Dabei wird grundsätzlich zwischen Eigenkapital (Bareinlagen, Sacheinlagen und Eigenleistungen) und Fremdkapital unterschieden. Finanzierungsinstrumente zur Erlangung von Fremdkapital sind bspw. öffentliche Förderkredite, → Mezzanine Kapital, Darlehen der Kreditinstitute oder Einlagen aus typischen → stillen Gesellschaften. Für eine optimale Zusammenstellung des → Finanzierungsmixes sind insbesondere die Laufzeit, der Zinssatz, die Freijahre bei Tilgung oder Zinsen sowie Art und Umfang der Sicherheiten wichtige Planungsparameter. Auch ein angemessenes Verhältnis zwischen Eigen- und Fremdkapital ist ein wichtiger Parameter.

Finanzierungsquellen. 1. *Begriff:* Unter F. versteht man Institutionen oder Personen (→ Kapitalgeber), bei denen sich ein Unternehmen Finanzmittel beschaffen kann, um seinen → Kapitalbedarf zu decken. Dabei kann es sich um interne oder externe Quellen handeln. – 2. *Arten:* Interne F. dienen der → Innenfinanzierung. Hierzu zählen das Unternehmen selbst sowie dessen Eigentümer/Gesellschafter. Die Finanzierung kann über einbehaltene Gewinne (→ Selbstfinanzierung) oder durch Kapitaleinlagen bisheriger Eigentümer erfolgen. Externe F. dienen dagegen der → Außenfinanzierung des Unternehmens. Zu unterscheiden sind weiterhin Quellen für → Eigenkapital und → Fremdkapital, wobei die Übergänge zwischen beiden fließend sein können. – 3. *Systematisierung externer F.:* a) Eigenkapitalquellen: Zu den typischen Eigenkapitalgebern von Gründungsunternehmen gehören – neben den Gründern selbst – Privatinvestoren, → Kapitalbeteiligungsgesellschaften und strategische Investoren. Bei Privatpersonen kann es sich z.B. um Familienmitglieder, Freunde oder Bekannte handeln (→ Family and Friends-Kapital) sowie um → Business Angels. Kapitalbeteiligungsgesellschaften umfassen bspw. → Venture Capital-Gesellschaften oder → Private Equity-Gesellschaften. Unter strategischen Investoren sind vor allem dritte Unternehmen zu verstehen, die sich durch eine Beteiligung Wettbewerbsvorteile versprechen (sei es durch besseren Marktzugang, Diversifizierung oder vertikale Integration). Für reifere Unternehmen besteht weiterhin die Möglichkeit, sich durch einen → Börsengang bzw. die Emission neuer → Aktien zusätzliches Eigenkapital zu beschaffen. – b) Fremdkapitalquellen: Als Fremdkapitalgeber kommen vor allem Banken, Lieferanten, Kunden und staatliche Förderinstitutionen, aber auch Privatpersonen in Betracht. → Banken stellen Unternehmen klassische → Darlehen und Kredite zur Verfügung, während → öffentliche Fördermittel (z.B. von der → KfW Mittelstandsbank) häufig als nachrangige Darlehen mit günstigen Zins- und Tilgungskonditionen und langen Laufzeiten angeboten werden. Lieferanten gewähren bei einem guten, vertrauensvollen Geschäftsverhältnis Kredite in Form von verlängerten Zahlungszielen, Kunden sind unter Umständen bereit, eine Anzahlung zwecks Vorfinanzierung von Produktionsmitteln zu leisten. Die letztgenannten Fremdkapitalquellen bieten sich hauptsächlich bei Unternehmen an, die Großinvestitionen tätigen bzw. Großaufträge erhalten. Auch Privatpersonen wie Freunde oder Familienmitglieder können – meist für kleinere Beträge – als Finanzierungsquelle in Frage kommen. – 4. *Bedeutung verschiedener F. im Laufe der Unternehmensentwicklung:* Nicht alle der oben aufgeführten F. kommen jeder Phase der → Unternehmensentwicklung gleichermaßen in Betracht (→ Investitionsphasen). So steht bspw. ein Börsengang für ein Unternehmen in der Gründungsphase nicht zur Disposition, ebenso wie sich ein reifes Unternehmen mit entsprechend hohem Kapitalbedarf nicht mehr über Privatpersonen wird finanzieren können. Tendenziell wird sich ein Unternehmen in den frühen Entwicklungsphasen vorwiegend durch Eigenmittel (→ Gründerkapital und → Family and Friends-Kapital), Business Angels und öffentliche Fördermittel finanzieren. Dies ist vor allem mit den meist fehlenden banküblichen Sicherheiten in Form von Anlagevermögen zu begründen, die die Aufnahme von Fremdkapital stark einschränken. Während der Wachstumsphase gewinnt das Fremdkapital mehr und mehr an Bedeutung, in den späten Entwicklungsphasen stellt es neben der Eigenkapitalfinanzierung über die Börse die Haupt-Finanzierungsquelle für Unternehmen dar. Venture Capital kommt in nahezu allen Entwicklungsphasen als Finanzierungsinstrument in Betracht. Bei den meisten Venture Capital-Gesellschaften liegt der Tätigkeitsschwerpunkt jedoch auf der Gründungs- und Frühphasenfinanzierung.

Prof. Dr. Klaus Nathusius

Literatur:
Nathusius, K.: Grundlagen der Gründungsfinanzierung, Wiesbaden 2001.

Finanzierungsregeln. 1. *Begriff:* Normative Vorgaben zur Bilanz- bzw. Finanzierungsstruktur, i.d.R. ausgedrückt als Relation zwischen Kapitalteilen und Vermögenspositionen, zwischen → Eigenkapital und → Fremdkapital oder einzelnen Kapitalarten und Gesamtkapital. F. entspringen einer bilanzorientierten Beurteilung der finanziellen Lage eines Unternehmens. Das Ziel der Anwendung von F. ist die Sicherstellung und die Erhaltung des finanziellen Gleichgewichts, vor allem der → Liquidität eines Unternehmens. Die Einhaltung von F. soll dabei die Zahlungsfähigkeit eines Unternehmens gewährleisten, ohne den Leistungsprozess zu beeinträchtigen. Motiv zur Einhaltung der Regeln sind einerseits das Eigeninteresse des Unternehmens und andererseits die Tatsache, dass sich externe Kapitalgeber bei Kreditwürdigkeitsprüfung an den F. orientieren können. – 2. *Formen:* Insgesamt wird eine Vielzahl unterschiedliche Regeln formuliert; sie können in vertikale F. (sog. Kapitalstrukturregeln) und horizontale F. (sog. Kapitalbindungsregeln) differenziert werden. a) Vertikale F. (Kapitalstrukturregeln) betrachten Relationen zwischen dem Fremdkapital und dem Eigenkapital sowie zwischen den einzelnen Kapitalarten und dem Gesamtkapital. Die in finanzwirtschaftlicher Sicht wichtigste vertikale Bilanzkennzahl ist der Verschuldungsgrad V, wobei V = Fremdkapital FK/ Eigenkapital EK. Für die Finanzierungspolitik eines Unternehmens ergibt sich bei Beachtung dieser Kennzahl die Notwendigkeit, dass V eine bestimmte, z.B. branchenabhängig Grenze nicht überschreiten darf. Aus Sicht der Kreditgeber ist ein hoher Verschuldungsgrad mit einer erhöhten Ausfallgefahr verbunden; aus Sicht des Unternehmens geht es vornehmlich darum, kreditfähig zu bleiben. In der Beleihungspraxis wurde früher ein Verhältnis des Eigen- zum Fremdkapital von eins zu eins gefordert, weil dann die mit Eigenkapital finanzierten Vermögensgegenstände eine vollständige Deckung der Ansprüche der Fremdkapitalgeber gewährleisten. Angesichts der tatsächlichen Eigenkapitalausstattung der deutschen Unternehmen haben sich geringere Anforderungen durchgesetzt; so wird in vielen Branchen etwa eine Relation des Eigen- zum Fremdkapital von eins zu zwei als solide und die Relation von eins zu drei als noch zulässig angesehen. Neben dem Verschuldungsgrad existieren als weitere vertikale Kennzahlen z.B. die Eigenkapitalquote (Eigenkapital/Gesamtkapital), die Fremdkapitalquote (Fremdkapital/Gesamtkapital) und der Verschuldungskoeffizient (Fremdkapital/Gesamtkapital). Bei der Bestimmung solcher Kennzahlen wird traditionell auf die Bilanzzahlen abgestellt, wobei in der neueren Literatur Marktwerte diskutiert werden. Soweit es sich beim Fremdkapital um Verbindlichkeiten handelt, bei denen kein großer Spielraum für die Bewertung besteht, stellt ihre Verwendung kein gravierendes Problem dar; anders beim bilanziellen Eigenkapital, welches maßgeblich von den Bewertungsspielräumen der Aktivseite, die insbesondere bei der Bilanzierung nach HGB gegeben sind, determiniert wird. – b) Horizontale Finanzierungsregeln (Kapitalbindungsregeln) stellen auf das Verhältnis zwischen den Vermögenspositionen, also der Mittelbindung (Aktivseite der Bilanz), und den Kapitalpositionen, also der Mittelherkunft (Passivseite der Bilanz) ab. Hierbei wird grundsätzlich zwischen der → Goldenen Finanzierungsregel (auch als Goldene Bankregel bezeichnet) und der Goldenen Bilanzregel unterschieden. Die Goldene F. fordert eine vollständige Fristenkongruenz zwischen den Aktiv- und Passivgeschäften. Jede Aktivposition soll mithin genau für die Dauer der Kapitalbindung finanziert werden. Bei strenger Einhaltung dieser Regel ist gesichert, dass die Fälligkeit der Rückzahlung des Passivposten nicht vor der Freisetzung des im Aktivposten gebunden Kapitals erfolgt. Da aber die Fristenkongruenz für jeden Vermögenstitel gefordert wird, ergibt sich ein Zurechnungsproblem der Finanzierungspositionen zu den einzelnen Aktivposten. U.a. aufgrund dieses Zurechenbarkeitsproblems setzt die Goldene Bilanzregel auf eine pauschalisierte Fristenkongruenz. Hierbei werden Regeln festgelegt, die im Gegensatz zur Goldenen F. auf Fristenkongruenz zwischen Gruppen der Aktiva und bestimmter Kapitalqualitäten abzielen. In der engsten Fassung soll das Anlagevermögen vollständig durch das Eigenkapital finanziert werden können ($AV \leq EK$). In der weiteren Fassung wird die Finanzierung des Anlagevermögens durch das Eigenkapital und das langfristige Fremdkapital gefordert ($AV \leq EK$ + langfristiges FK). In der weitesten Fassung der Goldenen F. gilt das Eigenkapital und langfristiges Fremdkapital als ausreichend, um das Anlagevermögen und langfristig gebundenes Umlaufvermögen zu finanzieren (AV + langfristiges UV ≤

EK + langfristiges FK). Darüber hinaus werden auch für Zahlungsmittel und das monetäre und kurzfristige Umlaufvermögen F. abgeleitet, die insbesondere für eine bestandsorientierte Liquiditätsanalyse von Bedeutung sind. Hierzu gehören sog. Liquiditätsgrade ersten bis dritten Grades. Es handelt sich hierbei um Verhältniszahlen, die sich voneinander durch die Einbeziehung von Vermögenspositionen unterschiedlicher Geltungsdauer unterscheiden: Liquidität ersten Grades (Absolute Liquidity Ratio) = Zahlungsmittel/kurzfristige Verbindlichkeiten x 100%; Liquidität zweiten Grades (Net Quick Ratio, Acid Test) = monetäres Umlaufvermögen/kurzfristige Verbindlichkeiten x 100%; Liquidität dritten Grades (Current Ratio) = kurzfristiges Umlaufvermögen/kurzfristige Verbindlichkeiten x 100%. Je höher die ermittelten Prozentzahlen sind, desto liquider ist das Unternehmen. Dabei werden für die Liquidität zweiten Grades Werte in Höhe von 100% und für die Liquidität dritten Grades in Höhe von 200% gefordert. Liquidität ersten Grades fällt dagegen üblicherweise sehr niedrig aus, weil die Liquidität allgemein zu Lasten der Rentabilität geht und bei kurzfristigen Engpässen mit Bankkrediten gerechnet werden kann. Auch hier tritt das Problem der Bilanzdaten auf.

Prof. Dr. Christoph J. Börner

Literatur:

Bogner, S.: Finanzierungsregeln, in: Gerke, W./Steiner, M. (Hrsg.): Handwörterbuch des Bank- und Finanzwesens, Stuttgart 2001, S. 802-810; *Franke, G./Hax, H.:* Finanzwirtschaft des Unternehmens und Kapitalmarkt, Berlin 2004, S. 114-121; *Perridon, L./Steiner, M.:* Finanzwirtschaft der Unternehmung, München 2002, S. 550-556.

Finanzierungsrunden, Finanzierungsabschnitte bei der → Venture Capital-Finanzierung, die durch das Erreichen bestimmter Zwischenziele bei der → Unternehmensentwicklung abgegrenzt werden. Nach der ersten F., bei dem ein Unternehmen erstmals externes → Eigenkapital erhält, macht der Beteiligungsgeber die Auszahlung weiterer Mittel in den folgenden F. vom Erreichen vertraglich definierter Ziele, den → Milestones, abhängig. Dieses sog. Capital Staging dient dem Venture Capital-Geber dazu, das Risiko aus Abweichungen in der prognostizierten Unternehmensentwicklung zumindest teilweise auf das Portfoliounternehmen und den → Gründer zu überwälzen. Die kurzfristige Realisierung der → Meilensteine ohne langfristig positiven Trend führt zum negativen Effekt des Window Dressing. – *Vgl. auch* → Investitionsphasen.

Finanzierungsverhalten, → Finanzentscheidungen.

Finanzierungszeitraum, Zeitspanne, für die dem Unternehmer mit Finanzierungsbedarf externes Kapital durch einen Investor zur Verfügung gestellt wird. Während → Eigenkapital zunächst unbefristet im Unternehmen eingesetzt werden kann, steht der Rückzahlungszeitpunkt beim → Fremdkapital zum Zeitpunkt der Kapitalvergabe bereits fest. → Mezzanine Kapital (z.B. Genussscheine) kann die Eigenschaften des unbefristeten Eigenkapitals mit dem befristeten Fremdkapital kombinieren und so den F. unabhängig von den sonstigen Kapitaleigenschaften gestalten.

Finanzintermediär. Ein F. ist eine Person oder Organisation (z.B. Kapitalanlagegesellschaften, Versicherungen), die auf den Geld-, Kapital- und Kreditmärkten berufsmäßig fremde Vermögenswerte annimmt oder aufbewahrt oder hilft, sie anzulegen oder aufzubewahren.

Finanzmarkt. 1. *Begriff:* Sammelbezeichnung für alle Märkte, die dem Handel von Geld, Wertpapieren und Finanzkontrakten dienen. Der F. ist somit ein kommerzielles Beziehungsnetz zwischen Anbietern und Nachfragern von Finanzmitteln. – 2. *Merkmale:* Der F. ist der ökonomischen Ort des Zusammentreffens von Angebot und Nachfrage nach Finanzmitteln. Als Akteure fungieren neben Bankbetrieben und Unternehmen auch private Haushalte und öffentliche Gebietskörperschaften (Bund, Länder, Kommunen, Sozialversicherungsträger). Hierbei fragen Unternehmen und Gebietskörperschaften vorwiegend Finanzmittel nach, während private Haushalte in erster Linie über Sparprozesse die F. speisen und im Vergleich nur im geringen Umfang Kapital nachfragen. F. ermöglichen den Zugang zu den Finanzmitteln (Kredite, Wertpapiere, Sonderfinanzierungen), um vor allem Unternehmen die → Finanzierung ihrer Investitionsvorhaben zu ermöglichen. – 3. *Funktionen:* a) Mikroökonomisch: Der F. besitzt den Zweck der Finanzintermediation. Er vermittelt zwischen Anbietern und Nachfragern von Kapital, indem er Informationsmangel, unterschiedliche Präferenzen (z.B. in Fristigkeit, Risiko) und Kapitalangebot und -nachfrage harmonisiert. Hierbei werden vier Funktionen unterschieden: Der Kapitalbedarf der Schuldner wird mit den Anlagewunsch der Sparer in Einklang gebracht, so dass auch Kapital in unzugänglichen Größenordnungen angeboten oder nachgefragt werden kann (Losgrößentransformation). Unter Fristentransformation wird der Ausgleich unterschiedlicher Laufzeitinteressen der Akteure verstanden sowie unter Risikotransformation der Ausgleich einer unterschiedlichen Risikobereitschaft. Durch die Liquiditätstransformation werden konkrete Forderungen und relative illiquide Realinvestitionen in vertretbare Teilschuldverschreibungen oder Beteiligungsanteile zerlegt und dadurch handelbar. – b) Makroökonomisch: Aus Sicht einer Volkswirtschaft erfüllt der F. den Zweck, Finanzkapital in Realkapital, d.h. freies in gebundenes Kapital, umzuwandeln, ohne dass dieses seine Eigenschaft als Finanzkapital verliert. Somit sorgt er für eine Kapitalmobilisierung und eine effiziente Kapitalallokation innerhalb der Volkswirtschaft (Lenkungsfunktion). – 4. *Formen*: Der F. kann durch unterschiedliche Systematisierungen in verschiedene Teilmärkte unterteilt werden. Hierbei werden die Klassifizierungsmerkmal auch häufig vermischt. Allerdings weisen alle Klassifizierung nur eine geringe Trennschärfe, eine unvollständige Abdeckung und meist auch sich untereinander wiedersprechende Definitionen auf. a) Nach Marktteilnehmer: (1) Kapitalmarkt: Hier sind alle Teilnehmer, d.h. Unternehmen, Privathaushalte, öffentliche Körperschaften und Bankbetriebe, zugelassen, allerdings nicht alle emissionsfähig. (2) Geldmarkt: Dieser beschreibt den Handel mit Zentralbankgeld oder Geldmarktfonds und ist auf Geschäfts- und Zentralbanken als Marktteilnehmer beschränkt. Die Geldmarktgeschäfte sind kurzfristiger Natur (i.d.R. unter einem Jahr) und sorgen für den Liquiditätsausgleich unter den Marktteilnehmern. Weiter wird der Geldmarkt in einen Geldmarkt i.e.S. und i.w.S. unterteilt. Ersterer umfasst den Handel mit Zentralbankgeld unter Geschäftsbanken und wird auch als eigentlicher Geldmarkt, Handelsgeldmarkt oder Bankengeldmarkt bezeichnet. Die Definition i.w.S., auch Regulierungsgeldmarkt, beinhaltet zusätzlich die Geldmarktgeschäfte der Zentralbank mit den Geschäftsbanken, über die auch die geldpolitischen Maßnahmen stattfinden. – b) Nach Marktobjekten: (1) Devisenmarkt: Hier werden Währungen in Form von Sorten, Schecks, Wechseln und Überweisungen gehandelt. Während im Devisenkassamarkt die Tauschgeschäfte umgehend erfüllt werden, ist die Abwicklung im Devisenterminmarkt auf einen späteren Zeitpunkt fixiert z.B. bei einem Forwardkontrakt. Vergleichsweise größere Volumina werden jedoch über Währungsderivate abgewickelt (insbesondere Swaps). (2) → Kapitalmarkt: Dieser bedient Angebot und Nachfrage nach Finanzkapitaltiteln. Nach den unterschiedlichen Titelarten differenziert man zwischen Aktienmarkt mit Beteiligungstiteln und Zinsmarkt mit Fremdkapitaltiteln. Mittel- bis langfristige Fremdkapitaltitel, meist Schuldverschreibungen, Anleihen, Rentenpapiere oder Obligationen, sind Objekte des Rentenmarktes. Hingegen werden kurzfristige Titel, meist mit einer Laufzeit unter einem Jahr, am Geldmarkt gehandelt. In dieser Definition wird der Geldmarkt im Vergleich zur Klassifizierung nach Marktteilnehmer um kurzfristige Geldgeschäfte aller potentiellen Marktteilnehmer erweitert. Da Kapital häufig als mittel- bis langfristige Finanzmittel deklariert wird, wird der Geldmarkt manchmal aus dem Kapitalmarkt ausgegliedert betrachtet. Auf allen Märkten werden zusätzlich Derivate der Finanztitel gehandelt. Ein Hauptproblem dieser Systematisierung ist die fehlende Trennschärfe, da aufgrund der großen Breite von Finanzinnovationen und Hypriden (z.B. Wandelanleihen) die Grenzen zwischen den Märkten verschwimmen. – c) Nach institutioneller Form: (1) Organisierter Markt: Der Handel findet an Börsen statt und wird börsenaufsichtsrechtlich durch Handelsüberwachungsstellen überwacht. In Deutschland teilt sich der organisierte Kapitalmarkt in drei Marktsegmente mit abnehmenden Organisationsgrad, Auflagen und Publizitätspflichten: amtlichen Handel, geregelten Markt und Freiverkehr. (2) Over-the-Counter (OTC) Markt: Dies bezeichnet den außerbörslichen Handel von Wertpapieren. Er findet dabei direkt zwischen Käufer und Verkäufer statt, meistens mit Unterstützung von professionellen Händlern oder Banken. Diese Form wird häufig bei speziellen oder großen Beträgen genutzt, die nicht unbedingt publik gemacht werden sollen. Allerdings gelten für ihn ebenfalls die gesetzlichen Regelungen des Wertpapierhandels. – d) Nach Alter der Titel: (1) Primärmarkt: Hier werden neu herausgegebene Finanzierungstitel vom Emittenten angeboten und von Investoren gekauft. (2) Sekundärmarkt: Dies ist der Handelsplatz für bereits bestehenden Finanzierungstitel.

Prof. Ulrich Hommel, Ph.D.

Finanzmittelbereitstellung, Aktivität, bei der zugesagte Finanzmittel tatsächlich verfügbar gemacht werden. Diese Bereitstellung kann auch von sog. → Meilensteinen abhängig sein. Bei → Venture Capital-Fonds werden eingeworbene Mittel z.B. üblicherweise erst dann eingezahlt, wenn auch entsprechende Investitionsgelegenheiten vorhanden sind.

Finanzplanung. 1. *Begriff:* F. ist ein Instrument, mit dessen Hilfe dargestellt wird, wie sich die finanzielle Situation eines Unternehmens zukünftig entwickeln wird, wenn die betrieblichen Ziele planmäßig erreicht werden. – 2. *Ziele:* Die Informationen, welche aus der F. resultieren, sind sowohl für → Kapitalgeber als auch für die Unternehmensleitung von zentraler Bedeutung. Sie sind bei Existenzgründungen eine wichtige Grundlage für die → Gründungsprüfung und bei bestehenden Betrieben ein wichtiger Ausgangspunkt für das → Controlling. – 3. *Instrumente:* Wichtige Bestandteile der F. sind die Instrumente → Finanzbedarfsplan und die → Finanzierungsplan. Sie stellen die Grundlage für die Planbilanz dar. Die → Rentabilitätsplanung ist weitgehend mit der Plan-→ Gewinn- und Verlustrechnung zu vergleichen. Hier werden Aufwand und Ertrag eines Unternehmens betrachtet. Aus der Rentabilitätsplanung kann die → Liquiditätsplanung abgeleitet werden. Gegenstand dieser Form der Planungsrechnung sind die Ein- und Auszahlungen. Die → Umsatzsteuer wird i.d.R. nur im Rahmen der Liquiditätsplanung berücksichtigt. – 4. *Folgerungen und Ergebnisse:* Bei der F. ist der Einsatz von Software unerlässlich. Grundsätzlich ist hier zwischen herkömmlichen Tabellenkalkulationsprogrammen und – z.T. kommerziell zu erwerbender – Planungssoftware für Existenzgründer zu wählen. – 5. *Ausblick:* Auch für etablierte Betriebe ist es wichtig, möglichst früh Abweichungen der Sollwerte (F.) von den Istwerten (Finanzbuchhaltung) zu erkennen. F. sollte daher auch von etablierten Betrieben durchgeführt werden. Durch die F. werden Soll-Werte bzw. Zielgrößen klar definiert. Um einen Vergleich von Planungsrechnung (Soll-Werte) und Finanzbuchhaltung (Ist-Werte) zu erleichtern, sind beim externen Rechnungswesen bzw. der betriebswirtschaftlichen Auswertung des Steuerberaters (BWA) i.d.R. Modifikationen bei den Umsatzarten, den halbfertigen Arbeiten, dem Wareneinsatz, den Bestandsveränderungen sowie den Fremdleistungen sinnvoll.

Prof. Dr. Martin Kaschny

Literatur:
Arnold, J.: Existenzgründung, Würzburg 1999; *Struck, U.:* Geschäftspläne, Stuttgart 2001.

Finanzstruktur, Zusammensetzung von Vermögen und Schulden eines Unternehmens. Anzustreben ist eine ausgewogene Finanzierung des Unternehmens (finanzielles Gleichgewicht) unter Einhaltung der → Finanzierungsregeln. Hierbei sollen Zusammensetzung und Dauer der Vermögensbindung der → Kapitalstruktur entsprechen.

Firma, Begriff des Handelsrechts. Name, unter dem ein → Kaufmann bzw. eine Handelsgesellschaft oder eine Genossenschaft seine/ihre Geschäfte betreibt und die Unterschrift abgibt, § 17 HGB. Voraussetzung ist die Kaufmannseigenschaft. Der Kaufmann kann unter seiner F. klagen und verklagt werden, ist aber selbst Träger aller Rechte und Pflichten. Die F. muss zum → Handelsregister angemeldet und eingetragen werden. Änderungen oder das Erlöschen der F. sind ebenfalls einzutragen. – *Vgl. auch* → Firmenname.

Firmenbörse. 1. *Begriff:* Marktplätze, auf denen sich Unternehmen hauptsächlich zu zwei Zwecken präsentieren: Erstens (Übernahmebörsen) wird ein Käufer für das Unternehmen und in diesem Zusammenhang ein Nachfolger für die Unternehmensleitung (bei gleichzeitiger Übernahme des Unternehmens) gesucht (→ Existenzgründung durch Übernahme) bzw. zweitens präsentieren sich die Firmen potenziellen Arbeitnehmern in einer Art Karrierebörse. – 2. *Organisation:* F. werden unter anderem durch → Industrie- und Handelskammern, Handwerkskammern oder Studentengruppen (Karrierebörsen) organisiert oder finden sich in virtueller Form im Internet. Ein Beispiel dafür ist die Seite www.existenzgruender-netzwerk.de.

Firmenmantel. Sämtliche → Gesellschaftsanteile einer Gesellschaft, z.B. die nur durch Geschäftsanteile verkörperte äußere Rechtsform einer → Gesellschaft mit beschränkter Haftung, die keinen Geschäftsbetrieb mehr oder noch nicht verfolgt. Der F. kann erworben werden, um den Kosten- und Zeitaufwand der → Gründung zu sparen. Ein gebrauchter F. wurde früher häufig aus steuerlichen Gründen erworben, um neue Gewinne mit alten Verlusten der Mantelgesellschaft verrechnen zu können; § 8 Abs. 4 KStG hat diese Praxis weitgehend gestoppt und verlangt für den Verlustabzug nicht nur die rechtliche, sondern auch die wirtschaftliche Identität zwischen der die Verluste und die späteren Gewinne erwirtschaftenden Gesellschaft. Bei Anteilswechsel (50 + eine Stimme) und der Zuführung überwiegend neuen Betriebskapitals wird die Identität verneint. Eine Gesellschaft kann als F. gegründet werden, wenn ihr Unternehmensgegenstand, z.B. Verwaltung eigenen Vermögens, den Vorratszweck erkennen lässt. Wird der F. zur Aufnahme von Geschäftstätigkeit erworben, ist der satzungsmäßige Unternehmensgegenstand entsprechend zu ändern.

Firmenname, Begriff des Handelsrechts. Der F. muss zur Kennzeichnung des → Kaufmanns geeignet sein und hinreichende Unterscheidungskraft besitzen. Die Haftungsverhältnisse der Firma müssen offen gelegt werden, indem der F. die Bezeichnung der → Rechtsform als Zusatz enthalten muss, wobei die allgemein übliche Abkürzung genügt, z.B. XY GmbH. → Einzelunternehmer müssen die Bezeichnung eingetragene(r) Kaufmann/ Kauffrau (e.Kfm.) verwenden. Von der Firma im handelsrechtlichen Sinne zu unterscheiden sind insbesondere Markennamen oder Bezeichnungen von nichtkaufmännischen Kleinbetrieben. – *Vgl. auch* → Firma.

Firmenwert. Der F. oder Geschäftswert entsteht beim Kauf beziehungsweise Verkauf eines Unternehmens. Er ist die Differenz zwischen dem gezahlten Kaufpreis und der Summe der einzelnen Vermögenswerte (Substanzwert) abzüglich der Schulden. Der F. gehört zu den immateriellen Vermögensgegenständen und verkörpert die Aussicht eines Unternehmens auf zukünftige Gewinne. In die Berechnung des F. fließen unter anderem folgende Faktoren ein: (1) die Einkaufs- und Absatzorganisation, (2) die Fähigkeiten und Fertigkeiten des Personals, (3) die Lage einer Unternehmens bzw. eines Geschäftes oder (4) der Bekanntheitsgrad und der Ruf eines Unternehmens. Wurde der F. entgeltlich erworben, kann er aktiviert werden (handelsrechtliches Aktivierungswahlrecht). Ein entgeltlich erworbener F. liegt immer dann vor, wenn die Gegenleistung beim Kauf eines Unternehmens den Wert der aktiven und passiven Wirtschaftsgüter übersteigt. Nach den Bestimmungen des Handelsgesetzbuches (§ 255 Abs. 4 HGB) müssen → Kapitalgesellschaften den F. gesondert ausweisen. Nach steuerrechtlichen Bestimmungen ist der entgeltlich erworbene F. zu aktivieren (steuerrechtliche Aktivierungspflicht). Der F. gehört zu den abnutzbaren Wirtschaftsgütern des → Anlagevermögens und ist mit einer Nutzungsdauer von 15 Jahren abzuschreiben.

First-Mover-Advantage. 1. *Begriff:* Unter dem F.-M.-A. versteht man den Vorteil (Advantage), den ein Unternehmen dadurch erlangt, dass es als erstes (First-Mover) in einen Markt eintritt. – 2. *Vorteil:* Der Vorteil kann z.B. darin liegen, dass Kunden für neue Produkte eine höhere Preisbereitschaft haben. Zusätzlich kann sich ein vorteilhaftes Pionier-Image aufbauen und der First-Mover hat die Chance, → Markteintrittsbarrieren aufzubauen. – 3. *Nachteil:* Der Nachteil eines solchen Vorgehens liegt darin, dass der First-Mover auch das Marktrisiko für die Neuerung trägt, also Produkte entwickelt zu haben, die unter Umständen keinen Markt finden. Zudem sind seine Entwicklungskosten i.d.R. höher als die der Folger. – 4. *Verbreitung:* Innovative → Existenzgründungen schlagen i.d.R. den Weg des First-Movers ein und versuchen, die damit verbundenen Vorteile zu realisieren.

First-Stage-Financing, letzte → Finanzierungsphase der → Early-Stage-Phase. F.-S.-F. ist die → Finanzierung eines Unternehmens in dessen Frühentwicklung. Hauptaktivität der First-Stage-Phase ist die Markteinführung des Produktes. Somit ist die Produktentwicklung ist schon abgeschlossen ist, allerdings werden noch keine Umsätze erzielt werden. Der Name stammt aus der hier stattfindenden ersten Phase der Vermarktung.

Fixkosten, *fixe Kosten,* → Kosten, die bei einer Veränderung der Kosteneinflussgröße konstant bleiben. Z.B. Mieten müssen auch dann gezahlt werden, wenn keine Umsätze generiert werden.

Fixkostendegressionseffekte, → Lerneffekte.

Flexarbeit, → Leiharbeit.

Flexibilität. 1. *Begriff:* Anpassungsfähigkeit einer Person oder eines Unternehmens an sich möglicherweise ändernde Anforderungen des Umfelds. – 2. *Beurteilung:* Hohe → Fixkosten wirken sich bspw. negativ auf die F. eines Unternehmens aus. Junge Unternehmen sollten sich deshalb den Vorteil einer höheren F. gegenüber etablierten erhalten. Auf der Suche nach einem nachhaltigen Geschäftsmodell können und müssen sie sich zur Not vollkommen neu positionieren. Dies ist insbesondere dann von Vorteil, wenn die Unsicherheit über die zu bearbeitenden Märkte so hoch ist, dass eine Marktbearbeitung durch Trial-and-Error bzw. eine marktnahe Produktentwicklung notwendig ist.

Fokussierungsstrategie, → Nischenstrategie.

Folgepflichten, Anforderungen, die vom Emittent von Wertpapieren nach der → Emission zu erfüllen sind, Umfang der Anforderungen ist abhängig von Börsensegment und umfasst meist Veröffentlichung von → Jahresabschlüssen und Zwischenberichten sowie → Ad-hoc-Publizität.

Fonds. 1. *Begriff:* Ein F. ist ein unter besonderer Verwaltung stehendes Sondervermögen. Neben den (Investmentfonds, die vor allem in börsengängige Wertpapiere investiert sind, existieren z.B. Immobilienfonds, Geldmarktfonds und auf die Bereitstellung von Kapital an kleine Unternehmen oder → Unternehmensgründungen spezialisierte Private Equity-Fonds und → Venture Capital-Fonds (VCF). Ein VCF stellt ein Anlagevehikel dar, mit dem sich Investoren indirekt an jungen, wachstumsstarken Unternehmungen beteiligen können. Aufgelegt werden VCF von Wagniskapitalgesellschaften, die bei Investoren Kapital einsammeln und dieses für einen begrenzten Zeitraum in junge, zumeist technologieorientierte Unternehmen investieren. Die Wagniskapitalgesellschaft übernimmt dabei alle notwendigen Tätigkeiten, wie die Auswahl und Bewertung von Investitionsobjekten, das Beteiligungscontrolling oder die Veräußerung der Beteiligung. Charakteristisch ist ferner, dass die Wagniskapitalgesellschaft dem Management der Portfoliounternehmen verschiedene Unterstützungs- und Beratungsleistungen zur Verfügung stellt, um auf diese Weise den Wert der Beteiligung positiv zu beeinflussen. – 2. *Struktur:* VCF konstituieren sich zumeist in der → Rechtsform einer Limited Partnership bzw. einer → Kommanditgesellschaft, wobei die Wagniskapitalgesellschaft üblicherweise die Rolle des General Partners (→ Komplementärs) übernimmt und die Investoren als Limited Partner (→ Kommanditisten) fungieren. Bei den Fondsinvestoren handelt es sich in Deutschland zumeist um institutionelle Anleger wie → Banken, Versicherungen oder Pensionsfonds. Private Anleger spielen dagegen eher eine untergeordnete Rolle. Die Laufzeit eines VCF ist i.d.R. auf fünf bis zehn Jahre begrenzt, so dass die Investoren spätestens am Ende der Laufzeit den Erfolg (oder Misserfolg) ihrer Investition realisieren. – 3. *Vorteile:* Gegenüber der → direkten Beteiligung an einem Unternehmen, bietet die indirekte Beteiligung über einen F. aus Investorensicht im Wesentlichen zwei Vorteile. Erstens führt die Beteiligung an mehreren Portfoliounternehmen zu einem Diversifikationseffekt, der bei der → Finanzierung junger innovativer Unternehmen von großer Bedeutung ist. Dies hängt mit den für Beteiligungen an solchen Unternehmen typischerweise verbundenen Risiken zusammen: Ex post erweisen sich ungefähr ein Drittel der → Investitionen als (Total-) Ausfall, ungefähr die Hälfte erwirtschaften keine nennenswerte Rendite und nur ca. 15% erweisen sich als hoch rentierliche sog. „High-Flyer" (Sahlmann, 1990). Die bei den „High-Flyer" erzielten Gewinne sind dabei so hoch, dass sich im Durchschnitt, d.h. auf ein Portfolio bezogen, die → Gründungsfinanzierung lohnt. Zweitens kann aus Investorensicht die Beteiligung an einem F. gegenüber der direkten Beteiligung auch unter Transaktionskostenaspekten vorteilhaft sein. Die Wagniskapitalgesellschaft als ein auf die Gründungsfinanzierung spezialisierter Intermediär kann i.d.R. die Auswahl von erfolgversprechenden Beteiligungsunternehmen, die Gestaltung des Beteiligungsvertrags, das Beteiligungscontrolling, die Unterstützung des → Managements etc. zu geringeren Kosten leisten als die Investoren selbst. – 4. *Nachteile:* Den Vorteilen der Delegation stehen jedoch die Probleme entgegen, die sich aus der Prinzipal-Agenten-Beziehung (→ Prinzipal-Agenten-Theorie) zwischen den Investoren und der Wagniskapitalgesellschaft ergeben. Zunächst müssen Investoren von der Qualifikation des Fondmanagements überzeugt werden. Des Weiteren muss sichergestellt werden, dass das

Fondmanagement im Interesse der Investoren handelt und nicht etwa umfangreiche Perquisites konsumiert, → Kapital an Unternehmen vergibt, von denen es persönlich profitiert, oder vielleicht schlicht überhöhte Fondsgebühren einstreicht. – 5. *Managementvergütung und Kontrolle:* Um Prinzipal-Agenten-Probleme in der Beziehung zwischen den Fondsinvestoren und dem Fondsmanagement zu begrenzen, findet sich neben einer fixen Managementgebühr (Management Fee), die der Deckung von → Fixkosten dient, oftmals eine variable Gewinnbeteiligung des Managements, die als Carried Interest bezeichnet wird. Zusätzlich wird zumeist eine → Hurdle Rate vereinbart, d.h. eine Mindestverzinsung, die das investierte Kapital erreichen muss, bevor die Wagniskapitalgesellschaft über den Carried Interest am Wertzuwachs des F. beteiligt wird. Ein weiteres Instrument zur Minderung von Agency-Problemen sind Vertragsklauseln (Covenants), die das Verhalten der Wagniskapitalgesellschaft beeinflussen und opportunistischem Verhalten vorbeugen sollen. So kann z.B. das Investment in ein einzelnes Portfoliounternehmen, der Umfang oder auch die Art der einzelnen Beteiligungen beschränkt werden. Darüber hinaus wird regelmäßig vereinbart, dass die Fondsinvestoren bei bestimmten Anlageentscheidungen zustimmen müssen.

Prof. Dr. Peter Nippel

Literatur:
Feinendegen, S./Schmidt, D./Wahrenburg, M.: Die Vertragsbeziehung zwischen Investoren und Venture Capital-Fonds, CFS Working Paper, 2002; *Gompers, P.A./Lerner, J.:* The Venture Capital Cycle, Cambridge 1999; *Schefczyk, M.:* Finanzieren mit Venture Capital, Stuttgart 2000; *Sahlman, W.A.:* The structure and governance of venture capital organizations, in: Journal of Financial Economics, 27. Jg. (1990), S. 473-521; *Zemke, I.:* Unternehmensverfassung von Beteiligungskapital-Gesellschaften, Wiesbaden 1995.

Fondsgesellschaft, Unternehmung, deren Geschäftszweck es ist, Kapital bei Investoren durch die Auflegung eines → Fonds einzusammeln und nach bestimmten Kriterien anzulegen. Im Rahmen der → Gründungsfinanzierung handelt es sich bei einer F. üblicherweise um eine Wagniskapitalgesellschaft.

Fondsinvestoren, Anleger, die gegen die Ausgabe von Anteilsscheinen in einen → Fonds investieren. Bei einer → Gründungsfinanzierung handelt es sich zumeist um Banken, Versicherungen und Pensionsfonds. Aber auch Privatanleger können in Fonds investieren, die sich an → Unternehmensgründungen beteiligen.

Fondsmanagement, übernimmt die Verwaltung des Fondsvermögens. Hierzu zählt u.a. die Auswahl und Bewertung geeigneter Investitionsobjekte, das Beteiligungscontrolling sowie die Unterstützung des Managements der Portfoliounternehmen.

Fondsstrategie, bezieht sich auf die Anlagepolitik eines → Fonds und die Zusammensetzung eines Fondsportfolios. Die Zusammensetzung kann sich in branchenmäßiger und regionaler Hinsicht unterscheiden. Das wichtigste Unterscheidungsmerkmal ist jedoch, in welcher Phase des Lebenszyklus in ein Portfoliounternehmen investiert wird, wobei grob zwischen der → Early-Stage-Phase und der → Late-Stage-Phase zu unterscheiden ist.

Fondsstruktur, bezieht sich auf das institutionelle Design eines → Fonds. In Deutschland konstituieren sich Fonds üblicherweise in der Rechtform einer → Kommanditgesellschaft, international als Limited Partnership. Bei einem → Venture Capital-Fond übernimmt i.d.R. eine Wagniskapitalgesellschaft die Rolle des → Komplementärs (General Partners) und Fondsinvestoren fungieren als → Kommanditisten (Limited Partner).

Förderantrag. Ein F. wird i.d.R. benötigt, um eine öffentliche Förderung (→

Förderkredit) zu beantragen. Der F. enthält Angaben über den Antragsteller, das Vorhaben, das gefördert werden soll, die gewünschte Förderung und weitere kreditrelevante Angaben. Dem öffentlichen Förderinstitut dienen die Angaben auf dem F. u.a. zur Einschätzung der Bonität des Antragstellers und zum Nachweis, dass dieser die Förderkriterien erfüllt. Der F. wird i.d.R. an Hand eines Antragsformulars über ein Kreditinstitut (Sparkasse, Volksbank, private Geschäftsbank) an die → Förderbank geleitet.

Förderarten, *Arten von Fördermitteln, Förderinstrumente.* In Deutschland kommen für Unternehmen und → Gründungen folgende F. zur Anwendung: → Bürgschaften, → Darlehen, Zuschüsse und → Beteiligungen. Daneben können Unternehmen auch in den Genuss von Sonderabschreibungen kommen, so etwa bis 1996 in den neuen Bundesländern. Darüber hinaus gibt es hauptsächlich im Bereich der Technologieförderung auch Projektförderung, die von Bund und Ländern für einzelne, zeitlich und inhaltlich abgegrenzte Vorhaben gewährt wird.

Förderbank, *Förderinstitut,* Kreditinstitut, das den Auftrag hat, mit finanzwirtschaftlichen Mitteln die Umsetzung wirtschaftspolitischer Zielstellungen wie Existenzgründungs- und Mittelstandsförderung, Umweltschutz oder Wohnbauförderung zu unterstützen. Instrumente einer F. sind i.d.R. zinsgünstige Langfristkredite, → Bürgschaften, → Beteiligungsfinanzierungen und Beratungsleistungen. Um ihren Förderauftrag wahrnehmen zu können, ist eine F. mit bestimmten Privilegien (z.B. expliziten oder impliziten staatlichen Haftungsgarantien) ausgestattet. In Deutschland sind F. als juristische Personen öffentlichen Rechts (i.d.R. Anstalten) organisiert. F. des Bundes sind die → KfW Bankengruppe (ehemals Kreditanstalt für Wiederaufbau) und die Landwirtschaftliche Rentenbank. Die Länder unterhalten darüber hinaus zum Teil in Form ihrer jeweiligen Landesförderinstitute und Bürgschaftsbanken eigene F.

Förderdatenbank, fasst Informationen über Fördermöglichkeiten systematisch zusammen und dient dazu, die Vielfalt der → Förderprogramme sowohl für Berater als auch für potentielle Nutzer von Förderung zu erschließen. Eine umfangreiche F. findet sich auf der Internet-Seite des Bundesministeriums für Wirtschaft und Arbeit (BMWA). Unter der Adresse www.bmwi.de ist ein vollständiger und aktueller Überblick über die Förderprogramme des Bundes, der Länder und der Europäischen Union (→ EU-Fördermittel) zu finden.

Förderfähigkeitsprüfung. Mittels einer F. prüft eine Förderinstanz, ob Antragsteller, die ein Förderdarlehen in Anspruch nehmen wollen, berechtigt sind, eine Förderung zu erhalten. Je nach → Förderprogramm müssen verschiedene → Förderkriterien erfüllt sein. Zu den Förderkriterien in der Gründungs- und Mittelstandsförderung können die Größe des Unternehmens, die Art des zu finanzierenden Vorhabens, die Qualifikation des Antragstellers u.a. gehören.

Förderinstanz, zuständige Stelle, die für die Bewilligung oder Vergabe von Fördermitteln zuständig ist. F. für kleine und mittlere Unternehmen in Deutschland findet man auf den Ebenen der EU, des Bundes, der Bundesländer und Kommunen. Beispiele für F. sind → Förderbanken wie insbesondere die → KfW Bankengruppe (auf Bundesebene) oder die Landesförderinstitute (auf der Ebene der Bundesländer). F. können aber auch Behörden und Ministerien sein. Die Bewilligungsverfahren können dabei unterschiedlich sein.

Förderinstrumente, → Förderarten.

Förderkredit, Kredit einer → Förderinstanz, der im Vergleich zu Marktkrediten meist eine Förderkomponente (z.B. bei Zinsen, Laufzeit, Sicherheiten) aufweist. Die Ausgestaltung des F. und damit der Förderkomponenten hängt von der Zielgruppe der Förderung, dem Förderzweck, der Förderregion, der Förderinstanz u.a. Faktoren ab. F. werden i.d.R. nicht direkt bei der Förderinstanz beantragt, sondern über ein Kreditinstitut an die Förderinstanz geleitet. Dieses übernimmt i.d.R. die Kreditwürdigkeitsprüfung und trägt auch ganz oder teilweise das Ausfallrisiko des Kredits. Daher wird ein Kreditinstitut zur Durchleitung des Förderkredits trotz eventueller anteiliger Haftungsfreistellung nur bereit sein, wenn es selbst von dem zu finanzierenden Projekt oder dem Unternehmenskonzept überzeugt ist und dabei eine angemessene Marge für seine Tätigkeit.

Förderkreis Gründungs-Forschung e.V. Entrepreneurship Research (FGF e.V), Der gemeinnützige FGF e.V. wurde am 14.10.1987 in Berlin durch Mitglieder des damaligen Schmalenbach-Arbeitskreises „Innovative Unternehmensgründungen" ins Leben gerufen. *Der Vereinszweck* ist „die Förderung von Forschung, Lehre und Transfer zur Thematik der Unternehmensgründung". Die inhaltlichen Schwerpunkte des FGF beziehen sich auf die genetische Betrachtungsweise unter besonderer Berücksichtigung der Gründungs- und Frühentwicklungsphase von Unternehmen sowie auf den Aspekt des unternehmerischen Handelns (englisch: „→ Entrepreneurship"). Dieser Ansatz bleibt nicht auf betriebswirtschaftliche Sichtweisen beschränkt, sondern bedient sich gleichfalls der Erkenntnisse anderer Wissenschaftsdisziplinen, wie z.B. der Volkswirtschaftslehre, Soziologie, Psychologie, Wirtschaftsgeographie, Pädagogik, Geschichtswissenschaft und Jurisprudenz. Dem entsprechend ist auch das Angebot des FGF interdisziplinär angelegt. Zielgruppen des FGF sind insbesondere entsprechend fokussierte Hochschullehrer und Wissenschaftler, sowie Doktoranden und Diplomanden. Daneben spricht der FGF mit seinen Aktivitäten auch selbständige Unternehmer, die Venture Capital Industrie, Wirtschaftsförderer, Unternehmensberater, Kreditinstitute und die Politik an. Der FGF sieht → Unternehmensgründungen allgemein und insbesondere innovative Gründungen als einen Schlüsselfaktor für das Gedeihen und Wachstums unserer Marktwirtschaft, für die Erhaltung und Verbesserung der internationalen Wettbewerbsfähigkeit und insbesondere für die Schaffung qualifizierter und dauerhafter Beschäftigung. Er arbeitet daher auf eine allgemeine Sensibilisierung unserer Gesellschaft für das Thema „Entrepreneurship" und auf die Förderung einer „Kultur des Unternehmertums" hin. Dazu soll die Unterstützung der akademischen „Entrepreneurship-Ausbildung" an Hochschulen einen wichtigen Beitrag leisten, wie auch die Aktivierung des Wissenstransfers und des Erfahrungsaustauschs innerhalb und außerhalb der „Sciencific Community". Neben der Einbindung der führenden WissenschaftlerInnen soll aber auch die Gewinnung relevanter Netzwerkpartner aus anderen gesellschaftlichen Bereichen bzw. der Auf- und Ausbau von strategischen Partnerschaften hierzu dienen. Der FGF versteht sich als genereller Interessensverwalter des Fachgebietes und sieht in der nachhaltigen Pflege und Stärkung der nationalen und internationalen Informations- und Kommunikationsbeziehungen interner und externer Akteure und in der Förderung des wissenschaftlichen Nachwuchses in diesem Bereich wichtige Aufgaben. www.fgf-ev.de.

Prof. Dr. Heinz Klandt

Literatur:

Klandt, H.: Entrepreneurship Education and Research in German-Speaking Europe, in: Academy of Management Learning & Education, No. 3, Vol. 3 (2004), 293-301.

Förderkriterien, Kriterien, die ein Antragsteller erfüllen muss, um in den Genuss öffentlicher Förderung zu gelangen (→ Förderfähigkeitsprüfung). Da → Förderkredite meist im Rahmen von → Förderprogrammen vergeben werden, hängen die F. vom Programmzweck ab. Bei den F. handelt es sich meist um formale Kriterien. Dazu gehören die Größe des Unternehmens, die Art des Vorhabens oder die Qualifikation des Antragstellers. Für mittelständische Unternehmen muss für den Zugang zu den öffentlichen Förderprogrammen oft die Definition für → kleine und mittlere Unternehmen der EU erfüllt sein → EU-Fördermittel). – *Vgl. auch* → Förderinstanz.

Fördermittelkombination, Finanzierung eines Vorhabens mit → öffentlichen Fördermitteln verschiedener → Förderinstanzen oder aus verschiedenen → Förderprogrammen. Der Bund, die Bundesländer, Kommunen sowie die EU (→ EU-Fördermittel) vergeben Fördermittel für bestimmte Vorhaben kleiner und mittlerer Unternehmen oder für → Unternehmensgründungen. Diese können i.d.R. miteinander kombiniert werden. Auch verschiedene Fördermittel eines Förderinstitutes können miteinander kombiniert werden. Bei der F. sind gegebenenfalls Förderhöchstgrenzen zu beachten. Z.B. dürfen alle öffentlichen Mittel zusammen nicht mehr als 75% des Gesamtfinanzierungsbedarfes ausmachen.

Förderprogramm. Im Rahmen von F. werden Finanzmittel, meist öffentliche Mittel in Form von günstigen Krediten, Beteiligungen oder Zuschüssen, oder sonstige Leistungen, z.B. Bürgschaften, für Privatpersonen, Unternehmen, Kommunen und soziale Einrichtungen zu bestimmten Förderzwecken bereitgestellt. Deutsche Unternehmen haben die Wahl zwischen ca. 2.800 F., die von verschiedenen → Förderinstanzen auf unterschiedlichen Ebenen (EU, Bund, Bundesländer, Kommunen) zur Verfügung gestellt werden. – *Vgl. auch* → EU-Fördermittel, → KfW Bankengruppe.

Forderungsverkauf, → Factoring.

Förderung von Existenzgründungen, → Gründungsförderung.

Formalziel, → Zielsystem.

Forschungs- und Entwicklungskosten (F&E-Kosten), Kosten, die mit Forschungs- und Entwicklungstätigkeit im Unternehmen und mit nach außen vergebenen Forschungsaufträgen verbunden sind. Ihre verursachungsgerechte Erfassung in der Kostenrechnung ist schwierig. Bei freier Forschung ist vor allem die genaue Zurechnung auf Produkte oder Produktgruppen in der → Kostenträgerrechnung kaum möglich. Bei produktgebundener Forschung werden die Forschungskosten häufig als Sondereinzelkosten der Fertigung erfasst.

Forschung und Entwicklung (F&E), Suche nach neuen Erkenntnissen unter Anwendung wissenschaftlicher Methoden und in geplanter Form. Als Forschung wird der generelle Erwerb neuer Erkenntnisse, als Entwicklung deren erstmalige konkrete Anwendung und praktische Umsetzung bezeichnet. „Neu" ist dabei unternehmensspezifisch zu verstehen. Entbehrt die Forschung noch eines realen Verwertungsaspekts, so handelt es sich um Grundlagenforschung. Die angewandte Forschung ist dagegen bereits auf konkrete Anwendungsmöglichkeiten und Produkte hin ausgerichtet.

Fortfaitierung, → Factoring.

Founder´s Lock-up, Vereinbarung im Gesellschafterkreis zu Lasten der → Gründer bzw. Altaktionäre, ihre → Aktien nach Abschluss einer → Finanzierungsrunde oder auch einem → Börsengang für einen bestimmten Zeitraum, die → Lock-up Periode, nicht zu veräußern, sondern zu halten. Erst nach dieser Frist dürfen die Aktien veräußert werden, damit dem → Kapitalmarkt Stabilität signalisiert wird bzw. die Investoren sicher sein können, dass die Gründer nicht vor ihm an einen Verkauf ihrer Anteile denken.

Franchise Systeme, sollen ausgehend von einem Franchisekonzept dessen Standardisierung und damit Rationalisierung und verbesserte Arbeitskoordination sowie Vervielfältigung erreichen. Dabei wird das Außenverhältnis durch das Vertriebssystem, den Marktauftritt und das vermittelte Image geprägt. Das Innenverhältnis ist gekennzeichnet durch die Regelung der Leistungsbeiträge von Franchisegeber und -nehmer sowie deren Prozesse, Strukturen, Qualitätsmaßstäbe und vertragliche Bindungen. Die Vervielfältigung selbst erfolgt durch expansive Franchisevergabe im nationalen und internationalen Rahmen.

Franchising. 1. *Begriff:* Gemäß dem vom Deutschen Franchise Verband e.V. (DFV) verwendeten Verhaltenskodex der European Franchise Federation wird unter F. ein Vertriebssystem verstanden, durch das Waren und/oder → Dienstleistungen und/oder Technologien vermarktet werden. Es gründet sich auf eine enge und fortlaufende Zusammenarbeit rechtlich selbständiger und unabhängiger Unternehmen, dem Franchise-Geber und seinen Franchise-Nehmern. Der Franchise-Geber gewährt seinen Franchise-Nehmern das Recht und legt ihnen gleichzeitig die Verpflichtung auf, ein Geschäft entsprechend seinem Konzept zu betreiben. Dieses berechtigt und verpflichtet den Franchise-Nehmer, gegen ein direktes oder indirektes Entgelt im Rahmen und für die Dauer eines schriftlichen, zu diesem Zweck zwischen den Parteien abgeschlossenen Franchise-Vertrags bei laufender technischer und betriebswirtschaftlicher Unterstützung durch den Franchise-Geber, den Systemnamen und/oder das Warenzeichen und/oder die Dienstleistungsmarke und/ oder gewerbliche Schutz- und Urheberrechte sowie das Know-how, die wirtschaftlichen und technischen Methoden und das Geschäftssystem des Franchise-Gebers zu nutzen. – 2. *Merkmale:* F. funktioniert nach dem Grundsatz „Einmal konzipieren und x-mal verkaufen". Alleine in Deutschland existieren mehr als 800 → Franchise-Systeme mit ca. 41.000 Franchise-Nehmern. Die Branchen in der Reihenfolge der Franchise-System-Verbreitung lauten: Handel und Dienstleis-

Franchising, Inhalte eines Franchise-Vertrags

Franchise-Vertrag	
Präambel	Grundlagen, historische Entwicklung, nationale und internationale Geschäftszahlen
Gegenstand der Franchise	Leistungs- und Produktprogramm, Nutzungsrechte für gewerbliche Schutzrechte
Vertragsgebiet	Allfälliger Gebiets-, Platz- oder Kundenschutz
Rechte und Pflichten des Franchise-Gebers	Detaillierte Darstellung des Know-hows im Handbuch, Grundausbildung, Weiterbildung, Marketing- und Werbekonzepte, Controlling, Weiterentwicklungen
Rechte und Pflichten des Franchise-Nehmers	Freiräume für unternehmerische Selbständigkeit müssen vorhanden bleiben (auf eigenen Namen und eigene Rechnung tätig werden), Rolle und Konditionen von Bezugsverpflichtungen, Zahlungsverpflichtungen, stellt Arbeit, Kapital und Informationen zur Verfügung
Vertragsdauer und Kündigung	Oft 5 bis 10 oder 10 Jahre wegen Startfinanzierung, Parallelität eines allfälligen Mietvertrags, Kündigungsgründe beider Parteien
Beendigung des Franchise-Vertrags	Aufrechnung wechselseitiger Forderungen, Lagerauflösung
Widerrufsrecht	Recht zur Widerrufsbelehrung und Widerrufsfolgen

tungen, Gastronomie und Tourismus sowie das Handwerk. – 3. *Darstellung des zugrunde liegenden Modells:* Das System des F. erlaubt sowohl einen raschen Einstieg für angehende Franchise-Nehmer als auch eine rasche Expansion für Franchise-Geber im Falle eines erfolgreichen und nachhaltigen Konzepts mit vorteilhaften Konditionen für beide Vertragspartner. Für Nehmer spricht zumindest bei erfolgreich laufenden Systemen die relative Planbarkeit des wirtschaftlichen Erfolgs. Von Vorteil ist vor allem die Unterstützung auf dem Gebiet der Unternehmensführung sowie der gemeinsam stärker wirkende Marktauftritt. Hinzu kommen mögliche Realisierungen von Erfahrungsvorsprüngen sowie die Durchführung von Benchmark-Projekten. Allerdings stellen unerfahrene → Gründer nur einen geringen Teil der tatsächlichen Franchisenehmer. Für den Franchise-Geber wirkt sich besonders die Größe des zu bearbeitenden Marktes bei gleichzeitiger lokaler und persönliche → Führung der einzelnen Geschäfte durch die Franchise-Nehmer aus. Somit wird unternehmerisches Handeln mit den Vorteilen eines Grossunternehmens verknüpft. Der einheitliche Marken-Auftritt sorgt für eine gesteigerte Bekanntheit bei gleichzeitiger persönlicher Kundenbeziehung durch die Franchise-Nehmer. Trotzdem gibt es auch unzählige nicht zur Realisierung gekommene Franchise-System-Ideen. Diesen fehlt zumeist die Tragfähigkeit des Geschäftsmodells, die mangelnde Multiplizierbarkeit sowie der langfristig unsichere Bedarf. Hinzu kommt, dass die Vertragskonditionen unvorteilhaft ausgestaltet sind. So können die erforderliche Investitionssumme, die einmalige Eintrittsgebühr, die laufenden Franchise-Gebühren oder hinzukommende Marketinggebühren sich nicht rechnen. – 4. *Probleme:* Problematisch bei Franchise-Systemen ist zum einen die Abgrenzung zu anderen Bindungsformen wie Lizenzverträgen, Einkaufsgemeinschaften, hierarchischen Vertriebssystemen, Vertragshändlersystemen, Handelsvertreter- oder Agentursystemen, Filialsystemen, Genossenschaften, Kommissionssystemen, Alleinvertriebsverträgen oder Depotsystemen. Zum anderen stellt sich die Frage nach den ‚Freiheiten' innerhalb des Systems bspw. bei lokalen Anpassungen des Geschäftsmodells- und der –räume oder hinsichtlich der Verpflichtung rasche Wechsel der (gebührenpflichtigen) Marketing- und Werbeinitiativen mitzumachen. Hinzu kommen Fragen der Angemessenheit der Gebühren und Investitionsbeiträge. – *Vgl. Abb.* „Franchising, Inhalte eines Franchise-Vertrags".

Prof. Dr. Christoph Müller

Literatur:
Deutscher Franchise Verband e.V. (DFV): Erfolgreiche Selbständigkeit mit Franchising, Berlin 2004; *Flohr, E.:* Franchising im Wandel, München 2003.

Free Cash Flow. 1. *Begriff:* Der F.C.F. ist die Differenz aus Ein- und Auszahlungen aus der gewöhnlichen Geschäftstätigkeit während einer Periode (Operativer Cash Flow), abzüglich der gezahlten → Zinsen auf → Fremdkapital und abzüglich aller Auszahlungen für → Investitionen in Sachanlagen und immaterielle Vermögensgegenstände (ohne Goodwill) sowie zuzüglich der erhaltenen Zinsen und zuzüglich aller Einzahlungen aus Desinvestitionen. Der F.C.F. gibt somit den → Zahlungsüberschuss einer Periode an, der zur Verteilung an die Eigentümer eines Unternehmens – oder zur Thesaurierung – tatsächlich zur Verfügung steht. – 2. *Merkmale:* Der F.C.F. stellt den Erfolg (Zahlungsüberschuss) aus Unternehmenstätigkeit in einer Abrechnungsperiode dar, der nicht nur „wirklich verdient" wurde, sondern als Überschuss der zahlungswirksamen Erträge über die zahlungswirksamen Aufwendungen nach Bedienung des Fremdkapitals, nach Investitionen und nach Steuern in liquiden Mitteln zur „freien" Disposition der Unternehmenseigentümer vorliegt. Dieser Zahlungsüberschuss besitzt vor allem aus zwei Perspektiven betriebswirtschaftliche Bedeutung. Einerseits ist er eine Maßgröße für das strategische Innenfinanzierungspotenzial eines Unternehmens. Andererseits wird er zur Beurteilung des Unternehmenserfolgs empfohlen, um die Erfolgsermittlung von diversen „Gestaltungsspielräumen“ der Bilanzpolitik („Window Dressing“) abzukoppeln und stattdessen auf „harte“, weniger manipulationsanfällige Informationen über Ein- und Auszahlungen zu stützen. Voraussetzung für eine solche Erfolgsermittlung ist allerdings, dass der F.C.F. nicht nachträglich aus dem bilanziell ermittelten → Jahresüberschuss durch Zu- und Abschläge abgeleitet wird („indirekte“ Ermittlungsmethode), sondern von vornherein aus Ein- und Auszahlungen einer separat durchgeführten Zahlungsstrom- oder Liquiditätsrechnung gewonnen wird („direkte“ Ermittlungsmethode). Da solche Zahlungsstrom- oder Liquiditätsrechnungen entweder nicht erstellt werden oder für Außenstehende unbekannt bleiben, wird der F.C.F. eines Unternehmens in der betrieblichen Praxis häufig ersatzweise berechnet, indem der Jahresüberschuss um nicht zahlungswirksame Posten sowie um Fremdkapital-, Investitions- und Steuerzahlungen korrigiert wird. Die nicht zahlungswirksamen Posten betreffen insbesondere Hinzurechnungen von Zuweisungen zu den offenen Rücklagen, von → Abschreibungen auf das → Anlage- oder → Umlaufvermögen sowie von Erhöhungen der → Rückstellungen (oder Herausrechnungen von komplementären Rücklagenauflösungen, Zuschreibungen bzw. Rückstellungsauflösungen), daneben z.B. auch Verminderungen des Jahresüberschusses um aktivierte Eigenleistungen und Bestandserhöhungen an selbst erstellten Erzeugnissen. Speziell in Bezug auf einzelne Investitionsprojekte wird der operative Cash Flow auch als investitionsbedingter Rückfluss finanzieller Mittel in den Perioden t=1,...,T aufgefasst, der der Mittelbindung durch die Anschaffungsauszahlung in der Periode t=0 gegenüber steht (→ Kapitalwertmethode). – *Vgl. auch* → Cash Flow.

Freiberufler. I. Steuerrecht: *1. Begriff:* Selbstständig tätige, die keine Gewerbetreibenden sind (§ 18 Abs. 1 Nr. 1 EStG). – 2. *Merkmale:* Auf besonderer beruflicher Qualifikation basierende persönliche, eigenverantwortliche und fachlich unabhängige Erbringung geistig-ideeller (Dienst)leistungen. – 3. *Arten:* a) Tätigkeitsberufe: selbstständig ausgeübte wissenschaftliche, künstlerische, schriftstellerische, unterrichtende oder erzieherische Tätigkeit. – b) Katalogberufe: Heil-, rechts- und wirtschaftsberatende, technisch-naturwissenschaftliche Berufe, Medienberufe. – c) Katalogberufen ähnliche Berufe: Selbstständige Tätigkeiten, die dem typischen Bild eines Katalogberufes entsprechen. – 4. Folgen: insbesondere Freisein von → Gewerbesteuer. – II. Gesellschaftsrecht: Angehörige der → Freien Berufe.

Freiberufliche Partnerschaft. 1. *Begriff:* Partnerschaftliche Zusammenarbeit im Tätigkeitsbereich von → Freiberuflern. – 2. *Formen:* a) Innerbetriebliche Partnerschaft: Zusammenarbeit von Freiberuflern als gemeinsame Mitgesellschafter bzw. Teilhaber einer Gesellschaft. Die mit dem PartGG eingeführte Partnerschaft ist eine Gesellschaftsform, in der sich Angehörige der Gruppe → Freie Berufe zur Ausübung ihrer Berufe zusammenschließen können (§ 1 I PartGG). → Gesellschafter können nur natürliche Personen sein (§ 1 I S. 3 PartGG). Die → Partnerschaftsgesellschaft lehnt sich in ihrer Struktur an eine → Offene Handelsgesellschaft (OHG) an, übt jedoch kein → Handelsgewerbe aus. – b) Zwischenbetriebliche Partnerschaft: Zusammenarbeit zwischen mehreren Büros/Praxen innerhalb der Branche.

freie Berufe, nicht einheitlich verwendeter soziologischer Begriff. Berufe, die aufgrund besonderer Qualifikation oder kreativer Fähigkeiten eigenverantwortlich und unabhängig persönlich künstlerische, wissenschaftliche oder sonst freie Dienstleistungen höherer Art im Interesse der Auftragnehmer und der Allgemeinheit erbringen. Hierzu gehören z.B. Rechtsanwälte, Ärzte, Architekten, Wirtschaftsprüfer, Steuerberater, Journalisten, etc. Angehörige der f.B. schließen sich häufig zu → Partnerschaftsgesellschaften zusammen, da ihnen lange Zeit die Zusammenarbeit im Rahmen einer GmbH verwehrt war bzw. noch ist. Der Bereich der f.B. entspricht weitgehend dem Bereich, den § 6 GewO vom Anwendungsbereich der Gewerbeordnung ausschließt. Die Abgrenzung zwischen Gewerbetreibenden und f.B. ist aber oft schwierig.

freie Mitarbeiter. 1. *Begriff:* Personen, die als selbstständige Unternehmer mit einer Vertragspartei, bspw. mit einem Unternehmen, einen freien Dienst- oder Werkvertrag abschließen, ohne dadurch ein Arbeitsverhältnis zu begründen. – 2. *Merkmale:* F.M. werden eingesetzt, um → Flexibilität zur Anpassung an Beschäftigungsschwankungen zu gewinnen oder zur Konzentration auf → Kernkompetenzen (→ Outsourcing). Für f.M. gilt nicht der gesetzliche Arbeitnehmerschutz (Kündigung, Entgeltfortzahlung bei Krankheit etc.). – 3. *Probleme:* Zur rechtlichen Einordnung als f.M. kommt es nicht auf den Vertragstext, sondern allein auf die Handhabung der Tätigkeit in der Praxis an. Um Nachzahlungen (Sozialversicherung etc.) zu vermeiden (→ Scheinselbstständigkeit), empfiehlt sich eine genaue rechtliche Prüfung des Einsatzes von f.M.

freie Rücklagen. Die freiwilligen f.R. sind wie die gesetzlich vorgeschriebenen Rücklagen, die mindestens zehn Prozent des Gesamtkapitals betragen müssen, in der Bilanz ersichtlich. Die f.R., auch offene Rücklagen genannt, erfüllen eine Reservefunktion und entstehen aus einbehaltenen Gewinnen. – *Vgl. auch* → Rücklagen.

Freiverkehr, Handel von Wertpapieren in amtlich nicht notierten Werten. Zu unterscheiden sind geregelter und ungeregelter F. Die Anforderungen an die Qualität der Wertpapiere ist für beide Formen geringer als für den amtlichen Handel oder den geregelten Markt. Im ungeregelten F., der außer- bzw. nachbörslich stattfindet (Telefonverkehr), können grundsätzlich alle Wertpapiere gehandelt werden. Voraussetzung für die Zulassung zum geregelten F. ist hingegen die Prüfung eines entsprechenden Antrages und eines Exposés durch einen Börsenausschuss. Aufgrund der niedrigeren Anforderungen an formale Voraussetzungen und Emissionshöhe bietet der F. auch kleinen und mittleren Unternehmen eine attraktive Alternative zur Realisierung der Kapitalaufnahme.

Fremdfinanzierung. 1. *Begriff:* Beschaffung von → Fremdkapital. – 2. *Merkmale:* Die F. kann durch die Aufnahme von Krediten (siehe → Kreditfinanzierung) oder auch die Bildung von → Rückstellungen erfolgen.

Fremdkapital. 1. *Begriff:* Schulden des Unternehmens. – 2. *Merkmale:* Das F. dient, wie auch das → Eigenkapital, der Finanzierung des Unternehmens. Es wird auf der Passivseite der Bilanz ausgewiesen. F. setzt sich aus → Rückstellungen und → Verbindlichkeiten zusammen. Der Fremdkapitalgeber ist → Gläubiger des Unternehmens, hat also im Gegensatz zum Eigentümer keine Mitspracherechte. – 3. *Entstehung:* Während Rückstellungen für ungewisse Verbindlichkeiten zu bilden sind, die aufgrund bestimmter Ereignisse (z.B. Pensionszusage an einen Mitarbeiter, Garantieverpflichtungen) vom Unternehmen zu bilden sind, entstehen Verbindlichkeiten durch Aufnahme von Geld- oder Sachmitteln bei → Fremdkapitalgebern. – 4. *Arten:* Entsprechend der Laufzeit lassen sich kurz, mittel- und langfristige Kredite unterscheiden. Kurzfristige Kredite haben eine Laufzeit von unter einem Jahr. Beispiele sind → Lieferantendarlehen, Kundenanzahlungen, → Kontokorrentkredit, → Lombardkredit und Wechseldiskontkredit. Mittelfristige (ein bis unter vier (Definition der Bundesbank) bzw. bis unter fünf (Definition des HGB) Jahren Laufzeit) und langfristige Kredite (ab vier bzw. fünf Jahren Laufzeit) sind z.B. Investitionsdarlehen von

Kreditinstituten, Schuldverschreibungen (Anleihen, Obligationen) und Schuldscheindarlehen. – 5. *Zinsen:* Während der Laufzeit eines Darlehens ist dieses zu verzinsen. Vereinbart werden kann ein variabler oder ein fester → Zins. Hierbei ist zu berücksichtigen, dass ein vereinbarter und zu zahlender Nominalzinssatz vom → Effektivzins abweichen kann. Die Höhe der Verzinsung eines Darlehens hängt insbesondere von der Laufzeit des Darlehens, dem Zinsniveau an den Kapitalmärkten, der → Kreditwürdigkeit des Kreditnehmers und den gestellten → Sicherheiten ab. Für Gründer werden auch zinsvergünstigte Kredite angeboten (→ öffentliche Fördermittel). – 6. *Tilgung:* Da F. i.d.R. befristet zur Verfügung gestellt wird, ist eine Tilgung des Kapitals erforderlich. Rückstellungen werden bei Eintritt des für die Bildung relevanten Ereignisses zu Verbindlichkeiten. Verbindlichkeiten sind bei Fälligkeit zu begleichen. Bei Krediten kann eine Tilgung am Laufzeitende des Kredites in einer Summe (Festdarlehen) bzw. während der Laufzeit in Form fest vereinbarter Beträge (→ Ratendarlehen), aber auch variabler Beträge erfolgen. Zusätzlich kann dem Kreditnehmer im Kreditvertrag die Möglichkeit zu Sondertilgungen eingeräumt werden. Bei Förderdarlehen sind tilgungsfreie Zeiten zu Beginn der Kreditlaufzeit üblich. Eine Sonderform des Ratendarlehens stellt das Annuitätendarlehen dar. Hierbei werden durch die Tilgung sinkende Zinszahlungen durch steigende Tilgungsanteile ausgeglichen. Die monatliche Belastung bleibt für die Kreditnehmer also unverändert. – 7. *Sicherheiten:* Eine Absicherung des F. kann durch Realsicherheiten (z.B. Grundpfandrechte an unbeweglichen Sachen wie → Grundschuld und Hypothek, → Verpfändung beweglicher Sachen, Sicherungsübereignung und Forderungsabtretung) und Personensicherheiten (z.B. → Bürgschaft und Garantie) erfolgen. Werden keine Sicherheiten gestellt, so spricht man von einem Blankokredit. – 8. *Bedeutung:* Aufgrund der niedrigen Eigenkapitalquoten insbesondere bei Gründern und mittelständischen Unternehmen wird F. ein dominierender Baustein für die → Unternehmensfinanzierung sein.

Prof. Dr. Sven Fischbach

Literatur:
Becker, H. P.: Grundlagen der Unternehmensfinanzierung, München 2002; *Perridon, L./Steiner, M.:* Finanzwirtschaft der Unternehmung, München 2004.

Fremdkapitalgeber. 1. *Begriff:* Personen und Institutionen, die einem Kreditnehmer → Fremdkapital zur Verfügung stellen. – 2. *Merkmale:* Fremdkapital kann aufgenommen werden bei Kreditinstituten (→ Banken), Versicherungsunternehmen, der öffentlichen Hand, → Kunden und Lieferanten, → Gesellschaftern, sonstigen Unternehmen und sonstigen Privatpersonen.

Fremdleistungen. 1. *Begriff:* Leistungen, die nicht durch Angehörige/Angestellte/Mitarbeiter des eigenen bzw. leistungsbeziehenden Unternehmens erstellt werden. – 2. *Entscheidungskalkül:* F. werden bezogen, wenn sie im Vergleich zu Eigenleistungen eine höhere Qualität oder niedrigere Kosten (Produktions- und Transaktionskosten) aufweisen. F. sind auch dann relevant, wenn eine Eigenerstellung vom Kerngeschäft ablenken würde. – 3. *Besonderheit:* Für junge Unternehmer besteht durch Fremdvergabe von Leistungen zudem die Möglichkeit, Wissen über die Erstellung der Leistung so aufzubauen, um die Leistung zu einem späteren Zeitpunkt selbst erstellen zu können (Insourcing).

Fremdübernahme, kennzeichnet die Gefahr der → Übernahme eines jungen Unternehmens durch andere Investoren bei einem → Börsengang. Einerseits birgt der Börsengang das Potential für junge Unternehmen sich von den bisherigen Anteilseigner und Hauptinvestoren zu „verselbständigen“, auch durch die Möglichkeit der Erweiterung der → Fremdfinanzierung bzw. der Stärkung des →

Eigenkapitals, doch andererseits könnte ein anderer Investor ein Großteil der Anteile erweben und so eine F. bewirken. Möglichkeiten einer F. entgegenzuwirken sind die Wahrung der Mehrheitsverhältnisse und die Berücksichtigung und Einhaltung der gesetzlich vorgegebenen bzw. vertraglich vereinbarten → Lock-up-Perioden (→ Founder's Lock-up).

Fremdvermarktung. In der Real Economy bezeichnet die F. die → Übernahme des Markteintritts für eine Innovation durch Dritte in Form von Lizenzen, Patenten bzw. weiteren Kooperationsformen. Das Internet bzw. die → Net Economy bietet eine Reihe an innovativen Möglichkeiten der F. durch die Anpreisung bzw. das Anbieten der Produkte bzw. Dienstleistungen anderer Anbieter, bspw. in Form von Partnerprogrammen oder Afflliliate-Marketing, in dem eigenen Web-Auftritt.

Fristenkongruenz, *Fristenparallelität;* → Goldene Finanzierungsregel, die fordert, dass langfristige Anlagen auch mit langfristigem → Kapital (→ Eigenkapital oder → Fremdkapital) finanziert werden sollen. Nur kurzfristig gebundenes Vermögen (z.B. liquide Mittel, Warenvorräte) hingegen darf mit kurz- oder mittelfristigem Kapital finanziert werden.

Früherkennungssystem. 1. *Begriff:* Alle Elemente, die im Sinne der möglichst frühzeitigen Wahrnehmung, Dokumentation, Diagnose und Weiterleitung von führungsrelevantem Wissen, zueinander in Beziehung gesetzt werden können. F. vermitteln frühzeitig zum Handeln auffordernde Signale und sind daher sind Teil des Managementsystems. Schnittstellen bei der Integration von F. bestehen zu anderen Teilaufgaben wie → Planung, Kontrolle, → Krisenmanagement und → Risikomanagement. – 2. *Abgrenzung von Frühwarn- und Frühaufklärungssystemen:* In der betriebswirtschaftlichen Literatur werden drei verschiedene Begriffe für ähnliche Sachverhalte verwendet: a) Frühwarnsystem: Dabei ist der Begriff Frühwarnsystem am weitesten verbreitet. Damit werden Informationssysteme bezeichnet, die mögliche Gefährdungen frühzeitig signalisieren und somit Reaktions- und Handlungsspielräume eröffnen. – b) Früherkennungssystem: Bei F. wird diese Aufgabe nicht nur auf mögliche → Risiken sondern auch auf Chancen ausgeweitet, da auch das Nichterkennen und Verpassen von Chancen als Gefährdung für das Unternehmen angesehen wird. – c) Frühaufklärungssystem: Am weitesten geht die Definition von Frühaufklärungssystemen. Diese beinhalten zusätzlich das Entwickeln von Handlungsempfehlungen, welches F. als Aufforderung an die Planung verweisen. – 3. *Ziele:* Aufgabe von F. ist damit sowohl Chancen als auch Risiken des Unternehmens wahrzunehmen, zu dokumentieren, ihre Ursachen zu diagnostizieren und diese Wissen weiterzuleiten. Damit sollen dem Unternehmen ein größerer Handlungsspielraum und eine verlängerte Reaktionszeit gesichert werden.

Prof. Dr. Alexander Bassen

Literatur:
Ansoff, H. I.: Managing Suprise and Discontinuity, in: zfbf, Bd. 28 (1976), S. 129-150; *Hahn, D./Hungenberg, H.*: PuK, Planung und Kontrolle, Wiesbaden 2001; *Hahn, D., Krystek, U.:* Aufbau und Funktionsweise von betrieblichen Frühwarnsystemen in der Industrie, in: zfbf, Bd. 31 (1979), S. 76-88; *Krystek, U./Müller-Stewens, G.:* Frühaufklärung für Unternehmen, Stuttgart 1993; *Krystek, U./Moldenhauer, R.:* Krisenmanagement bei Gründungs- und Wachstumsunternehmen, in: Bickhoff, N./Blatz, M./Eilenberger, G./Haghani, S./Kraus, K-J. (Hrsg.): Die Unternehmenskrise als Chance, Berlin 2004, S. 221-245; *Szyperski, N.:* Gegenwärtiger Stand und Tendenzen der Entwicklung betrieblicher Informationssysteme, in: Hansen, H.R./Wahl, M.P. (Hrsg.): Probleme beim Aufbau betrieblicher Informationssysteme, München 1973, S. 25-32.

Frühphase, erste Unternehmensentwicklungsphase, → Early-Stage.

Frühwarnkennzahlen. Die Planungs- und F. bilden ein Kontroll-Regelwerk für Unternehmen, das als Grundlage für operative sowohl als auch strategische Führungsentscheidungen dient. Operative F. ergeben sich aus dem → Controlling (monatliche Ist-Erwartung) und strategische F. (→ Economic Value Added/→ Market Value Added) entstammen den Bilanzzahlen. Dabei sind die → Kennzahlen – Market Value Added ist die abdiskontierte Form von Economic Value Added - ein Maßstab für den Wertzuwachs eines Unternehmens und basieren auf dem → Shareholder Value-Ansatz. Sind die F. negativ, so bedarf es an Veränderungen am Markt bzw. an Umstrukturierungsmaßnahmen im Unternehmen, um langfristig erfolgreich zu sein.

Führung. 1. *Begriff:* Der Begriff F. kann als Funktion oder als Institution verwendet werden. Unter F. als Institution wird die Gruppe von Personen, die in einer → Organisation mit Anweisungsbefugnissen betraut ist. F. als Funktion umfasst alle zur Steuerung eines Unternehmens notwendigen Aufgaben im weitesten Sinne und unabhängig von Personen. Abzugrenzen ist die F. von der Ausführung, also der operativen Durchführung der im Rahmen der F. vorgegebenen Handlungen. – 2. *Abgrenzung:* F. und → Management werden mitunter gleichgesetzt. Das geschieht insbesondere durch die Autoren, die im Führungssystem eines Unternehmens das Planungs- und Kontrollsystem, das Informations- und Personalführungssystem und die Organisation verorten. Andere Autoren sehen in der F. jedoch vor allem einen Schwerpunkt bei der personalen Dimension im Sinne der Menschenführung, wohingegen Management weiterreichender interpretiert wird. Dem soll als F. im engeren Sinne gefolgt werden. Insofern wird F. auch als psychologische und soziale Fähigkeit einer Person im Umgang mit Menschen betrachtet. – 3. *Ziele:* F. im engeren Sinne hat zwei Ziele, erstens ein Produktivitätsziel und zweitens ein Zufriedenheitsziel. Beide Ziele bedingen einander, so dass die Herausforderung der F. darin besteht, beide Ziele zu integrieren. Das erfordert neben der genannten psychologischen und sozialen Fähigkeiten auch eine entsprechende (fachliche) Autorität. Diese kann formell verankert sein, z.B. in einer Vorgesetzten-Untergebenen-Beziehung oder sich informell herausbilden. – 4. *Theoretische Grundlegung:* Während sich die Produktivitätsziele aus der theoretischen Betrachtung der Leistungserstellung ergeben, wird das Zufriedenheitsziel mit Motivationstheorien zu ergründen versucht. Die Motivationstheorien können in Inhalts- und Prozesstheorien differenziert werden. Eine Inhaltstheorie ist bspw. die Bedürfnispyramide von Maslow, der bis dato existierende Motivlisten zu ordnen und in eine Reihenfolge zu bringen versucht hat. Dabei unterscheidet er Defizitmotive wie die physiologischen Bedürfnisse und Wachstumsmotive. Eine weitere Inhaltstheorie hat Herzberg entwickelt, der aufbauend auf seinen empirischen Studien zwei Arten von Zufriedenheitsfaktoren unterscheidet, Hygiene- und Motivationsfaktoren. Weitere Inhaltstheorien sind die ERG-Theorie von Aldorfer oder die Bedürfnistheorie von McClelland. Zu den Prozesstheorien gehört die Erwartungstheorie von Vroom, um menschliche Entscheidungen für die Wahl von Handlungsalternativen vorauszusagen. Das Motiv bzw. die → Motivation erwächst aus der Erwartung, die an den Ausgang einer Handlung geknüpft wird. Eine weitere Prozesstheorie ist das Rückkopplungsmodell von Porter/Lawler, die Anstrengung zu Leistung als Funktion der Wertigkeit der Leistung und der Wahrscheinlichkeit einer Belohnung definieren. – 5. *Weitere Begriffe:* Die personale Dimension der F. wird mitunter auch pragmatisch in Führungsgrundsätzen und Führungsstilen zu operationalisieren versucht. Führungsgrundsätze beschreiben die Beziehung zwischen Vorgesetzten und Mitarbeitern in genereller Form. Führungsstile kennzeichnen ein langfristiges, stabiles und relative situationsunabhängiges Verhaltensmuster von Führenden. Beispiele für Führungsstile sind ein patriarchalischer oder ein kooperativer Führungsstil.

Prof. Dr. Malte Brettel

Literatur:

Herzberg, F.: One More Time: How Do You Motivate Employees?, in: Harvard Business Review, Jan./Feb. (1968); *Maslow, A.H.*: Motivation and Personality, New York 1954; *Porter, L.W./Lawler, E.E.*: Manegerial Attitudes and Performance, Homewood 1968; *Staehle, W.H./Sydow, J.*: Führungsstiltheorien, in: Handwörterbuch der Führung, Stuttgart 1987; *Vroom, V.H.*: Work and Motivation, London 1964; *Weber, J.*: Einführung in das Controlling, Stuttgart 1995.

Führungsinstrumente. 1. *Begriff:* Hilfsmittel des Managements zur → Führung. – 2. *Auftreten:* Die Instrumente finden sich in allen drei Ebenen der Führung wieder: Für die prozessuale Ebene können Instrumente z.B. die → Kostenrechnung sein, für die strukturelle Ebene kann es sich um einen Programmablauf handeln und für die personelle Ebene ist ein Anreizsystem ein Beispiel für ein Instrument. – 3. *Wirkung:* F. setzen dabei sowohl am Führenden als auch am Geführten an: Die Kostenrechnung unterstützt die Führung bei der Planung und Kontrolle, wogegen Anreize idealerweise die → Motivation der Geführten beeinflussen.

Führungsprinzipien. 1. *Begriff:* F. bezeichnen die Art und Weise der → Führung im Sinne der Management-by-Konzepte. – 2. *Abgrenzung:* Sie grenzen sich von Führungsstilen, bei denen der Fokus auf dem Führenden liegt, und den Motivationstheorien, bei denen der Fokus auf dem Geführten liegt, ab und beschreiben das Verhältnis zwischen Führendem und Geführtem. Sie beschäftigen sich damit mit dem personellen Aspekt der Führung und beschreiben eher eine praktische Handlungsweise, nicht aber ein wissenschaftliches Konzept. – 3. *Differenzierung:* Sie können in personenorientierte (Management-by-Delegation) und sachorientierte (Management-by-Objectives) Prinzipien differenziert werden. Der Vorteil dieser Prinzipien im Rahmen einer Existenzgründung liegt in ihrem Pragmatismus.

Führungsqualifikation des Gründers. 1. *Begriff:* Grundsätzliche Fähigkeiten des → Gründers in den drei Dimensionen der → Führung sowie dessen Motivationsstrukturen. – 2. *Beurteilung:* Führungsqualifikationen haben einen großen Einfluss auf die Qualität der Führung, die bei innovativen → Unternehmensgründungen als entscheidend für den Erfolg gilt. Dabei spielt insbesondere auch die Fähigkeit des Gründers zum Umgang mit → Risiko sowie zur flexiblen Wahrnehmung von Chancen eine große Rolle.

Full Ratchet, *F.R.-Klauseln.* Begriff im Rahmen von → Venture Capital-Finanzierungen benutzt, Form von → Anti-Dilution-Klauseln. Der Erstinvestor, zu dessen Gunsten F.R. vereinbart ist, erhält im Falle einer neuen → Finanzierungsrunde bei niedrigeren Bewertungen so viele Aktien zum Nominalwert, wie erforderlich sind, ihn so zu stellen, als hätte er sein ursprüngliches Investment auf der niedrigeren Berechnungsgrundlage der Folgerunde getätigt. Er kann so seine Buchverluste voll ausgleichen. Dieses Recht kann dem Investor im → Shareholders' Agreement schuldrechtlich eingeräumt werden, oder als Zeichnungsoption im Falle einer nächsten Finanzierungsrunde vorgesehen werden (auch Gewährung von → Optionsanleihen ist denkbar). F.R.-Klauseln werden bei relativ hohen Bewertungen oder in sehr risikoreichen Investmentbranchen anstelle von → Weighted-Average-Klauseln angewandt. F.R.-Klauseln verlagern das Unternehmensrisiko stark von den Investoren auf die → Gründer.

Fund of Funds, → Dachfonds.

Fund Raising, *Mittelbeschaffung.* 1. *Begriff:* F.R. ist die Anwendung von Methoden und Techniken zur Beschaffung von Mitteln (Geldleistungen, Sachleistungen, Personalleistungen, etc.) für einen bestimmten Zweck. Im Zusammenhang mit dem Thema → Finanzierung versteht man unter dem Begriff F.R. einen Prozess, bei dem Eigenkapitalinvestoren gewonnen werden sollen, Fondsanteile zu zeichnen. – 2. *Investoren:* Zu den Eigenkapitalinvestoren von → Venture Capital- und → Private Equity-Fonds gehören in Deutschland vermögende Privatpersonen, Dachfonds sowie → Banken und Versicherungen. Im angelsächsischen Raum kommt darüber hinaus ein bedeutender Anteil des Kapitals von Pensionsfonds. – 3. *Fondsstrukturen:* In Deutschland haben Venture Capital- und Private Equity-Fonds fast immer die Gesellschaftsform einer → Kommanditgesellschaft (KG) oder einer → GmbH & Co. KG. Sie sind zudem nicht gewerblich tätig (z.B. keine eigenen Mitarbeiter), sondern werden von Fonds-Management-Gesellschaften verwaltet, die ihre Managementtätigkeiten den Fonds in Rechnung stellt. Durch diese Konstruktion sparen die → Fonds die Abführung von Gewerbesteuer. Das erhöht die interne Verzinsung der investierten Fondsgelder. – 4. *Lebenszyklen von Fonds:* F.R. ist an den Lebenszyklus von Fonds gekoppelt: Ein bestehender Fonds investiert das gezeichnete Kapital, welches je nach Bedarf in mehreren kleinen Tranchen von den Investoren abgerufen wird. Die → Investitionen werfen Gewinne ab, die in die Fonds zurückfließen. Diese schütten die Gewinne an die Investoren aus (Ausnahme: Sogenannte Evergreen-Fonds, bei denen die Gewinne reinvestiert werden), die dann beim F.R. erneut Fondsanteile zeichnen. Üblicherweise werden nicht mehr als zwei Drittel des gezeichneten Fondskapitals investiert. Der Rest wird als Reserve für spätere → Finanzierungsrunden zurückbehalten. Insofern überlappen sich die Restlaufzeit des einen Fonds und das F.R. für den nächsten Fonds.

Dr. Gottfried Neuhaus

Funktionale Bewertungstheorie, → Unternehmenswert.

Funktionsbereich. 1. *Begriff:* Funktionale Gliederung der Führungsaufgaben bspw. in die Bereiche Finanzen, → Marketing/→ Vertrieb, → Controlling, → Forschung und Entwicklung , → Produktion, → Logistik und genereller → Führung bzw. Administration. – 2. *Beurteilung:* Junge Unternehmen laufen aufgrund mangelnder Institutionalisierung der einzelnen F. Gefahr, den einen oder anderen Bereich zu vernachlässigen. Deshalb wird es gerade im Rahmen einer → Existenzgründung als wesentlich angesehen, den F. im Einzelnen ausreichend Aufmerksamkeit zuzumessen. Als Beispiel kann in diesem Zusammenhang der Bereich Marketing/Vertrieb in technologiegetriebenen → Start-ups genannt werden.

Fusion, Zusammenschluss von zwei oder mehreren selbständigen Unternehmen. Hierbei erwirbt meist ein Unternehmen die Kontrolle über die anderen Unternehmen erwerben. Ist nach dem Erwerb die Hoheit über das fusionierte Unternehmen nicht gleichberechtigt, sondern nur einseitig, so spricht man auch von einer feindlichen Übernahme. F. unterliegen dem Wettbewerbsrecht des jeweiligen Landes. Dieses steht F. entgegen, die eine marktbeherrschende Stellung eines oder mehrerer Unternehmen begründen oder verstärken. Innerhalb der Europäischen Gemeinschaft tritt an die Stelle der nationalstaatlichen Zusammenschlusskontrolle unter bestimmten Voraussetzungen die europäische Zusammenschlusskontrolle. Ein renommiertes Beispiel ist in diesem Zusammenhang der Zusammenschluss von Daimler-Benz und Chrysler zur DaimlerChrysler AG.

G

Gaststättengewerbe. Begriff des Gewerbe(neben)rechts, Betrieb einer Gaststätte als stehendes Gewerbe (Schank-, Speise- und/oder Beherbergungswirtschaften) oder Reisegewerbe mit ortsfester Einrichtung (z.B. Wein-, oder Bierzelte). Das G. ist erlaubnispflichtig gemäß § 2 GastG i.d.F. vom 20.11.1998 (BGBl I 3418). Die Erlaubnis wird gemäß § 3 GastG für eine bestimmte Person, eine bestimmte Betriebsart und bestimmte Räumlichkeiten erteilt, so dass Änderungen jeweils der Erlaubnis bedürfen. Wichtigste Voraussetzung der Erteilung der Erlaubnis zum Betreiben eines G. ist die Zuverlässigkeit des Antragstellers. – *Vgl. auch* → Genehmigungspflicht, → Genehmigungsverfahren.

GbR, → Gesellschaft bürgerlichen Rechts.

Gebrauchsmuster. Erfindung, die neu ist, auf einem erfinderischen Schritt beruht und gewerbliche Anwendung finden kann (§ 1 GebrMG). Vorausgesetzt wird ein wirtschaftlich oder technisch nutzbarer Zweck (anders das → Geschmacksmuster, das einem ästhetischen Zweck dient), der durch eine neue Gestaltung, Anordnung, Schaltung oder Vorrichtung verfolgt wird. Die Anforderungen an Erfindungshöhe und technischen Fortschritt sind geringer, als beim Patent. Als G. geschützt werden insb. Haushaltsgeräte, Maschinen, Werkzeuge etc. Den Schutz des G. regelt das GebrMG i.d.F. vom 28.8.1986 (BGBl I 1455). Der Schutz des G. entsteht mit Eintragung in die Gebrauchsmusterrolle.

Gegenwartswert, → Barwert.

Geheimhaltungsvereinbarung, *Verschwiegenheitsvereinbarung, Vertraulichkeitsvereinbarung.* 1. *Begriff:* Vereinbarung im Vorfeld von Verhandlungen zwischen zwei Parteien, während der Verhandlung offen gelegte Informationen (insbesondere auf Seiten einer Partei) nicht missbräuchlich zu verwenden. – 2. *Merkmale:* G. werden etwa im Zusammenhang mit Transaktionen zwischen zwei Gesellschaften geschlossen. G. sind insbesondere auch bei Transaktionen im Rahmen von → Private Equity Finanzierungen relevant. Eine G. wird dort zwischen der Zielgesellschaft und/oder den Gründern einer Gesellschaft einerseits und potentiellen Investoren andererseits geschlossen. Die Investoren verpflichten sich in der G., die Geschäftsgeheimnisse der Zielgesellschaft (wie z.B. den zugrunde gelegten → Business Plan) nicht weiter zu geben und nicht für andere Zwecke als die Abwägung der konkreten Investitionsentscheidung zu verwenden. Z.T. ist auch das Stattfinden von Verhandlungen selbst Bestandteil der G. Die G. ist häufig in einer Absichtserklärung (letter of intent) enthalten, in der die Parteien – wenn auch regelmäßig rechtlich unverbindlich – die Ernsthaftigkeit der Verhandlungen sicherstellen. Oft gehört die G. zu den wenigen verbindlichen Vereinbarungen einer solchen Absichtserklärung. Für Benutzer eines Datenraums im Rahmen einer Due Diligence werden regelmäßig personenbezogene G. abgegeben. – 3. *Ziel und Nutzen:* Die Pflicht, Verhandlungen vertraulich zu behandeln bzw. gewonnene Kenntnisse nicht zum Nachteil des potentiellen Vertragspartners zu benutzen, folgt bereits aus dem vorvertraglichen Schuldverhältnis. Der Umfang dieser Pflichten kann jedoch im Einzelfall

Zweifeln unterliegen. Maßgeblich ist für den Umfang der G. die vertragliche Vereinbarung. Die Parteien können vereinbaren, welche Konsequenzen an eine Verletzung der G. geknüpft werden sollen. Der vertragliche Schutz ist notwendig, da die Geschäftsgeheimnisse regelmäßig nicht Gegenstand von Urheberrechten, Patenten oder anderen gewerblichen Schutzrechten sind. Die G. ermöglicht es der Zielgesellschaft, bzw. den Gründern, die Informationen, die zur Abwägung der Investitionsentscheidung notwendig sind, bereitzustellen, ohne sie schutzlos preiszugeben. Eine Verletzung der G. wird regelmäßig nicht dadurch ausgeschlossen, dass mit Dritten, an die Informationen weitergegeben werden, wiederum Geheimhaltung vereinbart ist. In der Praxis ist eine Verletzung der G. schwer nachzuweisen und der entstandene Schaden schwer bezifferbar. Auch die Vereinbarung einer Vertragsstrafe macht nur den Schadensnachweis, nicht aber den Nachweis eines Verletzungstatbestands entbehrlich. Häufig empfiehlt sich daher die Einschaltung eines zur Verschwiegenheit verpflichteten neutralen Prüfers. z.B. eines Rechtsanwalts oder Wirtschaftsprüfers. Oft wird die zur Verschwiegenheit verpflichtete Partei aber, insb. wenn es sich um einen professionellen Investor handelt, schon im Hinblick auf seine Reputation der G. Beachtung schenken.

Dr. Christoph von Einem

Geld-Verbrennungsrate, → Burnrate.

gemeiner Wert, Höhe des Preises, den man im gewöhnlichen Geschäftsverkehr beim Verkauf eines Wirtschaftsgutes noch erzielen könnte. Der g.W. spielt vor allem als Bewertungsmaßstab im (deutschen) Steuerrecht eine Rolle.

Gemeinkosten, *indirekte Kosten*, Kosten, die nicht direkt einem bestimmten Produkt oder einer Produktgruppe zurechenbar sind. Die G. werden im Rahmen des → betrieblichen Rechnungswesens via Kostenstellenrechnung per Gemeinkostensätze Produkten oder Produktgruppen zugeordnet. – *Gegensatz:* → Einzelkosten.

Gemeinschaftsentwicklung. G. können bei jungen Unternehmen aus dem strategischen Aspekt der → Venture Capital-Finanzierung entstehen. Hierbei haben die Investoren neben dem Ziel eines möglichst hohen Returns auch die Absicht die in dem jungen Unternehmen entwickelten Technologien und Produkte mit dem eigenen Produkten in Verbindung zu bringen. Man spricht in diesem Zusammenhang auch von „Window on Technology“, den Einblick in verwandte innovative Geschäftsfelder, der sich insbesondere etablierte Unternehmen durch die G. erhoffen.

Gemeinschaftsvermarktung. Die G. eines jungen und etablierten Unternehmens kann aus dem Verhältnis einer → Corporate Venture Capital-Finanzierung entstehen, bei dem die Erfahrung und die → Ressourcen beider Partner in die Vermarktung einer Innovation eingehen. Zielsetzung hierbei ist, ein Mehrwert für beide Partner zu erbringen. Für das junge Unternehmen könnte das die Glaubwürdigkeit des Investors sein, für das etablierte Unternehmen die Innovationskraft des jungen Unternehmens. Einer G. liegt der strategische Mehrwert dieser Finanzierungsform zugrunde.

genehmigtes Kapital, Form der Eigenkapitalerhöhung einer → Aktiengesellschaft, wobei die Hälfte des → Grundkapitals nicht überschritten werden darf. G.K. kann demnach einer kurzfristig notwendigen Finanzierung dienen. Üblicherweise wird g.K. zur Bedienung einer → Greenshoe-Option bzw. eines Anreizprogramms i.S. von Wandel- oder Optionsrechten beschlossen.

Genehmigungsverfahren, Verwaltungsverfahren, in dem die Voraussetzungen der begehrten Entscheidung geprüft werden und das auf Erlass eines Verwaltungsakts (Erteilung oder Versagung der Genehmigung) gerichtet ist. Gesetzliche

Grundlage sind das VwVfG des Bundes i.d.F. d. Bek. v. 21.9.1998 (BGBl. I, S. 3050) und das jeweils einschlägige Spezialgesetz oder die Verordnung, aus der sich die Genehmigungspflicht ergibt. Die Genehmigung kann von persönlichen und/oder sachbezogenen Voraussetzungen abhängig gemacht werden.

Generalized Capital Asset, umfasst das dingliche Vermögen eines Unternehmens, das nicht ohne weiteres liquidiert werden kann und das im Allgemeinen einen langfristigen Anlagehorizont hat, bspw. Grundbesitz, Gebäude, Betriebsmittel und Infrastruktur.

General Partner, kann allgemein als der Verantwortliche in der Geschäftsführung einer → Personengesellschaft bezeichnet werden, der uneingeschränkt für Schulden und → Verbindlichkeiten haftet.

Genossenschaft, *Erwerbs- oder WirtschaftsG.*, z.B. in Form der KreditG., WohnungsbauG. etc., Begriff des Gesellschaftsrechts. Rechtsfähige Körperschaft, die Förderung des Erwerbs/der Wirtschaft ihrer Mitglieder bezweckt und diesen Zweck durch gemeinschaftlichen Geschäftsbetrieb verfolgt. Rechtsgrundlage ist das Genossenschaftsgesetz i.d.F. vom 19.8.1994 (BGBl I 2202). Als in das Genossenschaftsregister (§ 13 GenG) eingetragene G. ist sie rechtsfähige → juristische Person, die ihren → Gläubigern mit dem Vermögen der G. haftet. Sie ist → Kaufmann kraft → Rechtsform nach § 17 Abs. 2 GenG. Ihre Organe sind → Vorstand, → Aufsichtsrat und Generalversammlung. Der Vorstand vertritt die G. nach außen. Die Errichtung einer G. erfolgt durch mindestens sieben Personen durch Beurkundung einer Satzung.

Genussrecht, Begriff des Aktienrechts, möglich aber auch bei anderen Rechtsformen, Recht schuldrechtlicher, nicht gesellschaftsrechtlicher Natur, das eine AG einer Person einräumt und das allein in einem geldwerten Anspruch besteht, wie z.B. dem Anspruch auf einen Anteil am Reingewinn. Mitgliedschaftsrechte, wie das Stimmrecht, werden durch das G. nicht gewährt. Über die Gewährung eines G. hat die Hauptversammlung mit qualifizierter Mehrheit zu beschließen. Das G. kann z.B. als Vergütungsbestandteil gewährt werden. Eigenkapitalähnliche G., ihre Vereinbarkeit mit §§ 139 ff. AktG vorausgesetzt, mit Ähnlichkeit zu stimmberechtigten Vorzugsaktien (Beteiligung am Gewinn/Liquidationserlös) eignen sich aufgrund der Möglichkeit des bilanziellen Ausweises als Eigenkapital für Private-Debt-Finanzierungen. Das G. wird vor diesem Hintergrund in einem Wertpapier, dem → Genussschein verbrieft.

Genussschein, Begriff des Aktienrechts, Wertpapier, in dem ein → Genussrecht verbrieft wird. Meist handelt es sich um eine Inhaberschuldverschreibung. Die Verbriefung im G. ist nicht Wirksamkeitsvoraussetzung für das Genussrecht.

geringwertige Wirtschaftsgüter. 1. *Begriff:* g.W. sind → Wirtschaftsgüter, deren Anschaffungs- und Herstellungskosten nach § 6 Abs. 2 Satz 1 EStG im Jahr der Anschaffung vollständig abgeschrieben werden können. – 2. *gesetzliche Voraussetzungen:* a) es handelt sich um ein bewegliches, abnutzbares Anlagegut, welches zur dauerhaften Verwendung im Unternehmen bestimmt ist. – b) es ist selbständig nutzbar. – c) die Anschaffungs- und Herstellungskosten übersteigen netto nicht den Betrag von 410 Euro.

Gesamtkapital, zeigt die Mittelherkunft des → Kapitals eines Unternehmens. Das G. setzt sich aus dem → Eigenkapital und dem → Fremdkapital des Unternehmens zusammen. Es wird in der → Bilanz auf der Passivseite ausgewiesen.

gesamtschuldnerische Haftung, *Gesamtschuld*, Vertraglich oder gesetzlich vorgesehene Haftung, bei der jeder von mehreren Schuldnern persönlich verpflichtet ist, die gesamte Leistung zu bewirken, der → Gläubiger sie jedoch nur einmal von einem Schuldner fordern kann, § 421 BGB. Zu unterscheiden ist g.H. von der Teilschuld und der Gesamthandschuld. Voraussetzung der g.H. ist eine weit auszulegende objektive Zweckgemeinschaft der Haftenden. Verpflichten sich mehrere gemeinschaftlich zu einer Leistung, liegt bei einer teilbaren Leistung im Zweifel, § 427 BGB, bei einer unteilbaren Leistung immer, § 431 BGB, g.H. vor. Im Innenverhältnis sind die Haftenden i.d.R. zu gleichen Teilen verpflichtet, so dass ein Ausgleichsanspruch desjenigen Schuldners, der die Leistung an den Gläubiger erbracht hat, gegen die anderen Gesamtschuldner besteht.

Geschäftsanteilübernahme. Mit einer → Übernahme der Geschäftsanteile einer → Gesellschaft mit beschränkter Haftung oder → Aktien eines Unternehmens, ist eine → Kapitalgesellschaft (GmbH, → Aktiengesellschaft) endgültig errichtet. Durch die notarielle Bekundung des → Gesellschaftsvertrags in einem ersten Schritt entsteht die Vorgesellschaft (VorAG, VorGmbH). Mit dem Gründungsvertrag verpflichten sich die → Gründer zur Leistung der Kapitaleinzahlung.

Geschäftsbereich, *Sparte*, *Profit Center*, einzelner Teilbereich eines Unternehmens, das nach dem Objektprinzip organisiert ist. Ein G. tritt selbständig am Markt auf und ist ergebnisverantwortlich. Bei strenger Anwendung der Geschäftsbereichsorganisation werden sämtliche Kompetenzen nach Kundengruppe, Produkt oder Region abgegrenzt und jeweils in einer organisatorischen Einheit zusammengefasst.

Geschäftsengel, → Business Angel.

Geschäftsfeld. G. entstehen, wenn das Objektprinzip auf den → Absatzmarkt eines Unternehmens angewendet wird, ähnlich wie bei einem → Geschäftsbereich. Ein Unternehmen kann auf einem oder mehreren G. im Markt tätig sein. Ein G. wird definiert, indem der Absatz anhand eines oder mehrerer Merkmale gruppiert wird, hier stehen insbesondere die verschiedenen Kundengruppen im Vordergrund. Denkbar ist jedoch auch eine Gliederung des Absatzes nach Produkten oder Regionen.

Geschäftsführer. 1. *Allgemeiner Sprachgebrauch:* tatsächlicher Leiter eines Unternehmens oder Vereins. – 2. *Begriff des Gesellschaftsrechts:* a) *Geschäftsführungs- und Vertretungsorgan der GmbH.* (1) Funktion und Stellung. Der G. im gesellschaftsrechtlichen Sinne ist neben der Gesellschafterversammlung zweites notwendiges Organ der GmbH. Der G. führt den Willen der Gesellschafterversammlung aus. Seine Befugnisse ergeben sich aus §§ 35-38 und § 43 GmbHG. Darüber hinaus besteht ein weiter Gestaltungsspielraum für die Abgrenzung der Befugnisse von G. und Gesellschafterversammlung zueinander. G. muss eine natürliche Person, jedoch nicht zwingend ein Gesellschafter der GmbH (Fremdgeschäftsführer) sein. Der G. hat im Rahmen der Gründung einer GmbH diese zum Handelsregister anzumelden. Ist ein oder sind mehrere G. nicht bereits im Vertrag über die Gründung der GmbH bestellt worden, erfolgt ihre Bestellung grundsätzlich durch nicht zwingend notariell zu beurkundenden Gesellschafterbeschluss (Ausnahme: Aufsichtsrat bei mitbestimmter GmbH, Zuweisung an einzelne Gesellschafter oder Gremien durch die Satzung). Die Abberufung eines G. ist jederzeit möglich, ohne dass es des Vorliegens eines wichtigen Grundes bedarf. Die Abberufung als G. beendet allerdings nicht das i.d.R. durch einen Dienstvertrag begründete Anstellungsverhältnis. Hierzu ist eine separate ordentliche oder außerordentliche Kündigung des Anstellungsvertrages nach den Vorschriften des BGB notwendig. Bestellung und Abberufung des G. sind zum Handelsregister anzumelden. – (2) Handeln des G. und Vertretung durch den G. Dem G. obliegt die laufende Geschäftsführung. Bestimmte Aufgaben weist das Gesetz in § 46 GmbHG allerdings den Gesellschaftern zu. Weisungen, die sich aus der Satzung, der Geschäftsordnung oder einem Gesellschafterbeschluss ergeben, muss der G. grundsätzlich Folge leisten. Im Außenverhältnis vertreten die G. die Gesellschaft gemäß § 37 Abs. 2 GmbHG unbeschränkt. Im Zweifel liegt Gesamtvertretung vor. Unechte Gesamtvertretung durch einen G. und einen Prokuristen kann aber vorgesehen werden. Im Innenverhältnis kann die → Geschäftsführerbefugnis des G., anders als beim Vorstand einer AG, jedoch beschränkt werden. Im Rahmen der Satzung, einer Geschäftsordnung für die Geschäftsführung oder des G.-Anstellungsvertrages kann dem G. die Verpflichtung auferlegt werden, einzelne Geschäfte nur gemeinsam mit seinen Mitgeschäftsführern oder nach vorheriger Genehmigung durch die Gesellschafterversammlung und/oder einem bei der Gesellschaft errichteten Beirat vorzunehmen. G. unterliegen im Grundsatz auch dem Verbot des Selbstkontrahierens nach § 181 BGB. Hiervon können die G. durch Gesellschafterbeschluss oder durch die Satzung generell oder für einzelne Fälle entbunden werden. Eine generelle Befreiung von den Restriktionen des § 181 BGB ist zum Handelsregister anzumelden – (3) Pflichten und Haftung des G. Den G. trifft eine Treuepflicht gegenüber der Gesellschaft, deren besondere Ausprägung das Gebot zur Wahrung der Vertraulichkeit und das Wettbewerbsverbot darstellt. Den G. treffen Pflichten betreffend interner Kontrolle, Risikoerkennung und Rechnungslegung. Den Gesellschaftern ist er zur Auskunft verpflichtet. Zudem treffen den Geschäftführer bestimmte Anzeige- und Anmeldepflichten, die Pflicht zur Einberufung der Gesellschafterversammlung und bestimmte steuerliche Pflichten, sowie besondere Pflichten in der Krise der Gesellschaft. Der G. ist gegenüber der Gesellschaft (nicht gegenüber den Gesellschaftern oder Gläubigern) zur Sorgfalt eines ordentlichen Geschäftsmannes verpflichtet, § 43 GmbHG. Dies umfasst auch die Haftung für leichte Fahrlässigkeit bei Unterlassen. Mehrere G. trifft gegenüber der Gesellschaft eine → gesamtschuldnerische Haftung. Gegenüber Dritten kommt eine Haftung aus unerlaubter Handlung in Betracht. – b) *Geschäftsführungsorgan* der Europäischen Wirtschaftlichen Vereinigung (EWIV). – *Vgl. auch* → Chief Executive Officer (CEO).

Dr. Christoph von Einem

Geschäftsführerbefugnis, *Geschäftsführungsbefugnis,* Vertretungsbefugnis eines → Geschäftsführers einer → Gesellschaft mit beschränkter Haftung im Innenverhältnis. Die Satzung der GmbH kann die alleinige Entscheidung oder Mitentscheidung der → Gesellschafter oder eines bestimmten Gremiums vorsehen. Darüber hinaus können dem Geschäftsführer durch Gesellschafterbeschluss verbindliche Weisungen erteilt werden, die seine G. beschränken. Einer Ermächtigung durch die Satzung bedarf es nicht.

Geschäftsgeheimnis, → Betriebsgeheimnis.

Geschäftsidee. 1. *Begriff:* Eine G. ist ein Einfall oder ein neuer Gedanke, welcher als Basis für vertiefende Überlegungen bezüglich einer → Unternehmensgründung dient. – 2. *Ursprung von Ideen:* G. entstehen entweder durch eine systematische Suche oder aber durch Zufall. In vielen Fällen spielt ein auslösendes Ereignis eine wichtige Rolle bei der Ideengenerierung. Dies könnte z.B. eine Entlassung oder die Beobachtung eines nicht gut gelösten Kundenproblems sein. Für andere → Gründer ist die eigene Unternehmung jedoch ein geplanter Karriereschritt, der systematisch vorbereitet wird. Als Quelle für G. dienen zumeist Erfahrungen am Arbeitsplatz oder aber persönliche Interessen der Gründer. Empirisch sind die G., die am → Arbeitsplatz entstehen, die erfolgreicheren. Es handelt sich hierbei häufig um die Verbesserung bestehender Produkte oder Prozesse aus der letzten Berufstätigkeit. Ob ein Gründer eine G. weiterverfolgt und letztendlich realisiert, hängt von verschiedenen Faktoren ab. Hierzu gehören seine alternativen Karrieremöglichkeiten, Familie, Freunde, Vorbilder, die konjunkturelle Lage oder die Verfügbarkeit von Ressourcen. – 3. *Einzigartigkeit von Ideen:* Eines der größten Missverständnisse bei der Beurteilung von G. ist die Annahme, dass diese einzigartig sein müssen, um am Markt erfolgreich eingeführt werden zu können. Zunächst ist es grundsätzlich unwahrscheinlich, dass ein Gründer eine Idee für ein Unternehmen wirklich als erster hatte. Eine Vielzahl von erfolgreichen Unternehmen basieren auf Ideen, die in ähnlicher Form schon von anderen umgesetzt oder doch zumindest näher geprüft wurden. Wenn eine Idee wirklich einzigartig in dem Sinne ist, dass niemand sonst sie in Form eines Unternehmens verwirklicht, dann besteht eher Grund zur Besorgnis als Grund zu voreiliger Euphorie. Denn in diesen Fällen könnte es sich einfach um eine wirtschaftlich undurchführbare Idee handeln, also ein Produkt oder eine → Dienstleistung, für das es am Markt keine relevante Nachfrage gibt. Zudem zeigt die Geschichte von → Innovationen und → Unternehmensgründungen, dass bahnbrechende Erfindungen und Ideen häufig mehr oder weniger gleichzeitig entstehen. Folglich besteht die unternehmerische Herausforderung weniger darin, eine ganz neue G. im Sinne einer → Innovation auszudenken, sondern vielmehr darin, bestehende Ideen weiterzuentwickeln und daraus ein → Geschäftsmodell zu formen. – 4. *Evaluierung von G.:* Nicht jede G. kann in ein erfolgreiches → Start-up transformiert werden. Viele G. erweisen bei einer näheren Prüfung durch eine → Marktforschung oder durch einen → Business Plan als nicht wirtschaftlich umsetzbar oder schon von etablierten Anbietern im Markt realisiert. Manche Ideen kommen auch einfach zu früh bzw. sind zu visionär, als dass sie zum Zeitpunkt ihrer Entstehung in ein erfolgversprechendes Unternehmen eingebracht werden könnten. – 5. *Umsetzung von G.:* Ob aus einer G. ein erfolgreiches Start-up wird, hängt nicht nur von der wirtschaftlichen Umsetzbarkeit, sondern auch von der Art der Umsetzung ab. Obwohl die wenigsten Unternehmen durch → Venture Capital finanziert werden, kann es hilfreich sein, bei der Prüfung der Umsetzbarkeit von G. in Gründungsunternehmen dieselben Kriterien anzuwenden, wie sie → Venture Capital-Gesellschaften nutzen. Venture Capital-Gesellschaften achten im wesentlichen auf drei Faktoren: die G., das → Gründerteam und die benötigten → Ressourcen. Diese drei Faktoren müssen zueinander passen. Ohne die Existenz der anderen Faktoren, also der entsprechenden Ressourcen und eines qualifizierten und motivierten Teams, kann eine G. selbst dann nicht erfolgreich implementiert werden, wenn sie für sich betrachtet unternehmerischen Erfolg verspricht. Empirischen Untersuchungen zufolge ist das Team am wichtigsten. Start-ups mit einer mittelmäßigen G. und einem exzellenten Gründerteam sind eher erfolgreich als mittelmäßige Teams, die sich einer exzellenten Idee annehmen. In ähnlicher Weise determinieren die verfügbar gemachten Ressourcen, ob aus einer vielversprechenden Gründungsidee ein erfolgreiches Unternehmen wird. Die Ressourcen müssen in ausreichendem Umfang bereit stehen und zur G. passen. Ein Mangel an wichtigen Ressourcen wie z.B. → Gründerkapital oder qualifizierten → Mitarbeiter, verhindert die erfolgreiche Umsetzung jeder noch so guten G.

Prof. Dr. Peter Witt

Literatur:
Bygrave, W.D.: The Entrepreneurial Process, in: Bygrave, W.D. (Hrsg.): The Portable MBA in Entrepreneurship, New York 1997, S. 1-26; *Finger, M./Samwer, O.:* America's Most Successful Start-ups, Wiesbaden 1998; *Timmons, J./Spinelli, S.:* New Venture Creation, Boston 2004, S. 79-105.

Geschäftsmodell. 1. *Begriff:* Das G. bezeichnet die Abbildung des betrieblichen Leistungssystems eines Unternehmens, also die Funktionen einer Unternehmung in ihren Erträgen und Aufwendungen. Das G. bildet ab, welche externen → Ressourcen in ein Unternehmen fließen und wie sie durch den Leistungserstellungsprozess in Produkte bzw. → Dienstleistungen transferiert werden. Entscheidende Bedeutung für die Beurteilung eines G. haben immer die Zahlungsbereitschaft der Kunden, die unternehmerische → Preispolitik und die Wettbewerbsposition des jeweiligen Produktangebots. – 2. *Differenzierung:* G. von Unternehmen können in verschiedene Gruppen eingeteilt werden. Eine klassische Differenzierung ist die Unterteilung in produzierende Unternehmen und Dienstleistungsunternehmen. Als zusätzliche Kategorie können informationsbasierte G. angesehen werden. – a) Produktionsbasierte G.: Unternehmen, deren G. auf der → Produktion basiert, generieren Erlöse durch den Verkauf von Gütern. Bei produktionsbasierten G. spielt das Verhältnis von fixen zu variablen → Kosten sowie eventuelle Fixkostendegressionen bzw. Skaleneffekte eine wesentliche Rolle. – b) Dienstleistungsbasierte G.: Charakteristisch für → Dienstleistungen ist die Tatsache, dass sie eine Leistung darstellen, die nicht eingelagert werden kann. Produktion und Konsum finden zeitgleich statt. Ein Unternehmen kann also nicht auf Vorrat produzieren. Eine wesentliche Rolle für das G. und damit die Erfolgsaussichten eines Gründungsunternehmens spielt die Auslastung der Produktionskapazitäten sowie die Preissensitivität der Kunden. – c) Informationsbasierte G.: Bietet ein Unternehmen Informationen an, wie z.B. ein Zeitungsverlag, kann zwischen drei G. unterschieden werden. Zum einen kann das Unternehmen den Zugang zu den Informationen verkaufen. Dies kann für einen einzelnen Abruf oder für einen Zeitraum geschehen (Abonnement). Schließlich kann das Unternehmen Informationen kostenlos bereitstellen, um möglichst viele Betrachter anzuziehen. Dann werden durch den Verkauf von → Werbung Erlöse erzielt. Zuletzt kann ein Unternehmen als Mittler dienen. Hierbei aggregiert das Unternehmen Angebot und Nachfrage auf einer Plattform. Die Kunden bezahlen für diese Dienstleistung fixe und/ oder transaktionsabhängige Gebühren. – 3. *Abgrenzung zur Geschäftsidee:* Das G. kann als inhaltliche Weiterentwicklung der → Geschäftsidee verstanden werden. Während die Geschäftsidee die Leistung oder idealerweise den → Kundennutzen betrachtet, stellt das G. die zugrundeliegende Kosten- und Erlössystematik dar. Aus einer Geschäftsidee kann mit einem guten G. ein Unternehmen werden.

Prof. Dr. Peter Witt

Literatur:
Rudolf, M./Witt, P.: Bewertung von Wachstumsunternehmen, Wiesbaden 2002, S. 121-178; *Timmons, J./Spinelli, S.:* New Venture Creation, Boston 2004, S. 119-165.

Geschäftsplan, → Business Plan.

Geschäftsprozess, *Business Process,* Zusammenfassung von fachlich zusammenhängenden Aktivitäten, die notwendig sind, um einen Geschäftsfall zu bearbeiten. Zweck von G. ist es, jedem Kunden das richtige Produkt bzw. den richtigen Service anzubieten. Die einzelnen Aktivitäten können organisatorisch verteilt sein, stehen aber gewöhnlich in zeitlichen und logischen Abhängigkeiten zueinander. Datenverarbeitungssysteme sollen die Durchführung der G. unterstützen und vereinfachen.

Geschäftsübernahme, *Unternehmensübernahme*, eine Alternative zur → Unternehmensgründung und trotzdem auch ein Weg in die Selbständigkeit. Die Chance der G. ist neben der Übernahme der Geschäftsräume, den Warenbestand und den erfahrenen → Mitarbeitern, auch der bereits vorhandene Kundenstamm und die Reputation. Wichtig ist es bei der G. auf (1) wirtschaftliche Aspekte, wie der Übernahmepreis (Substanzwert und Firmenwert), Zahlungsmodalitäten (2) rechtliche Aspekte, wie die Vertragsform,

Haftungsverhältnisse und (3) eine Untersuchung der bestehenden → Verträge, auch in Hinblick auf die Wettbewerbsklausel, zu achten. – *Vgl. auch* → Übernahme, → Existenzgründung durch Übernahme.

Geschäftsverteilungspläne, *Projekt- und Stellenbeschreibungen.* G. legen in Form einer übersichtlichen Querschnittssicht die Zuweisung von Aufgaben und Zuständigkeiten auf einzelne Mitarbeiter fest (→ Organisation). Sie regeln so Verantwortlichkeiten und fördern damit die betriebliche Zusammenarbeit. In Geschäftsordnungen oder Geschäftsanweisungen als Hilfsmittel der G. sind verfahrensmäßige Fragen des Geschäftsgangs, der Anweisungs- und Zeichnungsrechte sowie des Einsatzes sachlicher Verwaltungsmittel geregelt. Sie sind abzugrenzen vom → Organigramm.

Geschmacksmuster, im Geschmacksmustergesetz (GeschmMG) definiertes, nichttechnisches Schutzrecht. Schutzrechtsfähig sind neue und charakteristische zwei- oder dreidimensionale Erscheinungsformen von industriellen oder handwerklichen Gegenständen. Der Schutz entsteht mit der Eintragung in das Geschmacksmusterregister und dauert 25 Jahre ab Anmeldetag. Vor der Eintragung wird nur eine weitgehend formale Prüfung durchgeführt. Eine Löschung des Schutzrechtes kann von Dritten verlangt werden, wenn die Schutzrechtsfähigkeit nicht gegeben war (Nichtigkeit) oder es mit bereits eingetragenen Rechten kollidiert (kollisionsbedingte Löschung). Für die Erteilung des Geschmacksmusters sind eine Anmelde- (2004: 60 bzw. 70 Euro je nach Anmeldung in papier- oder elektronischer Form) und im Abstand von fünf Jahren eine Aufrechterhaltungsgebühr (2004: 90 bis 420 Euro ansteigend und abhängig von Originalhinterlegung) zu bezahlen.

Gesellschaft bürgerlichen Rechts (GbR). 1. *Begriff und Merkmale:* Die GbR ist eine vertragliche Verbindung mindestens zweier Personen (→ Gesellschafter) zur Förderung eines beliebigen gemeinsam verfolgten Zwecks. Sie ist die Grundform der → Personengesellschaft und in den §§ 705-740 BGB geregelt. Sie ist keine → juristische Person, besitzt aber nach der vom Bundesgerichtshof wegweisend vorbereiteten heutigen Rechtsauffassung Rechts- und Parteifähigkeit. Die GbR kann also z.B. an ihrem Sitz als solche klagen und verklagt werden, ohne dass der Anspruchsgegner die Namen und Anschriften sämtlicher Gesellschafter ermitteln muss. Die GbR ist Gesamthandsgemeinschaft. Danach ist jeder Gesellschafter am gesamten → Gesellschaftsvermögen, beschränkt durch die jeweilige Mitberechtigung der Mitgesellschafter, berechtigt. Das Gesellschaftsvermögen setzt sich zusammen aus den Einlagen der Gesellschafter und den durch die Gesellschaft erworbenen Gegenständen. Betreibt die GbR ein → Handelsgewerbe (§§ 1, 6 HGB), so liegt gesetzlich zwingend und unabhängig vom Willen der Gesellschafter eine → Offene Handelsgesellschaft (§§ 105, 123 HGB) vor. Der Rechtsformwechsel von einer GbR in eine Offene Handelsgesellschaft kann sich demgemäss für die Gesellschafter unbemerkt und ohne Eintragung der Firma in das → Handelsregister durch Erreichen einer Betriebsgröße, die einen in kaufmännischer Weise eingerichteten Geschäftsbetrieb erfordert, vollziehen. Die GbR ist die typische Organisationsform der Freiberufler, der Kleingewerbetreibenden und der Gelegenheitsgesellschaften, z.B. Arbeitsgemeinschaften (sog. ARGE), Kartelle, Emissionskonsortien. – 2. *Entstehung:* Die GbR entsteht durch Abschluss des → Gesellschaftsvertrages. Dieser ist nur dann formgebunden (Beurkundung), wenn Grundbesitz in die Gesellschaft eingebracht werden soll (§ 311b BGB). Bei Mängeln des Gesellschaftsvertrag→ Gesellschaftsvertrages finden die Grundsätze über die fehlerhafte Gesellschaft Anwendung. Danach hat die Nichtigkeit gesellschaftsrechtlicher Erklärungen nur zur Folge, dass ein Kündigungs- bzw.

Auflösungsgrund für die Zukunft besteht. Die Gesellschaft wird unter der Voraussetzung, dass sie bereits in Vollzug gesetzt war und keine überwiegenden Interessen einzelner oder der Allgemeinheit entgegenstehen, in der Zwischenzeit wie eine fehlerfreie behandelt, also nicht vollständig auf den Zeitpunkt der Gründung rückabgewickelt. – 3. *Vertretungsverhältnisse:* In einer GbR steht die Vertretungsmacht grundsätzlich den Gesellschaftern gemeinsam zu (Gesamtvertretung), wobei sich Art und Umfang der Vertretung primär nach dem Gesellschaftsvertrag richtet, ansonsten nach der Geschäftsführungsbefugnis (§ 714 BGB). – 4. *Haftung:* Den → Gläubigern haften die Gesellschafter sowohl mit dem Gesellschafts- als auch mit ihrem jeweiligen Privatvermögen als Gesamtschuldner. Die Zwangsvollstreckung in das Gesellschaftsvermögen erfordert einen Titel gegen die Gesellschaft als solche. Mit einem Titel nur gegen einen Gesellschafter kann nur in dessen Anteil am Gesellschaftsvermögen, nicht aber in einzelne zum Gesellschaftsvermögen gehörende Gegenstände vollstreckt werden. – 5. *Auflösung:* Das Bestehen der GbR ist grundsätzlich von dem Verbleib der beteiligten Gesellschafter abhängig. Die gesetzlich zunächst vorgesehene Auflösung der GbR bei Kündigung, Tod oder → Insolvenz eines Gesellschafters (vgl. §§ 723, 727, 728 BGB) kann und sollte durch abweichende Regelungen im Gesellschaftsvertrag vermieden werden. Mit der Auflösung tritt die GbR in das Stadium der Liquidation. Sie besteht als Liquidationsgesellschaft fort und erlischt erst, wenn die Auseinandersetzung des → Gesellschaftsvermögen vollständig durchgeführt ist.

Dr. Jens-Uwe Petersen

Literatur:

Hueck, G.: Gesellschaftsrecht, München 2003, *Riegger, B., Weipert, L.:* Münchener Handbuch des Gesellschaftsrechts, Band 1, München 2004, *Schmidt, K.:* Gesellschaftsrecht, Berlin 2002.

Gesellschafter, Person, die Teil einer Personenvereinigung, einer sog. Gesellschaft ist. Der G. ist mit seinem → Gesellschafteranteil an der Gesellschaft beteiligt. Entsprechend der Gesellschaftsform ist der G. mit unterschiedlichen Rechten und Pflichten ausgestattet, die ihm durch Gesetz und den → Gesellschaftsvertrag zugeordnet sind. Bei → Personengesellschaften ist die Person der Gesellschafter maßgeblich, so dass sich bei dem Wegfall eines Gesellschafters regelmäßig die Statusfrage der Gesellschaft stellt. Bei → Kapitalgesellschaften, insbesondere bei der → Aktiengesellschaft steht die Person des einzelnen Gesellschafters regelmäßig im Hintergrund.

Gesellschafteraufnahme, *Gesellschafterbeitritt.* Die Aufnahme eines neuen → Gesellschafters bedeutet eine Erweiterung der Gesellschaft. Bei → Personengesellschaften müssen regelmäßig vertraglich die gesellschaftsrechtlichen Beziehungen zu den alten Gesellschaftern geschaffen werden. Eine Aufnahme ist regelmäßig nur durch Zustimmung aller Alt- und Neugesellschafter möglich. Bei → Kapitalgesellschaften ist die Veräußerung von Anteilsrechten wegen der grundsätzlich fehlenden Personenbezogenheit der Gesellschafterstellung erleichtert (z.B. § 15 GmbHG). Empfehlenswert sind insoweit gesellschaftsvertragliche Regelungen über die Zustimmung der Gesellschaft zur Veräußerung und die Einräumung eines Vorkaufsrechtes der Altgesellschafter, um die Kontrolle über den Gesellschafterbestand zu erhalten.

Gesellschafterschutz, eine der handelsrechtlichen Zielsetzungen des Jahresabschlusses insbesondere bei → Kapitalgesellschaften. Es gilt die Maxime des „true and fair view“: Ein den tatsächlichen Verhältnissen entsprechendes Bild. Im Konzernrecht dienen dem G. z.B. die Pflichten zur Ausgleichszahlung und Abfindung der Aktionäre bei Gewinnabführungs- und Beherrschungsverträgen gem. §§ 304, 305 AktG.

Gesellschafterversammlung. 1. *Begriff:* Die G. ist notwendiges Organ einer → Gesellschaft mit beschränkter Haftung und ihr oberstes Willensbildungsorgan, durch das die Gesamtheit der → Gesellschafter handelt. Sie besteht aus sämtlichen Gesellschaftern der GmbH. – 2. *Aufgaben:* Die G. hat die in § 46 GmbHG und im → Gesellschaftsvertrag aufgeführten Aufgaben zu erfüllen, z.B. die Feststellung des → Jahresabschlusses und die Ergebnisverwendung. Insbesondere kann sie Geschäftsführer bestellen und entlassen und durch Weisungen unmittelbar in die Geschäftsführung der GmbH eingreifen. In der G. werden gemäß § 48 GmbH die Gesellschafterbeschlüsse gefasst. Die G. ist nicht befugt, die Gesellschaft nach außen zu vertreten. Die G. ist mindestens einmal im Jahr durch die Geschäftsführer einzuberufen.

Gesellschafterwechsel, liegt vor, wenn das Ausscheiden eines → Gesellschafters und der Eintritt eines neuen Gesellschafters in der Weise kombiniert werden, dass der neue Gesellschafter an die Stelle des Austretenden tritt. Neben der Nachfolge beim Tod eines Gesellschafters ist dies beim vertraglichen Gesellschafterwechsel der Fall. Der Wechsel vollzieht sich in der Weise, dass der Anteil am → Gesellschaftsvermögen dem Ausscheidenden abwächst und dem Beitretenden anwächst. Dies kann durch Kombination von Ausscheiden des alten und Eintritt des neuen Gesellschafters (Doppelvertrag) oder durch Abtretung des → Gesellschaftsanteils erfolgen. Dem ausscheidenden Gesellschafter steht ein Abfindungsguthaben in Höhe des Betrages zu, den er im Falle der Auseinandersetzung im Rahmen der Liquidation erhalten würde. Mangels abweichender Regelungen im Gesellschaftsvertrag wird zu diesem Zweck eine Auseinandersetzungsbilanz erstellt.

Gesellschaft mit beschränkter Haftung (GmbH). 1. *Begriff und Merkmale:* Die GmbH ist eine Handelsgesellschaft in Form einer → Kapitalgesellschaft, bei der den Gläubigern im Grundsatz nur das → Gesellschaftsvermögen haftet, § 13 Abs. 2 GmbHG. Das Mindeststammkapital beträgt 25.000 Euro. Der oder die → Gesellschafter sind durch ihren → Gesellschaftsanteil an dem Vermögen der Gesellschaft beteiligt. Organe der GmbH sind der Geschäftsführer und die → Gesellschafterversammlung. Ein Aufsichtsrat ist bis zur Beschäftigtenanzahl von 500 fakultativ. Die Gesellschafterversammlung ist dabei oberstes Willensbildungsorgan der Gesellschaft und hat die im → Gesellschaftsvertrag festgelegten Aufgaben zu erfüllen. Die Bestellung des Geschäftsführers erfolgt im Gesellschaftsvertrag oder durch Gesellschafterbeschluss. – 2. *Rechtsnatur:* Die GmbH ist eine → juristische Person des Privatrechts, sie kann selbst Träger von Rechten und Pflichten sein, Eigentum und andere dingliche Rechte erwerben und vor Gericht klagen und verklagt werden, § 13 GmbHG. Die GmbH besteht unabhängig von der Person ihrer Gesellschafter. Ein- und Austritte der Gesellschaft haben keinen Einfluss auf den Bestand der GmbH. Die Geschäftsanteile können auf Dritte übertragen werden, gepfändet werden und sind vererblich. – 3. *Entstehung:* Die GmbH entsteht gemäß § 11 GmbHG als solche erst mit der Eintragung in das Handelsregister. Zuvor ist der Abschluss eines Gesellschaftsvertrages erforderlich, der der notariellen Beurkundung bedarf, § 2 Abs. 1 S. 1 GmbHG. Gesetzlich vorgeschrieben ist, dass der Gesellschaftsvertrag mindestens Regelungen über Sitz und Firma der Gesellschaft, den Unternehmensgegenstand, den Betrag des Stammkapitals und den Betrag der von den Gesellschaftern zu leistenden Stammeinlage enthalten muss. Während des Gründungsprozesses unterscheidet man drei Gründungsphasen. Bis zur Unterzeichnung des notariellen Gesellschaftsvertrages besteht eine → Vorgründungsgesellschaft, die entweder → Offene Handelsgesellschaft oder → Gesellschaft bürgerlichen Rechts ist, abhängig davon, ob bereits ein Handelsgewerbe betrieben wird. Nach Abschluss des notariellen

Gesellschaftsvertrages spricht man von einer Vor-GmbH, die mit Ausnahme der Rechtsfähigkeit bereits alle Eigenschaften einer GmbH innehat. Mit der Eintragung in das → Handelsregister erlangt die GmbH dann ihre Rechtsfähigkeit. Voraussetzung für die Registereintragung ist u.a. die Einzahlung mindestens der Hälfte des Mindeststammkapitals durch die Gesellschafter gemäss §§ 5, 7 GmbHG bei einer Bargründung. Bei einer Sachgründung müssen die Einlagen voll erbracht und u.a. ein Sachgründungsbericht vorgelegt werden, aus dem sich die Werthaltigkeit der Sacheinlagen ergibt. – 4. *Vertretung:* Die GmbH wird gegenüber Dritten gemäß § 35 GmbHG durch einen oder mehrere Geschäftsführer vertreten. Es besteht dabei grundsätzlich Gesamtvertretung der Geschäftsführer, § 35 GmbHG. Einzelvertretung ist möglich, muss aber im Handelsregister eingetragen werden. Der Umfang der Vertretungsmacht der Geschäftsführer ist grundsätzlich inhaltlich unbeschränkt und kann mit Wirkung gegen Dritte auch nicht beschränkt werden. – 5. *Haftung:* a) Grundsätzlich haftet den Gläubigern nur das Vermögen der Gesellschaft, eine persönliche Haftung der Gesellschafter ist ausgeschlossen. Dieser Grundsatz ist in Fallgruppen des Missbrauchs der gesellschaftsformtypischen Haftungsbeschränkung durch mehrere Ausnahmen eingeschränkt. – b) In der Gründungsphase vor Eintragung der Gesellschaft haften die Handelnden persönlich (§ 11 II GmbHG). Da die Gesellschaft vor der Eintragung entweder GbR oder OHG ist, besteht daneben die Gefahr der persönlichen Haftung der Gesellschafter. Kommt es zur Eintragung der GmbH, so entfällt nach der überwiegenden Rechtsprechung die persönliche Haftung der Gesellschafter (sog. Gründerhaftung) rückwirkend auf den Zeitpunkt der Antragstellung zum Handelsregister. – c) In eng begrenzten Ausnahmefällen kann es zu einer persönlichen Haftung des Geschäftsführers und/oder der Gesellschafter kommen (sog. Durchgriffshaftung). Diese nimmt die Rechtsprechung dann an, wenn die Berufung auf die förmliche Selbständigkeit der GmbH gegen Treu und Glauben verstieße, bspw. bei finanzieller und wirtschaftlicher Beherrschung der GmbH durch einen Dritten oder im Falle des sog. Existenzvernichtenden Eingriffs des in Anspruch genommenen Beteiligten in das Vermögen der GmbH. – d) Die Geschäftsführer haften der Gesellschaft auch mit ihrem Privatvermögen, wenn sie ihre Aufgaben nicht mit der Sorgfalt eines ordentlichen Kaufmannes erledigen. – 6. *Auflösung:* Die Auflösung der GmbH ist aus mehreren gesetzlich und den im Gesellschaftsvertrag festgelegten Gründen zulässig (§ 60 GmbHG). Praktisch wichtig sind die Auflösungsgründe des Auflösungsbeschlusses, der Auflösungsklage und der Insolvenzeröffnung. Insolvenzgrund ist bei der GmbH neben der Zahlungsunfähigkeit bereits die Überschuldung (§ 63 GmbHG). Die → Insolvenz ist durch die Geschäftsführer unverzüglich, spätestens aber nach drei Wochen seit Bestehen des Insolvenzgrundes zu beantragen. Die Auflösung ist zum Handelsregister anzumelden und führt zur Liquidation, bis zu deren Abschluss die GmbH als Liquidationsgesellschaft fortgeführt wird. Wegen Vermögenslosigkeit kann die GmbH auch auf Antrag (IHK, Finanzbehörden, von Amts wegen) im Handelsregister gelöscht werden.

Dr. Jens-Uwe Petersen

Literatur:

Ferslev, R.: Die GmbH-Haftungsfallen bei Gründung, Krise, Sanierung, Bonn 2004; *Goette, W.:* Die GmbH, München 2002, *Hueck, G.:* Gesellschaftsrecht, München 2003; *Priester, H.-J., Mayer, D.* (Hrsg.): Münchener Handbuch des Gesellschaftsrechts, Band 3, München 2003; *Schmidt, K.:* Gesellschaftsrecht, Berlin 2002.

Gesellschaftsanteile, *Gesellschafteranteile*. Der G. stellt die Beteiligung am → Gesellschaftsvermögen und den einzelnen dazu gehörenden Gegenständen dar. Der Anteil an diesem Vermögen ist kein dingliches Recht, vielmehr ist die Berechtigung der Gesellschafter am Gesellschaftsvermögen ungeteilt. Immobiliar- und Mobiliarvermögen der Gesellschaft stehen im Gesamthandseigentum der → Gesellschafter. Die Forderungen und sonstigen Rechte stehen der Gesellschaft zu; auf sie bezieht sich die Mitberechtigung der Gesellschafter.

Gesellschaftsvermögen, besteht aus den Einlagen der → Gesellschafter und den von der Gesellschaft erworbenen geldwerten Sachen und Rechten (vgl. z.B. § 718 BGB). Hierzu gehören auch Ersatzbeschaffungen für Sacheinlagen. Bei Personengesellschaften steht das G. den Gesellschaftern zur gesamten Hand zu (Gesamthandsgemeinschaft). Bei → Kapitalgesellschaften stehen den Gesellschaftern Geschäftsanteile am G. zu. Das G. ist vom Privatvermögen der Gesellschafter zu trennen. Zugriff auf das Privatvermögen der Gesellschafter haben Gesellschaftsgläubiger regelmäßig nur bei → Personengesellschaften.

Gesellschaftsvertrag. 1. *Begriff und Merkmale:* Der G. bildet die Grundlage der Zusammenarbeit der → Gesellschafter und der Organisation einer Gesellschaft. Der G. ist dabei unabhängig von bestehenden gesetzlichen Formvorschriften zweckmäßigerweise schriftlich festzuhalten. Rechtsformübergreifend sollten im G. mindestens Bestimmungen über Gesellschaftszweck, Firma, Sitz, Einlagen und Kapitalanteile der Gesellschafter, Geschäftsführung und Vertretung, Gewinn- und Verlustverteilung, interne Willensbildung, Informations- und → Kontrollrechte Tätigkeitsvergütungen, Wettbewerbsverbote, → Gesellschafterwechsel und die Auflösung enthalten sein. Zu beachten ist, dass im Bereich des Gesellschaftsrechts aus Gründen der Transparenz und Rechtssicherheit zahlreiche gesetzlich zwingende Regelungen existieren, die der vertraglichen Disposition der Gesellschafter entzogen sind, z.B. die Unbeschränkbarkeit der Vertretungsmacht des Vertretungsorgans bei Kapitalgesellschaften gegenüber Dritten. – 2. *Form: bei Personengesellschaften:* Bei → Personengesellschaften, die bereits mit dem Abschluss eines G. entstehen, werden an den Vertragsinhalt regelmäßig keine besonderen gesetzlichen Anforderungen gestellt. Beurkundungsbedürftig ist der G. regelmäßig nur, wenn Grundvermögen in die Gesellschaft eingebracht werden soll (§ 311b BGB). – 3. *Form bei Kapitalgesellschaften:* G. von → Kapitalgesellschaften bedürfen regelmäßig der notariellen Beurkundung, vgl. § 2 GmbHG, § 23 AktG. Der Gesellschaftsvertrag muss bei Kapitalgesellschaften die jeweils im Gesetz vorgeschriebenen Mindestregelungen enthalten, wie bspw. Angaben über Firma, Sitz der Gesellschaft, Unternehmensgegenstand, Betrag des Stammkapitals und die Höhe der Stammeinlagen (§§ 3 GmbHG, 23 AktG). Diese gegenüber den Personengesellschaften strengeren Formvorschriften bestehen aus Gründen der Transparenz und des Gläubigerschutzes und verhindern bei Nichtbeachtung die Eintragung der Gesellschaft in das → Handelsregister und damit deren Entstehung. – 4. *Vertragsänderungen:* a) Bei Personengesellschaften durch einstimmigen Gesellschafterbeschluss, sofern der G. keine anderen Mehrheiten vorsieht. – b) Bei Kapitalgesellschaften sind jeweils gesetzlich festgelegte Mehrheiten erforderlich, z.B. drei Viertel der abgegebenen Stimmen bei der GmbH (§ 53 II GmbHG). Die Änderung des G. ist beurkundungsbedürftig und mit einem notariell bestätigten vollständigen Ausdruck zum Handelsregister anzumelden. Die Rechtswirkungen der Änderung des G. treten erst mit Handelsregistereintrag ein.

Dr. Jens-Uwe Petersen

Literatur:
Hueck, G.: Gesellschaftsrecht, München 2003; *Reichert, J./Harbarth, S.:* Der GmbH-Vertrag, München 2001; *Schmidt, K.:* Gesellschaftsrecht, Berlin 2002.

Gesetzliche Zugangsbeschränkungen, → Zugangsbeschränkungen.

Gesetz über Unternehmensbeteiligungsgesellschaften (UBGG), rechtlicher Rahmen für Beteiligungsgesellschaften. Das Gesetz regelt die Form der → Unternehmensbeteiligungsgesellschaft (UBG). Es wurde 1986 mit dem Ziel eingeführt, die Eigenkapitalversorgung von → kleinen und mittleren Unternehmen zu verbessern. Diesen sollte über die UBG ein indirekter Zugang zum organisierten Kapitalmarkt ermöglicht werden. Wegen mangelnden Erfolges wurde das Gesetz 1994 im Rahmen des zweiten Finanzmarktförderungsgesetzes umfassend dereguliert und mit dem dritten Finanzmarktförderungsgesetz grundlegend novelliert. Die dabei erreichten Verbesserungen wurden jedoch durch nachteilige Regelungen des Steuerentlastungsgesetzes 1999/2000/2002 weitgehend kompensiert. Regulatorischer Aufwand und Nutzen der UBG stehen daher weiter in ungünstigem Verhältnis.

Gewährleistung, *Mängelhaftung,* Einstandspflicht des Schuldners für die Mangelfreiheit einer Sache oder einer Werkleistung bezeichnet. Maßgeblich ist der Zeitpunkt der Übergabe bzw. Abnahme der Sache. Im Unterschied dazu gewährt eine Garantie auch die regelmäßig befristete Aufrechterhaltung der Mangelfreiheit. Gewährleistungsrechte wie Nachbesserung, Minderung, Rücktritt, Schadensersatz und Aufwendungsersatz sind gesetzlich (z.B. in den §§ 434-445,475-480 BGB für Kaufverträge und §§ 633-639 BGB für Werkverträge) geregelt. Für Kaufleute gelten Sondervorschriften gem. §§ 377 ff. HGB. Voraussetzung für die G. ist das Vorliegen eines Mangels: – 1. *Sachmangel:* Ein Sachmangel liegt vor, wenn (a) die vereinbarte Beschaffenheit, (b) die Eignung zum vorausgesetzten Gebrauch oder (c) die Eignung zum gewöhnlichen Gebrauch nicht gegeben ist, (d) eine unsachgemäße Montage oder (e) eine mangelhafte Montageanleitung vorliegt, (f) eine andere Sache oder (g) eine Mindermenge geliefert wird. – 2. *Rechtsmangel:* Ein Rechtsmangel ist gegeben, wenn von Dritten aufgrund eines Rechts das Eigentum, der Besitz oder der ungestörte Gebrauch des Vertragsgegenstandes beeinträchtigt werden kann. Die G. ist bei Kenntnis des Kunden vom Mangel ausgeschlossen. Sie kann darüber hinaus vertraglich in bestimmtem Umfange ausgeschlossen werden. Die engen Grenzen des Gewährleistungsausschlusses ergeben sich bei Verwendung allgemeiner Geschäftsbedingungen (§§ 305-310 BGB) sowie bei der Lieferung von Neuware gegenüber Verbrauchern (z.B. § 475 BGB beim Verbrauchsgüterkauf). Beim Kauf- und Werkvertrag verjähren die Gewährleistungsansprüche regelmäßig in zwei, bei Bauwerken in fünf Jahren. Beim Verbrauchsgüterkauf darf die Verjährung der Gewährleistungsansprüche nicht unter ein Jahr, bei Neuware nicht unter zwei Jahre verkürzt werden.

Gewerbeaufsicht. Alle → Gewerbebetriebe unterliegen einer staatlichen G. Darunter versteht man das Recht der Gewerbezulassung und der Gewerbeuntersagung. Die G. wird von den Gewerbeaufsichtsbehörden nach den Vorschriften der Gewerbeordnung (§ 139b GewO i.d.F. vom 22.2.1999, BGBl. I S. 202) ausgeübt. Nach der GewO ist im Wesentlichen die Überwachung der Arbeitsschutzbestimmungen vorgeschrieben. Weitere Überwachungsaufgaben sind der G. durch die jeweiligen landesrechtlichen Bestimmungen übertragen. Zur Erfüllung ihrer Aufgaben sind den Gewerbeaufsichtsbehörden weitreichende gesetzliche Auskunfts- und Zutrittsrechtsrechte gegenüber Gewerbetreibenden eingeräumt.

Gewerbebetrieb. 1. *Begriff im Gewerbe- und Handelsrecht:* G. sind alle Unternehmen des Handels, des Handwerks, der Industrie und des Verkehrs. Ein diesen Unternehmen zugrundeliegendes Gewerbe ist jede erlaubte, auf Gewinnerzielung ausgerichtete, dauerhaft ausgeübte, selbständige Tätigkeit, die nicht Urproduktion, freier Beruf oder Verwaltung eigenen Vermögens ist. Zentrale Vorschriften für den Betrieb eines Gewerbes enthält die

Gewerbeordnung, spezielle branchenbezogene Vorschriften finden sich in deren Nebengesetzen. Hinsichtlich der Art des Gewerbes unterscheidet man stehendes Gewerbe nach §§ 14-52 GewO, Reisegewerbe nach §§ 55-61a GewO und den Marktverkehr nach §§ 64-71a GewO. – 2. *Steuerrecht:* Im Sinne der Einkommen-, → Körperschafts- und → Gewerbesteuer ist ein G. eine selbständige, nachhaltige und auf Gewinn gerichtete Tätigkeit, die sich am allgemeinen wirtschaftlichen Verkehr beteiligt und weder Land- und Forstwirtschaft noch selbständige Arbeit oder bloße Vermögensverwaltung ist.

Gewerbeerlaubnis, *Gewerbezulassung, Konzession,* Erteilung einer Genehmigung durch die Verwaltungsbehörde, das beantragte Gewerbe zu führen. Nach § 1 GewO gilt der Grundsatz der Gewerbefreiheit, d.h., dass jeder unter Beachtung der gesetzlichen Bestimmungen ohne besondere Erlaubnis ein Gewerbe betreiben darf. Jedoch herrscht auch in diesem Bereich eine Anzeigepflicht gem. § 14 GewO. In verschiedenen Branchen, z.B. im Bauträger-, im Bewachungsgewerbe und bei Spielhallenbetreibern sieht die GewO im öffentlichen Interesse einen Erlaubnisvorbehalt vor. Im Erlaubnisverfahren werden die persönlichen Verhältnisse, insbesondere die Zuverlässigkeit des Gewerbetreibenden und die sachlichen Grundlagen des Betriebes überprüft. Die wichtigsten Erlaubnistatbestände finden sich in den §§ 30-34c GewO und in Spezialgesetzen, z.B. im Gaststättengesetz i.d.F. der Bekanntmachung vom 20.11.1998, BGBl.I S. 3418 und in der Handwerksordnung i.d.F. der Bekanntmachung vom 24.9.1998, BGBl. S. 3074.

Gewerbeertragsteuer, bemisst sich nach dem Gewerbeertrag, § 6 S. 1 Gewerbesteuergesetz (GewStG v. 21.3.1991, BGBl. I, S. 814). Grundlage für die Ermittlung des Gewerbeertrags bildet der nach den Vorschriften des Einkommensteuergesetzes oder des Körperschaftsteuergesetzes zu ermittelnde Gewinn aus dem → Gewerbebetrieb, § 7 GewStG. Durch Anwendung einer sog. Steuermesszahl auf den Gewinn ergibt sich der Messbetrag nach dem Gewerbeertrag, § 11 GewStG. Bei Einzelgewerbetreibenden und Mitunternehmerschaften ist die Steuermesszahl gestaffelt, auch können Freibeträge angerechnet werden. → Juristische Personen dagegen erhalten keinen Freibetrag und werden einheitlich mit 5% Prozent besteuert.

Gewerbesteuer, Real- oder auch Objektsteuer, die nach dem Gewerbesteuergesetz (GewStG) von den Gemeinden in teilweise sehr unterschiedlicher Höhe erhoben wird. Besteuert wird der → Gewerbebetrieb als Objekt (§ 2 I GewStG), d.h. er wird ohne Rücksicht darauf belastet, wer Betriebsinhaber ist und wem die entsprechenden Erträge zufließen. Die G. knüpft für ihre Berechnung an den Gewerbeertrag und das Gewerbekapital an, sie lässt die persönlichen und wirtschaftlichen Verhältnisse des Eigentümers bei der Festsetzung außer Betracht. Die G. soll einen Ausgleich für staatliche bzw. kommunale Leistungen darstellen.

gewerbsmäßige Arbeitnehmerüberlassung, → Leihabreit.

Gewerkschaft, *Arbeitnehmerverband.* 1. *Begriff:* G. bezeichnen organisierte Vereinigungen von Arbeitnehmern bzw. Arbeitnehmervertretungen, die nach ihrer Industrie- bzw. Berufszugehörigkeit gegliedert sind. – 2. *Ziele und Aufgaben:* G. verfolgen die Zielsetzung der Verbesserung der sozialen und wirtschaftlichen Lebensbedingungen der durch sie vertretenen Arbeitnehmer gegenüber dem Staat und, als Sozialpartner, gegenüber den Arbeitgebern. – 3. *Entstehung nach 1945:* Im Dritten Reich waren G. aufgelöst worden. Ihre Mitglieder wurden in die Deutsche Arbeitsfront integriert. Nach 1949 gründeten sich G. allgemein in Form von Einheitsgewerkschaften auf Basis von Industriezugehörigkeit neu. – 4. *Gegenwärtige Bedeutung in Deutschland:* Einzelgewerkschaften sind im Deutschen

Gewerkschaftsbund (DGB) zusammengefasst. Wesentliche Einzelgewerkschaften sind die IG Metall sowie, seit 2001, ver.di (als Vereinte Dienstleistungsgewerkschaft). Mit der Prägnanz des Arbeitslosigkeitsproblems in Deutschland zu Beginn des 21. Jahrhunderts wird die allgemeine Bedeutung von G. für eine problemgerechte Gestaltung des Arbeitsmarktes diskutiert.

Gewinnaufschlag. Aus dem G. zuzüglich der Selbstkosten errechnet sich der Barverkaufspreis. Diese Art der Zuschlagskalkulation bzw. der Bezugsgrößenkalkulation wird insbesondere bei Serien- und Einzelfertigungen angewendet. Die Selbstkosten dagegen errechnen sich aus den → Einzelkosten des Objekts plus des summarischen Gemeinkostenzuschlags eines Produkts.

Gewinnausschüttung. G. gelten für den Empfänger als Einkünfte aus Kapitalvermögen. Zu den G. zählen z.B. → Dividenden aus Aktienbesitz oder aus dem Besitz von Anteilen an einer → Gesellschaft mit beschränkter Haftung. Hinsichtlich der Art der G. wird unterschieden zwischen der offenen und der verdeckten G. Eine offene G. liegt vor, wenn die Ausschüttung aufgrund eines Gewinnverteilungsbeschlusses erfolgt. Als verdeckte G. wird ein Vorteil bezeichnet, den eine Gesellschaft einem → Gesellschafter oder einer ihm nahestehenden Person zuwendet, die einem Dritten pflichtgemäß nicht zugewendet worden wäre. Die Korrektur einer verdeckten G. führt vor diesem Hintergrund regelmäßig bei der → Kapitalgesellschaft zu einem steuerrelevanten Mehreinkommen und beim Empfänger zu Mehreinnahmen aus Kapitalvermögen oder aus → Gewerbebetrieb. – *Vgl. auch* → Bilanz.

Gewinnbeteiligung, *Tantieme,* stellen neben dem Gehalt zusätzliche Vergütungen für Leitungsorgane von → Kapitalgesellschaften, z.B. Vorstandsmitglieder einer → Aktiengesellschaft, oder Geschäftsführer einer → Gesellschaft mit beschränkter Haftung, dar. Eine G. gehört zu den Einkünften aus nichtselbständiger Arbeit. In der Praxis werden Umsatztantiemen oder Gewinntantiemen unterschieden. Insbesondere bei Umsatztantiemen an → Gesellschafter-Geschäftsführer kann eine verdeckte → Gewinnausschüttung vorliegen, wenn die Zahlung an einen nicht an der Gesellschaft beteiligten Geschäftsführer nicht gezahlt worden wäre, mithin dem sog. Drittvergleich nicht standhält.

Gewinnermittlung, eine nach dem Zufluss- und Abflussprinzip aufgestellte Einnahme-Überschussrechnung (§ 4 Abs. 3 EStG). Diese gilt insbesondere für Existenzgründer als die einfachste Form der G., da hierfür keinerlei Inventur oder andere Form der Bewertung des → Betriebsvermögens notwendig sind. Der Gewinn bzw. der Verlust (Einnahmen- oder Ausgabenüberschuss) errechnet sich aus den in einem Wirtschaftsjahr tatsächlich geflossenen Betriebseinnahmen (inkl. Umsatzsteuer) abzüglich der in dem gleichen Zeitraum tatsächliche geflossenen Betriebsausgaben (inkl. Umsatzsteuer).

Gewinnrealisierung, erfolgt mit der Erbringung der Leistung bzw. bei dem Gefahrenübergang eines Geschäfts. Ab diesem Zeitpunkt gelten die Erträge als realisiert.

Gewinnschwelle, → Break-Even-Point.

Gewinntantiemen, → Gewinnbeteiligung.

Gewinn- und Verlustrechnung (GuV), eine zeitraumbezogene Gegenüberstellung von Aufwendungen und Erträgen. Insbesondere für junge Unternehmen ist die GuV ein Instrument der Kosten- und Umsatzplanung und kann auch bei der Abbildung des Leistungsprozesses behilflich sein. Die Anfangs- bzw. Endbestände der GuV werden aus bzw. in die → Bilanz gespeist. – *Vgl. auch* → Rentabilitätsplanung.

Gläubiger, *Anspruchsinhaber.* G. ist im Rahmen eines gesetzlichen oder vertraglichen Schuldverhältnisses derjenige, dem ein Anspruch gegen eine zur Leistung an ihn verpflichtete Person (Schuldner) zusteht. In der Zwangsvollstreckung wird der aus einem vollstreckbaren Titel (typischerweise aus einem Gerichtsurteil) vorgehende Verfahrensbeteiligte als G. bezeichnet.

Globalisierung, erfasst das weltweite Zusammenwirken und eine zunehmende Verknüpfung der nationalen Märkte und Gesellschaften auf Grund von Entwicklungen im Bereich des Informations-, Personen- und Warentransportes. Die wirtschaftlichen und sozialen Auswirkungen der G. üben insbesondere auf den folgenden Gebieten Einfluss aus: Kapital- und Warenverkehr, Transport und zunehmende Wanderungsbewegungen, Kommunikationsprozesse, Kultur, Internationaler Rechtsverkehr, und die internationale Politik. Kritiker äußern sich insbesondere zu der Zunahmen an wechselseitigen Abhängigkeiten, die mit der Verdichtung der transnationalen Beziehungen einher geht.

GmbH, → Gesellschaft mit beschränkter Haftung (GmbH).

GmbH & Co. KG. 1. *Begriff:* Die GmbH & Co. KG ist eine → Kommanditgesellschaft, an der eine → Gesellschaft mit beschränkter Haftung als – regelmäßig einziger – persönlich haftender → Gesellschafter beteiligt ist. – 2. *Rechtsform:* Die GmbH & Co. KG ist als Kommanditgesellschaft eine Personenhandelsgesellschaft, für die die Regelungen über die Kommanditgesellschaft gelten (§§ 161 ff. HGB). Die GmbH & Co. KG kann unter ihrer Firma Rechte erwerben und Verbindlichkeiten eingehen, Eigentum und andere dingliche Rechte erwerben, vor Gericht klagen und verklagt werden. Da ihr persönlich haftender Gesellschafter eine GmbH ist, führt dies zu einer Typenvermischung und einer wirtschaftlichen Annäherung an eine GmbH. Der Gesetzgeber hat die GmbH & Co. KG nicht einheitlich geregelt, sondern ihrer Existenz durch einzelne verstreute Bestimmungen Rechnung getragen. Die Firma hat die Haftungsbeschränkung (GmbH & Co. KG) als Zusatz zu enthalten (§ 19 II HGB). – 3. *Erscheinungsformen:* Regelmäßig sind die Gesellschafter der GmbH und die → Kommanditisten personen- und anteilsgleich. Hierdurch kommt es rechtlich zu einem Gleichlauf der Interessen. Hier spricht man von einer echten GmbH & Co. KG. Bei der Einmann-GmbH & Co. KG ist darüber hinaus der Alleingesellschafter der GmbH gleichzeitig einziger Kommanditist. Sind die Gesellschafter nicht personengleich oder haben sie unterschiedliche Beteiligungen, liegt eine nicht personengleiche GmbH & Co. KG vor. Diese Form wird gewählt, wenn bestimmte Gesellschafter keinen Einfluss auf die Unternehmenspolitik nehmen wollen oder sollen. Häufige Erscheinungsform sind die Publikums-KG und die kapitalistische GmbH & Co. KG. Bei der wechselseitig beteiligten GmbH & Co. KG bestehen die Kommanditeinlagen in den Anteilen der Kommanditisten an der GmbH. In dieser sog. Einheitsgesellschaft ist die KG praktisch Alleingesellschafter ihrer eigenen → Komplementärin. – 4. *Entstehung:* Die GmbH & Co. KG entsteht im Innenverhältnis mit Abschluss eines → Gesellschaftsvertrages der Gesellschafter (GmbH und Kommanditisten). Wirksam wird die GmbH & Co. KG durch die Eintragung der GmbH (§ 11 I GmbHG) und der KG (§§ 123 I, 161 II HGB) im → Handelsregister bzw. unter den Voraussetzungen des § 1 HGB auch durch tatsächliche Geschäftsaufnahme durch die KG. Auch die noch nicht eingetragene Vor- GmbH kann schon persönlich haftende → Komplementär/in sein. – 5. *Vertretung:* Die GmbH & Co. KG wird durch die Komplementär- GmbH gemäß §§ 161 II, 125 ff. HGB vertreten. Vertreter der Komplementär- GmbH wiederum ist deren Geschäftsführer (§§ 35 ff. GmbHG). – 6. *Haftung:* Dem Zugriff der Gläubiger unterliegen die unbeschränkten Gesellschaftsvermögen der KG und der

Komplementär-GmbH. Da die GmbH aber nur mit ihrem → Gesellschaftsvermögen haftet, wird faktisch im Wesentlichen eine Beschränkung der Haftung der GmbH & Co. KG auf das Gesellschaftsvermögen der GmbH erreicht. Die Kommanditisten haften daneben in der Höhe ihrer Kommanditeinlage (§§ 171 ff. HGB). – 7. *Vor- und Nachteile:* Ursprünglich im wesentlichen aus steuerlichen Gründen geschaffen, birgt die GmbH & Co. KG heute im wesentlichen gesellschaftsrechtliche Vorteile: Haftungsbeschränkung durch GmbH-Komplementär/in, Fremdorganschaft möglich, erleichterte Kapitalbeschaffung durch Anwerben von Kommanditisten, Beherrschung der Gesellschaft durch die GmbH und ihrer Geschäftsführer ohne erforderliche Kapitalmehrheit, flexible Gestaltung des Innenverhältnisses in der → Personengesellschaft und Entnahmerecht in der KG auch ohne Gewinnerwirtschaftung. Nachteilig sind die Erforderlichkeit getrennter Buchführung und zweier Jahresabschlüsse sowie die geringe Akzeptanz bei Fremdfinanzierungen. – 8. *Beendigung*: Auflösung und Liquidation der GmbH & Co. KG richten sich nach den Vorschriften der §§ 60 GmbHG einerseits und der §§ 145 ff, 161 II HGB andererseits.

Dr. Jens-Uwe Petersen

Literatur:
Hesselmann, M./Tillmann, B.: Handbuch der GmbH & Co. KG, Köln 2005; *Hueck, G.:* Gesellschaftsrecht, München 2003; *Riegger, B./Weipert, L.* (Hrsg.): Münchener Handbuch des Gesellschaftsrechts, Band 2, München 2004; *Schmidt, K.:* Gesellschaftsrecht, Berlin 2002; *Sudhoff, H./Reichert, J./Breitfeld, A./Düll, A.:* GmbH & Co. KG, München 2005; *Wagner, H./Rux, H.-J.:* Die GmbH & Co. KG, Freiburg 2004.

Go-between-Strategie, Markteintrittstrategie, bei der ein Unternehmen zwischen die → Transaktionen von Anbieter und Käufer geht, z.B. zwischen Hersteller und Endkunde (Intermediation). Diese Strategie ist dann erfolgreich, wenn das Unternehmen die bestehenden → Transaktionskosten zwischen Anbieter und Käufer unterbietet. – Beispiel: Unternehmen lösen die bisherigen direkten Beziehungen zwischen Hersteller und Kunden ab und senken als Großhändler Marketing- und Distributionskosten für den Anbieter und/oder Einkaufskosten für den Käufer. – *Vgl. auch* → Content Syndizierung.

Going Private. Die Transformation einer börsennotierten Gesellschaft in eine nicht börsennotierte Gesellschaft wird als G.P. bezeichnet. Der Begriff bezeichnet also Transaktionen, in deren Mittelpunkt der Rückzug eines Unternehmens von der → Börse steht.

Going Public, → Börsengang.

Goldene Bankregel, → Goldenen Finanzierungsregel.

Goldene Finanzierungsregel, *Goldene Bankregel.* 1. *Begriff:* Die G.F. fordert, dass sich die Fristigkeit von Vermögen und Kapital entsprechen (Fristenkongruenz). – 2. *Merkmale:* Gefordert wird, dass das langfristige Vermögen eines Unternehmens (→ Anlagevermögen) durch das → Eigenkapital und das langfristige → Fremdkapital finanziert wird. Entsprechend soll das kurzfristige Vermögen (→ Umlaufvermögen) durch kurzfristiges Fremdkapital finanziert werden. – *Vgl. auch* → Finanzierungsregeln.

grauer Kapitalmarkt. Der g.K. ist, im Gegensatz zum illegalen Schwarzmarkt, der von staatlicher Regulierung weitestgehend freie Teil des → Kapitalmarkts→ Kapitalmarkts. Der g.K. ist geprägt durch Anlageformen, die nur wenigen oder keinen gesetzlichen Regelungen und auch keiner hoheitlichen Aufsicht unterliegen. Den Schwerpunkt bilden Beteiligungen im Rahmen von geschlossenen Fonds, insbesondere Immobilien- und Medienfonds, Beteiligungen an Publikumspersonengesellschaften und Beteiligungen als stiller Gesellschafter. Der g.K. ist durch unseriöse Anbieter in Verruf geraten, da hier unabhängige Anbieter auf Provisionsbasis Anlagen mit überdurchschnittliche Renditen verbunden mit einem überdurchschnittlichen Risiko anbieten, die per Telefon oder über die Hausbank erworben werden können. Motive für private Anleger sind hier vor allem die Steuersparmodelle, die in dieser Form auf dem regulierten nicht Kapitalmarkt angeboten werden.

Greenshoe-Option. Die G.-O. ist eine den Emissionsbanken zugeteilte Mehrzuteilungsoption und impliziert die Erhöhung des → Eigenkapitals eines Unternehmens durch die Altgesellschafter. Die G.-O. bezeichnet die zweite Stufe (Kapitalerhöhung II) der → Kapitalerhöhung beim → Börsengang oder → Exit eines Unternehmens. In der ersten Stufe (Kapitalerhöhung I) erfolgt eine Platzierung der Anteile der Banken und in einer dritten Stufe (Kapitalerhöhung III) die Einführung von Wandel- oder Optionsrechten. Die G.-O. bietet den Banken die Möglichkeit innerhalb eines Zeitraums von 30 bis 45 Tagen nach der Erstplatzierung weitere Aktien im Gesamtwert von 10 bis 15% der ursprünglich gezeichneten Aktien zum gleichen Bezugspreis zu beziehen. Die Bezeichnung stammt vor diesem Hintergrund von der Green-Shoe-Manufacturing Inc., bei dessen → Going Public das erste Mal das Verfahren zum Einsatz kam.

Größenvorteile, → Economies of Scale.

Gross Margin, *Rohertrag, Bruttogewinn.* Die G.M. wird ermittelt indem der Gesamtgewinn durch die Gesamterlöse geteilt wird. Dieser Prozentsatz gibt Aufschluss über die Ertragskraft eines Unternehmens und über daraus entstehende Finanzmittel für andere unternehmerischen Aktivitäten wie F&E oder Marketing.

Gründer, → Entrepreneur, → Gründerperson, → Unternehmensgründer.

Gründeraufgaben, sie definieren das Arbeitsfeld des → Gründers in der Vorbereitung und Durchführungsphase der → Unternehmensgründung bis hin zur Geschäftseröffnung bzw. dem ersten Anbieten von Leistungen im allgemeinen wirtschaftlichen Verkehr, seien es strategische oder operative Funktionen. I.w.S. wären auch die Aufgaben in der Frühentwicklung des Unternehmens einzubeziehen. Am Anfang stehen Selbstfindung und -prüfung des Gründers, die Ideenfindung (Opportunity Recognition) und gegebenenfalls Teamfindung. Es folgt die Geschäftsideenprüfung (→ Feasibility Study) in Verbindung mit ersten Marktanalysen, sowie die Entwicklung des Geschäftsplans (→ Business Plan) und das „Finetuning“ der Idee begleitet von vertiefenden Marktanalysen, Analysen der Standortalternativen und weiterer Informationsbeschaffung, Aufbau des Lieferanten- und Kundennetzwerks, Integration des familiären und beruflichen Umfeldes. Nach Akquise der notwendigen finanziellen → Ressourcen, Erfüllung administrativer Auflagen folgt die Realisierung des Gründungsvorhabens z.B. durch entsprechende Vertragsabschlüsse bezüglich Standortentscheidung, Personalbeschaffung und Schulung, Ausstattungs- und Einrichtungsbeschaffung, Waren/Rohstoffbeschaffung, Aufbau der innerbetrieblichen Leistungserstellungsprozesse, des Kommunikations- und → Rechnungswesens, des → Marketing- und Vertriebssystems sowie der Eröffnungswerbung.

Gründerbeziehungen. Persönliche Beziehungen der → Gründerperson und/oder des → Gründerteams sind von entscheidender Bedeutung für den Aufbau und das Wachstum eines neuen Unternehmens. Sie gelten daher als wichtiger Faktor zur Schaffung günstiger Startbedingungen. Die Beziehungsarten lassen sich kategorisieren in soziale Netzwerke, Reputationsnetzwerke, Marketingnetzwerke, Reziprozitätsnetzwerke und Wissensnetzwerke. Der Stellenwert der verschiedenen G. verändert sich mit dem

Ablauf der einzelnen → Gründungsphasen. – *Vgl. auch* → Netzwerk.

Gründercharakter. Ein bedeutender Faktor für den Gründungserfolg liegt in der Person des → Unternehmensgründers bzw. vom Lead-Entrepreneur in → Gründerteams. So unumstritten die Bedeutung dieser Person ist, so umstritten ist es, ob ein Beschreibung des G. anhand von Charaktermerkmalen möglich ist. Empirische Studien haben immer wieder unterschiedliche Charaktereigenschaften in den Mittelpunkt gestellt. So werden neben der Leistungs- und der Risikobereitschaft auch Macht und Unabhängigkeitstreben genannt, ohne dass es zu einer einheitlichen und für den → Entrepreneur signifikanten Beschreibung des G. kam. In der modernen Entrepreneurshipforschung wird daher vermehrt nach Einstellung und Verhaltensweisen (Attitudes and Behaviours) von Entrepreneur geforscht.

Gründerfinanzierung. Bereitstellung von → Kapital zur → Finanzierung einer → Unternehmensgründung. → Gründer haben die Möglichkeit staatliche → Förderprogramme zu nutzen, die i.d.R. dem Gründer eine staatlich begünstigte Kapitalbeschaffung ermöglichen. Die Mittelvergabe ist oft an die Kapitalbeteiligung durch den Gründer selbst oder dritter Beteiligungsgeber geknüpft, z.B. private Beteiligungsgesellschaften oder vermögende, risikobereite Privatpersonen (→ Business Angel). – *Vgl. auch* → Gründungsfinanzierung.

Gründerkapital. 1. *Begriff:* Finanzielle Mittel zur Erleichterung der Gründung von Unternehmen. – 2. *Merkmale:* Bei der → Finanzierung einer Unternehmensgründung wird von den → Fremdkapitalgebern ein „angemessenes" → Eigenkapital verlangt. Als wünschenswert gilt eine → Eigenkapitalquote von 15 bis 20%. Diese Quote können insbesondere Existenzgründer oftmals kaum erreichen. Zu deren Unterstützung werden, insbesondere von der öffentlich-rechtlichen KfW Bankengruppe, verschiedene Fördermittel (→ öffentliche Fördermittel) angeboten.

Gründerkultur, *Culture of Entrepreneurship.* 1. *Begriff:* Die Gründung eines Unternehmens stellt eine kreative und mit Wagemut verbundene Aktivität von Menschen dar, für die besondere kulturelle Bedingungen, Vorbilder und Einstellungen notwendig sind, die das Umfeld für unternehmerische Initiativen unterstützen. Unter G. versteht man daher die Summe der Bedingungen, die das Feld für → Unternehmensgründungen in einem Land beeinflussen, wie (1) das Bild des → Unternehmers (→ Entrepreneur, → Gründerperson, → Unternehmensgründer) in der öffentlichen Meinung, (2) die Einstellung der Bevölkerung zu Marktwirtschaft und Wettbewerb, (3) die Möglichkeiten für Gründer, sich am Kapitalmarkt Mittel zu beschaffen und (4) die Fördermaßnahmen der regionalen und nationalen Politik. – 2. *Merkmale:* Die G. ist in den einzelnen Ländern unterschiedlich stark ausgeprägt; insbesondere den angelsächsischen Ländern wird zugeschrieben, dass die höhere Akzeptanz von unternehmerischer Tätigkeit sich positiv auf die G. auswirke. Nach der Definition des → Gründers im Global Entrepreneurship Monitor waren in Deutschland im Jahr 2003 2,09% der Erwachsenen im Alter von 18 bis 64 Jahren Inhaber oder Teilhaber eines Unternehmens, das nicht älter als 3,5 Jahre ist. Erklärtes Ziel der Politik ist es, den Anteil der Gründer an der Gesamtbevölkerung zu erhöhen. – 3. *Elemente einer neuen G.:* In der Vergangenheit waren die Aufgaben des Bildungssystem und des Beschäftigungssystems klar voneinander abgegrenzt. Dem Bildungssystem oblag die Vermittlung von Qualifikationen, das Beschäftigungssystem stellte die Arbeitsplätze zur Verfügung. In den letzten Jahren ist deutlich geworden, dass diese historische Arbeitsteilung nicht mehr funktioniert. In dieser Situation werden an das Bildungssystem zunehmend Forderungen gestellt, auf das entstandene Funktionsdefizit des Beschäftigungssystems zu reagieren. Es genügt nicht mehr, nur Qualifikationen für bereits existierende Arbeitsplätze auszubilden. Es scheint unabdingbar, dass das Bildungssystem sich auch zur Aufgabe macht, solche Fähigkeiten auszubilden, die neue unternehmerische Konzepte hervorbringen und durch Neugründungen von Unternehmen zusätzliche Arbeitsplätze schaffen.

Prof. Dr. Günter Faltin

Literatur:
Faltin., G.: Creating a Culture of Innovative Entrepreneurship, in: Journal of International Business and Economy, Fall (2001), S. 123-140; *Gibb, A.:* Creative Conducive Environments for Learning and Entrepreneurship, Naples 2001; *Ripsas, S.:* Entrepreneurship als ökonomischer Prozess, Wiesbaden 1997; *Schumpeter, J.:* Theorie der wirtschaftlichen Entwicklung, 8. Auflage 1993; *Sternberg, R./Bergmann, H./Lückgen. I.:* Global Entrepreneurship Monitor, Köln 2004.

Gründermotivation. Die G. ist aus zwei unterschiedlichen Gründen von besonderer Bedeutung: Zum einen wird sie traditionell in Bezug zur Erfolgswahrscheinlichkeit der → Gründung gesetzt, zum anderen sind Motive auch ursächlich dafür, ob die → Unternehmensgründung überhaupt als eine Karriereoption in Erwägung gezogen wird. Die Verbindung von Motiven und Erfolg werden als positiv korreliert angenommen, da davon auszugehen ist, dass ein Gründer sich mit einem größeren Engagement und mit mehr Einsatz und Beharrlichkeit seinem Unternehmen widmen wird, wenn seine persönlichen Ziele und Motive sich im Einklang mit der Gründungsaufgabe befinden. Motive zur Gründung eines Unternehmens lassen sich allgemein in Push- und in Pull-Motive unterteilen. Einige Unternehmer werden bspw. durch drohende oder tatsächliche Arbeitslosigkeit zur Selbständigkeit gezwungen (Push-Aspekt der Selbständigkeit); andere sind intrinsisch zur Selbständigkeit motiviert und halten unternehmerisches Handeln und die damit verbundene Freiheit für einen Wert an sich (Pull-Aspekt der Selbstständigkeit). Hinsichtlich der Push-

Gründermotivation, Push- und Pullfaktoren

Push-Faktoren		Pull-Faktoren	
Merkmale	**Exemplarische Beweggründe**	**Merkmale**	**Exemplarische Beweggründe**
Aktuelle Situation wird als unattraktiv empfunden	(drohende) Arbeitslosigkeit	Selbständigkeit wird als attraktiv empfunden	Selbst bestimmen können
Negative Bedeutung für die Person	Unzufriedenheit mit vorherigen Arbeitsbedingungen	Positive Bedeutung für die Person	Sich selbst verwirklichen
Auslöser in der Umwelt	Unzufriedenheit mit vorherigen Arbeitsinhalten	Auslöser in der Person	Reiz der Aufgabe
Gegenwartsbezogen	Selbständigkeit von Freunden oder Familienangehörigen	Zukunftsorientiert	Neugier, etwas Neues auszuprobieren
	Gehaltskürzung		Finanzieller Anreiz
	Umzug des Betriebs		Freie Zeiteinteilung
	Änderungen im Familienstatus		Statusverbesserung

Faktoren steht daher insbesondere die Unzufriedenheit mit der gegenwärtigen Situation im Mittelpunkt bzw. man wird durch Veränderungen im Umfeld in die Gründung getrieben. – *Vgl. Abb.* „Gründermotivation, Push- und Pullfaktoren".

Gründerpark, → Gründerzentrum.

Gründerperson. 1. *Begriff:* Die G. ist diejenige Person, die gegebenenfalls zusammen mit weiteren G. (→ Gründerteam) ein neues Unternehmen gründet. Studien der Deutschen Ausgleichsbank (DtA) und des Bundesministeriums für Wirtschaft und Arbeit (BMWA) haben gezeigt, dass die G. bzw. das Gründerteam eine zentrale Rolle für den Gründungserfolg spielt. Nach dem deutschen Verständnis werden die Begriffe → Entrepreneur" und G. synonym verwendet. Nach dem angelsächsischen Verständnis kann der Entrepreneur jedoch ebenso innerhalb eines bestehenden Unternehmens als Intrapreneur agieren und neue Ideen voranbringen. – 2. *Merkmale:* Es gibt keinen Prototyp der G. Allerdings haben Studien weltweit ähnliche Faktoren ermittelt, die Tendenzaussagen zum Profil einer G. ermöglichen. Dabei werden sowohl Konzepte aus der Soziologie als auch aus der Psychologie herangezogen: a) Soziologische und demographische Merkmale: I.d.R. sind G. Anfang 30 bei der → Unternehmensgründung. Sie stammen dabei eher aus Familien von Selbständigen als aus Familien von Angestellten. Die Gründe für diesen Zusammenhang sind jedoch bislang noch unbekannt. Sind Geschwister vorhanden, ist die G. zudem oft das erstgeborene Kind. Die überwiegende Mehrheit der G. ist männlich. Eine Reihe von Förderprogrammen speziell für weibliche Gründer versucht, diese Situation zu ändern und das bislang ungenutzte → Gründerpotenzial zu aktivieren. Eine Vielzahl von G. besitzt einen Universitätsabschluss und setzt eine Idee aus ihrem Fachgebiet um. Die Ausbildung stellt somit eine wichtige fachliche → Gründungsvoraussetzung dar. – b) Psychologische Merkmale: Die Verhaltensforschung hat Elemente ermittelt, die erfolgreiche G. auszeichnen und die folglich zu den persönlichen Gründungsvoraussetzungen gehören. Die statische Verhaltensforschung („Traits Approach") betont die folgenden drei Hauptmerkmale: (1) Leistungsmerkmale wie Chancenwahrnehmung, Arbeitsengagement, Ausdauer, Qualitäts- und Effizienzstreben sowie Risikofreude, (2) Planungsmerkmale wie Zielbildung, systematische Planung und Kontrolle und Informationsbeschaffung, (3) Machtmerkmale wie Überzeugungskraft, Netzwerkfähigkeit und Selbstvertrauen. Allgemein werden fünf Fähigkeits- bzw. Kenntnisbereiche formuliert, über die erfolgreiche Gründer verfügen müssen: (1) Wertebasis, (2) Ökonomische Kreativität, (3) Entscheidungsfähigkeit, (4) Betriebswirtschaftliche Kompetenz und (5) Führungsqualifikation. Die situative Verhaltensforschung berücksichtigt darüber hinaus Umwelteinflüsse als Determinanten menschlichen Verhaltens. Es gibt vielfältige Gründe für den Schritt in die Selbständigkeit der G. (→ Gründermotivation): (1) Frustration/Aggressionssyndrom: Blockierung der Leistungen / Möglichkeiten in der bisherigen Arbeitsumgebung, (2) Ärger im derzeitigen Beschäftigungsverhältnis, Kündigungsrisiko, Weg aus der Arbeitslosigkeit, (3) höheres und leistungsgerechteres Einkommen erzielen, (4) Eigenverantwortung/Unabhängigkeit, (5) die eigene Handlungsfähigkeit unter Beweis stellen, (6) Durchsetzen eigener Ideen, große Handlungsfreiheit, (7) höheres Ansehen in der Öffentlichkeit, Prestigegewinn. – *Vgl. auch* → Entrepreneur, → Unternehmensgründer.

Prof. Dr. Peter Russo

Literatur:
Audretsch, D.B./Fritsch, M.: Linking entrepreneurship to growth, in: Industry and Innovation, No. 1, Vol. 10 (2003), S. 65-73; *Davidsson, P./Wiklund, J.:* Levels of analysis in entrepreneurship research, in: Entrepreneurship Theory and Practice, No. 4, Vol. 25 (2001), S. 81-99;

Delmar, F./Davidsson, P.: Where do they come from? Prevalence and characteristics of nascent entrepreneurs, in: Entrepreneurship and Regional Development, No. 1, Vol. 12 (2000), S. 1-23; *Dowling, M./Drumm, H.J.:* Gründungsmanagement, Berlin 2003; *Faltin, G./Ripsas, S./Zimmer, J.* (Hrsg.): Entrepreneurship: Wie aus Ideen Unternehmen werden, München 1997.

Gründerpotenzial, Anteil der neuen Gründer bzw. Gründungsplaner innerhalb einer Grundgesamtheit oder Stichprobe. Die → Gründerkultur kann die Entwicklung des G. sowohl positiv als auch negativ beeinflussen. Für eine Region ist vor diesem Hintergrund ein hohes G. erstrebenswert, da es die Chancen auf erfolgreiche Gründungsaktivitäten erhöht und sich potentiell positiv auf die wirtschaftliche Entwicklung der Region auswirkt.

Gründerprofil, → Gründercharakter.

Gründerqualifikation, → Gründungsqualifizierung.

Gründerteam. 1. *Begriff:* Das G. bilden die bei einer → Unternehmensgründung aktiv beteiligten natürlichen Personen, die das mit der Gründung verbundene wirtschaftliche Risiko tragen. Im Gegensatz zu Gründungen, die von Einzelpersonen durchgeführt werden, kann im G. eine qualitative und quantitative Arbeitsteilung erfolgen. Anders als angestellte Manager des Managerteams, wie es bei etablierten Unternehmen existiert, tragen die → Gründer das wirtschaftliche Risiko des Gründungsvorhabens und stellen neben ihrer aktiven Mitarbeit weitere materielle und immaterielle Ressourcen bereit. – 2. *Bedeutung:* Das G. stellt mit den bei den Teammitgliedern vorhandenen Qualifikationen die immaterielle Ressourcenbasis des neuen Unternehmens dar. Wie aus empirischen Untersuchungen hervorgeht, ist das G. neben der internen Struktur des neuen Unternehmens und den geltenden Umfeldbedingungen ein Erfolgsfaktor von Unternehmensgründungen. Von hoher Relevanz sind dabei die Ziele/Motive, die Eigenschaften, die Qualifikationen und Fähigkeiten der Gründer. Insbesondere belegen diese Untersuchungen im Umfeld von Venture Capital-Gebern, dass das G. den entscheidenden Faktor bei der Bewertung eines jungen Unternehmens darstellt, wichtiger noch als die eigentliche → Geschäftsidee bzw. das Produkt selbst. Folglich wird der Zusammensetzung des G. und den im Team vorhandenen Fähigkeiten nicht nur von Risikokapital-Investoren hohe Aufmerksamkeit geschenkt. Die Darstellung des G. bildet einen zentralen Punkt des bei jeder Unternehmensgründung zu erstellenden → Business Plans. – 3. *Aufgaben:* Das G. übernimmt die Durchführung der konstitutiven Entscheidungen und die Realisierung des Unternehmensaufbaus. Bei der Zusammenstellung des Teams sollten die für eine Unternehmensgründung erforderlichen Qualifikationen beachtet werden. – *Vgl. auch* → gründungsspezifische Qualifikationen. – 4. *Arten:* Es kann zwischen a) additiven und b) komplementären Gründerteams unterschieden werden. a) Die Teammitglieder verfügen über nahezu identische Kompetenzen und Erfahrungen, so dass tendenziell nicht alle Anforderungsbereiche abgedeckt sind. – b) Das G. setzt sich aus Personen mit unterschiedlichen Erfahrungen und Qualifikationen zusammen, die sich gegenseitig ergänzen. – 5. *Außendarstellung:* Die Zusammensetzung des Teams und die jeweiligen Funktionen der einzelnen Teammitglieder müssen eindeutig und klar nach außen kommuniziert werden. Notwendige Ergänzungen des Teams sind vor diesem Hintergrund nach außen offen darzustellen und geplante Aktivitäten zu ihrer Beseitigung in diesem Zusammenhang aufzuzeigen. – *Vgl. auch* → Teamgründung.

Prof. Dr. Kai-Ingo Voigt

Literatur:

Schefczyk, M.: Managementqualifikation und Erfolg von jungen Unternehmen, in: *Steinle, C.; Schumann, K.* (Hrsg.): Gründung von Technologieunternehmen, Wiesbaden 2003, S. 67-80; *Mellewigt, T.:* Einsatz, Größe und Vollständigkeit von Teamgründungen, Ergebnisse der deutschen und amerikanischen Gründerforschung, in: Klandt, H./Nathusius, K./Mugler, J./Heil, A.H. (Hrsg.): Gründungsforschungs-Forum 2000, Dokumentation des 4. G-Forums, Lohmar 2001, S. 199-216.

Gründerverhalten, beschreibt die Anzahl und Art der → Unternehmensgründungen. Es wird unter anderem von dem regional vorhandenen → Gründerpotenzial und den individuellen → Gründervoraussetzungen bestimmt. Das G. drückt sich in den sicht- und messbaren Gründungsaktivitäten aus. Meist beziehen sich Angaben zum G. auf eine bestimmte Region.

Gründervoraussetzung. Die G. beschreiben Aspekte der → Gründerperson und/oder des → Gründerteams, die für eine erfolgreiche → Unternehmensgründung gegeben sein müssen. Sie beziehen sich sowohl auf die fachliche als auch auf die persönliche Eignung eines Gründungswilligen (→ Gründerpotenzial). Zu den fachlichen G. gehören (im Regelfall) ebenso relevante berufliche Erfahrungen wie auch kaufmännisches Interesse. Die persönlichen G. entsprechen den psychologischen Merkmalen der → Gründerperson.

Gründerwettbewerb, → Business Plan Wettbewerb.

Gründerzentrum. 1. *Begriff:* Einrichtung, die durch die Bereitstellung von Geschäftsräumen, → Infrastruktur und → Dienstleistungen die Wachstums- und Überlebenschancen der im Zentrum ansässigen → Start-up-Unternehmen, zumeist mit Hilfe öffentlicher Mittel, fördern soll. – 2. *Merkmale:* Ein G. kennzeichnet sich durch die Unterstützung von innovativen, neu gegründeten Unternehmen bei der Bewältigung typischer Probleme in der → Gründungsphase. Es stellt ihnen in einem oder mehreren Gebäuden neben Gewerbeflächen und Serviceleistungen auch Hilfe in Form von Beratungs- und Betreuungsangeboten zur Verfügung. Träger von G. sind zu einem Großteil öffentliche Institutionen wie Gemeinden, aber auch eine private → Finanzierung ist möglich. Spezielle Förderprogramme der Kommunen oder des Bundes unterstützen zusätzlich die Arbeit der Zentren. – 3. *Unterscheidung von anderen ähnlichen Begriffen:* Der Begriff des G. ist eng angelehnt an das amerikanische „Incubator Concept“. Hiernach haben Inkubatoren das Ziel, jungen Unternehmen intensive Betreuung bei ihrer → Gründung und Weiterentwicklung zu geben. Neben G. existieren diverse weitere Organisationsformen von Inkubatoren. Diese werden in der Literatur allerdings häufig unterschiedlich definiert, sodass eine eindeutige Einordnung der Begrifflichkeiten schwer fällt. Als Abgrenzungsmerkmale lassen sich jedoch die angesprochene unternehmerische Zielgruppe (Technologieorientierung und Reifegrad der ansässigen Unternehmen) sowie der Umfang der bereitgestellten Serviceleistungen nennen. → Technologiezentren haben im Vergleich zu G. einen deutlicheren Schwerpunkt auf der Förderung forschungs- und technologieorientierter Unternehmen, betreuen diese aber ebenfalls am Anfang ihrer Entwicklungsphase. In der Literatur wird zumeist von → Technologie- und Gründerzentren (TGZ) gesprochen, deren Fokus dann auf der Förderung von Unternehmen in der Existenzgründungsphase, unabhängig von ihrer Technologieorientierung, liegt. Im Gegensatz dazu haben in Science Parks oder → Technologieparks Unternehmen nach Ablauf der Gründungsphase ihren Standort, die nicht mehr auf Fördermittel der öffentlichen Hand (→ öffentliche Fördermittel) angewiesen sind, aber sehr forschungs- und entwicklungsorientiert arbeiten. Der Begriff Innovationszentrum wird i.d.R. sehr weit verstanden und umfasst alle oben genannten Typen von Fördereinrichtungen. Generell lässt sich feststellen, dass der Zusatz „Park“ in der

Literatur meistens eine eher lose Ansammlung von Unternehmen nach der Gründungsphase auf verfügbaren Gewerbeflächen darstellt. Ist hingegen von einem „Zentrum" die Rede, handelt es sich um Fördereinrichtungen für junge Unternehmen, mit einem dementsprechend umfassenderen Angebot an unterstützenden Dienstleistungen. – 4. *Ziele:* Das Ziel von G. liegt im Auffinden, Auswählen und Fördern unternehmerischer Initiativen und deren laufender Betreuung. Dabei sollen nicht nur potenzielle → Gründer zu → Unternehmensgründungen ermutigt, sondern v.a. der Erfolg neu gegründeter Unternehmen verbessert werden. Den Gründern sollen Hilfestellungen gegeben werden, ihre innovativen Ideen auch in vermarktungsfähige Produkte, Verfahren oder Dienstleistungen umzusetzen. Als regionalpolitisches Instrument der Wirtschaftsförderung sollen G. die Schaffung qualifizierter Arbeitsplätze forcieren und so auch die Attraktivität des Standortes stärken, damit vorhandenes Know-how der Region erhalten bleibt. Der Wissens-, Informations- und → Technologietransfer zwischen Wissenschaft und Praxis wird durch die Arbeit der G. nachhaltig gestärkt, wodurch dann auch eine Unterstützung anderer regionaler Unternehmen erreicht werden kann. – 5. *Instrumente/Maßnahmen der G.:* Die Anregung zur Gründung neuer Unternehmen versuchen G. durch ausgeprägte Öffentlichkeitsarbeit und durch Angebote wie Existenzgründerseminare, Workshops oder Kontaktmessen zu geben. Auch die Ausschreibung von Innovations- oder Erfinderpreise und → Business Plan Wettbewerben sollen potentielle Gründer ansprechen. Ist die Entscheidung, eine → Geschäftsidee umzusetzen, gefallen, helfen G. dann bei der detaillierten Ausarbeitung des Unternehmensentwurfs. Bei der Aufnahme des Geschäftsbetriebes fördern G. ihre ansässigen Unternehmen durch Bereitstellung günstiger Mieträume, die je nach Bedarf variabel erweitert werden können. Viele organisatorische Probleme neu gegründeter Unternehmen werden durch eine professionelle Infrastruktur mit Gemeinschaftseinrichtungen wie Konferenzräumen, Computern, Faxgeräten, und Services wie Buchhaltung oder Erledigung von Steuerangelegenheiten ausgeräumt. Ein wichtiger Baustein im Betreuungskonzept von G. sind auch die Beratungsangebote. Die Existenzgründer können sich fachlichen Rat zu Geschäftsplänen oder Finanzierungsfragen holen und werden bei Bedarf an spezialisierte Berater weiter vermittelt. Um auch die Organisation ihrer Unternehmen im Griff zu behalten, stehen den Gründern Manager zur Seite, die ihnen sowohl durch Marketingberatung, durch Weiterbildungen als auch durch Seminare für die betriebswirtschaftlichen Problemfelder sensibilisieren. Nicht zu unterschätzen ist, dass neben den wertvollen Kontakten des G. zu Wirtschaftspartnern, Universitäten, Kunden oder Lieferanten die Unternehmen auch vom positiven Image der G., z.B. bei der → Kapitalbeschaffung, profitieren.

Prof. Dr. Achim Walter

Literatur:
Betz, A.: Interorganisationaler Technologietransfer in Baden-Württemberg, Tübingen 1997; *Groß, B.* (Hrsg.): Innovationszentren der 90er Jahre, Berlin 1994; *Heukenroth, U./Konzack, T./Pleschak, F./Stummer, F.:* Handbuch für das Management von Innovationszentren, Berlin 2000; *Heydebreck, P.:* Technologische Verflechtung. Ein Instrument zum Erreichen von Produkt- und Prozessinnovationserfolg, Frankfurt a. M. 1996; *Steinkühler, R.-H:.* Technologiezentren und Erfolg von Unternehmensgründungen, Wiesbaden 1994; *Sternberg, R./Behrendt, H./Seeger, H./Tamásy, C.:* Bilanz eines Booms, Wirkungsanalyse von Technologie- und Gründerzentren in Deutschland, Dortmund 1997.

Grundkapital, *Aktienkapital;* Begriff aus dem Aktienrecht. Das G. ist der bei der Gründung einer → Aktiengesellschaft (AG) oder → Kommanditgesellschaft auf Aktien (KGaA) aufzubringender Kapitalbetrag und besteht aus der Summe der Nennwerte der ausgegebenen → Aktien. Es dient sowohl der Finanzierung der unternehmerischen Tätigkeit als auch als Mindesthaftungsstock für Gläubiger. Der Mindestnennbetrag bei einer AG beträgt 50.000 Euro. Bei der KGaA wird der Mindestbetrag von der unbeschränkten Haftung des → Komplementärs substituiert. Das G. ist in der Satzung festgehalten und wird in der Jahresbilanz auf der Passivseite unter → Eigenkapital ausgewiesen. Das Äquivalent des G. bei einer Gesellschaft mit beschränkter Haftung wird als → Stammkapital bezeichnet.

Gründung. 1. *Begriff:* G. ist ein zeitlich ausgedehnter Prozess, durch den Strukturen einer neuen – rechtlich selbständigen oder unselbständigen – Wirtschaftseinheit geschaffen werden. Sie beginnt mit der Suche nach einer → Geschäftsidee und endet mit dem ersten Anbieten von Produkten, Waren oder Dienstleistungen am Markt. Objekte der G. können Unternehmen (Unternehmensgründung), einzelne Betriebe (Betriebsgründung) aber auch ganz andere Objekte, z.B. nichtkommerzieller Art, wie Vereine im wohltätigen, religiösen oder wissenschaftlichen Bereich sein. Der Gegenbegriff zur G. ist die Liquidierung als Auflösung einer bestehenden Unternehmensstruktur. – 2. *Der Prozess der G.* lässt sich in verschiedene Phasen unterteilen. In der Literatur gibt es dazu eine Vielzahl unterschiedlicher Lebenszyklusmodellen mit sehr verschiedenen Phasendifferenzierungen (→ Finanzierungsphasen). Häufig wird nach der → Gründungsphase eine Pioneer- oder auch Frühentwicklungsphase und eine → Wachstumsphase sowie folgend eine Reifungs- oder Konsolidierungsphase und schließlich eine Rekonstruktionsphase oder Liquidierungsphase unterschieden. Die Gründungsphase selbst wird meist geteilt in eine Vorgründungsphase, die Phase der → Gründungsplanung und die Gründungsumsetzungsphase. Typische Schritte in der Abfolge sind nach der Selbstfindung des → Gründers/→ Gründerteams die Kreierung und die Weiterentwicklung der Gründungsidee im Sinne des Erkennens einer Geschäftschance (Opportunity Recognition), die Vorprüfung der Idee auf Machbarkeit (Feasibility), die Ausformulierung und Konkretisierung im Unternehmensplan (→ Business Plan), der dann als wichtiges Instrument der Akquise von Finanzmitteln und der Umsetzung des Vorhabens dient. Der Business Plan umfasst als integrierter Unternehmensgesamtplan alle Teilaspekte einer Gründungsunternehmung und stimmt diese aufeinander so ab, dass keine Widersprüchlichkeiten entstehen. Wichtige Teilbereiche der Arbeit mit dem Geschäftsplan sind die Marktanalyse (insbesondere des Absatzmarktes, aber auch des Beschaffungsmarktes), die Standortanalyse und die sonstige Informationsrecherche (z.B. bezogen z.B. auf Aspekte behördlicher Auflagen durch Berufsgenossenschaft, Brandschutz, Gesundheitsamt und Administration des steuerlichen Anforderungen bzw. der sonstigen Rechts- und Verwaltungsangelegenheiten). Hierauf aufbauend werden Überlegungen zum → Marketing angestellt, insbesondere bzgl. des → Marketing-Mixes sowie zur Standortwahl. Daraus werden die Prozesse und Kapazitäten zur → Organisation der Leistungserstellung abgeleitet. Nach diesen Planungsschritten beginnt die Umsetzung der Planung durch rechtsverbindliche Schritte bezüglich der Standortwahl, der Einstellung von Personal, der Beschaffung von Einrichtungen und Ausstattung, von Waren, Roh- Hilfs- und Betriebsstoffen. Damit ist der „Point of no Return" überschritten, d.h. ein Abbruch des → Gründungsprozesses nach diesem Einschnitt führt zu schmerzlichen finanziellen Einbußen. Die klassische Auseinandersetzung mit der G. im Rahmen der Allgemeinen Betriebswirtschaftslehre konzentrierte sich dem gegenüber nur auf die → Standortwahl, die → Gründungsfinanzierung und die Wahl der → Rechtsform. Die formale, rechtliche G. erfolgt durch die Gewerbemeldung, die bei selbständiger gewerblicher Tätigkeit, nicht aber bei freiberuflicher Tätigkeit (z.B. als Arzt, Rechtsanwalt, Steuerberater oder als Journalist, freischaffender Künstler) oder bei Tätigkeiten in der Urproduktion (wie Land-, Forst-, Fischereiwirtschaft, Kiesgruben etc.) beim zuständigen Ordnungsamt (Sitz der Geschäftsleitung) unter Entrichtung einer Gebühr abzugeben ist. Bei Handelsgesellschaften (→ Offene Handelsgesellschaft, → KG) und Kapitalgesellschaften (→ Gesellschaft mit beschränkter Haftung, → Aktiengesellschaft) hat dies in Verbindung mit einer Handelsregistereintragung zu erfolgen. Bei Kleingewerbetreibenden (Minderkaufleuten) oder BGB-Gesellschaft (bzw. synonym GbR: Gesellschaft Bürgerlichen Rechtes) entfällt die Handelsregistereintragung, bei Genossenschaften Eintragung ins Genossenschaftregister. – *Vgl. auch* → Unternehmensgründung.

Prof. Dr. Heinz Klandt

Literatur:
Klandt, H.: Gründungsmanagement, München 2005; *Szyperski, N./Nathusius, K.:* Probleme der Unternehmensgründung, Stuttgart 1977.

Gründungsaufwand. Der G. ist in der Literatur nicht eindeutig abgegrenzt. Zum G. im engeren Sinne zählen nur die unmittelbar mit der Aufnahme des Geschäftsbetriebs verbundenen Aufwendungen für Einrichtung der Verkaufsgeschäfte, Produktionsstätten oder Genehmigungen und Notare. Zum G. im weiteren Sinne können aber alle zur Aufnahme des Geschäftsbetriebs notwendigen Aufwendungen zählen, also z.B. auch die vorgelagerten Aufwendungen für die Entwicklung der Geschäftsmodells. Dabei ist zu beachten, dass es sich um sog. „Sunk Costs" (verlorene Kosten) handelt, die für eine spätere Unternehmensbewertung im Zuge einer Finanzierungsmaßnahme keine Rolle mehr spielen. Zum G. i.w.S. können auch die Aufwendungen für die Deckung der Anlaufverluste bis zum Erreichen des → Break-Even-Punktes werden.

Gründungsberatung, Existenzgründungsberatung, umfasst die Beratung über Formen, Finanzierungsmöglichkeiten, Chancen und Risiken der → Gründung, aber auch Evaluation der persönlichen Stärken und Schwächen und Ausbildung von kaufmännischen Qualifikationen. Zu den Organisationen, die G. anbieten, gehören unter anderem: (1) Arbeitsagenturen (Einstiegsgeld, Existenzgründungszuschuss und Überbrückungsgeld), (2) → Industrie- und Handelskammern sowie Handwerkskammern (Genehmigungen und lokale/regionale Förderprogramme), (3) Berufsverbände (Förderprogramme, Einstellungs- und Eigenkapitalhilfen, Investitionsprogrammen), (4) Steuerberater (Finanzierungsfragen), (5) Wirtschaftsanwälte (rechtlichen Angelegenheiten), (6) Unternehmensberater (Finanzierung, Marketing, Konzeptentwicklung, Markteintritt, Marktanalyse, usw.).

Gründungsdarlehn, in vielen Unternehmensgründungen wichtige Bestandteile der → Gründungsfinanzierung. Die als → Fremdkapital zur Verfügung gestellten Mittel werden auch als Gründungskredite bezeichnet. Anders als im angelsächsischen Raum, in dem Gründungsvorhaben eher durch → Eigenkapital finanziert werden, hat sich in Deutschland, bedingt durch die Entwicklung in der Bundesrepublik nach dem Zweiten Weltkrieg, eine auf G. basierende Förderpolitik herausgebildet. Dabei wird neben Zinsen, die unter den Marktzinsen liegen, zumeist auch ein tilgungsfreier Zeitraum vereinbart, wodurch die Unternehmen in ihren frühen Entwicklungsphasen gefördert werden sollen (Mezzaniner Charakter der G.). G. werden häufig nur in Verbindung mit einer Zusage der regionalen Bürgschaftsbank gewährt und können zur → Finanzierung der laufenden Geschäftstätigkeit (kurzfristige Kredite) und zur Finanzierung von Investitionen (mittel- und langfristige Kredite) dienen, wobei auf die Fristenkongruenz zwischen Mittelbeschaffung und -verwendung zu achten ist.

Gründungsentscheidung. Im Zusammenhang mit der → Gründung muss die → Gründerperson/das → Gründerteam eine Vielzahl von Entscheidungen treffen. Darunter fallen einerseits die sog. konstitutiven Entscheidungen (Wahl von → Rechtsform, Standort und → Organisation), andererseits die → Finanzplanung, die → Personalplanung, der Einkauf, der → Vertrieb, die → Produktion u.a. Die Vielfalt der zu treffenden G. hat zur Folge, dass das → Gründungsmanagement als Querschnittsfunktion bezeichnet wird. Dabei hängt die Art der zu treffenden G. von der jeweiligen → Gründungsphase ab, in der sich das Unternehmen befindet.

Gründungsförderung, *Förderung von Existenzgründungen.* 1. *Begriff:* Bezeichnung für staatliche Maßnahmen zur Unterstützung von → Unternehmensgründungen. Da mit der Förderung wirtschaftliche Vorteile verbunden sind, bedarf dieser staatliche Eingriff einer besonderen Legitimation. Grundsätzlich kann dabei zwischen einer Förderung im engeren und im weiteren Sinne unterschieden werden. – 2. *Legitimation:* Die Förderung von → Existenzgründungen bezieht ihre Berechtigung aus der besonderen Bedeutung, die neue Unternehmen für eine Volkswirtschaft besitzen. Diese lässt sich an vier Punkten festmachen: a) Beschäftigungswirkung: Unumstritten ist, dass Existenzgründungen einen positiven Beitrag zur Schaffung neuer Arbeitsplätze leisten. Strittig ist in der Wissenschaft hingegen, wie hoch dieser Beitrag ist. Diskutiert werden hierbei Fragen der tatsächlichen Neugründung, des Wachstums und des Überlebens der Unternehmen. Daneben spielt in der Diskussion die → Qualität der geschaffenen Arbeitsplätze eine Rolle. Dabei wird argumentiert, dass insbesondere technologieorientierte Unternehmen in der Lage sind, langfristig Arbeitsplätze in überdurchschnittlicher Anzahl zu schaffen. – b) Auswirkung auf Wachstum und Wettbewerb: Neugründungen leisten einen wichtigen Beitrag zum Funktionieren des marktwirtschaftlichen Systems. Sie stellen für etablierte Unternehmen neue bzw. weitere Konkurrenten dar und garantieren somit den zentralen Effizienzmechanismus des Marktes, den Wettbewerb. – c) Beitrag zum Strukturwandel: Junge Unternehmen leisten einen Beitrag zur strukturellen Veränderung einer Volkswirtschaft, indem sie eher als andere Unternehmen auf geänderte Bedürfnisse und Umfeldbedingungen reagieren. – d) Beitrag zur Innovationsfähigkeit: Der Beitrag der Unternehmensgründungen zur Stärkung der Innovationsfähigkeit leitet sich aus qualitativen Eigenschaften dieser Unternehmensgruppe (wie z.B. → Flexibilität, weniger Bürokratie etc.) ab. Diese ermöglichen es ihnen, schneller und wirkungsvoller auf technologische Veränderungen zu reagieren. Demgegenüber steht als Hemmnis aber die zumeist geringe Ressourcenausstattung. Anzumerken ist weiterhin, dass dieser Beitrag nur von einem kleinen Teil der Gründungen, den tatsächlich technologieorientierten, geleistet wird. – 4. *G. im engeren Sinne:* Unter G. werden im engeren Sinne die Programme zur direkten finanziellen Förderung von Existenzgründungen verstanden. Anbieter solcher Programme ist zunächst der Bund. Daneben haben aber auch alle Bundesländer zur Erreichung regionalpolitischer Ziele Förderprogramme aufgelegt. Allen Programmen gemein sind bestimmte Fördergrundsätze. – 5. *G. im weiteren Sinne:* Zur G. im weiteren Sinne gehört eine Vielzahl von Maßnahmen, die → Motivation und den Informationsstand der Gründer verbessern und ihnen die Umsetzung des Vorhabens erleichtern sollen.

Dr. Frank Pankotsch

Literatur:

Schefczyk, M./Pankotsch, F.: Betriebswirtschaftslehre junger Unternehmen, Stuttgart 2003; *Struck, J.:* Gründungsorientierte Förderprogramme, in: Koch, L./Zacharias, C.: Gründungsmanagement, München 2001, S. 377-392; *von Collrepp, F.:* Handbuch Existenzgründung, Stuttgart 2004, S. 374-384.

Gründungsformen. Als G. werden unterschieden: (a) Die Vollerwerbs- versus Teilerwerbsgründung: je nach zeitlichem Einsatz z.B. ab 40 Stunden als Vollerwerb, oder danach, ob der notwendige Lebensunterhaltes durch die G. abgedeckt werden kann. (b) Die selbständige versus die unselbständige Gründung: wenn eine G. ausschließlich durch natürliche Personen erfolgt, also keine direkten rechtlichen oder wirtschaftlichen Abhängigkeiten bestehen, handelt es sich um eine selbständige G. Geschieht die G. dagegen ganz oder teilweise durch bereits existierende Unternehmen, so ist sie als abhängige G. zu betrachten z.B. als Tochterunternehmen, Zweigniederlassung, unselbständige Zweigstelle. (c) Die Einzel- versus Partnergründung oder Teamgründung: je nachdem ob nur ein Gründer bei einem Gründungsvorhaben tätig ist und sich finanziell beteiligt (Einzelgründung) oder ob mehrere (natürliche) Personen sich unternehmerisch einbringen (Partner- oder → Teamgründung). (d) Die originäre versus derivative Gründung: Je nach vorliegender Strukturexistenz wird von originärer G. (keine Struktur vorher vorhanden: auch Neugründung) gesprochen, dagegen bei einer Beteiligung an einem bereits existierenden Unternehmen oder der Übernahme eines Unternehmens von einer derivativen G. (→ Geschäftsübernahme). (e) Die innovative versus imitatorische Gründung: je nachdem ob gleiche oder ähnliche Unternehmen global, international, national, regional bereits schon existieren (imitatorische G.) oder nicht (innovative G.). Der Charakter der Innovationsgrades kann dabei sehr unterschiedlich bestimmt sein: z.B. im Vergleich zu regionalen Konkurrenten durch andere Produkte/Waren/Dienstleistungen, andere Vertriebswege, andere Produktionsverfahren. Eine Sonderform der G. ist die Franchisegründung (→ Franchising), die entsprechend oben als imitatorische und teilselbständige G. einzuordnen ist, da sie in Abhängigkeit von einem bestehenden Unternehmen (Franchisegeber/Franchisezentrale) und nach dem Vorbild eines Referenzunternehmens gegründet wird, so dass bei dieser G. eine große Zahl von Entscheidungs- und Gestaltungsparametern bereits vordefiniert sind.

Gründungsforschung, → Entrepreneurship-Professuren.

Gründungsidee, bezeichnet den Geschäftsgegenstand eines potenziellen Gründungsunternehmens. G. können einer beruflichen Tätigkeit der → Gründer entstammen oder privat entstanden sein. Je nach Auslöser unterscheidet man zwischen → Geschäftsideen, die aus der Wahrnehmung eines nicht gedeckten Kundenbedürfnisses entstanden sind, und solchen, denen eine technologische → Innovation bzw. noch nicht für ein Produkt genutzte → Technologien zugrunde liegt.

Gründungsinitiative. G. sind Institutionen/
Netzwerke, die Gründer bei der Umsetzung ihres Vorhabens unterstützen bzw. Gründungsaktivitäten fördern. Sie beziehen sich meist auf die → Gründungsphasen kurz vor und nach der eigentlichen Aufnahme der Geschäftstätigkeit. Die Unterstützung kann auf vielfältige Weise erfolgen, z.B. durch Beratungs- oder Weiterbildungsangebote. Das Angebot richtet sich nach dem speziellen Bedarf in den unterschiedlichen Gründungsphasen, wobei es weder Konkurrenz noch Preisgelder gibt (wie z.B. bei → Business Plan Wettbewerben üblich).

Gründungsinnovation. Innovative → Gründungsideen setzen eine Produkt- oder eine Prozessinnovation in ein → Geschäftsmodell für ein erwerbswirtschaftliches Unternehmen um. Die Innovation muss nicht radikal in dem Sinne sein, dass sie am Markt erstmalig verfügbar ist. Auch inkrementelle Innovationen und Produktverbesserungen können Gegenstand einer innovativen Unternehmensgründung sein.

Gründungsinvestition, *Finanzierung.* 1. *Begriff:* Investitionen, die im Zusammenhang mit der Neugründung oder Übernahme eines Betriebes anfallen. – 2. *Merkmale:* Im Sinne der Betriebswirtschaftslehre zählt die Anschaffung langfristig nutzbarer Produktionsmittel zu den Investitionen. Investitionsgüter zählen in der Bilanz zum Anlagevermögen (§ 268 HGB). – 3. *Instrumente:* G. werden im Rahmen der → Finanzplanung im Investitionsplan erfasst. – *Vgl. auch* → Investition, → Gründungsaufwand.

Gründungskalkül. 1. *Begriff:* Ökonomisches Rationalkalkül, bei dem der Entscheider vor der Wahl steht, ein Unternehmen zu gründen und damit einen Teil der ihm zur Verfügung stehenden → Ressourcen an (Human- und Geld-) Kapital und Zeit von einer alternativen (bisherigen) Verwendung abzuziehen und in das neue Unternehmen zu investieren. Dabei muss er bei kostenlos angenommenem Ressourcentransfer seinen Nutzen aus alternativen Ressourceneinsätzen zur Einkommenserzielung dem Nutzen aus dem Ressourceneinsatz im eigenen Unternehmen (Venture) gegenüberstellen. – 2. *Darstellung:* Das G. ist eine Entscheidung unter → Risiko. Neben der potenziellen Verlusthöhe, die den → Unternehmensgründer durch eine Abweichung des kalkulierten Nutzens vom tatsächlichen eintretenden Nutzen durch die → Gründungsentscheidung treffen kann, ist die Wahrscheinlichkeit der Gefahr, dass dieser Verlust auch tatsächlich eintritt, die zweite Determinante des Risikos. Um reales Risikoverhalten im Hinblick auf personale und kontextbezogene Eigenschaften des Gründers zu untersuchen, sind die Determinanten des Risikoverhaltens zu erfassen. Während die normative Entscheidungstheorie hier keine Differenzierung vornimmt und etwa Risikoverhalten und Risikoeinstellung weitgehend gleich setzt, identifiziert die deskriptive Entscheidungstheorie die zentralen Einflussfaktoren des Risikoverhaltens. Demnach resultiert die Gründung als Entscheidungsverhalten unter Risiko aus dem Zusammenspiel von Risikoeinstellung und Risikowahrnehmung Unter Risikoeinstellung wird eine persönliche Eigenschaft des Entscheiders verstanden, die auf die Risikowahrnehmung einwirkt und dadurch das Risikoverhalten beeinflusst. Die Risikoeinstellung ist dabei objektunabhängig und damit ein relativ konstantes Persönlichkeitsmerkmal, dass nur durch exzeptionelle Ereignisse im Umfeld des Entscheiders verändert wird. Das tatsächlich vorhandene Risiko wird so durch den (Risiko-) Wahrnehmungsprozess transformiert. Ergebnis ist das wahrgenommene Risiko. Daraus lässt sich für das G. ableiten, dass die Persönlichkeitsmerkmale des Entscheiders, die Merkmale des Ventures und die Kontextfaktoren die Gründungsentscheidung über die Transformationsprozesse der Risikowahrnehmung beeinflussen. Der im G. veranschlagte Nutzen der Gründung und der alternativen Ressourcenverwendung ist entsprechend subjektiv risikobehaftet. So kann etwa die Risikoneigung eines Entscheiders als Persönlichkeitsmerkmal aufgefasst werden, die von ökonomischen Kontextfaktoren wie der konjunkturellen Situation und von kulturellen Kontextfaktoren wie nationalen Mentalitäten und Grundstimmungen geprägt wird und so zu Unterschieden in der Risikowahrnehmung führt. – 3. *Maßnahmen bzw. Instrumente:* Nach der präskriptiven Entscheidungstheorie wird eine Entscheidung umso rationaler, je besser bestimmte Anforderungen an das Entscheidungsverfahren erfüllt werden: a) Zunächst sollte der Entscheider analysieren, ob er das richtige Problem löst. Im Gründungskontext geht es zum Beispiel darum, dass komplexe Problem einer Entscheidung zum Schritt in die Selbständigkeit in Teilprobleme aufzulösen, und diese zeitlich nacheinander zu lösen. – b) Die Gründungsentscheidung sollte durch eine angemessene Informationsbeschaffung und -verarbeitung vorbereitet werden. Das heißt, eine maximale Entscheidungsvorbereitung kann nicht rational das Ziel sein, da dann das Problem der Unternehmensgründung nie zur Entscheidung gelangen würde. – c) Bei der Bildung von Erwartungen über die Zukunft sollte man sich der Gefahr von realen Wahrnehmungsverzerrungen bewusst sein und versuchen, diese zu vermeiden. – d) Der Gründer sollte für sein Nutzenkalkül möglichst objektive Daten sammeln und insbesondere seine Wahrnehmung des Risikos beachten, damit er letzteres bewusst eingehen kann. – e) Die eigenen Ziele und Präferenzen sollten möglichst genau erfasst werden, um Gefahren der Selbsttäuschung einzugrenzen. Über die eigene Risikopräferenz im Gründungskontext sollte er sich klar werden, um eine möglichst weitgehende Deckung mit dem wahrgenommenen Risiko der konkreten Gründung herzustellen.

Dr. Dietmar Grichnik

Literatur:
Brüderl, J./Preisendörfer, P./Ziegler, R.: Der Erfolg neugegründeter Betriebe. Eine empirische Studie zu Chancen und Risiken von Unternehmensgründungen, Berlin 1996; *Eisenführ, F./Weber, M.:* Rationales Entscheiden, Berlin 2002; *Evans, D. S./Jovanovic, B.:* An Estimated Model of Entrepreneurial Choice under Liquidity Constraints, in: Journal of Political Economy, 97. Jg. (1989), S. 808-827; *Simon, M./Houghton, S. M./Aquino, K.:* Cognitive Biases, Risk Perception, and Venture Formation: How Individuals decide to start Companies, in: Journal of Business Venturing, 14. Jg. (1999), S. 113-134.

Gründungsklima. Der Begriff G. bezeichnet die gesamtgesellschaftlichen (z.B. Unternehmerimage) bzw. insbesondere die gesamtwirtschaftlichen Rahmenbedingungen, die als makrosoziales Umfeld auf die Gründungsaktivitäten in einer Volkswirtschaft einwirken. Die unspezifischen Rahmenbedingungen, die → Gründungen in gleicher Weise wie andere Unternehmen betreffen, werden als Gründungskontext bezeichnet. Davon lässt sich die Gründungsinfrastruktur unterscheiden, die spezifisch auf Gründungunternehmen bezogen ist. Hierzu gehören insbesondere öffentliche Gründungsförderprogramme (→ öffentliche Fördermittel), das Gründerausbildungssystem wie z.B. die Existenz und Ausrichtung von → Gründungsprofessuren, die Gründungshelfer wie Gründerberatungsstellen in Kammern und Verbänden oder Strukturen der → Venture Capital Industrie, → Business Angel Netzwerke, die → Technologie- und Gründerzentren und Gründerparks. Internationale Vergleiche identifizieren fördernde und hemmende Einflüsse.

Gründungskompetenz, die aus der übergreifenden Intention der → beruflichen Handlungskompetenz „unternehmerische Selbstständigkeit“ abgeleitete oberste Zielklasse. Diese oberste Hierarchiestufe einer G. im Sinne der beruflichen Handlungskompetenz „unternehmerische Selbständigkeit“ gilt als erreicht, wenn die Adressaten der → Gründungsqualifizierung nicht nur Gründungen ökonomisch begründet konzipieren und implementieren, sondern auch die ggf. nicht unerheblichen Risiken und Chancen einer konkreten → Unternehmensgründung bewusst abwägen können und wollen.

Gründungskonzept, → Gründungsidee.

Gründungskosten, sind bei der Kapitalbedarfsplanung in der → Gründungsphase (→ Early-Stage-Phase) zu berücksichtigen. Mit der Kapitalbedarfsplanung (→ Finanzplanung) wird ermittelt, wie viel Kapital zum Start eines Unternehmens benötigt wird. Hierbei sind neben notwendigen Investitionen für z.B. Produktionsanlagen, Büroausstattungen oder Lizenzen auch die Kosten zu berücksichtigen, die durch die Gründung selbst entstehen (z.B. Kosten für Gewerbeanmeldung und Handelsregistereintragung, Rechts- und Beratungskosten, Notarkosten).

Gründungslehrstühle, → Entrepreneurship-Professuren.

Gründungsmanagement, bezeichnet einerseits funktional die Führungsaufgabe in der → Gründungsphase bzw. im weiteren Sinne auch in der Frühentwicklungsphase eines Unternehmens und zum anderen personal die – meist kleine – Gruppe von Personen (überwiegend sogar der → Gründer alleine), der diese Aufgabe obliegt. Meist existiert bei Unternehmensgründungen eine Einheit von Management und Eigentum, d.h. Leitung und Risiko sind in einer Hand, was den Führungsstil wesentlich prägt: hier steht meist das langfristige Überleben, die Substanzsicherung und -mehrung und das organische Wachstum des Unternehmens im Vordergrund. Das G. als Aufgabe ist zum einen durch große Freiräume (völlig offene, vielfältige Handlungsfelder, keine Bindung an historische Entscheidungen oder bereits getätigte Investitionen etc), zum anderen aber bezüglich der verfügbaren → Ressourcen (finanziell, personell) meist durch starke Einengungen gekennzeichnet. Das G. sollte dadurch – gegenüber dem Management eines gereiften Unternehmens – Vorteile bezüglich Kreativität und Flexibilität besitzen. Die typischerweise noch geringe Arbeitsteiligkeit in der Gründungseinheit erfordert Kompetenzen und Einsatz des Unternehmers bzw. → Gründerteams auf allen Ebenen (strategisch bis operativ: von der Entwicklung der Vision bis zur Umsetzung im Tagesgeschäft), bezüglich aller Formalprozesse (von der Planung, über die Organisation bis hin zur Kontrolle) und aller Realprozesse (Beschaffung, Produktion, Absatz). Die Literatur zum G. betont insbesondere die folgenden konkreten Aufgaben. – 1. *Erstellung der Gründungsplanung:* die Gründungsplanung konzentriert sich im wesentlichen auf die Ausarbeitung des → Business Plans, der ein umfassender Rahmen für alle Entscheidungsbereiche ist. Dies beginnt mit der Analyse und Beschreibung des Absatz- und Beschaffungsmarktes, in dem das Gründungsunternehmen tätig werden will. Thematische Schwerpunkte sind dabei die Marktanalyse, Konkurrenzanalyse und die Ableitung von Marketingmaßnahmen hinsichtlich Leistungsangebot, Preisgestaltung, Vertrieb und Marketingkommunikation. Daraus leiten sich Maßnahmen zur Erschließung und Bearbeitung des Marktes ab. – 2. *Standortwahl:* Die Standortwahl betrifft die Entscheidung über den Sitz des Unternehmens. Entgegen der normativen betriebswirtschaftlichen Literatur wird diese Entscheidung bei der Unternehmensgründung meist durch die private Situation geprägt und der Standort typischerweise am Wohn- oder Studienort platziert, was u.a. durch vorhandene Netzwerke und vorteilhafte regionale Kenntnisse begründbar ist. – 3. *Organisation* des Gründungsunternehmens: Dazu gehört de Verteilung von Entscheidungskompetenzen, Einsatzplanung, Aufbau- und Ablauforganisation des Grünungsunternehmens sowie der Einsatz von Informations- und Kommunikationstechnologie. – 4. *Human Ressource Management:* In diesen Bereich fällt die Anwerbung, Auswahl, Schulung, Ausbildung, Weiterbildung und Führung geeigneter Mitarbeiter. In diesem Kontext gehören u.a. auch Überlegungen zu geeigneten Beteiligungsmodellen, die evtl. Nachteile einer Arbeitsplatzes in einem Jungen Unternehmen im Vergleich zu etablierten Großunternehmen ausgleichen. – 5. *Finanzierung* des Gründungsvorhabens: Im Rahmen der Finanzierung sind die verschiedenen Quellen des Eigen- und Fremdkapitals auf die Ziele der Gründungsunternehmen aber auch Verfügbarkeit hin zu bewerten. Neben den Gründern selber, deren Freunde und nahen Angehörigen ist eine externe Finanzierung von hoher Bedeutung. Als externe Finanzierungsquellen für Gründungsunternehmen kommen insbesondere Banken, die öffentliche Hand (Gründungsförderprogramme), Business Angels und Venture Capital Gesellschaften in Frage. – 6. *Wachstumsstrategie:* Im Rahmen der Wachstumsstrategie muss das Modell, die Strategien zur Umsetzung und die Quellen des Wachstums gemanagt werden. Neben dem internen Wachstum kommen als Wachstumsquellen für Gründungsunternehmen Kooperationen und Innovationen in Frage. Als anspruchsvollste Wachstumsstrategie wird die Internationalisierungsstrategie gesehen. – 7. *Rechtliche Aspekte bei Unternehmensgründungen:* Dazu gehört die Frage, welche Gesetze und Vorschriften beachtet werden müssen bei gleichzeitiger Analyse, welchen Einfluss die Regelungen auf die unternehmerische Tätigkeit haben. Wichtige Teilaspekte der rechtlichen Rahmenbedingungen für Gründungsunternehmen sind: Rechtsformwahl, Rechnungslegung, Steuerliche Regelungen, Arbeitsrecht, Patent- und Markenrecht. Bei der Rechtsformwahl hat das G. u.a. zu beachten, ob es sich um eine Einzel- oder Partnergründung handelt, ob ungewöhnliche Risiken bestehen, welche Rechtsform branchenüblich sind, welches Image sie vermitteln, ob erhebliche Anlaufverluste zu erwarten sind (Überschuldung bei Kapitalgesellschaften), wirtschaftlich vernünftige Relation des rechtsformbedingten Verwaltungsaufwandes zur Vorhabensgröße, gesetzliche Mindestkapitalhöhe, Offenlegungspflichten. Dazu stellt sich die Frage der optimalen Besteuerung. Im Rahmen der Rechnungslegung von Gründungsunternehmen sind insbesondere gründungsspezifische Fragestellungen wie Eröffnungsbilanz, Erstbewertung und Publizitätspflichten zu klären. Durch Ermittlung der relevanten Steuerarten und steuerlichen Vorschriften wird eine gesetzeskonforme Besteuerung erreicht. Das Arbeitsrecht fordern in diesem Zusammenhang von Gründern das Management der entsprechenden Vorschriften aus dem Individualarbeitsrecht (z.B. Arbeitnehmer Schutzrechte) und dem Betriebsverfassungsrecht. Im Rahmen der Patent- und Markenstrategie wird durch Kenntnis der Vorschriften ein Schutz der im Gründungsunternehmen vorhanden Patent- und Markenrechte erreicht. – 8. *Aufbau und Pflege eines Risikomanagementsystems:* Im Rahmen des Risikomanagement sind vor diesem Hintergrund geeignete Maßnahmen zur Reduzierung des Risikos zu entwickelt und zu implementieren. – *Vgl. auch* → Gründungsprozess.

Prof. Dr. Heinz Klandt

Literatur:
Dowling, M./Drumm, H.J.: Gründungsmanagement, Berlin 2003; *Klandt, H.:* Der integrierte Unternehmensplan, München 2005; *Kollmann, T.:* E-Venture: Grundlagen der Unternehmensgründung in der Net Economy – mit Multimedia-Fallstudie auf CD-ROM. Wiesbaden 2004.

Gründungsmarketing. 1. *Begriff:* G. ist als marktorientierte Führung eines Gründungsunternehmens mit daraus resultierenden Marketingbesonderheiten zu verstehen. Grundsätzlich gilt die für ein allgemeines Marketingkonzept gängige Vorgehensweise. Diese muss allerdings erstens unter der einschneidenden Prämisse der Ressourcenknappheit betrachtet werden, d.h. es fallen kostenintensive Marktforschungs- und Werbeaktivitäten zum Teil weg, so dass nach neuen Wegen der kostengünstigen Kommunikation zu suchen ist, was wiederum als Guerilla- oder Moskitomarketing bezeichnet wird. Zweitens hat sich ein Gründungsunternehmen speziell mit der Herausforderung auseinander zu setzen, in einem neuen Markt verlässliche → Marktanalysen, Kundensegmentierungen, Preisfestsetzungen und → Konkurrenzanalysen vorzunehmen. – 2. *Merkmale:* Die Inhalte eines allgemeinen Marketingkonzepts lauten: Vorgaben aus der Unternehmensstrategie, Unternehmensanalyse, Marktanalyse, Marketingziele für ausgewählte Kundensegmente, Marketinginstrumenteneinsatz (→ Marketing-Mix), Infrastrukturaufbau/Datenbanken, Marketingtaktik und Implementierung/→ Kontrolle. Eine alternative Vorgehensweise einer Marketingplanung nach Kuss/Tomczak ist gekennzeichnet durch sechs Schritte: (1) Relevante Bedürfnisse (2) von wirtschaftlich interessanten Kundengruppen (3) mit maßgeschneiderten Lösungen (4) besser als irgendjemand anderer (5) nach Ansicht der Kunden (6) dauerhaft zu befriedigen. Damit sind angesprochen: (1) Definition des relevanten Marktes sowie Kombination emotionaler und rationaler Bedürfniserfüllung, (2) Märkte und Kunden segmentieren und andere Kunden ausgrenzen, um der Gefahr der Verzettelung zu entgehen, (3) Problemlösung durch Leistungssysteme (Kombination von Produkten und Dienstleistungen zu integrierten Problemlösungen), (4) Bezugsgrößen sind aktuelle und potenzielle Wettbewerber, (5) Umsetzung der Prinzipien erfolgreicher Kommunikation mit der Etablierung einer starken Marke, (6) dauerhafte Bindung erstmalig akquirierter Kunden durch professionelles Beziehungs- und Dienstleistungsmanagement sowie eine ausgeprägte Dienstleistungskompetenz. Diese wird nach Fueglistaller verstanden als „Set von Fähigkeiten, das auf Erfahrungen und innovativem Verhalten, Wissen und kultureller Grundhaltung aufbaut, den Erwartungen und Anforderungen der Anspruchsgruppen entspricht und laufend an die Bedürfnisse des Marktes angepasst wird". Gerade für Gründungsunternehmen eröffnet sich dadurch eine wichtige Differenzierungsmöglichkeit bei ansonsten weitgehend vergleichbaren Produkten und tendenziell aufgrund fehlender Größendegressionseffekte nicht absenkbarer Preise. Die erste Preisfestsetzung wiederum stellt für Gründungsunternehmen ebenfalls eine entscheidende Herausforderung dar, weil diese erste Festsetzung einen maßgebenden Einfluss auf den Unternehmenswert hat und nicht ohne weiteres deutlich (zumindest nach oben) abgeändert werden kann.

Prof. Dr. Christoph Müller

Literatur:

Belz, C./Bieger, T.: Customer Value – Kundenvorteile schaffen Unternehmensvorteile, Frankfurt / St. Gallen 2004; *Belz, C.:* Akzente im innovativen Marketing, St. Gallen 1998; *Fueglistaller, U.:* Tertiarisierung und Dienstleistungskompetenz in schweizerischen Klein- und Mittelunternehmen (KMU), St.Gallen 2001; *Kuss, A./Tomczak, T.:* Marketingplanung: Einführung in die marktorientierte Unternehmens- und Geschäftsfeldplanung, Wiesbaden 2002; *Levinson, J.C.:* Das Guerilla Marketing Handbuch, Frankfurt 1994.

Gründungsmündigkeit, die aus der übergreifenden Intention der → beruflichen Handlungskompetenz „unternehmerische Selbständigkeit" abgeleitete mittlere Zielklasse. Eine G. kann dann als erreicht gelten, wenn Adressaten der → Gründungsqualifizierung zur bewussten und begründeten Entscheidung für die Aufgabe oder Weiterverfolgung einer weiteren Gründungsqualifizierung bzw. des Ziels der Realisierung einer → Gründungsidee befähigt sind. Dies impliziert eine persönliche Auseinandersetzung der Adressaten mit der Gründungsthematik, die insbesondere die Fähigkeit zur Reflexion und zur rationalen Einschätzung eigener Kompetenzen, Antriebe und Motivationen umfasst.

Gründungspädagogik / Gründungsdidaktik. 1. *Begriff:* Gp./Gd. ist eine auf den Bereich der → Unternehmensgründung sowie der beruflichen Selbständigkeit ausgerichtete Lehre (1) von der Personal- und Persönlichkeitsentwicklung von Unternehmensgründern sowie der Erziehung zu (potenziellen) Unternehmensgründern *(Gründungspädagogik)* und (2) vom Lehren und Lernen der für eine Unternehmensgründung relevanten Kompetenzen *(Gründungsdidaktik).* Eine sich auf der Theorieebene befindende „Entrepreneurship Education" fungiert als Oberbegriff beider Termini. – 2. *Beschreibung:* Kennzeichnend für eine Gp./Gd. ist, dass sie von der Existenz- und Unternehmensgründung als ein Ausschnitt der Lebenswirklichkeit ausgeht, hier der einer selbständigen unternehmerischen Berufstätigkeit, welche für die handelnde Bewältigung der darin enthaltenen Anforderungen entsprechende Kenntnisse, Eigenschaften und Fähigkeiten erfordert. Grundsätzlich hat damit eine Gp./Gd. im Rahmen einer gewünschten längerfristig ausgerichteten Personal- und Persönlichkeitsentwicklung die Erziehung, Bildung und Qualifizierung zum unternehmerisch selbständigen Handeln im Hinblick auf die Option einer Existenz- bzw. Unternehmensgründung zum Gegenstand. Mit der Konstituierung einer Gp./Gd. vollzieht sich auch eine Perspektivenergänzung in der Theorie der → Gründungsqualifizierung. Diese zeichnet sich u.a. dadurch aus, dass neben dem Gründungsobjekt (Gründungsprojekt/-unternehmen) das Gründungssubjekt (der potenzielle Gründer) explizit in den Fokus der Aufmerksamkeit gerückt wird. Exemplarisch kann auch auf die Ausrichtung an der Curriculumtheorie verwiesen werden, was sich u.a. in der Forderung nach Langfristigkeit, Systematik und Nachhaltigkeit in Gründungscurricula manifestiert und die Berücksichtigung bildungsinstitutioneller und bildungsorganisatorischer Rahmenbedingungen der Gründungsqualifizierung betont. Mit der bislang entwickelten Gp./Gd. geht eine programmatische Schwerpunksetzung einher, welche insbesondere in der Bestimmung der Zielgruppen der Gründungsqualifizierung (→ Qualifizierungszielgruppen), der Formulierung einer Lernzieltaxonomie sowie in dem Anliegen eines → Erschließungsansatzes zum Ausdruck kommt.

Prof. Dr. Ulrich Braukmann

Literatur:
Braukmann, U.: „Entrepreneurship Education" an Hochschulen – Der Wuppertaler Ansatz einer wirtschaftspädagogisch fundierten Förderung der Unternehmensgründung aus Hochschulen, in: Weber, B. (Hrsg.): Eine Kultur der Selbständigkeit in der Lehrerausbildung, Bergisch Gladbach 2002, S. 47-98; *Braukmann, U.:* Zur Gründungsmündigkeit als einer zentralen Zielkategorie der Didaktik der Unternehmensgründung an Hochschulen und Schulen, in: Walterscheid, K. (Hrsg.): Entrepreneurship in Forschung und Lehre Frankfurt/M. 2003, S. 187-203; *Halbfas, B. G.:* Entrepreneurship Education an Hochschulen, 2005; *Westerfeld, K.:* Förderung persönlichkeitsbezogener unternehmerischer Kompetenzen im Rahmen der Existenzgründungsqualifizierung an Hochschulen, Paderborn 2004.

Gründungsphase. Der → Gründungsprozess besteht aus unterschiedlichen G. In der Literatur → zur Gründungs- und Wachstumsfinanzierung finden sich unterschiedliche Einteilungen für die einzelnen Phasen. Das Gründungsmodell von Szyperski/Nathusius führt fünf Phasen an, während Schefczyk/Pankotsch drei Phasen definieren: (1) Gründungsphase, (2) Etablierungsphase und (3) Wachstumsphase. Jede Phase stellt individuelle Anforderungen an den → Gründer.

Gründungsplanung. 1. *Begriff:* Die G. ist je nach Gründungstyp von unterschiedlicher Komplexität. Für die → Gründung eines Einzelunternehmens ohne Angestellte und mit geringem Kapitalaufwand ist die G. wesentlich einfacher zu gestalten als für → Unternehmensgründungen, die mit innovativen → Technologien in schnellwachsenden Märkten Erfolg erzielen wollen. So wird in der Managementlehre die G. als Bereich der „Strategischen → Planung" gesehen („Strategic Entrepreneurship"). Dabei ist zwischen internen Ansätzen (Ressourcenorientierter bzw. Inside-Out Perspektive), marktorientierten Ansätzen (Outside-In Perspektive) und netzwerkorientierten Ansätzen der strategischen Planung zu differenzieren. Die Ansätze werden jedoch in der Realität nicht getrennt voneinander, sondern vielmehr in Kombination miteinander angewandt. Schon bei der G. sollte der Entrepreneur darauf achten, das Unternehmen arbeitsteilig zu denken, um seine eigene Kraft vollständig der Entwicklung des → Geschäftsmodells widmen zu können. – 2. *Merkmale:* Das zentrale Instrument der G. ist der → Business Plan. Im Business Plan stellen die Gründer das Geschäftsmodell des neuen Unternehmens dar. Er sollte die niedergeschriebene unternehmerische Vision sein wie das neue Unternehmen mit seinen innovativen Produkten bzw. Dienstleistungen am Markt erfolgreich Wert generieren kann, fundiert durch betriebswirtschaftliche Daten. Mit ihm demonstrieren die → Gründerpersonen, dass sie die einzelnen Schritte der Unternehmensgründung durchdacht und plausibel geplant haben. Als Zielgruppe der G. sind sowohl die Gründer als auch die Kapitalgeber zu sehen.

Prof. Dr. Sven Ripsas

Literatur:
Dowling, M.: Grundlagen und Prozess der Gründung, in: Dowling, M/Drumm, H.-J.: Gründungsmanagement, Berlin 2003, S. 9-18; *Faltin., G.:* Creating a Culture of Entrepreneurship, in: Journal of International Business and Economy, Fall (2001), S. 123-140; *Ripsas, S.:* Der Business Plan – Eine Einführung, in: Faltin, G./Ripsas, S./Zimmer, J.: Entrepreneurship, München 1998, S. 3-20; *Simon, H.:* Integrative Strategie, in: Campus Management, Bd. 1, Frankfurt/Main 2003, S.277-281; *Timmons, J. A./Spinelli, S.:* New Venture Creation, New York 2004.

Gründungsprobleme. 1. *Begriff:* Als G. werden die bei der Planung und Realisation einer Unternehmensgründung auftretenden Probleme bezeichnet. – 2. *Arten:* a) Gründerbezogene Probleme, die aus den Eigenschaften und Qualifikationen der Gründer resultieren (z.B. Mangelndes Know-how des → Gründerteams). – b) Ideebezogene Probleme, die in direktem Zusammenhang mit der spezifischen Idee stehen (z.B. Unterschätzung der Entwicklungszeit). – c) Prozessbezogene Probleme, die sich auf die Durchführung des Gründungsprozesses und die Beschaffung der dafür benötigten Ressourcen beziehen (z.B. fehlende Finanzierung). – d) Umfeldbezogene Probleme, die aus den gegebenen Rahmenbedingungen folgen und kaum beeinflusst werden können (z.B. rechtliche Regelungen).

Gründungsprofessuren, → Entrpreneurship-Professuren.

Gründungsprozess. 1. *Begriff:* Im Vordergrund der wirtschaftswissenschaftlichen Perspektive stehen bei der Betrachtung des G. die einzelnen Phasen, die → Entrepreneure bei der Etablierung eines neuen Unternehmens am Markt durchlaufen (Entrepreneurship als ökonomischer Prozess). – 2. Merkmale: Ein phasenorientiertes Modell des G. müsste die folgenden Phase beinhalten: a) Entwickeln eines profitablen Geschäftsmodells: Der Ausgangspunkt der ersten Phasen in der ökonomischen Darstellung des G. ist das vage Erkennen einer Gewinnmöglichkeit (die → Geschäftsidee). Diese Idee kann durch eine technische Erfindung (Invention) oder aber durch das visionäre Erdenken von neuartigen Handels- oder Dienstleistungsmöglichkeiten entstehen. Die Aufgabe der Entrepreneure ist es, aus

Gründungsprozess, Einflussfaktoren des Gründungsprozesses

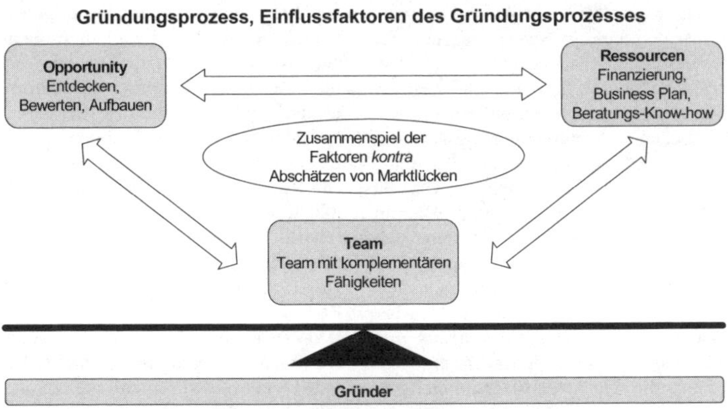

diesen ersten Ideen für ein neues Produkt oder eine neuartige Dienstleistung mit Hilfe von systematischen Recherchen und kaufmännischem Kalkül (→ Gründungskalkül) ein profitables Geschäftsmodell zu entwickeln (Ideenentwicklungsphase). – b) Akquirieren von Ressourcen / Erstellen eines → Business Plans: Ist der Entrepreneur bzw. das → Gründerteam von der Profitabilität des → Geschäftsmodells überzeugt und ist der Entschluss zur Gründung eines Unternehmens gefällt (der Entschluss könnte als eigenständige, von psychologischen Merkmalen geprägte Phase betrachtet werden), beginnt der Prozess des Akquirierens von Ressourcen (z.B. Arbeitskraft, Kapital), da viele Gründer in nicht über ausreichende Ressourcen verfügen. Um jedoch Externe, z.B. → Kapitalgeber, zu überzeugen, ist es notwendig die Plausibilität des Geschäftsmodells und die zur Erschließung der Gewinnchance geplanten Schritte mit Hilfe eines Business Plans zu kommunizieren. – c) Beginn des Geschäftsbetriebs und das Streben nach Wachstum: Auch diese Phase, die mit dem ersten Marktauftritt beginnt, ist durch Ambivalenzen gekennzeichnet. Einerseits kommt es in dieser Phase auf den sparsamen und zielgerichteten Einsatz der Ressourcen an, andererseits ist wichtig, die Kunden zu erreichen und auf das eigene Angebot aufmerksam zu machen (Zielkonflikt zwischen schneller Profitabilität und schneller Marktdurchdringung). Diese Lösung dieses Zielkonflikts kann umso leichter gelingen, je besser der Entrepreneur das Geschäftsmodell durchdacht hat. – d) Erntephase: In der i.d.R. aus der Investorenperspektive formulierten angelsächsischen Entrepreneurship-Literatur findet sich häufig eine weitere Phase, die als Ernte- oder Ausstiegsphase (Harvest /→ Exit Stage) bezeichnet wird. Hiermit wird auf die strategische Planung der Realisierung des durch die Unternehmensgründung geschaffenen Unternehmenswertes hingewiesen, die insbesondere für → Venture Capitalisits von Bedeutung ist. Aber auch für Entrepreneure kann die klare Ausstiegsoption (z.B. der Verkauf an einen größeren Wettbewerber oder aber „die Ernte" über ein hohes Gehalt als Geschäftsführer) eine erfolgsversprechende strategische Planungshilfe sein. – *Vgl. Abb.* „Gründungsprozess, Einflussfaktoren des Gründungsprozesses". – *Vgl. auch* → Gründungsmanagement.

Prof. Dr. Sven Ripsas

Literatur:
Dowling, M.: Grundlagen und Prozess der Gründung, in: Dowling, M/Drumm, H.-J.: Gründungsmanagement, Berlin 2003, S. 9-18; *Faltin, G.:* Das Netz weiter werfen, in: Faltin, G./Ripsas, S./Zimmer, J.: Entrepreneurship, München 1998, S. 3-20; *Godin, S.:* Free Prize Inside, New York 2004; *Ripsas, S.:* Entrepreneurship als ökonomischer Prozess, Wiesbaden 1997; *Timmons, J. A./Spinelli, S.:* New Venture Creation, New York 2004.

Gründungsqualifizierung, Aus- und Weiterbildung von (potenziellen) → Unternehmensgründern. Sie findet zumeist in gründungsdidaktisch modellierten systematischen, intentionalen und kommunikativen Lehr-Lernsituationen statt. Im Kontrast zum Bildungsbegriff, der die Entfaltung und Entwicklung der jeweiligen individuellen Kräfte bzw. Potenziale des Menschen anstrebt, akzentuiert der Terminus ‚Qualifizierung' die unmittelbare Verwertbarkeit der durch den Lehr- und Lernvorgang aufgebauten Fähigkeiten und Fertigkeiten in beruflichen Anwendungssituationen. Die Aktualität des Gründungsthemas führte in Deutschland seit Mitte der 90er Jahre zu Bemühungen um eine Etablierung der G. Bei der programmatischen Entwicklung entsprechender Konzepte und deren inhaltlicher Ausgestaltung auf wissenschaftlicher Basis haben die Hochschulen eine leitende Funktion übernommen. Als einschlägiges Beispiel kann auf den im Rahmen der bundesweiten Initiative EXIST an der Bergischen Universität entwickelten Wuppertaler Ansatz der G. verwiesen werden, einem explizit in der

→ Gründungspädagogik/Gründungsdidaktik verankerten Entwurf. – *Vgl. auch* → gründungsspezifische Qualifikation.

Gründungsrisiko, *Risiko der Existenzgründung, Risiko der Selbständigkeit.* 1. *Begriff:* G. beschreibt allg. gründerbezogene Konsequenzen, die mit den Unwägbarkeiten und Unsicherheiten der Aufnahme einer selbständigen unternehmerischen Tätigkeit verbunden sind. – 2. *Arten:* a) Finanzielles Risiko: Möglicher Verlust des zur Gründung eingesetzten Kapitals. – b) Persönliches Karriere-Risiko: Opportunitätskosten der Selbständigkeit durch Aussetzung einer angestellten Berufskarriere. – c) Privates Risiko: Opportunitätskosten der Selbständigkeit durch Re-Allokation privater Freizeit. – 3. *Probleme:* Es bestehen Schwierigkeiten hinsichtlich der Messung und Bewertung des tatsächlichen G. aufgrund immanenter struktureller Unsicherheit in Gründungsprozessen.

Gründungssensibilisiertheit, die aus der übergreifenden Intention der → beruflichen Handlungskompetenz „unternehmerische Selbständigkeit" abgeleitete unterste Zielklasse. Sie gilt als erreicht, wenn sich die Adressaten der → Gründungsqualifizierung zu einer ersten systematischen und nachhaltigen (kognitiven, affektiven und sozial-kommunikativen) Auseinandersetzung mit der Gründungsthematik bzw. der Option einer → Unternehmensgründung bereit erklären. Die Notwendigkeit des expliziten Ausweis einer G. ergibt sich primär aus der empirisch gesicherten Erkenntnis, dass das Gründungspotenzial z.B. an Hochschulen nur mit sehr viel Aufwand zu aktivieren ist. Für diese Aktivierung sind – in Abhängigkeit von der jeweiligen Qualifizierungszielgruppe – neben der Entwicklung adäquater Veranstaltungsangebote oft aufwändige bildungsorganisatorische, bildungsmanagementliche sowie kulturschaffende Maßnahmen erforderlich, ein Umstand, dem durch die Entwicklung eines besonderen Erschließungsansatzes Rechnung getragen wurde.

gründungsspezifische Qualifikation. 1. *Begriff:* gründungsbezogenes, individuelles Arbeitsvermögen. – 2. *Bedeutung:* Die g.Q. ist neben der sozialen Kompetenz der → Gründer das ausschlaggebende Kriterium für den Unternehmenserfolg (→ Gründerteam). – 3. *Arten:* Generell sind drei Qualifikationsbereiche zu unterscheiden: – a) Fachliche Qualifikation: Als Maßstab für die fachliche Qualifikation. kann z.B. die Branchenerfahrung oder ein abgeschlossenes Studium herangezogen werden. – b) Die unternehmerische Qualifikation hängt eng mit der fachlichen zusammen, wobei erstere stärker an den Erfahrungsaspekt anknüpft. – c) Die physische und psychische Qualifikation ist durch den hohen Leistungsdruck in der Anfangsphase von jungen Unternehmen bedeutsam. – *Vgl. auch* → Gründungsqualifizierung.

Gründungs- und Wachstumsfinanzierung. 1. *Begriff:* → Finanzierung für Start-Ups und Wachstumsunternehmen bzw. Finanzierung in der Unternehmensentwicklungsphasen zwischen → Gründung und Unternehmensreife. – 2. *Merkmale:* Junge, sich entwickelnde Unternehmen benötigen viel Kapital, jedoch wird ihre Finanzierung im Vergleich zu etablierten Unternehmen durch einige Spezifika erschwert. Aufgrund meist fehlender oder nur geringer Gewinne besitzen diese Unternehmen ein unausgeglichenes Verhältnis zwischen Ertragskraft und Kapitalbedarf. Dies erschwert oder verhindert sowohl eine → Innenfinanzierung als auch eine klassische → Fremdfinanzierung, da Zinszahlungen nur schwer zu leisten sind. Weiter existieren aufgrund des geringen Alters und der Unsicherheit in der Unternehmens- oder Marktentwicklung nur wenig Informationen, was die Bewertung und Prognosen für das Unternehmen erheblich einschränkt. Der somit wichtige Unternehmens- und Brancheneinblick lässt große Informationsasymmetrien entstehen und die damit verbundenen Principal-Agent-Probleme können Investoren zusätzlich abschrecken. – 3. *Fi-*

nanzierungsformen: a) Klassisches → Eigen- oder → Fremdkapital: Dies steht in den seltensten Fälle, meist nur in den späteren Phasen, als Kapitalzugang zur Verfügung. So ist für eine klassische Finanzierung über Aktien die Börsenzulassung nötig, deren Bedingung junge Unternehmen häufig unmöglich erfüllen können. Der Kapitalzugang über den klassischen Kredit scheitert hingegen an den fehlenden Erträgen zur Zinszahlung, dem hohen Unternehmensrisiko und der aufgrund geringer Information nicht durchführbaren Kreditwürdigkeitsprüfung. – b) → Venture Capital: Dies ist eine Form von Beteiligungskapital speziell für eine Unternehmung mit hohem Risiko unter Erwartung risikoadäquater, hoher Erträge von Seiten der Kapitalgeber. Es wird daher auch als Risiko- oder Wagniskapital bezeichnet. Das Angebot dieses Kapitals erfolgt über spezialisierte Kapitalanlagegesellschaften, so genannten → Venture Capital-Gesellschaften. Ziel der Kapitalgeber ist, ihre Anteile zu einem späteren Zeitpunkt gewinnbringenden zu verkaufen (→ Exit). Die Rendite ist damit von der Wertentwicklung des Unternehmens abhängig. Um die geforderten hohen Ertragschancen zu sichern und das Unternehmen in seiner Entwicklung zu fördern, nutzen → Venture Capitalisten ihre Beteilung auch häufig zur Beeinflussung, Beratung und Unterstützung des Managements, besonders in den frühen Entwicklungsphasen. Hierzu ist häufig eine gewisse Branchenkenntnis nötig, weshalb viele Venture Capitalists neben der Investitionsphase (Früh- vs. Spätphasenfinanzierer) auf bestimmte Branchen spezialisiert sind. Zur weiteren Risikoreduktion können nicht nur Mitspracherechte, sondern auch andere Bedingungen wie Rücktrittsoptionen vertraglich fixiert werden (sogenannte „Covenants"). Zusätzlich wird die Finanzierung häufig in Stufen durchgeführt, so dass bei einer negativen Entwicklung weitere Finanzierungsrunden unterbunden werden („Staged Financing"). Die Kapitalbereitstellung erfolgt im angelsächsischen Raum vor allem durch Wandelanleihen oder mit Sonderechten ausgestattetes Fremd- oder Eigenkapital, während im deutschen Raum klassisches Fremd- und Eigenkapital, kombiniert mit Covenants, verwendet werden. – c) Kapital von → Business Angels: Business Angels gleichen Venture Capital-Gesellschaften und besitzen deren Funktionen, allerdings sind sie Privatpersonen. Die Finanzierung erfolgt direkt ohne Zwischenschaltung eines Intermediärs. Business Angels unterstützen meist Gründungen und die ersten Schritte von Unternehmen, die für Beteiligungsgesellschaften z.B. aufgrund des geringen Kapitalbedarfs nicht attraktiv erscheinen. Somit nimmt die Betreuung und Beratung der jungen Unternehmer einen hohen Stellenwert ein. – d) Öffentliche Mittel: Häufig existiert auch eine Unterstützung von öffentlicher Seite z.B. die G.u.W. des Bundes durch die → KfW Bankengruppe oder die Landesförderungsgesellschaften. Die Unterstützung kann neben der eigentlichen Finanzierung auch Beratungen und Bürgschaften beinhalten. Die Konditionen sind aufgrund des gemeinnützigen Charakters der öffentlichen Institutionen meist sehr günstig.

Prof. Ulrich Hommel, Ph.D.

Gründungsunternehmer, → Unternehmensgründer, → Entrepreneur, → Gründerperson.

Gründungsunternehmung, bezeichnet die in der → Gründungsphase durch unternehmerische Tätigkeit entstehende (meist selbständige) Wirtschaftseinheit, die als eine bislang nicht existierende, originäre Unternehmensstruktur bzw. als neue, evtl. auch neuartigen Kombination von Faktoren etabliert wird. I.e.S. ist unter diesem Begriff nur die Unternehmung innerhalb dieser zeitlich ausgedehnten ersten Lebensphase im Sinne einer genetisch differenzierenden Betriebswirtschaft zu verstehen. Oft wir der Begriff aber auch auf junge Unternehmen auch nach Abschluss der Gründungsphase angewandt. Der Begriff → Unternehmensgründung wird meist von der Tätigkeit

Freier Berufe (wie z.B. der Arztpraxis, der Rechtsanwaltskanzlei), oder landwirtschaftlicher Betriebe abgegrenzt und setzt im allgemeinen eine kaufmännische Organisation mit nennenswerter Arbeitsteiligkeit voraus.

Gründungsziel, → Ziele.

Guerilla-Strategie, Vorgehensweise für kleine, schwache Unternehmen in einem von starken Anbietern besetzten Wettbewerberfeld. Eine direkte Auseinandersetzung mit den starken Konkurrenten wird vermieden. Die G.-S. zielt ab auf Nischen oder Distributionskanäle, die den großen Wettbewerbern unattraktiv erscheinen oder unbeachtet blieben. Z.B. schaffte die Brauerei „Faxe" den Markteintritt in Deutschland durch die unkonventionelle Ein-Liter Dose und die Nutzung der Tankstelle als Vertriebskanal.

Güterknappheit, → Ressourcenbeschränkung.

Güter- und Finanzströme. Die G.u.F. eines Unternehmens innerhalb eines Wirtschaftsjahres sind ausschlaggebend für die betriebliche Leistungserrechnung und schlagen sich in der → Gewinn -und Verlustrechnung und der → Bilanz nieder. Auf den G.u.F. eines Unternehmens aufbauend ergibt sich die Einordnung des Rechnungswesens in die betrieblichen Prozesse und Funktionen.

H

Hackordnung, → Pecking Order.

Handelsregister. 1. *Begriff:* Das H. ist ein öffentliches Verzeichnis, das durch Offenlegung der wichtigsten Rechtsverhältnisse der kaufmännischen Unternehmen der Sicherung des Handelsverkehrs dient (§ 9 Abs. 1 HGB). Das H. wird von den Amtsgerichten der jeweiligen Niederlassung geführt (§ 8 HGB). Das H. steht jedermann ohne Nachweis eines rechtlichen Interesses zur Einsicht offen. Jede Eintragung ist im Bundesanzeiger und in mindestens einer Tageszeitung öffentlich bekannt zu machen (§ 10 HGB). Das H. hat zwei Abteilungen. In der Abteilung A werden die Tatsachen über Einzelkaufleute und → Personengesellschaft eingetragen. Die Abteilung B enthält die Angaben über → Kapitalgesellschaften. – 2. *Eintragungsverfahren:* Eintragungen erfolgen durch notariell beglaubigten Antrag. Einzutragende Tatsachen sind z.B. Eintragung des Istkaufmanns (§ 1 HGB) und der Handelsgesellschaften (für OHG, KG §§ 105 ff., 161 ff.; für AG § 39 AktG; für die → Gesellschaft mit beschränkter Haftung § 10 GmbHG), Firma und deren Änderung (§ 29 HGB), Unternehmenskäufe (§ 25 HGB), Insolvenzeröffnung (§ 32 HGB), Erteilung und Erlöschen der Prokura (§ 53 HGB). – 3. *Wirkung der Eintragung:* Die Eintragungen im H. wirken i.d.R. nicht rechtsbegründend (konstitutiv), z.B. §§ 6 Abs. 2 HGB i.V.m. 11 Abs. 1 GmbHG, sondern meist nur deklaratorisch, d.h. sie dokumentieren eine auch ohne Eintragung schon bestehende Rechtslage (z.B. §§ 1, 53, 143 Abs. 2 HGB). Wenn eine eintragungspflichtige Tatsache eingetragen oder nicht eingetragen ist, beurteilt sich der öffentliche Glaube des H. nach § 15 HGB. Danach bewirkt das H. die sog. negative oder positive Publizität, d.h. das Vertrauen auf die Eintragung bzw. Nichteintragung im H. wird geschützt. Negative Publizität bedeutet, dass nicht eingetragene und nicht bekannt gemachte Tatsachen nicht gelten, es sei denn, ein Geschäftspartner (Dritter) kannte diese Tatsache (§ 15 Abs. 1 HGB). Positive Publizität (§ 15 Abs 2 HGB) bedeutet, dass richtig eingetragene und bekannt gemachte Tatsachen grundsätzlich gegen den Geschäftspartner wirken. Nach § 15 Abs. 2 Nr. 2 HGB kann allerdings ein gutgläubiger Dritter noch 15 Tage nach der Bekanntmachung auf die zuvor bestehende Rechtslage vertrauen. Nach § 15 Abs 3 HGB kann sich bei unrichtiger Bekanntmachung einer einzutragenden Tatsache ein Dritter auf diese Falschbekanntmachung berufen, wenn er ihre Unrichtigkeit nicht kannte. Im Streitfall muss dem Dritten die Bösgläubigkeit nachgewiesen werden.

Dr. Jens-Uwe Petersen

Handelsregisteranmeldung, beinhaltet die gerichtliche Prüfung und damit einhergehende notarielle Beurkundung des → Gesellschaftsvertrags bei der → Gründung einer → Gesellschaft mit beschränkter Haftung. Vor der Eintragung in das → Handelsregister besteht eine GmbH als solche nicht, und wer vor der Eintragung im Namen der Gesellschaft handelt, z.B. Miet- oder Dienstverträge abschließt, haftet für die Erfüllung der Verträge. Das Gericht prüft auch, ob der Vertrag gegen zwingende Vorschriften verstößt, die im öffentlichen Interesse ergangen sind.

Hands-off-Betreuung. 1. *Begriff:* Wenn der → Kapitalgeber nicht aktiv in die Unternehmensführung eingreift (Hands-off) und sich auf seine Rolle als → Anteilseigner und die damit verbundenen Rechte und Pflichten beschränkt, wird von einer H.-o.-B. gesprochen. Sie beschreibt damit das Verhältnis zwischen einem Kapitalgeber und einem Beteiligungsunternehmen. – 2. *Abgrenzung:* Die H.-o.-B. kann als Gegenteil zu einer → Hands-on-Betreuung gesehen werden.

Hands-on-Betreuung. 1. *Begriff:* Bei einer H.-o.-B. im Gegensatz zu einer → Hands-off-Betreuung bringt der Kapitalgeber neben dem Kapital und den damit verbundenen Rechten und Pflichten weitere Leistungen in das Beteiligungsunternehmen ein. – *2. Bandbreite:* Diese Leistungen können aus alleinigem → Coaching bis hin zu einer aktiven Teilnahme in der Unternehmensführung mit dem Ziel, Mehrwert über das Kapital hinaus zu schaffen, bestehen. – 3. *Beurteilung:* Der H.-o.-B. wird im Rahmen der Frühphasenfinanzierung (→ Finanzierungsphasen) eine wesentliche Rolle für den Erfolg junger Unternehmen zugewiesen, bei → Business Angels spricht man bspw. von zwei Flügeln des Engels, einem für das Kapital und einem für seine aktive Rolle im Unternehmen.

Hauptversammlung, beschreibt die im Gesellschaftsrecht vorgesehene Versammlung aller Aktionäre einer → Aktiengesellschaft. In einer H. werden bspw. Entscheidungen zur Wahl der Mitglieder im → Aufsichtsrat, Änderungen der Statuten sowie die Ausschüttung von Gewinnen in Form einer → Dividende gefällt. Die H. wählt i.d.R. auch den Abschlussprüfer.

Hausbank. Die H. eines jungen Unternehmens fungiert als Vermittler für Anträge → öffentlicher Fördermittel (→ Förderprogramm) und als → Fremdkapitalgeber (Kreditvergabe). Dabei entsteht gerade bei Banken ein verstärktes Bedürfnis bei der → Unternehmensgründung und Wachstumsfinanzierung, die Kredite abzusichern. Insbesondere legt die H. bei Neugründungen Wert auf die persönliche Identifizierung und volle Haftungsbereitschaft des → Gründers, da das Know-How des Gründers insbesondere bei technologieorientierten Gründungen im Vordergrund steht und weitere Absicherungsmöglichkeiten oftmals nicht vorhanden sind. Sofern Kreditsicherheiten nicht vorhanden sind, muss die H. neben der Person des Gründers auch auf die Qualität der technischen und betriebswirtschaftlichen Konzeption des → Business Plans, bzw. vorhandene Projekte und Aufträge, abstellen.

Hazard Rate, die Wahrscheinlichkeit dafür, dass ein Betrieb/Unternehmen, der/das zu einem bestimmten Zeitpunkt existiert, während der folgenden Periode (i.d.R. ein Jahr) stillgelegt wird bzw. scheitert. Die H.R. ist für junge Betriebe bzw. Unternehmen i.d.R. relativ hoch (→ Liability of Newness, → Liability of Adolescence) und weist nach ca. fünf bis sechs Jahren durchschnittliche Werte auf. Ein Ansteigen der H.R. für alte Betriebe/Unternehmen (→ Liability of Aging) wäre plausibel, ist empirisch bisher aber kaum belegt.

Hebelwirkung. 1. *Begriff:* Der Begriff→ Begriff der H. ist aus der Technik entlehnt: Die Kraft auf der einen Seite eines Hebels kann durch den Hebel bzw. die Hebellänge verändert werden. – 2. *Interpretation:* Für eine → Existenzgründung bedeutet dies, den Output nicht über die Leistung des Gründers zu erhöhen zu versuchen – diese ist ja natürlich limitiert -, sondern einen Hebel anzusetzen: Idealerweise schafft man es, die eigene intellektuelle bzw. Managementleistung in Form von Produkten um ein Vielfaches zu reproduzieren und zu verkaufen. – 3. *Beurteilung:* In der H. unterscheiden sich i.d.R. das Produkt- von einem Servicegeschäft: Die potenzielle H. eigenen unternehmerischen Handelns ist bei Produktgeschäften wesentlich größer.

Heimarbeit. 1. *Begriff:* Möglichkeit, einen Teil oder die ganze Arbeit im eigenen Heim erledigen zu können. – 2. *Beurteilung:* Für → Existenzgründungen hat H. den Vorteil, keine Fixkosten für Arbeitsplätze aufbauen zu müssen und dadurch flexibel zu bleiben. Dem steht der Nachteil gegenüber, dass gerade in frühen Phasen die Interaktion zwischen den ersten Mitarbeitern sehr wichtig ist: Oft wird in frühen Phasen ausschließlich persönlich koordiniert, so dass es für das Verständnis und die schnelle Umsetzung von Aufgaben wesentlich sein kann, einen persönlichen Kontakt untereinander und zu den Mitarbeitern zu haben. H. unterstützt diesen Koordinationsmechanismus jedoch nicht.

Hidden Action, Begriff aus der → Neuen Institutionenökonomik bzw. → Prinzipal-Agenten-Theorie. H.A. beschreibt Sachverhalte, in denen die Aktivitäten eines Handelnden (Agent) im Zuge einer Transaktion Externalitäten für den Transaktionspartner (Prinzipal) erzeugen, ohne dass dieser in der Lage ist, diese Handlungen zu beobachten bzw. zu kontrollieren. Hiermit ist eine Missbrauchsgefahr des darin begründeten Informationsvorsprungs seitens des Agenten zum Schaden des Prinzipals geschaffen. Die Berücksichtigung von H.A. erfährt daher in Bereichen der Vertragsgestaltung eine große Bedeutung. Hier wird versucht durch das Entwickeln geeigneter Anreizsysteme die Motivation des Agenten dergestalt zu lenken, dass er aus eigenem Interesse im Sinne des Prinzipals verfährt. – *Vgl. auch* → Moral Hazard.

Hidden Characteristics. Begriff aus der Neuen Institutkonenökonomik bzw. → Prinzipal-Agenten Theorie. Durch → Informationsasymmetrien verursachtes Problem in der Prinzipal-Agenten-Beziehung. Der Prinzipal ist bereits zum Zeitpunkt der Auswahl des Agenten, d.h. vor Vertragsabschluss bzw. Transaktionsbeginn, nicht über alle Eigenschaften desselben in Kenntnis (Informationsdefizit). Diese Unklarheit über Eigenschaften des Agenten erzeugt die Gefahr einer Falschauswahl (→ Adverse Selection) des Agenten durch den Prinzipal. H.C. bilden daher ein immanentes Risiko bei der Auswahl von Kooperationspartnern wie Kapitalgebern, → Lieferanten, → Kunden und → Mitarbeitern.

Hidden Information, bezeichnet eine transaktionsrelevante Information, über die nur ein Vertragspartner verfügt, die aber gleichzeitig für zwei Vertragspartner relevant ist. – *Vgl. auch* → Informationsasymmetrie.

Hidden Intention, beschreibt aufgrund von → Informationsasymmetrien entstehende Verhaltensunsicherheiten, zwischen zwei Vertragspartner, wenn eine Partei der anderen Partei seine transaktionsrelevanten Absichten verheimlicht. Die H.I. einer Partei bei einem Autokauf kann die Absicht sein, den Gegenwert nicht zu bezahlen.

High Flyer, Bezeichnung für Aktien oder Unternehmensbeteiligungen mit extremen Wertanstieg.

High-Potential-Ventures. Unter H.-P.-V. werden Unternehmungen (Venture in deutsch „Unternehmung") mit einem hohen Wachstumspotential verstanden, das sich vor allem auf technologische Innovation gründet. Der Begriff „Venture" lässt offen, ob es sich um eine Neugründung oder die → Gründung einer Organisationseinheit innerhalb eines bestehenden Unternehmens handelt. Die Merkmale eines H.-P.-V. werden in der Literatur unterschiedlich beschrieben. Übereinstimmend werden dazu (1) hohe Wachstumsintentionen, (2) Markterweiterung und hohe Innovativität sowie (3) hoher Neuheitsgrad der eingesetzten Technologie genannt. Empirische Studien zeigen, dass H.-P.-V. einen wichtigen positiven Einfluss auf das Wachstum der Wirtschaft und der Beschäftigung haben.

High-Tech-Gründung. 1. *Begriff:* Unter H.-T.-G. werden neu gegründete Unternehmungen mit einem hohen Grad an technologischen → Innovationen verstanden. Die Produkte bzw. Dienstleistungen dieser Firmen basieren auf neuen technologischen Ideen und Forschungsergebnissen. Der Produktionsaufnahme sind i.d.R. umfangreiche technische Entwicklungsarbeiten vorgeschaltet. Der Begriff „→ Gründung" (ebenso wie der Begriff „→ Start-up") legt fest, dass es sich um eine Neugründung außerhalb einer bestehenden → Organisation handelt. – 2. *Merkmale:* H.-T.-G. haben bestimmte Merkmale, die sie von anderen → Unternehmensgründungen unterscheiden: (1) H.-T.-G. durchlaufen verschiedene Lebensphasen, wobei in den Anfangsphasen Forschung und Entwicklung eine große Rolle spielen. (2) Der Aufbau des Unternehmens ist mit hohen technologischen und marktlichen Risiken verbunden, die sich in hohen Finanzrisiken niederschlagen. (3) Der Kapitalbedarf ist im Vergleich zu anderen Gründungstypen bereits in der Startphase sehr hoch. (4) Die Gründer sind wissenschaftlich und technisch sehr versiert. (5) Aufgrund der technischen Neuheit verfügen die Gründungen über ein hohes Wachstums- und Renditepotential.

Prof. Dr. Guido Reger

Literatur:
Koschatzky, K. (Hrsg.): Technologieunternehmen im Innovationsprozess, Heidelberg 1997; *Reynolds, P.D., Bygrave, W.D.:* Global Entrepreneurship Monitor: 2002 Executive Report, Kansas City, MO, Ewing Marion Kauffman Foundation 2002; *Roberts, E.:* Entrepreneurs in High Technology, Oxford 1991.

High-Yield-Anleihen, *Junkbonds, Hochzinsanleihen,* hoch verzinste Anleihen, die aufgrund der geringeren Bonität der emittierenden Unternehmen und dem daraus resultierenden höheren Anlagerisiko für Investoren ein Rating schlechter als BBB- (Standard & Poor´s) oder Baa3 (Moody´s) aufweisen und zum Non-Investment-Grade-Bereich gehören. H.-Y.-A. resultieren häufig aus Bonitätsverschlechterungen oder aus fremdfinanzierten Unternehmensübernahmen (Leveraged Buy-out).

Hochschulausgründung. 1. *Begriff:* Konstituierung einer betrieblichen Faktorkombination durch Hochschulangehörige (Bedienstete, Studenten) oder Hochschulabsolventen mit dem Ziel, insbesondere die an der Universität erlangten Kompetenzen (Wissen, Fähigkeiten) gewinnbringend zu vermarkten. – 2. *Merkmale:* → Für Unternehmensgründungen aus der Hochschule kommen neben Professoren und Mitarbeitern insbesondere Studenten in Frage. In vielen Fällen bereiten letztere eine Gründung parallel zu ihrem Studium vor und nehmen dann den Geschäftsbetrieb noch zu Studienzeiten oder nach ihrem Abschluss auf. Typischerweise sind solche – auch als Academic → Spin-off bezeichnete – Gründungen wissens- bzw. technologieorientiert. Zwar dominieren sogenannte originäre Gründungen, im Zuge derer Strukturen und Prozesse neu geschaffen werden, doch kommen grundsätzlich auch derivate Varianten, d.h. die → Übernahme bereits existierender Unternehmen oder Betriebsteile, sowie Mischformen, wie etwa → Franchising-Gründungen, in Frage. Differenziert man nach Disziplinen, so lassen sich solche mit größerer Affinität zur beruflichen Selbständigkeit und solche, deren Studierende nach dem Studium typischerweise eine abhängige Beschäftigung anstreben, unterscheiden. Zu Ersteren gehören z.B. die Fächer Design, Architektur, Medizin und Jura. Dabei streben etwa Juristen eher eine freiberufliche Gründung an, wohingegen Gründungen anderer Fachvertreter typischerweise auf der Basis BGB- und HGB-begründeter → Rechtsformen erfolgen. – 3. *Rahmenbedingungen:* Immer häufiger finden H., insbesondere seit sie besonders im Blickpunkt des gesellschaftspolitischen Interesses stehen, vor dem Hintergrund besonderer Fördermaßnahmen statt. Dies fällt mit der oft zu hörenden Forderung nach einer Kultur der Selbständigkeit an Hochschulen zusammen. Der Weg zum eigenen Unternehmen soll Hochschulangehörigen möglichst leicht gemacht werden. Um dies zu erreichen, werden spezifische Maßnahmen im Bereich der institutionellen, personellen und materiellen Infrastruktur entwickelt. So spricht man bspw. von → Inkubatoreinrichtungen, wenn an den Hochschulen oder in ihrer unmittelbaren Nähe in Gründerzentren die Möglichkeit besteht, dass Hochschulangehörige unter besonderer Betreuung sowie ggf. besonderer monetärer Unterstützung ihre Gründungsideen und Businesskonzepte entwickeln sowie mglw. auch noch einige Zeit nach der eigentlichen Gründung umsetzen können. Auch der Begriff Campus Companies ist in diesem Kontext zu nennen. Während in einer weiten Definition darunter generell aus der Hochschule hervorgegangene forschungsnahe Unternehmen verstanden werden können, hat sich inzwischen eine engere Begriffsauslegung durchgesetzt. Danach handelt es sich um wirtschaftlich autonome Einrichtungen, die in sehr engem Kontakt zur Hochschule stehen und darüber hinaus die Gründung von technologieorientierten Unternehmen aus ihr heraus initiieren und ermöglichen. Dazu stellen sie z.B. Labor- und Büroräume zur Verfügung, organisieren Fachtagungen und Weiterbildungsangebote, beraten Gründer und fördern den Personaltransfer von Absolventen und Wissenschaftlern. Immer mehr Hochschulen und Politiker erkennen den Wert solcher Einrichtungen und suchen sie zu fördern. Flankierend versuchen sie die Verwertungsnähe der Hochschulen durch institutionelle Reformen zu erhöhen, so z.B. den Abbau administrativer Hürden, erleichternde Nebentätigkeitsregelungen, die Einführung von Globalhaushalten und Zielvereinbarungen, die Abschaffung des sog. Hochschullehrerprivilegs und vieles andere.

Prof. Dr. Lambert T. Koch

Literatur:

Koch, L.T.: Unternehmerausbildung an Hochschulen, in: ZfB, Ergänzungsheft Nr. 2 (2003), S. 25-46; *Koch, L.T.*, Zwischen politischer Mode und ökonomischer Methode: Zur Logik von Gründungsförderungsnetzwerken, in: *Walterscheid, K.* (Hrsg.): Entrepreneurship in Forschung und Lehre, Frankfurt 2003, S. 149-165; Ministerium für Schule, Wissenschaft und Forschung des Landes NRW, Gründungen aus Hochschulen, Düsseldorf 2003; *Olbrich, M.:* Einkommenssteuerliche und körperschaftssteuerliche Hemmnisse universitärer Unternehmensgründungen, in: BfuP, Nr. 4 (2002), S. 373-387.

Hochzinsanleihen, → High Yield Anleihen.

Hold up, einseitiges Vorenthalten von Leistungen, die in einem unvollständig spezifizierten Vertrag verabredet sind, ohne dass die andere Vertragsseite dies auf der Grundlage des Vertrages (etwa durch Einforderung einer Konventionalstrafe) sanktionieren kann. Die Gefahr eines H.u. kann dazu führen, dass man solche unvollständig spezifizierten Verträge meidet und versucht, die entsprechende Leistung intern zu erstellen. Unvollständig spezifizierte Verträge sind im Rahmen von Innovationsprozessen die Regel, da das Ergebnis von Forschungsanstrengungen nie mit Gewissheit vorhersagbar ist. Die H.u.-Gefahr kann vor allem durch langfristige Interessenverschränkung der Beteiligten eingedämmt bzw. überwunden werden.

horizontaler Marktplatz. H.M. konzentrieren sich im Gegensatz zu → vertikalen Marktplätzen (→ E-Marketplace) eher auf bestimmte Produktgruppen (z.B. Büromaterial oder Computerhardware) und nicht auf Bedürfnisse einer bestimmten Branche. Alle Funktionen sind voll auf die Vermittlung dieser Objekte und damit den spezifischen Handelsprozess zugeschnitten, sodass eine eher branchenübergreifende Zusammenführung von Angebot und Nachfrage erfolgt.

Huckepack-Gründung, beschreibt eine Finanzierungsalternative bei dem ein

Innovationsprojekt durch ein bestehendes Unternehmen oder eine vorheraufgebaute Gründung finanziert wird. Die vorhandene Wirtschafseinheit mit seinem → Cash Flow und den für die Neuentwicklung ggf. vorhandenen Instrumenten und Ressourcen ermöglicht die Innenfinanzierung des Vorhabens und bietet der Gründerperson gleichzeitig ein Basiseinkommen wie auch Marktkontakte und erste Markterfahrungen.

Huckepack-Vertrieb, ist durch die Distributionskooperation zweier Unternehmen gekennzeichnet, bei der ein Kernprodukt ein ergänzendes oder kompatibles Produkt mit vertreibt. Dadurch sollen Synergien hinsichtlich der Ausschöpfung von Absatzpotenzialen und Erzielung von Kosteneinsparungen erschlossen werden. Diese können in einer erhöhten Aufmerksamkeitswirkung, in einem gesteigerten Produkt- und Dienstleistungsnutzen für den Kunden, flexibler gestaltbaren Verkaufsaktionen oder in geteilten Investitionen und Marketingaufwendungen liegen. Dabei können Unternehmen derselben oder verschiedener Branchen bzw. Wertschöpfungsprozessschritte kooperieren.

Humankapital. 1. *Begriff:* a) Ebene des Individuums: Bezeichnung für alle Fähigkeiten, Kenntnisse und Eigenschaften eines Menschen, die für die Erhöhung seiner Produktivität relevant sind und als Quelle gegenwärtiger und zukünftiger Einkommensströme dienen. – b) Ebene des Unternehmens: Das betriebliche H. umfasst die Gesamtheit des individuellen H. seiner → Mitarbeiter. H. ist ein immaterieller Vermögenswert, der gemeinsam mit dem Realkapital den → Wert eines Unternehmens determiniert. – 2. *Merkmale:* Unauflösbare Bindung des H. an einen individuellen Menschen. Quelle für schwierig zu imitierende → Wettbewerbsvorteile, auch für → Innovationen. Für junge Unternehmen ist insb. das H. des → Gründers oder des → Gründerteams von dominanter Bedeutung für den Unternehmenserfolg. – 3. *Komponenten:* Die inhaltlichen Bestandteile von H. lassen sich vier Kompetenzebenen zuordnen: (1) Zur fachlichen Kompetenz zählen alle in Theorie und Praxis erworbenen Kenntnisse und Fähigkeiten, die zur Bewältigung bestimmter fachspezifischer Aufgaben und zum Ausfüllen eines bestimmten Berufsbildes erforderlich sind. (2) Die Methodenkompetenz bezieht sich auf die Beherrschung von Verfahren und Instrumenten, die der Generierung, Verarbeitung und Nutzung von Informationen sowie der Strukturierung, Systematisierung und Lösung von Problem- und Entscheidungssituationen dienen. Hierzu gehören bspw. Methoden der strategischen Unternehmensführung, der → Projektplanung und -steuerung, der Gesprächsführung oder der Moderation und Präsentation. (3) Ein offener, achtungsvoller und konstruktiver Umgang mit anderen Menschen bildet das Fundament der Sozialkompetenz. Die Fähigkeit zur Kommunikation, Integration, Motivation und → Kooperation fällt ebenso hierunter wie das Einfühlungsvermögen, die Sensitivität und Empathie, so dass hier eine enge Verwandtschaft zum Begriff der so genannten emotionalen Intelligenz existiert. (4) Neben physiogenen Charakteristika wie Erscheinungsbild, Sprache, Gesundheit und Belastbarkeit bilden konstruktive Einstellungen z.B. zur Arbeit, zu Kunden, gegenüber Neuem, lebenslangem Lernen, sich selbst, seiner Intuition und der Welt gegenüber sowie Persönlichkeitsmerkmale im Hinblick auf Aufmerksamkeit, Eigeninitiative und Eigenverantwortung die Stützpfeiler der Persönlichkeitskompetenz. Bei Unternehmensgründern sind Persönlichkeitsfaktoren wie Leistungsmotivation, interne Kontrollüberzeugung und Selbstwirksamkeit empirisch als Erfolg fördernd identifiziert worden. – 4. *Steigerung des Humankapitals:* Eine i.d.R. erfolgswirksame Möglichkeit, das H. einer → Gründungsunternehmung zu erhöhen, bietet die → Teamgründung. Im Idealfall schließen sich zwei oder mehr → Gründer zusammen und bringen einzelne Komponenten ihres individuellen H. ein, das das H. des jeweils anderen → Teammitglieds sinnvoll ergänzt. So kann z.B. ein Ingenieur sein technisch-naturwissenschaftliches Können einbringen, während ein → Kaufmann sein betriebswirtschaftliches Know-how beisteuert. Auf diese Weise werden Stärken gebündelt und Schwächen einzelner Teammitglieder → Teammitglied kompensiert. – *Vgl. auch* → Personal.

Prof. Dr. Axel G. Schmidt

Literatur:
Fuchs, J.: Management von Dynamik und Wandel: Kunden und Mitarbeiter wieder entdecken und begeistern, in: Fuchs, J. (Hrsg.), Wege zum vitalen Unternehmen. Die Renaissance der Persönlichkeit, 1995, S. 15-112; *Hofmann, A:* Humankapital als Standortfaktor, Aachen, 2001, S. 1-31; *Inmit - Institut für Mittelstandsökonomie; Institut für Mittelstandsforschung Bonn*: Erfolgsfaktor Qualifikation. Unternehmerische Aus- und Weiterbildung in Deutschland, Trierer Schriften zur Mittelstandsökonomie Bd. 2, Münster 1998, S. 5-40; *Sadowski, D.:* Personalökonomie und Arbeitspolitik, Stuttgart 2002, S. 53-70.

Human Ressource, → Personal, → Humankapital.

Hurdle Rate, eine erfolgsabhängige Verzinsung der ursprünglichen Einlage der Investoren an einen VC-Fond ist durch das Überwinden einer vorab vereinbarten „Hurdle Rate“ gegeben. Dieser Wertzuwachs muss durch den VC-Fond erwirtschaftet werden, damit das Management erfolgsabhängig am Gewinn beteiligt wird. Das Management der VC-Gesellschaft erhält bis zur Erreichung der H.R. zunächst eine vereinbarte Basisvergütung, die sog. Management Fee (Carried Interest).

hybrides Geschäftsmodell, *multifunktionelles Geschäftsmodell,* lösen in der → Net-Economy zunehmend die vier typischen → elektronischen Geschäftsmodelle (Content, Commerce, Context, Connection) ab. H.G. entstehen durch die Kombination, Adaption und Aggregation dieser grundlegenden Geschäftsmodelle. Damit wird das Ziel verfolgt, insbesondere durch eine erhöhte Nutzerattraktivität eine vorteilhafte Wettbewerbspositionen zu erreichen. Ein bekanntes Beispiel für h.G. ist die Veränderung des Geschäftsmodells bei Yahoo.com. Ursprünglich ein reines Webseitenverzeichnis bietet das Unternehmen heute ein Netzwerk aus Medieninhalten und Kommunikationsdienstleistungen (News, Shopping, E-Mail, etc.) an.

Hypothekenkredit, *Hypothekarkredit, Hypothekendarlehen.* Ein durch Grundpfandrechte (zumeist Grundschuld, selten Hypothek) gesicherter, zumeist langfristiger Kredit. I.d.R. dient er zur Finanzierung von Investitionen in Immobilien. H. sind das charakteristische Aktivgeschäft der Realkreditinstitute, werden aber auch von Geschäftsbanken, Sparkassen und Versicherungsgesellschaften vergeben.

I

Ich-AG, Synonym für die → Existenzgründung eines Ein-Personen-Unternehmen mit Förderung vom Arbeitsamt. Dieser Existenzgründungszuschuss für eine selbständige Tätigkeit nach einer Zeit der → Arbeitslosigkeit wird vom → Arbeitsamt aus der Arbeitslosenversicherung gefördert. Ab 1.11.2004 ist, um Missbrauch wegen Hartz IV zu vermeiden, die Vorlage einer „Tragfähigkeitsbescheinigung" z.B. von der IHK vorzulegen. Der Gründungszuschuss ist ein monatlicher pauschaler Betrag zur sozialen Sicherung des → Gründers. Dieser monatliche Zuschuss ist steuerfrei und wird längstens drei Jahre gezahlt. Der monatliche Existenzgründungszuschuss unterliegt auch nicht dem Progressionsvorbehalt und beläuft sich nach Beendigung der Arbeitslosigkeit auf: 600 Euro im ersten Jahr, 360 Euro im zweiten Jahr, 240 Euro im dritten Jahr (Stand: April 2005).

Ideenentwicklungsphase. Der Begriff ist missverständlich und so wird die I. in ihrer Bedeutung für den zukünftigen Erfolg einer Unternehmensgründung oft unterschätzt. Viele → Entrepreneure widmen dem Schritt von der ersten, spontanen Idee zur Entwicklung eines schlüssigen → Geschäftsmodells zu wenig Zeit. Das Konzipieren innovativer Unternehmensstrukturen kann mehrere Jahre dauern (→ Gründungsplanung). Es erfordert ein hohes Maß an gedanklicher Arbeit, um die vielen verschiedenen Aspekte eines Geschäftsmodells (→ Innovation bzw. USP, Analyse der → Wertkette, Ertrags- und Finanzierungsmodell) sinnvoll miteinander zu verbinden. Die Geschwindigkeit der → Unternehmensgründung (→ Gründungsprozess) sollte nicht zu Lasten des Ausreifens des Geschäftsmodells überbetont werden.

Ideenstrukturierung. Der Prozess des → Entrepreneurship (→ Gründungsprozess, → Gründerkultur) beginnt mit der ersten Idee für ein neues Produkt oder eine neue Dienstleistung. Ideen für innovative Angebote können mit Kreativitätstechniken (z.B. → Brainstorming, Synektik, Morphologische Analyse) oder systematischer Suche erzeugt werden. Ein Brainstorming dient der zwanglosen Ideensammlung ohne Werturteile – je mehr Ideen, je ausgefallener, desto besser. Denn je mehr Ideen gesammelt werden, desto größer die Wahrscheinlichkeit, dass nützliche darunter sind. Eine Bedürfnis- und Problemanalyse zur systematischen Ideenstrukturierung setzt anders als die vorher genannten Kreativitätstechniken beim Kunden an. Die Kunden werden nach Ihren Bedürfnissen, Problemen und Vorstellungen gefragt und daraus resultierende Ideen für innovative Angebot nach unternehmensspezifischen Kriterien strukturiert.

IHK, → Industrie- und Handelskammern.

Image, bezeichnet das von den Adressaten, Kunden und Anspruchsgruppen subjektiv wahrgenommene Erscheinungsbild eines Unternehmens, eines Produktes, eines Unternehmers oder eines Landes. Dieses wird durch den entsprechenden Auftritt des Unternehmens gegenüber den Kunden und der Gesellschaft, die Gestaltung der produktbezogenen Marketinginstrumente sowie das persönliche Verhalten und Auftreten des Unternehmers geprägt. Ein positives Image führt zu einer klaren Positionierung, gesteigerten Wiedererkennungseffekten und erlaubt die Durchsetzung höherer Preise bzw. Margen. Zudem versuchen Marktpartner von einem solchen Image durch Anlehnungen oder Kooperationen zu profitieren.

Imitator. 1. *Begriff:* I. stammt aus dem Lateinischen und bedeutet Nachahmer. Im Kontext von Unternehmensgründungen nutzen I. existierende Geschäftsideen und bauen auf diesen ein eigenes Unternehmen auf. Es wird daher auch von so genannten „Me-too-Gründungen" gesprochen. – 2. *Arten:* Es ist zwischen der identischen Imitation und der angepassten Imitation zu unterscheiden. Erste meint die nahezu identische Übernahme der → Geschäftsidee während bei letzterer eine signifikante Adaption erfolgt. I. spielen im Zusammenhang mit den möglichen Timingstrategien des Markteintritts eine entscheidende Rolle. Es kann zwischen der Strategie des frühen und späten Folgers unterschieden werden.

implizietes Wissen, → Tacit Knowledge.

Import, *Einfuhr.* 1. *Begriff:* I. bezeichnet den Bezug von Waren und Dienstleistungen aus dem Ausland. – 2. *Arten des I.:* a) Der sichtbare I. beschreibt die Einfuhr von Waren, z.B. Halb- und Fertigwaren oder Rohstoffen. – *Vgl. auch* → Handelsbilanz. Im Warenverkehr kann ferner zwischen (1) direktem I. als unmittelbarem Warenbezug von ausl. Lieferanten und (2) indirektem I. über Einfuhrhandel unterschieden werden. – b) Der unsichtbare I. hingegen umfasst den Bezug ausländischer → Dienstleistungen durch Inländer, etwa den Bezug von Reisedienstleistungen durch inländische Reisende.

Incentive Stock Options (ISOs), *Incentivierende Aktienoptionen,* Vergütungsform, die den Mitarbeitern und/oder Mitgliedern des Managements ermöglicht, erfolgsabhängig unter bestimmten Bedingungen, zu vorab festgelegten Konditionen Aktien des Arbeitgebers oder deren Muttergesellschaft zu beziehen. Um die Privilegierung im Rahmen des amerikanischen Steuerrechts als ISO zu erlangen, ist sicherzustellen, dass der Strike price dem Fair-Market Value der unterlegten Aktie im Zeitpunkt der Optionsgewährung, das Vesting sich nicht über mehr als fünf Jahre mit einem Mindestvesting von 20% p.a. erstreckt und der Gegenwert der mit den Optionen verbrieften Aktien im Zeitpunkt der Optionsgewährung nicht mehr als 100.000 US$ beträgt. Die steuerliche Privilegierung kann nur von Mitarbeitern, die in den USA tätig sind und der amerikanischen Besteuerung unterliegen, geltend gemacht werden. Der Vorteil besteht darin, dass die ISOs im Prinzip als eigenes Wirtschaftsgut mit eigenständigem Wert behandelt werden, deren Gewährung zwar einen geldwerten Vorteil darstellt, dieser aber ausdrücklich steuerfrei gestellt wurde. Entsprechend brauchen die Inhaber von ISOs im Zeitpunkt der Ausübung ihrer Optionen nicht die Differenz zwischen dem Strike price und dem sich dann ergebenen Fair-Market Value der bezogenen Aktien als geldwerten Vorteil versteuern, sondern unterliegen lediglich einer Verpflichtung, spätere Gewinne aus der Veräußerung der aus den Optionen resultierenden Aktien im Rahmen der in den USA zwingend vorgegebenen Versteuerung von Veräußerungsgewinnen zu versteuern. Wenn die Optionsinhaber ihre Aktien lang genug halten, so dass sie der Long-Term Capital Gains Steuer unterliegen, reduziert sich ihre Steuerlast auf ca. 20% des Veräußerungsgewinns. Unterliegen Aktienoptionen in den USA nicht der Privilegierung als ISOs bzw. Qualified → Stock Options, werden sie als sog. „Non-Qualified Stock Options" genauso behandelt, wie gegenwärtig Stock Options in Deutschland behandelt werden, d.h. ihre Gewährung ist steuerrechtlich irrelevant, da die deutsche Finanzverwaltung Stock Options die Qualität eines eigenständigen Wirtschaftsguts absprechen. Entsprechend ist im Zeitpunkt der Optionsausübung die Differenz zwischen Strike price und dann gegebenem Fair-Market Value der Aktien in voller Höhe als Arbeitseinkommen, obwohl der Optionsberechtigte zu diesem Zeitpunkt keinen messbaren Zufluss erzielt hat. – *Vgl. auch* → Aktienoption.

indirekte Kosten, → Gemeinkosten.

industrielle Investoren, Unternehmen, die in → Venture Capital-Fonds und/oder in → Start-up-Unternehmen (co-)investieren. Beim → Trade Sale sind industrielle Investoren die Käufer der → Unternehmensanteile.

Industrie- und Handelskammer (IHK). 1. *Begriff:* Sie bezeichnet branchenübergreifende Unternehmensvereinigungen. – 2. *Merkmale:* IHK nehmen Unternehmensinteressen gegenüber der Politik wahr und bieten Serviceleistungen wie Mitarbeiterqualifizierung und Informationen. Kammergesetze schreiben in vielen Ländern die Rechte und Pflichten der IHK fest. In Deutschland beinhaltet dies die Pflichtmitgliedschaft von Unternehmen und öffentliche Aufgaben wie Berufsbildung. – 3. *Abgrenzung:* IHK unterscheiden sich von Wirtschaftsverbänden, die die Interessen von Branchen vertreten. Zudem basieren Verbandsgründungen auf dem Recht der Koalitionsfreiheit. Eine Besonderheit in Deutschland sind Handwerkskammern (→ Handwerk).

Infocenter der KfW Bankengruppe, Spezialisierte Informations- und Beratungseinrichtung der → KfW Bankengruppe. Im I.d.KfW B. erhalten Interessenten telefonische Beratung zu allen Förderprogrammen und Beratungsprodukten (KfW Runde Tische, KfW-Beratungszentren, KfW Sprechtage), die die KfW anbietet. Darüber hinaus umfasst das Angebot auch Informationen zum Antragsverfahren und Tipps für das Bankengespräch sowie die Prüfung schriftlicher → Gründungskonzepte und Vorhabensbeschreibungen auf Förderfähigkeit. Das I.d. KfW B. ist unter der Telefonnummer 01801/241124 zu erreichen.

Informationsasymmetrie. 1. *Begriff:* I. bezeichnet den Umstand, dass zwei Parteien bei Abschluss und/oder bei Erfüllung eines → Kontraktes über unterschiedliche vertragsrelevante Informationen verfügen. – 2. *Arten:* Im Rahmen der → Prinzipal-Agenten Theorie lassen sich grundsätzlich drei Arten von I. unterscheiden: a) Die Qualitätseigenschaften der Leistung eines Vertragspartners sind nicht bekannt (→ Hidden Characteristics). – b) Die Leistungsanstrengung eines Vertragspartners ist nicht beobachtbar und/oder nicht beurteilbar (→ Hidden Action). – c) Die Absichten eines Vertragspartners sind nicht bekannt (→ Hidden Intention). – 3. *Folgen:* Marktergebnisse bei I. sind im Vergleich zur wohlfahrtstheoretischen „First best"-Lösung suboptimal. – *Vgl. auch* → Neue Institutionenökonomik.

Informationsbeschaffung. 1. *Begriff:* Sämtliche Tätigkeiten zur Erlangung der Verfügungsgewalt über Informationen, die zur Erfüllung der unternehmerischen Tätigkeiten benötigt werden, aber unternehmensintern nicht verfügbar sind. – 2. *Bedeutung:* I. und -verarbeitung bilden eine Basis für unternehmerische Planungen und Entscheidungen. Art und Ausmaß der I. sind ökonomische Entscheidungsprobleme. – 3. *Arten:* a) Primärforschung: I. in Form von Befragungen, Beobachtungen und/oder Experimenten (Field-Research). – b) Sekundärforschung: I. erfolgt durch den Bezug von Informationen, die extern bereits vorhanden sind (Desk-Research). Als Informationsquellen dienen z.B. Wirtschaftsverbände, Fachbücher, Fachzeitschriften, Online-Datenbanken. – 4. *Organisation:* Aufgrund der Heterogenität des Produktionsfaktors Information erfolgt die I. i.d.R. dezentral.

Informationsfunktion, → Unternehmenswert.

Informationsmanagement. Als Bestandteil des Unternehmensmanagement umfasst das I. verschiedene Maßnahmen zur kontextgerechten Bereitstellung und Dokumentation von Informationen innerhalb und außerhalb des Unternehmens.

Dabei kann das I. wie folgt kategorisiert werden: a) Informationsressourcenmanagement (Planung und Steuerung von externen und internen Informationsressourcen): Das Management hat hier die Aufgabe, die Verfügbarkeit der Produktionsfaktoren sicher zu stellen und geeignete Betriebsmittel zur Deckung der Nachfrage nach Information bereit zu stellen. Dazu gehört auch die Schaffung und Pflege der inner- und außerbetrieblichen Einrichtungen zur Informationsversorgung; – b) persönliches I. (Umgang mit Information am Arbeitsplatz): Das Management unterstützt die individuelle Informationsverarbeitung durch Wahrnehmen operativer und administrativer Aufgaben; – c) Prozessorientiertes I. (strategisch Ausrichtung der Unternehmensorganisation an den Geschäftsprozessen): Das Management umfasst die Integration der Funktionsbereiche in die Informationsverarbeitung; – d) Leistungszentriertes I. (Führungsaufgaben mit Kommunikation im Unternehmen): Das Management handelt leistungsorientiert in Bezug auf Information und Kommunikation im Unternehmen).

Informationstechnologie, *Information Technology, IT.* 1. *Begriff:* Ausdruck der Informatik für Prinzipien, Methoden und Mittel der Bereitstellung, Verarbeitung, Übermittlung und Verwendung von Informationen sowie der Gestaltung und Nutzung von Informationssystemen. – *Vgl. auch* → E-Business. – 2. *Abgrenzung von anderen Begriffen:* → Kommunikationstechnologie ist der Oberbegriff für Prinzipien, Methoden und Mittel, die den Kommunikationsprozess unterstützen. Informationstechnik und Kommunikationstechnik stellen die konkrete Anwendung von Technologie als Produkt oder Verfahren dar. – *Vgl. auch* → Net Economy.

Informations- und Kommunikationssystem, *IuK-System.* 1. *Begriff:* IuK-Systeme sind alle IuK-Technologien und personalwirtschaftlichen Maßnahmen zur Realisierung der unternehmerischen Informationsverarbeitung und Kommunikation innerhalb des Unternehmens sowie mit der Umwelt. IuK-Systeme sind eine wesentliche Voraussetzung für ein funktionierendes Informationsmanagement im Unternehmen, zu dessen Aufgaben die Erfassung, Verarbeitung, Speicherung und Übertragung von Informationen gehört.

Informationswert eines Unternehmens, → Unternehmenswert.

Information Technology, → Informationstechnologie.

informeller Sektor. 1. *Begriff:* Ausdruck der Volkswirtschaftslehre für den Teil der Volkswirtschaft, der nicht durch formalisierte Beschäftigungsverhältnisse geprägt ist und sich häufig der staatlichen Kontrolle entzieht. Insbesondere Entwicklungsländer sind durch einen informellen Sektor gekennzeichnet, der einen Großteil der Bevölkerung ernährt. – 2. *Merkmale:* Der informelle Sektor ist vorwiegend gekennzeichnet durch (a) fehlende staatliche Kontrolle, (b) kaum formalisierte Beschäftigungsverhältnisse, (c) fehlende Trennung der volkswirtschaftlichen → Produktionsfaktoren Arbeit und Kapital, (d) kleine Produktionseinheiten, (e) Beschäftigung von Familienmitgliedern, (f) Dominanz der Subsistenzwirtschaft und (g) kaum juristische Rechtspersönlichkeiten.

Infrastruktur, langlebige Grundeinrichtungen personeller, materieller und institutioneller Art, die das Funktionieren einer arbeitsteiligen Volkswirtschaft garantieren. Der Sammelbegriff fasst die technische I., rechtliche und soziale I. eines Landes zusammen. Beispiele für I. der einzelnen Gebiete sind wie folgt: 1. *Technische I.:* Versorgung, Energieversorgung, Wasserwirtschaft, Entsorgung, Müllentsorgung, Abwasser, Wertstoffverwertung, Verkehrsinfrastruktur; öffentlicher Verkehr, Eisenbahnen (Schienenverkehr), Luftverkehr (Flughäfen), Wasserverkehr (Häfen, Schiffbarmachung der Flüsse, Kanäle), Individualverkehr , Fuß-

und Radwege, Straßen und Autobahnen, Regelungs- und Wegweisungs-Einrichtungen, Kommunikation, Telefon, Rundfunk, Fernsehen, → Internet. – 2. *Rechtliche und Soziale Infrastruktur:* Rechtsordnung, Verwaltung, Dienstleistungen, Schulen und andere Bildungseinrichtungen, Kinderbetreuungs-Einrichtungen, Krankenhäuser und Pflegedienste, Polizei, Feuerwehr und Rettungsdienste, Kulturelle Einrichtungen, Bibliotheken, Museen, Ausstellungsräume, Sehenswürdigkeiten.

Inhaberaktie, → Aktie, die auf den Inhaber lautet (Inhaberpapier). Dieser gilt als rechtmäßiger Eigentümer. Die I. gestattet dem Aktionär, seine Beteiligung durch bloße Übergabe zu übertragen. Die Gesellschaft hat keine Möglichkeit, die Übertragung der Aktien und damit auch die Zusammensetzung des Aktionärkreises zu kontrollieren. – *Gegensatz:* → Namensaktie.

Initial Public Offering (IPO), → IPO, → Börsengang.

Inkubator, Dienstleistungszentren in denen → Start-ups, die sich insbesondere in der Frühphase → Early-Stage) ihrer → Gründung befinden, umfassende Unterstützungsleistungen, wie bspw. die Seed-Finanzierung, Bereitstellung von Infrastruktur, wie Arbeitsräume, Sekretariatsdienst, Call-Center, Telekommunikations- und IT-Services, Management-, Rechtsberatung sowie Kontaktvermittlung. Die angebotene Unterstützung ist unabhängig von der → Geschäftsidee, und dient vielmehr der Reduktion von typologischen Gründungshemmnissen.

Innovation. 1. *Begriff:* Schumpeter spricht von einer I., wenn es zu einer Durchsetzung neuer Kombinationen von Produktionsmitteln kommt und subsumiert darunter fünf Fälle: (1) Die Herstellung eines neuen Gutes oder einer neuen Qualität eines Gutes, (2) die Einführung einer neuen Produktionsmethode, (3) die Erschließung eines neuen Absatzmarktes, (4) die Eroberung einer neuen Bezugsquelle von Rohstoffen oder Halbfabrikaten und (5) die Durchführung einer Neuorganisation. – b) Aktuelles Verständnis: In der Zwischenzeit hat sich eine Vielzahl von Autoren mit zum Teil recht unterschiedlicher Schwerpunktsetzung und Auslegung mit dem Innovationsbegriff auseinandergesetzt. Meist wird dabei auf folgende charakteristische Elemente abgestellt: (1) Neuartigkeit, (2) Verwertung dieser Neuartigkeit über deren Markteinführung bzw. Nutzung sowie (3) ein zugrunde liegendes prozessuales Verständnis. 2. *Prozess:* Der Innovationsprozess kann nach Hauschildt in sieben Phasen unterteilt werden: a) Die Idee: steht für die vage Vorstellung, dass innerhalb eines bestimmten Objektbereichs erfolgversprechende Neuerungen möglich sind. – b) Die Beobachtung: bezieht sich auf die Feststellung einer Besonderheit oder die Entdeckung eines neuen Stoffes bzw. Ablaufs in diesem Objektbereich. – c) Die Forschung: überprüft diese Beobachtung bzw. Entdeckung in theoretischer wie empirischer Hinsicht. – d) Die Entwicklung: setzt die vorangegangenen Erkenntnisse in verschiedene Prototypen um. – e) *Die Erfindung:* Ergibt sich durch die Festlegung auf eine Alternative mit exakt definierten Charakteristika. – f) Der Verwertungsanlauf: beinhaltet die Überführung des neuen Produktes oder Verfahrens in eine wirtschaftlich nutzbare Form. – g) Die laufende Verwertung: betrifft die Serien- und Großproduktion sowie die nachhaltige Diffusion des neuen Produktes oder Verfahrens und ist solange dem Bereich der I. zuzurechnen, wie sie noch nicht einer täglichen Routine entspricht. Anschließend geht die Zuständigkeit des → Innovationsmanagements an die verantwortliche organisationale Einheit über. – 3. *Quellen:* a) Theorie: Die Quellen von I. werden in der Literatur nicht umfassend beschrieben. Der Ansatz des „Technology Push“ und des „Market Pull“ ist jedoch weit verbreitet. Beim „Technology Push“ ist die Problemlösung und beim „Market Pull“ das Problem Ausgangspunkt der I.-Idee. Herrschende Meinung ist, dass das frühzeitige Zusammenführen beider Innovationsquellen erfolgsentscheidend ist. – b) Praxis: In der Praxis findet das sog. „Lead User Concept" immer mehr Beachtung. Als „Lead User" werden solche Kunden verstanden, die besonders motiviert und qualifiziert sind, signifikante Beiträge zur Entwicklung neuer Produkte zu erbringen.

Prof. Dr. Peter Russo

Literatur:
Christensen, C. M.: The Innovator's Dilemma, New York 2003; *Drucker, P. F.*, Innovation and Entrepreneurship, New York 1985; *Hauschildt, J.:* Innovationsmanagement, 3. Aufl., München 2004; *Herstatt, C./Verworn, B.* (Hrsg.): Management der frühen Innovationsphasen, Wiesbaden 2003; *Schumpeter, J.A.:* Theorie der wirtschaftlichen Entwicklung, 9. Aufl., Berlin 1997.

Innovationsbarrieren, unternehmensinterne oder -externe Einflussfaktoren, die das Hervorbringen, Umsetzen und/oder Verbreiten von innovativen Konzepten oder Produkten behindern. Fehlendes Know-how, Kapital- und Fachpersonalmangel, fehlende technische Ausstattungen und interne Widerstände (z.B. Not Invented Here-Problematik) können interne Barrieren darstellen. Gesetzliche Regelungen, behördliche Genehmigungsverfahren sowie antizipierte Marktrisiken (Konkurrenz, leichte Imitierbarkeit, Akzeptanz durch den Kunden) können als externe I. wirken, die zum Teil durch → Innovationsförderung abgeschwächt werden sollen. Aber auch ablehnendes, intuitives oder irrationales menschliches Verhalten (das Festhalten am Bekannten und Vertrautem) kann zu I. führen.

Innovationscontrolling. 1. *Funktional:* Die Steuerung der → Innovationsfähigkeit des Unternehmens ist Gegenstand des funktionalen I. Die Innovationsfähigkeit eines Unternehmens wird dabei nicht als gegeben angesehen (Rahmenbedingung), sondern als unternehmerische Gestaltungsaufgabe mit einer strukturellen und einer personellen Dimension. Die Beschleunigung der → Unternehmensentwicklung stellt zunehmend hohe Ansprüche an die Innovationsfähigkeit; funktionales I. gewinnt dadurch weiter an Bedeutung. – 2. *Objektbezogen:* Einsatzfeld ist die ergebnisbezogene Steuerung (→ Controlling) des Gegenstandes der → Innovation, z.B. zur zeit- und kostengerechten Einführung einer neuartigen Leistung im Markt. Dem entspricht prinzipiell die im → Marketing übliche Betrachtung des Controlling von Produktinnovationen. Die darin eingesetzten Steuerungsinstrumente reichen von Ansätzen zur Suchfeldbestimmung neuer Produkte, über Verfahren und Techniken des Ideen-Managements, Methoden der Bewertung von Produktkonzepten, Pflichten- und Lastenheft, Entscheidung über Eigenfertigung oder Fremdbezug, bis hin zur Produktkalkulation und -Erfolgsrechnung. – 3. *Prozessbezogen:* Das Anknüpfen des Controlling am → Innovationsprozess führt zu einer ressourcenorientierten Sichtweise. Gegenstand ist somit die Optimierung des Einsatzes der → Ressourcen, um den Innovationsprozess möglichst effizient und effektiv zu gestalten. Bedeutsam ist dabei besonders die Lösung von Zielkonflikten: Die Ziele im Innovationsprozess stehen häufig hinsichtlich Leistung, Zeit und → Kosten zueinander im Widerspruch und es ist Aufgabe des Controlling, den erforderlichen "Trade-off" für die Entscheidung darzulegen.

Innovationsfähigkeit, Die Fähigkeit von Unternehmen zum Lösen einer innovativen Aufgabe. Während die → Aufbau- und → Ablauforganisation von Unternehmen (strukturelle Dimension) in ihrer Wirkung auf → Innovation schon lange bewusst wahrgenommen und gestaltet wird, bleibt die personelle Dimension als Gestaltungsaufgabe noch meist unerkannt oder wird als Rahmenbedingung verstanden. Ihre Einbeziehung in die zielgerichtete Steuerung über die individuellen Handlungsauslöser des Könnens,

Wollens und Dürfens, legt die Basis für ein umfassendes → funktionales Innovationscontrolling.

Innovationsfinanzierung, Bereitstellung finanzieller Mittel zur Deckung der beim Hervorbringen einer → Innovation entstehenden Kosten für die Entwicklung, das → Marketing und die Markteinführung. Diese kann sowohl intern vom Unternehmen selbst oder durch staatliche Förderprogramme bzw. → Innovationskredite gesichert werden.

Innovationsförderung. 1. *Begriff:* Gegenstand der I. ist die Beeinflussung des Innovationsverhaltens in einer Volkswirtschaft, häufig unter besonderer Berücksichtigung des Technologiegehalts der → Innovation. – 2. *Merkmal* der I. ist die Schwerpunktsetzung auf anwendungsorientierte Neuerungen, deren Ziel die kommerzielle Nutzung von Produkten, → Dienstleistungen oder Produktionsverfahren ist. Dieses Ziel wird durch die Bereitstellung finanzieller Mittel sowie von Infrastruktur und Informationen verfolgt. – 4. *Ziel* der I. ist die Erhöhung der für Forschungs- und Entwicklungszwecke zur Verfügung stehenden Ressourcen, die Erleichterung und Beschleunigung der Umsetzung von Neuerungen in marktfähige Produkte/ Dienstleistungen und Produktionsverfahren sowie deren Verbreitung in der Wirtschaft. – 5. *Grundlage* der I. bildet die Erkenntnis, dass sich im freien Marktprozess eine aus gesamtwirtschaftlicher Sicht suboptimale Forschungs- und Innovationstätigkeit einstellt (Marktversagen), von der → kleine und mittlere Unternehmen besonders betroffen sind. Ursächlich für das Marktversagen sowie die Benachteiligung von KMU bezüglich Innovationen ist, dass (1) die Ergebnisse der Innovationstätigkeit häufig nicht nur vom innovierenden sondern auch anderen Unternehmen unentgeltlich genutzt werden können (externer Effekt) und dadurch die Erträge für das innovierende Unternehmen kleiner als die gesamtwirtschaftlichen Erträge ausfallen; (2) dass Innovationsvorhaben für potenzielle Financiers mit hoher Unsicherheit behaftet sind, da sie im Vergleich zum innovierenden Unternehmen technische Risiken und Marktchancen nicht oder nur mit unverhältnismäßig hohem Aufwand abschätzen können (→ Informationsasymmetrie) und werthaltige Sicherheiten bei Innovationsprojekten nur in vergleichsweise geringem Umfang entstehen; (3) dass der Ressourcenaufwand für ein Innovationsvorhaben weitgehend unabhängig von der Größe des durchführenden Unternehmens ist; kleine und mittlere Unternehmen im Vergleich zu Großunternehmen also relativ höher belastet werden, gleichzeitig aber weniger Möglichkeiten der Risikodiversifizierung aufweisen. – 6. *Instrumente* der I. sind (1) die direkte Projektförderung für FuE-Vorhaben, (2) branchen- und technologieübergreifende indirekte FuE-Förderung von KMU bzw. deren Innovationsvorhaben, (3) Förderung von technologieorientierten → Unternehmensgründungen und jungen Technologieunternehmen sowie (4) die Förderung von Infrastruktur, Information, Weiterbildung/Schulung, und Beratungsleistungen speziell für KMU. Als Finanzierungsmodelle sind zu unterscheiden: (1) Zuschüsse (vor allem in der direkten Projektförderung eingesetzt), (2) zinsgünstige öffentliche Förderdarlehen (→ öffentliche Fördermittel) mit teilweiser Haftungsfreistellung der die Finanzierungsmittel durchleitenden Intermediäre (→ Banken oder Beteiligungsgesellschaften) sowie (3) Beteiligungen.

Dr. Volker Zimmermann

Innovationskredit, Maßnahme der Wirtschaftsförderung, speziell der → Innovationsförderung, mit der durch Gewährung zumeist zinsgünstiger Kredite betriebliche Innovationsvorhaben unterstützt werden sollen.

Innovationsmanagement. 1) *Begriff:* I. bezeichnet die dispositive Gestaltung von → Innovationsprozessen im Hinblick auf die zugrunde liegenden Ziele bzw.

Strategien. – 2) *Strategien:* Nach Bathelt können sechs idealtypische Strategien unterschieden werden: a) Offensive Innovationsstrategien zielen auf die schnelle Markteinführung zur Erreichung einer Marktführungsposition. – b) Defensive Innovationsstrategien warten Fehler von Erstinnovatoren ab, um daraufhin verbesserte Produkte anzubieten. – c) Opportunistische Innovationsstrategien erobern unter Einsatz geringer FuE-Aktivitäten neue Marktsegmente. – d) Imitative Innovationsstrategien kopieren erfolgreiche → Innovationen. – e) Abhängige Innovationsstrategien gelten für Unternehmen, für die eigenständige Entwicklungen oder Imitationen von I. nicht in Frage kommen, weil sie eine Satellitenfunktion für andere Unternehmen einnehmen. – f) Traditionelle Innovationsstrategien verfolgen keine explizite Innovationstätigkeit. – 3) *Aufgaben:* Je nach verfolgter Strategie erfordert die erfolgreiche Gestaltung des Innovationsprozesses (1) eine geeignete Organisations- und Infrastruktur, (2) die Bereitstellung adäquater Ressourcen, (3) die Zuweisung von Kompetenzen und Zuständigkeiten sowie (4) die Integration etwaiger Schnittstellen. Besondere Bedeutung kommt darüber hinaus (5) dem Aufbau und der Führung innovativer Teams zu, wobei es neben der Förderung einer innovativen Denkhaltung Widerstände zu überwinden und Promotoren zu identifizieren gilt. – d) *Widerstände:* Da mit Innovationen erhebliche Veränderungen einhergehen, rufen sie z.T. massive Beharrungswiderstände hervor. Der Ort des Widerstands kann nach Hauschildt (1) im innerbetrieblichen oder (2) im zwischenbetrieblichen Bereich liegen bzw. von (3) Behörden und (4) Protestgruppen herrühren. Promotoren können helfen diese Widerstände zu überkommen oder zumindest deren verhindernde, verzögernde und verformende Wirkung zu mildern. – e) *Promotoren:* Innovationspromotoren werden in der Literatur divers behandelt. So sprechen v.a. amerikanische Autoren von dem einen „Champion", der Innovationen durchsetzt, wohingegen bspw. Schumpeter auf das Zusammenwirken verschiedener Menschen abstellt. Zueigen ist jedoch beiden Anschauungen, dass Promotoren Innovationen aktiv und intensiv durch das Einbringen spezifischer Ressourcen fördern. – f) *Risiken:* Neben den genannten Aufgaben gilt es im Rahmen des I. zudem, typische Innovationsrisiken zu handhaben. Nach Cavallo können drei Risiken unterschieden werden: (1) Das technologische Risiko bezeichnet die Gefahr, dass eine I. nicht in ein verwertbares Endergebnis überführt werden kann. (2) Das zeitliche Risiko bringt zum Ausdruck, dass eine Innovation nur innerhalb eines bestimmten Zeitfensters verwertet werden kann, weil bspw. zuvor Akzeptanzprobleme seitens der Kunden bestehen oder weil die Innovation nach dem Zeitfenster bereits überholt ist. (3) Das marktliche Risiko betrifft die Gefahr, dass eine Innovation nicht kompetitiv genug ist, um sich am Markt durchzusetzen.

Prof. Dr. Peter Russo

Literatur:
Christensen, C.M.: The Innovator's Dilemma, New York 2003; *Drucker, P. F.*, Innovation and Entrepreneurship, New York 1985; *Hauschildt, J.*: Innovationsmanagement, 3. Aufl., München 2004; *Herstatt, C./Verworn, B.* (Hrsg.): Management der frühen Innovationsphasen, Wiesbaden 2003; *Schumpeter, J.A.*: Theorie der wirtschaftlichen Entwicklung, 9. Aufl., Berlin 1997.

Innovationsmarketing, Marketingaktivitäten, die einen erfolgreichen Marktzutritt für innovative Produkte und → Dienstleistungen sichern sollen. Hierzu zählt einerseits die frühzeitige Berücksichtigung des angestrebten Kundennutzens bei der Entwicklung aber auch Maßnahmen, um durch Werbung und Information den potenziellen Kunden für das neue Angebot zu gewinnen. Hierbei spielen die Preisgestaltung, Alleinstellungsmerkmale wie auch die Wahl der Kommunikationsmedien beim → Marketing eine wesentliche Rolle.

Innovationsphase. 1. *Abschnitt im Verlauf des Bestehens eines Unternehmens*, in dem ein neues Produkt hervorgebracht wird. – 2. *Abschnitt im Innovationsprozess:* In der Literatur werden → Innovationsprozesse vielfach im Form eines Phasenschemas gefasst: (a) Erfindung oder Inventionsphase, (b) Neuerung oder Innovationsphase, (c) Übernahme von Neuerungen oder Adaptionsphase (d) Verbreitung von Neuerungen oder Diffusionsphase. Während die Inventionsphase als weitgehend zufällig und ungerichtet gilt, setzen mit der Innovationsphase zugleich strategische Maßnahmen des innovierenden Unternehmens im Sinne des → Innovationsmanagements und → Innovationsmarketings ein. – *Vgl. auch* → Innovationsprozess.

Innovationsprozess. 1. *Begriff:* Sammelbegriff für alle Managementmaßnahmen zum systematischen Hervorbringen und Umsetzen von neuen Ideen in Unternehmen. – 2. *Untergliederung:* Der I. – bezogen auf die Entwicklung von Produkten – umfasst vier logisch zu trennende Phasen: a) Die Inventionsphase, in der es um das Hervorbringen und Entwickeln von Ideen für Innovationsvorhaben geht. Diese Phase lässt sich nur bedingt mit Managementmitteln unterstützen, da die zugrunde liegende Kreativität eher ungerichteten Prozessen und Zufällen unterworfen ist. Gleichwohl ist es Aufgabe des Managements eine → Unternehmenskultur zu schaffen, die Kreativität fördert und neue Ideen aufnimmt, also eine grundlegende Innovationsbereitschaft im Unternehmen fordert und fördert bzw. → Innovationsbarrieren verhindert. – b) Die Innovationsphase zielt auf den eigentlichen Neuerungsprozess ab, in dessen Verlauf das innovierende Unternehmen die grundlegende Idee bis zum Stadium des Prototyps vorantreibt. Ein entsprechendes Zeitmanagement sowie das Einhalten der gesetzten Meilensteine, das Bereitstellen von finanziellen und personellen Ressourcen sowie der notwendigen technischen Hilfsmittel sind genauso Teil des I., wie das Überwachen des Verbrauchs dieser Ressourcen. Zugleich kann durch Marktforschung ermittelt werden, welche Eigenschaften und welchen Kundennutzen ein Produkt oder eine Dienstleistung haben sollte. Soweit es sich um umfangreiche Innovationen handelt, die durch mehrere Unternehmen gemeinsam entwickelt werden (etwa technische Systeme, deren Nutzen sich erst durch das gemeinsame Innovieren verschiedener Unternehmen ergibt), ist auch ein aktives Netzwerkmanagement als Teil des I. in dieser Phase von Bedeutung. Ziel des Aufbaus und der Stabilisierung eines Innovationsnetzwerkes ist es, verschiedene Hersteller zu einem abgestimmten Innovationsvorhaben zusammenzubinden, um Kooperationsbereitschaft für das Mitwirken an dem Innovationsvorhaben sicherzustellen. Diese

Innovationsprozess, Kontext der allgemeinen Technologieentwicklung

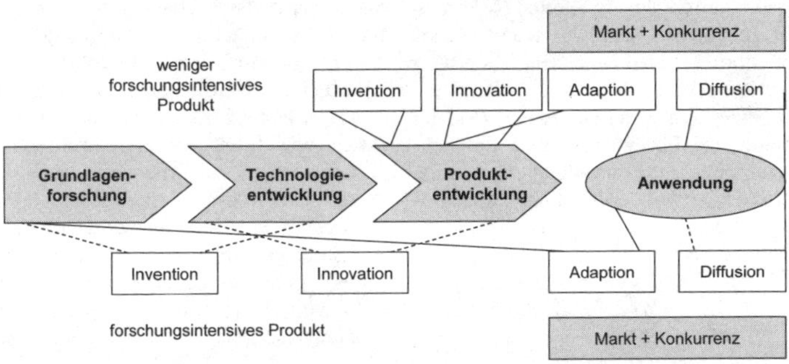

Form der Netzwerkbildung bei technisch umfangreichen Projekten bietet den Vorteil, dass Innovationsrisiken auf die verschiedenen beteiligten Unternehmen verteilt werden können. – c) Adaptionsphase: In dieser Phase geht es darum, das Produkt in größerer Stückzahl zu produzieren und in den Markt einzuführen. Eine entsprechende Produktion muss zum Teil bereits zeitlich parallel zur Phase zwei aufgebaut werden; zugleich müssen die benötigten Vertriebskanäle eröffnet und Kunden für das neue Produkt, die neue Dienstleistung geworben werden. – d) In der Diffusionsphase sollte sich einerseits das Produkt bewähren, indem es den beabsichtigten Kundennutzen erzielt und dadurch auf eine wachsende Nachfrage stößt. Zugleich kann diese Phase genutzt werden, um kleine (inkrementale) Verbesserungen an dem Produkt vorzunehmen. „Facelifting" oder auch kleinere technische Neuerungen können systematisch dazu genutzt werden, um die Stellung des Produktes im Markt zu festigen. – 3. *Anforderungen:* Der I. bzw. die zu bewältigenden Anforderungen werden von vielen Faktoren innerhalb und außerhalb eines Unternehmens beeinflusst. Zu den wichtigsten Einflüssen gehören: (1) die Branche, das Marktsegment und die Kundenstruktur, da sehr unterschiedliche Anforderungen an die zu erstellenden Produkte bestehen (Wettbewerb über den Preis, die Qualität oder die Neuheit von Produkten); (2) die Produkte bzw. die Produktionstechnologie (Losgrößen, Komplexität und Beherrschbarkeit der Produktion); (3) der Unternehmensstrategie (Verharren in etablierten Marktzusammenhängen, Besetzen neuer Marktsegmente); (4) der Bereitschaft des Unternehmens und seiner Mitarbeiter, sich auf Neues einzustellen sowie (5) der Umfang der Forschungs- und Entwicklungsarbeiten zur Erarbeitung eines neuen Produktes. – *Vgl. Abb.* „Innovationsprozess, Kontext der allgemeinen Technologieentwicklung".

Prof. Dr. Bernd Steffensen

Literatur:
Eversheim, W. (Hrsg.): Innovationsmanagement für technische Produkte, Berlin 2003; *Hauschildt, J.:* Innovationsmanagement, 3. Aufl., München 2004; *Springer, R.:* Wettbewerbsfähigkeit durch Innovation, Berlin 2004; *Vahs, D./Burmester, R.:* Innovationsmanagement, 2. Aufl., Stuttgart 2002.

Input-Güter, → Ressourcen.

Insolvenz, → Insolvenzverfahren.

Insolvenzantragspflicht, → Insolvenzverfahren.

Insolvenzverfahren, *Konkursverfahren.* Das I. ist in der am 1.1.1999 in Kraft getretenen Insolvenzordnung (InsO), BGBl I 1994, S. 2866, gesetzlich geregelt und hat das frühere Konkursverfahren abgelöst. Das Insolvenzverfahren dient im Gegensatz zur Einzelzwangsvollstreckung der Zivilprozessordnung (ZPO) nicht der Befriedigung eines einzelnen → Gläubigers, sondern soll zu einer Gesamtbereinigung der Verbindlichkeiten durch gleichmäßige –regelmäßig anteilige- Befriedigung aller Gläubiger aus dem Vermögen des Insolvenzschuldners führen. Das Insolvenzverfahren wird durch die Amtsgerichte als Insolvenzgerichte durchgeführt. Das Insolvenzgericht setzt einen Insolvenzverwalter ein. Der Insolvenzverwalter ist das wichtigste Organ zur Durchführung der Insolvenz. Er hat die Aufgabe, die Insolvenzmasse zu verwalten und darf über sie verfügen. Er steht unter der Aufsicht des Insolvenzgerichtes und der Gläubigerversammlung, dem Organ der Insolvenzgläubiger, in dem sie ihre gemeinschaftlichen Interessen wahrnehmen können. Das Schuldnervermögen kann wie folgt verwertet werden: (1) Liquidation des Vermögens und Verteilung des Erlöses an die Gläubiger, (2) Sanierung des Unternehmens und Verteilung der Gewinne an die Gläubiger, (3) Übertragung des Unternehmens an Dritte und Verteilung des Kaufpreises an die Gläubiger. Der Schuldner kann gem.

§§ 286 ff. InsO die Restschuldbefreiung beantragen, wenn er für sechs Jahre seine laufenden Bezüge an einen vom Insolvenzgericht zu bestellenden Treuhänder abzutreten bereit ist. Nach Erfüllung der Auflagen während dieser Wohlverhaltensfrist beschließt das Insolvenzgericht die Restschuldbefreiung.

Insourcing. 1. *Begriff:* Unter I. wird in gegenteiliger Abgrenzung zum → Outsourcing das bewusste Erledigen bzw. Hineinholen von Aufgaben in das Unternehmen bezeichnet. – 2. *Beurteilung:* Abseits von Qualitäts- und Kostenaspekten kann das I. bei einer → Existenzgründung den Zweck haben, einerseits eigene Erfahrungen mit einer bestimmten Aufgabe sammeln zu können, um → Fremdleistungen später besser beurteilen zu können, oder andererseits über Beobachtung der Fremdleistung intern Fähigkeiten zur Eigenerstellung aufzubauen.

institutionalisierter Erfahrungsaustausch, findet bspw. statt in einem informellen → Netzwerk von Fachleuten (→ Netzwerkphasenmodell, z.B. Reziprozitätsnetzwerk). Das sich i.d.R. freiwillig bildende Netzwerk wird durch Interesse am Erfahrungsaustausch sowie durch gemeinsame Ziele gefestigt. Orte des Erfahrungsaustausches können zum Beispiel Technologie- und Gründerzentren sein. Inhaltlich kann ein Austausch über Beschaffungs-, Qualitäts- und Kundenprozesse relevant sein oder sich neben Arbeitsgestaltung und Produktentwicklung auch auf persönliche Erfahrungsfelder wie Personalführung und Umgang mit Stress erstrecken.

institutionelle Investoren, große Institutionen wie z.B. → Banken, Versicherungen und Pensionsfonds, die → Eigen- oder → Fremdkapital investieren. In Deutschland wurden im Jahre 2003 ca. 35% der Finanzmittel für neue → Venture Capital-Fonds durch institutionelle Investoren bereitgestellt. Aus der Sicht von → Start-up-Unternehmen sind auch → Venture Capitalists institutionelle Investoren, die sich durch eine professionelle Vorgehensweise bei der Investitionsentscheidung auszeichnen.

Interactive Marketing, ist durch eine soziale und kommunikative Interaktion zwischen Verkäufer und Käufer geprägt, die eine ‚kundenindividuelle Massenkommunikation' im Rahmen des generellen → Customer Relationship Management ermöglichen soll. Der Einsatz von → Internet, → E-Business, Datenbanken und statistischen Methoden erlaubt es, die → Kunden individuell anzusprechen, ihre Kaufgewohnheiten, Reaktionen sowie Verhaltensweisen zu erfassen, zu speichern und auszuwerten. Dadurch können einzelne Kunden und auch Kundensegmente in Kenntnis ihrer Bedürfnisse und wahrscheinlichen Reaktionsweisen gezielt angesprochen werden. Zu beachten sind dabei Unterschiede zwischen einzelnen Kulturen und die jeweiligen Grenzen des Datenschutzrechts.

Interims-Management. 1. *Begriff:* Institutionelles Management in Form eines oder mehrerer Manager(s), die bewusst und vorab vereinbart nur für eine bestimmte Zeit Managementaufgaben in (jungen) Unternehmen wahrnehmen. – 2. *Beurteilung:* Diese Art des Managements hat sich bei jungen Unternehmen etabliert, weil dort durch einen I.-M. insbesondere auch wichtige Erfahrung eingebracht wird. – 3. *Ausgestaltung:* I.-M. sollten nicht nur flexibel zur Verfügung stehen, sondern auch über die relevanten Fähigkeiten verfügen. Die Entlohnung kann in Form eines Gehalts oder in Unternehmensanteilen erfolgen. Am Markt haben sich inzwischen zahlreiche spezielle Vermittler für Interims-Manager etabliert.

Internal Rate of Return, → IRR.

Internationale Märkte, → Globalisierung.

internationale Rechnungslegungsvorschriften. Die bekanntesten i.R. für die Erstellung von Jahreabschlüssen für deutsche Unternehmen sind das IAS (International Accounting Standards) und IFRS (International Financial Reporting Standards). Vor allem börsennotierte und börsen-orientierte Unternehmen, die zur Aufstellung eines Jahresabschlusses verpflichtet sind, sind von den i.R. betroffen. Andere Unternehmenstypen werden zu einem späteren Zeitpunkt den mit den i.R. verbundenen neuen Anforderungen genügen.

Internationalisierung. 1. *Begriff:* Der Begriff der I. wird unterschiedlich weit verstanden. In der engen Interpretation wird er mit verschiedenen Absatzmarktstrategien in Verbindung gebracht, in der weiten Interpretation umfasst er darüber hinaus alle funktionalen Besonderheiten bei der Unternehmensführung, die mit bestimmten Absatzmarktstrategien verbunden sind. Bei den Absatzmarktstrategien sind die unterschiedlichen Formen des → Markteintritts interessant, dabei handelt es sich um internationalen Handel, internationale Direktinvestitionen oder besondere internationale Verträge, z.B. Technologieverträge. – 2. *Ausgangspunkt:* Der Ausgangspunkt für die Internationalisierungsentscheidung ist häufig die Suche nach Möglichkeiten zur Ausweitung des eigenen Geschäfts. Grund dafür kann entweder eine strategische Lücke zwischen einer geplanten Entwicklung und dem aktuellen Potenzial im Inland sein (passive I.) oder die bewusste Entscheidung, Wettbewerbsvorteile, die im Inland existieren, auch international zu nutzen. Letzteres bezeichnet man als aktive I. – 3. *Theoretische Fundierung:* Theorien zur I. gibt es verschiedene, sie gliedern sich gemäß der unterschiedlichen Markteintrittsstrategien. Als Theorien des internationalen Handels gelten bspw. Theorien komparativer Kostenvorteile, in denen auf Kostenvorteile abgestellt wird, die es auch ausländischen Lieferanten und Kunden gegenüber zu nutzen gilt, oder Standort-Theorien, in denen auf die Möglichkeit der Erreichbarkeit internationaler Märkte hingewiesen wird. Als Theorie der Direktinvestitionen wird z.B. die Monopol-Theorie angesehen, die den Versuch einen monopolistischen Vorteil auch im Ausland zu nutzen umschreibt und dazu den Weg, eingesetztes → Kapital im Ausland durch Direktinvestitionen besser kontrollieren zu können, aufzeigt. – 4. *Management der I.:* Eine Internationalisierungsentscheidung hat Auswirkungen auf unterschiedliche Funktionsbereiche des → Managements. Eine wesentliche Funktion stellt das internationale Marketingmanagement dar, insbesondere bei internationalem Handel. Hinzu kommt für die physische Realisierung des Handels das internationale Logistikmanagement, das ebenso bei Direktinvestitionen wichtig sein kann. Ergänzt werden die Managementaufgaben bei Direktinvestitionen durch das Beschaffungs- und Produktionsmanagement. Darüber hinaus sind i.d.R. Fragen des internationalen Personal-, Organisation- und Finanzmanagements einschließlich der → Rechnungslegung und des → Controlling zu lösen. Wesentliche ergänzende Determinante über die normalen Herausforderungen hinaus sind für alle Managementaufgaben Unterschiede in den Kulturen des Heimat- und Gastlandes.

Prof. Dr. Malte Brettel

Literatur:
Kutschker, M./Schmid, S.: Internationales Management, 4. Aufl., München 2004; *Perlitz, M.:* Internationales Management, 4. Aufl., Stuttgart 2000; *Welge, M.K./Holtbrügge, D.:* Internationales Management, Theorien, Funktionen, Fallstudien, Stuttgart 2003.

Internet, globales, dezentrales Computernetzwerk zur Kommunikation zwischen privaten und kommerziellen Anwendern das jedermann zugänglich ist (→ Net Economy). Anders: → Intranet. Die Kommunikation bzw. Datenübertragung zwischen verschiedenen → Netzwerken auf internationaler und nationaler Ebene sowie zwischen unterschiedlichen Rechner und -Softwaresystemen wird durch ein einheitliches Netzwerkprotokoll

(TCP/IP) gewährleistet. Das I. bietet seinen Benutzern eine Reihe von Diensten. Am häufigsten genutzt werden das world-wide-web (www) und die persönliche elektronische Post (E-Mail). Die Zahl der I.-Nutzer steigt ständig und damit die wirtschaftliche Bedeutung insbesondere für das → E-Business, → E-Commerce. Derzeit nutzen das I. weltweit viele Hundert Millionen Teilnehmer. Aktuelle Zahlen unter www.nielsen-netratings.com.

Interne Zinsfußmethode. 1. *Begriff:* Verfahren der dynamischen → Investitionsrechnung., bei der über Investitionen anhand ihrer Verzinsung des gebundenen Kapitals entschieden wird. Der interne → Zins ist der Kalkulationszinsfuß, der zu einem Kapitalwert (→ Kapitalwertmethode) von Null führt. Er kennzeichnet die Effektivverzinsung des gebundenen Kapitals. Bei einer reinen Vorteilhaftigkeitsentscheidung gilt eine Investition als vorzugswürdig, wenn ihr interner Zinsfuß größer ist als der geforderte Kalkulationszins. – 2. *Ermittlung:* Zur Berechnung des internen Zinsfußes „r“ wird die Kapitalwertfunktion gleich Null gesetzt und nach „r“ aufgelöst. Aufgrund der Schwierigkeiten, die sich bei mehrperiodigen → Investitionsvorhaben mit der Auflösung einer algebraischen Gleichung ab dem fünften Grade ergeben, wird der interne Zinsfuß zumeist als Näherungswert mithilfe des Newton-Verfahrens oder mit dem Verfahren der linearen Interpolation ermittelt. – 3. *Beurteilung:* Der Aussagegehalt des internen Zinsfußes ist i.d.R. eingeschränkt, wenn das gebundene Kapital einer Investition zeitweilig negativ ist. Bei unterschiedlicher Kapitalbindung erweisen sich interne Zinsfüße prinzipiell als unvergleichbar und die Anwendung der internen Zinsfußmethode bei Wahlproblemen als untauglich. Es ist zu beachten, dass die Zielkriterien der internen Zinsfuß- und der Kapitalwertmethode nicht übereinstimmen.

Intranet. Im Gegensatz zum → Internet ist der Benutzerkreis dieses Netzwerks auf eine bestimmte Organisation bzw. ein Unternehmen beschränkt. Das I. basiert auf der derselben Technologie wie das Internet. Es bietet den Teilnehmern ähnliche Dienste wie das Internet und dient primär dem Informationsaustausch unter den Mitarbeitern einer → Organisation. Ein Firewall schützt das I. vor unberechtigtem Zugriff von außen.

Intrapreneurship, erlebt im deutschsprachigen Raum in den letzten Jahren als eher anwendungsorientiertes Thema eine Renaissance. Obwohl die ersten beiden Silben von → Entrepreneurship in keinem Zusammenhang zu etwas Externem stehen, setzte sich dennoch die genau dies suggerierende zurückgehende Wortschöpfung Intrapreneuring sowie dessen Abwandlung in I. durch. Es umfasst im Unterschied zu Entrepreneurship im hier skizzierten Verständnis Wege, Eigenverantwortung und (Mit-)Unternehmertum von Arbeitern, Angestellten und Führungskräften in existenten Unternehmungen zu steigern oder eine „Revitalisierung“ eingefahrener Strukturen und Handlungsmuster zu bewirken.

Inventar, *Inventarium,* Verzeichnis (Nachweis), in dem alle Vermögenswerte und Schulden einer Unternehmung nach Art, Menge und Wert einzeln angeführt sind. Im Sinne des HGB ist jeder Kaufmann verpflichtet, bei Gründung des Unternehmens sowie zum Ende eines jeden Geschäftsjahres ein I. zu erstellen. Das I. ist Ausgangspunkt der Bilanzerstellung. In der betrieblichen Praxis wird der Ausdruck I. aber auch im Sinne der Geschäftsausstattung verwendet und zwar für einen Teil des Sachanlagevermögens (z.B. für erforderliche Anlagegüter, Betriebs- und Geschäftsausstattung).

Inventarium, → Inventar.

Inventur. Die zur Erstellung des Inventars (Inventarium) erforderliche Tätigkeit einer genauen körperlichen Bestandsaufnahme durch Zählen, Messen und Wiegen etc. wird als I. bezeichnet. Bei immateriellen Gütern kommt die Buchinventur zur Anwendung (i.S. Einsichtnahme in Kontoauszüge, Saldenbestätigungen usw.). Die Differenz zwischen Buchwerten und dem physisch vorhandenen Bestand bzw. Werten stellt die Inventurdifferenz dar. Diese kann durch Schwund, Diebstahl, Verderb oder Vernichtung sowie fehlerhafte Fakturierung verursacht werden.

Inventurverfahren. Zur Erfassung des Vermögenstandes im Wege einer (körperlichen) Bestandsaufnahme ist jedes den Grundsätzen ordnungsgemäßer Buchführung entsprechenden I. zulässig. Im Hinblick auf den Zeitpunkt bzw. -raum der Bestandsaufnahme gilt die Stichtagsinventur (Bestandsaufnahme am Bilanzstichtag) als Regelfall. Weitere I. stellen die permanente Inventur, die vor- oder nachverlegte Stichtagsinventur oder Stichprobeninventur dar. Diese Erfassungsmethoden unterscheiden sich grundsätzlich durch die Genauigkeit der Erfassung, den Informationsgehalt sowie ihre Einfachheit und Wirtschaftlichkeit.

investiertes Kapital, Investitionsrechnung: 1. *Begriff:* Das i.K. eines Investitionsprojekts ist gleich seiner Anschaffungs- (Fremdbezug) oder Bereitstellungsauszahlung (Eigenerstellung) in der Periode t=0. –Kostenrechnung: Das investierte – oder synonym: das betriebsnotwendige oder zinsberechtigte – Kapital eines Unternehmens ist dasjenige Kapital, das betriebsnotwendig ist und auf das kalkulatorische Zinsen als Kosten der Kapitalnutzung zu berechnen sind. – 2. *Merkmale:* Sowohl in der → Investitionsrechnung als auch in der → Kostenrechnung misst das i.K. die Bindung finanzieller Mittel in einem Objekt (Investitionsgut bzw. Unternehmen), die als freie Finanzmittel einer alternativen Verwendung hätten zugeführt werden können. Den Nutzenentgang aus der jeweils besten alternativen Verwendung des i.K. je Einheit des Kapitaleinsatzes gibt der → Kapitalkostensatz an. In der Kostenrechnung wird das i.K. ermittelt, indem von den gesamten → Aktiva (→ Anlage- und → Umlaufvermögen jeweils zu Buchwerten, d.h. nach → Ab- oder Zuschreibungen) gemäß → Bilanz abgezogen werden: a) das nicht betriebsnotwendige Vermögen (z.B. Wertpapiere des Umlaufvermögens und Wertberichtigungen auf Forderungen) und – b) das Abzugskapital, dessen Nutzung zu keinen Zinszahlungen führt, obwohl es → Fremdkapital und keine Schenkung von Privaten darstellt (z.B. Anzahlungen von Kunden, Kredite durch Lieferanten und langfristige Rückstellungen). – 3. *Probleme:* a) Investitionsrechnung: Wenn ein Investitionsprojekt nicht nur zu Anschaffungs- oder Bereitstellungsauszahlungen in der Periode t=0, sondern auch zu späteren Auszahlungen in Perioden t>0 führt, so ist strittig, ob diese „nachgelagerten" Auszahlungen ebenso noch zum investierten Kapital gezählt werden. Dazu gehören vor diesem Hintergrund z.B. Auszahlungen für die Instandhaltung von Betriebsmitteln und Auszahlungen für Marketingkampagnen, welche den Absatz der Produkte fördern sollen, die mit einem Investitionsgut hergestellt werden. – b) Kostenrechnung: Probleme entstehen in diesem Zusammenhang erstens hinsichtlich der Abgrenzung des betriebsnotwendigen Kapitals, das nur dasjenige Kapital umfassen soll, das zur Erfüllung des Sachziels eines Unternehmens erforderlich ist. Zweitens bereitet es zuweilen Schwierigkeiten festzustellen, ob Fremdkapital tatsächlich „zinslos" als Abzugskapital zur Verfügung gestellt wurde.

Investition. Im Allgemeinen beschreibt die I. die Verwendung finanzieller Mittel für die Erhaltung des Betriebs eines Unternehmens bzw. die Anlage von Kapital in langfristige und/oder kurzfristige Vermögensanlagen. I. können unterschiedlich klassifiziert werden: Sachinvestitionen umfassen einen weiten Bereich von Immobilien über Geschäftsfahrzeuge und Maschinen bis zur Büroeinrichtung und können von öffentlichen wie auch privaten Unternehmungen getätigt werden. Immaterielle I. umfassen bspw. → Lizenzen, → Patente und generell käuflich erworbenes Wissen und Finanzanlageinvestitionen beschreiben I. in bspw. → Aktien, Beteiligungen und F&E (→ Forschung und Entwicklung).

Investitionsfinanzierung, → Finanzierung von vorwiegend langfristigen unternehmerischen Anschaffungen, wie Betriebsanwesen, Maschinen, Einrichtungen und damit verbundene Nebenkosten (Notar, Makler, etc.). Aufgrund der hohen Anschaffungskosten muss meist → Fremdkapital aufgenommen werden und ein Investitionsplan aufgestellt werden. – *Vgl. auch* → Darlehen.

Investitionsfrühphase, *Early-Stage.* 1. *Merkmale:* Die I. erstreckt sich über die erste Ideenentwicklung und die Konzeption bis hin zur → Unternehmensgründung. Bei der I. wird zwischen Seed- und → Start-up-Phase unterschieden. Während in der → Seed-Phase nur die → Geschäftsidee und üblicherweise ein → Business Plan existieren, wird in der Start-up-Phase die Umsetzung der Idee in ein Produkt oder Prototyp vollzogen. In dieser Phase erfolgt die eigentliche Unternehmensgründung. – 2. *Investitionsgelder:* Wegen der grossen Unsicherheit über den Erfolg der Geschäftsidee sind klassische → Fremdkapitalgeber häufig nicht bereit, in dieser Phase zu investieren. Das benötigte Kapital wird von spezialisierten institutionellen oder privaten Geldgebern investiert (→ Business Angel, Venture Capital-Unternehmen). Ebenso sind → öffentliche Fördermittel (Gründungsfonds) zugänglich. – *Vgl. auch* → Investitionsphasen, → Venture Capital.

Investitionsphasen, *Finanzierungsphasen.* In Anlehnung an Lebenszyklusmodelle kann der Entwicklungsprozess von jungen Unternehmen in Phasen unterteilt werden. Die I. beschreiben jene Phasen, in denen in ein Unternehmen investiert wird. Selten reicht eine einmalige → Investition für den gesamten Lebenszyklus eines Unternehmens. In unterschiedlichen Stadien kann Kapital zur weiteren Expansion oder zur Überbrückung von Liquiditätsengpässen erforderlich sein. Durchgesetzt hat sich die Unterteilung in die drei Hauptphasen → Investitionsfrühphase (Early-Stages; Idee und Gründung), → Expansion Stages (nationale und internationale Expansion) und → Later Stages (Restrukturierung und Nachfolge). Den Hauptphasen lassen sich typische Merkmale und Finanzierungsfragen zuordnen: 1. *Early-Stages, Frühphasen:* a) Merkmale: Die → Early Stage wird weiter in die Seed-Phase und in die Start-up-Phase unterteilt. (1) Seed-Phase, Vorgründungsphase: In der Seed-Phase besteht erst eine Idee von einem Produkt, einer Dienstleistung oder ein noch nicht fertig entwickelter Prototyp. Ein → Business Plan ist zu erstellen, die Gründungsvorbereitung beginnt und der Organisationsaufbau ist zu planen. (2) Start-up-Phase: Sie umfasst die Schritte von der → Unternehmensgründung bis zur Markteinführung, von der Forschung und Entwicklung bis zum Produktions- und Vertriebsaufbau. In der Start-up-Phase besteht die Unternehmung bereits bis zu einem Jahr. Es existiert ein fortgeschrittener Prototyp oder das Produkt ist größtenteils fertig entwickelt und muss auf die Markteinführung vorbereitet werden. In dieser Phase fallen auch die Produktionsplanung und -vorbereitung, Entscheidungen zwischen Eigen- und Fremdproduktion oder zwischen Vertriebskooperationen und dem Aufbau eines eigenen Vertriebsnetzes. Es beginnt die Akquisition von Kunden und im weiteren Verlauf sind meist weitere Finanzierungsrunden notwendig. – b) Finanzierung: Das zu investierende Kapital in den Frühphasen wird auch als → Venture Capital bezeichnet. (1) In der Seed-Phase dient die Finanzierung der Ausreifung und Umsetzung einer Idee in verwertbare Ergebnisse oder einen Prototyp. Der Kapitalbedarf für die frühe Produktentwicklung und die Gründungsvorbereitungen ist eher gering. Bei forschungsintensiven Technologien können die Aufwendungen jedoch sehr hoch ausfallen. Quellen zur Deckung des Kapitalbedarfs (i.d.R. 50.000 bis 500.000 Euro) sind daher häufig staatliche →

Fördermittel und eigene finanzielle Reserven. (2) In dieser Phase wird Kapital zur eigentlichen → Gründungsfinanzierung benötigt. Daneben sind die → Produktentwicklung, die Vorbereitung der → Produktion und die ersten Marketingaktivitäten zu finanzieren. Dies führt zu einem erheblichen Finanzierungsbedarf, denn den gestiegenen Aufwendungen stehen trotz erster Umsätze kaum Einnahmen gegenüber. Das Kapital zur Deckung der Investitionen stammt meist aus privaten Krediten der → Gründer oder deren Familien und Freunden, dem bereits vorhanden → Eigenkapital, Lieferantenkrediten, von → Business Angels, Venture Capital-Unternehmen oder aus Fördermitteln. Klassische Formen der → Kreditfinanzierung sind kaum möglich, wenn der Gründer nicht für das Risiko eines Misserfolges bürgen kann. – 2. *Expansion Stages* (Wachstumsphasen, → Expansionsphase, Growth-Phase): a) Merkmale: (1) Wachstumsphase: Für eine erfolgreiche Geschäftsentwicklung muss eine rasche Marktdurchdringung erreicht werden. Der Aufbau des Vertriebs steht zunächst im Vordergrund. Trotz rasch steigender Umsätze befindet sich das Unternehmen zu Beginn meist noch nicht in der Gewinnzone. Dies geschieht erst mit der Ausweitung des Vertriebssystems und der Produktion. (2) Bridge-Phase (Pre-IPO): Weitere Konkurrenten treten in den Markt ein und der Erweiterung des Vertriebssystems (national oder international) folgt meist die → Diversifikation. In dieser Phase wird auch ein etwaiger → Börsengang vorbereitet. – b) Finanzierung: (1) Wachstumsphase: Der → Kapitalbedarf zur → Finanzierung der Marktdurchdringung steigt mit der aufkommenden Konkurrenz stark an. Investitionen in den Auf- und Ausbau des Vertriebs und in die Weiterentwicklung der Produkte oder Dienstleistungen sind notwendig. Die Suche nach → Fremdkapitalgebern beginnt. Die Finanzierung durch → Fremdkapital ist in dieser Phase erstmals in größerem Umfang möglich und auch sinnvoll. Zudem kann noch weiteres Venture Capital von Business Angels oder → Venture Capital-Unternehmen eingebracht werden. (2) Bridge-Phase: Um sich Kapital für eine weitreichende Expansion zu besorgen, erfolgt häufig der Gang an die → Börse, wofür eine Überbrückungsfinanzierung nötig wird. Die Bridge-Finanzierung (→ Bridge Financing) wird oft so strukturiert, dass sie aus den Erträgen des Börsengangs zurückgezahlt werden kann. Es sind Investment-Banken und Emissionsgesellschaften, die sich auf diesen Bereich spezialisiert haben. – 3. *Later Stages, Endphasen:* a) Merkmale: Bei der Later Stage-Finanzierung wird weiteres Kapital notwendig für Sanierungen, Umstrukturierungen oder für die weitere Diversifikation in neue Produkte oder Dienstleistungen. Kritischer Faktor in dieser Phase ist häufig das → Management, das i.d.R. noch aus dem → Gründer oder dem → Gründerteam besteht und nun um erfahrene Führungskräfte ergänzt oder durch diese aufgrund einer anstehenden Nachfolgeregelung sogar ersetzt werden muss. – b) Finanzierung: Die Formen der Finanzierung in dieser Phase sind sehr unterschiedlich. Bei einem → Turn-Around, einer Sanierung oder beim → Management-Buy-out wie auch beim → Management-Buy-in erfolgt die Finanzierung vorwiegend über Investoren und Fremdkapital (→ Buy-out-Finanzierung). Aber auch die Finanzierung über zu erwirtschaftende Eigenmittel der Unternehmung sowie Fördermittel oder über den Börsengang erzielte Gewinne sind eine Alternative. – *Vgl. auch* → Finanzierungsphasen.

Prof. Dr. Urs Fueglistaller

Literatur:

Fueglistaller, U./Müller, Ch./Volery: Th., Entrepreneurship, Modelle – Umsetzung – Perspektiven, Wiesbaden 2004; *Jantz, W.:* Venture Capital – Förderprogramme und Business Angels, in: Dowling, M./Drumm, H. (Hrsg.), Gründungsmanagement, Berlin 2002, S. 95-111; *Malek, M./Ibach, P.K.:* Entrepreneurship, Heidelberg 2004.

Investitionsprüfung, *Investitionskontrolle.* 1. *Begriff:* Die I. umfasst jede Form der laufenden oder spontanen Prüfung einer Investitionstätigkeit. Sie besteht aus der Überprüfung der Informationsgrundlagen vor einer Investitionsentscheidung, den zeitlichen, technischen und finanziellen Kontrollen während der Durchführung der Investition sowie der Ergebniskontrolle. – 2. *Ziele:* Zweck der I. ist die Sicherstellung einer realistischen Investitionsplanung und einer planmäßigen Umsetzung. Mit der I. werden Abweichungen zwischen Planwerten und Istwerten festgestellt. Daraus werden Maßnahmen zur kurzfristigen Korrektur ungünstiger Auswirkungen sowie die langfristige Verbesserung der betrieblichen Investitionsplanung abgeleitet. – *Vgl. auch* → Investitionsrechnung, → Due Diligence.

Investitionsrechnung. 1. *Begriff:* System von Modellen, mit denen die Vorteilhaftigkeit von geplanten Investitionen im Hinblick auf das → Zielsystem des Unternehmens beurteilt und Investitionsentscheidungen vorbereitet werden sollen. – 2. *Arten:* I.-modelle berücksichtigen i.d.R. quantitative Aspekte und werden in statische und dynamische Ansätze unterschieden: a) statische Ansätze: einperiodige Modelle, die von der Zeit abstrahieren. (1) Prämissen: (a) Zur Investitionsbeurteilung wird auf eine als repräsentativ geltende reale Periode oder auf eine Durchschnittsperiode zurückgegriffen. (b) Es werden isolierte, finanzierbare Investitionen betrachtet. (c) Die Darstellung der aus dem Investitionsobjekt resultierenden Konsequenzen findet nicht in Zahlungsgrößen, sondern in periodisierten Erfolgsgrößen des betrieblichen Rechnungswesens (Kosten, Erlöse oder Gewinne) statt. (d) Unterscheidet sich die jeweilige Nutzungsdauer der zu vergleichenden Investitionsalternativen, wird davon ausgegangen, dass die Investitionen unendlich oft wiederholt werden. (2) Modelle: Zu den Methoden zählen die Partialmodelle Kostenvergleichsverfahren, → Gewinnvergleichsrechnung und Rentabilitätsvergleichsverfahren. (3) Beurteilung: Wesentlicher Vorteil ist die leichte Durchführbarkeit. Wesentliche Nachteile sind die Abstraktion von der Zeit sowie die beschränkte Vergleichbarkeit von Investitionsalternativen mit unterschiedlichen Anfangsauszahlungen oder Laufzeiten. – b) dynamische Ansätze: mehrperiodige Modelle, bei denen das Instrumentarium der Finanzmathematik Anwendung findet. (1) Prämissen: Die Darstellung der aus dem Investitionsobjekt resultierenden Konsequenzen findet nicht in den Erfolgsgrößen des → betrieblichen Rechnungswesen, sondern in Zahlungsgrößen statt, die zu den erwarteten Zu- oder Abflussterminen berücksichtigt werden. (2) Modelle: Zu den Methoden zählen neben Partialmodellen (z.B. → Kapitalwertmethode sowie Vermögensendwert-, Annuitäten- und → Interne Zinsfußmethode) auch Totalmodelle (z.B. mehrperiodige, simultane Planungsansätze) und Heuristiken (z.B. die approximative Dekomposition). (3) Beurteilung: Die wesentlichen Vorteile dieser Modelle bestehen darin, dass sie auf Zahlungsgrößen basieren und deren Zeitstruktur berücksichtigen. Wesentlicher Nachteil ist die gegenüber den statischen Verfahren gesteigerte Komplexität. – 3. *Berücksichtigung qualitativer Aspekte:* a) Problematik: Mit qualitativen Planungsmodellen (nicht-finanzielle Investitionsrechnungsmethoden) können bei der Investitionsentscheidung im Hinblick auf die finanziellen und nicht-finanziellen Ziele sowohl qualitative als auch quantitative Aspekte berücksichtigt werden. Sie dienen hauptsächlich zur Vorbereitung politischer Entscheidungen in öffentlich-rechtlichen Unternehmen. – b) Vorgehen: Als Verfahren gilt z.B. die Nutzwertanalyse, ein einfaches Verfahren zur Unterstützung einer (Vorteilhaftigkeits-) Entscheidung. Ausgehend vom Zielsystem des Entscheidungssubjektes wird hierbei gewöhnlich in mehreren Schritten versucht, einen Gesamtnutzwert als vermeintlichen Punktwert zu amalgamieren und daraus Entscheidungen abzuleiten. – c) Beurteilung: Die zusammengefasste Abwägung mehrerer quantitativer oder quantitativer und qualitativer Argumente ist eine sich Schematisierungsversuchen weitgehend entziehende, nicht formalisierbare Entscheidung. Unabhängig davon setzt die Ermittlung eines Gesamtnutzens kardinal messbare Teilnutzen und subjektive Urteile voraus. Deshalb ist es sachgerechter, die Zielertrags- oder die Zielwertmatrix in einem Nutzwertprofil transparent darzustellen, ohne einen Gesamtnutzwert zu ermitteln.

Dr. Gerrit Brösel

Literatur:

Adam, D.: Investitionscontrolling, 3. Aufl., München, Wien 2000; *Hering, T.:* Investitionstheorie, 2. Aufl., München 2003; *Matschke, M.J.:* Investitionsplanung und Investitionskontrolle, Herne, Berlin 1993.

Investitionsrendite, wird als Gewinn geteilt durch investiertes → Kapital berechnet. Durch die Angabe in Prozent stellt die → Rendite eine der wichtigsten Informationen dar, um verschiedene Investitionen miteinander vergleichen zu können. Mit der Rendite wird die → Verzinsung einer Investition ermittelt. Allerdings kann die Rendite nur dann ein nützliches Entscheidungskriterium für oder gegen eine Geldanlage sein, wenn man als Anleger die jeweils zur Renditeermittlung verwendete Berechnungsmethode kennt. Zudem muss neben der Rendite das mit der Investition verbundene Risiko analysiert werden.

Investitionsstrategie, Vorgehensplan, der definiert, wie investiert werden soll. Dieser Plan beinhaltet Antworten zu den Fragen, in welche Projekte oder Anlageobjekte investiert wird, welche → Risikobereitschaft besteht und welchen Planungshorizont man einnimmt. Die I. wird definiert durch die übergeordnete → Unternehmensstrategie. Aus dieser sollten sich die Antworten auf obige Fragen ableiten lassen. Schlussendlich definieren damit die übergeordneten Werteinstellungen und Haltungen der Unternehmensführung (bspw. bezüglich eingegangenem Risiko und erwarteter → Investitionsrendite) die Ausprägung der I.

Investitionszulage, nach bundesdeutschem Recht ein einkommenssteuerfreier Beitrag des Staates zur → Finanzierung von beweglichen Gütern des → Anlagevermögens oder von Modernisierungsmaßnahmen in Miet- und Eigentumswohnraum. Steuerpflichtige im Sinne des Einkommensteuergesetzes und des Körperschaftsteuergesetzes, die im Fördergebiet (hauptsächlich neue Bundesländer) begünstigte Investitionen vornehmen, haben Anspruch auf eine I., soweit sie nicht nach dem Körperschaftsteuergesetzes von der Körperschaftsteuer befreit sind. Der Geltungsbereich, die Geltungsdauer der I. sowie die genaue Höhe der Zulage wird vor diesem Hintergrund im Investitionszulagengesetz (InvZulG) bestimmt. Anträge für I. sind in diesem Zusammenhang beim Finanzamt einzureichen.

Investitionszuschüsse, von staatlichen Stellen gesprochene Zuschüsse für Investitionsvorhaben in einem bestimmten geografischen Fördergebiet (→ KfW Bankengruppe). Es werden je nach Zweck des Zuschusses → Unternehmensgründungen, Neuerrichtungen bzw. → Übernahmen einer stillgelegten bzw. von der Stilllegung bedrohten Betriebsstätte oder die Errichtung, Erweiterung, Modernisierung / Rationalisierung einer Betriebsstätte unterstützt. Das Ziel der I. ist die Verbesserung der regionalen Wirtschaftsstruktur und die Schaffung zusätzlicher Dauerarbeitsplätze. Die Zuschüsse werden vor diesem Hintergrund je nach Quelle der Zuschüsse in der Form von sachkapitalbezogenen oder lohnkostenbezogenen Investitionshilfen ausbezahlt.

Investment, → Investition.

Investment Banking, Sammelbegriff für Service-Aktivitäten von → Finanzintermediären im Wertpapiergeschäft. Dazu gehören insbesondere die Vorbereitung,

Betreuung und Durchführung von Wertpapieremissionen, die Beratung bei Unternehmenskäufen und -zusammenschlüssen (→ M&A-Transaktionen) sowie der Eigenhandel. Die genaue Abgrenzung wird von den Bankhäusern sehr unterschiedlich vorgenommen.

Investment Committee, *Anlageausschuss.* Dient als Entscheidungsgremium für den Beteiligungsfonds, der über die Investitionsvorschläge (→ Investment Proposals) befindet, die ihm von der Fonds-Managementgesellschaft vorgelegt werden.

Investmentfonds, → Fonds.

Investmentgesellschaft, → Kapitalanlagegesellschaft.

Investmentgesetz (InvG). Das InvG hat seit dem 1.1.2004 das Gesetz über Kapitalanlagegesellschaften (KAGG) ersetzt. Das InvG dient, wie auch vorher das KAGG, primär dem Anliegerschutz, d.h. es bildet die gesetzliche Grundlage für die in Deutschland ansässigen → Investmentfonds und installiert Kontrollinstanzen. Das Gesetz beinhaltet u.a. Regelungen zu Anlagerichtlinien, Publizitätspflichten und Anlagegrenzen. Es regelt ferner die → Rechtsform der Investmentgesellschaften als Kreditinstitute, die damit der Aufsicht der BaFin unterliegen. Das InvG regelt die Rechtsverhältnisse zwischen Investment-Gesellschaft, Anlegern und Investmentfonds, die Einschaltung einer Depotbank, den Mindestinhalt der Vertragsbedingungen, die Bildung eines → Aufsichtsrats und beinhaltet Prüfungs- und Veröffentlichungsvorschriften.

Investment Proposal, Vorschlag zum Eingehen einer Beteiligung, den üblicherweise der Manager eines → Venture Capital-Fonds der eigenen Investorenrunde vorlegt. Darin werden das Unternehmen und die Ergebnisse der → Due Diligence vorgestellt und zur Investition geraten.

Investment-Prozess. 1. *Begriff und Merkmale:* Das Investment in → Start-up-Unternehmen und der professionelle Beteiligungsprozess bilden den Kern der Tätigkeit von → Venture Capital-Gesellschaften. Dies wird regelmäßig als eine sequentielle Abfolge von Phasen im Rahmen eines I.-P. beschrieben, die aufgrund der Unterschiede in den darin ausgeübten Tätigkeiten voneinander abgeteilt werden. – 2. *Differenzierung einzelner Phasen:* Eine erste grobe Unterteilung resultiert aus der Trennung von Pre- und Post-Investment-Aktivitäten von Venture Capital-Gesellschaften, d.h. von Tätigkeiten vor und nach der Investitionsentscheidung. Zu den Pre-Investment-Aktivitäten werden regelmäßig Suche, → Screening, Evaluierung und Strukturierung potentieller Investitionen gezählt. Zuvor kann noch die Phase der Investorensuche („→ Fund Raising") für den Fonds abgegrenzt werden. Dabei werden die Grundzüge der Beteiligungspolitik hinsichtlich → Finanzierungsphasen und Branchen in den Markt kommuniziert, um Kapital einzuwerben. Mit der Suchphase wandert der Fokus auf ein konkretes Investment. Voraussetzung für das Geschäftsmodell von VC-Gesellschaften ist ein Strom von Finanzierungsanfragen (→ Deal Flow), aus denen die Erfolg versprechenden → Start-up-Unternehmen ausgewählt werden sollen. Diese Finanzierungsanfragen können von der VC-Gesellschaft entweder aktiv (z.B. durch Teilnahme an Gründerforen) oder auch passiv (z.B. über Empfehlungen („Referrals") von Geschäftspartnern, Angebote für → Co-Investments bei → Syndizierung oder direkte Anfragen durch Start-up-Unternehmen) gewonnen werden. Aus dieser Menge potenzieller Investments werden in einer kurzen, mit möglichst geringem Aufwand betriebenen Screening-Phase mittels → VC Entscheidungskriterien die wenig Erfolg versprechenden Start-up-Unternehmen aussortiert. Diejenigen → Geschäftsideen, die diese erste Auswahl überstanden haben, werden im Anschluss einer Phase der ausführlichen Evaluierung unterzogen, in der alle für das Investment möglicherweise relevanten Aspekte mit der nötigen Sorgfalt begutachtet und bewertet werden (→ Due Diligence). Erfüllt ein Start-up-Unternehmen auch dabei die Kriterien der VC-Gesellschaft, folgt eine Phase der Verhandlung und Strukturierung („Closing") des möglichen → Deals zwischen VC-Gesellschaft und → Gründungsunternehmer. Dabei geht es im wesentlichen um die Vertragsverhandlung des Deal-Preises, d.h. wie viel die VC-Gesellschaft für welchen Anteil am Unternehmen bereit ist zu investieren, sowie um die Festlegung der Informations- und Kontrollrechte und -pflichten („→ Monitoring") für die VC-Gesellschaft und den → Entrepreneur nach einer möglichen Beteiligung. Diese werden in einem so genannten → Termsheet festgehalten. Kommt eine Einigung zustande, findet diese Phase ihren Abschluss in der Vorlage des Verhandlungsergebnisses als Teil eines 10 bis 30 Seiten starken → Investment Proposals, d.h. einer Darstellung des Projekts und der bisherigen Prüfungsergebnisse, beim → Investment Committee bzw. der Investorenrunde, die final über das Investment zu entscheiden hat. In jeder dieser Phasen wird die Anzahl der betrachteten Start-ups beträchtlich reduziert, auch um die Kosten so gering wie möglich zu halten. Als Faustregel gilt hierbei, dass von hundert Finanzierungsanfragen nach dem Screening zehn Prozent in einer → Due Diligence evaluiert werden und schließlich in weniger als ein Prozent der betrachteten Start-up-Unternehmen am Ende investiert wird. Wird einer Beteiligung vor diesem Hintergrund zugestimmt, schließen sich die Post-Investment-Aktivitäten an, die die Phasen der Betreuung und der Veräußerung bzw. → Exit des Portfoliounternehmens umfassen. Als Wege sind in diesem Zusammenhang insbesondere ein → Börsengang, aber auch ein Rückerwerb durch das Start-up-Management oder ein → Trade Sale möglich, die wiederum aktiv durch die VC-Gesellschaft begleitet werden. Die daraus anfallenden Gewinne werden an die Investoren ausgeschüttet und die VC-Gesellschaft erhält den → Carried Interest.

Prof. Dr. Dodo zu Knyphausen-Aufseß

Literatur:
MacMillan, I.C./Siegel, R./Narasimh, S.P.N.: Criteria used by venture capitalists to evaluate new venture proposals, in: Journal of Business Venturing, Nr. 2, Jg. 1 (1985), S. 119-128; *Shepherd, D.A.:* Venture capitalists' introspection: a comparison of "in use" and "espoused" decision policies, in: Journal of Small Business Management, Nr. 2, Jg. 37 (1999), S. 76-87; *Tyebjee, T. T./Bruno, A. V.:* A model of venture capitalist investment activity, in: Management Science, Nr. 9, Jg. 30 (September 1984), S. 1051-1066; *Wright, M./Robbie, K.:* Venture capital and private equity - a review and synthesis, in: Journal of Business Finance & Accounting, Nr. 5/6, Jg. 25 (1998), S. 521-570.

Investmentzertifikat, → Aktie.

Investor Relations. 1. *Begriff:* Unter IR wird allgemein die Kommunikationsbeziehungen zwischen börsennotierten Unternehmen und ihren (potenziellen) Anteilseignern verstanden. Gerade bei jungen und damit nicht-börsennotierten Unternehmen (sog. → Start-ups) hat sich aber auch gezeigt, dass der Kontakt zu einem sehr kleinen Kreis von Investoren (z.B. → Venture Capital-Unternehmen oder → Business Angels) ein entscheidendes Überlebenskriterium darstellt. – 2. *Merkmale:* Mit der Übernahme eines Teils des Unternehmens durch den externen Investor beginnt die eigentliche Beziehung des Unternehmens zu diesem neuen Kapitalgeber (IR). Diese Beziehung wird entscheidend geprägt durch die Kommunikation und den Austausch von Informationen zwischen beiden Parteien. Dabei kann zwischen börsen- und nicht-börsennotierten Unternehmen unterschieden werden. a) Börsennotierte Unternehmen: Die IR ist hier gekennzeichnet durch (1) eine formelle Kommunikation mit entsprechendem Ressourcenaufbau im Unternehmen selbst oder alternativ der Auslagerung an Agenturen; (2) den weitgehenden Regelungen auf Basis gesetzlicher Vorgaben (AktG); (3) ein weites Feld möglicher Adressaten (Anteilseigner und Kapitalmarkt); (4) eine Kombination aus anonymer (Kapitalmarkt) und individueller (einzelne Großaktionäre) Berichterstattung; (5) eine neutrale Kommunikation mit dem Fokus auf vergangenheitsbezogene Daten und 6. der Schwerpunktsetzung auf finanzorientierte Kennzahlen mit hinterlegtem Controlling. – b) Nicht-börsennotierte Unternehmen: Die IR ist hier gekennzeichnet durch (1) eine formelle und gleichzeitig informelle Kommunikation mittels vorhandener Ressourcen im Unternehmen; (2) die im Beteiligungsvertrag festgelegten Vorgaben des Investors; (3) einen engen Kreis an Adressaten; (4) eine individuelle Berichterstattung; (5) eine nicht-neutrale Kommunikation mit Schwerpunktsetzung auf gegenwarts- und zukunftsbezogene Berichterstattung und (6) strategieorientierten Aussagen zur zukünftigen Entwicklung.

Prof. Dr. Tobias Kollmann

Literatur:
Kollmann, T.: Investor Relations für Start-up-Unternehmen: Eine Analyse der Kommunikationsbedürfnisse von Venture Capital-Gebern, in: Marketing – ZfP, Nr. 3, Jg. 27 (2005), S. 155-167; *Kollmann, T.:* Richtige Investor Communication vor allem in stürmischen Zeiten, in: Venture Capital Magazin, Nr. 7, Jg. 3 (2002), S. 22.

IPO, → Börsengang.

IRR, *Internal Rate of Return, interner Ertragssatz*, Begriff aus der → Investitionsrechnung (→ Kapitalwertmethode, Gegenwartswertmethode). Zinssatz, mit dem ein Investitionsobjekt während eines bestimmten Zeitraumes rentiert bzw. bei welchem der Kapitalwert der Investition als Differenz zwischen den durch sie verursachte (abgezinsten) Aus- und Einzahlungen gerade Null ist. Je höher die IRR, desto besser.

Issue, → Emission.

Istkostenrechnung. Bei der I. werden von den Kostenarten über die Kostenstellen bis zu den Kostenträger die tatsächlich angefallenen Kosten der Periode angesetzt und verrechnet. Alle Größen der I. und auch zufällige Schwankungen wirken sich auf die Rechnungsergebnisse und damit auf die gesamte → Kostenrechnung aus. Eine reine I. existiert nur theoretisch, da bestimmte Kostenarten mit Durchschnitts- oder Plancharakter verrechnet werden (z.B. kalkulatorische Zinsen; Versicherungsprämien, die jährlich im Voraus gezahlt werden). Einerseits errechnet die I. nur tatsächliche Kosten, aber andererseits besteht keine Möglichkeit der Kostenkontrolle (keine Sollkosten als Richtwerte) und die Kalkulationssätze müssen in jeder Periode neu gebildet werden.

Ist-Versteuerung. Die I.-V. (§ 13 Abs. 1 Nr. 1 Bust. B i.V.m. § 20 UStG) können Freiberufler beantragen, um abweichend von der Soll-Versteuerung der → Umsatzsteuer, d.h. die Errichtung der Umsatzsteuer fällt mit der Leistungserbringung und nicht mit dem Zahlungseingang an, nur die vereinnahmten Entgelte der Besteuerung unterwerfen.

IT, Abk. für → Informationstechnologie.

J

Jahresabschluss. 1. *Begriff:* Der J. setzt sich aus den zentralen Elementen → Bilanz und → Gewinn- und Verlustrechnung sowie einigen weiteren Bestandteilen (Anhang und Lagebericht, teilweise ergänzt um freiwillige Sonderrechnungen) zusammen. Er ist den Grundsätzen ordnungsgemäßer Buchhaltung entsprechend aufzustellen und gibt einen Gesamtüberblick über die Vermögens-, Finanz- und Ertragslage der ihn aufstellenden Unternehmung. – 2. *Aufstellungspflicht:* Die Aufstellung des J. ist gesetzlich geregelt. Die Pflicht zur Erstellung eines J. haben alle Kapitalgesellschaften und ihnen gleichgestellte Gesellschaften (gemäß § 264a HGB). Die Regeln zur Aufstellung eines J. erhalten gewisse Ermessensspielräume, deren Nutzung Gegenstand der Bilanzpolitik ist. – 3. *Adressaten:* Der J. ist ein Instrument des → externen Rechnungswesens. Adressaten sind vor allem unternehmensexterne → Stakeholder. – 4. *Zweck:* Der J. erfüllt vor allem eine Informationsfunktion gegenüber den externen privaten und institutionellen Gläubigern und weiteren Anspruchsgruppen der Unternehmung sowie gegenüber der öffentlichen Hand. Darüber hinaus kommt ihm eine Kontrollfunktion zu. Die Unternehmensentwicklung wird durch den Jahresabschluss dokumentiert. Daneben ist die Bewertung im J. relevant zur Ermittlung der Steuerlast im Rahmen der Steuerbilanz.

Prof. Dr. Jörg Freiling

Literatur:

Coenenberg, A.G.: Jahresabschluss und Jahresabschlussanalyse, 19. Aufl., Stuttgart 2003; *Pellens, B./Fülbier, R.U./Gassen, J.:* Internationale Rechnungslegung, 5. Aufl., Stuttgart 2004.

Jahresabschlussanalyse, *Bilanzanalyse.* 1. *Begriff:* Die J. umfasst die gezielte Aufbereitung und sachliche Auswertung von Angaben des → Jahresabschlusses, des Lageberichts und anderer Quellen sowie deren beurteilende Kommentierung zur Gewinnung von Informationen über die Vermögens-, Finanz- und Ertragslage eines Unternehmens. – 2. *Arten und Merkmale:* Je nach Stellung des Analytikers zum Unternehmen kann in die externe und die interne Jahresabschlussanalyse unterschieden werden. Während eine formelle Jahresabschlussanalyse darauf abzielt, festzustellen, ob der Jahresabschluss und der Lagebericht z.B. den → Grundsätzen ordnungsgemäßer Buchführung entsprechen, werden der bedeutenderen materiellen bzw. inhaltlichen Jahresabschlussanalyse die finanz- und die erfolgswirtschaftliche Analyse subsumiert. Aus finanzwirtschaftlicher Sicht wird die Vermögens- und Finanzlage, also die finanzielle Stabilität eines Unternehmens (z.B. → Liquidität, Vermögens- und Kapitalstruktur) beurteilt. Im Mittelpunkt der erfolgswirtschaftlichen Analyse steht die Ertragskraft (z.B. → Rentabilität, Erfolgsquellen) eines Unternehmens.

Jahresabschlusspolitik, → Bilanzpolitische Instrumente.

Jahresabschlussprüfung. 1. *Begriff:* Freiwillige bzw. vertraglich oder (für Unternehmen bestimmter Größe, Geschäftszweige und Rechtsform) gesetzlich vorgeschriebene Kontrolle (vgl. z.B. § 316 HGB) der Ordnungsmäßigkeit des

→ Jahresabschlusses im Sinne der gesetzlichen Vorschriften und der ergänzenden Bestimmungen der Satzung oder des → Gesellschaftsvertrages (Kontrollfunktion der Jahresabschlussprüfung) durch einen unabhängigen Dritten (Abschlussprüfer). – 2. *Merkmale:* Gegenstände der Prüfung (vgl. z.B. § 317 HGB) sind im Wesentlichen der Jahresabschluss, die zugrunde liegende → Buchführung und der Lagebericht sowie das rechnungslegungsbezogene interne Kontrollsystem (IKS). Das Ergebnis der (risikoorientierten) Prüfung wird in einem Bestätigungsvermerk (Testat) zusammengefasst (vgl. z.B. § 322 HGB), welcher gegenüber Dritten eine Beglaubigungsfunktion erfüllt. Darüber hinaus hat die Jahresabschlussprüfung eine Informationsfunktion, weil die im Prüfungsbericht (vgl. z.B. § 321 HGB) zusammengefassten Feststellungen des Abschlussprüfers die den Jahresabschluss feststellenden Organe in die Lage versetzen sollen, sich über den Abschluss ein hinreichendes Urteil zu bilden.

Jahresfehlbetrag, → Bilanz.

Jahresüberschuss. 1. *Begriff:* Der Jahresüberschuss ist das positive Geschäftsergebnis eines Geschäftsjahres. Ein negatives Geschäftsergebnis wird als → Jahresfehlbetrag bezeichnet. Der J. wird in der → Gewinn- und Verlustrechnung (GuV) ermittelt und ausgewiesen, die wiederum Bestandteil des → Jahresabschlusses ist. – 2. *Merkmale:* Der jeweilige Betrag ergibt sich aus der Differenz zwischen Aufwendungen und Erträgen des laufenden Geschäftsjahres. Er wird auf Basis der Finanzbuchhaltung ermittelt.

Joint Venture, Bedeutung abhängig vom Kontext: Allgemein eine Aufteilung von Risiken unter zwei oder mehr Risikoträgern. Konkreter: die Verteilung eines bestimmten Erfolgsrisikos auf zwei oder mehr Unternehmen als Risikoträger, wobei es i.d.R. um das Erfolgsrisiko eines übernommenen oder neu gegründeten Unternehmens durch entsprechende Beteiligungen am Risiko tragenden Kapital geht. Noch konkreter: die gemeinsame Etablierung eines Unternehmens auf einem fremden Markt, wobei eines der Risiko tragenden Unternehmen oft schon in diesem Markt tätig ist.

Jungunternehmen, Bedeutung abhängig davon, ob sich das Attribut „jung“ auf die Länge der Berufserfahrung der Unternehmerperson oder auf das Unternehmen bezieht. Unternehmerorganisationen führen häufig eine Sektion für „Jungunternehmer/innen“ mit einer Begrenzung durch das Lebensalter (z.B. 40 Jahre). Mit Bezug auf das Lebensalter des Unternehmens kommt es darauf an, welche Abgrenzungskriterien gegenüber „nicht mehr jungen“ Unternehmen definiert werden, z.B. das Überleben der Phase mit der höchsten Fallierungsgefahr, das ist statistisch gesehen meist das dritte Jahr. Soweit Förderungen auf eine bestimmte Zeit nach dem Gründungszeitpunkt begrenzt sind, kann eine zweckentsprechende Abgrenzung des Begriffes in einschlägigen Förderrichtlinien vorkommen.

Junior-Debt, *nachrangiges Darlehen.* Die J.-D. ist ein beteiligungsähnliches → Finanzierungsinstrument für VC-Gesellschaften. Da die J.-D. häufig unbesichert vergeben wird, liegen die Zinssätze für nachrangige → Darlehen durchschnittlich zwischen zwei und acht Prozent über den Zinssätzen typischer Darlehen. Für VC-Gesellschaften gilt es zu beachten: Steuerlich wird die J.-D. wie Fremdkapital behandelt, und wirkt sich positiv auf die Bilanzstruktur aus. Für das Unternehmen gilt: Ein J.-D. hat keinen Einfluss auf die Liquidität.

Junkbonds, → High Yield Anleihen.

juristische Person, *Körperschaft.* Die j.P. ist eine Personenvereinigung oder ein Zweckvermögen (Stiftung) mit gesetzlich anerkannter rechtlicher Selbständigkeit. Die j.P. besitzt eine eigene Rechtsfähigkeit, sie ist daher von ihrem Gesellschafterbestand unabhängig. Die Mitglieder sind an ihr vermögensrechtlich und kooperativ beteiligt. Die j.P. handelt im Rechtsverkehr durch Organe. Unterschieden werden j.P. des Privatrechts (z.B. Verein, → Aktiengesellschaft, → Gesellschaft mit beschränkter Haftung, Genossenschaft, → Kommanditgesellschaft auf Aktien), und des öffentlichen Rechts (z.B. Gemeinden, Hochschulen, Sozialversicherungsträger).

K

Kalkulation, *Kostenträgerstückrechnung.* 1. *Begriff:* Unter einer K. versteht man die Ermittlung der Stückkosten eines Kostenträgers, d.h. i.d.R. eines Produkts (eines Sachguts oder einer Dienstleistung). – 2. *Merkmale:* Die Stückkosten eines Produkts werden im einfachsten Fall einer konventionellen Zuschlagskalkulation als Selbstkosten nach folgendem Basisschema berechnet: Die Summe aus Materialeinzelkosten und einem Zuschlag für die Materialgemeinkosten ergibt die Materialkosten. Die Summe aus Fertigungslöhnen, einem Zuschlag für die Fertigungsgemeinkosten und die Sondereinzelkosten der Fertigung ergibt die Fertigungskosten. Die Herstellkosten sind die Summe aus Material- und Fertigungskosten. Unter Hinzurechnung von Zuschlägen für die Verwaltungs- und Vertriebsgemeinkosten sowie von Sondereinzelkosten des Vertriebs resultieren die Selbstkosten für eine Produkteinheit. Diese Selbstkosten sind Grundlage für die Preisermittlung. Wurden die Selbstkosten auf der Basis von Teil- oder Grenzkosten berechnet, so können sie als kurzfristige Preisuntergrenze verwendet werden, ab deren Unterschreiten das Angebot eines Produkts betriebswirtschaftlich nicht mehr vorteilhaft ist. Beruhen die Selbstkosten hingegen auf dem Ansatz von Vollkosten, so bieten sie sich als Richtgröße für diejenigen Preisforderungen an, die am Markt langfristig durchgesetzt werden müssen, um eine Verlustproduktion zu vermeiden und das langfristige Überleben des Unternehmens nicht zu gefährden. – 3. *Probleme:* Speziell in der Phase der → Unternehmensgründung ist zusätzlich zu berücksichtigen, dass die Ziele der Liquiditätserhaltung und der Etablierung am Markt „situativ" wichtiger sein können als allgemeine Gewinn- und Rentabilitätsziele. Da einerseits nicht alle Kosten liquiditätswirksam sind (z.B. → Abschreibungen und Eigenkapitalzinsen) und andererseits liquiditätswirksame Auszahlungen anfallen, die sich nicht in voller Höhe als → Kosten manifestieren (z.B. Anschaffungsauszahlungen für die Erstausstattung mit Maschinen und/oder Büroausstattung), ist es empfehlenswert, die K. der Selbstkosten von Produkten durch eine Liquiditätsrechnung zu ergänzen, in der die Auszahlungen für die Produktherstellung den Einzahlungen aus Erlösen für den Produktabsatz gegenüber gestellt werden. Eine solche Liquiditätsrechnung kann zu Erkenntnissen führen, Produktpreise insbesondere in der Gründungsphase nicht ausschließlich kalkulatorisch zu fundieren, sondern auch liquiditäts- und markteintrittsorientiert zu ermitteln.

kalkulatorische Abschreibung, → Abschreibung.

kalkulatorische Kosten. 1. *Begriff:* K. K. sind alle → Kosten, die im Sinne einer → Kostenrechnung zwar verursacht worden sind, aber zu keinen erfolgswirksamen Aufwendungen nach Maßgabe einer (handels- oder steuerrechtlichen) → Gewinn- und Verlustrechnung geführt haben. – 2. *Merkmale:* K. K. bestehen aus Anders- und aus Zusatzkosten. Die Anderskosten umfassen alle Kosten, denen zwar Aufwendungen einer Gewinn- und Verlustrechnung gegenüber stehen, die jedoch in anderer Höhe als jene Aufwendungen anfallen. Dazu gehören z.B. → kalkulatorische Abschreibungen, die den tatsächlichen Güterverzehr von Betriebsmitteln verursachungsgerecht wiedergeben sollen, im Gegensatz zu den handels- oder steuerrechtlich zulässigen (pagatorischen) → Abschreibungen sowie kalkulatorische Wagniskosten. Die Zusatzkosten umfassen alle Kosten, denen in einer Gewinn- und Verlustrechnung keine Aufwendungen gegenüber stehen. Dazu gehören vor allem der kalkulatorische Unternehmerlohn, kalkulatorische Mieten für betrieblich genutzte Privaträume und kalkulatorische Zinsen auf das → investierte Kapital, sofern es sich um → Eigenkapital der Eigentümer eines Unternehmens handelt. – 3. *Probleme:* Die Schwierigkeiten der k.K. bestehen darin, diese Kosten verursachungsgerecht zu bestimmen. bspw. bereitet es erhebliche betriebswirtschaftliche Probleme, den tatsächlichen Güterverzehr von Betriebsmitteln zu erfassen.

Kampagnenmanagement, ist gekennzeichnet durch den Einsatz von datenbasierten Marketingmethoden, die es erlauben, kleine, fein segmentierte Kundensegmente mit aufeinander abgestimmten Marketingkampagnen effektiv und effizient zu bearbeiten. Darunter wird deshalb die Entwicklung, Durchführung, Steuerung und Kontrolle von einzelnen Marketingaktionen/-kampagnen verstanden, die sich an genau definierte Kundensegmente richten. Dabei läuft eine zeitlich aufeinander abgestimmte Kombination verschiedener Medien und Kanäle statt. Auslöser der Kampagnen können Verkäufer und Käufer sein. Die Steuerung kann zentral oder dezentral erfolgen. Ziele sind eine Reduzierung der unwirksamen Marketingaktionen und dadurch eine Senkung der Marketingkosten bei zeitgleicher Erhöhung der Marketingwirksamkeit. – *Vgl. auch* → Marketing.

Kanalkonflikte, können durch den Einsatz mehrerer Distributionskanäle durch ein Unternehmen (Multi-Channel-Strategien) im Falle deren unzureichender Ableitung aus den Unternehmens- und Marketingzielen sowie deren mangelnder → Planung und Koordination entstehen. Die Folge ist eine interne Konkurrenzsituation zwischen den einzelnen Kanälen. Dies führt zu erhöhten Distributionsaufwendungen, einem Gegeneinanderwirken der Kanäle sowie zu einer Irritation der Kunden, die in Minder- oder Nichtkauf münden kann. Zur Vermeidung von K. sollte die Vertriebsstrategie klar die → Zielgruppen und Vertriebsgebiete definieren, den Einsatz der entsprechenden → Ressourcen koordinieren und mit entsprechenden Kommunikationsmaßnahmen begleiten.

Kannkaufmann. Die Vorschrift über den K. (§ 2 HGB), stellt eine Option für Kleingewerbetreibende zur Verfügung, durch freiwillige Eintragung in das → Handelsregister die nach § 1 II HGB mangels hinreichender Betriebsgröße nicht gegebene → Kaufmannseigenschaft erlangen zu können. Der K. erlangt die Kaufmannseigenschaft mit Eintragung seiner Firma in das Handelsregister (sog. konstitutive Wirkung der Registereintragung). Die gewünschte Wirkung der Eintragung ist, dass auf den Gewerbetreibenden die Sondervorschriften des HGB für Kaufleute (→ Kaufmann) zur Anwendung kommen. Der Gewerbetreibende kann seine Firma später nur dann wieder löschen lassen, wenn sein Unternehmen die Voraussetzungen für einen kaufmännisch eingerichteten Betrieb nach § 1 HGB nicht erfüllt.

Kapital, auf betriebswirtschaftlicher Ebene eine werthaltige Sache, die zur Vergrößerung ihres eigenen Wertes eingesetzt wird. Bspw. Geld kauft Arbeit und Produktionsmittel, um das Produkt mit Gewinn zu verkaufen. In der → Bilanz wird es dem entsprechend auf der Haben- oder auf der Sollseite verbucht. K. kann man demnach in folgende Kategorien unterteilen: a) Geldkapital: Bargeld oder Buchgeld. – b) Sachkapital, Güter: Bspw. Maschinen oder Telefone. – c) Anrecht auf Kapital: Bspw. Forderungen, Schuldtitel, Kredite, → Aktien, Derivate.

Kapitalanlagegesellschaft, *Investmentgesellschaft*, werden nach dem

Gesetz über K. reguliert. Ihr Geschäftszweck besteht darin, bei ihnen eingelegte Gelder von Anlegern im eigenen Namen für gemeinschaftliche Rechnung der Einleger nach dem Grundsatz der Risikostreuung in Wertpapieren (→ Aktien, Renten, gemischte → Fonds) oder Immobilien anzulegen und über die sich hieraus ergebenden Rechte der Einleger (Anteilseigner) Urkunden (Anteilsscheine, Investmentzertifikate) auszustellen. Anleger haben die Möglichkeit, Anteile in verschiedenen Fonds zu zeichnen und so die Risiken zu streuen. Die Investmentzertifikate selbst werden nicht an der → Börse gehandelt, sie können nur von den Fonds zurückgekauft werden. – *Vgl. auch* → Investmentfonds.

Kapitalbedarf. Der K. eines neugegründeten Unternehmens spielt bei der Wahl der Finanzierungsformen und bei der Gesamtplanung des Unternehmens eine große Rolle. So variiert der K. je nach → Geschäftsmodell, bspw. unterscheidet sich der K. bei einem Internetunternehmen von dem eines Biotechnologieunternehmens. Häufig werden die sog. Vorbereitungskosten bei Ermittlung des K. vernachlässigt: Auch wenn noch kein Unternehmen und kein vermarktbares Produkt existiert, so besteht dennoch bereits K., da bspw. Markt-, Akzeptanz-, und Machbarkeitsstudien durchgeführt werden müssen. Doch ein zusätzlicher oder neuer K. kann auch in späteren Entwicklungsphasen des Unternehmens entstehen- bei der Erweiterung der Produktions- und Vertriebskapazitäten durch bspw. → Kooperationen. I.d.R. kann der Ausbau des Unternehmens allerdings nicht alleine aus dem → Cash Flow finanziert werden. Das Unternehmen sieht sich folglich mit weiterem zu deckenden K. konfrontiert.

Kapitalbeschaffung, → Finanzierung.

Kapitalbeteiligungsgesellschaft. Mit dem Begriff K. wurden in den Anfängen in Deutschland in den sechziger bis siebziger Jahren institutionelle Beteiligungsgeber bezeichnet. Zu jener Zeit waren die heute üblichen und aus dem Englischen stammenden Fachbegriffe → Private Equity und → Venture Capital in Deutschland noch nicht bekannt und gebräuchlich. Es handelt sich hierbei um Gesellschaften, die offene oder geschlossene → Fonds in kleine und mittlere zumeist nicht börsennotierte Unternehmen (→ kleine und mittlere Unternehmen) investieren und die eine Wertsteigerung bei den betreffenden Unternehmen erreichen wollen, um bei Veräußerung ihrer Beteiligung am Wertzuwachs zu partizipieren. – *Vgl. auch* → Unternehmensbeteiligungsgesellschaft, → Venture Capital-Gesellschaft.

Kapitaleinlage, Geldbetrag, der bei → Gründung einer → Kapitalgesellschaft von den Gründern geleistet werden muss. Bei einer → Aktiengesellschaft wird nach vollständiger Leistung eine → Inhaberaktie ausgegeben. Weigert sich ein Aktionär seine K. zu entrichten, kann ein Kaduzierungsverfahren durchgeführt werden. Bei der Gründung haben die → Gesellschafter eine K. von bis zu 25.000 Euro, inklusive der Anfangskosten, zu leisten.

Kapitalerhöhung, erfolgt durch die → Emission von neuen → Aktien und bewirkt die Erhöhung des → Eigenkapitals eines Unternehmens. Durch die Bezugsrechte können die Altaktionäre durch den Kauf neuer bzw. zusätzlicher Aktien ihre prozentuale Beteiligung an der → Aktiengesellschaft halten. Bei → Personengesellschaften erfolgt eine K., durch → Selbstfinanzierung (Nichtentnahme von Reingewinn) oder durch zusätzliche → Kapitaleinlagen der bisherigen oder neuer Gesellschafter. Bei einer K., die durch eine Umwandlung von Rücklagen in → Grundkapital erfolgt, erhalten die Altaktionäre so genannte Berechtigungsaktien. Allgemein gilt, eine K. kann bei einer → Hauptversammlung nur dann genehmigt werden, wenn mindestens 3/4 der vertretenen stimmberechtigten Aktionäre dieser Maßnahme zustimmen.

Kapitalfluss, → Cash Flow.

Kapitalgeber, stellt der Unternehmung → Kapital zur Verfügung und erhält im Gegenzug einen Finanzierungstitel. Als Finanzierungstitel bezeichnet man die Gesamtheit der Rechte und eventuelle Pflichten des K. Je nach Ausgestaltung des Finanzierungstitels unterscheidet man Eigen- und Fremdkapitalgeber. Eigenkapitalgeber sind durch einen Anspruch auf eine Beteiligung am Erfolg der Unternehmung und das Fehlen fixer Zahlungsansprüche gekennzeichnet. Fremdkapitalgeber besitzen hingegen eine Forderung gegenüber dem Kapitalnehmer, deren Höhe unabhängig vom wirtschaftlichen Erfolg ist. Kombinationen von → Fremd- und → Eigenkapital-Elementen bezeichnet man als → Mezzanine Finanzierung, deren Inhaber dementsprechend als Mezzanine-Kapitalgeber. Neben den genannten unmittelbar zahlungsbezogenen Rechten sind mit einem Finanzierungstitel i.d.R. auch noch weitere, nur mittelbar zahlungsbezogene Rechte, wie Informations-, Kontroll- und/oder Mitwirkungsrechte verbunden. Diese dienen zur Absicherung der Position des K. – *Vgl. auch* → Unternehmensbeteiligungsgesellschaft, → Venture Capital-Gesellschaft.

Kapitalgesellschaft. Im Gegensatz zur → Personengesellschaft ist die K. nicht auf persönliche Mitarbeit der → Gesellschafter zugeschnitten. Sie besteht vielmehr unabhängig von der Person und Anzahl der Gesellschafter. Bei einer K. ist die Mitgliedschaft auf reine Kapitalbeteiligung gerichtet. Ihre Charakteristik ist die rechtliche Verselbständigung (Fortdauer bei Tod und Austritt, Vertretung durch Dritte, Mehrheitsentscheidungen). Deshalb können die → Gesellschaftsanteile im Gegensatz zu Personengesellschaften grundsätzlich frei veräußert und vererbt werden (z.B. § 15 GmbHG). Zu den K. gehören die → Aktiengesellschaft (AG), die → Gesellschaft mit beschränkter Haftung und die → Kommanditgesellschaft auf Aktien. K. besitzen als → juristische Personen eigene Rechtsfähigkeit. Die Vertretung erfolgt durch Organe, die mit den Gesellschaftern nicht identisch sein müssen (sog. Drittorganschaft). Zur → Gründung einer K. besteht u.a. die Verpflichtung, ein bestimmtes → Eigenkapital aufzubringen und es wie vorgegeben zu verwenden. In einer AG wird dieses Kapital als → Grundkapital bezeichnet, das mindestens 50.000 Euro betragen muss (§ 7 AktG). Die GmbH muss mit einem Mindeststammkapital von 25.000 Euro ausgestattet sein (§ 5 GmbHG). Die Gründung kann unter Berücksichtigung besonderer Vorschriften auch als Sachgründung vorgenommen werden. Inhaber des → Gesellschaftsvermögens ist die K. selbst. Die Gesellschafter besitzen nur ein Anteilsrecht am Grund- bzw. am → Stammkapital. Die Haftung einer Kapitalgesellschaft ist regelmäßig auf das Gesellschaftsvermögen beschränkt. Mit der Haftungsbegrenzung auf das Gesellschaftsvermögen sind zum Schutze des Rechtsverkehrs strenge gesetzliche Vorschriften über die Kapitalaufbringung und -erhaltung verknüpft. Für alle K. besteht eine nach Größenmerkmalen gestaffelte → Publizitätspflicht des → Jahresabschlusses (§§ 325 ff., 267 HGB). Dem Verkehrsschutz dient auch die erweiterte Insolvenzantragspflicht (→ Insolvenzverfahren) der Geschäftsführungsorgane von K. Sie unterliegen nicht erst bei Zahlungsunfähigkeit, sondern bereits bei Überschuldung der Gesellschaft einer Insolvenzantragspflicht.

Kapitalgewinn, → Capital Gain.

Kapitalkostensatz. 1. *Begriff:* Der K. ist der Kostenbetrag, der für eine Einheit → investierten Kapitals anfällt, weil auf den Nutzen (die Einzahlungen aus) der investierten Kapitaleinheit in der jeweils bestmöglichen alternativen Verwendung verzichtet wird. – 2. *Merkmale:* Der K. stellt einen typischen Anwendungsfall des Opportunitätskostenkonzepts dar: Die Kosten der Kapitalnutzung im Unternehmen werden bewertet durch die bestmögliche alternative Verwendung des gleichen Kapitalbetrags außerhalb des Unternehmens. In praxi wird für den K. oftmals der Zinssatz verwendet, der für eine Anlage der Finanzmittel am Geld- oder → Kapitalmarkt hätte erzielt werden können. – 3. *Probleme:* Es bereitet erhebliche Schwierigkeiten, den „angemessenen" K. zu bestimmen, die hier nur angedeutet werden können. Ein K. ist nur dann „angemessen", wenn die bestmögliche alternative Verwendung des investierten → Kapitals unter „gleichen Bedingungen" wie der Kapitaleinsatz im Unternehmen erfolgt. Fraglich ist jedoch, wie weit gehend und wie detailliert die Spezifizierung der „gleichen Bedingungen" erfolgen muss. So können als Einflussgrößen vor allem berücksichtigt werden: K. entweder für angelegtes (Habenzinssatz) oder aber für aufgenommenes Kapital (Sollzinssatz), K. entweder vor oder nach Steuern (Steuerbeeinflussung durch ein Investitionsprojekt), K. für entweder → Eigen- (mit höherem Tilgungs- und Zinszahlungsrisiko) oder aber → Fremdkapital, K. für unterschiedliche Kapitalbindungszeiten, K. für die bestmögliche alternative Kapitalverwendung bei unterschiedlichen Risikoklassen für Kapitaltilgung und Zinszahlungen, K. auf der Grundlage von Kassa-, Termin- oder Effektivzinssätzen an Geld- oder Kapitalmärkten.

Kapitalmarkt. 1. *Begriff:* Am K. kommen Angebot und Nachfrage nach → Kapital zusammen. Nachgefragt wird Kapital von Unternehmen und Finanzintermediären wie z.B. → Banken, → Fonds oder → Venture Capital-Gesellschaften, die Mittel für → Investitionen benötigen. (Außerdem tritt die öffentliche Hand neben internationalen Organisationen als bedeutender Kapitalnehmer in Erscheinung). Anbieter von Kapital sind private Haushalte, Finanzintermediäre und andere Unternehmen. Im Gegenzug zur Überlassung von Kapital erhalten → Kapitalgeber von Kapitalnehmern Anwartschaften auf zukünftige Zahlungen und sonstige Rechte (z.B. Stimmrechte oder das Recht auf Information). Unter Umständen sind mit der Kapitalüberlassung auch noch (bedingte) Pflichten verbunden. Bspw. haftet ein normaler Eigenkapitalgeber einer → Personengesellschaft auch mit seinem Privatvermögen für die Verbindlichkeiten der Unternehmung. Die Gesamtheit der Rechte und Pflichten, die ein Kapitalgeber im Gegenzug zur Bereitstellung von Kapital erwirbt, bezeichnet man als Finanzierungstitel. Somit können Finanzierungstitel als das „Gut" identifiziert werden, das am K. gehandelt wird. – 2. *Märkte für Eigen- und Fremdkapital:* Je nach Typ der gehandelten Finanzierungstitel und Art des Handels kann man verschiedene Segmente des K. unterscheiden. Der Handel in Finanzierungstiteln, die eine Beteiligung an einer Unternehmung darstellen und damit Ansprüche auf das Residuum beinhalten, macht den Markt für Eigenkapital aus. Beispiele für solche Eigenkapitaltitel sind → Aktien oder GmbH-Anteile. Finanzierungstitel, die durch einen Anspruch auf Zins- und Tilgungszahlungen gekennzeichnet sind, bezeichnet man als Forderungs- oder Kreditfinanzierungstitel. Diese werden am Kreditmarkt gehandelt. Neben reinen Eigenkapital - und Forderungstiteln gibt es eine Vielzahl von Zwischenformen (→ Mezzanine Kapital). Bei Forderungstiteln kann man noch die Laufzeit, d.h. die Dauer der Kapitalüberlassung an die Unternehmung, als Unterscheidungsmerkmal und damit als Kriterium für die Segmentierung des K. heranziehen. Gelegentlich wird nur der Markt für langfristige Kredite (und Beteiligungskapital) als K. bezeichnet, der Markt für kurzfristige Kredite hingegen als Geldmarkt. Im Folgenden wird jedoch weiterhin jeder Handel in Finanzierungstiteln als K.-Transaktion bezeichnet. – 3. *Primär- und Sekundärmarkt:* Der erstmalige Handel in einem bestimmten Finanzierungstitel findet in dem Moment statt, in dem dieser emittiert wird, d.h. von der Kapital suchenden Unternehmung an Kapitalgeber im Gegenzug zu dem von diesen überlassenen Kapital ausgegeben wird. Man spricht in diesem Zusammenhang von einer Primärmarkt-Transaktion. Eine Kreditaufnahme durch eine Unternehmung ist genauso eine Primärmarkttransaktion wie die Aufnahme eines neuen

→ Gesellschafters in eine → Gesellschaft mit beschränkter Haftung, die Kapitalerhöhung einer → Aktiengesellschaft oder die Aufnahme von → Venture Capital. Bereits existierende Finanzierungstitel werden zwischen Anlegern gehandelt. Ein solcher Handel in Eigenkapitaltiteln ist insbesondere an der → Börse beobachtbar. Dies stellt dann eine Sekundärmarkttransaktion dar. Neben der Börse als hoch organisiertem Sekundärmarkt findet ein Handel von Finanzierungstiteln aber auch an weniger organisierten Märkten statt. So können z.B. Anteile an kleinen Unternehmen im Rahmen der → Unternehmensnachfolge an bereits angestellte Manager (→ Management-Buy-out) oder an Unternehmensexterne (→ Management-Buy-in) verkauft werden. Auch der Verkauf der Anteile eines VC-Gebers (→ Exit) ist eine Sekundärmarkttransaktion.

Prof. Dr. Peter Nippel

Literatur:
Büschgen, H. E.: Das kleine Börsenlexikon, 22. Aufl., Düsseldorf 2001; *Houben, E.:* Optimale Vertragsgestaltung bei Venture Capital-Finanzierungen, Wiesbaden 2003; *Markowitz, H.:* Portfolio Selection, in: Journal of Finance, 7. Jg. (1952), S. 77-91; *Mertens, R.,* Effiziente Gestaltung der familienexternen Unternehmernachfolge – Fremdmanagement, Stiftung, MBO/MBI, Hamburg, 2004; *Modigliani, F. und Miller, M. H.:* The Cost of Capital, Corporation Finance and the Theory of Investments, in: American Economic Review, 48. Jg. (1958), S. 261-297; *Nippel, P.:* Die Irrelevanz des Leverage-Effekts für die Finanzierung von Unternehmen, in: WiSt (Wirtschaftswissenschaftliches Studium), 31. Jg. (2002), S. 69-74; *Stiglitz, J. E. und A. Weiss:* Credit Rationing in Markets with imperfect Information, in: American Economic Review, 71. Jg., 1981, S. 393-410.

Kapitalrücklage. Die auf der Passivseite der → Bilanz stehende K. ist ein Bestandteil des → Eigenkapitals. Dabei ist die K. ausschließlich eine von → Kapitalgesellschaften zu bildende Rücklage. Als K. gelten folgende Beträge: (1) Zuzahlungen, die → Gesellschafter in das → Eigenkapital leisten, (2) Zuzahlungen, die Gesellschafter gegen Gewährung eines Vorzugs für ihre Anteile leisten, (3) die Ausgabe von Schuldverschreibungen für Wandlungs- und Optionsrechte zum Erwerb von Anteilen, und (4) die Ausgabe von Anteilen einschließlich von Bezugsanteilen über den Nennbetrag hinaus. – *Vgl. auch* → Eigenkapital.

Kapitalstruktur, eine kostenminimierende und damit auch gewinnmaximierende Auslegung der → Finanzierung eines Unternehmens. Das der K. unterliegende oberste Gebot zielt nicht nur auf eine optimale Verschuldung ab, sondern auch auf die Erhaltung der Zahlungsfähigkeit, also eine optimale → Liquidität.

Kapitalwertmethode. 1. *Begriff:* Verfahren zur Ermittlung des ökonomischen Werts eines Zahlungsstroms im Gegenwartszeitpunkt. – 2. *Merkmale:* Die K. ist – neben dem internen Zinsfuß und der Amortisationsrechnung – die häufigste „dynamische“ Methode zur Beurteilung der wirtschaftlichen Vorteilhaftigkeit eines Investitionsprojekts. Charakteristikum dieser Methode ist, dass alle Ein- und Auszahlungen (E_t bzw. A_t), die von einem Investitionsprojekt in der Gegenwart (t=0) und in der Zukunft (T=1,...,T mit T als Ende des Planungszeitraums) mutmaßlich verursacht werden, mit Hilfe des → Kapitalkostensatzes i auf den so genannten Gegenwartswert des Zahlungsstroms abgezinst werden. Der Kapitalwert C_0 berechnet sich somit gemäß folgender Formel (ohne Sondereinflüsse, wie z.B. Steuereffekte): $C_0=\sum(t=0,1,\ldots,T):(e_t-a_t):(1+i)^t$ Der Kapitalwert ist gleich der Summe der pro Periode anfallenden Operativen Cash Flows (→ Free Cash Flow), die auf den Gegenwartszeitpunkt abgezinst sind. Die Abzinsung mit Hilfe des Kapitalkostensatzes i gibt lediglich die Kapitalanlage und -aufnahmemöglichkeiten am Geld- und → Kapitalmarkt wider, drückt also „objektive“ Transformationsmöglichkeiten zwischen Gegenwarts- und Zukunftsgeld aus. Sie hat – trotz vielmals falscher Darstellungen in der Fachliteratur – nichts mit subjektiven Präferenzen der Entscheidungsträger für den zeitlichen Anfall von Zahlungen zu tun. Solche Zeitpräferenzen schlagen sich vielmehr darin nieder, dass vom Entscheidungsträger z.B. entweder der Gegenwartswert oder der Endwert einer Zahlungsreihe oder ein zeitlich konstanter Zahlungsstrom (als äquivalente Annuität) bevorzugt wird. Die K. bietet sich vor allem an, um die ökonomische Vorteilhaftigkeit von → Investitionen in langfristig genutzte Betriebsmittel („Investitionsgüter") oder in nachhaltig geplante Marketingkampagnen zu beurteilen (absolute Vorteilhaftigkeit, wenn der Kapitalwert positiv ausfällt). Sie lässt sich ebenso benutzen, um eine Entscheidung zwischen Investitionsprojekten zu treffen, die um knappes → Kapital konkurrieren (relative Vorteilhaftigkeit desjenigen Projekts mit dem höchsten Kapitalwert). – 3. *Probleme:* Erhebliche Schwierigkeiten bereitet es in der betrieblichen Praxis, die zukünftigen Ein- und Auszahlungen, die von einem Investitionsprojekt mutmaßlich verursacht werden, zu prognostizieren und den korrekten Kapitalkostensatz zu bestimmen. Zusätzliche Probleme entstehen bspw., wenn Investitionsprojekte mit unterschiedlichen wirtschaftlichen Nutzungsdauern verglichen werden (Erforderlichkeit von Differenzinvestitionen) oder wenn auf Ein- und Auszahlungsüberschüsse pro Periode unterschiedlich hohe Haben- bzw. Sollzinssätze anfallen. Um solche Probleme berücksichtigen zu können, empfiehlt sich der Übergang von der K. zur Methode des Vollständigen Finanzplans, die konzeptionell ähnlich zur K. angelegt ist, aber Zahlungsströme und Kapitaleinsätze wesentlich differenzierter erfasst.

Kartellrecht, *Wettbewerbsbeschränkungen.* Das K. zählt i.w.S. zum Wettbewerbsrecht. Es soll unerwünschte Kartelle und Marktbeherrschungen verhindern. Dabei ist zentrale Aufgabe des K., die in einer Marktwirtschaft bestehenden Märkte offen zu halten, d.h. etwaigen Beschränkungen des Wettbewerbs durch Sicherung der Handlungsfreiheit der Marktteilnehmer entgegenzuwirken. Das K. dient damit der wirtschaftspolitischen Zielsetzung der Erhaltung der Konkurrenzwirtschaft. Wesentliche Rechtsgrundlage ist das GWB. Es enthält Vorschriften über unzulässige Wettbewerbsbeschränkungen, Kartellbehörden, kartellrechtliche Verfahren und Sanktionen.

Kaufmann. K. ist, wer ein Handelsgewerbe betreibt (§ 1 HGB), d.h. wer einen nach Art oder Umfang in kaufmännischer Weise eingerichteten Geschäftsbetrieb betreibt (Istkaufmann, früher als Vollkaufmann bezeichnet). Eine Eintragung in das → Handelsregister ist insoweit nur deklaratorisch (rechtsbezeugend). Kleingewerbetreibende gelten nur dann als Kaufleute, wenn ihre Firma gemäß § 2 HGB ins Handelsregister eingetragen ist (→ Kannkaufmann). Diese Eintragung ist dann konstitutiv (rechtsbegründend). Die → Kaufmannseigenschaft hat zur Folge, dass für die Geschäftstätigkeit des K. das Sonderrecht des HGB gilt. Diese Massgaben gelten für → Personengesellschaften entsprechend. Eine → Gesellschaft bürgerlichen Rechts wird bspw. ohne Handelsregistereintrag zur → Offenen Handelsgesellschaft, wenn ihr Geschäftsbetrieb eine Größe erreicht, die kaufmännische Einrichtungen erfordert (§ 6 I HGB). → Kapitalgesellschaften sind hingegen ohne Rücksicht auf ihre Betriebsgröße Kaufleute (sog. Formkaufleute, § 6 II HGB). Wer sich im Rechtsverkehr wie ein K. geriert, wird von der Rechtsprechung nach der Lehre vom Scheinkaufmann rechtlich wie ein solcher behandelt.

kaufmännische Qualifikation, Eignung im Zusammenhang mit der → Führung eines Unternehmens. Die k.Q. wird uneinheitlich definiert. Dabei werden die Merkmale implizit bzw. explizit im Sinne von kognitiven (z.B. betriebswirtschaftliche Kenntnisse und Fähigkeiten), affektiven (z.B. Einstellungen,

Werthaltungen, betriebliche Interessen) und konativen Komponenten (Handlungsbereitschaft) verwendet. Grundsätzlich stellt die k.Q. die Eignung für viele betriebswirtschaftliche Aufgabenstellungen und deren Bewältigung in einem Unternehmen dar.

kaufmännischer Geschäftsbetrieb, Unternehmen, wenn für dessen Betrieb kaufmännische Einrichtungen notwendig sind. Der Begriff ist für die Unterscheidung zwischen → Kaufmann und Kleingewerbetreibendem maßgeblich. Wichtige Indizien für den k.G. sind z.B. die Notwendigkeit einer kaufmännischen Buchführung, Umsatzhöhe, weiter die Zahl der Mitarbeiter und die Vielfalt der Geschäftsbeziehungen. Für die Beurteilung der Notwendigkeit ist das Gesamtbild des Betriebs entscheidend, wobei die Rechtsprechung stets alle Einzelfallumstände würdigt und eine schematische Betrachtungsweise ablehnt.

Kaufmannseigenschaft, begründet für den Gewerbetreibenden die Rechte und Pflichten nach dem Sonderrecht des HGB. Der → Kaufmann hat z.B. die Pflicht zur Anmeldung aller anmeldepflichtigen Tatsachen zum → Handelsregister (§ 14 HGB). Die K. berechtigt zur → Führung eines besonderen handelsrechtlichen Namens, der Firma (§§ 17 ff. HGB). Der Kaufmann darf Zweigniederlassungen gründen und Prokuristen bestellen. Er ist zur Führung von Handelsbüchern sowie zur Inventarerrichtung, Bilanzerstellung und zur Fertigstellung des → Jahresabschlusses gem. §§ 283 ff. HGB verpflichtet. Kraft seiner K. unterfällt der Gewerbetreibende den Sondervorschriften über Handelsgeschäfte, die den Erfordernissen des Handels entsprechend gegenüber dem BGB zahlreiche Modifizierungen des Vertragsrechts enthalten.

Kennzahl. 1. *Begriff:* Charakteristische Zahlenwerte und insbesondere Zahlenverhältnisse über wichtige betriebswirtschaftliche Zustände und Vorgänge im Unternehmen. – 2. *Funktion:* K. sollen dem → Unternehmer ein möglichst genaues, aktuelles und aussagekräftiges Bild über die Lage des Unternehmens als ganzes und die Funktionsbereiche des Unternehmens geben, einerseits innerbetrieblich (Soll-Ist-Vergleich, → Planung), andererseits aber auch im Vergleich mit anderen Unternehmen (→ Betriebsvergleich). K. bilden eine wichtige Entscheidungsgrundlage für die Ausrichtung des Betriebs. Die bekanntesten und hier hauptsächlich erwähnten K. sind jene aus dem Finanzbereich (siehe unten). Daneben gibt es auch K. aus dem → Vertrieb (z.B. Auftragsbestand), dem Personalwesen oder etwa aus der → Produktion bzw. Leistungserstellung. – 3. Finanzk. dienen in erster Linie der Analyse der → Bilanz und der → Gewinn- und Verlustrechnung. Sie können durch das so genannte „Magische Zieldreieck" aus Liquidität, → Rentabilität und Sicherheit (→ Finanzierung) dargestellt werden. Die Ziele des Magischen Zieldreiecks verlaufen nicht im Einklang, d.h. z.B., dass eine hohe → Liquidität sich unter Umständen negativ auf die Rentabilität auswirken kann. a) Liquidität: Unternehmungen müssen zu jedem Zeitpunkt ihre fälligen Forderungen erfüllen können. Illiquidität ist denn streng genommen auch der einzige Grund, weshalb Unternehmen Konkurs gehen können. Üblicherweise werden drei Liquiditätsgrade unterschieden, die von jeweils unterschiedlichen Zeithorizonten ausgehen. (1) Cash Ratio (Liquiditätsgrad 1) = Flüssige Mittel / kurzfristiges Fremdkapital * 100%; Zielwert: zehn bis 30%; (2) Quick Ratio (Liquiditätsgrad 2) = (Flüssige Mittel + Forderungen) / kurzfristiges Fremdkapital * 100%; Zielwert: 100% (die Unternehmung ist dann in der Lage, alle kurzfristigen Schulden zu begleichen); (3) Current Ratio (Liquiditätsgrad 3) = Umlaufvermögen / kurzfristiges Fremdkapital * 100%; Zielwert: 150 bis 200%. Als Flüssige Mittel sind bei diesen Definitionen Zahlungsmittel der Kasse, bei der Post oder bei der Bank gemeint. – b) Rentabilitätsk.: Das Ziel der Rentabilität fordert vom Unternehmen, dass es Gewinn erzielt. Die Zielerreichung misst sich vor allem im Verhältnis zum dafür eingesetzten → Kapital, aber auch zum → Umsatz. (1) Umsatzrendite = Gewinn / Umsatz * 100%; (2) Eigenkapitalrendite = Gewinn (+ kalkulatorischer Eigenkapitalzins) / Eigenkapital * 100%; (3) Gesamtkapitalrendite = Gewinn (+ kalkulatorischer Eigenkapitalzins + Fremdkapitalzinsen) / Gesamtkapital * 100%. Die Gesamtkapitalrendite wird oft auch als ROI (→ Return on Investment) bezeichnet, die Eigenkapitalrendite als ROE (Return on Equity). – c) Finanzierungsstrukturk. (Sicherheit): Ein angemessenes Verhältnis von → Eigen- und → Fremdkapital ist eine Voraussetzung für die finanzielle Unabhängigkeit der Unternehmung. Zuviel Fremdkapital bedroht sie. Wichtige K. sind der Verschuldungsgrad, die → Eigenkapitalquote, die Fremdkapitalquote und die Anlagendeckungsgrade 1 und 2. (a) Verschuldungsgrad = Fremdkapital / Gesamtkapital * 100%; (b) Eigenkapitalquote (Eigenfinanzierungsgrad) = Eigenkapital / Gesamtkapital * 100%; (c) Anlagedeckungsgrad 1 = Eigenkapital / Anlagevermögen * 100%; (d) Anlagedeckungsgrad 2 = (Eigenkapital + langfristiges Kapital) / Anlagevermögen * 100%. In der Literatur häufig anzutreffen sind so genannte Kennzahlensysteme, bei denen mehrere K. zueinander in Beziehung gebracht werden. Meist ist dann die Rede vom ZVEI-Kennzahlensystem und vom Dupont-Kennzahlensystem, wobei fraglich ist, ob sie in der betrieblichen Praxis tatsächlich so häufig eingesetzt werden. In jüngerer Zeit oft diskutiert ist auch das Konzept der → Balanced Score Card.

Prof. Dr. Urs Fueglistaller

Literatur:

Fickert, R. et al.: Finanzcontrolling für Nicht-Finanz-Spezialisten, Bern, Stuttgart, Wien 2003; *Pichler, J. H. et al.*: Management in KMU – Die Führung von Klein- und Mittelunternehmen, 3. Aufl., Bern 2000; *Steiner, F.*: Finanzielle Führung in der Praxis des KMU, Jg.15 SIU-Schriftenreihe, 5. Aufl., Bern 2004; *Volkart, R.*: Corporate Finance – Grundlagen und Finanzierung und Investition, Zürich 2003.

Kennzahlenanalyse, Periodisch stattfindende Beurteilung des Unternehmens anhand seiner eigenen → Kennzahlen, aber auch im Vergleich mit anderen Unternehmen, z.B. in einer Erfahrungsaustauschgruppe mit anderen Unternehmen innerhalb derselben oder vergleichbarer Branchen.

Kernkompetenz. 1. *Begriff:* K. ist die wesentliche, andere in ihrer Bedeutung übertreffende Fähigkeit, speziell im wirtschaftlichen Kontext eine bestimmte Leistung zu bewirken. – 2. *Geschichte:* Vor seiner Einführung nicht originär in der deutschen betriebswirtschaftlichen Fachsprache verankert, erfuhr K. erst durch die Eindeutschung des englischsprachigen Begriffs „Core Competence" Aufmerksamkeit. Der Begriffsteil „Core" (Kern) hebt das Wesentliche, anderes an Wichtigkeit Überragende hervor, der Begriffsteil „Competence" das Bündeln von Kräften, um etwas zu bewirken. Im Lateinischen existiert der Begriff sowohl in einer „martialischen" Variante als gebündelter Angriff als auch in der „zivilen" Bedeutung von Anstrengen, Bemühen, Bitten. Im juristischen Sinn resultiert daraus die Bedeutung von Zuständigkeit und Ausstattung mit Befugnissen, im sozial- und wirtschaftswissenschaftlichen Sprachgebrauch dagegen die Bedeutung von besonderer, im Gegensatz zum juristischen Kontext nicht primär aus einer Ausstattung mit formalen Rechten folgende Befähigung. K. wird gezielt erst seit dem Beitrag von Prahalad und Hamel verwendet. – 3. *Unterscheidung:* Im Spektrum der Ressourcen bilden die Kompetenzen eine besondere Kategorie im Sinne von Meta-Ressourcen: Ressourcen, die Ressourcen schaffen und prägen. Die K. ist schließlich jene (idealisiert als dominant angenommene) Meta-Ressource, welche das Unternehmen in besonderem Maß in die Lage versetzen soll, auf heute noch unbekannte oder sich erst konkretisierende Nachfrage schneller als die Konkurrenten zu reagieren bzw. aktiv neue Nachfrage zu generieren. Beispiele dafür sind in Produkte und Verfahren umsetzbare Forschungsergebnisse, über die Konkurrenten nicht verfügen und für deren Verfügbarmachung diese, so sie dazu überhaupt in der Lage sind, deutlich länger brauchen würden. K. sind nicht rasch imitierbar, verschaffen (in einer Marktwirtschaft zwar auch wieder vorüber gehende) Monopolstellung und absorbieren Unsicherheit, indem sie ein (Re-)Aktionenspektrum vorbereiten, das nach Zurückweichen von Unsicherheitsfaktoren rascher als durch die Konkurrenz aktiviert werden kann. K. kann als Meta-Kompetenz auf verschiedenen Ebenen auftreten: z.B. als Kompetenz, ein bestimmtes Produkt besser (nachfrageadäquater) als die Konkurrenz produzieren zu können; oder auf einer höheren Ebene als Kompetenz, Forschung und Entwicklung besser als die Konkurrenz einsetzen zu können; oder auf einer weiteren (nochmals höheren) Ebene als Fähigkeit zu kommunizieren und zu lernen und dadurch Forschung und Entwicklung für die Verbesserung des Angebots effizient zu gestalten. K. kann daher „einfache“ Meta-Kompetenz oder hierarchisch höher positionierte „Meta-Meta“-Kompetenz sein. Über K. können verschiedene Typen von Subjekten verfügen: von Individuen bis hin zu Unternehmen und Unternehmensverbünden (Kooperationen), ja sogar Regionen. Aufgrund der Bedeutung der K. für die strategische Überlegenheit gegenüber Konkurrenzunternehmen wird häufig empfohlen, diese keinesfalls an Dritte zu vergeben („Outsourcing“), da damit langfristig der Einfluss auf den wichtigsten Faktor für die eigene Wettbewerbsfähigkeit beeinträchtigt werden bzw. ein Abhängigkeitsverhältnis entstehen könnte. Denn K. ist als identitätsstiftendes und -bewahrendes Merkmal nicht ohne Identitätsverlust von seinem Träger zu trennen.

Prof. Dr. Josef Mugler

Literatur:
Bellmann, K./Freiling, J./Hammann, P./Mildenberger, U. (Hrsg.): Aktionsfelder des Kompetenz-Managements, Wiesbaden 2002; *Friedrich von den Eichen, S.A. (Hrsg.)*: Entwicklungslinien des Kompetenzmanagements, Wiesbaden 2004; *Prahald, C.K./Hamel, G.:* The Core Competence of the Corporation, in: Harvard Business Review, Mai-Juni (1990), S. 79-91; *Rosenstiel, L.v. (Hrsg.)*: Strategisches Kompetenzmanagement: von der Strategie zur Kompetenzentwicklung in der Praxis, Wiesbaden 2004.

Kernkompetenz-Ansatz, → Competence-based View.

Kernressourcen. Ähnlich wie Kernkompetenz; allerdings ist der Ressourcenbegriff i.d.R. weiter gefasst als der Kompetenzbegriff: Somit umschließen K. neben Kompetenzen auch andere Ressourcen (z.B. besondere Rohstoffe, Energie), die für die strategische Wettbewerbsposition eines Unternehmens (oder Unternehmensverbundes) von herausragender Wichtigkeit sind.

Kernrisiko, das für ein Unternehmensziel (allgemeiner: Aktionsziel) besonders kritische Informationsdefizit, wobei zumindest zwei Ausprägungsvarianten unterschieden werden können: Im engeren Sinn kann mit K. die Gefahr gemeint sein, dass eine → Kernressource oder → Kernkompetenz nicht die ihr zugeschriebene Wirksamkeit für die Schaffung von Wettbewerbsvorteilen ausübt. Im weiteren Sinn kann mit K. die Gefahr gemeint sein, welche ein Unternehmen (eine Aktion) als Ganzes wesentlich, bis hin zur Existenzvernichtung bedroht. Insofern kann das K. sowohl ressourcenseitig (allgemeiner: inputseitig) als auch produktseitig (allgemeiner: outputseitig) auftreten.

KfW Bankengruppe, *Kreditanstalt für Wiederaufbau.* 1. *Begriff:* Förderbank des Bundes und der Länder. – 2. *Geschichte:* Die KfW B. wurde 1948 unter dem Namen Kreditanstalt für Wiederaufbau im

Zuge der Nachkriegsordnung in Deutschland zur → Finanzierung des Wiederaufbaus der deutschen Wirtschaft als öffentlich-rechtliche Körperschaft gegründet. Im Gesetz über die KfW B. wurde das Durchleitungsprinzip festgelegt. Ebenso wurde festgelegt, dass die KfW B. die Aufnahme von Depositen, das Kontokorrentgeschäft und den Effektenhandel für fremde Rechnung nicht durchführen darf. – 3. *Eigentumsverhältnisse und Konzernstruktur:* Das Eigentum an der KfW B. liegt zu 80% beim Bund und zu 20% bei den Ländern. Organe der KfW B. sind der → Vorstand, der Verwaltungsrat sowie als beratendes Gremium der Mittelstandsrat. Beteiligungen hält die KfW B. an der IKB Deutsche Industriebank und der dena (Deutsche Energie Agentur). Konzerntöchter sind die DEG (Deutsche Investitions- und Entwicklungsgesellschaft mbH) die tbg (Technologie-Beteiligungs-Gesellschaft mbH), die FuB Finanzierungs- und Beratungsgesellschaft sowie die KfW International Finance Inc. – 4. *Tätigkeitsfelder:* Die KfW B. ist seit ihrer Gründung zu einem modernen Finanzdienstleister mit staatlichem Förderauftrag umstrukturiert worden. Sie versteht sich als → Förderbank der deutschen und europäischen Wirtschaft und gibt Impulse für Wirtschaft, Gesellschaft und Ökologie. Sie ist nicht nur im Inland in der Investitionsfinanzierung aktiv. Zu den Tätigkeitsfeldern der KfW B. gehören auch die Export- und Projektfinanzierung, die Förderung der Entwicklungsländer sowie Beratungs- und andere Dienstleistungen. Die Mehrzahl der Kreditprogramme der KfW B. können nur über Geschäftsbanken beantragt werden, die diese an die KfW B. durchleiten. Als direkter Ansprechpartner fungiert immer ein Kreditinstitut, im Allgemeinen die Hausbank des Antragstellers. – 5. *Refinanzierung*: Die Fördermittel für die Kreditprogramme refinanziert die KfW B. zum größten Teil am → Kapitalmarkt über Anleihen. Aufgrund ihrer erstklassigen Kreditwürdigkeit und der zusätzlichen Sicherheit aus der Anstaltslast sowie der direkten Garantie des Bundes besitzen alle Anleihen der KfW B. mit ihrem Triple A-Rating die höchste Bonitätseinstufung der Rating-Agenturen Fitch Ratings, Moody's und Standard & Poor's. Dies gilt für alle Währungen.

Dr. Dankwart Plattner

KfW-Gründungsberatung, Finanzierungsberatung für → Gründer im Rahmen eines persönlichen Gesprächs. Die KfW-G. wird in den KfW-Beratungszentren in Bonn, Berlin und Frankfurt sowie an bundesweit rund 40 weiteren Standorten im Rahmen von KfW-Beratungssprechtagen angeboten. Während die Internet-Seite der KfW Bankengruppe eine schnelle und umfassende Information über alle Förderprodukte liefert und das Infocenter der KfW Beratung zu Details der KfW-Förderprodukte bietet, erstreckt sich die KfW-G. auf Finanzierungsberatungen für konkrete, komplexere Investitionsvorhaben. Für eine darüber hinaus gehende Beurteilung des Vorhabens durch ein Expertenteam sowie eine weitergehende Betreuung durch einen fachspezifischen Experten (Gründercoach) gibt es in einigen Bundesländern von den Kammern organisierte Gründersprechtage.

KfW-Marken. Nach der Fusion mit der Deutsche Ausgleichsbank (DtA) im Jahr 2003 treten die Geschäftsbereiche der KfW Bankengruppe durch die Einführung von fünf zielgruppenorientierten Kommunikationsmarken in der Öffentlichkeit getrennt auf: → KfW Bankengruppe, KfW Förderbank, KfW Mittelstandsbank, KfW IPEX-Bank und KfW Entwicklungsbank: a) Die KfW-Förderbank unterstützt Finanzierungen in den Bereichen Bauen, Wohnen und Modernisieren, Umwelt- und Klimaschutz, Infrastruktur und Bildung. Mit langfristigen und zinsgünstigen Darlehen wird die Schaffung von Wohneigentum sowie die Modernisierung von bestehenden Immobilien finanziert. In der Bildungsfinanzierung werden die Aus- und Weiterbildung von Schülerinnen und Schülern, Studierenden und Fachkräften finanziert. Im Rahmen der Infrastrukturförderung werden städtische und kommunale Infrastrukturmaßnahmen finanziert, wie zum Beispiel der Bau einer Sporthalle, die Sanierung von Abwasserleitungen oder der Ausbau der kommunalen Verkehrsinfrastruktur. Im Bereich Umweltschutz fördert die KfW Investitionen der gewerblichen Wirtschaft zum Schutz von Wasser, Luft und Boden sowie zum sparsamen Umgang mit Energie. – b) Die KfW Mittelstandsbank fördert den Mittelstand und Existenzgründer in Deutschland mit klassischen Förderkrediten und innovativen Finanzierungen. Ziel ist es, Mittelstand und Existenzgründer mit langfristigen Finanzierungen bei der Aufnahme von Fremdkapital und bei der Stärkung der Eigenkapitalbasis zu unterstützen. Zusätzlich zur Bereitstellung von Fördermitteln werden umfangreiche Beratungsleistungen für mittelständische Unternehmen und Existenzgründer angeboten. – c) In der KfW IPEX-Bank sind alle marktmäßigen Geschäftsaktivitäten der KfW Bankengruppe, die im Wettbewerb mit anderen in- und ausländischen Banken stehen, zusammen geführt. Dazu gehören Projekt- und Unternehmensfinanzierungen im Inland und im Ausland sowie die Exportfinanzierung. Bei der Projektfinanzierung handelt es sich um die Kreditgewährung für ein Investitionsvorhaben (Projekt), das als sich selbst tragende Wirtschaftseinheit konzipiert ist und von einer rechtlich selbstständigen und eigens zu diesem Zweck gegründeten Projektgesellschaft durchgeführt und betrieben wird. Die Kreditvergabe basiert entscheidend auf der Erwartung, dass das Projekt einen → Cash Flow realisiert, der mindestens zur Deckung der Betriebskosten und des Schuldendienstes ausreicht. Im Rahmen der Unternehmensfinanzierung finanziert die KfW IPEX-Bank Investitionen deutscher und europäischer Unternehmen im In- und Ausland. Dies können Neugründungen, Akquisitionen oder → Joint Ventures sein. Mit liefergebundenen Exportkrediten finanziert die KfW IPEX-Bank Lieferungen und Leistungen deutscher Exporteure. – d) Die KfW Entwicklungsbank und die DEG unterstützen gemeinsam den Auf- und Ausbau marktwirtschaftlicher und sozialer Strukturen in Entwicklungsländern. Die KfW Entwicklungsbank konzentriert sich auf die Zusammenarbeit mit Regierungen und staatlichen Institutionen, die DEG ist Partner der Privatwirtschaft. Im Auftrag der Bundesregierung finanziert die KfW Entwicklungsbank Investitionen und Reformprogramme in den Entwicklungsländern. Dazu gehören Investitionen in die wirtschaftliche Infrastruktur wie Transport, Energie und Kommunikation sowie in die landwirtschaftliche Produktion. Ein Großteil der Vorhaben sichert den Zugang zur sozialen Infrastruktur, wie Trinkwasser, Gesundheit und Bildung. KfW Entwicklungsbank und DEG fördern darüber hinaus den Aufbau von leistungsfähigen Finanzsystemen und versorgen kleine und mittlere Unternehmen mit Krediten. Im Dialog mit Partnern werden Reformen unterstützt. Sie bilden das Fundament für ein funktionierendes Wirtschaftssystem, das sich in absehbarer Zeit selbst tragen kann.

Pia Pulijanic

KfW-Mikrofinanzierung. 1. *Begriff:* Von der KfW-Mittelstandsbank bereitgestelltes Instrument zur → Finanzierung von kleinen → Existenzgründungen bzw. kleinen Unternehmen in der Startphase in Deutschland. Die KfW-M. umfasst zwei Förderprogramme, die ausschließlich über Geschäftsbanken, die so genannten Hausbanken, ausgereicht werden. Eine direkte Antragstellung bei der KfW ist nicht möglich. – 2. *Grundlage* der KfW-M. ist die Feststellung, dass viele Klein- und Kleinstunternehmen Schwierigkeiten haben, auf ihre Bedürfnisse zugeschnittene Kredite zu erhalten. Aus Sicht der → Banken sind Kleinkredite unter Kosten- und Ertragsaspekten wenig rentabel, denn im kleinteiligen Kreditgeschäft fallen die überwiegend fixen Prozesskosten besonders ins Gewicht. Im Verhältnis zum geringen Ertragspotenzial können die Kosten für Risiko, Bearbeitung und Betreuung kaum gedeckt werden. Die

KfW fördert die Bereitschaft zur Kleinkreditvergabe, indem sie im Rahmen der KfW-M. die Banken von einem Teil der Kredithaftung freistellt und ihnen erhöhte Bearbeitungsgebühren und Margen einräumt. – 3. *Programme:* a) StartGeld: → Existenzgründer mit einem geringen Gesamtinvestitionsbedarf (max. 50.000 Euro) haben seit 1.5.1999 die Möglichkeit, Mittel aus diesem Programm zur Finanzierung ihres Vorhabens zu beantragen. Antragsberechtigt sind natürliche Personen, kleine Unternehmen im Bereich der gewerblichen Wirtschaft (produzierendes Gewerbe, Handwerk, Handel und sonstiges Dienstleistungsgewerbe) mit höchstens 100 Beschäftigten und freiberuflich Tätige. Vom Antragsteller wird erwartet, dass er die Schwerpunkte seiner unternehmerischen Tätigkeit darlegt sowie anhand geeigneten Zahlenmaterials die Erfolgsaussichten des Vorhabens begründet. Es können bis zu 100% der geplanten Gesamtinvestitionen gefördert werden. Die Laufzeit beträgt bis zu zehn Jahre mit max. zwei tilgungsfreien Jahren. Die Auszahlung erfolgt zu 96%. Eine außerplanmäßige Rückzahlung – auch in Teilbeträgen – ist jederzeit ohne Kosten möglich. – b) Mikro-Darlehen: Speziell für Kleinstgründungen und junge Kleinstunternehmen mit einem max. Fremdfinanzierungsbedarf in Höhe von 25.000 Euro ist dieses KfW-Programm am 1.10.2002 aufgelegt worden. Anträge können durch natürliche Personen (insbesondere Arbeitslose, Ausländer und Immigranten) sowie kleine Unternehmen der gewerblichen Wirtschaft und freiberuflich Tätige mit bis zu zehn Beschäftigten gestellt werden. Des Weiteren werden auch bestehende Existenzen mit maximal zehn Beschäftigten während der ersten drei Jahre nach ihrer Gründung gefördert. Bis zu 100% des Fremdfinanzierungsbedarfs können in diesem Programm abgedeckt werden. Das Mikro-Darlehen wird mit einer maximalen Laufzeit von fünf Jahren, davon bis zu sechs Monate tilgungsfrei, gewährt und zu 100% ausgezahlt. Vorzeitig kann dieses Darlehen nur unter Berechnung einer Vorfälligkeitsentschädigung getilgt werden. – 4. *Merkmale:* Beide Programme werden von einer Bürgschaft des Europäischen Investitionsfonds (EIF) unterstützt. Eine flexible Finanzierung von Sachinvestitionen (z.B. Betriebs- und Geschäftsausstattung, Kosten für Umbau und Renovierung, Übernahmepreis), Warenlager und Betriebsmitteln (z.B. Löhne/Gehälter, Mieten, Lebenshaltungskosten) ist generell möglich. Auch eine vorübergehende Neugründung als Nebenerwerb kann gefördert werden. Der Antragsteller sollte sich durch Einsatz vorhandener eigener Mittel am Vorhaben beteiligen. Sanierungsfälle und Unternehmen in Schwierigkeiten im Sinne der Europäischen Kommission sind von dieser Förderung ausgeschlossen. Die Definition von Unternehmen in Schwierigkeiten ist den jeweils aktuell gültigen Leitlinien der Gemeinschaft für staatliche Beihilfen zur Rettung und Umstrukturierung von Unternehmen in Schwierigkeiten zu entnehmen. Eine Kombination beider Programme – auch mit anderen öffentlichen Fördermitteln – ist ausgeschlossen. Die Antragstellung muss über ein vom Investor frei wählbares Kreditinstitut vor Beginn des Vorhabens erfolgen. Dieses entscheidet über eine Begleitung des Antragstellers bei seinem Vorhaben und Beantragung der öffentlichen Mittel bei der KfW Bankengruppe. Bei positiver Entscheidung befürwortet die Bank den Kredit auf dem Antragsformular und reicht dieses bei der KfW Bankengruppe ein. Hierfür erhält die Hausbank ein festes Bearbeitungsentgelt. Die KfW Bankengruppe trifft eine abschließende Beurteilung, ob die Fördervoraussetzungen erfüllt sind. Der entsprechende Kreditvertrag kann sowohl auf die natürliche Person als auch auf das Unternehmen lauten und wird zwischen der Hausbank und dem Antragsteller geschlossen. Von der KfW Bankengruppe wird der Hausbank eine Haftungsfreistellung in Höhe von 80% gewährt. In dieser Höhe übernimmt die KfW Bankengruppe das Kreditrisiko der Hausbank, so dass diese ein Restrisiko von 20% zu tragen hat. Zudem sind vom Antragsteller bankübliche Sicherheiten zu stellen, deren Form und Umfang im Rahmen der Kreditverhandlungen zwischen Antragsteller und Hausbank vereinbart werden. Der jeweilige Programmzinssatz orientiert sich an den Kapitalmarktzinsen und wird für die gesamte Kreditlaufzeit festgeschrieben. Nach den programmspezifischen Tilgungsfreijahren werden die Darlehen jeweils in gleich bleibenden Halbjahresraten zurückgezahlt. Die entsprechenden Zinssätze sind in der Konditionenübersicht im Internet unter www.kfw-mittelstands bank.de abrufbar.

Albrecht Bauer

KfW-Mittelstandsbank, → KfW-Marken.

KG, → Kommanditgesellschaft.

KGaA, → Kommanditgesellschaft auf Aktien.

KGV, → Kurs-Gewinn-Verhältnis.

Kirchensteuer, eine Steuer, die in Deutschland vom Staat im Auftrag der Kirchen von deren Mitgliedern erhoben und an die Kirchen weitergeleitet wird. Heute beträgt die K. in den meisten Kirchen und Bundesländern, die in ihren Kirchensteuergesetzen eine Obergrenze festlegen, 8% bzw. 9% von der → Einkommensteuer und direkt vom Einkommen an das Finanzamt abgeführt.

Kleinbetriebe, werden anhand quantitativer Merkmale bezüglich der Betriebsgröße, zum Teil aber auch anhand qualitativer Struktur- und Prozessmerkmale von Betrieben identifiziert. Sie gehören zum Bereich der Mittelstandsbetriebe (→ Mittelstand). Der überwiegende Teil aller Gründungsvorhaben fällt in die Schaffung von K. Sie können quantitativ auf unterschiedliche Weise abgegrenzt werden. Das Institut für Mittelstandsforschung in Bonn zählt zu den K. alle Betriebe, deren Mitarbeiterzahl neun nicht übersteigt und deren Jahresumsatz gemäß neuer Abgrenzung unterhalb von 1 Mio. Euro liegt. Die EU legt unter Verwendung der Merkmale Beschäftigtenzahl, Jahresumsatz sowie Bilanzsumme einen Schnitt durch den Bereich der K. und unterscheidet zwischen sog. Mikrounternehmen (1-9 Beschäftigte, 0-2 Mio. Euro Jahresumsatz und Bilanzsumme) und K. i.e.S. (10-49 Beschäftigte, 2-10 Mio. EUR Jahresumsatz und Bilanzsumme). Aufbauend auf Daten des Instituts für Mittelstandsforschung aus dem Jahre 2002 stellen K. 11,2% des Umsatzes aller Betriebe, 18,1% aller Beschäftigten und 80,4% aller Betriebe in Deutschland. Gegen die Verwendung allgemeiner Schwellenwerte wird zum Teil der Vorwurf erhoben, spezifische Wertschöpfungsstrukturen einzelner Branchen nicht berücksichtigen zu können, die eine andere Schnittlegung erforderten. Daneben wird vorgebracht, eine rein quantitative Kennzeichnung von K. sei zur Charakterisierung nicht hinreichend. Zu den häufigsten qualitativen Faktoren, mit denen K. zusätzlich beschrieben werden können, sind die Unabhängigkeit, die starke Prägung durch die Person des Unternehmers, die engen Kontakte im Innenverhältnis und der geringe Formalisierungsgrad der Aufbau- und Ablaufstrukturen zu zählen.

Kleine AG. Die mit der Aktienrechtsnovelle von 1994 in Kraft getretenen Regelungen zur kleinen Aktiengesellschaft haben diese Form der → Kapitalgesellschaft auch für den → Mittelstand und kleine Unternehmen als Alternative zur → Gesellschaft mit beschränkter Haftung interessant gemacht. 1. *Begriff und Erscheinungsform:* Die kleine AG ist eine → juristische Person und im Wesentlichen mit der → Aktiengesellschaft identisch, aber gemäß der genannten Zielrichtung mit zahlreichen Vereinfachungen ausgestattet. Mehr als die GmbH vermittelt die kleine AG den Eindruck von Kreditwürdigkeit und Seriosität: Die Firma trägt nur den Zusatz „AG". Die AG ist Prototyp der kapitalistischen Unternehmensverfassung. Hierbei bietet die AG die Möglichkeit, das Risiko auf eine Vielzahl von Personen zu verteilen und durch die Haftungsbeschränkung auf die Einlagen das individuelle Risiko gering zu halten. Die Aktiengesellschaft ist eine → Kapitalgesellschaft, für deren Verbindlichkeiten den → Gläubigern lediglich das → Gesellschaftsvermögen haftet und die ein in → Aktien zerlegtes → Grundkapital aufweist (§ 1 AktG). Die AG ist Formkaufmann (§ 3 AktG). Das Grundkapital der AG ist der in der Satzung festgelegte Kapitalbetrag, den aufzubringen sich die Gründer durch Übernahme von Aktien verpflichten. Es muss mindestens 50.000 Euro betragen (§ 6 AktG). Bei wirtschaftlichem Erfolg der AG ist das tatsächliche → Gesellschaftsvermögen viel höher als das Grundkapital. Für Verbindlichkeiten der AG haftet den Gläubigern nur das Gesellschaftsvermögen. Eine Haftung der Aktionäre oder der Organe mit ihrem Privatvermögen ist grundsätzlich nicht möglich. Deswegen muss als Mindesthaftungsgrundlage das Grundkapital unbedingt erhalten werden. Die Sicherung des Grundkapitals erfolgt u.a. durch folgende Maßnahmen: (1) Verbot der Unter-pari-Emission (§ 9 AktG), (2) Verbot der Rückgewähr von Einlagen (§ 57 AktG), (3) Beschränkter Erwerb eigener Aktien (§§ 71 ff. AktG), (4) Pflicht zur Rücklagenbildung (§ 51 AktG), (5) Bilanzvorschriften (§§ 152, 158 AktG). – 2. *Entstehung:* Die → Gründung der Aktiengesellschaft ist durch zwingende gesetzliche Vorschriften in den §§ 23 ff. AktG geregelt. Die AG kann durch einfache oder qualifizierte Gründung entstehen. Bei der einfachen Gründung (gesetzlicher Normalfall) wird das Unternehmen mit dem durch die Gründung aufgebrachten Barmitteln gekauft oder errichtet. Es muss ein Grundkapital von 50.000 Euro aufgebracht werden. Die Satzung der Gesellschaft muss in einem notariellen Gründungsprotokoll festgestellt werden. Darin muss u.a. die Übernahme der Aktien durch den oder die Gründer geregelt werden. Es müssen dort auch ein erster → Aufsichtsrat bestellt und ein Abschlussprüfer für das erste Geschäftsjahr bestimmt werden. Sodann wird die Handlungsfähigkeit der Gesellschaft hergestellt und schließlich werden die Eintragungsvoraussetzungen in das → Handelsregister geschaffen. Hierzu muss u.a. ein Viertel des Nennbetrages des Grundkapitals eingebracht worden sein. Ein Ein-Mann-Gründer muss für die noch ausstehende Einlage Sicherheit leisten. Die Gründungsvorschriften sind strenger, wenn Regelungen geschaffen werden, die für künftige → Gläubiger oder Aktionäre gefährlich sein können, insbesondere wenn für einzelne Aktionäre Sondervorteile eingeräumt werden (z.B. besondere Gewinnanteile), und wenn Sacheinlagen statt Geldleistungen eingebracht werden (z.B. Unternehmen und Immobilien; Qualifizierte Gründung gem. §§ 26 ff. AktG).Bei der k.AG kann die Zahl der Aktionäre klein gehalten werden, auch eine Ein-Mann-Gründung ist zulässig. Auch bei der k.AG besteht die Option, später an die Börse zu gehen. – 3. *Organe und Vertretungsverhältnisse:* Die Organe der AG sind → Vorstand, Aufsichtsrat und → Hauptversammlung. Neben dem Vorstand, der aus einer einzigen Person bestehen kann, ist ein mindestens dreiköpfiger Aufsichtsrat zu bestellen. I.d.R. hat eine kleine AG weniger als 500 Beschäftigte, so dass kein Arbeitnehmer in den Aufsichtsrat gewählt werden muss. Der Vorstand ist das Leitungsorgan der AG und wird durch den Aufsichtsrat bestellt und abberufen. Der Vorstand hat die Aufgaben der Geschäftsführung und der Vertretung der AG (§§ 76, 78 AktG). Er vertritt die AG unbeschränkt und unbeschränkbar im Außenverhältnis (§ 82 AktG). Die Willensbildung findet in der Hauptversammlung statt. Für deren Einberufung und Durchführung gelten vereinfachende Sonderregelungen gegenüber dem stark formalisierten Verfahren bei der AG. Die Hauptversammlung ist das Organ, in dem die Aktionäre ihre Rechte ausüben. Daher sind zur Teilnahme alle Aktionäre ohne Rücksicht auf ein Stimmrecht befugt (§ 118 AktG). Die Aufgaben der Hauptversammlung sind zwingend gesetzlich geregelt, „Eilzuständigkeiten" existieren nicht. Folgende Grundlagenzuständigkeiten kommen der Hauptversammlung zu (§ 119 AktG), wie bspw.: Satzungsänderung, Wahl und Abberufung der Aktionärsvertreter im Aufsichtsrat (§§ 101,103 AktG), Entlastung von Vorstand und Aufsichtsrat (§ 120 AktG), Entscheidung über die Gewinnverwendung (§ 174 AktG). Das Stimmrecht in der Hauptversammlung wird nach Aktiennennbeträgen ausgeübt (§ 134 AktG). Bei der k.AG entfällt die obligatorische notarielle Beurkundung der Beschlüsse. Nur für Satzungsänderungen oder kapital- oder konzernrechtliche Entscheidungen ist ein Notar hinzuzuziehen (§ 130 I AktG). – 4. *Auflösung:* Wichtigste Auflösungsgründe sind die → Insolvenz und ein Beschluss der Hauptversammlung. Sofern in der Satzung keine größere Mehrheit bestimmt ist, müssen drei Viertel des bei der Beschlussfassung vertretenen Grundkapitals dafür stimmen. Nach dem Auflösungsbeschluss findet die Liquidation statt.

Dr. Jens-Uwe Petersen

Kleine Kapitalgesellschaft, Begriff aus dem Bilanzrecht. Für die k.K. bestehen zahlreiche vereinfachende Bilanzierungs- und Offenlegungsvorschriften. Die k.K. ist ferner von der Abschlussprüfung und Erstellung eines Lageberichts befreit (§§ 264 I, 316 I HGB) und hat den Jahresabschluss nicht innerhalb von drei, sondern sechs Monaten aufzustellen. § 267 HGB knüpft die Anforderungen an die Bilanzerstellung bei → Kapitalgesellschaften an Größenklassen. Danach besteht eine k.K. bei einer geringeren Bilanzsumme als 3.438.000 Euro, geringeren Umsatzerlösen als 6.875.000 Euro und maximal 50 Arbeitnehmern im Jahresdurchschnitt. Ausreichend ist es, wenn zwei der Merkmale vorhanden sind. § 267 HGB grenzt die k.K. von mittelgroßen und großen Kapitalgesellschaften ab. Zu einer mittelgroßen K. wird eine k.K., wenn mindestens zwei der folgenden Merkmale erfüllt sind: Bilanzsumme bis zu 13.150.000 Euro, Umsatzerlöse bis zu 27.500.000 Euro, bis zu 250 Arbeitnehmer im Jahresmittel. Sonstige Kapitalgesellschaften sind als große Kapitalgesellschaften anzusehen.

Kleine und mittlere Unternehmen (KMU). 1. *Begriff:* Bis heute existiert keine einheitliche Definition von KMU. Die Abgrenzung erfolgt zumeist durch verschiedene quantitative und/oder qualitative Merkmale. Im angelsächsischen Sprachraum ist der Begriff SME (→ Small and Medium Sized Enterprises) gebräuchlich. Eine im internationalen Kontext der Europäischen Union grundlegende und vorherrschende Definition basiert auf einer Empfehlung der EU-Kommission von 1996, die in 2003 aktualisiert wurde und seit dem 1.1.2005 gültig ist. Danach erfolgt die Einstufung als KMU in Unternehmensgrößenklassen kleinst, kleine und mittlere nach den Kriterien Anzahl der Beschäftigten, Jahresumsatz und Jahresbilanzsumme. Die Definition kleiner und mittlerer Unternehmen umfasst somit Unternehmen mit einer Anzahl von Beschäftigten bis 249 oder einem Jahresumsatz von bis zu 50 Millionen Euro oder einer Jahresbilanzsumme von bis zu 43 Millionen Euro. Darüber hinaus dürfen andere Unternehmen, die im Sinne dieser Definition größer als KMU sind, nur mit

Klein- und mittlere Unternehmen, Klassifikation

Unternehmens-größe	*Anzahl der Beschäftigten*	*Umsatz in □ / Jahr*	*Bilanzsumme in □ / Jahr*
kleinst	1 bis 9	bis 2 Mio.	bis 2 Mio.
klein	10 bis 49	bis 10 Mio.	bis 10 Mio.
mittel	50 bis 249	bis 50 Mio.	bis 43 Mio.

weniger als 25% am Kapital oder den Stimmrechten direkt oder indirekt beteiligt sein (mit Ausnahme von z.B. Kapitalbeteiligungsgesellschaften). – 2. *Merkmale:* Eine begriffliche Abgrenzung von KMU kann unter Anwendung qualitativer und quantitativer Merkmale (monodimensional) sowie aus einer Kombination quantitativer und qualitativer Kriterien (bidimensional) erfolgen. Die quantitative Abgrenzung stellt ein pragmatisches Verfahren unter Verwendung statistischer Größen dar. Das Spektrum der Merkmale reicht von der Beschäftigtenzahl über Jahresumsatz, Bilanzsumme, Bruttowertschöpfung bis hin zum Anlagevermögen. Quantitative Abgrenzungskriterien haben den Vorteil, empirisch operationalisierbar zu sein. Eine qualitative Abgrenzung erfolgt häufig nach klassischen Unterscheidungsmerkmalen der KMU gegenüber Großunternehmen. Dabei handelt es sich um Merkmale wie die prägende Wirkung der Unternehmerpersönlichkeit (Einheit von Eigentum, Leitung, Haftung und Risiko), informelle und enge Kontakte zwischen Unternehmensführung und Mitarbeitern, geringe Formalisierung der Organisation etc. Die Anwendung qualitativer Merkmale ermöglicht eine detaillierte Kennzeichnung von KMU. Ein wesentlicher Nachteil besteht jedoch darin, dass die für KMU typischen qualitativen Merkmale im Einzelfall auch für Großunternehmen zutreffend sein können und umgekehrt, was eine eindeutige Abgrenzung erschwert. – *Vgl. Abb.* „Klein- und mittlere Unternehmen, Klassifikation“.

Prof. Dr. Christine K. Volkmann

Literatur:
Mugler, J.: Betriebswirtschaftslehre der Klein- und Mittelbetriebe, Jg. 1, 3. Aufl., Wien, New York 1998; *Pfohl, H.-C. (Hrsg.):* Betriebswirtschaftslehre der Mittelbetriebe und Kleinbetriebe: Größenspezifische Probleme und Möglichkeiten zu ihrer Lösung, 3. Aufl., Berlin 1997; *Reiß, M. (Hrsg.):* Der Neue Mittelstand: Start up-Unternehmen in agilen Netzwerken, Frankfurt 1998.

Kleingewerbetreibende, fallen nicht unter den in §§ 1 und 2 HGB definierten Kaufmannsbegriff. (→ Kaufmann) Die Geschäftstätigkeit des K. erfordert keinen in kaufmännischer Weise eingerichteten Geschäftsbetrieb und wird grundsätzlich nicht in das → Handelsregister eingetragen. Eine freiwillige Eintragung ist jedoch möglich, wodurch aber uneingeschränkt die → Kaufmannseigenschaft gemäß § 1 HGB konstituiert wird. K. unterliegen den gewerblichen Vorschriften (u.a. der Gewerbeordnung) sowie analog zu Privatpersonen den Bestimmungen des BGB. Der Firmenname muss den Familiennamen und mindestens einen ausgeschriebenen Vornamen des Unternehmers beinhalten. Für K. besteht die Möglichkeit der Anwendung einer vereinfachten Buchführung.

Kleinunternehmer. Nach § 19 Abs. 1 UStG wird Umsatzsteuer bei K. nicht erhoben, wenn der Bruttoumsatz im vorangegangenen Kalenderjahr 17.500 Euro nicht überstiegen hat und im laufenden Kalenderjahr voraussichtlich 50.000 Euro nicht übersteigen wird. Werden die Umsätze i.S. des § 19 Abs. 1 UStG bei K. nicht erhoben, entfallen der Vorsteuerabzug und die Möglichkeit des Verzichts auf Steuerbefreiung. Rechnungen sind dann ohne Umsatzsteuer auszustellen und Umsatzsteuererklärungen nicht abzugeben. Gemäß § 19 Abs. 2 kann ein Verzicht ausgeübt werden, um in den Genuss des Vorsteuerabzugs zu kommen. Dieser Verzicht bindet das Unternehmen aber mindestens fünf Jahre.

KMU, → kleine und mittlere Unternehmen.

Knowledge Management, → Wissensmanagement.

Kollektivstrategie, *Collective Strategy.* 1. *Begriff:* Gemeinsame Bearbeitung einer marktlichen Aufgabe durch eine Mehrzahl von Betrieben. – 2. *Merkmale:* Die → Kooperation bedarf einer strategisch abgestimmten → Koordination (→ Strategie) aller Kooperationsbeteiligten und schließt die Definition eines gemeinsamen Zwecks mit ein. K. unterscheiden sich bezüglich der Zahl der Kooperationspartner und der (Un-) Ähnlichkeit der Stärken-/Schwächen-Profile (→ Stärken-Schwächen-Analyse) der Partner. – 3. *Abgrenzung:* K. umfassen u.a. → strategische Allianzen, → strategische Netzwerke und → Joint Ventures, sind aber von rein projektbezogenen → Kooperationen ohne explizite Strategiefindung abzugrenzen. – 4. *Ziele:* K. dienen die Erlangung kritischer externer Mittel, die gerade im Gründungskontext oftmals begrenzt sind. Durch das Pooling von Mitteln wird erstens der Erlangung von Wettbewerbsfähigkeit und zweitens die Schaffung von → Wettbewerbsvorteilen angestrebt, die bei autonomem Handeln nicht erreichbar wären. – 5. *Probleme:* K. scheitern besonders häufig an der Überbetonung einzelbetrieblicher Interessen zu Lasten kollektiver Ziele sowie an unzureichender Kooperationsfähigkeit. Ungleiche Anreiz-/Beitrags-Konstellationen unter den Partnern fördern in besonderer Weise derartige Konflikte. – 6. *Ausblick:* Komplexe und turbulente Märkte fordern ein hohes Maß an Ressourcenverfügbarkeit und → Flexibilität, was die Tendenz zu K. auch in Zukunft und trotz erkennbarer Probleme fördert.

Kommanditgesellschaft auf Aktien (KGaA), → Kapitalgesellschaft mit eigener Rechtspersönlichkeit, bei der mindestens ein → Gesellschafter als natürliche Person den Gesellschaftsgläubigern unbeschränkt haftet (→ Komplementär) und die übrigen Gesellschafter an dem in → Aktien zerlegten → Grundkapital beteiligt sind, ohne persönlich für die Verbindlichkeiten der Gesellschaft zu haften (§ 278 I AktG). Komplementär kann auch eine → Gesellschaft mit beschränkter Haftung sein (279 II AktG). Soweit es sich um die Stellung der Komplementäre handelt, gelten die Vorschriften über die KG entsprechend. Im Übrigen gilt für die KGaA das Recht der → Aktiengesellschaft, soweit nicht in §§ 278-290 AktG Sonderregelungen etwas anderes bestimmen. Die Komplementäre haben für die Geschäftsführung und Vertretung die gleiche Stellung wie der → Vorstand einer AG (§ 283 AktG). Sie können sich aber mit einer Einlage beteiligen oder Aktien erwerben, so dass sie zugleich die Stellung eines Kommanditaktionärs erlangen. Der → Aufsichtsrat wird nur von den Kommanditaktionären gewählt. Hierbei dürfen die Komplementäre auch dann nicht mitwirken, wenn sie Aktien besitzen. Der Aufsichtsrat hat die gleichen Befugnisse wie bei der AG. Die Hauptversammlungsbeschlüsse, insbesondere der über den → Jahresabschluss, bedürfen grundsätzlich der Zustimmung der Komplementäre (§§ 285 II, 286 I AktG). Die KGaA ist eine Mischform mit Elementen der Aktiengesellschaft und der → Kommanditgesellschaft. Sie ist – wie die Aktiengesellschaft- eine → juristische Person, unterscheidet sich jedoch von dieser dadurch, dass es neben den (Kommandit)Aktionären mindestens einen persönlich haftenden Gesellschafter gibt, dessen Stellung der eines Komplementärs in einer KG ähnlich ist. Dieser persönlich haftende Gesellschafter kann auch eine juristische Person sein.

Kommanditgesellschaft (KG), → Personengesellschaft, deren Rechte und Pflichten in §§ 161 ff. HGB festgelegt sind. Neben mindestens einem unbeschränkt persönlich haftenden → Gesellschafter, dem → Komplementär, ist bei mindestens einem weiteren Gesellschafter, dem → Kommanditisten, die Haftung gegenüber den Gesellschaftsgläubigern auf den Betrag einer bestimmten Vermögenseinlage beschränkt. Zwingende Vorraussetzung der KG ist der auf den Betrieb eines Handelsgewerbes gerichtete Gesellschaftszweck der Unternehmung. Kommanditisten sind sowohl von der Geschäftsführung als auch von der Vertretung der Gesellschaft ausgeschlossen. Häufig auftretende Mischformen der KG ist die → GmbH & Co. KG und die → Kommanditgesellschaft auf Aktien.

Kommanditist. 1. *Begriff:* Ein K. ist derjenige → Gesellschafter einer → Kommanditgesellschaft, der ebenso wie der → Komplementär persönlich und unmittelbar, im Gegensatz zu diesem jedoch nur bis zur Höhe seiner Einlage, dem → Kommanditkapital, haftet. Seine Haftung entfällt, wenn er seine Einlage geleistet hat und so der Betrag der Haftsumme in das → Gesellschaftsvermögen geflossen ist, (§ 171 I HGB). Bevor die Kommanditgesellschaft in das → Handelsregister eingetragen ist, gilt die Haftungsbegrenzung dagegen nicht auch nicht rückwirkend (§ 176 HGB). – 2. *Rechtsstellung:* Die Rechte und Pflichten des K. sind in den §§ 163 ff. HGB geregelt. Wesentliches Merkmal ist der Ausschluss des K. von der Geschäftsführung (§ 164 HGB). Er besitzt → Kontrollrechte (§ 166 HGB) und ist am Gewinn und Verlust beteiligt (§ 167 f. HGB).

Kommanditkapital, in die → Kommanditgesellschaft eingebrachte Einlage des → Kommanditisten. Der Kommanditist stellt sein Kapital bereit und beteiligt sich damit finanziell an der Gesellschaft. Die erbrachte Einlage wird Bestandteil des → Gesellschaftsvermögens und steht damit auch dem Zugriff der → Gläubiger zur Verfügung. Die Höhe des K. begrenzt zudem den Umfang der Haftung eines Kommanditisten gegenüber den Gläubigern der Gesellschaft. Der Kommanditist haftet daher im Gegensatz zum → Komplementär nur in Höhe seines eingebrachten Kapitals.

Kommunikation, → Kommunikationspolitik.

Kommunikationserfolgskontrolle, *Werbewirkungskontrolle.* 1. *Begriff:* K. bezeichnet die parallel zur → Werbung laufende oder nach Ablauf einer Werbekampagne durchgeführte Überprüfung der effektiven Durchsetzungskraft der eingesetzten → Kommunikationsinstrumente. – 2. *Arten:* Die K. vergleicht die geplanten psychischen und ökonomischen Wirkungen von durchgeführten Kommunikationsmaßnahmen mit deren tatsächlich eingetretenen Wirkungen. – 3. *Beurteilung:* Mit Hilfe einer systematischen K. können wichtige Rückschlüsse zur Sicherung von → Effektivität und → Effizienz zukünftiger Kommunikationsaktivitäten gezogen werden.

Kommunikationsgestaltung. 1. *Begriff:* Im Rahmen der K. wird das strategische Kommunikationskonzept in konkrete Ziele, Budgets und Maßnahmenprogramme für den Zeitraum einer Planungsperiode operationalisiert. – 2. *Vorgehen:* Die K. erfordert die Umsetzung der Planungsinhalte in Kommunikationsmittel, die anschließend gezielt über Medien zu streuen sind. Wichtigste Aufgabe der K. ist die Entwicklung einer wirksamen Botschaft, die im Idealfall Beachtung findet, Interesse auf sich zieht, Wünsche entstehen lässt und zur Handlung auffordert.

Kommunikationsinstrumente, *kommunikationspolitische Instrumente.* 1. *Begriff:* Als K. bezeichnet man eine Menge von Kommunikationsmaßnahmen, die sich durch ihre relative funktionale Ähnlichkeit zueinander auszeichnen. – 2. *Kategorien:* Aufgrund der Vielzahl an K. erfolgt eine Aufteilung in Instrumente der indirekten Kommunikation (einseitige, nicht-adressierte Massenkommunikation) und der Direkt-Kommunikation (Herstellung eines unmittelbaren Kontakts bzw. Dialogs zwischen Sender und Empfänger). – 3. *Arten:* Zu den K. der Direkt-Kommunikation zählen Direkt-Werbung, Direkt-Verkaufsförderung und Direkt-Öffentlichkeitsarbeit, die indirekte Kommunikation umfasst die K. der klassischen → Werbung in Massenmedien, indirekte Öffentlichkeitsarbeit, Sponsoring und Placement.

Kommunikationsmanagement. 1. *Begriff:* → Planung, Steuerung und Kontrolle sind die wesentlichen Managementfunktionen, die sich beim K. auf die zielentsprechende Gestaltung und Übermittlung von Informationen an bestimmte

Adressaten beziehen. – 2. *Aufgaben:* Während sich die Kommunikationsplanung mit den Zielen, Handlungsmöglichkeiten, Wirkungen und Budgets der → Kommunikationspolitik befasst, vergleicht die Kommunikationskontrolle in rückblickender Betrachtung die Kommunikationsziele mit den tatsächlich erreichten Kommunikationswirkungen. Durch bewusste Einflussnahme auf interne Mitarbeiter und externe Kooperationspartner strebt die Steuerung ein zielentsprechendes, konsistentes Handeln an.

Kommunikations-Mix, stellt einen der vier Teilbereiche des → Marketing-Mix dar und umfasst die einzelnen → Kommunikationsinstrumente und deren Abstimmung. Hierzu zählen die klassische → Werbung, Verkaufsförderungsmaßnahmen am Ort des Verkaufs, der persönliche Verkauf mit der direkten Kommunikation zum Kunden, Öffentlichkeitsarbeit/→ Public Relations zur Schaffung einer allgemeinen Vertrauensbasis und Below-the-Line-Maßnahmen. Im Rahmen des K.-M. sollen die auf die bestehenden und potenziellen Kunden ausgerichteten Informationen des Unternehmens mit dem Ziel einer gewünschten Verhaltenssteuerung koordiniert werden. Diese sind zielgruppengerecht einzusetzen, zu budgetieren und zu terminieren.

Kommunikationsplanung, im Rahmen der K. werden die im → Kommunikations-Mix ausgewählten Instrumente zu Werbeplänen zusammengestellt und budgetiert. Darin werden die Kommunikationsziele definiert, die geeigneten Kommunikationskanäle ausgewählt sowie die konkreten Messgrößen und Zielwerte zur Bestimmung der Wahrnehmung, Verarbeitung und Wirkung der Botschaften durch die Kunden festgehalten. Dabei sollen beim Kunden gezielt Gedächtnis-, Einstellungs- und Verhaltenswirkungen erzeugt werden. Die Planung bezieht sich auf ein Geschäftsjahr oder eine genauer spezifizierbare Aktion wie eine neue Produktlancierung oder ein Marketingevent.

Kommunikationspolitik. 1. *Begriff:* Im Rahmen des → Marketing-Mix kommt der K. die Aufgabe zu, aktuelle und potenzielle Kunden mit Informationen zu den Produkten und Dienstleistungen sowie der Unternehmensstrategie zu versorgen. Dabei kommt zu den grundlegenden Informationen zur Schaffung von → Akzeptanz und Bekanntheit auch der spezifischen, zielgruppengerechten Darstellung eine wichtige Bedeutung zu. K. umfasst die Auseinandersetzung mit den Zielen der Kommunikation, der Wirkung von Kommunikationsmaßnahmen sowie der konkreten Gestaltung von Kommunikation. – 2. *Merkmale:* K. ist nach Thommen durch das Zusammenspiel von drei Elementen gekennzeichnet: (1) Kommunikationssubjekt: Mit wem/welcher Anspruchsgruppe wird kommuniziert? Wie stark ist diese eingebunden/bereits aktiviert? (2) Kommunikationsobjekt: Welche Inhalte werden mitgeteilt? Geht es um das Unternehmen oder um spezifische Angebote (Produkte/Dienstleistungen) und Sachverhalte (Investoren-Beziehungen)? (3) Kommunikationsprozesse: Wie läuft der Kommunikationsprozess im Detail ab? Welche Unterstützungs- oder Störungseffekte können auftreten? Wie soll die Kommunikationsbeziehung in Form, Inhalt und Frequenz gestaltet werden? – 3. *Maßnahmen bzw. Instrumente:* Die → Kommunikationsinstrumente übernehmen nach Esch drei Aufgaben im Rahmen einer integrierten K., die eine inhaltliche und formale Abstimmung der einzelnen Maßnahmen zum Ziel hat. (1) Leitinstrumente, d.h. die Träger der Kommunikation wie Print-, Plakat-, Radio-, Fernsehwerbung; (2) Integrationselemente, die zielgruppenspezifisch angepasst werden, wie Verkaufsförderungsmaßnahmen, Messen oder Events; (3) Folgeinstrumente, die flexible Anpassungsmöglichkeiten an die differenzierten Kundenbedürfnisse bieten, wie Internet-Kommunikatikon, persönlicher Verkauf, Direct Mails, Multi-Media-Kommunikation oder Sponsoring. Eine alternative Unterteilung der Instrumente kann nach dem Personalisierungsgrad vorgenommen werden. Entsprechend zählen zu den persönlichen Kommunikationsinstrumenten die persönliche oder technisch unterstützte Verkäufer-Käufer-Interaktionen bei verschiedenen Anlässen, zu den Massenkommunikationsinstrumenten die klassische Werbung, Verpackungen, Schaufenstergestaltung, Kataloge, Produktplatzierung am Point of Sale oder Sponsoring. Einen Mittelweg bieten Instrumente wie Events, (Haus-)messen oder zielgruppenspezifische → Public Relations-Maßnahmen. – *Vgl. Abb.* „Kommunikationspolitik, Persönliche vs. Massen-Kommunikation".

Prof. Dr. Christoph Müller

Literatur:
Bruhn, M.: Kommunikationspolitik, 2. Aufl., München 2003; *Esch, F.-R.:* Wirkung integrierter Kommunikation, 2. Aufl., Wiesbaden 1999; *Thommen, J.-P.:* Lexikon der Betriebswirtschaft, Zürich 1999.

Kommunikationspolitik, Persönliche vs. Massen-Kommunikation

Kritieren	Persönliche Kommunikation	Massenkommunikation
Erreichung einer großen Zielgruppe		
Geschwindigkeit	Langsam, nur über Multiplikatoren (Guerilla-Marketing)	Schnell, aber Gefahr von Streuverlusten, für Gründungsunternehmen vielfach unbezahlbar
Kosten pro erreichter Person	Hoch, gerade für Jungunternehmen, Außendienst vielfach zu teuer	Niedrig, sofern das Massenmedium zur Zielgruppe passt
Wirkung auf das Individuum		
Fähigkeit, Aufmerksamkeit zu erringen	Groß, da persönliche Einflussnahme möglich und laufende Beobachtung der Zielperson stattfindet	Gering, da Kommunikationsflut die (spärlichen) Botschaften von Gründungsunternehmen untergehen lässt
Genauigkeit der übertragenen Botschaft	Groß-mittel, je besser Kommunikationsfähigkeiten ausgeprägt sind	Groß, da Standardisierung der Botschaft
Wahrscheinlichkeit selektiver Wahrnehmung	Relativ gering, da laufende Beeinflussung möglich	Groß, da Reizüberflutung durch andere Werbebotschaften sowie Umstände der Informationsaufnahme
Verständlichkeit des Inhalts	Groß, da Erläuterungen möglich	Mittel bis gering, da Fehlinterpretationen / Unverständlichkeiten nicht sofort erkannt werden
Rückkopplung		
Richtung der Kommunikation	Zweiseitig	Einseitig
Schnelligkeit der Rückkopplung	In der Regel unmittelbar	Zeitverzögert, wenn überhaupt
Genauigkeit der Rückkopplung	Präzise bei aufmerksamer Gesprächsführung	Zumeist gering, da Verzerrung durch eingesetzte Medien und zwischengeschaltete Personen auftreten können

Kommunikationssysteme, → Kommunikationstechnologie.

Kommunikationstechnologie, umfasst als Sammelbegriff der Informations- und Kommunikationstechnologie (IKT) alle → Technologien für die technisch gestützte oder unterstützte Kommunikation. Weit gefasst schließt die IKT folgende Technologien ein: Telekommunikation mit Mobil- und Satellitenkommunikation, Internettechnologien für E-Commerce-Anwendungen, technische Informatik mit Software, Hardware und Datenbanken, Fernsprechtechnologien, Call Center für die direkte Kundenkommunikation und -information sowie der Einsatz von Medien wie CD-ROM, Filmen und Videos. Der Anteil der IKT an den gesamten Ausrüstungsinvestitionen in Deutschland macht gemäß der Statistik der Deutschen Bundesbank mehr als 40% aus.

Kommunikationsziele, werden bei der Entwicklung des → Kommunikations-Mix in Abstimmung mit den übergeordneten Marketingstrategie- und Marketingmixzielen festgelegt. Die Ziele definieren den Sollzustand, der durch die Umsetzung des Kommunikations-Mix erreicht werden soll. Dabei wird bestimmt, bei welcher Zielgruppe welche Ergebnisse und Wirkungen mit welchen Einzelinstrumenten und eingesetzten Finanzmitteln auf kurz-, mittel- und langfristige Sicht erzielt werden sollen. Bei der Festlegung der Ziele ist in diesem Zusammenhang auf die präzise Definition entsprechender Messgrößen, adäquater Zielwerte und passender Maßnahmen zu achten, damit sich dieser Prozess in das Marketing-Controlling einbinden lässt.

Kompetenz, *Sachverständigkeit.* 1. *Begriff:* a) Die einem Stelleninhaber ausdrücklich zugeteilten Rechte oder Befugnisse. – b) Fähigkeiten und Fertigkeiten, die als Ressourcenpotentiale hinter den Wertkettenaktivitäten stehen. – 2. *Arten:* a) → Kernkompetenzen grenzen sich durch die Merkmale wertvoll, selten, Ausschluss von Imitation und Nicht-Substituierbarkeit ab. – b) Randkompetenzen sind für die Umsetzung der Wertkettenaktivitäten notwendig, aber kein Mittel zur Differenzierung gegenüber Wettbewerbern. – 3. *Probleme:* Besonders Kernkompetenzen müssen zur Sicherung eines nachhaltigen Unternehmenserfolges gesichert und weiterentwickelt werden. Wird vor diesem Hintergrund eine Weiterentwicklung vernachlässigt, kann sich eine Kernkompetenz durch Wissensdiffusion zu einer K. ohne Differenzierungscharakter abschwächen.

Kompetenz-Ansatz, → Competence-based View.

Kompetenzstrategie. 1. *Begriff:* Spezielle Form einer Unternehmensstrategie. – 2. *Entwicklung des Begriffs:* Weiterentwicklung des klassischen → Ressource-based View zum Capability-based View. Besonders der Ressource-based View aus der → Neuen Institutionenökonomik rückte in den letzten Jahren verstärkt in den Fokus der wissenschaftlichen Untersuchungen. Aus ihm leitet sich die Überlegung ab, eine Unternehmensstrategie nach den unternehmensinternen → Kompetenzen auszurichten. – 3. *Abgrenzung zu ähnlichen Begriffen:* a) Wissensorientierte Strategien: Die Kompetenzen eines Unternehmens liegen vorrangig im impliziten Wissen um bestimmte Prozesse. - b) Fähigkeitsorientierte Strategien: Die Kompetenzen eines Unternehmens liegen vorrangig in einzigartigen Fähigkeiten, die eine Differenzierung ermöglichen.

Komplementär. 1. *Begriff:* Der K. ist derjenige → Gesellschafter einer → Kommanditgesellschaft oder → Kommanditgesellschaft auf Aktien, der persönlich haftet. K. können natürliche oder → juristische Personen sein. – 2. *Rechtsstellung:* Die Rechtsstellung des K. entspricht wesentlich derjenigen des Gesellschafters einer → Offenen Handelsgesellschaft, d.h. er haftet unbeschränkt mit seinem gesamten Vermögen. Er ist zur Geschäftsführung befugt und organschaftl. Vertreter der Kommanditgesellschaft, §§ 125 ff., 170 HGB.

komplementäre Güter, sind Güter, die nur zusammen mit anderen genützt werden können, wie bspw. die Zahnpasta und die Zahnbürste. Unternehmen können k.G. häufig zur Absatzsteigerung in weitgehend erschlossenen Märkten und zur → Kundenbindung instrumentalisieren. So sind I-Tunes (Musikdownloads von Apple) ein k.G. vom I-Pod, da man die Musikfiles auf keinem anderen MP3-Spieler abhören kann. Bei der Einführung k.G. müssen insbesondere junge Unternehmen auf das Konsumentenverhalten und -bedürfnisse achten, um die Kunden nicht zu verlieren. Eine gute Marktposition und gutes → Image der Produkte am Markt sind bei der Positionierung von k.G. zu empfehlen.

Komplementärkapital. Einer → Kommanditgesellschaft wird empfohlen, das Gesellschafterkapital in der → Bilanz in K. und Kommanditkapital aufzugliedern. Demnach besteht das gegliederte → Eigenkapital bei der KG aus den Posten: K., → Kommanditkapital, Rücklagen. Ein gesonderter Eigenkapitalposten für jeden → Gesellschafter ist bei der KG nicht auszuweisen.

Komplementärprodukte, *Netzgüter*. I. Volkswirtschaft: 1. *Begriff:* Güter, deren Kreuzpreiselastizität zueinander negativ ist. – II. Betriebswirtschaft: 1. *Begriff:* Güter, deren Einsatz den Einsatz eines anderen Gutes zwingend bedingt, z.B. Autos und Reifen. – 2. *Probleme:* Die Diffusion eines Gutes A kann stark von der Diffusion eines Komplementärproduktes B abhängen, jedoch muss die Diffusion von Gut B nicht von der Diffusion von Gut A abhängen. – *Vgl. auch* → komplementäre Güter.

Konfliktmanagement, sind Maßnahmen zur Verhinderung einer Eskalation oder einer Ausbreitung eines Konfliktes. Durch K. sollen Konflikte erkannt und gelöst werden, indem das eigene Konfliktverhalten hinterfragt und neues Konfliktverhalten erlernt wird. Im Unter-

Konjunktur, Konjunkturzyklus

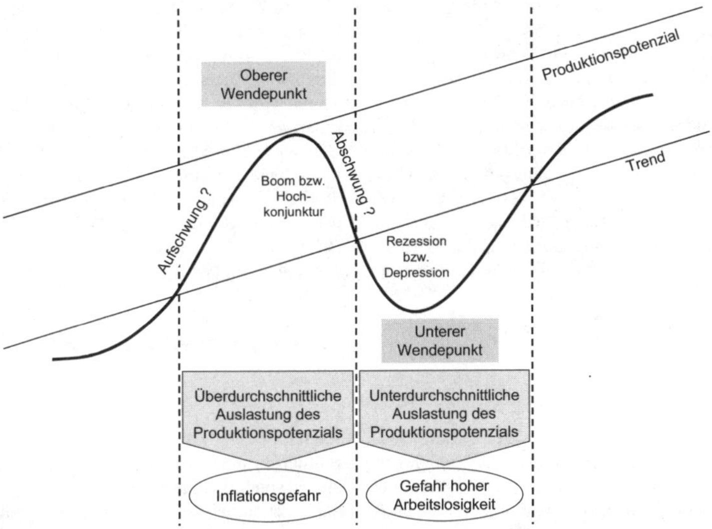

nehmen kann K. greifen, wenn sich Konflikte zwischen → Gesellschafter, Arbeitnehmer aber auch zwischen dem → Aufsichtsrat und den → Gründern ergeben. K. kann bei einzelnen Personen oder zwischen Gruppen angewendet werden. Eine Methode, die junge Unternehmen im Rahmen des K. von Handlungsalternativen anwenden können, ist die Nutzwertanalyse. Hier werden Kriterien im Sinne von Gesichtspunkten und Alternativen im Sinne von Lösungsvorschlägen dargestellt, verglichen und bewertet, um die optimale Lösung zu einer Entscheidung oder Problemstellung zu finden. Zweck ist es, die Kriterien entsprechend den Präferenzen des Entscheidungsträgers bezüglich eines multidimensionalen Zielsystems zu ordnen.

Konjunktur, zyklische Schwankungen des Niveaus wirtschaftlicher Aktivität, i.d.R. gemessen als Auslastungsgrad des Produktionspotenzials. Die Länge der Schwankungen ist unterschiedlich und beläuft sich auf drei bis sieben Jahre. Bei einem hohen Auslastungsgrad des Produktionspotenzials besteht die Gefahr von Überhitzungserscheinungen, insbesondere Inflation. Bei einer Unterauslastung (Rezession) kann es zu → Arbeitslosigkeit kommen. Ursache von Konjunkturschwankungen sind Schwankungen der Nachfrage. Da die → Investitionen die am stärksten schwankende Nachfragekomponente darstellen, stehen sie auch im Zentrum der Konjunkturtheorie. Entsprechend zielen konjunkturpolitische Maßnahmen der Nachfragesteuerung auch meist auf die Beeinflussung der Investitionstätigkeit. – *Vgl. auch* → Stabilitätspolitik. – *Vgl. Abb.* „Konjunktur, Konjunkturzyklus".

Konkurrenz, → Wettbewerb.

Konkurrenzschutzklausel. *Wettbewerbsverbot.* 1. *Arbeitsrecht:* Unter einer K. versteht man eine Vereinbarung zwischen Arbeitgeber und → Arbeitnehmer, in der der Arbeitnehmer die Verpflichtung eingeht, für eine bestimmte Zeit nach Beendigung seines Arbeitsverhältnisses keine Tätigkeit in Konkurrenz zum Arbeitgeber auszuüben. Der Arbeitgeber sichert dagegen zu, für die Dauer des Verbotes eine bestimmte Entschädigung zu zahlen, deren Höhe sich nach der Hälfte der zuletzt bezogenen vertragsmäßigen Leistungen richtet. Der Art nach sind die allgemeine K., nach der dem Arbeitnehmer jede Tätigkeit in Konkurrenz zum Arbeitgeber untersagt ist, und die partielle K., die nur die Konkurrenz auf dem bisherigen Arbeitsgebiet verbietet, zu unterscheiden. Der räumliche und zeitliche Umfang einer K. richtet sich nach der Vereinbarung, sie darf maximal zwei Jahre umfassen. – 2. *Handelsvertreterrecht:* Im Handelsvertreterrecht begrenzt § 90a HGB die Zulässigkeit von K. auf eine Laufzeit von zwei Jahren und inhaltlich auf die vom Handelsvertreter übernommenen Vertriebsaufgaben. Der Handelsvertreter hat einen nicht abdingbaren Anspruch auf eine angemessene Entschädigung. Der Unternehmer kann bis zum Ende des Vertragsverhältnisses schriftlich auf die K. mit der Folge verzichten, dass er mit dem Ablauf von sechs Monaten von der Verpflichtung zur Zahlung der Entschädigung frei wird. Kündigt ein Teil den Handelsvertretervertrag fristlos wegen schuldhafter Vertragsverletzung des Vertragspartners, kann er sich durch schriftliche Erklärung binnen einem Monat von der K. lossagen. – III. Gesellschaftsrecht: → Gesellschafter einer → Offenen Handelsgesellschaft und → Komplementäre einer → KG unterliegen gesetzlich einem Konkurrenzverbot in demselben Handelszweig (§§ 112, 113 BGB). Der → Kommanditist unterliegt dagegen keinem gesetzlichen Konkurrenzverbot.

Konkursverfahren, → Insolvenzverfahren.

Konsolidierungsfinanzierung, bezeichnet die → Finanzierung in der Konsolidierungsphase des Unternehmenszyklus. Besonderheiten der K. in einer Phase der abnehmenden Grenzerträge und angehenden → Marktsättigung sind Mittel für neue Entwicklungsrichtungen des Unternehmens oder des Produktes. Da in der Konsolidierungsphase das Unternehmen bereits über positive → Cash Flows und eine Reputation bei den Kunden verfügt, kommen in der K. viele Finanzierungsformen in Frage.

Konsortialbank, *Konsorte*, ein an einem gemeinsam durchgeführten Kredit- oder Emissionsgeschäft beteiligtes Kreditinstitut. Die Teilnahme an internationalen Emissions- und Kreditkonsortien ist ein wichtiger Indikator für die Bedeutung einer → Bank im Auslandsgeschäft. Die konkreten Aufgaben einer K. können unterschiedlich sein und etwa die Übernahme und/oder die Platzierung des Kredits bzw. der → Emission umfassen.

Konsortialführer, *Leadmanager, federführende Bank*, ein Kreditinstitut oder Wertpapierdienstleistungsunternehmen, das mit der Leitung eines Emissions- oder Kreditkonsortiums beauftragt ist.

Konsortialgeschäft, ein Geschäft, das von mehreren → Banken einmalig auf gemeinsame Rechnung durchgeführt wird. Typische Anwendungsfelder sind die → Emission von → Aktien und die Vergabe von großen Krediten, häufig am internationalen Markt. Motive sind in diesem Zusammenhang vor allem die Risikoteilung und die Einhaltung regulatorischer Großkreditgrenzen.

Konsortialvereinbarung, → Vertrag, der die Ausführung gemeinschaftlicher Geschäfte zwischen → Banken regelt und von den Mitgliedern eines → Konsortiums abgeschlossen wird. Regelung des Innenverhältnisses zwischen den → Konsortialbanken mit dem Zweck der Abgabe eines gemeinsamen Angebotes und der Erlangung eines Auftrages.

Konsortium, eine Gelegenheitsgesellschaft, die für einen begrenzten Zeitraum zur Durchführung eines oder mehrerer bestimmter Geschäfte gegründet wird. Die → Gesellschafter (→ Konsortialbanken) bleiben rechtlich und wirtschaftlich selbstständig. Gegenstand eines Bankenkonsortiums ist zumeist die Wertpapieremission oder die Vergabe von Großkrediten, etwa am internationalen Markt. Das K. übernimmt i.d.R. zunächst die → Finanzierung und platziert dann einzelne Tranchen bei Investoren bzw. anderen Banken. Die Aufgaben der einzelnen Konsortialbanken sind vor diesem Hintergrund in internationalen K. zumeist unterschiedlich, während im traditionellen deutschen Übernahme- und Begebungskonsortium alle Banken sowohl die Finanzierung garantieren als auch die Platzierung übernehmen.

Konsumentenrente, → Kundennutzen.

Konsumentenverhalten. Das K. gibt neuen Unternehmungen in erster Linie Aufschluss über die → Preisgestaltung. Dabei sind Kenntnisse über das K. für die Preisfestsetzung unabdingbar. Das K. lässt sich aus der Nachfragekurve, insbesondere Veränderungen der Nachfrage bei Preisveränderungen und die Einstufung des Produkts für die potenziellen Kunden entnehmen. Daraus wiederum können Implikationen für Marketingaktivitäten, aber auch für die Produktentwicklung abgeleitet werden. – *Vgl. auch* → Einstellung, → Akzeptanz, → Preispolitik.

Konto. 1. *Hilfsmittel der* → Buchführung zur Erfassung jeweils gleichartiger Geschäftsvorgänge nach einem bestimmten Kontenplan, grafisch einzeln meist in T-Form mit einer linken (Soll-) und einer rechten (Haben-) Seite dargestellt. Bei der Bestandsrechnung der → Bilanz stehen → Aktiva als Vermögenswerte auf der Sollseite, Passiva hingegen auf der Habenseite. Bei Aktivkonti werden Zugänge auf der Sollseite gebucht, Abgänge auf der Habenseite, bei Passivkonten ist es umgekehrt. In der als „Flussrechnung" geführten Erfolgsrechnung stehen Aufwandposten auf der Sollseite, Ertragsposten auf der Habenseite. Aufwände werden auf Aufwandkonti auf der Sollseite gebucht,

Aufwandsminderungen auf der Habenseite, bei Ertragskonto werden Erträge auf der Habenseite gebucht, Ertragsminderungen auf der Sollseite. – *Vgl. auch* → doppelte Buchführung.

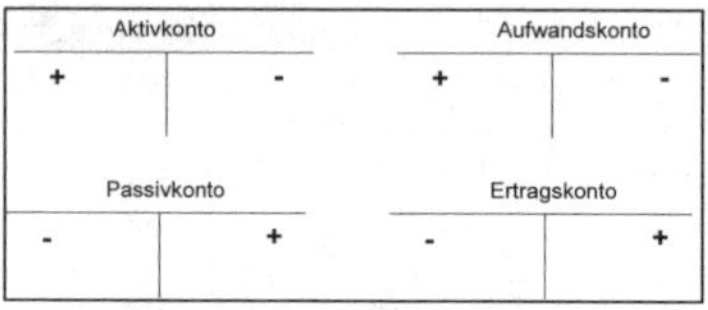

– 2. Bei einem Finanzdienstleister (z.B. einer Bank) geführte *Aufstellung von Guthaben* bzw. Schulden sowie den Zu- und Abgängen.

Kontokorrentkredit, Kredit von (meist) einer → Bank mit variabler Höhe, nach oben begrenzt durch eine → Kreditlinie (Kreditlimite), verbunden mit einem Konto bei einer Bank. Der K. eignet sich insbesondere für unregelmäßigen Geldbedarf, z.B. bei saisonal auftretenden Schwankungen. Zu verzinsen ist dann nur der wirklich auch in Anspruch genommene Kredit. Die kreditgebende Bank bekommt über das zugehörige Konto des K. Einsicht in die Geldzu- und Geldabflüsse des Unternehmens und somit Einblick in die Geschäftstätigkeit. Gleichwohl verlangen die meisten Kreditgeber auch für den K. eine bestimmte → Bonität bzw. bestimmte → Kreditsicherheiten.

KonTraG, *Gesetz zur Kontrolle und Transparenz im Unternehmensbereich.* Das am 1.5.1998 in Kraft getretene KonTraG brachte einschneidende Veränderungen in den gesetzlichen Bestimmungen zur → Buchführung und Erstellung von → Jahresabschlüssen von → Kapitalgesellschaften. Es sieht erweiterte Auskunftspflichten von Leitungsorganen und stärkere Kontrollmöglichkeiten in Kapitalgesellschaften vor. Wesentliche Inhalte des KonTraG sind die Verpflichtung zur Schaffung eines Überwachungssystems zur Früherkennung von bestandsgefährdenden Entwicklungen eines Unternehmens und zur Schaffung von Kommunikationsstrukturen, die ein frühes Erkennen der Risiken durch die Entscheidungsträger sichern. Die Vorschriften des KonTraG betreffen Regelungen, die in verschiedene Wirtschaftsgesetze, vorrangig in das HGB, das AktG und das GmbHG eingefügt worden sind (sog. Artikelgesetz). Ziele des KonTraG und der daraus resultierenden Überwachungsvorschriften sind die allgemeine Sicherung des Fortbestands eines Unternehmens und der Schaffung von rechtlichen Grundlagen einer neuen Leitungs- und Überwachungsstruktur, um die Interessen der → Kapitalgeber zukünftig stärker zu schützen. Die wichtigste Änderung nach dem KonTraG ist § 91 Abs. 2 AktG, nach dem der → Vorstand geeignete Maßnahmen zu treffen hat, insbesondere ein Überwachungssystem einzurichten ist, damit gefährdende Entwicklungen hinsichtlich des Fortbestands der Gesellschaft frühzeitig erkannt werden. Das KonTraG hat das Ziel, möglichst alle Unternehmensrisiken zu erfassen. Das KonTraG bildet hierzu einen rechtlichen Rahmen für ein Risikomanagementsystem, welches zwar von den einzelnen Unternehmen unterschiedlich ausgestaltet werden kann, jedoch zur Einrichtung eines → Früherkennungssystems verpflichtet.

Kontrakt, → Vertrag.

Kontrollrechte, stehen zumeist den nicht an der Geschäftsführung beteiligten → Gesellschaftern zu und beinhalten das Recht zur Überwachung der von der Unternehmensleitung ausgeführten Aufgaben. Praktisch beinhalten K. das Recht zum Betreten und der Besichtigung des Unternehmens sowie der Einsicht in die Handelsbücher, der Korrespondenz und sonstigen Papiere. Die Geschäftsführung unterliegt gegenüber den Gesellschaftern zudem der Auskunfts- und Rechenschaftspflicht. Gesetzlich geregelt für die → Gesellschaft bürgerlichen Rechts in § 716 BGB, die → Offene Handelsgesellschaft in § 118 HGB, die KG in § 166 HGB, die → stille Gesellschaft in § 233 HGB, die → Gesellschaft mit beschränkter Haftung in §§ 51a, 51b GmbHG. Bei der → Aktiengesellschaft und der → Kommanditgesellschaft auf Aktien besitzt der → Aufsichtsrat gegenüber dem → Vorstand gem. § 111 AktG das Einsichts- und Prüfungsrecht in die Bücher und Vermögensgegenstände. Die Aktionäre haben in der → Hauptversammlung ein Auskunftsrecht gegenüber dem Vorstand gem. § 131 AktG.

Kontrollverlust, Einschränkung der Entscheidungsfreiheit des Unternehmers bei der Geschäftspolitik durch die Hereinnahme externer Finanzierungsmittel. Um Kapitalrationierungen zu vermeiden, ist der Unternehmer angewiesen, die → Kapitalgeber über seine Investitionspolitik zu informieren. Fremdkapitalgeber besitzen ein entsprechendes Informationsrecht. Eigenkapitalgeber können zudem durch ihre Mitwirkungsrechte auf die Geschäftspolitik des Unternehmens einwirken. Damit setzt sich der Unternehmer einer externen Kontrolle aus und verliert zu einem Teil den Einfluss auf die Unternehmenstätigkeit. Neben der Investitionsseite kann davon auch die Finanzierungsseite betroffen sein, da die finanzielle Position der Kapitalgeber vom Verschuldungsgrad abhängt.

Konzentrationsgrad. 1. *Begriff:* Ausdruck der Konzentrationsmessung für die Anhäufung von Produktionsfaktoren bei einzelnen wenigen Wirtschaftssubjekten und Wirtschaftseinheiten. – 2. *Arten:* Im Hinblick auf die statistische Erfassung werden absolute und relative K. unterschieden. Absolute K. weisen die Anzahl und die Größe der Merkmalsträger (z.B. Unternehmen) aus. Relative K. (Disparität) berücksichtigen nicht die Anzahl der Merkmalsträger. Gemessen wird vielmehr die Abweichung der Verteilung von Merkmalswerten von einer hypothetischen Gleichverteilung. Ein hoher relativer K. liegt somit vor, wenn ein kleiner Anteil der Elemente der Gesamtheit einen großen Anteil am Gesamtmerkmalsbetrag auf sich konzentriert. Die statistische Veranschaulichung und Messung erfolgt mit Hilfe der Lorenzkurve.

Konzeption, *Konzeptualisierung*. Ausdruck für die einer Lehre oder einem Programm zugrunde liegende Idee bzw. den Entwurf.

Konzeptualisierung, → Konzeption.

Konzession, → Gewerbeerlaubnis.

Kooperation. 1. *Begriff:* I.w.S. umfasst K. jede Form der Zusammenarbeit zwischen am Wirtschaftsleben beteiligten Personen und Institutionen, von denen jeder einen bestimmten Aufgabenbereich übernimmt. Ein typisches Beispiel sind strategische → Allianzen zwischen Unternehmen. Im engeren Sinne ist unter K. eine Funktionskoordinierung zwischen mindestens zwei (meist wenigen) wirtschaftlich und rechtlich selbständigen Unternehmen zur Steigerung der gemeinsamen Wettbewerbsfähigkeit zu verstehen. Trotz vertraglicher Vereinbarungen und der damit verbundenen Einschränkung der wirtschaftlichen Entscheidungsfreiheit soll die Selbständigkeit der beteiligten Unternehmen erhalten bleiben. Daher fallen die Zusammenarbeit zwischen Geschäftseinheiten eines Konzerns sowie Unternehmensvereinigungen (→ Akquisitionen und → Fusionen) nicht unter den Begriff der K. Der Tatbestand der K. ist nicht an der rechtlichen Zulässigkeit ausgerichtet und ist unabhängig davon gegeben, ob die Zusammenarbeit auf mündlicher oder schriftlicher Grundlage erfolgt. Aus transaktionskostentheoretischer Sicht (→ Transaktionskosten) sind K. als hybride Formen zwischen den Koordinationsformen des Marktes und der Hierarchie zu sehen. – 2. *Formen:* Die unterschiedlichen Formen von K. lassen sich anhand verschiedener Kriterien systematisieren. a) Intensität der Zusammenarbeit: (1) Informationsaustausch; (2) Erfahrungsaustausch; (3) Absprachen; (4) Gemeinschaftsarbeiten ohne Ausgliederung einer (mehrerer) Unternehmensfunktion(en); (5) Gemeinschaftsarbeiten mit Ausgliederung einer (mehrerer) Unternehmensfunktion(en); (6) Gütergemeinschaft; (7) Bildung eines Kooperationsmanagements; (8) Gemeinschaftsgründung (→ Joint Venture); (9) Rechtliche Ausgliederung des Kooperationsmanagements. Die Intensitätsstufen (7) und (9) beziehen sich auf die gesamte Kooperationsinstitution und deren Organisationsgrad, die restlichen Intensitätsstufen auf die Art und Weise der Kooperationsbeziehungen. – b) Beteiligte Wirtschaftsstufen: (1) Horizontale K.: Zusammenarbeit zwischen Wettbewerbern der gleichen Wirtschaftsstufe, die gleichartige oder eng substituierbare Güter anbieten, z.B. zwischen Herstellern von Haushaltsgeräten oder zwischen Lebensmitteleinzelhändlern. Die horizontale K. kann die gesamte Branche (Branchenkooperation) oder nur wenige Unternehmen der Branche (Gruppenkooperation) umfassen. (2) Vertikale K: Zusammenarbeit zwischen Betrieben, die aufeinanderfolgenden Wirtschaftsstufen angehören, z.B. zwischen Automobilzulieferern und Automobilherstellern. (3) Diagonale K.: Alle sonstigen Formen der Zusammenarbeit, etwa eine Zusammenarbeit zwischen Betrieben, die nicht aufeinanderfolgenden Wirtschaftsstufen angehören, lassen sich den diagonalen K. zuordnen. – c) Gemeinschaftlich durchgeführte Funktionen: (1) Gesamtfunktionelle K.: Die K. erstreckt sich auf nahezu alle betrieblichen Funktionen, z.B. → Beschaffung, → Produktion, → Marketing, → Vertrieb und → Finanzierung; (2) Teilfunktionelle K.: Die K. beschränkt sich auf einzelne betriebliche Funktionen, wie z.B. Beschaffungskooperation. – d) Marktgebiete, auf die sich die K. erstreckt: (1) Zusammenarbeit auf regionalen oder überregionalen Inlandsmärkten; (2) Zusammenarbeit auf Auslandsmärkten. Im Hinblick auf die Beschaffung ist hier von einer → Import-Kooperation, im Hinblick auf den Absatz von einer → Export-Kooperation die Rede. – e) Dauer: Ist diese festgelegt, ist von einer befristeten K. die Rede. Ansonsten spricht man von einer unbefristeten K. Wird auf die geplante Dauer der Zusammenarbeit abgestellt, können die folgenden Typen von K. unterschieden werden: (1) kurzfristige K.; (2) mittelfristige K.; (3) langfristige K. – f) Auswirkungen der K.: (1) Technologiezugang; (2) Marktzugang; (3) Zeitgewinn; (4) Kostensenkung; (5) Kapitalbeschaffung; (6) Risikoverminderung.

Prof. Dr. Peter Witt

Literatur:
Albach, H. (Hrsg.): Joint Ventures - Praxis internationaler Unternehmenskooperationen, in: ZfB-Ergänzungsheft, Nr. 1, Jg. 91 (1991); *Fleischer, S.:* Strategische Kooperationen: Planung, Steuerung, Kontrolle, Dissertation, Köln 1997.

Kooperationsmanagement, umfasst alle Tätigkeiten und Aufgaben, die zur → Koordination der Kooperationspartner nötig sind. Ein K. wird erst ab einer gewissen Intensität der Zusammenarbeit zwischen den Partnern eingerichtet. Es wird dann teils von einem Kooperationspartner alleine, meist aber von allen Partnern gemeinschaftlich wahrgenommen. In Fällen umfassenderer und intensiver → Kooperationen ist auch eine rechtliche Ausgliederung des K. in eine separate Institution denkbar.

Koordination. 1. *Begriff:* K. bezeichnet aus organisationstheoretischer Sicht die Abstimmung der Tätigkeiten verschiedener Personen und Abteilungen in einem Unternehmen. K. wird immer dann erforderlich, wenn in Produktionsprozessen ein → Prozessmanagement bzw. eine Arbeitsteilung stattfindet und wenn dabei Interdependenzen zwischen den Tätigkeiten verschiedener Personen bestehen. Solche Interdependenzen können einerseits auf der Nutzung gemeinsamer → Ressourcen entstehen, die innerhalb der Gesamtorganisation knapp sind. Andererseits können Interdependenzen auf marktseitigen Abhängigkeiten beruhen, z.B. gemeinsamen Kunden oder Zwischenprodukten, die in die Fertigung anderer Organisationseinheiten eingehen. – 2. *Ziele:* Ziel der K. ist die Sicherung der Effizienzvorteile aus arbeitsteiliger Produktion. Gemeinsame Ziele aller Beteiligten erleichtern die K., sind aber nicht zwingend erforderlich. Anreize zur K. sind bereits dann gegeben, wenn die einzelnen Beteiligten glauben, durch eine K. mit anderen Personen ihre eigenen Ziele besser erreichen zu können. – 3. *Prinzipien der Koordination:* Bei einer hierarchischen → Entscheidungsfindung spricht man von vertikaler K. Einschränkungen der Entscheidungsfreiheit auf nachgelagerten Organisationsebenen sichern die Erreichung gemeinsamer Ziele, das Ausmaß der verbleibenden Entscheidungsautonomie bestimmt die mögliche Nutzung von Spezialkenntnissen. Bei vertikaler K. werden drei Koordinationsprinzipien verwendet: die personenbezogene Entscheidungskapazität, die jeweilige Informations- und Entscheidungsautonomie sowie das Entscheidungsverfahren. Horizontale K. bezeichnet die Abstimmung zwischen Personen und Abteilungen einer Hierarchiestufe. Als Koordinationsprinzipien wirken hier die Kommunikationskapazitäten, die Kommunikationsauslösung und die gewählten Kommunikationswege. Das Problem der Kommunikationswege existiert bei vertikaler K. nicht, da hier entlang der hierarchischen Informations- und Weisungsbefugnisse und unter Einsatz eines → Berichtswesens kommuniziert wird. – 4. *Koordinationsinstrumente:* K. kann grundsätzlich hierarchisch und nicht hierarchisch erfolgen. Nicht hierarchische Verfahren der K. wie Debatten, Selbstabstimmungen oder Verhandlungen können prinzipiell bei horizontaler und bei vertikaler K. eingesetzt werden, vor allem bieten sie sich an, wenn → Hirarchische Entscheidungssysteme die → Motivation der Beteiligten zu stark beeinträchtigen oder den Informationsfluss innerhalb einer Hierarchie überlasten würden. Ihr Nachteil besteht in der geringeren Planbarkeit der Ergebnisse und den häufig deutlich höheren Koordinationskosten und Koordinationszeiten. Zu den hierarchischen Koordinationsinstrumenten zählen vor diesem Hintergrund Einzelanweisungen, Pläne, Programme und zentral gesetzte Verrechnungspreise. Ein → Unternehmensplan oder ein Unternehmensprogramm beinhaltet auf einen Zeitraum und auf eine Organisationseinheit bezogene Ziele sowie Maßnahmen zur → Zielerreichung (z.B. Budgets und Entscheidungsvollmachten). Verrechnungspreise können in diesem Zusammenhang kostenbezogen sein, was den Zusammenhalt der Gesamtorganisation stärkt, oder marktpreisbezogen festgelegt werden, was zu einer Stärkung der unternehmerischen Motivation der einzelnen Organisationseinheiten führt.

Prof. Dr. Peter Witt

Literatur:
Frese, E.: Koordination, in: Grochla, E./Wittmann, W. (Hrsg.), Handwörterbuch der Betriebwirtschaft, 4. Aufl., Stuttgart 1975, Sp. 2263-2273; *Jost, P.-J.:* Organisation und Koordination - Eine ökonomische Einführung, Wiesbaden 2000; *Poensgen, O.:* Koordination, in: Grochla, E. (Hrsg.): Handwörterbuch der Organisation, 2. Aufl., Stuttgart 1980, Sp. 1130-1141.

Körperschaft, → juristische Person.

Körperschaftssteuer, *Einkommensteuer juristischer Personen.* Der K. unterliegt das Einkommen der Körperschaften, insbesondere also → juristischer Personen des Privatrechts sowie des öffentlichen Rechts. Zu unterscheiden ist die K. von der Einkommensteuer der → Gesellschafter, die neben ihr besteht. Es gilt das Trennungsprinzip. Danach bestehen K. und Einkommensteuer nebeneinander. Um eine Doppelbesteuerung der Gesellschafter hinsichtlich der ausgeschütteten Gewinne zu vermeiden, wird die K. auf die Einkommensteuer der Anteilseigner angerechnet. Die K. für → Kapitalgesellschaften beträgt seit 2001 einheitlich (für einbehaltene und ausgeschüttete Gewinne) 25% des zu versteuernden Einkommens(§ 23 I KStG).

Korrelation, beschreibt den empirischen Zusammenhang zwischen zwei Variablen. Eine Korrelation ist hoch, wenn zu einem hohen Wert einer unabhängigen Variable tendenziell auch ein hoher Wert einer zweiten, der theoretischen Erwartung nach abhängigen Variable gemessen wird. Das Maß für den Grad der Beeinflussung einer Variablen durch die andere ist der so genannte Korrelationskoeffizient. Dieser variiert von –1 bis +1 und zeigt damit auch die Richtung der Korrelation an. Aus hohen Korrelationen kann nicht unbedingt auch ein kausaler Zusammenhang gefolgert werden. Kausalität bedingt aber immer eine hohe Korrelation zwischen den entsprechenden Variablen.

Korrespondenzsysteme. Durch ein K. werden Schriftwechsel und Vertragsvorlagen zentral gesteuert. Dies soll sicherstellen, dass unternehmensweit einheitliche Vorlagen, Textbausteine und Regeln bei der Korrespondenzerstellung verwendet werden. Gleichzeitig erlaubt eine zentrale Protokollierung und Archivierung der Dokumente die Kontrolle über alle Vorgänge. Korrespondenzsysteme werden hauptsächlich in → Banken und Versicherungen eingesetzt.

Kosten, bewerteter Faktorverzehr zur Erstellung der betrieblichen Leistung. Dabei wird der Faktor in Form von Gütern und Dienstleistungen verbraucht und in Geldeinheiten bewertet. Neben dieser wertorientierten Kostendefinition unterscheidet die Betriebswirtschaftstheorie auch noch den pagatorischen (nach Kosiol) und den entscheidungsorientierten Kostenbegriff. Während der pagatorische Kostenbegriff sich an Auszahlungen orientiert, werden entscheidungsorientierte K. verwendet, um Handlungsalternativen zu bewerten, deren Realisierung diese K. auslösen würde. Ein Sonderfall der entscheidungsorientierten K. sind Opportunitätskosten, welche entgangene Gewinne der nicht realisierten Handlungsalternativen als K. berücksichtigen. – *Vgl. auch* → Einzelkosten, → Gemeinkosten.

Kostenartenrechnung. 1. *Begriff:* Instrument zur Ermittlung des bewerteten leistungsbezogenen Verbrauchs differenziert nach Güterarten. – 2. *Merkmale:* Die Gliederung der → Kosten erfolgt bspw. nach dem Verbrauchscharakter (z.B. Lohnkosten, Materialkosten oder → Abschreibungen). Die K. hat zwei Aufgaben: a) Belegmäßige Erfassung und Bewertung der Kosten gemäß den Kostenarten. – b) Bereitstellung von Informationen über die Weiterverrechnung der Kosten. Bei → Einzelkosten ist zusätzlich der Kostenträger (z.B. Auftrag), bei den → Gemeinkosten zusätzlich die Kostenstelle anzugeben. – 3. *Ziel:* Die K. beantwortet die Frage, welche Wirtschaftsgüter in welcher Menge zu welchem Preis in welchem Abrechnungszeitraum für die Zwecke der Leistungserstellung verbraucht wurden oder werden.

Kosten-Controlling, → Kostenmanagement, → Controlling.

Kostendeckungspunkt, → Break-Even-Point.

Kostendegressionseffekt, Fixkosten für die Nutzung einer → Ressource, die zur Erfüllung einer Aufgabe unabhängig vom Aufgabenumfang benötigt wird, werden auf alle Einheiten des Aufgabenumfangs verrechnet, so dass die durchschnittlichen → Kosten je Einheit mit zunehmendem Aufgabenumfang fallen. Der K. ist eine Ursache für die → Economies of Scale.

Kostenmanagement. Während die traditionelle → Kostenrechnung die Wirtschaftlichkeit des unternehmerischen Handelns sichern soll, versucht das K., durch die Bereitstellung von entscheidungsrelevanten Informationen das Kostenniveau sowie die Kostenstrukturen mittel- und langfristig zu beeinflussen. Dies geschieht bspw. durch eine kostenstellenbezogene Wirtschaftlichkeitskontrolle, aber auch durch Outsourcing-Entscheidungen und produktionswirtschaftliche Vorgaben.

Kostenminimierung. 1. *Begriff:* Betriebswirtschaftliches Ziel, die jeweils relevanten → Kosten so gering wie möglich zu gestalten. – 2. *Merkmale:* Das K.-ziel stellt ein universell anwendbares Ziel für betriebswirtschaftliche Entscheidungsprobleme dar, sofern (1) Leistungs- und Erlösaspekte sowie das eingesetzte Kapital keine Rolle spielen oder als konstant unterstellt werden können und (2) die entscheidungsabhängigen Kosten verursachungsgerecht ermittelt werden können. Als entscheidungsabhängig gelten diejenigen Kosten, die durch die Entscheidung, eine betriebliche Aktivität oder sonstiges (Kosten-) Bezugsobjekt zu realisieren, verursacht werden (Identitätsprinzip). – 3. *Probleme:* Die verursachungsgerechte Kostenermittlung bereitet in der betrieblichen Praxis erhebliche Schwierigkeiten, weil die jeweils relevanten Verursachungszusammenhänge entweder nicht genau bekannt oder aus „pragmatischen" Erwägungen ignoriert werden. Etliche Kostenrechnungssysteme vernachlässigen das betriebswirtschaftliche Prinzip einer verursachungsgerechten Kostenermittlung und -zurechnung (trotz anders lautender Verheißungen), wie z.B. die „klassische" Vollkostenrechnung und auch die „moderne" Prozesskostenrechnung. Daher sollten → Unternehmensgründer besondere Sorgfalt auf die Auswahl und Einführung eines verursachungsgerechten Kostenrechnungssystems legen, sofern sie nicht „im kausalen Blindflug" irgendwelche Kosten kalkulieren (lassen) möchten.

Kostennachteile, gehen aus dem Vergleich der betriebswirtschaftlichen Kalkulation der Produktkosten (bzw. Outputkosten) mit → Wettbewerbern hervor und wirken sich vor diesem Hintergrund auf die Wettbewerbssituation aus.

Kostenorientierung, → Target Costing.

Kostenrechnung, neben der → Buchführung ist die K. ein Instrument für die unternehmerische → Führung und ein essentieller Teilbereich des → betrieblichen Rechnungswesens. In die K. junger Unternehmen fließen zukünftige → Planzahlen ein, da die künftigen Kalkulationswerte für Aufträge mit künftige → Kosten verbunden sind. Auch Branchenwerte können für die K. in der Start-up-Phase hinzugezogen werden.

Kostenträgerrechnung, Bestandteil des → Rechnungswesens. Sie zeigt auf für welche Produkte und Leistungen bestimmte → Kosten entstehen. Zielsetzung der K. ist die Aufschlüsselung der reinen Produktkosten und der dazugehörigen Strukturkosten innerhalb der → Organisation.

Kostenträgerstückrechnung, → Kalkulation.

Krankenversicherung. 1. *Gesetzliche Krankenversicherung (GKV):* Die GKV ist ein Versicherungszweig der Sozialversicherung. Gesetzliche Grundlage ist das Sozialgesetzbuch Teil V (SGB V). Aufgabe der GKV ist es, im Rahmen des Wirtschaftlichkeitsgebotes medizinisch notwendige Leistungen in den Bereichen der Heilbehandlung Krankheitsverhütung, Früherkennung und Gesundheitsförderung zu erbringen. Es besteht für bestimmte Berufsgruppen Versicherungspflicht nach Maßgabe des § 5 SGB V, z.B. Arbeiter und Angestellte mit einem Einkommen unterhalb der jährlich neu festzulegenden Jahresarbeitsentgeltgrenze. Versicherungsfrei sind die in §§ 6 und 7 SGB V genannten Personenkreise, z.B. Beamte und geringfügig Beschäftigte. Es besteht die Möglichkeit, sich unter den Voraussetzungen des § 8 SGB V von der Versicherungspflicht befreien zu lassen oder sich nach § 9 SGB V freiwillig versichern zu lassen. Versichert ist neben dem Mitglied dessen Familie nach Maßgabe des § 10 SGB V (sog. Familienversicherung) – 2. *Private Krankenversicherung (PKV):* Die PKV ist eine Art der Personenversicherung. Der Versicherer gewährt Versicherungsschutz durch Erstattung der Aufwendungen, die durch medizinisch notwendige Heilbehandlung entstehen, sowie Wochenhilfe und Sterbegeld. Sie kann als Vollversicherung oder Zusatzversicherung nach Maßgabe der vertraglichen Vereinbarungen abgeschlossen werden. Für die private Krankenversicherung gelten in diesem Zusammenhang regelmäßig die allgemeinen Krankenversicherungsbedingungen, die im Einzelfall vereinbarten Tarife und das Versicherungsvertragsgesetz (VVG).

Kreativität, Fähigkeit eines Individuum oder einer Gruppe schöpferisch tätig zu sein, bisher unverbundene Erfahrungen zu kombinieren und Neues zu schaffen. Unterschieden wird zwischen freier, künstlerischer K. und der problemlösenden K. Letztere gewinnt durch → Innovation und → Change-Management sowie als Dimension der → Innovationsfähigkeit in Technik und Wirtschaft immer mehr an Bedeutung.

Kreditabsicherung, dient der finanziellen Vorsorge gegen unvorhergesehene Ereignisse während der Kreditlaufzeit wie Todesfall, Unfall, Arbeitsunfähigkeit oder → Arbeitslosigkeit des Kreditnehmers, die seine Zahlungsfähigkeit einschränken. Versichert sich der Kreditnehmer gegen dieses Risiko, übernimmt die → Versicherung im Schadensfall die Resttilgung des Kredits. Bei einem Dispositionskredit wird die K. als Kreditrahmenversicherung und bei Anschaffungs- oder Konsumentenkrediten als Restkreditversicherung bezeichnet.

Kreditanstalt für Wiederaufbau, → KfW Bankengruppe.

Kreditfinanzierung, Form der → Außenfinanzierung durch Aufnahme von → Fremdkapital in Form eines Kredits. Die K. kann in Geldleihgeschäft, d.h. die zeitweise Überlassung von → Liquidität, und in Kreditleihgeschäft, bei dem Kreditinstitute ihre eigene Kreditwürdigkeit zur Verfügung stellen, differenziert werden. Des Weiteren kann zwischen kurz-, mittel- und langfristiger K. unterschieden werden. Alternative Finanzierungsmethoden: → Leasing, → Factoring, → Beteiligungsfinanzierung, → Selbstfinanzierung oder → Innenfinanzierung.

Kreditgarantiegemeinschaft, Spezialbank, die in der Bankenstatistik der Deutschen Bundesbank als → Bürgschaftsbank erfasst wird. Aufgabe der K. ist es, → Ausfallbürgschaften für Investitionskredite zu gewähren, wenn nicht in erforderlichem Maße bankmäßige Sicherheiten zur Verfügung stehen. Primäres Anliegen der K. ist die Förderung von → Existenzgründungen der mittelständischen Wirtschaft, jedoch werden auch Projekte zum Ausbau existierender Betriebe unterstützt. K. sind Kreditinstitute i.S. des KWG.

Kreditinstitut, → Bank.

Kreditlinien, Rahmen bzw. Höchstgrenze, bis zu der ein Kreditnehmer einen gewährten Kredit in Anspruch nehmen darf. Die K. richten sich vor allem nach der → Kreditwürdigkeit des Kreditnehmers.

Kreditrationierung, Begriff der Geldtheorie. Bei asymmetrischer Information ist es möglich, dass ein Kreditgeber auch langfristig auf eine Überschussnachfrage nach Krediten nicht mit einer Zinserhöhung reagiert, sondern die → Kreditvergabe beschränkt. Stiglitz und Weiss begründen diese Reaktion damit, dass bei einer Erhöhung des Kreditzinssatzes der Anteil der Kreditanträge von potenziellen Kreditnehmern mit schlechter Qualität steigt oder bereits existierende Kreditnehmer dazu neigen, ihr Projektrisiko zu erhöhen. Diese negativen Effekte auf den Ertrag des Kreditgebers überwiegen ab einem gewissen Zinssatz nicht mehr den positiven Effekt aus der Zinserhöhung, so dass es sinnvoller ist, den Zinssatz niedrig zu halten und die Kredite zu rationieren.

Kreditsicherheiten. 1. *Begriff:* K. sind eine Garantie für den Kreditgeber auf Rückzahlung eines gewährten Kredits im Fall der → Zahlungsunfähigkeit des

Kreditnehmers. Bei Zahlungsausfall erhält der Kreditgeber das Recht, die bestellten K. zu verwerten. – 2. *Arten:* a) nach der Art des Sicherungsgegenstandes: (1) Sachsicherheiten sind K., bei denen der Kreditgeber ein dingliches Verwertungsrecht an den Sicherungsgegenständen besitzt. Sicherungsgeber kann der Kreditnehmer oder ein Dritter sein. (2) Personensicherheiten sind K., bei denen der Kreditgeber einen schuldrechtlichen Anspruch gegen den Sicherungsgeber besitzt, der mit seinem ganzen Vermögen für die Rückzahlung des Kredites haftet. I.d.R. ist der Sicherungsgeber ein neben den Schuldner tretender Dritter. – b) nach der Abhängigkeit von der zu sichernden Forderung: (1) akzessorische Sicherheiten sind K., die vom Bestand einer Forderung abhängen. Besteht die Forderung noch nicht oder nicht mehr, ist die Sicherheit nicht rechtswirksam. (2) nicht akzessorische Sicherheiten: sind nicht vom Bestand einer Forderung abhängig und können auch ohne Bestehen einer Forderung verwertet bzw. in Anspruch genommen werden. Allerdings ist der Sicherungsnehmer nach dem Grundsatz von Treu und Glauben verpflichtet, die Interessen des Sicherungsgebers zu beachten. – *Vgl. Abb.* „Kreditsicherheit, Arten“.

Kreditvergabe, *Kreditgewährung.* 1. *Begriffserklärung:* Vorgehensweise der effektiven Bereitstellung eines Kredits. Ein Kredit ist eine befristete, entgeltliche Überlassung von Geld zur freien oder vertragsgebundenen Nutzung (Geldleihe). Des Weiteren kann ein Kredit jedoch auch darin bestehen, dass der Kreditgeber ein Versprechen abgibt, Zahlung zu leisten, wenn der Kreditnehmer seinen Verpflichtungen gegenüber Dritten nicht nachkommen kann (Kreditleihe). Die K. ist an gewisse Voraussetzungen gebunden. – 2. *Vorgehensweise/Ablauf:* a) Kreditantrag: Der Kreditantrag eines Kreditnehmers bildet die Grundlage für das Zustandekommen eines Kreditverhältnisses. Hiermit äußert der Kunde gegenüber einem Kreditinstitut den Wunsch nach einer Krediteinräumung. – b) Feststellung der

Kreditsicherheit, Arten

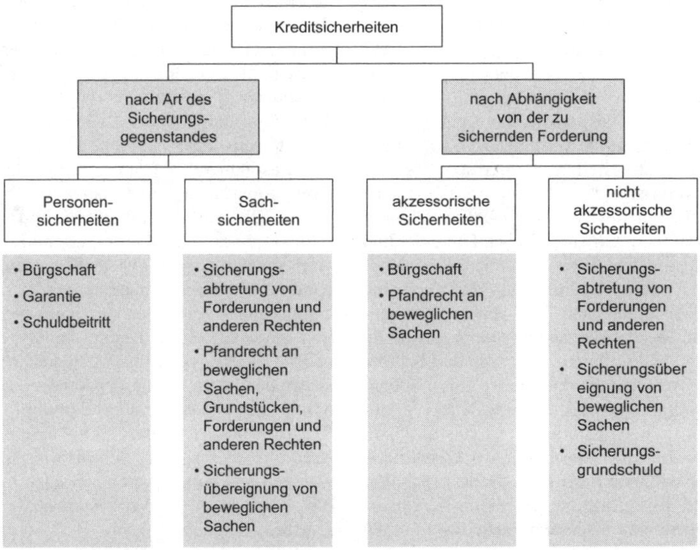

Kreditfähigkeit: Das Kreditinstitut muss zunächst die Kreditfähigkeit des Kreditantragstellers prüfen, d.h., ob er die Fähigkeit besitzt, rechtswirksam Kreditverträge abzuschließen. Natürliche Personen sind kreditfähig, wenn sie unbeschränkt geschäftsfähig sind. Beschränkt Geschäftsfähige dürfen nur mit Zustimmung des gesetzlichen Vertreters und der Genehmigung des Vormundschaftsgerichts rechtswirksam Kreditverträge abschließen (§107 f., 1643 (1), 1822 Nr. 8 BGB). → Personengesellschaften sind mit ihrer Entstehung, d.h. mit Abschluss des → Gesellschaftsvertrages, kreditfähig. Personenhandelsgesellschaften werden jedoch im Außenverhältnis erst mit Eintragung ins → Handelsregister bzw. durch Aufnahme der Geschäfte wirksam. → juristische Personen des privaten und öffentlichen Rechts erlangen Kreditfähigkeit mit ihrer Entstehung durch Eintragung in das jeweilige Register. Das Kreditinstitut muss hierbei jedoch zusätzlich prüfen, inwieweit der Kreditantragsteller kraft gesetzlicher oder vertraglicher Vertretungsmacht zur Kreditaufnahme berechtigt ist. – c) Prüfung der Kreditwürdigkeit: Zusätzlich zur Prüfung der Kreditfähigkeit muss das Kreditinstitut die → Kreditwürdigkeit des Kreditantragstellers untersuchen. Hierbei ist zwischen persönlicher und materieller/sachlicher Kreditwürdigkeit zu unterscheiden. Die persönliche Kreditwürdigkeit beurteilt die Vertrauenswürdigkeit des Kreditantragstellers aufgrund seiner Zuverlässigkeit, Ehrlichkeit, Glaubwürdigkeit, beruflichen und fachlichen Qualifikation, unternehmerischen Fähigkeit und seines guten Rufes. Informationen hierzu kann das Kreditinstitut durch eigene Beobachtung aus einer bereits bestehenden Geschäftsbeziehung, durch Auskünfte von Auskunfteien, wie z.B. der Schufa, und Geschäftspartnern oder durch Selbstauskunft des Kreditantragstellers erlangen. Die materielle Kreditwürdigkeit bewertet die wirtschaftlichen Verhältnisse des Kreditantragstellers. Gem. §18 KWG sind Kreditinstitute bei einem Kreditvolumen von insgesamt mehr als 250.000 Euro gesetzlich verpflichtet, sich die wirtschaftlichen Verhältnisse des Kreditnehmers offen legen zu lassen. Hiervon kann nur abgesehen werden, wenn das Verlangen nach Offenlegung im Hinblick auf die gestellten Sicherheiten oder auf die Mitverpflichteten offensichtlich unbegründet wäre. – d) Vereinbarung der Kreditbesicherung: Hat die Kreditwürdigkeitsprüfung ein positives Ergebnis, sind die bereitzustellenden Sicherheiten festzulegen. Für die Besicherung kommen im Privatkundengeschäft die Mitverpflichtung des Ehegatten oder Lebenspartners, Bürgschaften, Abtretung von Lohn- und Gehaltsforderungen, Ansprüchen aus Lebensversicherungen oder Guthabenforderungen, Sicherungsübereignung des anzuschaffenden Gegenstandes, Grundschulden oder Abschluss einer Restschuldversicherung in Frage. Im Firmenkundengeschäft werden i.d.R. Sicherungsübereignungen der anzuschaffenden Gegenstände, Sicherungsabtretungen von Forderungen aus Lieferung und Leistung, Bürgschaften oder Grundschulden als Sicherheit vereinbart. Als Entscheidungskriterium für die Art der jeweiligen Sicherheit gelten sowohl Kreditart und -volumen als auch die wirtschaftliche Situation des Kreditantragstellers. Die Besicherung des Kredits kann im Kreditvertrag oder in einem zusätzlichen Kreditsicherungsvertrag geregelt werden. – e) Abschluss und Inhalt des Kreditvertrags: Der Kreditvertrag kommt durch zwei übereinstimmende Willenserklärungen (Antrag und Annahme) zustande (§ 145 ff. BGB). Obwohl die Initiative zum Abschluss eines Kreditvertrages meistens vom Kunden ausgeht, ist die Zusage des Kreditinstituts eine Annahme des Kreditantrags mit Änderungen und stellt rechtlich gesehen einen neuen Antrag dar (§ 150 BGB). Mit ausdrücklicher oder schweigender Annahme der Kreditzusage durch den Kreditnehmer kommt der Kreditvertrag zustande. I.d.R. wird der Kreditvertrag in der Schriftform festgehalten und enthält Vereinbarungen über die Art, Höhe, Verwendungszweck, Laufzeit, Tilgung, Kosten, Besicherung,

Kündigungsmöglichkeiten des Kredits und die Anerkennung der Allgemeinen Geschäftsbedingungen. – f) Bereitstellung des Kreditbetrages: Die vereinbarte Kreditsumme kann entweder in einer Summe oder in Teilbeträgen dem Kreditnehmer zur Verfügung gestellt werden. Bei Kreditlinien ist auch eine variable Inanspruchnahme durch den Kreditnehmer möglich. – 3. *Aktuelle Entwicklung:* Ab 2007 werden durch die Einführung von → Basel II neue Eigenkapitalvorschriften für die K. in Kraft treten, die eine risikogerechtere Eigenkapitalunterlegung von Kreditrisiken vorsehen.

Prof. Dr. Achim Walter

Literatur:
Rösler, P./Mackenthun, T./Pohl, R.: Handbuch Kreditgeschäft, Wiesbaden 2002; *Grill, W./ Perczynski, H./Grill, H.:* Wirtschaftslehre des Kreditwesens, Bad Homburg von der Höhe 2002; *Wöhe, G./ Bilstein, J.:* Grundzüge der Unternehmensfinanzierung, München 2002.

Kreditwürdigkeit, *Bonität.* 1. *Begriff:* Erwartete Eigenschaft eines Kreditnehmers, welche die Gewähr bietet, den im Kreditvertrag vereinbarten Verpflichtungen nachkommen zu können und zu wollen. Gem. § 18 KWG sind Kreditinstitute bei einem Kreditvolumen von insgesamt mehr als 250.000 Euro verpflichtet, sich die wirtschaftlichen Verhältnisse des Kreditnehmers offen legen zu lassen. – 2. *Arten*: a) persönliche K.: Beurteilung der Vertrauenswürdigkeit des Kreditnehmers – b) materielle K.: Beurteilung der wirtschaftlichen Verhältnisse des Kreditnehmers.

Krisenmanagement. 1. *Begriff:* K. ist eine besondere Form der → Führung von höchster Priorität, deren Aufgabe es ist, all jene Prozesse im Unternehmen zu vermeiden (Krisenvermeidung) oder zu bewältigen (Krisenbewältigung), die ansonsten in der Lage wären, den Fortbestand des Unternehmens substanziell zu gefährden oder sogar unmöglich zu machen. – a) Krisenvermeidung: Krisenvermeidung bedeutet, überlebenskritische Prozesse nicht erst bis in akute Stadien anwachsen zu lassen, sondern sie auf Basis geeigneter Prognose- und Früherkennungsmethoden vorbeugend zu bekämpfen. – b) Krisenbewältigung: Krisenbewältigung betrifft alle Formen der Reaktion des → Managements auf manifeste, bereits eingetretene und in ihren destruktiven Wirkungen für das Unternehmen fühlbare Krisenerscheinungen. Sie schließt eine Liquidation nicht mehr sanierungsfähiger oder sanierungswürdiger Unternehmen ebenso ein wie die Restrukturierung und die → Finanzielle Sanierung krisenbefallener Unternehmen. – 2. *K. als Prozess:* Das K. als Führungsprozess durchläuft die klassischen Phasen des Führungszyklus: Identifikation, → Planung, Steuerung und Kontrolle. – a) Identifikation von Unternehmungskrisen: Der Prozess beginnt oft nach der eigentlichen Entstehung der Krise, also erst mit deren Identifikation als solcher. Wird die Krise nicht rechtzeitig definiert, verengt sich der Handlungsspielraum des K. durch Vernichtung von Alternativen im Zeitablauf. Der Früherkennung, die etwa mit Hilfe eines → Früherkennungssystems zu leisten ist, kommt damit eine große Bedeutung zu. – b) Planung: Die Planung ist die zentrale Aufgabe des K. Sie beschäftigt sich mit der Planung der Ziele, die mit der Krisenvermeidung oder Krisenbewältigung verfolgt werden, und insbesondere mit der Planung von Strategien und Maßnahmen, mit denen die zukunftsorientierten Wert- (z.B. Mindestgewinn), Sach- (z.B. erfolgsträchtige Produkte) und Humanziele (z.B. Sicherung von Arbeitsplätzen) erreicht werden sollen. Die Gesamtheit aller Zielerreichungsplanungen strategischen Charakters (Strategien) und operativen Charakters (Maßnahmen) ergibt das Krisenprogramm. – c) Steuerung: Die Realisation der im Krisenprogramm festgelegten Planungsinhalte erfolgt meist in Form von Projekten. Steuerungstätigkeiten im Rahmen des K. beziehen sich schwerpunktmäßig auf die → Koordination der einzelnen Krisen-Projekte sowie die Koordination zwischen der Gesamtheit der Krisenprojekte und den regulären Aktionen des Unternehmens. Die Steuerung in akuten Krisenphasen wirft besondere Probleme des anzuwendenden Führungsstils auf. – d) Kontrolle: Die Kontrolle als notwendige Ergänzung zur Planung folgt der Realisation, begleitet diese oder eilt ihr in Form von Hochrechnungen voraus. Gegenstand von Kontrollen müssen auch die Wirkungen krisenorientierter Aktionsfolgen auf die regulären Tätigkeiten des Managements sein.

Prof. Dr. Peter Witt

Literatur:
Böckenförde, B.: Unternehmenssanierung, 2. Aufl. Stuttgart 1996; *Krystek, U.:* Unternehmungskrisen: Beschreibung, Vermeidung und Bewältigung überlebenskritischer Prozesse in Unternehmungen, Wiesbaden 1987; *Müller, R.:* Krisenmanagement in der Unternehmung: Ein Beitrag zur organisatorischen Gestaltung des Prozesses der Krisenbewältigung, Dissertation, Frankfurt am Main 1982.

Kunde, *Customer, Nachfrager,* eine Person oder → Organisation, die Produkte bzw. → Dienstleistungen für eine Gegenleistung, oft in monetärer Form, vom Anbieter bezieht.

Kundenbindung, *Kundenloyalität, Customer Retention.* K. bezeichnet die Aufrechterhaltung einer Geschäftsbeziehung, die durch eine nicht zufällige Folge von Markttransaktionen zwischen einem Lieferanten und einem Kunden gekennzeichnet ist. K. kann durch → Kundenzufriedenheit, durch ökonomische → Wechselbarrieren (Wechselkosten) und durch vertragliche Bindungen erzielt werden. Das Ziel der K. ist die Steigerung des Kundenwertes im Sinne eines abdiskontierten Gegenwartswertes aus allen zukünftigen Gewinnbeiträgen eines Kunden.

Kundenloyalität, → Kundenbindung.

Kundennutzen, *Konsumentenrente.* Der K. bezeichnet den Überschuss des subjektiv wahrgenommenen Werts eines gekauften Produkts bzw. einer gekauften Dienstleistung über den zu entrichtenden Verkaufspreis hinaus. Der individuell wahrgenommene K., der auch als → Preis-Leistungs-Verhältnis bezeichnet wird, ist ein wesentlicher Treiber der → Kundenzufriedenheit. Unternehmen können den K. durch technologische und emotionale Aufwertungen von Produkten erhöhen, aber auch durch → Preispolitik.

Kundenorientierung. 1. *Begriff:* K. ist Ausdruck einer marktorientierten Unternehmensführung. Sie schlägt sich nieder in einer Bewertung von Produkten, Prozessen und Strategien eines Unternehmens aus Kundensicht. Entscheidend für alle Maßnahmen eines Unternehmens ist die Frage, welchen Nutzen die Kunden des Unternehmens daraus ziehen. Die K. ist Basis der → Produktpolitik, des → Qualitätsmanagements, des → Innovationsmanagements und des → Beschwerdemanagements. Populärwissenschaftlich wird K. auch mit der Ausrichtung aller Mitarbeiter und Abteilungen eines Unternehmens auf die Erfüllung aller Kundenwünsche gleichgesetzt. Diese Interpretation des Begriffs geht insofern zu weit, als es für die K. ein ökonomisches Optimum gibt, das in aller Regel nicht in einer maximalen bzw. bedingungslosen Ausrichtung an Kundenwünschen besteht, sondern nur in einer gewinn- oder wertmaximalen K. – 2. *Kundenanalysen:* Voraussetzung eines kundenorientierten Markteintritts einer → Gründungsunternehmung ist die genaue Analyse der Kundenbedürfnisse. Dabei ist diejenige Person als Kunde anzusehen, die eine Kaufentscheidung trifft. Sie ist nicht notwendigerweise auch der Konsument des gekauften Produkts. Daher setzt eine K. voraus, die direkten und/oder die derivativen Kundenbedürfnisse zu kennen und mit einem geeigneten und wettbewerbsfähigen Produkt- bzw. Dienstleistungsangebot anzusprechen. Analysen von potenziellen und aktuellen Kunden dienen dazu, mehr Informationen über Kundenwünsche, Zahlungsbereitschaften und Kundenverhalten zu bekommen. Kundenanalysen können auf Primärdaten beruhen, d.h. auf eigenen Kundenbefragungen und → Marktforschung, oder auch auf Sekundärdaten, d.h. öffentlich verfügbaren Daten zu bestimmten Branchen und Marktsegmenten. – 3. *Kundengewinnung:* Das wichtigste Ergebnis der K. für ein → Start-up ist die Gewinnung von Kunden. Sie ist ein Ergebnis des → Gründungsmarketing und beweist, dass es dem Unternehmen gelungen ist, einen positiven → Kundennutzen anzubieten. Für Gründungsunternehmen ist vor allem die Gewinnung des ersten Kunden eine große Herausforderung, weil es noch an Erfahrungen und an Reputation fehlt. Zudem sind manche Unternehmen aus Gründen der Risikoaversion nicht bereit, bei einem Start-up Produkte oder Leistungen zu beziehen. Man bezeichnet diesen Wettbewerbsnachteil als → Liability of Newness. Die einzige Möglichkeit diesen Nachteil zu überwinden, besteht im Angebot eines überlegenen Kundenutzens, also der Schaffung eines klaren → Wettbewerbsvorteils gegenüber bestehenden Anbieter. Quellen eines solchen Wettbewerbsvorteils bei Gründungsunternehmen sind typischerweise innovative Produkte, einzigartige → Serviceleistungen oder Nischenangebote. Besondere Bedeutung hat auch die Sicherung einer wettbewerbsfähigen Produktqualität. Niedrigere Preise, die auf Kostenvorteilen gegenüber Wettbewerbern beruhen, sind bei Gründungsunternehmen aufgrund der ineffizient kleinen Betriebsgröße, der sogenannten → Liability of Smallness nur selten vorzufinden. Als Kundenfang bezeichnet man Maßnahmen eines Unternehmens, bei denen eine unangemessene oder sogar unzulässige Beeinflussung des Kunden erfolgt, z.B. durch unerwünschte Hausbesuche, versteckte Werbung oder irreführende Produktinformationen.

Prof. Dr. Peter Witt

Literatur:

Bruhn, M.: Kundenorientierung. Bausteine für ein exzellentes Customer Relationship Management (CRM), 2. Aufl., Köln 2000; *Homburg, C.:* Kundennähe von Industriegüterunternehmen, 2. Aufl., Wiesbaden 1998; *Meffert, H.:* Marketing. Grundlagen marktorientierter Unternehmensführung, 9. Aufl., Wiesbaden 2000.

Kundenzufriedenheit. Ein Kunde ist mit einem Unternehmen und seinen Leistungen zufrieden, wenn seine Erwartungen erfüllt oder übertroffen wurden. Unzufriedenheit führt zu Beschwerden oder zu einem Wechsel zu anderen Anbietern. Determinanten der K. sind die Produkt- und Servicequalität, die Reputation des Unternehmens, die → Qualität der persönlichen Beziehungen, die Preiswahrnehmung und die Qualität des Angebots von Wettbewerbern. Die Sicherstellung der K. ist eine Möglichkeit zur Erreichung einer → Kundenbindung.

Kündigung, → Mitarbeiter.

Kündigungsschutz. 1. *Arbeitsrecht:* K. besteht nach Maßgabe des Kündigungsschutzgesetzes (KSchG) zugunsten der → Arbeitnehmer jeden Alters in Betrieben und Verwaltungen mit mehr als i.d.R. fünf Beschäftigten, die seit mindestens sechs Monaten ohne Unterbrechung dem → Betrieb oder → Unternehmen angehören (§ 1 I KSchG). Für den K. aus Neuverträgen ab dem 1.1.2004 gilt jetzt eine Grenze von zehn Arbeitnehmern. Eine ordentliche Kündigung ist danach unwirksam, wenn sie sozial ungerechtfertigt ist, d.h. wenn keine Gründe in der Person oder im Verhalten des Arbeitnehmers vorliegen oder keine dringenden betrieblichen Gründe eine Kündigung erforderlich machen (§ 1 II KSchG). Bei der betriebsbedingten Kündigung müssen bei der Auswahl des Arbeitnehmers weitere soziale Gesichtspunkte ausreichend berücksichtigt werden (§ 1 III KSchG). Ist eine Kündigung erfolgt, hat der Arbeitnehmer das Recht, Einspruch gegen diese Kündigung beim → Betriebsrat (sofern vorhanden), einzulegen. Führt dies nicht zur Einigung, kann der Arbeitnehmer binnen drei Wochen Kündigungsschutzklage beim Arbeitsgericht einreichen. Ist die Klage begründet, so stellt das Gericht die Unwirksamkeit der Arbeitgeberkündigung und den Fortbestand des Arbeitsverhältnisses fest. Ist dem Arbeitnehmer in dieser Lage die Fortsetzung des Arbeitsverhältnisses nicht zuzumuten, löst das Gericht das Arbeitsverhältnis auf Antrag des Arbeitnehmers auf und verurteilt den Arbeitgeber zur Zahlung einer angemessenen Abfindung nach Maßgabe der §§ 9, 10 KSchG. Den Auflösungsantrag kann auch der Arbeitgeber stellen, wenn Gründe bestehen, die eine dem Betrieb dienliche Zusammenarbeit nicht mehr erwarten lassen. Die Höhe der Abfindung beläuft sich je nach Betriebszugehörigkeit und Lebensalter des Arbeitnehmers auf bis zu 18 Monatsverdiensten. Abfindungszahlungen sind im Rahmen der gestaffelten Freibeträge des § 3 Ziff. 9 Einkommensteuergesetz (EStG) steuer- und überdies sozialabgabenfrei. Durch das KSchG wird das Recht zur fristlosen Arbeitgeberkündigung aus wichtigem Grunde nicht eingeschränkt. Eine ohne die erforderliche Anhörung des Betriebsrats oder der Personalvertretung ausgesprochene Kündigung ist gemäss § 102 Betriebsverfassungsgesetz (BetrVG) unwirksam. Der Betriebsrat kann der Kündigung binnen einer Woche unter bestimmten Voraussetzungen, z.B. wegen der Weiterbeschäftigungsmöglichkeit auf einem anderen Arbeitsplatz, schriftlich widersprechen. Bei berechtigtem Widerspruch ist die Kündigung gem. § 102 III BetrVG, § 1 II KSchG unwirksam. In der arbeitsgerichtlichen Praxis werden Zweifel an der sozialen Rechtfertigung einer Arbeitgeberkündigung regelmäßig durch Abfindungsvergleich überwunden. Besonderer K. besteht für Betriebs- und Personalvertretungsmitglieder (§ 15 KSchG, § 103 BetrVG), für Schwerbehinderte gemäss §§ 12-19 Schwerbehindertengesetz, für Frauen während und nach der Schwangerschaft nach Maßgabe des Mutterschutzgesetzes und für Grundwehrdienst- bzw. Ersatzdienstleistende – 2. *Mietrecht:* K. besteht nur für den Mieter von Wohnraum gemäss §§ 574 ff. BGB. Auf Mietverhältnisse über Gewerberaum und Grundstücke sowie auf Pachtverhältnisse finden die mietrechtlichen Kündigungsschutzvorschriften keine Anwendung.

Kurs-Gewinn-Verhältnis, *KGV, Price-Earnings-Ratio,* beziffert das Verhältnis zwischen dem Gesamtgewinn, bezogen auf eine einzige → Aktie, und dem Kurs dieser Aktie. Insgesamt dient das KGV als → Kennzahl zur Beurteilung der Ertragskraft und -entwicklung eines Unternehmens im Vergleich zu einem oder mehreren anderen. Je niedriger das KGV, umso besser.

L

Late-Stage, Sammelbegriff verschiedener Anlässe für eine Beteiligungsfinanzierung (→ Finanzierungsphasen). Der Begriff wurde aus dem Konzept der Lebensphasen eines Unternehmens entlehnt. L.-S. bezeichnet spätere Phasen, betrifft also etablierte Unternehmen. Beteiligungsanlässe der L.-S. können die Übernahme des Unternehmens durch das vorhandene (→ Management-Buy-out) oder ein externes (→ Management-Buy-in) Management, die Zwischenfinanzierung bis zu einem → Börsengang (→ Bridge Financing) oder die → Finanzierung einer Umstrukturierung (→ Turnaround Financing) sein. Neben der Finanzierung über → Fremdkapital oder die → Börse wird dazu auch Beteiligungskapital (→ Private Equity) eingesetzt. – *Gegensatz:* → Early-Stage.

Lead-Investor. Sind an einer → Finanzierungsrunde mehrere Investoren beteiligt, findet also eine → Syndizierung statt, so übernimmt einer der Investoren die → Koordination und Strukturierung des Finanzierungsprozesses. Man sagt auch, er übernimmt den „Lead" (Leitung). I.d.R. übernimmt derjenige den Lead, der auch das größte Finanzierungsvolumen aufbringt. Bis zur nächsten Finanzierungsrunde bleibt der L. erster Ansprechpartner.

Leadmanager, → Konsortialführer.

Leasing, ist eine Form der → Finanzierung bei der ein Gut vom Leasinggeber dem Leasingnehmer gegen Zahlung eines vereinbarten Entgelts zur Nutzung überlassen wird. Von der Vermietung, unterscheidet sich L. vor allem durch die Tatsache, dass die mietvertraglich geschuldete Wartungs- und Instandsetzungsleistung auf den Leasingnehmer überwälzt wird. Der Leasinggeber tritt im Austausch gegen die Finanzierung des Leasinggegenstands die Kaufrechte ab. Ansonsten haben Leasingverträge einen ähnlichen Charakter wie Mietverträge.

Leiharbeit, *Zeitarbeit, Flexarbeit, Personal-Leasing, gewerbsmäßige Arbeitnehmerüberlassung.* 1. *Begriff:* L. bedeutet, dass ein Arbeitgeber, (Verleiher; Zeitarbeits-Unternehmen) einem anderen Arbeitgeber (Entleiher) → Arbeitnehmer (Leiharbeitnehmer) zwecks Arbeitsleistung für eine bestimmte Zeit gegen Entgelt überlässt. – 2. *Merkmale:* Der Entleiher setzt L. ein, um vorübergehende Beschäftigungsspitzen oder durch Urlaub, Mutterschutz etc. entstehenden Personalbedarf zu decken. Der Verleiher übernimmt aus dem → Vertrag mit dem Leiharbeitnehmer alle Arbeitgeberpflichten (Lohnfortzahlung, Urlaubsanspruch etc.). Der Entleiher kann Leiharbeiter schnell, flexibel und ohne die aus einem → Arbeitsvertrag resultierenden Risiken einsetzen sowie Erfahrungen für eine evtl. Festanstellung des Leiharbeiters sammeln.

Leistungsbereitschaft. 1. *Begriff:* Neben der Leistungsfähigkeit zweite konstitutive Voraussetzung für das Erbringen von (Arbeits)leistung. – 2. *Merkmale:* Die Bereitschaft, die vorhandenen Fähigkeiten einzusetzen, ist umso höher, je stärker die individuelle, zeitlich eher stabile Motivstruktur des → Mitarbeiters mit den subjektiv wahrgenommenen und bewerteten Komponenten des Anreizsystems der → Organisation (Arbeitsinhalte, Grad der Selbstbestimmung, materielle und immaterielle Anreize, Führungsverhalten etc.)

übereinstimmt. Insbesondere die Einstellung zur Arbeit, d.h. ob sie als Arbeitsleid empfunden wird oder als Chance, anderen zu dienen und einen sinnvollen Beitrag zu etwas erstrebenswertem Übergeordnetem zu leisten, beeinflusst die L. und damit das Arbeitsergebnis positiv.

Leistungsmotivation, dynamischer Wesenszug, Tendenz zu effizientem Verhalten. Nach McClelland das zentrale Motiv, das zur unternehmerischen Selbständigkeit führt, belegt durch umfangreiche empirische – auch experimentelle – Forschung. Konstruktnähe zu „Self-Efficacy“ (Selbstwirksamkeit) und „Locus of Control“ (Rotter). Stark leistungsmotivierte Menschen wie → Unternehmensgründer streben mäßig schwierige, aber erreichbare Ziele an, bevorzugen Arbeitssituationen, die eine direkte Rückmeldung über die erreichte Leistung ermöglichen, Neigung, an Problemen selbst zu arbeiten und die Lösung nicht dem Zufall oder Dritten zu überlassen, suchen Arbeitspartner vor allen Dingen nach ihrer Qualifikation und nicht nach persönlicher Sympathie aus, sehen Geld als wichtigen Maßstab für die eigene Leistung an. Leistungsmotiv gilt auch als unternehmerischer → Erfolgsfaktor.

Leistungspolitik, → Produktpolitik.

Lerneffekte, *Savings*. 1. *Begriff:* Ausdruck der industriellen Produktion für die Abnahme des Aufwandes, der je Einheit des Aufgabenumfangs bei wachsender Routine der Aufgabenerfüllung tatsächlich verursacht wird. – 2. *Arten:* L. setzen an einer gegebenen oder veränderbaren Lernkapazität an. Bei gegebener Lernkapazität können durch Repetition identischer Tätigkeiten Produktivitätssteigerungen auf Basis eines Wiederholungslernens erzielt werden. Hingegen variieren Lernkapazitäten im Zuge eines Erprobungslernens. Entsprechend können unterschiedliche Stückkostensenkungen aufgrund einer Auswahl zwischen Lernkapazitäten mit unterschiedlichen Mengenwachstums- und Lernraten erzielt werden. – 3. *Abgrenzung von anderen Begriffen:* Fixkostendegressionseffekte stellen lediglich einen mathematischen Verrechnungsvorgang dar. Mit steigender Periodenausbringung sinkt dabei der Fixkostenanteil pro Stück, so dass sich insgesamt das Niveau der Stückkosten verringert (→ Economies of Stream). Der Betriebsgrößendegressionseffekt verdeutlicht, dass bei wachsender Unternehmungsgröße, gemessen an der möglichen Ausbringung eines Produktes beziehungsweise einer Produktpalette, die erwarteten gesamten Herstellstückkosten sinken (→ Economies of Scale).

Lernzieltaxonomie, Systematisierungsinstrument zur Dimensionierung und Hierarchisierung von Lernzielen. Es werden u.a. kognitive, affektive, psychomotorische und sozial-kommunikative Lernzieldimensionen unterschieden. In der Gründungsdidaktik gibt es auch eine L., die als ein Systematisierungsraster zur Unterteilung und Hierarchisierung von Lernzielen der Gründungslehre fungiert. Es handelt sich hierbei um die Differenzierung und taxonomische Stufung der → beruflichen Handlungskompetenz „unternehmerische Selbständigkeit“ in die Zielklassen → Gründungssensibilisiertheit, → Gründungsmündigkeit und → Gründungskompetenz. Der taxonomische Charakter ergibt sich hierbei daraus, dass das jeweils vorgelagerte Lernzielniveau erreicht sein muss, bevor die nächste höhere Ebene angestrebt werden kann. So setzt der Erwerb von Gründungsmüdigkeit den der → Gründungssensibilisiertheit genauso voraus, wie der Erwerb der Gründungskompetenz den der Gründungsmüdigkeit.

Letter of Engagement. Mit einem L.o.E. ist ganz allgemein ein Dienstleistungsvertrag zwischen zwei oder mehr Parteien gemeint. In ihm werden projektbezogene Vereinbarungen geregelt. Einen L.o.E. schließen etwa Unternehmen, die einen → Börsengang planen, mit ihren Konsortialbanken ab. Aber auch im Rahmen einer Wirtschaftprüfung vereinbaren der Auftraggeber und die Wirtschaftsprüfungsgesellschaft Art und Umfang der Prüfung. Ziel dieser Dienstleistungsverträge ist es, die Frage der Haftung zu klären.

Letter of Intent (LOI), *Absichtserklärung,* 1. *Begriff:* Ein LOI ist eine unverbindliche Absichtserklärung zwischen zwei oder mehreren Vertragspartnern, in dem die Vertragsparteien bestätigen, dass sie in Verhandlungen über einen Vertragsabschluss stehen. Der LOI bildet i.d.R. die Grundlage für den anschließenden → Vertrag. Er begründet keinerlei Rechtsansprüche. – 2. *Inhalte eines Letter of Intent:* Am gebräuchlichsten ist der LOI im Zusammenhang mit dem Kauf und Verkauf von Unternehmen, Teilen von Unternehmen oder deren Assets sowie im Zusammenhang mit Beteiligungsverhandlungen bezüglich des Einstiegs neuer Investoren. Haben die Vertragsparteien im Zuge der Verhandlungen generelle Einigkeit über die Eckpunkte des Kaufgegenstandes sowie den Preis erlangt, formuliert der Käufer darauf basierend eine unverbindliche Absichtserklärung, die er unterzeichnet und dem Verkäufer vorlegt. Stimmt der Verkäufer dem Inhalt des LOI durch seine eigene Unterschrift zu, so willigen beide Parteien ein, in den Verhandlungen fortzufahren und sie durch einen Vertrag zum Abschluss zu bringen. Vor allem im angelsächsischen Raum ist es üblich, dass der Käufer nach der Unterzeichnung des LOI eine Anzahlung auf den Kaufpreis leistet, um so sein ernsthaftes Interesse zu bekunden. Mit der Anzahlung wird in den meisten Fällen eine „No-Shop“-Vereinbarung getroffen, die dem Verkäufer eine Strafe auferlegt, sollten die Verhandlungen aus einem Grund scheitern, den nicht der Käufer zu verantworten hat. So wird der Verkäufer gezwungen, während der vereinbarten Zeit ausschließlich mit dem Käufer Verhandlungen zu führen (Exklusivität der Verhandlung). Abgesehen davon ist die Unverbindlichkeit des LOI jedoch so zu verstehen, dass jede Partei zu jedem Zeitpunkt nach Ablauf der Exklusivität das Recht hat, die Verhandlungen abzubrechen. In diesem Fall wird die Anzahlung des Käufers zurückgezahlt. Der unterzeichnete LOI dient den Vertragsparteien als Nachweis der Ernsthaftigkeit der Verhandlungen gegenüber ihren jeweiligen Aktionären, Darlehensgebern und Entscheidungsgremien. Der Käufer beginnt nach der Einigung über den LOI mit seiner → Due Diligence, in deren Zuge er auch mit den Anwälten, Steuerberatern, Wirtschaftsprüfern und Banken des Verkäufers spricht. Seine teilweise sehr hohen Investitionen in die Due Diligence sind durch die Vereinbarungen zur Exklusivität und die Regelungen zur Kostenübernahme beim Scheitern der Verhandlungen geschützt. Während der Käufer den Kaufgegenstand prüft, bereiten die Anwälte des Verkäufers den Kaufvertrag vor. Neben der Exklusivität kommt der sogenannten Verschwiegenheitsklausel im LOI die größte Bedeutung zu. Hierin vereinbaren die Parteien, über alle Informationen, die sie im Zuge der Verhandlungen und Due Diligence erhalten, strengstes Stillschweigen zu bewahren. Vor allem dann, wenn der Kaufinteressent ein Wettbewerber ist, gestaltet sich die Offenlegung von betriebswirtschaftlichen → Kennzahlen wie Absatz, Umsatz, Herstellkosten und Preisgestaltung zu einer sensiblen Angelegenheit, weil der Verkäufer erst nach erfolgreichem Abschluss der Verhandlungen sicher sein kann, dass der Käufer nicht nur Industriespionage betreiben wollte. Dritter wichtiger Punkt im LOI sind die Vereinbarungen zum Timing: Die Vertragsparteien legen sich auf einen Zeitplan bis zum Abschluss des Kaufvertrages fest. – 3. *Multiple Letters of Intent:* Nicht immer ist der LOI das Ergebnis von Verhandlungen. Treten bei einer M&A-Transaktion mehrere potentielle Käufer auf, bei denen man von deren Interesse an einer Übernahme des zu kaufenden Unternehmens ausgehen kann, so ist es üblich, dass der beauftragte M&A-Berater ein kontrolliertes Bieterverfahren eröffnet. Dazu stellt er allen Bietern ein Paket an denselben Informationen zur Verfügung und fordert sie auf, bis zu einem bestimmten Termin ein unverbindliches Angebot in Form eines LOI abzugeben. Der Verkäufer erhält also LOI, ohne in signifikante Verhandlungen mit den Kaufinteressenten eingetreten zu sein. Gemeinsam mit dem M&A-Berater gilt es, die erhaltenen unverbindlichen Kaufangebote zu qualifizieren und sich schließlich für einen Kaufinteressenten zu entscheiden, mit dem die Verhandlungen intensiviert werden. Da ein LOI jedoch unverbindlich ist, machen Kaufinteressenten meist zu optimistische Angebote, die sie im Laufe der Verhandlungen schrittweise zurücknehmen. Deshalb ist es sinnvoll, die Bietersituation auch mit den anderen ernsthaft interessierten potentiellen Käufern aufrecht zu erhalten, soweit dies eine möglicherweise vereinbarte Exklusivität zulässt.

Dr. Gottfried Neuhaus

Leveraged Buy-out. 1. *Begriff:* Durchführen der finanziellen Transaktion eines Buy-outs, indem ein kleiner Teil an → Eigenkapital mit einem möglichst großen Teil an → Fremdkapital kombiniert wird. – 2. *Wirkung:* Der Leverage (englisch für Hebel) stellt sich dann ein, wenn die Gesamtkapitalrendite die → Fremdkapitalkosten übersteigt. Dem im Verhältnis geringeren Eigenkapital kommt die überschüssige → Rendite so in besonderem Maße zu Gute. Eine Grenze findet der Fremdkapitalanteil vor diesem Hintergrund i.d.R. in der Notwendigkeit der Bereitstellung von Sicherheiten. – *Vgl. auch* → Buy-out-Finanzierung.

Leverage Effekt, *Hebelwirkung*. Durch die Aufnahme von → Fremdkapital kann der Gewinn und die Eigenkapitalrentabilität gesteigert werden, solange der Fremdkapitalzinssatz niedriger ist als die durchschnittliche Verzinsung des gesamten eingesetzten → Kapitals. Die Hebelwirkung ist umso stärker, je höher der Verschuldungsgrad ist.

Liability of Adolescence, bezeichnet das Phänomen, dass die Anfälligkeit für das Scheitern einer → Gründung zunächst (während der „Kindheitsphase“) relativ niedrig ist und dann (im Stadium der „Adoleszenz“) deutlich ansteigt. Dieses Phänomen wird damit erklärt, dass man eine gewisse Zeit benötigt, um die ökonomische Tragfähigkeit des → Gründungskonzeptes einschätzen zu können. Der Zeitpunkt der Stilllegung ergibt sich häufig auch dadurch, dass die Startressourcen aufgebraucht sind bzw. das Vertrauen der → Kapitalgeber erschöpft ist. Empirische Untersuchungen deuten darauf hin, dass diese Adoleszenz-Phase i.d.R. zwischen zehn Monaten und eineinhalb Jahren liegt. Danach ist wieder ein Absinken der Stilllegungswahrscheinlichkeit (→ Hazard Rate) zu beobachten.

Liability of Aging, besondere Anfälligkeit von älteren Betrieben/Unternehmen für ein Scheitern. Als Ursache hierfür kann man unterscheiden zwischen der Veralterung von → Geschäftskonzept, Produktprogramm, Fertigungsweise, Management-Methoden etc. (→ Liability of Adolescence) und der Schwerfälligkeit alt-etablierter Organisationen, die auf Änderungen in ihrem Umfeld nicht mehr hinreichend flexibel reagieren können (→ Liability of Selescence). Empirisch müsste sich die Liability of Aging in relativ hohen → Hazard Raten für ältere Betriebe/Unternehmen niederschlagen, was bisher allerdings noch nicht nachgewiesen werden konnte.

Liability of Newness, besondere Anfälligkeit von jungen Betrieben/Unternehmen für ein Scheitern. Der Grund für das Scheitern kann einmal in Problemen bei der Etablierung einer neuen Organisation und der Beziehungen zu → Zulieferern und Abnehmern bestehen. Zum anderen scheitern neue Betriebe/Unternehmen häufig deshalb, weil sich die → Geschäftsidee als nicht tragfähig erweist und/oder die unternehmerischen Fähigkeiten nicht ausreichen. Das Scheitern tritt häufig erst nach einer längeren Versuchsphase ein (→ Liability of Adolescence). Da Unternehmen i.d.R. mit geringer Größe beginnen, besteht ein statistischer Zusammenhang mit der → Liability of Smallness.

Liability of Smallness, besondere Anfälligkeit kleiner Betriebe/Unternehmen für ein Scheitern. Der Grund für das relativ hohe Stilllegungsrisiko kann einmal darin bestehen, dass Größenvorteile nicht realisiert werden bzw., die mindestoptimale Größe wesentlich unterschritten wird. Zum anderen kann die besondere Anfälligkeit für ein Scheitern auch dadurch bedingt sein, dass die geringen Ressourcenausstattung wenig Reserven bietet, um wirtschaftliche Schwierigkeiten überleben zu können. Auch ist das Produktprogramm von Kleinunternehmen häufig in geringerem Maße diversifiziert als bei Großunternehmen, was ebenfalls eine besondere Krisenanfälligkeit impliziert. Da → Gründungen i.d.R. relativ klein sind, gibt es eine Überschneidung mit der → Liability of Newness.

Lieferantendarlehen. Das L. kann im → Vertrag so gestaltet werden, dass es sich bilanziell als → Eigenkapital im Unternehmen niederschlägt. Dadurch erhöht sich die Glaubwürdigkeit bei der → Finanzierung bspw. durch die → Bank. Aufgrund der positiven Auswirkung auf die → Bilanz kann ein Vielfaches an Fördermittel als Eigenkapital dargestellt werden. Ziel ist es, in der Bilanz bis zu 40% der Finanzierung über echte Eigenmittel darzustellen.

Limited (Ltd.), *Private Company Limited by Shares.* Die Ltd. ist eine → Kapitalgesellschaft englischen Rechts. Seitdem der Europäische Gerichtshof die Möglichkeit eröffnet hat, den Verwaltungssitz einer in einem EU-Land errichteten Gesellschaft in jedes EU-Land zu verlegen und damit auch ausschließlich im Aufnahmestaat tätig zu werden, ist die Ltd. als Alternative zur → Gesellschaft mit beschränkter Haftung attraktiv geworden. Die → Gründung erfolgt nach englischem Recht durch Anmeldung beim zentralen britischen Gesellschaftsregister (Companies House, Cardiff) ohne zwingende notarielle Beteiligung. Ein Mindeststammkapital ist nicht erforderlich. Die deutschen Vorschriften bezüglich der Kapitalaufbringung (Vorbelastungshaftung, Werthaltigkeit der Einlagen u.a.) gelten für die Ltd. nicht. Die englischen Kapitalerhaltungsvorschriften sind allerdings strenger als die deutschen. Die Haftung ist auf das → Gesellschaftsvermögen begrenzt. Geschäftsführung und Vertretung erfolgen durch den Direktor. Oberstes Willensbildungsorgan ist die → Gesellschafterversammlung. Ein dem deutschen Recht unbekanntes weiteres Organ ist der „Company Secretary". Ihm obliegt die formelle Verwaltung der Ltd. und insbesondere die Korrespondenz mit dem Gesellschaftsregister. Auch wenn die Ltd. ausschließlich in Deutschland geschäftlich tätig wird, ist eine Eintragung ihres Sitzes im → Handelsregister als Zweigniederlassung zulässig und empfehlenswert. Auch in diesem Fall muss die Ltd. in England ein „Registered Office" vorhalten. Dies ist der offizielle Zustellungs- und Aufbewahrungsort für die Statusunterlagen der Ltd.

Liquidationspräferenz, *Liquidation Preference.* 1. *Begriff:* Vertragsklausel in Beteiligungsverträgen, die dem → Kapitalgeber das Recht einräumt, bei einem späteren Unternehmensverkauf zuerst sein Beteiligungskapital in voller Höhe zurück zu erhalten, bevor der Rest des Verkaufserlöses im Verhältnis der Anteile auf die Anteilseigner (auch den Investor) verteilt wird. – 2. *Arten:* Die L. kann als eine einfache oder mehrfache ausgestaltet sein, so dass der Kapitalgeber seinen Kapitaleinsatz in einfacher oder sogar mehrfacher Höhe als Vorabauszahlung erhält. – 3. *Ziel:* Beteiligungskapitalgeber haben diese Vertragsklausel eingeführt, um dadurch ihre Investition und potenzielle Rendite abzusichern.

Liquidierbarkeit, → Liquidität.

Liquidität, bezeichnet einerseits (im Sinne des finanziellen Gleichgewichts bzw. der Zahlungsfähigkeit) die Fähigkeit von Subjekten, zeit- und betragsgenau ihren fälligen finanziellen Verpflichtungen nachkommen zu können. Andererseits kann L. (im Sinne der Liquidierbarkeit bzw. der Geldnähe) als Eigenschaft von Objekten verstanden werden, in Zahlungsmittel umgewandelt oder als Zahlungsmittel dienen zu können.

Liquiditätsplan. 1. *Einordnung:* Der L. ist Teil der finanzwirtschaftlichen Planung im Unternehmen und ist eine notwendige Ergänzung zur Umsatz- und Kostenplanung (→ Finanzplanung). – 2. *Ziel und Aufbau:* Ziel der Liquiditätsplanung ist festzustellen, wann genau welche Zahlungen anfallen, damit das Unternehmen jederzeit seinen eigenen Zahlungsverpflichtungen frist- und vertragsgerecht nachkommen kann. Eine → Planung der Umsätze und → Kosten reicht dazu nicht aus. Bezogen auf die Umsätze ist zusätzlich zu fragen, wann die geplanten Umsätze tatsächlich auch wirksam werden, das heißt, wann und in welcher Höhe dem Unternehmen durch den Umsatzprozess Geld (liquide Mittel) zufließt. Hierzu sind Informationen zur Zahlungsfähigkeit und zum Zahlungsverhalten der Kunden erforderlich. Auch bezogen auf die Kosten ist es wichtig festzustellen, wann das Unternehmen welche seiner Verbindlichkeiten und in welcher Höhe zu begleichen hat, das heißt also, wann dem Unternehmen durch den Leistungserstellungsprozess liquide Mittel abfließen. Um diesen Überblick über die tatsächlichen Zahlungsströme des Unternehmens zu bekommen, werden Ein- und Auszahlungen des Unternehmens einander gegenüber gestellt. Dies geschieht i.d.R. sowohl jährlich wie auch unterjährig (z.B. pro Monat oder pro Quartal). Die Ein- und Auszahlungen werden saldiert und ein eventuell sich ergebender negativer Saldo ist auszugleichen. – 3. *Maßnahmen bei Liquiditätsengpässen:* Zum Ausgleich möglicher Liquiditätsengpässe kann zum einen versucht werden, die Einzahlungen zu erhöhen (z.B. durch Verkauf von nicht notwendigen Betriebsvermögen oder Inanspruchnahme von zusätzlichen Krediten) oder die Einzahlungen zeitlich nach vorne zu verlagern (z.B. durch den Forderungsverkauf an ein Factoring-Unternehmen oder die Vereinbarung von Mindestanzahlungen mit den Kunden). Zum anderen können Unternehmen auf Liquiditätsengpässen reagieren, indem sie versuchen, ihre Auszahlungen zu reduzieren (z.B. durch Verringerung der persönlichen Entnahmen) oder die Auszahlungen nach hinten zu verlagern (z.B. durch das Verschieben von geplanten Investitionen auf spätere Perioden). Treten Liquiditätsprobleme häufiger oder längerfristig auf, so werden diese Einzelmaßnahmen i.d.R. nicht mehr ausreichen. Unternehmen sollten in solchen Situationen ihren gesamten Leistungserstellungsprozess kritisch analysieren und darüber nachdenken, ob z.B. Veränderungen am Produktionsprozess (u.a. neue Produktionstechnologien oder neue Produktionsstandorte) notwendig sind, oder noch grundsätzlicher, ob das Unternehmen überhaupt die richtigen Produkte auf den richtigen Märkten anbietet. Auch die Kundenstruktur sollte in diesem Zusammenhang überprüft werden. Ist das Unternehmen z.B. abhängig von der Zahlungsbereitschaft und -fähigkeit weniger Großkunden oder von Kunden, die überwiegend in der gleichen Branche tätig sind? – 4. *Konsequenzen fehlender Liquidität:* Fehlende → Liquidität (Illiquidität) ist ein Signal, dass prinzipiell der Fortbestand des Unternehmen gefährdet ist. Bei einer zeitweiligen (temporären) Illiquidität wird dieses erhöhte Unternehmensrisiko häufig steigende Finanzierungskosten zur Folge haben, weil z.B. Investoren mehr Kreditsicherheiten und/oder höhere Zinsen verlangen. Eine temporäre Illiquidität wird aber unter Umständen nicht nur negative Auswirkungen auf die direkten Finanzierungskosten haben, sondern kann auch zusätzliche Kosten verursachen. Z.B. könnten Lieferanten aufgrund des gestiegenen Unternehmensrisikos ihre Zahlungsmodalitäten gegenüber dem Unternehmen verschlechtern. Liegt keine temporäre, sondern eine permanente Illiquidität vor, so ist i.d.R. ein → Insolvenzverfahren zu eröffnen, das zu einem Konkurs, zu einem Vergleich oder zu einer Restrukturierung des Unternehmens führt. – 5. *Liquiditätssteuerung:* Ein Unternehmen sollte zur Sicherung seines finanziellen Gleichgewichts bestimmte Liquiditätsreserven aufbauen. Die optimale Dimensionierung dieser Reserven sollte vor dem Hintergrund gesehen werden, dass durch zu niedrige Reserven das Liquiditätsrisiko steigt, umgekehrt aber durch zu hohe Reserven die → Rentabilität negativ beeinflusst wird. Einfluss auf die Höhe und Struktur der Liquiditätsreserven haben dabei neben den Finanzierungszielen und der Risikobereitschaft des Unternehmens u.a. auch die Stabilität und Struktur der Zahlungsströme, die Branche und die allgemeine Konjunkturlage. Liquiditätskennzahlen helfen das finanzielle Gleichgewicht zu erhalten bzw. die Bedrohung der Zahlungsfähigkeit des Unternehmens rechtzeitig zu erkennen. Gebräuchlich sind die drei folgenden Liquiditätskennzahlen. Bei der Liquidität 1. Grades (Cash Ratio) werden die Zahlungsmittel auf der einen und die kurzfristigen Verbindlichkeiten auf der anderen Seite zu einander in Relation gesetzt. Die Liquidität 2. Grades (Quick Ratio) bildet den Quotienten aus Zahlungsmittel plus kurzfristige eigene Forderungen des Unternehmens und kurzfristigen Verbindlichkeiten. Die Liquidität 3. Grades (Current Ratio) setzt das → Umlaufvermögen ins Verhältnis zu den kurzfristigen Verbindlichkeiten. – 6. *Abschließende Beurteilung:* Der L. komplettiert die finanzwirtschaftliche Planung und ist daher für jedes Unternehmen eine zwingend notwendige Aufgabe. Er ist stetig aufzustellen, damit ein Unternehmen immer einen realistischen und aktualisierten Überblick über seine zu erwartenden Geldströme hat. Unterstützt werden sollte die Liquiditätsplanung durch ein systematisches → Controlling und ein gut funktionierendes Forderungsmanagement. – *Vgl. auch* → Factoring.

Prof. Dr. Maria Rumpf

Liquiditätsplanung, → Liquiditätsplan.

Lizenz, *Nutzungsrecht*, ein Recht, das der Urheber oder Inhaber eines Nutzungsrechts mit Zustimmung des Urhebers zur Verwertung oder Nutzung auf eine andere Person überträgt. Der Erwerber erlangt dadurch die Rechte in dem Umfang und mit der Wirkung gegenüber Dritten, wie sie dem Urheber zustanden. Man unterscheidet die ausschließliche L., bei der das Recht dergestalt eingeräumt wird, dass der Erwerber nicht nur die Benutzungshandlung vornehmen, sondern sie auch anderen verbieten darf, und die einfache L., bei der er nur die Benutzungshandlungen vornehmen darf, während das Recht, es Dritten zu verbieten, beim Urheber verbleibt. Die L. kann zeitlich, inhaltlich und räumlich begrenzt und auf bestimmte Personen, Gegenstände, Betriebe, Mengen und Benutzungsarten beschränkt werden. Man unterscheidet demnach Gebrauchslizenz (insbesondere zur Herstellung von anderen Sachen, die nicht Gegenstand der Erfindung sind), Herstellungslizenz (mit Beschränkung auf das Herstellungsrecht), Betriebslizenz (Beschränkung des Nutzungsrechts auf einen bestimmten Betrieb) und Verkaufs- bzw. Vertriebslizenz (Beschränkung auf den Vertrieb, unter Umständen in einem bestimmten Gebiet).

Lock-up Period, Zeitintervall, in welchem die Altaktionäre ihre Aktien nach einem Börsengang nicht verkaufen dürfen. Es soll damit verhindert werden, dass Anteilsverkäufe von Altgesellschaftern den Aktienkurs unmittelbar nach der → Emission belasten.

Logistik. 1. *Begriff:* Die L. beinhaltet die zielbezogene Gestaltung der Prozesse, die sich auf den Fluss von Wirtschaftsgütern beziehen. Zum wesentlichen Teil wird die L. auf den Fluss materieller Güter bezogen und schließt Fragen der Lagerhaltung mit ein. Daneben sind unter logistischen Gesichtspunkten aber auch Überlegungen vor allem zum Fluss von Daten und Informationen anzustellen, die in einem weiter gefassten L.-Verständnis zu berücksichtigen sind. – 2. *Merkmale:* Die L. stellt innerhalb von Unternehmungen eine Querschnittsfunktion dar und unterstützt die Beschaffung, die Produktion und den → Vertrieb durch Leistungen in den Bereichen Transport und Lagerung. – 3. *Handlungsfelder:* Die Gestaltung logistischer Prozesse kann in die unternehmungsinterne und –externe L. unterschieden werden. An den Schnittstellen zum Markt wird zwischen Beschaffungs- und Vertriebslogistik unterschieden. – 4. *Ziele:* Die L. nimmt Einfluss auf die Effektivitätssituation, indem der Grad des Lieferservices bestimmt wird. In jüngerer Zeit wird zunehmend häufiger ein Just-in-Time-Lieferservice gefordert, der durch integrierte Maßnahmen im Bereich der externen und internen L. sicherzustellen ist. Die L. beeinflusst darüber hinaus die Effizienzsituation über die mit ihr verbundenen Transportkosten und → Kosten der Lagerhaltung und des Handlings der Wirtschaftsgüter. – 5. *Aktuelle Herausforderungen:* Auf Grund eines hohen Spezialisierungsgrades logistischer Dienstleister stehen zunehmend mehr Betriebe vor der Frage des Fremdbezugs logistischer Leistungen. Insbesondere im Falle des → Gründungsmanagements stellt sich die Frage, ob unter Effektivitäts- und Effizienzgesichtspunkten die Selbsterbringung von L.-Leistungen ungünstiger ist. Auch in Anbetracht begrenzter Mittel und hoher Fixkostenbelastung im Falle des Aufbaus eigener Fazilitäten ist die Fremdvergabe oftmals eine wichtige Entscheidungsalternative.

Logo, ist gemäss seinem griechischen Ursprung als ‚sinnvolles Wort' zu bezeichnen. Es stellt ein alphabetisches, numerisches, bildhaftes oder aus diesen Elementen kombiniertes Erkennungszeichen eines Unternehmens dar. Damit kommt dem L. eine Identifikations- und Kommunikationsfunktion im Rahmen des → Corporate Design zu. Es soll die Geschäfte und Werte des Unternehmens auf grafische Art und Weise einprägsam ausdrücken. Hierzu können L. als Wortmarke, Bildmarke oder Wort-/Bildmarke rechtlich geschützt werden (→ Marke). Als Gestaltungsmittel werden dabei Formen, Farben und Schrifttypen verwendet. Gerade junge Unternehmen können versuchen, sich über ein L. von den Wettbewerbern abzuheben und im Gedächtnis der Kunden zu verankern.

Lohn, *Arbeitslohn, Entgelt.* 1. *Begriff:* Bezeichnung für den Bruttobetrag des Entgelts für geleistete Arbeit; i.e.S. bezeichnen Löhne die Arbeitsentgelte für Arbeiter im Gegensatz zu den Gehältern für Angestellte. – 2. *Merkmale:* Löhne sind dabei alle Einnahmen, die dem → Arbeitnehmer im Hinblick auf ein künftiges, aus seinem gegenwärtigen oder einem früheren Arbeitsverhältnis zufließen, gleichgültig in welcher Form (§ 19 I EStG). Hierzu gehören neben L. insbesondere Gratifikationen, Sachbezüge, Aufwandsentschädigungen etc. Die vom Arbeitgeber auszuzahlenden Nettolöhne ergeben sich nach Berechnung und Einbehaltung der gesetzlichen Abzüge (insb. Lohnsteuer, Sozialversicherungsbeiträge) sowie eventuell freiwilliger Abzüge (z.B. Gewerkschaftsbeiträge) durch die → Lohnbuchhaltung.

Lohnbuchhaltung. 1. *Begriff:* Teilgebiet der → Buchführung, welches der Erfassung, Abrechnung und Buchung der Arbeitsentgelte (→ Löhne und Gehälter in jeder Form) sowie der gesetzlichen und freiwilligen Abzüge hiervon dient. – 2. *Zweck:* Feststellung des Lohn- oder Gehaltsanspruchs des einzelnen → Arbeitnehmers (brutto und netto) sowie die → Führung und Aufbereitung der Lohn- oder Gehaltskonten und des mit ihnen in Zusammenhang stehenden Sozialaufwands für die Weiterverrechnung in der Betriebsbuchhaltung. Zudem hat sie gesetzlich festgelegte Dokumentations-, Abzugs- und Abführungspflichten zu erfüllen. – 3. *Organisatorisch:* Die L. kann der Personalabteilung oder dem betrieblichen → Rechnungswesen zugeordnet sein.

Lohnsteuer. 1. *Begriff:* Die L. ist eine Sonderform der → Einkommenssteuer. Bei Einkünften aus nichtselbständiger Arbeit (§ 19 EStG) wird die Einkommensteuer durch direkten Abzug vom Arbeitslohn (L.) im so genannten Quellenabzugsverfahren erhoben (§§ 38-42f EStG). – 2. *Merkmale:* Der Arbeitgeber behält die L. für Rechnung des → Arbeitnehmers ein und führt sie an das → Finanzamt ab. Dabei gehören zum → Lohn für die nichtselbständige Arbeit alle Einnahmen, die dem Arbeitnehmer aus seiner Beschäftigung zufließen. Die L. wird i.d.R. auf Grundlage der Lohnsteuerkarte und der Lohnsteuertabelle unter Berücksichtigung der Steuerklasse berechnet, in einigen Fällen (z.B. Direktversicherung als Form der betrieblichen Altersversorgung) besteht die Möglichkeit der L.-Pauschalierung.

Lombardkredit, die Vergabe meist kurzfristiger → Darlehen gegen Verpfändung von börsennotierten Wertpapieren oder Wechsel, aber auch leicht verkäuflicher Edelmetalle oder Handelswaren bezeichnet man als L. Der L. charakterisiert aber auch eine bestimmte Art der Geldbeschaffung von Kreditinstituten bei der Bundesbank, die Wechsel, Geldmarktpapiere sowie Staatsanleihen und andere börsengängige Wertpapiere in einem „Lombardverzeichnis" führt und anbietet. Da es sich in der Regl um eine kurze Liquiditätshilfe handelt, muss der L. innerhalb von drei Monaten wieder getilgt sein, bzw. wird meist nur tageweise in Anspruch genommen. Seine Kosten sind deshalb eine wichtige Orientierungsgröße für den kurzfristigen Geldmarkt; der „Lombardsatz" – liegt i.d.R. einen Prozentpunkt über dem Diskontsatz.

Low-Budget-Model. 1. *Begriff:* Grundmodell der strategiebestimmenden → Gründungsfinanzierung mit begrenzten eigenen Finanzmitteln (→ Gründerkapital). – 2. *Strategiebestimmende Gründungsfinanzierung:* Bei der strategiebestimmenden Gründungsfinanzierung sind – im Gegensatz zur strategieerfüllenden Gründungsfinanzierung (→ Big-Budget-Model und Abbildung) – die finanziellen Möglichkeiten der → Gründer sehr begrenzt, so dass das → Gründungskonzept und die Wachstumsstrategie für das → Start-up-Unternehmen durch die finan-

Low-Budget-Modell, Strategiebestimmende und -erfüllende Gründungsfinanzierung

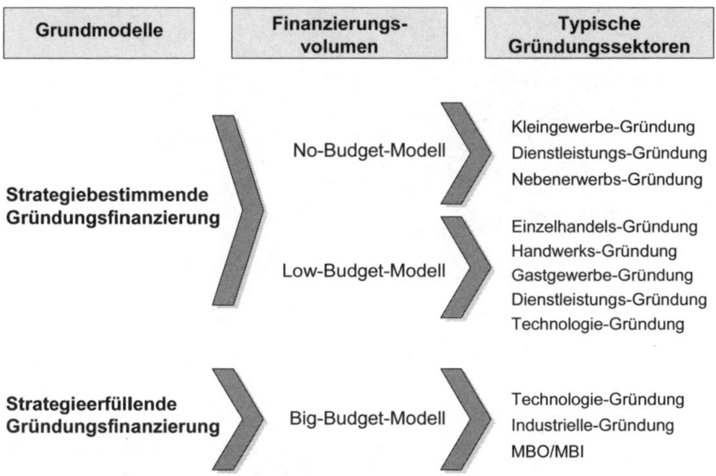

ziellen Ressourcen bestimmt und limitiert werden („Strategy follows Finance"). Nach dem Finanzierungsvolumen lassen sich das No-Budget-Model (→ Selbstfinanzierung, → Self-Feeding Business) und das L.-B.-M. unterscheiden. Während die Gründer beim No-Budget-Model über keinerlei Eigenmittel verfügen und somit auch kaum externes Kapital einwerben können, ist beim L.-B.-M. in geringem Umfang Gründerkapital vorhanden, so dass zumindest eine → Finanzierungsrunde durchgeführt werden kann. – 3. *Voraussetzungen zur Gründung nach dem L.-B.-M.:* Voraussetzung des L.-B.-M. ist, dass die Gründer über – wenn auch sehr begrenzte – Eigenmittel verfügen, die in das Gründungsunternehmen eingebracht werden. Diese sind erforderlich, um weiteres Kapital, vor allem in Form von Fremd- und → Mezzanine Kapital, akquirieren zu können. Aber auch zusätzliches Eigenkapital, z.B. von → Venture Capital-Gesellschaften, ist meist nur erhältlich, wenn die Gründer mit dem Einbringen ihres Privatvermögens ihr Engagement und ihre Überzeugung vom Erfolgspotential des Gründungsvorhabens belegen können. – 4. *Finanzierungsformen:* Als Finanzierungsformen im Rahmen des L.-B.-M. kommen einerseits die Bootstrap Finanzierung (→ Bootstrapping) und andererseits die traditionelle Gründungsfinanzierung als Eigen- und Fremdfinanzierung in Betracht. – 5. *Finanzierungsinstrumente:* Wesentliche → Finanzierungsinstrumente bei der Gründung nach dem L.-B.-M. sind das Gründerkapital, F+F Kapital (also von Familienmitgliedern, Freunden und Bekannten eingebrachte Mittel in Form von Eigen- oder Fremdkapital), → Bankkredite, → Lieferantenkredite, → Leasing und → öffentliche Fördermittel. – *Vgl. Abb.* „Low-Budget-Modell, Strategiebestimmende und -erfüllende Gründungsfinanzierung".

Prof. Dr. Klaus Nathusius

Literatur:

Nathusius, K.: Grundlagen der Gründungsfinanzierung,, Wiesbaden 2001. *Timmons, J.A.:* New Venture Creation – Entrepreneurship for the 21st Century, 5. Aufl., Boston 1999.

Lückenfinanzierung, Finanzhilfe zur Schließung des nicht durch → Eigenkapital und verfügbares → Fremdkapital abdeckbaren Finanzbedarfs eines → Gründers. – *Vgl. auch* → Förderdatenbank, → öffentliche Förderprogramme.

M

Machbarkeitsstudie, → Proof-of-Concept.

Management. 1. *Begriff:* Der Begriff M. kann als Funktion oder als Institution verwendet werden. Unter M. als Institution wird die Gruppe von Personen verstanden, die in einer → Organisation mit Anweisungsbefugnissen betraut ist. M. als Funktion umfasst alle zur Steuerung eines Unternehmens notwendigen Aufgaben im weitesten Sinne und unabhängig von Personen. – 2. *Abgrenzung:* M. und → Führung werden mitunter gleichgesetzt. Führung hat jedoch vor allem einen Schwerpunkt in der personalen Dimension im Sinne der Menschenführung, wohingegen M., weiter gesehen, mehrere Dimensionen umfasst. – 3. *Funktionale Dimensionen des M.:* Funktional kann M. in drei verschiedene Dimensionen differenziert werden, die prozessuale, die strukturelle und die personale Dimension. In der prozessualen Dimensionen stehen → Planung und Kontrolle im Fokus. Das umfasst die Zielbildung gleichermaßen wie die Betrachtung unterschiedlicher Entscheidungsprobleme und die verschiedenen Formen der Kontrolle. Im Rahmen der strukturellen Dimension wird sowohl betrachtet, wie die Ausführung koordiniert werden kann als auch welchen strukturellen Gesichtspunkten die Führung folgt. Die strukturelle Dimension ist unterschiedlich zu systematisieren, grundsätzlich handelt es sich um eine Koordinationsaufgabe der funktionalen Aufgaben, die entweder persönlich (persönliche Wiesung oder Selbstabstimmung) oder unpersönlich (Pläne oder Programme) vorgenommen werden kann. Alternativ kann in generelle Regelungen der Organisation oder in fallweise Regelungen der Disposition unterschieden werden. Bei der personalen Dimension steht der Mensch im Mittelpunkt. Es muss beantwortet werden, welches Können und Wollen notwendig ist, um bestimmte Funktionen auszuführen und wie die Funktionserfüllung auch dauerhaft durch → Motivation sichergestellt werden kann. Die personale Dimension entspricht der Führung im engeren Sinne. – 4. *Institutionale Dimensionen des M.:* Institutional umfasst das M. alle, die eine der vorgenannten funktionalen Aufgaben im Unternehmen wahrnehmen. Das umfasst das Top-M. gleichermaßen wie bspw. einen Meister in der Produktion. Allerdings werden in engerer Betrachtung aufgrund des höheren Umfangs an funktionalen Managementaufgaben nur die oberen Ebenen eines Unternehmens als M. bezeichnet. – 5. *Managementmethoden:* Zur einfachen Handhabung der Aufgabenvielfalt des M. wurden Managementmethoden entwickelt, die als einfache und situationsunabhängige Leitlinien zu betrachten sind. Bekannt geworden sind als Beispiel die so genannten „Management-by"-Konzepte. Sie versuchen dabei sowohl den Führenden als auch den Geführten zu erfassen und unterscheiden sich dabei von Führungsstilen, die den Schwerpunkt auf den Führenden und von Motivationstheorien, die den Schwerpunkt auf den Geführten legen.

Prof. Dr. Malte Brettel

Literatur:

Kieser, A./Kubicek, H.: Organisation, 3.Aufl., Berlin 1992; *Lück, W.:* Management-Prinzipien, in: WISU, Nr. 10 (1985); *Schierenbeck, H.:* Grundzüge der Betriebswirtschaftslehre, 15. Aufl., München, Wien 2000.

Management-Buy-in (MBI), Übernahme eines Unternehmens durch ein externes → Management. – *Vgl. auch* → Buy-out-Finanzierung.

Management-Buy-out (MBO), Übernahme eines Unternehmens durch das vorhandene → Management, das bisher nicht Anteilseigner war. – *Vgl. auch* → Buy-out-Finanzierung.

Management des Wandels, → Change Management.

Managementfunktionen. 1. *Begriff:* Der Begriff M. bezieht sich auf die Aufgaben des → Managements. – 2. *Ausdifferenzierung:* M. sind zum einen darin zu sehen, dass das Management die drei Dimensionen der → Führung institutionell ausfüllt und damit in ihrer Aufgabenerfüllung sicherstellt. Zum anderen kann darunter die funktionale Gliederung des Managements verstanden werden. Bei den → Funktionsbereichen werden i.d.R. die betriebswirtschaftlichen Funktionen differenziert, die als sekundäre Aktivitäten bezeichnet werden können: General Management inklusive Rechnungslegung und → Controlling, Personalmanagement, Technologie- und Informationsmanagement, Beschaffungs-, Produktions- und Logistikmanagement.

Management-Zusammenfassung, → Executive Summary.

Mantelgründung. Bei der M. wird eine existierende, früher gewerblich tätige, später unternehmenslos gewordene → Gesellschaft mit beschränkter Haftung von einem Erwerber mit einem neuen Unternehmen ausgestattet. Sie ist von der Vorratsgründung abzugrenzen. Diese ist die zulässige → Gründung einer GmbH, deren Gesellschaftszweck zunächst allgemein gehalten und regelmäßig auf die Verwaltung eigenen Vermögens beschränkt ist. Die Vorrats- GmbH führt keinen Geschäftbetrieb und hat den Zweck, für absehbare eigene oder fremde Unternehmenszwecke als geeignete → Rechtsform sofort zur Verfügung zu stehen. Der Erwerb einer Vorrats- oder Mantel- GmbH wird als Mantelkauf bezeichnet. Im letzteren Fall kann das Ziel sein, die Verluste der GmbH vor dem Mantelkauf von künftigen Gewinnen abziehen zu können. Der steuerliche Verlustvortrag wird aber nur dann gewährt, wenn der Erwerber nicht mehr als 50% der Anteile übernimmt und die GmbH ihren Betrieb nicht mit überwiegend neuem Betriebsvermögen wieder aufnimmt (sog. Wegfall der wirtschaftlichen Identität, § 8 IV KStG). Durch die M. werden die üblicherweise bestehende unbeschränkte Gründerhaftung des Unternehmers in der Gründungsphase der GmbH nach Aufnahme des Geschäftsbetriebes und vor Eintrag der GmbH in das → Handelsregister vermieden (z.B. § 11 II GmbHG). Problematisch ist jedoch, dass beim Mantelkauf gemäss der Rechtsprechung die Neugründungsvorschriften über die Kapitalaufbringung analog anzuwenden sind. Die Folge ist, dass der Erwerber auf rückständige Einlagen haftet. Es empfiehlt sich daher eine genaue Prüfung der Unternehmensgeschichte (→ Due Diligence).

Marke. 1. *Begriff:* Der Begriff der M. wird seit einer Richtlinie der EU aus dem Jahr 1988 und deren Umsetzung in Deutschland 1994/1995 als einheitliche Kennzeichnung verwendet. Der Begriff der M. löste damals den Begriff des Warenzeichens ab. Der deutsche Gesetzgeber subsumiert unter dem Begriff M. [...] alle Personennamen, Abbildungen, Buchstaben, Zahlen, Hörzeichen, dreidimensionale Gestaltungen einschließlich der Form einer Ware oder ihrer Verpackung sowie sonstige Aufmachungen einschließlich Farben und Farbzusammenstellungen [...], die geeignet sind, Waren oder Dienstleistungen eines Unternehmens von denjenigen anderer Unternehmen zu unterscheiden' (§ 3 Abs. 1, MarkenG). Eine M. ist damit durch rationale, emotionale und sinnbildliche Elemente geprägt und ist vor dem jeweiligen kulturellen Kontext zu interpretieren. – 2.

Merkmale: M. müssen aufgebaut und geführt werden. In diesem Zusammenhang wird die Markenführung als systematische und umfassende Gestaltung aller in der Definition bezeichneten Elemente einer M. bezeichnet. Unter dem Markenwert wird die Bezifferung des monetären Wertes einer M. bezeichnet. Für Grossunternehmen mit etablierten Marken werden solche Hochrechnungen durchgeführt, bei jungen oder kleineren Unternehmen / M. ist dies mangels Kunden- und Marktdaten weniger gebräuchlich. Wissenschaft und Praxis haben hierzu eine Reihe von Markenwertmodellen entwickelt. Darunter fallen monetäre und nicht-monetäre sowie kombinierte Modelle. – 3. *Ziele:* Mit dem Aufbau und der → Führung einer M. versuchen Unternehmen, verschiedene Ziele zu erreichen. Die M. soll in den Köpfen bestehender und potenzieller Kunden Assoziationen auslösen und zu einer Identifikation zwischen Unternehmen und Kunden führen. Mit einer M. wird die Herkunft des Produktes klar bezeichnet und zugleich eine Qualitäts- und Garantieaussage getroffen, die den Kaufentscheid positiv beeinflussen soll. Dadurch schafft eine Marke → Vertrauen bei den Kunden, reduziert deren Suchaufwand bei der Auswahl von Produkten und schafft Loyalität. Mit der M. gelingt zudem eine Unterscheidung von den Wettbewerbern und es wird eine → Markteintrittsbarriere aufgebaut. Durch erfolgreiche M. eröffnen sich Möglichkeiten zur Übertragung dieses Erfolgs auf weitere Produkte (Markentransfer) und somit ein Markterweiterungspotenzial. Somit hat eine erfolgreiche Markenführung positive Auswirkungen auf Kunden (Orientierung, Signalisierung, → Vertrauen, → Kundenbindung), Kapitalgeber (Steigerung des Marken- und damit → Unternehmenswerts, Margensteigerung realisierbar, Stabilisierung des Absatzes), Öffentlichkeit (Steigerung der → Akzeptanz, Prestige, Vertrauensvorschuss) und Mitarbeiter (Attraktivität als Arbeitgeber, Vertrauen, erhöhte Identifikation, gesteigerte Loyalität). – *Vgl. Abb.* „Marke, Anspruchsgruppen und Markennutzen".

Prof. Dr. Christoph Müller

Literatur:

Bruhn, M.: Marketing, 6. Aufl., Wiesbaden 2002; *Esch, F.R. (Hrsg.):* Moderne Markenführung, 3. Aufl., Wiesbaden 2001; *Esch, F.R.:* Strategie und Technik der Markenführung, 2. Aufl., München 2004; *Müller, C./Nahr-Ettl, C./Rottweiler, D.:* Markenaufbau und Markenführung in kleinen und mittleren Unternehmen (KMU), Stuttgart 2003.

Markenallianz, ist gekennzeichnet durch die Bündelung der jeweiligen → Marken von zwei oder mehr Unternehmen zu einem gemeinsamen Markenauftritt. Dadurch wird ein gemeinsames Erkennungs- und Qualitätssignal ausgesendet. Dazu zählen die Fälle des Co-Branding (gemeinsame Leistung zweier Marken auf horizontaler Ebene), des Ingredient-Branding (gemeinsame Leistung zweier Marken auf vertikaler Ebene), der Mega-Brands (Zusammenschluss von Einzel-

Marke, Anspruchsgruppen und Markennutzen

Anspruchsgruppen	Nutzen durch eine starke Marke
Kunden	Orientierung, Signalisierung, Vertrauen, Kundenloyalität
Kapitalgeber	Steigerung des Marken- und damit Unternehmenswerts, Margensteigerungen realisierbar, Stabilisierung des Absatzes
Öffentlichkeit	Steigerung der Akzeptanz, Prestige, Vetrauensvorschuß
Mitarbeiter	Attraktivität als Arbeitgeber, Vertrauen, erhöhte Identifikation, gesteigerte Loyalität

marken zu einer übergeordneten Marke) und der Co-Promotions (gemeinsame Kommunikationsmaßnahmen zweier oder mehrerer Marken). Ziele sind die Steigerung der → Effektivität und → Effizienz der einzelnen Markenauftritte und die Erzeugung gewünschter Assoziationen zwischen den beteiligten Marken.

Markenentwicklung. Gerade junge Unternehmen müssen diese Aufgabe im Rahmen der gesamten Markenführung lösen. Dabei ist der Teilschritt der M. durch die Umwelt- und Unternehmensanalyse, die Definition strategischer Ziele und die konkrete Gestaltung einer (zumeist) Wort-/Bildmarke gekennzeichnet. Die Durchführung der einzelnen Schritte führt zu einer sukzessiven Steigerung des Bekanntheitsgrades, zu einer Verbesserung des → Images und damit zu einer Ausweitung der → Marke auf zusätzliche Produkte und damit einer Steigerung des Markenwerts. Etablierte Unternehmen stehen vor der Aufgabe, ihre bereits bekannte Marke zu pflegen und weiter zu entwickeln. Dabei sind ein Relaunch bzw. eine Änderung, eine Veräußerung oder eine Übertragung der Marke auf andere Produkte denkbar.

Markenname, *Brand Name.* Die ausgewählte Namensgebung soll zu einer Steigerung des Bekanntheitsgrades führen und die Positionierung der → Marke entsprechend unterstützen. Dazu können bedeutungslose oder bedeutungshaltige M. gewählt werden. Bedeutungshaltig sind M. ohne konkreten Produktbezug, aber mit eigener Aussagekraft, mit assoziativem Produktbezug oder mit einer direkten Verbindung zum Produkt oder der Dienstleistung, so dass keine Transferleistung des Kunden mehr erforderlich ist. Problematisch in diesem Verständnissinne stellen sich gerade bei jungen Unternehmen fremdsprachige M., Slogans in einem bestimmten nationalen Kontext oder bedeutungslose M., wie frei erfundene Buchstabenkombinationen, dar.

Markenpolitik, umfasst die grundlegende Integration und Gestaltung sämtlicher markenrelevanter Aktivitäten eines Unternehmens (→ Marke). Dabei werden produkt-, unternehmens- und anspruchsgruppenbezogene Aspekte verbunden. Diese bilden die langfristig ausgerichtete Grundlage und den Rahmen für die operativen Aktivitäten des Markenaufbaus- und der -pflege. Zudem schließt die M. die Markierungsinstrumente wie → Markenname, Markenzeichen (→ Logo) sowie dessen Farbe, Form, Schriftzug und Klang ein. Die M. kann anhand von vier Grundkonzepten ausgestaltet werden: funktions-, entscheidungs-, identitätsorientierter oder verhaltenswissenschaftlicher Ansatz.

Market-based View, der Markt als unabhängige Variable im Konzept der strategischen → Unternehmensführung. Die Idealvorstellung des M.-b.V. geht davon aus, dass die auf Märkten artikulierte Nachfrage der bestimmende Faktor ist, der alle wirtschaftlichen Anstrengungen lenkt. Wer die Bedürfnisse des Marktes besser und schneller erkennt, kann darauf durch entsprechendes Angebot reagieren und sich so einen strategischen → Wettbewerbsvorteil gegenüber langsameren Konkurrenten verschaffen.

Marketing. 1. *Begriff:* M. als marktorientierte → Unternehmensführung ist ein Konzept zur zielgerichteten Gestaltung von Tauschprozessen, das in Anlehnung an die American Marketing Association als Planungs- und Durchführungsprozess der Konzipierung, Preisfindung, Förderung und Verbreitung von Ideen, Waren und Dienstleistungen verstanden werden kann. Dieser Prozess dient dazu, Austauschprozesse zur Erreichung individueller und/oder institutioneller → Marketingziele herbeizuführen. Somit versucht M. als marktorientierte Unternehmensführung innengerichtet die → Motivation der Mitarbeiter durch deren weitgehende Anspruchsbefriedigung zu erhöhen und gleichzeitig außengerichtet die Mitarbeiter zur Berücksichtigung der Bedürfnisse weiterer Tauschpartner zu motivieren. Letztlich werden so alle Aktivitäten auf die gegenwärtigen und potentiellen (Markt-) Bedürfnisse ausgerichtet. – 2. *Elemente einer Marketingkonzeption:* Die Marketingkonzeption besteht aus fünf Elementen, die sich mit unterschiedlicher Ausdifferenzierung in jedem leistungsbündelspezifischen M. wieder finden und in ihrer Abfolge zugleich als → Management-Prozess zu begreifen sind. Ausgangspunkt sind stets (1) die Situationsanalyse und die Zukunftsprognose, in der eine systematische Analyse der eigenen Unternehmung, des Umfeldes und des Marktes (Nachfrager und Konkurrenten; → Marktforschung) erfolgt. Nach der sich dieser anschließenden (2) Ableitung angestrebter Zustände (Marketingziele), sind (3) → Marketingstrategien als Handlungsprogramme zu entwickeln, die wiederum Einsatzanweisungen für die (4) Marketinginstrumente darstellen (→ M.-Mix). Nach der Realisation der Maßnahmen ist im Rahmen eines (5) M.-Controlling eine Rückkoppelung anzustreben. Die Elemente (4) und (5) betreffen den Bereich der Marketingimplementierung, der darüber hinaus sicherstellen muss, dass unternehmungsweit markt- und wettbewerbsvorteilsorientiert gedacht wird. – 3. *Marketing im Gründungskontext:* Neben der Bereitstellung finanzieller Mittel wird die Erschließung von Absatzmärkten und v.a. die Bindung attraktiver Kunden zur zentralen Aufgabe im → Gründungsmanagement. Das M. im Sinne einer marktorientierten Unternehmungsführung ist in der Lage, zur Auflösung beider Engpassbereiche beizutragen. Durch ein konsequentes Denken in Kategorien der Kunden kann die Grundlage einer nachhaltigen Etablierung gelegt werden. – *Vgl. auch* → Gründungsmarketing.

Prof. Dr. Jörg Freiling

Literatur:
Freiling, J./Reckenfelderbäumer, M.: Markt und Unternehmung, Wiesbaden 2004; *Homburg, C./Krohmer, H.:*, Marketingmanagement, Wiesbaden 2003; *Kotler, P./Bliemel, F.:* Marketing-Management, 10. Aufl., Wiesbaden 2001; *Meffert, H.*: Marketing, 9. Aufl., Wiesbaden 2000.

Marketing-Mix. 1. *Begriff:* Der M. stellt die Kombination aller Instrumente des → Marketing zu einer in sich stimmigen Gesamtheit dar. Der M.-M. bezieht sich auf einen bestimmten Zeitpunkt/Zeitraum bzw. eine bestimmte Entscheidungssituation und dient dazu, die mit der → Marketingstrategie verbundenen Ziele zu erreichen. Der Begriff des M.-M. symbolisiert,

Marketing-Mix, Marketinginstrumente

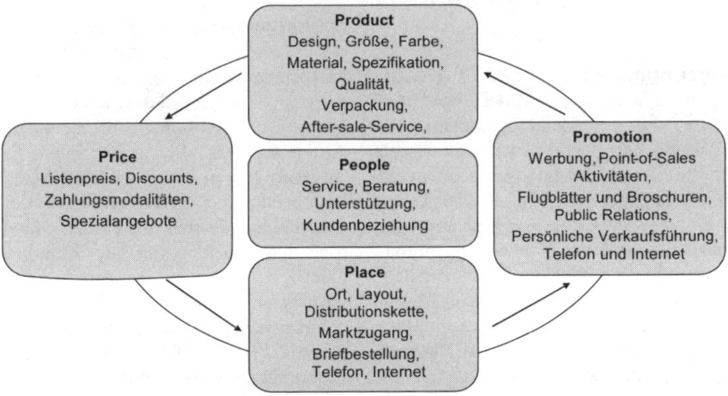

dass die Marketingmaßnahmen einer Unternehmung Synergien (→ Synergieeffekte) erzeugen können und deshalb als zusammenhängendes Maßnahmenbündel zu verstehen sind. – 2. *Aktionsparameter:* Die Instrumente des M.-M. werden traditionell mit dem Konzept der so genannten „4 Ps" (Promotion, Product, Price, Place; nach McCarthy 1960) erfasst: → Kommunikations-, → Produkt-, → Preis- und → Distributionspolitik. Diese vier Aktionsfelder sind in der jüngeren Vergangenheit ergänzt worden um die Kontrahierungspolitik, die Kundenfinanzierungspolitik sowie die sich in jüngerer Zeit zunehmend stärker emanzipierende und für das → Gründungsmanagement oftmals zentrale Marken- und Reputationspolitik. – 3. *Gründungskontext:* Innerhalb der → Marketingplanung wird die Auswahl und Anwendung der Einzelinstrumente festgelegt. Wichtig ist dabei, die Marketinginstrumente von Anbeginn konsistent auf die → Marketingstrategie auszurichten. Dies kann z.B. beinhalten, Kunden durch günstige Preis-/Leistungs-Gestaltung zu gewinnen und dabei ungünstige Tauschbedingungen in der Anfangsphase hinzunehmen. – *Vgl. Abb.* „Marketing-Mix, Marketinginstrumente".

Prof. Dr. Jörg Freiling

Literatur:
McCarthy, E.J.: Basic Marketing: A Managerial Approach, Homewood/Ill 1960.

Marketingplanung. 1. *Begriff:* Die M. dient dazu, aufbauend auf der Marketinganalyse die → Marketingstrategie zu entwickeln und operative Maßnahmen zu deren Implementierung auszuarbeiten. Sie schließt üblicherweise Kontrolltätigkeiten mit ein. – 2. *Merkmale und Erscheinungsformen:* Die M. ist in eine lang, mittel- und kurzfristige → Planung aufzuteilen. Langfristig gilt es, grundsätzliche Aussagen bezüglich der Vision, des Leitbildes und der Mission auszuarbeiten. Daneben ist ein strategisches Rahmenprogramm abzuleiten, welches der Zielerreichung dient. Im mittelfristigen Bereich steht die Ausarbeitung geeigneter Strategien mit hohem Konkretisierungsgrad im Vordergrund. Auch Budgetierungsfragen und Aspekte der Ressourcenbereitstellung sind in diesem Teil der Planung bereits zu berücksichtigen. Kurzfristig sind geeignete operative Maßnahmen zur Erfüllung aktueller Marktaufgaben und der → Marketing-Mix zu planen. – *Vgl. auch* → Absatzplanung.

Marketingstrategie. Als M. wird der Teil einer Marketingkonzeption (→ Marketing) verstanden, bei dem die Grundausrichtung für den Instrumenteneinsatz zur Zielerreichung bestimmt wird. Die M. dient der → Planung und Erreichung nachhaltiger → Wettbewerbsvorteile und der Strategischen Positionierung der Unternehmung und ihrer Geschäftsfelder auf dem Markt. Eine M. gilt als vollständig, wenn Fragen der räumlichen (d.h. der Marktarealstrategie), der nachfragebezogenen (d.h. der Marktparzellisierungsstrategie und der Marktstimulierungsstrategie), der konkurrenzbezogenen (d.h. der Kompetitivstrategie) und der wachstumsbezogenen (d.h. der Marktfeldstrategie) Grundausrichtung geklärt sind. Die einzelnen Teilstrategien, die sich auf das sog. Strategische Dreieck beziehen, sind dabei als ein kohärentes Ganzes zu begreifen und bauen auf einer umfassenden → Marketingplanung auf.

Marketingziele, als Ergebnis eines auf der Analyse der Ausgangssituation (→ Marketingplanung) basierenden Entscheidungspro zesses die Elemente einer Marketingkonzeption (→ Marketing), die Auskunft über die angestrebten Soll-Zustände geben. Sie gelten so als Maßstab anstehender und Kontrollgröße realisierter Entscheidungen und dienen der Orientierung und Motivierung der Mitarbeiter. Um diesen Zwecken genügen zu können, müssen M. hinsichtlich Zielebene (Unternehmensziele, Strategieziele, Instrumentenziele), -inhalt (z.B. → Marktanteil, → Liquidität, → Rentabilität), -ausmaß (z.B.

Marktanteilssteigerung um 5%) und -erreichungszeitraum eindeutig bestimmt sein. Darüber hinaus sollten M. erkennen lassen, dass sie realisierbar sind.

Market Value Added (MVA), spielt bei der wertorientierten → Unternehmensführung börsennotierter Unternehmen eine zentrale Rolle. Er bezeichnet die Differenz zwischen der Börsenkapitalisierung (externer Marktbewertung) des Unternehmens und dem eingesetzten → Kapital/Geschäftsvermögen (interne Bewertung). Ein positiver MVA kennzeichnet damit die Schaffung von Werten für die Aktionäre. Durch die entsprechende Evaluation wertsteigernder oder -vernichtender strategischer Alternativen soll der → Unternehmenswert als Ganzes gesteuert werden. Der MVA entspricht dabei der Summe aller abdiskontierten zukünftigen Economic Value Addeds (EVA) des Detailprognosezeitraums von bspw. fünf Jahren und eines entsprechend abdiskontierten Restwerts des Fortführungszeitraums.

Markt, bezeichnet die Zusammenführung von Angebot (Verkäufer) und Nachfrage (Käufer) von Waren, Leistungen und Rechten. Am M. wird im Tausch, meist Ware gegen Geld, gehandelt. – *Vgl. auch* → Marktanalyse, → Marktsättigung.

Marktanalyse, wird meist synonym für → Marktforschung (i.w.S.) und Marktinformationsbeschaffung verwendet. Die M. ist i.d.R. eine aktuelle Darstellung der Marktsituation (keine Prognose). Hierbei werden diejenigen aktuellen Daten erhoben, die insbesondere für → Marketing- und → Forschung und Entwicklung-Entscheidungen benötigt werden.

Marktanteil, prozentualer Anteil eines Unternehmens am gesamten Markt. Dieser Anteil kann mengenmäßig (z.B. Anzahl der Kunden, Anzahl der verkauften Einheiten eines Produktes) oder auch wertmäßig (z.B. erzielter Umsatz) definiert werden. Eine Schwierigkeit in der Bestimmung des M. liegt in der Marktabgrenzung (relevanter Markt), das heißt, welche Anbieter aus sachlicher (z.B. vergleichbares Produkt), aus räumlicher und zeitlicher Sicht zum zu betrachtenden Gesamtmarkt gehören. Eine weitere Schwierigkeit ist dann die Ermittlung der Daten für diesen Gesamtmarkt.

Marktaustritt. 1. *Begriff:* Rückzug eines Unternehmens von einer bestimmten Kundengruppe. – 2. *Arten:* Bei einem M. handelt es sich nicht nur um den Rückzug von regional abgegrenzten Märkten; der Markt kann sich auch auf Produktmärkte beziehen. – 3. *Beurteilung:* Für junge Unternehmen bei ihrer Suche nach dem richtigen Markt für das gegebene Angebot. Bei der Technologie kann es sich beim M. um ein normales Instrument der → Unternehmensentwicklung handeln. Der M. ist deshalb nicht automatisch mit wirtschaftlichem Misserfolg in Verbindung zu bringen.

Marktchancen. 1. *Begriff:* M. ergeben sich als Möglichkeiten zur zukünftigen Realisierung der → Unternehmensziele auf einem oder mehreren Märkten. – 2. *Abgrenzung:* Im Gegensatz zu einer Stärke, dem die interne Sicht eines Unternehmens zu Grunde liegt, sind Chancen extern determiniert. Im Rahmen einer SWOT-Analyse werden sie als „Opportunities" erfasst. – 3. *Entstehung:* M. entstehen bspw., wenn sich Rahmenbedingungen verändern, so z.B. bei Lockerung regulierter Märkte (Telekommunikations- oder Strommarkt) oder verändertem Konsumverhalten in bestimmten Marktsegmenten (Freizeit- und Gesundheitsorientierung und die dadurch entstehenden Sportmöglichkeiten wie Indoor-Skihallen).

Markteintritt, Produkteinführung bzw. Realisierung der → Geschäftsidee. Voraussetzungen für einen erfolgreichen und nachhaltigen M. sind Kenntnisse über die potenziellen Kunden und die Wettbewerbssituation in diesem Zielmarkt. Der M. kann für neu auf den Markt eintretende Unternehmen gegenüber den Unternehmen, die sich schon auf dem Markt befinden, durch → Markteintrittsbarrieren erschwert werden. Eine Markteintrittsbarriere kann z.B. darin bestehen, dass ein hoher Kapitaleinsatz erforderlich ist, um die Absatzmengen zu produzieren, die notwendig sind, um am Markt einen Gewinn erwirtschaften zu können. – *Vgl. auch* → Wettbewerbsanalyse. – *Vgl. Abb.* „Markteintritt, Aspekte eines frühen oder späten Markteintritts".

Markteintrittsbarrieren. 1. *Begriff:* Hürden, die beim Eintritt in einen Markt existieren bzw. unter Umständen aufgebaut werden können. – 2. *Merkmale:* M. werden von unterschiedlichen Faktoren beeinflusst, so z.B. von Skaleneffekten, dem Zugang zu Distributionskanälen, dem Kapitalbedarf zum Eintritt oder den mit dem → Markteintritt verbundenen Umstellungskosten. – 3. *Beurteilung:* Für junge Unternehmen ist es von Vorteil, auf Märkte abzuzielen, in denen die Eintrittsbarrieren gering sind, gleichermaßen ist es aber auch von Vorteil, Barrieren gegen den Markteintritt von Konkurrenten aufzubauen, wenn man einen Markt selber bereits betreten hat. Diese Barrieren können in Patenten, Markenname, aber auch in einer großen Nutzerbasis des Marktführers, wie bspw. bei ebay, bestehen.

Marktentwicklung. 1. *Begriff:* Unter M. ist zweierlei zu verstehen: Erstens kann es sich dabei um die Entwicklung handeln, in der sich ein Markt bewegt. Unternehmen können passiv darauf reagieren oder unter Umständen diese aktiv mitgestalten. Zweitens kann dabei auch gemeint sein, welche Entwicklung ein Unternehmen in einem bestimmten Markt vollzieht. – 2. *Beurteilung:* Für ein junges Unternehmen ist wichtig, sich möglichst in einem wachsenden Markt zu positionieren – dieser lässt sich einfacher betreten und hat genügend Raum für eigenes Wachstum – und darin möglichst auch ein Wachstum der → Marktanteile zu verzeichnen. Kommt es in späteren Jahren zu einem Kostenwettbewerb, so ist es wichtig, eine ausreichende Marktposition erlangt zu haben, um entsprechende Kostenvorteile (z.B. basierend auf der Erfahrungskurve) realisieren zu können.

Marktforschung, zielt auf eine systematische Gewinnung und Auswertung von Informationen über die Einflussgrößen und Entwicklungstendenzen des Marktes ab. Mit Hilfe der M. erhält ein Unternehmen Aussagen über die Größen → Marktvolumen, -potenzial und -anteil sowie über die Wirkungsweise des → Marketing-Mix. In Abhängigkeit vom Zweck der M. stehen verschiedene Methoden und

Markteintritt, Aspekte eines frühen oder späten Markteintritts

Aspekte	Pro früher Markteintritt	Pro später Markteintritt
Unternehmenspotential	Pionier schafft sich hohe Reputation, nachhaltiges Lernen und frühe Lieferanten- und Vertriebsbindung, Kostenvorteile	Kosten der „Markteröffnung" sind hoch und werden von Nachfolgern eingespart, technologischer Fortschritt macht Erstlösung obsolet
Kundenbeziehung	Hohe erwartete Kundenbindung, hohe Effizienz beim Einsatz der Marketinginstrumente	Frühe Marktsituation völlig anders als spätere bei hohen Anpassungskosten an die veränderten Bedürfnisse
Konkurrenzbeziehung	Schwierige Imitation	Relativ kostenträchtiger Wettbewerb mit anderen Start-up-Unternehmen, geschwächte Pioniere werden durch Nachfolger verdrängt
Regulierungsbedingungen	Keine Regulierungswiderstände	Regulierungswiderstände werden durch Pioniere ausgeräumt

Instrumente zur Auswahl. Grundsätzlich wird dabei zwischen Primär- und Sekundärforschung unterschieden. Bei der Primärforschung werden die gewünschten Informationen mit Hilfe eines eigens für die konkrete Problemstellung konzipierten Untersuchungsdesigns ermittelt. Bei der Sekundärforschung wird auf bereits vorhandene Daten zurückgegriffen.

Marktkapitalisierung, eine → Kennzahl, die den aktuellen Börsenwert eines an der → Börse notierten Unternehmens wiedergibt. M. errechnet sich durch Multiplikation des Börsenkurses einer → Aktie mit der Anzahl der Aktien einer börsennotierten → Aktiengesellschaft.

Markt-Mehrwert-Matrix, eine Analyseinstrument für → Gründer und Unternehmer in der → Net Economy, das sich aus der elektronischen Marktattraktivität (Online-Markt-/Absatzvolumen; → Marktanalyse) und einer Stärke des → elektronischen Mehrwertes (Kundenbedürfnis; Kundenanalyse) für das identifizierte Kundensegment zusammensetzt. Dabei kann hinsichtlich der Ausprägung grob in niedrig, mittel und hoch unterschieden werden. In der Kombination der Ausprägungen ergeben sich für die Geschäftsidee eines → E-Ventures vier typische Produkt-Situationen: a) Bug-Applikation: Hier existiert für die Geschäftsidee ein negatives Produktumfeld, da per se kein großes Bedürfnis am Markt vorhanden ist und dadurch auch kaum potenzielle Kunden zu identifizieren sind. Gleichzeitig würde das Online-Angebot auch kaum einen elektronischen Mehrwert gegenüber einer realen Lösung versprechen. Ein Beispiel wäre ein E-Shop für neue mechanische Schreibmaschinen. – b) Copy/Paste-Applikation: Hier existiert für die Geschäftsidee ein neutrales Produktumfeld, bei der für einen großen Markt bereits vorhandene elektronische Lösungen lediglich „kopiert" werden. Das zugrundeliegende Kundenbedürfnis ist bereits durch andere Anbieter ausreichend befriedigt und der zusätzliche elektronische Mehrwert eines zusätzlichen Angebotes ist gering. Ein Beispiel wäre die Geschäftsidee zu einem weiteren E-Marketplace für den Gebrauchtwagenhandel, obwohl mit mobile.de und autoscout24.de bereits zwei sehr etablierte Player am Markt sind. Chancen für die Geschäftsidee ergeben sich hier nicht aus der Novität des Produktes, sondern nur über die Konditionen (z.B. kostenlose Nutzung und reines Werbeeinnahmenmodell). – c) Special-Applikation: Hier existiert für die Geschäftsidee ein positi-

Markt-Mehrwert-Matrix, Das Potenzial von neuen Geschäftsideen in der Net Economy

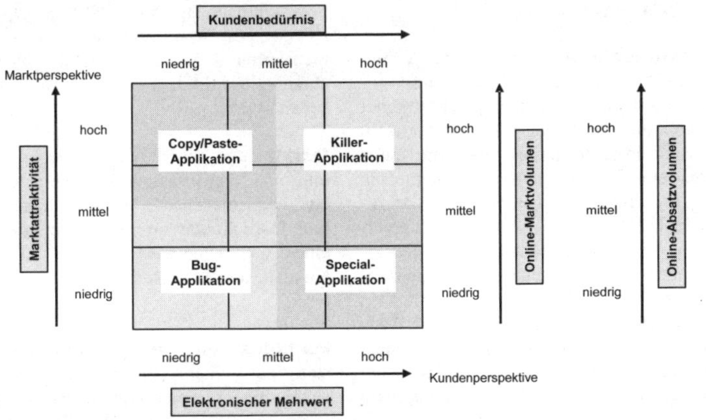

ves Produktumfeld, bei dem zwar nur ein kleiner Markt vorhanden ist, für die Teilnehmer aber ein hohes Bedürfnis nach einer elektronischen Lösung für das Ausgangsproblem besteht. Entsprechend liegt noch keine zufriedenstellende Alternative im realen und elektronischen Handelsraum vor, so dass der „Pain-Point" eindeutig zu identifizieren ist. Dieser Bedarf würde durch eine elektronsche Lösung zudem deutlich besser beseitigt werden als durch ein reales Produktangebot (hoher elektronischer Mehrwert). Als Beispiel kann freiekunst.de angeführt werden, bei der Online-Kunst dargestellt wird. – d) Killer-Applikation: Hier existiert für die Geschäftsidee ein optimales Produktumfeld, da zum einen ein sehr großer Markt auch im Online-Bereich vorhanden ist und ein vorhandenes starkes Kundenbedürfnis ideal mit einem elektronischen Mehrwert befriedigt werden könnte. Ein Beispiel für eine solche Applikation könnte die Bildübertragung im UMTS-Mobilfunk (Videotelefonie) oder aber auch itunes.com sein. – *Vgl. Abb.* „Markt-Mehrwert-Matrix, Das Potenzial von neuen Geschäftsideen in der Net Economy".

Prof. Dr. Tobias Kollmann

Literatur:

Kollmann, Tobias: E-Venture – Grundlagen der Unternehmensgründung in der Net Economy, Wiesbaden 2004.

Marktorientierung. 1. *Begriff:* Fähigkeit, Märkte mit ihren Kunden und Wettbewerbern zu verstehen, gepaart mit einer Kultur, die alle Mitarbeiter dazu anhält, das Kundenverständnis auch in einen konkreten (überlegenen) → Kundennutzen umzusetzen. – 2. *Merkmale:* Die Merkmale des Begriffs M. beziehen sich einerseits auf die Fähigkeiten, durch entsprechende → Marktforschung und ergänzende Prozesse, Anforderungen von Märkten mit ihren Kundenbedürfnissen und Wettbewerbern zu entdecken und zu verstehen, andererseits aber auch auf die Nutzung der dadurch gewonnenen Erkenntnisse beim Auftreten des entsprechenden Unternehmens auf dem Markt. Dabei sollten diese beiden Merkmale sich idealerweise auf die ganze → Organisation erstrecken. – 3. *Umsetzung von M. in jungen Unternehmen:* Zur Umsetzung von M. sehen Kohli/Jaworski drei Ansatzpunkte, die folgendermaßen auf junge Unternehmen übertragen werden können: Erstens spielen die → Gründer bzw. das Managementteam eine große Rolle, indem es marktorientiertes Verhalten fordert und vorlebt sowie eine entsprechende Risikobereitschaft zeigt. Zweitens sollte eine mitarbeiterübergreifende Dynamik entstehen, die den Austausch von Marktinformationen und die Reaktion darauf fördert und drittens sollten die organisationalen Systeme M. zulassen. Als förderlich dazu bezeichnen Kohli/Jaworski einen geringen Grad an → Zentralisation und Formalisierung, geringes Konfliktpotenzial unter Abteilungen und ein marktorientiertes Vergütungssystem.

Prof. Dr. Malte Brettel

Literatur:

Kohli, A.; Jaworski, B.: Market Orientation – The Construct, Research Propositions, and Managerial Implications, in: Journal of Marketing, April, Jg. 54 (1990), S. 1-18; *Narver, J., Slater, S.:* The Effect of a Market Orientation on Business Profitability, in: Journal of Marketing, Oktober, Jg. 54 (1990), S. 20-35; *Pflesser, C.:* Marktorientierte Unternehmenskultur – Konzeption und Untersuchung eines Mehrebenenmodells, Wiesbaden 1999.

Marktpflege, dient der Aufrechterhaltung und Intensivierung des Kontaktes zu den verschiedenen Personen, Gruppen und Institutionen im relevanten Umfeld eines Unternehmens wie z.B. zu den Kunden, den Lieferanten oder den Investoren.

Marktpositionierung, zielt darauf ab, sich mit einem Leistungsangebot so nachhaltig zu präsentieren, dass eine

Profilierung und → Differenzierung des Unternehmens bzw. des Leistungsangebots gegenüber Konkurrenzunternehmen bzw. Konkurrenzleistungen gelingt. – *Vgl. auch* → Produktpositionierung, → Marktsegmentierung.

Marktpotenzial, gibt die maximal erreichbare Absatzmenge bzw. den maximal erzielbaren Umsatz an, wenn alle potenziellen Käufer ihren Bedarf decken würden, d.h. es ist die maximale Aufnahmefähigkeit eines Marktes (Sättigungsgrenze). Das M. wird erst in einem längeren Zeitraum (Jahre, Jahrzehnte) ausgeschöpft. Es kann durch Kaufkraftsteigerung, Bevölkerungswachstum oder Änderung der Anwendergewohnheiten zunehmen, bzw. abnehmen.

Marktprognose, Voraussage der zukünftigen Marktentwicklung. Als gängige Methoden stehen die Exploration und Regressionsverfahren zur Verfügung. Bei der Trendexploration wird versucht, aus den Marktbeobachtungen in der Vergangenheit Rückschlüsse auf die zukünftige Entwicklung zu ziehen. Beim Regressionsverfahren versucht man, einen Kausalzusammenhang zwischen der Marktentwicklung und der Entwicklung einer oder mehrerer anderer Größen (z.B. der Entwicklung des Bruttosozialproduktes oder der Sparquote) zu identifizieren und zu quantifizieren.

Marktsättigung. Ist das Aufnahmevolumen eines Markts erreicht, d.h., dass die Nachfrage vollständig befriedigt ist, so bezeichnet man das als M. Das Verhältnis des → Marktvolumens und des → Marktpotentials bestimmt den Grad der M.

Marktsegmentierung. 1. *Begriff:* beschreibt die Zerlegung eines großen, heterogenen Gesamtmarkts in Marktsegmente. Marktsegmente stellen Käufergruppen dar, die in ihren Bedürfnissen und in ihren Kaufverhaltensweisen eine hohe Übereinstimmung aufweisen und sich möglichst deutlich von anderen Käufergruppen abgrenzen lassen. Grundlage für die M. ist die → Marktforschung. Je besser diese Marktaufteilung gelingt, desto genauer können die Marktgrößen (→ Marktanteil, → -volumen und → -potenzial) bestimmt werden und desto zielgerichteter kann ein Unternehmen das Marktsegment über den Einsatz der Marketinginstrumente bearbeiten (→ Marketing-Mix). – 2. *Kriterien:* Die M. kann nach geografischen Kriterien (z.B. Sprach- oder Kulturräume oder Bevölkerungsdichte von Regionen), nach demografischen Kriterien (z.B. Alter, Geschlecht, Familienstand, Konfession oder Einkommen), nach sozialpsychologischen Kriterien (z.B. bestimmte Persönlichkeitsmerkmale wie Sparsamkeit oder → Risikobereitschaft) oder nach verhaltensbezogenen Kriterien (z.B. Art der Freizeitgestaltung oder Art der Informationsbeschaffung über ein Produkt) erfolgen. – 3. *Voraussetzungen:* Das Ziel einer effektiven und effizienten Marktbearbeitung durch eine M. kann nur dann erreicht werden, wenn verschiedene Voraussetzungen erfüllt sind. Erstens ist darauf zu achten, dass die Kriterien, die zur M. herangezogen werden, sich auch eindeutig messen lassen. Zweitens sollte zwischen dem Abgrenzungskriterium und den Eigenschaften der angebotenen Leistung ein eindeutiger sachlicher Zusammenhang bestehen. Ein solcher Kausalzusammenhang besteht z.B. wenn für einen preisbewussten Autofahrer ein PKW mit niedrigen Anschaffungs- und Unterhaltskosten angeboten wird. Drittens ist zu beachten, dass im Zuge eines Verkaufsprozesses verschiedene so genannte Kaufbeeinflusser wichtig sind. Hierbei werden fünf Rollen unterschieden, nämlich die des Initiators (Von wem stammt die Idee/der Vorschlag eine Leistung nachzufragen?), des Einflussnehmers (Wessen Ansichten/Meinungen oder Ratschläge werden beim Entscheidungsprozess berücksichtigt?), des Entscheidungsträgers (Wer trifft die endgültige Kaufentscheidung?), des Käufers (Wer führt den Kauf dann tatsächlich aus?) und letztendlich die des Verwenders (Wer nutzt die Leistung?). Ein Unternehmen sollte also vorab überlegen, welche Rolle bezogen auf das eigene Leistungsangebot von welcher Relevanz ist und ob bei der Kriterienwahl zur M. die Eigenschaften von mehreren dieser Rollen zu berücksichtigen sind. Viertens werden bei einer Segmentierung i.d.R. mehrere Kriterien herangezogen, damit das Ziel, eine in sich möglichst homogene Käufergruppe zu identifizieren, erreicht wird. Allerdings sollte sich der Aufwand, ein solches Marktsegment zu ermitteln sowie dann eine segmentspezifische → Marketingstrategie zu erarbeiten und umzusetzen, auch lohnen. Die Marktsegmente sollten also ausreichend groß und die Kriterien über einen längeren Zeitraum anwendbar sein. – *Vgl. auch* → Alleinstellungsmerkmal.

Prof. Dr. Maria Rumpf

Literatur:
Kottler, P./Bliemel, F.: Marketing-Management, 10. Aufl., Stuttgart 2001; *Meffert, H.:* Marketing. Grundlagen marktorientierter Unternehmensführung, 9. Aufl., 2000.

Marktversagen, unbefriedigende Funktionsweise des Marktes, die staatliche bzw. kollektive Eingriffe wünschenswert macht. Ein Markt wird dann als funktionsfähig angesehen, wenn er die folgenden fünf Kriterien erfüllt: (1) Verteilung der Markteinkommen nach der Markleistung, (2) Erstellung der Güter entsprechend den Nachfragerpräferenzen, (3) optimale Allokation der Produktionsfaktoren, (4) schnelle Anpassung an sich wandelnde Rahmenbedingungen und (5) und hoher Maß an technischem Fortschritt bei Produkten und Produktionsverfahren. Mögliche Gründe für ein Marktversagen sind externe Effekte, Unteilbarkeiten bzw. Marktmacht, Informationsmängel (z.B. → Informationsasymmetrien) sowie Anpassungsmängel. Bei einer unbefriedigenden Funktionsweise des Marktes ist ein staatlicher Eingriff aber nur dann sinnvoll, wenn realistischerweise mit Wohlfahrtssteigerungen im Vergleich mit einem eingeschränkt funktionsfähigen Markt gerechnet werden kann. Hierbei sind zum einen die mit einem Staatseingriff verbundenen → Kosten zu berücksichtigen. Zum anderen kann es sein, dass ein Eingriff aufgrund von politischen Entscheidungsprozessen und der Verhaltensweise der Bürokratie nicht zu Verbesserungen führt.

Marktvolumen. Das M. gibt den Absatz einer Produktart (bzw. einer Branche) in einer Periode in einem Absatzgebiet an; es kann mengenmäßig (Stück, Tonnen, usw.) oder wertmäßig (Euro) gemessen werden. Der Absatz bzw. Umsatz eines Unternehmens ist ein Teil des M.; er stellt den → Marktanteil dar.

Marktwachstum, ist zu erwarten, wenn das → Marktvolumen, also die zurzeit befriedigte Nachfrage, kleiner ist als das erwartete → Marktpotenzial, also die maximal mögliche Nachfrage. Darüber hinaus kann M. erreicht werden, wenn das gegenwärtig prognostizierte Marktpotenzial sich z.B. durch Bevölkerungswachstum, eine Kaufkraftsteigerung oder veränderte Verbrauchsgewohnheiten erhöhen lässt. Das M. kann mengenmäßig (z.B. Anzahl der Kunden oder der verkauften Einheiten)und wertmäßig (z.B. Umsatz) definiert werden. – *Vgl. auch* → Marktsättigung.

Marktwachstums-Marktanteils-Matrix, *BCG-Matrix, Boston-Consulting-Portfolio.* 1. *Begriff:* Matrix aus vier Feldern, die sich aus den beiden Achsen → Marktwachstum (unterteilt in niedrig und hoch) und → Marktanteil (unterteilt in niedrig und hoch) zusammensetzt. – 2. *Herkunft:* Nach ihrer Herkunft wird die M.-M.-M. auch als BCG-Matrix bezeichnet. – 3. *Nutzung:* Das Ziel der Einordnung ist ein Überblick über die Ausgeglichenheit des Produktportfolios. Sind sowohl Marktwachstum als auch Marktanteil gering, so werden die darin befindlichen Produkte als „Poor Dogs" bezeichnet. Bei hohem Marktwachstum spricht man von „Question Marks". Idealerweise gelingt es bei diesen Produkten auch den

Marktanteil zu steigern, so dass dieser und das Marktwachstum hoch sind. In diesem Fall spricht man von „Stars" im Portfolio, sinkt das Marktwachstum bei gleich bleibendem Marktanteil, werden aus den „Stars" „Cash Cows". Bei einem ausgeglichenen Portfolio finden sich Produkte in allen vier Feldern, so dass es bspw. gelingen kann, „Question Marks" mit „Cash Cows" zu finanzieren und weiterzuentwickeln.

Matching. Unabhängig von der Art der Ausrichtung eines virtuellen Marktplatzes (→ E-Marketplace) sind darüber hinaus unterschiedliche Koordinationstypen für die Zusammenführung von Angebot und Nachfrage zu beobachten. Hier können im Kern drei Matching-Möglichkeiten unterschieden werden: Katalog-, Börsen- und Auktionsprinzip. Beim Katalogprinzip basiert die Zusammenführung auf einem aggregierten Produktkatalog, der mit Objekten verschiedener Anbieter gefüllt ist. Der Nachfrager sucht damit übergreifend nach dem gewünschten Objekt und erhält als Antwort auf seine Suchanfrage vom Marktplatzbetreiber eine Auswahlmenge passender Angebote. Beim Börsenprinzip kündigt ein Anbieter oder Nachfrager an, ein Objekt verkaufen bzw. kaufen zu wollen, wobei er eine bestimmte Vorstellung für den Preis und die Produktgestaltung hat. Der Marktplatzbetreiber prüft die Eingaben und leitet sie anonymisiert an geeignete Gegenspieler auf der jeweils anderen Marktseite weiter (Request for Proposal). Diese entscheiden dann eventuell nach Rückfrage für bestimmte Konditionen über Annahme oder Ablehnung. Beim Auktionsprinzip kommt zusätzlich zum Börsenprinzip ein offener Preismechanismus zum Tragen, d.h. die einzelnen Kaufpreise können von den Nachfragern gegenseitig überboten werden. Dies impliziert vor diesem Hintergrund, dass das Produktangebot und die Konditionen im Vorfeld festgelegt sind.

Matrixorganisation, beschreibt eine Organisationsform. Im Gegensatz zum → Einliniensystem ist hier jede Stelle mehreren hierarchisch übergeordneten Stellen (Leitungsstellen) unterstellt. Die Anzahl der Mehrfachunterstellungen hängt dabei von der Art der Aufgabenverteilung innerhalb der Matrix ab. Es kommt mindestens zu einer Zweifachunterstellung. Die Stellenbildung auf der gleichen hierarchischen Stufe erfolgt dann gleichzeitig nach zwei Kriterien, zum Beispiel nach dem Verrichtungsprinzip (Unterscheidung nach Funktionen) und nach dem Objektprinzip (Unterscheidung z.B. nach Produkten oder Produktgruppen). Die wesentlichen Vorteile der M. liegen in einer Verkürzung der Kommunikationswege zwischen den Stellen, die an der Aufgabenerfüllung beteiligt sind, und in einer umfassenden Betrachtungsweise der zu erledigenden Aufgaben. Das zentrale Problem der M. ist, eine eindeutige und klare Abgrenzung der Aufgaben und Kompetenzen zwischen den beiden hierarchisch gleichwertigen Leitungsstellen zu finden, denn unklare Unterstellungsverhältnissen führen zu Konflikten und erschweren somit die Entscheidungsfindung.

MBI, → Management-Buy-in,

MBO, → Management-Buy-out, → Buy-out-Finanzierung.

Mediaplanung, als Synonym für die → Planung des Werbeträgereinsatzes befasst sich die M. im Rahmen des Kommunikations-Mix mit der Entscheidung für die einzusetzenden Werbeträger bzw. Medien, mit der Auswahl der geeigneten Medien für die Marketingziele und der Bestimmung des optimalen Media-Mix. Zweck aller M. ist es in jedem Fall, einen optimalen Lösungsweg für ein oder mehrere Kommunikationsziele zu finden. Der Mediaplan ist mithin Teil des Marketingplans und steht in Wechselwirkung mit Marketingfaktoren wie Produkteigenschaften, → Distribution, → Kommunikation und → Preispolitik. Die M. ist daher aus der → Marketingplanung abzuleiten. Die Vorgabe der → Zielgruppe und des Budgets allein sind nicht ausreichend.

Mehrheitsbeteiligung, bezeichnet (1) eine Beteiligungsquote einer natürlichen oder juristischen Person am → Kapital einer Personen- oder → Kapitalgesellschaft von über 50% oder (2) den Fall, dass die Mehrheit der Stimmrechte in einer Hand konzentriert ist. Bei der Mehrheitsbeteiligung bleiben im Rahmen einer Unternehmenskonzentration rechtlich selbständige Unternehmen erhalten, da nur eine Kapitalverflechtung, aber keine organisatorische Integration (etwa Unternehmensfusion) zustande kommt.

Mehrliniensystem, → Organisation.

Mehrwert, → elektronischer Mehrwert.

Mehrwertschaffung, bezeichnet die Ausstattung eines Produktes oder einer Dienstleistung mit einem zusätzlichen Mehrwert (Value Added), der eng mit einer Erhöhung des → Kundennutzens verknüpft ist. Der Mehrwert wird durch eine Vielzahl von Aktivitäten im Wertschöpfungsprozess – und damit in der → Wertkette – erzeugt. Durch die M. kann sich ein Unternehmen gegenüber dem Wettbewerb positionieren und → Wettbewerbsvorteile erzeugen. So erfolgt z.B. die elektronische M. bei einem Online-Reiseanbieter u.a. durch den besseren Überblick und die erheblich größere Auswahl von Reiseangeboten im Vergleich zu konventionellen Reisebüros. – *Vgl. auch* → elektronischer Mehrwert.

Meilensteine, *Milestones*. 1. *Begriff:* M. sind wesentliche, vordefinierte Ereignisse in einer → Projektplanung, deren Erreichen den Projektfortschritt zu bestimmten Terminen widerspiegeln soll. M. dienen zur Beschreibung einer konkreten Startkonstellation eines Projektteils, bezeichnen aber auch den Abschluss wichtiger Arbeitsschritte eines → Projektes. – 2. *Ziel:* Das Ziel des Setzens von M. und damit der Meilensteinplanung ist die zeitliche Terminierung von Ereignissen und den dazugehörigen Arbeitspaketen, damit das Projektziel erreicht werden kann. Der Einsatz von M. soll die Kontrolle und Steuerung des Projektfortschrittes erleichtern. – 3. *Merkmale:* a) Inhalt:

Meilensteine, Trendanalyse durch Meilensteinplanung

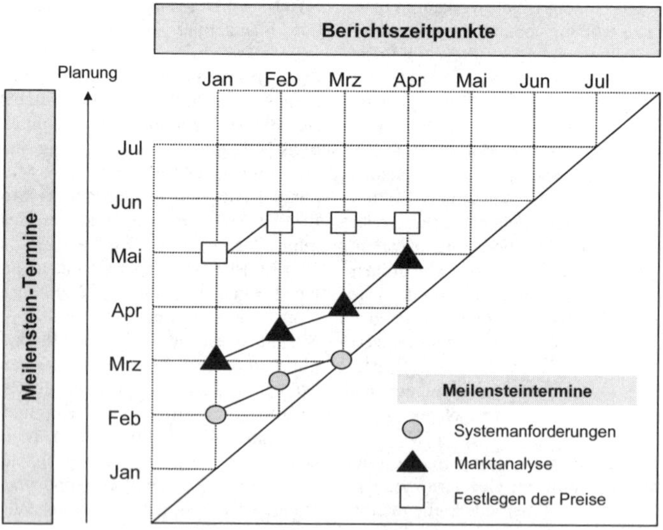

Der Meilensteininhalt beschreibt einen qualitativ und/oder quantitativ eindeutig definierten Sachverhalt, i.d.R. ein Zwischenergebnis eines Projektes. Bei einem Gründungsvorhaben z.B. die Festlegung des Marketingkonzepts. – b) Termin: die Meilensteininhalte sind zu einem bestimmten Zeitpunkt zu erreichen. Diese Meilensteintermine ergeben sich aus der Abfolge der Projekteinzelschritte im Rahmen des Gesamtprojektes. – c) Entscheidungen: Meilensteintermine sind i.d.R. verbunden mit einer Berichterstattung der Projektverantwortlichen über den Projektfortschritt und zugleich ein Anlass für Entscheidungen über den weiteren Projektablauf. Diese reichen von der Freigabe der nächsten Projektstufe über eine zeitliche und inhaltliche Veränderung der M., bis hin zum Projektabbruch. – 3. *Einsatz:* M. stellen im → Projektmanagement ein wirksames und effizientes Instrument zur Projektplanung und insbesondere zur Kontrolle des Projektfortschritts dar (Plan-Ist-Vergleich). Für → Start-up-Vorhaben bietet die Arbeit mit M. eine breite Fassette von Einsatzmöglichkeiten. Große Bedeutung hat die Arbeit mit M. im → Businessplan. Ein Meilensteinterminplan gibt dem Management-Team und insbesondere den Investoren einen „Fahrplan" für die zu erfüllenden (erfolgskritischen) Aktivitäten. Anhand der Meilensteinplanung kann das Management-Team den Nachweis führen, dass das Gründungsvorhaben auf einer realistischen Zeitplanung beruht und aufzeigen, dass das Geflecht und die Abhängigkeiten der Einzelaktivitäten verstanden wurde. Gegenstand der Meilensteinplanung sind z.B.: Abschluss der → Produktentwicklung, Fertigstellung von Prototypen, Zeitpunkt der → Unternehmensgründung, Zeitpunkt der Produktpräsentation auf Messen, Einsatz von Marketinginstrumenten sowie das Festlegen von Finanzierungsaktivitäten und -ereignissen. Oft wird die Einzahlung von → Venture Capital oder die Fortsetzung von → Finanzierungsrunden vom Erreichen definierter M. abhängig gemacht (Tranching). Die Konkretisierung der M. richtet sich dann aus an dem Erreichen unternehmenswertsteigender Ereignisse, wie z.B. Patenteintrag, Erreichen bestimmter Umsatz- und Ertragszahlen. – *Vgl. Abb.* „Meilensteine, Trendanalyse durch Meilensteinplanung".

Prof. Dr. Eberhard Auchter

Literatur:
Diethelm, G.: Projektmanagement, Herne 2000; *Schulte-Zurhausen, M.:* Organisation, 3.Aufl., München 2002; *Kollmann, T.:* E-Venture, Grundlagen der Unternehmensgründung in der Net Economy, Wiesbaden 2004; *Kuratko, D.F./ Hodgets, R.M.:* Entrepreneurship – A Contemporary Approach, 5. Aufl., Fort Worth 2001.

Mergers & Acquisitions (M&A). *Unternehmenszusammenschlüsse, Unternehmensübertragungen, M&A-Transaktionen.* 1. *Begriff:* Die Vermittlung von Käufen und Verkäufen von börsennotierten und nicht börsennotierten Unternehmen oder Unternehmensteilen sowie Beteiligungen an Gesellschaften. Lange Zeit vorwiegend ein Aufgabenbereich von Finanzmaklern. Heute entfalten → Banken in diesem Geschäftsbereich verstärktes Engagement. Das M&A-Geschäft wird dem Investmentbanking zugerechnet, weil häufig neben der Beratungs- und Bewertungsleistung der Bank eine strukturierte Finanzierungsleistung erbracht wird. Die Bankleistung M&A selbst ist Teil des „Financial Engineering", d.h. des Angebotes spezifischer betriebswirtschaftlicher Beratungsleistungen der Bank, und beinhaltet alle Leistungen, die zu strategischen unternehmerischen Vorhaben mit finanzieller und gesellschaftsrechtlicher Verflechtung führen. Hierzu zählen neben dem Kauf (Acquisitions) und Verkauf von Unternehmen die Vermittlung von Beteiligungen, Gemeinschaftsgründungen, → Kooperationen und → Fusionen (Mergers). Darüber hinaus werden manchmal Unternehmenssicherung und -nachfolgen, → Börsengangs sowie erforderliche Umwandlungsmaßnahmen und Restrukturierungen als ergänzende Leistungen hinzugezählt. – 2. *Motive:* Motive einer M&A-Transaktion können unterschiedlicher Natur sein. Sie hängen von der Form und den Beteiligten des M&A-Geschäftes ab. Aus Sicht des Käufers spielen grundsätzlich, neben persönlichen Motiven wie bspw. Streben nach Macht und Größe eines Unternehmens auch finanzielle und strategische Gründe eine Rolle. Zu den finanziellen Gründen können allgemein die kurz und mittelfristige Verbesserung der Ertragslage des Käufer-Unternehmens, Kauf von unterbewerteten Unternehmen, Erzielung von Gewinnen aus der Veräußerung von Vermögensgegenständen und Liquidation des gekauften Unternehmens sowie Steigerung der Verschuldungskapazität gezählt werden. Strategisch können M&A-Transaktionen durch Realisation von → Synergieeffekten nach Integration in Form von → Economies of Scale und/oder Economies of Scope begründet werden. Auch können die Sicherung der Versorgung und des Absatzes, die Begünstigung des Eintrittes in neue Märkte, effiziente → Kapitalbeschaffung, die Risiko streuung durch Diversifikation und positive steuerliche Effekte angestrebt werden. Aus der Perspektive des Verkäufers können u.a. der Wille des → Managements zum Ausstieg, das Fehlen eines Nachfolgers oder das Fehlen von Expansionsmöglichkeiten von Bedeutung sein. Banken, die das M&A-Geschäft betreiben, wollen damit Provisionsgewinne erzielen. – 3. *Bewertung:* Als Hemmnis für Großfusionen werden für Deutschland die rechtlichen Restriktionen, insbes. das Gesetz gegen Wettbewerbsbeschränkungen (→ Kartellrecht), die hohe Verflechtung in der deutschen Wirtschaft und die relativ geringe Zahl börsennotierter → Aktiengesellschaften, die aufgrund ihrer Größe und des ausstehenden Streubesitzes in Frage kommen, genannt. Deshalb wird auf dem deutschen Markt besonders im → Mittelstand ein Potenzial für M&A gesehen. Die steigende Bedeutung von M&A wird auch durch → Globalisierung und Harmonisierung der Kundenbedürfnisse, Deregulierung sowie die Einführung neuer Technologien und immer kürzere Produktzyklen, die allesamt Wettbewerbsdruck erzeugen, beeinflusst. Für kleinere nationale Unternehmen ist zu erwarten, dass die Anforderungen an M&A insgesamt steigen, weil sie mit der Alternative konfrontiert werden, ein Übernahmeangebot aus dem Ausland anzunehmen oder sich selbst im Ausland engagieren zu müssen. Die Konzentration im Inland mittels M&A wird für kleinere nationale Unternehmen darüber hinaus weiterhin eine große Rolle spielen. Bei den international agierenden Konzernen ist aufgrund der fortschreitenden Internationalisierung eine verstärkte Präsenz in den großen Wachstumsregionen, vor allem in Asien erforderlich. Sie bedeutet große Herausforderung, insbesondere im Hinblick auf das interkulturelle Management im Rahmen einer M&A-Prozessführung. Aus Sicht der Banken ist festzustellen, dass sie die länderübergreifende Ausrichtung des M&A-Geschäfts in Konkurrenz zu den amerikanischen Investment-Banken, die bereits über eine lange Tradition und ein großes Maß an Erfahrung in diesem Geschäftszweig verfügen, stellt.

Prof. Dr. Christoph J. Börner

Literatur:
Büschgen, H.-E.: Bankbetriebslehre, Wiesbaden 1998; *Fahrholz, B.:* Neue Formen der Unternehmensfinanzierung, 1. Aufl., München 1998; *Glogowsky, E./Münch, M.:* Neue Finanzdienstleistungen, Wiesbaden 1986, S. 179 ff.; *Lucks, K.:* Der M&A-Markt und seine Herausforderungen, in: Jahrbuch Mergers & Acquisitions 2003, Lucks, K. (Hrsg.), Frankfurt am Main 2003, S. 6-11; *Picot, G.:* Handbuch Mergers & Acquisitions, 2. Aufl., Stuttgart 2002.

Mezzanine Finanzierung. 1. *Begriff:* Der Begriff „Mezzanine“ hat seinen Ursprung in der italienischen Architektur und kann als „niedriges Zwischengeschoss“, meist zwischen Erdgeschoss und erstem Obergeschoss oder unmittelbar unter dem Dach, übersetzt werden. Im Bereich der → Unternehmensfinanzierung stellt der Begriff „M.F." einen Oberbegriff für eine Vielzahl von Finanzierungsinstrumenten dar, die zwischen → Eigenkapital und → Fremdkapital liegen. Eine eindeutige Begriffsdefinition bzw. -abgrenzung existiert bislang nicht. – 2. *Merkmale:* Mezzanine Kapital ist aufgrund seiner Zwitterstellung zwischen Eigen- und Fremdkapital durch folgende Eigenschaften charakterisiert: (1) Nachrangigkeit in Bezug auf die sonstigen → Gläubiger/→ Fremdkapitalgeber, (2) Vorrangigkeit gegenüber dem haftenden Eigenkapital, (3) höheres Entgelt für die Kapitalbereitstellung im Vergleich zum klassischen Fremdkapital aufgrund der Nachrangigkeit, (4) zeitlich Befristung der Kapitalüberlassung auf etwa sechs bis zehn Jahre, (5) → Flexibilität und Vielseitigkeit bei der Ausgestaltung von Preis und Konditionen, (6) rechtsformunabhängige Vergabe, sowie (7) das Entgelt für die Kapitalbereitstellung stellt i.d.R. den steuerlich abzugsfähigen Betriebsaufwand dar. Als Mezzanine-Geber treten meist → Unternehmensbeteiligungsgesellschaften, → Venture Capital-Gesellschaften, → Banken, Versicherungsunternehmen, private Investoren und Mezzanine-Fonds auf. – 3. *Ziele und Funktionen:* Das Ziel der M.F. ist die Schließung der Finanzierungslücke zwischen Eigen- und Fremdkapital, die weder durch Eigenkapital noch durch Fremdkapital gedeckt werden kann. Zum einen kann ein kurzfristiger → Liquiditätszufluss erzeugt werden, wenn aufgrund schlechter → Bonität kein zusätzliches Fremdkapital mehr aufgenommen werden kann. Zum anderen dient die M. F. auch zur mittel- und langfristigen Verbesserung der → Bonität, wenn das zusätzliche Mezzanine Kapital als wirtschaftliches Eigenkapital gewertet wird. – 4. *Einsatz:* M. F. kommt dann zum Einsatz, wenn ein Unternehmen zwar einen ausreichenden und stabilen → Cash Flow hat, um die Forderungen der Kapitalgeber zu bedienen, sämtliche → Kreditlinien jedoch ausgeschöpft sind. Dadurch wird die Lücke zwischen dem maximal verfügbaren Fremdkapital und dem → Finanzierungsbedarf des Unternehmens geschlossen. Der traditionelle Kernanwendungsbereich für M.F. findet sich bei → Management-Buy-outs (MBOs) und der → Buy-out-Finanzierung. Bei kleinen und mittelständischen Unternehmen wird die M.F. auch zur → Finanzierung von Wachstumsstrategien, zur Projektfinanzierung oder der Börsenvorfinanzierung eingesetzt. – 5. *Funktionsweise und Instrumente:* Die Rendite der Mezzanine Kapitalgeber setzt sich aus den Zinseinkünften sowie einer Partizipation am Unternehmenserfolg, der auch als → Equity Kicker bezeichnet wird, zusammen. Dieser Equity Kicker kann unterschiedliche Formen aufweisen: (1) Bezugsrecht bzw. → Option auf → Unternehmensanteile, (2) Wandlungsrecht des Mezzanine-Darlehens in Eigenkapital, (3) Recht auf Teilnahme an zukünftigen → Kapitalerhöhungen und (4) Prämienzahlung bei Fälligkeit des Mezzanine-Darlehens. Bei der Zinskomponente sind Festzinsen, Floater, Nullcouponkonstruktionen oder an den Unternehmenserfolg gekoppelte Zinszahlungen sowie Kombinationen hieraus möglich. Was die einzelnen Ausprägungen der Instrumente betrifft so gehören Nachrangdarlehen, Wandel- und → Optionsanleihen, Going Public-Optionsanleihen, Gesellschafterdarlehen, → Vorzugsaktien, → Genußscheine sowie die typische und → atypische stille Beteiligung zu den möglichen Arten der M.F. Je nachdem ob die jeweiligen Finanzierungsbausteine eher eigen- oder fremdkapitalähnlich sind, wird zwischen Equity Mezzanine Capital und Debt Mezzanine Capital unterschieden. Dabei stellt Debt Mezzanine Capital die typische M.F. dar, während die Übergänge von Equity Mezzanine Capital zu → Private Equity fließend sind. – 6. *Vor- und Nachteile:* Die M.F. weist aus Unternehmenssicht eine Vielzahl von Vorteilen auf: (1) Nachrangigkeitscharakter gegenüber dem klassischen Fremdkapital, (2) bilanzielle Behandlung wie Eigenkapital, (3) Verbesserung der Bilanzrelationen/Bonität, (4) Liquidität ohne Sicherheiten, (4) flexible Ausgestaltungsmöglichkeit der Konditionen, (5) zeitliche Befristung, (6) steuerliche Ab- zugsfähigkeit der Zinszahlungen, (7) keine Anteilsverwässerung bei den → Gesellschaftern, sowie (8) Bewahrung der unternehmerischen Entscheidungsfreiheit. Der Mezzanine-Geber ist aufgrund der Struktur der M.F. in großem Maße von den zukünftigen → Cash Flows der Gesellschaft abhängig. Zum einem liegt dabei eine hohes marktseitiges Risiko in der Umsetzbarkeit bzw. Marktakzeptanz des Produktes. Zum anderen besteht die Gefahr, dass gravierende Managementfehler bei der Realisierung der Strategie gemacht werden. Das führt dazu, dass der Mezzanine-Geber eine aufwendige und detaillierte Untersuchung des Unternehmens (→ Due Diligence) durchführt, bevor er sein Kapital zur Verfügung stellt. Auch nach Vertragsabschluss werden höhere Anforderungen an das Reporting gestellt. Dies resultiert sowohl in hohen vor- als auch nachvertraglichen → Transaktionskosten. – *Vgl. Abb.* „Mezzanine Finanzierung, Merkmale von Eigen-, Mezzanine- und Fremdkapital".

Prof. Dr. Dodo zu Knyphausen-Aufseß

Literatur:
Müller, O.: Mezzanine Finance, Neue Perspektiven in der Unternehmensfinanzierung, Bern 2004.

Milestone, → Meilensteine.

Minderheitsbeteiligung, bezeichnet eine Beteiligungsquote einer natürlichen oder → juristischen Person am Kapital oder den Stimmrechten einer → Personen- oder Kapitalgesellschaft von 0% bis 50%. Im engeren Sinne liegt eine M. bei unter 25% der Kapitalanteile bzw. Stimmrechte vor.

Mindestnennbetrag, *Mindestnennwert,* derjenige feste Nennbetrag einer Nennbetragsaktie, auf welchen eine ausgegebene → Aktie mindestens lauten muss. Gem. § 8 Abs. 2 AktG beträgt der M. der Aktie einen Euro. Aktien über einen geringeren Nennbetrag sind nichtig. Höhere Aktiennennbeträge müssen auf volle Euro lauten. Den Gegensatz zu Nennbetragsaktien bilden nennwertslose Aktien (Quoten- und Stückaktien).

Mindestnennkapital, die vom Gesetzgeber festgeschriebene Mindestgröße für

Mezzanine Finanzierung, Merkmale von Eigen-, Mezzanine- und Fremdkapital

	Eigenkapital	Mezzanine-Kapital	Fremdkapital
Haftung	Haftung zumindest in Höhe der Einlage; Mitunternehmerschaft	Nur im Ausmaß des gewandelten Anspruches (Wandeldarlehen)	Keine Haftung; Gläubigerstellung
Erfolgsbeteiligung	Aliquot an Gewinn und Verlust	Erfolgsabhängige Verzinsungsanteile	Nein; fixer Zinsenanspruch; erfolgsunabhängig
Vermögensbeteiligung	Aliquot	Ja; Equity Kicker (Option auf Anteile)	Nein; Nominalanspruch in Höhe der Gläubigerforderung
Geschäftsführung	Im Regelfall dazu berechtigt (Mitsprache, Stimm-, Kontrollrechte)	Stimm- und Kontrollrechte möglich	Nein, ausgeschlossen
Zeitliche Verfügbarkeit	Unbefristet	Befristetes Eigenkapital	In der Regel befristet (Tilgungsplan)
Besicherung	Keine	Keine	Kreditsicherheit
Liquiditätsbelastung	Nicht fix; nur bei Gewinnausschüttung	Geringe laufende Verzinsung	Fix; (Zinsen- und Kapitaldienst)
Steuerbelastung	Gewinnbesteuerung	Zinsen steuerlich absetzbar	Zinsen steuerlich absetzbar

die Eigenkapitalausstattung bei einer → Aktiengesellschaft. Das erforderliche M. einer Aktiengesellschaft bei ihrer → Gründung beträgt 50.000 Euro.

Mindeststammkapital, die vom Gesetzgeber festgeschriebene Mindestgröße für die Eigenkapitalausstattung bei einer → Gesellschaft mit beschränkter Haftung. Diese beträgt derzeit 25.000 Euro.

Minority-owned Business. 1. *Begriff:* Unternehmen, das sich zu mindestens 51% im Besitz von einer oder mehrerer einer Minderheit zugehörigen Personen befindet, die auch das Tagesgeschäft des Unternehmens kontrollieren. – 2. *Arten:* Die Klassifizierung von Minderheiten orientiert sich gemäß dem amerikanischen Begriffsverständnis nicht an der Staatsangehörigkeit, sondern an der Zugehörigkeit von Personen zu einer ethnischen Bevölkerungsgruppe (z.B. Hispanic American, African American). – 3. *M.-o.B. als Lieferanten:* Die Förderung von M.-o.B erfolgt durch Supplier Diversity Programme, die eine Erhöhung der Anzahl von M.-o.B. an der Lieferantenbasis zum Gegenstand haben und in den USA seit 1968 bspw. durch staatliche Programme und Quotenregelungen bei öffentlichen Ausschreibungen gefördert werden.

Mischfinanzierung, umfasst ein Finanzierungsportfolio für junge Unternehmen bestehend aus → Eigen- und → Fremdkapital. Dabei wirkt sich die M. risikominimierend für Unternehmen aus, wenn es über → Venture Capital, → stille Beteiligungen öffentlicher Geldgeber, F&E-Fördermittel, → Darlehen sowie Mitteln aus strategischen Partnerschaften verfügt. Zeitpunkt, Volumen und Quelle der Kapitalzufuhr müssen strategisch in einem Finanzplan so festgelegt werden, dass das Risiko der Illiquidität vermieden wird und die bestehenden Anteilsverhältnisse so wenig wie möglich verdünnt werden.

Mission, Ausdruck der strategischen Unternehmensführung. In der M. wird der Nutzen, den das Unternehmen verschiedenen Anspruchsgruppen stiftet, formuliert, wobei die Mission aus Sicht des Kunden beschreibt, in welchen → Geschäftsfeldern das Unternehmen tätig ist, das heißt, welche Produkte, Kunden oder Märkte bedient werden. Die M. stellt somit eine Konkretisierung der → Vision dar, indem unter anderem Führungsgrundsätze und das Verhalten des Unternehmens gegenüber internen und externen Anspruchsgruppen festgelegt werden.

Mitarbeiter, 1. *Begriff:* Ein häufig synonym für → Arbeitnehmer verwendeter Begriff, der die besondere und aktive Rolle des Arbeitnehmers für das Unternehmen hervorhebt. Als M. werden Arbeiter, Angestellte sowie → Auszubildende bezeichnet, unabhängig davon, ob sie im → Betrieb, im Außendienst oder mit Telearbeit beschäftigt sind. Als Arbeitnehmer gelten nach § 5 Abs. 1 BetrVG i.d.F. vom 25.9.2001, zuletzt geändert am 18.5.2004, auch die in → Heimarbeit Beschäftigten, die in der Hauptsache für den Betrieb arbeiten. – *2. Merkmale:* M. sind Organisationsmitglieder, die auf Grund eines privatrechtlichen → Arbeitsvertrages eine vereinbarte, weisungsgebundene Arbeitsleistung gegen Entgelt erbringen. Mitglieder der Geschäftsleitung sind keine M. Die. M. sind die Träger des → Humankapitals einer Unternehmung.

Mitbestimmung. 1. *Begriff:* Oberbegriff für die im Wesentlichen gesetzlich geregelte Beteiligung der → Arbeitnehmer an den Willensbildungs- und Entscheidungsprozessen der Unternehmen und → Betriebe, in denen sie beschäftigt sind. Die u.a. auf soziale Stabilität abzielende M. soll der simultanen Erreichung gesellschaftlicher und wirtschaftlicher Effizienzziele dienen, u.a. indem Konflikte in den Unternehmen kollektiv und institutionell verankert (z.B. → Betriebsrat) (transaktions-)kostengünstiger gelöst werden können als durch individuelle → Verhandlungen. – 2. *Organe:* Zentrales Organ der M. auf Betriebsebene ist der

Betriebsrat. Betriebsräte werden in Betrieben mit i.d.R. mindestens fünf ständigen wahlberechtigten Arbeitnehmern gewählt, von denen drei wählbar sein müssen. Als Arbeitnehmer gelten auch Tele- und → Heimarbeiter. Ein Arbeitnehmer ist wahlberechtigt, sofern er das 18. Lebensjahr vollendet hat. Er ist wählbar, wenn er wahlberechtigt ist und mindestens sechs Monate dem Betrieb angehört. Bei Betrieben, die seit weniger als sechs Monaten existieren, sind die Arbeitnehmer wählbar, die bei Einleitung der Betriebsratswahlen im Betrieb beschäftigt sind und die übrigen Voraussetzungen erfüllen. In Betrieben mit fünf bis 20 Arbeitnehmern besteht der Betriebsrat aus einer Person. Für Betriebe mit weniger als 50 Arbeitnehmern gibt es ein vereinfachtes Wahlverfahren. Die Tätigkeit von Mitgliedern des Betriebsrats ist ehrenamtlich. Sie sind allerdings ohne Entgeltminderung von ihrer beruflichen Tätigkeit zu befreien, soweit dies ihrer Aufgabenerfüllung dient. Die vollständige Freistellung ist erst für Betriebe ab 200 Beschäftigten obligatorisch. Die Einrichtung eines Betriebsrats ist nicht zwingend. Das Gesetz räumt den Arbeitnehmern lediglich das Recht hierzu ein. Je kleiner ein Betrieb ist, desto seltener wird von diesem Recht in der Praxis Gebrauch gemacht. Während die Existenz eines Betriebsrats in Großbetrieben die Regel darstellt, findet sich in Betrieben mit weniger als 11 Beschäftigten lediglich in jedem zehnten ein Betriebsrat. – 3. *Intensität der M.:* Das klar abgestufte System an Beteiligungsrechten reicht von → Informationsrechten bis hin zur paritätischen M. (z.B. § 87 BetrVG). *Mitentscheidung* ist die stärkste Form der M. Demnach hängt die Gültigkeit von Entscheidungen von der Zustimmung des Betriebsrats (Vetorecht) ab. *Mitwirkung* im Sinne von Informations-, Anhörungs-, Beratungs- und Vorschlagsrechten kann Entscheidungen beeinflussen, diese hängen aber nicht von der Zustimmung der Arbeitnehmer ab. – 4. *Hauptbereiche der M.:* a) Soziale Angelegenheiten: Hier gibt es ausgeprägte Mitentscheidungsrechte im Hinblick auf Arbeitszeit, Pausen, Ordnung und Verhalten im Betrieb, Entlohnung, Urlaub, Überwachungs- und Sozialeinrichtungen, etc. – b) Personelle Angelegenheiten: Hier bestehen Informations-, Beratungs- und Mitbestimmungsrechte bei der Gestaltung von→ Arbeitsplatz, -abläufen und -umgebung, → Personalplanung, Berufsbildung, Personaleinstellung, Versetzungen, Kündigungen. – c) Wirtschaftliche Angelegenheiten: Der Betriebsrat hat Informations- und Beratungsrechte, beim Interessenausgleich und Sozialplan Mitentscheidungsrechte. Bei neu gegründeten Betrieben gelten die Vorschriften zur Maßgeblichkeit des Spruchs der Einigungsstelle, die bei nicht auflösbarem Konflikt eingeschaltet werden muss, sowie die Vorgaben für den Sozialplan, in den ersten vier Jahren nach der → Gründung nicht. – *Vgl. auch* → Betriebsrat.

Prof. Dr. Axel G. Schmidt

Literatur:

Albach, H.: Allgemeine Betriebswirtschaftslehre, Wiesbaden 2000; *Sadowski, D.*: Personalökonomie und Arbeitspolitik, Stuttgart 2002; *Wächter; H.:* Mitbestimmung, in: Gaugler, E. u.a. (Hrsg.), Handwörterbuch des Personalwesens, 3. Aufl. Stuttgart 2004, S. 1240-1252; *Zander, E., Popp, G.:* Mitbestimmung und unternehmerische Gestaltungsfreiheit, in: Glaubrecht; Halberstadt; Zander (Hrsg.): Betriebsverfassung in Recht und Praxis, Freiburg (2003), S. 659-674.

Mittelbeschaffung, → Fund Raising.

Mittelstand. 1. *Begriff:* Zum M. zählt man gemeinhin alle die Bereiche der Wirtschaft, die nicht den Großunternehmen zuzurechnen sind. Er umfasst also → kleine und mittlere Unternehmen. Die genaue Abgrenzung des M. anhand von Größenkriterien wie etwa dem → Umsatz und der Beschäftigtenzahl ist willkürlich. I.d.R. werden Unternehmen mit mehr als 1.000 Beschäftigten als Großunternehmen angesehen. Folgt man dieser Einteilung, dann umfasst der M. die Unternehmen mit bis zu 1.000 Beschäftigten. Als weiteres Abgrenzungsmerkmal für mittelständische Unternehmen wird häufig deren Eigenständigkeit herangezogen. Entsprechend zählen nur solche Unternehmen zum M., die rechtlich-organisatorisch nicht in größere Einheiten integriert sind (z.B. als → Tochterunternehmen). – 2. *Teilbereiche des M.:* Die Zusammensetzung des M. ist sehr heterogen. Er umfasst junge Unternehmen, auf lokale Märkte konzentrierte alteingesessene Unternehmen sowie auch „Grenzanbieter", die sich aufgrund geringer Wettbewerbsfähigkeit in Existenz bedrohenden wirtschaftlichen Schwierigkeiten befinden. In sektoraler Hinsicht liegt der Schwerpunkt beim Dienstleistungssektor, also etwa bei den Bereichen Einzelhandel, Gastronomie, Gesundheitswesen und Handwerk. – 3. *Typische Probleme:* Aus der geringen Größe mittelständischer Unternehmen und der daraus resultierenden relativ hohen Anfälligkeit für ein Scheitern resultieren besondere Probleme bei der → Beschaffung von → Ressourcen. Dies betrifft einmal die → Akquisition von geeignetem Personal. Neben der vergleichsweise geringen Sicherheit der Arbeitsplätze spielt hier häufig auch eine Rolle, dass die internen Aufstiegsmöglichkeiten im Gegensatz zu den Großunternehmen begrenzt sind. Zudem ist das Niveau der → Löhne und Sozialleistungen in mittelständischen Unternehmen meist relativ gering. Das hohe Stilllegungsrisiko hat auch zur Folge, dass für sie auch die Beschaffung von → Fremdkapital schwerer ist als für Großunternehmen. Haben sie Zugang zu Fremdkapital, so müssen sie meist – offenbar als Ausgleich für das relativ hohe Stilllegungs- und damit Kreditausfallrisiko – einen höheren → Zins entrichten als größere Unternehmen.

Prof. Dr. Michael Fritsch

Literatur:
Acs, Z.J./Audretsch, D.B.: Innovation in Small and Large Firms, Cambridge (Mass.) 1989; *Fritsch, M.:* Groß und Klein in der Wirtschaft, in: Fritsch. M./Hull, C. (Hrsg.), Arbeitsplatzdynamik und Regionalentwicklung, Berlin 1987, S. 175-195; *Storey, D.J.:* Understanding the Small Business Sector, London 1994.

Mittelstandsförderung, Sammelbegriff für alle Förderarten, mit denen die Bestandfestigkeit und die Wettbewerbsfähigkeit → kleiner und mittlerer Unternehmen gestärkt und Unternehmensgründungen unterstützt werden. Spezielle Ziele der M. sind die Stärkung der Innovationskraft und der Eigenkapitalbasis des → Mittelstands. Zur Erreichung der Ziele werden Förderkredite, Zuschüsse, Bürgschaften, Beteiligungs- und eigenkapitalähnliche Mittel eingesetzt. Die M. wird meist als Nachteilsausgleich für kleine und mittlere Unternehmen aufgefasst und mit → Marktversagen auf den Kredit- und → Kapitalmärkten begründet. Dieses führt dazu, dass kleine und mittlere Unternehmen nur eingeschränkten Zugang zu → Finanzierungen haben oder allein wegen ihrer geringen Größe ungünstigere Finanzierungskonditionen als größere Unternehmen in Kauf nehmen müssen.

Mittelstandspolitik, alle politischen Maßnahmen, mit denen versucht wird, die Situation des wirtschaftlichen → Mittelstandes zu verbessern. Zur Begründung der M. wird gelegentlich darauf verwiesen, dass damit ein Nachteil gegenüber den Großunternehmen ausgeglichen werde. Sofern eine schwächere Stellung mittelständischer Unternehmen auf Absatz- und Beschaffungsmärkten das Resultat eines funktionsfähigen → Wettbewerbs darstellt, ist ein solcher Nachteilsausgleich allerdings nicht erforderlich, sondern ist eher mit der Gefahr einer Verzerrung des Wettbewerbs verbunden. Ein wesentlicher Teilbereich der M. ist die Förderung von → Unternehmensgründungen (→ Gründungsförderung) und unternehmerischer Selbständigkeit (→ Entrepreneurship).

Monitoring. 1. *Prinzipal-Agenten-Theorie:* Ausdruck für die Überwachung der Entscheidungen der Unternehmensführung durch die Eigentümer. Aufgrund von → Informationsasymmetrien ist eine vollständige Überwachung der → Unternehmensführung durch die Eigentümer nicht möglich. Durch M. sollen die Prinzipal-Agenten-Kosten verringert werden, die dadurch entstehen, dass die Unternehmensführung Entscheidungen im Allgemeinen nicht nur im Interesse der Eigentümer, sondern auch zu ihrem eigenen Vorteil und zum Nachteil der Eigentümer trifft. Beim Delegated-M. findet die Überwachung durch Dritte statt. – 2. *Strategische Unternehmensführung:* Die Beobachtung bekannter Phänomene wird im Rahmen der strategischen Frühaufklärung als M., das Suchen nach neuen Phänomenen als Scanning bezeichnet. M. zielt somit auf das frühzeitige Aufspüren von Chancen sowie auf das rechtzeitige Abwenden und Umwandeln von Risiken in Chancen.

Monopolstellung, eine Situation, in der auf der Angebots- oder Nachfrageseite des Marktes nur ein einziger Akteur vorhanden ist. Bei einer Monopolstellung besteht die Gefahr eines → Marktversagens in der Weise, dass die andere Marktseite durch nicht wettbewerbsgemäße Preise, eine zu geringe Produktionsmenge und/oder schlechte Qualität der Leistung ausgebeutet wird. Diese Gefahr ist immer dann gegeben, wenn Marktmacht besteht, d.h. die Akteure auf der Marktgegenseite über keine hinreichenden Ausweichmöglichkeiten verfügen und der Markt nur schwer bestreitbar ist. Ein Angebotsmonopol entsteht dann, wenn die Kostenfunktion im relevanten Bereich subadditiv ist. Dies bedeutet, dass die insgesamt nachgefragte Menge des betreffenden Gutes aufgrund von Größenvorteilen von einem Anbieter allein kostengünstiger bereitgestellt werden kann als in Teilmengen von mehreren Anbietern („natürliches" Monopol). Eine solche kostenbedingte M. ist i.d.R. temporär, d.h. sie kann bei Änderungen der Fertigungstechnologie oder steigender Nachfrage obsolet werden. Eine weitere Ursache für eine temporäre M. kann darin bestehen, dass ein Unternehmen eine Innovation anbietet, die von der Konkurrenz (noch) nicht imitiert werden kann. Drittens kann eine M. dadurch bedingt sein, dass staatlicherseits nur ein einziger Anbieter auf dem Markt zugelassen ist. Werden vom Angebots-Monopolisten spezielle Vorleistungen nachgefragt, so hat er auch als Nachfrager ein Monopol. Bestehen wesentliche → Markteintrittsbarrieren, so könnte die Politik die Ausbeutungsspielräume von Monopolisten dadurch begrenzen, indem sie den Marktzutritt erleichtert und somit die Bestreitbarkeit des Monopols erhöht. Darüber hinaus kann es sinnvoll sein, die Produktqualität und die Preisgestaltung des Monopolisten zu regulieren.

Moonlighting, Form der → Selbstfinanzierung. Die → Unternehmensgründung wird als Zweitbeschäftigung, neben einem regulären, abhängigen Anstellungsverhältnis, ausgeübt. Mit der regulären Beschäftigung generieren die → Gründer den → Cash Flow für ihre persönlichen Belange. Die Gründung kann dann unbezahlt in der Freizeit – häufig nachts – durchgeführt werden. M. ist allerdings meist nur in den sehr frühen Unternehmensentwicklungsphasen (während der Produktentwicklung) möglich, bevor Markteinführung und -kontakte eine laufende Präsenz der Gründer erforderlich machen.

Moral Hazard, subjektives Risiko. M.H. beschreibt das Risiko der Verhaltensänderung von Vertragspartnern nach Abschluss eines Vertrags zwischen zwei Parteien. Prominente Beispiele hierfür sind fahrlässiges Verkehrsverhalten nach Abschluss einer KfZ-Versicherung, aber auch ein unproduktiver Verkaufsangestellter mit einem nicht provisionsbasiertem Grundgehalt.

Morphologische Analyse. I. *Wissenschaft:* 1. *Begriff:* Morphologie ist in allgemeiner und breiter Ausdeutung als Gestalt- oder Strukturlehre zu interpretieren. Ziel ist das Erlangen eines ganzheitlichen Bildes über Wesen, Funktionen, Strukturen, Synergien und Zusammenhänge eines beliebigen Forschungs- oder Themenbereichs. In engerer Sicht wird unter Morphologie eine Problemlösungsstrategie oder, noch spezieller, eine Problemlösungstechnik verstanden. – II. *Methode:* 1. *Grundlegender Ansatz:* Vom Ganzen ausgehend werden Teilbereiche genauer untersucht und die Ergebnisse werden wieder in das Ganze integriert. – 2. *Grundlegendes Vorgehen:* Die Methoden sind einerseits durch ein schrittweises Vorgehen und andererseits durch den Aufbau von Denkgerüsten gekennzeichnet. Erster Schritt: Neben der Aufgaben- bzw. Problemstellung werden das Ziel sowie alle relevanten Einflussgrößen und Wirkungszusammenhänge geklärt, um ein umfassendes Problemverständnis zu erlangen. Zweiter Schritt: Das Problem wird in konzeptionell bedeutsame und von einander unabhängige Elemente, Funktionen oder Teilprobleme aufgeteilt, die den Problemraum bilden (Dekomposition). Durch die Abstraktion des Problemfeldes auf relevante Teilelemente wird einer Einschränkung der Lösungssuche durch konkrete Rahmenbedingungen aufgehoben. Dem Problemlöser wird eine vorurteilsfreie Auseinandersetzung mit dem Problem ermöglicht. Dritter Schritt: Für jeden Parameter werden alternative Ausprägungen gesammelt. Sie stellen mögliche Lösungen der Problemelemente dar; sie sollten möglichst konkret sein und sich voneinander deutlich unterscheiden. Dabei kann es sich um neue oder bereits bekannte Lösungen handeln. Vierter Schritt: Die Teillösungen werden zu möglichen Gesamtlösungen kombiniert. Die Dekomposition und die spätere Komposition können bei den einzelnen Techniken variieren. – 3. *Techniken:* Es gibt verschiedene morphologische Techniken, die den Prozess des Problemlösens unterstützen: a) Der Morphologische Kasten (Morphologisches Tableau) ist die morphologische Hauptmethode. Die Parameter des Gesamtproblems werden dabei in der ersten Spalte einer Tabelle untereinander abgetragen. Die jeweiligen Ausprägungen der einzelnen Parameter werden zeilenweise aufgelistet. Lösungsmöglichkeiten für das Gesamtproblem werden durch Kombination der unterschiedlichen Parameterausprägungen gebildet. Jede der Lösungsketten, die sich aus den Ausprägungen der einzelnen Parameter ergeben, repräsentiert einen

Morphologische Analyse, Beispiel für ein Morphologisches Tableau

Geschäftskonzept für den Erfinder eines innovativen Verschalungssystems					
Parameter	**Ausprägungen**				
Rechtsform	Einzelunternehmer	Partnerschaft	GmbH	AG	KG
Finanzierung	Eigenmittel	Eigenmittel + Förderung	Eigenmittel + stiller Gesellschafter	Aktien	Fremdkapital
Geschäftsmodell	Verkauf von Schalungen	Verschalungsberatung	Vermietung von Schalungen	Aufbau der Schalungen	
Standort	Innenstadt	Nähe Flughafen	Industriegebiet	Auf der „Grünen Wiese"	Dorf
Vertrieb	Händler	Selbst; konventionell	Selbst; Internet	Agenten	Über Lizenznehmer
Marketing	Mit Berater (fallweise)	Mit festem Berater	Mit Agentur	Vertriebsgesellschaft	In Kooperation

Konzept A Konzept B

möglichen Lösungsansatz des Gesamtproblems (vgl. das Beispiel in der Abbildung). – b) Morphologische Matrix: Die beiden wichtigsten Parameter der Problemstellung werden in einer Matrix in Beziehung zueinander gesetzt. Kern dieser Methode ist die kreative Interpretation aller Matrixfelder und das Ableiten von Lösungen durch die Konfrontation im Spannungsfeld beider Parameter. – c) Sequenzielle Morphologie: Die Parameter werden in eine Rangreihe bezüglich ihres qualitätsgestaltenden Einflusses auf die Gesamtlösung gebracht (Prägekraft für die Gesamtlösung). Die Entwicklung der Gesamtlösung erfolgt ausgehend von den beiden wichtigsten Parametern durch sukzessive Integration der nächstwichtigen Parameter. – d) Attribute Listing: Die Merkmale eines Objekts oder einer bereits realisierten Lösung werden aufgelistet (Bei dieser Methode werden ausnahmsweise nicht die grundlegenden Elemente, sondern die leicht veränderlichen Merkmale betrachtet). Der Ist-Zustand wird durch Parameter beschrieben und anschließend modifiziert, um so Anregungen für Verbesserungen oder Varianten zu erhalten. – e) Funktionsanalyse: Durch die Abstraktion einer bestehenden Lösung auf die Funktionen, die sie erfüllt, können alternative technische Lösungsprinzipien als Anregung zur Verbesserung der bestehenden Lösung überlegt werden. Methodisch verläuft das Vorgehen analog zum Morphologischen Tableau. Dieser Ansatz ist das Kernelement der Wertanalyse. – 4. *Ziel:* Förderung kreativen Denkens durch Abstraktion und Systemdenken. Gleichzeitig sichert die systematische Darstellung des Problem- und Lösungsraums ein zielgerichtetes Denken. – *Vgl. Abb.* „Morphologische Analyse, Beispiel für ein Morphologisches Tableau".

Prof. Dr. Horst Geschka

Literatur:

Geschka, H.: Kreativitätstechniken, in: Staudt, E. (Hrsg.): Das Management von Innovationen, Frankfurt 1986, S. 147-160; *Geschka, H.:* Kreativitätstechniken, in: Specht, D.; Möhrle, M. G. (Hrsg.): Gabler Lexikon Technologie Management, Wiesbaden 2002, S. 147-151; *Zwicky, F.:* Entdecken, Erfinden – Forschen im morphologischen Weltbild, München, Zürich 1966.

Motivation, charakterisiert die Beweggründe oder Bereitschaft für ein spezielles Verhalten. Im Wesentlichen ist die M. von

Motivation: Aspekte der Mitarbeitermotivation

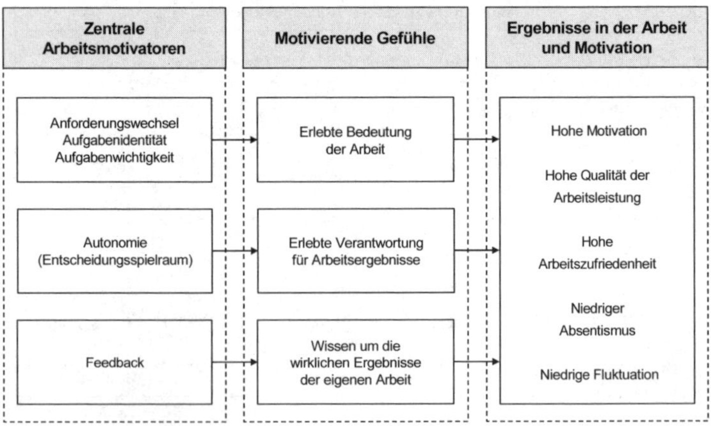

der inneren Situation in Verbindung mit entsprechenden inneren (intrapersonellen) oder äußeren (interpersonellen) Reizen abhängig. Diese Reize können motivierend (die M. auslösend oder steigernd) oder demotivierend (die M. senkend oder auslöschend) sein. Die M. der → Mitarbeiter ist häufig ein entscheidender Faktor für die Produktivität einer Firma oder Behörde, denn generell bilden die individuellen Motivationsstrategien der Menschen eine wesentliche Grundlage für das subjektive Empfinden von Sympathie und Antipathie. – *Vgl. Abb.* „Motivation: Aspekte der Mitarbeitermotivation“.

Multiples, *Multiplikatoren, Comparables.* 1. *Begriff und Einordnung in die Unternehmensbewertung:* Multiplikatoren sind Verhältniszahlen, die im Rahmen vereinfachter Unternehmensbewertung verwendet werden. Nach der Multiplikatormethode errechnet sich der Wert eines Unternehmens aus dem Produkt einer Bezugsgröße mit dem Multiplikator (Wert = Bezugsgröße x Multiplikator). Das Multiplikatorverfahren gehört im Rahmen der Unternehmensbewertungsmethoden zum Gesamtbewertungsverfahren, speziell dem Vergleichsverfahren. Die Bewertung ist relativ und basiert auf einem Vergleich mit (in einer Peer-Group zusammengefassten) ähnlichen Unternehmen. Die Methode ermöglicht auch dann eine Bewertung, wenn aufgrund fehlender Vergangenheitsdaten die Abschätzung künftiger Entnahmeüberschüsse schwierig ist. Damit steht sie im Gegensatz zu den DCF-Verfahren und den Ertragswertmethoden, die auf einer Abzinsung künftiger Einzahlungsüberschüsse beruhen. – 2. *Arten:* a) Equity-Value-Multiplikatoren: Bei Equity-Value-Multiplikatoren dient der Marktwert des Eigenkapitals als Referenzgröße; Equity-Wert = Bezugsgröße (des Bewertungsobjekts) x Multiplikator (Durchschnitt der Peer-Group). Dabei bleibt die Tatsache unberücksichtigt, dass der Verschuldungsgrad die Eigenkapitalkosten beeinflusst. Infolgedessen kann der Vergleich von Equity-Value-Multiplikatoren bei Unternehmen unterschiedlicher Verschuldungsgrade zu falschen Ergebnissen führen. Der bekannteste Multiple ist das → Kurs-Gewinn-Verhältnis (KGV; Bezugsgröße ist der bereinigte Jahresüberschuss nach DVFE-Schema). Der KGV wird bestimmt, indem der aktuelle Kurs der → Aktie durch den Gewinn pro Aktie (Earnings per Share, EPS) bzw. die Marktkapitalisierung des Unternehmens durch den Jahresüberschuss geteilt wird (KVG = Kurs/EPS bzw. Marktkapitalisierung/ Jahresüberschuss). Der KGV beschreibt damit, mit welchem Vielfachen des aktuellen bereinigten Jahresüberschusses eine Aktie bewertet wird; Aktien mit einem niedrigen KGV erscheinen günstiger als solche mit einem hohen KGV. Weitere Multiplikatoren sind z.B. Kurs-Dividenden-Verhältnis (KDV) bei dem der Aktienkurs in Relation zur Dividendenzahlung gesetzt wird, oder Kurs-Buchwert-Bewertung (KBV) bei der ein Aktienkurs ins Verhältnis zum Buchwert des Eigenkapitals exklusive Anteile Dritter gesetzt wird. – b) Enterprise-Value-Multiplikatoren: Bei Enterprise-Value-Multiplikatoren dient der Marktwert des Eigenkapitals zzgl. der Nettofinanzverbindlichkeiten als Referenzgröße; Entity-Wert (Marktwert des Eigenkapitals plus Fremdkapital) = Bezugsgröße (des Bewertungsobjekts) x Multiplikator (Durchschnitt der Peer-Group). Der Nenner des Multiplikators erhält dabei Ergebnisgrößen, die vor Zinszahlungen definiert sind. Enterprise-Value-Multiplikatoren errechnen sich als Fiktion eines unverschuldeten Unternehmens, wodurch die Problematik des Verschuldungsgrades vermieden wird. Die häufigsten Enterprise-Value-Multiplikatoren sind z.B. Umsatz (Bezugsgröße: Umsatz laut Gewinn- und Verlustrechnung), EBITDA (→ Earnings before Interest and Taxes, Depreciation and Amortisation); bereinigter Ge- winn vor Zinsen, → Abschreibungen und Ertragssteuern, (Substanzsteuern sind als operativer Aufwand zu berücksichtigen, Beteiligungserträge sind i.d.R. als nicht operative Posten herauszurechnen), EBIT (→ Earnings before

Interest and Taxes); bereinigter Gewinn vor Zinsen und Ertragssteuern, (Substanzsteuern sind als operativer Aufwand zu berücksichtigen, Beteiligungserträge sind i.d.R. als nicht operative Posten herauszurechnen) sowie OpFCF („Operating Free Cash Flow“; bereinigter Gewinn vor Zinsen, Abschreibungen und Ertragssteuern nach Investitionen ins Anlage- und Nettoumlaufvermögen und vor Rückstellungsbildung). – 3. *Ableitung und Errechnung:* Um geeignete Multiplikatoren für die Bewertung zu finden, stehen grundsätzlich zwei Methoden zur Verfügung: a) Comparable-Company-Analysis: Hierbei werden börsennotierte Unternehmen gesucht, die hinsichtlich ihrer Tätigkeit, ihrer Größe, ihrer geographischen Verbreitung und weiterer Attribute möglichst vergleichbar mit dem zu bewertenden Unternehmen sind. – b) Comparable-Transaction-Analysis: Hierbei wird auf vergangene Transaktionen, die in der Branche der zu bewertenden Unternehmung stattgefunden haben, Bezug genommen. Eine Analyse von Transaktionen zeigt, welche Preise für Unternehmen mit vergleichbaren Charakteristika gezahlt und welche Multiplikatoren angewendet wurden. Über beide Wege können dieselben Multiples hergeleitet werden. Im zweiten Schritt wird der Multiplikator-Durchschnitt der vergleichbaren Unternehmen bzw. Transaktionen errechnet.

Prof. Dr. Christoph J. Börner

Literatur:
Böckmann, U.-J./Löhnert, P.-G:. Multiplikatorverfahen in der Unternehmensbewertung, in: Peemöller, V.-H. (Hrsg.), Praxishandbuch der Unternehmensbewertung, Herne/Berlin 2001, S. 402-426; *Nitzsch, R./Rouette, Ch.*: Kapitalmarktorientierte Unternehmensführung, Aachen 2003, S. 132-139; *Coenenberg, A.-G./Schultze, W.:* Unternehmensbewertung: Konzeptionen und Perspektiven, in: Die Betriebswirtschaft (DBW), Nr. 6, Jg. 62, 2002, S. 597-621.

M&A-Transaktion, → Mergers & Acquisitions.

N

Nachfrageelastizität, → Preiselastizität.

Nachfrager, → Kunde.

Nachgründung. 1. *Begriff:* Ausdruck der → Unternehmensgründung für den Erwerb von Vermögensgegenständen, insbesondere Be-triebsanlagen, durch eine → Aktiengesellschaft, wenn er in den ersten zwei Jahren seit der Eintragung der Aktiengesellschaft im → Handelsregister vorgenommen wird und die Vergütung den 10. Teil des → Grundkapitals übersteigt (§ 52 AktG). → Verträge, die einer N. dienen, werden nur mit Zustimmung der → Hauptversammlung und durch Eintragung ins Handelsregister wirksam. Insofern ist die N. durch eine gesetzliche Grenze der freien Mittelverwendung durch den → Vorstand einer AG gekennzeichnet. Das Verfahren ist in § 52 AktG geregelt. Auch bei der N. kann eine Gründerhaftung eintreten (§ 53 AktG). – 2. *Ziel:* Dominierendes Ziel der N. sollte von Beginn an der Schutz der Sachgründungsvorschriften vor Umgehung sein. – 3. *Bewertung:* Für die Erreichung dieses Ziels – Einwirkung auf die AG und ihre Organe, die Sachgründungsvorschriften einzuhalten – war und ist die N. systematisch verfehlt. Die Nachgründung verbietet nicht die Missachtung der Sachgründungsvorschriften, sondern eröffnet gerade im Gegenteil einen Weg zu deren Umgehung unter verringerten Anforderungen. Insbesondere die Möglichkeit einer verdeckten → Sachgründung, bei der es zu einer getarnten Sacheinlage anstelle der dokumentierten Bareinlage kommt, soll hierdurch verhindert werden.

Nachgründungsbericht, → Nachgründung.

Nachschuss, zusätzliche Investment-Einlage externer Eigenkapitalgeber bzw. bestehender → Venture Capital-Geber zu Beginn einer neuen → Finanzierungsrunde. In manchen Fällen sind → Venture Capital-Investoren darauf gerichtet, in mehreren Phasen einen N. einzuspeisen. In anderen Fällen sind N. auf Grund der internen Investitionsregeln des jeweiligen Venture Capital-Gebers nicht möglich oder nicht erwünscht. In diesem Fall kommen Dritt-Kapitalgeber in Betracht.

Name-Finding, *Namensfindung.* Gesamtheit der Aktivitäten zur Auswahl eines Unternehmens-, → Marken- oder Produktnamens. Zum N. gehören die Suche bzw. Entwicklung von Namensalternativen, wobei vor allem Kreativitätstechniken zum Einsatz kommen, die Prüfung der Namensalternativen auf Schutzfähigkeit (Recht des (Personen-) Namens nach § 12 BGB, Recht der Firma nach §§ 17ff. HGB als Name des → Kaufmanns sowie Markennamensschutz nach § 5 MarkenG) und ihre Bewertung im Hinblick auf die mit ihnen intendierte Zielerreichung, wobei vor allem Prägnanz, Differenzierungskraft und Erinnerungsfähigkeit zu prüfen sind. Grundsätzlich sind deskriptive, artifizielle oder assoziative Namen zu unterscheiden, die jeweils für unterschiedliche Ausrichtungen des Unternehmens, der → Marke oder des Produktes als Name sinnvoll sein können. Aufgrund der hohen Bedeutung, die Namen im Rahmen von Kaufentscheidungen zukommt, ist der Prozess des N. planvoll zu gestalten. Auf Grund der zentralen Bedeutung des Reputationsaufbaus ist das N. vor allem im Gründungskontext mitentscheidend für den anfänglichen (Miss-) Erfolg im Markt.

Namensaktie, auf den Namen einer bestimmten natürlichen oder → juristischen Person lautende → Aktie, deren Eigentümer im Aktienbuch der → Aktiengesellschaft eingetragen ist. Die Fungibilität von N. ist vor diesem Hintergrund wegen der notwendigen Umschreibungen eingeschränkt. – *Gegensatz:* → Inhaberaktie.

Namensfindung. → Name-Finding.

Nascent-Entrepreneur. 1. *Begriff:* Bezeichnet den werdenden → Gründer/-in. – 2. *Merkmale:* N.-E. haben erste Schritte (z.B. Raum gesucht, Kredit beantragt) zur Umsetzung der Gründungsidee unternommen. Im Unterschied zum Gründer befinden sich N.-E. im → Gründungsprozess. Die → Gründung ist abgeschlossen, sobald N.-E. länger als drei Monate einen positiven → Cash Flow erzielen und/oder sich ein Gehalt bezahlen. – 3. *Geschichte:* Der Begriff wurde vom Entrepreneurial Research Consortium (ERC) geprägt, das in den USA ab 1998 die Panel Study of Entrepreneurial Dynamics (PSED) initiierte. Vergleichbare Studien gab es in Schweden, Norwegen und den Niederlanden, Piloterhebungen in Deutschland und Großbritannien.

NASDAQ, *National Association of Securities Dealers Automated Quotations.* 1. *Begriff:* Eine in den USA durch die größte selbst verwaltete → Organisation der US-Wertpapierbranche, die National Association of Securities Dealers (NASD), betriebene elektronische → Börse für → Aktien (v.a. aus dem Technologiebereich). Ein elektronisches Kursnotierungssystem der Wertpapierhändler, mit dem die Investoren aus aller Welt rund um die Uhr mit Hilfe eines ausschließlich auf Computerbasis arbeitenden Systems Handel betreiben können. – 2. *Marktsegmente und Zulassungsvoraussetzungen:* Die NASDAQ setzt sich aus zwei Teilmärkten zusammen, dem NASDAQ National Market (NNM) und dem NASDAQ Small Cap Market (SCM). Der NASDAQ National Market ist durch strengere Zulassungsvoraussetzungen als der Small Cap Market vor allem im Hinblick auf die Größe der gehandelten Unternehmen, Erstzulassung (Initial Listing) und die Bedingungen für ein fortgeführtes Listing (Continued Listing) gekennzeichnet. Der NASDAQ Small Cap Market richtet sich vor allem an kleinere Wachstumsunternehmen mit großem Kapitalbedarf. Als Zulassungsvoraussetzungen für den Teilmarkt NASDAQ National Market müssen die Unternehmen einen der drei Initial Listing Standards und mindestens einem Continued Listing Standard erfüllen sowie zusätzlich zu den Kapital- und Publizitätsvorschriften ebenfalls den Corporate-Governance-Vorschriften entsprechen. Als Zulassungsvoraussetzungen für die Notierung am NASDAQ Small Cap Market müssen die Unternehmen vor allem den Initial Listig Standard und Continued Listing Standard erfüllen. – 3. *Bedeutung:* Das weltweite Kommunikationsnetzwerk der NASDAQ ermöglicht den angeschlossenen Brokern die sofortige Kenntnis sämtlicher Kursinformationen aller teilnehmenden Dealer in allen einbezogenen Wertpapieren. Infolgedessen konnten die Provisionen gesenkt und eine höhere Geschwindigkeit bei der Abwicklung der Transaktionen erzielt werden, mit dem Ergebnis, dass sich namhafte Firmen entschieden, im OTC-Markt zu bleiben bzw. dort den Handel ihrer Anteile zu betreiben. Als Beispiel dienen Apple Computer oder MCI Communications, die sich fraglos für eine Zulassung zur NYSE oder AMEX qualifizieren würden. Tendenziell wächst die Zahl der Unternehmen, die zum NASDAQ -System überwechseln. NASDAQ wurde zum Vorbild für den Neuen Markt und zum Inbegriff des amerikanischen Wirtschaftswunders der 90er Jahre.

Prof. Dr. Christoph J. Börner

Literatur:
Beike, R./Köttner, A./Schlütz, J.: Neuer Markt und Nasdaq: Erfolgreich an den Wachstumsbörsen, Stuttgart 2000, S. 11-15; *Smith, J.-W./Selway III, J.-P./McCormick, D.-T.:* The Nasdaq Stock Market: Historical Background and Current Operation, in: NASD Working Paper 98-01, Department of Economic Research, 1998.

Nebenerwerbsgründung, *Teilzeitgründung.* 1. *Begriff:* N. bezeichnet eine → Gründung, die neben einem beruflichen Haupterwerb vorgenommen wird. – *2. Merkmale:* Die N. zeichnet sich dadurch aus, dass der → Gründer gleichzeitig einer i.d.R. abhängigen Beschäftigung nachgeht. Motive für eine N. sind nicht nur der Zuverdienst, sondern oft auch die Möglichkeiten, Gründungsideen auf Marktfähigkeit sowie die eigenen Fähigkeiten zu testen; eine Reihe von N. entwickelt sich zu einem Vollzeitunternehmen. – 3. *Abgrenzung:* Von N. unterschieden werden Zuerwerbsgründungen als Gründungen von nicht berufstätigen Personen (z.B. Studierende, Rentner). – 4. *Empirisch* ist der Umfang der N. über den Mikrozensus des Statistischen Bundesamtes erfassbar, in dem in diesem Zusammenhang eine zweite Erwerbstätigkeit abgefragt wird.

Need of Achievement, → Leistungsmotivation.

Net Economy, bezeichnet den wirtschaftlich genutzten Bereich von elektronischen Datennetzen und ist damit eine digitale Netzwerkökonomie, welche über verschiedene elektronische Plattformen die Abwicklung von Informations-, Kommunikations- und Transaktionsprozessen erlaubt. Ausgangspunkt ist die allgemeine Entwicklung zur Informationsgesellschaft. Spätestens seit Beginn der 90er Jahre induziert eine innovative Informationstechnik, insbesondere über die Möglichkeiten einer Digitalisierung von Informationen und Vernetzung von Computern, einen Strukturwandel im gesellschaftlichen und wirtschaftlichen Bereich. Waren noch vor wenigen Jahren Computer und → Netzwerke nur einigen Spezialisten vorbehalten, sind sie heute bereits Bestandteil des täglichen Lebens. Die digitale Technik und deren Auswirkung auf die Informationsübertragung ist allgegenwärtig. Im Ergebnis stehen innovative → Informationstechnologien wie → Internet, Mobilfunk und Interaktives Fernsehen. Die Informationsgesellschaft ist entsprechend geprägt durch den intensiven Umgang mit Informationstechnologien und dem damit einhergehenden

Net Economy: Das Schalenmodell der Net Economy

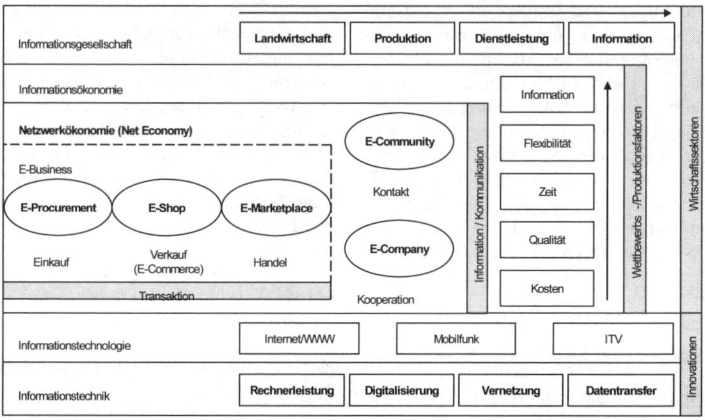

Wandel von einer Industrie- zu einer Wissensgesellschaft. Analog lässt sich gesamtwirtschaftlich eine Verschiebung von den traditionellen Wirtschaftssektoren Landwirtschaft, Produktion und (reale) → Dienstleistung hin zum Sektor Information feststellen. Eine der zentralen Charakteristiken der postindustriellen Computer-Gesellschaft ist vor diesem Hintergrund die systematische Nutzung von Informationstechnologien (IT) sowie die Aneignung und Anwendung von Informationen, was die Arbeit und das → Kapital als ausschließliche Wert-, Produktions- und Profitquelle komplementiert. Informationen werden zum eigenständigen Produktionsfaktor und begründen somit die Informationsökonomie. Die Informationstechnologien haben nun dazu geführt, dass Informationen einfacher zugänglich und verstärkt auf wirtschaftliche Art und Weise genutzt werden können. Die Quelle für den → Wettbewerbsvorteil in der Zukunft wird aufgrund der dargestellten technologischen Entwicklung die Wissens- und Informationsüberlegenheit gegenüber der Konkurrenz sein (Informationsführerschaft). Wer bessere Informationen zum Markt und seinen (potentiellen) Kunden besitzt, wird sich im Wettbewerb durchsetzen. Während Informationen bisher lediglich eine unterstützende Funktion für physische Produktionsprozesse übernahmen, werden sie in Zukunft zu einem eigenständigen Produktions- und Wettbewerbsfaktor. Die wachsende Bedeutung der Informationstechnologie und der Ausbau von elektronischen Datennetzen führte zu einer neuen wirtschaftlichen Dimension, die auch als Netzwerkökonomie bzw. N.E. bezeichnet werden kann. Es ist dies insbesondere der Bereich der elektronischen Geschäftsprozesse auf digitalen Datenwegen. Aufgrund der Bedeutung von Informationen als unterstützender und eigenständiger Wettbewerbsfaktor, sowie der Zunahme an digitalen Datennetzen, muss in Zukunft von einer Zweiteilung relevanter Handelsebenen für die Möglichkeit des Wirtschaftens ausgegangen werden: Neben der realen Ebene der physischen Produkte bzw. Dienstleistungen (Real Economy) wird eine elektronische Ebene digitaler Daten- bzw. Kommunikationsnetze (N.E.) entstehen. Die zugehörigen wirtschaftlichen Möglichkeiten werden in diesem Zusammenhang auch als → E-Business bezeichnet, womit die Nutzung von digitalen Informationstechnologien zur Unterstützung von Geschäftsprozessen in der Vorbereitungs-, Verhandlungs- und Durchführungsphase gemeint ist. Dabei werden die hierfür notwendigen Bausteine Information, Kommunikation und Transaktion zwischen den beteiligten ökonomischen Partnern über digitale Netzwerke transferiert bzw. abgewickelt. – *Vgl. Abb.* „Net Economy: Das Schalenmodell der Net Economy“.

Prof. Dr. Tobias Kollmann

Literatur:
Kollmann, T.: E-Venture – Grundlagen der Unternehmensgründung in der Net Economy, Wiesbaden 2004.

Net Operating Assets (NOA). Die NOA stellen die Kapitalbasis der Geschäftsfelder/ -bereiche bzw. von Geschäftsaktivitäten für börsennotierte Unternehmen dar und werden aus der Aktivseite der → Bilanz herangezogen, d. h. ausgehend von den Aktiva (Vermögenspositionen) werden die NOA durch Abzug der unverzinslichen Passiva (Schuldenpositionen, z.B. Verbindlichkeiten aus Lieferungen und Leistungen) berechnet. Der NOA ist ein in dem US-GAAP vorgeschriebenes Verfahren, und ist insbesondere eine Aussage über die finanzielle Basis eines Unternehmens für, die die Investoren (Aktionäre und Fremdkapitalgeber) positive Verzinsungsansprüche fordern und erwarten. Die Ermittlung der NOA auf Geschäftsfeld/-bereichsebene berücksichtigt, dass deren Erfolg auf Basis des Operating Profit, einer Vor-Steuer-Größe gemessen wird.

Net Operating Profit Less Adjusted Taxes (NOPLAT), → Kennzahl und damit Steuerungsgröße börsennotierter Unternehmen, die Aufschluss über das → Kapital gibt, das auf die Investoren verteilt werden soll. Der NOPLAT stammt aus der operativen Tätigkeit, also Geschäftsfelder/-bereiche resultierende Ergebnis einer Periode und wird aus der → Gewinn- und Verlustrechnung mit Hilfe des Umsatzkostenverfahrens ermittelt. Er ist Bestandteil der Steuerungsgröße → Value Added und dient außerdem der Herleitung der Renditekennzahlen Return on Net Assets (RONA, für das Industriegeschäft) und Return on Equity (ROE, bspw. für das Finanzdienstleistungsgeschäft der debis). Der Operating Profit bildet insbesondere auf der Vor-Steuer-Ebene die wesentliche Ertragskennziffer für die Segmente, Geschäftsfelder und Geschäftsbereiche.

Net Present Value (NPV), die englische Bezeichnung für die Kapitalwertmethode. Diese ermittelt den Wert einer Investition, in dem alle durch die Investition verursachten → Cash Flows (Einnahmen und Ausgaben) i.d.R. auf den gegenwärtigen Zeitpunkt abgezinst werden. Die Höhe des NPV hängt wesentlich vom eingesetzten Zinssatz ab. Viele Unternehmen setzen den Zinssatz als Mindestverzinsung fest. Ist bei Einsatz dieses Zinses der Barwert positiv (> 0), so rentiert sich die Investition.

Netto-Umlaufvermögen, auch als ‚Working-Capital' bekannt, spielt insbesondere bei der Bilanzanalyse eine bedeutende Rolle, da es sich hierbei um eine absolute → Kennzahl zur Beurteilung der → Liquidität handelt. Das N.-U. beinhaltet den längerfristig finanzierten Teil des → Umlaufvermögens: Demnach werden alle kurzfristigen Verbindlichkeiten vom gesamten Umlaufvermögen, soweit innerhalb eines Jahres liquidierbar, abgezogen, um das N.-U. zu errechnen. Beeinflusst wird das N.-U. durch Entscheidungen, die langfristige und kurzfristige Bilanzpositionen tangieren (z.B. Barverkauf eines Grundstücks, Tilgung langfristiger Schulden aus Barmitteln). Das N.-U. sollte immer positiv sein, da negatives N.-U. auf die Nichteinhaltung der goldenen Bilanzregel hinweist. Das ist die fehlende Deckung des → Anlagevermögens und des langfristigen Umlaufvermögens durch das → Eigenkapital und das langfristige → Fremdkapital.

Netzplantechnik. 1. *Begriff:* Die N. ist ein graphentheoretisch basiertes Verfahren zur Planung und Steuerung der Durchführung komplexer Projekte. – 2. *Merkmale:* Unter Projekten werden Aufgaben verstanden, die sich (1) durch ihre Einmaligkeit (keine häufig wiederholte Routineaufgaben), (2) ihre relative Neuartigkeit für das ausführende Unternehmen und (3) ihre komplexe Zusammensetzung aus vielen, miteinander „vernetzten" (also nicht nur linear aufeinander folgenden) Aktivitäten auszeichnen. Die → Gründung eines Unternehmens stellt einen typischen Fall solcher Projekte dar und eignet sich daher für eine Anwendung der N. Charakteristisch für die N. ist eine Kombination aus zwei Komponenten: Einerseits dient ein „beschrifteter" Graph zur Repräsentation aller Aktivitäten, die zur Durchführung einer Projekts erfolgen müssen, und ihrer wechselseitigen zeitlichen Abhängigkeitsbeziehungen (Präzedenzbeziehungen). Dieser Graph eignet sich sehr gut zur Visualisierung des komplexen Aktivitätenzusammenhangs und zur Kommunikation über Probleme, die während der → Planung, Steuerung oder Überwachung der Projektdurchführung auftreten. Andererseits liegt dem Graph ein mathematischer Formalismus zugrunde, mit dem sich wesentliche Projekteigenschaften – wie bspw. die Projektdauer, Pufferzeiten für einzelne Aktivitäten und Kosten für die Projektdurchführung – exakt berechnen lassen. 3. *Instrumente:* Die N. stellt eine Reihe von Auswertungsinstrumenten zur Verfügung, mit denen sich Projektarbeiten effektiv unterstützen lassen. Dazu gehören insbesondere die Instrumente zur Zeitplanung (Projektdauer, Einhaltung von Liefer- oder Fertigstellungsterminen), zur Kapazitätsplanung (Einplanung von → Ressourcen für die

Aktivitätsausführung unter Beachtung von Ressourcenengpässen) sowie zur Kosten- und Erlösplanung (Projekterfolgsrechnung). Für die computergestützte Anwendung der N. steht eine Vielzahl von Softwarepaketen zur Verfügung, die zum Teil auch PC-fähig sind und sich in etablierte Standard-Softwareumgebungen für Büroanwendungen integrieren lassen (wie z.B. MS-Project).

Netzwerk, Das N. eines jungen Unternehmens besteht aus einer Vielfalt an Kontakten und Beziehungen, um den Anforderungen an der Geschäftstätigkeit gerecht werden zu können. Durch Vernetzung der → Gründer und aller relevanten Umfeldakteure erhöhen sich für das einzelne Unternehmen die Erfolgschancen der Geschäftsbeziehungen. Oft ist für potenzielle Gründer die Existenz derartiger N. der auslösende Faktor, ein Unternehmen überhaupt und insbesondere in einer bestimmten Region zu gründen. Für junge Unternehmen lassen sich N. häufig in folgende Gruppen unterteilen: Regionale N. (mit Forschungseinrichtungen, Hochschulen, großen und kleinen Unternehmen), N. in → Technologie- und Gründerzentren, N. von Kapitalgebern (zu öffentlichen Kapitalgebern, Kapitalbeteiligungsgesellschaften, → Business-Angel-Netzwerken und Fördermittelgebern), und schließlich N. von Verbänden, Selbsthilfeeinrichtungen, Transfer- und Beratungsstellen. – *Vgl. auch* → Gründerbeziehungen.

Netzwerkorganisation, kann zentralisiert, chaotisch oder koordiniert ablaufen. Die zentralisierte N. zeichnet sich durch Nutzung von Skaleneffekten (→ Economies of Scale) sowie das Erreichen einer hohen Prozessgeschwindigkeit aus, andererseits treten oft keine Synergien zu Tage und der Koordinationsaufwand ist sehr hoch. Die chaotische N. erreicht hohe → Flexibilität, jedoch kommt es nicht zu Skaleneffekten; Synergien (→ Synergieeffekte) erscheinen nur zufällig und diese Form der → Organisation birgt die Gefahr von möglicherweise erheblichen Reibungsverlusten. Unter Abwägung der beiden genannten Organisationsformen soll die koordinierte N. die bislang benannten Vorteile verknüpfen.

Netzwerkpflege. In der Annahme, dass die Eingebundenheit in → Netzwerke entscheidend für den Erfolg junger Unternehmen sein kann, kommt der N. große Bedeutung zu. Dabei werden Kontakte zu Geschäftspartnern, Kunden und anderen geschaffen, erhalten und auch beendet. Da die Anzahl der Beziehungen im Laufe der Zeit ansteigt, wird es notwendig, das bestehende Netzwerk zu kontrollieren. Dies bedeutet, neue Beziehungen aufzubauen, alte, nicht mehr notwendige Beziehungen zu beenden sowie das Netzwerk zu strukturieren.

Netzwerkphasenmodell, zeigt auf, wie junge Unternehmen durch Etablierung verschiedener → Netzwerke rasches Wachstum erreichen können. Das Modell klärt die Frage, welche Beziehungen in welchen Entwicklungsstufen des Unternehmens sinnvoll sind: In Phase 1, während des → Markteintritts, ist das soziale Netzwerk (bspw. Familie und Freunde) sowie das Reputationsnetzwerk (bspw. etablierte Unternehmen, die einem jungen Unternehmen eine gewisse Glaubwürdigkeit am Markt verschaffen) von großer Bedeutung. Während der Phase 2 soll Umsatzwachstum erreicht bzw. gesteigert werden, so dass ein Marketingnetzwerk (andere Unternehmen, die dem eigenen Unternehmen Marktinformationen, Neukunden etc. zur Verfügung stellen) und ein Reziprozitätsnetzwerk (horizontale Beziehungen zu anderen Unternehmen, die über komplementäre oder ähnliche Fähigkeiten oder → Ressourcen verfügen) in den Vordergrund treten. In Phase 3 schließlich erfolgt eine Expansion. Hier treten neben das Reziprozitätsnetzwerk vor allem Wissensnetzwerke, die sich bspw. in Technologiepartnerschaften manifestieren.

Netzwerkstrategie, Wachstumsstrategie zu verstehen; da neugegründete Unternehmen meist nicht über alle notwendigen → Ressourcen verfügen, greifen sie auf externe Beziehungen zurück und bauen → Netzwerke mit sich selbst als strategischem Zentrum auf. Hierbei verfügen sie idealer Weise über Ressourcen mittels → Koordination des Netzwerks.

Neue Institutionenökonomik, befasst sich mit Entstehen und Funktion von Institutionen in Ökonomien und mit deren Wandel im Zeitablauf. Dabei sind unter Institutionen Normen zu verstehen, die als Randbedingungen auf das Sozialverhalten der Individuen einwirken.

Neuemission, Ausgabe und Platzierung von Wertpapieren auf dem → Kapitalmarkt. Die N. erfolgt entweder auf direktem Wege als Selbstemission oder durch Vermittlung von Kreditinstituten (Emissionsbank oder Emissionskonsortium) als Fremdemission. Eine → Emission dient der Kapitalbeschaffung.

Neuheitenveröffentlichung, erfolgt im gewerblichen Rechtsschutz nach positiv beschiedener → Patentanmeldung; bei der Anmeldung eines Gebrauchsmusters gilt eine Neuheitsschonfrist von sechs Monaten. Eine Veröffentlichung ohne Erlangung eigener gewerblicher Schutzrechte verhindert die mögliche Patentanmeldung eines Wettbewerbers.

New Service Ventures, → Dienstleistungs-Start-ups.

Nischenstrategie, *Fokussierungsstrategie,* Ziel der Nischenstrategie ist der Aufbau bzw. die Verteidigung eines strategischen → Wettbewerbvorteils. Hierbei erfolgt eine Konzentration auf bestimmte Segmente mit dem Zweck, sich von der Konkurrenz abzuschirmen. Ausprägungen dieser Strategievariante finden sich in der Beschränkung auf bestimmte Kundengruppen, Regionen, Vertriebswege etc. Zu beachten ist allerdings, dass – bei Vorliegen von dynamischem Wettbewerb – die bisherigen Wettbewerbsvorteile obsolet werden können.

Non-Leadinvestor. Ein N.-L. unterscheidet sich in den frühen Phasen einer Unternehmensgründung von den → Leadinvestoren im Umfang der geleisteten Betreuungsleistung. Leadinvestoren sind wesentlich stärker in die Betreuung eingebunden als N.-L. Dabei nimmt die Betreuung mit zunehmendem Erfahrungsgewinn des Managements ab. – *Vgl. auch* Leadinvestor.

Nouveau Marché, ein Marktsegment der Pariser → Börse für junge und wachsende Unternehmen. Ähnlich dem ehemaligen Neuen Markt in Deutschland.

Nutzschwelle, → Break-Even-Point.

Nutzungsrecht, → Lizenz.

O

offene Beteiligung, ist dadurch gekennzeichnet, dass die Eigenschaften der Eigenkapitalbeteiligung an einer → Personen- oder → Kapitalgesellschaft weitestgehend erfüllt sind. Die o.B. führt zu einer (Außen-) Gesellschaft, bei der der Beteiligungsgeber prinzipiell am laufenden Erfolg sowie am Wertzuwachs der Gesellschaft partizipiert und auch Stimmrechte in der → Gesellschafterversammlung ausüben kann. Im Gegensatz dazu steht die → stille Gesellschaft gem. § 230 ff. HGB, bei der eine → stille Beteiligung in der Art geleistet wird, das die Vermögenseinlage des Beteiligungsgebers in das Vermögen des ein Handelsgeschäft betreibenden Beteiligungsnehmers übergeht, so dass eine Innengesellschaft entsteht, die ggf. neben einer Gesellschafterversammlung der offenen → Gesellschafter steht.

Offene Handelsgesellschaft (OHG). 1. *Begriff:* Die OHG ist eine Personenhandelsgesellschaft, deren Zweck auf den Betrieb eines Handelsgewerbes unter gemeinschaftlicher Firma gerichtet ist. – 2. *Merkmale:* Die OHG ist in den §§ 105 ff. HGB gesetzlich geregelt. Besonderes Kennzeichen einer OHG ist, dass bei keinem der → Gesellschafter die Haftung im Außenverhältnis beschränkt ist und dass die Geschäftsführung zwingend zumindest durch einen der Gesellschafter übernommen wird. Die OHG ist keine → juristische Person, sondern eine teilrechtsfähige Gesamthandsgemeinschaft. Gesellschafter können natürliche und juristische Personen sein. Gemäß § 124 HGB kann die OHG unter ihrer Firma Rechte erwerben und Verbindlichkeiten eingehen, Eigentum und andere dingliche Rechte an Grundstücken erwerben (sog. Grundbuchfähigkeit) und vor Gericht klagen und verklagt werden (sog. Partei- und Prozessfähigkeit). – 3. *Entstehung:* Die OHG entsteht im Innenverhältnis der Gesellschafter mit Abschluss des → Gesellschaftsvertrages. Im Außenverhältnis zu Dritten hängt die Entstehung vom Umfang der geschäftlichen Aktivitäten ab. Liegt ein kaufmännischer Gewerbebetrieb nach §§ 1 II, 6 I HGB vor, so entsteht die OHG bereits mit Aufnahme des Geschäftsbetriebs auch ohne Eintrag ins → Handelsregister allein durch Erreichen einer gewissen Betriebsgröße. Auf diese Weise kann eine vormalige → Gesellschaft bürgerlichen Rechts allein durch Erreichen einer bestimmten Betriebsgröße unabhängig vom Willen der Gesellschafter zur OHG werden. Wenn die OHG dagegen ein Kleingewerbe nach § 105 II HGB betreibt, entsteht die OHG im Außenverhältnis erst mit Eintragung in das → Handelsregister. – 4. *Vertretung:* Gemäß § 125 HGB ist in der OHG jeder Gesellschafter zur Einzelvertretung berechtigt. Abweichende Vertretungsregelungen wie Gesamtvertretung oder Vertretung gemeinsam mit einem Prokuristen können im Gesellschaftsvertrag vereinbart werden, bedürfen aber zur Wirksamkeit gegenüber Dritten der Eintragung in das Handelsregister. Der Umfang der Vertretungsmacht umfasst alle gerichtlichen und außergerichtlichen Geschäfte und Rechtshandlungen. Inhaltliche Beschränkungen sind Dritten gegenüber unwirksam. – 5. *Haftung:* Für die Verbindlichkeiten der Gesellschaft haften neben dem → Gesellschaftsvermögen auch die Gesellschafter persönlich, unbeschränkt, unmittelbar und gesamtschuldnerisch gemäß §§ 124, 128 HGB. Dies bedeutet, dass die Gesellschafter mit ihrem gesamten Privatvermögen haften und der Gläubiger sofort, ohne zuvor die OHG in Anspruch genommen haben zu müssen, die Erfüllung der → Verbindlichkeiten der OHG von jedem Gesellschafter verlangen kann. Einwendungen gegen eine Inanspruchnahme kann der Gesellschafter aus eigenen und aus Gegenrechten der OHG gegenüber dem Gläubiger geltend machen § 129 HGB. Kommt es zu einer Inanspruchnahme eines Gesellschafters, kann dieser den vollen Betrag von der OHG als Aufwendungsersatz verlangen (§ 110 HGB) oder von den übrigen Gesellschaftern anteiligen Ausgleich verlangen. – 6. *Auflösung:* Im Gegensatz zur → Gesellschaft bürgerlichen Rechts führen bei der OHG Kündigung, Insolvenz und Tod eines Gesellschafters nicht zur Auflösung der Gesellschaft, sondern zum Ausscheiden des betreffenden Gesellschafters (§ 131 III HGB). Auflösungsgründe stellen die Insolvenz der Gesellschaft, ein dahingehender Gesellschafterbeschluss, Erreichen des vereinbarten Zeitablaufs oder gerichtliche Entscheidung auf Antrag eines Gesellschafters aus wichtigem Grunde dar (§§ 131I, 133 HGB). Mit Auflösung tritt die OHG in das Stadium der Liquidation. Sie besteht als Liquidationsgesellschaft fort und erlischt erst, wenn die Auseinandersetzung des Gesellschaftsvermögens vollständig durchgeführt ist.

Dr. Jens-Uwe Petersen

Literatur:
Hueck, G.: Gesellschaftsrecht,20.Aufl., München 2003; *Riegger, B./Weipert, L.:* Münchener Handbuch des Gesellschaftsrechts, Bd. 1, 2. Aufl., München 2004; *Schmidt, K.:* Gesellschaftsrecht, 4. Aufl., Berlin 2002.

Offenlegungspflicht, *Publizitätspflicht,* Für alle → Kapitalgesellschaften und haftungsbeschränkte Personenhandelsgesellschaften (z.B. → GmbH & Co.KG) besteht eine O. des → Jahresabschlusses nach Größenmerkmalen gestaffelt (§§ 325 ff., 267 HGB) Personenhandelsgesellschaften und Einzelkaufleute unterliegen regelmäßig keiner Pflicht zur Prüfung und Veröffentlichung des Jahresabschlusses. Ausnahmen bestehen wenn bei ihnen von den Kriterien Bilanzsumme über 65 Mio. Euro, Jahresumsatz über 130 Mio. Euro und durchschnittliche Arbeitnehmerzahl von mehr als 5000, zwei Merkmale vorliegen (§§ 1, 2 Publizitätsgesetz). Für die → Gesellschaft mit beschränkter Haftung, → Aktiengesellschaft und → Kommanditgesellschaft auf Aktien bestehen strenge Prüfungs- und Publizitätspflichten gem. §§ 316 ff. HGB bzw. 325 ff. HGB. Von den großen Personenhandels- und den Kapitalgesellschaften sind danach regelmäßig u.a. Jahresabschluss und Lagebericht offen zu legen und an das → Handelsregister weiterzureichen (§§ 325 ff. HGB). Gleichzeitig sind diese Unterlagen im Bundesanzeiger bekannt zu machen. Erleichterungen bestehen für → Kleine Kapitalgesellschaften. Zweck der O. ist, bei haftungsbeschränkten Unternehmensträgern Einblick in die finanziellen und wirtschaftlichen Verhältnisse zum Schutz des Rechtsverkehrs zu ermöglichen. Da auch Konkurrenten auf diese Weise Einblicke in die Unternehmenssituation erhalten, hat der Gesetzgeber der Neigung zur → Offenlegungsverweigerung mit verschärften Sanktionen entgegengewirkt.

Offenlegungsverweigerung, Nichterfüllung der handelsrechtlichen → Offenlegungspflichten. Sowohl für die → Kapitalgesellschaften als auch für die von der Offenlegungspflicht betroffenen → Personengesellschaften ist die Beachtung der einschlägigen Rechnungslegungs- und Offenlegungsvorschriften von Bedeutung, da der Gesetzgeber durch das Kapitalgesellschaften- & Co. Richtlinie-Gesetz (KapCoRiLiG vom 24.2.2000, BGBl. I S. 154) die Sanktionen für O. nachhaltig verschärft hat. Neben einem Zwangsgeld zur Erzwingung der Pflichterfüllung kann jetzt gegen die Mitglieder des vertretungsberechtigten Organs der Gesellschaft vom Registergericht auch ein Ordnungsgeld zwischen 2.500 und 25.000 Euro verhängt werden. Antragsberechtigt ist jeder Dritte, also auch ein Konkurrent.

öffentliche Ausschreibung, erfolgt öffentlich, d.h. jeder Interessent innerhalb eines Zeitraums kann unbeschränkt ein Angebot einreichen. Im Gegensatz zu anderen Verfahren, die die Bewerber durch Eignungskriterien oder durch direkte Ansprache eingrenzen, sind ö.A. gerade für öffentlich-rechtliche Einrichtungen meist ein gesetzlich vorgeschriebenes Prozedere, bspw. im öffentlichen Beschaffungswesen.

öffentliche Bürgschaft, *Finanzierungshilfe der öffentlichen Hand.* Da gerade bei → Unternehmensneugründungen häufig eine bankübliche Absicherung durch die → Gründer nicht möglich ist, wird die öffentliche Bürgschaft von → Förderbanken gestellt, um die Risiken des → Kapitalgebers zu reduzieren (bspw. auf Bundesebene durch die → KfW Bankengruppe oder auf Landesebene durch die LfA Förderbank Bayern). Die häufigste Form ist die Ausfallbürgschaft, vor allem als Eigenkapitalhilfe in der → Existenzgründung, oder – als Teil öffentlicher Darlehensprogramme – auch die Haftungsfreistellung zugunsten der das Darlehen ausreichenden Hausbank durch das öffentliche Sonderkreditinstitut (bspw. beim → ERP-Beteiligungsprogramm). Daneben bestehen in manchen Bundesländern spezielle → Bürgschaftsbanken (bspw. Bürgschaftsbank Baden-Württemberg, Kreditgemeinschaft des bayerischen Handwerks).

öffentliche Fördermittel, Fördermittel, die von einer Förderinstanz vergeben werden und ganz oder teilweise aus öffentlichen Haushalten stammen. Ihre Bereitstellung ist meist mit wirtschaftspolitischen Zielen verbunden, z.B. Umweltschutz, Förderung kleiner und mittlerer Unternehmen, Förderung der Wohneigentumsbildung. Empfänger der Fördermittel können private Haushalte, Unternehmen, Kommunen oder soziale Einrichtungen sein. Ö.F. werden für Deutschland von verschiedenen Institutionen der EU, des Bundes, der Bundesländer oder der Kommunen bereitgestellt. Die Förderung erfolgt meist über günstige → Kredite, → Bürgschaften, Beteiligungen oder Zuschüsse. Die ö.F. können aber auch in Form von Steuervergünstigungen gewährt. – *Vgl. auch* → Förderprogramm, → staatliche Beteiligungsmittel.

öffentliche Investoren, Spezielle Vehikel der öffentlichen Hand, die durch die Bereitstellung von zinsgünstigen Finanzmitteln und Beratungsleistungen → Unternehmensgründungen unterstützen sollen. Öffentliche Investoren treten im Allgemeinen nicht als → Leadinvestoren auf, sondern gehen stille Beteiligungen ein. In Deutschland spielt insbesondere die Technologie-Beteiligungs-Gesellschaft mbH (tbg) der → KfW-Mittelstandsbank eine zentrale Rolle in diesem Bereich.

Off-Shoring, spezielle Form des → Outsourcings im internationalen Kontext. Es beinhaltet eine regionale Neuordnung der Wertschöpfungsstruktur mit dem Ergebnis, eine vormals im Inland erbrachte Leistung nunmehr aus einem räumlich oft weit entfernten Drittland zu beziehen. Mit dem O.-S. wird das Ziel verfolgt, weltweite Unterschiede im Preis-Leistungs-Niveau auszuschöpfen. Ein besonders häufiger Anwendungsfall des O.-S. findet sich im IT-Bereich, wo gegenwärtig zahlreiche IT-bezogene (Dienst-) Leistungen z.B. aus Indien bezogen werden. In derartigen Fällen wird bei qualitativ vergleichbarer Leistung von den Lohnkostenvorteilen des Drittlandes zu profitieren versucht. Denkbar, in der Praxis aber weniger relevant, ist der Fall des Bezugs einer Leistung aus einem Drittland, deren Entgelt mit den inländischen Kosten der Selbsterstellung vergleichbar ist, die aber über eine bessere Produktqualität verfügt. Ein solcher Fall tritt unter anderem dann ein, wenn Leistungsträger im Ausland über Technologievorteile verfügen. In Anbetracht einer sinkenden Präsenz deutscher Anbieter in vielen

High-tech-Sektoren kann sich diese Situation in der Zukunft möglicherweise. häufiger einstellen. Mit Blick auf die relevanten Entscheidungskriterien ist auf diejenigen zu verweisen, die auch beim Outsourcing Anwendung finden.

OHG, → Offene Handelsgesellschaft.

One-Stop-Shopping, besagt, dass Konsumenten nur „einmal stoppen" müssen, um ihren gesamten Bedarf zu decken. So bieten Einkaufszentren die Möglichkeit, alle Einkäufe bequem unter einem Dach zu tätigen. Auch auf virtuellen Marktplätzen (→ E-Marketplace) ist dieses Konzept zu finden: Bspw. bietet ein Gebrauchtwagenhandel im → Internet neben der reinen Fahrzeugvermittlung Zusatzleistungen wie Financial Services an.

One-to-One-Marketing. Die Digitalisierung von Geschäftsprozessen (→ E-Business) ermöglicht eine individuelle Kundenansprache auch somit dem gezielten Aufbau von Geschäftsbeziehungen zu einzelnen Kunden bzw. Kundengruppen. Diese Form der gezielten Ansprache kann auch als O.-t.-O.-M. bezeichnet werden.

Online Marketing. Weit gefasst enthält das O.M. alle Aktivitäten, mit denen der → Absatz von → Produkten über das → Internet gefördert werden kann (→ E-Shop). Somit sind alle Maßnahmen einbezogen, die im herkömmlichen Sinn den klassischen Funktionen des → Marketings zuzuordnen sind. Im Einzelnen sind das die → Kommunikationspolitik, die → Distributionspolitik, die → Preispolitik und die → Produktpolitik. Definiert man die Aktivitäten des Marketings entlang der → Wertschöpfungskette eines Unternehmens, lassen sich weitere Bereiche, wie etwa das Kundenbindungsmanagement oder After Sale Services mit darunter fassen. Das Internet mit seiner Kerneigenschaft, der Transport von Information, hat die Formen des Marketings nachhaltig beeinflusst. – *Vgl. auch* → Net Economy).

Option, Bezeichnung für eine Handlungsmöglichkeit. Im juristischen Sinne wird darunter die rechtsgeschäftliche begründete Anwartschaft verstanden, ein Recht durch einseitige Erklärung erwerben zu können. Im Wirtschaftskontext konkretisiert sich dies zu dem Recht, innerhalb einer festgelegten Frist einen nach Preis und Menge festgelegten Basiswert zu kaufen oder zu verkaufen. Man spricht von einer Kauf- bzw. Verkaufsoption (→ Put/Call-Option). Dieses Recht kann von dem Käufer der O. wahrgenommen werden, er kann es aber auch verfallen lassen. Der Verkäufer der O. hat auf die Ausübungsentscheidung keinen Einfluss, weshalb er auch als Stillhalter bezeichnet wird. Unterschieden wird zwischen der amerikanischen (während längerer Frist auszuüben) und der europäischen O. (nur am Ablauftag auszuüben).

Optionsanleihe, *Optionsschuldverschreibung*; Finanzierungsinstrument. Eine O. besteht i.d.R. aus zwei Teilen, einer Anleihe und einer → Option. Die Option lautet i.d.R. auf den Erwerb von → Aktien, kann aber auch andere Rechte, z.B. Umtausch in eine Anleihe, enthalten. Bei einem Recht auf Bezug von Aktien legt die Option (1) den Kurs, zu dem die Aktien bezogen werden können, (2) das Optionsverhältnis, d.h. die Zahl der Aktien, die pro Optionsrecht bezogen werden können, (3) die Optionsfrist, in der der Umtausch erfolgen kann und (4) Verwässerungsschutzklauseln fest. Im Unterschied zur einer Wandelschuldverschreibung bleibt der Anleiheteil auch nach Ausübung der Option weiter bestehen. Die Ausgabe von O. mit einer Option auf Aktien ist an die Zustimmung der Hauptversammlung gebunden. Bei anderen Optionsrechten ist dies nicht erforderlich, ferner kann eine Ausgabe dann auch von anderen Unternehmen, die keine → Aktiengesellschaften sind, erfolgen.

Optionsschein, *Warrant*. Ein O. verbrieft ein bestimmtes Optionsrecht (→ Option). Dieses ermöglicht den Bezug oder Verkauf eines Basiswertes zu einem vorab festgelegten Preis innerhalb eines definierten Zeitraumes. Der Inhaber des O. kann dieses Recht aber auch verfallen lassen. Basiswerte können u.a. → Aktien, Anleihen, Währungen oder Rohstoffe sein. O. wurden ursprünglich als Bezugsoption zusammen mit einer Anleihe als sog. → Optionsanleihe herausgegeben. Mittlerweile werden sie aber auch einzeln aufgelegt und gehandelt. O. dienen der Spekulation oder der Absicherung von Kursschwankungen des Basiswertes.

Optionstheorie, Sammelbegriff für Modelle zur Bewertung von → Optionen. Da Optionen zwar mit einem bestimmten Basiswert verbunden, aber rechtlich unabhängig von diesem sind und teilweise separat gehandelt werden, müssen sie auch einzeln bewertet werden. Für den Finanzbereich hat die Wissenschaft dazu verschiedene Modelle entwickelt, von denen das Optionspreismodell nach Black und Scholes zu den bekanntesten gehört. Neben dieser finanziellen O. hat sich für den Unternehmensbereich in den letzten Jahren die sog. Realoptionstheorie entwickelt. Diese versucht, die Erkenntnisse zu Finanzoptionen auf realwirtschaftliche Handlungsalternativen (z.B. Aufschieben einer Investition oder Abbruch von Forschungsvorhaben) anzuwenden.

Optionsvertrag, die einer → Option zu Grunde liegende Vereinbarung. Neben dem Inhalt der Option regelt der → Vertrag die Anforderungen an die Optionsausübung. Dazu können bspw. die Schriftform der Ausübung oder Details zur Lieferung des Basiswertes festgelegt werden. Im rechtlichen Sinne ist eine Option als aufschiebende und auflösende Bedingung für einen Vertrag interpretierbar. Problematisch ist dabei eine aufschiebende Bindung, da ein Vertrag einen beiderseitigen Bindungswillen der Vertragspartner voraussetzt. Dem wird dadurch begegnet, dass die Option nicht als Vertrag, sondern als ein Angebot mit verlängerter Bindungswirkung interpretiert wird. Die auflösende Bedingung ist hingegen unproblematisch, da sie einem Vertrag mit vereinbartem Rücktrittsrecht gleichkommt. Außer im Finanzbereich werden derartige Verträge bspw. beim Immobilienerwerb oder bei Geschäften auf Basis künstlerischer Leistungen (Filme, Bücher) eingesetzt.

Orderbuch, *Auftragsbuch*. Aufträge für Börsentransaktionen werden in dem für jedes notierte Wertpapier zu führenden O. des Maklers erfasst. Im heute noch verbleibenden Parketthandel wird das O. zumeist elektronisch geführt. Beim Computerhandel ist das O. teil des Handelssystems, welches auch die eigentliche Maklerfunktion übernimmt. Auf Basis der im O. dokumentierten Auftragslage stellt der Makler den Kurs eines Wertpapiers fest. Bei der Kursfeststellung werden je nach genauer Ausgestaltung der Handelsorganisation Kauf- und Verkaufsaufträge (Orders) zugeordnet und ausgeführt und/oder eigene Kure des Maklers (Taxe) gestellt. → Börsen bieten teilweise (insbesondere Freiverkehr der Börse Berlin-Bremen) Anlegern in Echtzeit Einblick in das elektronische O.

Ordinary Share, → Stammaktie.

Ordnungspolitik, der Teil der Politik, der die Rahmenordnung für die privaten Aktivitäten setzt. Dies umfasst im Prinzip das gesamte private und öffentliche Recht, in der wirtschaftlichen Sphäre insbesondere das Arbeits-, Unternehmens- und Wettbewerbsrecht. Ein wesentliches Kennzeichen der O. besteht darin, dass sie den Akteuren zwar einen Rahmen vorgibt, den sie nicht überschreiten dürfen, ihnen innerhalb dieses Rahmens aber Handlungsfreiheit lässt und keinen bestimmten Zustand anstrebt. Im Gegensatz zur Ordnungspolitik steht die Prozesspolitik, die in die Abläufe eingreift um ein bestimmtes Ergebnis zu erzielen (z.B. Zinspolitik, Nachfragesteuerung).

Organigramm, Ausdruck der Organisationstheorie für die graphische Darstellung der → Organisationsstruktur eines Unternehmens. Das O. visualisiert die

Aufgabenverteilungen auf die einzelnen Stellen. Zudem werden die vertikalen, diagonalen und horizontalen formalen Beziehungen zwischen den Stellen verdeutlicht.

Organisation. 1. *Begriff:* Ausdruck aus der Organisationstheorie für die Tätigkeit des organisatorischen Gestaltens oder das Ergebnis der Gestaltung. Die Organisationstheorie versucht zu zeigen, wie einerseits die Gesamtaufgabe einer Unternehmung, die von Menschen und nicht menschlichen → Ressourcen arbeitsteilig erfüllt werden muss, sinnvoll in Teilaufgaben dekomponiert werden kann und wie andererseits diese Teilaufgaben zueinander in Beziehung gesetzt werden können, damit die Ziele der Unternehmung optimal erreicht werden können. In der Organisationstheorie existieren drei unterschiedliche Grundverständnisse bezüglich des Organisationsbegriffs. (1) Der institutionale Organisationsbegriff begreift eine Unternehmung als O., die zielgerichtet handelt. (2) Im Gegensatz dazu zielt der instrumentale Organisationsbegriff darauf ab, dass eine Unternehmung eine O. hat. O. stellt in diesem Sinne ein Instrument (strategischer Aktionsparameter) zur Erreichung der Betriebsziele dar. Die O. einer Unternehmung ist in diesem Falle das Ergebnis des Organisierens (3), wie es der funktionale Organisationsbegriff beinhaltet. – 2. *Ausprägungen:* In der Betriebswirtschaftslehre werden die bewusst gestalteten Strukturen und Abläufe als formale O. zur Erfüllung der unternehmerischen Zielsetzung bezeichnet. Neben dieser weitgehend manifestierten Ordnung existiert noch eine informale O., die durch persönliche Ziele, menschliche Eigenheiten, Wünsche, Sympathien und die Verhaltensweisen aller Mitarbeiter geprägt wird und somit eine soziale Struktur charakterisiert. Diese informale O. wird auch als → Organisationskultur oder → Unternehmenskultur bezeichnet. Der Organisationsgrad als Maß für die Organisiertheit einer O. hängt von der Wiederholbarkeit und Planbarkeit der zu erfüllenden Aufgabe sowie von den Fähigkeiten der zur Erfüllung der Aufgabe eingesetzten Aufgabenträger, also den Mitarbeitern und den → Ressourcen, ab. Aufgabe und Aufgabenträger sind dabei durch spezifische Merkmale gekennzeichnet. So legt die Art der Verrichtung fest, was geistig oder körperlich zu tun ist. Das Merkmal Objekt determiniert, woran, wohingegen das Merkmal Zeit expliziert, wann und wie lange etwas zu verrichten ist. Der Raum gibt an, an welchem Ort die Verrichtung an einem bestimmten Objekt zu einem bestimmten Zeitpunkt über eine gewisse Dauer zu erfolgen hat. Grundsätzlich existiert zwischen aufgabenbezogenem und aufgabenträgerbezogenem Organisationsgrad eine interdependente Beziehung, weil die Festlegung des aufgabenbezogenen Organisationsgrades einhergeht mit der Zuordnung eines Aufgabenträgers zur Erfüllung der Aufgabe. Mit der Zuordnung des Aufgabenträgers zur Aufgabe wird der aufgabenträgerbezogene Organisationsgrad festgelegt. Ein steigender oder sinkender Organisationsgrad ist betriebswirtschaftlich nur sinnvoll, wenn ein Grad an O. erreicht werden kann, bei dem die Grenzerlöse oder der Grenznutzen die Grenzkosten der O. ausgleichen. Vielfach ist dieser optimale Grad an O. in der Praxis weit überschritten worden. – 3. *Methoden:* (1) Grundsätzlich umfasst der Problemlösungsprozess der O. zunächst die Analyse der Ausgangslage, da eine Vielzahl unternehmensexterner und -interner Einflussfaktoren auf die O. wirkt. (2) Danach sind die Organisationsziele zu bestimmen. (3) Zur Erreichung der Organisationsziele sind spezifische Organisationsmaßnahmen zu ergreifen. Im Vordergrund stehen dabei Maßnahmen zur Gestaltung der → Organisationsstruktur sowie der Ablauf- und Prozessorganisation. (4) Um die Organisationsmaßnahmen umsetzen zu können, sind die hierfür notwendigen Mittel (→ Ressourcen) bereit zu stellen. (5) Organisationsmaßnahmen und die hierfür notwendigen Mittel bilden die Voraussetzung für das Organisieren. (6) Das Ergebnis des Organisierens ist schließlich zu evaluieren, um die → Effektivität und → Effizienz der neu geschaffenen O. zu validieren. – *Vgl. auch* → Aufbauorganisation.

Prof. Dr. Thomas Hering

Literatur:
Bleicher, K.: Organisation, Wiesbaden 1991; *Bühner, R.*: Betriebswirtschaftliche Organisationslehre, München 2004; *Frese, E.:* Grundlagen der Organisation, Wiesbaden 2004; *Grochla, E.:* Grundlagen der organisatorischen Gestaltung, Stuttgart 1982; *Kosiol, E.:* Organisation der Unternehmung, Wiesbaden 1962.

Organisationsentwicklung. 1. *Begriff:* Ausdruck der Organisationstheorie, der auf die Änderung der Handlungsweisen von Organisationsmitgliedern ausgerichtet ist. – 2. *Ziele:* Die O. hat die Aufgabe, diese Transformation im Sinne der → Unternehmensziele zu planen, umzusetzen und zu kontrollieren. Insofern ist die O. eine Form des organisatorischen Wandels. – 3. *Instrumente:* Zu den personenorientierten Methoden der O. zählen vor diesem Hintergrund das Sensitivitäts-Training, Encounter-Gruppen und die Transaktionsanalyse. Strukturorientierte Methoden der O. sind in diesem Zusammenhang die Survey-Feedback-Methode, das Konfrontationstreffen, die Teamentwicklung, das Managerial Grid sowie abschließend die Prozessberatung.

Organisationskultur. Ausdruck der Organisationstheorie und der strategischen Unternehmensführung für das implizite Bewusstsein einer → Organisation. Dabei wird das implizite Bewusstsein aus dem Verhalten der Organisationsmitglieder gebildet, rekurriert gleichzeitig aber auf das Verhalten der Organisationsmitglieder. Gemäß diesem Dualitätsprinzip wird Kultur mit Organisation gleichgesetzt (die Organisation ist eine Kultur). Gekennzeichnet ist die O. durch → Vision, Leitbilder, Normen, Symbole und Vorbilder. Die → Unternehmenskultur als betriebswirtschaftliche Ausprägung der O. steht für die Gesamtheit aller in einem Unternehmen vorherrschenden Grundannahmen bzw. Wertvorstellungen und Verhaltensnormen, die das Verhalten und die Einstellungen aller Mitarbeiter und somit aller Entscheidungen sowie das Erscheinungsbild des Unternehmens prägen. Starke Unternehmenskulturen sind ein wichtiges Erfolgspotenzial. Aufgrund ihrer Stärke sind sie jedoch nur begrenzt veränderungsbereit, sodass die Anpassungsflexibilität an rasche Umweltveränderungen leidet.

Organisationsnetzwerke, → Virtuelle Organisationsnetzwerke.

Organisationsstruktur, *organisatorische Gliederung, Unternehmensgliederung.* 1. *Begriff:* Ausdruck der Organisationstheorie für ein System von Regelungen in der → Organisation. Die O. bildet das ab der zweiten Hierarchieebene gegliederte System der → Kompetenzen ab. In ihrer visualisierten Form wird die O. als → Organigramm bezeichnet. Die Festlegungen der O. determinieren die Arbeitsteilung, die Kommunikation, die Weisungsrechte, die Kompetenzen und die Verteilung der → Ressourcen. I.d.R. sind O. mittel- bis langfristig angelegt. Grundsätzlich ist zu unterscheiden, ob die O. formal oder informal ausgestaltet wird. Während die formale O. für die bewusste rationale Ausgestaltung der Struktur, expliziert im Organigramm, und des für eine koordinierte Zielerreichung benötigten Regelwerkes verantwortlich ist, wird unter informaler O. die häufig unbeabsichtigte soziale Struktur verstanden. Für die informale O. wird vermehrt der Begriff → Organisationskultur verwendet. – 2. *Merkmale:* Unternehmen die eine divisionale O. haben, weisen auf der zweiten Hierarchieebene eine Segmentierung nach Produkten oder Produktgruppen auf. Eine funktionale O. gliedert das Unternehmen nach den betrieblichen Funktionen, wie z.B. nach → Beschaffung, → Produktion und Absatz (Verrichtungsorganisation). Die Regionalorganisation differenziert das Unternehmen in organisatorische Einheiten, die sämtliche Zuständigkeiten für alle Produkte einer bestimmten geographischen Region umfassen. Bei so genannten n-dimensionalen O. bilden zwei oder mehr Gestaltungsprinzipien die Strukturgrundlage. – *Vgl. auch* → Aufbauorganisation, → Matrixorganisation.

Output, beschreibt das Ergebnis eines Prozesses. Meist ist das die produzierte Menge aus einer → Produktion, aber O. wird auch im Zusammenhang mit → Dienstleistungen, → Emissionen, Einleitungen und Abfälle verwendet.

Outsourcing, Auslagerung oder Abgabe von Unternehmensaufgaben an Drittunternehmen. Damit wird eine Reduzierung der Fertigungstiefe (Leistungstiefe) erreicht mit dem Ziel, → Kosten zu reduzieren. Beim O. werden oft die Mitarbeiter oder ganze Abteilungen, die die Aufgaben bisher im Unternehmen erfüllten, vom neu gegründeten Drittunternehmen übernommen.

Oversubscription, → Überzeichnung.

P

Page Impression, → Kennzahl zur Messung der Nutzung einer werbeführenden Webseite eines Online-Angebots. Jeder Aufruf einer Einzelseite– unabhängig davon, ob die Seite aufgebaut wird und tatsächlich Sichtkontakt erfolgt– wird mit einer P.I. verbucht. Die Anzahl der P.I. ist neben den → Visits einer Webseite, ein wichtiges Maß zur Erfassung der Reichweite von Werbemaßnahmen im World-WideWeb (→ Internet). Der Quotient aus P.I. und Visits – die P.I./V-Rate – erfasst die Nutzungsintensität eines Web-Angebots: Eine P.I./V-Rate von zehn besagt, dass der Nutzer eines Web-Angebots, zehn Einzelseiten aufgerufen hat.

Partnering-Strategie, Bestandteil des Partnermanagements eines Unternehmens. Die P.-S. legt die Stoßrichtung zur Steigerung der Wertschöpfung durch Partnering, eine Kooperationsform, fest. Dabei wird genau bestimmt, wie die Kooperationsziele (bspw. Kostensenkung, Umsatzsteigerung, Imageverbesserung) erreicht werden sollen. Um ein Ziel-Partner-Portfolio entwickeln zu können, ist vorab eine detaillierte Analyse der eigenen Kompetenzen sowie der Anforderungen an einen möglichen Partner notwendig. Teil der P.-S. kann auch die Übersetzung der gewonnenen Erkenntnisse in ein gemeinsames → Geschäftsmodell sein, das für beide Unternehmen zu einer Win-win-Situation führt. – *Vgl. auch* → Kooperation.

Patent. 1. *Begriff:* Das P. ist die einem Erfinder oder dessen Rechtsnachfolger staatlich erteilte ausschließliche, aber zeitlich begrenzte Befugnis, eine Erfindung zu benutzen. Gegenstand des P. kann ein technisches Herstellungs- oder Anwendungsverfahren (Verfahrenspatent) oder ein Erzeugnis und dessen Einrichtung (Sachpatent) sein. P. werden für Erfindungen erteilt, die neu sind, auf einer erfinderischen Tätigkeit beruhen und gewerblich anwendbar sind. Als Erfindungen werden insbesondere nicht angesehen: Entdeckungen sowie wissenschaftliche Theorien und mathematische Methoden, ästhetische Formschöpfungen, Pläne, Regeln und Verfahren für gedankliche Tätigkeiten, für Spiele oder für geschäftliche Tätigkeiten sowie Programme für Datenverarbeitungsanlagen und die Wiedergabe von Informationen. Als Erfindung angesehen werden geistige Leistungen, die auf dem Prinzip der fortschrittlichen Nutzung von Naturkräften beruhen. Neu ist eine Erfindung, wenn sie nicht zum Stand der Technik gehört (§ 3 PatG), d.h. die Erfindung darf bis zum Anmeldetag der Öffentlichkeit nicht durch schriftliche oder mündliche Überlieferung oder sonst zugänglich gemacht werden. Die Erfindung darf sich zudem nicht aus dem Stand der Technik ergeben können (§ 4 PatG). Um als P. anerkannt zu werden, muss die Erfindung ferner auf irgendeinem gewerblichen Gebiet anwendbar sein (§ 5 PatG). Nicht als gewerblich anwendbar gelten beispielsweise Verfahren zur chirurgischen und therapeutischen Behandlung und Diagnose am menschlichen und tierischen Körper (§ 5 Abs. 2 PatG). – 2. *Wirkung:* Mit der → Patenterteilung erwirbt der Inhaber ein absolutes Recht an der patentierten Erfindung, d.h. ausschließlich er ist befugt, diese zu benutzen (§ 9 PatG). Ein P. wird grundsätzlich für eine Laufzeit von bis zu 20 Jahren erteilt (§ 16 Abs. 1 S. 1 PatG). Zu beachten ist, dass mit der Patenterteilung dem Inhaber keine positive Benutzungsbefugnis verliehen wird.

Das P. hat zunächst die Wirkung eines negativen Ausschließlichkeitsrechts. Ob und in welchem Umfang eine Erfindung vom Patentinhaber auch im Wirtschaftsleben benutzt werden darf, richtet sich nach den allgemeinen Vorschriften, wie z.B. einem bestimmten Zulassungsverfahren und ist daher nicht automatisch mit Patenterteilung gegeben. In § 11 PatG sind bestimmte Ausnahmen von der Wirkung des P. enthalten, so dass beispielsweise im privaten Bereich zu nichtgewerblichen Zwecken eine Erfindung auch nachgebaut werden darf oder zu Versuchszwecken genutzt werden kann. Werden die Rechte des Patentinhabers verletzt, so hat dieser sowohl einen Unterlassungsanspruch (§ 139 Abs. 1 PatG) als auch Anspruch auf Schadensersatz (§ 139 Abs. 2 PatG) sowie Vernichtung des Erzeugnisses, das Gegenstand des P. ist (§ 140a PatG).

Dr. Jens-Uwe Petersen

Literatur:
Eisenmann, H./Jautz, U.: Grundriss gewerblicher Rechtsschutz und Urheberrecht, 5. Aufl., Heidelberg 2004; *Trimborn, M.:* Patente und Gebrauchsmuster, Renningen 2003; *Witte, J./Vollrath, U.:* Praxis der Patent- und Gebrauchsmusteranwendung, 5. Aufl., Köln 2002.

Patenterteilung. Genügt die Patentanmeldung den gesetzlichen Erfordernissen (§§ 34, 37, 38 PatG) und ist der Gegenstand der Anmeldung nach den §§ 1-5 Patentgesetz patentfähig, so beschließt die Prüfungsstelle die Erteilung des → Patents. Sind die gesetzlichen Erfordernisse der Patentanmeldung nicht eingehalten oder ist die Patentfähigkeit nicht gegeben, wird die Patentanmeldung zurückgewiesen. Die Erteilung des Patents wird im Patentblatt veröffentlicht; gleichzeitig wird die Patentschrift (Beschreibung und Zeichnung, aufgrund derer das Patent erteilt worden ist) veröffentlicht. Mit der Veröffentlichung treten die gesetzlichen Wirkungen des Patents ein. Das Patent wird von jedem Staat nur mit Wirkung für sein Gebiet erteilt (Territorialprinzip).

Patenterweiterung. Bis zum Beschluss über die Erteilung des → Patents sind Änderungen der in der Patentanmeldung enthaltenen Angaben, die den Gegenstand der Anmeldung nicht erweitern, zulässig; bis zum Eingang des Prüfungsantrages jedoch nur, soweit es sich um die Berechtigung offensichtlicher Unrichtigkeiten, um die Beseitigung der von der Prüfungsstelle bezeichneten Mängel oder um Änderungen des Patentanspruches handelt. Aus Änderungen, die den Gegenstand der Anmeldung erweitern, können Rechte nicht hergeleitet werden (§ 38 PatG).

Patentfinanzierung. Bei der P. wird durch ein Dienstleistungsunternehmen ein Wertgutachten eines → Patents oder Patentportfolios erstellt. Ein Kreditinstitut legt daraufhin eine Beleihungsgrenze für das Patent fest und bietet auf dieser Basis eine günstige → Finanzierung an. Das Patent wird bei der P. somit als Kreditsicherungsmittel genutzt.

Patentförderung, *Patentförderprogramm.* Öffentliche Förderung der Anmeldung, Prüfung und teilweise der Aufrechterhaltung von → Patenten und teilweise anderen gewerblichen Schutzrechten durch Zuschüsse oder Darlehen an → kleine und mittlere Unternehmen. Beispiele sind die INSTI-Förderung des BMBF und P. durch Landesförderinstitute. Schwerpunkt mehrerer Patentförderprogramme ist die internationale Anmeldung und Prüfung von Patenten, da diese einerseits besonders kostenintensiv ist und andererseits Beiträge zur Standortentwicklung auf der Seite des Patentanmelders erhoffen lässt. Patentförderprogramme, die derzeit tendenziell reduziert werden, zeichnen sich in der Förderlandschaft durch vergleichsweise kleine Beträge und eine hohe Spezialisierung von Programmen und Abwicklung aus.

Patentierung, Oberbegriff für das Verfahren der Patentanmeldung und -erteilung.

Patentprüfung. Das Patentamt prüft auf Antrag, ob die Patentanmeldung den gesetzlichen Anforderungen genügt und ob der Gegenstand der Anmeldung nach den §§ 1-5 Patentgesetz patentfähig ist. Genügt die Anmeldung den gesetzlichen Anforderungen nicht, so fordert die Prüfungsstelle den Anmelder auf, die Mängel innerhalb einer bestimmten Frist zu beseitigen. Das Patentamt erteilt insoweit Prüfungsbescheide. Die Prüfungsstelle kann jederzeit die Beteiligten der Patentanmeldung laden und anhören. Bis zum Beschluss über die Erteilung des → Patents ist der Anmelder auf Antrag zu hören, wenn es sachdienlich ist. Die Prüfungsstelle weist die Anmeldung zurück, wenn die gerügten Mängel nicht beseitigt werden oder wenn die Prüfung ergibt, dass eine nach den §§ 1-5 Patentgesetz patentfähige Erfindung nicht vorliegt. Anderenfalls beschließt die Prüfungsstelle die Erteilung des Patents.

Patentrecherche. Das Patentamt ermittelt auf Antrag die öffentlichen Druckschriften, die für die Beurteilung der Patentfähigkeit der angemeldeten Erfindung in Betracht zu ziehen sind. Soweit die Ermittlung dieser Druckschriften einer zwischenstaatlichen Einrichtung vollständig oder für bestimmte Sachgebiete der Technik ganz oder teilweise übertragen worden ist, kann beantragt werden, die Ermittlung in der Weise durchführen zu lassen, dass der Anmelder das Ermittlungsergebnis auch für eine europäische Anmeldung verwenden kann. Der Antrag kann von dem Patentsucher und jedem Dritten, der jedoch hierdurch nicht an dem Verfahren beteiligt wird, schriftlich gestellt werden. Der Eingang des Antrags auf Durchführung der Recherche wird im Patentblatt veröffentlicht.

Patentverletzung. Gegen rechtswidrige Verletzungen ist das → Patent durch Strafvorschriften (§§ 142 ff. Patentgesetz) sowie zivilrechtlich durch Ansprüche auf Auskunft, Unterlassung, Schadensersatz sowie auf Vernichtung der das Patent beeinträchtigenden Produkte und Vorrichtungen (§§ 139 ff. Patentgesetz) geschützt. Eine rechtswidrige P. liegt immer dann vor, wenn jemand gewerbsmäßig den Gegenstand der Erfindung herstellt, in Verkehr bringt, anbietet oder gebraucht, ohne durch Vorbenutzung, staatliche Anordnung oder durch eine Rechtshandlung des Patentinhabers hierzu befugt zu sein. Der Anspruch aus P. verjährt in drei Jahren ab Kenntniserlangung.

Pay-off-Rechnung, → Amortisationsrechnung.

Pecking Order. 1. *Begriff:* Rangfolge der eingesetzten Finanzierungsalternativen bei der → Unternehmensgründung und dem Unternehmenswachstum von der Innenfinanzierung (→ Selbstfinanzierung) über die → Fremdfinanzierung bis hin zur → Beteiligungsfinanzierung. Reichen die internen Finanzierungsmittel für die weitere Unternehmensentwicklung nicht mehr aus, werden externe Finanzierungsmittel mit zunehmendem Risikograd eingesetzt: Nach Forderungstiteln wie Bankkrediten und Anleihen folgen hybride Finanztitel wie Wandel- und → Optionsanleihen und schließlich Beteiligungstitel wie → Aktien. Die aus dieser zu beobachtenden Abfolge der Finanzierungspräferenzen resultierende Kapitalstruktur zeigt in aggregierter Betrachtung eine im Vergleich zu Großunternehmen geringere Eigenkapitalquote bei den → kleinen und mittleren Unternehmen, die deren Wachstumsfinanzierung erschwert. – 2. *Mechanismus:* Ohne den spezifischen Prämissenkranz des theoretischen Modells für → Aktiengesellschaften zu diskutieren, kann die P.O. im realen Finanzierungsverhalten kleiner und mittlerer Unternehmen durch zwei Aspekte empirisch beobachtet werden. a) Signalwirkung: Zum einen wird erst dann über Finanzierungsalternativen nachgedacht, wenn die bislang genutzten Finanzierungsquellen ausgeschöpft sind, weil Erschließung einer neuen Finanzierungsquelle als negatives Signal über die Qualität des Unternehmen bzw. seines → Managements verstanden werden könnte.

Es ergibt sich mithin eine schrittweise Nutzung unterschiedlicher Finanzierungswege mit der Konsequenz, dass schwächere Unternehmen differenzierter Finanzierungswege nutzen als die besseren Unternehmen. – b) Autonomiestreben: Zum anderen wird die Präferenz zwischen Finanzierungsalternativen durch das Autonomiestreben der Unternehmensleitung – bei geschäftsführenden → Gesellschaftern wie bei Eigentümer-Unternehmern – geprägt. So werden Finanzierungsentscheidungen durch das Ziel eines weitest möglichen Ausschlusses von Informations- und Transparenzverpflichtungen sowie von Mitwirkungsrechten Dritter dominiert. Bei wirtschaftlich erfolgreichen Unternehmen ergibt sich hieraus ein hoher Grad an Innenfinanzierung, die Externe vollständig ausschließt. Unternehmen mit geringerer Innenfinanzierungskraft weisen als Ergebnis der P.O. umgekehrt einen höheren Verschuldungsgrad auf. Innerhalb der Außenfinanzierung ergibt sich eine weitere „Hackordnung": Externe Fremdfinanzierung wird der Beteiligungsfinanzierung wegen der ungleich gravierenderen Informations- und Mitwirkungsrechten von Eigenkapitalgebern vorgezogen. Aber selbst innerhalb der externen Fremdfinanzierung lässt sich eine weitere P.O. modellieren: Die Aufnahme von → Fremdkapital innerhalb einer gefestigten, beidseitig zu Abhängigkeiten führenden Hausbankbeziehungen kann als geringerer Kontrollverlust im Vergleich zur Erschließung anderer Quellen der Fremdfinanzierung empfunden werden. – 3. *Bewertung:* Die P.O.-Theorie weist auf die Bedeutung des Innenfinanzierungspotenzials für die Durchführung einer → Investitionen hin. Bei jungen und kleinen, noch wachsenden Unternehmen steht diese Finanzierungsfazilität aber nur im geringen Umfang zur Verfügung, so dass die Unternehmer entweder auf die Durchführung der Investition verzichten oder alternative Finanzierungsquellen erschließen müssen. Die Kreditfinanzierung als einfachste Lösung sendet zunächst keine negativen Signale aus und beeinflusst den Unternehmenswert nicht negativ, wohingegen der ohnehin schwere Zugang zu externem → Eigenkapital durch die negative Signalwirkung dieser Finanzierungsform zusätzlich erschwert wird. Fürchtet der Unternehmer durch die Eigenkapitalsuche ein negatives Signal für sein Investitionsprojekt und damit für den Wert, die → Bonität und die Reputation seines Unternehmens, wird er soweit wie möglich Fremdkapital bevorzugen.

Dr. Dietmar Grichnik

Literatur:
Börner, C.J./Grichnik, D.: Von der Pecking Order zur strategischen Mittelstandsfinanzierung – Ergebnisse einer Kombinationsstudie, in: Finanz Betrieb, o. Jg. (2003), S. 681-689; *Myers, S.C.:* The Capital Structure Puzzle, in: Journal of Finance, Jg., 39 (1984), S. 575-592; *Mugler, J.:* Betriebswirtschaftslehre der Klein- und Mittelbetriebe, Bd. 2, 3. Aufl., Wien New York 1999; *Schäfer, H.:* Unternehmensfinanzen. Grundzüge in Theorie und Management, Heidelberg 2002.

Penetration Pricing. Durch einen relativ niedrigen Einführungspreis soll schnell ein möglichst hoher → Marktanteil erreicht werden. So werden nachahmende Wettbewerber davon abgehalten, in diesen Markt einzutreten und es wird ein hoher Mengenabsatz erzielt, der das Potenzial für eine kostengünstige Produktion bietet.

Penny-Stock, Sammelbezeichnung für → Aktien, deren Kurs weniger als eine Währungseinheit (Euro, Dollar) beträgt. Negativmerkmal einerseits für börsennotierte Aktien nach einem entsprechenden Kursverfall, die als Kandidaten für eine Einstellung der Notierung angesehen werden und andererseits für am → grauen Kapitalmarkt angebotene → Aktien, denen von vorn herein kein signifikanter Wert zugemessen werden konnte. Die Wertgrenze eines Kurses weniger als ein Euro (bzw. andere Währungseinheit) ist theoretisch schwer begründbar, allenfalls in Kontinentaleuropa damit, dass der Nennwert (auch der rechnerische Wert von Stückaktien) vieler Titel ein Euro beträgt und bei Penny-Stocks der Kurswert nicht einmal den Nennwert erreicht. Bei den in den USA üblichen Nennwerten von deutlich weniger als ein Dollar theoretisch kaum nachvollziehbar.

Pensionsfonds, *Pension-Funds*. Traditionell im angelsächsischen Raum verbreitete Kapitalanlagegesellschaft als Instrument der kapitalgedeckten Altersvorsorge für Arbeitnehmer. In Deutschland in § 112 des Versicherungsaufsichtsgesetzes als analog zu Lebensversicherungsunternehmen regulierte rechtsfähige Versorgungseinrichtung definiert, die im Wege des Kapitaldeckungsverfahrens Leistungen der betrieblichen Altersversorgung für Arbeitgeber zugunsten von Arbeitnehmern erbringt, nicht gleichzeitig die Höhe der Leistungen und die Höhe der Beiträge garantieren darf, Arbeitnehmern einen eigenen Anspruch auf Leistungen gegen den P. einräumt und auch bestimmte Altersvorsorgeformen gemäß Altervorsorgeverträge-Zertifizierungsgesetz anbieten muss.

Pensionsrückstellung, kann von einem Arbeitgeber gebildet werden und in der → Bilanz ausgewiesen werden, wenn dieser sich dazu verpflichtet seinem Arbeitnehmer im Fall eines Ausscheidens aus dem Dienstverhältnis eine betriebliche Altersvorsorge zu gewähren. Folgende Voraussetzungen müssen Seitens des Unternehmens erfüllt werden: schriftliche Pensionszusage, kein beliebiges Widerrufsrecht des Arbeitgebers, Rechtsanspruch auf Pensionsleistungen, Gewinnermittlung des Arbeitgebers durch Betriebsvermögensvergleich. Bei der Bildung von P. entsteht kein steuerpflichtiger Arbeitslohn. Erst beim Bezug von Leistungen (Pensionszahlung) durch den Arbeitnehmer liegt steuerpflichtiger Arbeitslohn aus einem früheren Beschäftigungsverhältnis vor.

Performancemessung. Im Rahmen der → Finanzierung, meist → Venture Capital-Finanzierung, eines jungen Unternehmens bedeutet die P., dass der Erfolg des Unternehmens, welches sich auf die Rendite der Investoren aus der Beteiligung projiziert, einer regelmäßigen Prüfung und einem starren Kontroll-Reglement unterliegt. Neben der Kontrolle des Anlageerfolgs umfasst die P. auch das Gestalten von Kompensionsschemata (Anreizmodelle), aber auch die Lenkung der → Ressourcen in das Informationsmanagement und die Finanzanalyse.

Personal. 1. *Begriff:* Das P. wird auch als → Human Ressource oder → Humankapital bezeichnet. Die betriebliche Funktion der Personalarbeit gliedert sich in das zentrale Personalmanagement und die unmittelbare → Personalführung. Im Rahmen der Internationalisierung ist die Bezeichnung Human-Resources-Management (HRM) Standard geworden. – 2. *Merkmale:* Das P., d.h. die → Mitarbeiter eines Unternehmens erscheinen in der betrieblichen Praxis sowohl als Individuen als auch als Kollektivwesen. Der → Arbeitsvertrag unterliegt dem Individualrecht. Bei der Auswahl und Entwicklung von Mitarbeitern (→ Bewerberauswahl) kommt es auf deren individuelle Kenntnisse und Fähigkeiten an. In der Mitarbeiterführung wird auf die einzelne Person eingegangen. Bei der Freisetzung von P. muss auf die persönlichen Lebensumstände Rücksicht genommen werden. Die Schutzrechte des P. sind kollektivrechtlich geregelt. Arbeitszeit- und Vergütungssysteme sind in hohem Maße allgemeinverbindlich (→ Mitbestimmung). Für die Personalführung werden einheitliche Instrumente, wie Zielvereinbarungs- und Beurteilungssysteme bereitgestellt. – 3. *Darstellung des zugrunde liegenden Modells:* Zur Sicherstellung der betrieblichen Leistungserstellung müssen die Personalressourcen zum richtigen Zeitpunkt, im erforderlichen Umfang, mit der bedarfsgerechten Qualifikation und zu einem im Rahmen der Kosten- und Leistungsrechnung ermittelten angemessenen Preis bereit stehen. – 4. *Maßnahmen bzw. Instrumente:* Zur Bearbeitung des Personalbeschaffungsmarktes dient das Personalmarketing. Durch die → Personalplanung, die → Personalbeschaffung und den → Personaleinsatz wird der Bedarf zeitgerecht gedeckt. Im Rahmen der → Personalwirtschaft werden der zeitliche Arbeitseinsatz und die → Vergütung systematisch geregelt. Für die Leistungsmessung, Potenzialermittlung und Kompetenzerweiterung stellt die → Personalentwicklung Systeme und Instrumente der Beurteilung, Diagnose und Weiterbildung zur Verfügung. Das Personalcontrolling ist eine spezialisierte Anwendung des zentralen → Controllings. Das Betriebsverfassungsgesetz bzw. das Personalvertretungsgesetz im öffentlichen Dienst regelt die Rechte und Pflichten des → Betriebsrates bzw. des Personalrates und der Arbeitgeber zur Gestaltung einer vertrauensvollen Zusammenarbeit. – 5. *Ausblick:* a) Das Downsizing in der Wirtschaft geht weiter. Das führt zu einer weiteren Arbeitsverdichtung für das P. auf allen Ebenen. – b) Die Internationalisierung und Virtualisierung der Arbeitswelt wird weiter voranschreiten. Vernetzte Arbeitsplätze, internationale → Netzwerke und Homeworking bestimmen zunehmend den Arbeitsplatz des P. Multitasking und Net-Working werden zu Erfolgstugenden. – c) Bindung, Loyalität und Regionalität verlieren als unternehmenskulturelle Werte an Bedeutung.

Prof. Dr. Wolfgang Krüger

Literatur:
Hauser, E.: Human Power & Strategie Performance, Hersching 2004; *Klimecki, R., Gmür, M.:* Personalmanagement, Stuttgart 2001.

Personalauswahl, → Bewerberauswahl.

Personalbeschaffung, systematische Deckung des Personalbedarfs auf der Basis einer → Personalplanung und eines Anforderungs- und Stellenprofils. Interne P. kann durch interne Stellenausschreibungen, eine vorausschauende Nachfolgeplanung und einen Nachfolgepool (Förderkreis) erfolgen. Externe P. kann über Stellenanzeigen in Druckmedien oder im Internet, über das → Arbeitsamt, private Vermittler, Personalberater (Headhunter) oder im Rahmen eines Personalleasings erfolgen. Zur Rekrutierung von akademischen Nachwuchskräften werden von unterschiedlichen Veranstaltern regelmäßig Absolventenmessen durchgeführt. In großen Unternehmen ist die P. häufig Teilfunktion eines systematischen Personalmarketings.

Personaleinsatz, die planerische und dispositive Tätigkeit, mit der Betriebszeiten (Maschinenlaufzeiten, Öffnungszeiten, usw.) und Fehlzeiten (Urlaub, Weiterbildung, Krankheit) mit dem Personalbestand und den individuellen Arbeitszeitbudgets in Übereinklang gebracht werden. Mit Arbeitszeitkonten (Jahres-, Lebensarbeitszeitkonten) ist die Möglichkeit eines flexiblen P. gegeben. In kleinen Unternehmen und im Handwerk, wo aus Kostengründen kein personeller Reservebedarf vorgehalten werden kann, führen vor diesem Hintergrund ungeplante Fehlzeiten – meist aufgrund von Krankheit – zum Leistungsausfall.

Personalentwicklung, Aufgabenfeld der Personalarbeit, in dem die Beurteilung von Leistungen und Potenzialen der → Mitarbeiter und deren Förderung gesteuert werden. Systematische P. hat drei Schwerpunkte: Durch die Leistungsbeurteilung erhalten Mitarbeiter eine Rückmeldung durch die jeweilige Führungskraft über die → Qualität und Quantität ihrer Leistung und über ihr Verhalten gegenüber Kunden, Kollegen und Vorgesetzten. Die Beurteilung von Potenzialen der Mitarbeiter (Führungs-, Fach-Verkäuferpotenzial) kann durch einfache Beobachtung, ein → Assessment Center oder Testverfahren erfolgen. Die Entwicklung von Mitarbeitern wird durch die Verbreitung oder Vertiefung des Aufgabenfelds, einen Aufgabenwechsel (Enlargement, Enrichment, Rotation) oder gezielte Weiterbildung gefördert.

Personalführung, die in Unternehmen durch Grundsätze und Leitbilder beschrieben und durch Führungskräfte praktiziert wird. Stil und Form der horizontalen und vertikalen Zusammenarbeit und Kommunikation spiegeln die gelebte Führungskultur wider. Führungskräfte stehen im Dilemma, zwischen den Anforderungen und Aufgaben des Unternehmens und dem einzelnen → Mitarbeiter zu vermitteln. Das Aufgabenspektrum in der Personalführung reicht von der zielorientierten Moderation und → Organisation eines Projektteams bis hin zur Abmahnung und Entlassung eines Mitarbeiters. Der Zusammenhang zwischen Führungsstil, → Motivation und Leistung gilt als gesichert. Ein authentischer und Vertrauen schaffender Führungsstil hat einen positiven Einfluss auf die Leistung und Loyalität von Mitarbeitern. – *Vgl. auch* → Führung.

Personalkontrolle, die formalen Regeln und Systeme zur Sicherung der Leistungserbringung durch → Mitarbeiter und zur Vermeidung von Kompetenzüberschreitungen und Ressourcenmissbrauch. Die klassische Form der Arbeitszeiterfassung wird zunehmend durch Vertrauensarbeitszeitmodelle abgelöst. Stellenbeschreibungen und Kompetenzregelungen definieren den Handlungsspielraum. Ein Vier-Augen-Prinzip beim Zahlungs- und Schriftverkehr erhöht die Sicherheit. Im Rahmen der → Personalführung erfordern Aufgabendelegation und Zielvereinbarungen eine Prozessbegleitung und Ergebniskontrolle durch die Führungskraft. Vertrauen in der betrieblichen Zusammenarbeit fördert das Gruppenklima und die Leistungsmotivation. Eine Vertrauensschadensversicherung schützt in bestimmten Fällen vor mitarbeiterverursachten Schäden.

Personal-Leasing, → Leiharbeit.

Personalplanung, Teilfunktion des Personalmanagements, die den → Personaleinsatz unter quantitativen, qualitativen, zeitlichen und räumlichen Aspekten sichern soll. Strategische P. leitet aus der → Unternehmensstrategie personellen Ressourcenbedarf ab und löst Maßnahmen der → Personalbeschaffung bzw. der → Personalentwicklung aus. In der operativen P. wird der für die betriebliche Leistungserstellung erforderliche Personalsollbestand einschließlich des Ersatz-, und Zusatzbedarfs fortgeschrieben. Der → Business Plan einer → Unternehmensgründung sollte personelle Planeckwerte enthalten. Erfahrungen und Analogieschlüsse erleichtern später die Bedarfsschätzung. Planungssicherheit ist gegeben, wenn zwischen Kennziffern (z.B. Produktivität, Anzahl der Kunden) und dem Personalbedarf eine stabile Beziehung besteht.

Personalwirtschaft, die betriebswirtschaftliche Betrachtung der Humanressourcen, umfasst Personalkostenplanung und → Controlling im vorgegebenen finanzwirtschaftlichen Rahmen, die Entgeltpolitik und die Arbeitszeitwirtschaft. Außerhalb tarifvertraglicher Bindungen ist die Gestaltung einer variablen, ergebnis- und leistungsorientierten → Vergütung und von Zusatzleistungen mit positivem steuerlichen Effekt durch Gehaltsumwandlung (Kantine, Auto, Altersversorgung) zentrales Handlungsfeld. Die Umwandlung von Gehaltsbestandteilen in Unternehmensanteile (Earn-Out) ist ein Modell für die → Unternehmensgründung und die → Unternehmensnachfolge. → Arbeitszeitkonten tragen zum flexiblen und bedarfsgerechten → Personaleinsatz und flexiblen Ruhestandslösungen bei.

Personengesellschaft. 1. *Begriff und Merkmale:* P. sind dadurch gekennzeichnet, dass die Person der → Gesellschafter im Vordergrund steht. Daher sind Personengesellschaften nicht selbst rechtsfähig, sie nehmen aber als Gesellschaften am Rechtsverkehr teil (z.B. § 124 HGB). Zu den P. gehören die → Gesellschaft bürgerlichen Rechts (GbR), die → Offene Handelsgesellschaft (OHG), die → Kommanditgesellschaft (KG), die → stille Gesellschaft, die Europäische Wirtschaftliche Interessenvereinigung (EWIV) und die Partnergesellschaft (PartG). – 2. *Entstehung:* P. entstehen mit dem Abschluss des → Gesellschaftsvertrages, in dem sich die Gesellschafter einigen, dass sie sich zur Verfolgung eines gemeinsamen Zwecks zusammenschließen. Ist der gemeinsame Zweck auf den Betrieb eines Handelsgewerbes gerichtet, entsteht eine Personenhandelsgesellschaft nach dem HGB.

Pfaddeterminiertheit, → Ressourcen.

Piggy-back. Der Begriff wird vor allem in US-amerikanischen Recht verwendet. Vertragliches Recht, welches es demjenigen, zu dessen Gunsten dieses Recht vorgesehen ist, ermöglicht, dass seine → Aktien in die Ausgabe von Aktien der Gesellschaft an der → Börse vorrangig mit einbezogen werden.

Pionier. 1. *Begriff:* Der P. ist im Sinne von Schumpeter's dynamischem → Unternehmer jemand, der neue Kombinationen von Produktionsfaktoren einführt und am Markt durchsetzt. Ein herausragendes Merkmal von P. ist → Kreativität, aber auch Durchsetzungsfähigkeit und Eigeninitiative. – 2. *Merkmale:* Der P. wird in der Wirtschaftstheorie und Innovationsforschung als wichtiger Träger des Innovations- und Wachstumsprozesses verstanden. Er zeichnet sich durch seine Fähigkeit aus, Neues (z.B. Märkte, Produkte und → Dienstleistungen, Organisationsstruktur) nicht nur zu erkennen, sondern auch erfolgreich umzusetzen. Die Umsetzung erfolgt z.B. über Produkt- oder Prozessinnovationen oder die Erschließung neuer Märkte. – 3. *Abgrenzung:* Vom P. unterschieden wird der Routinier. – *Vgl. auch* → Innovation. – *Vgl. Abb.* „Pionier, Vor- und Nachteile".

Plan-Gewinn- und Verlustrechnung, → Rentabilitätsplanung.

Planspiel, zumeist computerbasiertes System anhand dessen Sachverhalte simuliert werden können. Die virtuelle Darstellung komplexer Sachverhalte im Rahmen von quasi-realen Planungs- und Entscheidungssituationen innerhalb eines geschützten Raumes ermöglicht die Veranschaulichung von Handlungssituationen. Durch dieses experimentelle Lernen wird das vernetzte Denken gefördert. Die Simulation zwischen Theorie und Praxis bietet insbesondere in der Vorphase einer → Existenzgründung große Potenziale. Zum einen werden die relevanten → Erfolgsfaktoren der → Gründung sowie

Pionier, Vor- und Nachteile

Pionier	Typische Vorteile	Typische Nachteile
Unternehmenspotential	Vorsprung auf der Kostenkurve	Kosten der Markterschließung, technologische Risiken, Imageproblem bei „falscher Qualität"
Kundenbeziehung	Aufbau von Firmen- und Markentreue, hohe Effizienz beim Einsatz der Marketing-Instrumente	Risiko falscher Einschätzung von Bedarf, Marktaufnahmegeschwindigkeit und Preisbereitschaft
Konkurrenzbeziehung	Temporäres Monopol, Erhöhung faktischer Markteintrittbarrieren, Setzten von Produkt- und Systemstandards	Risiko falscher Positionierung
Regulierungsbedingungen	Etablierung von Patent- und Lizenzschutz	Notwendigkeit der Durchsetzung neuer Standards

mögliche Konsequenzen von Entscheidungen im → Gründungsprozess transparent, zum anderen können im Falle eines multimedialen, inter caktiven P. weiche Faktoren wie z.B. Teamfähigkeit erprobt werden.

Planung, bezeichnet eine zukunftsbezogene und zielorientierte planerische Tätigkeit. P. bedeutet also das Treffen von Entscheidungen, die in die Zukunft gerichtet sind und durch die der betriebliche Prozessablauf im Unternehmen als Ganzes und in allen seinen Teilbereichen festgelegt wird. Das Merkmal der Zielorientiertheit ergibt sich zwangsläufig aus dem Wesen der P. Sie darf nie Selbstzweck sein, sondern sie ist das Mittel zur optimalen Erreichung der Unternehmensziele. Die Gesamtheit aller sach- und zeitorientierten Maßnahmen und Aktivitäten (Planungsphasen) innerhalb einer P. wird als Planungsprozess bezeichnet. Eine grobe Einteilung von Planungsphasen kann wie folgt dargestellt werden: (1) Informationsverarbeitung, (2) Maßnahmen- und Ressourcenplanung, (3) Entscheidung. – *Vgl. auch* → Unternehmensplanung, → Gründungsplanung.

Planungsprozess, → Planung.

Planungszyklus, Instrument zur → Absatzplanung und Prognose. Um einen wirkungsvollen P. aufzubauen, gilt die Beachtung von Gestaltungskriterien. Hierzu gehört u.a. die Trennung zwischen strategischer und operativer → Planung. Die strategische Planung dient dem Strukturieren und Hierarchisieren bspw. von Warengruppen. Zur Absatzprognose sollte in einem P. sowohl auf Verbrauchsdaten aus der → Logistik als auch auf die Markteinschätzung des → Vertriebs zurückgegriffen werden.

Planzahlen, im → Planungszyklus ermittelte Zahlen über den zukünftigen Geschäftsverlauf eines jungen Unternehmens. P. dienen einerseits unternehmensintern als → Controlling Instrument und unternehmensextern soweit sie publiziert werden als Hinweis für → Stakeholder über den Erfolg des Unternehmens. Ebenso werden die P. bspw. bei der Unternehmensbewertung und Schätzung des Emissionspreises hinzugezogen- die → Discounted Cash Flow-Methode basiert auf den P., die allerdings auf entsprechend realistischen Planprämissen aufbauen müssen. – *Vgl. auch* → Kennzahl, → Planung.

Platzierungsvertrag, → Emissionsvertrag.

Portfolio, die Menge aller Unternehmensbeteiligungen, die eine → Venture Capital-Gesellschaft hält. Ziel der Portfoliomischung (Portfolio-Mix) ist eine Streuung des Risikos auf verschiedene Branchen und → Finanzierungsphasen.

Portfolioanalyse. Der Begriff der P. stammt aus dem strategischen → Management und charakterisiert ein Instrument des Managements mit dem die verschiedenen Geschäftsfelder bzw. Produktfelder eines Unternehmens identifiziert und evaluiert werden. Aufgrund dieser Analyse können dann die vorhandenen → Ressourcen im Unternehmen aufgeteilt werden und Strategien analysiert werden. Die bekanntesten Portfoliomodelle sind die BCG-Matrix (Boston-Consulting-Group-Matrix) und die McKinsey-Matrix.

Portfoliounternehmen, Unternehmen in dem Investment-Portfolio einer → Venture Capital-Gesellschaft. Das Portfolio kann sich dabei auf eine bestimmte Branche bzw. –gruppe beziehen oder kann die Gesamtheit aller → Investitionen beinhalten.

Post Money Valuation, Wert eines Unternehmens unmittelbar nach (post) Abschluss einer → Finanzierungsrunde. Damit setzt sich der Unternehmenswert aus der → Pre Money Valuation zuzüglich des im Rahmen der soeben abgeschlossenen Finanzierungsrunde vereinbarten Kapitalzuflusses zusammen. – *Vgl. auch* → Unternehmensbewertung.

Präferenzordnung, → Pecking Order.

Pre-IPO-Finanzierung. Der Begriff P.-I.-F. stammt aus der Praxis und beschreibt die Zwischenfinanzierung vor dem → Initial Public Offering. Hierbei wird häufig eine Brücken-Finanzierung (→ Bridge Financing) als letzte Stufe der → Venture Capital-Finanzierung vor dem → Börsengang durchgeführt. Typischerweise erfolgt diese sechs bis zwölf Monate vor dem → IPO. – *Vgl. auch* → Unternehmensbewertung.

Preis, der beim Erwerb einer Ware oder → Dienstleistung zu zahlende Betrag. Aufgrund seiner monetären Bezugsgröße erfüllt der P. drei verschiedene Funktionen, die als Maßstab für Tauschgeschäfte dient. Zum einen hat der P. eine Koordinierungsfunktion: Die Haushalte und Unternehmen nutzen den P. um ihre individuellen Pläne aufeinander abzustimmen. Zum zweiten nimmt der P. eine Anreizfunktion ein: Je nach Höhe des P. werden Kunden zum Kauf animiert, Unternehmen zur Ausweitung der Produktion. Und zum dritten nimmt der P. eine Lenkungsfunktion indem der durch Angebot und → Nachfrage gebildete Gleichgewichtspreis gewährleistet, dass bei entsprechenden Annahmen die zu einem gegebenen Zeitpunkt vorhandenen Produktionsfaktoren (z.B. Arbeitskraft) dort eingesetzt werden, wo sie den größten Nutzen bringen (effiziente Allokation).

Preis-Absatz-Funktion, zeigt, wie sich der Verkauf (Absatz) eines Produkts in Abhängigkeit vom → Preis verändert. Bei hohem Preis können zwar hohe Gewinne, jedoch geringer Umsatz erzielt werden; bei niedrigem Preis lässt sich zwar hoher Umsatz erzielen, aber die Gewinnmarge ist klein. Die P.-A.-F. ist für ein bestimmtes Produkt real nicht bekannt. Keineswegs kann man grundsätzlich von einem linearen Verlauf ausgehen. In der Praxis tastet man sich an die Wirkung von Preisveränderungen durch Kundenbefragungen, Testverkäufe, Analogieschlüsse sowie aufwendige spezielle Marktforschungsmethoden (insbes. → Conjoint Analyse) heran.

Preisbildung. Verschiedene Methoden können zur P. angewendet werden; sie lassen sich in drei Gruppen einteilen: a) Nachfrageorientierte P.: Orientierung an der Bereitschaft der Kunden, einen bestimmten Preis zu zahlen. – b) Kostenorientierte P.: der Preis wird auf der Grundlage der Herstellungskosten eines Produkts sowie einem Overhead- und Gewinnzuschlag kalkuliert, sowie – c) Konkurrenzorientierte P.: Orientierung am Preis der Wettbewerber.

Preisdifferenzierung, *Preisdiskriminierung,* bezeichnet die Unterscheidung zwischen verschiedenen Kunden bei der Höhe der Preise gleichartiger Güter. Eine P. liegt immer dann vor, wenn ein Unternehmen Güter gleicher Art zu verschiedenen Preisen verkauft und sich die Preisunterschiede nicht oder nicht gänzlich durch Kostenunterschiede begründen lassen. Oft hängt die P. eng mit der Produktdifferenzierung zusammen. Man spricht dann noch so lange von echter P., wie die Preisunterschiede der verschiedenen Qualitätsstufen größer sind als die entsprechenden Kostenunterschiede. Man spricht von perfekter P., wenn es dem Anbieter gelingt von jedem Kunden genau den Preis zu verlangen, den er gerade noch bereit ist zu zahlen. Das Ziel der P. besteht darin, durch Bildung von Teilmärkten den Gewinn zu vergrößern.

Preisdiskriminierung, → Preisdifferenzierung.

Preiselastizität, *Nachfrageelastizität.* Die P. der → Nachfrage gibt an, wie stark sich eine Preisänderung eines Gutes oder einer → Dienstleistung auf die Nachfrage auswirkt. Sie gibt in erster Linie Aufschluss über die Reaktion potenzieller Käufer eines Produkts auf eine Preisänderung. Auf Unternehmensebene dient die P. vor allem dem → Marketing zur Einschätzung des Kundenverhaltens und dabei der Gestaltung einer strategischen → Preispolitik. Die Definition der P. ist die relative Mengenänderung dividiert durch die relative Preisänderung. Im Gegensatz zu operativen Preismaßnahmen, die beispielsweise dem kurzzeitigen Abverkauf von Saisonware oder der Führung von Wettbewerbsaktionen dienen, hat die Kenntnis der P. im Markt eine strategische Bedeutung. Es wird unter anderem erfasst, ab welchem Marktpreis eine Erhöhung der Preise die abgesetzte Menge so stark senkt, dass der Gesamtumsatz geringer ist als vor der Preiserhöhung. Auch für den Fall, dass der Absatz eines Produktes oder einer Dienstleistung hinter den Erwartungen zurückbleibt, kann man durch errechnen der P. bestimmen ob eine Preissenkung sinnvoll ist.

Preisfindung, findet im Vorfeld des Markteintritts statt und ist Bestandteil und Ergebnis der Preisstrategie. Zu unterscheiden sind die kosten-, abnehmer-, und wettbewerbsorientierte P. Die Obergrenze des zu ermittelnden → Preises ergibt sich aus der Preisbereitschaft der Konsumenten (abnehmerorientierte P.). Die natürliche Untergrenze ergibt sich aus den variablen → Kosten je produzierter Einheit (kurzfristige kostenorientierte P.). Die Festlegung des Verkaufpreises zwischen diesen Extremen hängt von der Preisstrategie ab.

Preisgestaltung, → Preispolitik.

Preis-Leistungs-Verhältnis, beschreibt die Bewertung des Produktes aus Sicht des Kunden bezüglich des Verhältnisses zwischen → Preis und → Qualität. Der Kunde sieht den Preis nicht isoliert, sondern trifft seine Kaufentscheidung typischerweise anhand einer an den Angeboten der Konkurrenz relativierte Abwägung von Nutzen und Preis. Das Ziel der Preis-Leistungs-Führerschaft, das bestmögliche Produkt zu einem günstigen Preis, tritt als dritte Strategievariante neben die Qualitätsführerschaft, verbunden mit hohen oder sogar den höchsten Preisen, und die Kostenführerschaft, die sich durch die absolut niedrigsten Preise auszeichnet.

Preis-Mengen-Strategie, beschreibt den klassischen Wettbewerb um den Kunden über den Preis (→ Preis-Absatz-Funktion) und bildet einen Gegenpol zur → Wettbewerbsstrategie über die → Qualität (Präferenzstrategie).

Preismodell. Für ein Produkt oder für eine → Dienstleistung muss das P. erstmalig gebildet werden, wenn ein Unternehmen ein Produkt neu entwickelt bzw. neu in sein Sortiment aufnimmt oder wenn laufende Produkte in einen neuen Markt

Preismodell, Preisstrategien bei Innovationen

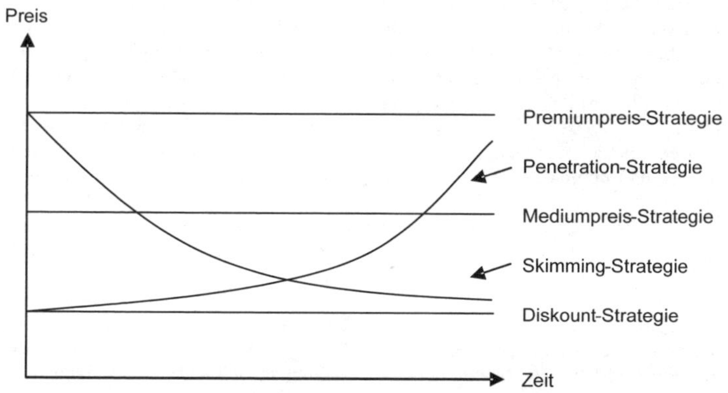

eingeführt werden, z.B. in einen Auslandsmarkt, oder über einen neuen → Absatzweg einführt werden. Dabei spielen strategische Zielsetzungen der → Preispolitik, wie beispielsweise die Gewinnmaximierung, die Umsatzmaximierung, aber auch die Verdrängung von Mitbewerbern, die maximale Marktabschöpfung und die Auslastung der Kapazitäten eine große Rolle bei der Gestaltung des P.

Preispolitik. 1. *Begriff:* P. umfasst als Teilbereich des → Marketing-Mix alle Maßnahmen zur erstmaligen Bestimmung bzw. Beeinflussung von → Preisen für Produkte und → Dienstleistungen. P. ist Bestandteil der Entgeltpolitik, in der alle absatzpolitischen Instrumente zur Bestimmung und Durchsetzung der monetären Gegenleistungen der Käufer vereint sind. Unter Einbeziehung der Liefer- und Zahlungskonditionen wird P. zur Preis- und Konditionenpolitik. Da diese nicht unabhängig von dem betreffenden Produkt bzw. der Leistung bestimmt werden, umfasst P. letztlich alle Aktivitäten zur Suche, Auswahl und Durchsetzung von → Preis-Leistungs-Verhältnisses. Im weiteren Sinne sind P. und Preismanagement Synonyme. – 2. *Grundlagen:* a) P. basiert zunächst auf Ergebnissen der → Marktforschung. Wichtig ist hier vor allem die Operationalisierung der Marktreaktionsfunktion, die eine funktionale Beziehung zwischen der Absatzmenge eines Produkts bzw. einer Dienstleistung einerseits und den internen Gestaltungsparametern (v.a. den übrigen Marketinginstrumenten) sowie externen Einflussfaktoren andererseits herstellt. – b) P. greift weiterhin auf Modelle der Preistheorie zurück, die wissenschaftliche Aussagensysteme zur Erklärung und optimalen Festlegung von Preisen liefert. Die für die Preistheorie zentralen → Preis-Absatz-Funktionen sind spezifische Marktreaktionsfunktionen zwischen der unabhängigen Variablen „Preis“ und der abhängigen Variablen „Absatzmenge“. Die preistheoretischen Ansätze unterscheiden sich z.B. in der Marktform (→ Monopol, Dyopol, höheres Oligopol, vollständige Konkurrenz), im Zeitbezug (einperiodiges, mehrperiodiges Modell) und in der Erfassung zeitlich-vertikaler Interdependenzen (statisches, dynamisches Modell). Sie bergen jedoch allesamt das Problem der Übertragbarkeit der mit ihnen gewonnenen Lösungen auf praktische Problemstellungen. Die Erhebung und Validierung von Preis-Absatz-Funktionen ist Gegenstand der empirisch orientierten Preistheorie. – c) P. beruht zudem auf Erkenntnissen der verhaltenswissenschaftlichen Forschung („Preisverhalten“). Hierbei geht es um die Einbeziehung verhaltenstheoretischer Modelle in die → Preisbildung und → Preisfindung. Zu unterscheiden sind hier (1) aktivierende Prozesse (Preiserlebnisse, Preisinteressen),(2) kognitive Prozesse (Preiswahrnehmung, Preislernen, Preiskenntnisse, Preisbeurteilung) und (3) Preisintentionen (Preisbereitschaft, Preispräferenzen, Preiszufriedenheit, Preisvertrauen). – 3. *Aufgaben:* a) Auf strategischer Ebene stellt sich die Wahl zwischen verschiedenen → Preisstrategien als langfristige, ganzheitliche und aggregierte Handlungskonzepte im Rahmen der P. – b) Im operativen Bereich stellen sich die Aufgaben der konkreten Preisfindung (bei neuen Produkten und Leistungen) und Preisveränderung bzw. Preisvariation einschließlich zeitlicher Aspekte (Preistiming), der → Preisdifferenzierung, der Preislinienpolitik und der Preisdurchsetzung. Zur Beantwortung aller dieser Fragen stellt die P. methodische und konzeptionelle Entscheidungshilfen bereit. – 4. *Instrumente zur Preisbildung bei Innovationen:* Gerade neu gegründete Unternehmen haben die erfolgreiche Vermarktung von neuen Produkten bzw. Leistungen zum Ziel. Damit stellt die P. bei → Innovationen ein zentrales Problem im Rahmen von Neugründungen dar. Auch hier sind strategische und operative Aspekte zu trennen: a) Im Bereich der Preisstrategie ist in Abhängigkeit der angebotenen Leistung zwischen einer Premium-, Medium- und Discountpreis-Strategie zu unterscheiden. Unter Berücksichtigung zeitlicher Preisveränderungen stellt sich die Wahl zwischen der Penetration- und Skimmingstrategie. – b) Gegenstand der operativen P. ist zunächst die Bestimmung des Einführungspreises unter Berücksichtigung des Innovationsgrades, welcher maßgeblich den preispolitischen Spielraum determiniert. Bei statischer Betrachtung helfen kostenorientierte Verfahren (Preiskalkulation auf Vollkostenbasis bzw. Target Return Pricing) bei der Identifikation kurz- und mittelfristiger Preisuntergrenzen, vernachlässigen jedoch die Preisbereitschaft der potenziellen Kunden. Um diese zu ermitteln, empfiehlt sich die → Conjoint-Analyse, die allerdings bei radikalen Innovationen, die von den Kunden (noch) nicht eingeschätzt werden können, ihre Grenzen findet. In diesen Fällen verbleiben meist nur qualitative Verfahren, z.B. die Preisassoziation. Marktorientierte Optimierungsmodelle, die auf preistheoretischen Ansätzen beruhen, scheinen für die Situation neugegründeter Unternehmen weniger geeignet zu sein. – *Vgl. Abb.* „Preismodell, Preisstrategien bei Innovationen".

Prof. Dr. Kai-Ingo Voigt

Literatur:
Diller, H.: Preispolitik, 3. Aufl., Stuttgart 2000; Jacob, H., Preispolitik, 2. Aufl., Wiesbaden 1971; *Simon, H.:* Preismanagement, 2. Aufl., Wiesbaden 1992; *Voigt, K.-I.:* Preisbildung für neue Produkte und Dienstleistungen, in: Diller, H./Herrmann, A. (Hrsg.): Handbuch Preispolitik, Wiesbaden 2003, S. 691-718.

Preisstrategie. Mit Hilfe der P. definiert ein Unternehmen, wie es sein Produkt am Markt zwischen den Angeboten der Wettbewerber innerhalb der Preis-Leistungsmatrix positioniert (z.B. Preis-Leistungs-Führerschaft). Die P. ist ein wichtiger Bestandteil der langfristigen Überlegungen zur Formulierung eines plausiblen und gewinnversprechenden → Geschäftsmodells. Produkte, die im Sinne einer Differenzierungsstrategie sich durch einen hohen Zusatznutzen von den Wettbewerbern abheben, können am Markt höhere Preise erzielen. Bei der Festlegung der P. ist auch das mit dem Produkt verbundene → (Marken-)Image, das langfristigen Charakter hat, zu berücksichtigen. Eine besondere P. kann die Einführung von innovativen Produkten zu einem hohen Preis (verbunden mit dem Ziel der Abschöpfung von Pioniergewinnen) und die anschließende, gezielte Senkung des Preises zur Verteidigung des Marktanteils gegenüber Imitatoren sein. Das Gegenstück zur Abschöpfungsstrategie ist die Penetrationsstrategie, bei der mit relativ niedrigen Einführungspreisen schnell ein möglichst hoher → Marktanteil erreicht wird. – *Vgl. auch* → Preispolitik und Abb. „Preismodell, Preisstrategien bei Innovationen".

Premiumstrategien, *Premienpreisstrategien.* Als P. werden nach dem Neun-Strategien-Modell von Kotler diejenigen → Strategien bezeichnet, bei denen Produkte zu einem hohen → Preis angeboten werden. Entsprechend werden bei Mittelfeldstrategien durchschnittliche → Qualitäten zu durchschnittlichen Preisen angeboten und bei Billigwarenstrategien niedere Qualitäten zu niedrigen Preisen.

Pre Money Valuation, Wert eines Unternehmens unmittelbar vor (pre) Abschluss einer neuen Finanzierungsrunde und dem dadurch zufließenden Kapital. Dieser Wert kann nach ganz unterschiedlichen Methoden ermittelt werden, etwa nach der → Discounted Cash Flow-Methode, der → Economic Value Added-Methode oder durch Comparable Company-/Peer Group-Analyse, die Multiplikatoren für Umsatz-, Ergebnis- oder Mitarbeiterzahlen liefert.

Price-Earnings-Ratio, → Kurs-Gewinn-Verhältnis.

Prinzipal-Agenten-Theorie, ökonomischer Theorieansatz zur Analyse der Probleme unvollständig spezifizierter Beziehungen zwischen Auftraggeber (Prinzipal) und Auftragnehmer (Agent). Der Ansatz geht von der Annahme aus, dass der Prinzipal unvollständig über die Eigenschaften, Absichten bzw. Handlungen des Agenten informiert ist. Es werden verschiedene Formen einer solchen → Informationsasymmetrie behandelt, die jeweils zu bestimmten Problemen bzw. Formen eines → Marktversagens führen können. Dabei handelt es sich um: verborgene Handlungen (→ Hidden Action) mit der Gefahr des moralischen Risikos (→ Moral Hazard); verborgene Informationen (→ Hidden Information) und verborgene Eigenschaften (→ Hidden Characteristics) können zu adverser Auslese führen; verborgene Absichten (→ Hidden Intention) sind u.U. mit Problemen eines → Hold up verbunden.

Private Company Limited by Shares, → Limited.

Private Debt. 1. *Begriff:* Als P.D. werden Fremdmittel zur → Unternehmensfinanzierung bezeichnet, die vorwiegend von institutionellen Investoren, i.d.R. außerhalb des Bankensektors, als → Direktfinanzierungen oder fondsbasierte → Finanzierungen etablierten, mittelgroßen Unternehmen befristet (fünf bis zehn Jahre) zur Verfügung gestellt werden. Es handelt sich dabei um privat platzierte (erst- und nachrangige) → Fremdkapital- und → Mezzanine-Kapital-Finanzierungen, die eine geringe → Sekundärmarktliquidität aufweisen. Entsprechend der → Bonität des P.D.-Nehmers wird dem Unternehmen beziehungsweise der P.D.-Finanzierungen im Regelfall ein → Rating im Sub-Investment-Grade-Bereich zugeteilt. – 2. *Merkmale:* a) Bei P.D.-Finanzierungen handelt es sich um Fremdkapital- oder Mezzanine-Kapital-Finanzierungen. Mezzanine P.D.-Finanzierungen sind i.d.R. fremdkapitalnah (→ Debt Mazzanine). Bedeutender Bestandteil eines großen Anteils von P.D.-Finanzierungen sind erfolgsabhängige Vergütungselemente (→ Interest Kicker, → Equity Kicker) für die Investoren. Eigenkapitalnahe Mezzanine Finanzierungen (Equity Mezzanine) sind bei P.D. weitgehend ausgeschlossen. Erstrangige Kreditfinanzierungen werden nur im Ausnahmefall vergeben. Die Kosten von P.D.-Finanzierungen bewegen sich zwischen denen eines → Bankkredits und → Private Equity, d.h. sie liegen zwischen acht bis 18%. Dabei ist zur berücksichtigen, dass in vielen Fällen nur einer kleiner Teil der Zinsen während der Kreditlaufzeit ausbezahlt („Cash") wird, während der Restteil häufig durch Thesaurierungen bzw. endfällige Zinszahlungen abgedeckt wird. – b) P.D.-Finanzierungen können direkt zwischen Investor und Unternehmen stattfinden oder aber über zwischengeschaltete Fonds, ähnlich → Private Equity-Finanzierungen, abgewickelt werden. In beiden Fällen besteht die Möglichkeit, die mit der Finanzierung verbundenen Rechte und Pflichten in Form von Wertpapieren zu verbriefen oder in einem schuldrechtlichen Vertrag zu fixieren. – c) P.D.-Finanzierungen weisen eine geringe Sekundärmarktliquidität auf, d.h. ein Handel der Finanzierungstitel ist im Regelfall nicht möglich. Da darüber hinaus nur eine geringe Zahl von Investoren angesprochen ist, spricht man auch von → Privatplatzierungen. Ein organisierter, anonymer Markt (→ Public Market) existiert nicht. Allerdings ist in Einzelfällen auch auf privaten, illiquiden Märkten (→ Private Market) ein Kauf oder Verkauf der Titel möglich. Instrumente: P.D. ist weder Kapitalform noch Finanzierungsinstrument, sondern eine Finanzierungsform. Da es sich um maßgeschneiderte, strukturierte Finanzierungslösungen handelt, ist eine unternehmensindividuelle Kombination und Ausgestaltung der Finanzierungsvereinbarung (Rangfolge, Besicherung, erfolgsabhängige Vergütung, Fristen etc.) möglich. Grundlage einer P.D.-Finanzierung ist i.d.R. eine Kreditfinanzierung. Im Speziellen können auch → Zerobonds, → High-Yield-Anleihen oder → Wandelanleihen zur Anwendung kommen. – 3. *Voraussetzungen:* P.D.-Finanzierungen sind i.d.R. nur dann möglich, wenn das Unternehmen eine gewisse Unternehmenshistorie vorweisen kann. Da es sich um Fremdkapital-Finanzierungen oder im Fall von mezzaninem P.D. fremdkapitalbasierte Finanzierungen handelt, muss das Unternehmen nachhaltig positive → Cash Flows aufweisen. Die „Credit Story" des Unternehmens muss durch ein Rating einer unabhängigen, anerkannten internationalen Ratingagentur bestätigt sein, wobei das Ratingurteil nicht öffentlich gemacht wird (→ Shadow Rating). Sowohl das Unternehmen als auch die Finanzierungstransaktion müssen unter transaktionskostentheoretischen Überlegungen ein bestimmtes Finanzierungsvolumen aufweisen (Mindestkreditbetrag ca. 15 Mio. Euro). Das → Management des zu finanzierenden Unternehmens muss dazu bereit sein, umfassende Informationsrechte an den Investor abzutreten und einem Katalog zustimmungspflichtiger Geschäft zuzustimmen (unter Umständen auch Stimm- und Vetorechte für den Investor). Von Vorteil ist eine gleichzeitig stattfindende externe Eigenkapitalfinanzierung beim Unternehmen, da dies zusätzliche Sicherheit beim Fremdkapitalgeber schafft und die Werthaltigkeit des Unternehmens widerspiegelt.

Prof. Dr. Dr. Ann-Kristin Achleitner

Literatur:

Achleitner, A.-K./von Einem, C./von Schröder, B. (Hrsg.): Private Debt – alternative Finanzierung für den Mittelstand, Stuttgart 2004; *Carey, M./Prowse, S./Rea, J./Udell, G.:* The economics of the private placement market, Washington 1993; *Denis, D./Mihov, V.:* The choice among bank debt, non-bank private debt, and public debt: evidence from new corporate borrowings, in: Journal of Financial Economics, Nr. 1, Jg. 70 (2003), S. 3-28; *Wahl, S.:* Private Debt, Sternenfels 2004.

Private Equity, Form des Beteiligungskapitals. P.E. bezeichnet Mittel, die zur → Finanzierung von Unternehmen außerhalb von Wertpapierbörsen verwendet werden. *Gegensatz:* → Public Equity. Kennzeichnend ist weiter, dass die Mittel als → Eigenkapital gegeben werden. Der Financier erwirbt dadurch eine Beteiligung am Unternehmen. P.E. kann für verschiedene Finanzierungsanlässe eingesetzt werden. Strittig ist dabei die Abgrenzung zum Begriff → Venture Capital. Dieser wird zum einen als Untermenge von P.E. verstanden. Andererseits werden beide Begriffe als separate Beteiligungsformen aufgefasst. Dabei bezeichnet Venture Capital die Finanzierung von → Unternehmensgründungen und gründungsnahen Wachstumsschritten und P.E. die Finanzierung aller anderen Beteiligungsanlässe, insbesondere solcher in der → Late Stage.

Private Market, → Private Equity, → Kapitalmarkt.

Privatisierung, beschreibt: a) Die Umwandlung einer öffentlichen Einrichtung in ein Unternehmen mit privater Rechtsform (Beispiel: Die Deutsche Bundesbahn wird zur Deutsche Bahn AG); – b) Der Verkauf von Anteilen, meist über die → Börse, des Staates an ein privatrechtliches Unternehmen (Beispiel: Freistaat Bayern und VIAG AG); – c) Die Übertragung von Aufgaben, die bisher von staatlichen Einrichtungen erfüllt wurden, auf private Unternehmen (Beispiel: Bau und Betrieb einer Autobahn).

Produktenwicklung, Vorgang, den ein Produkt von der Idee bis zum verkaufsfähigen Angebot nimmt. Die Beschreibung der P. kann je nach den zu entwickelnden Produkten und die an der P. beteiligten Abteilungen und Personen (Programmierer, Designer, Tester) unterschiedlich verlaufen. Zudem unterscheidet man in der P. zwischen Neuentwicklung, Entwicklung neuer Varianten und Anpassungen.

Produktidee. 1. *Begriff:* Die P. ist ein Konzept für ein Produkt, das ein Unternehmen herstellen will. Eine P. ist Voraussetzung für jede unternehmerische Aktivität, wobei nicht jede P. auch tatsächlich realisiert wird. Ausgangspunkt des → Produktlebenszyklus ist eine neue P. – 2. *Merkmale:* P. unterscheiden sich stark im Hinblick auf ihre Innovativität, technische

Umsetzbarkeit und ihr → Marktpotenzial. Eine Erfolg versprechende P. ist dadurch gekennzeichnet, dass sie ein Kundenbedürfnis deckt, sie technisch realisierbar ist und zum richtigen Zeitpunkt umgesetzt wird. – 3. Im Unterschied zur → Innovation muss eine P. nicht unbedingt neu sein. Auch eine bereits eingeführte P. kann eine gute Basis für eine → Unternehmensgründung darstellen. Der Grossteil aller Unternehmensgründungen erfolgt auf Basis von P., die nicht neu sind und bereits von anderen Anbietern umgesetzt worden sind. Zwar besteht bei der Imitation bestehender P. nicht mehr die Möglichkeit, Monopolgewinne zu erzielen, wie dies bei Innovatoren anfänglich der Fall ist. Dafür kann allerdings aus dem Verhalten von → Produktinnovatoren gelernt und hierdurch Fehler vermieden werden. Die Entrepreneurship-Forschung zeigt, dass eine gute P. nicht per se den Schlüssel zum Erfolg darstellt. Erst die gelungene Umsetzung einer P. und die Schaffung eines funktionierenden Unternehmens führen zu unternehmerischem Erfolg. Üblicherweise wird empfohlen, eine neue P. vor deren Umsetzung gründlich zu prüfen und das Vorgehen bei der Umsetzung zu planen, z.B. in Form eines → Business Plans. P. können auf unterschiedliche Weise generiert werden. Bei bestehenden Unternehmen können unternehmensinterne und -externe Quellen zur Suche nach P. genutzt werden. Im technischen Bereich sind neue P. meist das Resultat von mehr oder weniger umfangreichen Aktivitäten in → Forschung und Entwicklung. Es gibt Kreativitätstechniken zur Ideengewinnung, wie z.B. Brainstorming-Methoden, Delphi-Techniken und morphologische Verfahren. Viele Gründer und Unternehmer gewinnen ihre P. allerdings nicht durch solche Verfahren, sondern situativ und ungesteuert. Durch die bewusste oder unbewusste Distanzierung von einem Problem oder Sachverhalt ist es oft leichter, neue oder offensichtliche Aspekte zu erkennen, die bei einer zu starken Fokussierung nicht erkannt werden. Dies erklärt, warum viele P. nicht durch strukturierte Kreativtechniken sondern außerhalb des Unternehmens beim Hobby, Sport oder sonstigen Freizeitaktivitäten entstehen. Ein Unternehmen wird meist in der Branche gegründet, in der die oder der Gründer bereits vorher gearbeitet haben. Berufliche Erfahrungen und Kenntnisse sind in vielen Branchen Voraussetzungen für die Generierung einer P. und deren erfolgreiche Umsetzung. Eine Gründung erfolgt meist auf der Basis einer einzigen P. Hieraus können Probleme entstehen, da die Beschränkung auf ein Produkt ein Klumpenrisiko in sich birgt. Eine Diversifikation des Leistungsangebots sollte angestrebt werden.

Prof. Dr. Urs Fueglistaller

Literatur:
Fueglistaller, U./Müller, C./Volery, T.: Entrepreneurship – Modelle, Umsetzung, Perspektiven. Mit Fallbeispielen aus Deutschland, Österreich und der Schweiz, Wiesbaden 2004. *Faltin, G./Ripsas, G./Zimmer, J.:* Entrepreneurship – Wie aus Ideen Unternehmen werden, München 1998.

Produktinnovator, Unternehmen oder Unternehmer, das oder der eine Produktinnovation am Markt einführt. Produktinnovationen sind → Innovationen, die das Leistungsangebot eines Unternehmens betreffen und damit Teil der → Produktpolitik sind. Unternehmen treten als P. auf, wenn sie Produkte anbieten, die es in dieser Form noch nicht auf dem Markt gibt. Im Unterschied zu Innovatoren bieten Imitatoren Produkte oder → Dienstleistungen an, die es bereits auf dem Markt gibt.

Produktion, *Fertigung, Herstellung, Leistungserstellung.* 1. *Begriff:* P. ist jede Kombination von vorhandenen Gütern und deren Transformation zu neuen Gütern. – 2. *Merkmale:* Der Produktionsbegriff bezieht sich auf jedes ökonomische Gut im weitesten Sinne, das erstens zur Befriedigung von Bedürfnissen dient und sich zweitens – relativ zu den vorhandenen oder latenten Bedürfnissen – als knapp erweist. Daher befasst sich das moderne Produktionsverständnis sowohl mit der Herstellung von Sachgütern (z.B. „klassische“ Industriebranchen) als auch mit der Erbringung von Dienstleistungen (z.B. P. von Gesundheits- und Beratungsleistungen). Hinter der „Kombination vorhandener Güter“ verbirgt sich die traditionelle Analyse von Faktorkombinationen und Produktionsfunktionen (Gutenberg-Schule). Mit der „Transformation zu neuen Gütern“ werden hingegen „modernere“ Aspekte wie z.B. des Prozessmanagements und der Aktivitätsanalyse angesprochen. – 3. *Ziele:* Produktionswirtschaftliche Ziele unterscheiden sich zunächst nicht von etablierten Erfolgszielen der entscheidungsorientierten Allgemeinen Betriebswirtschaftslehre, wie etwa der Maximierung von Renditegrößen, Gewinn und Deckungsbeitrag oder der Minimierung von → Kosten (→ Kostenminimierung). Bilanz- und Kapitalmarktorientierte Ziele spielen hingegen im Produktionsbereich keine Rolle, weil vornehmlich die verursachungsgerechte Beurteilung der Konsequenzen von Produktionsentscheidungen interessiert und nicht die Darstellung oder Wahrnehmung solcher Entscheidungskonsequenzen für bzw. durch Dritte. Allerdings bereitet es große Schwierigkeiten, innerhalb des Produktionsbereichs – d.h. zumeist weit entfernt von Beschaffungs- und Absatzschnittstellen zu Märkten – Entscheidungskonsequenzen verursachungsgerecht monetär zu bewerten. Daher werden im Produktionsbereich oftmals nicht-monetäre Ersatzziele verfolgt, wie z.B. die Minimierung von Auftragsdurchlaufzeiten, die Maximierung der Liefertermineinhaltung, die Minimierung der Lagerbestände und die Maximierung der Kapazitätsauslastung (oder inhaltlich entsprechende Satisfizierungsziele ohne Minimierungs- bzw. Maximierungsanspruch). Hinsichtlich dieser Ersatzziele wird i.d.R. unterstellt, dass sie in einem Mittel-Zweck-Verhältnis zu den o.a. Erfolgszielen stehen; doch verhalten sich die Zielbeziehungen oftmals sehr komplex und zum Teil auch gegenläufig. – 4. *Instrumente:* a) Strategisches Produktionsmanagement zum Aufbau, zur Sicherung und – selten – zum Abbau von Erfolgspotenzialen (Auswahl): Die Instrumente überschneiden sich erheblich mit ähnlichen Instrumenten aus den Bereichen → Marketing und Absatz. Dazu gehören insbesondere Instrumente zur Gestaltung von Wettbewerbsstrategien (z.B. Kostenführer-, Differenzierungs- versus Nischenstrategien) einschließlich zugehöriger Technologie-, Konkurrenz- und – im Produktionsbereich weniger bedeutsam – Kundenanalysen. Als besonders produktionsnah erweisen sich → Strategien wie Lean Production, Agile Manufacturing, Holonic Manufacturing, Fraktale Fabrik und Total Quality Management. Eine weitere Domäne des strategischen Produktionsmanagements bilden Innovationsstrategien mit Instrumenten z.B. für die Zusammensetzung von Technologie-Portfolios, für die Analyse der Vorteilhaftigkeit von First-Mover- versus Follower-Positionen sowie für Patent- und Lizenzpolitiken. Schließlich gewinnen in jüngerer Zeit Instrumente zur Analyse und Gestaltung von → Kernkompetenzen stark zunehmende Beachtung, wie etwa Kernkompetenz-Portfolios sowie die Verknüpfung von Wettbewerbs- und Innovationsstrategien mit dem kompetenzorientierten → Resource-based View der Allgemeinen Betriebswirtschaftslehre. – b) Taktisches Produktionsmanagement zum Aufbau, zur Sicherung und selten auch zum Abbau von Produktionspotenzialen (Auswahl): Im Vordergrund stehen Instrumente, welche die technische Produktionsfähigkeit betreffen. Dazu gehören Modelle und Verfahren der Standortwahl (→ Standort), der Layoutplanung für Fabriken und sonstige Betriebsstätten (einschließlich Dienstleistungserbringung, wie z.B. in Arztpraxen), des Anlagen- und Instandhaltungsmanagements sowie der Qualitätssicherung (wie z.B. der Auditierung und Zertifizierung nach DIN EN ISO 9001:2000). – c) Operatives Produktionsmanagement zur Gestaltung von Produktionsprozessen in bestehenden Produktionssystemen (Auswahl): Die Instrumente folgen weit gehend der „Sachlogik“ eines hierarchisch-sequenziellen Planungsablaufs, wie er in computergestützten Produktionsplanungs- und -steuerungssystemen (PPS-Systemen) implementiert ist. Dazu gehören die Planung des Produktionsprogramms, des Materialbedarfs (Stücklistenauflösung und Rezepturen), der Materialbereitstellung (einschließlich der Entscheidung über Eigenerstellung oder Fremdbezug) sowie der Prozesskoordinierung (Planung, Steuerung und Überwachung von Produktionsprozessen. – *Vgl. auch* → Produktionsablauf.

Prof. Dr. Stephan Zelewski

Literatur:
Bloech, J./Bogaschewsky, R./Götze, U./Roland, F.: Einführung in die Produktion, 5. Aufl., Heidelberg 2004; *Corsten, H.:* Produktionswirtschaft, 10. Aufl., München, Wien 2004; *Corsten, H.* (Hrsg.): Handbuch Produktionsmanagement, Wiesbaden 1994; *Kern, W./Schröder, H.-H./Weber, J.* (Hrsg.): Handwörterbuch der Produktionswirtschaft, 2. Aufl., Stuttgart 1996.

Produktionsablauf. 1. *Begriff:* Unter dem P. werden zumindest drei Aspekte zusammengefasst: a) die generellen Regelungen, die in einem Produktionssystem für die Durchführung von Produktionsprozessen aufgestellt werden (Ablauf- oder Prozessorganisation); – b) die → Planung, Steuerung und Überwachung von Produktionsprozessen (Prozesskoordinierung); – c) die konkrete Durchführung von Produktionsprozessen in einem Produktionssystem (Prozessrealisierung). – 2. *Merkmale:* Die Prozessorganisation wird nach Kern auch als „Vorkombination“ bezeichnet, da sie der „eigentlichen“ Prozessrealisierung – der so genannten „Endkombination“ (von Produktionsfaktoren) – sowohl zeitlich als auch planungslogisch vorausgeht. Durch die Prozessorganisation geht der Produzent im Allgemeinen langfristig wirksame Investitionsentscheidungen ein, indem er beispielsweise über das Layout der räumlichen Anordnung von Betriebsmitteln und hiermit auch über den Organisationstyp der Produktion (z.B. Werkstatt- versus Fließ- versus Gruppenproduktion) disponiert. Kurzfristig wirksame Entscheidungen erfolgen dagegen im Rahmen der Prozesskoordinierung hinsichtlich der Zuordnung von Produktionsaufträgen zu Betriebsmitteln, Arbeitskräften und Zeitintervallen. Dieses vierdimensionale Zuordnungsproblem stellt eins der komplexesten betriebswirtschaftlichen Planungsprobleme dar („Scheduling-Probleme“). Es lässt sich in der betrieblichen Praxis i.d.R. nur computergestützt lösen: z.B. mit der Hilfe von Produktionsplanungs- und -steuerungssystemen und Leitstandsystemen.

Produktionsfaktoren, → Ressourcen.

Produktionsplanung. 1. *Begriff:* Die P. umfasst die Gesamtheit aller Tätigkeiten zur Vorbereitung, Durchführung und Kontrolle der Leistungserstellung. Sie bezieht sich sowohl auf die Erstellung von Sach- als auch von Dienstleistungen. – 2. *Durchführung:* Auf Basis geplanter Absatzmengen und/oder bereits erhaltener Aufträge wird das Produktionsvolumen festgesetzt. Darauf aufbauend werden die zur Leistungserstellung erforderlichen → Produktionsfaktoren identifiziert und entsprechende Kapazitäten belegt. – 3. *Ziele:* Die P. dient dazu, den Fertigungsprozess zu steuern und zu optimieren. Dabei wird vor allem auf die → Effizienz abgestellt. Zur Produktionsplanung gehören eine langfristige Betriebsmittel- und Personalkapazitätsplanung sowie eine → Finanzplanung. Der Einbezug von Informationen aus der → Logistik fließt bspw. in Form von Materialbeschaffungs- oder Lagerbestandsdaten mit ein. Die P. dient dazu, diese Informationen zu einem optimierten Produktionsprogramm zu verdichten. – 4. *Besonderheiten:* Die P. erfolgt zu wesentlichen Teilen computerunterstützt. Vor allem moderne Produktionsplanungs- und -steuerungssysteme haben sich diesbezüglich als leistungsfähig erwiesen.

Produktlebenszyklus, Instrument des strategischen → Managements. – 1. *Begriff:* Absatz-, Umsatz- oder Gewinnentwicklung eines Produktes in der Zeitspanne, in der es sich am Markt befindet. – 2. *Bezugsgrößen:* Objekte von Lebenszyklusmodellen können neben Produkten bzw. Marken auch Produktgruppen und Produktfelder/Märkte sein. Der Marktzyklus dient der Abschätzung des Marktpotenzials. Er umschließt die Lebenszyklen mehrerer Produktgruppen, die sich wiederum in Zyklen für einzelne Produkte unterteilen. – 3. *Hypothese:* Absatzentwicklungen von Produkten laufen unabhängig vom Produkttyp nach einem weitgehend festen Schema ab, das mit Unterschieden in der individuellen Innovationsbereitschaft, der Informationsdiffusion, dem technischen und modischen Wandel, verzögerten Marketingwirkungen sowie mit typischen Änderungen der Marktverhältnisse in der Zeit erklärt wird. – 4. *Anwendungsfelder:* a) Ableitung von Strategien aufgrund der P.-Position. – b) Instrument zur Prognose von Absatzverläufen. – c) Instrument zur Bestimmung des Altersprofils des Produktionsprogramms. – 5. *Phasenmodelle:* In der Literatur existieren unterschiedliche Modelle hinsichtlich der Anzahl und der zeitlichen Abgrenzung der Phasen eines P. Nach herrschender Meinung lässt sich der P. über eine idealtypische Kurvenfunktion (vgl. Abbildung) darstellen, die nachfolgende fünf Phasen umfasst: a) Einführungsphase: Produkteinführung bis zum Erreichen der Gewinnschwelle. Anlaufverluste entstehen durch Kosten für Werbung und den Aufbau der Verkaufsorganisation, die mit steigendem Bekanntheitsgrad durch Umsatzanstieg allmählich kompensiert werden. – b) Wachstumsphase: Mit Erreichen der Wachstumsphase werden erstmalig Gewinne realisiert. Umsatzanstieg mit wachsenden Zuwachsraten, bis sich der Umsatzanstieg abschwächt (W_1). Wachstum begründet sich durch eine erfolgreiche Marktdiffusion (Multiplikator-Effekt) und einsetzende Wiederholungskäufe (Penetration). – c) Reifephase: Verlangsamung des Umsatzanstieges. Ende der Reifephase, wenn die Differenz von Umsatzmaximum (W_2) und dem tatsächlich erreichten Umsatz ein vorgegebenes Delta (δ) unterschreitet. Der Umsatzanstieg wird aufgrund des einsetzenden Kampfes um Marktanteile von einem leichten Gewinnrückgang begleitet, der primär auf Preissenkungen zurückzuführen ist. – d) Sättigungsphase: Umsatzstagnation auf hohem Niveau, welches das Umsatzmaximum beinhaltet. Das Ende der Sättigungsphase ist erreicht, sobald ein nachhaltiges Sinken des Umsatzes ermittelt wird. Ein sich weiter verschärfender Wettbewerb erfordert zusätzliche Investitionen in das Marke-

Produktionslebenszyklus, idealtypische Kurvenfunktion

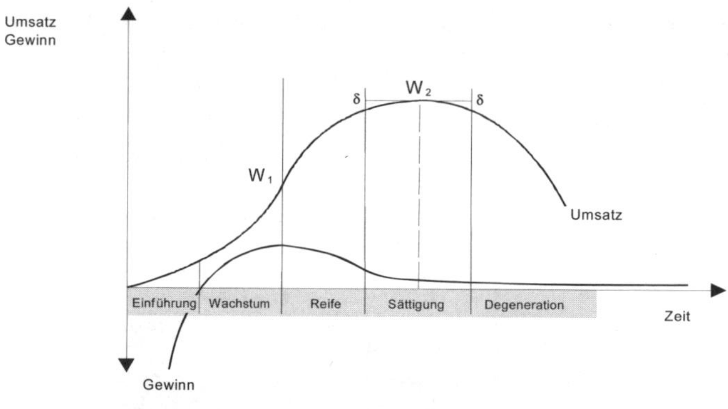

ting, die den Umsatzrückgang verlangsamen sollen, meist aber den Gewinnrückgang beschleunigen. – e) Degenerationsphase: Umsatz- und Gewinnrückgang bis zur Produkteliminierung. Ursachen liegen insbesondere im technischen Fortschritt, der wirtschaftlichen Überholung, gesetzlichen Maßnahmen und Änderungen der Mode. – *Vgl. Abb.* „Produktionslebenszyklus, idealtypische Kurvenfunktion“.

Prof. Dr. Kai-Ingo Voigt

Literatur:

Hansmann, K.-W.: Industrielles Management, 5. Aufl., München, Wien 1997; *Pfeiffer, W., Bischoff, P.:* Produktlebenszyklen als Basis der Unternehmensplanung, in: ZfB, H. 10, Jg. 44, S. 635-666; *Horneber, M.:* Innovatives Entsorgungsmanagement, Göttingen 1995.

Produktmanagement, bezeichnet zum einen eine produktbezogene Organisationsstruktur und zum anderen die Analyse, Planung, Implementierung und Kontrolle der Marketingaktivitäten eines bestimmten Produktes durch einen Produktmanager. – *Vgl. auch* → Marketing.

Produkt-Markt-Matrix. Die von *Ansoff* stammende P.-M.-M. kann als Strategieentwicklungsinstrument für Gründer von jungen Unternehmen hinzugezogen werden. Ausgehend von einer generellen Strategie den anvisierten Markt mit der Geschäftsidee zu durchdringen (Marktdurchdringung) lassen sich dann grundsätzlich drei Bereiche identifizieren, die das Entwicklungspotential einer Geschäftsidee hinreichend beschreiben können: a) Marktentwicklung: Hier wird versucht aufzuzeigen, dass die Geschäftsidee auch auf andere Märkte, Segmente bzw. Branchen übertragbar erscheint. Die neuen Märkte oder Segmente können sich dabei beispielsweise auf die Internationalisierung oder die Erschließung neuer Kundengruppen beziehen. – b) Produktentwicklung: Hier wird versucht aufzuzeigen, dass über eine Weiterentwicklung bzw. Ergänzung der Geschäftsidee die bestehenden Märkte, Segmente oder Branchen noch besser bzw. weiter zu erobern sind. Diese Form der Entwicklungsfähigkeit zielt entsprechend auf die Erweiterung der Leistungsfunktionen, bspw. über den Service, der Geschäftsidee ab. – c) → Diversifikation: Hier wird versucht aufzuzeigen, dass über eine Weiterentwicklung bzw. Ergänzung der Geschäftsidee neue Märkte, Segmente oder Branchen zu erobern sind. Dabei lassen sich drei unterschiedliche Formen unterscheiden: Bei der → horizontalen Diversifikation stehen die neuen Produkte/Leistungen im Zusammenhang mit den bereits bestehenden Produkt- bzw. Leistungsangeboten. Bei einer → vertikalen Diversifikation erweitert das junge Unternehmen sein bestehendes Angebot um

Produkt-Markt-Matrix, Das Entwicklungspotenzial von neuen Geschäftsideen

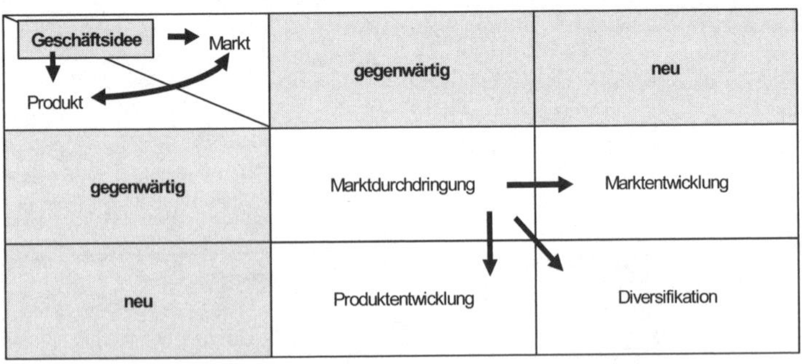

Leistungen, die bis dahin vor (Rückwärtsintegration) oder nach (Vorwärtsintegration) seiner ursprünglichen Geschäftsidee von anderen Unternehmen angeboten wurden. Bei der lateralen Diversifikation besteht kein Zusammenhang zwischen der Weiterentwicklung der Geschäftsidee und den ursprünglich hieraus resultierenden Produkten oder Märkten. Es wird in einen völlig neuen Geschäftsbereich expandiert. – *Vgl. Abb.* „Produkt-Markt-Matrix, Das Entwicklungspotenzial von neuen Geschäftsideen".

Produktpolitik, *Leistungspolitik*, Begriff aus dem → Marketing. 1. *Begriff:* Die P. umfasst alle Entscheidungen, die in Zusammenhang zu Art, Gestaltung und Menge der Produkte und → Dienstleistungen eines Unternehmens stehen. – 2. *Merkmale:* Die P. ist ein zentrales Element des → Marketing-Mix eines Unternehmens und steht in engem Zusammenhang zu den anderen Bereichen des Marketing-Mixes. Die Reichweite des Begriffs P. ist abhängig vom zugrunde liegenden Produktbegriff. Dieser kann sich lediglich auf physische Objekte oder aber auf materielle Sachleistungen und immaterielle Dienstleistungen beziehen. In dieser weiteren Auslegung wird zum Teil auch der Begriff Leistungspolitik verwendet. Folgende Entscheidungen lassen sich nach Bruhn der P. zurechnen: Produktinnovationen, Produktverbesserungen/-variationen, Produktdifferenzierungen, Markierung, Namensgebung, Serviceleistungen, Sortimentsplanung und Verpackung. – 3. Die P. wird zum Teil mit dem Begriff der Produktgestaltung verwechselt, die allerdings nur ein Teilaspekt der P. ist und sich nur auf die Gestaltung, Farbgebung, Verpackung etc. von Produkten bezieht. Im Unterschied hierzu umfasst die P. auch die art- und mengenmäßige Gestaltung des Absatzprogramms eines Unternehmens – 4. *Ziele:* Die P. hat das Ziel, das Leistungsprogramm des Unternehmens auf den Kundennutzen abzustimmen. Eine besondere Bedeutung kommt hierbei der gewünschten → Sortimentsbreite sowie der gewünschten → Sortimentstiefe zu, d.h. der Anzahl verschiedener Produktlinien und der Anzahl der Ausführungen innerhalb einer Produktlinie. Im nächsten Schritt müssen Entscheidungen über die einzelnen Produkte gefällt werden, insbesondere in Bezug auf die → Produktqualität, Innovativität, Produktvariation, Produkteliminierung sowie Design und Verpackung. Die Entscheidungsgrundlage für die P. sollten quantitative und qualitative Analysen des bestehenden Sortiments sowie Marktforschungsdaten sein. Auch eine Analyse im Hinblick auf den → Produktlebenszyklus kann hilfreich sein.

Prof. Dr. Urs Fueglistaller

Literatur:
Bruhn, M.: Marketing – Grundlagen für Studium und Praxis, 6. Aufl., Wiesbaden 2002; *Meffert, H.*: Marketing, 9. Aufl., Wiesbaden 1998; *Meier, J.-A./Schwering:* M.G., Lexikon für kleine und mittlere Unternehmen, München 2000.

Produktpositionierung, → Marktpositionierung.

Produktqualität, *Qualität*. Güte eines Produktes im Hinblick auf seine Eignung für den Verwender. Der Begriff P. bezieht sich auf materielle Güter. Er wird in einer weiteren Auslegung aber auch in Bezug auf → Dienstleistungen verwendet, wofür genauer auch der Begriff Dienstleistungsqualität gebraucht werden kann. Die P. ist abhängig von der objektiven Qualität des Produktes und der subjektiven Wahrnehmung des Verwenders. Aus Sicht eines Anbieters wird meist unterstellt, dass ein Verbraucher ein Produkt umso eher kauft, je höher die wahrgenommene Qualität ist.

Produktschutz. Ein Produkt wird gesetzlich verschiedenartig geschützt. Hierzu gehören Bestimmungen des Urheberrechtsgesetz, des Patentgesetzes, des Gebrauchsmustergesetzes, des Markengesetzes, aber auch des BGB. Gegen rechtswidrige Verletzungen ist z.B. das → Patent durch Strafvorschriften (§§ 142 ff.

Patentgesetz) sowie zivilrechtlich durch Ansprüche auf Auskunft, Unterlassung, Schadensersatz sowie auf Vernichtung der das Patent beeinträchtigenden Produkte und Vorrichtungen (§§ 139 ff. Patentgesetz) geschützt. Eine rechtswidrige Patentverletzung liegt immer dann vor, wenn jemand gewerbsmäßig den Gegenstand der Erfindung herstellt, in Verkehr bringt, anbietet oder gebraucht, ohne durch Vorbenutzung, staatliche Anordnung oder durch eine Rechtshandlung des Patentinhabers hierzu befugt zu sein. Der Anspruch aus → Patentverletzung verjährt in drei Jahren ab Kenntniserlangung. Ähnliche Vorschriften finden sich in den genannten Gesetzen wieder.

Produktumfeld, beschreibt im Wesentlichen den Zielmarkt für ein Produkt. Insbesondere die Markt, Kunden- und → Wettbewerbsanalyse sind Instrumente, die Aufschluss über die Kunden und Wettbewerber geben.

Produktwahrnehmung, Art des Kunden das von der Unternehmung angebotene reale, aus Sicht der Unternehmung objektive, Angebot wahrzunehmen. Dabei variieren die Beurteilungsdimensionen, bspw. die Bedeutung bzw. der Stellenwert des Unternehmens oder die Beurteilung der Leistungskapazitäten. D.h. das Urteil der Kunden hinsichtlich identischer Leistungen ist heterogen, da diese Leistungen vor dem Hintergrund unterschiedlicher Bedürfnisse wahrgenommen werden. Daher sollten sich junge Unternehmen insbesondere in Bezug auf die unterschiedlichen Bewertungs- und Beurteilungsmodi über die Marktsegmente und Zielgruppen des Zielmarktes im Klaren sein.

Profit Center, → Geschäftsbereich.

Programmbreite, → Sortimentsbreite.

Programmtiefe, → Sortimentstiefe.

Projektbeschreibungen, → Geschäftsverteilungspläne.

Projektfinanzierung, Form der Kreditgewährung, bei der die Verzinsung und Rückzahlung der Mittel weitgehend oder auch ausschließlich aus den Erträgen

Projektmanagement: Typischer Verlauf eines Projektes

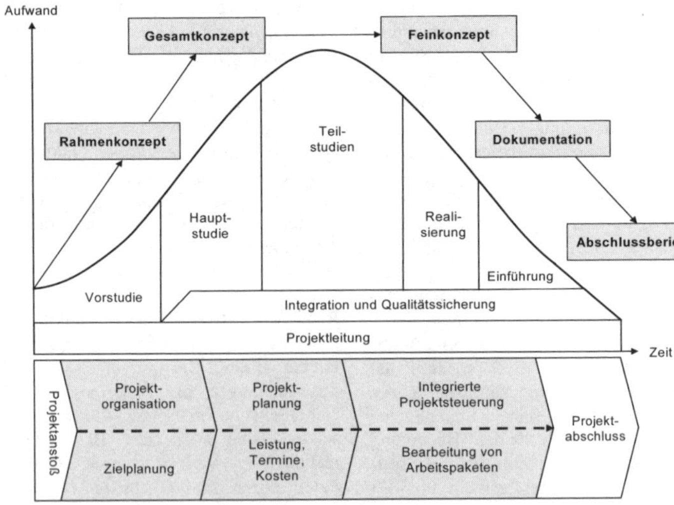

eines spezifischen Investitionsvorhabens erfolgen. Für wachstumsorientierte → Unternehmensgründungen, die für einen längeren Zeitraum keine Erträge aufweisen können, kommt diese Finanzierungsform nicht in Frage. → Venture Capital-Gesellschaften investieren nicht in Projekte, sondern in Unternehmen.

Projektmanagement, beschreibt alle organisatorischen Verfahren und Techniken, die mit der erfolgreichen Abwicklung eines Projektes verbunden sind. Die Norm DIN 69901 definiert entsprechend Projektmanagement als die „Gesamtheit von Führungsaufgaben, -organisation, -techniken und -mitteln für die Abwicklung eines Projektes". Das P. kann in mehrere Formen unterteilt werden, diese können beispielsweise das Integrationsmanagement sein. Hier werden die verschiedenen Elemente eines Projektes koordiniert. Oder auch das Umfangsmanagement, welches das → Management des Projektrahmens zur Erreichung der gesetzten Projektziele impliziert. Weitere Formen sind das Zeitmanagement, → Kostenmanagement, → Qualitätsmanagement, Ressourcenmanagement, Kommunikationsmanagement, → Risikomanagement und Beschaffungsmanagement. – *Vgl. Abb.* „Projektmanagement: Typischer Verlauf eines Projektes".

Projektplanung, eine der Hauptaufgaben des → Projektmanagements. I.d.R. erfolgt die → Planung nach der Projektdefinition in Vorbereitung auf die Projektdurchführung. Geplant werden für den Projektablauf vor allem → Kosten, Termine und Entscheidungspunkte (Meilensteine). Hilfsmittel der P. sind Balkendiagramme und die Netzplantechnik. Die P. muss bei Planabweichungen mit Um- und Neuplanung reagieren. – *Vgl. Abb.* „Projektplanung, Schematische Darstellung der Projektplanung".

Promotion, *Sales.* P. ist gleichzusetzen mit dem deutschen Begriff Verkaufsförderung; der englische Begriff setzt sich zunehmend durch. P. ist ein Sammelbegriff für Marketing-Maßnahmen neben der klassischen Medienwerbung und dem Verkaufsgespräch. P.-Aktionen sind kurzfristiger Natur; sie schaffen zusätzliche Kaufanreize und Kundenbindung. Sie können sich sowohl an den Außendienst (z.B. Außendienst-Wettbewerbe; Bonus-Systeme für Verkäufer) als auch an den Handel (z.B. Vergüten außergewöhnlicher Präsentationen; Händlerschulung) und die Konsumenten (z.B. Gutscheine, Proben, Preisausschreiben) richten. Tendenziell hat der Anteil an P.-Aktionen im Rahmen des → Marketings zugenommen. Sie können auch im kleinen Rahmen durchge-

Projektplanung, Schematische Darstellung der Projektplanung

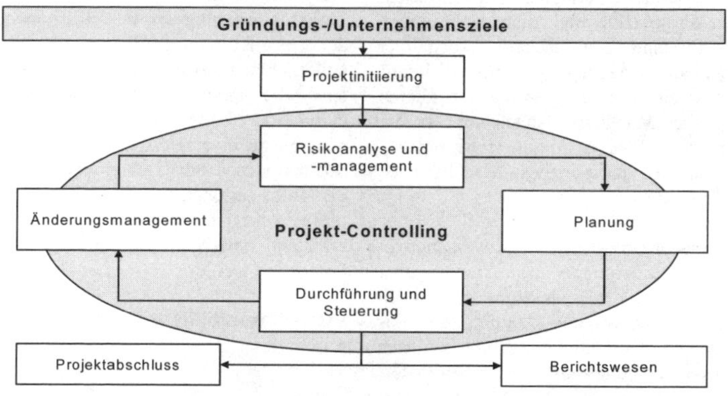

führt werden und kommen auch für den Kleinunternehmer und → Gründer durchaus in Betracht (z.B. Eröffnungsparty, Gewinnspiel).

Proof-of-Concept, *Machbarkeitsstudie.* 1. *Begriff:* Populärer Ausdruck aus der Unternehmensberatung für den Beweis, dass ein → Geschäftsmodel oder eine → Geschäftsidee real umsetzbar ist bzw. dafür, dass bei einem Referenzkunden im Rahmen der Erstellung eines Prototyps offen gelegt wird, wie und in welcher Art und Weise neue Beratungskonzepte und neu entwickelte Informations- und Kommunikationssysteme funktionieren bzw. wirken. Das P.-o.-C. stellt somit im weitesten Sinne eine prototypbasierte Machbarkeitsstudie dar, wobei der Versuchsaufbau bei einem Referenzkunden bzw. –unternehmen am Ort erfolgt. Hierdurch wird ein Nachweis der Realisierbarkeit einer angebotenen Leistung auf Basis realer Unternehmensdaten unter Beachtung vorab vereinbarter Parameter geführt. Dies ermöglicht eine realistische Abschätzung der technischen und wirtschaftlichen Risiken. Zudem erwerben die Kunden im Rahmen von Schulungsmaßnahmen praktische Erfahrung mit den Konzepten und Lösungen. Insofern wird, um größere Fehlinvestitionen seitens der Kunden zu verhindern, bei Zweifeln an der Erreichbarkeit des Projektziels eine solche prototypbasierte Machbarkeitsstudie durchgeführt. – 2. *Ziele:* Das P.-o.-C. soll eventuelle Widersprüche zwischen dem Projektziel und dem bestehenden Wissensstand aufdecken (negativer Machbarkeitsnachweis) oder die Realisierbarkeit der Projektziele validieren (positiver Machbarkeitsnachweis). In der (Beratungs-)Praxis dominiert beim P.-o.-C. das Ziel des positiven Machbarkeitsnachweises.

Prozessinnovation, *Verfahrensinnovation*, Veränderungen des Wissens über bestehende Produktionsbeziehungen zwischen Input und Output, die das Verfahren der Outputerstellung betreffen und dabei mindestens für das betrachtete System neu sind und eine konkrete Änderung des Systemverhaltens (Einführung, Nutzung, Anwendung) bewirken. Davon abzugrenzen sind Innovationen, die Produkte (Produktinnovation) oder sonstige Neuerungen (soziale Handlungsweise, z.B. Organisationsform) betreffen.

Prozessmanagement, Gestaltung eines Unternehmens mit Fokus auf die Prozesse. Oberste Zielsetzung des P. ist es Unternehmensprozesse übergreifend zu verstehen und zu optimieren, vor dem Hintergrund der Steigerung der Effizienz (Nutzen-/Kosten-Verhältnis der Zielerreichung) und der → Effektivität (Grad der Zielerreichung) der Prozesse. Dabei stehen die Ablauforganisation, also das Durchführen von Aufgaben, aber auch zeitliche und räumliche Aspekte im Mittelpunkt der Betrachtung. – *Vgl. Abb.* „Prozessmanagement, Schematische Darstellung der Prozessoptimierung".

Public Equity, im Gegensatz zu → Private Equity ist P.E. die Beteiligung an einem öffentlichen, börsennotierten Unternehmen.

Public Market, → Public Equity, → Kapitalmarkt.

Public Relations (PR), *Öffentlichkeitsarbeit.* PR vermittelt allgemeine Informationen über das Unternehmen als Ganzes, seine Aktivitäten und Ergebnisse. PR zählt neben der Werbung und der Verkaufsförderung zu den Instrumenten der → Kommunikationspolitik eines Unternehmens. Adressaten der PR-Arbeit sind alle unternehmensinternen wie -externen Personen, Gruppen, Institutionen, die in einer Beziehung zum Unternehmen stehen oder stehen werden. Über die Informationen soll ein Kontakt zu diesen Adressaten aufgebaut und aufrechterhalten sowie ein bestimmtes Image kolportiert werden.

Publizitätspflicht, → Offenlegungspflicht.

Punktebewertungsverfahren. → Scoring Modell.

Put/Call-Option. Eine P./C.-O. wird einem wirtschaftlichen Akteur eingeräumt, um eine bestimmte Menge eines Gutes später zu einem im Voraus festgelegten Preis zu kaufen oder zu verkaufen. Im Fall einer Call-O. (Kaufoption) hat der Käufer das Recht, aber nicht die Pflicht, innerhalb eines bestimmen Zeitraums (amerikanische Optionen) oder an einem bestimmten Zeitpunkt (europäische Optionen) einen bestimmten Basiswert (Underlying) zu einem im Voraus festgelegten Preis (Strike-Preis) zu kaufen. Er wird sein Recht nur dann ausüben, wenn der Basiswert des Optionsgeschäfts über dem Strike-Preis liegt. Der Verkäufer der Call-Option ist zur Lieferung des Underlyings verpflichtet, für diese Verpflichtung erhält er die Optionsprämie vom Käufer der → Option. Der umgekehrte Fall stellt die Put-O. (Verkaufsoption) dar: Hier hat der Käufer das Recht, aber nicht die Pflicht, innerhalb eines bestimmen Zeitraums (amerikanische Optionen) oder an einem bestimmten Zeitpunkt (europäische Optionen) ein bestimmtes Underlying zu einem im Voraus festgelegten Preis zu verkaufen. Er wird sein Recht nur dann ausüben, wenn der Preis des Underlyings unter dem Strike-Preis liegt. Der Verkäufer der Put-O. ist zur Abnahme des Underlyings verpflichtet, für diese Verpflichtung erhält er die Optionsprämie vom Käufer der Option.

Prozessmanagement, Schematische Darstellung der Prozessoptimierung

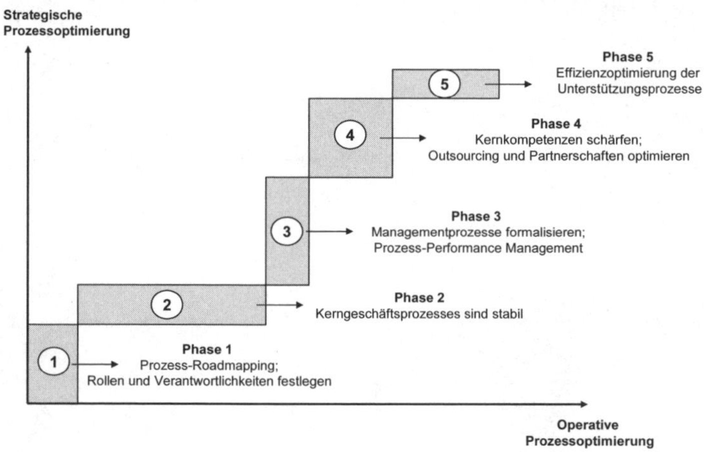

Q

Qualifizierungszielgruppe. 1. *Begriff:* Unterteilung des (potenziellen) Adressatenkreises der Gründungslehre nach didaktischen Kriterien in verschiedene Nachfragergruppen, wie anhand einer im Rahmen des Wuppertaler Ansatzes der → Gründungsqualifizierung vorgenommenen Differenzierung exemplarisch verdeutlicht werden kann. – 2. *Funktion:* Die Differenzierung in unterschiedliche → Zielgruppen stellt im didaktischen Kontext eine wesentliche Voraussetzung für die Entwicklung und Bereitstellung adressatengerechter Qualifizierungs- und Unterstützungsangebote dar, die sowohl inhaltlich als auch methodisch an den unterschiedlichen Bildungs- und Qualifizierungsbedürfnissen, den Lerninteressen und Lernvoraussetzungen der Adressaten ausgerichtet werden müssen. – 3. *Merkmale:* Bei der Identifizierung möglicher Adressatengruppen im Rahmen der Gründungsqualifizierung ist zunächst an solche Personen zu denken, die kurz vor oder bereits in einem Gründungsprozess stehen. Von politischer Seite wird darüber hinaus gefordert, die Gründungsthematik möglichst breit in der Gesellschaft zu verankern und somit den Kreis potenzieller → Gründer zu erweitern. Als ein Unterscheidungskriterium kann die Nähe der Adressaten zur Gründungsthematik bzw. der Grad ihrer Entschiedenheit, sich gründen zu wollen fungieren. Demnach lassen sich drei Zielgruppen unterscheiden: a) Zielgruppe eins – „Noch nicht Erschlossene“: Alle Personen, die für sich noch nicht geklärt haben, ob sie sich für eine Auseinandersetzung mit der Gründungsthematik oder für ein Gründungsvorhaben erschließen lassen wollen, und/oder sich die Gründungsoption gegebenenfalls über Jahre hinweg erhalten wollen (→ Erschließungsansatz). – b) Zielgruppe zwei – „Bedingt Entschlossene“: Alle manifest zur mittelbaren Realisation eines Gründungsvorhabens Entschiedenen. Das vornehmliche Interesse dieser Adressatengruppe besteht in einer zielgerichteten gründungsbezogenen (Vorrats-) Qualifizierung im Hinblick auf den Erwerb von Basiskenntnissen im Bereich des primär betriebswirtschaftlich ausgerichteten → Gründungsmanagements, welches u.a. Fragen zur Standortwahl (→ Standort), zum → Marketing, zur → Finanzierung etc. aufgreift; Grundlagen und Voraussetzungen für die selbst gesteuerte langfristige Entwicklung der unternehmerischen Persönlichkeit. – c) Zielgruppe drei – „Manifest Entschiedene“: Alle bereits manifest zur unmittelbaren Realisation eines Gründungsvorhabens entschiedenen Personen. Ihr Interesse richtet sich u.a. auf die finanzielle und beratende Unterstützung bei der Entwicklung ihrer → Geschäftsidee bzw. der Erstellung eines → Business Plans und/oder bei der Überbrückung der Gründungsfrühphase.

Dr. Kerstin Westerfeld

Qualität, → Produktqualität.

Qualitätsmanagement. Das Q. beschreibt einen Management-Ansatz in dessen Hauptaugenmerk die → Qualität steht. Hierbei werden die Qualitätspolitik, Ziele und Verantwortungen festgelegt. Das Q. bezieht sich sowohl auf die unternehmensextern vermarkteten Produkte und → Dienstleistungen als auch auf die internen Prozesse des Unternehmens, wobei die Qualität selber als das Maß, in dem das betrachtete Produkt oder der betrachtete Prozess den Anforderungen genügt, bezeichnet wird.

Quartalsbericht. Im Rahmen ihrer → Kommunikationspolitik können → Aktiengesellschaften vierteljährlich, meist freiwillig, ein Zwischenbericht, den sog. Q. veröffentlichen. – *Vgl. auch* → Jahresabschluss.

Quasi-Eigenkapital, → Mezzanine Finanzierung.

R

Rabatt, Preisnachlass. I.d.R. wird dieser in Prozent ausgedrückt. R. können auch als Mittel der Konsumsteuerung eingesetzt. Seit der Liberalisierung des R.-Gesetzes 2002 in Deutschland können Händler in fast allen Bereichen individuelle Rabatte aushandeln. Eine Ausnahme bildet die Buchpreisbindung.

Rangfolgemodell, → Scoring Modell.

Ratendarlehen, → Darlehen.

Rate of Return, → Rendite.

Rating. 1. *Begriff:* Beurteilung des Adressenausfall- oder des Objekt- bzw. Projektrisikos nach quantitativen und qualitativen Kriterien im Sinne einer Kreditwürdigkeits- und Bonitätsanalyse (→ Bonität). – 2. *Ergebnis:* Im Ratingergebnis bzw. -urteil wird die vermeintliche wirtschaftliche Fähigkeit sowie die rechtliche Bindung und/oder Willigkeit des Beurteilten (z.B. privates oder öffentliches Unternehmen), den fälligen Zahlungsverpflichtungen betrags- und zeitgenau nachzukommen, durch spezifische Symbole oder eine semantische Verkettung von Zeichen einer ordinalen Skala dargestellt. Diese Benotung wird insbesondere aufgrund der Regelungen von → Basel II sowie der von der Bundesanstalt für Finanzdienstleistungsaufsicht veröffentlichten „Mindestanforderungen an das Kreditgeschäft der Kreditinstitute" zur Voraussetzung für von Kreditinstituten (→ Bank) gewährte Darlehen. – 3. *Arten:* Während das (bank-)interne R. durch aussagekräftige Risikoklassifizierungsverfahren der Kreditinstitute selbst erfolgen und vornehmlich den Entscheidungsprozessen in den Kreditinstituten dienen soll, beschreibt das externe R. die entsprechende Analyse durch eine auf R. spezialisierte Institution (Ratingagentur), welche sowohl Eigen- und → Fremdkapitalgebern als auch bspw. → Arbeitnehmern, Geschäftspartnern und der Öffentlichkeit elementare Informationen über den Beurteilten liefern soll. Ein R. kann sich jedoch nicht nur auf Schuldner (sog. Emittentenrating), sondern auch ausschließlich auf einen bestimmten Finanzierungstitel beziehen (sog. Emissionsrating).

Rationalität, *Vernunft, konsistentes Verhalten*, bewusste, überlegte, begründbare und verstehbare Entscheidungen für diejenige Handlungsalternative, durch die ein angestrebtes Ziel wie die Maximierung des Nutzens realisiert werden kann. Unterschieden werden zwei Grundformen der R. Während die substantielle oder inhaltliche R. die Ziele vorgibt, lässt die formale oder prozedurale R. zwar die Zielinhalte offen, verlangt aber eine konsistente Zielverfolgung. Dies setzt die Lösung des richtigen Problems, die Beschaffung der optimalen Informationsmenge zur Bildung unverzerrter Erwartungen, die Kenntnisse der Ziele und Präferenzen des Entscheiders und konsistentes Handeln voraus. Abweichungen führen zu beschränkt rationalem bis hin zu irrationalem Verhalten.

Realoption, Bewertungsinstrument für das → Management, um die Vorteilhaftigkeit einer → Investition zu beurteilen und die → Flexibilität der Handlungsalternativen zum Ausdruck zu bringen. Hierbei wird auf die finanzmathematischen Grundlagen der Optionspreistheorie zurückgegriffen, um Unsicherheiten auf dem Markt und das Risiko zu minimieren und das Gewinnpotenzial zu maximieren. Auf der Firmenebene kann somit → Shareholder Value generiert werden, indem R. im Investment-Portfolio identifiziert, gemanaget und ausgeübt werden. Die R.-Methode kann auch bei der Bewertung neuer → Geschäftsideen Anwendung finden.

Rechnungslegung. 1. *Begriff:* R. bezeichnet die periodenbezogene, formalisierte Darstellung und Kommunikation der Vermögens-, Ertrags- und Finanzlage der rechnungslegenden → Organisation aufgrund handelsrechtlicher und anderer gesetzlicher Vorschriften (→ Rechnungswesen). – 2. *Grundlage:* Im Rahmen der gesetzlichen Formerfordernisse erfolgt die R. auf Basis der Geschäfts- und Finanzbuchhaltung, die alle monetär wirksamen Vorgänge im wirtschaftlichen Verkehr mit der Umwelt erfasst und damit eine objektive Darstellung der Vermögens-, Ertrags- und Finanzlage erlaubt. – 3. *Inhalt:* Auf Basis von 2. umfasst die R. die Aufstellung und Veröffentlichung des → Jahresabschlusses (→ Bilanz, → Gewinn- und Verlustrechnung, ggf. Anhang und Lagebericht. – *Vgl. auch* §§ 242 ff. HGB).

Rechnungswesen, *Unternehmensrechnung.* 1. *Begriff:* Das R. umfasst die sachliche und monetäre Erfassung, Dokumentation und Analyse aller Vorgänge der betrieblichen Leistungserstellung sowie der Kapitalausstattung und → Finanzierung. – 2. *Bereiche:* a) → Buchführung. – b) Kosten- und Leistungsrechnung. – c) Planrechnung. – d) Betriebsstatistik. – 3. *Aufgaben:* a) ordentliche und belegbasierte Dokumentation aller Geschäftsvorgänge. – b) periodenbezogene → Rechnungslegung für externe Adressaten, die über die wirtschaftliche Lage des Unternehmens informiert. – c) Aufbereitung erfasster Geschäftsvorgänge zur internen Kontrolle und Steuerung u.a. der Liquidität.

Rechtsform. Die gesellschaftsrechtlichen R. sind durch den Zwang gekennzeichnet, nur zwischen den gesetzlich vorgesehenen Gesellschaftsarten, deren Organisationsstrukturen und Haftungsregelungen wählen zu dürfen. Das Gesellschaftsrecht gibt also einen numerus clausus der R. vor. Der Handelsverkehr soll hierdurch vor Phantasiegesellschaftskonstrukten mit nach außen hin intransparenten Haftungs- und Vertretungsverhältnissen geschützt werden. Unterschieden wird zwischen → Personen- und Kapitalgesellschaften. Zu den Personengesellschaften gehören die → Gesellschaft bürgerlichen Rechts, die → Offene Han-

Rechtsform, Übersicht

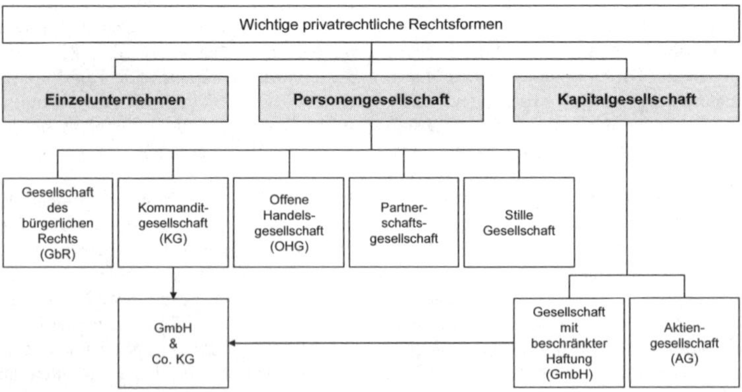

delsgesellschaft, die → KG und die → stille Gesellschaft. Als Kapitalgesellschaften werden die → Gesellschaft mit beschränkter Haftung , die → Aktiengesellschaft und die → Kommanditgesellschaft auf Aktien bezeichnet. Daneben gibt es zulässige Mischformen (Gesellschaftstypenvermischung), wie z.B. die → GmbH & Co. KG. Die R. einer Gesellschaft entscheidet vor allem über deren rechtliche Ausgestaltung, Gesellschafterbestand- und Wechsel, Vermögensordnung, Geschäftsführung, Vertretung und Haftung. Die R. bestimmt die Besteuerung. Als Faustformel gilt, dass substanzstarke Unternehmen zur Personengesellschaft tendieren, während ertragsorientierte Unternehmen zur Kapitalgesellschaft neigen. Die R. hat schließlich einen gewichtigen Einfluss auf die Fremdfinanzierung. – *Vgl. Abb.* „Rechtsform, Übersicht".

Rechtsformänderung, *Umwandlung.* Eine R. liegt vor, wenn ein Einzelunternehmen oder eine bestehende Gesellschaft in eine andere Gesellschaftsform umgewandelt wird. Da jede → Rechtsform im Rahmen des Rechtsformzwanges eigenen, sich ändernden Bedürfnissen entsprechend wählbar ist, kann auch jederzeit eine Änderung der Rechtsform stattfinden. Es gibt verschiedene Arten der R. Neben der Umwandlung eines Unternehmensträgers gibt es die Möglichkeit von Unternehmenszusammenschlüssen durch Verschmelzung. Hier wird zwischen Verschmelzung durch Aufnahme (§ 2 Nr. 1 UmwG) und Verschmelzung durch Neugründung (§ 2 Nr. 2 UmwG) unterschieden.

Rechtsformwahl. Die Wahl der → Rechtsform ist für das Unternehmen eine strategische Grundlagenentscheidung, die in regelmäßigen Abständen überprüft werden sollte. Ziel der R. ist die im Rahmen des Rechtsformzwanges den Unternehmenszielen möglichst entsprechende und mit möglichst geringen negativen Begleiterscheinungen behaftete Rechtsform zu ermitteln. Zunächst ist der Ist-Zustand der Unternehmenssituation festzustellen (Gesellschafterkreis, Unternehmensgröße, geschäftliches Umfeld und strategische Situation). Sodann ist anhand verschiedener Vergleichskriterien festzustellen, welche Rechtsform den gegenwärtigen und zukünftigen Erfordernissen am besten entsprechen. Hierbei kann von folgenden Vergleichskriterien ausgegangen werden: → Unternehmensführung/ → Organisation (Selbstorganschaft oder Fremdgeschäftsführung), Haftung (Unbeschränkt oder auf Einlage begrenzt), Vermögensordnung (Gesamthandsvermögen oder Anteilsrechte am Kapital), Kontrolle (Selbst oder durch Kontrollorgane), Unternehmensmitbestimmung, Publizitätspflichten, Steuerrecht und → Finanzierung.

Referenzen, Eine geschäftliche Empfehlung oder eine Person bzw. Institution, die zur Abgabe einer Referenzauskunft bereit ist. Gerade Gründungen helfen R. von Partnerunternehmen oder Kunden die Vertrauenswürdigkeit und → Reputation zu erhöhen.

Reingewinn, bezeichnet das positive Ergebnis eines Geschäftsjahres, das sich durch die Gegenüberstellung von → Aufwand und → Ertrag errechnet. Bei Einzelfirmen und → Personengesellschaften erfolgt der Ausweis in der → Gewinn- und Verlustrechnung als Sollsaldo und in der → Bilanz auf dem Kapitalkonto des Unternehmers bzw. beim → Kommanditisten auf einem Sonder- oder Darlehenskonto. Bei → Kapitalgesellschaften wird der R. als Jahresüberschuss bezeichnet, in der Bilanz wird er als Bilanzgewinn ausgewiesen; zudem werden vom Jahresüberschuss eventuell Zuführungen zu den offenen Rücklagen abgezweigt bzw. Entnahmen aus den Rücklagen dem Ergebnis zugeführt.

Reinvestition, steuerfreier Betrag, der sich aus der Differenz der Höhe des Gewinns aus der Veräußerung einer Beteiligung an einer → Kapitalgesellschaft von den Anschaffungskosten für

Neuanteile an Kapitalgesellschaften, die im Wirtschaftsjahr der Veräußerung oder im vorangegangen Wirtschaftsjahr angeschafft wurden, errechnet.

Relationship Management, → Beziehungsmanagement.

Relationship Marketing, → Kundenorientierung.

Rendite, *Return, Rate of Return.* Die R. gibt das Verhältnis des Gewinns zu den Ausgaben in Prozent und meist auf ein Wirtschaftsjahr bezogen wieder. Es gibt verschiedene R.-Arten für verschiedene Anwendungen: Die R. einer Geldanlage ist der Zinssatz, die Dividendenrendite ist der Bruttobetrag der → Dividende in Prozent des aktuellen Aktienkurses. Im Fall der R. einer Geldanlage misst man den Rückzahlungsbetrag am Ende des Anlagezeitraums im Verhältnis zum Einzahlungsbetrag. Die R. einer → Investition, bspw. einer Produktionsanlage, lässt sich aus dem Verhältnis des Gewinns der Investition zum ursprünglich investierten Betrag errechnen. Um die R. mehrerer Anlagealternativen zu vergleichen werden sie annualisiert, d.h. auf den Zeitraum eines Jahres bezogen, und risikoadjustiert, d.h. über eine finanzmathematische → Kennzahl, z.B. das Sharpe-Maß („Sharpe-Ratio"), vom Risiko bereinigt.

Renditeerwartung, im Rahmen der → Unternehmensgründung ist sie meist auf die langfristigen Kapitalgewinne des eingesetzten → Kapitals von Investoren gerichtet. – *Vgl. auch* → Rendite.

Rentabilität, kennzeichnet die Verzinsung des eingesetzten → Kapitals. Dabei besteht für Unternehmen ein direkter Zusammenhang zwischen der R.-maximierung und der Gewinnmaximierung. Die R. ist als Kennzahl für Unternehmen zu sehen, die darüber eine Aussage macht, wie hoch der Gewinn im Vergleich zum eingesetzten Kapital ist. Die R. kann für eine Abrechnungsperiode, bspw. ein Geschäftsjahr, oder für einen längeren Zeitraum, wie die Laufzeit eines Investitionsprojekts oder die Gesamtlebensdauer eines Geschäftsbetriebs, gemessen werden. Darüber hinaus kann man in Abhängigkeit von der Bezugsgröße verschiedene Arten der R. unterscheiden: (1) Eigenkapital-R., (2) Gesamtkapital-R., (3) Fremdkapital-R. und (4) Umsatz-R.

Rentabilitätsplanung, *Plan-Gewinn- und Verlustrechnung, Erfolgsrechnung.* 1. *Begriff:* Instrument, mit dessen Hilfe die zukünftige Einhaltung des Finanzierungsgrundsatzes der → Rentabilität für einen Betrieb abgeschätzt wird. – 2. *Merkmale:* Die R. orientiert sich an den gesetzlichen Vorschriften zur Erstellung von → Gewinn- und Verlustrechnungen (§ 275 HGB). – 3. *Ziel:* Zweck der R. ist die Ermittlung des zu versteuernden Jahresüberschusses bzw. des Jahresfehlbetrags. Mittels der R. wird gezeigt, wie sich der geplante Jahresüberschuss bei Einhaltung der finanziellen Ziele entwickelt. Auf diesem Wege kann ersichtlich werden, wie sich die Rentabilität eines Unternehmens in den kommenden Jahren entwickeln dürfte. Der zu erwartende Ertrag bzw. Gewinn sollte dabei möglichst realistisch ermittelt werden. Die Aufwendungen, welche bei der R. eines Betriebes berücksichtigt werden, dienen als Grundlage für die Ermittlung der Gewinnschwelle (→ Break-Even-Point). Für das erste Jahr sollte die → Planung monatlich erfolgen. Im zweiten Jahr ist auch eine quartalsbezogene Planung möglich. Der gesamte Planungszeitraum beläuft sich i.d.R. auf drei Jahre. Bei entwicklungsintensiven → Gründungen empfiehlt sich eine Planung über mindestens fünf Jahre. Die R. kann – je nach Detaillierungsgrad der Planungsrechnung – weiter untergliedert werden in die Bereiche Umsatzplanung, Planung des Personalaufwands, Planung des Materials- und Wareneinsatzes und die Betriebsmittelplanung. Bei der Umsatzplanung sollten aus den Unterlagen nicht nur die Art und Höhe der Umsätze, sondern auch die Höhe der Preise und die Mengen, welche den

Berechnungen zu Grunde liegen, hervorgehen. Bei der Planung des Personalaufwands ist zu beachten, dass der → Gründer nur bei → Kapitalgesellschaften als Mitarbeiter des Betriebs einzuplanen ist. Bei → Personengesellschaften wird ein kalkulatorischer Unternehmerlohn bzw. regelmäßige Gewinnentnahme angesetzt. Ein weiterer Zwischenschritt auf dem Weg zur Rentabilitätsvorschau ist die Aufstellung der Betriebsmittelplanung: Ausgehend von den vorgenannten Teilplanungen kann nun die Rentabilitätsvorschau erstellt werden. Die Fremdkapitalzinsen werden dabei aus der → Finanzierungsplanung und die → Abschreibungen aus der Investitionsplanung abgeleitet. Bei einfachen Rentabilitätsplanungen erübrigen sich die vorgenannten Teilplanungen zur Erstellungen der Rentabilitätsvorschau. In diesem Falle werden die Positionen der Betriebsmittelplanung direkt in der Rentabilitätsvorschau berücksichtigt. Wie bei der Betriebsmittelplanung, wird dann i.d.R. auch bei der Rentabilitätsvorschau im ersten Jahr nach einzelnen Monaten unterschieden. Je nach Software, die bei der Planungsrechnung eingesetzt wird, können vergleichsweise einfach Plan-Bilanzen erstellt werden. – *Vgl. auch* → Liquiditätsplan.

Prof. Dr. Martin Kaschny

Literatur:
Arnold, J.: Existenzgründung, Würzburg 1999; *Struck, U.:* Geschäftspläne, Stuttgart 2001.

Reporting, → Berichtswesen, → Controlling.

Reputation. 1. *Begriff:* Ausdruck für das Personen oder Institutionen entgegengebrachte → Vertrauen. Der Aufbau der R. ist ein langwieriger Prozess, wohingegen das entgegengebrachte Vertrauen sehr schnell verloren werden kann. – 2. *Abgrenzung zu anderen Begriffen:* Das Reputationsrisiko kennzeichnet die Gefahr der negativen Veränderung des Unternehmenswertes infolge der Beschädigung des Rufs des Unternehmens.

Reputationsrisiko, → Reputation.

Resource-based View, stellt nicht prinzipiell die Dominanz des Marktes (→ Market-based View) als Lenker der Wirtschaft in Frage, sondern geht davon aus, dass die Unsicherheit und Geschwindigkeit der Marktentwicklung die Prognosemöglichkeiten überfordert: Was morgen nachgefragt wird, ist angesichts zunehmender → Marktsättigung (und anderer Faktoren) heute noch nicht bekannt; sobald es bekannt ist, ist es angesichts anspruchsvoller, komplexer Technologien (Kompetenzen) nicht sofort machbar; und die Verfügbarkeit neuer Kompetenzen erlaubt ihrerseits die aktive Entwicklung von Märkten. Auf → Kernkompetenzen beruhendes Marketing ist nicht bloß unidirektionale Bedienung von Nachfrage aus einem Angebotsreservoir, sondern Wechselspiel zwischen Impulsen aus Nachfrage und von Nachfrage stimulierenden neuen, bisher unbekannten Angebotsmöglichkeiten. – *Vgl. auch* → Competence-based View, → Ressourcenstrategie, → Ressourcen.

Resource-Conduct-Performance-Paradigma, → Ressourcen.

Ressourcen. 1. *Begriff:* a) Produktionswirtschaft: Ausdruck für betriebliche → Produktionsfaktoren, wobei ein Produktionsfaktor dadurch gekennzeichnet ist, dass er einem Produktionsprozess und einem Produkt auf Basis eines definierten Mengengerüsts eindeutig zugeordnet werden kann. Produktionsfaktoren sind demnach aus technischen oder wirtschaftlichen Gründen zur Erstellung einer Leistung notwendig. Nach Gutenberg können betriebliche Produktionsfaktoren in Elementarfaktoren und den → dispositiven Faktor unterschieden werden. Zu den Elementarfaktoren zählen die ausführende Arbeit, Betriebsmittel und Werkstoffe. Der dispositive Faktor hingegen umfasst die → Planung, Leitung, → Organisation und die Überwachung. Zudem können nach Gutenberg Produktionsfaktoren in Potenzial- und Verbrauchsfaktoren unterschieden werden. Heinen differenziert hingegen in Potenzial- und Repetierfaktoren. – b) Strategische Unternehmensführung: Ausdruck im Kontext des ressourcenorientierten Strategieansatzes (→ Ressourcenstrategie bzw. → Resource-based View) für Input-Güter (distinktive R.), die eigen erstellt oder selbst entwickelt oder, wenn möglich, auf Märkten beschaffbar sind und die durch Transformationsprozesse eine Veredelung dahingehend erfahren, dass sie das Unternehmen in die Lage versetzen, strategische → Wettbewerbsvorteile (höhere → Effektivität oder → Effizienz) zu erzielen und Wettbewerber von ihrer Nutzung nachhaltig auszuschließen (Resource-Conduct-Performance-Paradigma). Distinktive R. umfassen intangible und tangible Komponenten. Intangible R. können in personenungebundene und personengebundene R. differenziert werden. Personenungebundene R. sind organisatorisch verankerte Routinen, wie etwa Verfahrensweisen, Produktionsprozesse oder prozessuale Interaktionsmuster, und immaterielle Vermögenswerte wie z.B. → Markennamen, → Patente, → Urheberrechte, → Reputation und → Verträge. Personengebundene R. beinhalten das explizite und implizite Wissen des Unternehmens sowie die statischen Fähigkeiten der Mitarbeiter. Tangible R. repräsentieren vor allem → Informationssysteme und → Kommunikationssysteme, spezifische Produktionsanlagen und unternehmensgebundene Finanzressourcen. – 2. *Merkmale:* Distinktive R. sind durch Werthaltigkeit, Einzigartigkeit und Nicht-Imitierbarkeit gekennzeichnet. Werthaltigkeit meint in diesem Zusammenhang, dass distinktive R. einen Kundennutzen stiften. Demnach können R., die dies nicht leisten, auch nicht zu den distinktiven R. gezählt werden. Die Einzigartigkeit einer distinktiven R. wird vorrangig durch die unternehmensspezifische Ausprägung der R., als Ergebnis einer historischen Entwicklung determiniert (→ Pfaddeterminiertheit). Die historische Entwicklung der R. schränkt zwar einerseits künftige Handlungsmöglichkeiten ein; andererseits schafft sie die Basis für die Einzigartigkeit der R. und damit für die Möglichkeit, → Wettbewerbsvorteile zu erzielen. Darüber hinaus ist die kausale Ambiguität, das heißt der nicht eindeutig erkennbare Zusammenhang zwischen Ressourcenausstattung und strategischem Wettbewerbsvorteil, ein häufiges Kennzeichen der Einzigartigkeit distinktiver R. Die komplexen interdependenten Beziehungen zwischen den tangiblen pfaddeterminierten R. machen es häufig unmöglich, einzelne Ursache-Wirkungs-Beziehungen zu explizieren. Es bestehen somit Wirkungs- und Bewertungsdefekte, die eine Explorationsfalle entstehen lassen. Hinzu kommt die soziale Komplexität, die auf dem Zusammenspiel von Personen und Systemen basiert. In Abhängigkeit von der sozialen Komplexität können so Standardtechnologien in unterschiedlichen Unternehmen mehr oder weniger effektiv und effizient genutzt werden. Häufig sind insbesondere zudem tangible R., wie etwa der Markenname, unternehmensspezifisch eingebunden, sodass bei einer Herauslösung aus dem Unternehmen die R. schnell an → Wert verliert oder aber die Beschaffungsaufwendungen den Nutzen übersteigen. Insofern sind distinktive R. auch durch eine Nicht-Transferierbarkeit gekennzeichnet, die die Dauerhaftigkeit der erzielten strategischen Wettbewerbsvorteile stabilisiert. Darüber hinaus dürfen keine strategisch äquivalenten R. existieren, die die Einzigartigkeit einer distinktiven R. erodieren ließen.

PD Dr. Frank Keuper

Literatur:
Freiling, J.: Ressourcenorientierte Reorganisationen, Wiesbaden 2001; *Hering, Th.:* Bewertung von Produktionsfaktoren, in: Keuper, F. (Hrsg.): Produktion und Controlling, Wiesbaden 2002, S. 57-81; *Hümer, B.:* Strategisches Management von Kernkompetenzen, Wiesbaden 2001.

Ressourcenakquirierung, *Ressourcenbeschaffung.* Ausdruck der Bereitstellungsplanung für die → Beschaffung von → Ressourcen. Entsprechend der Differenzierung von Ressourcen ist in diesem Zusammenhang in volkswirtschaftliche und betriebswirtschaftliche R. zu unterscheiden.

Ressourcenanalyse, → Stärken-Schwächen-Analyse.

Ressourcenbeschaffung, → Beschaffung.

Ressourcenbeschränkung, *Güterknappheit, Ressourcenknappheit.* Prinzipiell unbegrenzten Bedürfnissen stehen begrenzte Möglichkeiten gegenüber. Insofern manifestiert sich eine R. vor allem in dem Problem der erschöpfbaren, in geringer werdenden Mengen verfügbaren natürlichen → Ressourcen. Entsprechend existiert für alle Unternehmen eine R. im weitesten Sinne. Damit Unternehmen vor diesem Hintergrund auf Basis ihrer heterogenen Ressourcenausstattung im Sinne des → Resource-based View einen strategischen → Wettbewerbsvorteil erzielen können, müssen → Ressourcen im weitesten Sinne knapp sein und damit einen → Wert haben.

Ressourcenbewertung, → Ressourcenevaluierung.

Ressourcenevaluierung, *Ressourcenbewertung.* Ausdruck der Bereitstellungsplanung für den Vorgang der Bewertung mit dem Ziel, den quantitativen und qualitativen → Wert von → Ressourcen zu bestimmen. Je nach Art der betrieblichen Ressourcen und dem Zweck der R. kommen unter anderem Verfahren des betrieblichen → Rechnungswesens, der Planungs- und Entscheidungstheorie (zum Beispiel Modelle der Unternehmensbewertung, Punktbewertungsmodelle) oder auch Verfahren der Personalbeurteilung zum Einsatz.

Ressourcenknappheit, → Ressourcenbeschränkung.

Ressourcenstrategie. In der strategischen → Unternehmensführung ist die R. einerseits auf ein langfristiges Gleichgewicht zwischen → Kapitalbedarf und Kapitalfreisetzung ausgerichtet. In diesem Sinne ist die R. marktbezogenen Strategien nachgeordnet. Dementsprechend determiniert die Marktstrategie die R. Dies ändert sich andererseits in dem Maße, in dem die Bedeutung der Ressourcenausstattung für die Erzielung strategischer → Wettbewerbsvorteile im Sinne des → Resource-based View erkannt wird. In diesem Falle determiniert die R. die Marktstrategie. Im Gegensatz dazu erfolgt die operative R. vor allem vor dem Hintergrund der Wirtschaftlichkeit der Bereitstellungsplanung.

Return, → Rendite.

Return On Investment Capital (ROIC), → Kennzahl, die eine Aussage über die → Qualität einer → Investition in ein börsennotiertes Unternehmen macht. Gemessen wird der ROIC indem man den Gesamtumsatz nach Steuern durch das Gesamtkapital dividiert und so eine Bewertung hinsichtlich des in den Geschäftsbetrieb → investierten Kapitals (→ Eigen- oder Fremdkapital) treffen kann.

Return On Investment (ROI), drückt die jährliche → Rentabilität des → investierten Kapitals aus: Er errechnet sich als Produkt aus den beiden → Kennzahlen Umsatzrentabilität und Kapitalumschlag aus. Die Umsatzrentabilität ergibt sich aus dem Gewinn im Verhältnis zum Umsatz und der Kapitalumschlag aus dem Verhältnis Umsatz zu investiertem Kapital. Der ROI bietet insbesondere dem Investor einen Vergleich zwischen wie viel seine → Investition in eine → Aktie an → Dividende und Kurssteigerungen erzielt hat im Vergleich zu anderen Anlagealternativen. Der ROI findet in der Praxis in der modifizierten Form als → Economic Value

Added (EVA) oder Return-On-Capital-Employed (ROCE) Anwendung.

Right of First Refusal, *Vorkaufsrecht, Erstandienungsrecht.* Vertragliches Recht eines Begünstigten, Anteile, die ein Anteilseigner an einen Dritten veräußern will, zu denselben Konditionen selbst zu erwerben. Begünstigter kann z.B. ein Unternehmer oder Investor, häufig i.R.v. → Venture Capital Finanzierungen sein.

Risiko, erschwert zunächst als Unvollkommenheit des Informationssystems Entscheidungen sowie Prognosen und führt schließlich zu Abweichungen zwischen Erwartung und Ergebnis. Nach dem Erwartungswertprinzip von Bayes sind bei R. die Eintrittswahrscheinlichkeiten verschiedener Umweltbedingungen bekannt oder feststellbar. Im Unterschied dazu lassen sich bei Unsicherheit Eintrittswahrscheinlichkeiten nicht bestimmen. Kapitalmarktbezogen wird zwischen unsystematischem R., welches durch → Diversifikation beseitigt werden kann, und darüber hinaus verbleibendem systematischem R. unterschieden. Gemessen werden diese R. als Streuung um die erwartete Rendite eines Kapitalmarkttitels. Das summarische R. mehrerer Titel wird als Portfolio-R. bezeichnet. – *Vgl. auch* → Risikomanagement.

Risikoallokation, I.w.S. Zuordnung von Risiken zwischen Vertragsparteien, zwischen privatem und im öffentlichem Sektor oder zwischen volkswirtschaftlichen Einheiten. Im engeren, kapitalmarktorientierten Sinne Zuordnung von Risiken zwischen Marktteilnehmern. Eine pareto-effiziente R. verteilt Güter so, dass kein Marktteilnehmer besser gestellt werden kann, ohne einen anderen zu belasten. Diese wird nach dem Arrow-Theorem nur mit einem vollständigen System von Finanzmärkten erreicht. Allokationseffizienz wäre theoretisch mit einem vollständigen System von Gütermärkten erreichbar, also bei Kenntnis zukünftiger Preise. Tatsächlich erforderlich sind aber vollständige Finanzmärkte, auf denen Forderungen zur → Finanzierung der Gütekäufe gehandelt werden.

Risikoanalyse, dient zur Vorbereitungen von Entscheidungen, z.B. Investitionsentscheidungen, bei unsicheren Erwartungen. Ihr Ziel ist es, Entscheidungsprozesse zu strukturieren, indem aufgezeigt wird, zu welchen Ergebnissen alternative Entscheidungen führen. Im Rahmen der quantitativen R. werden dazu Inputgrößen variiert, um die Wahrscheinlichkeitsverteilung einer Ergebnisvariable zu ermitteln. Dies kann einerseits auf Simulations- und Enumerationsverfahren und andererseits auf analytische Verfahren gestützt werden. Die qualitative R. beschränkt sich zur Bewertung von → Risiken auf die Auswertung theoretischer Zusammenhänge ohne Quantifizierung. Grundlegender Bestandteil der R. im Vorfeld einer Risikobewertung ist in diesem Zusammenhang die Risikoidentifikation. – *Vgl. auch* → Risikomanagement.

Risikoarten. 1. *Risiken für das Unternehmen:* Wesentliche allgemeine, versicherbare Risiken für das Unternehmen ähneln zunächst typischen → Risiken für Privathaushalte (z.B. Feuer, Leitungswasser, Einbruch). Hinzu kommen besondere Risiken des Gewerbebetriebes (z.B. Betriebsunterbrechung, Transportschäden, Forderungsausfall). I.d.R. sind folgende Risikosparten relevant: a) Typische versicherbare Sachrisiken (Beschädigung von Sachen, z.B. Gebäude, Produktionsanlagen, Lagerbestände) für Unternehmen umfassen Feuer, Leitungswasser, Sturm, Elementarschäden, Glas, Einbruchdiebstahl/Raub. – b) Neben den generellen Sachrisiken sind bestimmte branchenbezogene Risiken versicherbar, z.B. Elektronik, Datenträger, Maschinen, Transport. – c) Zusätzlich zu den Sachschäden können auch bestimmte unternehmerische Vermögensschäden (Vermögensnachteil für das Unternehmen durch ein Schadensereignis) versichert werden und zwar Betriebsunterbrechung, Rechtsschutz und Forderungsausfall. – 2. *Risiken durch das*

Unternehmen: Haftpflichtrisiken stehen im Zusammenhang mit Personen-, Sach- und darauf beruhenden Vermögensschäden, die vom Unternehmen ausgehen, aber Dritte treffen. Unter den versicherbaren Risiken einschlägig sind vor allem vier Sparten: a) Schadensersatzansprüche z.B. von → Kunden, → Lieferanten, Besuchern oder → Mitarbeitern wegen Pflichtverletzungen (§ 280 BGB) oder aus unerlaubter Handlung (§ 823 BGB), die regelmäßig Fahrlässigkeit oder Vorsatz voraussetzen. – b) Teilweise verschuldensunabhängige gesetzliche Schadensersatzansprüche z.B. aus Produkthaftpflicht (fehlerhafte Produkte oder unzureichende Instruktionen) oder Umwelthaftpflicht (Einwirkungen auf Boden, Wasser und Luft). – c) Kraftfahrzeugrisiken sind teilweise durch die gesetzlich vorgeschriebene Haftpflichtversicherung sowie eventuelle weitere freiwillige Sach- und Personenschadensversicherungen (v.a. eigene Kaskoschäden) zu versichern. – d) Vermögensschäden durch Fehler beim Tun oder Unterlassen von Organen des Unternehmens werden seit einigen Jahren regelmäßig durch die Directors & Officers Insurance abgedeckt. – 3. *Risiken für den Unternehmer und die Mitarbeiter:* Personenrisiken sind teilweise eng mit dem Unternehmen assoziiert (z.B. Folgen von Betriebsunfällen) oder konkretisieren ansonsten die Fürsorgepflicht des Unternehmens für seine Mitarbeiter oder stellen als Risiken im weitesten Begriffsverständnis optionale Vorsorgemöglichkeiten für Unternehmer und Mitarbeiter dar: a) Die gesetzliche Unfallversicherung wird von den Berufsgenossenschaften getragen. Im Rahmen dieser Versicherung werden Folgen von Betriebsunfällen (z.B. Heilbehandlung, Berufsunfähigkeitsrente) getragen. – b) Die Säulen der gesetzlichen Sozialversicherung (Kranken-, Renten-, Arbeitslosen- und Pflegeversicherung) konkretisieren eine Fürsorgepflicht des Unternehmens für seine Mitarbeiter. – c) Umlagen gemäß § 10 ff. LohnfortzG ziehen Krankenkassen bei Unternehmen mit bis zu 20 Mitarbeitern ein, um Teile der Lohnkosten bei Arbeitsausfall durch Krankheit oder Schwangerschaft zu decken. – d) Private Personenversicherungen kommen vor allem in den Risikosparten Unfall, Krankheit, Rente und Pflege als Ergänzung zur gesetzlichen Versicherung sowie grundständig in den Sparten Leben und Berufsunfähigkeit in Frage.

Prof. Dr. Michael Schefczyk

Literatur:

Collrepp, F. von: Handbuch Existenzgründung, Stuttgart 2000, S. 255-282; *Romeike, F./Finke, R.:* Erfolgsfaktor Risiko-Management, Wiesbaden 2003; *Wolf, K./Runzheimer, B.:* Risikomanagement und KonTraG: Konzeption und Implementierung. Wiesbaden 2003.

Risikobereitschaft. In Abhängigkeit von der individuellen R. entscheiden sich Menschen in unsicheren Situationen für unterschiedliche Alternativen. Risikobereite Menschen neigen eher zu Entscheidungen oder Handlungen, bei denen mit kleinerer Eintrittswahrscheinlichkeit bessere Resultate (größere Erfolge) erzielt werden können. Risikoscheue Menschen wählen eher den Weg, bei dem mit größerer Eintrittswahrscheinlichkeit ein weniger attraktives Resultat (ein geringerer Erfolg) erzielt werden kann. Eine mittlere R. bedeutet, dass Menschen nur kontrollierte bzw. kalkulierte Risiken eingehen, das heißt sie besitzen die Fähigkeit, mit unsicheren Situationen umzugehen und neigen weder zu ängstlicher Risikovermeidung noch zu überriskanten Verhaltensweisen. – *Vgl. auch* → Risikoneigung.

Risikobewältigung. Im Zuge der R. können grundsätzlich Maßnahmen auf drei Ebenen verfolgt werden: a) → Risiken vermeiden oder verkleinern, indem das Unternehmen sehr umsichtig vorgeht, z.B. einschlägige Sicherheitsvorschriften und -empfehlungen beachtet, sofern diese auch wirtschaftlich geboten sind. – b) Risiken auf Dritte übertragen oder versichern, indem das Geschäft z.B. von einer → Kapitalgesellschaft betrieben wird und/oder ein Versicherungsvertrag bei zentralen Risiken Deckung oder Anspruchsabwehr verspricht. – c) Risiken selbst tragen, wenn dies die wirtschaftlich sinnvollste Variante ist und möglichst erst nachdem Maßnahmen auf den Ebenen eins und zwei bewusst geprüft und ggf. umgesetzt wurden. Nachstehend werden die wichtigsten versicherbaren Risiken dargestellt, zunächst grob gegliedert in Risiken für das Unternehmen, Risiken durch das Unternehmen und Risiken für den Unternehmer und seine Mitarbeiter. In diesem Zusammenhang werden unternehmerische Risiken im engeren Sinne nicht betrachtet, z.B. hinsichtlich des Erfolges eines Unternehmens am Markt. Ebenfalls nicht behandelt wird eine professionalisierte, operative und fortlaufende R. in dem Sinne, wie es durch die Kapitalmarktpraxis und durch gesetzliche Regelungen von börsennotierten Unternehmen erwartet wird.

Prof. Dr. Michael Schefczyk

Literatur:
Collrepp, F. von: Handbuch Existenzgründung, Stuttgart 2000, S. 255-282; *Romeike, F./Finke, R.:* Erfolgsfaktor Risiko-Management, Wiesbaden 2003; *Wolf, K./Runzheimer, B.:* Risikomanagement und KonTraG: Konzeption und Implementierung, Wiesbaden 2003.

Risiko der Existenzgründung, → Gründungsrisiko.

Risikodiversifikation. Ein aus mehreren Teilrisiken (→ Risikoarten) bestehendes Gesamtrisiko bleibt dann hinter der Summe der Teilrisiken zurück, wenn die Teilrisiken stochastisch unabhängig voneinander sind. Die R. wird beispielsweise von Anlegern genutzt, die ein Portfolio von möglichst unabhängigen Teilrisiken aufbauen. Als Intermediäre zur Externalisierung von Risiken nutzen auch Versicherungsgesellschaften die R., indem sie unabhängige Teilrisiken decken. Durch → Diversifikation beseitigt werden kann der als unsystematisches Risiko bezeichnete Risikoanteil. Auch bei optimaler Diversifikation verbleibt das systematische → Risiko, welches sich mindestens auf eine ganze Anlageklasse gleichermaßen auswirkt, was beispielsweise beim Konjunkturrisiko vielfach zutrifft. – *Vgl. auch* → Risikoneigung.

Risikofrüherkennungssystem, → Risikofrühwarnsystem.

Risikofrühwarnsystem, *Risikofrüherkennungs- und -überwachungssystem.* 1. *Begriff:* Ausdruck des → Risikomanagements. Bei Risikofrühwarnsystemen im weiteren Sinne handelt es sich um Instrumente zur Erfassung, Verarbeitung und Kommunikation von unternehmensexternen und –internen → Risiken. – 2. *Merkmale:* Um diese Funktion zu gewährleisten, müssen die verwendeten Indikatoren und → Kennzahlen einen möglichst eindeutigen Ursache-Wirkungs-Zusammenhang mit einer Vermögens-, Erfolgs- und Liquiditätsentwicklung aufweisen. Zudem muss die Zeitspanne zwischen der Ermittlung der kritischen Ausprägung des Indikators und dem Eintritt des Risikos ausreichen, um Maßnahmen zur Vermeidung bzw. Abschwächung des Risikos einleiten zu können (→ Risikobewältigung). – 3. *Abgrenzung zu anderen Begriffen:* Risikofrüherkennungssysteme warnen frühzeitig vor Bedrohungen und erkennen rechtzeitig Chancen. Darüber hinaus beinhalten Risikofrühaufklärungssysteme die Sicherstellung von Gegenmaßnahmen. – 4. *Entwicklung des Begriffs:* Aus der Formulierung des § 91 Abs. 2 AktG und aus der Begründung zu dieser Vorschrift sowie aus der allgemeinen Begründung zum → KonTraG lässt sich ableiten, dass der Gesetzgeber ein R. unter Verantwortung der Unternehmensleitung fordert.

Risikokapital, meist von → Venture Capital-Gesellschaften bereitgestelltes → Kapital für Projekte bzw. Unternehmen, die mit einem besonders hohen → Risiko des Scheiterns verbunden sind. I.d.R. wird der Begriff auf innovative Projekte bzw.

Unternehmen bezogen. Als Finanzierungsform kommen hier vor allem Beteiligungen (→ Venture Capital) in Frage; → Kredite sind zur → Finanzierung besonders risikoreicher Projekte bzw. Unternehmen nur wenig geeignet.

Risikomanagement, *Risk Management.* 1. *Begriff:* Ausdruck der Unternehmenssteuerung für die Sicherstellung, dass sowohl die bestehenden → Risiken als auch zukünftige (das heißt potenzielle) Risiken (→ Risikoarten) kontrollierbar und kalkulierbar sind. Das R. muss sich an der Unternehmensgesamtstrategie und den Wettbewerbsstrategien ausrichten, weil durch die Festlegung dieser Unternehmensstrategien zu einem Großteil ex ante vorgegeben ist, wie stark die unternehmerischen Aktivitäten mit Risiken verbunden sind. – 2. *Ziele:* Ziel des R. ist es, Risiken, verstanden als Gefahren, die den Prozess der Zielsetzung und Zielerreichung begleiten und ihn negativ tangieren können, zu identifizieren, die Konsequenzen der zu übernehmenden Risiken offenzulegen, die erfolgsgefährdenden Risiken zu begrenzen, existenzbedrohende Risiken abzuwenden und zu vermeiden sowie eine effiziente → Risikobewältigung unter gleichzeitiger Berücksichtigung der den Risiken gegenüberstehenden Chancen zu ermöglichen. Insofern stehen beim R. eine prospektiv ausgerichtete Bewältigung der Risiken und die Nutzung der Chancen im Vordergrund der Betrachtung. Eine restriktiv wirkende Zielsetzung des R. besteht allerdings in der weitgehenden Vermeidung von Existenzgefahren für das Unternehmen sowie der möglichst effizienten Bewältigung erfolgsgefährdender Risiken unter Berücksichtigung der Gesamtrisikolage. Dies setzt voraus, dass einerseits, entsprechend dem aus dem Formalziel abgeleiteten Wirtschaftlichkeitsstreben, die Kosten der Risikobewältigung nicht deren Nutzen übertreffen und andererseits das Gesamtrisikoportefeuille des Unternehmens durch eine partielle Risikostreuung im Sinne der Portefeuilleauswahl (Portfolio Selection) insoweit ausgeglichen ist, als die bestehende Risikolage für ein Unternehmen keine Existenzgefährdung mehr darstellt und Risikotragfähigkeit gegeben ist. – 3. *Entwicklung:* Durch das Gesetz zur Kontrolle und Transparenz im Unternehmensbereich (→ KonTraG) ist unter anderem der Vorstand einer Aktiengesellschaft verpflichtet, für ein angemessenes R. und für eine angemessene interne Revision zu sorgen (Begründung zu § 91 AktG). Der Vorstand wird durch den Abs. 2 des § 91 AktG dazu verpflichtet, geeignete Maßnahmen zu ergreifen und ein Überwachungssystem zu implementieren, damit die Unternehmung gefährdende Entwicklungen rechtzeitig erkannt werden können. – 4. *Aufgaben:* Die als allgemeine Aufgabe des R. bezeichnete Führungsfunktion beinhaltet die Einbindung der Risikokomponente bei der Verfolgung der angestrebten Unternehmensziele auf allen Führungsebenen, das heißt auch das Bewusstmachen des unspezifizierten Risikophänomens im Rahmen der Ertragsgenerierung, und mündet in der Entwicklung einer risikobewussten Unternehmensphilosophie. Erst durch die Verbreitung eines erhöhten allgemeinen Risikobewusstseins im gesamten Unternehmen wird die Grundvoraussetzung für die Erfüllung der R.-Ziele geschaffen. Zu den detaillierten Aufgaben des R. zählen die Implementierung von organisatorischen Maßnahmen, Methoden und Systemen zur Erkennung, Analyse, Bewertung, Klassifikation, Steuerung und Kontrolle der Risiken sowie eine sich daran anschließende kontinuierliche Weiterentwicklung des R.-Instrumentariums. Die benannten Aufgaben finden sich dabei in einem sich kontinuierlich wiederholenden Prozess, dem R.-Prozess, wieder. Die strategisch ausgerichteten Aufgaben des R. zielen zunächst auf die Analyse und Bewertung der strategischen Risiken. Im Mittelpunkt der Betrachtung strategischer Risiken stehen die mit der Schaffung und Nutzung von Erfolgspotenzialen verbundenen negativen Auswirkungen unter gleichzeitiger Berücksichtigung der ihnen gegenüberstehenden Chancen. Des weiteren muss das R. Strategien zur Risikohandhabung unter gleichzeitiger Optimierung des Erfolges entwerfen, wobei sicherzustellen ist, dass die Gesamtrisikolage des Unternehmens nicht dessen Risikotragfähigkeit übersteigt. Im Rahmen des operativen R. steht die Gestaltung einer gegebenen Risikosituation durch → Koordination von risikobehafteten Einzelentscheidungen zu einem akzeptablen Gesamtrisiko im Mittelpunkt. Da es sich hier – im Vergleich zum strategischen R. – um einfacher durchschaubare Problemsituationen mit einem kurzfristigen Wirkungshorizont und einem geringeren Grad an informationsbezogener Unvollkommenheit handelt, gestaltet sich die Analyse, Bewertung und Steuerung der betrachteten Risikosituation weniger schwierig, wobei aber trotzdem darauf geachtet werden muss, dass die Risikotragfähigkeit des Unternehmens gewährleistet bleibt. Dem Risiko der konkreten Situation stehen dabei Erfolg und → Liquidität als Steuerungsgrößen gegenüber.

Prof. Dr. Thomas Hering

Literatur:
Hahn, D.: Risikomanagement: Stand und Entwicklungstendenzen, in: Zeitschrift für Organisation, 1987, S. 137-150; *Hering, Th.:* Investitionstheorie, München 2003; *Hoffmann, K.:* Risikomanagement, Karlsruhe 1985; *Schorcht, H.:* Risikomanagement und Risikocontrolling junger Unternehmen in Wachstumsbranchen, Berlin 2003.

Risikoneigung, *Risikoeinstellung, Risikopräferenz,* Einstellung eines → Gründers zum Risiko in Form der Risikofreude, der Risikoneutralität und der Risikoscheu. Ein Indikator für die R. ist das Sicherheitsäquivalent: Es ist dasjenige sichere Ergebnis einer Entscheidung, das zu Ergebnissen indifferent empfunden wird, denen eine ganz bestimmte Wahrscheinlichkeitsverteilung zugrunde liegt. Stimmt nach der individuellen Nutzenfunktion des Entscheiders das Sicherheitsäquivalent einer Verteilung mit deren Erwartungswert überein, so ist er risikoneutral. Setzt er dagegen das Sicherheitsäquivalent einer Verteilung niedriger (höher) als deren Erwartungswert an, so ist er risikoscheu (risikofreudig). Der Grad seiner Risikoscheu oder Risikofreude kann unterschiedlich ausgeprägt sein.

Risikopolitik. Im Rahmen der R. legt ein Marktteilnehmer, insbesondere ein Anbieter auf dem → Kapitalmarkt, seine Risikopräferenzen fest. Im Idealfall ausgehend von einer → Risikoanalyse wird der Marktteilnehmer zunächst bestimmen, innerhalb welcher Grenzen er risikoavers, risikoneutral oder risikofreudig handeln will. Der typische risikoaverse Marktteilnehmer wird in diesem Zusammenhang entscheiden, welche Prämie im Sinne zusätzlicher Renditeerwartungen er pro Einheit zusätzlich übernommenen → Risikos akzeptieren will. Teilweise wird dabei angenommen, dass dieser → Preis nicht konstant, sondern – darstellbar als Iso-Nutzenkurven – abhängig vom Niveau des Risikos ist. Zur R. gehören weiterhin Leitlinien zur Begrenzung und Externalisierung von Risikobestandteilen. – *Vgl. auch* → Risikoarten, → Risikobewältigung.

Risiko-Rendite-Relation. Der Zusammenhang zwischen → Rendite und → Risiko beruht darauf, dass Anleger in den Grenzen ihrer Präferenzen eine maximale Rendite mit minimalem Risiko anstreben. Risiko-Rendite-Kombinationen, also einzelne Anlagemöglichkeiten, bei denen die Übernahme zusätzlichen Risikos nicht mit einer angemessenen zusätzlichen Renditechance honoriert wird (unsystematisches Risiko), werden entweder von den Anbietern oder den Nachfragern von → Kapital vermieden. In der Konsequenz ergibt sich eine Relation von Rendite und Risiko, die insbesondere im Rahmen der Portfoliotheorie näher untersucht wird und zwar nicht lediglich mit Blick auf einzelne Anlagemöglichkeiten, sondern bezogen auf die Optimierung eines aus einer Vielzahl von Anlagemöglichkeiten bestehenden Portfolios.

Risikoüberwachungssystem, → Risikofrühwarnsystem.

Risikoverhalten. Das unternehmerische Entscheiden und Handeln in risikobehafteten Situationen hängt nur teilweise von der Einstellung zu einer bestimmten Risikoart und der Einschätzung des konkreten Risikos ab (→ Risikoarten). Neben der → Risikoneigung und der → Risikowahrnehmung bestimmen auch andere personale und situationsbezogene Faktoren, ob Unternehmer bestimmte finanzielle, psychische, soziale, physische oder umweltbezogene → Risiken eingehen oder vermeiden. Das Entscheidungsverhalten in der Realität kann vom Ergebnis der Theorie des Erwartungsnutzens abweichen, wenn sich die Risikoneigung nicht konsistent im R. widerspiegelt. So folgt das zu beobachtende R. statt einem Erwartungswertkalkül überwiegend dem Prinzip der Gewinnsicherung und der Verlustkompensation.

Risikowahrnehmung, Beurteilung und Bewertung von → Risiken, die als perzipierte Risiken entscheidungsrelevant werden und zu Abweichungen zwischen dem → Risikoverhalten und der → Risikoneigung eines Entscheiders führen können. So muss die Entscheidung, ein Unternehmen zu gründen, nicht unbedingt Ergebnis einer besonderen Risikofreude des → Gründers sein, vielmehr kann sie auch auf die individuelle Wahrnehmung oder Bewertung des mit der Gründung verbundenen Risikos zurückzuführen sein.

Risk Management, → Risikomanagement.

Risk Manager. 1. *Begriff:* Ausdruck des → Risk Managements. Der R.M. übernimmt die Aufgabe der Formulierung risikopolitischer Grundsätze, die in der → Risikopolitik des Unternehmens zusammengefasst werden. Mittels dieser Grundsätze werden vom R.M. Aussagen im Hinblick auf Entscheidungskriterien für das Abwägen von → Renditen und → Risiken, die Obergrenze für das Gesamtrisiko sowie die Schwellenwerte und Verantwortlichkeiten für Einzelrisiken formuliert. Zudem trifft der R.M. die Entscheidung über risikopolitische Steuerungsmaßnahmen. Die notwendige Informationsunterstützung erhält der R.M. hierbei von dem Risiko-Controller. – 2. *Abgrenzung von anderen Begriffen:* Der Risiko-Controller ist von der Früherkennung und Erfassung der Risiken über die Messung und Analyse von Risiken bis hin zur Steuerung und Kontrolle der Risiken mit der instrumentalen Ausgestaltung des Risikomanagement-Prozesses beschäftigt. Die Informationsbereitstellung für die Risikoverantwortlichen im Rahmen eines Risikoberichtswesens ist ebenfalls diesem Tätigkeitsbereich zuzuordnen. Zudem trägt der Risiko-Controller vor diesem Hintergrund die Verantwortung für die Implementierung und Ausgestaltung eines Risikomanagement-Systems.

Roadshow, Instrument der Finanzkommunikation in der Vorbereitungsphase eines → Börsengangs. Die Emittenten stellen sich der Finanzöffentlichkeit im Vorfeld eines Börsenganges auch außerhalb ihres Unternehmenssitzes („on the road") an wesentlichen Börsen- und Bankplätzen vor. Dies kann schon in der Auftaktphase (zwei bis sechs Monate vor Notierungsaufnahme) stattfinden, wobei die Steigerung des Bekanntheitsgrades des Emittenten im Vordergrund steht. Intensiver kommt das Instrument der R. in der anschließenden Vorbereitungsphase (zwei Monate vor Notierungsaufnahme) zum Einsatz und zwar im Kern zur zielgerichteten Übermittlung von Informationen an Analysten, institutionelle Anleger und Journalisten sowie auch zur Stützung von Zeichnungsentscheidungen.

ROI, → Return on Investment.

Rücklagen, sind auf der Aktiv-Seite der → Bilanz (§ 266 Abs. 3 HGB) aufzuführen und im Gegensatz zu → Rückstellungen als → Eigenkapital zu bewerten (Kapitalrücklagen, Gewinnrücklagen). Charakteristisch für R. ist die Tatsache, dass sie die Beträge erfolgsneutral angesetzt werden, d.h. nicht zweckgebunden.

Rückstellung, → Kapital, das ein Unternehmen für zukünftige Aufwendungen, die es zu einem aktuellen Zeitpunkt bereits einschätzen kann, buchhalterisch erfasst bzw. passiviert (§ 266 Abs. 3 HGB). D.h., dass R. in der → Bilanz auf der Passiv-Seite angesetzt werden und nach vernünftiger kaufmännischer Beurteilung zu Bewerten sind (§ 253 Abs. 1 Satz 2 HGB). Bspw. gibt es R. für Steuern und Pensionen. Die fälligen Beträge werden bei Bedarf aus einer Auflösung der R. beglichen und belasten somit nicht den operativen Gewinn der Periode.

Rückwärtsintegration, ist eine mögliche → Wachstumsstrategie von Unternehmen. Die R. beschreibt die Einbindung von vorgelagerten Wertschöpfungsprozessen in das Unternehmen. Das bedeutet, bisher vom Markt bezogene Leistungen werden nun selbst vom Unternehmen erbracht. Die wesentlichen Vorteile der R. werden in einer Reduzierung von Marktunsicherheiten und -abhängigkeiten sowie in einer Weiterentwicklung des unternehmensinternen Know-hows gesehen. Nachteilig dagegen können sich vor allem höhere Kontroll- und Koordinationskosten auswirken. – *Beispiel:* Ein Automobilhersteller bezieht seine Klima- und Lichtsysteme nicht mehr über den Markt von einem Lieferanten, sondern stellt sie selbst her. – *Vgl. auch* → Diversifikationsstrategie, → Wertschöpfungskette. – *Gegensatz:* Vorwärtsintegration

S

Sachgründung. 1. *Begriff:* Ausdruck der speziellen → Unternehmensgründung, bei der das vereinbarte Betriebskapital für das neue Unternehmen als Sacheinlage durch den oder die → Gesellschafter zur Verfügung gestellt wird. Grundsätzlich eignen sich zu diesem Zweck alle Vermögensgegenstände, für die sich ein wirtschaftlicher → Wert feststellen lässt. Darunter fallen hauptsächlich bilanzierungsfähige Vermögenspositionen wie etwa Grundstücke, → Patente, Betriebsmittel, aber auch ganze Unternehmen. – 2. *Abgrenzung zu anderen Begriffen:* Die Alternative zur S. stellt eine → Bargründung dar, zusätzlich sind auch Mischformen denkbar. Eine in der betriebswirtschaftlichen Praxis nicht unübliche besondere Form der S. besteht aus der so genannten verdeckten S.: Häufig wird in diesem Zusammenhang zunächst, den Gründungsvereinbarungen entsprechend, in einem ersten Schritt eine → Bareinlage an das Unternehmen geleistet. In einem zweiten Schritt kommt es jedoch zu einem Veräußerungsgeschäft zwischen dem Unternehmen und dem jeweiligen Gesellschafter, bei dem diese Einlage als Gegenleistung aus einem Kaufvertrag oder einer Forderungsabtretung an den Gesellschafter zurückfließt. Tatsächlich erfolgt also eine Sacheinlage anstelle der nach außen dokumentierten Bareinlage. Solche Verfahren sind vor diesem Hintergrund bei → Aktiengesellschaften nicht zulässig (→ Nachgründung).

Sachgut, im Gegensatz zu → Dienstleistungen, materiell, transport- und lagerfähige Güter. S. zeichnen sich auch dadurch aus, dass ihre Produktion ohne Beteiligung des Käufers möglich ist. Dienstleistungen dagegen sind immateriell, nicht speicherbar oder transportierbar und vor diesem Hintergrund ist der Käufer bei der Leistungserstellung beteiligt.

Sachziel, → Zielsystem.

Sale-and-Lease-Back. 1. *Begriff:* Spezialform des → Leasing. – 2. *Merkmale:* Beim S.-a.-L.-B. wird ein Vermögensgegenstand verkauft (Sale) und gleichzeitig das Nutzungsrecht daran durch einen Leasingvertrag zurückerworben (Lease-Back). Durch diese Vermögensumschichtung lässt sich regelmäßig eine (vorübergehende) Verbesserung der Liquiditäts- und Erfolgssituation des Unternehmens erreichen. Durch den Verkauf des Vermögensgegenstandes zum Marktwert an die Leasinggesellschaft fließt dem Unternehmen → Liquidität zu. Da der Buchwert des Vermögensgegenstandes i.d.R. niedriger als dessen Marktwert ist, lässt sich durch den zu verbuchenden außerordentlichen Ertrag zugleich die Erfolgssituation in der Periode verbessern. Allerdings wird die zukünftige Liquidität durch die im Leasingvertrag festgelegte Leasingrate beeinträchtigt.

Sanierungsfinanzierung, umfasst alle Finanzierungsmaßnahmen zur Wiederherstellung einer gesunden unternehmerischen Handlungsbasis. Sie soll dazu beitragen, eine drohende → Zahlungsunfähigkeit oder eine Überschuldung abzuwenden (→ Insolvenz) und das finanzielle Grundgerüst des Unternehmens zukunftsorientiert und nachhaltig zu restrukturieren. Betriebswirtschaftlich ist eine S. dann sinnvoll, wenn der erwartete → Barwert der Fortführung des Unternehmens größer ist als der → Liquidationswert.

Savings, → Lerneffekte.

Scanning, → Monitoring.

Scheinselbstständigkeit. Der Begriff unterstellt, dass Erwerbstätige faktisch wie → Arbeitnehmer arbeiten. Sofern sie weisungsgebunden sind, keine sozialversicherungspflichtigen Arbeitnehmer beschäftigen, mindestens $^5/_6$ Ihres Umsatzes mit einem Auftraggeber erwirtschaften und am Markt nicht unternehmerisch auftreten (Briefpapier, Geschäftsräume etc.), besteht die gesetzliche Vermutung der S. In diesem Fall besteht Sozialversicherungspflicht und vom Arbeitgeber kann die Nachzahlung der Versicherungsbeiträge für die Vergangenheit – und auch die fälschlich geltend gemachte → Vorsteuer – verlangt werden. Als arbeitnehmerähnliche Selbständige (keine Weisungsbindung, keine Arbeitnehmer, mindestens $^5/_6$ von einem Auftraggeber) besteht Rentenversicherungspflicht und die Beiträge sind vom Unternehmer selbst zu entrichten.

Schlussbilanz. Jeder Buchführungsabschnitt, meist eines Geschäfts- bzw. Wirtschaftsjahres, beginnt mit einer Anfangsbilanz (→ Eröffnungsbilanz) und endet mit einer S. Die S. ist zugleich die Anfangsbilanz der nächsten Periode. Dies entspricht dem Grundsatz der Bilanzidentität. – *Vgl. auch* → Bilanz.

Schlüsseltechnologie, → Technologie

Schuldschein. 1. *Begriff:* Beweisurkunde, die zur Absicherung von (Schuldschein-) Darlehen (langfristiger Kredit) ausgegeben wird. – 2. *Merkmale:* Schuldscheindarlehen sind großvolumige Darlehen von Kapitalsammelstellen (insbesondere Versicherungsunternehmen). Sie ähneln Anleihen und Obligationen, sind jedoch im rechtlichen Sinne keine Wertpapiere und werden auch nicht an einer → Börse notiert. Zur Absicherung der Darlehen können S. als beweissicherndes Instrument ausgestellt werden. Die hohen Anforderungen an Emittenten von S. erfüllen jedoch nur wenige Kreditnehmer, z.B. Großunternehmen, Bund und Länder.

Schumpeter-Unternehmer. Nach Schumpeter kann eine derartige Neuartigkeit einer (Gründungs-)Unternehmung in folgenden Aspekten liegen: Herstellung eines neuen Gutes oder einer neuen → Qualität eines Gutes; Einführung einer neuen, d.h. dem betreffenden Industriezweig noch nicht bekannten Produktionsmethode; Erschließung neuer → Absatzmärkte; Nutzung neuer Bezugsquellen; Neuorganisation einer Branche, z.B. durch Schaffung einer → Monopolstellung oder Durchbrechen eines Monopols. Nach Schumpeter gilt: „[...] dass jemand grundsätzlich nur Unternehmer ist, wenn er eine neue Kombination durchsetzt.“ Da Neues hier Altes ablöst, spricht Schumpeter in diesem Zusammenhang auch von „schöpferischer Zerstörung“.

Scoring Modell, *Rangfolgemodell, Punktebewertungsverfahren,* ist eine heuristische Methode zur Alternativenbewertung. Sie ist geeignet für die Lösung von Entscheidungsproblemen, bei denen für die Bewertung neben Kosten- und Erlöskriterien, insbesondere qualitative Faktoren von Bedeutung sind (wie z.B. Servicequalität, → Image, → Standort). Zur Bewertung der Alternativen werden (1) die Ziele ausgewählt und gewichtet, (2) die Alternativen mit Punkten bewertet, (3) die erreichten Punkte mit den Gewichten multipliziert, (4) die ermittelte Gesamtpunktzahl der Alternativen ergibt die Präferenzstruktur der Alternativen. Damit ist mit einem S.M. eine differenzierte Beurteilung einer Entscheidungssituation möglich, wobei die Auswahl, Gewichtung und Punktebewertung der Einzelkriterien (Alternativen) unter subjektiven Gesichtspunkten erfolgt. Anwendungsgebiete sind z.B. die Bewertung von → Produktideen, das Treffen von Standortentscheidungen.

Screening, umfasst die Grobanalyse bzw. die Vorauswahl, die zweite Stufe von acht, in der Anbahnung der Zusammenarbeit eines jungen Unternehmens mit einer → Venture Capital-Gesellschaft. Dabei können zur Evaluation des → Gründungsmanagements, der → Finanzierung, der zukünftigen Geschäftsentwicklung, der → Qualität der → Geschäftsidee persönliche Gespräche und Analysen durchgeführt werden, aber auch professionelle Agenturen eingestellt werden. So kommt es vor, dass Venture Capital-Geber bspw. eine professionelle Personalagentur mit einem Management-Screening (Audit) beauftragt hat.

Secondary Purchase, Form der Desinvestition bei einer → Venture Capital-Finanzierung. S.P. bezeichnet den Weiterverkauf einer → Beteiligung an einen Finanzinvestor. Ein solcher Finanzinvestor kann bspw. eine andere → Venture Capital-Gesellschaft sein, die sich auf spätere Beteiligungsphasen spezialisiert hat oder größere Beteiligungssummen als die verkaufende Venture Capital-Gesellschaft bereitstellen kann. Neben dem Verkauf einer einzelnen Beteiligung ist auch die Veräußerung eines kompletten Beteiligungsportfolios möglich. Dies findet insbesondere bei befristeten → Fonds am Ende der Fondslaufzeit sowie allgemein bei Umstrukturierungen oder Geschäftsaufgabe von → Unternehmensbeteiligungsgesellschaften statt.

Second Stage Financing, zweite Finanzierungsrunde bei einer → Venture Capital-Beteiligung.

Seed Capital, Finanzierungsmittel, die zur Deckung des → Kapitalbedarfes in der Frühphase der Unternehmensentwicklung (→ Seed-Phase, → Finanzierungsphasen) eingesetzt werden. S.C. stellt eine Teilmenge der zur → Gründungsfinanzierung einsetzbaren Instrumente dar. Die Anwendbarkeit der Finanzierungsinstrumente wird stark von den Besonderheiten der Unternehmen in der Seed-Phase bestimmt. So verfügen diese Unternehmen wegen ihrer kurzen Historie kaum über Vergangenheitsdaten, auf die sich Prognosen der zukünftigen Entwicklung stützen könnten. Aus dem gleichen Grunde haben sie auch selten Anlagevermögen in nennenswerten Umfang, das bspw. zur Besicherung eingesetzt werden könnte. Schließlich sind Umsätze entweder noch nicht vorhanden oder im Verhältnis zu den Aufwendungen gering. Dadurch verfügen die Unternehmen nur über geringe Liquiditätsreserven, was die Möglichkeiten zur Zahlung laufender Finanzierungsentgelte einschränkt. Prinzipiell stehen verschiedene Finanzierungsinstrumente zur Auswahl, um daraus eine strukturierte → Finanzierung zu entwickeln. 1. *Finanzierungsinstrumente:* a) Fremdkapital: → Fremdkapital kann zunächst in Form öffentlicher Fördermittel (→ Gründungsförderung) bezogen werden. Auf die Besonderheiten in der Seed-Phase sind die Förderdarlehn durch tilgungs- und teilweise auch zinsfreie Anfangsjahre angepasst. Die → Liquidität des Unternehmens wird dadurch in der Anfangsphase nicht belastet. Vorteilhaft sind weiter die unter Marktniveau liegenden Finanzierungskosten. Nachteilig sind dagegen die begrenzte Verfügbarkeit und die bürokratische, zeitintensive Antragstellung. Ferner bedingt auch ein Förderdarlehn die persönliche Haftung des oder der → Gründer, da andere Sicherheiten i.d.R. nicht zur Verfügung stehen. – b) Eigenkapital: → Eigenkapital kann zum einen von Personen aufgebracht werden, deren Motive nicht vollständig dem Ansatz rationaler Finanzinvestoren entsprechen. Dazu zählen als wichtigste Quelle in der Seed-Phase zunächst die Gründer des Unternehmens selbst. Sie bringen Kapital und Arbeitszeit ein und erwarten Wertsteigerungen/Gewinnanteile sowie Gehalt als Vergütung. Das von den Gründern aufgebrachte Kapital reicht jedoch häufig zur vollständigen Finanzierung nicht aus. Weiter können sich die Familie der Gründer oder andere nahe stehende Personen am Unternehmen beteiligen (→ Family and Friends-Kapital). Diese Finanzierungsmöglichkeit birgt das Risiko, nicht nur das finanzielle Schicksal des Gründers, sondern auch das seines Umfeldes eng mit der Entwicklung des Unternehmens zu verknüpfen. Auch hier werden die Finanzierungsbeiträge i.d.R. begrenzt sein. – c) Zuschüsse: Nicht direkt in die Systematik von Eigen- und Fremdkapital einzuordnen ist die Finanzierung über einen → Zuschuss der öffentlichen Hand. Vorteil aus Sicht des Unternehmens sind niedrige bzw. keine Finanzierungskosten. Nachteilig ist die vorgeschriebene Verwendung der Mittel, die häufig auf Sachinvestitionen oder Forschungstätigkeiten ausgerichtet ist. Ferner bindet ein Zuschuss das Unternehmen an einen Standort (Fördergebiet/Bundesland). – 2. *Strukturierung der Finanzierung:* Wie in der Diskussion zu den einzelnen Instrumenten deutlich geworden, können Unternehmen in der Seed-Phase nur auf eine begrenzte Auswahl zurückgreifen. Die Finanzierung wird daher zumeist eher von opportunitäts- als von strukturierungsbezogenen Aspekten geprägt sein. Trotzdem sollte eine Strukturierung so weit wie möglich vollzogen werden, da die Finanzierung in der Seed-Phase folgende Finanzierungsrunden wesentlich beeinflussen kann. Bei einer Strukturierung lassen sich drei für ein Unternehmen in der Seed-Phase typische Zielstellungen identifizieren: Niedrige Finanzierungskosten sollen die Liquiditätsbelastung zumindest in der Anfangzeit minimieren. Eine geringe Verwässerung der Eigentümerrechte für die Gründer soll deren Kontrolle über das Unternehmen sichern. Eine einfache Finanzierungsstruktur soll den sonstigen Aufwand bspw. für Gesellschafterbeschlüsse und das Berichtswesen nicht unnötig komplex zu gestalten. Aus diesen Zielstellungen ergibt sich, dass ein Unternehmen in der Seed-Phase zunächst das persönliche Eigenkapital der Gründer ausschöpfen sollte, da sowohl bei Förderfinanzierungen als auch von VCG ein erhebliches Eigenengagement erwartet wird. Eine Ergänzung um Eigen- und Fremdkapital von nahe stehenden Personen ist nach Verfügbarkeit und individueller Neigung zu prüfen. Der verbleibende Finanzierungsbedarf sollte weitgehend durch die Aufnahme → öffentlicher Fördermittel gedeckt werden. Hier stehen günstige Konditionen und der Erhalt des Kapitalanteils der Gründer am Unternehmen im Vordergrund. Insbesondere bei stark wachstumsorientierten Unternehmen wird ein weiterer Kapitalbedarf verbleiben. Dieser kann durch institutionelle Eigenkapitalinvestoren gedeckt werden. Aus Sicht der Finanzierungskosten sind hier → Business Angels und öffentliche VCG zu bevorzugen.

Dr. Frank Pankotsch

Literatur:
Schefczyk, M./Pankotsch, F.: Betriebswirtschaftslehre junger Unternehmen, Stuttgart 2003, S. 223-281; *Nathusius, K.:* Grundlagen der Gründungsfinanzierung, Wiesbaden 2001; *Weitnauer, W.:* Handbuch Venture Capital, München 2001, S. 155-169.

Seed-Fonds, *Frühphasen-Fonds*. Spezialisierungsform einer → Venture Capital-Gesellschaft. → Fonds, dessen Mittel ausschließlich für die → Finanzierung von Unternehmen in der → Seed-Phase eingesetzt werden. Durch die Spezialisierung kann die den Fonds betreuende Venture Capital-Gesellschaft eine besondere Expertise bei der Auswahl und Betreuung der Beteiligungen aufbauen. Gleichzeitig sind jedoch die Möglichkeiten einer Risikodifferenzierung stark eingeschränkt. Dies ist insbesondere deswegen problematisch, weil Beteiligungen in der Seed-Phase regelmäßig eine überdurchschnittliche Ausfallquote aufweisen. Problematisch ist weiterhin die mit Folgefinanzierungen verbundene Verwässerung nebst komplexen Rechtsstrukturen.

Seed-Phase, erster Abschnitt im Lebenszyklus eines Unternehmens (→ Finanzierungsphasen). 1. *Begriffshistorie:* Der Begriff stammt aus dem Bereich der → Venture-Ca-pital-Finanzierung, in dem ein spezifisches Modell zur → Unternehmensentwicklung existiert. Dieses unterscheidet sich deutlich von anderen Lebenszyklusmodellen und ist auf die

Besonderheiten der → Finanzierung angepasst. Wie in anderen Modellen auch erfolgt die Abgrenzung der Phasen durch typische Entwicklungsschritte eines Unternehmens. – 2. *Typische Managementaufgaben:* Der Schwerpunkt der Unternehmenstätigkeit liegt in dieser Phase auf Forschungsaktivitäten und der Produktentwicklung. Ziel ist die Umsetzung einer Idee in verwertbare Resultate bis hin zum Prototyp. Dabei kommt dem Schutz der Ergebnisse zentrale Bedeutung zu. Dieser Schutz dient nicht nur der Absicherung gegen unbefugte Benutzung der Ergebnisse durch Dritte. Er ist auch ein wichtiges Qualitätsmerkmal im Rahmen von Finanzierungsgesprächen. Kritisch abzuwägen ist in jedem Fall der notwendige Schutzumfang. Hier gilt es, das Schutzbedürfnis und die aus dem Schutz resultierende Kostenbelastung in ein sinnvolles Verhältnis zu bringen. Zum Schutz der Ergebnisse können verschiedene Schutzrechte beantragt werden. Je nach Art der Innovation kommen dafür → Patente, → Gebrauchsmuster oder → Geschmacksmuster in Betracht. Weiter sollte durch die Anmeldung einer → Marke nicht nur Firmenname, sondern auch die (Verkaufs-)Bezeichnungen zukünftiger Produkte oder → Dienstleistungen geschützt werden. Mit Marken kann in erster Linie die Unterscheidbarkeit der Firma und ihrer Produkte im Wettbewerb gesichtet werden. Ein weiterer Aspekt ist, dass mit einer Marke weitere Ansprüche, z.B. auf die gleichlautende Internet-Adresse begründet werden können. Neben der Produktentwicklung sind Marktanalysen durchzuführen, mit denen der Bedarf nach dem Produkt hinsichtlich Anzahl und Anforderungen ermittelt werden soll. Daraus kann zum einen eine Priorisierung der Forschungs- und Entwicklungstätigkeit abgeleitet werden. Zum anderen können Schlussfolgerungen für das zu erwartende Umsatz- und damit letztendlich auch Gewinnpotenzial gezogen werden. Im Rahmen dieser → Marktanalysen sollen auch die Anzahl und Wettbewerbsstärke möglicher Konkurrenten ermittelt werden. Dritte Hauptaufgabe ist schließlich die (Fort-) Entwicklung eines → Business Planes. In diesen fließen die Ergebnisse der Produktentwicklung und der Marktanalysen unmittelbar ein. – 3. *Abgrenzung der Phase:* Als erste Phase im Lebenszyklus beginnt die S.-P. mit der ersten Tätigkeit des → Gründers, die mit dem zukünftigen Unternehmen in Verbindung steht. Der Startpunkt ist also nicht genau durch ein bestimmtes Ereignis zu definieren. Als Ende der S.-P. wird das Vorliegen eines ersten vermarktbaren Produktes bzw. Dienstleistung und der Abschluss der (ersten) Geschäftsplanung zu dessen gewerblicher Nutzung angesehen. Ein solches Produkt liegt dabei meist in Form eines funktionsfähigen Prototyps vor. – 4. *Unternehmensmerkmale:* Unabhängig von dem diskutierten Abgrenzungsproblem weisen Unternehmen in der S.-P. eine Reihe von Besonderheiten auf. Wegen der Konzentration auf → Forschung und Entwicklung sind sie ohne eigene Marktpräsenz, d.h. sie nehmen allenfalls als Nachfrager, nicht aber als Anbieter am Wirtschaftsverkehr teil. Durch diesen fehlenden Kontakt zum Absatzmarkt mangelt es in der S.-P. häufig an einer wirtschaftlich tragfähigen Einschätzung der → Produktidee und des Marktes. Weiter ist auch die Personalzusammensetzung zumeist einseitig auf diese FuE-Aufgaben angepasst. Vor diesem Hintergrund verfügen viele Unternehmen in der S.-P. nur über eine geringe kaufmännische Professionalität. Am Ende verfügen die Unternehmen neben der zumeist als Projekte organisierten FuE-Tätigkeit selten über etablierte Strukturen.

Dr. Frank Pankotsch

Literatur:

Schefczyk, M./Pankotsch, F.: Betriebswirtschaftslehre junger Unternehmen, Stuttgart 2003, S. 261-263; *Weitnauer, W.:* Handbuch Venture Capital, München 2001, S. 85-188.

Selbstfinanzierung, *No-Budget-Model.* 1. *Form der* → Gründungsfinanzierung, bei der die → Gründer nicht in der Lage sind Finanzmittel aufzubringen, aber den erklärten Willen zur Selbständigkeit haben. Die fehlenden Finanzmittel (→ Gründerkapital, → Sicherheiten zur → Fremdkapitalaufnahme, etc.) müssen daher von Beginn an durch → Liquidität ersetzt werden, die durch die Geschäftstätigkeit generiert wird. Somit findet in der → Gründungsphase des Unternehmens keine → Finanzierungsrunde statt. Beispiele für Finanzierungsinstrumente im Rahmen einer S.: → Sweat Equity, F&E-Projekte, → Moonlighting, Anzahlungen durch Auftraggeber und Vorfinanzierungen durch Lieferanten. – 2. → Finanzierung *durch einbehaltene Gewinne*, die nicht an die Eigenkapitalgeber des Unternehmens ausgeschüttet werden. – *Vgl. auch* → Self-Feeding Business.

Self-Feeding-Business. Finanziert sich ein Unternehmen durch eigene Kraft, d.h. ohne externe Kapitalzuführung wird dieses als S.-F.-B. oder → Selbstfinanzierung bezeichnet. Hierbei handelt es sich um eine → Innenfinanzierung in Form einer Ansammlung von erwirtschafteten aber nicht ausgeschütteten Unternehmensgewinnen auf dem Kapitalkonto (bei Einzelunternehmen oder → Personengesellschaften) oder um Zuführung zu offenen → Rücklagen (bei → Kapitalgesellschaften). Die Bildung stiller Rücklagen unterstützt ebenfalls die Selbstfinanzierung.

Seniorunternehmer, → Alteigentümer.

Serviceleistung. Produkt- und kaufbegleitende S. haben die Sicherstellung von → Kundenzufriedenheit zum Ziel. Diese wiederum resultiert aus Abwesenheit von Beschwerdegründen, und diese wiederum werden durch S. wesentlich reduziert. Häufig genannte Serviceattribute sind bspw. Lieferung (vernünftige Lieferzeiten, Verlässlichkeit, Verfügbarkeit der Produkte auch in Zeiten der Verknappung), angebotene Garantieleistungen, Wartung und Reparatur (Promptheit, Effizienz, Verfügbarkeit von Teilen), Bereitschaft zu Spezialanfertigungen, Technische Unterstützung, unkompliziertes Bestell- und Abrechnungsprozedere.

Service Ventures, → Dienstleistungs-Start-ups.

Share Deal, Unternehmenskauf durch den Erwerb von Gesellschaftsanteilen. Der S.D. hat gegenüber dem Erwerb einzelner Vermögensgegenstände des Zielunternehmens (→ Asset Deal) für den Verkäufer den Vorteil, dass alle Risiken automatisch auf den Käufer übertragen werden. Dieser kann nicht einzelne Bereiche aus dem Unternehmenserwerb ausschließen.

Shareholder`s Agreement, *Konsortialvertrag, Aktionärsbindungsvertrag*, 1. *Begriff:* Vertragliche Gestaltung des Rechtsverhältnisses zwischen möglichst allen Gesellschaftern (grundsätzlich nicht der Gesellschaft selbst). – 2. *Ausgestaltung:* Im S.A. werden insbesondere bei Aktiengesellschaften und ausländischen Gesellschaften, in denen sich Gesellschafter mit verschiedenen Interessen zusammengeschlossen haben, all diejenigen Punkte geregelt, die nicht zwingend einer Regelung im Rahmen der im Handelsregister zu hinterlegenden Satzung bzw. Articles of Association bedürfen. Im S.A. werden insbesondere Fragen der Risikotragung, der Mitwirkungsrechte sowie Regelungen über die Verfügung über Gesellschafterrechte (Aktien) geregelt. Hierzu zählen insbesondere Anti-Dilution-Klauseln, Regelungen über die Erlösverteilung (Liquiditätspreferenzen), Dividendenansprüche, Verfügungsbeschränkungen bzgl. Aktien (Founders' Lock-Up), Right of First Refusal, Co-Sale- und Drag-Along-Klauseln, Veto-Rechte und Zustimmungskataloge für die Hauptversammlung, Regeln über die Besetzung der Aufsichtsgremien, IPO-Klauseln, Vestingabreden für Gründer, Informations- und Mitwirkungsrechte der Investoren, Wettbewerbsverbotsabsprachen sowie die notwendigen Klauseln für die Umsetzung, wie Regelungen über die

Einberufung der Konsortialversammlung, Vertragsstrafeabreden, Rechtsnachfolgeklauseln, etc.

Dr. Christoph von Einem

Shareholder Value. 1. *Begriff:* S.V. bedeutet übersetzt aus dem Englischen „Wert des Eigentumes oder Aktionärsvermögen" und meint den auf Basis einer Reihe von Annahmen berechneten Marktwert eines Unternehmens, bzw. Marktwert des → Eigenkapitals, das durch das Management des Unternehmens für dessen Eigentümer (Shareholder) geschaffen wird. – 2. *Merkmale und Ziele:* S.V.-Konzept (-Politik, -Management, -Ansatz) bezeichnet die (ganzheitliche) Ausrichtung der → Unternehmensführung auf die Maximierung des Marktwertes des Eigenkapitals im Interesse der Eigenkapitalgeber (Shareholder). Das heißt, das → Management hat die strategischen Entscheidungen so zu treffen, dass der Wert des Unternehmens steigt. Aus der Sicht der Aktionäre geht es dabei v.a. um dauerhafte → Dividenden und Kurssteigerungen, aus der Sicht des kleinen Unternehmens, das oft nur einen Shareholder (Eigentümer) hat, um die Steigerung dessen Vermögens. Die Eigenkapitalgeber stellen im S.V.-Konzept die primäre Anspruchsgruppe dar, da sie üblicherweise auch das unternehmerische Risiko tragen und dafür eine risikogerechte Rendite fordern können. Neben der Verbesserung des finanziellen Nutzens hat die Verwendung des S.V. den Zweck, das operative Management hinsichtlich Investitionsentscheidungen und Ressourcenallokation zu verbessern. Ausgehend von der Kritik an der Eignung des buchhalterischen Gewinns als Maßgröße für den Unternehmenserfolg verwendet das S.V.-Konzept den → Cash Flow als zentrales Rechenelement zur Ermittlung des Unternehmenswertes (vgl. → Unternehmensbewertung). – 3. *Maßnahmen:* Da das Management die Aufgabe hat, im Zeitablauf den Marktwert des Eigenkapitals zu steigern, gilt es, die wertbestimmenden Faktoren (Werttreiber, → Value Drivers) zu beeinflussen. Eine Zunahme des Marktwertes des Eigenkapitals greift nur dann Platz, wenn die Eigenkapitalrendite die Kosten des Eigenkapitals übersteigt. Zu einer Schmälerung des S.V. käme es, wenn die Eigenkapitalkosten höher als die Eigenkapitalrendite ausfielen. Zu diesen Werttreibern – im Negativfall Wertvernichtern – gehören z.B. Umsatzwachstum, die operative Gewinnmarge, Investitionen im → Umlauf- und → Anlagevermögen, → Rentabilität, Gewinnsteuersatz, Kapitalkosten und Dauer der Wertsteigerung (Planungshorizont). Im Wesentlichen lässt sich daher der S.V. mittels folgender Maßnahmen steigern: wertorientierte Managementvergütung, Senkung der Kapitalkosten, operative Verbesserungen, strategische Neuausrichtung und Neuordnung der Geschäftsbereichsorganisation. Mit der wertorientierten Managementvergütung wird versucht, die Geschäftsführer an die Ziele der Anteilseigner zu binden, indem Managementbezüge an die Schaffung von Vermögen der Anteilseigner (Aktionärsvermögen) gekoppelt werden. Eine Senkung der Kapitalkosten lässt sich einerseits durch kostengünstigeres → Fremdkapital und andererseits durch Ersetzung von teurem Fremdkapital durch Eigenkapital erreichen. Im operativen Bereich kann man Verbesserungen durch Erhöhung der Wertschöpfung durch Kostenreduktion und den effizienten Einsatz von Produktionsfaktoren erreichen. Eine Steigerung des S.V. kann auch durch eine Umorientierung im strategischen Bereich erreicht werden, etwa durch → Akquisitionen oder → Fusionen, um z.B. → Synergieeffekte auszunutzen. Da sich strategische Maßnahmen und Organisationsstruktur i.d.R. gegenseitig beeinflussen, können auch organisatorische Umstellungen angezeigt sein. Im Rahmen der Unternehmensgründung ist es sinnvoll, im Finanzteil des → Business Plans Beeinflussungsmöglichkeiten wertbestimmender Faktoren des S.V.-Konzeptes in die Überlegungen einzubeziehen. Wie z.B. Kapitalkosten etc.

Prof. Dr. Herbert Neubauer

Literatur:
Ballwieser, W.: Unternehmensbewertung; Prozess, Methoden, Probleme, Stuttgart 2004; *Bischoff, J.:* Das Shareholder-Value-Konzept, Darstellung, Probleme, Handhabungsmöglichkeiten, Wiesbaden 1994; *Drukarczyk, J.:* Unternehmensbewertung, München 2001; *Rappaport, A.:* Shareholder Value: Wertsteigerung als Maßstab für die Unternehmensführung, Stuttgart 1998.

Shop-in-Shop-Lösung, basiert auf der Untervermietung von Geschäftsflächen im Handel an Hersteller, wobei diesen ein bestimmter Platz im Laden zugewiesen wird, der auch der eigenständigen Präsentation dient. Es handelt sich also um Unterabteilungen, denen Magnetwirkung in 1a-Lagen zukommt. Im Ergebnis profitiert der Handel von einer Auflockerung der Präsentation und einer Anreicherung des Sortiments um prominente → Marken. Der Hersteller sichert sich knappen Regalplatz an besten Standorten und kann dabei noch sein → Corporate Design wahren. Dafür übernimmt er neben der Mietzahlung weitergehende Merchandising-Leistungen (wie z.B. Möbel, Musik, Werbemittel, Placierung, Preisauszeichnung, Beratung).

Sicherheit, *Kreditsicherheit.* 1. *Begriff:* S. dienen zur Minderung des Risikos eines Kredites. – 2. *Merkmale:* Regelmäßig wird bei einer Kreditvergabe, insbesondere bei unzureichendem → Rating, die Stellung von S. verlangt, um den Kredit gegen ein Ausfallrisiko abzusichern. Zu unterscheiden sind akzessorische und nicht akzessorische S. Erstere sind vom Bestand und Umfang eines Kredits abhängig und erlöschen i.d.R. nach der Kredittilgung. Beispiele sind → Bürgschaft, Hypothek und Pfandrecht. Nicht akzessorische (abstrakte) S. sind abhängig vom Bestand einer konkreten Forderung, nicht aber einem konkreten Kredit. Beispiele für nicht akzessorische S. sind → Grundschuld, Garantie und Sicherungsübereignung. Durch Fördermittelprogramme (→ öffentliche Fördermittel) können gegenbenenfalls weitere S. gestellt werden.

Skalierbarkeit. Unter der S. wird der folgende Effekt verstanden: Der Kostenaufwand für die Ersterstellung von digitalen Informationen, auch „First-Copy Costs" genannt, ist relativ hoch, wie z.B. für die erste Erstellung eines virtuellen Reisekatalogs. Sind die digitalen Informationen jedoch einmal vorhanden, so ist der Kopiervorgang relativ einfach und kostengünstig. Und genau das ist das Ziel: Die digitalen Informationen einmal erstellen und dann multiplikativ zum Einsatz bringen. Oder anders ausgedrückt: Einmal eine Datenbank oder einen elektronischen Prozess aufbauen und dann für möglichst viele Kunden „als Kopie" zugänglich machen, ohne das die Leistung immer wieder neu erstellt werden muss. Im Anschluss an die erste Erstellung reduzieren sich somit die nachfolgenden Kostenblöcke, insbesondere allgemeine → Transaktions- und Organisationskosten. Die S. von digitalen Geschäftsmodellen ist dann insbesondere ablesbar an den Größen „Ertrag" und „Aufwand". Die S. ist gegeben, wenn die Erträge überproportional gegenüber dem Aufwand wachsen (können).

Skimming-Price, *Abschöpfungspreis, Absahnpreis.* Unter S.-P. wird ein gezielt hoch angesetzter → Preis für ein neues Produkt bezeichnet. Bei dieser → Strategie werden sehr hoch angesetzte Preise für die Einführung neuer Produkte in der Erwartung, dass die dem neuen Produkt gegenüber positiv eingestellte → Zielgruppe so aufnahmebereit und auch kaufkräftig genug ist, dass der Preis für sie gar keine oder nur eine untergeordnete Rolle spielt. Dadurch wird mit dem hohen Einführungspreis zunächst einmal die Nachfrage nur bei dieser Zielgruppe „abgesahnt". Ist sie dort ausgeschöpft, wird oft der Preis gesenkt, um die Nachfrage bei der nächsten, etwas weniger kaufkräftigen Zielgruppe abzuschöpfen. Ziel einer solchen Strategie ist es i.d.R., durch Abschöpfung der → Konsumentenrente die im Zusammenhang mit der Einführung des neuen Produkts getätigten → Investitionen binnen kürzester Zeit zu amortisieren und – nachdem das geschehen ist – hohe Gewinne zu erzielen.

Skonto, Preisnachlass für die schnelle Bezahlung einer Rechnung. Ein S. wird immer in Prozent des Kaufpreises angegeben und erfolgt meistens innerhalb von Tagen. Somit ist ein Anreiz für den Kunden gesetzt → Kosten zu sparen und das Unternehmen sichert so die Begleichung der Rechnung. Ein Beispiel für ein S. ist der häufig auf Rechnungen aufgeführte Hinweis: „Zahlung innerhalb von 7 Tagen mit 5% S., innerhalb von 20 Tagen ohne jeden Abzug."

SME, *Small and medium sized firm,* → kleine und mittlere Unternehmen.

Societas Europaea (SE), → Aktiengesellschaft.

Soft Money, → Kapital ohne Renditezwang. Dies könnte z.B. Vermögen von öffentlichen Stellen oder Stiftungen etc. sein.

Sortiment, besteht aus allen Produkten und Leistungen eines Unternehmens, die es im Angebot hat und zum Verkauf anbietet. Das S. kann vielfach unterteilt hierarchisch werden, bspw. in Warengruppen oder Sorten. – *Vgl. auch* Sortimentspolitik.

Sortimentsbreite, *Programmbreite.* Die S. gibt im Hinblick auf die Sortimentsstruktur Auskunft über die Anzahl der von einer Unternehmung angebotenen bzw. anbietbaren Produktkategorien (z.B. Damen-, Herrenschuhe). Sie stellt neben der → Sortimentstiefe eine weitere Gestaltungsgröße im Rahmen der → Sortimentspolitik dar, bei der es neben der Beibehaltung zur Einengung, d.h. Verringerung der S. (Fall der Spezialisierung), oder zur Ausweitung der S., d.h. der Angliederung von Produktkategorien kommen kann (Fall der → Diversifikation).

Sortimentsbündelung. 1. *Begriff:* Die S. bezieht sich auf die Ergänzung oder Umstrukturierung des eigenen → Sortiments durch das Sortiment einer anderen Unternehmung. – 2. *Ziel:* Im Falle einer unzureichenden → Sortimentsbreite und/oder → Sortimentstiefe besteht Bedarf nach entsprechender Ergänzung, dem oftmals auf Basis des definierten Kerngeschäfts nicht mit eigenen Leistungen entsprochen werden kann bzw. soll. Die S. bewirkt eine strategisch koordinierte Zusammenführung von Sortimentsteilen der Kooperationspartner und kann z.B. in Form des Gemeinschafts- bzw. Anschlussabsatzes erfolgen. – 3. *Besonderheiten:* Gerade ein neu gegründetes Unternehmen, welches noch über ausgeprägte Engpässe in der Gestaltung des → Sortiments verfügt, kann durch S. ein wettbewerbsfähiges Sortiment anbieten. Dazu werden strategische Unternehmenskooperationen eingegangen.

Sortimentspolitik, bezieht sich auf die Entscheidungen des Unternehmers in Bezug auf die Angebotspalette hin. Dabei kommen insbesondere Erwägungen mit Hinblick auf den Markt in betracht. Es gilt, eine marktgerechte Gestaltung der S. vorzunehmen. Die S. hat Einfluss auf die Marketingpolitik eines Unternehmens, aber auch bspw. auf die Steigerung von Gewinn und Umsatz, Verbesserung der Wettbewerbssituation, der Risikostreuung und der Auslastung der Produktions- und Lagerhaltung.

Sortimentstiefe, *Programmtiefe.* Unter S. versteht man die Struktur eines → Sortiments im Hinblick auf die Anzahl der angebotenen bzw. anbietbaren Produktvarianten (z.B. Größen oder Farben von Schuhen). Die S. tritt als Gestaltungsparameter der → Sortimentspolitik neben die → Sortimentsbreite. Als Produktdifferenzierung gelten diejenigen Fälle, bei denen sich die S. durch die Aufnahme weiterer Produktvarianten vergrößert, von Standardisierung spricht man hingegen, wenn die S. durch Elimination von Varianten reduziert wird. Produktvariation schließlich kennzeichnet diejenigen Fälle, in denen lediglich eine Auswechslung von Produktvarianten erfolgt.

Sourcing, *Supply Management.* Das S. beschreibt die Entwicklung einer geeigneten Beschaffungsstrategie für eine definierte, extern zu beschaffende Leistung. Ein S. setzt sich aus folgenden Entscheidungstatbeständen zusammen: (1) Anzahl der alternativen Beschaffungsquellen (Single vs. Multiple Sourcing), (2) Verwendungsfähigkeit der zugekauften Leistung (Komponentenkauf vs. System/Modular Sourcing), (3) Radius des relevanten Beschaffungsmarktes (Local vs. Global Sourcing), (4) Frage der vertraglichen Absicherung (Markttransaktion vs. Life Cycle Contracts), (5) Kopplung der Leistungserstellung des Anbieters und der Leistungsverwendung des Nachfragers (Stock Purchasing vs. Just-in-Time-Delivery), (6) physische Einbindung des Zulieferers in die Verwendung (Co-location), (7) Frage der elektronischen Unterstützung des Kaufs (→ E-Procurement). Für das → Gründungsmanagement ist das S. ein zentraler Entscheidungstatbestand, da ohne eine auf das Kompetenz- und Ressourcenprofil abgestimmtes S. rasch eine Überforderung des Ventures droht.

Soziale Netzwerke. 1. *Begriff:* Bezeichnet die Gesamtheit aller sozialen Beziehungen, auf die ein → Gründer bzw. Unternehmer zurückgreifen kann. – 2. *Merkmale:* S.N. beeinflussen den individuellen Ressourcenzugang, z.B. zu Informationen oder informellen Krediten, und dienen der emotionalen Unterstützung. Sie sind ebenfalls wichtig für die Legitimierung neuer Unternehmen am Markt. – 3. *Abgrenzung:* S.N. setzen sich im Gegensatz zu → Unternehmensnetzwerken vorrangig aus Beziehungen im sozialen Umfeld des Gründers zusammen, z.B. Familie, oder Freunde. – 4. *Bedeutung:* In der → Gründungsphase sind vor allem starke Beziehungen (zu vertrauten Personen) wichtig. In der → Unternehmensentwicklung gewinnen schwache Beziehungen und die Größe des S.N. an Bedeutung.

Sozialkompetenz, → Gründungskompetenz.

Sparte, → Geschäftsbereich.

Spillover. 1. *Begriff:* Das „Überschwappen" zwischen Akteuren, Regionen oder Branchen. Wird i.d.R. auf → Wissen, gelegentlich auch auf Umweltschäden bezogen. Wissens-S. ist grundsätzlich jeder Transfer von Information, unabhängig davon, ob hierfür eine angemessene Gegenleistung erfolgt, d.h. ein Marktpreis entrichtet wird. Erfolgt keine angemessene Gegenleistung, so liegt ein positiver technologischer externer Effekt vor, der zu → Marktversagen führen kann. – 2. *Bedeutung:* Wissens-S. stellen die Voraussetzung für Arbeitsteilung in Innovationsprozessen dar. Dies ergibt sich aus der Tatsache, dass der Kern der Innovationsaktivität in der Generierung, Kombination und Anwendung von Wissen besteht. – 3. *Formen:* Im Wesentlichen lassen sich vier Transferkanäle von Wissens-S. unterscheiden: Papier („Paper Trails", z.B. in Form von Forschungsberichten, Aufsätzen, Patentschriften etc.), nicht-schriftliche Kommunikation (etwa Vorträge, mündliche Auskünfte, Demonstration), Menschen (Transfer über Köpfe, bspw. in Form von Arbeitskräftefluktuation und → Spin-off-Gründungen) sowie Güter (sofern sich das Wissen durch Analyse der betreffenden Güter – etwa durch reverse engineering – gewinnen lässt. – 4. *Voraussetzungen für Wissens-S.:* Der Transfer von Wissen ist häufig an bestimmte Voraussetzungen beim Empfänger gebunden, die man als absorptive Kapazität bezeichnet. Man versteht darunter die Fähigkeit, relevantes externes Wissen zu identifizieren, aufzunehmen und für die eigenen Zwecke sinnvoll einzusetzen.

Prof. Dr. Michael Fritsch

Literatur:
Breschi, S./Lissoni, F.: Knowledge Spillovers and Local Innovation Systems: A Critical Survey, in: Industrial and Corporate Change, Vol. 10, 2001, S. 975-1005; *Döring, T.:* Räumliche Wissens-Spillovers und regionales Wirtschaftswachstum. Stand der Forschung und wirtschaftspolitische Implikationen, in: Schmollers Jahrbuch / Journal of Applied Social Science Studies, 124. Jahrgang, 2004, S. 95-137; *Feldman, M.P.:* The New Economics of Innovation, Spillovers and Agglomeration: A Review of Empirical Studies, in: Economics of Innovation and Technological Change, Vol. 8, 1999, S. 5-25.

Spin-off, → Ausgründung.

Sponsoring, längerfristige Partnerschaft zwischen dem Betreiber einer Webseite und dessen Sponsor. Der Sponsor stellt dabei insbesondere Sach-, Geld, oder Dienstleistungen zur Verfügung und wird im Gegenzug in die Kommunikation des Gesponserten eingebunden. Zielsetzung ist dabei, mit dem Image des gesponserten Internetauftritts bzw. dessen Aktivität in Verbindung gebracht zu werden. Der Wert des S. für das Unternehmen bemisst sich danach, wie öffentlichkeitswirksam die jeweilige Aktivität ist. Je häufiger ein Unternehmen durch sein S. positiv oder zumindest wertneutral in den Medien erscheint, um so mehr macht sich dieser Aufwand bezahlt.

Spread. 1. *Begriff:* Absoluter oder prozentualer Unterschied zwischen zwei Nominalzinssätzen, → Renditen oder zwischen Geld- und Briefkurs. – 2. *Kredite:* Bei Kreditzinssätzen bezeichnet der S. den Aufschlag auf einen bestimmten Referenzzinssatz (z.B. 0,5% über LIBOR), dessen Höhe abhängig von der → Kreditwürdigkeit des betreffenden Kreditnehmers ist. – 3. *Optionen:* Im Optionshandel beschreibt die Spread-Strategie den gleichzeitigen Kauf und Verkauf von → Optionen auf den gleichen Basistitel mit unterschiedlichem Basispreis oder unterschiedlicher Laufzeit.

staatliche Beteiligungsmittel. 1. *Begriff:* Unter Beteiligungsmitteln werden alle Formen der Bereitstellung von → Eigenkapital durch Kapitaleinlagen von neu hinzukommenden oder bestehenden → Gesellschaftern der Unternehmung verstanden, wobei s.B. den Staat oder seine Agenten, z.B. → Förderbanken, als Gesellschafter der Unternehmung ausweisen. In einem weiten Begriffsverständnis stehen s.B. auch für die bei der Refinanzierung oder unabhängig von einer Refinanzierung erfolgende Übernahme der Risiken einer → Beteiligungsfinanzierung, wobei der Staat oder seine Agenten nicht notwendigerweise auch Gesellschafter der Unternehmung werden. – 2. *Formen:* Erscheinungsformen von s.B. können wie bei privaten Beteiligungsinvestitionen grundsätzlich alle direkten Finanzierungsinstrumente der Eigenkapitalbeschaffung, wie z.B. → Aktien, GmbH-Gesellschafteranteile, stille Beteiligungen, eigenkapitalnahes → Mezzanine-Kapital usw. oder indirekte Finanzierungsinstrumente, wie z.B. Garantien, sein. Dessen ungeachtet erfolgt die Ausreichung von s.B. oft vor dem Hintergrund bestimmter Förderziele, die Einfluss auf die Ausgestaltung der Finanzierungsinstrumente haben können. – 3. *Bereitstellungswege:* B. lassen sich auf unterschiedlichen Wegen bereitstellen. In Deutschland hat sich eine Vielzahl von Wegen herausgebildet, die der Vielfalt von Finanzierungs- und Förderbedarfen gerecht wird. Die Instrumente der direkten Finanzierungsförderung bilden die Co-Investition in Unternehmen und die Refinanzierung von Investitionen eines Beteiligungsgebers. Zu den Instrumenten der indirekten Finanzierungsförderung gehören die Co-Investition in Beteiligungsfonds, die Refinanzierung von Beteiligungsfonds sowie die Gewährung von Garantien für → Investitionen in Unternehmen oder in Beteiligungsfonds. – 4. *Ziele:* Eigenkapital erfüllt nicht nur eine Finanzierungsfunktion, sondern dient auch als Haftungs- und Verlustausgleichspotenzial und hat damit eine Versicherungsfunktion gegenüber den → Stakeholdern der Unternehmung (z.B. Kunden, Zulieferer, Hausbank). Eine den Risiken des Geschäftsablaufs entsprechende Eigenkapitalausstattung ist deshalb für jedes Unternehmen notwendig. Dabei spielt die Eigenkapitalausstattung und der Zugang zu Eigenkapital immer dann eine besonders große Rolle, wenn die Geschäftsrisiken außerordentlich hoch erscheinen, wie etwa bei besonderen Finanzierungsanlässen und in einigen Lebensphasen der Unternehmung. Beispiele sind die → Finanzierung von Unternehmensübernahmen, von unternehmerischen Innovationsprojekten oder von technologieorientierten Unternehmensgründungen, die für die Nachhaltigkeit des Wachstums des einzelnen Unternehmens und letztlich der gesamten Volkswirtschaft von entscheidender Bedeutung sind. Ein funktionierender Markt für → Beteiligungskapital, der den Zugang geeigneter Unternehmen zu frischem Eigenkapital sichert, ist deshalb von großer gesamtwirtschaftlicher Bedeutung. Die hohen Risiken und Unsicherheiten können aber gerade hier zu einer systematischen Zurückhaltung von Investoren (Marktversagen) und einer damit insgesamt zögerlichen Marktentwicklung führen. Die Überwindung von Marktversagen auf dem Markt für Beteiligungskapital und die Förderung der Entwicklung eines funktionierenden Beteiligungskapitalmarktes ist deshalb das Ziel der staatlichen Bereitstellung von Beteiligungsmitteln.

Dr. Jörg Fischer

Stabilitätspolitik. 1. *Begriff:* Sämtliche Maßnahmen, die auf eine Verstetigung des Wirtschaftsgeschehens im Zeitablauf abzielen. Im Zentrum der stabilitätspolitischen Diskussion stehen häufig Konjunkturschwankungen (→ Konjunktur). S. schließt Konjunkturpolitik zwar mit ein, diese stellt aber nur einen Teilbereich der umfassender angelegten S. dar. 2. – *Ziele:* Bei den Zielen der S. im engeren Sinne handelt es sich um die Vermeidung von unfreiwilliger → Arbeitslosigkeit und von Inflation. Stabilitätspolitische Ziele im weiteren Sinne sind stetiges und angemessenes Wirtschaftswachstum sowie außenwirtschaftliches Gleichgewicht. Längerfristig kann stetiges und angemessenes Wirtschaftswachstum einen wesentlichen Beitrag zur Vermeidung von → Arbeitslosigkeit und Inflation leisten. – 3. *Stabilitätspolitische Strategien:* a) Antizyklische Nachfragesteuerung: Im Zentrum der stabilitätspolitischen Diskussion stand lange Jahre die Strategie der antizyklischen Nachfragesteuerung. Dies meint, dass die Politik versucht, die Schwankungen im Auslastungsgrad des Produktionspotentials durch Steuerung der privaten Nachfrage oder durch Nachfrage des öffentlichen Sektors auszugleichen. Die Erfahrung hat gezeigt, dass der Staat zu einer solchen antizyklischen Nachfragesteuerung nur sehr begrenzt in der Lage ist. Ein Grund für nur eingeschränkte Wirksamkeit antizyklischer Nachfragesteuerung kann darin bestehen, dass zusätzliche staatliche Tätigkeit in der Rezession zu einer Verdrängung („Crowding-out") privater Aktivitäten führt. Entsprechend kann es auch sein, dass bei einem Zurückfahren der Staatstätigkeit in der Hochkonjunktur die frei werdenden Potenziale durch zusätzliche private Aktivität aufgefüllt werden. Da die Zeitverzögerung („Time-Lag"), mit der die erhoffte Wirkung eintritt, nur sehr ungenau kontrolliert werden kann, besteht darüber hinaus die Gefahr, dass antizyklisch intendierte Maßnahmen letztendlich prozyklisch wirken, die Schwankungen im Auslastungsgrad des Produktionspotenzials also nicht abgemildert, sondern verstärkt werden. – b) Potenzialorientierte S.: Als Alternative zur antizyklischen Nachfragesteuerung versucht die potenzialorientierte S. eine Verstetigung der Wirtschaftsabläufe durch Orientierung an der Entwicklung des Produktionspotenzials zu erreichen. Für die potenzialorientierte Fiskalpolitik bedeutet dies, die Entwicklung der Positionen der öffentlichen Haushalte an der Wachstumsrate des

Produktionspotenzials auszurichten. Entsprechend soll die potenzialorientierte Geldpolitik dafür sorgen, dass sich die Geldversorgung entsprechend der Wachstumsrate des Produktionspotenzials entwickelt. – c) Angebotsorientierte S.: Die angebotsorientierte Strategie der S. versucht, durch Flexibilisierung der Wirtschaft eine schnellere Anpassung der Wirtschaft an Nachfrageschwankungen sowie an sonstige Veränderungen gesamtwirtschaftlicher Rahmenbedingungen zu erreichen. Einen wesentlichen Ansatzpunkt hierbei stellen die rechtlichen Rahmenbedingungen (→ Ordnungspolitik) der Märkte dar. Dies betrifft etwa den Abbau marktwidriger Regulierungen (Deregulierung), ein mit klaren Leistungsanreizen verbundenes Steuer- und Sozialsystem sowie ganz allgemein die Arbeitsmarktpolitik und die Wettbewerbspolitik. Darüber hinaus versucht die angebotsorientierte S. auch, durch eine Stimulierung der Entwicklung des Produktionspotenzials die Voraussetzungen für Wirtschaftswachstum zu verbessern. Mittel hierzu sind insbesondere die Infrastrukturpolitik, die Bildungspolitik und die Technologiepolitik.

Prof. Dr. Michael Fritsch

Literatur:

Burda, M.C./Wyplosz, C.: Macroeconomics, Oxford 2004; *Mussel, G./Pätzold, J.:* Grundfragen der Wirtschaftspolitik, München 2003; *Siebert, H.:* Einführung in die Volkswirtschaftslehre, Stuttgart 2003.

Stabliniensystem, stellt eine Erweiterung des → Einliniensystems dar mit dem Ziel die Leitungsstellen zu entlasten. Dazu übernehmen → Stabstellen die Aufgabe, die Leitungsstellen bei der Vorbereitung und Kontrolle von Entscheidungen zu beraten und zu unterstützen. Auf diese Weise wird der Stelleninhaber der Leitungsstelle (Linienstelle) fachlich entlastet und die → Qualität der Entscheidungen verbessert sich häufig. Probleme entstehen vor allem durch Informationsunterschiede. Stabstellen verfügen zumeist über einen Informationsvorsprung, den sie zur Durchsetzung eigener Ziele nutzen können. Die nicht vorhandene Entscheidungskompetenz von Stabstellen kann andererseits aber auch zu Motivationsschwierigkeiten bei den Stäben führen. – *Vgl. auch* → Stabstellen, → Stabsabteilungen.

Stabsabteilungen, mehrere → Stabstellen werden zu S. zusammengefasst. Sie stehen dann i.d.R. nicht nur einer Leitungsstelle zur Verfügung, sondern übernehmen beratende und unterstützende Dienstleistungsfunktionen für mehrere bzw. alle Abteilungen des Unternehmens. Innerhalb der S. wird das Liniensystem fortgeführt. Im Gegensatz zur Stabstelle haben sie meistens auch bestimmte fachtechnische Weisungsbefugnisse, das heißt, sie können Anordnungen erteilen soweit diese ihren Fachbereich betreffen. Zusätzlich zu den grundsätzlichen Problemen von Stabstellen besteht in diesem Zusammenhang bei S. die Gefahr, dass sie zu groß dimensioniert sind und neben hohen Kosten auch die Entscheidungsprozesse verlangsamen. – *Vgl. auch* → Stabstellen, → Stabliniensystem.

Stabstellen, sind im Führungsprozess an der Entscheidungsvorbereitung beteiligt und unterstützen die Durchführung von Entscheidungen, aber ihnen obliegen keine Weisungsbefugnisse. – *Vgl. auch* → Stabsabteilungen, → Stabliniensystem.

Stakeholder, alle Adressaten eines Unternehmens, die einen Anspruch haben. Das Prinzip der S. versucht das Unternehmen in seinem gesamten sozialökologischen Kontext zu erfassen und die Bedürfnisse der unterschiedlichen Anspruchsgruppen in Einklang zu bringen. Als S. gelten dabei neben den eigentlichen Anteilseigner bzw. Investoren die Mitarbeiter, die → Kunden, die → Zulieferer, sowie der Staat, die Natur und die Öffentlichkeit, die von der Geschäftstätigkeit beeinträchtigt werden könnten.

Stammaktie, *Ordinary Share, Common Stock.* Normalform der → Aktie, die die Inanspruchnahme bzw. Einhaltung aller gesetzlichen oder satzungsmäßigen gewöhnlichen Rechte bzw. Pflichten eines Aktionärs verbrieft. In Deutschland ist die S. der geläufigste Aktientyp. S. werden als Inhaber- oder Namensaktien ausgegeben. – *Gegensatz:* → Vorzugsaktie.

Stammkapital, Bezeichnung für das gezeichnete Kapital (Nominalkapital) einer → Gesellschaft mit beschränkter Haftung, welches das haftende Kapital der Gesellschaft darstellt. Zur → Gründung der GmbH müssen für das S. mindestens 25.000 Euro eingebracht werden. Zur Eintragung ins → Handelsregister müssen ein Viertel, wenigstens aber 12.500 Euro einbezahlt werden, wobei auch Sachleistungen eingebracht werden können. Die sog. Stammeinlage eines → Gesellschafters muss sich auf mindestens 100 Euro belaufen. Durch die notarielle Beurkundung entstehen weitere Kosten, die zu berücksichtigen sind. Nicht die Gesellschafter, sondern die GmbH haftet ihren → Gläubigern gegenüber und zwar nicht nur mit dem S., sondern mit dem gesamten → Gesellschaftsvermögen. Zu diesem Zweck müssen jedoch die Gesellschafter ihre zu leistende Anteile in die Gesellschaft übertragen haben (§ 19 GmbHG). Über eine im → Gesellschaftsvertrag vereinbarte Nachschusspflicht kann die Haftung jedoch erweitert werden (§§ 26-28 GmbHG). – *Vgl. auch* → Nachschuss.

Standort, *Betriebsstätte.* 1. *Begriff:* Der S. eines Unternehmens (oder: Betriebs) ist der geographische Ort, an dem Produktionsfaktoren kombiniert und in die erwünschten Produkte transformiert werden. – 2. *Merkmale:* Die Standortwahl wird zu den „konstitutiven“ Problemen der Allgemeinen Betriebswirtschaftslehre gerechnet, weil sie sich nicht kurzfristig revidieren lässt und einen Rahmen für zahlreiche nachgelagerte Entscheidungsprobleme bildet. Die Eignung eines S. im Hinblick auf die Sach- und Formalziele hängt i.d.R. von einem breiten Spektrum von Einflussgrößen – so genannten Standortfaktoren – ab. Bspw. wird die Eignung eines S. für ein Unternehmen, das als Sachziel die Erbringung logistischer → Dienstleistungen verfolgt, u.a. von der Anbindungsqualität an die jeweils maßgeblichen Verkehrsträger sowie von der Größe und Zugänglichkeit des verfügbaren S. für ein Umschlagslager maßgeblich beeinflusst. Im Allgemeinen ist es nicht möglich, die Vielfalt der eignungsbestimmenden Einflussgrößen ohne erheblichen Informationsverlust auf einen einzelnen Gütemaßstab zu verdichten. Daher stellt das Problem der Standortwahl ein typisches multi-kriterielles Entscheidungsproblem dar. – 3. *Ziele:* Es gilt, einen S. so auszuwählen, dass die mannigfaltigen Anforderungen eines Unternehmens an seinen S. und die tatsächlichen Eigenschaften eines S. bestmöglich aufeinander abgestimmt sind. Das Formalziel der Standortwahl ist also ein „Best Fit“-Ziel zwischen einem unternehmensbezogenen Anforderungsprofil und standortbezogenen Eigenschaftsprofilen. In den Standortanforderungen aus Unternehmenssicht schlagen sich die jeweils verfolgten betriebswirtschaftlichen Sach- und Formalziele nieder, allerdings oftmals nur auf indirekte Art aufgrund mutmaßlicher Zweck-Mittel-Beziehungen. Beispielsweise kann das Formalziel der Gewinnmaximierung bei der Standortwahl eines Logistikunternehmens dadurch berücksichtigt werden, dass als Standortfaktoren u.a. die lokalen Mieten für Gewerberäume und Gewerbesteuersätze (als Kostentreiber) sowie die zeitlichen Entfernungen zu den nächsten Autobahn-, Eisenbahn- und Hafenanschlüssen (als Einflussgrößen auf die Geschwindigkeit von Transportdienstleistungen und somit – bei Zeitwettbewerb – als indirekte Erlöstreiber) in Betracht gezogen werden. – 4. *Instrumente:* a) Standortfaktorenkatalog: Es wird ein Katalog derjenigen Standortfaktoren aufgestellt, die aus der Sicht des Entscheidungsträgers die Eignung (Güte) eines S. für die verfolgten Sach- und Formalziele wesentlich beeinflussen. In der Fachliteratur existieren mehrere umfangreiche Vorschläge für solche Standortfaktorenkataloge (z.B. von Weber, Behrens, Hansmann und Zäpfel), die jedoch an die Spezifika des aktuellen Auswahlproblems angepasst werden müssen. – b) Anforderungsprofil: Es legt aus der Sicht des Entscheidungsträgers für alle maßgeblichen Standortfaktoren fest, auf welchen Niveaus oder in welcher Richtung diese ausgeprägt sein sollen. Dies entspricht aus entscheidungslogischer Sicht einer Spezifizierung der Höhenpräferenzen des Entscheidungsträgers. – c) Alternativengenerierung: Aus der theoretisch unendlichen Fülle denkmöglicher S. ist eine kleine Anzahl ernsthaft erwogener S. zu filtern, um den Informationsbeschaffungs- und -verarbeitungsaufwand in den nachfolgenden Phasen auf ein praktisch zu bewältigendes Ausmaß – in der Größenordnung von höchstens einem Dutzend – zu beschränken. Als Filter werden oftmals „K.O."-Kriterien verwendet, die von jedem ernsthaft erwogenen S. erfüllt werden müssen und in einer Checkliste zusammengefasst sein können (Checklisten-Verfahren). – d) Eignungsprofile: Für jeden ernsthaft erwogenen S. wird anhand der tatsächlichen Standorteigenschaften ermittelt, in welchen Ausmaßen er die einzelnen Standortfaktoren des Katalogs aus Phase a) erfüllt. Durch Gegenüberstellung dieser tatsächlichen mit den erwünschten Standortfaktorausprägungen gemäß Anforderungsprofil aus der Phase b) ergibt sich für jeden näher untersuchten S. ein spezifisches Eignungsprofil. – e) Standortselektion: Schließlich wird aus den standortspezifischen Eignungsprofilen ein S. mit einem Profil ausgewählt, das die Standortanforderungen mit den Standorteigenschaften bestmöglich („Best Fit") zur Deckung bringt. – *Vgl. auch* → Unternehmensstandort.

Prof. Dr. Stephan Zelewski

Literatur:
Domschke, D.: Standortplanung, in: Kern, W./Schröder, H.-H./Weber, J. (Hrsg.): Handwörterbuch der Produktionswirtschaft, Stuttgart 1996. Sp. 1912-1922; *Hagedorn, A.:* Modellgestützte Planung und Kontrolle von Produktionsstandorten, Wiesbaden 1994; *Kinkel, S.* (Hrsg.): Erfolgsfaktor Standortplanung, Berlin 2004; *Schiele, H.:* Der Standort-Faktor, Weinheim 2003.

Standortanalyse, beinhaltet die Überprüfung des → Standortes eines Unternehmens in der Planungsphase der → Gründung insbesondere in Bezug auf vorgelagerte (z.B. → Zulieferer) und nachgelagerte (z.B. → Kunden) Aktivitäten der Geschäftstätigkeit unter Einbeziehung von Standortalternativen. Bei der Analyse des Standortes werden sowohl harte Faktoren (z.B. Transportkosten, Miete, Arbeitskräfte, aber auch Autobahnzufahrten) als auch weiche Faktoren (Imageaufbau, Nähe zu → Netzwerk, Universitäten) berücksichtigt. Diese Kategorisierung soll darauf hinweisen, dass der kostengünstigste Standort i.d.R. nicht unbedingt der beste Standort darstellt.

Stärken-Schwächen-Analyse. 1. *Begriff:* Ausdruck der strategischen → Unternehmensführung für die Beschreibung und → Bewertung der Ressourcenausstattung eines Unternehmens aus strategischer Sicht. – 2. *Ziele:* Ziel der S.-S.-A. ist es, aus den ermittelten Ergebnissen – gemäß dem → Resource-based View – Ansatzpunkte für die Schaffung strategischer → Wettbewerbsvorteile offenzulegen. Die S.-S.-A. beinhaltet damit sowohl eine strategische Beschreibung des Ressourcenprofils eines Unternehmens als auch eine strategische Bewertung. Die strategische Bewertung des Ressourcenprofils ist jedoch isoliert, das heißt ohne einen Bezug zum Wettbewerb, nicht möglich. Ob → Ressourcen die Fähigkeit besitzen, einen strategischen Wettbewerbsvorteil zu generieren, hängt von den Merkmalen und Eigenschaften der Ressourcen und den Fähigkeiten der wichtigsten Wettbewerber ab. So kann eine Ressource isoliert betrachtet durchaus eine hervorragende Leistung generieren; für einen strategischen Wettbewerbsvorteil bedarf es hingegen einer den Wettbewerbern überlegenen Leistung. Eine Bewertung des unternehmensspezifischen Ressourcenprofils ist daher nur im Vergleich zu den Wettbewerbern sinnvoll. – 3. *Formen:* Die S.-S.-A. kann grundsätzlich zwei Ausprägungen aufweisen: (1) Die wertschöpfungszentrierte Analyse stellt eine von innen nach außen gerichtete Betrachtung der unternehmensspezifischen Ressourcen dar. (2) Die kundenzentrierte Analyse repräsentiert eine von außen nach innen gerichtete Sichtweise. Es werden somit die erfolgskritischen Ressourcen aus Sicht des Marktes bestimmt. – 4. *Vorgehen:* (1) Zur Durchführung einer wertschöpfungszentrierten S.-S.-A. ist eine dreistufige Vorgehensweise sinnvoll. Zunächst ist das unternehmensspezifische Ressourcenprofil zu erstellen. Von Interesse sind hierbei sowohl tangible als auch intangible → Ressourcen. Für die Klassifikation strategischer Ressourcen existieren verschiedene Schemata. Grundsätzlich sind jedoch finanzielle Ressourcen, Humanressourcen, organisatorische Ressourcen und technologische Ressourcen zu explizieren, um eine ganzheitliche Ressourcenanalyse vollziehen zu können. Anschließend ist das Zusammenwirken der verschiedenen Ressourcen offenzulegen. Hierfür eignet sich die von Porter entwickelte Wertketten-Analyse. Anhand der → Wertkette wird analysiert, welche Primär- und Sekundäraktivitäten eine Stärke oder eine Schwäche darstellen. Wird die Wertketten-Analyse auf andere Unternehmen ausgedehnt, so handelt es sich um eine Wertsystem-Analyse. Zusätzlich zur realwirtschaftlichen wertschöpfungszentrierten S.-S.-A. sind insbesondere die Finanzkraft und die Kostenstrukturen zu analysieren, um daraus Aussagen hinsichtlich des Innovationspotenzials und der Wirtschaftlichkeit ableiten zu können. Sind die Stärken und Schwächen ermittelt, gilt es letztlich spezifische → Kernkompetenzen zu identifizieren. Es geht dabei um die Offenlegung des Zusammenspiels verschiedener Fähigkeiten im Hinblick auf eine → Differenzierung gegenüber den Wettbewerbern und, um Tore zu neuen Märkten zu öffnen. Die wertschöpfungszentrierte S.-S.-A. birgt die Gefahr, dass die Sicht des Nachfragers vernachlässigt wird. (2) Insofern stellt die kundenzentrierte S.-S.-A. ein ergänzendes und notwendiges Moment für eine ganzheitliche strategische Ressourcenanalyse dar. Aus Sicht des Marktes, genauer der → Zielgruppe oder auch des Einzelkunden, wird analysiert, welche → Rssourcen für den Kauf von Produkten verantwortlich sind. Insofern sind vorwiegend die strategischen Erfolgsfaktoren → Kosten, → Qualität und Zeit der Analysepunkt, weil diese die Dimension der überlegenen Leistung eines strategischen Wettbewerbsvorteils charakterisieren. Neben objektiven Merkmalen spielen aufgrund der von außen nach innen gerichteten Betrachtung vor allem auch subjektive Wahrnehmungen eine herausragende Rolle, wie z.B. das → Image eines Produktes oder eines Unternehmens. Zur Bestimmung der kundenzentrierten Stärken-Schwächen-Profile sind zunächst im Rahmen von Kundenbefragungen die bedeutsamsten strategischen → Erfolgsfaktoren bzw. deren Formen zu explizieren. Aus der Liste der ermittelten bedeutsamen strategischen Erfolgsfaktoren sind dann die kritischen strategischen Erfolgsfaktoren zu extrahieren. Anschließend werden die eigenen unternehmensspezifischen Ausprägungen der kritischen strategischen Erfolgsfaktoren und die der stärksten Konkurrenten eingestuft und bewertet. Der Profilvergleich visualisiert plastisch die kundenzentrierten Stärken und Schwächen des Unternehmens. – *Vgl. Abb.* „Stärken-Schwächen-Analyse, Ressourcenplott“.

PD Dr. Frank Keuper

Literatur:
Bogaschewsky, R./Rollberg, R.: Prozessorientiertes Management, Berlin 1998; *Keuper, F./Hans, R.:* Multimedia-Management, Wiesbaden 2003; *Macharzina, K.:* Unternehmensführung, Wiesbaden 2003; *Meffert, H.:* Marketing, Wiesbaden 2000; *Steinmann, H./Schreyögg, G.:* Management, Wiesbaden 2000.

Startkapital, finanzielle Mittel (→ Beteiligungskapital, → öffentliche Fördermittel, teilweise auch → Fremdkapital) für die Anfangsphase der Umsetzung einer → Geschäftssidee.

Start-up, Im wirtschaftlichen Kontext jede Form einer → Unternehmensgründung. Manchmal wird S. allerdings bewusst eingeschränkt auf originäre Gründungen (nicht Übernahmen) verwendet. Die Verwendung in deutschsprachigen Texten erfolgt eher umgangssprachlich oder unter vorläufiger Zurückstellung weiterer Präzisierung.

Start-up-Finanzierung, bezeichnet die verschiedenen Möglichkeiten, den → Kapitalbedarf zum Zeitpunkt der Neugründung eines Unternehmens zu decken. Dabei sind nicht nur die unmittelbaren → Gründungskosten zu finanzieren, sondern alle Aufwendungen der ersten Lebensphase des Unternehmens. Diese reicht mindestens bis zum Markteintritt, i.d.R. jedoch bis zum Erreichen des → Break-Even-Point. Als Finanzierungsquellen kommen zunächst die Eigenmittel der → Gründer sowie Mittel von Freunden, Bekannten und der Familie (→ Family and Friends-Kapital) in Betracht. Da diese i.d.R. nicht ausreichen, stellen Fördermittel (→ Gründungsförderung) und → Business Angel weitere wichtige Quellen dar. Kreditfinanzierungen durch → Banken sind wegen fehlender Unternehmenshistorie und Sicherheiten nur selten eine Möglichkeit zur Finanzierung. Lediglich für die kleine Gruppe der technologieorientierten Gründungen mit hohem Wachstumspotenzial ist eine → Beteiligungsfinanzierung mit → Venture Capital denkbar. – *Vgl. auch* → Finanzierung, → Gründungs- und Wachstumsfinanzierung.

Stellenbeschreibungen, → Geschäftsverteilungspläne.

Stärken-Schwächen-Analyse, Ressourcenplott

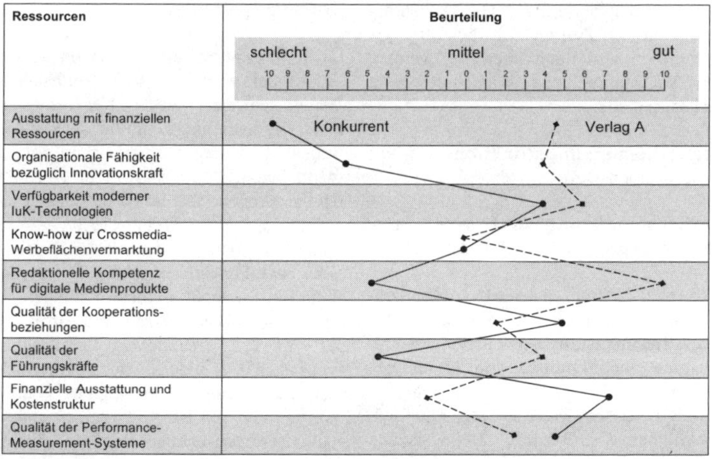

Stellenbesetzung, Vorgang, der durch eine interne oder externe → Personalbeschaffung vollzogen wird. Die im Rahmen der → Stellenbildung vorgenommene Stellenbeschreibung ist Grundlage für die Formulierung eines Anforderungsprofils. In einer Stellenausschreibung werden die Aufgaben, einige Stellenmerkmale und die fachlichen und persönlichen Anforderungen der Stelle formuliert. Bei der → Bewerberauswahl kann das Anforderungsprofil als Checkliste bei der Analyse der Bewerbungsunterlagen und als Interviewleitfaden im → Bewerbungsgespräch dienen.

Stellenbildung, die Schaffung der kleinsten Organisationseinheit im Unternehmen. Im Rahmen systematischer → Organisationsentwicklung ist der Stellenbildung eine Aufgabenanalyse und Aufgabensynthese vorangegangen. Durch eine Stellenbeschreibung werden die Hauptaufgaben beschrieben und die Einbindung in die → Organisation als Leitungsinstanz, als Ausführungsstelle, → Stabsstelle oder Dienstleistungsstelle wird vorgenommen. Dabei werden auch die Berichtspflicht des Stelleninhabers und die → Kompetenzen geklärt. Stellenbeschreibungen bergen die Gefahr des Formalismus mit hohem Aufwand und geringen Nutzen in sich. Dennoch sollten gerade in der Phase der → Unternehmensgründung von Zeit zu Zeit die Aufgaben und deren Verteilung überprüft werden, um Transparenz und Wirtschaftlichkeit sicher zu stellen.

Steuerbemessungsfunktion, → Unternehmenswert.

Steuerbemessungswert eines Unternehmens, → Unternehmenswert.

Steuern, gem. § 3 AO öffentlich-rechtlich auferlegte Geldleistungen, die keine Gegenleistung darstellen und hauptsächlich zur Erzielung von Einnahmen dienen. Im Wesentlichen unterscheiden sich S. in diesem Merkmal von öffentlich-rechtlichen Geldstrafen, Zwangsgelder, Säumnis- und Verspätungszuschläge können auch eine Lenkungsfunktion erfüllen, wie bspw. bei Verbrauchersteuern zum Schutz der Umwelt und Gesundheit. Leistungspflichtige sind an das Gesetz gebunden sind, wobei die S. nach den Grundsätzen der Gleichmäßigkeit (Allgemeinheit) und Tatbestandsmäßigkeit (Gesetzmäßigkeit) versteuert werden. In diesem Sinne sind auch Zölle und Abschöpfungen S. Charakterisiert werden S. auch als Zwangsabgaben an Bund, Länder, Gemeinden und steuerberechtigte Kirchen und unterliegen dem Grundsatz der Notaffektation, d.h. sie stellen keine Gegenleistung für eine besondere Leistung dar, und sind, im Gegensatz zu Gebühren und Beiträgen, nicht zweckgebunden.

Steueroptimierung. 1. *Begriff:* → Planung einer minimalen Steuerbelastung. – 2. *Merkmale:* Durch steuerbilanzpolitische Maßnahmen (→ Bilanzpolitische Instrumente) kann der Erfolgsausweis in der Steuerbilanz (siehe → Steuern) so gestaltet werden, dass zu versteuernde Gewinne in die Zukunft verschoben werden („zinsloser Kredit“ vom Finanzamt; siehe → Barwert). Ebenso wird versucht, Gewinne in ertragsschwache Jahre zu verlagern, um von der geringeren Grenzbelastung eines progressiven Steuertarifs zu profitieren.

stille Gesellschaft, → Personengesellschaft, bei der sich ein stiller Teilhaber am Handelsgewerbe eines → Kaufmanns mit einer Kapitaleinlage, die an diesen übertragen wird, gegen einen Anteil am Gewinn beteiligt. Die s.G. ist in §§ 230 ff. HGB geregelt. Sie ist reine Innengesellschaft. Stille → Gesellschafter können natürliche oder → juristische Personen aber auch Personengesellschaften werden. Die Einlage geht in das Vermögen des Inhabers des Handelsgewerbes über, d.h., es wird kein separates → Gesellschaftsvermögen gebildet. Der stille Gesellschafter muss an dem Gewinn beteiligt werden, die Verlustbeteiligung ist abdingbar. Hierdurch unterscheidet sich die s.G.

von einer Darlehensgewährung an den Unternehmer. Wird durch Vereinbarung des Unternehmers und des stillen Gesellschafters ein gemeinsames → Gesellschaftsvermögen gebildet, so wird von einer atypischen s.G. gesprochen.

Stock Option, *Aktienoption.* Eine S.O. verbrieft die → Option, Anteilsrechte an einem Unternehmen zu einem späteren Zeitpunkt zu einem bestimmten Preis zu erwerben. I.d.R. wird der Begriff S. O. für den speziellen Fall der Mitarbeiteroption verwendet. Hier haben → Mitarbeiter einer → Aktiengesellschaft im Rahmen von → Aktienoptionsplänen die Möglichkeit, Anteile an ihrem Arbeit gebenden Unternehmen zu beziehen.

Stock Split, *Aktiensplit, Aktienteilung,* Begriff des Aktienrechts. Aufteilung einer → Aktie in zwei oder mehrere Anteile, durch Einziehung, Entwertung und Ausgabe einer höheren Anzahl neuer Aktien. Dies geschieht, um den Preis für eine Aktie zu verringern und ihre Handelbarkeit so zu erhöhen. Der Anteil, den ein Aktionär hält, bleibt – wie das → Grundkapital – unverändert. Das → Gesellschaftsvermögen verteilt sich lediglich auf eine größere Zahl von Aktien. Der Nennwert einer Aktie reduziert sich nach dem Verhältnis, in dem alte Aktien durch neue Aktien ersetzt werden, bei nennwertlosen Aktien, reduziert sich entsprechend der Anteil der einzelnen Aktie am Grundkapital.

Stock Warrant Bond, *Aktienoptionsanleihe;* Schuldverschreibung, die zusätzlich zu den regulären Gläubigerrechten (→ Zinszahlung, → Tilgung) mit einer Aktienoption, i.d.R. auf die → Aktien des emittierenden Unternehmens, ausgestattet ist. Die eigentliche Anleihe und der → Optionsschein sind dabei voneinander unabhängige Wertpapiere und können separat gehandelt werden. Nachdem die → Option zu den bei der Ausgabe der Obligation festgelegten Bedingungen ausgeübt wurde, besteht die Schuldverschreibung weiter. Es gibt daher verschiedene Notierungen des S.W.B. an der → Börse: mit Optionsschein (cum), ohne Optionsschein (ex) sowie nur der Optionsschein selbst. Die → Emission von S.W.B. hat wegen der sachlichen Ähnlichkeit nach den Vorschriften für Wandelschuldverschreibungen (§ 221 AktG) zu erfolgen und bedarf somit einer $^3/_4$-Mehrheit des auf der → Hauptversammlung vertretenen → Grundkapitals. Der Emittent sichert sich durch die Ausgabe von S.W.B. zinsgünstiges → Fremdkapital durch die Beigabe der Sonderrechte sowie die Möglichkeit zur Beschaffung von zusätzlichem → Eigenkapital.

Strategie. 1. *Begriff:* Im Unternehmen ist eine Unternehmensstrategie zu fixieren, die sich formal wie folgt definieren lässt: Die S. ist eine hochaggregierte bzw. unspezifizierte Aktionsprogrammfolge, die darüber Auskunft gibt, wie unter Berücksichtigung der unternehmensseitigen Möglichkeiten und Grenzen sowie der Umweltbedingungen das gesteckte Unternehmensziel erreicht werden soll. – 2. *Bedeutung:* Die S. ist das Ergebnis der strategischen → Planung, welche einen der wesentlichen Bausteine des strategischen → Managements darstellt. In der hierarchischen Unternehmensplanung ist die S. das Ergebnis der strategischen Planung, welches die verbindlichen Vorgaben für die nachgelagerten Ebenen der taktischen und operativen Planungen gibt. Die S. ist für die künftige Zielerreichung von besonderer Relevanz, da die mit der S. gesetzten Prämissen für alle taktischen und operativen Folgeentscheidungen bindenden Charakter besitzen und nur bedingt korrigierbar sind. – 3. *Merkmale einer Strategie:* (1) hochaggregiert, (2) langfristig ausgerichtet, (3) Beachtung der internen Möglichkeiten und Grenzen und (4) explizite Berücksichtigung der externen Umweltbedingungen. – 4. *Inhalte der Unternehmensstrategie:* Unabhängig von der spezifischen strategischen Problemstellung sind konkrete Aussagen über (1) die künftig zu bearbeitenden Produktfelder bzw. → Dienstleistungen, (2) die anvisierten Märkte bzw. Marktsegmente, (3) geeignete Verhaltensweisen, um sich von den Wettbewerbern zu differenzieren und gegenüber diesen durchzusetzen, und (4) den Einsatz der begrenzten Ressourcen für die verschiedenen Produkt-Markt-Kombinationen bzw. Dienstleistungs-Markt-Aktivitäten unverzichtbarer Bestandteil einer S. auf Unternehmensebene. Darüber hinaus kann einzelfallspezifisch eine Erweiterung beispielsweise um die folgenden Grundsatzentscheidungen sinnvoll sein: (5) die Forschungs- und Entwicklungstätigkeiten inklusive der verwendeten Produkt- und Prozesstechnologien, (6) Standortentscheidungen mit den Entscheidungen zum Aufbau oder Stilllegung von Produktionsstätten, (7) die Strukturierung des absatzpolitischen Instrumentariums, (8) die Ausgestaltung der Personal- und Beschaffungspolitik, (9) bedeutende Investitionen und Akquisitionen, (10) die finanziellen Grundlagen künftiger Entwicklungen mit Aussagen zur Höhe (Finanzplanung) und Herkunft (Finanzierung) der finanziellen Mittel und (11) die Zusammenarbeit mit anderen Unternehmen. – 5. *Arten von Strategien:* Aus der S. auf Gesamtunternehmensebene (Unternehmensstrategie) können u.a. die folgenden Strategien abgeleitet werden: (1) Geschäftsfeldstrategien (auch als Wettbewerbsstrategien bezeichnet), die sich auf einzelne Geschäftsfelder des Unternehmens beziehen, (2) Ressourcenstrategien, die sich mit den → Kernkompetenzen auseinandersetzen und folglich in engem Zusammenhang mit den Strategien auf Unternehmens- und Geschäftsfeldebene stehen, (3) Funktionsstrategien, die in Bezug auf die einzelnen Funktionsbereiche (z.B. → Marketing) die strategische Ausrichtung wahrnehmen, (4) Innovationsstrategie, die ein integraler Bestandteil des → Innovationsmanagements ist, (5) die Technologiestrategie, welche die künftigen technologischen Entwicklungen und deren Auswirkungen für die Unternehmensstrategie zum Gegenstand hat und (6) die Strategien der Marktbearbeitung, mit der Unterscheidung zwischen Kostenführerschaft, → Differenzierung und → Nischenstrategie. – *Vgl. Abb.* „Strategie, Ableitung von strategischen Handlungsalternativen aus der SWOT-Analyse“.

Prof. Dr. Kai-Ingo Voigt

Literatur:
Hungenberg, H.: Strategisches Management in Unternehmen, Wiesbaden 2001; *Steinmann, H./Schreyögg, G.:* Management: Grundlagen der Unternehmensführung, Wiesbaden 1997; *Voigt, K.-I.:* Strategische Planung und Unsicherheit, Wiesbaden 1992; *Voigt, K.-I.:* Strategi-

Strategie, Ableitung von strategischen Handlungsalternativen aus der SWOT-Analyse

		Externe Faktoren	
		Chancen (Opportunities)	**Risiken** (Threats)
Interne Faktoren	**Stärken** (Strengths)	• SO-Strategien: Handlungsoptionen, die auf der Stärke aufbauen, um Chancen zu nutzen	• ST-Strategien: Handlungsoptionen, die auf der Stärke basierend Risiken eindämmen
	Schwächen (Weaknesses)	• WO-Strategien: Handlungsoptionen, die Chancen nutzen, indem Schwächen kompensiert werden	• WT-Strategien: Handlungsoptionen, die Schwächen minimieren, um Risiken zu vermeiden

sche Unternehmensplanung, Wiesbaden 1993.

strategische Allianz, beschreibt eine Kooperationsform zwischen Unternehmen, die auf dem gleichen Markt (horizontale Allianzen) oder auf unterschiedlichen Märkten (diagonale Allianzen) im Wettbewerb stehen. Dabei erfolgt die Zusammenarbeit zwischen zwei Unternehmen, die: (1) rechtlich und wirtschaftlich selbstständig sind, (2) sich wechselseitig abstimmen (→ Koordination) und/oder gemeinsame (Teil-) Aufgaben erfüllen (→ Kooperation), (3) freiwillig kooperieren, (4) gemeinsame Ziele und/ oder miteinander kompatible Ziele verfolgen, und (5) sich im Vergleich zum alleinigen Vorgehen eine höhere Zielerreichung versprechen.

strategische Planung. 1. *Begriff:* Gedankliche Auseinandersetzung mit den Erfolgsquellen und → Strategien eines Unternehmens zur Sicherung des langfristigen Unternehmenserfolgs – 2. *Merkmale:* Charakteristisch für die s.P. ist die Auseinandersetzung mit → Wettbewerbsvorteilen. Diese gilt es möglichst nachhaltig zu sichern. – 3. *Unterscheidung von ähnlichen Begriffen:* Operative Planung befasst sich mit kurzfristigen Planungszeiträumen, die i.d.R. deutlich unter einem Jahr liegen (z.B. Produktionsplanung). Gegenstand der taktischen Planung sind mittelfristige Aufgabenstellungen, die einen Planungshorizont von einem bis ca. drei Jahre haben. – 4. *Ziele:* Hauptaufgabe der s.P. ist die Analyse von Erfolgsquellen und -potenzialen und die Entwicklung von Strategien zur Sicherung des langfristigen Unternehmenserfolgs. – *Vgl. auch* → Markteintrittsbarriere, → Planung.

strategisches Dreieck, die strukturierte Darstellung der Strategiekomponenten einer → Gründungsunternehmung aus Sicht des Unternehmens selber, der relevanten → Wettbewerber und der Bedürfnisse der → Kunden. Dieser Bezugsrahmen sichert bspw. die Bewertung des eigenen Angebots aus Sicht des Kunden unter gleichzeitiger Berücksichtigung der Konkurrenz. Das s.D. dient vor allem bei der Marktanalyse im Rahmen der → Start-up-Phase des Unternehmens als wertvolles Instrument zur Strategieentwicklung und Einschätzung der Wettbewerbsposition.

strategisches Netzwerk, → Netzwerk, → Gründerbeziehungen.

Strukturanalyse. Die Vorauswahl eines Kooperationspartners für eine → Gründungsunternehmung beginnt mit der S. des eigenen Unternehmens, um festzustellen, in welchen Bereichen → Kooperationen nötig oder sinnvoll sind. Dabei durchläuft die S. alle Wertschöpfungsbereiche von → Forschung und Entwicklung, → Beschaffung, → Produktion bis zum → Marketing und → Vertrieb, aber auch der Finanzierungs- und Organisationsbereich. Je nach Zielsetzung sind Kooperationen in allen Bereichen denkbar, wobei die vollkommene vertikal Integration mit Problemen verbunden ist. Auch sind die Kooperationsgrade hierbei festzulegen: So bringen meist Biotechnologieunternehmen ihre Produkte in das Entwicklungsstadium, um sie dann an multinationale Firmen zu verkaufen (→ Patent) oder zu lizenzieren.

Strukturorganisation, → Aufbauorganisation.

Subsidiaritätsprinzip. Das S. bei der organisatorische Problemlösung einer → Gründungsunternehmung lautet wie folgt: Jedem → Mitarbeiter müssen so viele Aufgaben zugeordnet werden, wie dieser allein bewältigen kann. Die vom Mitarbeiter nicht lösbaren Aufgaben bleiben dem → Gründer vorbehalten. Demnach ist ein Maximum an Aufgabendelegation gemäß dem S. anzustreben: Der Gründer muss dem Mitarbeiter lediglich Hilfe zur Selbsthilfe anbieten. Dies setzt voraus, dass der Mitarbeiter zur Lösung seiner eigenen Aufgaben geeignet ist.

Substanzwertverfahren, → Unternehmensbewertung.

Subvention, → Beihilfe.

Supply Chain Management (SCM), die langfristige (strategische) und kurzfristige (operative) Verbesserung von → Effektivität und → Effizienz von → Wertschöpfungsketten. Dabei werden in die Wertschöpfungskette auch Lieferanten und Abnehmer einbezogen, d.h. dass Lieferanten ihre Preise und → Kosten, Kunden ihre Nutzen bzw. Preisvorstellungen über ein Produkt offen legen sollen, um diese mit den Daten des Unternehmens, z.B. Kapazitäts-, Personal- und Finanzdaten zu vernetzten. Ziel ist eine drastische Verkürzung von Durchlaufzeiten, Lagerbeständen und letztlich von Kosten sowie eine stärkere Lieferanten- und → Kundenbindung. Als Supply wird ein unternehmensübergreifendes → virtuelles Organisationsnetzwerk bezeichnet, das als gesamtheitlich zu betrachtendes Leistungssystem spezifische Wirtschaftsgüter für einen definierten Zielmarkt hervorbringt. Beispiele für Supply Chains sind etwa die Lieferketten eines Handelsunternehmens (Produzent, Händler, Intermediär und Verkäufer). Die interorganisationale Arbeitsteilung (→ Kooperation) zwischen Gründungsunternehmen definiert Ausdehnung und Struktur der Supply Chain. → Wettbewerbsvorteile erlangen solche dezentral organisierten Wertsysteme insbesondere durch eine marktadäquate Konfiguration ihrer Struktur sowie durch eine überlegene → Koordination der autonom gesteuerten Aktivitäten in der Supply Chain – dem SCM.

Supply Collaboration, → Kooperation einer → Gründungsunternehmung auf der Beschaffungsebene. Gründe für eine S.C. können neben Kosteneinsparungen auch Zugang zu einen Lieferanten- oder Herstellernetz sein. So kann es der Fall sein, dass ein Gründungsunternehmung die kritische Masse für einen alleinigen Rahmenvertrag mit einem Lieferant nicht erreicht (Schiffs-, LKW- oder Postverkehr) und somit mit einem Partner, womöglich auch ein → Wettbewerber (Coopetition) zusammenarbeitet.

Supply Management, → Sourcing.

Sweat Equity, ist der unentgeltliche Arbeitseinsatz der → Gründer bei der → Unternehmensgründung. Neben seiner eigenen Arbeitsleistung (→ Selbstfinanzierung ohne → Eigenkapital) muss auch noch das zusätzliche Kapital für notwendige → Investitionen aufgebracht werden (Selbstfinanzierung mit Eigenkapital). Die Errichtung eines so genannten „No-Budget-Modells" z.B. typisch für freischaffende Webdesigner, Informationsbroker und kleinere Agenturgründungen. S.-E. ist ein Instrument der Selbstfinanzierung im Rahmen einer engen → Gründungsfinanzierung.

SWOT-Analyse, → Stärken-Schwächen-Analyse, → Erfolgsfaktoren.

Syndizierung, *Syndikation.* 1. *Begriff:* Im Zusammenhang mit der Finanzierung von Unternehmen wird unter S. der Zusammenschluss mehrerer Investoren zu einer gemeinsamen Investition verstanden. Ein Kapitalgeber übernimmt dabei die Rolle des Lead-Investors. – 2. *Motivation zum Syndizieren:* Eine S. bietet Investoren zahlreiche Vorteile: Sie ermöglicht mit der Streuung von Investments eine effektive Risikominderung, erleichtert die Implementierung eines attraktiven Risiko-Rendite-Profils, unterstützt das Information-Sharing, führt zu einer stärkeren Spezialisierung bei den Betreuungsleistungen und erlaubt den unmittelbaren Zugang zu einem erweiterten, vorselektierten → Deal Flow. Diesen Vorteilen gegenüber stehen der teilweise Verzicht auf Rendite (geringerer Anteil am Beteiligungsunternehmen und damit auch am Exit-Erlös durch S.) sowie ein zeitintensiveres Beteiligungsmanagement, da eine größere Zahl von Syndizierungspartnern die Entscheidungsfindung verlangsamen und erschweren. Während eine größere Zahl von Investoren auch für den

Beteiligungsnehmer einen Nachteil darstellt, profitiert er von dem breiteren Angebot an Beratungsleistungen, das er von den Mitgliedern des Finanzierungssyndikats abrufen kann: Üblicherweise besteht das Syndikat aus Generalisten, die sich auf das Coaching in operativen Fragen verstehen, sowie Spezialisten, die über ein branchenbezogenes Know-How und Netzwerk verfügen. Durch die S. lassen sich die Mehrwerte des Generalisten wie des Spezialisten für das Unternehmen optimal nutzen. Zudem verringert eine größere Anzahl beteiligter Investoren das Scheitern weiterer Finanzierungsrunden aufgrund von Illiquidität eines einzelnen Kapitalgebers.

Dr. Gottfried Neuhaus

Literatur:
Lerner, J.: The Syndication of Venture Capital Investments, in: Financial Management, Nr. 3, Jg. 23 (1994), S. 16-27; *Manigart, S.:* Why Do European Venture Capital Companies Syndicate?, ERIM Report Series, Gent, Oktober 2002; *Meulemann, M./Manigart, S.:* The Syndication of Venture Capital Investments in Europe: Evidence from five European Countries, Capital Market Institue, Toronto, Ontario 2002; *Wright, M./Lockett, A.:* The Structure and Management of Alliances: Syndication in the Venture Capital Industry, in: Journal of Management Studies, Jg. 40, S. 2073-2102.

Synergieeffekte, sind das Ergebnis des Zusammenwirkens von Kräften zu einer Gesamtleistung. Durch die Zusammenführung von bisher getrennten Einzelaktivitäten wird eine Gesamtwirkung erzielt, die größer ist als die Summe der Einzelwirkungen. Synergie wird auch als der „2+2=5 Effekt“ bezeichnet. Synergiearten sind u.a. Verkaufs- und Absatzsynergien durch das Zusammenlegen bisher getrennt bearbeiteter Kunden oder Regionen (z.B. S. durch die Daimler-Chrysler → Fusion), der Werbeverbund unterschiedlicher Hersteller, der Zusammenschluss von → Start-up-Unternehmen zum Betreiben eines gemeinsamen Messestandes, technologische Synergien (z.B. die Nutzung von F&E Ergebnissen durch mehreren Geschäftsfelder). Allerdings stellen sich S. vor diesem Hintergrund nicht automatisch ein, sondern die → Synergiepotenziale müssen durch das → Management immer wieder neu erschlossen werden.

Synergiepotenzial, beschreibt die Möglichkeit → Synergieeffekte in oder zwischen Unternehmen auszuschöpfen. Dazu muss das → Management S. identifizieren und bewerten sowie durch Maßnahmeprogramme realisieren.

Szenario, → Szenariotechnik.

Szenarioanalyse. Insbesondere bei riskanten und komplexen → Geschäftsmodellen sollte eine S. erstellt werden. Hierbei wird i.d.R. zwischen dem wahrscheinlichen „Base Case“ (auch „Real Case“), dem pessimistischen „Worst Case“ und dem optimistischen „Best Case“ unterschieden. Auf diesem Wege können im Rahmen der → Planung unterschiedliche Risiken berücksichtigt werden. Aufbauend auf den unterschiedlichen Szenarien sind Alternativen zur Beseitigung der Risiken zu entwickeln. – *Vgl. auch* → Szenariotechnik.

Szenariotechnik. 1. *Begriff:* Szenarien sind plausible und begründbare Zukunftsbilder für ein Themenfeld. Sie basieren auf einem komplexen System miteinander verknüpfter Einflussfaktoren. Szenarien beschreiben sowohl die zukünftige Situation als auch den Pfad, der aus der Gegenwart heraus zu dieser Situation hinführt. Die Zeithorizonte liegen i.A. bei zehn Jahren; es werden aber auch Szenarien für 15 oder 20 Jahre erarbeitet. Szenarien werden mit Hilfe der S. erarbeitet. – 2. *Philosophie und Kennzeichen:* Die S. geht von der Annahme aus, dass ein Thema stark durch exogene Einflüsse geprägt wird. Um die Zukunftssituation eines Themas zu erkennen, müssen daher Prognosen für die externen Einflüsse aufgestellt werden. Für Das Ergebnis einer S. gibt es mehrere alternative und in sich konsistente Zukunftsbilder. Grundsätzlich lassen sich Szenarien für jedes abgrenzbare Thema erarbeiten, stark heterogene Themenfelder sind jedoch eher ungeeignet. Nach der Zielsetzung lassen sich explorative (So könnte sich die Zukunft entwickeln.), normative (So soll sich die Zukunft entwickeln!), sowie Kommunikationsszenarien unterscheiden; letztere zeigen eher extreme Entwicklungen auf, um die Diskussion anzuregen. – 3. *Vorgehen bei der Szenarioerstellung:* Den fachlichen Input für die Szenarioerstellung liefern i.d.R. Experten, die in Workshops zusammenarbeiten. Die Experten können sowohl externe als auch unternehmensinterne Know-how-Träger sein. Für eine Szenariostudie werden i.A. zwei bis drei Workshops durchgeführt. Das grundsätzliche Vorgehen der S. lässt sich in acht Schritte aufteilen: a) Strukturieren und Definieren des Themas: Abgrenzung des Themas; Beschreibung der Ist-Situation des Themenfeldes; Ermittlung von Strukturmerkmalen, Kenngrößen und aktuellen Problemen. – b) Identifizieren und Strukturieren der wichtigsten Einflussfaktoren und Einflussbereiche auf das Thema: Alle exogenen Einflussfaktoren werden gesammelt, sortiert und gebündelt. Die strukturierten Einflussfaktoren werden hinsichtlich ihrer Wirkungsintensität bewertet. – c) Formulieren von Deskriptoren und Erstellen von Projektionen: Die ermittelten Einflussfaktoren werden als quantitative oder qualitative Kenngrößen (Deskriptoren) formuliert. I.d.R. ist der größte Teil der Einflussfaktoren qualitativer Art. Die Zahl der Deskriptoren liegt bei komplexen Themen zwischen 30 und 60. Für alle Deskriptoren wird der Ist-Zustand gekennzeichnet. Auf dieser Basis werden Projektionen für das Szenario-Zieljahr erstellt. Dabei wird neben dem Expertenwissen auf bekannte Prognosen zurückgegriffen. Für die Projektionen sind fundierte und plausible Begründungen anzugeben. – d) Bilden und Auswählen alternativer Annahmenkombinationen: Die Bündelung der verschiedenen alternativen Annahmen erfolgt mit Hilfe von Algorithmen; diese sind i.W. die Konsistenzanalyse und die Cross-Impact-Analyse. Aus allen ermittelten Annahmenbündeln werden dann zwei bis drei Sätze ausgewählt, die das Gerüst für die auszugestaltenden Szenarien bilden. – e) Entwickeln und Interpretieren der ausgewählten Umfeldszenarien: Szenarien müssen sich aus der Gegenwart heraus in Richtung der gebildeten Zukunftskonstellationen entwickeln; dieser Entwicklungspfad soll aufgezeigt werden. Hierbei geht man in Zwischenschritten von meist fünf Jahren vor. Bei jedem Zwischenzeitpunkt wird ein inhaltlicher Abgleich vorgenommen und die Reaktionen auf die vergangenen Entwicklungen im nächsten Zeitabschnitt wird verfolgt. Daraus entsteht ein vernetzter Entwicklungsablauf, der sich von der Gegenwart bis zum Zieljahr des Szenarios erstreckt. – f) Einführen und Analysieren der Auswirkungen signifikanter Trendbruchereignisse: Trendbruchereignisse sind plötzlich auftretenden Ereignisse, die die projizierten Entwicklungsverläufe in andere Richtungen ablenken. Dabei kann es sich um Naturkatastrophen, politische oder gesellschaftliche Ereignisse oder auch radikale technologische Entwicklungen handeln. Ausgewählte Ereignisse werden in die Szenariostruktur eingeführt und die Auswirkungen verfolgt. So können neue Szenariovarianten entstehen. – g) Ableiten von Konsequenzen und Empfehlungen für die Aufgabenstellung: Die Zukunftsbilder für das Themenfeld, werden aus den Umfeldszenarien abgeleitet. Aus der Interpretation werden Auswirkungen auf das Themenfeld ermittelt. – h) Konzipieren von Maßnahmen und Planungen: Dieser Schritt gehört nicht mehr zur S. im engeren Sinne. Aus den entwickelten Zukunftsbildern werden Konsequenzen abgeleitet und daraus strategische Leitlinien und Maßnahmen entwickelt. Es hat sich bewährt, diesen Schritt im gleichen Team zu bearbeiten, das auch die Szenarien erarbeitet hat. In Abhängigkeit vom Themenfeld sowie dem zeitlichen und finanziellen Rahmen eines Szenarioprojektes können vereinfachte Grobversionen oder aber Vertiefungen vorgenommen werden.

Prof. Dr. Horst Geschka

Literatur:

Gausemeier, J./Fink, A./Schlake, O.: Szenario-Management – Planen und Führen mit Szenarien. München-Wien 1995; *Geschka, H.:* Die Szenariotechnik in der strategischen Unternehmensplanung, in: Hahn, D./Taylor, B. (Hrsg.): Strategische Unternehmensplanung – Strategische Unternehmensführung, Heidelberg 1999, S. 518-545; *Geschka, H./Paul, I./Winckler-Ruß, B.:* Szenarien – ein Instrument der Unternehmensplanung, in: Zerres, M./Zerres, I. (Hrsg.): Unternehmensplanung. Frankfurt 1997, S. 55-68.

T

Tacit Knowledge, *implizites Wissen, nicht-kodifiziertes Wissen.* Der Teil von → Wissen, der nicht kodifiziert ist. Das kodifizierte Wissen bezeichnet man als explizites Wissen. Implizites Wissen (z.B. Erfahrungswissen) ist an bestimmte Personen gebunden und kann – wenn überhaupt – nur in direktem persönlichen Kontakt zwischen dem Träger des Wissens und dem Empfänger weiter gegeben werden (→ Spillover).

Tag Along-Agreement, → Co-Sale.

Tantieme, → Gewinnbeteiligung.

Target Costing, *Zielkostenrechnung,* ein Instrument des → Controlling, das insbesondere bei der Produktneuentwicklung Anwendung findet und als strategische Entscheidungshilfe auf wettbewerbsintensiven Märkten fungiert. Das T.-C. versucht, eine → Kundenorientierung hinsichtlich des Preises zu verwirklichen. Hierbei kalkuliert man retrograd, indem man fragt: „Was darf ein Produkt kosten?". Am Anfang des Kalkulationsprozesses steht eine Marktforschungsuntersuchung, welche einen Target Price („wettbewerbsfähigen Marktpreis") und Präferenzen der potentiellen → Kunden eines → Produktes ermittelt. Dem Target Price wird die angepeilte Gewinnmarge (Target Profit) abgezogen. Daraus ergeben sich die maximal erlaubten → Kosten zur Erreichung des Zielgewinns (Allowable Costs). Diese werden den prognostizierten Standardkosten (Unternehmen) gegenübergestellt. Da im Regelfall die Standardkosten eines Unternehmens höher sind als die „erlaubten Kosten" werden „Zielkosten" (Target Costs) festgelegt, die im gemeinschaftlichen Prozess mit Hilfe von anderen betriebswirtschaftlichen Instrumenten wie die Prozesskostenrechnung erreicht werden sollen. Im Idealfall entsprechen die „Zielkosten" den „erlaubten Kosten", da so das Unternehmen die volle festgelegte Gewinnmarge halten kann.

Tausender-Kontakt-Preis (TKP), stellt eine Entscheidungshilfe für ein geeignetes Werbemedium dar. Der TKP kann als Maßstab für die „Wirtschaftlichkeit" der in Betracht kommenden Medien verwendet werden. Die verschiedenen Varianten des TKP zählen zu den wichtigsten in der → Mediaplanung zur Beurteilung des Preis-Leistungsverhältnisses bei Wirtschaftlichkeitsvergleichen im Intermediavergleich und im Intramediavergleich herangezogenen ökonomischen Kontaktmaßzahlen. Der TKP ist eine Messgröße zum Preisvergleich verschiedener Werbeträger. Er gibt den Preis pro 1000 Kontakte mit einem Werbeträger an: TKP = (Preis für die Belegung eines Werbeträger * 1000) / Zahl der eingeschalteten Geräte oder Auflage einer Zeitung. Eine Zeitung mit der Auflage von 20.000 Stück und einem Seitenpreis von 2.000 Euro weist also einen TKP von 100 Euro auf.

Teamfähigkeit, die Bereitschaft und die → Sozialkompetenz, konstruktiv in einem Team ergebnisorientiert mitzuwirken. Teamfähigkeit umfasst Integrationsvermögen, die aktive Suche nach → Synergiepotenzialen und den Willen und das Durchhaltevermögen, gemeinsam Bestleistungen zu erzielen. Das erfordert sowohl Kompromissbereitschaft als auch die Fähigkeit, eigene Vorstellungen überzeugend zu kommunizieren. Teamleiter müssen darüber hinaus über Moderations-, Organisations- und Präsentationsfähigkeiten verfügen.

Teamgründung. 1. *Begriff:* T. umfasst die soziologischen und psychologischen Aspekte eines gruppendynamischen Prozesses, innerhalb dessen aus einer Anzahl von Individuen eine zielgerichtete Zweckgemeinschaft mit eigenen Organisationsmerkmalen wird. Bei der → Unternehmensgründung durch mehrere Beteiligte wird umgangssprachlich auch von Gründerteams gesprochen. Bei zwei bis drei Gründern ist allerdings der Begriff der Partnerschaft angezeigt. – 2. *Modell:* Gruppen durchlaufen zumeist drei Phasen bis sie zu leistungsfähigen Teams geworden sind. Diese Phasen verlaufen nicht strikt geordnet nacheinander, sie können ineinander übergehen oder sich überlappen. Auch wenn die T. schon vorangeschritten ist, kann es Rückschläge geben. Indem die einzelnen Phasen durchlaufen werden, steigt die Teamleistung an. In der Formierungsphase wird die Gruppe nach fachlichen und persönlichen Fähigkeiten zusammengestellt und die Teamleitung festgelegt. In der Orientierungsphase werden das Teamziel, die Maßnahmen und → Meilensteine vereinbart. Die → Ablauforganisation wird definiert. In der Stabilisierungsphase tritt eine Routine in den Abläufen ein und das gewachsene Vertrauen der Gruppenmitglieder untereinander und die Loyalität zum Team machen Synergien zwischen den Wissens- und Leistungspotenzialen der Teammitglieder möglich. – 3. *Maßnahmen bzw. Instrumente:* Es lassen sich sieben Stellschrauben der T. und Teamentwicklung ausmachen: a) Die Teamgröße: Teams sollten zur optimalen Leistungserbringung nicht weniger als vier und nicht mehr als elf Mitglieder haben. Die ideale Gruppengröße liegt bei sieben Mitgliedern. Bei weniger Mitgliedern nimmt das → Synergiepotenzial deutlich ab, bei mehr Mitgliedern ist schnell der Bereich des „Grenznutzens“ erreicht und die Gruppenleistung fällt ab. – b) Eindeutige, messbare Ziele. – c) Verbindliche Ordnung: Feste Teamleitung, eindeutige Aufgabenzuordnung, definierter Zeitplan. Die Auswahl der Teamleitung sollte sich unter Qualifikationsaspekten an folgenden Aufgaben orientieren: → Koordination, Moderation, Coaching, Konfliktmanagement, Präsentation, Repräsentation, Verhandeln. – d) Ein Handlungs-, Entscheidungs- und Problemlösungsspielraum in einem definierten Rahmen. Tätigkeiten mit einem hohen Routinevollzug eigenen sich nicht für eine T. mit dem Ziel der Leis-

Teamgründung, Vor- und Nachteile

Vorteile der Teamgründung	Nachteile der Teamgründung
Teamgründungen kompensieren die Schwächen einzelner	Es existiert ein höheres Konfliktpotenzial (Mobbing, Group-Think, Riskoverschiebung)
Es stehen mehr Kapazitäten zur Unternehmenssteuerung zur Verfügung (größere pers. Netzwerke, mehr Kapital, Vertretungsmöglichkeit)	Fluktuation im Gründerteam kann zur Auflösung des Unternehmens führen
Fähigkeiten und Erfahrungen der Gründer können kombiniert werden, um so besser zu entscheiden und schneller zu innovieren	Entscheidungsprozesse gestalten sich tendenziell länger
Gründung im Team ist sozialpsychologisch vorteilhaft (Unterstützung, Sicherheit, Motivation)	Kommunikation ist potenziell ineffizient
	Zu homogene Teams tendieren zu Einseitigkeit

tungsoptimierung durch Synergieprozesse. – e) Die Teammitglieder haben ein vergleichbares, wenn auch komplementäres Qualifikationsprofil und Qualitätsniveau. – f) Komplementäre Problemlösungstypen: Analytiker, Organisatoren, Strategen und Kreative. – g) Wechselseitiges Vertrauen und Loyalität. – *Vgl. auch* → Teammanagement. – *Vgl. Abb.* „Teamgründung, Vor- und Nachteile“.

Prof. Dr. Wolfgang Krüger

Literatur:
Krüger, W.: Teams führen, Planegg 2004; *Ueberschaer, N.*: Mit Teamarbeit zum Erfolg, München 1997.

Teamkonferenz, die regelmäßige Zusammenkunft einer fest definierten Gruppe mit dem Ziel der Information und Aufgabenbesprechung. Nach der → Teamgründung mit dem Anspruch auf Höchstleistung sind Teambesprechungen verbindlich und werden durch den Teamleiter oder ein Teammitglied straff und ergebnisorientiert geleitet. T. können als → Meilensteine innerhalb eines → Projektes fest terminiert werden. Sie dienen aber auch zur Klärung interner Unstimmigkeiten und der Klärung der Beziehung zu anderen Personen und Gruppen im Unternehmen. Die Besprechungsergebnisse werden dokumentiert.

Teamkonzept, eine Variante des → Unternehmensaufbaus und der → Unternehmensentwicklung. Junge Unternehmen verwirklichen häufig in Teilen das T. als Organisationsprinzip, um die Entstehung bürokratische und hierarchische Strukturen zu verhindern. Die → Teamgründung in Aufgabengebieten mit Projektstrukturen schafft eine schlanke → Organisation und erhöht die Leistungsfähigkeit des Unternehmens. – *Vgl. Abb.* „Teamkonzept, Erfolgsgrößen für Teamarbeit“.

Teammanagement. 1. *Begriff:* Management in multipersonalen Organisationseinheiten auf unterschiedlichen Unternehmensebenen: z.B. kooperative Vorstandsverfassung (Unternehmensführung), Zusammenarbeit im Rahmen des kooperativen und des partizipativen Führungsstils auf den anderen Unternehmensebenen, insbesondere in Kollegien (Ausschüssen) und Projektgruppen und last but not least die → Kooperation in (teil-autonomen) Arbeitsgruppen im operativen Bereich. – 2. *Merkmale:* T. ist eng verbunden mit einer Auflösung des traditionellen → Einliniensystems zu Gunsten mehrdimen-

Teamkonzept, Erfolgsgrößen für Teamarbeit

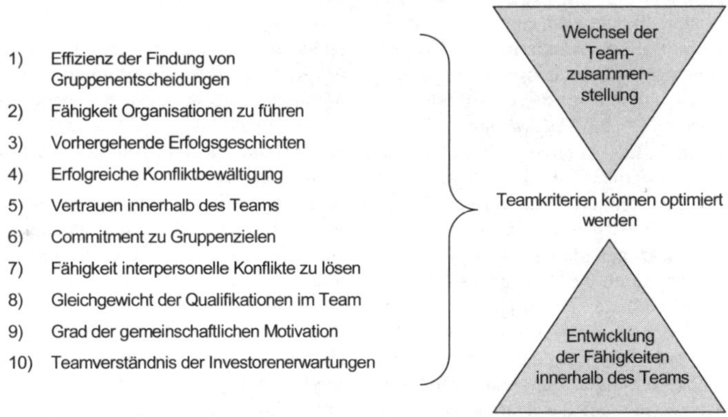

sionaler Arbeitsbeziehungen. Kooperative, partizipative bis demokratische Formen der → Führung und Zusammenarbeit sind eng damit verbunden. Typisch ist, dass mehrere Personen in kleinen funktionellen Arbeitsgruppen zusammenarbeiten und dass trotz einer ohne weiteres denkbaren Arbeitsteilung sowohl relativ intensive, wechselseitige Beziehungen bestehen, aber auch im Rahmen einer gemeinsamen Zielsetzung ein ausgeprägter Gemeinschaftsgeist und ein starker Gruppenzusammenhalt unter den Mitgliedern besteht. – 3. *Ziele:* Team und T. implizieren, trotz aller möglichen Konflikte, gemeinsame Zielsetzungen. Es wird mehr oder weniger ausdrücklich unterstellt, dass mit Hilfe des T. Effektivitäts- und Effizienzvorteile verbunden sind. Dies trifft nach allen bisher vorliegenden theoretischen Erkenntnissen und empirischen Ergebnissen allerdings nur auf bestimmte Situationsmerkmale zu. – 4. *Probleme:* Der positive Zusammenhang zwischen T., bzw. → Effizienz und → Effektivität ist jedoch nicht zwingend. T. kann z.B. dann auf Widerstand stoßen, wenn negative Reaktionen der Führungskräfte auf unterschiedlichen Ebenen zu befürchten sind (Machtverlust). Zudem kann der relativ hohe Zeitaufwand für kooperative Entscheidungsprozesse zu Frustrationen führen, wenn keine deutlichen Erfolge sichtbar sind. In Arbeitsgruppen können Trittbrettfahrer-Effekte auftreten und die Gruppenkohäsion in negativer Hinsicht verstärken. Insofern ist eine kontinuierliche Organisationsveränderung (→ Change Management, Lernende Organisation) erforderlich, um positive Effekte zu stabilisieren. – 5. *Maßnahmen bzw. Instrumente:* Es kommen verschiedene Führungssysteme, die den Teamaspekt unterstützen können, zum Tragen. Hierzu gehört einerseits die Führung durch Zielvereinbarung (Management by Objectives) oder durch darüber hinausgehende, mehrdimensionale Performance Measurement Systeme wie z.B. die → Balanced Score Card (BSC). Mitarbeitergespräche und -besprechungen gehören bereits seit der Diskussion um das Harzburger Führungsmodell ebenso zum Standardrepertoire der kooperativen, teamorientierten Führung wie wechselseitige Informationen, möglichst partizipative Entscheidungen, regelmäßige, ausgewogene Beurteilungen bis hin zur Zusammenarbeitsbilanz und zum 360-Grad-Feedback. Förderungsmaßnahmen sind dabei ebenfalls auf eine zunehmende Teamorientierung auszurichten wie hierdurch auch der Trend zur Selbstkontrolle und zur Vertrauensorganisation zu stärken ist.

Prof. Dr. Dieter Wagner

Literatur:
Heller, F. et al.: Organizational Participation. Myth and Reality, Oxford, New York 1998; *Senge, P. M.:* The fifth Discipline – The Art and Practise of Learning Organizations, New York 1990; *Sepehri, P.:* Diversity und Managing Diversity in internationalen Organisationen, München 2002; *Wagner, D.:* Partizipation, in: Schreyögg, G./Werder, A. v. (Hrsg.): Handwörterbuch Unternehmensführung und Organisation, Stuttgart 2004, Sp. 1115-1123.

Teammitglieder. 1. *Begriff:* Auch Unternehmensgründungen können als das Ergebnis einer Zusammenarbeit in Teams angesehen werden (→ Gründerteam oder → Teamgründung). Der schöpferische Unternehmer ist zwar ein konstitutives Element des unternehmerischen Managements, aber schon auf der Ebene der Unternehmensleitung kann die Auswahl der T. von großer Bedeutung sein. – 2. *Merkmale:* Damit bestehen enge Querverbindungen zum → Teamprinzip und zur → Teamzusammensetzung sowie zum → Teammanagement. – 3. *Wirkungen der Maßnahmen bzw. Instrumente:* Auf den weiteren Ebenen des Unternehmens setzt sich der Teamgedanke insofern fort, indem die Unternehmensmitglieder konsequent als T. angesehen werden. Damit verbunden sind Fragen der kooperativen und der lateralen → Führung sowie der Partizipation in den wichtigen Entscheidungsprozessen. Wichtig für den

Unternehmenserfolg ist dabei ein ausgewogenes Verhältnis zwischen dem schöpferischen Individualismus des unternehmerischen Handelns einerseits und dem kreativen Potential der einzelnen T. zu einer erfolgreichen Gruppe, wo das Ganze mehr als die Summe seiner Teile darstellt.

Teamprinzip. 1. *Begriff:* Das T. ist eng mit dem Grundgedanken der Partizipation verknüpft. Dies impliziert, wo immer es sinnvoll und möglich ist, dass Entscheidungen in Teams getroffen werden. – 2. *Ziele und Auswirkungen:* Dies dürfte tendenziell immer dann von Vorteil sein, wenn es sich um innovative, kreative Problemstellungen handelt. Insofern ist der Führungsstil in Forschungs- und Entwicklungs-, aber auch in Marketingressorts häufig relativ partizipativ ausgerichtet. Gleichwohl gibt es empirische Belege, dass neuartige Entscheidungen, sofern sie mit großem Risiko verbunden sind oder einen grundlegenden Wechsel des bisherigen Handlungsspektrums erfordern, auch der Steuerung durch individuelle, unternehmerische Persönlichkeiten bedürfen. Insofern besteht ein Spannungsverhältnis zwischen dem Individualprinzip und dem T.

Teamzusammensetzung. 1. *Ziele:* Die Zusammensetzung eines Teams erfolgt entweder nach Gesichtspunkten der Homogenität oder der Heterogenität. Sie gilt für grundsätzliche alle Ebenen der → Unternehmensführung. Auf der obersten Ebene spielt z.B. der Gegensatz zwischen Kaufleuten einerseits, Technikern oder Naturwissenschaftlern andererseits eine wichtige Rolle. Aber auch die „richtige" Mischung von Mentalitäten, Charakteren, Denkvorstellungen oder Wertemustern spielt eine wichtige Rolle bei der Zusammensetzung eines Teams. – 2. *Wirkungen:* Grundsätzlich ist wohl eine enge Abstimmung zwischen der strategischen und funktionalen Diversität einerseits sowie der personalen Diversität andererseits.

technischer Beirat. 1. *Begriff:* Mehr oder weniger formalisiertes Gremium, besetzt durch mehrere, möglichst fachkundige Personen. – 2. *Merkmale:* Mit ihrer Expertise beraten sie andere Gremien insbesondere in technologischen Fragen. Dabei kann es sich handeln um die Unternehmensleitung insbesondere eines → Start-ups oder → Spin-offs, aber auch möglicherweise um die Leitung eines Technologiezentrums oder → Gründerzentrums oder etwa dem Management von in → Netzwerken zusammengefassten Organisationen (Netzwerkmanagement). – 3. *Ziele und Wirkungen:* Der t.B. soll insbesondere aus technologischer Hinsicht einen wichtigen Beitrag zur Unternehmensentwicklung leisten. Dabei geht es insbesondere um technologische Weiterentwicklungen in einzelnen Unternehmen oder Technologie-Clustern, die in organisatorisch sinnvoller Form diffundieren sollen. Dabei geht es auch um die sinnvolle Verknüpfung zu relevanten Marktentwicklungen und dazu passenden Unternehmensstrategien.

Technologie. 1. *Begriff:* Ergebnisse und/ oder Ressourcen von → Forschung und Entwicklung; Wissen über naturwissenschaftlich-technische Zusammenhänge, die ein Problemlösungspotenzial für praktische Probleme darstellen. – 2. *Arten:* a) Schrittmachertechnologie: frühes Entwicklungsstadium, beginnende Integration in Produkte und Verfahren, nur vom Pionierunternehmen bzw. der Pioniergruppe beherrschbar. – b) Schlüsseltechnologie: derzeit erfolgskritische Technologie, noch von wenigen Akteuren beherrscht, aber bereits mit deutlich ansteigender Intensität der Integration in Produkte und Verfahren. – c) Basistechnologie: in der Industriestruktur konstituiert, von allen Wettbewerbern beherrscht, in den meisten Produkten und Verfahren integriert. – d) Verdrängte Technologie: nicht mehr wettbewerbsfähig, ökonomische Potenzial nur im Ersatzteilbereich.

Technologiebeauftragter, Person, die mit der Förderung des → Technologietransfers betraut ist. Auftraggebende Institutionen können Länder, Unternehmen oder Verbände sein. In seiner Funktion als Brückenbauer und Grenzgänger gewinnt der T. Kooperationspartner aus Wissenschaft und Wirtschaft zur Durchführung bzw. Unterstützung des Technologietransfers.

Technologie-Innovatoren. 1. *Begriff:* T.-I. sind Personen, die durch die Verbindung von praktischen und theoretischem Wissen in Verbindung mit der entsprechenden Risikobereitschaft in der Lage sind, die Idee einer technologischen → Innovation umzusetzen. Diese Umsetzung kann sowohl in einem bestehenden Unternehmen bzw. Konzern geschehen als auch durch die → Gründung eines neuen Unternehmens. Dabei sind Technologie-Innovatoren vorwiegend in der Unternehmensleitung zu finden. – 2. *Fördermöglichkeiten von Technologie-Innovatoren:* Hierzu ist es notwendig, schon während der theoretischen Ausbildung an den Hochschulen praktische Inhalte und Erfahrungen zu vermitteln. Gerade soziale Kompetenzen und verschiedene Methodiken zur Erleichterung des Unternehmeralltags sind dabei entscheidend.

Technologie-Netzwerk. 1. *Begriff:* Ein T.-N. ist eine Form der → Kooperation von mehr als zwei Parteien, die sowohl Individuen, öffentliche Einrichtungen/→ Organisationen als auch Unternehmen sein können und deren Grundlage die Weiterentwicklung und Schaffung von technologischem Wissen ist. – 2. *Nutzen:* T.-N. sind für ein Unternehmen eine Möglichkeit der Erweiterung von F&E-Kapazitäten bzw. dienen der Senkung von Informations- und Suchkosten. – 3. *Einschränkung:* Trotz der Entwicklungen im Kommunikationssektor zeigt sich, dass die regionale oder mentale Verbundenheit der Netzwerkteilnehmer eine wesentliche Grundlage für die Entwicklung eines → Netzwerkes ist. Gerade im F&E-Bereich erweist sich für Unternehmen die räumliche Nähe von Hochschulen und/oder → Gründerzentren als eine Vorraussetzung für die Entwicklung eines innovativen und leistungsstarken T.-N.

Technologiepark, → Gründerzentrum.

Technologiepartnerschaft, *auch Technologiekooperation.* 1. *Begriff:* T. stellen eine Organisationsform der zwischenbetrieblichen Zusammenarbeit dar, die je nach Definition von einem Gedankenaustausch bis hin zu einem → Joint Venture reichen können. Ansatzpunkte für T. sind von der Erschließung bis hin zur Verwertung einer Technologie vorzufinden. – 2. *Zielausrichtung:* Hinsichtlich ihrer Ausgestaltung können operative und strategische Partnerschaften unterschieden werden. Dabei dienen operative → Kooperationen vor diesem Hintergrund dazu, kurzfristig Lücken im eigenen Ressourcenbündel zu schließen. Weniger die langfristige Verbindung zu Unternehmen ist von Bedeutung, sondern die Erhöhung der Flexibilität durch kurzfristig aktivierbare, sich verändernde Unternehmensbeziehungen. Strategisch angelegte T. zielen in diesem Zusammenhang hingegen darauf ab, dauerhaft die gemeinsame Technologie- oder Marktposition zu stärken.

Technologietransfer. 1. *Begriff:* Unter T. wird allgemein verstanden, dass eine Technologie von einem Geber hin zu einem Nehmer transferiert wird, ggf. unter Zuhilfenahme eines Mittlers. Der Transfer wird dabei als ein wertorientierter, planvoller und zeitlich limitierter Prozess der Technologieübermittlung verstanden, der i.d.R. anhand eines Phasenschemas beschrieben wird. Er stellt nicht das eigentliche Ziel dar, sondern ist als ein Mittel zu verstehen, um eine Technologie aus ihrer wissenschaftlichen Basis in eine wirtschaftliche Anwendung zu bringen. Dieser Prozess erfolgt als wechselseitiger Austausch. – 2. *Elemente des T.:* a) Transferobjekt: Transferobjekte können alle materiellen und immateriellen Ausprägungen von Produkt- und Prozesstechnologien sein. Prozesstechnologien umfassen sowohl Funktionstechnologien, d.h. Wissen von Produktions-, Verfahrens- und Fertigungstechniken, als auch Managementtechnologien, d.h. Wissen von

Techniken der → Planung, → Organisation und Kontrolle von Prozessen der Leistungserstellung und -verwertung in Unternehmen. – b) Transferpartner: Bei einem direkten T. sind an dem Prozess zwei Austauschpartner beteiligt, der Technologiegeber und der Technologienehmer. Technologiegeber sind häufig öffentlich grundfinanzierte F&E-Einrichtungen, wie z.B. Universitäten, Fachhochschulen, Max-Planck-Institute oder die Fraunhofergesellschaft. Es gibt jedoch auch privatwirtschaftliche F&E-Einrichtungen, die entweder unternehmensintern oder als Arbeitsgemeinschaft industrieller Forschungsvereinigungen als Technologiegeber agieren. Als Technologienehmer kommen sämtliche Unternehmen und öffentliche Einrichtungen in Frage, die an der Übertragung einer Technologie in ihre Organisation interessiert sind. – c) Transfermittler: Bei einem indirekten T. ist noch ein Technologiemittler in den Austauschprozess zwischen Technologiegeber und -nehmer geschaltet. Seine Aufgabe ist es den T. anzubahnen sowie in Gang zu halten. Als Technologiemittler agieren T.-Stellen, T.-Büros, T.-Agenturen, Industrie- und Handelskammern sowie → Gründerzentren. – d) Transferprozess: Der T.-Prozess kann in einzelne Teilphasen unterteilt werden, die jedoch nicht zwingend nacheinander ablaufen, sondern es kann auch zu Rückkopplungen und Wiederholungen kommen. Meistens geht die Initiative von dem Technologiegeber aus, der eine transferierbare Technologie und einen dazu einem geeigneten Technologiepartner sucht (Vorphase = Auswahlphase). In der Hauptphase (Übernahmephase) erfolgen wesentliche Planungs- und Koordinationsaktivitäten, Entwicklungs- und Schulungsmaßnamen zwischen Technologiegeber und -nehmer, um den T. erfolgreich durchzuführen. Der T.-Prozess endet mit der routinemäßigen, wirtschaftlichen Nutzung der transferierten Technologie, Serviceleistungen sowie finanziellen Rückflüssen an den Technologiegeber (Folgephase = Marktphase). – e) Transferumwelt: Die Technologiegeber, -nehmer und -mittler werden beim T. von politischen, gesellschaftlichen, rechtlichen und wirtschaftlichen Rahmenbedingungen beeinflusst. – 3. *Formen des T.:* In der wissenschaftlichen Literatur findet man eine Vielzahl von Kategorisierungen des T.: a) Intra- und Interorganisatorischer T.: Technologieorientierte Unternehmen und Forschungseinrichtungen können ihre Forschungs- und Entwicklungsaktivitäten innerhalb ihrer Organisation selbst nutzen (intraorganisatorischer T.) oder nach außen übertragen (interorganisatorischer T.). Der interorganisatorische T. kann noch danach unterschieden werden, ob das Wissen in ein bereits bestehendes Unternehmen übertragen wird oder ein neues Unternehmen auf Basis der Technologie gegründet wird, um diese in konkrete Anwendungen zu bringen und/oder zu vermarkten (→ Ausgründung). Die zuletzt genannte Form des T. bietet sich v.a. für den Transfer radikaler Technologien an. – b) Horizontaler und vertikaler T.: Der T. kann auf gleicher Ebene, bspw. zwischen zwei verschiedenen Grundlagenforschungslabors, (horizontaler T.) oder zwischen zwei verschiedenen Entwicklungsebenen, wie z.B. zwischen Universität und Unternehmen, (vertikaler T.) erfolgen. – c) Direkter und indirekter T.: Beim direkten T. besteht eine unmittelbare Beziehung zwischen Technologiegeber und -nehmer, während beim indirekten T. ein Technologiemittler zwischengeschaltet ist. – d) Passivierter und aktivierter T.: Unter dem passivierten T. wird nur die Bereitstellung von Wissen durch den Technologiegeber verstanden. Der aktivierte T. zeichnet sich dagegen durch einen kommunikativen und kooperativen Prozess zwischen Technologiegeber, -nehmer und ggf. -mittler aus. – e) nach der Form der Zusammenarbeit zwischen Technologiegeber und -nehmer: (1) Auftragsforschung: Hierbei gibt der Technologienehmer ein definiertes F&E-Problem zur Lösung an den Technologiegeber in Auftrag. (2) Lizenzen: Mit einem Lizenzvertrag erwirbt der Technologienehmer die Nutzungsrechte an gewerblichen Schutzrechten bzw. Know-how des Technologiegebers. (3) Kooperationen:

Bei dieser Form des T. kommt es zu einer freiwilligen, meist vertraglichen Zusammenarbeit zwischen Technologiegeber und -nehmer, die in einem Austausch von materiellen, immateriellen oder personellen Ressourcen besteht. Die Kooperation kann unterschiedlich intensiv ausgeprägt sein. (4) Personaltransfer: Hierbei tauschen die Organisationen des Technologiegebers und -nehmers mitunter zeitlich befristet Personen bzw. Wissensträger aus. (5) Informationstransfer: Diese Form des T. bezeichnet die Bereitstellung von sach-, fach- und projektbezogenen Informationen mittels unterschiedlicher Medien, wie z.B. Forschungsberichten, Fachdatenbanken oder im Rahmen von Fachtagungen. (6) Schulung und Weiterbildung: Hierbei vermitteln Technologiegeber direkt auf Seminaren ihr Forschungs- und Entwicklungsergebnisse. (7) Beratung: Bei dieser einfachsten Form des T. bietet der Technologiegeber dem Technologienehmer seine Unterstützung bei der Diskussion von wissenschaftlichen und technischen Problemstellungen.

Prof. Dr. Achim Walter

Literatur:

Beise, M./Licht, G./Spiekamp, A.: Technologietransfer an kleine und mittlere Unternehmen, Baden-Baden 1995; *Bochert, A.:* Erfolgsfaktoren für die Lizenzierung von Technologien der Großforschungseinrichtungen an Unternehmen, Hamburg 1997; *Corsten, H.:* Der nationale Technologietransfer, Berlin 1982; *Gemünden, H.G./Walter, A.:* Förderung des Technologietransfers durch Beziehungspromotoren, in: Zeitschrift für Führung und Organisation, Nr. 9; Jg. 65 (1995), S. 971-986; *Walter, A.:* Technologietransfer zwischen Wissenschaft und Wirtschaft. Voraussetzungen für den Erfolg, Wiesbaden 2003.

Technologie- und Gründerzentrum, → Gründerzentrum.

Technologisches Regime. 1. *Begriff:* Bezeichnet die Produktions- und Marktbedingungen, insbesondere in Bezug auf Innovationsprozesse. 2. *Formen:* Es werden im Wesentlichen zwei Formen eines technologischen Regimes unterschieden: das entrepreneurhafte und das routinisierte. a) Entrepreneurhaftes technologisches Regime: I.d.R. in der Frühphase des → Produktlebenszyklus. Kennzeichen der Marktsituation sind relativ häufige Änderungen des Produktes bzw. der Prozesse; der → Wettbewerb ist eher durch Qualitäts- als durch Preiskonkurrenz gekennzeichnet; die Innovationsaktivitäten sind vorwiegend auf Produktinnovationen gerichtet; Größenvorteile sind weitgehend irrelevant; als Anbieter dominieren kleine Unternehmen. Die Erfolgswahrscheinlichkeiten für Marktzutritte, insbesondere für innovative neue Firmen, sind vergleichsweise hoch. Aufgrund des wachsenden → Marktvolumens besteht nur eine geringe Tendenz zu Verdrängungswettbewerb. – b) Routinisiertes technologisches Regime: Kennzeichnend für spätere Phasen des Produktlebenszyklus (Stagnations- und Schrumpfungsphase). In diesem Stadium ist das Produkt etabliert und weitgehend standardisiert und die Produktion erfolgt in relativ großen Stückzahlen, häufig in Massenproduktion. Die angebotenen Qualitäten sind weitgehend identisch, so dass dem Preis als Wettbewerbsparameter relativ große Bedeutung zukommt. Entsprechend werden kostensenkende Verfahrensinnovationen bedeutsam. Das Innovationsgeschehen wird von den großen Unternehmen dominiert. Die mindestoptimale Größe ist relativ hoch. Der Marktzutritt ist unter den Bedingungen des routinisierten Regimes wenig erfolgversprechend. Bei stagnierendem Marktvolumen ist die Tendenz zu Verdrängungswettbewerb relativ stark ausgeprägt.

Prof. Dr. Michael Fritsch

Literatur:

Audretsch, D.B.: Innovation and Industry Evolution. Cambridge, Mass. 1995; *Winter, S.G.:* Schumpeterian Competition in Alternative Technological Regimes, in:

Journal of Economic Behavior and Organization, Jg. 5 (1984), S. 287-320.

Teilzeitarbeit, das Erbringen einer Arbeitsleistung, in einer kürzeren Wochenarbeitszeit, als sie von vollzeitbeschäftigten → Arbeitnehmern geleistet wird. Dabei ist zunächst auf die Wochenarbeitszeit vergleichbarer Arbeitnehmer des Unternehmens bzw. auf den Jahresdurchschnitt bei unregelmäßiger Wochenarbeitszeit abzustellen.

Teilzeitgründung, Form der Gründung, bei der die Umsetzung der → Gründungsidee unter Aufrechterhaltung des zuvor innegehabten Beschäftigungsverhältnisses geschieht. – *Vgl. auch* → Moonlighting

Termsheet. 1. *Begriff:* Schriftliche Vorformulierung aller für ein Bankgeschäft wesentlichen Bedingungen. – 2. *Bedeutung:* Im Rahmen der Unternehmensgründung spielen T. insbesondere bei Beteiligungskapitalgebern eine Rolle. → Business Angels oder → Venture Capital-Geber legen in T. ihre Bedingungen dar, unter denen sie sich an einem Unternehmen beteiligen wollen. Das Sheet dient damit zur Diskussionsgrundlage über den Beteiligungsvertrag, der dann letztendlich die Einigung zwischen Kapitalgeber und –nehmer in ausformulierter Form enthält.

Theorie der Unternehmensgründung, *Theorie des Entrepreneurship.* Befasst man sich mit der Theorie der U., so bietet sich eine grundlegende → Differenzierung in eine institutionelle sowie eine prozessuale Perspektive an. Darüber hinaus erstreckt sich der Begriff „Theorie“ auf eine pluralische sowie eine singularische Verwendung. Erstere mündet in einen Gattungsnamen für verschiedene Problemlösungsansätze sich ähnelnder Fragestellungen und Anwendungsgebiete. Die singularische Verwendung hingegen beschreibt eine paradigmatisch fundierte Auseinandersetzung mit einer präzise abgegrenzten Forschungsfrage und steht damit für eine Einzelbezeichnung herausgearbeiteter Zusammenhänge. Verwendet man den Begriff „Theorie“ nicht im engsten Sinn und akzeptiert hierfür auch nur konzeptionell begründete, „theorieartige“ Ausarbeitungen, so lassen sich aus den beiden angesprochenen Interpretationen der zentralen Begriffe des Titels „Theorie“ und „→ Entrepreneurship“ vier Kombinationen bilden. Die in Abbildung enthaltenen vier Felder sprechen in ihrer Gesamtheit unterschiedliche wissenschaftliche Disziplinen an und betreffen neben betriebswirtschaftlichen genauso auch volkswirtschaftliche, wirtschaftspädagogische und -geografische, soziologische sowie psychologische Analysen. Damit erfordert die Bearbeitung der benannten Felder sowohl eine Auseinandersetzung mit unterschiedlichen wissenschaftlichen Disziplinen, paradigmatischer Vielfalt sowie daraus folgenden heterogenen theoretischen Ergebnissen als auch eine Ausrichtung auf verschiedene

Theorie der Unternehmensgründung, Interpretationsdimensionen

„Entrepreneurship“ aus: / *„Theorie“ als:*	institutioneller Perspektive	prozessualer Perspektive
Gattungsname	(I) bspw. Analyse des Entwicklungsstandes der Gründungsforschung in Deutschland oder Konturierung der Erfahrungsobjekte Unternehmungsgründung und junge Unternehmung	(II) bspw. Analyse von Paradigmen der Gründungsforschung oder des Aussagegehaltes verschiedener Theorieströmungen
Einzelbezeichnung für herausgearbeitete Zusammenhänge	(III) bspw. Analyse der Lehrbarkeit von Unternehmereigenschaften oder Ausarbeitung eines universitären Curriculums	(IV) bspw. Analyse von Gründungsmotiven oder Erhebung von Erfolgsfaktoren „junger“ Unternehmungen

Ebenen der Theoriebildung. – *Vgl. Abb.* „Theorie der Unternehmensgründung, Interpretationsdimensionen".

Prof. Dr. Michael J. Fallgatter

Literatur:
Fallgatter, M. J.: Theorie des Entrepreneurship. Perspektiven zur Erforschung der Entstehung und Entwicklung junger Unternehmen, Wiesbaden 2002, S. 1-2; *Schneider, D.:* Allgemeine Betriebswirtschaftslehre, München 1987.

Time-to-Market, *Innovationszeit,* Zeitspanne, die von der Formulierung einer Innovationsidee bis hin zur Markteinführung benötigt wird. Wenn die Zeitdauer bis zur Markteinführung verkürzt werden kann, können die Unternehmen den Marktlebenszyklus verlängern und ihre Innovationsaufwendungen für eine Produkt- oder Dienstleistungsinnovation eher amortisieren. Die Zeitspanne ist aus Markterfolgs- und Risikogründen von Bedeutung und kann als eine Kennziffer zur Messung der Leistungsfähigkeit des Innovationsprozesses genutzt werden.

Tochterunternehmen, rechtlich eigenständiges, aber wirtschaftlich vom Mutterunternehmen abhängiges Unternehmen. Über Beherrschungs- und Gewinnabführungsverträge wird das Verhältnis zwischen den beiden Wirtschaftssubjekten formell festgelegt. Das → Kapital des T. ist mehrheitlich im Besitz der Muttergesellschaft. Handelt es sich bei der Tochterfirma um eine Aktiengesellschaft, hält die Mutter die Aktienmehrheit. Bei einer Tochtergesellschaft mit beschränkter Haftung hält die Muttergesellschaft entsprechend die Mehrheit des → Grundkapitals. Meist wird ein T. gegründet, wenn ein Unternehmen glaubt, dass eine Sparte nicht mehr zum eigentlichen Kerngeschäft gehört. Durch die Ausgründung hält die Muttergesellschaft die Kontrolle weiterhin in der Hand, wirtschaftliche Probleme der Tochter schlagen aber nicht mit voller Härte auf die Mutter zurück. Auch werden die wirtschaftlichen → Transaktionen zwischen der Tochter und der Mutter für alle Beteiligten deutlicher erkennbar. Oft hält sich die Muttergesellschaft auch die Option offen, die Mehrheit an der Tochter zu verkaufen, z.B. um eventuell bestehende wirtschaftliche Risiken zu streuen.

Top-down-Planung. Bei der T.-d-P. formulieren übergeordnete Hierarchie-Ebenen innerhalb von Unternehmungen die Planungsziele, die als Rahmenvorgaben dann auf die folgenden Hierarchie-Ebenen durch Teilpläne heruntergebrochen werden. Die Entscheidung für die T. als Planungsprinzip erfolgt in Abhängigkeit von der geplanten oder realisierten → Unternehmenskultur sowie der spezifischen Planungsentscheidung. Die T.-d-P. wird dabei vor allem bei Grundsatzentscheidungen angewandt, während das eine gegensätzliche Richtung verfolgende Planungsprinzip der Bottom-up-Planung häufig zur Koordination von Prozessoptimierungen gewählt wird. Viele Realprozesse werden aber auch als Kombination der beiden Prinzipien im Sinne des → Gegenstromverfahrens gestaltet.

Track Record, Die Summe der bisher erkennbar erbrachten Leistungen einer Person oder einer Gruppe von Personen in Bezug auf einen bestimmten Sachverhalt. Bei einem → Start-up-Unternehmen gibt z.B. der T.R. Auskunft über die bisher geleistete Aufbauarbeit der Gründer. Der T.R. spielt bei der Vergabe von → Venture Capital insbesondere bei der → Due Dilligence eine wichtige Rolle. – *Vgl. auch* → Venture Capital-Entscheidungskriterien.

Trade Sale. Bei einem T.S. erfolgt der Ausstieg von Investoren und eine Ergebnisrealisierung durch den Verkauf von Unternehmensanteilen. Die Besonderheit des T.S. liegt in dem Verkauf der Unternehmensanteile der ausscheidenden → Gesellschafter an industrielle oder strategische Investoren. Das T.S. ist eine Form des → Exits.

Transaktion, *Austauschprozess, Geschäft, Bestandsbewegung.* 1. *Begriff:* Die Übertragung von Rechten, Gütern oder Leistungen zwischen Wirtschaftssubjekten. – 2. *Arten:* a) bei Abwicklung mit → Verträgen oder vergleichbaren institutionellen Arrangements umfasst die Transaktion deren Anbahnung, Aushandlung und Absicherung. – b) im → Rechnungswesen bewirkt die Transaktion eine → Bestandsveränderung: Entweder (1) handelt es sich um eine Leistungstransaktion, bei der sich das Geldvermögen verändert, oder (2) um Finanztransaktion, welche die Höhe des Geldvermögens nicht beeinflusst.

Transaktionskosten. 1. *Begriff:* Kosten, die nicht in der → Produktion von Gütern und Dienstleistungen entstehen, sondern im Rahmen von → Transaktionen bzw. Austauschprozessen. Sie ergeben sich aus der gesamten Abwicklung von Transaktionen. Vor Vertragsschluss erfassen sie die Verhandlungs- und Informationskosten, bspw. über mögliche Vertragspartner, Preise und Qualitäten. Nach Vertragsabschluss ergeben sie sich aus der notwendigen Kontrolle der Vertragsbeziehung. – 2) *Merkmale von Transaktionen:* Die institutionelle Ausgestaltung von Transaktionen hat Auswirkung auf die Höhe der T. a) Häufigkeit: Je höher die Anzahl der Wiederholungen einer Transaktionen ist, umso mehr sinken die T. Je nach Dauer der Beziehung, die sich zwischen den Vertragspartnern entwickelt, können T. aufgrund von Vertrauen und → Lerneffekten sinken. – b) Unsicherheit: jeder Austauschprozesse finden in Abhängigkeit von seiner Umgebung statt. Über die zukünftig möglichen Umweltzustände herrscht bei beiden Vertragspartnern Unsicherheit. Je mehr exogene heterogene Faktoren für die Transaktion und im Rahmen der Vertragsdauer relevant sind, umso höher sind die Unsicherheit und der Bedarf an institutioneller Regelung. Damit steigen die T. – c) Spezifische Investitionen: Bei einer Vielzahl von Transaktionen sind nach Vertragsschluss hohe spezifische Investitionen eines Vertragspartners notwendig. Spezifische Investitionen unterstützen die gemeinsame Produktion eines Gutes. Gleichzeitig sind sie dadurch gekennzeichnet, dass sie nur im Rahmen dieser Vertragsbeziehung verwendet werden können. Außerhalb sinkt ihr Wert beträchtlich. Für den investierenden Vertragspartner stellen sie damit „Sunk Costs" dar und es ergibt sich ein Abhängigkeitsverhältnis. Dadurch wird opportunistisches Verhalten, als allgemeine Verhaltensannahme der Transaktionsökonomik, wahrscheinlicher. Je höher somit die mit der Transaktion verbundenen spezifischen Investitionen sind, umso größer sind die T. – 3. *Kernaussagen:* Im Rahmen des Transaktionskostenansatzes werden unterschiedliche institutionelle Abwicklung von Transaktionen im Hinblick auf die mit ihnen verbundenen T. verglichen. Ziel ist, jeweils die effizienteste Lösung zu finden. Es ergeben sich zwei entgegengesetzte Mechanismen der → Koordination: Märkte und Hierarchie, bzw. Unternehmen, sowie Hybridformen, die Elemente beider Institutionen ausweisen. Williamson empfiehlt Transaktionen, für die nur geringe spezifischen Investitionen notwendig sind, am Markt abzuwickeln, um hier → Economies of Scale nutzen zu können. Es entwickeln sich dann spezialisierte Anbieter, welche die aggregierte Nachfrage decken. Bei hohen notwendigen spezifischen → Investitionen eignen sich jedoch eher langfristige Verträge innerhalb von Unternehmen, wobei jedoch Formen zur Absicherung von opportunistischem Verhalten gefunden werden müssen. Zusätzlich sollte eine vertikale Integration der Transaktion in das Unternehmen erfolgen. – 4) *Anwendung von Transaktionskosten in der Betriebswirtschaft:* T. werden bspw. im Bezug auf → Corporate Governance, welche Interessenkonflikte zwischen Stakeholder und Management ausgleichen soll, diskutiert. Auch im Hinblick auf die Koordination zwischen externen Kapitalgebern, ob → Eigenkapital oder → Fremdkapital, und dem Unternehmen haben T. ihre Bedeutung. So stellt bspw. ein Intermediär eine zusätzliche Stufe von

Transaktionen dar. Andere ziehen Transaktionskostenansätze bei „Make or Buy"-Entscheidungen heran. Gleiches gilt für die Diskussion über effiziente Formen von → Mergers & Acquisitions oder Konzernstrukturen. Auch innerhalb der Unternehmen werden Prozessen mit Transaktionskostenansätzen bewertet: im Bezug auf Investitionen in beziehungsspezifisches → Humankapital, auf geeignete Organisations- und Delegationsprozesse, auf Instrumentarien des Personalmanagements und → Personalführung sowie innerhalb von Diskussionen über Formen von Arbeitsverträgen und Entlohnungssystemen.

Prof. Dr. Alexander Bassen

Literatur:
Williamson, O. E.: The Economice Institutions of Capitalism, New York 1985 (deutsch: Die ökonomischen Institutionen des Kapitalismus, Tübingen, 1990); *Jost, P.J.* (Hrsg.): Der Tranksaktionskostenansatz in der Betriebswirtschaftslehre, Stuttgart 2001; *Picot, A./Reichwald, R./Wigand, R.T.:* Die grenzenlose Unternehmung, Information, Organisation und Management, Wiesbaden 2003.

Transportkosten. 1. *Begriff:* T. sind die Kosten für die Überwindung von räumlichen Disparitäten durch die Bewegung von Wirtschaftsgütern. Sie stellen einen wichtigen Teil der Logistikkosten dar (→ Logistik). – 2. *Erscheinungsformen:* T. sind aufzuteilen in: die → Kosten für Fremdtransporte durch Beauftragung Dritter, die Kosten die mit der Beschaffung der Transportinfrastruktur in Verbindung stehen, sowie die Kosten der Aufrechterhaltung der Transportbereitschaft und der Transportdurchführung. – 3. *Herausforderungen:* Die transportbezogene Infrastruktur ist häufig kapitalintensiv und verursacht hohe Fixkosten, welche die → Flexibilität der Unternehmung einengen können. Aus diesem Grunde erwägen viele Unternehmungen, hohe Fixkostenblöcke durch → Outsourcing zu variabilisieren. Eine große Herausforderung besteht darin, die Transportkosten den Wirtschaftsgütern, welche die Kosten verursacht haben, eindeutig zuzuordnen. Das ist darauf zurückzuführen, dass Transporte selten mehrere Wirtschaftsgüter umfassen und die anteilige Inanspruchnahme schwer zu erfassen ist.

Turn-Around, die Sanierung bzw. die → Finanzierung von Unternehmen nach der Überwindung vorher bestehender Hürden und Schwierigkeiten. Diese könnten bspw. eine Veränderung im → Management oder die Veräußerung einer unrentablen Unternehmenssparte sein.

U

Übergeber, → Alteigentümer.

Übernahme. 1. *Begriff:* Ü. bezeichnet die Übergabe eines bestehenden Betriebes als eine Möglichkeit, sich selbständig zu machen. – 2. *Merkmale:* Vorteilhaft für den → Gründer ist die Tatsache, dass das Unternehmen bereits am Markt eingeführt ist. Als nachteilig für den Gründer können sich organisationsinterne Widerstände gegen den Inhaberwechsel sowie notwendige Restrukturierungsmaßnahmen erweisen, die vom Vorgänger unterlassen wurden. – 3. *Abgrenzung:* Die Ü. wird im Gegensatz zur originären Neugründung auch als derivative Gründung bezeichnet. – 4. *Entwicklung:* In Deutschland suchen jährlich rund eine Viertel Million Unternehmen einen Nachfolger. Unterstützung bei der Ü.-Planung geben die Kammern (→ Industrie- und Handelskammer). – *Vgl. auch* → Existenzgründung durch Übernahme, → Geschäftsübernahme.

Überzeichnung, *Oversubscription, Overbooked;* bezeichnet bei einer → Emission die Situation, wenn mehr Wertpapiere nachgefragt als ausgegeben werden. Dann muss entweder der Emissionsbetrag erhöht (Greenshoe) oder die Zuteilung beschränkt (Repartierung) werden. Bei einer Repartierung teilt die → Konsortialbank die Wertpapiere entweder prozentual oder per Losverfahren zu. Eine weitere Möglichkeit besteht darin, kleinere Zeichnungsbeträge voll zu berücksichtigen und gleichzeitig größere zu kürzen. Die → Zeichnung kann auch vor Ablauf der → Zeichnungsfrist beendet werden.

Umfeldanalyse. Bei der U. werden die externen Rahmenbedingungen eines Unternehmens analysiert. Hierbei wird sowohl das fernere Umfeld (Natur, Gesellschaft, Technologie, Politik) als auch das nahe Umfeld (Branchenstruktur, relevante Gesetze, relevante Märkte, Konkurrenten) im Hinblick auf Einflussstärke und Entwicklungsrichtung durchleuchtet. Die U. ist oft Ausgangspunkt einer → strategischen Planung; sie bildet auch den ersten Schritt der Szenariotechnik (→ Szenarioanalyse).

Umfeldfaktoren. 1. *Begriff:* U. bezeichnet die Gesamtheit aller externen Einflüsse auf eine → Gründung. Das sind z.B. die Kaufkraft der potentiellen Nachfrager oder das Kreditangebot. – 2. *Merkmale:* U. lassen sich unterteilen in soziale, ökonomische und institutionelle U. sowie in Faktoren des Mikro- und Makroumfeldes. U. auf der Mikroebene beeinflussen Gründungen direkt und können vom → Gründer oftmals umgangen werden. Dagegen üben U. der zweiten Kategorie einen eher indirekten Einfluss aus, indem sie Rahmenbedingungen setzen, die vom Gründer i.d.R. als gegeben hingenommen werden müssen. Ein Beispiel dafür ist das rechtliche Umfeld (ebenfalls ein institutioneller U.), das z.B. über gesetzliche Vorschriften zur Registrierung neuer Unternehmen Gründungen prinzipiell ermöglicht.

Umgründung, bezeichnet die Änderung der Unternehmensform. In diesem Zusammenhang spricht man auch von derivativen → Gründungen: Diese liegen dann vor, wenn eine existierende Wirtschaftseinheit durch Übernahme, U. oder sonstige Maßnahmen (z.B. Restrukturierung) in eine neue Unternehmenseinheit transformiert wird (z.B. Übernahme einer

Werbeagentur mit neuen → Gesellschaftern und/oder → Rechtsform).

Umlaufvermögen. Das in der Handelsbilanz auf der Aktivseite dem → Anlagevermögen untergegliederte U. beinhaltet alle Gegenstände, die dazu bestimmt sind, nicht dauernd dem Geschäftsbetrieb zu dienen (§ 247 Abs. 2 HGB). Dazu gehören im Einzelnen immaterielle Vermögensgegenstände, wie Konzessionen, gewerbliche Schutzrechte und → Lizenzen, der Geschäfts- und Firmenwert und geleistete Anzahlungen, und daneben auch Sachanlagen und Finanzanlagen. Bei → Kapitalgesellschaften ist die Bewertung des U. bei zeitlich unbegrenzter Nutzung nach den Anschaffungskosten vorzunehmen und bei zeitlich begrenzter Nutzung nach den fortgeführten Anschaffungs- bzw. Herstellungskosten abzüglich der planmäßigen → Abschreibungen.

Umsatz, wertmäßige Erfassung des Absatzes einer Unternehmung und impliziert im Grunde alle Geldeingänge in einem Unternehmen in einem bestimmten Zeitraum, die durch den Verkauf von Waren und → Dienstleistungen entstehen. Allgemein berechnet man die Erlöse, indem man die Absatzmenge mit dem Nettoverkaufspreis multipliziert.

Umsatzanteil. Der U. verschiedener Produkte bzw. Produktfelder gibt in einem Portfoliounternehmen Aufschluss über die Umsatzentwicklung im Vergleich zu den anderen Einnahmequellen. Diese Aufspaltung lässt eine gesonderte Prüfung der → Kennzahlen in den einzelnen Sparten, aber auch eine Aussage über die Entwicklung der Gesamtstrategie des Unternehmens zu. Hier lässt sich mittels strategischer Entscheidungsinstrumente, insbesondere mittels der → BCG-Matrix, Analysen aufstellen, die sich auch für die Aufrechterhaltung von Geschäftsfeldern mit absteigendem U. aussprechen.

Umsatzplanung, Bestandteil eines → Business Plans. Sie beschreibt die → Planung von verkaufbaren Kapazitäten eines Unternehmens zum durchschnittlich erzielbaren Marktpreis. Häufig wird auch eine Korrektur zur Risikoabsicherung unternommen.

Umsatzsteuer, eine an den Endverbraucher gerichtete allgemeine Verkehrs- und Verbrauchssteuer, wobei der Steuerschuldner der Unternehmer darstellt, der die U. aus dem Verkaufserlös an den Staat abzuführen hat. Gegenwärtig beträgt die U. in Deutschland 16% der Bemessungsgrundlage (§ 12 Abs. 1 UStG), die im Handel der Verkaufspreis darstellt.

Umsatzwachstum. → Umsatz kann im Sinne von Umsatzerlöse verwendet werden und bezeichnet den in der → Gewinn- und Verlustrechnung einer Unternehmung ausgewiesenen Wert der Erlöse, die in einer Periode erwirtschaftet wurden. Der Begriff findet im Rechnungswesen und im Steuerrecht Verwendung. Das U. bezeichnet die prozentuale Veränderung des Umsatzes eines Unternehmens im Vergleich zu einem Basisjahr. Meist wird das vorherige Jahr als Basisjahr rollierend festgelegt. U. ist auch als eine Zielkategorie zu verstehen.

Umwandlung, → Rechtsformänderung.

Umweltschutz. 1. *Begriff:* Betrieblicher U. umfasst sämtliche Aktivitäten eines Unternehmens zum Schutz und/oder zur Wiederherstellung der Lebensgrundlage von Menschen, Tieren und Pflanzen. Negative Auswirkungen der betrieblichen Leistungserstellung auf die Umwelt sollen vermieden, reduziert bzw. beseitigt werden. – 2. *Organisation:* Ausgehend von einer Verankerung des U. im Zielsystem eines Unternehmens, stellt der U. eine betriebliche Querschnittsaufgabe dar. Die → Koordination der U.-Maßnahmen eines Unternehmens obliegt i.d.R. dem U.-Beauftragten. – 3. *Handlungsimpulse:* Grundlage betrieblicher U.-Aktivitäten sind das konzeptionelle Leitbild des Sustainable Development, ein gestiegenes Umweltbewusstsein in der Bevölkerung,

Strategien der Konkurrenten sowie eine restriktive Umweltgesetzgebung.

Unique Market Position, beschreibt eine einzigartige Wettbewerbsposition auf einem bestimmten Markt. Sie gründet sich auf einer → Unique Selling Proposition. Diese gründet sich auf einem Alleinstellungsmerkmal und die herausragenden Eigenschaften eines Produkts, wodurch sich ein überlegener → Wettbewerbsvorteil erzielen lässt.

Unique Selling Proposition (USP), *Unique Selling Point, Alleinstellungsmerkmal.* 1. *Begriff:* USP beschreibt eine unter marktwirtschaftlichen Gesichtspunkten herausragende Eigenschaft eines Produkts oder eines Markenartikels, wodurch es einen der Konkurrenz überlegenen → Wettbewerbsvorteil genießt und es besonders einzigartig erscheint. – 2. *Merkmale:* Diese Einzigartigkeit kann z.B. im Preis, in der Formgebung, in der technologischen Problemlösung oder im Produktnutzen begründet sein. Der USP ist typischerweise die Grundlage einer Werbekampagne für ein Produkt. In der Erfolgsfaktorenforschung wird ein einzigartiges, überlegenes und differenziertes Produkt, das dem Kunden einzigartige Vorteile und einen überlegenen Nutzen bietet, als kritischer Faktor betrachtet. – 3. *Anwendung und Probleme:* Im Produktlebenszyklus hat sich gezeigt, dass das USP-Konzept exzellent in der Einführungs- und Wachstumsphase eines mit dem jeweiligen Produkt weitgehend ungesättigten Marktes funktioniert. Der kommunikationsmäßige Vorteil des USP in der → Werbung ist, dass eine darauf beruhende einfache, starke und motivierende Botschaft eine hohe Werbeeffektivität sicherstellt, denn Aussagen, wo dem Konsumenten zu viel mitgeteilt wird, erreichen meist nicht das, was angestrebt wird. Sobald sich jedoch das Produkt auf dem Markt etabliert hat und Konkurrenzprodukte auf den Markt kommen und dem originären Produkt zunehmend zusetzen, was in der Reife- und Sättigungsphase eines Produktlebenszyklus zutrifft, wird die produktpolitische Fixierung auf den gewählten USP problematisch, weil die Alleinstellung nicht mehr stimmt und von den Umworbenen auch nicht mehr geglaubt wird. Die Vermarktungsalternativen in einem reifen Markt sind entweder die Fixierung auf den Preis, den monetären USP, den einzigen USP, der bei produktmäßigem Gleichziehen der Wettbewerber noch bleibt, oder das Abgehen vom physischen USP in Richtung eines emotionsgeladenen Brand Image (→

Unique Selling Proposition (USP), Anforderungen

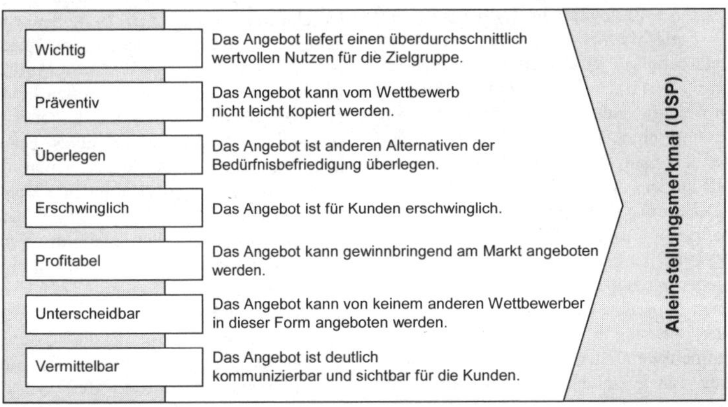

Markenname), das zu einem psychologischem USP werden kann. – *Vgl. Abb.* „Unique Selling Proposition (USP), Anforderungen“.

Prof. Dr. Guido Reger

Literatur:

Cooper, R.: Top oder Flop in der Produktentwicklung, Weinheim 2002; *Ries, A/Trout, J.:* Positioning: The Battle for Your Mind, New York 2000; *Reeves, R,:* Reality in Advertising, Knopf 1961.

Unsicherheit, → Investitionsrechnung.

Unterbilanzhaftung (Vor-GmbH), *Vorbelastungshaftung, Differenzhaftung.* Die U. gewährleistet der → Gesellschaft mit beschränkter Haftung und ihren Gläubigern das volle Startkapital im Zeitpunkt der Registereintragung. Sie beinhaltet die Haftung der → Gesellschafter der Vor-GmbH gegenüber der Gesellschaft für Verluste des → Stammkapitals, die bei Eintragung der Gesellschaft vorlagen. Diese Innenhaftung ist unbeschränkt. Die Gesellschafter müssen danach Schulden und Vermögensabflüsse ausgleichen, soweit diese zu Lasten des Stammkapitals gehen.

Unternehmen, → Betrieb.

Unternehmensanalyse. 1. *Begriff:* Beurteilung eines Unternehmens auf der Basis der Zerlegung in Teilbereiche und der anschließ-enden Integration der Teilergebnisse zu einer Gesamtbeurteilung im Hinblick auf ein bestimmtes Informationsziel. – 2. *Ziele:* Entweder die Findung eines Wertes, für das Unternehmen als Ganzes oder für Unternehmensteile, oder die Findung von Faktoren, welche die → Unternehmensentwicklung maßgeblich prägen. Die Suche nach dem → Unternehmenswert ist i.d.R. selbst wieder zweckbezogen, z.B. in Bezug auf einen aktuellen Kauf- oder Verkaufspreis oder in Bezug auf einen künftigen Unternehmenswert, der sich nach Durchführung von gezielten Interventionen in die langfristige Unternehmensentwicklung (Strategieumsetzung) ergeben könnte. Die U. dient in diesem Fall als Ausgangspunkt für die Suche nach und rationale Begründung von Interventionen, um die Unternehmensentwicklung in eine gewünschte Richtung zu lenken. – 3. *Instrumente:* Die Identifikation von Komponenten, die vorhanden sind, ist die unterste Stufe der U. I.d.R. beinhaltet die U. aber auch eine Quantifizierung dieser Komponenten. Diese kann im einfachsten Fall auf Mengenkategorien (z.B. Arbeitsstunden) beschränkt bleiben. Die U. geht jedoch über Mengenbetrachtungen grundsätzlich hinaus, da in der Marktwirtschaft Werte von entscheidender Bedeutung sind. Dabei können zahlungsnahe Werte (Einnahmen, Ausgaben) ebenso wie durch Bewertungskonzeptionen (Regeln) bestimmte Werte (Aufwendungen, Erträge; Kosten, Leistungen; Opportunitätskosten; Schattenpreise usw.) eine Rolle spielen. Eine weitere Steigerung erfährt die U. durch die Herstellung von Relationen zwischen quantifizierten Komponenten, z.B. Input-Output-Relationen (Ertrags-, Wirtschaftlichkeits- und Produktivitätskennzahlen), aber auch Input-Input- sowie Output-Output-Relationen (für Zeitvergleiche, zwischenbetriebliche Vergleiche). Zum Vergleich können eigene reale (Vergangenheitsdaten) oder ideale (eher im technischen Bereich) sowie unternehmensexterne Größen herangezogen werden. Dazu bieten Forschungsinstitute Durchschnittswerte (z.B. Branchenkennzahlen) an. Von Benchmarking spricht man, wenn die Daten eines Vorbild-Unternehmens als Referenzgrößen herangezogen werden. Wenn die U. auf die strategische Positionierung eines Unternehmens angelegt ist, muss neben der Zerlegung in strategisch relevante Untersuchungsbereiche auch auf das Zusammenwirken dieser Bereiche im Sinne einer Konfiguration (eines Systems, einer Ganzheit) geachtet werden. Denn was isoliert gesehen negativ zu werten wäre, kann so im Gesamtzusammenhang durchaus positiv sein. Viele der zum Teil auch in der Praxis entstandenen Methoden der strategischen U. stehen in der lange vorherrschenden Tradition der reinen Marktorientierung (→ Market-based View), wie z.B. die Branchenstrukturanalyse, Produktlebenszyklusanalyse, Portfolioanalyse. Strategisch relevante Stärken und Schwächen können jedoch auch im Ressourcenbereich (→ Resource-based View) auftreten, was zu entsprechenden Erweiterungen, wie z.B. im Bereich der Portfolioanalyse (Ressourcenmatrix) geführt hat. Auch die Methode der → Balanced Score Card versucht eine Integration von mehreren Perspektiven (so genannten „harten" und „weichen" Faktoren). Die U. kann aber auch (im Gegensatz zum strategisch-langfristigen) auf einen kürzerfristigen Zeithorizont (operativ) angelegt sein, wenn z.B. die Komponenten der Zahlungsfähigkeit für eine Liquiditätsprognose erfasst werden sollen. Eine Liquiditätsanalyse muss grundsätzlich auch das ganze Unternehmen umfassen, weil bekanntlich Zahlungsfähigkeit (oder -unfähigkeit) immer eine Rechtsperson als Ganzes betrifft. Die Vorgangsweise bei einer U. kann in typische Phasen zerlegt werden: Zielsetzung, Abgrenzung, Methodenauswahl, Datenbeschaffung, Datenaufbereitung, Datenauswertung und Ergebnispräsentation. I.d.R. werden bei einer U. nicht alle möglichen Analyseziele und –bereiche mit der gleichen Intensität erfasst, da die U. ebenso wie alle anderen Führungsinstrumente grundsätzlich auch selbst dem Wirtschaftlichkeitsprinzip entsprechen muss. Nur marginal Bedeutsames ist daher zu vernachlässigen. Als Entscheidungshilfe für diese Gewichtung kann das Denkmuster der ABC-Analyse nützlich sein. – *Vgl. auch* → Unternehmensplanung.

Prof. Dr. Josef Mugler

Literatur:

Hahn, D.: Unternehmungsanalyse, in: Szyperski, N. (Hrsg.): Handwörterbuch der Planung, Stuttgart 1989, Sp. 2074-2088; *Kraut, N.:* Unternehmensanalyse in mittelständischen Industrieunternehmen, Wiesbaden 2002; *Mugler, J.:* Betriebswirtschaftslehre der Klein- und Mittelbetriebe, Band 1, Wien 1999.

Unternehmensanteil, Form der → Unternehmensfinanzierung, bei der eine finanzielle Beteiligung am Unternehmen durch externe Finanzinvestoren möglich gemacht wird (z.B. über → Aktien, Anleihen etc.). Ob lediglich eine Minderheitsposition erworben werden kann oder ob der Zukauf einer Mehrheitsposition möglich ist, spielt vor allem für den Finanzinvestor eine wesentliche Rolle. Durch die Einnahme einer Mehrheitsposition hat der Finanzinvestor die Entscheidungsgewalt im Unternehmen und kann somit sowohl die individuelle Restrukturierung unter Risiko-Renditeaspekten vornehmen als auch den potenziellen Verkaufsprozess nach Ablauf seines zeitlichen Engagements beschleunigen. Aus diesen Gründen engagieren sich Finanzinvestoren oft nur in Unternehmen, bei welchen eine Anteilsmehrheit erworben werden kann.

Unternehmensaufbau. 1. *Betriebswirtschaft:* Die Gesamtaufgaben des Unternehmens werden in Teilaufgaben zerlegt, die zu arbeitsteiligen Einheiten (Stellen) kombiniert werden. Diese bilden die Organisationsstruktur des Unternehmens bzw. den U. Mit den einzelnen Stellen sind neben den Aufgaben auch Kompetenzen (sachliche Zuständigkeit und Verantwortung) verbunden. – 2. *Umgangssprachlich* wird unter U. auch der Prozess der → Unternehmensgründung verstanden.

Unternehmensaufsicht, → Corporate Governance.

Unternehmensbesteuerung, → Steuern.

Unternehmensbeteiligungsgesellschaft (UBG). 1. *Begriff:* Spezifische, durch das Gesetz über Unternehmensbeteiligungsgesellschaften (UBGG) geregelte Form einer → Beteiligungsgesellschaften. Die Errichtung einer UBG ist an bestimmte Voraussetzungen gebunden und kann je nach Gesellschafterkreis in zwei verschiedenen Formen (offen vs. integriert) erfolgen. Die Anlagetätigkeit der Gesellschaft unterliegt bestimmten Restriktionen. Eine UBG genießt nach ihrer Anerkennung bestimmte Vorzüge (Gewerbesteuer, Bezeichnungsschutz) gegenüber anderen Beteiligungsgesellschaften. – 2. *Voraussetzungen:* UBG dürfen nur in der → Rechtsform einer → Kapitalgesellschaft oder → Kommanditgesellschaft betrieben werden. In der Gesellschaftssatzung muss der im Gesetz festgelegte Unternehmensgegenstand aufgeführt sein. Hierdurch wird sichergestellt, dass die Zielsetzung einer Verbesserung der Eigenkapitalfinanzierung kleiner und mittlerer Unternehmen auch tatsächlich verfolgt wird und zum Schutz der Aktionäre weder → Vorstand noch → Aufsichtsrat auf die Anerkennung als UBG verzichten können. Weiter ist geregelt, dass die Gesellschaft ihren Sitz im Inland haben muss. Das → Grund- bzw. Stammkapital einer UBG muss mindestens eine Million Euro betragen. – 3. *Anlagegrenzen:* Anlagegrenzen regeln die Verwendung der Mittel durch eine UBG. Sie müssen nach einer Übergangsfrist von drei Jahren ab Anerkennung als UBG eingehalten werden. Die Grenzen sind definiert als Anteil der Anschaffungskosten bzw. Buchwerte einer bestimmten Anlagekategorie an der Bilanzsumme der UBG. Mit der Festlegung eines maximalen Prozentsatzes soll eine Risikostreuung zunächst sicher gestellt werden. Daher darf der in ein Unternehmen investierte Betrag maximal 30% der Bilanzsumme betragen. Das Erreichen der Zielstellung, die Eigenkapitalfinanzierung von KMU ohne Börsenzugang zu verbessern, wird dadurch kontrolliert, dass zum einen der Wert aller börsennotierten Beteiligungen 30% der UBG-Bilanzsumme nicht überschreiten darf. Beteiligungen an börsennotierten Unternehmen mit einer Bilanzsumme von mehr als 250 Mio. Euro dürfen überhaupt nicht erworben werden. Des Weiteren ist der Erwerb von Beteiligungen an Unternehmen außerhalb des europäischen Wirtschaftsraums ebenfalls auf insgesamt 30% der UBG-Bilanzsumme begrenzt. Schließlich ist die Darlehensgewährung an eine Beteiligung in jedem Einzelfall auf die dreifachen Anschaffungskosten und insgesamt auf 30% der UBG-Bilanzsumme limitiert. Eher den Interessen der Investoren nach einer gewissen → Liquidität ihrer Anlage dient die Regel, dass die Beteiligungsdauer grundsätzlich auf zwölf Jahre beschränkt ist. Ausnahmen bestehen für länger gehaltene Beteiligungen mit einem Buchwert von zusammen bis zu 30% der UBG-Bilanzsumme. – 4. *Formen:* Im Gesetz sind zwei Formen einer UBG definiert, die offene und die integrierte UBG. Eine offene UBG verfügt über einen breiten Gesellschafterkreis, bei dem kein Gesellschafter mehr als 40% des Kapitals oder der Stimmrechte hält. Diese Regeln über den Gesellschafterkreis sind innerhalb von fünf Jahren nach Anerkennung der UBG zu erfüllen. Hierdurch soll verhindert werden, dass Holdinggesellschaften die Privilegien der UBG nutzen. Über die in Punkt 2 genannten Restriktionen hinaus dürfen offene UBG nur Minderheitsbeteiligungen erwerben. Eine vorübergehende Mehrheitsbeteiligung kann bei nicht börsennotierten Beteiligungen – z.B. im Rahmen von Sanierungsmaßnahmen – einmalig eingegangen werden. Sie muss aber innerhalb von acht Jahren zurückgeführt werden. Integrierte UBG unterliegen dagegen keinen Beschränkungen zum Gesellschafterkreis. Bei integrierten UBG wird Missbrauch durch Holdinggesellschaften dadurch verhindert, dass nur Beteiligungen an solchen Unternehmen erworben werden dürfen, bei denen natürliche Personen als Gesellschafter und Geschäftsführer agieren. Außerdem muss der Gesellschafter-Geschäftsführer über mindestens 10% der Stimmrechte der Beteiligung verfügen. Auch integrierte UBG sollen Minderheitsbeteiligungen erwerben. Im Gegensatz zu offenen UBG müssen bei ihnen aber temporäre Mehrheitsbeteiligungen innerhalb eines Jahres zurückgeführt werden. – 5. *Vorzüge:* UBG erhalten zwei statusspezifische Vorzüge. Erstens sind UBG von der Gewerbesteuer befreit (§ 3 Nr. 23 GewStG). Ebenso sind die Eigentümer der UBG, die mindestens 10% der UBG-Anteile halten, von der anteiligen, auf sie entfallenden Gewerbesteuer befreit (§ 9 Nr. 2a GewStG). Damit wird sichergestellt, dass das Schachtelprivileg der Gewerbesteuer faktisch gewährt wird, obwohl es sich bei der UBG um eine steuerbefreite Kapitalgesellschaft handelt. Allerdings erhöht sich für die Unternehmen, an denen sich die UBG mittels typisch → stiller Beteiligung beteiligt, die Gewerbesteuerbelastung, da nach § 8 Nr. 3 GewStG die Gewinnanteile der UBG dem Gewerbeertrag zugerechnet werden. Durch die Steuervergünstigung für die UBG werden Nachteile einer indirekten Beteiligung an nicht börsenreifen Unternehmen zu einem kleinen Teil abgebaut. Zweitens ist die Bezeichnung „Unternehmensbeteiligungsgesellschaft" in diesem Zusammenhang geschützt, um einer Irreführung des Publikums entgegenzuwirken. – *Vgl. auch* → Private Equity, → Venture Capital Gesellschaft, → Kapitalbeteiligungsgesellschaft.

Dr. Frank Pankotsch

Literatur:

Schefczyk, M.: Erfolgsstrategien deutscher Venture Capital-Gesellschaften, Stuttgart 2004, S. 73-82; *Weitnauer, W.:* Handbuch Venture Capital, München 2001, S. 60-61.

Unternehmensbewertung. 1. *Begriff:* Die U. dient der Feststellung des gemeinen Wertes, häufig bezogen auf das → Eigenkapital, von Unternehmen oder Anteilen an Unternehmen. – 2. *Anlässe:* Als Bewertungsanlässe kommen neben der → Beteiligungsfinanzierung insbesondere der Verkauf eines Unternehmens als Ganzes, die → Übernahme von Anteilen innerhalb des Gesellschafterkreises oder durch neue → Gesellschafter, die Belei-

Unternehmensbewertung, Vor- und Nachteile der Bewertungsmethoden

Methode	Vorteile	Nachteile
Substanzwert (SW)	• Einfach zu verstehen • Sehr exakt bestimmbar • Daten sind in der Bilanz bereits vorhanden	• Für Preisbestimmung irrelevant, da vergangenheitsbezogen • Unfair, da immaterielle Tatbestände nur schwierig oder gar nicht berücksichtigt werden können
Ertragswert (EW)	• Einfachheit der Methode • Keine aufwendig erstellten Detailbudgets für die nächsten Jahre nötig	• Statische Betrachtungsweise (in Zukunft wird alles gleich bleiben) wird dem heutigen dynamischen Umfeld nicht mehr gerecht • Zunehmende Unsicherheit in ferner Zukunft nicht berücksichtigt
Mittelwerte Aus SW & EW	• Einfachheit der Methode • Breite Akzeptanz in der Praxis (z.B. Steuerbehörde)	• Willkürliche Gewichtungen von Substanz- und Ertragswert • Für Start-ups ohne Assets unbrauchbar wegen schwieriger Berücksichtigung der immateriellen Faktoren
Discounted Cash Flow (DCF)	• Guter Argumentations- und Entscheidungswert • Auf Portfoliotheorie aufbauend und daher theoretisch fundiert • Zukunftsbezogen: Planprozess erzwingt Auseinandersetzung mit Zukunftsszenarien • Kann spezifische Eigenschaften von Jungunternehmen berücksichtigen	• Sehr stark abhängig von subjektiven Erwartungen und Annahmen • Diskontierungsrate schwierig zu bestimmen (β fehlen) • Sehr sensitiv hinsichtlich Terminal Value (v.a. Wachstumsrate g) • Berechnung kann im Detail äußerst kompliziert werden • Eindruck falscher Genauigkeit • Ermittlung und Begründung der Wahrscheinlichkeitsfaktoren schwierig • Keine Berücksichtigung von Optionen (Assets, Flex.)
Ausschüttungen an Investor (KNI)	• Einzig theoretisch richtige Methode, da Perspektive des Investors eingenommen wird • Unternehmensbewertung als Investitionsrechenverfahren	• In der Praxis nicht durchführbar aufgrund zu umfangreicher Annahmen und unsicherer subjektiver Faktoren, denen auch mit mehrwertigen Erwartungen nicht beizukommen ist
Venture Capital (VC)	• Einfach zu verstehen • Häufig verwendet • Schnell in der Anwendung • Bei mehreren Finanzierungsrunden anwendbar	• Stützt sich auf andere Methoden für Exit-Preis • Starke Vereinfachung

hung von Anteilen, die Auseinandersetzung mit ausscheidenden Gesellschaftern bzw. im Erb- oder Scheidungsfall sowie Restrukturierungs- und Umwandlungsfälle in Betracht. Vor Abschluss eines Beteiligungsvertrages wird der Wert von 100% der Eigenkapitalanteile vor der → Finanzierung (→ Pre Money Valuation) oder nach der Finanzierung (→ Post Money Valuation) bestimmt, um auf dieser Basis festzulegen, welchen Anteil am Eigenkapital Investoren im Rahmen einer → Finanzierungsrunde erhalten. Dies darf allerdings nicht darüber hinwegtäuschen, dass die wirtschaftlichen Folgen einer Transaktion oft nahezu gleichermaßen von der Bewertung wie von ergänzenden Vertragsabreden (z.B. Verwässerungsschutz) abhängen. – 3. *Methoden:* Für die Bewertung von Eigenkapitalanteilen an nicht börsennotierten jungen Unternehmen kommen traditionell sechs Methodenfamilien in Frage: a) Substanzwertmethoden, bei denen die Werte aller im Unternehmen vorhandenen Vermögensgegenstände erhoben und addiert werden. Für die einzelnen Vermögensgegenstände kommen mehrere verschiedene Wertansätze in Betracht, vor allem der Liquidations- und der Rekonstruktionswert. Der Liquidationswert geht vom erzielbaren Veräußerungserlös aus, während der Rekonstruktionswert die Wiederbeschaffung eines vergleichbaren Vermögensgegenstandes betrachtet. Die Wahl hängt vor allem davon ab, ob ein Wirtschaftsgut außerhalb (Liquidationswert) oder innerhalb (Rekonstruktionswert) eines fortgeführten Unternehmens verwendet werden soll. – b) Vergleichwertmethoden, bei denen auf den Erwerb von Anteilen an dem zu bewertenden Unternehmen durch Dritte abgestellt wird. Der Vergleichswert bezieht sich also auf Verkäufe von Anteilen am selben Unternehmen. Zu berücksichtigen ist dabei allerdings, ob der Dritte mit dem Kauf Einfluss auf die Geschäftsleitung erlangt hat und ob Paketeffekte den Vergleichswert beeinflusst haben. Zeitnahe Vergleichswerte, die sich auf das zu bewertende Unternehmen selbst beziehen, können z.B. bei Umwandlungs- und Einbringungsvorgängen von zentraler Bedeutung sein und beeinflussen darüber hinaus Bewertungen fast immer. – c) Marktwertmethoden, bei denen der Unternehmenswert als Vielfaches einer Unternehmenskennzahl bestimmt wird. Typische → Kennzahlen sind Umsatz, Gewinn und → Cash Flow, aber auch die Anzahl der Kunden. Der anzuwendende Multiplikator beruht auf Vergleichen mit Unternehmen ähnlicher Branchen und Situationen und/oder auf Erfahrungswerten. Kennzeichnend für die Marktwertmethoden ist ihre Statik, d.h. Veränderungen im Zeitablauf können nur schwer berücksichtigt werden (Ausnahme: Price-Earnings-to-Growth-Ratio, bei dem eine Wachstumsrate berücksichtigt wird). – d) Ertragswertmethoden, bei denen der Unternehmenswert (in einer zentralen von vielen Varianten) aus den abdiskontierten zukünftigen Nettozahlungen des Unternehmens an seine Anteilseigner bestimmt wird. Berechnungsgrundlagen sind prognostizierte Dividenden und ein Kalkulationszinsfuß für die Abdiskontierung. Während hier ein Entwicklungsverlauf besser berücksichtigt werden kann, ist die Ertragsprognose und die Wahl des Kalkulationszinsfusses mit erheblichen Herausforderungen verbunden. – e) → Discounted Cash Flow-Methoden unterscheiden sich vom Ertragswert insbesondere in der „Entity“-Variante, bei der nicht auf → Dividenden, sondern auf Zahlungsüberschüsse zur Bedienung von Eigen- und → Fremdkapital abgestellt und mit gewichteten Kapitalkosten abdiskontiert wird. Diese Variante nutzt dynamische Planungsdaten, um einen Gesamtwert der → Aktiva abzuleiten. Zur Bewertung des Eigenkapitals werden die Schulden des Unternehmens explizit abgezogen. – f) Mischmethoden, die mehrere andere Methoden kombinieren, darunter vor allem das Stuttgarter Verfahren als Mischung aus Substanz- und Ertragswertverfahren. Konkret wird dabei nach den aktuellen Erbschaftsteuerrichtlinien die Summe aus 68% des Vermögenswertes (Buchwert, bei Grundstücken und Beteiligungen höhere

Werte) und dem 5-fachen Ertragshundertsatz (3-jähriges Mittel der Erträge mit gegenwartsbetonten Jahresgewichten 3 : 2 : 1) ermittelt. Das Stuttgarter Verfahren ist neben der Besteuerung teilweise für gesellschaftsrechtliche Auseinandersetzungsfälle bedeutsam. – *Vgl. auch* → Unternehmenswert und Abb. „Unternehmensbewertung, Vor- und Nachteile der Bewertungsmethoden".

Prof. Dr. Michael Schefczyk

Literatur:
Drukarczyk, J.: Unternehmensbewertung, München 2001; *Institut der Wirtschaftsprüfer:* IDW Standard: Grundsätze zur Durchführung von Unternehmensbewertungen, Düsseldorf 2001; *Rudolf, M./Witt, P.:* Bewertung von Wachstumsunternehmen: Traditionelle und innovative Methoden im Vergleich. Wiesbaden 2002; *Schefczyk, M./Pankotsch, F.:* Betriebswirtschaftslehre junger Unternehmen, Stuttgart 2003, S. 282-292.

Unternehmensentwicklung, *Organisationsentwicklung.* 1. *Begriff:* Einmal bezeichnet er die historisch tatsächliche Entwicklung eines Unternehmens bzw. einer → Organisation und beschreibt diese in qualitativen und quantitativen, mengen- und wertmäßigen Kenngrößen wie Image, Umsatz, Gewinn, Mitarbeiterzahl usw. Zum anderen beschreibt er die angestrebte zukünftige Entwicklung derselben und in diesem Zusammenhang auch die → Strategien und Maßnahmen des geplanten und systematischen Wandels im Hinblick auf sich ständig verändernde Umweltanforderungen. – 2. *Auslöser:* Für das Unternehmen sind dabei unterschiedliche Arten des Wandels bedeutsam: sicherer Wandel führt zu klar vorausbestimmbaren Ergebnissen. Dem entspricht ein mechanistisches Verhalten, in dem das Unternehmen auf Basis der Kenntnis der Fakten (→ Frühwarnkennzahlen) auf die Veränderungen reagieren kann (starre → Planung). Im Fall abschätzbaren Wandels verfügt das Unternehmen nur noch über ein Wahrscheinlichkeitsurteil über mehrere mögliche Ergebnisse des Wandels. Es kann sich proaktiv an die Veränderungen anpassen (flexible Planung). Bei offenem Wandel liegt chaotisches Systemverhalten vor und der Wandel ist weder nach Art, Zeit noch Richtung bestimmbar. In diesem Fall muss das Unternehmen seine Handlungsweise auf Basis von Informationen aus einem → Früherkennungssystem mit Hilfe seiner → Kreativität gestalten. – 3. *Ziel:* Das Unternehmen ist im Zuge der U. bestrebt, seine Leistungen flexibel an die sich verändern Rahmenbedingungen in den Umweltsphären Gesellschaft, Natur, Technologie und Wirtschaft anzupassen, sowie sie auf die Anspruchsgruppen Kunden, Konkurrenz, Lieferanten, → Kapitalgeber, Mitarbeiter, Staat und Öffentlichkeit auszurichten. Nur so kann es gewährleisten, sich nachhaltig in all seinen Märkten, nicht allein im → Absatzmarkt, zu etablieren, um damit die Voraussetzungen für die Unternehmerische Wertschöpfung zu sichern (marktorientierte Unternehmensführung). – 4. *Instrumente:* Erfolgreiches → Change Management (→ Unternehmensplanung) beruht auf dem gemeinsamen Lernen und Ent-Lernen durch direkte Mitwirkung bei der Bearbeitung und Lösung unternehmerischer Probleme. Hierfür sind in der Vergangenheit eine Vielzahl möglicher Instrumente mit unterschiedlicher Tragweite und unterschiedlichen Ansatzpunkten entwickelt worden. Ohne Anspruch auf Vollständigkeit werden in diesem Zusammenhang bspw. eingesetzt: a) Primär Prozess-bezogen: Geschäftsprozessoptimierung, Business Re-Engineering, → Projektmanagement, Business Creativity. – b) Primär Ordnungsmoment-bezogen: Entwicklung der Unternehmensvision, projektbezogenes Training (→ Teamfähigkeit, → Kommunikation und → Führung), Individual- und Bereichs-Coaching. – c) Übergreifend: → Balanced Score Card. – 5. *Erfolgsfaktoren:* Der Erfolg der U. ist von verschiedenen Faktoren direkt oder indirekt abhängig. Zunächst kann es sich immer nur um ein sehr individuelles Maßnahmenbündel für ein Unternehmen handeln, das spezifisch ausgerichtet wird. Zu berücksichtigen ist auch, dass erfolgversprechende Maßnahmen sich auf keine Dimension allein beziehen können, sondern dass mehrere oder sogar alle Aspekte in ihrer Wechselwirkung ganzheitlich Berücksichtigung finden müssen. Aufgrund seiner Stellung im Unternehmen und seiner Bedeutung für die → Innovationsfähigkeit, kommt dabei aber dem „Faktor Mensch" oftmals eine Schlüsselrolle zu. Die verschiedenen Ansätze und Instrumente sind schließlich nicht unabhängig voneinander, sie beeinflussen sich gegenseitig, wobei ihre Wirkung sich oft nicht einfach linear addiert ('Das Ganze ist mehr als die Summe seiner Teile') und teilweise auch erst langfristig zeitverzögert auftritt. Unabhängig von den konkreten punktuellen äußeren und inneren Anstößen ist die U. damit in einem sich immer schneller verändernden wirtschaftlichen Umfeld inzwischen eine dauernde Managementaufgabe geworden. Je stärker offener Wandel in der Zukunft weiter zunehmen wird, umso bedeutender wird die vorausschauende U. an Bedeutung und an Herausforderung gewinnen.

Prof. Dr. Matthias Eickhoff

Literatur:

Eickhoff, M./Jakob, C.: Business Development: Business Creativity + Business Planning, in: Kamenz, U. (Hrsg.): Applied Marketing, Berlin, Heidelberg, New York 2003, S. 805-812; *Gruhler, J./Glazinski; B.:* Strategische Unternehmensentwicklung, Wiesbaden 2004; *Hagemann, G.:* Methodenhandbuch Unternehmensentwicklung, Wiesbaden 2003; *Sattelberger, T.:* Die Lernende Organisation, Wiesbaden 1996.

Unternehmensfinanzierung, Oberbegriff für alle Finanzierungsvorgänge im Laufe der → Unternehmensentwicklung. Darunter fallen sowohl die → Gründungsfinanzierung, als auch die Frühphasen- und → Wachstumsfinanzierung. Die U. dient der Deckung des → Kapitalbedarfs mittels verschiedener → Finanzierungsinstrumente. Ziel ist die (langfristige) Optimierung des → Finanzierungsmixes. – *Vgl. auch* → Finanzierung, → Finanzierungsphasen, → Finanzierungsplan.

Unternehmensführung, → Führung.

Unternehmensfunktionen, stellen eine Gliederungskriterium für Unternehmensbereiche oder -abteilungen dar. Beispiele für solche Funktionen sind Entwicklung und → Beschaffung, Leistungserstellung, → Marketing und Absatz, allgemeine Verwaltung sowie interne → Dienstleistungen. Für neue → Gründungen ist dagegen die Untergliederung nach Prozessen, mit dem Ausgangspunkt des Kunden oder der Kundengruppe, weitaus geeigneter.

Unternehmensgliederung, → Organisationsstruktur.

Unternehmensgründer. 1. *Begriff:* → Gründer bezeichnet als allgemeiner Begriff (meist) natürliche Personen, die neue Institutionen bzw. Strukturen schaffen. Im Kontext des → Entrepreneurship geht es als Gründungsobjekte insbesondere um Unternehmen/Unternehmungen, daher steht der Begriff Gründer hier als Kurzbezeichnung für U. oder Unternehmungsgründer. Der Begriff → Gründungsunternehmer ist dagegen als ein Unternehmer zu verstehen, der sein Unternehmen neugegründet hat, also nicht durch Übernahme also zum Unternehmer wurde. Der Gründer hat in der → Gründungsphase als Träger des → Gründungsmanagements eine Vielzahl von → Gründungsaufgaben zu übernehmen und zu lösen. – 2. *Typologie:* Bezüglich der Kreierung von Unternehmensstrukturen (Faktorkombinationen) wird der Gründer genauer als U. bzw. originärer Gründer bezeichnet. Der Begriff des → Existenzgründers" fokussiert demgegenüber den Wechsel von abhängiger Beschäftigung oder Erwerbslosigkeit in die berufliche Selbständigkeit; dieser Begriff bezieht neben dem originären Gründer dann auch den Unternehmensnachfolger bzw. derivativen Gründer ein (→ Existenzgründung durch Übernahme, → Management Buy-out/in). Je nach Fortschrittsstadium lässt sich der potenzielle Gründer (alle, die als Gründer infrage kommen), der Gründungsinteressierte (der mit dem Gründunggedanken spielt), der tatsächliche Gründer (der in Gründungsaktivitäten involviert ist; englisch als nascent entrepreneur bezeichnet) und der U. (der als junger – young entrepreneur –bzw. später als etablierter Unternehmer tätig ist). Ein Gründer mit reduziertem Selbständigkeits- und Innovationsgrad (auch unselbständiger, imitatorischer Gründer) ist der Franchisenehmer (→ Franchising), der in Verbindung mit einem bestehenden Unternehmen (Franchisegeber/ Franchisezentrale) und nach Muster bereits existierender Referenzunternehmen, ein Franchiseunternehmen gründet. Von Franchisegründer kann man bezüglich des U. sprechen, der ein Franchisesystem neu aufbaut. Schließen sich mehrere Personen zusammen, um gemeinsam ein Unternehmen zu gründen, spricht man von Teamgründern, bzw. einem Gründerteam. Nach der Etablierung seines Unternehmens wird der Unternehmungsgründer eher als Unternehmer oder → Entrepreneur bezeichnet. Der Gründungsunternehmer ist somit mit Aufnahme seiner unternehmerischen Aktivitäten in unterschiedlichen rechtlichen Kontexten potentiell als Unternehmer – der Gesetzgeber spricht nicht von U. – zu betrachten und hat sich damit in seiner Handlungspraxis auch auf die Rechtssphäre in bestimmter Weise einzustellen. Daher eine exemplarischer Blick auf drei rechtliche/steuerliche Definitionen von „Unternehmer" in deutschen Gesetzen mit potenzieller Wirkung für den U. aber auch mit unterschiedlichen Ergebnissen. Das Bürgerliche Gesetzbuch (BGB) Deutschlands definiert beispielsweise den „Unternehmer" in §14 mit den Worten: „Unternehmer ist eine natürliche oder juristische Person oder eine rechtsfähige → Personengesellschaft, die bei Abschluss eines Rechtsgeschäftes in Ausübung ihrer gewerblichen oder selbständigen beruflichen Tätigkeit handelt" und grenzt so gegenüber dem Verbraucher in § 13 BGB ab. Dem Gesetzeber geht es hier insbesondere um den Schutz des Verbrauchers, der dem Unternehmer nicht zukommt. Es wird hier nur auf die Aspekte „Gewerblichkeit" oder „Selbständigkeit" in der Berufsausübung geschaut. Beim Einkommenssteuergesetz (EStG) wird in §15 Abs. 2 bezüglich unternehmerischen Handelns auf vier Kriterien abgehoben: auf die Teilnahme am allgemeinen wirtschaftlichen Verkehr, die Selbständigkeit, die Nachhaltigkeit und die Gewinnerzielungsabsicht. Nach dem Umsatzsteuergesetz (UStG § 2 Abs.1) ist Unternehmer, wer nachhaltig und zur Erzielung von Einnahmen eine Tätigkeit selbständig ausübt. Eine Gewinnerzielungsabsicht ist hier nicht notwendig, um die Unternehmereigenschaft zu begründen. – *Vgl. auch* → Entrepreneur, → Gründerperson.

Prof. Dr. Heinz Klandt

Literatur:

Klandt, H.: Der integrierte Unternehmensplan, München 2005.

Unternehmensgründung. 1. *Begriff:* Hinsichtlich der Begriffe U. bzw. → Existenzgründung lassen sich erhebliche Unterschiede in den → Geschäftsideen sowie dem Wachstums- und Beschäftigungspotenzial festmachen. Existenzgründungen beschreiben Kleingewerbe, während sich Unternehmensgründungen mit dem Innovationsbegriff belegen lassen und bis hin zu auf Basisinnovationen beruhenden Gründungen reichen. Aufgrund der unterschiedlichen Komplexität sowie der nicht vergleichbaren Entwicklungsperspektiven ist aus betriebswirtschaftlicher Perspektive in erster Linie U. hinsichtlich der Entdeckung, Bewertung und Ausschöpfung unternehmerischer Handlungsfelder von Bedeutung. – 2. *Differenzierungskriterien:* Beide Formen einer Neugründung führen zu einem Unternehmen im betriebswirtschaftlichen Sinne. Während jedoch die einen die „Existenz" eines Unternehmers ausmachen – die extreme Verbindung zwischen Unternehmer und Unternehmen wird deutlich –, ist dieser Tatbestand bei Unternehmensgründungen nicht in gleichem Maße gegeben. So bestehen mit dem Ausscheiden des Gründers „Existenzgründungen", wie Handwerksbetriebe, Imbissbuden, Gebrauchtwagenhändler oder andere so genannte Kontaktdienstleister, in ihrer bisherigen Form nicht weiter. Demgegenüber sind „Unternehmensgründungen" prinzipiell längerfristig auf spezifische Produkt/Markt-Kombinationen ausgerichtet, die einen eigenständigen Wert darstellen bzw. entwickeln sollen. Diese Unterscheidung steht in enger Verbindung zur jeweils vorherrschenden Wettbewerbsart. So befinden sich Existenzgründungen immer in einem unmittelbareren Verdrängungswettbewerb, da es sich eben lediglich um eine Replizierung meist weithin bekannter und akzeptierter Unternehmenskonzeptionen handelt. Demgegenüber stehen Unternehmensgründungen in wesentlich stärkerem Maße in einem Innovationswettbewerb zueinander, was jedoch Unternehmensgründungen, die auf so genannten „me too"-Strategien basieren, nicht ausschließt. Auch wenn Unternehmensgründungen ebenfalls in einem Verdrängungswettbewerb stehen können, so reicht dies als alleiniges Beschreibungsmerkmal nicht aus. Darüber hinaus lässt sich für Existenzgründungen, zumindest in der üblichen zeitlichen Begrenzung, kein Produkt/Lebens-Zyklus identifizieren, während gerade für Unternehmensgründungen hieraus eine Vielzahl charakteristischer Problemlagen, Chancen sowie Entscheidungsnotwendigkeiten resultieren. Entsprechend der jeweiligen Geschäftskonzeption, der dominierenden Wettbewerbsart sowie der unterschiedlichen Marktentwicklungen sind auch die Wachstumspotenziale je verschieden. So werden Existenzgründungen meist nicht mehr als einige wenige – oftmals aus dem unmittelbaren Umfeld stammende – Mitarbeiter beschäftigen, denn das gesamte Unternehmen ist auf die Person des omnipräsenten Existenzgründers zugeschnitten. Unternehmensgründungen weisen demgegenüber von ihrer Geschäftskonzeption und ihrem Umfeld her keine auf einen allgegenwärtigen Gründer ausgerichtete Strukturierungsnotwendigkeit und keine begrenzten Wachstums- und Beschäftigungspotenziale auf. – *Vgl. auch* → Gründung. – *Vgl. Abb.* „Unternehmensgründung, Existenz- versus Unternehmensgründungen".

Prof. Dr. Michael J. Fallgatter

Literatur:

Fallgatter, M. J.: Unternehmer und ihre Besonderheiten in der wissenschaftlichen

Unternehmensgründung, Existenz- versus Unternehmensgründungen

	Existenzgründung	*Unternehmungsgründung*
Ausgangspunkt:	• dauerhaft omnipräsente Gründerperson • Geschäftsidee wurde in ähnlicher Form bereits (oftmals) realisiert	• eigenständige Produkt/Markt-Kombination • von Gründerperson prinzipiell unabhängig
Beispiele:	• Handwerk, Einzelhandel, Kontaktdienstleister	• technologieorientierte Produzenten, innovative Dienstleister
vorherrschende Wettbewerbsart:	• Verdrängungswettbewerb	• Innovationswettbewerb
zeitliche Perspektive der Geschäftsidee:	• kein Produktlebenszyklus (mittelfristig) beobachtbar	• Produktlebenszyklus oftmals existent • Marktphasen haben prägenden Charakter
Wachstums- und Beschäftigungspotenziale:	• deutlich begrenzt • typisch ist familienbezogene Beschäftigung	• prinzipiell keine Begrenzung

Diskussion, in: ZfB, Nr. 10, Jg. 71 (2001), S. 1217-1235; *Heuss, E.:* Allgemeine Markttheorie, Tübingen, Zürich 1965; *Kirzner, I. M.:* Wettbewerb und Unternehmertum, Tübingen 1978; *Schumpeter, J. A.:* Theorie der wirtschaftlichen Entwicklung, Berlin 1997; *Szyperski, N./Nathusius, K.:* Probleme der Unternehmungsgründung. Eine betriebswirtschaftliche Analyse unternehmerischer Startbedingungen, Stuttgart 1977.

Unternehmenshauptsitz, befindet sich an dem geographischen Ort, an dem der Unternehmer seine wesentlichen Potenzial- und Repetierfaktoren bündelt. Eine Unternehmung kann aus verschiedenen Gründen (rechtlichen, ökonomischen, geographischen u.a.m.) einen oder mehrere → Standorte haben. Die Wahl des optimalen Standortes stellt i.d.R. auf Gewinn- und Rentabilitätsüberlegungen ab, wobei auch nichtmonetäre Einflussfaktoren der Entscheidungsträger ein bedeutendes Gewicht zukommt. So wird etwa die Standortwahl bei der Unternehmensgründung oft zu einem komplexen Problemlösungsprozess.

Unternehmenshistorik, ein wesentlicher Baustein der Kultur eines Unternehmens, welche durch die Mitarbeiter- und Kundenorientierung und stetiges Lernen geprägt ist. Darüber hinaus können → Unternehmensgründer weitere, für sie unternehmensrelevante, wichtige Ereignisse als Hauptbestandteile der U. als verbindlich festlegen. Gerade diese zusätzlichen Erlebnisse bewirken, dass die U., und damit auch die Kultur, verschiedener, neu gegründeter Unternehmungen von einander abweichen. – *Vgl. auch* → Unternehmensentwicklung.

Unternehmensidee, umfasst das Produkt mit seinen besonderen Merkmalen, den erwarteten → Kundennutzen sowie erste Einschätzungen des relevanten Marktes. Die Überlegungen münden in einer Vorstellung, wie das eigene Unternehmen aussehen könnte und welche Risiken zu beachten sein werden. Konkrete Angaben zur Unternehmensidee finden sich im zu erstellenden → Business Plan. – *Vgl. auch* → Geschäftsidee.

Unternehmensidentität, ganzheitliche Wahrnehmung eines Unternehmens durch die → Kunden und sonstigen Adressaten. Dabei können mit der U. drei Ausprägungen angestrebt werden: (1) ähnliches bis zu gleiches Verhalten und Auftreten aller Mitarbeiter eines Unternehmens nach innen und nach außen; (2) ähnliche bis gleiche Kommunikationsmuster zwischen Unternehmen und ihren Kunden sowie sonstigen Adressaten und (3) die Gestaltung eines möglichst einheitlichen äußeren Erscheinungsbildes der gesamten Unternehmung.

Unternehmensimage, *Firmenimage, Corporate Image, Betriebsimage.* In der Imageanalyse wird nach dem Träger eines Images zwischen drei verschiedenen Imagearten unterschieden: dem Produktimage, dem Markenimage und dem U. Das U. ist das bei bestimmten Personenkreisen (wie z.B. den beteiligten Verkehrskreisen, den Abnehmern, den Kunden, der Konkurrenz) oder auch der allgemeinen Öffentlichkeit vorherrschende Vorstellungsbild über ein Wirtschaftsunternehmen. Ein positives U. erleichtert insbesondere die Einführung neuer Produkte und die Durchsetzung von Innovationen, minimiert das dabei bestehende Risiko und damit meist auch die Kosten der Einführungswerbung. Diffizil ist die Beziehung der drei Imagearten zueinander, insbesondere die Frage, ob sich z.B. ein positives U. generell auf ein neues Produkt übertragen lässt (auch wenn das Firmenimage nicht produktadäquat ist, also z.B. ein als Hersteller von teuren Luxusgütern bekanntes Unternehmen billige Massenwaren zu lancieren versucht). Dabei ist zwischen vier Grundmöglichkeiten zu unterscheiden: 1. *Identität:* Firmen- und Produktimage decken sich. – 2. *Positive Integration:* Firmen-, Marken- und Produktimage sind eng miteinander verknüpft, wenn auch nicht deckungsgleich; die Erzeugnisse und

Marken der Firma entsprechen in ihrer psychologischen Struktur der der Firma und ihrem Image. – 3. *Desintegration:* Der Versuch, bei der Einführung neuer Produkte auch solche unter dem Firmendach unterzubringen, die mit dem bisherigen Firmenimage überhaupt nicht in Übereinstimmung zu bringen sind. – 4. *Isolation:* Die strenge Trennung von Firmen- und Markenimage, die sich vor allem in Fällen als sinnvoll erweist, in denen bei starker Diversifikation verschiedene Produkte nicht zu einem verankerten Firmenimage passen. – *Vgl. auch* → Image.

Unternehmenskauf. 1. *Begriff:* Erwerb einer organisatorischen Einheit von Sachen und Rechten, welche erwerbswirtschaftlichen Zwecken dient. – 2. *Merkmale:* Der Übergang kann durch den Erwerb von Anteilen an einer Gesellschaft (→ Share Deal) oder durch den Kauf von Wirtschaftsgütern (→ Asset Deal) erfolgen. – 3. *Probleme:* I.d.R. stellt die Ermittlung des Kaufpreises ein zentraler Aspekt beim U. dar. – *Vgl. auch* → Ertragswertverfahren, → Substanzwertverfahren, → Unternehmenswert, → Unternehmensbewertung.

Unternehmenskommunikation, *Corporate Communication.* 1. *Begriff:* U. ist die Gesamtheit der sowohl nach innen wie nach außen gerichteten kommunikativen Aktivitäten eines Wirtschaftsunternehmens. Die U. stellt nach dem → Corporate Design den zweiten Baustein der → Corporate Identity dar. Sie ist die inhaltliche Umsetzung der Unternehmensidentität in allen Kommunikationsaktivitäten des Unternehmens, und zwar intern und extern. – 2. *Merkmale:* U. steuert den Einsatz des Corporate Design und transportiert die Identitätsbotschaft. Extern gerichtete Bestandteile der Unternehmungskommunikation sind nicht nur Briefbögen, Visitenkarten und Prospekte, sondern auch Slogans und Werbebotschaften. U. vereinigt demnach Werbung, → Public Relations und Verkaufsförderung zum → Kommunikations-Mix. Um die Unternehmungsidentität nicht nur bei den Zielkunden, sondern auch nach innen bei den Mitarbeitern umzusetzen, gehören zur Unternehmungskommunikation z.B. auch die Hauszeitschrift und alle anderen formalisierten Informationsmedien für Mitarbeiter und Führungskräfte wie Aushänge, Mitarbeiterbrief, Führungskräfte-Information und Pressespiegel. In gleicher Weise einheitlich ist die U. auch bei Firmenveranstaltungen und in firmeninternen Bildungseinrichtungen einzusetzen. U. ist nicht mit Unternehmenswerbung im Sinne von Imagekampagnen gleichzusetzen. Die U. umfasst unter anderem Verkaufsförderung, Produktwerbung, Product Publicity, Personalwerbung, PR oder Lobbyismus. – 3. *Ziele:* Als mögliche Ziel- oder Wirkungsbereiche der U. sind zu unterscheiden: a) leistungsbezogene Kommunikation: spezifische Informationen und Anreize zur Annahme und/oder Abgabe von Leistungen, z.B. Produktwerbung, Personalwerbung. – b) Imagebezogene Kommunikation: keine spezifischen Handlungsanreize, im Zentrum steht der Versuch, generell Unterstützungspotenziale für den Betrieb zu erlangen oder zu sichern bzw. deren Entzug zu verhindern, z.B. Maßnahmen zur Erhöhung des Bekanntheitsgrades, Image- und Vertrauenswerbung, aber auch Advocacy Advertising bzw. Verteidigung gegenüber Beschuldigungen, Korrektur falscher Einschätzungen. – c) Kontextbezogene Kommunikation: Versuch, auf bestimmte Rahmenbedingungen bzw. gesellschaftliche und organisationsinterne Tatbestände Einfluss zu nehmen, z.B. Mobilisierung von Unterstützungspotenzialen in bestimmten gesellschaftlichen Fragen, Gegensteuerung bei ungünstigen Tendenzen des Wertewandels, Beeinflussung der Bürger im Sinne höherer Mitwirkung und Mitverantwortung bei der Bewältigung aktueller sozialer Probleme, Maßnahmen gegen einen „Katastrophen-Journalismus“. – *Vgl. auch* → Kommunikationsmanagement.

Prof. Dr. Guido Reger

Literatur:
Beger, R./Gärtner, H.-D./Mathes, R.: Unternehmenskommunikation. Grundlagen/ Strategien/ Instrumente. Wiesbaden 1989; *Bruhn, M.:* Integrierte Unternehmenskommunikation, Stuttgart 1995; *Heller, S:* Handbuch der Unternehmenskommunikation, München 1998; *Janik, A.:* Investor Relations in der Unternehmenskommunikation. Kommunikationswissenschaftliche Analysen und Handlungsempfehlungen, Wiesbaden 2002; *Kirchner, K.:* Integrierte Unternehmenskommunikation. Theoretische und empirische Bestandsaufnahme und eine Analyse amerikanischer Großunternehmen, Wiesbaden 2001; *Merten, K./Zimmermann, R.* (Hrsg.): Das Handbuch der Unternehmenskommunikation 2000/2001, Neuwied 2001; *Reuss, C./Silvis, D.* (Hrsg.): Inside Organizational Communication, White Plains, NY 1985.

Unternehmenskontrolle. Neben der strategischen Planungs- und Leitungsfunktion hat die → Unternehmensführung auch die Aufgabe, die Strukturen, Abläufe und Ergebnisse im Unternehmen zu überwachen. Dabei wird die Zielerfüllung bzw. Zielabweichung (mittels verschiedener Kontrollinstrumente) geprüft, um dann Steuerungsmaßnahmen zu setzen, die geeignet sind, die gesetzten Ziele zu erreichen. – *Vgl. auch* → Corporate Governance

Unternehmenskonzentration, beschreibt die Zusammenballung wirtschaftlicher Größen, d.h. die Bildung großer Konzerne durch Mehrheits- bzw. Minderheitsbeteiligungen. Um den Konzentrationsgrad bestimmen zu können, gilt es den relevanten Markt abzugrenzen. Hierzu gehören alle gleichartigen Güter oder Dienste, oder ähnliche Güter, auf die der Kunde ausweichen kann, die in der betrachteten Region angeboten werden. Bspw. gibt es in den USA ca. drei große Automobilkonzerne; ein so genanntes Oligopol. Doch scharfe internationale Konkurrenz verhindert, dass die einheimischen Hersteller Marktmacht ausüben können. Nach der Abgrenzung des relevanten Marktes kann dann Marktmacht beispielsweise über den → Marktanteil der größten Unternehmen gemessen werden. – *Vgl. auch* → Fusion.

Unternehmenskonzept, ein langfristig orientiertes und entwicklungsfähiges Konzept der strategischen → Unternehmensführung. Im U. wird der Aufbau, die Pflege und der Rückzug von Erfolgspotentialen, die das langfristige Überleben bzw. den Fortschritt der Unternehmung sichern, festgehalten. Eine derartige Institutionalisierung und Formalisierung der Planungsfunktion im Unternehmen ist umso weniger verzichtbar, je komplexer die Umwelt und je größer die Aufgabenkomplexität (z.B. Neugründung, Übergabe, Aufbau von neuen Produktionslinien, Expansion ins Ausland) ist und so das System einer Abstimmung bedarf.

Unternehmenskultur. Die Gesamtheit der unternehmensbezogenen Werte, Normen, Handlungs- und Orientierungsmuster, die das Verhalten aller Mitglieder eines Unternehmens teilweise unbewusst prägen. Sie beschreibt den Handlungsraum und vermittelt welche Handlungsweisen erwünscht und welche unerwünscht sind. U. lassen sich nicht beschließen, sie sind das Ergebnis wechselseitigen, kollektiven Lernens und Ent-Lernens innerhalb eines Unternehmens. Oftmals von der Unternehmensgeschichte beeinflusst, bestimmen sie die Wandlungsfähigkeit und das → Change-Management eines Unternehmens wesentlich mit. – *Vgl. auch* → Organisationskultur.

Unternehmenslebenszyklus. Im Zusammenhang mit künstlich (nicht natürlich) entstehenden Objekten wie Unternehmen nur metaphorisch verwendbare Darstellung der → Unternehmensentwicklung nach einem zyklischen Muster. Weder verfügen Unternehmen selbst über Leben noch über zyklische Entwicklungsverläufe (im strengen Sinn: an einen Ausgangspunkt zurückkehrend).

Dennoch kann die Verwendung von Metaphern wie dieser nützlich, weil – im Bewusstsein ihrer Grenzen – durchaus Erkenntnis fördernd sein. Insofern kann U. die Aufmerksamkeit für Regelmäßigkeiten in langfristigen Unternehmensentwicklungen fördern und die Analyse der Merkmale und Herausforderungen von Entwicklungsphasen wie → Gründung, Wachstum, Reife, Beendigung sowie für Phasenübergänge erleichtern. In jeder dieser Phasen zeigen sich veränderte Anforderungen an die Unternehmensführung hinsichtlich der Komplexität des Unternehmens. In der Realität folgen die einzelnen Phasen nicht zwangsläufig aufeinander. Besonders anregend ist die Verwendung des U. für die Analyse von → Familienunternehmen, weil hier Familienentwicklungen (-lebenszyklen) und Unternehmensentwicklungen interagieren.

Unternehmensmehrheit, (kapitalmäßige und/oder stimmrechtliche) Mehrheit an einem Unternehmen. Die U. spielt auch im Gesellschaftsrecht eine wesentliche Rolle. Der gesellschaftsrechtliche Anteil an einem Unternehmen (Gesellschaft) bestimmt die Mitgliedschafts- insbesondere Stimm- bzw. Mitspracherechte und die Anteile am Unternehmensergebnis. Mit der U. bzw. einfachen Mehrheitsbeteiligung (mindestens 50% und eine Stimme) kann bei den meisten Entscheidungen die Willensdominanz der Mehrheitsbeteiligten durchgesetzt werden.

Unternehmensnachfolge. In der Literatur wird darunter primär die Übergabe eines Familienunternehmens (Eigentümerunternehmen) an einen Nachfolger (bei Ausscheiden des Seniorunternehmers) verstanden. U. wird durch die Übertragung der Leitungsmacht und der kapitalmäßigen Verantwortung charakterisiert. Eine weitere Auslegung des Begriffes U. subsumiert die Nachfolgeregelung eines jeden Unternehmens, die nicht auf einen speziellen Unternehmenstyp im Familienkontext abstellt. Darunter werden etwa Fälle der Unternehmensübertragung in Form von Verschmelzung, → Kooperationen von Unternehmen, und Weiterveräußerung verstanden.

Unternehmensnetzwerk. 1. *Begriff:* U. sind Geflechte von Beziehungen eines Unternehmens. – 2. *Merkmale:* Bei U. können formelle (z.B. → Bank, Steuerberater) und informelle Beziehungen (z.B. Bekannte, Freunde von Mitarbeitern oder Inhabern) vorliegen. Ein → Netzwerk hat mehr als zwei Teilnehmer. – 3. *Aktuelle Entwicklungen:* Neue Möglichkeiten von U. eröffnen sich durch die Internettechnologie. – *Vgl. auch* → E-Company, → virtuelles Organisationsnetzwerk, → Gründerbeziehungen.

Unternehmensplanung. 1. *Begriff:* Die U. versucht die Unternehmens- und Umweltentwicklungen zu antizipieren und trifft bewusste und rationale Entscheidungen bezüglich der künftigen Aktionsprogramme des Unternehmens. Unter U. sind alle Planungstätigkeiten zusammengefasst, die zum Aufbau neuer oder im Rahmen bestehender Unternehmen durchgeführt werden. – 2. *Arten:* a) Strategische U. ist eine Unternehmensgesamtplanung auf hochaggregiertem Niveau und stellt die erste Stufe des hierarchischen Unternehmensplanungssystems dar, ist langfristig ausgerichtet und dem Aufgaben- und Verantwortungsbereich der Unternehmensleitung zugeordnet. – b) Operative U. ist die auf Ziele und Maßnahme des unternehmerischen Tagesgeschäfts und die konkrete Umsetzung der strategischen U. ausgerichtete → Planung. Die operative U. umfasst die Planung (1) der Funktionalbereiche (→ Forschung und Entwicklung, → Beschaffung, Absatz, Produktion), (2) der Produktionsfaktoren (→ Personal, Anlagen, Verbrauchsfaktoren) sowie (3) der finanziellen Entwicklungen (Liquiditätsplanung, → Gewinn- und Verlustrechnung, → Bilanz). – 3. *Merkmale:* a) Antizipierendes Denkhandeln: Geistige Vorwegnahme der künftigen externen und internen Entwicklungen und deren Bedeutung für die zur Zielerreichung notwendigen Maßnahmen und Aktionen. – b) Rationalität: Die Ergebnisse der U. müssen nachvollziehbar sein und der Zielerreichung dienen. – c) Gesamtplanung mit variabler Abbildungsgenauigkeit: Alle zukünftig auszuführenden und noch gestaltbaren Maßnahmen und Aktionen, die keinen Wiederholungscharakter besitzen, sind zu planen. Da ein simultan erstellter und umfassender Unternehmensgesamtplan mit hohem Detaillierungsgrad unrealistisch ist, muss der Aggregationsgrad der jeweiligen Problemstellung angepasst werden. – d) Die U. ist ein informationsverarbeitender Prozess – e) U. umfasst die Willensbildung. – f) Die U. besitzt eine systematische und formalisierte Vorgehensweise. – 4. *Prozess der Planung:* Der Prozess der U. besteht aus den folgenden Schritten: a) Zielbildung: Festlegung der Basisziele im unternehmerischen Zielsystem. – b) Datenermittlung: Systematische Analyse der Ausgangsbedingungen und Prognose künftiger inter-

Unternehmensplanung, hierarchische Planung

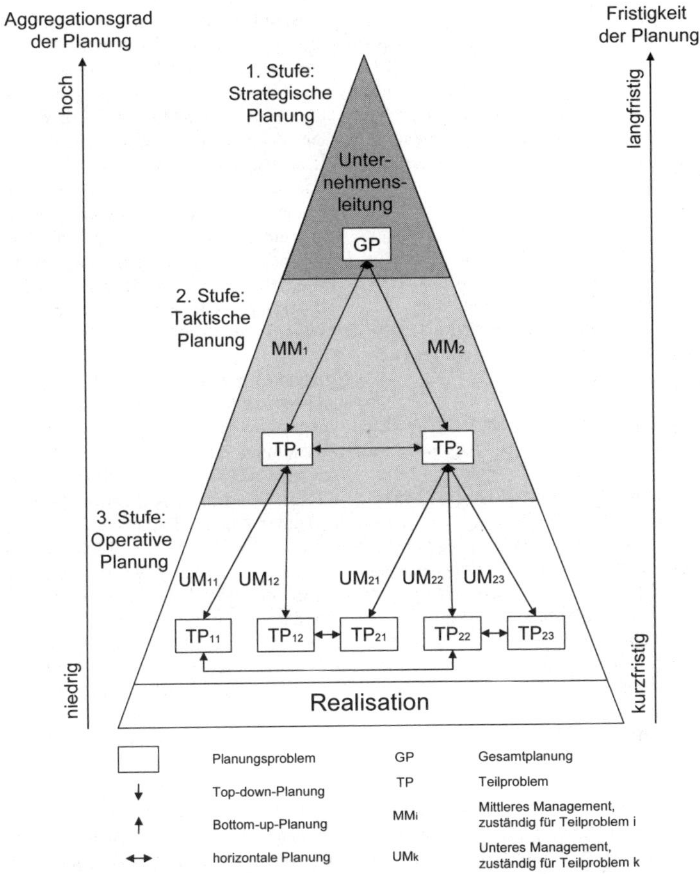

ner und externer Entwicklungen. – c) Alternativesuche: Identifikation bzw. Erarbeitung von potenziell günstigen Maßnahmenalternativen und deren Kombination zu zielgerichteten Aktionsprogrammen. – d) Alternativenbewertung: (1) Ermittlung der Handlungsfolgen und (2) deren Bewertung in Bezug auf die Unternehmensziele. – e) Finalentscheidung: Das zielgünstigste Aktionsprogramm ist auszuwählen. – *Vgl. auch* → Unternehmensentwicklung. – *Vgl. Abb.* „Unternehmensplanung, hierarchische Planung".

Prof. Dr. Kai-Ingo Voigt

Literatur:

Hungenberg, H.: Strategisches Management in Unternehmen, Wiesbaden 2001; *Voigt, K.-I.:* Strategische Planung und Unsicherheit, Wiesbaden 1992; *Voigt, K.-I.:* Strategische Unternehmensplanung; Grundlagen – Konzepte – Anwendungen, Wiesbaden 1993.

Unternehmenspolitik, stellt die nach Möglichkeit verbindliche Grundlage für eine nachgelagerte → Planung der Ziele und → Strategien eines Unternehmens dar. Sie berücksichtigt das Verhältnis zwischen Unternehmung und Interessengruppen ihrer Umwelt.

Unternehmenspositionierung. Jedes Unternehmen ist zwangsläufig insofern positioniert, als dass eine Produkt/Markt-Kombination formulierbar ist. Bei Unternehmensgründungen besitzt die Produkt/Markt-Kombination regelmäßig noch keine Bewährung. Entsprechend beschreibt die Unternehmenspositionierung einen fortlaufenden Akt, der in vielen Fällen nicht ohne grundlegende Umorientierungen oder zumindest Variationen abläuft.

Unternehmensrechnung, → Rechnungswesen.

Unternehmensregister. Das U. basiert auf der Unternehmensregister-Verordnung der EU aus dem Jahre 1993 und ist ein bundesweites Register, das alle Unternehmen nebst Zweigniederlassungen enthält, die eine wirtschaftliche Tätigkeit ausüben. Erfasst werden im U. Firma/Name, Anschrift, Rechtsform, Wirtschaftszweig und Unternehmensstrukturen sowie weitere ausgewählte Merkmale. Diese Daten werden jährlich aus den Stammdateien der Finanzbehörden, der Bundesagentur für Arbeit, der IHK und der Handwerkskammern erlangt. Durch das U. sollen Zählungen erspart werden, die zuvor zur Gewinnung von Strukturdaten der Wirtschaft erforderlich waren. – *Vgl. auch* → Handelsregister.

Unternehmensrisiko, umfasst zum einen versicherbare Risiken (z.B. Feuerversicherung) eines Unternehmens sowie zum anderen das nicht versicherbare allgemeine Unternehmensrisiko, das mit dem allgemeinen Unternehmerwagnis gleichzustellen ist. Vielfach wird gefordert, dass ein dem Unternehmen entsprechendes → Risikomanagement den Umgang mit U. gestalten soll. Die meisten → Unternehmensgründungen und jungen Unternehmen werden jedoch durch die Forderung nach einem systematischen Risikomanagement überfordert.

Unternehmensstandort. Der U. eines nicht-virtuellen Unternehmens ist jener geografisch beschreibbare Ort, an dem die Zusammenführung von Produktionsfaktoren und damit die Leistungserstellung erfolgt. Die Wahl des Standorts wird seit geraumer Zeit im Rahmen der Industriebetriebslehre diskutiert und üblicherweise lenken die meisten Autoren das Augenmerk auf die Entscheidung zwischen alternativen, frei wählbaren Standorten. Aus der so genannten Standortbestimmungslehre lassen sich eine Reihe von entscheidungsunterstützenden Argumenten auch für → Unternehmensgründungen und junge Unternehmen ableiten. Darüber hinaus besitzen aus einer solchen Perspektive auch Standortverbünde, im Sinne regionaler Konzentrationen von Unternehmen verwandter Branchen, eine nicht zu unterschätzende Bedeutung. Zum einen entstehen durch Standortverbünde neue unternehmerische Handlungsfelder und zum anderen erlauben sie eine verbesserte Leistungserstellung. Beides prägt die Wahl des Standortes von Unternehmensgründungen. Einen Überblick zum Facettenreichtum der Standortfrage verschafft die Zusammenschau des Unternehmensstandortes und so genannter unternehmerische Handlungsfelder. Diese stellen das dar, was im Sinne von Schumpeter „marktliche Gelegenheiten" sind und im Marketing als „Marktlücke" oder neudeutsch als „Opportunity" bezeichnet werden kann. Unternehmerische Handlungsfelder können definiert werden als neue oder differente, zeitbezogene Produkt/Markt-Kombinationen mit hoher subjektiver Erfolgsaussicht. Während die bloße Absicht zur Selbstständigkeit oder auch die Verfügbarkeit ausreichender Mittel nicht genügt, bilden sie den entscheidenden Ausgangspunkt für Erfolg versprechende Unternehmensgründungen. Unternehmerisches Handlungsfeld, Unternehmensstandort und – sofern vorhanden – auch ein Standortverbund sind untrennbar miteinander verbunden. Sowohl unternehmerische Handlungsfelder als auch Standortverbünde können dabei als originär angesehen werden. Üblicherweise wird in der Standortbestimmungslehre die Entscheidung über einen → Standort als derivativ zu einem Unternehmenskonzept eingestuft, welches die Ausschöpfung eines unternehmerischen Handlungsfeldes detailliert beschreibt. Dementsprechend sind in jedem durch einen Geschäftsplan beschriebenen Unternehmenskonzept die wesentlichen Aspekte eines Standortes, wie Kosten für Immobilien oder auch anfallende Transportkosten, berücksichtigt. Bei dieser, von einem genau eingegrenzten unternehmerischen Handlungsfeldes ausgehenden Betrachtungsweise geht es um eine vergleichende Bewertung alternativer Standorte. Dies ist jedoch nicht der einzige Bezug zwischen unternehmerischem Handlungsfeld und U., denn genauso sinnvoll ist die Umkehrung dieser Beziehung. Werden Standortverbünde als Ausgangspunkt gewählt, weist dies auf die Entstehung unternehmerischer Handlungsfelder und damit auf neue Betätigungsfelder für Unternehmensgründungen hin. Von Standortverbünden werden effizienzsteigernde Wirkungen erwartet. – *Vgl. auch* → Standort.

Prof. Dr. Michael J. Fallgatter

Literatur:
Fallgatter, M. J.: Standortwahl: Unternehmerische Handlungsfelder, Standortfaktoren und Standortverbünde, in: Koch, L.T./Zacharias, C. (Hrsg.): Gründungsmanagement, München 2001, S. 219-231; *Timmons, J.:* New Venture Creation: Entrepreneurship for the 21st Century, Boston 1999.

Unternehmensstrategie. 1. *Rationalistische, klassische Sicht:* Vertreter des klassischen Strategieverständnisses definieren → Strategie als ein geplantes Maßnahmenbündel von Unternehmen zur Erreichung ihrer langfristigen Ziele. Eine Strategie umfasst dabei neben den Mitteln und Wegen zur Zielerreichung auch die Zielplanung. Implizit verbunden ist damit die Annahme, eine Strategie sei das Ergebnis formaler, rationaler → Planungen: a) Ausgestaltung: Strategien bestehen aus einer Reihe miteinander verbundener Einzelentscheidungen in einer Unternehmung, die zueinander in einem stimmigen Verhältnis stehen müssen. Dies betrifft sowohl horizontale als auch vertikale Beziehungen. Der klassische Strategiebegriff stellt zudem auf die Erzielung einer Stimmigkeit zwischen den Stärken und Schwächen einer Unternehmung und den Chancen und Risiken der Umwelt ab. Eine Strategie beinhaltet demnach die Positionierung des Unternehmens in ihrer Umwelt dergestalt, dass die Chancen der Umwelt genutzt und ihre Risiken vermieden werden. Dies soll unter Ausnutzung der bestehenden Stärken des Unternehmens und unter Vermeidung oder Behebung ihrer Schwächen vollzogen werden. – b) Umsetzung: Strategien werden in Maßnahmen konkretisiert und dann umgesetzt. Damit verbunden ist die Allokation von Ressourcen – z.B. Finanzmittel, Personalkapazitäten – auf die einzelnen Projekte und Maßnahmen. Strategien sind somit immer auch das Ergebnis von Aushandlungsprozessen um knappe Ressourcen. U. sind in diesem Verständnis als ein durchgängiger Zusammenhang von ersten Aktionen bis zum endgültigen Erfolg (durch Zielerfüllung) charakterisiert. Inhaltlich können sie entweder Handlungsanweisungen oder Planungsergebnisse enthalten, die dann unmittelbar in Handlungen umzusetzen sind. In diesem eher rationalistischen Verständnis werden auch Merkmale strategischer Entscheidungsprozesse thematisiert. Genannt werden v.a. Entscheidungen von besonderer Bedeutung für die Vermögens- und Erfolgsentwicklung des Unternehmens, Orientierung an Erfolgspotenzialen, Handhabung im Gesamtzusammenhang des Unternehmens, Notwendigkeit konzeptioneller Führung, grundsätzlich langer Wirkungshorizont (Langfristwirkung), Bedeutung der Werthaltungen der obersten Willensbildungszentren. – 2. *Nicht-rationalistische Sicht:* Der Strategiebegriff wird in der nichtrationalistischen Sichtweise in einem anderen Verständnis verwendet. Die Erfahrung zeigt, dass mit der hohen Geschwindigkeit des Umweltwandels es zumindest sehr schwierig ist, Strategien i.S. komplexer, rational geplanter Maßnahmenbündel zu entwickeln. Die darin enthaltenen Maßnahmen sind i.d.R. aufgrund ihres strategischen Charakters in relativ hohem Maße irreversibel sowie von daher in dynamischen Umwelten inflexibel und ggf. existenzgefährdend. Die damit in der Praxis verbundenen Probleme lassen die Frage aufkommen, inwieweit die Zukunft von Unternehmen tatsächlich Objekt einer „managerialen Inszenierung" sein kann. Rationale (strategische) → Entscheidungsfindung kann zudem nicht isoliert betrachtet werden. Sie ist eingebettet in grundlegende (unternehmensspezifische) Problemlösungsmuster, institutionelle Gegebenheiten und mikropolitische Machtprozesse. Diese können nicht nur dazu beitragen, rationale Strategien zu unterstützen, sondern im Gegenteil den Entwicklungsprozess und die Umsetzungserfolge zu vereiteln. Es ist daher sinnvoll, solche Prozesse im Strategieverständnis zu berücksichtigen. Betrachtet man Strategien einzelner Unternehmen im Zeitablauf, so wird deutlich, dass Strategien immer Bestandteile eines Entwicklungsstromes, mit Beginn in der Vergangenheit, Fortgang in der Gegenwart und Fortbestand in der Zukunft darstellen. Folgende Grundmuster von Strategietypen werden differenziert: a) Beabsichtigte Strategien können als a priori-Richtlinien zur Lösung künftiger Entscheidungsprobleme verstanden werden. Sie entsprechen dem klassischen rationalen Strategieverständnis – unabhängig davon, ob sie nun realisiert werden oder nicht. – b) Realisierte Strategien sind beschreibbar als die sich in den Handlungen eines Unternehmens abzeichnenden Grundmuster. Sie betreffen die tatsächlich umgesetzte Strategie. – c) Unrealisierte Strategien sind aufgrund rascher Veränderungen keinesfalls als Ausnahme anzusehen. Sie kennzeichnen die beabsichtigten Strategien, die nicht realisiert werden. Gründe für die mangelnde Implementierung können z.B. in unrealistischen Annahmen über die Umwelt oder die Unternehmensressourcen liegen. – d) Planmäßige, bewusste Strategien sind der „Ausnahmefall", bei dem beabsichtigte (geplante) Strategien tatsächlich realisiert werden. – e) Unbeabsichtigte Strategien stellen schließlich realisierte Strategien dar, die aber nicht beabsichtigt waren. Sie entsprechen dem Muster im Strom der Entscheidungen und ergeben sich eher zufällig. In einer dynamischen Betrachtungsperspektive kann sich die Ausprägung der Typologie im Zeitablauf verändern: Intendierte Strategien werden im Laufe ihrer Realisierung stark modifiziert und erhalten damit einen emergenten Charakter. Emergente Strategien werden formalisiert und vom Management im Nachhinein zu intendierten Strategien erklärt.

Prof. Dr. Michael J. Fallgatter

Literatur:
Macharzina, K.: Unternehmensführung. Das internationale Managementwissen. Konzepte, Methoden, Praxis, Wiesbaden 1999; *Mintzberg, H.:* Strategy Safari. Eine Reise durch die Wildnis des strategischen Managements, Wien 1999; *Welge, M. K./Al-Laham, A.:* Strategisches Management. Grundlagen – Prozess – Implementierung, Wiesbaden 2003.

Unternehmensstruktur, beschreibt sowohl alle Regelungen, die die → Aufbau- sowie die → Ablauforganisation betreffen. Als synonymes Begriffspaar werden Struktur- und Prozessorganisation häufig verwendet. Derartige in der Organisationsliteratur stark ausgearbeitete organisatorische Regelungen haben für → Unternehmensgründungen und junge Unternehmen üblicherweise keine wesentliche Bedeutung.

Unternehmenstaktik, entspricht der Umsetzung der → Unternehmensstrategie. Sie umfasst die Aktivitäten in dem Unternehmen, die erforderlich sind, um die geplante → Strategie zu realisieren: Strukturen und Prozesse des Unternehmens werden festgelegt und verantwortliche Führungskräfte ausgewählt. Gebräuchlicher ist die Verwendung des Begriffs Strategieimplementierung.

Unternehmensübernahme, → Geschäftsübernahme.

Unternehmensumwelt, *Unternehmensumfeld,* bietet die Möglichkeit, Produkte bzw. → Dienstleistungen abzusetzen, stellt Anforderungen und Ansprüche an das Unternehmen und bildet die rechtlichen Rahmenbedingungen für unternehmerisches Handeln. Für jedes Unternehmen stellt sich das Unternehmensumfeld in einer speziellen Weise dar, so dass eine entsprechende strategische Ausrichtung des Unternehmens auf seine Umwelt erfolgen wird bzw. muss. Kunden, Lieferanten, Konkurrenten u.a. sind Teile der Umwelt des Unternehmens.

Unternehmensvermögen. Das in der → Eröffnungsbilanz sowie ggf. auch in der Jahresbilanz aufgestellte U. besteht bei einer Einzelunternehmung aus Vermögensgegenständen, Schulden und → Eigenkapital. Nicht hierzu rechnet sich das private Vermögen des → Einzelkaufmanns, obwohl es im Insolvenzfall für die Schulden des → Kaufmanns haftet. Maßgeblich für die Zuordnung von Vermö-

Unternehmenswachstum, Formen

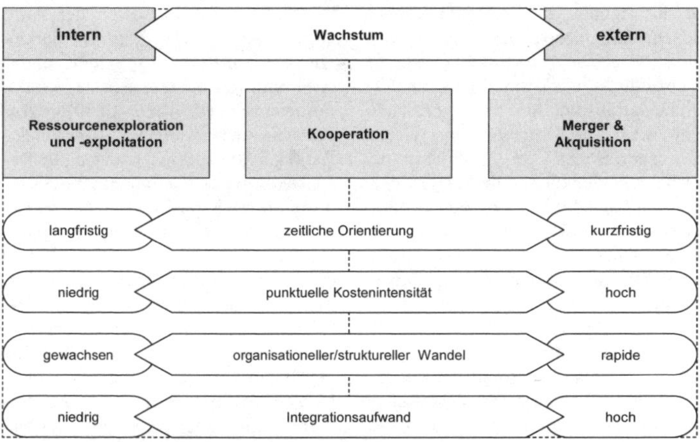

gensgegenständen des Kaufmanns zum U. ist weniger der subjektive Widmungsakt als die tatsächliche oder beabsichtigte Nutzung in das Unternehmen.

Unternehmenswachstum. Das U. einer neuen Unternehmung beschreibt die Einführung neuer → Strategien, aber auch die Einführung neuer Funktionen, Produkte, Märkte und auch Personal. U. besteht i.d.R. aus Prozessen, die auch zu einer Anpassung der → Organisationsstruktur zwingen; Bei Art und Zahl der Stellen, bei der Untergliederung der Unternehmung, dem Kommunikations- und Informationssystem sowie dem Leistungssystem. – *Vgl. auch* → Unternehmensentwicklung. – Vgl. Abb. „Unternehmenswachstum, Formen".

Unternehmenswert. 1. *Begriff:* Der → Wert eines Unternehmens oder eines abgrenzbaren Unternehmensteiles (Bewertungsobjekt) wird mit Bezugnahme auf die Vorstellungen und Planungen des konkreten Bewertungsinteressenten (Bewertungssubjekt) unter expliziter Berücksichtigung der verfolgten Aufgabenstellung (Funktion, Zweck) der → Unternehmensbewertung ermittelt (→ Wertbestimmung). Ein U. ist somit nicht nur subjekt- sondern auch zweckabhängig. Im Rahmen der Konzeption der funktionalen Unternehmensbewertung wird in Haupt- und Nebenfunktionen unterschieden, denen ein Wert dienen kann. Zu den Hauptfunktionen zählen die Entscheidungs-, die Vermittlungs- und die Argumentationsfunktion. – 2. *Entscheidungswert:* Ist das Ergebnis einer Unternehmensbewertung im Rahmen der Entscheidungsfunktion. Er zeigt dem Bewertungssubjekt bei gegebenem Präferenz- oder → Zielsystem sowie Entscheidungsfeld an, unter welchen Bedingungen die Veränderung der Eigentumsverhältnisse an einem Unternehmen das ohne diese Transaktion erreichbare Niveau der Zielerfüllung gerade noch nicht mindert und entspricht somit der äußersten Grenze der Konzessionsbereitschaft des Entscheidungssubjekts in einer bestimmten Konfliktsituation. – a) Merkmale: Der Entscheidungswert wird hinsichtlich einer definierten Handlung ermittelt (Merkmal der Handlungsbezogenheit) und bezieht sich auf ein bestimmtes Entscheidungssubjekt sowie dessen Zielsystem (Merkmal der Subjekt- und Zielsystembezogenheit). Er ist eine kritische Größe (Merkmal des Grenzwertes), die ausschließlich für ein konkretes Entscheidungsfeld und für die daraus ableitbaren Alternativen gültig ist (Merkmal der Entscheidungsfeldbezogenheit). – b) Ermittlungsmethoden: investitionstheoretische Modelle, wie das Zustands-Grenzpreismodell (ZGPM), das Zukunftserfolgswert- oder das traditionelle → Ertragswertverfahren sowie die approximativ dekomponierte Bewertung. Die in der Praxis sehr beliebten finanzierungstheoretischen Modelle sind hingegen insbesondere aufgrund ihrer nicht realitätsgerechten sowie inkonsistent miteinander verknüpften Prämissen zur Entscheidungswertermittlung ausnahmslos ungeeignet. – 3. *Arbitrium-, Vermittlungs- und Schiedsspruchwert:* Ergebnis der Unternehmensbewertung im Rahmen der Vermittlungsfunktion, wobei dem Gutachter die Rolle des unparteiischen Dritten zufällt. Für die konfligierenden Parteien soll ein zumutbarer Kompromiss hinsichtlich der Bedingungen über die Änderungen der Eigentumsverhältnisse gefunden werden, der die Interessen der Parteien angemessen berücksichtigt. a) Merkmale: Um als zumutbar zu gelten, darf der Arbitriumwert die Grenzen der Konzessionsbereitschaft der konfligierenden Parteien nicht verletzen (Merkmal der Rationalität). Voraussetzung dafür ist die Existenz eines Einigungsbereichs (Arbitriumbereich als Differenz zwischen dem größeren Entscheidungswert des Käufers und dem kleineren Entscheidungswert des Verkäufers). Gemäß dem Merkmal der parteienbezogenen Angemessenheit obliegt es dem Gutachter, den Arbitriumwert auf der Grundlage eines gewählten Gerechtigkeitspostulats innerhalb des Arbitriumbereichs zu bestimmen. – b) Ermittlungsmethoden: Ausgehend von den vermeintlichen Entscheidungswerten der konfligierenden Parteien kann z.B. auf Methoden zur Aufteilung des geschätzten Arbitriumbereichs nach Regeln der absoluten oder relativen Teilung sowie unter Umständen traditionelle Kombinationswertverfahren zurückgegriffen werden. – 4. *Argumentationswert:* Ergebnis einer Bewertung in der Argumentationsfunktion. Er ist ein parteiischer Wert, dessen Bedeutung in der Beeinflussung der Gegenseite in der Verhandlung liegt. Mit diesem taktischen Wert soll die eigene Verhandlungsposition verbessert und ein günstigeres Verhandlungsresultat erreicht werden. a) Merkmale: Es handelt sich um subjektive Werte einer Verhandlungsseite, die auf eine konkrete Verhandlungssituation und somit auf einen konkreten Verhandlungspartner ausgerichtet sind (Merkmal der Parteienbezogenheit). Zweckdienliche Argumentationswerte setzen sowohl die Kenntnis des eigenen Entscheidungswertes als auch eine Vermutung über den gegnerischen Entscheidungswert voraus. Diese Werte werden zumeist in Form von angeblichen Entscheidungs- oder Arbitriumwerten in den Verhandlungsprozess eingebracht (Merkmal der Tarnung), um eine Einigung oder eine Nicht-Einigung im Hinblick auf den Übergang des Eigentums am Bewertungsobjekt zu erzielen (Merkmal der Konfliktlösungsorientierung). – b) Ermittlungsmethoden: Insbesondere weit verbreitete finanzierungstheoretische Modelle, z.B. die Varianten der → Discounted Cash Flow-Methode sowie Realoptionsverfahren (→ Realoptionen), Multiplikatorverfahren (→ Multiples) oder auch o.g. investitionstheoretische Verfahren mit veränderten Eingangsdaten. – 5. *Wert der Nebenfunktionen:* a) Arten: Als Nebenfunktionen der Unternehmensbewertung gelten u.a. die Vertragsgestaltungs-, die Steuerbemessungs- sowie die Informationsfunktion. – b) Merkmale: Im Rahmen der Vertragsgestaltungsfunktion geht es um gesellschaftsrechtliche und andere vertragliche Gestaltungsprobleme, die sich auf die Wertfindung im Eintritt eines Konflikts beziehen (z.B. Formulierung von Regelungen zur pretialen Lenkung des Verhaltens von Gesellschaftern über Erfolgsbeteiligungen und von Abfindungsklauseln). Bei der Steuerbemessungs- und der Informationsfunktion steht die Konventionalisierung, d.h. die Wertermittlung unter einheitlichen Konventionen im Hinblick auf ihre Grundlagen und Annahmen, im Vordergrund. So sollen durch detaillierte Vorgaben in den fiskalischen Gesetzen und Richtlinien das Ermessen bei der Ermittlung des Steuerbemessungswertes (im Sinne von Steuerbemessungsgrundlagen) reduziert und somit Steuergerechtigkeit sowie Rechtssicherheit geschaffen werden. Der Informationswert ist das Ergebnis einer Bewertung von als → Beteiligungen gehaltenen Unternehmen oder Unternehmensanteilen im Rahmen der Bilanzierung (z.B. zur Ermittlung von Geschäfts- oder Firmenwerten im Konzernabschluss), um den Eigen- und → Fremdkapitalgebern normierte entscheidungsrelevante Informationen zukommen zu lassen. Die für die Wertermittlung geltenden Konventionen, welche für die an diesem Informationsprozess beteiligten Personen (Informationssender und -empfänger) relevant sind, ergeben sich aus dem jeweiligen Rechnungslegungssystem oder sind aus diesem abzuleiten. – *Vgl. auch* → Unternehmensbewertung.

Dr. Gerrit Brösel

Literatur:
Brösel, G.: Die Argumentationsfunktion in der Unternehmensbewertung, in: Brösel, G./Kasperzak, R. (Hrsg.): Internationale Rechnungslegung, Prüfung und Analyse, München, Wien 2004, S. 515-523; *Gorny, C.:* Unternehmensbewertung in Verhandlungsprozessen, Wiesbaden 2002; *Hering, T.:* Finanzwirtschaftliche Unternehmensbewertung, Wiesbaden 1999; *Matschke, M. J.:* Der Entscheidungswert der Unternehmung, Wiesbaden 1975; *Matschke, M. J.:* Funktionale Unternehmensbewertung, Band II, Wiesbaden 1979.

Unternehmenswertermittlung. 1. *Vorgehen:* Unabhängig, welcher → Unternehmenswert in Anbetracht der verfolgten Bewertungsfunktion ermittelt werden soll, kann die Wertermittlung i.w.S. in drei Schritte unterteilt werden: Schritt 1: Ermittlung der relevanten Daten, Schritt 2: Transformation der ermittelten Daten in den gesuchten Unternehmenswert (Wertermittlung i.e.S.) sowie Schritt 3: Verwendung des ermittelten Wertes. – 2. *Darstellung:* Demonstriert am Beispiel „Entscheidungswertermittlung" sind folgende Schritte erforderlich: Schritt 1: Abgrenzung und Quantifizierung der relevanten Zukunftserfolge, Schritt 2: Transformation der ermittelten Zukunftserfolge in einen Entscheidungswert mit Hilfe investitionstheoretischer Verfahren sowie Schritt 3: Abwägung von (subjektivem) → Wert und (objektivem) → Preis. – 3. *Beurteilung:* Die Schwierigkeit der Entscheidungswertermittlung (insbesondere von jungen Unternehmen) liegt in der Problematik der Abschätzung der Zukunftserfolge (Schritt 1) und nicht (wie vielfach irrtümlich angenommen) in der Frage der Bewertungsmethodik (Schritt 2).

Unternehmensziele, gehen über Ziele der Gewinnmaximierung bzw. Verlustminimierung hinaus und können untergliedert werden in Teilbereiche wie Marktleistungsziele (z.B. Produktqualität), Rentabilitätsziele (z.B. Umsatzrentabilität) und soziale Ziele (z.B. Arbeitszufriedenheit der Mitarbeiter sowie gesellschaftsbezogene Ziele in Form von Beiträgen an die volkswirtschaftliche Infrastruktur). Ziele wie → Kundenzufriedenheit und Wettbewerbsfähigkeit gewinnen an Bedeutung.

Unternehmenszusammenschluss, → Mergers & Acquisitions.

Unternehmenszyklus. → Unternehmenslebenszyklus

Unternehmer. 1. *Begriff:* Der U. ist derjenige, der ein Unternehmen in eigener Verantwortung leitet und oft auch gegründet hat. – 2. *Merkmale:* Ein U. zeichnet sich nach landläufiger Meinung durch gewisse Eigenschaften aus. Dazu zählen z.B. Risikofreude, Führungs- und Organisationsfähigkeiten oder Innovationspotential. Die Forschung hat diese und andere Eigenschaften jedoch niemals eindeutig nachgewiesen. – 3. *Geschichte des Begriffs:* Der Begriff wurde in der wirtschaftswissenschaftlichen Forschung zuerst im 17./18. Jahrhundert von Cantillon benutzt, der den U. als den zentralen Faktor der wirtschaftlichen Entwicklung bezeichnete. Ein U. ist danach jemand, der in seinen Geschäften ein Risiko übernimmt, bedingt durch die Unsicherheit über zukünftige Preis- und Marktentwicklungen. Spätere Wirtschaftswissenschaftler erweiterten den Begriff, da sich Funktion und Aufgaben des U. im Laufe der wirtschaftlichen Entwicklung veränderten: Mit wachsender Betriebsgröße wandelte sich der U. vom mitarbeitendem Eigentümer zum Manager. Bereits Say und Marshall wiesen auf diese Managementfunktion eines U. hin. Schmoller als Vertreter der deutschen historischen Schule sowie später Coase mit seinem Transaktionskostenansatz interpretierten den U. als jemanden, der organisiert und Produktionsfaktoren koordiniert. Später verlagerte sich der Schwerpunkt der Definition weg von Routineaufgaben auf den U. als eine Person, die neue wirtschaftliche Chancen erkennt und umsetzt. Schumpeter führte in den 1920er Jahren den dynamischen U. (→ Pionierunternehmer) ein als eine Person, die neue wirtschaftliche Chancen – Märkte oder Produktionsverfahren – erkennt und durchsetzt. Vor allem die Österreichische Schule (u.a. Menger, Wieser, Kirzner) steht bei ihrer Betrachtung des U. in der Tradition von Schumpeter. Sie analysiert den unternehmerischen Entdeckungsprozess, mit Betonung des Wissens- und Informationsaspekts unternehmerischen Handelns. Die Rolle des U. besteht darin, Informationen bezüglich ertragreicher Handlungsmöglichkeiten zu erwerben und – durch Ausnutzung der bestehenden Arbitragemöglichkeiten – im Marktprozess umzusetzen. – 4. *Beurteilung:* Gibt es geborene U.? Wodurch zeichnet sich ein idealtypischer U. aus? Diese Fragen rücken immer wieder in den Vordergrund der Forschung. Sie sind aus politischer Sicht und aus Sicht der Gründungslehre interessant, da sie Ansatzpunkte zur Förderung und Ausbildung von U. aufzeigen können. Die Forschung selbst kam jedoch (bislang) nicht zu eindeutigen Ergebnissen. Cantillon und im frühen 20. Jahrhundert Knight brachten mit dem Begriff der Risikoneigung einen ersten Hinweis auf die Persönlichkeit des U. als mögliches Abgrenzungsmerkmal ein. McClelland setzte sich zu Beginn der 1960er Jahre mit der Leistungsorientierung – need of achievement – als dem bestimmenden Persönlichkeitsmerkmal von U. auseinander. Ganze Forschergenerationen haben sich daraufhin auf die Suche nach dem idealtypischen U. begeben. Studien kamen jedoch immer wieder zu widersprüchlichen Ergebnissen und die Debatte um „nature" versus „nurture" konnte (bisher) nicht befriedigend gelöst werden. Bereits 1988 kritisierte Gartner dieses personenorientierte Verständnis in seinem wegweisenden Artikel („Who is an entrepreneur is the wrong question"), der in der US-amerikanischen Gründungsforschung kontroverse Diskussionen auslöste. Mit der Konzentration auf den U. als Person würden „falsche" Fragen aufgeworfen; stattdessen sei der Prozess der Entstehung neuer Organisationen zu untersuchen. – *Vgl. auch* → Gründerperson, → Unternehmensgründer, → Entrepreneur.

PD Dr. Friederike Welter

Literatur:

Delmar, F.: The psychology of the entrepreneur, in: Carter, S. / Jones-Evans, D. (Hrsg.): Enterprise and Small Business, Harlow 2000, S. 132-154; *Gartner, W.B.:* 'Who is an Entrepreneur?' is the wrong question, in: American Journal of Small Business, Nr. 4, Jg. 12 (1988), S. 11-32; *Hebert, R. / Link, A.:* The Entrepreneur: Mainstream views and radical critiques, New York 1988; *Shane, S.:* A General Theory of Entrepreneurship: The Individual-Opportunity Nexus. Aldershot 2003; *Welter, F.:* Reflektionen zur theoretischen und empirischen Gründungsforschung, in: Welter, F. (Hrsg.): Dynamik im Unternehmenssektor: Theorie, Empirie und Politik. Veröffentlichungen des Round Table Mittelstand, Berlin 2004, S. 11-26.

Unternehmerfunktion. 1. *Begriff:* Eine U. ist ein in sich geschlossenes und über betriebliche Teilbereiche hinausreichendes Bündel von führungsbezogenen Aufgaben, deren Wahrnehmung von der Unternehmung zur Aufrechterhaltung der Existenzfähigkeit gewährleistet sein muss. – 2. *Abgrenzung:* Der auf die Querschnittskoordination bezogene Begriff wird z.T. mit dem der Unternehmensfunktionen (z.B. Längsschnittsfunktionen wie → Beschaffung, Produktion, Absatz) verwechselt. – 3. *Aktuelle Diskussion:* Während in der Geschichte oftmals die U. an die Person des Unternehmers gekoppelt wurde, setzt sich auch im Kontext des → Gründungsmanagements immer mehr die Auffassung durch, dass innerhalb der Unternehmung die Funktionswahrnehmung sicherzustellen ist und grundsätzlich alle Mitarbeiter unternehmerische Funktionen wahrnehmen können. Daneben verbreitet sich die Ansicht, dass der Erfolg von der aufeinander abgestimmten Wahrnehmung mehrerer Funktionen abhängt (multi- statt monofunktioneller Ansatz).

Unternehmerkapital. 1. *Begriff:* Das U. ist ein Nachrangdarlehen zur langfristigen → Finanzierung von → Investitionen, z.T. auch von Betriebsmitteln. Seit dem 1.3. 2004 wird die Produktfamilie U. von der → KfW-Mittelstandsbank im Hausbankenverfahren (unter Einschaltung einer → Bank oder Sparkasse vor Ort) angeboten. Durch den weitgehenden Verzicht auf Sicherheiten und durch nachrangige Haftung enthalten die Darlehen eigenkapitalähnliche Elemente und stehen als → Mezzanine-Kapital zwischen der klassischen → Eigen- und Fremdfinanzierung. – 2. *Varianten:* Es existieren drei Varianten: a) ERP-Kapital für Gründung richtet sich an → Existenzgründer und junge Unternehmer bis zwei Jahre nach Geschäftsaufnahme. Es dient der Finanzierung von Vorhaben im Bereich der mittelständischen Wirtschaft, die eine nachhaltig tragfähige selbständige gewerbliche oder freiberufliche Existenz erwarten lassen. Es werden betriebsnotwendige Investitionen (Grundstücke, Gebäude / Baunebenkosten, Betriebs- und Geschäftsausstattung, Kaufpreis eines Unternehmens oder Unternehmensteils, Warenlager im Rahmen der De-Minimis-Verordnung der EU, branchenübliche Markterschließungsaufwendungen) in Deutschland finanziert, die dem Anteil des Antragstellers an der Finanzierung entsprechen. Dieses Darlehen wird nur gewährt, wenn Eigenmittel in Höhe von mindestens 15% der Bemessungsgrundlage für das Vorhaben eingesetzt werden und die Durchführung des Vorhabens andernfalls wegen einer nicht angemessenen Basis an haftendem Kapital wesentlich erschwert würde. I.d.R. ist das ERP-Kapital für Gründung → ERP-Beteiligungsprogrammauf einen Finanzierungsanteil von maximal 25% (ABL) bzw. 32,5% (NBL und Berlin) beschränkt. Die Zinsen trägt in den ersten Jahren ganz bzw. teilweise das ERP-Sondervermögen. Der Kreditbetrag ist für jeden Antragsteller auf insgesamt maximal 500.000 Euro beschränkt. – b) ERP-Kapital für Wachstum richtet sich an natürliche Personen bzw. Unternehmen, welche sich mehrheitlich in Privatbesitz befinden und die KMU-Definition der Europäischen Kommission erfüllen. Darüber hinaus haben sie ihre Geschäftstätigkeit vor mehr als zwei, aber höchstens fünf Jahren aufgenommen. Es werden betriebsnotwendige Investitionen (Grundstücke, Gebäude, Sachanlageinvestitionen, Warenlager im Rahmen der De-Minimis-Verordnung der EU), → Übernahme eines bestehenden Unternehmens oder Erwerb einer tätigen Beteiligung) in Deutschland finanziert, die dem Anteil des Antragstellers an der Finanzierung entsprechen. Hier werden bis zu 40% der förderfähigen Investitionskosten mitfinanziert. Die Hausbank muss dabei für eine der wirtschaftlichen Nutzungsdauer des Investitionsgutes entsprechende Zeit, mindestens aber für fünf Jahre, im eigenen Risiko ein Darlehen in gleicher Höhe übernehmen. Der Zinssatz wird vom ERP-Sondervermögen verbilligt und variiert in Abhängigkeit von der Bonität des Endkreditnehmers in fünf Stufen. Der Kreditbetrag ist pro Vorhaben eines Antragstellers auf max. 500.000 Euro beschränkt. – c) Kapital für Arbeit und Investitionen richtet sich an etablierte mittelständische in- und ausländische Unternehmen und freiberuflich Tätige, die in Deutschland investieren, sowie an mittelständische deutsche Unternehmen und freiberuflich Tätige, die im Ausland investieren. Die Unternehmen müssen der gewerblichen Wirtschaft zuzurechnen sein und sich mehrheitlich in Privatbesitz befinden; ihr Gruppenumsatz darf 500 Mio. Euro nicht überschreiten. Der Antragsteller muss seit mindestens fünf Jahren am Markt aktiv sein. Finanziert werden bis zu 100% der Investitionen, welche Arbeitsplätze schaffen oder sichern. Hierzu zählen: Grundstücke und Gebäude, Baumaßnahmen, Kauf von Maschinen, Anlagen, Einrichtungsgegenständen sowie die Übernahme eines bestehenden Unternehmens. Darüber hinaus können Betriebsmittel in Höhe von 20% der mit Kapital für Arbeit und Investitionen geförderten Investitionen finanziert werden. Das Darlehen besteht aus einem Finanzierungspaket mit einem klassischen Darlehen („Fremdkapitaltranche“) und einem Nachrangdarlehen („Nachrangtranche“), die obligatorisch gleich hoch sind. Der Zins für das Nachrangdarlehen variiert in Abhängigkeit von der Bonität des Endkreditnehmers in vier Stufen. Der Zinssatz für die Fremdkapitaltranche wird seit dem 1.4.2005 im Rahmen des risikogerechten Zinssystems festgelegt. Hierbei legt die durchleitende Bank den Zinssatz für den Endkreditnehmer in Abhängigkeit der → Bonität des Kreditnehmers und der

Werthaltigkeit der zu stellenden Sicherheiten fest. Die KfW Bankengruppe gibt für mögliche Kombinationen von Bonität und Werthaltigkeit der Besicherung Preisklassen vor. Für diese Preisklassen werden Zinssätze ausgewiesen, die Zinsobergrenzen darstellen, die während der Zinsbindung oder Laufzeit nicht überschritten werden dürfen. Der Kreditbetrag ist pro Vorhaben auf max. 4 Mio. Euro beschränkt.

Holger Voos

Unternehmerkredit. 1. *Begriff:* Der U. ist ein zinsgünstiger Kredit der → KfW Bankengruppe zur langfristigen → Finanzierung von → Investitionen und zur mittelfristigen Finanzierung von Betriebsmitteln in Deutschland. – 2. *Merkmale:* Seit dem 1.9.2003 wird der U. von der → KfW-Mittelstandsbank angeboten. – a) Antragsberechtigung: Der U. steht → Existenzgründern, Freiberuflern, mittelständischen in- und ausländischen Unternehmen der gewerblichen Wirtschaft sowie natürlichen Personen, die Gewerbeimmobilien vermieten oder verpachten, zur Verfügung. Existenzgründer müssen über die erforderliche fachliche und → kaufmännische Qualifikation für die unternehmerische Tätigkeit verfügen. Die ausgeübte Tätigkeit stellt dabei die Haupterwerbsgrundlage des → Gründers dar. Mittelständische Unternehmen sind Unternehmen, deren jährlicher Gruppenumsatz 500 Mio. Euro nicht überschreitet. Zur Ermittlung des Gruppenumsatzes werden der Umsatz des Antragstellers und die Umsätze der mit ihm verbundenen Unternehmen in voller Höhe addiert. Innenumsätze sind nicht zu berücksichtigen. Die Unternehmen müssen sich zudem mehrheitlich in Privatbesitz befinden. Sanierungsfälle und Unternehmen in Schwierigkeiten im Sinne der Europäischen Kommission sind von der Förderung ausgeschlossen. Die Definition von Unternehmen in Schwierigkeiten ist den jeweils aktuell gültigen Leitlinien der Gemeinschaft für staatliche Beihilfen zur Rettung und Umstrukturierung von Unternehmen in Schwierigkeiten zu entnehmen. – b) Investitionsvorhaben: Finanziert werden alle Investitionen, für die eine langfristige Finanzierung erforderlich ist und die einen wirtschaftlichen Erfolg erwarten lassen. Das sind z.B. Grundstücke und Gebäude, Baumaßnahmen, Kauf von Maschinen, Anlagen und Einrichtungsgegenständen, Beschaffung und Aufstockung des Material-, Waren- oder Ersatzteillagers, Übernahme eines bestehenden Unternehmens oder Erwerb einer tätigen Beteiligung sowie Immobilieninvestitionen mit anschließender Fremdvermietung. In der Betriebsmittelvariante des U. erfolgt eine mittelfristige Finanzierung von Betriebsmitteln. – c) Förderbeträge: Der Höchstbetrag beträgt i.d.R. 5 Mio. Euro. Unternehmen, deren jährlicher Umsatz nicht mehr als 50 Mio. Euro beträgt, können diesen Kreditbetrag überschreiten. Der Anteil der Finanzierung an den förderfähigen Investitionskosten ist abhängig von der Höhe des Kreditbetrages und dem Umsatz des Unternehmens. Bei Kreditbeträgen bis zu 1 Mio. Euro können 100% der geplanten Investitionen gefördert werden. Sofern größere Vorhaben finanziert werden sollen, richtet sich der Finanzierungsanteil nach dem Unternehmensumsatz. Unternehmen mit einem Umsatz bis zu 50 Mio. Euro können max. $^3/_4$ der förderfähigen Investitionskosten, Unternehmen mit einem höherem Umsatz max. $^2/_3$ der Kosten finanzieren. Die Kombination eines Kredites aus dem U. mit anderen Förderkrediten ist möglich. – d) Kreditlaufzeit: Die Laufzeit beträgt i.d.R. bis zu zehn Jahren bei höchstens zwei tilgungsfreien Anlaufjahren. Die Einräumung eines endfälligen Darlehens mit einer max. Laufzeit von zwölf Jahren ist möglich. Ferner ist die Gewährung eines Darlehens mit einer Laufzeit von bis zu sechs Jahren bei höchstens einem tilgungsfreien Anlaufjahr möglich. Für bestimmte Vorhaben kann eine Laufzeit bis zu 20 Jahren mit drei tilgungsfreien Anlaufjahren beantragt werden. In der Betriebsmittelvariante beträgt die Laufzeit bis zu sechs Jahre mit höchstens einem tilgungsfreien Anlaufjahr. – e) Konditionen: Der Programmzinssatz orientiert sich an der Entwicklung des Kapitalmarktes. Seit 1.4.2005 wendet die KfW Bankengruppe im Unternehmerkredit ein risikogerechtes Zinssystem an. Hierbei legt die durchleitende Bank den Zinssatz für den Endkreditnehmer in Abhängigkeit von der Bonität des Kreditnehmers und der Werthaltigkeit der zu stellenden Sicherheiten fest. Die KfW Bankengruppe gibt für mögliche Kombinationen von → Bonität und Werthaltigkeit der Besicherung Preisklassen vor. Für diese Preisklassen werden Zinssätze ausgewiesen, die Zinsobergrenzen darstellen, die während der Zinsbindungsphase oder Laufzeit nicht überschritten werden dürfen. Bei Krediten mit bis zu zehn Jahren Laufzeit und bei endfälligen Krediten ist der Zinssatz fest für die gesamte Laufzeit. Bei Krediten mit mehr als zehn Jahren Laufzeit kann der Zinssatz für zehn Jahre oder die gesamte Laufzeit festgeschrieben werden. Die jeweils geltenden Zinssätze sind der Konditionenübersicht für die KfW-Förderprogramme zu entnehmen, die im Internet unter www.kfw-mittelstandsbank.de abgerufen werden kann. – f) Tilgung: Nach Ablauf der tilgungsfreien Anlaufjahre in gleich hohen halbjährlichen Raten. Eine vorzeitige ganze oder teilweise außerplanmäßige Tilgung des ausstehenden Kreditbetrages ist während der ersten Zinsbindungsphase möglich. Bei Darlehen mit der Laufzeit von bis zu sechs Jahren und einer Auszahlung von 100% ist eine ganze oder teilweise außerplanmäßige Tilgung ausgeschlossen. – g) Besicherung: Es sind bankübliche Sicherheiten zu stellen. Form und Umfang werden im Rahmen der Kreditverhandlungen zwischen Antragsteller und Hausbank vereinbart. – h) Antragsverfahren: Die KfW Bankengruppe gewährt den U. nicht unmittelbar an den Investor, sondern ausschließlich über Kreditinstitute, die für die von ihnen durchgeleiteten Kredite vollständig die Haftung übernehmen. Der Antrag ist daher bei einem Kreditinstitut zu stellen. Dessen Auswahl steht dem Antragsteller frei. Der Antrag ist vor Beginn des Vorhabens zu stellen. Ausgeschlossen sind die Umschuldung bzw. Nachfinanzierung bereits abgeschlossener Vorhaben.

Torsten Kirchherr

Unternehmung, → Betrieb.

Urheberrecht, eigentumsähnliches Recht des Werkschöpfers (Urhebers) an seinem individuellen geistigen Werk oder an einem → Geschmacksmuster. Das geistige Werk besteht aus Inhalt, innerer und äußerer Form. Die individuelle geistige Schöpfung kann im Inhalt oder in der Form oder in beidem liegen. Ein geistiges Werk ist z.B. eine musikalische Komposition, ein Drama, ein Roman, ein Gemälde oder eine Software. Das Urheberrecht ist in § 1 Urheberrechtsgesetz geregelt. Das Urheberrechtsgesetz schützt ferner bestimmte andere geistige Leistungen, für die dem Urheber verwandte Schutzrechte bestehen, z.B. die des ausübenden Künstlers (§§ 73 ff. Urheberrechtsgesetz), des Herstellers von Lichtbildern (§ 72 Urhebergesetz), Tonträgern (§§ 85 ff. Urheberrechtsgesetz), Datenbanken (§§ 87 A ff. UrhG) und Filmen (§§ 88 ff. UrhG). Eine geistige Leistung ist das Ergebnis eines individuellen geistigen Einsatzes aufgrund besonderer künstlerischer, wissenschaftlicher o.ä. Fähigkeiten. Über Urheberrechte können Lizenzverträge (→ Lizenz) abgeschlossen werden.

Usability-Analysen, prüfen die Gebrauchstauglichkeit eines Produktes. Dabei müssen im Kern folgende Punkte erfüllt sein: die Forderung nach → Effektivität und → Effizienz eines Produktes sowie die Zufriedenheit der Nutzer. Die Zufriedenstellung der Nutzer steht allerdings im Zentrum der Analyse. Häufig fallen der im Rahmen des (technischen) Leistungsspektrums angebotene → Kundennutzen und die Gebrauchstauglichkeit weit auseinander. Z.B. bei Handys, Telefonanlagen, Digitalkameras.

USP, → Unique Selling Proposition.

V

Value-added-Network, ist ein Telekommunikationsnetzwerk, das über die Kommunikationsdienstleistungen hinausgehende Dienste bereitstellt. Dieser „Value“ besteht z.B. in der automatischen Fehlerermittlung und -korrektur, Ressourcenverwaltung, Bereitstellung von Mailboxen, Musik Videos, Kinofilme auf Bestellung. Wesentlich für den Betrieb von V.-a.-N. ist die Vergabe von Zugriffsrechten und eine hohe Datensicherheit.

Value-added-Services, sind Sekundärleistungen eines Unternehmens, die in Kombination mit einer Primärleistung (Kernleistung) angeboten werden. Den Kunden soll damit einen Mehrwert geboten werden, der dem Unternehmen zur Profilierung und → Differenzierung gegenüber dem Wettbewerb dient. V.-a.-S. müssen nicht immer kostenlos sein (z.B. die Schuldnerberatung im Bankbereich, Bereitstellung von Börsenkursen, Auskünften bei Web-Angeboten).

Value-based-Management, ein auf einem Werttreibersystem eines Unternehmens aufgebauter wertorientierter Führungsstil. Hierbei können die Determinanten der grundlegenden Werttreiber (→ Value Driver) auf den unterschiedlichen Stufen über ein komplexes → Controlling überprüft werden. In großen Konzernen finden sich bis zu fünf Ebenen von den primären Werttreibern hin zu den direkt operationalisierbaren Mikro-Werttreibern. Ein solch umfassendes System ist für → Start-ups als wenig zieladäquat zu beurteilen; für die wertorientierte Unternehmensführung ist es jedoch auch nicht zwingend notwendig. Auf der Ebene der Mikro-Value-Driver herrscht dann auch die entsprechende → Flexibilität, um Branchengegebenheiten und der besonderen Start-up-Situation in der Rechnung tragen zu können, wohingegen das eigentliche Gerüst der Werttreiber als relativ starr zu bewerten ist.

Value-based-Pricing, Preisfindungsstrategie, bei der die Nachfrage den → Preis eines Produktes bestimmt. Dabei kann eine Firma für gewissen Produkte einen höheren Preis ansetzten. Ein Beispiel sind die erhöhten Getränkepreise bei sportlichen Veranstaltungen.

Value Driver, *Werttreiber,* Unternehmenskennzahlen, die als Grundlagen für unternehmerische Entscheidungen dienen können. Dabei unterscheidet man drei grobgegliederte Klassen an V.-D.: Operative, investive und finanzielle V.-D. Grundlegende, über operative Führungsentscheidungen beeinflussbare Werttreiber, können sein: Umsatzwachstum, betriebliche Gewinnmarge und der Gewinnsteuersatz. Ein adäquates → Management der Werttreiber lässt derart einen Shareholder-Value-Added entsteht, der dann wiederum zu → Dividenden und Wertzuwächsen für die Eigentümer des Unternehmens führt. Insgesamt wird aber deutlich, dass es sich bei allen angeführten Größen um rein quantitative Werttreiber handelt. Die Differenz von → Start-up und etabliertem Unternehmen liegt wesentlich im unter-schiedlichen Management dieser quantitativen Werttreiber begründet. Sie findet sich aber auch in der unterschiedlichen Bedeutung der Werttreiber für den Erfolg des Unternehmens.

VCF, → Venture Capital-Fonds.

VCG, → Venture Capital-Gesellschaft.

Venture Capital, → Wagniskapital, → Risikokapital

Venture Capital-Entscheidungskriterien. 1. *Begriff:* Unter V.C.-E. werden die zur Auswahl eines Gründungsprojektes betrachteten Entscheidungskriterien verstanden, die insbesondere für Investoren von Wagniskapital eine bedeutende Rolle spielen. – 2. *Ausprägungen:* Die V.C.-E. lassen sich im wesentlichen zu fünf Gruppen zusammenfassen. In der ersten Gruppe sind die Aspekte zusammen gefasst, die das → Geschäftsmodell des Unternehmens ausmachen. Dazu gehören zum einen auf das Produkt und den Markt bezogene Kriterien wie Marktgröße, Marktwachstum sowie Einzigartigkeit und Marktakzeptanz des Produkts („→ Unique Selling Proposition"), zum zweiten die Beurteilung der einzelnen, möglicherweise einen Vorteil begründenden Wertschöpfungsaktivitäten (z.B. eine neue Produktionstechnologie) und auch die Beurteilung der Wertschöpfungskonfiguration insgesamt (z.B. die Frage, was zugekauft wird und was nicht), sowie zum dritten die Analyse der Ertragsmechanik des Unternehmens. Dabei ist besonders auf die Haltbarkeit des → Wettbewerbsvorteils zu achten, bei Technologie orientierten Unternehmen also z.B. auf das Vorhandensein von Patenten oder anderen Schutzrechten. Zu den anderen Gruppen gehören die Charakteristika des Managementteams (→ Management) hinsichtlich Kompetenzen, → Track Record sowie Fähigkeit zur Zusammenarbeit, Fragen der Industrie und Wettbewerbsintensität, finanzielle Kriterien wie Rendite und Risiko sowie die generellen Anforderungen und Kriterien des → Fonds. Eine wichtige Grundlage stellt darüber hinaus der → Business Plan selbst dar. Als Voraussetzung für ein Investment wird regelmäßig auch ein qualitativ hochwertiger und formal richtiger Business Plan angesehen. Der Business Plan ist aber hauptsächlich eine Grundlage, um zu einer Einschätzung hinsichtlich der oben aufgeführten Kriterien im Verlauf der → Investment-Phasen zu kommen. – 3. *Rangordnung:* Eine besondere Bedeutung wird i.d.R. der Einschätzung der Fähigkeiten und persönlichen Merkmale des → Entrepreneurs bzw. des Start-up-Managements eingeräumt. Eine eindeutige Rangordnung all dieser Kriterien fehlt jedoch bisher, weil die Wichtigkeit in der Entscheidung mit der jeweils eingenommenen Perspektive und der betrachteten Investment-Phase schwankt. So scheinen vorab durch → Venture Capital-Gesellschaften (VCG) zur Beurteilung eines Ventures vor allem die Charakteristika und Fähigkeiten des Start-up-Managements und in zweiter Linie dann Marktgröße und -wachstum sowie die finanzielle Seite mit der erwarteten Rendite herangezogen zu werden. Aus einer Ex-post-Betrachtung heraus, die eher die → Erfolgsfaktoren der Start-up-Unternehmen beleuchtet, scheinen dagegen neben der → Qualität des Managementteams die Marktakzeptanz des Produkts und Schutzmöglichkeiten gegenüber dem Wettbewerb bedeutsamer zu sein. Noch ein anderes Bild ergibt sich bei einem Blick auf die Investment-Phasen. In der → Screening-Phase dienen zunächst hauptsächlich Anforderungen der VCG an ein Investment wie Investitionsvolumen, Branche des Start-up-Unternehmens, Finanzierungsphase und auch geographische Lage, die sich aus der in der Satzung gegenüber den Investoren festgeschriebenen Investmentstrategie ergeben, als Ausschlusskriterien, die unbedingt erfüllt sein müssen. In der weiteren Evaluierung treten dann die anderen, auf die Qualität des Unternehmens gerichteten Kriterien in den Vordergrund. Sie folgen weniger einem Ausschluss- als einem kompensatorischen Prinzip. – 4. *Probleme:* Probleme treten sowohl in der Bestimmung der relevanten Entscheidungskriterien als auch in deren Anwendung auf. Neben anderen methodischen Schwierigkeiten bei der Bestimmung der durch VCG verwendeten Kriterien bestehen z.B. Zweifel, ob VCG ihren eigenen Entscheidungsprozess bewusst durchdrungen haben. → Venture Capitalists scheinen nur über eine unzureichende Genauigkeit in der Selbstbeobachtung ihrer verwendeten Entscheidungskriterien zu verfügen und tendenziell die am wenigsten wichtigen Kriterien bei der Begründung ihrer Entscheidung über zu betonen. Auf der anderen Seite gibt es Indikationen, dass sowohl unerfahrene als auch sehr erfahrene Venture Capitalists weniger zuverlässig und effektiv in ihren Entscheidungen sind als moderat erfahrene Venture Capitalists. Bei unerfahrenen Venture Capitalists mag ein Grund in der unzureichenden Strukturierung der Informationsflut liegen, sehr erfahrene Venture Capitalists scheinen sich dagegen verstärkt auf Automatismen und gewonnene Intuition zu verlassen, die zu Voreingenommenheit und fehlerhaften Einschätzungen führen.

Prof. Dr. Dodo zu Knyphausen-Aufseß

Literatur:
Brettel, M.: Entscheidungskriterien von Venture Capitalists – eine empirische Analyse im internationalen Vergleich, in: Die Betriebswirtschaft, Nr. 3, Jg. 62 (2003), S. 305-325; *Kaplan, S./Srömberg, P.:* Characteristics, contracts, and actions: evidence from venture capitalist analyses, in: Journal of Finance, Nr. 5, Jg. 59 (2004), S. 2177-2210; *Riquelme, H./Watson, J.:* Do venture capitalists' implicit theories on new business success/failure have empirical validity?, in: International Small Business Journal, Nr. 4, Jg. 20 (2002), S. 395-418; *Zacharakis, A. L./Shepherd, D. A.:* The nature of information and overconfidence on venture capitalists' decison making, in: Journal of Business Venturing, Nr. 4, Jg. 16 (2001), S. 311-332.

Venture Capital-Fonds (VCF). Bei VCF, unabhängig ob im → Early-Stage- oder im → Later Stage-Segment, wird zwischen offenen und geschlossenen → Fonds unterschieden, denen unterschiedliche Geschäftsprinzipien zugrunde liegen. Offene Fonds stellen ein auf Dauer eingerichtetes Beteiligungsgeschäft dar. Das Volumen des Fonds ist meist nicht definiert oder es wird ein Finanzrahmen vorgegeben. Ein solcher Fond lebt von laufenden Erträgen und Veräußerungsgewinnen und kann Erträge re-investieren. Geschlossen Fonds werden von Fonds-Managern im Wege des Fundraisings eingeworben. Ihnen liegt eine definierte Laufzeit und ein geplantes Volumen zugrunde. Geschlossene Fonds zielen meist auf Veräußerungsgewinne ab und können Erträge nicht re-investieren. Die Management Fee wird von den Investoren getragen, die dem Fonds-Manager vom Gewinn einen Carried Interest von üblicherweise 20% abtreten.

Venture Capital-Gesellschaft (VCG). VCG sind ein wesentlicher Teilbereich des → Private Equity-Marktes. Zu unterscheiden sind VCG, die im → Early-Stage-Segment und solche, die im → Later stage-Segment des Private Equity-Marktes agieren. – 1. *Arten:* Im Early-Stage-Bereich handelt es sich um Gesellschaften, die Spezialisten für Seed- und Start-up-Investments und Kenner der Technologiebranchen sind. Ihre Klientel sind erst zu gründende und gerade gegründete aber noch sehr junge Unternehmen. Die Gesellschaften im Later stage-Bereich fokussieren auf Expansionsfinanzierungen und sonstige Later stage-Szenarien wie Replacement-, Turnaround- und Bridge-Finanzierungen. Ihre Klientel sind sowohl noch junge aber schnell wachsend Unternehmen als auch etablierte mittelständische Unternehmen mit hohen Wachstumspotentialen. – 2. *Ziele:* VCG investieren in kleine und mittlere Unternehmen, die i.d.R. nicht börsennotiert sind und hohe Wachstumspotentiale aufweisen. Die investierten Mittel stellen haftendes → Eigenkapital oder eigenkapitalähnliche Mittel dar, die den vollen unternehmerischen Risiken unterliegen und umgekehrt die vollen Chancen nutzen wollen. Die Investments werden begleitet von mehr oder weniger intensiver Managementberatung und -unterstützung durch die VCG, in Abhängigkeit von der Entwicklungsphase der betreffenden Unternehmen. Ihr Ziel besteht in der Erwirtschaftung einer für die Investoren in ihren Fonds im Vergleich zu anderen Anlageklassen überdurchschnittlich hohen Rendite. Diese wird überwiegend aus der Veräußerung der Beteiligungen erzielt. Das Ziel besteht im Aufbau einer zeitlich befristeten unternehmerischen Partnerschaft. – 3. *Prozess:* Um dieses Ziel zu erreichen analysieren VCG viele Nachfragen von Kapital nachfragenden Unternehmen. Nach Ablehnung von nicht in die → Strategie passenden und realitätsfremden Projekten werden die eher erfolgversprechende Projekte einer intensiven → Due Dilligence, die verschiedene Bereiche wie Technologie, Märkte, → Management, Umwelt etc. umfassen kann, unterzogen. Und nur wenige Projekte kommen letztlich in die Phase der Verhandlung eines Beteiligungsvertrages. Von etwa einhundert Anfragen nach externem Eigenkapital werden i.d.R. drei bis fünf zu einem Beteiligungsabschluss gebracht. VCG sind an der Einrichtung eines Aufsichtsgremiums interessiert, über das sie ihre Beratungs- und Betreuungsleistungen sowie ihre Erfahrungen und ihr Netzwerk einbringen können. Hierüber leisten sie ihren Beitrag zur Wertsteigerung des Unternehmens. In das Tagesgeschäft der Unternehmensleitung greifen sie nicht ein. Darüber hinaus wünschen sie eine detaillierte Berichterstattung über die Entwicklung des Unternehmens, die ein frühes Erkennen von Schieflagen und dementsprechend rasches Eingreifen ermöglicht. – 4. *Merkmale:* VCG sind → Gesellschafter auf Zeit. Durch die vorgegebene Laufzeit ihrer Fonds ist der Ausstieg aus ihrem Engagement vorprogrammiert. Ein Pay back, also der Rückkauf der Anteile durch den Altunternehmer ist eher selten, denn damit wird dem Unternehmen ja Kapital entzogen. Er trifft eher auf die Rückführung eigenkapitalähnlicher Finanzierungsinstrumente, wie stiller Beteiligungen oder Gesellschafterdarlehen, zu. Der → Trade Sale, d.h. der Verkauf an einen industriell interessierten Investor ist der gebräuchlichste Weg der Trennung von einem Engagement. Der Verkauf an finanziell interessierte Investoren ist ein meist in schweren Zeiten eher begangener Weg der Veräußerung. Der Königsweg, der → Börsengang ist der oft angestrebte aber von der jeweiligen Börsenverfassung

Venture Capital-Gesellschaft, Architektur des Venture Capital-Geschäfts

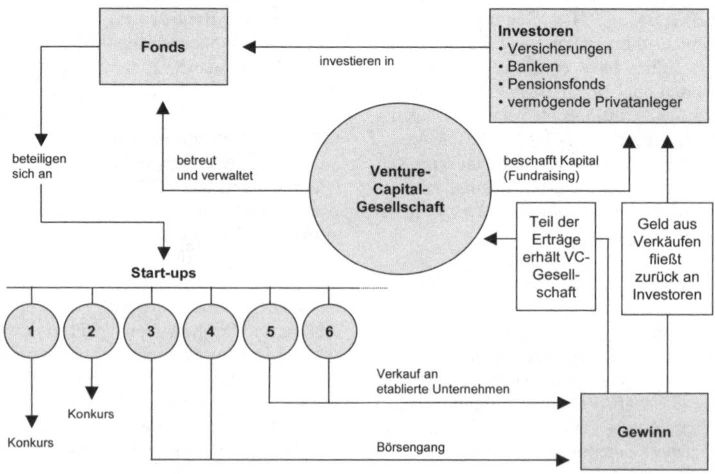

und Börsenlandschaft abhängige Veräußerungsweg. Der totale Verlust, die volle Abschreibung eines Engagements, gehört zum Beteiligungsgeschäft dazu, ist nicht gewünscht aber in bestimmten Fällen nicht zu umgehen. – *Vgl. auch* → Unternehmensbeteiligungsgesellschaft und Abb. „Venture Capital-Gesellschaft, Architektur des Venture Capital-Geschäfts".

Dr. Holger Frommann

Venture Capitalist, → Venture Capital-Gesellschaft (VCG).

Veräußerungserlös, der Preis, zu dem ein junges Unternehmen an ein anderes Unternehmen, an einen anderen → Private Equity-Investor oder über die → Börse verkauft werden kann (d.h. bei einem sog. → Exit). Der erwartete zukünftige V. ist insbesondere für die → Kapitalgeber der → Gründungsphase von großer Bedeutung, da dieser einen nicht unwesentlichen Teil der Gesamtrendite des i.d.R. nur zeitlich befristeten Engagements ausmacht.

Verbindlichkeiten, in der → Eröffnungsbilanz zu ihrem Rückzahlungsbetrag (Erfüllungsbetrag) eingebrachte Schulden eines Einzelunternehmens. In Ausnahmefällen kann der (höhere) Teilwert der V. von deren Anschaffungskosten abweichen, z.B. bei Überverzinslichkeit.

Verbrennungsrate, → Burnrate.

Verdrängungswettbewerb, ein funktionierendes System etablierter → Wettbewerber in einem Markt, welches sich über die Zeit hinweg etabliert hat und nur schwer für junge Unternehmen penetrierbar ist. Junge, neu in einen Markt eindringende Unternehmen sehen sich meist mit einem V. gegen etablierte Wettbewerber konfrontiert. Da die Märkte schon bestehen, sind die Spielregeln und die Wettbewerber für Neuankömmlinge meist vorgegeben.

Verfahrensinnovation, → Prozessinnovation.

Vergleichsverfahren. 1. *Begriff:* Ein V. stellt ein Gerichtsverfahren zur Konkursabwendung dar. Grundlegendes Ziel des Vergleichs ist die Fortführung des Unternehmens unter Berücksichtung der Gläubigerinteressen. – 2. *Ablauf:* Beim V. schließen der Schuldner und die Gläubigermehrheit einen Vertrag, durch den die anteilige Befriedigung der Gläubiger gegen Erlass der Restschulden mit Wirkung für und gegen alle Gläubiger geregelt wird. Die Mindestquote der zu erfüllenden Forderungen liegt bei 35%. Das Verfahren wird vor Eröffnung des eigentlichen Konkursverfahrens auf Antrag von Gläubiger oder Schuldner vom zuständigen Amtsgericht eingeleitet. Es umfasst Fälle von Unternehmens- sowie Verbraucherinsolvenzen. Zudem ist auch ein außergerichtlicher Vergleich möglich.

Vergütung, das Äquivalent für geleistete Arbeit, kann sich aus der Grundvergütung, ergebnis- oder leistungsorientierten Zulagen sowie tarifären oder freiwilligen sozialen Leistungen zusammensetzen. Die Vergütungspolitik steht in einem Zielkonflikt als größter unternehmerischer Kostenfaktor und als Existenzgrundlage und Motivator für Mitarbeiter. Vergütungssysteme müssen marktgerecht sein, um den Personalbedarf zu decken, funktions- und anforderungsgerecht, um den richtigen → Mitarbeiter am richtigen → Arbeitsplatz einzusetzen und leistungsgerecht, um Anreize zu geben. Zusatzleistungen (Fringe Benefits) wie Zuschüsse für Kindergärten, Fahrtkosten, Mahlzeiten, Telefon, → Altersversorgung und der Dienstwagen per Gehaltsumwandlung erweitern unter steuerlichen Aspekten das Vergütungsspektrum.

Verkaufsziel, Teil des → Marketingziels. Ausdruck der quantitativen und ökonomischen Ziele des Unternehmens, die als periodengebundenes Mengenziel (z.B. auf Monats-, Quartals-, oder Jahresbasis) angegeben werden. Die Erfüllung des im

Vorhinein festgelegten Sollzustandes, kann auf Personen (Verkaufsmitarbeiter, Kundenbetreuer, Außendienstmitarbeiter usw.), Abteilungen, → Geschäftsbereiche oder das Gesamtunternehmen bezogen sein. Unterschieden werden die Ebenen der operativen und strategischen Zielerreichung. Die operative Stufe ist geprägt durch einen höheren Detaillierungsgrad, während die strategische → Planung einen deutlich weiteren Planungshorizont umfasst. Die Abstimmung des V. muss zur erfolgreichen Umsetzung zwangsläufig in den Gesamtkontext des Unternehmens eingebettet sein.

Verlustausgleich, gemäß Aktiengesetz handelt es sich dabei um die auf Basis von Gewinnabführungsverträgen vertraglich geregelte Verpflichtung von herrschenden Unternehmen, die → Verluste von abhängigen Unternehmen zu decken. In Bezug auf Steuererklärungen bezeichnet der Verlustausgleich gemäß Einkommenssteuergesetz die Verrechnung von Verlusten bestimmter Einkunftsarten mit Gewinnen derselben (unechter oder horizontaler Verlustausgleich) oder anderen (echter oder vertikaler Verlustausgleich) Einkunftsarten vor der schlussendlichen Besteuerung. Dabei sind jeweils bestimmte einschränkende (bei Spekulationsgeschäften oder Steuersparmodellen) oder ausschließende (bei Liebhabereien) Regeln sowie Grenzwerte zu beachten.

Verluste, bezeichnet im Grundsatz das Übersteigen der Aufwendungen gegenüber den Erträgen einer bestimmten Periode. Hinzu kommen Verluste, die aufgrund des Ausnutzens von Bewertungsspielräumen bei einzelnen Bilanzpositionen entstehen. Unter Bilanzverlust wird dabei der auf der Aktivseite der → Bilanz ausgewiesene → Verlustvortrag bezeichnet. Unter Jahresverlust die in der Erfolgsrechnung ausgewiesene negative Differenz zwischen Erträgen und Aufwendungen. Diese kann mit bestehenden Reservepositionen oder direkt mit dem → Eigenkapital verrechnet werden. – *Vgl. auch* → Gewinn- und Verlustrechnung.

Verlustfinanzierung, ist im Kern gekennzeichnet durch das Ausgleichen der aus der eigentlichen Geschäftstätigkeit resultierenden → Verluste. Ausgehend von der international gebräuchlichen Unterteilung der → Cash Flows in operative (Geschäftstätigkeit), investive und finanzielle Cash Flows kann ein auftretender Verlust im operativen Bereich grundsätzlich auf zwei Wegen finanziert werden. Erstens durch Desinvestitionen im Bereich des Anlagevermögens. Zweitens durch Aufnahme von zusätzlichem Eigen- oder → Fremdkapital. Hinzu kommen Fälle der Finanzierung von Verlusten durch wertvernichtende Aktivitäten im Bereich der → Investitionen und → Finanzierungen / Finanztransaktionen, die ebenfalls auf diesen zwei Wegen ausgeglichen werden müssen.

Verlustverrechnung, bezeichnet die Nutzung von Verlusten zur Verrechnung mit Gewinnen, um steuerreduzierende Effekte zu erzielen. Dabei sind die unter Verlustausgleich aufgeführten Formen und Einschränkungen zu beachten.

Verlustvortrag, stellt den Teil des Bilanzverlustes aus dem Vorjahr dar, der nicht mit den Reserven oder dem → Eigenkapital verrechnet wurde, und der damit im laufenden Geschäftsjahr erneut auszugleichen ist.

Vermögensbewertung, behandelt das korrekte Festhalten des Wertes der Vermögenspositionen der → Bilanz in Geldeinheiten entsprechend den jeweiligen gesetzlichen Vorschriften und Rechnungslegungsstandards. Dabei sind teilweise ein gewisser Ermessensspielraum bei bestimmten Bewertungsfragen sowie gewisse Höchstgrenzen wie Anschaffungs- oder Herstellungskosten zu beachten. So ist bspw. bei Anlagevermögen und Vorräten die Umsetzbarkeit der Positionen in flüssige Mittel nach Verkauf und Bezahlung zu beurteilen, bei Debitoren die Ausfallwahrscheinlichkeit abzuschätzen und bei Rückstellungen die Risiken zukünftiger Auszahlungen. Vermögensbewertung schließt damit immer die Beurteilung von Zukunftserwartungen bezüglich der einzelnen Positionen mit ein, sofern der Wert nicht direkt und eindeutig ermittel- und realisierbar ist.

Vernunft, → Rationalität.

Veröffentlichungspflicht. 1. *Begriff:* Voraussetzung für die im Rahmen eines → Initial Public Offering (IPO) angestrebte Zulassung zum börslichen Handel ist die Erstellung eines verbindlichen Verkaufsprospekts, in dem bewertungsrelevante Informationen zur wirtschaftlichen Lage der Unternehmung zusammengestellt sind. – 2. *Zweck:* Ziel ist es, den potentiellen Investoren ein realistisches Bild vom Wert der Unternehmung zu vermitteln. Die Anforderungen an den Verkaufsprospekt unterscheiden sich je nach Marktsegment.

Verpfändung, stellt die Sicherung einer Forderung durch ein Pfandrecht dar. Dadurch kann sich der Gläubiger aus dem Verkaufserlös des verpfändeten Gegenstandes oder der verpfändeten Sache bezahlen lassen, wenn der Schuldner seinen Verpflichtungen nicht vereinbarungsgemäß nachkommt. Dabei genießt der Pfandgläubiger ein Vorrangrecht gegenüber Gläubigern mit nachrangigem oder ohne Pfandrecht. Bei einem Faust- oder Besitzpfand ist der Gläubiger im Besitz des Pfandgegenstandes, bei einem besitzlosen Pfand hingegen handelt es sich um Hypotheken oder Pfandschuldverschreibungen.

Verschuldungsgrad, *Verschuldungskoeffizient, Verschuldungsintensität.* 1. *Begriff:* Indikator für die → Kreditwürdigkeit eines Unternehmens. – 2. *Merkmale:* Der statische V. betrachtet das Verhältnis von → Fremdkapital zu → Eigenkapital. Diese → Kennzahl ist allerdings stark von der Bewertung des Vermögens abhängig und ermöglicht nur sehr begrenzte Aussagen über die Fähigkeit zur Schuldentilgung. Aussagefähiger ist der dynamische V. Hier wird errechnet, in wieviel Jahren (theoretisch) das → Fremdkapital durch den → Cash Flow getilgt werden kann: Fremdkaptial / Cash Flow. Ein steigender V. ist ein Frühindikator (→ Frühwarnkennzahlen) für Unternehmenskrisen (→ Krisenmanagement).

Verschuldungsvolumen, → Verschuldungsgrad.

Verschwiegenheitsvereinbarung. Sowohl im Vorfeld als auch während einer → Gründungsfinanzierung verpflichten sich die Beteiligten – Investoren, → Gründer, Intermediäre – Stillschweigen über ausgetauschte Ideen, → Business Pläne, Konditionen etc. zu bewahren.

Versteigerung, → Auktion.

vertikaler Marktplatz. Grundsätzlich lassen sich hinsichtlich der Ausrichtung von → E-Marketplaces zwei Marktplatzarten unterscheiden: vertikale und → horizontale Marktplätze. Vertikale Marktplätze konzentrieren sich auf eine ganz bestimmte Nutzergruppe (z.B. Mitglieder einer Branche oder Industrie). Alle Funktionen sind voll auf diese Nutzergruppe zugeschnitten, so dass eine spezifische, meistens nach bekannten Regeln (z.B. Lieferkonditionen) ablaufende Zusammenführung von Angebot und Nachfrage erfolgt. Bspw. existieren mit den sog. Bandwidth-Exchanges (z.B. www.bandwidth.com) virtuelle Marktplätze für die Vermittlung von nicht ausgelasteten Leitungen im Telekommunikationssektor. Hier kommen Anbieter und Nachfrager aus der gleichen Branche zusammen und die Übertragung der gehandelten Leistungen ist festgelegt.

Vertrag. 1. *Begriff:* Einigung von zwei oder mehr Vertragsparteien darüber, dass zwischen ihnen bestimmte Rechtsfolgen oder Rechtsänderungen eintreten und insbesondere Verpflichtungen entstehen. – 2. *Ablauf:* Im Einzelnen kommt ein V. durch zwei mit Bezug aufeinander abgegebene, inhaltlich übereinstimmende Willenserklärungen zustande, wobei die zeitlich erstere i.d.R. als Antrag oder Angebot und die darauf folgende als Annahme bezeichnet wird. Sowohl Angebot als auch Annahme sind, grundsätzlich empfangsbedürftige, Willenserklärungen, müssen also dem jeweils anderen Teil zugehen, um wirksam zu werden.

Vertragsabschluss, → Deal.

Vertragsgestaltungsfunktion, → Unternehmenswert.

Vertrauen. 1. *Begriff:* V. findet sich in nicht vertragsgebundenen, reziproken Austauschbeziehungen. – 2. *Merkmale:* V. senkt → Transaktionskosten. → Gründer müssen V. bei Neukunden, Zulieferern oder der Bank erst aufbauen. V. im Wirtschaftsleben entsteht durch wiederholte, erfolgreiche Transaktionen zwischen vorher unbekannten Geschäftspartnern. – 3. *Abgrenzung:* Unterscheiden lassen sich persönliches, kollektives und institutionelles V. Persönliches V. findet sich in bilateralen Beziehungen innerhalb des Unternehmens oder zwischen Firmen. Kollektives V. entwickelt sich als Verhaltenskodex in Gruppen, z.B. im Wirtschaftsverband. Es wird über Reputationen oder Empfehlungen transportiert. Institutionelles V. bezieht sich auf die Verlässlichkeit des institutionellen Rahmens.

Vertretungsmacht, ein für das Außenverhältnis eines Unternehmens stehendes Leitungsbefugnis. Im Gegensatz dazu steht das Geschäftsführungsbefugnis für die Leitung der Innenverhältnisse. Die bei den → Personengesellschaften bestehenden gesetzlichen Vorschriften sind überwiegend dispositive Rechte, d.h. sie können durch den → Gesellschaftsvertrag verändert werden. Je nach Gesellschaftsform und zugehörigen Rechtsgesetze werden unterschiedliche Vertreter vorgeschrieben.

Vertrieb, beschreibt den Verkauf oder Absatz von Waren, Gütern oder → Dienstleistungen. Damit stellt der V. meist den letzten Schritt in der → Wertschöpfungskette bis zum Endkunden dar. – *Vgl. auch* → Distribution, → Vertriebsorganisation.

Vertriebslizenz, gewerbliches Schutzrecht, das durch den Urheber an andere Personen oder Organisationen vollständig oder teilweise übertragen wird, so dass diese Produkte in → Lizenz vertreiben können. Dabei kann der Lizenzgeber sein Risiko mittels vielfältiger Beschränkungsmöglichkeiten der Lizenz, so z.B. Produktarten, -mengen, Vertriebszeiträume, -gebiete, Nutzungsarten usw. variieren. Hierzu sind nicht nur die Lizenznehmer zu selektieren, sondern auch die vertraglichen Regelungen festzulegen. Die Zahlung der Lizenzgebühren kann einmalig oder periodisch pauschal oder bezogen auf Umsatz/Stückzahl/Gewinn erfolgen.

Vertriebsorganisation, Einbindung des → Vertriebs in die Aufbau- und Ablaufstrukturen der Unternehmensorganisation durch Spezialisierung und → Koordination der Vertriebsaufgaben. Vertrieb und → Marketing besitzen dabei vielfältige Schnittstellen. Außen- und Innendienst des Vertriebs sind aus funktionaler Sicht organisatorisch abzustimmen. Der Außendienst umfasst die Unternehmensorgane, die im direkten Vertrieb bzw. indirekten Vertrieb der akquisitorischen und physischen → Distribution dienen. Der Innendienst ist organisatorisch auf die Steuerung und Unterstützung der Außenorganisation im Hinblick auf die Auftragsakquisition ausgerichtet.

Vertriebsstruktur, beschreibt detailliert die aufbau- und ablauforganisatorischen Konzeptionen des → Vertriebs innerhalb der Unternehmensorganisation. – *Vgl. auch* → Vertriebsorganisation.

Vertriebsweg, Kette verschiedener Stationen des → Vertriebs vom Produzenten bis zum Abnehmer. Bei direktem (nullstufigem) Vertrieb werden keine Absatzmittler eingeschaltet, dies kann über interne oder externe Vertriebsorgane sowie mittels Medien (Print/ Online) erfolgen. Der indirekte Vertrieb kann ein-, zwei- oder mehrstufig sein und erfolgt über Absatzmittler wie z.B. Großhandel, Einzelhandel, etc. – *Vgl. auch* → Absatzweg.

Verwässerungsschutzklauseln, → Anti-Dilution.

Verzinsung, Gebühr für geliehenes → Kapital, normalerweise als eine jährlichen Prozentzahl (Rate) ausgewiesen. Die laufende V. oder → Rendite der → Aktie eines börsennotierten Unternehmens bezieht im Unterschied zum Nominalzins die Kursentwicklung des Wertpapiers ein. Zinsen werden auf den Nennwert gezahlt. Daher gilt: Laufende Verzinsung = (Zinssatz * 100) / Kurs.

Vesting-Regelungen, *Unverfallbarkeit*. Regelungsinhalt ist die Unverfallbarkeit von Rechten im Zusammenhang mit Beteiligungsfinanzierungen durch Zeitablauf oder Ereignisse. Tritt das Vesting ein, entfällt eine zuvor bestehende Pflicht zur Rückgabe bzw. Abtretung der betroffenen Rechte. Als Rechte kommen z.B. Anteile eines → Gründers oder Managers an einem Unternehmen, Gewinnanteile an einem Unternehmen oder die variable Vergütung der Manager eines → Venture Capital-Fonds in Betracht. Als Auslöser für das Vesting kann der Ablauf von zwei bis zehn Jahren nach Abschluss der → Beteiligungsfinanzierung oder ein Ereignis, wie die Veräußerung des Unternehmens oder der Tod einer Person gewählt werden. Wirtschaftlicher Zweck der V.-R. ist zumeist die Bindung von für eine angemessene Dauer.

Viral Marketing. 1. *Begriff*: Unter V.M. wird ein Konzept verstanden, bei dem andere Internet-Teilnehmer gezielt dazu gebracht werden, die eigenen Kommunikationsbotschaften kostenlos zu verbreiten (virtuelle Mund-zu-Mund-Propaganda). Die Kunst des erfolgreichen „V.M." besteht darin, den Prozess der automatischen Weiterleitung eigener Botschaften im → Internet selbst anzustoßen. Dabei geht es nicht um eine Transformation klassischer Kommunikationsüberlegungen (z.B. viel Werbung = viele Kunden), sondern um eine geschickte Ausnutzung der Eigendynamik des Informationsnetzes. Im Idealfall werden überhaupt keine Mittel in werbliche Kommunikationsmaßnahmen im Internet investiert (z.B. Werbebanner) – andere übernehmen den Transport der Werbeinformation von ganz alleine und kostenlos. – 2. *Instrumente des V.M.:* Ziel des V.M.

Viral Marketing, Handlungsoptionen

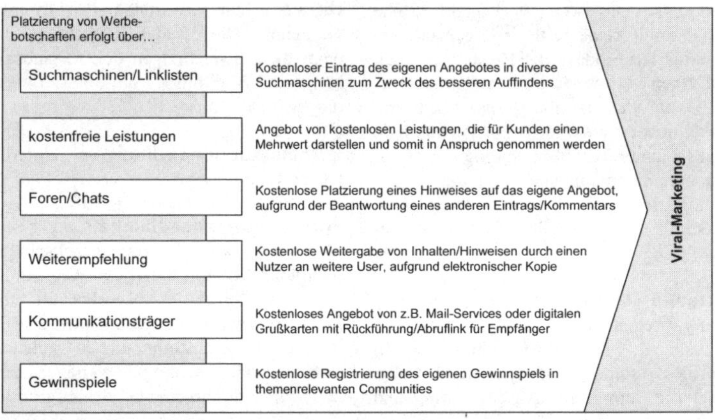

ist es, durch Streuung und Plazierung von Informationen andere dazu zu bewegen, das eigene Angebot quasi kostenlos bekannt zu machen. Hierzu bieten sich folgende Instrumente an: Suchmaschinen-Marketing, Diskussionsforen, Gewinnspiele, Newsletter-Marketing, Eintrag in Linklisten und kostenlose Dienstleistungen und Angebote. – *Vgl. Abb.* „Viral Marketing, Handlungsoptionen".

virtuelles Organisationsnetzwerk. 1. *Begriff:* Allgemein bedeutet virtuell „der Kraft oder der Möglichkeit nach vorhanden", im Sinne einer „Als-ob-Realität" also etwas Potenzielles, Latentes. V.O. im weiteren Sinne beinhalten eine Wertschöpfungsketten-übergreifend auf die Realisierung von → Wettbewerbsvorteilen ausgerichtete → Kooperation von rechtlich und wirtschaftlich selbständigen → Organisationen und Organisationseinheiten. – 2. *Ausgestaltung:* Das v.O. tritt gegenüber Dritten nicht als → Netzwerk, sondern als eine Organisationseinheit auf. Die kooperativen und kompetitiven Beziehungen zwischen den beteiligten Organisationen und Organisationseinheiten bilden ein Netzwerk, in dem sich die Beteiligten auf ihre → Kernkompetenzen konzentrieren. Die individuellen Kernkompetenzen werden mit Hilfe moderner → Informationstechnologie und → Kommunikationstechnologie in einem v.O. im engeren Sinne projektorientiert temporär verknüpft. Das v.O. im engeren Sinne weist somit keine feste → Organisationsstruktur auf, sodass die Zusammenarbeit auf einer Vertrauensbasis stattfindet. Das Neue an v.O. ist die Möglichkeit, auf Basis moderner Informationstechnologie und Kommunikationstechnologie Ad-hoc-Kooperationen eingehen zu können, die es ermöglichen, flexibel auf sich rasch ändernde Marktanforderungen zu reagieren.

virtuelle Unternehmung, Unternehmung, welche über digitale Werstschöpfungsnetze (→ Net Economy, → E-Business) seine Leistung erstellt. Dabei steht die Sammlung, Aufbewahrung und neue Aufbereitung von Informationen häufig im Vordergrund. – *Vgl. auch* → E-Company.

Vision, idealistische Vorstellung einer zukünftigen Situation. V. sind optimistisch angelegt, enthalten emotionale Aspekte, bleiben jedoch realitätsnah (konkret vorstellbar und realisierbar). V. werden von dem Willen getragen, ihren Zustand zu erreichen. Visionen werden von charismatischen Politikern oder Unternehmern aufgestellt. Der Unternehmensgründer sollte einen V. von seinem Unternehmen in fünf Jahren haben; sie gewinnt an Motivationskraft, wenn sie mit den Mitarbeitern geteilt wird. Heute werden V. auch systematisch entwickelt; meist wird sie von einer Gruppe von Führungskräften erarbeitet und dann iterativ von der Geschäftsleitung ausdifferenziert.

Visit, ist eine Bezeichnung für den Besuch einer Website. Die Anzahl der V. wird häufig als → Kennzahl für die Werbeträgerleistungen oder Attraktivität des Angebots einer Website herangezogen. – *Vgl. auch* → Page Impression.

Volatilität, Risikomaß, das die positiven und negativen Abweichungen vom Erwartungswert beinhaltet. Im Rahmen einer → Gründungsfinanzierung wird eine Verteilung der Rückflüsse geschätzt und üblicherweise zur erwarteten Rückzahlung verdichtet. Die V. der Rückflüsse gibt dann die Abweichungen der zustandsabhängigen Rückflüsse um den Erwartungswert an.

Vorbelastungshaftung, → Unterbilanzhaftung.

Vorgründungsgesellschaft. 1. *Begriff:* Als V. wird die erste gesellschaftsrechtliche Vorstufe auf dem Weg zur → Gründung einer → Gesellschaft mit beschränkter Haftung bezeichnet. Die V. besteht ab dem Zeitpunkt, in welchem sich eine oder mehrere Personen zusammenschließen, um eine GmbH zu gründen bis zur Unterzeichnung des notariellen → Gesellschaftsvertrages. Ab Beurkundung bis zur Eintragung der Firma der GmbH in das → Handelsregister wird die Gesellschaft als Vor-GmbH bezeichnet. – 2. *Rechtsform:* Die V. ist rechtlich eine → Offene Handelsgesellschaft, wenn sie ein Handelsgeschäft betreibt, ansonsten handelt es sich um eine → Gesellschaft bürgerlichen Rechts. – 3. *Haftung:* Für Geschäfte der Vorgründungsgesellschaft haftet das → Gesellschaftsvermögen entweder nach § 124 HGB oder § 719 BGB. Die → Gesellschafter haften bei Handelsgeschäften nach § 128 HGB und sonst nach §§ 421 ff. BGB persönlich als Gesamtschuldner. Kommt es zur Eintragung der GmbH, wird die Haftung der Gesellschafter nach der Rechtsprechung regelmäßig faktisch rückwirkend auf das Gesellschaftsvermögen begrenzt, soweit die Einlagen geleistet und werthaltig sind.

Vorkaufsrecht, → Right of first Refusal.

Vorstand, ein Organ, welches aus einer oder mehreren Personen besteht (§ 76 Abs. 2 S. 1 AktG) und unter den wachsamen Augen des Aufsichtsrats unter eigener Verantwortung die Gesellschaft leitet (§ 76 Abs. 1 AktG). Die Leitung der Gesellschaft umfasst sowohl die Geschäftsführung als auch die Vertretung gegenüber Dritten (§§ 77f. AktG), die grundsätzlich nicht delegierbar ist.

Vorstellungsgespräch, → Bewerbungsgespräch.

Vorsteuer, die gesetzlich geschuldete Umsatzsteuer für Lieferungen und sonstige Leistungen, die von einem in der Wertschöpfungskette vorgelagerten Unternehmer für einen vorsteuerabzugsberechtigten Unternehmer ausgeführt werden. Voraussetzung für die Ausübung des Vorsteuerabzugs ist regelmäßig, dass der Unternehmer eine ordnungsgemäße Rechnung seines Lieferanten besitzt. Entrichtete Einfuhrumsatzsteuer und Steuer für einen innergemeinschaftlichen Erwerb kann ebenfalls als Vorsteuer abgezogen werden. Da Umsatzsteuer aus wirtschaftlichen und fiskalischen Gründen auf allen Wertschöpfungsstufen erhoben wird, sich aber nur beim Letztverbraucher als Verbrauchssteuer realisieren soll, wird sie auf den vorgelagerten Wertschöpfungsstufen durch Vorsteuerabzug fraktioniert.

Vorzugsaktie, weist gegenüber „normalen" → Stammaktien Vorrechte hinsichtlich der Dividendenzahlung auf. Dabei handelt es sich zumeist um eine vorrangige oder um eine höhere Dividendenzahlung, die jedoch in der Höhe beschränkt werden kann. Erkauft werden die Vorrechte üblicherweise durch den Ausschluss des Stimmrechtes, das jedoch unter bestimmten Bedingungen (§ 140 II Aktiengesetz (AktG) vom 6.9.1965 (BGBI I S. 1089)) wieder aufleben kann. International werden V. als Preferred Stock bezeichnet und z.T. zusätzlich mit einem Wandlungsrecht in Stammaktien ausgestattet (Convertible Preferred Stock).

W

Wachstumsfalle. Das Ausbleiben stetiger Anpassungen von Prozessen und Strukturen bei Unternehmenswachstum kann zur → Insolvenz führen und wird daher auch als W. bezeichnet.

Wachstumsfinanzierung, *Expansionsfinanzierung*, bezeichnet die verschiedenen Möglichkeiten den → Kapitalbedarf eines Unternehmens in einer Wachstumsphase zu decken. Sie schließt sich zumeist unmittelbar an die → Gründungsfinanzierung an. Auf Grund der Höhe des Kapitalbedarfes für die Einführung neuer Produkte oder die Erschließung weiterer Zielmärkte sind Mittel der → Gründer bzw. → Gesellschafter dafür nur sehr begrenzt einsetzbar. Bei einer positiven → Unternehmensentwicklung kann die → Finanzierung aber zumindest teilweise aus Mitteln der Gesellschaft erfolgen. Eine wichtige Finanzierungsquelle stellt → Fremdkapital dar. Dabei werden Fördermittel und -kredite vorrangig für Investitionen, Bankdarlehn vor allem zur Vorfinanzierung laufender → Kosten eingesetzt. Für besonders wachstumsstarke Unternehmen kommt weiterhin eine → Beteiligungsfinanzierung mit → Venture Capital in Betracht.

Wachstumsphase, → Expansionsphase, → Investitionsphasen.

Wachstumspotenzial, das mögliche, zukünftige Wachstum einer Gesamtorganisation oder der einzelnen Funktionsbereiche, bspw. → Personal, Marktposition. Junge Unternehmen müssen das W. für den → Business Plan, aber auch für die interne → Planung, bspw. → Kapitalbedarf, berücksichtigen.

Wachstumsrate. Eine W. je Zeiteinheit ist definiert als die relative Änderung eines Zeitreihenwertes im Vergleich zu seinem Vorgängerwert. Sie ist ein wesentlicher Indikator für gesamtwirtschaftliche Entwicklungen (W. des Bruttoinlandsprodukts) wie auch für die aktuelle Unternehmensentwicklung (W. des Umsatzes oder des Gewinns).

Wachstumsstrategien. Die W. eines jungen Unternehmens begründen sich in Penetration des Marktes, die sich dem gezielten Einsatz der → Wettbewerbsvorteile ergibt. Ziel der W. ist es, die bestehende Marktposition zu sichern und auszubauen. Beim Wachstum kann zwischen dem internen und externen Wachstum unterschieden werden, wobei die → Kooperation speziell in der → Net Economy eine Zwischenform darstellt, aus der sich durch den Aspekt der lose gekoppelten Systeme neue Potenziale ergeben.

Wagniskapital, → Risikokapital, → Venture Capital.

Warenwirtschaftssystem, eine warenorientierte, dispositive, logistisch und abrechnungsbezogene Anordnung und Durchführung der → Geschäftsprozesse eines Handelsunternehmens. Abstrakte Darstellungen der Prozesse und zugeschnittene Softwareprogramme können in diesem Zusammenhang dazu zweckdienlich sein, die → Organisation eines W. aufzustellen.

Warrant, → Optionsschein.

Wechselbarrieren, *Wechselhemmnisse*. W. beschreiben Abwanderungshindernisse eines Kunden, die durch ökonomische

Wechselkosten (z.B. spezifische → Investitionen, langfristige Verträge, Treuerabatte) und/oder psychische (z.B. → Vertrauen, emotionale Empfindungen, Affinität, gewachsene Werte) und soziale Hemmnisse (z.B. Integration des Klienten in das Unternehmensgeschehen im Sinne eines „Wir-Gefühls", persönliche Kontakte und Freundschaften) hervorgerufen werden können. Während der Kunde bei ökonomischen W. nicht abwandern kann, führen psychische und sozialen Hemmnisse dazu, dass er gar nicht mehr wechseln will.

Weighted Average, *W. A.-Klauseln*, Begriff i.R.v. Venture Capital Finanzierungen, Form von → Anti-Dilution-Klauseln. Erstinvestor, zu dessen Gunsten W. A. vereinbart ist, erhält im Falle einer neuen → Finanzierungsrunde bei niedrigeren Bewertungen Aktien zu einem die unterschiedlichen Volumina beider Finanzierungsrunden berücksichtigenden gewichteten durchschnittlichen Aktienpreis. Er erhält also, anders als bei einer → Full Ratchet-Klausel (nur) einen anteiligen Verwässerungsschutz. Dieses Recht kann dem Investor im → Shareholders' Agreement schuldrechtlich eingeräumt werden, oder als Zeichnungsoption im Falle einer nächsten Finanzierungsrunde vorgesehen werden.

Werbebotschaft, → Werbewirkung.

Werbemittel. Die definitorischen Abgrenzungen von W. gehen in der Literatur weit auseinander. Im Allgemeinen sind W. die nicht mehr zerlegbaren Bestandteile, welche auslösend für eine → Werbewirkung sind. Diese basiert auf der kognitiven Systematisierung der Werbebotschaft durch den die → Werbung Beobachtenden. Somit sind alle sensorischen Eigenschaften wie z.B. Farben, Töne, haptische Strukturen und/oder Gerüche Elemente von W. Diese können inhaltlich (→ Visionen, Argumente, Emotionen, usw.) und/ oder Form gebend (Klänge, Farben, Form, Bewegung, usw.) unterteilt werden. Wird nur ein Sinnesorgan angesprochen (z.B. Radiowerbung, Jingle, Ring-up Tone) spricht man von uni-sensorischen W. im Gegensatz zu multi-sensorischen, wie z.B. Werbefilme.

Werbewirkung, stellt dar, inwieweit die Werbebotschaft aufgrund des Einsatzes von → Werbemitteln eine sensorische und als Folge davon auch eine kognitive Wahrnehmung des Beobachters verursacht hat. I.d.R. können vier W. unterschieden werden: (1) Die Beobachter nehmen den Inhalt der Werbebotschaft in ihr Gedächtnis auf, ändern aber ihr Verhalten nicht. (2) Die Beobachter verändern ihre Ansichten und Wünsche. In diesem Fall liegt lediglich eine Einstellungsbeeinflussung vor. (3) Die Werbebotschaft verändert direkt das konsumtive Verhalten der Beobachter. (4) Die Beobachter nehmen in diesem Zusammenhang die → Werbung ohne Reflexion wahr. In diesem Fall ist sie wirkungslos.

Werbewirkungskontrolle, → Kommunikationserfolgskontrolle.

Werbung, 1. *Begriff:* Informationsangebot für eine zuvor bestimmte → Zielgruppe. – 2. *Merkmale:* Durch besondere Kommunikationsmittel soll die Zielgruppe im Hinblick auf jeden beliebigen Gegenstand in ihrer Meinung positiv beeinflusst werden. Neben der W. sind Verkaufsförderung sowie Presse- und Öffentlichkeitsarbeit wichtige Kommunikationsinstrumente des → Marketing-Mix. Der finanzielle Rahmen wird durch das Werbebudget festgelegt und ist Teil des → Finanzplans. Die → Werbebotschaft des Werbetreibenden soll die Bekanntheit, Kaufabsicht oder Einstellung des Kunden positiv beeinflussen. Werbeziel ist es daher, dass der Kunde die Nützlichkeit des Angebotes erkennen kann. Eine Analyse von Verhaltensmuster der Zielgruppe ist für die optimale Implementierung der Werbeidee dabei zwingende Voraussetzung. Das → Konsumentenverhalten ist beeinflussbar und korreliert positiv mit der → Kundenzufriedenheit und der → Kundenbindung. Werbeobjekte können neben Produkten und → Dienstleistungen auch Personen sein. – 3. *Arten:* Unterschiede in den Arten der W. sind (1) akzidenzieller W. bzw. Akzidenzwerbung sowie aleatorischen bzw. allegatorischer Werbung. Wobei die akzidenzielle W. eine gelegentlich betrieben W. bezeichnet, während die Akzidenzwerbung eine Form der Plakatwerbung ist. Die aleatorische W. stellt einen Sammelbegriff aller werblichen Gewinnspiele, Verlosungen und Preisausschreiben dar, während die allegatorische W. die zitierende Werbung (z.B. mit Bezug auf Stiftung Warentest) beschreibt. (2) Die Differenzierung von Business-to-Business-Werbung, d.h. das Unternehmen als Kunde (B2B) sowie Business-to-Consumer-Werbung, d.h. der Endverbraucher als Kunde (B2C) ist für die Bestimmung der Zielgruppe und der einzusetzenden → Werbemittel bedeutend. Die Aufnahme von informativer bzw. emotionaler W. ist abhängig vom Verständnis des Einzelnen. So kann etwa die Kopplung von Produkten an Werbeträger aufgrund individueller Sympathien bzw. Antipathien unterschiedlich aufgenommen und umgesetzt werden. Daher wird hier nicht von einem Merkmal sondern von Wahrnehmungs- und Reaktionsmuster der W. gesprochen. Der Erfolg von „unterschwelliger" Werbung, d.h. W. die unter der Schwelle der bewussten Wahrnehmung wahrgenommen wird, ist ebenfalls von einer individuellen Verarbeitung abhängig und gilt daher nicht als Charakteristika von Werbung, sondern zeigt subjektive Wahrnehmungen.

Prof. Dr. Christoph Zacharias

Literatur:
Rogge, H.J.: Werbung, Ludwigshafen, 1996; *Bruhn, M./Homburg, C.:* Handbuch Kundenbindungsmanagement: Strategien und Instrumente für erfolgreiche CRM, Wiesbaden, 2003; *Behrens, K.C.:* Handbuch der Werbung, Wiesbaden, 1975; *Schweiger, G./Schattendorn, G.:* Werbung: Eine Einführung, Stuttgart, 2001.

Wert. 1. *Begriff:* Drückt aus, welchen Nutzen sich das Bewertungssubjekt aus dem Bewertungsobjekt im Hinblick auf die zur Verfügung stehenden Vergleichsobjekte verspricht. – 2. *Abgrenzung von anderen Begriffen:* Da es keinen „W. an sich" gibt, darf der Begriff „W." nicht mit dem → Preis gleichgesetzt werden. Allerdings lässt sich ein Preis (im Sinne eines Tauschwertes) eines Gutes nicht unabhängig von den Wertvorstellungen des Käufers und des Verkäufers ermitteln. Die subjektiven W. eines Gutes sind maßgebend für die Höhe des Preises, weil Käufer bzw. Verkäufer nur Preise akzeptieren, die ihre (in Geldeinheiten ausgedrückten) Wertvorstellungen nicht über- bzw. unterschreiten. – 3. *Arten:* In der Literatur werden u.a. mit Argumentations-, Entscheidungs-, Norm-, Nutz- und Tauschwert verschiedene Inhalte des Wertbegriffes interpretiert. – *Vgl. auch* → Wertbestimmung.

Wertbestimmung. Der → Wert eines Gutes ergibt sich gemäß der von Gossen sowie Menger und der Wiener Schule begründeten subjektiven Wertlehre hinsichtlich des Ziel- und Präferenzsystems des Bewertungssubjekts aus seinem Grenznutzen und ist somit individuell, das heißt subjektiv.

Wertkette, *Wertschöpfungskette, Value chain.* 1. *Begriff:* Eine W. bildet die strategisch relevanten und sich gegenseitig bedingenden Tätigkeiten eines Unternehmens ab. Ziel dieser Aktivitäten ist die Schaffung eines marktfähigen Produktes mit einem → Mehrwert. Die Betrachtung eines Unternehmens als W. dient der Identifizierung von Rationalisierungsquellen und Differenzierungsmöglichkeiten zur Erreichung eines → Wettbewerbsvorteils im Markt. – 2. *Unterscheidung von anderen, ähnlichen Begriffen:* Der Begriff der W. ist vom Begriff des Wertsystems zu unterscheiden, welches eine aus den W. einzelner Unternehmen (z.B. Lieferanten, Produzent, Vertriebskanäle, etc.) bestehende Einheit ist, die durch ein gemeinsames Wertschöpfungsziel verbunden sind. – 3. *Ziel:* Zweck der Betrachtung der W. ist die Identifizierung der Wettbewerbsvorteile eines Unternehmens gegenüber seinen Konkurrenten durch Analyse des Beitrags jeder sogenannten Wertaktivität zum Mehrwert des Endproduktes. – 4. *Geschichte des Begriffs:* Der Begriff wurde von Michael E. Porter in seiner Monographie zu Wettbewerbsvorteilen (1980) geprägt. – 5. *Darstellung des zugrunde liegenden Modells:* Ein Unternehmen wird als eine Serie von Aktivitäten betrachtet, die bestimmte → Werte erzeugen. Gemäß Porter hat jede dieser Wertaktivitäten das Potenzial, die Grundlage für einen Wettbewerbsvorteil basierend auf → Differenzierung oder Kostenführerschaft darzustellen und diesen Wettbewerbsvorteil zu verteidigen. Die W. jedes Unternehmens besteht aus neun Grundtypen von Aktivitäten. Diese werden untergliedert in fünf primäre und vier unterstützende Wertaktivitäten. Die primären Aktivitäten beschreiben den direkten Wertschöpfungsprozess und bestehen aus (1) Eingangslogistik, (2) Fertigungsoperationen, (3) Ausgangslogistik, → Marketing und (4) → Vertrieb sowie (5) Kundendienst. Die unterstützenden Aktivitäten tragen durch Aufrechterhaltung der primären Aktivitäten indirekt zur physischen Erstellung der Produkte und Leistungen durch das Unternehmen bei. Porter identifizierte folgende vier Gruppen von unterstützenden Aktivitäten: (6) Unternehmensinfrastruktur, Personalmanagement (7), Technologieentwicklung (8) und → Beschaffung (9). Diese unterstützenden Aktivitäten werden oft mit → Gemeinkosten assoziiert, oft ziehen Unternehmen jedoch auch Wettbewerbsvorteile aus einer überlegenen Abwicklung dieser Aktivitäten. – 6. *Maßnahmen bzw. Instrumente:* Zur Identifizierung der Wettbewerbsvorteile eines Unternehmens werden sowohl die primären als auch die unterstützenden Aktivitäten im Hinblick auf ihren Beitrag zur → Wertschöpfung des Unternehmens analysiert. Ziel dieser Aktivitäten ist es, einen Wert zu schaffen, der die Kosten der Bereitstellung des Produktes bzw. des Services übersteigt und somit einen Gewinn zu erzielen. Diese primären Aktivitäten können folgendermaßen beschrieben werden: (1) Die Eingangslogistik umfasst die Annahme der Waren von den Zulieferern, ihre Zwischenlagerung sowie den Transport zur Produktionsstätte. (2) Als Fertigungsoperationen bezeichnet man Aktivitäten, die den jeweiligen Input in Output transformieren. Beispiele für die → Produktion bzw. Herstellung eines Endproduktes können sowohl die Bedienung in einem Restaurant, die Verpackung von Büchern/CDs/DVDs durch einen Online-Einzelhändler, sowie die Endabstimmung eines Motors sein. (3) Unter Ausgangslogistik versteht man die → Distribution des Endproduktes zu Groß- und Einzelhändlern sowie zum Endkunden. (4) Die Marketing- und Vertriebsaktivität besteht zum einen aus der optimalen Ausrichtung der → Marketing-Mix-Variablen, um den Kunden zum Kauf des Produktes zu bewegen und um seine Bedürfnisse zu befriedigen. Zum anderen gehören verkaufsvor- und -nachbereitende Aktivitäten wie → Marktforschung und Vertriebsverwaltung zu dieser primären Aktivität. (5) Der Kundendienst umfasst alle Aktivitäten, die den Wert des Produktes für den Kunden erhalten bzw. erhöhen, wie z.B. Installationen, Reparaturen, Reklamationsbearbeitung und Trainingsmaßnahmen. Im Gegensatz dazu wurden die unterstützenden Aktivitäten sehr weit definiert und hängen im Detail von den jeweiligen Industriespezifikationen ab. (6) Zur Unternehmensinfrastruktur gehören Planungs-, Führungs- und Kontrollmechanismen wie die → strategische Planung, Managementinformationssysteme, das → Qualitätsmanagement, die → Finanzierung und das → Rechnungswesen. (7) Das Personalmanagement beschäftigt sich mit der Auswahl und Rekrutierung, dem Training und der Entwicklung sowie der Entlohung der → Mitarbeiter. (8) Die Technologieentwicklung besteht aus → Forschungs- und Entwicklungsaktivitäten, wobei durch innovative Entwicklungen → Kosten gesenkt und

Wettbewerbsvorteile geschaffen und erhalten werden sollen. Dazu zählen u.a. neue Produktionstechnologien, Internetaktivitäten sowie das Kundenbeziehungsmanagement. (9) Die Beschaffung umfasst sowohl den Einkauf jeglicher Güter und → Dienstleistungen, als auch die Beschaffung marktrelevanter Informationen. – 7. *Probleme:* Der Wertkettenansatz weist vor allem ein gewisses Umsetzungsproblem auf. Dieses Werkzeug wird von Managern und Unternehmern oft nicht konsequent genug zur Identifizierung von Wettbewerbsvorteilen herangezogen. – 8. *Folgerungen und Ergebnisse:* Die W. ist ein praktisches Instrument zur Analyse von Wettbewerbsvorteilen eines Unternehmens sowie zur integrierten Unternehmensplanung. Dabei ist es wichtig zu berücksichtigen, dass Unternehmen der gleichen Branche zwar ähnliche W. haben, sich jedoch häufig infolge unterschiedlicher historischer Sachverhalte, → Strategien, geographischer Bedingungen und Implementierungserfolge unterscheiden. Auch in diesen Unterschieden liegen die Quellen von Wettbewerbsvorteilen. – *Vgl. auch* → elektronische Wertschöpfung.

Prof. Dr. Christian Schade

Literatur:
Backhaus, K.: Industriegütermarketing, München 2003; *Bruhn, M./Homburg, C.* (Hrsg.): Gabler Marketing Lexikon, Wiesbaden 2004; *Porter, M.:* Competitive Strategy, New York 1980; *Lynch, R.:* Corporate Strategy, Pearson Education Limited 2000.

Wertschöpfungskette, → Wertkette. – *Vgl. auch* → elektronische Wertschöpfung.

Wertschöpfungspotenzial, das über dem Wert des eigentlichen Produktes liegende Potenzial, für den der Kunde bereit ist zu zahlen. Eine starke Marke oder zusätzlicher Service kann aus Sicht des Kunden einen weitaus höheren Preis gerechtfertigen. Die Ausschöpfung des W. ist Ziel von Unternehmen. Im Marketspace in der → Net Economy liegt das W. in der Sammlung, Systematisierung, Zusammenfügung und Verteilung von Rohdaten und dient als Quelle für Kosteneinsparungen und → Wettbewerbsvorteile.

Wertsteigerung, impliziert eine Steigerung des Gesamtwertes eines Unternehmens durch Investition oder Erhöhung des → Umsatzes bzw. des → Marktanteils; bspw. eine Steigerung des Umsatzes, der sich auf die Kapitalbasis auswirkt bzw. bei börsennotierten Unternehmen auf den Aktienkurs ist eine W. Eine andere Möglichkeit der W. bei einer Neugründung ist durch Erhöhung des → Anlagevermögens, wie beispielsweise die Büroausstattung.

Werttreiber, → Value Driver.

Wettbewerb, entsteht, wenn mindestens zwei Anbieter auf dem gleichen Markt mit gleichen oder auch ähnlichen → Produkten um die gleiche Zielgruppe konkurrieren. Dabei kann man zwischen Haupt-, Neben- und potenziellen W. unterscheiden.

Wettbewerbsanalyse, Kernaspekt der W. ist die Identifikation der relevanten Konkurrenten, also der Unternehmen, die durch ihr Leistungsangebot die gleichen Bedürfnisse zu befriedigen suchen wie das zu gründende Unternehmen.Dabei stehen sowohl bereits vorhandene als auch potentielle (zukünftige) Konkurrenten und mögliche Ersatzprodukte (Substitute) im Mittelpunkt der Analyse. Insbesondere die letzten beiden Aspekte bestimmen den Grad des zu erwartenden Wettbewerbsdrucks. Die Kenntnis um die am Zielmarkt bestehende Situation ist bedeutsam für einen erfolgreichen und vor allem nachhaltigen → Markteintritt. Gerade für ein junges Unternehmen, bei dem sich der Schutz einer → Geschäftsidee schwierig gestaltet ist in einem schnell wachsenden Markt eine sorgfältig durchgeführte W. unverzichtbar. – *Vgl. Abb.* „Wettbewerbsanalyse, Prozess“.

Wettbewerbsbeschränkungen, → Kartellrecht.

Wettbewerbsstrategie, → Unternehmensstrategie

Wettbewerbsverbot, üblicherweise in Satzungen niedergelegte Vereinbarungen für → Gründer oder sonstige Know-how-Träger. Ebenfalls ist ein nachverträgliches W. zur Absicherung des Know-hows des Gründers möglich, wobei zu beachten ist, dass bei → Gesellschaftern und auch gegenüber dem → Vorstand und den Geschäftsführern die Beschränkungen der §§ 74 ff. HGB nicht gelten müssen. In der Praxis ist die Gewährung einer Karenzentschädigung im Vorstands- oder Geschäftsführervertrag durchaus üblich. Hierbei gilt jedoch stets die Festlegung ein W. gem. § 138 BGB, der keine unbillige Behinderung des beruflichen Fortkommens der Betroffenen darstellt. – *Vgl. auch* → Konkurrenzschutzklausel.

Wettbewerbsvergleich. Ein W. zwischen Unternehmen ist der Vergleich mehrerer Konkurrenten in Hinblick auf ihre → Marktpositionierung, wobei verschiedene Determinanten und Kriterien angesetzt werden können. Bspw. ein W. im Internetauftritt zweier Unternehmen zielt auf den objektiven und subjektiven Vergleich der Seiten ab (mögliche Kriterien: Benutzerfreundlichkeit, Informationsgehalt aber auch vermitteltes Gefühl der Seriosität). Daraus entsteht ein Stärken-Schwächen-Profil (→ Stärken-Schwächen-Analyse), um die relativen Stärken und Schwächen der Seiten und die relative Auffindbarkeit im Internet zu ermitteln.

Wettbewerbsvorteil, der zusätzliche Wert, den eine → Organisation für ihre → Kunden im Vergleich zum → Wettbewerb schafft oder schaffen kann. Häufiges Analyse-Instrument für junge Unternehmen ist das → strategische Dreieck, das eine → Differenzierung des W. aus der Perspektive des Kunden zulässt. Ein höherer Wert resultiert aus dem Angebot zu Preisen, die für gleichwertige Leistungen unter denen der Konkurrenz liegen, oder ergibt sich aus einzigartigen Leistungen, die einen höheren Preis mehr als wettmachen.

Wirtschaftsgut. Bewertungsobjekte, die das → Betriebsvermögen bilden, können als W. bezeichnet werden. Im Gegensatz zu einem Vermögensgegenstand ist die Einzelveräußerbarkeit des W. keine

Wettbewerbsanalyse, Prozess

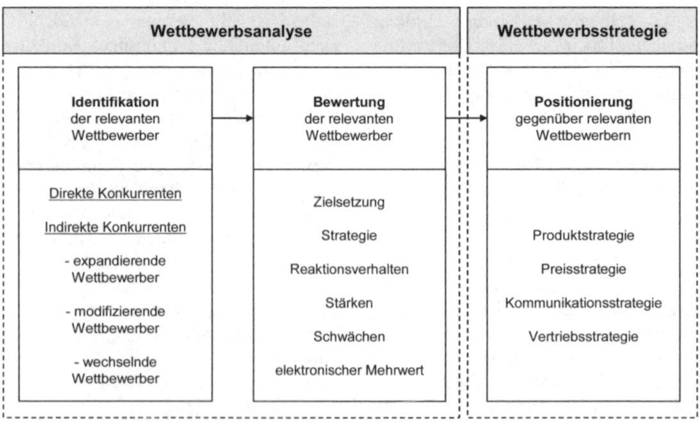

zwingende Voraussetzung, es genügt die Übertragbarkeit zusammen mit dem Betrieb. Im Rahmen der Steuerbilanz werden aktive und passive Wirtschaftsgüter unterschieden. Ausgaben, die zur Schaffung eines aktiven W. führen, stellen somit entweder einen Aktivtausch oder eine Bilanzverlängerung dar und sind in diesem Zeitpunkt erfolgsneutral.

Wissen, umfasst Informationen einschließlich der Fähigkeit, diese Informationen zu interpretieren und anzuwenden bzw. ihre Anwendbarkeit einzuschätzen. Information ist das Medium mit dem W. verarbeitet, gespeichert und kommuniziert wird. Information ist eine abrufbare und weitergabefähige Beschreibung von Sachverhalten. Sie beruht auf der Aufbereitung, also der Strukturierung und Bewertung von Daten (decodierte Sinneswahrnehmungen). W. entsteht auf der Grundlage von Information durch Reflexion, Interpretation, Überprüfung und Transformation in neues W. Es stellt das Endprodukt eines Lernprozesses dar. W. kann kodifiziert oder nicht-kodifiziert bzw. implizit (→ Tacit Knowledge) sein. W. kann aus verschiedenen Gründen nur sehr begrenzt auf Märkten gehandelt werden. Erstens ist es für den Anbieter von W. nicht ratsam, das W. vor dem Verkauf zu offenbaren, da für den Käufer dann der Kaufanreiz weitgehend entfällt. Offenbart er es jedoch nicht, so beeinträchtigt die eingeschränkte Kenntnis der angebotenen Leistung die Zahlungsbereitschaft des Käufers und es besteht die Gefahr des → Marktversagens infolge von → Informationsasymmetrie. Zweitens setzt die Absorption von W. u.U. gewisse Fähigkeiten beim Nachfrager (absorptive Kapazität) voraus. Drittens kann der Transfer von W. (→ Spillover) problematisch sein, wenn das W. nicht kodifiziert ist (Tacit Knowledge). Das W. ist dann an bestimmte Personen gebunden und damit räumlich nur beschränkt mobil. Liegt W. hingegen in kodifizierter form vor, so gehen die Grenzkosten der Verbreitung gegen Null und es wäre ökonomisch optimal, das W. kostenlos abzugeben. Bei kostenloser Abgabe von W. entfiele allerdings auch ein wesentlicher Teil des ökonomischen Anreizes, W. zu generieren.

wissenschaftlicher Beirat, Spezialform des → Beirats. Er ist durch seine personelle Struktur und darüber durch seine inhaltliche Arbeit von herkömmlichen Beiräten zu unterscheiden. Die Einrichtung eines w.B. und dessen Besetzung mit akademischem Personal bietet sich im Kontext des → Gründungsmanagements v.a. zum Zwecke des Know-how-Erwerbs sowie des Reputationsaufbaus an. Er eignet sich für technologie- und wissensintensive sowie akademisch orientierte Gründungsvorhaben.

Wissensmanagement, *Knowledge-Management,* bezeichnet eine Untergliederung der Managementlehre, die darauf abzielt, in → Organisationen das → Wissen zur Erreichung der → Unternehmensziele optimal einzusetzen und zu entwickeln. Dabei konzentriert man sich mit den Möglichkeiten der Einflussnahme auf die Wissensbasis eines Unternehmens. Unter der Wissensbasis eines Unternehmens werden alle Daten und Informationen, alles Wissen und alle Fähigkeiten verstanden, die diese Organisation zur Lösung ihrer vielfältigen Aufgaben benötigt. Dabei werden individuelles Wissen und Fähigkeiten (→ Humankapital) durch Informationssysteme in strukturelles, also in der Organisation verankertes Wissen transformiert.

Working Capital, → Netto-Umlaufvermögen.

Worst Case. Der Begriff wird in der → Unternehmensplanung verwendet, wenn verschiedene Szenarien für das Ergebnis eines Projekts beschrieben werden sollen. Das → Szenario, das für das Unternehmen am ungünstigsten ist, wird als W.C. bezeichnet. Hiermit ist jedoch nicht das Eintreten der denkbar schlechtesten Kombination aller ergebnisrelevanten Variablen gemeint, sondern das schlechteste realistische Szenario.

XYZ

Zahlungsunfähigkeit, → Insolvenzverfahren.

Zeichnung, vertragliche Verpflichtung zur Übernahme eines bestimmten Betrags neu emittierter und zum Kauf angebotener → Aktien. (→ Emissionsvertrag). Zum Z. wird meist durch einen Prospekt aufgefordert.

Zeichnungsfrist, Zeitspanne vor der eigentlichen Börseneinführung, in der Investoren eine → Neuemission zeichnen können, d.h. sich um die Zuteilung der → Aktien bewerben können. Dabei steht der Preis entweder fest oder es wird zumindest eine Preisspanne vorgegeben.

Zentralisation, bezeichnet die Zusammenfassung von Teilaufgaben nach bestimmten Aufgabenmerkmalen und die Zuordnung zu einer Stelle. Die Zusammenfassung von Teilaufgaben kann nach dem Verrichtungsprinzip (Art der Tätigkeit, z.B. Beschaffung, Produktion, Absatz), nach dem Objektprinzip (z.B. Produkt, Produktgruppe) oder nach dem räumlichen Aspekt (z.B. unterschiedliche → Standorte) erfolgen. Werden Entscheidungsbefugnisse gebündelt und einer Stelle übertragen, so liegt eine Entscheidungszentralisation vor. – *Gegensatz:* → Dezentralisation.

Zertifikate. Ein Z. ist: a) Allgemein ein Dokument, welches einen Tatbestand, z.B. den Ursprung und die → Qualität einer Ware bezeugt. – b) Die Bezeichnung für einen Anteilschein an dem Fondsvermögen einer Kapitalanlagegesellschaft. Anteilscheine haben keinen Nennwert, sondern lauten auf einen oder mehrere Anteile. – c) Ein elektronischer Ausweis zur Authentifizierung im Internet. Ein Z. ist ein elektronischer Identifizierer, der eine digitale Signatur enthält, die von einer Zertifizierungsstelle mit einem privaten Schlüssel erstellt wird. Das Z. enthält neben der digitalen Signatur den Namen des Ausstellers und Angaben über die Identität des Inhabers. Das Z. ist gesetzlich geregelt im Signaturgesetz vom 16.5.2001 (BGBl. I 876). Es dient im wesentlichen zur Wahrung der elektronischen Form (§ 126a BGB) und zum Nachweis des Vertragspartners im → E-Commerce.

Zertifizierung, Vorgang, mit dem das → Zertifikat als Ergebnis in Form des Qualitätsnachweises erstellt wird. Z. bedeutet danach die Bestätigung der Abläufe, die im Rahmen eines Qualitätsmanagement-Systems eingehalten werden, das den entsprechenden Normen gemäß ausgestaltet ist. Der Vorgang der Z. wird von einer unabhängigen Gesellschaft ausgeführt. Das am Ende dieses Vorgangs entstehende Zertifikat bestätigt die Einhaltung der Normenvorgaben gegenüber Kunden, Mitarbeitern und der Öffentlichkeit.

Zeugnisse, → Arbeitszeugnis.

Ziel. Von allen unternehmerischen Entscheidungen ist das Z. die langfristige Gewinnmaximierung unter ökonomischen und nicht ökonomischen Nebenbedingungen. Ökonomische Teilziele eines Unternehmens sind hauptsächlich die Gewinn- und Umsatzerzielung, die Kapitalerhaltung und Sicherung der Zahlungsbereitschaft. Diese grenzen sich von den nicht ökonomischen Teilzielen, wie z.B. die Sicherung von Arbeitsplätzen, Unabhängigkeitsbestreben, Erhöhung von Marktanteilen oder Verminderung der Umweltbelastung, ab.

Zielerreichung, → Meilensteine, → Business Plan.

Zielgruppe, eine Menge an Nachfragern im Markt, an die sich das → Produkt oder die → Dienstleistung eines Unternehmens und alle dazugehörenden Kommunikationsmaßnahmen richten. Die Ansprache der Z. ist Aufgabe der → Kommunikationspolitik. Die Definition einer Z. kann über soziodemografische Merkmale (wie z.B. Alter, Familienstand, verfügbares Haushaltseinkommen, geografisches Gebiet), aber auch über ihre psychografischen Merkmale (wie z.B. Einstellungen und Werte mit den daraus resultierendem Konsumverhalten) erfolgen.

Zielkostenrechnung, → Target Costing.

Zielmarkt. 1. *Begriff:* Im Rahmen des strategischen → Marketings legt ein Unternehmen fest welche Märkte von ihm bearbeitet werden sollen. – 2. *Verfahren:* Diese Zielmärkte sind das Ergebnis der → Marktsegmentierung und der Bewertung der daraus hervorgegangenen Teilmärkte, dabei können mehrer Segmentierungsverfahren eingesetzt werden, wie z.B. Faktoren-Analyse, Cluster-Analyse, Conjoint-Analyse, Multidimensionale Skalierung und/oder Diskriminanzanalyse. Im Kontext der → Unternehmensgründung bietet sich ein weiteres Verfahren der Marktsegmentierung nach Abell an. Dieses Verfahren integriert die Verwender- und die Anbieterperspektive mit Hilfe einer dreidimensionalen Marktbeschreibung. Der Markt wird hierbei durch Produkte, zwischen denen Substitutionsbeziehungen bestehen abgegrenzt. Zugleich wird er definiert über Abnehmergruppen, welche diese Produkte in bestimmten Verwendungszwecken als Substitute empfinden. Um dabei nicht auf der physikalisch-chemischen Ebene der Produkteigenschaften zu verharren, werden Produkte dann als substitutional eingestuft, wenn sie in der Lage sind, eine bestimmte Funktion für den Abnehmer mit gleichem Erfolg zu erfüllen. Als dritte Dimension schließt sich die Einteilung der gewünschten Produktfunktionen in Technologien ein. Dabei ergeben sich die drei Dimensionen zur Marktbeschreibung: Kundenbedürfnisse, Produktfunktionen und Kundengruppen. Mit Hilfe eines dreidimensionalen Schemas können nun Märkte segmentiert und bewertet werden. Darüber hinaus können innovative Teilmärkte im Kontext eines → Gründungsprozesses kreativ definiert werden. Die damit beschrieben Marktsegmente werden bei der Zielmarktbestimmung hinsichtlich ihrer Kompatibilität mit den → Unternehmenszielen und den Unternehmenskompetenzen bewertet. Stehen dann mehr Zielmarktsegmente für das Unternehmen zur Verfügung als es bearbeiten kann werden diese in einem Auswahlverfahren erneut bewertet. Hierbei können folgende Kriterien berücksichtigt werden: → Markteintrittsbarrieren, Konkurrenzsituation, Marktvolumen und dessen Entwicklung, erzielbarer → Marktanteil, Kundenerreichbarkeit und → Kosten der Segmentbearbeitung. Im Anschluss daran wird entschieden inwieweit die unternehmerischen → Ressourcen ausreichen Zielmarktstrategien umzusetzen. Hinsichtlich der beiden Dimensionen Produkte und Märkte ergeben sich dabei vier Möglichkeiten: Konzentration auf ein Segment oder einer Kombination von mehreren Segmenten, Produktspezialisierung, Marktspezialisierung und/oder vollständige Marktabdeckung.

Prof. Dr. Christoph Zacharias

Literatur:
Abell, D.F.: Defining the Business: The Starting Point of Strategic Planning, Englewood Cliffs, NJ, 1980; *Myers, J.H.:* Segmentation & Positioning for Strategic Marketing Decisions, Chicago, 1996; *Wilson, R.M.S./ Gilligan, C.:* Strategic Marketing Management, Oxford, 2005.

Zielsetzung, bezeichnet die Formulierung angestrebter Ziele bzw. Teilziele für einen bestimmten Planungszeitraum. Dabei ist die oberste Z. eines Unternehmens die langfristige Gewinnmaximierung.

Zielsystem. 1. *Begriff:* Das Z. eines Subjekts beinhaltet dessen Sach- und Formalziel. Es bildet den Rahmen für die Ableitung des Zielplanes, welcher die das Subjekt interessierenden Sachverhalte und sowohl die diese charakterisierenden Merkmale (Ergebnisdefinition) als auch Informationen über die Intensität des Strebens danach (Präferenzen) beinhaltet. – 2. *Merkmale:* Das Sachziel stellt die materielle Struktur eines anzustrebenden Zustands dar. Das Sachziel eines Unternehmens gibt somit den Gegenstand des Wirtschaftens oder die Aufgabe dieses Unternehmens an, indem es sich auf die Art, die Menge und den Zeitpunkt sowie die → Qualität der am → Markt abzusetzenden Leistungen bezieht. Das bei privatwirtschaftlichen Unternehmen i.d.R. dominierende Formalziel gibt Auskunft darüber, in welcher Weise ein Sachziel zu erreichen ist. Gewöhnlich wird als Formalziel die anzustrebende Wirtschaftlichkeit, vorwiegend als Grad der → Rentabilität, angeführt. Darüber hinaus sind aber auch technische, soziale und ökologische Formalziele denkbar.

Zins. 1. *Begriff:* Preis für die Überlassung von Kapital bzw. Geld. – 2. *Mechanismus:* Der Zinssatz bildet sich nach den Regeln des freien Marktes und spiegelt die Balance von Angebot und Nachfrage wider. Die Höhe des Zinssatzes verändert sich mit der Laufzeit von Leihfristen, wodurch unterschiedliche Zinssätze am → Kapital- und. Geldmarkt entstehen. Staatliche Regulationsmöglichkeiten bestehen durch geldpolitische Maßnahmen sowie können auch Zinsgrenzen vorgeschrieben werden.

Zugangsbeschränkungen, *gesetzliche Zugangsbeschränkungen.* 1. *Gewerberecht:* Als Z. werden subjektive und objektive Kriterien bezeichnet, die die freie Berufswahl einschränken und festlegen, ob und unter welchen Voraussetzungen eine Tätigkeit aufgenommen und fortgeführt werden darf. Subjektive Z. sind Regelungen, die z.B. an die Qualifikation und Zuverlässigkeit eines Gewerbetreibenden anknüpfen (z.B. § 34a GewO für das Bewachungsgewerbe). Objektive Z. sind Regelungen, die den Marktzugang personenunabhängig bestimmen, insbesondere nach Bedarfsgesichtspunkten (z.B. Personennahverkehr, Notare). – 2. *Kapitalmarktrecht*: Im Gegensatz zum gesetzlich geregelten Börsenmarkt ist der freie → Kapitalmarkt ein Markt ohne Z. Ein gesundes Unternehmen kann unabhängig von seiner Kapitalausstattung und seinen Umsatzerlösen am freien Kapitalmarkt teilnehmen uns als Emissionsunternehmen (Emittent, → Emission) tätig werden.

Zulieferer, Unternehmen, die Vorprodukte ausschließlich oder zum überwiegenden Teil für den Endprodukthersteller (OEM) und nicht für den Endproduktverwender herstellen. Sie beliefern den Endprodukthersteller i.d.R. direkt oder – seltener – über spezialisierte Händler.

Zusammenarbeit, → Kooperation.

Zuschuss, Form der öffentlichen Förderung. Bei einem Z. handelt es sich um Finanzmittel, die ohne eine unmittelbare Gegenleistung an den Empfänger gezahlt werden. Insbesondere besteht keine generelle Verpflichtung zur Rückzahlung. Die Verwendung der Mittel ist jedoch durch den Zuschussgeber vorgeschrieben. Im Gegensatz zu einem → Förderkredit wird ein Z. oft erst im Nachhinein gezahlt. Dann ist eine Vorfinanzierung der bezuschussten Ausgaben notwendig. Zuschüsse werden z.B. im Rahmen der → Gründungsförderung oder für Forschungsprojekte gewährt. Besteht auf die Gewährung des Z. ein Rechtsanspruch, so wird von einer Zulage gesprochen.

Herausgeber

Prof. Dr. Tobias Kollmann, Jahrgang 1970, studierte an den Universitäten Bonn und Trier Volkswirtschaftslehre mit dem Schwerpunkt Marketing und wurde 1995 nach dem Abschluss zum Dipl.-Volkswirt wissenschaftlicher Mitarbeiter am Lehrstuhl für Marketing von Prof. Dr. Rolf Weiber. Dort promovierte er 1997 mit einer Arbeit zur Akzeptanz innovativer Telekommunikations- und Multimediasysteme. Bereits seit 1996 beschäftigt er sich wissenschaftlich mit Fragen des E-Business, E-Commerce und dem Phänomen der „virtuellen Marktplätze" und war damit einer der Pioniere auf diesem Gebiet. Zwischen 1997 und 2001 arbeitete er in die Praxis und unterstützte dort insbesondere den Aufbau von virtuellen Marktplätzen im Rahmen der Aktivitäten der Scout24-Holding, Schweiz. Im Zuge dieser Tätigkeit war er auch einer der Gründungsgesellschafter der AutoScout24 GmbH, der größten elektronischen Gebrauchtwagenbörse im europäischen Internet.

Im Oktober 2001 folgte er dem Ruf an die Christian-Albrechts-Universität zu Kiel, wo er Inhaber einer C4-Professur für E-Business wurde und insbesondere am innovativen Multimedia Campus Kiel unterrichtete. Seit April 2005 ist er Inhaber des Lehrstuhls für BWL und Wirtschaftsinformatik, insb. E-Business und E-Entrepreneurship an der Universität Duisburg-Essen, Campus Essen. Innerhalb der Forschung konzentriert er sich hier insbesondere auf das Thema „E-Entrepreneurship" und damit auf alle Fragen rund um die Unternehmensgründung und -entwicklung in der Net Economy. Zu den Kooperationspartnern seines Lehrstuhls zählen u. a. das Business Angels Netzwerk Deutschland e.V. (BAND) und das Venture Capital Magazin.

Er ist Autor zahlreicher Fach- und Praxisbeiträge zu den Bereichen „(E-)Entrepreneurship", „E-Business" und „Innovations- und Medienmanagement" in nationalen und internationalen Zeitschriften bzw. Sammelbänden. Er schreibt eine regelmäßige Praxis-Kolumne auf manager-magazin.de zum Thema „Unternehmensgründung" und ist Verfasser mehrerer Bücher in diesem Bereich. So hat er 2004 mit dem Werk „E-Venture" das erste deutschsprachige Lehrbuch nur für Unternehmensgründungen in der Net Economy veröffentlicht. Er war Mitglied der Jury zum Deutschen Multimedia Award 2002/2003 und ist einer der Herausgeber der Schriftenreihe „Entrepreneurship" im Gabler-Verlag. Ferner gehört er zum Coaching-Netzwerk vom Gründer-Wettbewerb „Mit Multimedia erfolgreich starten" des Bundesministeriums für Wirtschaft und Arbeit. 2004 konnte er darüber hinaus als Initiator und Projektleiter zusammen mit T-Mobile und Motorola das erste UMTS-Eventportal in Deutschland zur Kieler Woche realisieren.

Als Geschäftsführer der eBusiness network group GmbH, einem bundesweit tätigen Beratungsunternehmen für den Auf- und Ausbau elektronischer Geschäftsmodelle, unterstützt er zusätzlich als aktiver Business Angel zahlreiche junge und etablierte Unternehmen in der Net Economy.

Mehr wissen – weiter kommen

Erfolgsfaktoren für eine Zukunft

Das "Who is Who" aus den Bereichen Universität, Venture Capital, Investmentbanken, Verbänden und Start-up-Unternehmen berichtet über Erfahrungen aus der Vergangenheit, zeigt die Rahmenbedingungen für Unternehmensgründungen in der Gegenwart auf und liefert Perspektiven für die Zukunft in der Net Economy.

Tobias Kollmann (Hrsg.)
E-Venture-Management
Neue Perspektiven der Unternehmensgründung in der Net Economy
2003. XXXII, 658 S.
Br. EUR 64,00
ISBN 3-409-12328-8

Wie erfolgreiche Gründer Investoren finden. Mit Best Practice-Fallbeispielen

Mit theoretischen Grundlagen, zehn Best Practice-Fallbeispielen und Interviews beantworten Kollmann/Kuckertz umfassend Fragen zur erfolgreichen Venture- Capital-Finanzierung: Welche Geschäftsmodelle werden finanziert? Wie wird der Beteiligungsprozess gestaltet? Was sind die Erfolgsfaktoren für die Finanzierung?

Tobias Kollmann / Andreas Kuckertz
E-Venture-Capital
Unternehmensfinanzierung in der Net Economy.
Grundlagen und Fallstudien
2003. XII, 229 S.
Br. EUR 41,90
ISBN 3-409-12410-1

Gründungs- und Etablierungsprozess im E-Business

Die Erfolgsfaktoren für Unternehmen in der Net Economy werden konsequent in den einzelnen Phasen des Gründungs- und Etablierungsprozesses erklärt, dabei finden die Besonderheiten des E-Business Berücksichtigung. Studierende und Existenzgründer können so Grund- und Gründungswissen für das E-Business erwerben, trainieren und umsetzen. Zur Überprüfung des Wissens mit Multimedia-Fallstudie auf CD-ROM.

Tobias Kollmann
E-Venture
Grundlagen der Unternehmensgründung in der Net Economy.
Mit Multimedia-Fallstudie auf CD-ROM
2004. XVI, 439 S. mit 108 Abb. mit CD-ROM
Br. EUR 39,90
ISBN 3-409-12329-6

Änderungen vorbehalten. Stand: Januar 2005.

Gabler Verlag · Abraham-Lincoln-Str. 46 · 65189 Wiesbaden · www.gabler.de

GABLER

Gabler Wirtschaftslexikon

Das Kompetenzpaket
Die ganze Welt der Wirtschaft

Zu den Themenbereichen Betriebswirtschaft, Volkswirtschaft, Recht und Steuern lässt das Gabler Wirtschaftslexikon keine Fragen offen. Mit mehr als 25.000 Stichwörtern informiert das Lexikon kompetent und zuverlässig. Zahlreiche Schwerpunktbeiträge ergänzen die Erläuterungen und geben einen Überblick über die aktuellen Themen in der Wirtschaftswissenschaft und -praxis.

Zielgruppe:
Fach- und Führungskräfte in Unternehmen
Dozenten der Wirtschaftswissenschaften an Universitäten und Fachhochschulen
Studenten der Wirtschaftswissenschaften an Universitäten und Fachhochschulen

Autoren:
Dieses Standardwerk für die Wissenschaft und Praxis vereint das Wissen von mehr als 150 Autoren - ausgewiesenen Experten auf ihrem Fachgebiet.

Gabler Wirtschaftslexikon
Betriebswirtschaft, Volkswirtschaft, Recht und Steuern
16., vollst. überarb. und akt. Aufl.
2004. 3478 S. Geb.
EUR 179,00
ISBN 3-409-12993-6

Taschenbuch-Ausgabe
2004. XXII, ca. 3500 S. Br.
EUR 89,00
ISBN 3-409-10386-4

Änderungen vorbehalten. Stand: Januar 2005.

Gabler Verlag · Abraham-Lincoln-Str. 46 · 65189 Wiesbaden · www.gabler.de

GABLER